신재생에너지 발전설비 기사(태양광) 필기

이은영 저

한국전기설비규정을 적용하여 전면개정 (2021.01.01. 시행)
출제예상문제 및 해설 수록

도서출판 한필

머리말

신재생에너지발전설비 기사는 태양광, 풍력, 수력, 연료전지의 신재생에너지발전설비 시스템에 대한 공학적 기술이론 지식을 가지고 신재생에너지 발전소나 모든 건물 및 시설의 신재생에너지발전시스템 인허가, 신재생에너지발전설비 시공 및 감독, 신재생에너지발전시스템의 시공, 신재생에너지발전설비의 효율적 운영을 위한 유지보수 업무 등을 수행하며 독립적인 신재생에너지 발전소 및 건축물과 시설 등을 기획, 설계, 시공, 운영, 유지 및 보수하는 직무이다.

특히 이산화탄소 저감대책의 하나로 선진국을 중심으로 논의되고 있는 세제인 탄소세가 대한민국에서도 중요한 항목이 되었다. 그러므로 CCS (Carbon Captured and Storage) 방식을 이용하여 이산화탄소를 포집하고 저장하는 방식은 화력발전소의 새로운 패러다임을 제공할 것이며 신재생에너지 관련분야와 신재생에너지 발전 사업이 급속히 성장하여 태양광발전 및 관련분야가 국내 및 세계 시장에서의 경쟁력 확보를 위한 전문가 육성의 필요성이 대두되어 신재생에너지발전설비 기사가 각광을 받는 자격증이 되었다.

본서는 2021년 01월 01일부터 시행되는 한국전기설비규정(KEC)의 내용을 반영하며, "태양광 발전설비 시공기준," "분산형전원 배전계통 연계기술기준," "전기사업법령," "전기설비기술기준" 등 최근 개정된 부분에 대한 혼란이 없도록 집필되었습니다. 또한 2020년 01월 01일부터 신재생에너지 발전설비 기사(태양광)의 출제기준 시험과목이 변경되었습니다. 이에 본 교재는 이론 및 예시문제를 최근 개정된 부분에 맞춰 구성되었습니다. 변경된 신재생 에너지 발전설비 기사(태양광) 출제기준에 맞춘 이론 및 문제, 최근 개정된 부분에 대한 이론 보강, 단원별 꼼꼼한 설명으로 이해 도움, 기출 및 출제예상문제와 자세한 해설로 인해 완벽 이해되도록 노력하였습니다.

위와 같은 교재의 특징으로 신재생에너지 발전설비 기사(태양광) 자격증 취득에 도움이 되도록 준비하였습니다. 열심히 공부하여 목적을 달성하시기 바라며, 수험공부 중 교재의 오류 및 잘못되었다 의심되는 부분은 도서출판 한필 웹사이트(www.hanpil.co.kr)의 커뮤니티를 통하여 질문주시면 성실히 답변하도록 노력하겠습니다. 끝으로 이 책이 출간되기까지 노력해주신 모든 분들과 도서출판 한필 임직원 여러분들께 감사드립니다.

저자 씀

출제기준(필기)

직무분야	환경·에너지	중직무분야	에너지·기상	자격종목	신재생에너지발전설비기사(태양광)	적용기간	2022.1.1.~2024.12.31.

○ 직무내용 : 신재생에너지설비에 대한 공학적 기초이론 및 숙련기능, 응용기술 등을 가지고 태양광발전설비를 기획, 설계, 시공, 감리, 운영, 유지 및 보수하는 업무 등을 수행하는 직무이다.

필기검정방법	객관식	문제수	80	시험시간	2시간

필기 과목명	출제 문제수	주요항목	세부항목	세세항목
태양광 발전 기획	20	1. 태양광발전 설비용량조사	1. 음영분석	1. 음영분석 2. 어레이 이격거리
			2. 태양광발전 설비용량 산정	1. 발전 설비용량 산정 2. 태양광발전 모듈 선정 3. 태양광 인버터 선정 4. 태양광발전 모듈의 온도계수 특성 등
			3. 태양광발전시스템 구성요소 개요	1. 태양전지 2. 태양광발전 모듈 3. 전력변환장치 4. 전력저장 장치 5. 바이패스 소자 6. 역류방지 소자 7. 접속반 8. 교류측 기기 9. 피뢰소자 등
		2. 태양광발전 사업 환경분석	1. 주변 기상·환경 검토	1. 일조시간, 일조량 2. 위도, 경도, 방위, 고도각 3. 설치 가능여부 조사 4. 주변 환경조건 및 기후자료 분석 등
		3. 태양광발전사업 부지 환경조사	1. 태양광발전부지 조사	1. 태양광발전부지 타당성 검토 2. 태양광발전부지 조사 3. 발전부지 면적 4. 공부서류 등 검토
		4. 태양광발전 사업부지 인허가 검토	1. 국토 이용에 관한 법령 검토	1. 전기사업법령 2. 전기공사업법령 3. 전기(발전)사업 허가 기준 4. 국토의 계획 및 이용에 관한 법령

필기 과목명	출제 문제수	주요항목	세부항목	세세항목
			2. 신재생에너지 관련 법령 검토	1. 신에너지 및 재생에너지 개발·이용·보급 촉진법령 2. 신에너지 및 재생에너지 설비의 지원 등에 관한 규정 및 지침 3. 신에너지 및 재생에너지 공급의무화제도 관리 및 운영 지침 등
		5. 태양광발전사업 허가	1. 태양광발전 사업계획서 작성	1. 전기사업신청서 검토 2. 송전관계일람도 준비 등
			2. 태양광발전 인허가 검토	1. 인허가 법령 검토 2. 개발행위 인허가 검토 3. 관련기관 인허가 기준 4. 제반서류 및 첨부서류 준비 등
		6. 태양광발전사업 경제성 분석	1. 태양광발전 경제성 분석	1. 사업비 2. 경제성
			2. 태양광발전량 분석	1. 부하설비용량 2. 전력설비 손실 3. 태양광발전시스템 이용률 등
태양광 발전 설계	20	1. 태양광발전 토목설계	1. 태양광발전 토목 설계	1. 토목설계도서 2. 토목측량 및 지반조사도서
			2. 태양광발전 토목 설계도면 검도	1. 토목설계도면
		2. 태양광발전 구조물 설계	1. 태양광발전 구조물 설계	1. 구조물 기초 2. 구조 설계도서 3. 구조계산서 4. 구조물 형식
			2. 태양광발전 구조물 설계 검토	1. 안전성, 시공성, 내구성을 고려한 도서 검토

필기 과목명	출제 문제수	주요항목	세부항목	세세항목
		3. 태양광발전 어레이 설계	1. 태양광발전 전기배선 설계	1. 태양광발전 모듈 배선 2. 전기설비기술기준 3. 한국전기설비규정(KEC) 4. 내선규정 등
			2. 태양광발전 모듈배치 설계	1. 태양광발전 모듈의 직병렬 계산 2. 태양광발전 모듈 배치 등
			3. 태양광발전 어레이 전압강하 계산	1. 전압강하 및 전선 선정 2. 어레이 출력전압 특성 등 3. 직류측 구성기기 선정
		4. 태양광발전 계통연계장치 설계	1. 태양광발전 수배전반 설계	1. 수배전반 설계도서 작성 2. 분산형전원 계통연계 기술기준등 3. 교류측 구성기기 선정 4. 전기실 면적 산정
			2. 태양광발전 관제시스템 설계	1. 방범시스템 2. 방재시스템 3. 모니터링 시스템 등
		5. 태양광발전시스템 감리	1. 태양광발전 설계 감리	1. 설계도서 검토 2. 전력기술 관리법 3. 설계 감리 업무 수행 지침 등
			2. 태양광발전 착공 감리	1. 착공서류 등 검토 2. 착공감리
			3. 태양광발전 시공 감리	1. 공사 시방서 등 2. 시공감리 및 설계감리
		6. 도면작성	1. 도면기호	1. 전기도면 관련 기호 2. 토목도면 관련 기호 3. 건축도면 관련 기호
			2. 설계도서 작성	1. 설계도서의 종류 2. 시방서의 개념 3. 시방서의 작성요령 4. 설계도의 개념 5. 설계도의 작성요령

필기 과목명	출제 문제수	주요항목	세부항목	세세항목
태양광 발전 시공	20	1. 태양광발전 토목공사	1. 태양광발전 토목공사 수행	1. 설계도면의 해석 2. 토목 시공 기준 3. 사용자재의 규격 4 시방서 검토
			2. 태양광발전 토목공사 관리	1. 공정관리 2. 토목설계 내역 검토 3. 시공계획서 검토 4. 시공 상태 적합성 5. 공사현장 환경관리 등
		2. 태양광발전 구조물 시공	1. 태양광발전 구조물 시공	1. 태양광 발전용 구조물 설치 2. 구조물 형태와 시공 공법 등
		3. 태양광발전 전기시설 공사	1. 태양광발전 어레이 시공	1. 어레이 시공 2. 전기 배선 및 접속반 설치 기준 3. 사용자재 규격 및 적합성 등
			2. 태양광발전 계통연계장치 시공	1. 발전량 및 입출력 상태 확인 2. 인버터와 제어장치 설치 3. 수배전반 설치 4. 계통 연계 시공 5. 전기실 건축물 시공 6. 전기 및 위험물 관련 법규 등
			3. 전기, 전자 기초	1. 전기 기초 이론 2. 전자 기초 이론 3. 송전설비 기초 이론 4. 배전설비 기초 이론 5. 변전설비 기초 이론
			4. 배관·배선 공사	1. 배관 시공 2. 배선 시공 3. 케이블트레이 시공 4. 덕트 시공 등

필기 과목명	출제 문제수	주요항목	세부항목	세세항목
			4. 태양광발전장치 준공검사	1. 태양광발전 사용전 검사	1. 보호계전기 특성 및 동작시험 2. 접지 및 절연저항 3. 보호장치 종류 및 시설조건 4. 안전진단 절차 및 설비 5. 단락전류 및 지락전류 6. 낙뢰 보호설비 등 7. 사용전 검사 준비 8. 항목별 세부검사 및 동작시험 등
태양광 발전 운영	20	1. 태양광 발전시스템 운영	1. 태양광발전 사업개시 신고	1. 사업개시 신고 등 2. SMP 및 REC 정산관리 등 3. 전기 안전관리자 선임 등
			2. 태양광발전설비 설치 확인	1. 설비점검 체크리스트 2. 설치된 발전설비 부품의 성능검사 등 3. 발전설비 설치 확인 등
			3. 태양광발전시스템 운영	1. 발전시스템 점검 방법과 시기 2. 태양광 모니터링 시스템 3. 발전시스템 운영 관리 계획 4. 발전시스템 비정상 운영 시 대처 및 조치 등
		2. 태양광발전시스템 유지	1. 태양광발전 준공 후 점검	1. 태양광발전 모듈·어레이 측정 및 점검 2. 토목시설물 점검 3. 접속반, 인버터, 주변 기기·장치 점검 4. 운전, 정지, 조작, 시험준공도면 검토 5. 준공도면 검토 등
			2. 태양광발전 점검개요	1. 일상점검 항목 및 점검요령 2. 정기점검 항목 및 점검요령
			3. 태양광발전 유지관리	1. 발전설비 유지관리 2. 송전설비 유지관리 3. 태양광발전 시스템 고장원인 4. 태양광발전 시스템 문제진단 5. 고장별 조치방법 6. 유지관리 매뉴얼

필기 과목명	출제 문제수	주요항목	세부항목	세세항목
		3. 태양광시스템 안전관리	1. 태양광발전 시공상 안전 확인	1. 시공 안전관리 2. 안전교육의 시행과 훈련 3. 안전관리 조직 운영 등
			2. 태양광발전 설비상 안전 확인	1. 설비 안전관리 2. 설비보존계획 3. 작업 중 안전대책 등
			3. 태양광발전 구조상 안전 확인	1. 구조 안전관리 2. 구조물 시공 절차와 방법 3. 천재지변에 따른 구조상 안전계획 4. 안전관련 법규 등
			4. 안전관리 장비	1. 안전장비 종류 2. 안전장비 보관요령

출제기준(실기)

직무분야	환경·에너지	중직무분야	에너지·기상	자격종목	신재생에너지발전설비기사(태양광)	적용기간	2022.1.1.~2024.12.31.

○ **직무내용** : 신재생에너지설비에 대한 공학적 기초이론 및 숙련기능, 응용기술 등을 가지고 태양광발전설비를 기획, 설계, 시공, 감리, 운영, 유지 및 보수하는 업무 등을 수행하는 직무이다.

○ **수행준거** :
1. 최적의 태양광발전시스템을 구축하기 위하여 사전에 태양광발전부지 타당성, 태양광발전 계통연계 가능여부에 대해 조사를 수행할 수 있다.
2. 최적의 태양광발전시스템을 구축하기 위하여 사전에 태양광발전 음영분석, 설비용량, 판매액, 공사비, 사업비, 경비, 수익 등의 산정을 수행할 수 있다.
3. 태양광 발전사업을 영위하려는 사업자가 사업계획서를 작성하여 허가를 받기 위해 제반 법령을 검토하고 분석할 수 있다.
4. 태양광발전사업을 영위하려는 사업자가 제반 법령을 검토를 기반으로 태양광발전 사업계획서를 작성하고 사업추진 절차에 따라 허가를 받을 수 있다.
5. 태양광발전시스템을 구축하기 위하여 부지의 조건에 맞는 태양광발전 구조물 설계와 설계 도면을 검토를 수행할 수 있다.
6. 태양광발전시스템을 구축하기 위하여 태양광발전 전기배선 설계, 태양광발전 배치 설계, 태양광발전 어레이 전압강하 계산을 수행할 수 있다.
7. 태양광발전시스템을 구축하기 위하여 태양광발전 수배전반 설계, 태양광발전 모니터링시스템 설계를 수행할 수 있다.
8. 태양광발전시스템을 구축하기 위하여 태양광발전 토목 설계 및 설계도면 검토를 수행할 수 있다.
9. 태양광발전장치의 설비시공 완료 후 정상적인 설비가동을 위해 최종적인 검증 및 보완 과정을 수행할 수 있다.
10. 태양광 발전장치를 부지에 설치하기 위해 주변 환경 및 인프라, 계통연계기술 분석을 고려하여 발전소 설립 여부를 결정할 수 있다.

실기검정방법	필답형	시험시간	2시간 30분

실기과목명	주요항목	세부항목	세세항목
태양광발전설비실무	1. 태양광발전사업부지 환경조사	1. 태양광발전부지 조사하기	1. 현장을 방문하기 전, 위성지도 확인을 통해 예비 타당성을 조사할 수 있다. 2. 공부서류 내용을 통해 사업인허가 가능여부를 확인할 수 있다. 3. 공부서류 내용을 통해 설치 가능면적을 확인할 수 있다. 4. 발전시스템 부지의 타당성을 조사하기 위하여 사업 장소 현장을 조사할 수 있다. 5. 사업부지, 지형, 지물과 방향에 대한 태양광 사업 타당성을 조사할 수 있다. 6. 발전량 저하요인을 최소화하기 위하여 주변 환경을 조사할 수 있다.

실기 과목명	주요항목	세부항목	세세항목
		2. 태양광발전 계통연계 조사하기	1. 계통연계를 위한 한국전력 전기공급규정에 따라 한전 책임 분계점을 검토할 수 있다. 2. 계통연계 접속점의 한국전력 송수전 가능용량을 파악할 수 있다. 3. 계통연계 접속지점에서 발전부지까지 가설거리를 산출할 수 있다. 4. 산출된 가설거리를 기준으로 한전에 배전선로 이용을 신청할 수 있다.
	2. 태양광발전 설비용량 조사	1. 음영분석하기	1. 지형지물에 대한 확인 가능한 데이터를 활용하여 시뮬레이션 결과를 도출할 수 있다. 2. 도출된 시뮬레이션 결과를 기초로 어레이간의 최소이격 거리를 검토할 수 있다. 3. 계절에 따른 위도와 경도를 적용하여 최적의 어레이 이격 거리를 산정할 수 있다. 4. 사계절 기상조건에 따른 일사량을 이용하여 발전량을 예측할 수 있다.
		2. 태양광발전 설비용량 산정하기	1. 발전부지 면적 산정을 통하여 발전 설비용량을 검토할 수 있다. 2. 사업부지 확인한 후, 설치할 태양광발전 모듈을 선정할 수 있다. 3. 사업부지 확인한 후, 설치할 태양광 인버터를 선정할 수 있다. 4. 발전 효율과 비용을 비교 분석하여 구조물 형식에 따른 면적 산정을 할 수 있다. 5. 태양광발전 모듈 직병렬 배치를 통하여 태양광 설비용량을 산정할 수 있다.
	3. 태양광발전사업부지 인허가 검토	1. 국토 이용에 관한 법령 검토하기	1. 국토의 계획 및 이용에 관한 법률, 시행령, 시행규칙을 검토하여 태양광발전사업부지의 용도지역별 특성을 감안하여 개발행위의 규모의 적합성 허가 여부를 판단할 수 있다. 2. 전기 사업법, 시행령, 시행규칙에 의거한 발전사업 허가 요건을 검토할 수 있다. 3. 전기공사업법, 시행령, 시행규칙 등을 이해할 수 있다.

실기 과목명	주요항목	세부항목	세세항목
		2. 신재생에너지 관련 법령 검토하기	1. 태양광발전사업부지의 신·재생에너지 개발이용 보급 촉진법에 따른 인허가 적용 부분을 확인할 수 있다. 2. 태양광발전사업부지의 신·재생에너지 설비의 지원 등에 관한 규정 및 지침에 따른 인허가 적용 부분을 확인할 수 있다. 3. 태양광발전사업부지의 신·재생에너지 공급의 무화제도 관리 및 운영 지침에 따른 인허가 적용 부분을 확인할 수 있다.
	4. 태양광발전사업 허가	1. 태양광발전 사업계획서 작성하기	1. 발전소 개요에 따른 발전소 건설일정을 수립할 수 있다. 2. 주요부품인 태양광발전 모듈과 태양광 인버터 일반 사양을 선정할 수 있다. 3. 발전소 건설을 위한 자금계획서를 작성할 수 있다. 4. 타당성 분석을 통하여 계통연계방법 운영계획을 작성할 수 있다. 5. 연간 발전량 산출 및 발전 전력의 판매액을 산출할 수 있다. 6. 총 공사비를 산출할 수 있다. 7. 총 사업비를 산출할 수 있다. 8. 연간 경비를 산정할 수 있다. 9. 연간 수익을 산정할 수 있다. 10. 연간 수익, 연간 비용에 의한 비용, 편익, 현금흐름 등 경제성을 계산할 수 있다.
		2. 태양광발전 인허가 신청하기	1. 태양광 발전사업을 위한 전기사업허가서를 작성할 수 있다. 2. 개발행위를 위한 해당부지 인허가 요건을 검토할 수 있다. 3. 인허가 법령 검토를 통하여 발전설비 설치인가 요건을 작성할 수 있다.
	5. 태양광발전 구조물 설계	1. 태양광발전 구조물 설계하기	1. 태양광발전 구조물이 설치될 위치의 자연조건을 구조물 설계에 반영할 수 있다.

실기 과목명	주요항목	세부항목	세세항목
			2. 구조물 형태에 따른 특성을 반영하여 기본적인 구조설계를 할 수 있다. 3. 태양고도 조사를 통하여 구조물 이격거리를 산정할 수 있다. 4. 구조물 설계도면에 기초하여 태양광 구조 설계 도서를 작성할 수 있다. 5. 고정식, 경사가변식, 추적식 태양광 구조물을 설계할 수 있다.
		2. 태양광발전 구조물 설계 검토하기	1. 구조계산 결과를 기초로 구조설계의 안전성, 경제성, 시공성, 사용성 및 내구성을 판단할 수 있다. 2. 건축법 및 동 시행령, 건축물의 구조기준 등에 관한 규칙을 적용한 구조계산 결과를 판단할 수 있다. 3. 건축구조 설계기준, 강구조 설계기준, 콘크리트 구조 설계기준을 적용한 구조계산 결과를 판단할 수 있다. 4. 설계의 적정성 검토 후 수정보완 사항을 파악하여 재설계를 할 수 있다. 5. 구조물 설계도면에 기초하여 태양광 구조 설계 도서를 검토할 수 있다.
	6. 태양광발전어레이설계	1. 태양광발전 전기배선 설계하기	1. 태양광발전 모듈 출력 전압과 태양광 인버터의 입력 전압 범위를 이용하여 설치될 모듈의 최적 직렬 수를 계산할 수 있다. 2. 설치될 태양광발전 모듈의 직렬 수와 태양광 인버터의 용량에 따른 최적 병렬 수를 계산할 수 있다. 3. 온도에 따른 모듈의 출력전압을 계산할 수 있다. 4. 태양광 발전설비 및 계통연계지점과 근접한 곳으로 경제성 및 운영 측면을 고려하여 운용 및 유지관리에 유리한 지점으로 송변전설비의 위치를 선정할 수 있다. 5. 태양광 발전설비 및 계통연계를 맞춰 정격용량에 맞는 송변전설비를 선정할 수 있다.
		2. 태양광발전 모듈배치 설계하기	1. 설계 도면에 태양광발전 모듈을 배치할 수 있다. 2. 설계도면에 배치된 태양광발전 모듈의 배선을 설계할 수 있다. 3. 설계도면에 피뢰 소자를 배치할 수 있다. 4. 설계된 총 발전용량을 계산할 수 있다.

실기 과목명	주요항목	세부항목	세세항목
		3. 태양광발전 어레이 전압강하 계산하기	1. 태양광발전 모듈에서 접속반까지의 전압강하를 계산할 수 있다. 2. 접속반에서 태양광 인버터 입력단까지의 전압강하를 계산할 수 있다. 3. 전압강하 계산에 따른 가장 경제적인 전선을 선정할 수 있다.
	7. 태양광발전 계통연계장치 설계	1. 태양광발전 수배전반 설계하기	1. 전체적인 발전시스템을 파악하기 위해 태양광 발전시스템 단선결선도를 작성할 수 있다. 2. 발전소 용량에 적합한 차단기, 변압기 등의 수배전반 설비의 용량을 계산하여 설계에 반영할 수 있다. 3. 전기설비 기술기준 및 KEC에 의한 법령을 이해하여 설계할 수 있다. 4. 전기 설계도면에 기초하여 수배전반 설계도서를 작성할 수 있다. 5. 수배전반의 단락용량과 임피던스를 이용하여 보호계전기 용량 값을 산정할 수 있다.
		2. 태양광발전 모니터링시스템 설계하기	1. 수평 및 경사면 일사량계, 온도계 등 기상 관측 장비를 설계에 반영할 수 있다. 2. 태양광발전소의 안전한 관리를 위해 CCTV 및 출입통제 시설 등의 방범시스템을 모니터링 시스템에 반영하여 설계할 수 있다. 3. 태양광 발전설비의 야외 노출에 따른 직격뢰의 위험과 접지선, 전력선을 통한 간접뢰에 대한 방지 대책을 포함한 방재시스템을 모니터링 시스템에 반영하여 설계할 수 있다. 4. 태양광발전시스템의 실외시스템 설치면적을 고려하고, 전기실 등의 주요장비가 설치된 실내에 대하여 신뢰성이 확보된 방화시스템을 모니터링 시스템에 반영하여 설계할 수 있다. 5. 전기 설계도면에 기초하여 모니터링 시스템 설계도서를 작성할 수 있다.
	8. 태양광발전 토목설계	1. 태양광발전 토목 설계하기	1. 토목 기초에 따른 구조물 형태를 검토하여 설계에 반영할 수 있다. 2. 토목 기초에 따른 구조물 하중을 검토하여 설계에 반영할 수 있다. 3. 발전설비 용량에 따른 전기실 위치를 선정할 수 있다.

실 기 과목명	주요항목	세부항목	세세항목
			4. 발전설비 용량에 따른 전기실 면적을 산정할 수 있다. 5. 태양광발전소 주변의 배수로를 설계할 수 있다. 6. 토목, 건축 설계도면에 기초하여 공사 설계도서를 작성할 수 있다.
		2. 태양광발전 토목 설계도면 검토하기	1. 구조물 하중에 따른 침하여부를 파악하기 위하여 지내력 안전테스트 결과서를 검토할 수 있다. 2. 태양광발전부지의 태양광 어레이, 모듈의 수, 음영분석 결과, 적설, 계절별 경사각 등 발전량의 경제성 및 효율적 운영 측면을 고려하여 운용 및 유지관리에 유리한 토목 설계 여부를 검토할 수 있다. 3. 전기실 위치 선정과 면적 산을 발전설비 용량에 따라 경제적 설계 여부를 검토할 수 있다. 4. 토목, 건축 설계도면에 기초하여 공사 설계도서를 검토할 수 있다.
	9. 태양광발전장치 준공검사	1. 태양광발전 사용전 검사하기	1. 발전장치의 안정성을 위하여 보호계전기 동작 시험을 할 수 있다. 2. 전기 안전을 위하여 모선과 기기의 절연저항을 측정할 수 있다. 3. 공사 계획인가시의 규격이 현장에 시공된 규격과 일치하는지 확인할 수 있다. 4. 정기검사 시 기준 항목별 세부 검사내용을 확인할 수 있다. 5. 사용전 검사 항목별 세무 검사내용의 실행을 위한 전기설비의 구조적 안정성과 기술기준 적합 여부를 확인할 수 있다. 6. 전기설비의 보호를 위하여 안전장치의 동작 상태를 시험 확인할 수 있다.
	10. 태양광발전사업 환경분석	1. 주변 기상·환경 검토하기	1. 일사량과 일조시간 조건을 검토하여 설치각도를 계산할 수 있다. 2. 지반의 상태를 점검한 후 구조물 형태를 결정할 수 있다. 3. 주변 인프라 시설을 검토한 후 태양광 발전설비 설치가능 여부를 조사할 수 있다.

실기 과목명	주요항목	세부항목	세세항목
		2. 계통연계기술 분석하기	1. 태양광발전 어레이의 설치 각도에 따른 월간 발전 가능량을 산출할 수 있다. 2. 주변 한전계통을 확인하여 연계 기술을 선정할 수 있다. 3. 태양광발전 모듈의 온도계수와 특성을 파악하여 계절별 발전량을 산출할 수 있다. 4. 주변 환경을 고려하여 접지와 배선을 선정할 수 있다.
	11. 태양광발전 토목 공사	1. 태양광발전 토목공사 수행하기	1. 태양광발전부지 토목공사를 위해 설계도면 내용을 검토할 수 있다. 2. 태양광발전 토목 설계도서를 준용하여 토목 공사를 완료할 수 있다. 3. 설계도면과 비교하여 토목공사 완료 후 준공 검수할 수 있다. 4. 공사현장의 안전관리 준수 여부를 확인할 수 있다.
		2. 태양광발전 토목공사 관리하기	1. 태양광발전부지 토목공사 업체를 조사하여 발굴할 수 있다. 2. 태양광발전부지 토목공사 업체를 선정하여 토목공사를 발주할 수 있다. 3. 태양광발전부지 토목공사, 구조물 설치를 위하여 시공업체를 관리할 수 있다.
	12. 태양광발전 구조물 시공	1. 태양광발전 구조물 기초공사 수행하기	1. 구조설계를 위하여 선정부지의 경계 측량을 검토하여 정지작업을 할 수 있다. 2. 지반의 상태에 따라 문제점을 분석하여 해당 대책을 수립할 수 있다. 3. 태양광 토목 설계도서에 따라 태풍과 같은 바람, 폭우, 폭설에 견딜 수 있도록 구조물 기초공사를 할 수 있다. 4. 태양광발전부지 지반과 구조물 설계도서에 따라 태양광발전시스템 구조물 기초를 시공할 수 있다. 5. 설계도상 설치 위치 측정 후 부지경사, 어레이 이격 거리를 고려한 시공을 할 수 있다. 6. 나대지, 건축물, 시설물 등 현장 특성에 맞는 구조물기초를 선정하여 시공할 수 있다. 7. 구조 계산서에 따른 지역별 풍하중, 설하중을 적용하여 구조물 기초공사를 할 수 있다. 8. 태양광발전부지 동결 특성과 지내력 조건을 기반으로 구조물 기초를 시공할 수 있다.

실기 과목명	주요항목	세부항목	세세항목
		2. 태양광발전 구조물 시공하기	1. 태양광 발전용 구조물 설치순서, 양중방법 등의 설치 계획을 결정할 수 있다. 2. 태양광 발전용 구조물, 모듈 고정용 구조물 및 케이블 트레이용 찬넬 순으로 조립할 수 있다. 3. 건축물의 방수와 볼트조립 헐거움을 방지하도록 구조물 조립 공사를 할 수 있다. 4. 구조물 조립시 사용되는 체결용 볼트, 너트, 와셔 등 녹 방지 처리 및 처리 여부를 확인할 수 있다. 5. 태양광발전 모듈의 유지보수를 위한 공간과 작업안전을 위한 안전난간이 확보되어 있는지 점검할 수 있다. 6. 구조물 설치작업 시 울타리와 관제실 공사를 관리할 수 있다.
	13. 태양광발전 전기시설 공사	1. 태양광발전 어레이 시공하기	1. 전기공사를 진행하기 위하여 태양광발전 모듈을 설치할 수 있다. 2. 태양광발전 모듈의 설치시 구조물의 하단에서 상단으로 순차적으로 조립할 수 있다. 3. 태양광발전 모듈과 구조물의 접합시 전식 및 누설전류 방지를 위해 절연 개스킷을 사용하여 조립할 수 있다. 4. 어레이 결선 후, 접속반을 설치하여 결선(연결)할 수 있다.
		2. 태양광발전 계통연계장치 시공하기	1. 시스템의 설치도면을 기초로 태양광 인버터와 제어장치를 설치하여 결선작업을 할 수 있다. 2. 수배전반을 연결할 수 있다. 3. 태양광발전소 출력단에서 계통과 연계할 수 있다. 4. 사용전 검사를 위하여 발전량의 입출력 상태를 확인할 수 있다.
	14. 태양광발전시스템 감리	1. 착공 시 감리업무하기	1. 시공감리 및 설계감리 업무를 검토할 수 있다. 2. 설계도서를 검토할 수 있다. 3. 설계 변경 필요시 설계 변경 절차에 따라 처리할 수 있다. 4. 착공신고서를 검토 및 보고할 수 있다. 5. 공사 표지판을 설치할 수 있다. 6. 하도급 관련 사항을 검토할 수 있다. 7. 현장 여건을 조사할 수 있다. 8. 인허가 업무를 검토할 수 있다.

실기 과목명	주요항목	세부항목	세세항목
		2. 시공 시 감리업무하기	1. 감리를 기록하고 관리할 수 있다. 2. 시공 도면을 검토할 수 있다. 3. 부실공사방지 세부계획을 점검할 수 있다. 4. 공사업자에 대한 지시 및 수명사항을 처리할 수 있다.
		3. 공정관리하기	1. 시공 계획서를 검토할 수 있다. 2. 시공 상세도를 검토할 수 있다. 3. 시공 상태를 확인하고 검사할 수 있다.
	15. 태양광발전시스템 유지	1. 태양광발전 준공 후 점검하기	1. 태양광발전 어레이를 점검항목과 점검요령에 따라 측정하여 점검할 수 있다. 2. 접속반의 점검항목을 확인하여 점검요령에 따라 측정할 수 있다. 3. 태양광 인버터의 점검항목을 확인하여 점검요령에 따라 측정할 수 있다. 4. 태양광 발전용 개폐기, 전력량계, 분전반 내 주간선 개폐기를 점검요령에 따라 측정할 수 있다. 5. 태양광발전시스템을 운전, 정지 점검요령에 따른 조작, 시험, 측정을 통해 점검할 수 있다.
		2. 태양광발전 일상 점검하기	1. 태양광발전 어레이 일상점검 항목을 확인하여 점검요령에 따라 점검할 수 있다. 2. 접속반 일상점검 항목을 확인하여 점검요령에 따라 점검할 수 있다. 3. 태양광 인버터 일상점검 항목을 확인하여 점검요령에 따라 점검할 수 있다. 4. 태양전지의 주변 환경에 따른 이상 유무와 모듈의 인화성물체나 화재의 위험 가능성을 확인할 수 있다.
		3. 태양광발전 정기 점검하기	1. 전력기술 관리법에서 정한 용량별 횟수에 맞춰 정기점검을 할 수 있다. 2. 태양광발전 어레이 점검항목을 확인하여 점검요령에 따라 육안점검을 할 수 있다. 3. 중간단자함(접속반) 점검항목과 점검요령에 따른 육안점검, 측정, 시험을 통해 점검할 수 있다. 4. 태양광 인버터의 점검항목과 점검요령에 따른 육안점검, 측정, 시험을 통해 점검할 수 있다.

실기과목명	주요항목	세부항목	세세항목
	16. 태양광발전시스템 운영	1. 태양광발전 사업개시 신고하기	1. 시행기관으로 부터 승인을 받기위해 사업체의 사업개시신고 확인서류를 작성할 수 있다. 2. 제출된 사업개시신고서를 바탕으로 수행기관의 현장 확인 실사를 받을 수 있다. 3. 현장 확인 후 수정, 보완 사항을 신속히 처리하여 시행기관으로 부터 사업개시 승인을 받을 수 있다.
		2. 태양광발전설비 설치 확인하기	1. 태양광발전 모듈이 설계시방을 기준으로 안정적으로 설치되었는지를 확인할 수 있다. 2. 공정 기준에 따라 설치된 각 부품의 기능에 대한 성능 검사를 수행할 수 있다. 3. 설치된 발전설비 각 부품의 성능검사 후 문제 발생 시 교환과 수정을 처리할 수 있다. 4. 설계도면과 시방서에 의한 설치가 이뤄졌는지 확인할 수 있다.
		3. 태양광발전시스템 운영하기	1. 발전시스템 운영계획의 수립을 위해 운영에 필요한 인력, 장비 및 활용가능 범위를 파악할 수 있다. 2. 날씨, 계절에 따른 태양광발전소의 발전량을 분석할 수 있다. 3. 태양광 발전의 출력제어 기능과 효과를 파악하여 문제점 발생 시 출력량의 영향을 분석할 수 있다. 4. 점검과 보호를 통해 발전전력 효율 저하 방지와 장기간 운영을 하기위해 일별, 월별, 연간 운행 계획을 수립할 수 있다. 5. 발전시스템 운영을 위한 장치와 운영매뉴얼에 의한 향후 문제점을 확인하여 대처할 수 있다. 6. 모니터링 시스템의 구성을 파악하고 동작을 제어하여 태양광발전시스템을 운영할 수 있다. 7. 모니터링 시스템의 데이터를 분석하여 태양광발전시스템 각 구성요소의 상태를 파악할 수 있다.
		4. 품질관리하기	1. 품질관리에 관한 시험의 요령 및 조치를 취할 수 있다. 2. 시험성과를 검토할 수 있다. 3. 공인기관의 성능평가 결과를 검토할 수 있다. 4. 기성부분 검사 절차서를 작성할 수 있다.

실기과목명	주요항목	세부항목	세세항목
		5. 발전시스템 성능진단하기	1. 태양광 모듈의 출력량을 점검할 수 있다. 2. 태양광 인버터의 입·출력량을 점검할 수 있다. 3. 접속반의 입·출력량을 점검할 수 있다. 4. 태양광 인버터의 과전압 및 지락시험을 할 수 있다.
	17. 태양광발전 주요장치 준비	1. 태양광발전 모듈 준비하기	1. 태양광발전 모듈에 사용되는 태양전지의 종류와 특성에 기반하여 모듈의 특징을 비교 조사할 수 있다. 2. 태양전지 광전변환효율을 계산하여 광전 변환 효율이 100%가 되지 않는 이유를 설명할 수 있다. 3. 태양광발전 모듈의 전기적 특징을 이해하여 직류 전압, 전류 특성곡선(V-I)을 분석할 수 있다. 4. 태양광발전 모듈 온도계수 특성을 파악하여 온도에 따른 전압변화율을 계산할 수 있다. 5. 태양광발전 모듈의 특성을 이해하여 직병렬 어레이 구성을 할 수 있다. 6. 설치 전 태양광발전 모듈 취급 시 주의사항에 따라 시공을 준비할 수 있다.
		2. 태양광 인버터 준비하기	1. 태양광 인버터 입력전압 범위에 따른 어레이 직병렬의 최적 동작 전압 범위를 검토할 수 있다. 2. 태양광 인버터의 기능과 특성을 조사하여 태양광 인버터 운전을 검토할 수 있다. 3. 태양광 인버터 제조사의 사양 일람표를 참조하여 역율과 효율을 비교 검토할 수 있다. 4. 태양광발전 모듈의 설비용량을 기준으로 태양광 인버터 용량을 계산할 수 있다.

실기과목명	주요항목	세부항목	세세항목
	18. 태양광발전 연계장치 준비	1. 태양광발전 수배전반 준비하기	1. 분산형 전원 계통 연계 기술기준에 따른 저압 계통연계 수배전반을 구성할 수 있다. 2. 분산형 전원 계통연계 기술기준에 따른 고압 계통연계 수배전반을 구성할 수 있다. 3. 설비용량에 따른 송전용 변압기의 용량 산정을 할 수 있다. 4. 태양광발전 전용 축전지의 용도를 조사하여 설비용량에 맞는 계통연계 시스템용 축전자를 선정할 수 있다. 5. 태양광발전 교류측 구성 기기를 용도에 맞게 구성할 수 있다.
		2. 태양광발전 주변기기 준비하기	1. 접속반의 내부 회로를 구성하여 설치용량 적합 여부를 검토하여 선정할 수 있다. 2. CCTV 시스템 구성 환경에 맞는 시스템을 구축할 수 있다. 3. 피뢰설비 설치기준, 시스템 보호 대책에 따라 방제시스템을 구축할 수 있다. 4. 태양광발전시스템 방화대책에 따라 케이블, 접속반, 변압기, 전력기기 등의 화재탐지 및 경보, 소화대책을 반영한 방화시스템을 구축할 수 있다. 5. 모니터링 구성 방법에 따라 각 모듈 간 데이터를 취합한 통합 모니터링 시스템을 구축할 수 있다.
	19. 태양광발전시스템 보수	1. 태양광발전시스템 보수하기	1. 설비 이상 상태를 발견하면 사용을 중지하고 보고할 수 있다. 2. 태양광 인버터, 접속반, 차단기, 동작을 정지할 수 있다. 3. 이상 상태가 발생한 설비 부품을 교환할 수 있다. 4. 이상원인을 분석하고 긴급조치 후 외부 전문가에게 의뢰할 수 있다. 5. 이상원인 처리 결과를 설비관리 기록 대장에 기록할 수 있다.

실기 과목명	주요항목	세부항목	세세항목
		2. 태양광발전 특별 점검하기	1. 태양광 발전소 유지관리를 위한 태양광 인버터의 상태를 점검할 수 있다. 2. 태양광 발전소 유지관리를 위한 태양광발전 모듈의 표면 상태를 확인할 수 있다. 3. 태양광 발전소 유지관리를 위한 전선류의 피복 상태를 점검할 수 있다. 4. 태양광 발전소 유지관리를 위한 수배전반의 이상 유무를 파악할 수 있다.
	20. 태양광시스템 안전관리	1. 안전교육 실시하기	1. 작업착수 전 작업절차를 교육할 수 있다. 2. 보호장구 상태를 교육할 수 있다. 3. 전기설비 안전장비상태 등 각종 안전 교육할 수 있다.
		2. 안전장비 보유상태 확인하기	1. 정기안전검사 대상을 점검할 수 있다. 2. 보호 장구상태를 점검할 수 있다. 3. 전기설비 안전장비상태를 점검할 수 있다. 4. 정기안전 검사를 실시할 수 있다. 5. 안전점검 일지를 작성할 수 있다.

목 차

.... 001

제 1 장 음영 분석 001

    ① 음영의 유형 및 분석 001

제 2 장 태양광 발전 설비 용량 산정 004

    ① 발전설비용량 산정 004

    ② 태양광 발전 모듈 선정 (모듈의 수량 및 사양의 선택) 005

    ③ (태양광 인버터)PCS 선정 006

    ④ 모듈의 온도특성 015

제 3 장 태양광 발전 시스템 구성요소 017

    ① 태양전지 017

    ② 태양광 발전 모듈 034

    ③ 전력 변환 장치(PCS: Power Conditioning System) 049

    ④ 바이패스 070

    ⑤ 역률방지소자 071

    ⑥ 접속함 072

    ⑦ 피뢰소자(서지 보호 장치) 075

제 4 장 태양광 발전 사업 환경분석 078

    ① 일조시간 & 일조량 078

    ② 태양의 고도와 방위각 080

    ③ 설치 가능여부 082

제 5 장 태양광 발전부지 조사 ··· 085
1 태양광 발전 부지 타당성 조사 ··· 085

제 6 장 국토 이용에 관한 법령 검토 ··· 087
1 전기사업법령 ··· 087
2 전기 공사업법령 ··· 088
3 전기(발전)사업 허가 기준 ··· 088

제 7 장 신재생 에너지 관련 법령 검토 ··· 090

제 8 장 태양광 발전 사업 계획서 작성 ··· 093

제 9 장 태양광 발전 인허가 검토 ··· 095
1 인허가 법령 검토 ··· 095
2 개발 행위 인허가 검토 ··· 096
3 제반 서류 및 첨부 서류 준비 ··· 098

제 10 장 태양광 발전 경제성 분석 ··· 100
1 경제성 분석 ··· 100
기출 및 출제 예상문제 ··· 103

제 2 과목　태양광 발전 설계 ································· 131

제 1 장　태양광발전 토목설계 ································· 131

◘ 태양광발전 구조물 설계 검토 ································· 163

1. 구조 설계 시 기본 방향 ································· 163
2. 구조물형태와 구조물 하중에 따른 토목 기초 설계 ················ 164
3. 토목 설계도서 작성시 고려사항 ································· 165
4. 부지선정 절차 ································· 165

◘ 태양광발전 전기배선 설계 ································· 168

1. 내선규정 ································· 213
2. 1400-1 전압의종별 ································· 219
3. 설비 부하 평형의 시설 ································· 219
4. 전압강하 ································· 221
5. 3상 4선식 접속의 경우에 전압 측 전선의 표시 ················ 222
6. 절연전선(코드) ································· 223
7. 저압케이블 ································· 223
8. 고압 및 특 고압 케이블 ································· 224
9. 전선의 접속 ································· 224
10. 전선의 접속방법 ································· 226
11. 저압 전로의 절연저항 ································· 230
12. 고압 및 특 고압의 회전기 정류기의 절연내력 ················ 230

- 태양광 발전 모듈배치 설계 ·· 234
- 태양광 발전 계통연계장치 설계 ·································· 266
- 태양광발전 관제 시스템 설계 ······································ 308
- 태양광 발전 시스템 감리 ··· 320
- 도면작성 ·· 347
    - 기출 및 출제 예상문제 ·· 348

제 3 과목 태양광 발전 시공 ·········· 382

제 1 장 태양광발전 공사 ·········· 382

1. 설계도면의 해석 ·········· 382
2. 설계 도면 개요 ·········· 382
3. 토목시공 시준 ·········· 385
4. 구조물의 기초 터파기 ·········· 387
5. 사용자재의 규격 ·········· 390
6. 되메우기 및 다지기 ·········· 392
7. 배수관 자재 ·········· 394
8. 옹벽쌓기 자재 ·········· 395
9. 시방서 검토 ·········· 397

제 2 장 태양광발전 구조물 시공 ·········· 403

제 3 장 태양광발전 토목공사 관리 ·········· 414

제 4 장 태양광발전 전기시설 공사 ·········· 415

- 태양광발전 계통연계장치 시공 ·········· 428
- 전기, 전자 기초 ·········· 445

제 5 장 태양광발전장치 준공검사 ·· 446

1. 보호계전기 특성 및 동작시험 ·· 446
2. 접지 및 절연저항 ·· 455
3. 접지선 ·· 459
4. 접지극 ·· 460
5. 기기접지의 접지방식 ·· 464
6. 절연저항 ·· 470
7. 보호장치 종류 및 시설조건 ·· 473
8. 안전진단 절차 및 설비 ··· 476
9. 단락전류 및 지락전류 ·· 478
10. 낙뢰 보호 설비 등 ··· 488
11. 사용 전 검사 준비 ··· 491
12. 항목별 세부검사 및 동작시험 등 ··································· 499

◘ 배관·배선 공사 ··· 511

1. 배선 시공 ·· 511
2. 배관 시공 ·· 518
3. 금속제가요전선관 및 부속품 ·· 523
4. 케이블트레이 시공 ·· 524
5. 덕트 시공 등 ··· 528

◘ 전기, 전자 기초 ··· 531

1. 전기 기초 이론 ··· 531

제 6 장 정현파 교류 ·· 537

제 7 장 기본교류 회로 ·· 547

제 8 장 교류전력 ··· 557

제 9 장　전자기초이론 ··· 561
　　1 송전설비 기초이론 ·· 585
제 10 장　송전 특성 및 조상 설비 ·· 600
제 11 장　배전설비 기초이론 ··· 612
제 12 장　배전선로의 전기적 특성 및 부하특성 ································· 621
　　1 선로정수 ·· 621
　　2 전압강하 ·· 621
　　3 부하특성 ·· 624
제 13 장　변전설비 기초이론 ··· 627
　　1 직접 접지 방식 ··· 632
　　2 저항 접지 방식 ··· 633
　　3 소호리액터 접지 방식 (PC 접지 방식) ····················· 633
제 14 장　이상전압 및 개폐기 ·· 637
　　　　　기출 및 출제 예상문제 ·· 648

제 4 과목　태양광 발전 운영·· 676

Part 01　태양광발전 시스템 운영 ·· 676

제 1 장　태양광발전 사업개시 신고 ·· 676

① 사업개시 신고 등 ··· 676
② SMP 및 REC 정산관리 등 ·· 678
③ 전기 안전 관리자 선임 등 ·· 688
④ 태양광발전설비 설치 확인 ·· 691
⑤ 설치된 발전설비 부품의 성능검사 등 ·· 694
⑥ 태양광 발전 시스템 설비 설치의 품질 관리 기준 ··························· 706
⑦ 발전설비 설치 확인 등 ··· 709
⑧ 태양광 발전 시스템 배선 확인 ··· 709
⑨ 태양광 발전 시스템 설비 설치 유지 보수에 따른 고려 사항 ·········· 710

제 2 장　태양광 발전 시스템의 운영 ·· 712

① 발전시스템 점검 방법과 시기 ··· 712
② 태양광 발전설비표 ·· 715
③ 전력변환장치의 일반 규격 ·· 719
④ 종합연동시험 검사 ·· 722
⑤ 부하운전시험 검사 ·· 722
⑥ 기타 부속설비 ·· 722
⑦ 검사 항목 및 방법 ··· 733
⑧ 태양광 모니터링 시스템 ·· 736
⑨ 발전시스템 운영 관리 계획 ·· 740
⑩ 발전시스템 비정상 운영 시 대처 및 조치 등 ································· 741

Part 02 태양광발전 시스템 유지 ·········· 742

1. 태양광발전 준공 후 점검 ·········· 742
2. 접속반, 인버터, 주변 기기·장치 점검 ·········· 745
3. 운전, 정지, 조작, 시험준공도면 검토 ·········· 752
4. 태양광발전 점검개요 ·········· 755
5. 일상점검 항목 및 점검 요령 ·········· 756
6. 정기점검 항목 및 점검 요령 ·········· 759
7. 태양광발전 유지·관리 ·········· 773
8. 송전설비 유지관리 ·········· 776
9. 태양광 발전 시스템의 고장 원인 ·········· 795
10. 태양광발전 시스템 문제진단 ·········· 796
11. 유지관리 매뉴얼 ·········· 799

Part 03 태양광시스템 안전관리 ·········· 801

1. 태양광발전 시공상 안전확인 ·········· 801
2. 안전교육의 시행과 훈련 ·········· 803
3. 안전관리 조직 운영 등 ·········· 810
4. 태양광발전 설비상 안전확인 ·········· 812
5. 설비 보존계획 ·········· 816
6. 작업 중 안전대책 등 ·········· 819
7. 태양광발전 구조상 안전 확인 ·········· 823
8. 구조물 시공 절차와 방법 ·········· 825
9. 태양광 발전 시스템용 구조 안전 계산서 및 확인서 ·········· 828
10. 천재지변에 따른 구조상 안전계획 ·········· 829
11. 안전관련 법규 등 ·········· 830
12. 안전관리 장비 ·········· 832
13. 안전장비 보관요령 ·········· 835
    기출 및 출제 예상문제 ·········· 840

제 1 과목 태양광 발전 기획

태양광 발전 기획

제 1 장 음영 분석

1. 태양광발전 설비용량조사	1. 음영분석	1. 음영분석
		2. 어레이 이격거리

1 음영의 유형 및 분석

1. 태양광 모듈에 음영이 발생하는 경우 직달 일사량 자체가 줄어들기 때문에 발전량이 감소하는 것은 당연한 원리이지만, 부분 음영에 의한 전체 시스템의 발전량 감소도 매우 큰 영향 요소이다. 직렬로 연결된 태양 전지의 일부분에 음영이 지면 마치 배관 내 일부분에 병목 현상이 발생하는 것과 같은 원리이기 때문에 전체 시스템의 발전 효율도 크게 감소한다. 따라서 태양광 모듈에 음영이 생기지 않도록 설계하는 것이 무엇보다도 중요하다.

2. 태양광 발전 시스템 설치 시 주위에 일사량을 저해하는 요소가 없어야 하며, 특히 오전 9시에서 오후 4시까지 음영이 발생되지 않아야 한다.

(1) 대기질량 정수(air mass)

① 공기 질량 계수
② 지구의 대기를 통과하는 직접적인 광학 경로 길이로 정의
③ 수직 상향 경로 길이에 비례
④ 태양복사에너지가 대기를 통과한 후 태양스펙트럼을 특성화
⑤ 표준화 된 조건에서 태양전지의 성능을 특성화하는데 사용
⑥ "AM" 다음에 숫자를 사용
⑦ "AM1.5"는 태양전지의 변환효율을 나타낼 때 또는 모듈을 특성화 할 때 보편적으로 사용한다.

$$Air\ Mass = \frac{1}{\cos\alpha} = \frac{1}{\sin\beta}$$

α: 천정에서 내려다 보는 각(천정각)

β: 지표에서 올려다 보는 각(태양고도각)

AM0 : 대기권 밖 스펙트럼상태 ($1,365\ W/m^2$)

AM1 : 태양에너지가 수직으로 비추는 상태의 스펙트럼상태

AM1.5 : 일반적인 태양에너지가 비추는 스펙트럼상태 (약 $1,000\ W/m^2$)

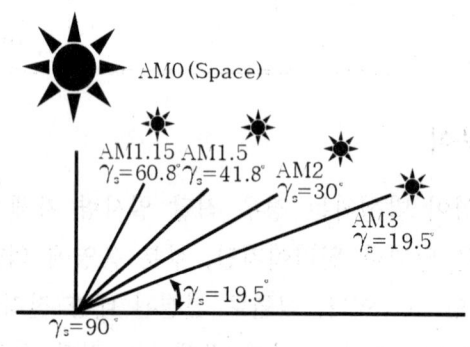

Air Mass

(2) 음영과 구조물 간의 이격 거리

① 대용량 발전 시스템의 어레이 설계 역시 소용량과 마찬가지로 모듈의 특성에 따라 어레이 용량 등을 결정한다.

② 소용량 발전 시스템과 달리 대용량 발전 시스템 어레이 설계 시에는 어레이 간의 이격 거리에 유의해야 한다.

③ 대용량 발전 시스템은 소용량에 비해 많은 어레이로 구성되어 있어 어레이 간에 이격 거리를 잘못 설정할 경우, 음영에 의한 시스템 효율 저하를 초래할 수 있다.

④ 어레이의 이격 거리는 계산식 또는 음영 분석 시뮬레이션 프로그램을 이용하여 계산이 가능하다.

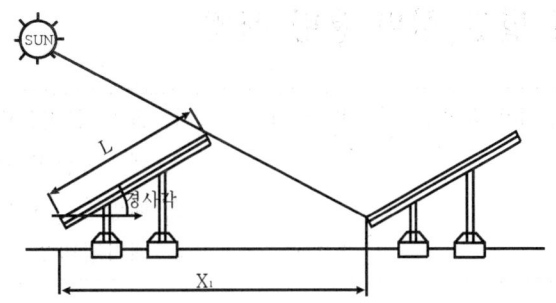

$$X_1 = L[\cos\theta + \sin\theta \times \tan(\phi + 23.5°)]$$

X_1: 어레이 최소 이격 거리
L: 어레이 길이
θ: 어레이 경사각
ϕ: 설치 지역 위도

어레이 이격 거리 $d = LX[\cos\alpha + \sin\alpha X \tan(lat(\text{그 지방의 위도}) + 23.5°)]$ 식

제 2 장 　태양광 발전 설비 용량 산정

	2. 태양광발전 설비용량 산정	1. 발전 설비용량 산정
		2. 태양광발전 모듈 선정
		3. 태양광 인버터 선정
		4. 태양광발전 모듈의 온도계수 특성

1 발전설비용량 산정

① 어레이 설치 부지 면적 결정 : 발전소 부지에 대한 어레이 설치 부지 면적을 결정

② 태양 전지 모듈 결정 : 태양 전지의 효율, 가격, 수명, 신뢰성, 규격(면적) 등을 고려하여 브랜드 및 모델을 결정

③ 모듈의 배열(어레이 결정) : PCS 전압 범위에 따른 직렬(스트링) 수, 병렬 수를 결정

④ 구조물(지지대, 기초) 결정

⑤ 이격 거리 산정 : 이격 거리 산출식에 의해 어레이 간 이격 거리를 산정

⑥ 설치 가능한 모듈의 총 수 산출 : 총 모듈 수 = 부지 면적 / (모듈 좌우 길이 × 이격 거리)

⑦ 설치 가능 용량 산출 : 설치 용량[Wp] = 총 모듈 수(직렬 수 × 병렬 수) × 모듈 한 개의 용량[Wp]

```
       ┌─────────────────────────────┐
       │     어레이 설치 부지면적 결정     │
       └─────────────────────────────┘
                      ⇩
       ┌─────────────────────────────┐
       │       태양전지 모듈 선정         │
       └─────────────────────────────┘
                      ⇩
       ┌─────────────────────────────┐
       │         모듈의 배열 결정         │
       │  (전압 범위에 따른 직렬수, 병렬수) │
       └─────────────────────────────┘
                      ⇩
       ┌─────────────────────────────┐
       │    구조물(지지대, 기초) 결정     │
       └─────────────────────────────┘
                      ⇩
       ┌─────────────────────────────┐
       │      어레이간 이격거리 산정      │
       └─────────────────────────────┘
                      ⇩
       ┌─────────────────────────────┐
       │   설치 가능한 모듈의 총 수 계산   │
       │ 모듈 총 수 = 부지면적/(모듈좌우길이×이격거리) │
       └─────────────────────────────┘
                      ⇩
       ┌─────────────────────────────┐
       │     설치용량[Wp] = 모듈 총 수    │
       │   (직렬 수×병렬 수) × 모듈 1개 Wp │
       └─────────────────────────────┘
```

〈 설치 가능 발전 용량 산출 순서〉

2 태양광 발전 모듈 선정 (모듈의 수량 및 사양의 선택)

1) **발전 시스템 용량 결정** : 부지 면적(설치 가능 면적), 모듈 1매의 크기, 모듈 1매의 최대 출력 등에 의해 결정

2) **태양 전지 모듈의 선정** : 태양 전지의 종류, 효율, 크기, 최대 출력, 가격 등을 고려하여 결정

3) **파워컨디셔너의(PCS, 태양광 인버터) 선정** : 절연 방식, 입력 전류 범위, 정격 출력, 운전 대수, 효율 고려해 결정

4) **모듈의 직렬 수 계산**

 ① 모듈의 개방 전압 온도 계수(부 특성)을 고려

 ② 모듈 표면 온도가 최저인 상태에서의 모듈 개방 전압(V_{oc}) 과 모듈직렬수의 곱이 파워컨디셔너의 입력

전압 변동 범위의 최고값 미만이 되도록 선정

③ 모듈의 직렬수 < $\dfrac{\text{인버터 입력전압 변동범위 최고값}}{\text{모듈표면온도가 최저인 상태의 개방전압}}$ [개]

5) 모듈의 병렬 수 계산

① 모듈의 단락전류 온도계수(정 특성)을 고려

② 모듈의 표면 온도가 최고인 상태에서의 모듈 단락전류(Isc)와 모듈병렬수의 곱이 파워컨디셔너의 최대입력전류 미만이 되도록 선정

③ 모듈의 병렬 수 < $\dfrac{\text{인버터 최고입력전류}}{\text{모듈표면온도가 최고인 상태의 개방전압}}$ [개]

④ 모듈의 직병렬 수 검토 [직렬 수 X 병렬 수 X 모듈 1장 면적] 〈 설치 면적이 되도록 선정

3 (태양광 인버터)PCS 선정

1. PCS의 주요 기능

① 파워컨디셔너는 태양 전지에서 출력된 직류 전력을 교류 전력으로 변환한다.

② 교류 계통에 접속된 부하 설비에 전력을 공급함과 동시에 잉여 전력을 전력 계통으로 역 조류하는 장치이다.

③ 제어기능도 갖추고 있다.

④ 이 제어 기능은 태양 전지의 발전력을 최대한 확보 할 수 있도록 해 준다.

⑤ 동시에 파워컨디셔너는 전력 계통과 접속하여 운전하기 때문에 「전력 품질 확보에 관련된 계통 연계 기술 요건 가이드라인」 및 「전기 설비 기술 기준 해석」의 기준을 만족시키는 기능을 가지고 있다.

(1) 자동 운전 정지 기능

① PCS는 새벽, 일출과 함께 일사 강도가 증대하여 출력을 유도할 수 있는 조건이 되면 자동적으로 운전을 개시한다.

② 일단 운전을 시작하면 태양 전지의 출력을 스스로 감시하고 자동적으로 운전한다.

③ 출력의 유도가 가능한 동안은 운전을 계속하고 일몰 시에 운전을 정지한다.

④ 흐린 날이나 비가 내리는 날에도 운전을 계속할 수 있지만, 태양 전지 출력이 작아지고 파워컨디셔너 출력이 거의 0이 되면 대기 상태가 된다.

(2) 최대 전력 추종 제어(MPPT) 기능

① 태양 전지의 출력은 일사 강도나 태양 전지 표면 온도에 따라 이동한다.

② 이들 변동에 대해 태양전지의 동작점이 항사 최대 출력점을 추종하도록 변화시켜, 태양 전지에서 최대 출력을 유도하는 제어를 최대 전력 추종(MPPT : Maximum Power Point Tracking)제어라 한다.

③ MPPT 제어는 파워컨디셔너의 직류 동작 전압을 일정 시간 간격으로 약간씩 변동시켜, 그 때의 태양 전지 출력전력을 이전과 비교하고, 항상 전력이 커지는 방향으로 파워컨디셔너의 직류 전압을 변화시킴으로써 태양 전지에서 최대 출력을 유도한다.

④ A점에서 작동하고 있을 때 동작 전압을 V1에서 V2로 변화시키면 동작점은 B점이 되고, 출력 전력은 P1, P2로 변화하여 출력 전력이 커진다.

⑤ V2에서 V1으로 돌아가면 동작점은 A점으로 돌아가 출력 전력은 P1으로 돌아간다.

⑥ 출력 전력은 V1보다 V2쪽이 커진다.

⑦ 동작 전압을 V2로 변화시킨다.

⑧ D점에서 동작하고 있는 경우에는 같은 동작으로 동작 전압이 V4보다 V3일 때 출력 전력이 크기 때문에 동작 전압을 V3로 변화시킨다.

⑨ 시행하면 동작점을 태양 전지의 최대 전력점에 유지시킬 수 있다.

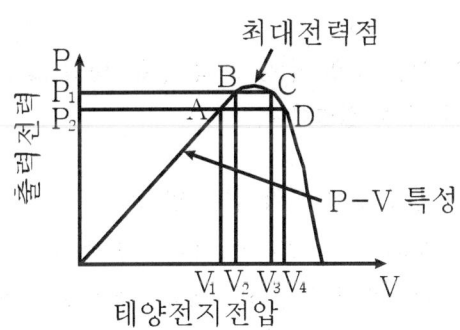

〈최대 전력 추종 제어의 예〉

(3) 단독 운전 방지 기능

① 태양광 발전 시스템이 전력 계통에 연계되어 있는 상태로 전력 계통측에 정전이 된 경우와 부하전력이 파워컨디셔너의 출력 전력과 동일한 경우에는 파워컨디셔너의 출력 전압·주파수가 변화하지 않고, 전압, 주파수 계전기에서는 정전을 검출할 수 없다.

② 단독운전의 정의 : 태양광 발전 시스템에서 계통으로 전력이 공급될 가능성이 있다.

▎단독 운전이 발생

① 전력 회사의 배전망에서 전기적으로 끊겨 있는 배전선에 태양광 발전 시스템에서 전력이 공급되어 보수 점검자에게 위해를 끼칠 우려가 있다.

② 태양광 발전 시스템의 운전을 정지할 필요가 있지만, 단독 운전 상태에서는 앞서 설명한 것과 같이 전압 계전기(OVER, UVR), 주파수 계전기(OFR, UFR)로는 보호할 수 없다.

③ 그 대책으로 단독 운전 방지 기능을 설치하여 태양광 발전 시스템을 안전하게 정지할 수 있다.

④ 파워컨디셔너에는 수동적 방식과 능동적 방식의 단독운전 방지 기능이 내장되어 있다.

1) 수동적 방식

① 연계 운전에서 단독 운전으로 이행했을 때의 전압 파형이나 위상등의 변화를 파악하여 단독 운전을 검출하려고 하는 것이다.

2) 능동적 방식

① 인버터에 변동 요인을 항상 주어 연계운전 시에는 그 변동 요인이 출력에 나타나지 않고 단독 운전 시에는 나타나게 하여 이상을 검출하는 것이다.

3) 수동적 방식

가장 많이 사용되고 있는 전압 위상 도약 검출 방식 및 기능적 방식을 하나의 예로 무효 전력 변동 방식에 대해 설명한다.

(가) 수동적 방식 – 전압 위상 도약 검출 방식

전력 계통에 연계하는 파워컨디셔너는 항상 역률 1로 운전되어, 전압과 전류는 거의 동상이고 유효 전력만 공급하고 있다. 단독 운전 상태가 되면 그 순간부터 무효전력도 포함해서 공급해야 하기 때문에 전압 위상이 급변한다.

〈수동적 방식(검출 시한 0.5초 이내, 보유 시한 5~10초)〉

종별	개요
1. 전압 위상 도약 검출 방식	단독 운전 시행 시의 인버터 출력이 역률 1운전에서 부하의 역률로 변화한다. 하는 순시 전압의 위상 도약을 검출한다. 단독 운전 이행시 위상 변화가 발생하지 않을 때는 검출되지 않는다. 오작동이 적고 실용적이다.
2. 제 3고조파 전압 급증 검출방식	단독운전 이행시 변압기의 여자전류 공급에 따른 변압 왜곡의 급증을 검출한다. 부하가 되는 변압기와의 조합이기 때문에 오동작의 확률이 비교적 적다.
3. 주파수 변화율 검출방식	주로 단독 운전을 이행시에 발전 전력과 부하의 불평형에 의한 주파수의 급변을 검출한다.

(나) 능동적 방식 － 무효 전력 변동방식
　① 파워컨디셔너의 출력 전압 주기를 일정 기간마다 변동시키면 보통 때는 전력 계통측의 백파워(Back Power)가 크기 때문에 출력 주파수는 변화하지 않고 무효 전력의 변화가 나타난다.
　② 단독 운전에서는 주파수 변화로만 나타난다.
　③ 주파수의 변화를 재빨리 검출하여 단독 운전 판정을 한다.
　④ 오동작을 방지하기 위해 주기를 변동시켰을 때만 출력 변동을 검출한다.

〈능동적 방식(검출 시한 0.5~1초)〉

종별	개요
1. 주파수 시프트 방식	인버터의 내부 발진기에 주파수 바이패스를 부여하고, 단독 운전시에 나타나는 주파수 변동을 검출한다.
2. 유효전력 변동방식	인버터의 출력에 주기적인 유효전력 변동을 부여하고, 단독 운전시에 나타나는 전압, 주파수 변동을 검출한다.
3. 무효전력 변동방식	인버터의 출력에 주기적인 무효 전력 변동을 부여하고, 단독 운전시에 나타나는 주파수 변동을 검출한다.
4. 부하 변동방식	인버터의 출력과 병렬로 임피던스를 순시적으로 또한 주기적으로 삽입하고, 전압 전류의 급변을 검출한다.

이때 전압 위상의 급변을 검출하는 것이 전압 위상 도약 검출 방식이다. 본 방식에서는 계통에 접속되어 있는 변압기의 돌입 전류 등으로 인해 오동작이 발생하지 않도록 주의해야 한다.

(4) 자동 전압 조정기능

① 태양광 발전 시스템을 계통에 접속하여 역조류 운전을 한 경우, 전력 역송을 위해 수전점의 전압이 상승하고 전력 회사의 운용 범위를 넘을 가능성이 있다.
② 자동 전압 조정 기능을 설치하여 전압이 상승하는 것을 방지하고 있다.
③ 용량이 적은 것은 전압이 상승할 가능성이 극히 적으므로 이 기능을 생략할 수 있다.

(가) 진상 무효 전력 제어
① 전력 계통에 연계하는 파워컨디셔너는 전력 계통 전압과 출력 전류의 위상을 동 상으로 하고 보통 때는 역률 1로 운전하고 있다.
② 연계 점의 전압이 상승하여 진상 무효 전력 제어에서 설정한 전압 이상이 되면, 역률 1의 제어를 해소하고 인버터의 전류위상을 계통전압보다 앞으로 진행시킨다.
③ 전력 계통 측에서 유입하는 전류가 지연전류가 되고, 연계점의 전압을 내리는 방향으로 작용한다.
④ 전류의 제어는 역률 0.8까지 실시되고, 이에 따른 전압 상승의 억제 효과는 최대 2~3%정도이다.

(나) 출력 제어
① 진상 무효 전력 제어에 따른 전압 억제가 한계에 달해 전력 계통 전압이 상승하는 경우에는 태양광 발전 시스템의 출력을 제한하여 연계점의 전압 상승을 방지한다.
② 배전선의 전압이 높은 경우에는 출력 제어가 동작하고 발전량이 저하되기 때문에 주의해야 한다.

(5) 직류 검출 기능

① 파워컨디셔너는 반도체 스위치를 고주파에서 스위칭 제어하고 있기 때문에, 소자의 불규칙함 등에 따라 그 출력에는 조금씩 직류분이 중첩한다.
② 상용 주파수 절연 변압기를 내장하고 있는 파워컨디셔너에서는, 직류분이 절연 변압기에 의해 저지되기 때문에 전력 계통 측으로 유출하는 경우는 없다.
③ 고주파 변압기 절연 방식이나 트랜스리스식에서는 파워컨디셔너 출력이 직접 계통으로 접속되기 때문에 직류분이 존재하면 주상변압기의 자기포화 등 전력 계통 측에 악영향을 준다.
④ 이를 피하기 위해 고주파 변압기 절연 방식이나 트랜스리스식의 파워컨디셔너에서는 출력전류에 중첩하는 직류분이 정격 교류 출력 전류의 1% 이하로 필히 유지시키고 있다.
⑤ 직류 분을 억제하는 직류제어기능과 함께, 만일 이 기능에 장애가 생긴 경우, 파워컨디셔너를 정지시키는 보호 기능이 내장되어 있다.

(6) 직류 지락 검출 기능

① 트랜스리스식의 파워컨디셔너에서는 태양 전지와 전력 계통측이 절연되어 있지 않기 때문에 태양전지의 지락에 대한 안전 대책이 필요하다.
② 보통 수전점(분전반)에는 누전차단기가 설치되어 있어 실내 배선이나 부하 기기의 지락을 감시하고 있다.
③ 태양 전지에서는 지락이 발생하면 지락 전류에 직류 성분이 중첩되어, 통상 누전차단기로는 보호할 수 없는 경우가 있다.
④ 파워컨디셔너 내부에 직류 지락 검출기를 설치하여 검출하고 보호해야 한다.
⑤ 이 기능의 검출 주순으로는 100mA 정도로 실정되는 경우가 많다.

2. 중요 고려 사항

① 국내·외 이증 제품 선정
② 전력 변환 효율이 높을 것
③ 저부 하시, 대기 시 손실이 적을 것
④ 고조파, 잡음 발생이 적을 것
⑤ 수명이 길고 신뢰서이 높을 것
⑥ 제품의 수급 및 A/S 체계 확인

3. PCS(인버터)의 선정 요소

(1) 인버터의 선정

1) 종합적 체크사항 : 연계하는 한전측과 전기방식, 일치, 인증여부, 설치의 용이성, 비상시 자립운전 여부, 축전지 운전 연계 가능, 수명, 신뢰성, 보호장치 설정/시험 용이, 발전량 확인 용이, 서비스네트워크 구축 등
2) 태양광의 유효 이용 관련 체크사항 : 전력 변환 효율이 높고, 최대 전력 추종제어(MPPT)가 용이할 것, 대기 손실 및 저 부하 손실이 적을 것
3) 전력품질 및 공급의 안정성 측면의 체크사항 : 잡음 및 직류 유출, 고조파 발생이 적을 것, 기동, 정지가 안정적일 것
4) 기타의 확인 사항
 가) 제어방식 : 전압형 전류 제어방식
 나) 출력 기본파 역률 : 95% 이상
 다) 전류의 왜형률 : 종합 5% 이하, 각 차수마다 3%이하
 라) 최고 효율 및 유로피언 효율이 높을 것

(2) 인버터 설치상태 : 옥내, 옥외용을 구분하여 설치하여야 한다. 단, 옥내용을 설치하는 경우는 5[kw] 이상 용량일 경우에만 가능하며 이 경우 빗물 침투를 방지할 수 있도록 옥내에 준하는 수준으로 외함 등을 설치하여야 한다.

(3) 인버터 설치 용량 : 인버터의 설치 용량은 설계 용량 이상이어야 하고, 인버터에 연결된 모듈의 설치 용량은 인버터의 설치 용량의 105% 이내이어야 한다.

(4) 인버터의 표시사항 : 입력단(모듈 출력) 전압, 전류, 전력과 출력단(인버터 출력)의 전압, 전류, 전력, 역률, 주파수, 누적 발전량, 최대출력량(peak)이 표시되어야 한다.

4. PCS의 분류

전류	자기 전류 방식	전압의 크기, 주파수, 위상각 일치 필요
		위상각 조정 가능
	강제 전류 방식	전압 크기만 일치 필요
		위상각 조정 가능
제어 방식	전압 제어형	출력 전압의 크기와 위상 제어
		자립 운전 가능
		과전류 고장 전류 억제 어려움
	전류 제어형	출력 전류의 크기와 위상 제어
		자립 운전 불리
		과전류 고장 전류 억제 가능

(1) 절연방식에 따른 분류

절연방식		
절연방식	상용 주파 수 절연 방식	직류 입력을 상용 주파수의 교류로 변환 후 상용 주파수 변압기로 절연된다.
		회로 구성이 가장 간단하다.
		상용 주파수 변압기로 절연되어 계통과 안정성이 확보된다.
		외란에 안정적이다.
		저주파 절연 변압기 때문에 효율이 떨어지고 무겁다.(85%이하)
	고주 파 링크 절연 방식	직류 입력을 고주파로 변환 후 소형 고주파 변압기로 절연 한 후 다시 직류로 변환한 후 또 다시 상용 주파수로 변환한다. 계통과 전기적으로 절연되어 안정적이다.
		저주파 절연 변압기를 사용하지 않기 때문에 소형, 경량화되고 시스템의 저가화가 가능
		독립형 인버터에도 많이 적용한다.
		많은 스위칭 소자로 인하여 구성이 복잡하다.
	무변 압기 방식	입력 직류를 IGBT로 DC/DC 컨버터로 정전압 승압하고, 다시 DC//AC 인터버로 상용 주파 교류로 변환한다.
		시스템 구성에 필요한 스위칭 파워 TR(1GVB)를 사용하여 저가의 시스템 구현에 적합하다.
		변압기를 사용하지 않아 직류 전압과 교류 출력 간의 절연되지 않아 안정성에 문제가 있다.
		안정성 확보를 위해 교류 출력 측에 복잡한 제어가 요구된다.
		고주파 차단 및 직류 유출 검출 차단 기능이 반드시 필요하다.

5. PCS 용량 산정

(1) 인버터의 규격서

인버터의 규격서는 인버터의 용량 산정과 설치에 중요한 정보를 제공한다. 인버터의크기를 산정할 때에는 이 명세서를 준수하는 것이 필수적이다. 시스템과 연결 방식은 인버터의 수, 전압 수준 그리고 전력 등급을 결정한다.

(가) 인버터의 규격서
(나) 승인된 프로젝트 설치 용량
(다) 사업주의 의견 참조

(라) 사업지의 현장 상황

(마) 사업지의 모듈 배치 계획도 반영

이와 같은 내용을 참고하여 인버터의 용량과 수량을 결정한다.

(2) 인버터 수와 전력 용량 선택

① 인버터의 수와 전력 용량 : 태양광 발전 시스템과 선택된 시스템 방식의 전체 전력에 따라 결정

② 단상 병렬 공급 : 피상 전력 SAC = 4.6kVA 이하에 적용

③ 인버터의 공칭 전력 PnAC은 이 값에 상응해야 한다.

④ 4.6kVA 이상의 공급 : 3상

⑤ 인버터의 공칭 출력보다 10% 높은 최대전력을 10분 동안 전력계통에 공급하는 것은 허용된다.

㉠ 인버터 선택에 있어 인버터 제조사에서 제공하는 규격을 보고 다음과 같은 내용을 평가하여 결정한다.
  - 인버터의 공칭 전력은 인버터와 모듈 기술, 지역 일사량 같은 지역 조건 그리고 모듈의 방향에 따라 PV어레이 출력(STC 조건하에)의 ±20%가 될 수 있다.

　ⓐ 태양광 어레이 전력과 인버터 전력의 비는 1 : 1이다.

　ⓑ 인버터가 특정 전력 수준에서 사용 가능하다.

　ⓒ 모듈의 수에 따라서 태양광 어레이 전력의 설치 가능 면적에 의해 결정하다.

　ⓓ 1 : 1 크기 산정에서 편차는 일반적이다.

　ⓔ 인버터 제조업체들이 기술한 최대 연결 가능 태양광 발전 전력을 꼭 신뢰할 필요는 없다.

　ⓕ 어떤 경우에는 매우 높은 값이 나타난다.

　ⓖ 그 결과 인버터가 가끔은 과부하 범위에서 작동한다.

　ⓗ 지붕 밑이나 옥외에 설치된 인버터의 경우 높은 주변 온도에서 작동할 수 있으므로 용량을 축소하여 산정할 필요가 있다.

4 모듈의 온도특성

① 태양전지모듈의 전압과 전류 값은 Cell의 온도변화에 따라 조금씩 변화하는 특성이 있다.

② 일사량은 STC(Standard Test Condition)

㉠ 1000 W/m²

㉡ 온도 25℃

㉢ 온도변화는 계절적 요인을 고려한 태양광모듈의 동작

㉣ STC를 기준으로 했을 때 태양광모듈의 사양에는 Temperature Coefficient of the Circuit Voltage Voc (Open circuit voltage, 개방전압)값이 주어진다.

㉤ -0.35%/K : 온도 1℃당 -0.35%의 전압 변화

㉥ Voc의 값이 29 V :

- 온도 1℃ 변화함에 따라 전압은 29 × -0.35 %/K = -0.1015 V/K씩 변한다. 전압 값은 온도가 낮은 동지 일 때와 온도가 높은 하지일 때 가장 변화가 심하다.
- 0.35%/K : 온도계수
- % 값 : -0.0035를 전압 29 V에 계산
- -0.1015 값 산출
- • 동지시 -10℃일 때

    $V_{oc} = V_{oc}^1 + [(모듈예상온도 - 25°c) \times 온도계수]$

    * V_{oc}^1 : 기준개방전압

    = 29+(-10℃-25℃)*(-0.1015) = 32.55V

- • 하지시 70℃일 때

    $V_{oc} = V_{oc}^1 + [(모듈예상온도 - 25°c) \times 온도계수]$

    * V_{oc}^1 : 기준개방전압

    = 29+(70℃-25℃)*(-0.1015) = 24.43V

㉦ 위 계산 결과를 통해 높은 온도에서 출력전압 저하

㉧ 태양전지 표면의 온도가 상승하면 손실이 발생하는 것을 의미

㉨ 결정질 태양전지의 경우 모듈의 온도가 1℃ 상승하면 변환효율은 약 0.4% 정도 감소

㉩ 최상의 변환효율:

- 모듈의 주변온도가 상승해도 통풍 등을 통하여 모듈에서의 열 축적을 방지할 수 있는 설치 방법 고려

제 3 장 태양광 발전 시스템 구성요소

	3. 태양광 발전 시스템 구성요소 개요	1. 태양전지 2. 태양광발전 모듈 3. 전력변환장치 4. 전력저장 장치 5. 바이패스 소자 6. 역류방지 소자 7. 접속반 8. 교류측 기기 9. 피뢰소자 등

1 태양전지

(1) 태양전지의 원리

- 태양전지는 빛을 흡수하여 빛이 가지고 있는 광에너지를 전기에너지로 변환하는 반도체 소자이다.

- 태양전지에 빛에너지가 입사되면 전압과 전류가 발생하여 부하에 전력을 공급하게 된다. 이 원리는 아인슈타인이 제창한 광전효과(Photoelectric Effect)를 말한다.

- 반도체의 p-n접합부나 정류작용이 있는 금속과 반도체의 경계면에 강한 빛을 입사시키면, 반도체 중에 만들어진 전자와 정공이 접촉전위차 때문에 분리되어 양쪽 물질에서 서로 다른 종류의 전기가 나타나는 '광기전력'이 발생하는 현상을 말한다.

- 이러한 광전효과가 잘 이루어지는 물질은 게르마늄(Ge), 실리콘(Si) 등으로 게르마늄의 경우 희귀금속으로서 상업적으로 활용하기에는 경제성에 어려움이 있어 실리콘이 반도체로서 태양광발전용 소재로서 주로 사용된다.

- 광전류와는 반대로 빛을 받지 않는 상태에서 태양전지로부터 출력을 얻을 때 태양전지 양단에 순방향 바이어스 전압에 의해서 생성되는 전류를 암전류(Diode Current)라고 하며 광전류와는 반대방향으로 흐른다. 태양전지 양단의 전압이 0[V]일 때 흐르는 전류를 단락전류(Short Circuit Current)라 하며, 아래의 식과같이 표현한다.

$$I_{sc(cell)} = S_c \int^{\lambda m} F(\lambda)q(1-R(\lambda))\eta_{cell}(\lambda)d\lambda$$

위의 식에 쓰인 각 변수에 대해 설명하면 다음과 같다.

S_c는 태양전지의 면적으로 정확히는 빛이 입사되는 면적을 의미한다. 그리고 0부터 λm 까지의 적분기호는 입사광의 파장대역을 의미하지만, 태양전지가 흡수할 수 있는 파장대역으로 축소될 수 있다. $F(\lambda)$는 입사광에 대한 파장별 광자 수(Photon Flux)를 의미하며, $(1-R(\lambda))$에 의해 태양전지 표면에서 반사되지 않고 흡수된 광자 수를 계산할 수 있다. η_{cell}는 흡수된 광자가 광전류로 변화되는 효율을 의미하며 전하량 q에 의해 이를 전기적인 양으로 환산할 수 있다.

(2) 태양전지의 원리

- 이상적인 태양전지의 경우 단락전류와 광 생성전류의 크기가 동일하다
- 외부회로가 단선되어 전류가 흐르지 못할 때 태양전지 양단에 걸리는 전압을 개방전압(Open Circuit Current)라 하며, 이는 태양전지가 가질 수 있는 최대 전압이다.
- 태양전지는 넓은면적의 다이오드로 볼 수 있으므로 광 생성 전류원과 다이오드의 개념을 적용하여 그림 3과 같은 등가회로로 나타낼 수 있다.
- 그림 3의 등가회로는 다음의 수식으로 표현 가능하며 여기서 R_s 및 R_{sh}는 각각 태양전지의 직렬저항과 병렬저항을 의미한다.

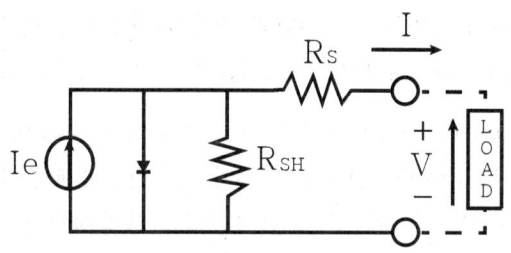

〈그림 3. 태양전지 등가회로〉

$$I = I_{ph} - I_d = I_{ph} - I_o \left(e^{\frac{qV}{A_0 KT}} - 1 \right)$$

여기서,
I: 태양전지의 출력전류, I_{ph}: 광전류, I_d: 암전류(Diode Current),
I_o: 다이오드 포화전류 q: 전자의 전하량, A_0: 이상계수,
K: 볼쯔만 상수, T: 절대온도

$$V = \frac{A_o kT}{q} \ln\left(\frac{I_{ph}-1}{I_o}+1\right) \quad \text{또한} \quad V_d = V + IR_s$$

위의 두 식으로부터

$$I = I_{ph} - I_o \left[e^{\frac{q(V+IR_s)}{A_o kT}} - 1\right] - \frac{V+IR_s}{R_{sh}}$$

병렬저항 R_{sh}를 무시하면

$$I = I_{ph} - I_o \left[e^{\frac{q(V+IR_s)}{A_o kT}} - 1\right]$$

$$V = -IR_s + \frac{A_o kT}{q} \ln\left(1 + \frac{I_{ph}-I}{I_o}\right)$$

- 직렬저항(Series Resistance) Rs는 광전류의 흐름을 방해하는 값으로 작용하며 N층의 표면저항(Sheet Resistance), P층의 기판저항(Bulk Resistance), 전극의 접촉저항(Contact Resistance)와 전극 자체의 고유저항 등이 이에 해당된다.
- 태양전지가 최대의 효율을 얻기 위해서는 이 직렬저항 값을 최소로 하여야 한다.
- 태양전지의 직렬저항이 출력특성에 미치는 영향은 그림 3-1과 같으며 개방전압(Voc, Open Circuit Voltage)에는 영향이 미미하지만 충진율(FF, Fill Factor)이 급격하게 감소 하는 것을 알 수 있다.
- 직렬저항에 의한 전압강하가 순방향 바이어스 상태로 되어 암전류를 증가시키므로 단락전류(ISC, Short Circuit Current)가 감소한다.
- 병렬저항은 태양전지 내부의 누설에 의한 것으로 누설저항(RS, Shunt Resistance)이라고도 하며 PN접합면의 재결합전류, 태양전지의 가장자리를 통하는 표면 누설전류, 손상이 있는 태양전지 표면에 전극이 부착될 때 경우 금속물질이 접합부에 침투하여 접합을 분리시키는 경우 등이 해당된다.
- 실제의 태양전지는 누설저항이 매우 크기 때문에 1,000 정도의 비교적 높은 일사강도에서는 큰 영향이 없고 그 이하의 낮은 일사강도에서 영향이 커지게 된다.
- 병렬저항(누설저항)이 태양전지의 출력특성에 미치는 영향은 그림 3-2와 같으며 단락전류는 변하지 않지만 누설저항이 감소함에 따라 충진율과 개방전압이 감소한다.

- 태양전지로부터 얻어지는 출력은 직렬저항과 병렬저항을 무시하면 출력전압과 출력전류의 곱이며, 다음 식으로 나타낼 수 있다.

$$P = I \cdot V = \left[I_{ph} - I_o \left(e^{\frac{qV}{A_o kT}} - 1 \right) \right] \cdot V$$

⟨병렬저항의 전압과 전류 특성⟩

(3) 태양전지의 변환효율

태양전지의 표면에 입사한 태양에너지를 전기에너지로 변환할 수 있느냐 하는 것은 태양전지의 성능을 측정할 수 있는 중요한 요소이다. 이 비율을 광전변환효율이라 하며 다음 식으로 정의한다.

$$\eta = \frac{P_{output}}{P_{input}} = \frac{I_{max} V_{max}}{P_{input}} = \frac{I_{sc} V_{oc} FF}{P_{input}}$$

여기서,
η: 광전변환효율, P_{input}: 태양전지에 입사되는 태양에너지, P_{output}: 생산된 전기에너지,
I_{max}: 최대전류값, V_{max}: 최대전압값, I_{sc}: 단락전류값,
V_{oc}: 개방전압값, FF: 충진율(Fill Factor)

FF(충진율)

태양전지가 발전할 때 공급되는 전력의 출력특성은 다이오드의 특성이 적용되어 비선형적인 I-V Curve로 표현된다.

태양전지가 발전할 수 있는 최대출력(MPP : Maximum Power Point)

ⓐ I-V Curve에서 전압과 전류 값의 곱이 최대가 되는 지점
ⓑ 최대출력을 얻는 지점의 전압과 전류 값이 최대출력 전압
ⓒ (Vmmp) 및 최대출력 전류(I mp) 된다.
ⓓ 최대출력지점은 직렬저항과 병렬저항 성분에 의해서 달라질 수 있다.
ⓔ 개방전압과 단락전류의 곱에 대한 태양전지의 최대출력의 비를 충진율(FF: Fill Factor)이라 하는데 이 값은 태양전지 효율과 질에 직접적인 영향을 미친다.

$$FF = \frac{I_{mp} V_{mp}}{I_{sc} V_{oc}}$$

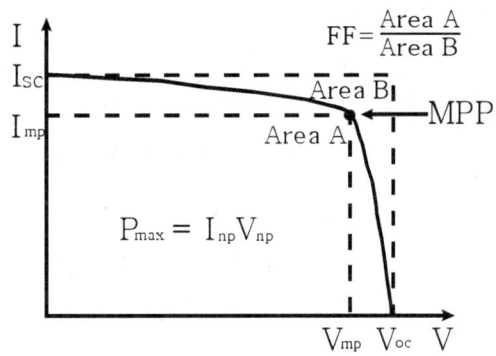

〈그림4 태양전지의 전압-전류 커브곡선〉

(4) 태양전지의 손실인자

1) 반사

- 현재 주로 사용되고 있는 결정질 실리콘 태양전지로 만든 태양광 모듈은 보통 입사광의 20~30% 정도를 반사하는 것으로 나타나 있다.
- 반사율을 저감시키기 위해 태양전지 표면의 전극영역을 최소화하거나, 표면에 반사방지막 (ARC:Anti Reflection Coating)을 적용하거나 표면요철형성방법(Method for Surface Texturing)으로 반사율을 저감하거나 태양전지 자체의 두께를 두껍게하는 등의 다양한 방법이 제시되었고 실용화 되어있다.
- 태양광모듈의 광 손실은 주로 태양전지의 내구성을 증진시키기 위해 사용한 부속품들에 의해 빛이 반사되거나 흡수되면서 발생한다.
- 광 손실은 반사와 흡수에 의해서 발생되는데 대부분의 손실은 반사에 의한 손실이다.

<표5 태양광모듈의 광 손실 종류와 발생부분>

발생부분	광 손실
1	공기 – Glass 경계에서의 반사
2	Glass에서의 흡수
3	Glass-EVA 경계에서의 흡수
4	EVA에서의 흡수
5	Solar Cell의 반사 방지막 막과 전극에서의 반사
6	EVA-Solar Cell 경계에서의 반사
7	Back sheet에서의 흡수
8	Back sheet에서의 반사

- 반사에 의한 손실은 대부분 전면유리와 충진재(EVA), 태양전지에 있으며 모두 태양광모듈 전면에 있음을 알 수 있다.
- 이 중 백시트에서 반사되는 광 손실은 오히려 태양전지 뒤로 재입사되므로 태양전지 광 흡수율을 높이는 계기가 된다.

2) 온도

태양전지모듈의 전압과 전류 값은 Cell의 온도변화에 따라 조금씩 변화하는 특성이 있다. 그림6은 태양광모듈의 온도에 따른 출력 전압과 전류 값의 그래프이다. 일사량은 STC(Standard Test Condition) 1000 W/m^2, 온도 25℃를 기준으로 측정했다. 온도변화는 계절적 요인을 고려한 태양광모듈의 동작 상태를 통해 알 수 있다. STC를 기준으로 했을 때 태양광모듈의 사양에는 Temperature Coefficient of the Circuit Voltage Voc (Open circuit voltage, 개방전압)값이 주어진다.

- 이 값이 만약 -0.35%/K 라면 온도 1℃당 -0.35%의 전압이 변한다는 뜻으로 만약 Voc의 값이 29 V라면 온도 1℃ 변화함에 따라 전압은 29 × -0.35 %/K = -0.1015 V/K씩 변한다.
- 전압값은 온도가 낮은 동지일때와 온도가 높은 하지일 때 가장 변화가 심하다. 여기서 -0.35%/K는 온도계수를 말하는 것으로서 % 값으로 주어졌기 때문에 계산시에는 백분율로 나누어서 -0.0035를 전압 29 V에 계산을 해야 -0.1015 값이 나오게 된다.

- 간단한 계산식의 예를 통해 동지때와 하지때의 전압 값을 계산해보기로 한다. 개방전압(Voc)을 기준으로 한다.
- 동지시 -10℃일 때 V = Voc+[(모듈예상온도-25℃)*온도계수]
  = 29+(-10℃-25℃)*(-0.1015) = 32.55V
- 하지시 70℃일 때
  V = Voc+[(모듈예상온도-25℃)*온도계수] = 29+(70℃-25℃)*(-0.1015)
  = 24.43V
- 위 계산 결과를 통해 높은 온도에서 출력전압이 저하되는 것을 알 수 있으며 이것은 태양전지 표면의 온도가 상승하여 손실이 발생하는 것을 의미 한다.
- 결정질 태양전지의 경우 모듈의 온도가 1℃ 상승하면 변환효율은 약 0.4% 정도 떨어지는 것으로 알려져 있으며, 최상의 변환효율을 얻기 위해서는 모듈의 주변온도가 상승하더라도 통풍 등을 통하여 모듈에서의 열축적을 방지할 수 있는 설치 방법을 고려해야 한다.

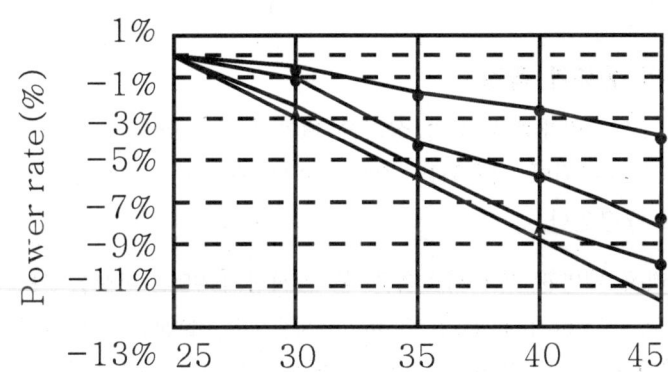

〈그림 6 태양광모듈의 온도에 따른 출력 전압과 전류값의 그래프〉

3) 그림자

- 태양광 모듈은 다수의 태양전지를 직병렬 접속하여 사용하며, 이중 전부 또는 일부에 그림자가 드리워 태양광이 태양전지에 제대로 입사되지 못하면 시스템 전체의 에너지 획득에 악영향을 미치게 된다.
- 그림자 발생의 요인에는 인접건물, 주변의 식재 등과 건물에 설치할 경우 건물 자체, 그리고 태양전지모듈 배치에 의한 것들이 있다. 건물, 장애물 및 태양전지 모듈 간격에 의한 그림자는 배치나 간격을 조정하여 용이하게 방지할 수 있다.
- 조경 또는 녹화에 의한 식재로서 태양광발전 설비의 수명을 고려할 때 설치당시에는 영향을 미치지 않더라도 성장에 의해 추후 발전 발전에 큰 영향을 줄 수 있으므로 식생의 성장속도 역시 고려되어야 할 부분이다.

4) 전기저항

- 태양전지의 제조과정에서 전자의 흐름을 방해하는 전기적인 저항의 존재는 태양전지의 효율을 감소시킨다. 따라서 제조의 전과정에서 전기적인 저항이 최소로 될 수 있도록 해야 한다.

(5) 태양전지의 종류와 특징

- 태양전지는 크게 원재료에 따라 실리콘 태양전지, 화합물, 염료감응형 및 유기물 태양전지 등으로 구분되며 사용되는 기판(실리콘 웨이퍼, 유리)의 종류에 따라 Bulk형과 박막형으로 구분된다.
- 결정질 실리콘 태양광 발전시스템은 현재 시장의 90% 이상을 차지하고 향후 실리콘 박막 및 CIGS(Copper Indium Gallium Selenide, 셀렌화구리인듐갈륨)박막 태양전지, 그리고 차세대 태양전지로 부각되고 있는 염료감응형(DSSC:Dye Sensitized Solar Cell) 및 유기 박막태양전지는 시장 확대가 진행되고 있다.

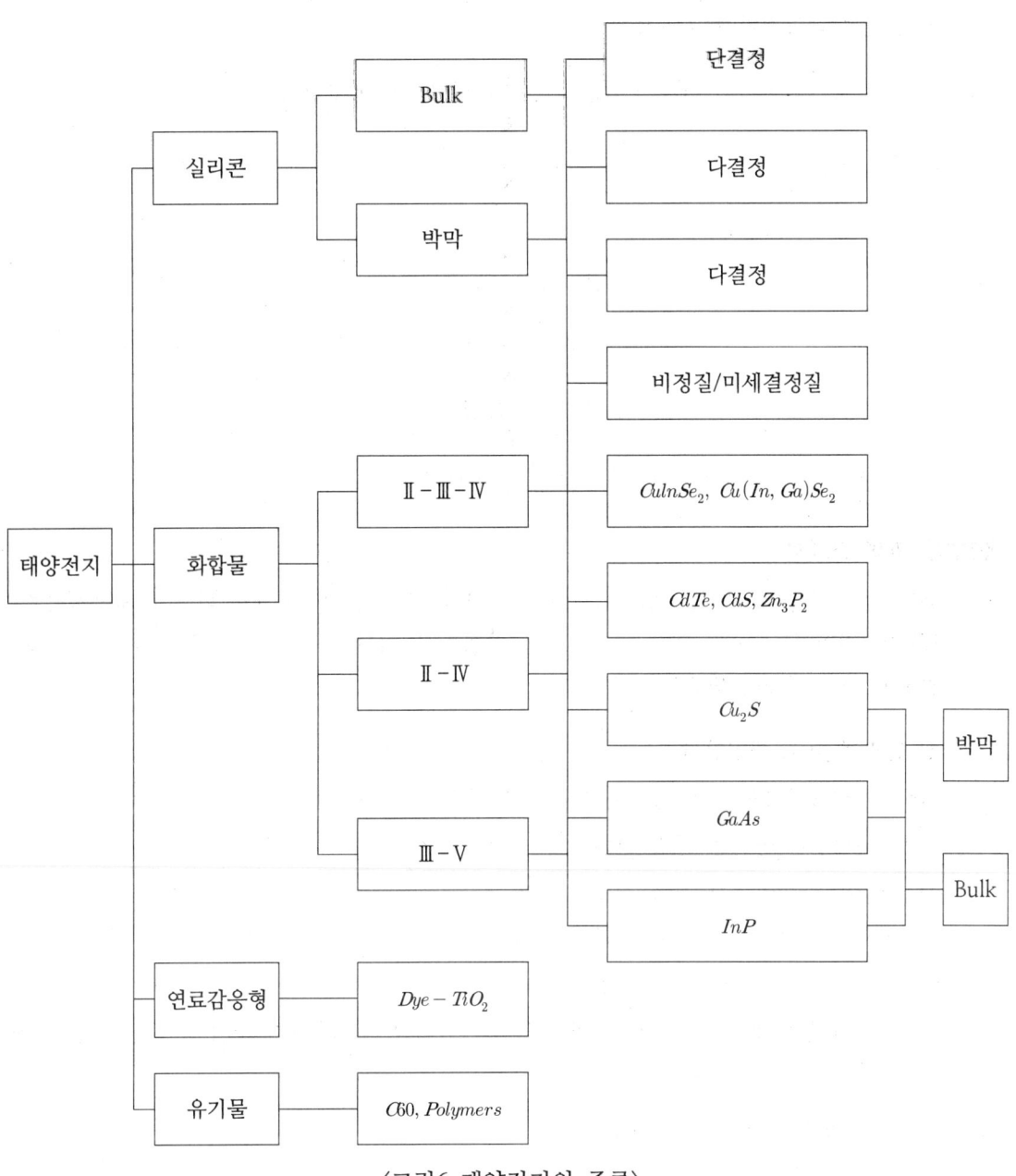

〈그림6 태양전지의 종류〉

- 실리콘 태양전지 제조과정

```
P-Type 실리콘 장착 및 세정
        ↓
    표면 조직화
        ↓
    N-Type 확산
        ↓
   반사방지막 형성
        ↓
 전면 및 후면 전극 형성
        ↓
   PN 측면 접합 분리
        ↓
  성능평가 / 등급분류
```

■ 표면 조직화

표면 반사 손실을 줄이고 입사경로를 증가시켜 광흡수율을 높이기 위하여 태양전지의 표면에 피라미드 또는 요철 구조형상을 만들어서 입사한 빛이 반사되어 손실이 되지 않도록 하는 구조를 만드는 과정이다.

1) 단결정 규소 태양전지

단결정 태양전지의 제조 공정은 다음의 단계로 크게 구분할 수 있다.
- 모래로부터 공업용 규소 환원
- 공업용 규소를 반도체급 규소로 정제
- 반도체급 규소로부터 규소 웨이퍼 제조
- 규소 웨이퍼로 태양전지 제조
- 규소의 환원에는 주로 결정체인 석영을 사용하며 아크로에서 탄소와 다음과 같은 반응을 거쳐 얻어진다.

$$SIO_2 + 2C \rightarrow Si + 2CO$$

- 환원된 규소에 순수한 산소나 산소와 염소의 혼합가스를 불어넣어 정제한다.
- 태양전지는 반도체 소자로서 공업용 규소보다 훨씬 높은 순도가 요구된다.
- 규소를 휘발성 있는 화합물로 바꾸어 정제한 다음 수소로 환원시키는 공정을 거쳐 순수한 규소를얻는다.
- 단결정 규소를 사용하는 것이 효율이 높아 선호되고 있으나 결정성장의 고비용으로

다결정이나 박막형이 사용되기도 한다.
- 규소의 단결정을 제조에는 CZ법이라 불리는 Czochralski 공정이 널리 사용된다.
- 제조된 단결정은 직경 10-15cm의 기둥모양이며 작은 단결정을 용융된 실리콘 위에서 서서히 회전시키며 끌어올리면 용융된 실리콘이 식어가면서 결정화한다.
- 결정의 상승속도를 가감하여 면적을 조절할 수 있으며 필요에 따라 상당히 큰면적의 잉곳(Ingot)을 제조할 수 있다.
- 태양전지는 대략 $100\mu m$정도의 두께를 가지면 태양광을 흡수하는데 문제가 없으므로 태양전지의 제조에 사용되는 단결정 잉곳은 얇은 웨이퍼 형태로 만든다.
- 현재의 기술로는 단결정 잉곳의 직경이 10cm 를 넘는 경우 두께를 $300\mu m$ 이하로 만드는 것도 어려워져서 잉곳의 면적이 커질수록 규소의 두께로 인한 손실이 커지게 된다.
- 잉곳으로부터 절단된 웨이퍼(Wafer)는 화학적 표면처리와 포리싱(Polishing)을 통하여 절단과정에서의 손상을 제거한 다음 도펀트(Dopant)를 확산시켜 태양전지로 만든다.
- 4가의 물질인 실리콘에 3가의 붕소를 첨가시키면 전자가 1개 모자라는 정공(Hole)이 생겨 P형 반도체가 된다.
- 또한 5가의 인을 첨가하면 전자가 1개 많은 N형 반도체가 된다. P형 과 N형을 접합시키면 P-N접합 소자로 되며 앞면과 뒷면에 전극을 진공 증착시킨다.

2) 다결정 규소 태양전지
- 단결정 규소 태양전지의 경우 효율과 신뢰성 면에서 많은 장점을 가지고 있지만 잉곳의 성장, 웨이퍼의 가공 등에 많은 경비가 소요되어 이에 대한 대안으로 다결정 규소 태양전지 소자가 개발되었다.
- 다결정 규소는 단결정 규소와 다르게 많은 단결정의 알갱이(결정립)로 이루어진다.
- 결정립의 크기와 질적인 부분은 태양전지의 성능을 결정하게 되는데 결정립이 크고 결정으로서 완벽할수록 다결정 규소 태양전지는 단결정 규소 태양전지에 가까워진다.

3) 비정질 규소 태양전지(Amorphous Silicon)
- 비정질 규소의 원자 결합은 다결정 규소에 비하여 불규칙하다. 원자가 어떤 특별한 규칙으로 배열되지 않은 구조이다.
- 최근까지 비정질 규소는 유리와 같은 절연체에 가깝기 때문에 태양전지의 소재로는 부적합한 것으로 여겨졌으나 비정질 규소의 조성과 제조과정을 적절하게 조절하면 태양전지의 소재로 이용할 수 있게 되었다.

- 불규칙한 구조의 비정질 규소를 태양전지의 소재로 사용하는데 가장 큰 장해요인은 매달림 결합(Dangling Bond)으로 인한 결합수의 존재이다.
- 매달림 결합은 전자가 회로에 기여하는 것보다 정공의 재결합을 위한 장소로 제공되어 전자는 운동에너지를 잃고 정공과 재결합하여 광전류에 전혀 기여하지 못한다. 그러나 비정질 규소가 수소를 5-10% 함유하게 되면 수소원자가 매달림 결합과 결합하여 결합수는 활성을 잃게 된다.
- 비정질 규소의 이동도(Mobility)는 결정질 규소에 비하여는 낮은 수준이지만 결합수를 제거하면 상당하게 개선된다.
- 비정질 규소의 광 흡수율은 결정질 규소에 비하여 40배 이상 크다. 이는 같은양의 광을 흡수하는데 두께가 1/40배이면 충분하다는 것을 의미하고 이점 때문에 박막(Thin Film) 태양전지의 재료로 주목받고 있으며 태양전지의 주소재로서 관심을 받고 있는 것이다.

4) 단결정 GaAs 태양전지
- GaAs는 대표적인 화합물 반도체이며 규소와 같은 격자 구조를 가지고 있다.
- GaAs는 규소와는 다르게 직접 대열간극(Direct bandage)반도체 이므로 광흡수율이 대단히 크다.
- 이는 소수캐리어의 수면과 확산거리가 규소보다 매우 짧다는 것을 의미한다. 따라서 GaAs 태양전지의 구조는 규소태양전지와 다르다.
- GaAs 태양전지는 매우 큰 표면 재결합 속도를 보상하기 위하여 매우 얇은 n+층을 가진 동종접합구조로 하거나 GaAs와 격자 상수가 비슷한 대역간극(Indirect bandage) 물질인 AlAs를 입혀 빛을 받아드리게 하는 이종 투과면(Heteroface) 구조로 한다.
- GaAs 태양전지는 효율이 높은 이점이 있으나 값비싼 Ga소재를 사용하기 때문에 고효율이 요구되는 집광형 시스템에 적합하다.
- 유독물질인 비소(As)를 소재로 사용하기 때문에 일반적인 태양광 발전시스템에서의 용에는 한계가 있다.

5) CIGS($CuInSe_2$)태양전지
- $CuInSe_2$는 광흡수율이 대단히 크고 생성된 캐리어의 수집효율이 거의 1에 가깝기 때문에 매우 큰 단락 전류를 가진 전지의 제조가 가능하다.
- 에너지 대역 간극이 1.04e V로 낮기 때문에 개방전압(Voc)이 상당히 낮아 고효율화에

한계가 있다. 뿐만 아니라 $CuInSe_2$의 물리적 특성이 아직 규명되지 않은 것도 약점이라 하겠다.

6) CdTe 태양전지
- CdTe태양전지는 1.47eV의 직접대역간극을 가지고 있기 때문에 태양전지의 소재로 아주 적합하다.
- 광흡수율이 매우 크기 때문에 수 $micron(\mu m)$정도의 박막으로도 태양광을 흡수하기에 충분하다.
- 유리와 같은 기판위에 결정립이 큰 박막을 스크린 인쇄나 진동 증착, 분무, 도포와 같은 방법을 사용하여 쉽게 만들 수 있다.
- 초기에는 주로 CdTe 동종 접합 태양전지에 관한 연구가 활발하였으나 접합의 깊이 절이 어렵고 표면에서의 캐리어 재결합을 줄이기 어려워 큰 성과를 거두지 못했으나 최근에는 경사진 대역간극(Graded Bandgap)을 가진 CdHgTe 전지, Schottky 장벽 전지 및 CdS/CdTe 이종접합 전지에 관한 연구가 활발하게 진행되고 있다.
- CdTe를 소재로 하는 태양전지는 대체로 개방전압이 높고 박막 제조공정이 단순할 뿐만 아니라 제조 원가에서 소재 가격이 차지하는 비중이 낮아 박막형 태양전지 중에는 가장 유망 시 되고 있다.
- CdTe의 물리적 특성이 확실하게 규명되지 않았고 P형 도핑도 쉽지 않으며 전극 형성이 어렵다는 것이 단점이다.

7) CIGS($CuInGaSe_2$) 태양전지
- CIGS 박막 태양전지는 기판(Substrate), 후면전극, 광흡수층, 버퍼(Buffer)층, 투명 전극으로 구성된다.
- 기판의 경우 소다회 유리가 보편적으로 사용되며 스테인레스 스틸, Mo, Ti, 등의 금속 호일이나 폴리머 기판 등도 사용된다.
- 후면전극은 대부분 Mo금속을 스파터링법으로 증착하여 사용한다.
- 광흡수층은 보편적으로 Cu, In, Ga, Se로 구성된 CIGS계 화합물이 사용된다.
- 제조방법은 금속원소를 진공 증발시키는 공정과 금속전구체를 스파터링법으로 증착하고 Se분위기에서 열처리하는 공정이 대표적으로 양산에 적용되고 있다.
- 버퍼층은 p-type 물질인 CIGS와 Junction을 이루는 n-type 물질을 의미하며 일반적으로 CdS가 사용된다. CdS는 용액성장법(Chemical Bath Deposition)을 통해 광흡수층 위에 형성된다.

- 최근 CdS의 유해성 논란으로 Zn, InP 를 비롯한 Cd-free 버퍼층에 대한 연구가 활발하여 제품도 출시되었다.
- 투명전극은 Al이 첨가된 ZnO를 보편적으로 사용하고 있으며 경우에 따라서는 소자의 특성향상을 위해 Intrinsic ZnO층이 사용되기도 한다.
- CIGS 박막 태양전지는 광전변환효율이 20%에 근접하므로 이는 다결정 실리콘 태양전지의 최고효율 23.3%에 근접한 수준이다. 상용모듈 역시 11~13% 정도로 비정질 규소 태양전지(a-Si, Amorphous Silicon)박막의 거의 2배 수준이며 CdTe박막에 비해서도 높은 효율을 나타내고 있다.
- 결정질 규소 태양전지(· c-Si, Crystalline Silicon)두께의 1/100 수준으로 소재 소비량이 현저하게 적고 제조공정도 간단하여 제조단가를 낮출 수 있다.
- CIGS 화합물은 c-Si의 100 배 수준으로 광흡수율이 매우 높아 흐린 날씨에도 발전성능이 우수하여 입사각의 영향이 적고 산란광에 의한 광전변환효율도 우수하여 같은 용량의 모듈을 설치할 경우 결정질 규소 태양전지로 제작한 모듈보다 발전량이 많다.
- 대량생산 체제로 진입하면 웨이퍼 기반 태양전지 모듈 단가의 약 60% 수준으로 낮아질 전망이며 성능과 가격면에서 모두 우수한 경쟁력을 갖추고 있다.

8) 유기 태양전지
- 유기 태양전지의 기본적인 구조는 양극과 음극 사이의 빛을 전기로 변환하는 광활성층을 잇는 샌드위치 형태로 플라스틱 필름형태로 제조가 가능하고 가볍고 휘어지는 구조로 제작할 수 있다.
- 양극은 투명전극 물질인 인듐 주석 산화물(ITO)이 주로 사용되며 최근에는 금속 미세망(Grid) 이나 전도성 고분자가 일부 사용된다.
- 음극은 금속물질로 구성하고 전자를 쉽게 받을 수 있는 알루미늄, 칼슘 등이 사용된다.
- 광활성층은 변환효율에 영향을 주는 핵심소재로서 2종 이상의 유기반도체 물질이 전기를 발생할 수 있도록 혼합물로 구성된다.
- 활성층의 작동수명은 외부의 산소와 수분에 민감하므로 이들과의 접촉을 방지할 수 있도록 플라스틱 필름은 산소와 수분을 차단할 수 있도록 Barrier 층이 코팅되어 있다.
- 유기 태양전지의 작동 원리는 활성층에 빛이 들어오면 유기 반도체에 의해 전하가 생성되고 전하는 임의의 방향으로 확산되다가 전자 친화물질 과 정공 친화물질의 계면에서 각각 전자와 정공으로 분리된다.
- 전자와 정공으로 분리되면 양극과 음극에 의해 외부회로를 통해 전류의 전자와 정공으로 분리, 효율을 높이게 된다.

- 유기 태양전지는 100nm 의 얇은 두께의 박막에서도 50%이상의 빛을 흡수할 수 있다.
- 제조공정이 간단하고 모듈화가 용이하며 단위 소자와 모듈과의 에너지 손실이 적고 광흡수율이 높아 양산체제에 들어갈 경우 획기적인 원가절감이 가능할 것으로 예상되고 있다. 가장 매력적인 차세대 태양광분야라 할 수 있다.

9) 염료감응형 태양전지
- 염료감응형 태양전지는 광합성 원리를 이용하는 고효율 광전기화학적 태양전지이다.
- 유기(organic)와 무기(non-organic)성분의 조합으로 제작되어 저가 생산이 가능하다.
- 염료감응형 태양전지의 기본구성은 20(RS)직경의 TiO_2나노입자로 이루어진다.
- TiO_2 의 표면은 연속적으로 전자를 전달하여 적합한 소재이다.
- 표면에 염료분자가 화학적으로 증착된 형 반도체 나노입자 산화물 전극에 태양빛이 흡수되면 염료 분자는 전자-정공 쌍을 생성하며 전자는 산화물의 전도대로 주입된다.
- 전자는 산화물 전극에서 나노입자 간 계면을 통하여 투명 전도성 막으로 전달되어 전류가 흐르게 된다.
- 염료분자에서 생성된 정공은 산화-환원전해질에 의해 전자를 받아 다시 환원되며 이것이 염료감응형 태양전지의 발전과정이다.
- 염료감응형 태양전지의 광전효율은 비정질 규소 태양전지와 비슷한 수준이며 종이처럼 얇고 신축성이 좋아 잘 휘어지게 제작할 수 있는 원천기술을 국내에서 이미 확보한 것으로 보고되고 있어 태양광 발전 시스템의 저변확대에 크게 기여할 것으로 크게 기대되고 있다.

10) HIT (herero junction with intrinsic this layer) 태양전지

Heterojunction with Intrinsic Thin-layer의 약자며 n형 단결정 실리콘(c-Si) 기판의 한쪽 면에 i형 a-Si층 및 p형 a-Si층을, 다른쪽 면에 i형 a-Si층 및 n형 a-Si층을 형성한다. 또 양면에 투명 유도막(이하: TCO)과 Ag 집전극을 형성하면 셀이 완성된다. HIT 태양전지는 모든 프로세스가 200℃ 이하의 저온에서 이루어지며 열확산에 의한 접합형성(~900℃)의 고온 프로세스를 필요로 하는 기존의 결정 Si계 태양전지의 제조 프로세스와 비교해 대폭적인 저온화가 실현 됐다.

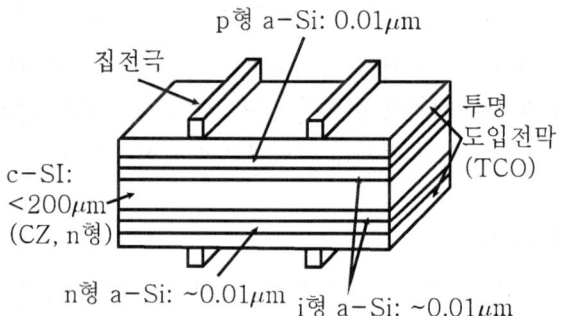

① HIT 태양전지의 특징

    ⓐ 높은 변환효율 : 태양전지 표면에서의 캐리어 재결합을 억제(패시베이션)하고 발생한 캐리어를 소멸시키지 않고 외부로 꺼내는 것이 중요한데 삽입된 a-Si이 고품질의 패시베이션층이 되어 a-Si/c-Si 헤테로 접합계면의 결함 준위를 효과적으로 저감하고 접합특성을 향상시킬수 있다. 현재 실용성을 갖춘 약 25%의 태양전지 변환효율을 달성 하였다.

    ⓑ 우수한 온도특성 : Si계 태양전지는 여름과 같은 고온 환경에서 특성이 저하되는 현상이 발생하지만, HIT 태양전지는 기존의 단결정 Si 태양전지에 비해 온도 상승에 의한 출력 저하가 크게 개선되었다.

    ⓒ 웨이퍼 박형화에서의 우위성 : HIT 태양전지는 표리 대칭 구조 및 저온 프로세서에의해 형성 가능하기 때문에 열가 퇴적막에 의한 Si웨이퍼의 왜곡과 열 데미지, 전극 형성 시의 휨등이 적고 웨이퍼 박형화에 대응이 용이하며 자원절약에 유연하게 대응할 수 있는 태양전지이다.

    ⓓ 제조에너지의 에너지 절약성 : HIT 태양전지는 모든 프로세스가 200도씨 이하의 저온에서 제조하기 때문에 기존의 결정 Si계 태양전지와 비교해서 제조에너지를 크게 줄일수 있다.

    ⓔ 양면 발전구조 : 태양전지의 표리 대칭 구조를 이용한 양면 입사형 모듈이 개발되고 있다.

11) Perovskite 태양전지

실리콘 기반 태양전지의 문제점을 해결할 수 있는 대안으로 페로브스카이트(perovskite) 태양전지가 떠오르고 있다. 최근 페로브스카이트 태양전지의 효율은 20%를 돌파하여 박막 실리콘 태양전지 수준에 이르렀다. 실리콘 태양전지의 전력 변환효율은 지난 38년간 26.1%에 그친 반면, 페로브스카이트 태양전지(cell)의 경우 단기간에 23.3%에 도달함) 또한, 저온 용액공정(200℃ 이하)으로 인해 태양전지 생산의 저가화가 가능하여 상용화를 위해 앞으로도 기술개발이 활발할 것으로 예상되고 있다.

① 개요

(페로브스카이트 태양전지(PSC*)) 페로브스카이트 결정구조(ABX3)의 유무기 하이브리드 재료를 광활성층으로 이용하는 3세대 차세대 박막형 태양전지(광활성 소재) ABX3의 기본화학식에, 주로 A site에는 유기 양이온, B site에는 금속 양이온, X site에는 할로겐 음이온을 사용하는 유무기 이온화합물이다.

· (소자구조) 박막의 단순 적층구조이며, 투명전극 기준으로 전자이동 방향에 따라 정구조(normal structure) 및 역구조(inverted structure), 투명전극 상단 전하수송층 모양 기준으로 다공성(mesoscopic) 및 평판형(planar)으로 구분된다.

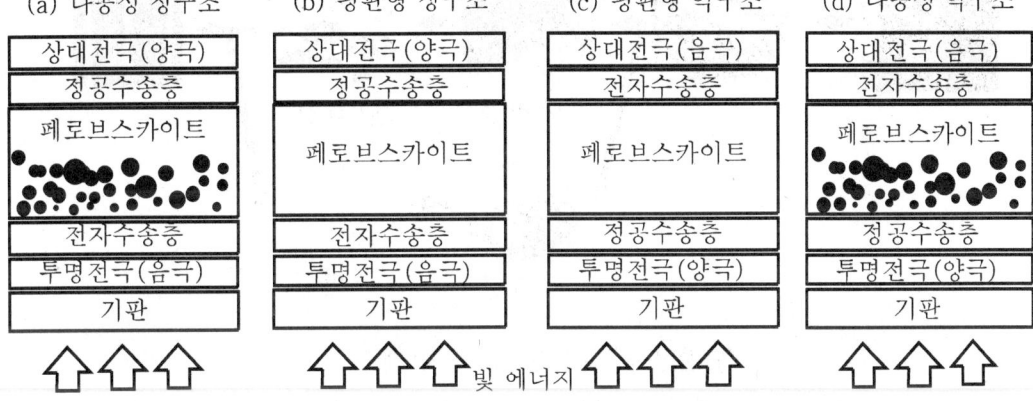

② 특징

광활성 소재의 특성으로 인해 가볍고 유연하며 투과성이 있는 태양전지 구현이 가능하며, 전체 제작에 용액 공정을 적용할 수 있음. 다만, 이온화합물 사용으로 인한 수분 및 산소에 대한 취약성, 납(Pb)사용으로 인한 환경적 위해성 등이 해결 과제 높은 흡광계수를 갖는 페로브스카이트 광활성 소재는 수백nm의 박막 상태에서도 높은 광전변환효율을 나타냄. 또한, 결정구조 각 site의 조성을 변경하여 거시적인 재료 및 소자 특성 조절이 가능함

2 태양광 발전 모듈

1. 태양광 모듈 개요

(1) 셀 (Solar Cell, Photovoltaic Cell)

결정질 태양전지(CRYSTALLINE PV CELL)셀은 태양전지의 가장 기본 소자를 말하며 보통 실리콘 계열의 태양전지 셀 1개에서 약 0.5V~0.6V의 전압과 4A~8A의 전류를 생산할 수 있다. 결정질실리콘 셀은 실리콘의 원료와 제조방법에 따라 단결정질 셀(MONOCRYSTALLINE CELL)과 다결정질 셀(MULTI CRYSTALLINE CELL)로 구분한다.

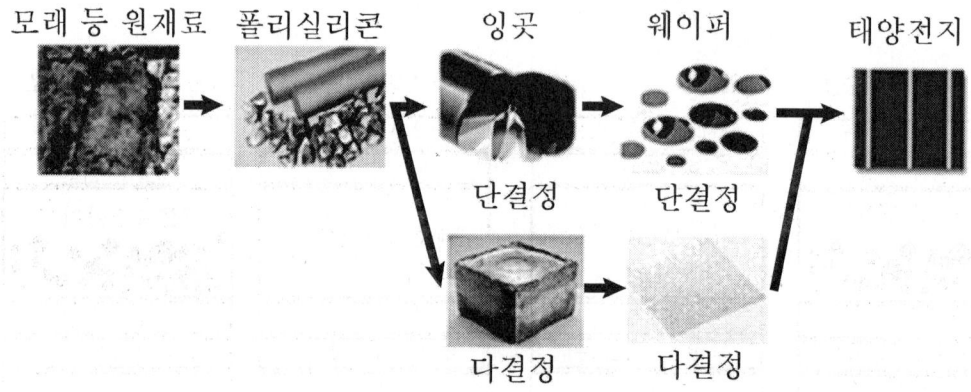

〈 단결정 및 다결정 태양전지 제조 〉

단결정질 셀은 실리콘원자가 규칙적으로 방향이 균일하게 배열된 상태의 재료를 사용하여 순도가 높은 제품이며 다결정질 셀은 비교적 순도가 낮고 생산방법도 차이가 난다. 태양전지는 다이오드와 병렬인 전류 소스로 모델링할 수 있다. 전류를 생성하는데 빛이 없다면 태양전지는 다이오드처럼 작동하게 된다. 입사 광선의 강도가 증가하면 태양전지가 전류를 생성하게 된다.

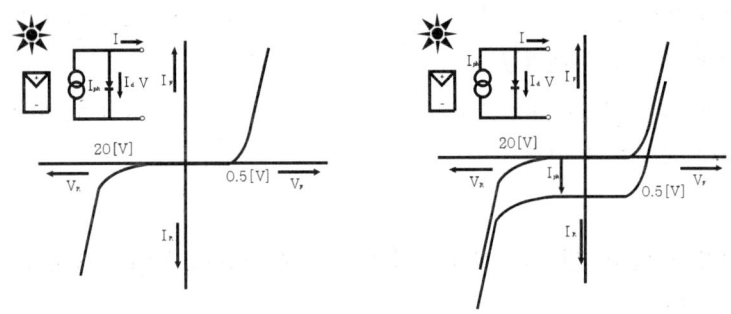

태양광이 없는 경우 등가회로   태양광이 있는 경우 등가회로

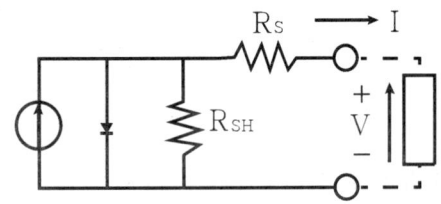

2) 태양전지 측정방법

표준시험조건(STC : Standard Test Conditons) : 모든 모듈은 솔라 시뮬레이터를 이용하여 표시험조건에서 측정을 하여 결과를 모듈 뒷면에 성능을 표시한다.

* 시험조건은
  - 일사강도(=방사조도) : 1,000 W/m^2
  - 분광분포 : AM 1.5
  - 모듈 표면온도 : 25℃ 이다.

3) 태양전지의 특성 곡선

태양전지 모듈에 입사된 빛 에너지를 전기 에너지로 변환하는 전기적 출력특성을 표시하는 것을 태양전지 전류 - 전압 특성 곡선이라고 하고 I - V 특성곡선이라고도 한다. 그림에서 보면

ⓐ 단락전류 (Short Circuit Current : Isc) : 회로가 외부저항이 없는 단락상태에서 빛을 받았을 때 나타나는 전류 (전압이 0일 때의 전류)

ⓑ 개방전압 (Open Circuit Voltage : Voc) : 회로가 개방된 상태로 무한대의 임피던스 상태에서 빛을 받았을 때, 태양전지 양단에 걸리는 전압 (전류가 흐르지 않을 때의 전압)

ⓒ 최대출력 (Maximum Power : Pm 또는 Pmax) : 전류-전압 특성에서 전류와 전압의 곱이 최대인 점에서의 태양광발전 장치의 출력(W)

ⓓ 최대전압 (Maximum Power Voltage : Vmp) : 최대출력에 해당하는 전압. 최대 출력점의 전압값

ⓔ 최대전류 (Maximum Power Current : Imp) : 최대출력에 해당하는 전류. 최대 출력점의 전류값

(2) 공칭 태양광 발전 셀 작동온도 (NOCT : Nominal Operating Cell Temperature)

- 표준기준 환경조건에서 측정한 셀 온도이다.

  * 표준 운영 조건은
  - 일사강도(=방사조도) : 800 W/m^2
  - 주위 온도 : 20℃
  - 대기풍속 : 1m/s
  - 회로 개방상태
  - 경사각 수평면을 기준으로 45°

$$T_c = T_a + \frac{NOCT - 20\,°C}{0.8} \times q\,[°C]$$

T_c : 외기온도(T_a)하에서 PV Cell 온도[℃] / T_a : 외기온도[℃]
NOCT : 공칭운전 셀온도[℃] / q : 표면 일사량 [kW/m^2]
20℃ : 표준 운영조건에서의 주위온도
0.8 : 표준운영조건에서의 일사량 0.8kW/m^2

예제 태양광 모듈 200Wp, 대기 온도 30[℃] NOCT 45[℃]를 갖는다.
cell의 표면 온도를 구하시오 (단, 1SUN 조건에서 $V_{oc} = 42[V]$, $I_{sc} = 4.8[A]$이다.)

$$T_c = T_a + \frac{NOCT - 20[℃]}{0.8} \times q[℃] = 30 + \frac{45-20}{0.8} \times 1 = 61.25[℃]$$

- NOCT : 공칭 운영 셀 온도 [℃]
- T_c : 외기 온도(T_a)하에서 PV cell 온도 [℃]
- T_a : 외기온도[℃]
- q : 표면 일사량 $[\frac{kW}{m^2}]$
- 20[℃] : 표준 운영 조건에서의 주위온도
- 0.8 : 표준 운영 조건에서의 일사량 $0.8[\frac{kW}{m^2}]$

(3) 변환효율

① 태양전지의 광변환 효율(Conversion Efficiency) :

㉠ 태양전지에 입사되는 태양광 에너지(W/㎡)가 얼마나 많은 전기 에너지(W)을 발생시켰는가를 나타내는 척도(%)

㉡ 같은 면적에 같은 조건의 태양이 비추었을 때 더 많은 전기를 생산하는 것이 변환 효율이 더 높은 태양전지이다.

㉢ 태양전지 변환효율$(\eta) = \frac{태양전지 최대출력}{입사되는 빛의 세기 \times 태양전지의 면적} \times 100[\%]$

$$= \frac{V_{mpp} \times I_{mpp}}{1000[\frac{W}{m^2}] \times S[m^2]} \times 100[\%]$$

$$= \frac{V_{oc} \times I_{sc}}{1000[\frac{W}{m^2}] \times S[m^2]} \times FF \times 100[\%]$$

② 일평균 발전시간

$$일평균 발전시간 = \frac{1년간 발전전력량(kWh)}{시스템용량(kW) \times 운전일수}$$

③ 시스템 이용률

$$시스템이용율 = \frac{일평균 발전시간}{24}$$

$$시스템이용율 = \frac{태양광발전시스템의 출력(kWh)}{어레이의 정격출력(kW) \times 가동시간(hr)}$$

④ 어레이 기여율(태양 에너지 의존율) :

㉠ 종합시스템 입력 전력량에서 태양광발전 어레이 출력이 차지하는 비율

(4) 곡선인자 (Fill Factor)

① Fill Factor (FF)는 태양전지 품질에 있어서 가장 중요한 척도이다.
② 곡선인자는 최대 전력을 개방 전압과 단락 회로 전류에서 출력하는 이론상 전력과 비교하여 계산한다.
③ 최대출력을 개방전압과 단락전류의 곱으로 나눈 값보다 큰 fill factor가 바람직하고 보다 사각형에 가까운 I-V 곡선에 상응한다.
④ fill factor 범위 : 0.5 ~ 0.82
⑤ 곡선인자를 변화시키는 요인 :

㉠ 내부 직렬저항

㉡ 병렬 저항

㉢ 다이오드

⑥ 재료별 곡선 인자의 값

㉠ 결정질 Si 태양전지 FF : 0.75 ~ 0.85

㉡ GaAs 태양전지 : 0.78 ~ 0.85

㉢ 비정질계 태양전지 FF : 0.5 ~ 0.7

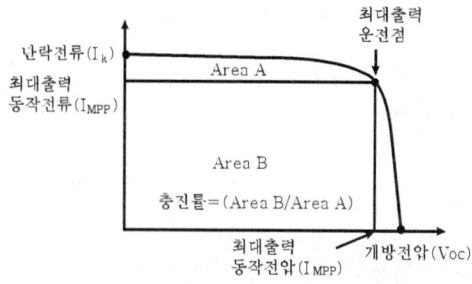

태양전지 모듈의 충진율

$$충진율(FF) = \frac{Area\,B}{Area\,A} = \frac{P_{\max}}{V_{oc} \times I_{sc}} = \frac{V_{mpp} \times I_{mpp}}{V_{oc} \times I_{sc}}$$

■ 곡선인자(FF)에 영향을 주는 요인

① 태양전지 내부 직렬 저항(series resistance)과 병렬저항(shunt resistance)
② 이상적인 다이오드 특성으로부터 벗어나는 정도를 나타내는 N값 (Na, Nd : 도핑농도)
③ RSH 감소와 RS 증가 → fill factor와 PMAX를 감소 → RSH가 너무 많은 감소 → ISC가 감소 → RS 증가 → VOC의 과도한 감소

㉠ 직렬저항 : 내부저항성분 으로 1Ω(0.5) 이하
　ⓐ 전지의 전면과 후면에서의 금속 접촉
　ⓑ 기판 자체의 저항
　ⓒ 표면층의 면저항
　ⓓ 금속전극 자체의 저항 성분

㉡ 직렬저항의 원인
　ⓐ 태양전지의 에미터와 베이스를 통한 전류 흐름.
　ⓑ 에미터와 베이스의 수직 저항성분
　ⓒ 금속전극과 에미터, 베이스 사이의 접촉저항
　ⓓ 전면 및 후면 금속전극 자체의 저항
- 직렬 저항에 주로 영향을 받는 인자는 "곡선인자(FF)" 이다.

㉢ 병렬저항(Rsh) :
- 누설저항 성분
- 시판되는 태양전지는 저항값이 1kΩ 이상
- 태양전지 제조과정 중의 결함이 주원인
　ⓐ 도핑 공정과정
- 모든 표면이 도핑 되므로 측면분리가 잘 되지 않은 경우는 누설전류 발생
- 누설전류 증가는 병렬저항의 감소를 초래한다.
- 낮은 병렬 저항 : 누설 전류 → 태양전지의 PN접합을 가로질러 흐르는 광이 생성되어 전류 및 전압이 감소된다.
- 병렬 저항의 영향은 입사되는 빛의 세기가 약한 경우에 영향은 더 커진다.
- 병렬저항의 감소 → 출력의 손실 초래

(5) 일사강도 특성과 일사강도-최대출력 특성

- 태양전지모듈의 출력은 일사강도에 비례한다.
- 일사량이 감소하면 전류는 감소한다.
- 전압은 큰 변화가 없다.
- 전력의 감소를 초래한다.

(6) 온도 의존특성과 온도-최대출력 특성

주변 온도가 약 1℃ 상승시

- 단락전류 (Isc) : 0.05% 정도 상승
- 개방전압(Voc) : 0.4% 정도 감소
- 최대출력(Pm) : 0.5 % 정도 감소

모듈표면의 온도가 상승하면 전압이 많이 감소하고, 전류를 조금 감소하지만, 출력전력은 많이 감소하게 된다.

(7) 태양전지 전압및 최대전력 온도에 따른 변화율

$$V_{oc} = V_{oc1} \times [1 + V_{occ} \times (T_c - 25°C)[V]$$

$$V_{mpp} = V_{mpp1} \times [1 + V_{mppc} \times (T_c - 25°C)[V]$$

$$P_{\max} = P_{\max 1} \times [1 + P_{\max c} \times (T_c - 25°C)[V]$$

V_{oc} : Cell온도(Tc)하에서 개방전압

V_{mpp} : Cell온도(Tc)하에서 최대동작전압

V_{oc1} : 표준조건상태에서의 개방전압

V_{mpp1} : 표준조건상태에서의 최대동작전압

V_{occ} : 개방전압 온도 보정계수[%/℃]

V_{mppc} : 최대동작전압 온도 보정계수[%/℃]

$P_{\max}$: Cell온도(Tc)하에서 최대동작전력

$P_{\max 1}$: 표준조건상태에서의 최대동작전력

$P_{\mathrm{max}c}$: 최대동작전력 온도 보정계수[%/℃]

$$* \ V_{mppc} = \frac{V_{mpp1}}{V_{oc1}} \times V_{occ} [\%/\ ^\circ C] \ (\text{비례식으로 구한다.})$$

V_{oc}	I_{sc}	V_{mpp}	I_{mpp}	P_{mpp}	온도계수	
4	9	32	8	260Wp	P_{mpp}	: −0.45%/℃
					V_{oc}	: −0.35%/℃
					I_{sc}	: +0.05%/℃

예제 모듈 표면온도가 60℃일때의 V, I, P특성을 구하시오

$$V_{oc}(60) = 40 \times [1 - \frac{0.35}{100} \times (60 - 25[℃])] = 35.1[V]$$

$$V_{mpp}(60) = 32 \times [1 - \frac{32}{40} \times \frac{0.35}{100} \times (60 - 25[℃])] = 28.86[V]$$

$$P_{\mathrm{max}}(60) = 260 \times [1 - \frac{0.45}{100} \times (60 - 25[℃])] = 219.05[W]$$

$$I_{sc}(60) = 9 \times [1 + \frac{0.05}{100} \times (60 - 25[℃])] = 9.15[A]$$

$$I_{mpp}(60) = 8 \times [1 + \frac{8}{9} \times \frac{0.05}{100} \times (60 - 25[℃])] = 8.12[A]$$

$$V_{mpp} : \frac{V_{mpp1}}{V_{oc1}} \times V_{occ} [\%/℃] : \text{비례식으로 구한다.}$$

2. 태양광 모듈 개요

(1) 태양광 모듈(PV Module)

① 태양광 모듈은 셀을 여러 장에서 수십 장을 직렬로 연결한다.

② 태양광 아래서 일정한 전압과 전류를 발생시키는 장치로 그 용도에 따라서 여러 가지 형태로 제작된다.

③ 결정질실리콘 태양전지모듈 등이 많이 사용된다.

㉠ 결정질실리콘 태양광 모듈은 여러 개의 셀을 원상태 또는 잘라서 서로 직렬로 연결시킨다.
㉡ 셀 자체가 너무 얇아 파손되기 쉽다.
㉢ 외부충격이나 악천후로부터 보호하기 위하여 견고한 알루미늄 프레임 안에 표면유리 / 충진재 / 태양전지 셀 / 충진재 / 후면시트 등의 순서로 제작한 제품에 케이블과 단자함을 붙인다.
㉣ 태양 전지판 형태로 만든 제품을 태양전지모듈이라 부른다.

④ 표면유리
㉠ 유리 자체의 반사 손실을 최대한 줄이기 위해 표면 반사율이 낮은 저 철분 강화유리를 사용한다.

⑤ 충진제
㉠ 보통 EVA(Ethylene Vinyl Acetate)를 사용한다.
㉡ EVA는 습기및 깨지기 쉬운 셀을 보호하는 역할을 한다.

(2) 태양전지 스트링 (PV String)

① 태양전지 어레이가 소정의 출력전압을 만족하기 위하여 태양전지 모듈을 직렬로 접속하여 하나로 합쳐진 회로를 말한다.
② 각 스트링은 역류방지소자를 연결하여 병렬접속 한다.

(3) 태양광 어레이 (PV Array)

① 필요한 만큼의 전력을 얻기 위하여 1장 또는 여러 장의 태양전지모듈을 최상의 조건 (경사각, 방위각)을 고려하여 복수 매의 태양전지 모듈을 직렬, 병렬로 접속하여 직류전압과 발전전력을 얻을 수 있도록 구성된다.
② 태양전지 어레이를 구성하는 데는 태양전지 모듈을 집합하여 지붕이나 지상의 지지대 등에 견고하게 고정하기 위하여 금속성의 가대가 이용된다.
  ㉠ 태양전지 및 모듈의 직렬회로 구성
   - 전압 증가, 전류 일정
   - 직렬로 연결된 모듈에 흐르는 전류값은 모두 동일함.
   - 음영에 의한 모듈의 발전량 감소는 병렬로 연결된 모든 모듈에 영향을 주지 않음

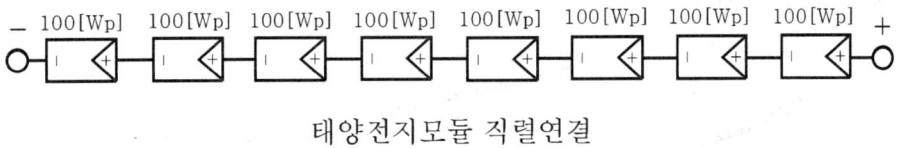

태양전지모듈 직렬연결

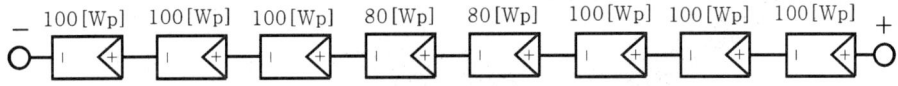

태양전지모듈 직렬연결 시 음영 발생

ⓒ 태양전지 및 모듈의 병렬회로 구성
  - 전압일정, 전류 증가
  - 병렬로 연결된 모듈에 흐르는 전류값은 증가함.
  - 음영에 의한 모듈의 발전량은 감소는 직렬로 연결된 모든 모듈에 영향을 줌

3. 태양광 모듈 구성

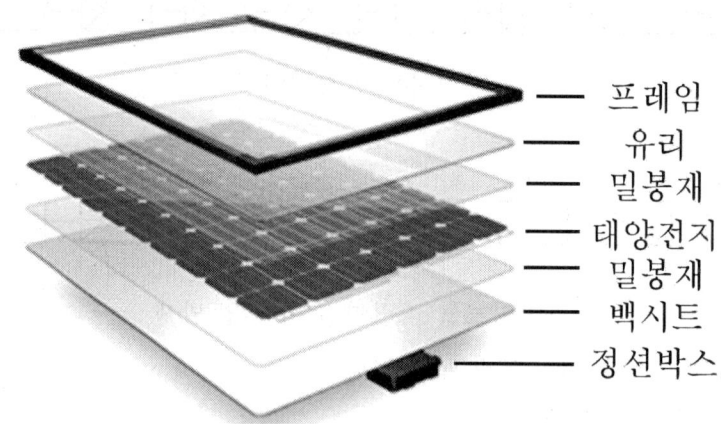

① 프론트 커버 :

　㉠ 프론트 커버에는 보통 90% 이상의 투과율을 확보한다.

　㉡ 높은 내충격성을 보유한 약 3mm 이상 두께의 백판 열처리 유리 등이 사용된다.

　㉢ "결정계 태양전지 모듈의 환경시험방법 및 내구성 시험방법, 아몰퍼스 태양전지 모듈의 환경시험방법 및 내구성 시험방법 " 에서 우박시험 등이 규정되어 있다.

　㉣ 우박시험은 낙하하는 얼음의 충격에 대한 기계적 강도를 시험하도록 규정한다.

② 충진재(EVA 필름)

　㉠ EVA Sheet는 깨지기 쉬운 태양전지의 셀을 보호한다.

　㉡ 셀전면과 유리판, 셀후면과 Back-Sheet 사이에 삽입한다.

　㉢ EVA Sheet에 요구되는 특성

　　- 높은 빛 투과율

　　- 강한 접착력

　　- 낮은 수축율

　　- 내구성(20년 이상의 수명)

　　- 충진재 재료 : 실리콘 수지, PVB, EVA

　　- 기포방지

　　- 셀의 상하로 움직이는 균일성

　　- PVB : 재료적 흡습성(단점)

　　- EVA : 자외선 열화(단점)

　　- 캡슐화 기술(적층화) : EVA, PVB(폴리비닐부티랄 필름) 또는 테프론

③ Back Sheet : 태양전지 후면에 백시트는 열, 습도, 자외선과 같은 외부환경으로 부터 셀을 보호하는 역할을 하며, 셀을 통과하여 유입된 태양광의 재반사를 통해 모듈의 효율을 추가적으로 향상시키는 역할을 한다. Back sheet 의 재료는 PVF가 대부분이지만 그밖에 폴리에스테르 아크릴 등도 사용되고 있다. PVF의 내습성을 높이기 위해 PVF에 알루미늄호일을 씌우거나 폴리에스테르를 씌우거나한 샌드위치 구조를 취하고 있다.
- 백시트 종류 : 폴리불화비닐(PVF)계, 폴리에스테르(PET)계

④ 단자함 : 일반적으로 단자함+ 리드선(절연케이블) + 방수커넥터로 이루어져 있으며, 단자함 밖으로 플러스(+)와 마이너스(-) 각각 한줄 씩 두줄이 나오게 되며, 리드선으로 다른 모듈과 직렬 또는 병렬로 연결한다.

㉠ 리드선 : 가교 폴리에틸렌 절연 비닐시스 케이블(CV케이블) 사용, F-CV케이블, 에코 케이블 도 사용

㉡ 바이패스 다이오드 : 모듈 중 일부 셀에 그늘이 발생하여 모듈내의 역전압 발생을 방지를 위하여 단자함 속에 내장

⑤ 봉인재 : Seal재는 리드의 출입부나 모듈의 단면부를 seal로 하기 위해 이용된다. 재료로서는 실리콘 시란트, 폴리우레탄, 폴리 설파이드, 부틸고무, 등이 신뢰성 면에서 부틸고무가 자주 사용되고 있다.

⑥ 패널재(프레임) : 산화피막 처리한 알루미늄 사용하는 프레임이 일반적으로 사용된다.

⑦ 설치용 구멍 :

㉠ 모듈을 구조물 등에 설치하기 위해 $\phi 6.0 \sim 9.7[mm]$의 설치용 구멍이 양쪽 긴 방향 프레임에 3~4개 씩 합 6~8개 정도가 필요하다.

㉡ $\phi 4.0 \sim 6.5[mm]$의 지면 설치용과 배선용 구멍을 필요

4. 태양광 모듈 구조

① 태양전지의 모듈에는 서브 스트레이트 방식, 슈퍼 스트레이트 방식 그리고 유리봉입 방식 등이 있다.

② 서브 플레이트 방식은 기계적 강도를 갖도록 하기 위해 태양전지의 안쪽에 하부기판을 놓아 모듈의 지지판이다.

③ 투명 수지로 태양전지를 고정시키는 방식이다.

④ 슈퍼스트레이트 방식이다.

㉠ 태양전지의 빛을 받는 면은 유리등의 투명기판을 놓아 모듈의 지지판

ⓛ 투명한 충진재와 내면 코팅을 이용
　　　ⓒ 태양전지를 고정시키는 방식
　　　ⓔ 투명기판으로는 유리가 적당한데 빛의 투과율과 내 충격 강도가 탁월
　　　ⓜ 재료 : 열강화 유리

(1) 슈퍼 스트레이트 타입

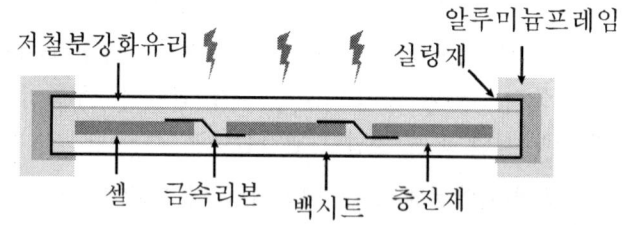

태양전지 모듈 구조도

1) 모듈의 형태
　　ⓐ 몇 개의 타입 존재
　　ⓑ 주체는 슈퍼스트레이트 방식
　　　ⓐ 표면재료 : 백판 유리
　　　ⓑ 태양전지 셀의 주변 : EVA
　　　ⓒ 표면 : 불소수지 테드의 알루미늄
　　　ⓓ 표면판 : 유리 셀의 알루미늄 판재에 부틸 고무 사이에 삽입

(2) 이중유리타입

　더블 유리타입은 현재 전력용으로서 제작되는 것으로서는 가장 대표적인 모듈구조이다 구성 부재는 일반적으로 셀, 표면재, 충진재, Back sheet, Seal, 프레임재로 구성된다. Back sheet 재료에 유리를 이용한 것으로 더블 그라스타입이다 더블 그라스 타입은 다소 오래된 타입이라고 생각할 수 있지만 현재에도 유럽을 위주로 미국 일부에서도 사용되고 있다.

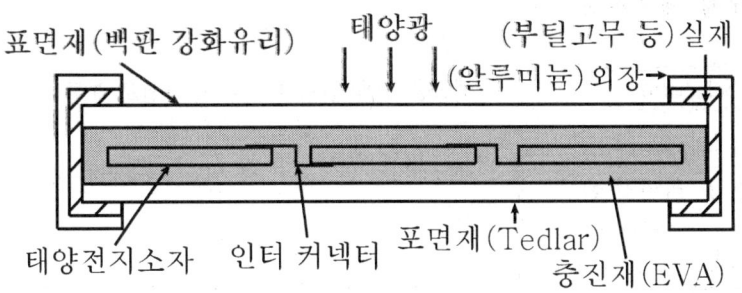

Bulk형 Double Glass 타입 구조도

(3) 서브스트레이트 방식

수광면에 투광성 필름을 이용하고 강도는 이면의 기판을 가지는 구조이다.

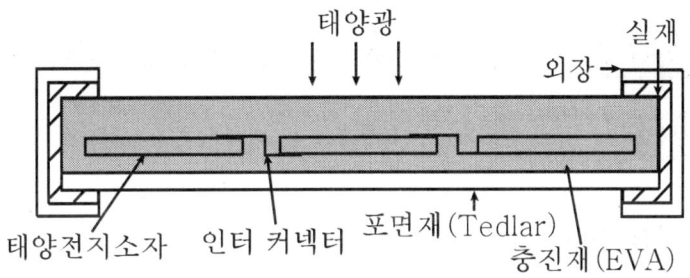

Bulk형 Sub-Straight 타입 구조도

(4) 박막형 Flexible 타입

충진재, 태양전지소자, 태양전지소자로 구성되며, 기판이 휘어지는 형태의 구조를 가진다.

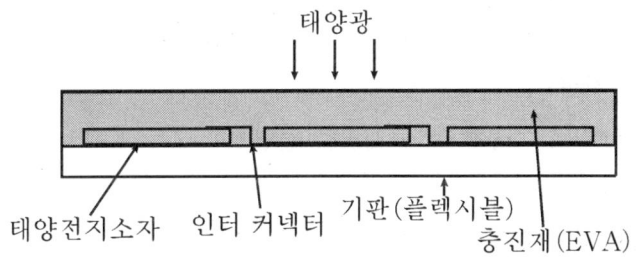

박막형 Flexible 타입 구조도

5. 태양광 모듈 제조과정

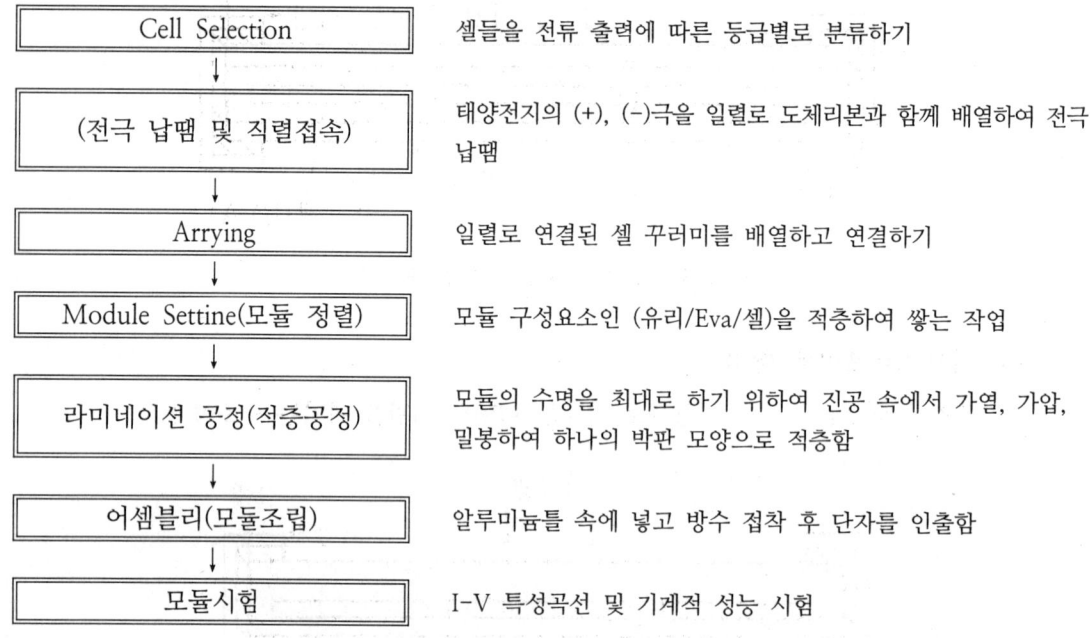

Cell Selection	셀들을 전류 출력에 따른 등급별로 분류하기
(전극 납땜 및 직렬접속)	태양전지의 (+), (−)극을 일렬로 도체리본과 함께 배열하여 전극 납땜
Arrying	일렬로 연결된 셀 꾸러미를 배열하고 연결하기
Module Settine(모듈 정렬)	모듈 구성요소인 (유리/Eva/셀)을 적층하여 쌓는 작업
라미네이션 공정(적층공정)	모듈의 수명을 최대로 하기 위하여 진공 속에서 가열, 가압, 밀봉하여 하나의 박판 모양으로 적층함
어셈블리(모듈조립)	알루미늄틀 속에 넣고 방수 접착 후 단자를 인출함
모듈시험	I-V 특성곡선 및 기계적 성능 시험

(1) 태양광 모듈 검사

PV모듈 검사법은 출하검사와 신뢰성 검사로 구분한다.

① 출하검사

- 전기적 특성검사 : Ⅰ-Ⅴ 특성곡선
- 강박시험 : 227±2[g] 철구, 직경 약 38[mm]의 강속구를 1[m] 높이에서 낙하시키는 간이시험 시행
- 구조및 조립검사 : 조립상태/ 이상유무 점검
- 내 전압 시험
- 절연저함 시험 : 충전부/ 프레임간 절연저항

② 신뢰성 검사

- 내 풍합시험 : 280kg 가압 / 170시간
- 온도 Cycle 시험 : 80℃ ~ −40℃/ 100Cycle
- 염수분무 시험 : 5% 염수분무
- 내열성 시험 : 85℃
- 내습성 시험 : 85℃ / 85%습도

(2) 태양광 모듈 표시

① 제조업체명 혹은 그 약호 ② 제조연월일 및 제조번호
③ 내풍압성의 등급 ④ 최대 시스템 전압
⑤ 어레이의 조립형태 ⑥ 공칭 최대출력
⑦ 공칭 개방전압 ⑧ 공칭 단락전류
⑨ 공칭 최대출력 동작전압 ⑩ 공칭 최대출력 동작전류
⑪ 역 내전압 : 바이패스 다이오드 유무 ⑫ 공칭 중량[kg]

(3) Power Tolerance

① Power Tolerance 정의

㉠ 다수의 셀을 직렬 또는 병렬 연결한 경우 각 모듈의 최대 출력이 전압 - 전류 특성차이 등으로 이론상의 출력과 차이가 발생하게 된다.

② Power Tolerance :

㉠ ± 5%, ± 3%, + 3 ~ 0%, ± 25W
㉡ 이 허용오차가 큰 경우 모듈 전체의 출력이 떨어질 수 있음
㉢ 중요하게 검토되어야 할 항목이다.
㉣ 국제규격은 ± 3%
㉤ 국내의 경우 : + 만 인정, - 부분은 인정하지 않음

3 전력 변환 장치(PCS: Power Conditioning System)

① 인버터는 태양 전지에서 생산된 직류 전력을 교류 전력으로 변환
② 교류 계통에 접속된 부하 설비쪽으로 전력을 공급
③ 남는 전력을 전력 계통에 보내는 장치
④ 제어 기능
⑤ 이상 혹은 고장 시에 보호 및 정지 기능 및 기후에 따라 변동하는 태양 전지의 출력을 최대로 확보하는 기능

인버터의 동작

1. 인버터의 동작 원리

(1) 기본적으로는 반도체 스위칭 소자를 써서 회로를 구성하고 그 스위칭 소자를 이용하여 순서를 정하여 ON/OFF를 주기적으로 반복시켜 전류의 흐르는 방향을 바꿈으로써 직류를 교류로 만든다.

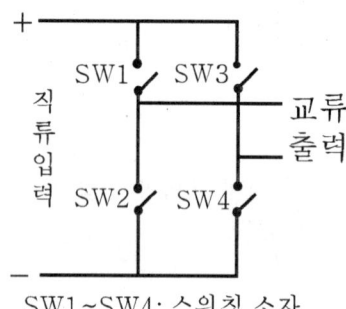

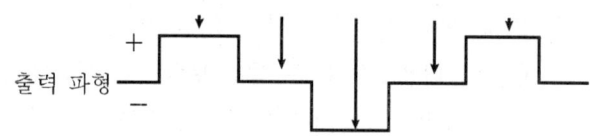

[그림]의 회로에서 ①파형 구간에서는 SW1과 SW4가 온, SW2과 SW3가 오프로 되어 출력은 플러스로 된다. ②와 ④파형 구간에서는 스위치들을 입력과 출력이 상호 접속이 되지 않도록 하여 영으로 만든다. ③구간에서는 ①구간의 스위치들과는 반대로 하여 출력이 마이너스로 되는 구형파가 만들어진다. 이 구형파는 고조파 성분이 많이 포함되어 있어서 사용하기 어렵다. 이를 개선하여 정현파와 유사한 파형을 만들어서 좀 더 실용적으로 만든 방법으로 펄스폭 변조(PWM: Pulse Width Modulation) 방식과 펄스 진폭 변조(PAM: Pulse Amplitude Modulation) 방식이 있다.

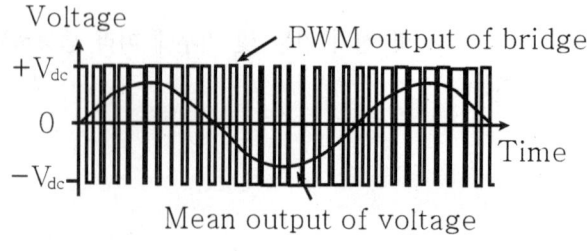

〈PWM 방식 인버터의 출력 파형〉

PWM 방식의 대표적인 방식으로 [그림]에 보이는 것처럼 교류 파형의 두 끝 쪽의 전압이 낮은 부분에서는 펄스폭을 좁게 하고, 전압이 높은 중앙 부분에서는 펄스폭을 넓게 하는 식으로 출력파를 만들고 이를 다시 필터를 거쳐서 정현파로 만들게 된다.

2. 인버터의 종류

(1) 시스템 운용 방식에 따른 종류 및 특징

1) 독립형 시스템 인버터 : 전기가 들어가지 않는 미전화 지역에서 태양광 발전을 이용할 때나 야간 혹은 우천 시에 태양광 발전이 불가능할 때에는 전력 저장 장치가 수반되어 사용되며 이에 따라 인버터 이외에 충방전 조절기 등의 부품과 함께 사용한다.
2) 계통 연계형 시스템 인버터 : 일반적으로 많이 사용되는 형태로 태양광 발전 시스템의 출력이 계통 연계 보호 장치 등의 기능을 구비한 인버터를 통하여 계통선에 연결된다.

(2) 구성 방식에 따른 종류 및 특징

1) 중앙집중식 인버터 방식

중앙 집중식 인버터에는 고전압방식과 저전압방식, 마스터 슬레이브방식으로 분류된다.

ⓐ 고전압 방식 스트링에 한 개의 인버터를 설치하는 방식으로 하나의 인버터가 처리할 수 있는 전압만큼 모듈을 직렬로 연결하고, 인버터가 처리할 수 있는 전류만큼 다수의 스트링을 병렬로 접속해 나가는 방식이다. 중앙 집중 회로 구성의 장점은 설치 면적을 최소화 할 수 있고 유지 관리가 간편하다. 또한 전압이 높은 대신 전류가 작기 때문에 전선의 굵기를 최소화할 수 있다. 그러나 긴 직렬 구간 어딘가에 그림자가 지거나 이물질이 있으면 발전 손실이 커진다. 그러므로 그림자가 질 염려가 없는 지역에 구성하면 된다.

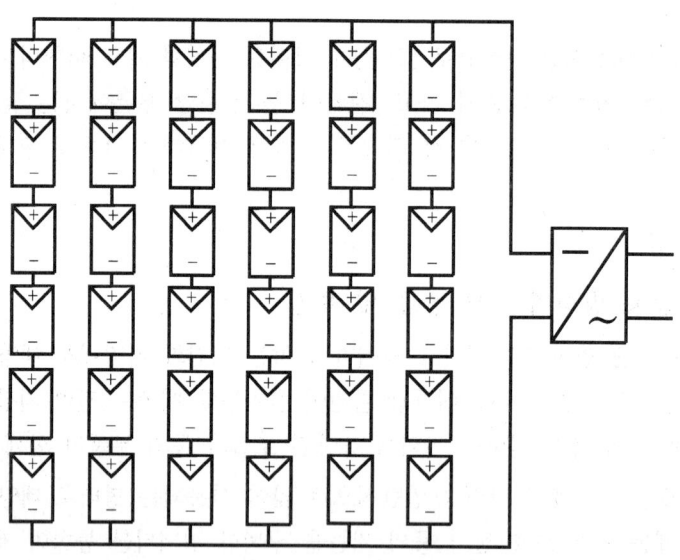

ⓑ 저전압방식

 전압이 낮은 경우 사용하고 몇 개의 모듈만이(3 ~ 5개의 표준 모듈) 직렬로 연결하여 스트링으로 이루어 졌으며, 낮은 전압에 비해 높은 전류가 발생가 발생하여 굵은 케이블 간선 사용이 사용되며 120[V] 이하의 전압에서는 보호등급 III에 따라 설계되고 음영의 영향이 적으며, 고장시 해당 스트링만 교체가능하며, 다수의 인버터가 필요하고 많은 공사기간이 소요된다.

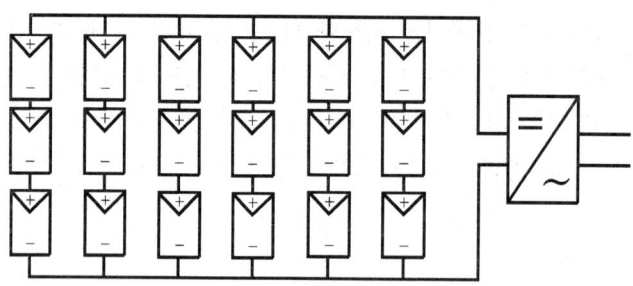

전기적 보호등급

전기적 보호 등급		
등급 Ⅰ	장치 접지됨	⏚
등급 Ⅱ	보호 절연(이중/강화 절연)	▢
등급 Ⅲ	안전 초저전압(최대 AC:50V, 최대 DC : 120V)	◇

ⓒ 마스터 슬레이브 방식

하나의 마스터에 2~3 개의 슬레이브 인버터로 구성되며, 낮은 일사량에서는 마스터 인버터만 운전, 일사량이 많아지면 슬레이브 인버터 운전, 마스터와 슬레이브는 특정 주기로 교번 운전 중앙집중식보다 효율이 높음 / 시설투자비가 증가 / 복사량 변동이 심한 지역에 적합

2) 스트링 (String) 인버터 방식

① 스티링인버터 방식은 스트링 별로 인버터를 설치
② 부분적으로 생기는 그늘에 대해 최적의 운전이 가능
③ 동일한 규격의 스트링과 인버터를 사용
④ 분전함이 없어도 됨
⑤ 상호 연결에 필요한 모듈 케이블링의 감소/ DC전원 케이블의 생략이 가능
⑥ 발전 시스템을 쉽게 증설할 수 가능
⑦ 각각의 스트링마다 독립적으로 동작
⑧ 각각의 스트링에서 최적의 운전 가능

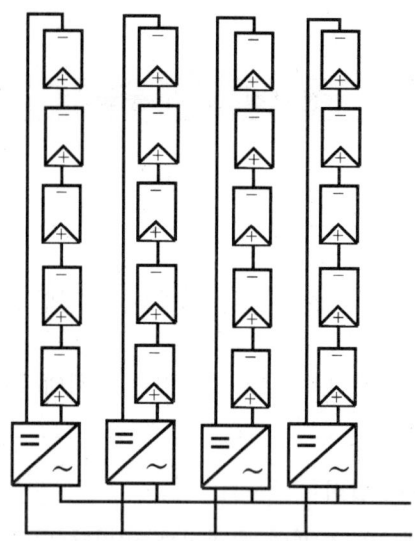

3) 서브어레이 인버터 방식

① 서브어레이의 방향과 음영이 다양

② 하부 어레이와 스트링 인버터 방식은 복사량 조건에 따라 전력 조절 가능

③ 스트링 인버터 : 설치 간편, 설치비 감소

④ 인버터가 태양전지 모듈 스트링 직접연결

⑤ 태양광 발전 시스템 분전반 불필요

⑥ 상호연결로 소모되는 모듈 케이블링의 감소

⑦ DC전원 케이블의 생략

⑧ 스트링길이가 길어질 경우 음영에 따른 전력손실이 커짐

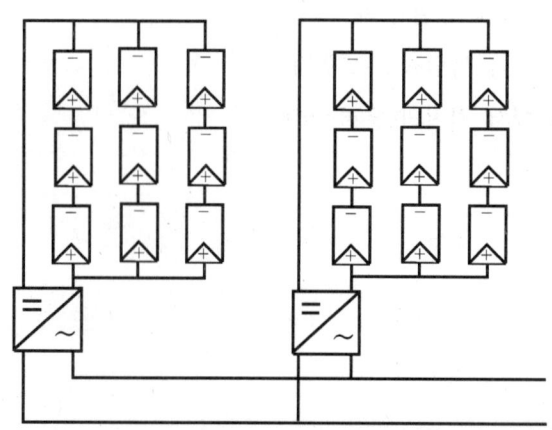

4) AC 모듈 인버터 방식

① 각 모듈별 인버터를 부착하는 방식으로 별도의 배선이 불필요

② 대용량 : 비용으로 인해 부적격

③ 효율 : 낮다

3. 회로 방식에 따른 인버터의 종류 및 특징

① 상용 주파 변압기 절연 방식

② 고주파 변압기 절연 방식

③ 트랜스리스 방식

(1) 상용 주파 변압기 절연 방식

(가) 회로 구성

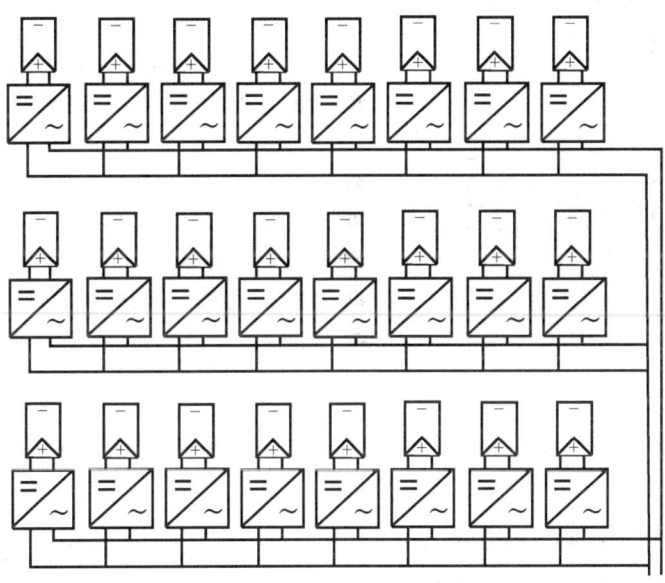

〈상용주파 절연변압기 방식〉

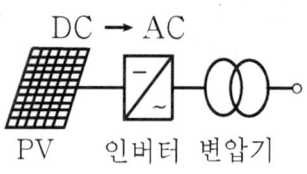

태양 전지의 직류 출력을 상용 주파수로 교류로 변환 한 후 변압기로 절연하므로 안정성이 있다.

구조가 간단하고 절연이 가능하며 회로 구성이 간단하다.

중대용량에서 많이 채용된다.

저주파 변압기의 사용으로 효율이 낮다.

중량과 부피가 크다.

(나) 장단점

- 태양 전지의 직류 출력을 PWM 방식의 인버터로 교류의 상용 주파수로 만들고 변압기를 이용하여 절연과 전압 변환을 행한다.
- 신뢰성과 노이즈 컷이 우수하다.
- 무게가 무겁고 효율이 낮다.

(2) 고주파 변압기 절연 방식

(가) 회로 구성

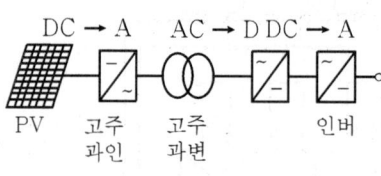

- 태양 전지의 직류 출력을 교류로 변환한 후 소형 고주파 변압기로 절연한다.
- 직류로 변환하고 다시 상용 주파수의 교류로 변환한다.
- 소형 경량화가 가능하다.
- 절연이 가능하다.
- 2단으로 전력을 변환한다.
- 효율이 낮고 회로 구성이 복잡하다.

(나) 장단점

- 태양 전지의 직류 출력을 고주파의 교류로 변환한 후에 소형의 고주파 변압기로 절연시킨다. 그 후에 직류로 변환하고 다시 상용 주파수로 변환시킨다.
- 소형이며 무게가 가볍다.
- 회로가 복잡하고 가격이 비싸다.

(3) 트랜스리스 방식

(가) 회로 구성

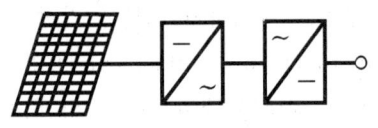

태양 전지의 직류 출력을 DC-DC 컨버터로 승압하고 인버터로 상용 주파수의 교류로 변환한다.

트랜리스로 소형 경량 및 효율이 높다.
가격이 저렴하다.
입출력 간의 비 절연이 가능하다.
1차 측으로 직류 성분 유입의 가능성이 있다.

(나) 장단점
- 태양 전지의 직류 출력을 DC-DC 컨버터로 승압한 후에 교류의 상용 주파수로 변환한다.
- 소형, 경량, 저가격, 고효율의 장점이 있다.
- 무변압기로 인한 상용 전원과 절연되지 않아 안정성이 부족하다.

4. 인버터의 기능

인버터는 직류를 교류로 바꾸는 역할뿐 아니라 다음처럼 태양 전지의 성능을 최대로 하기 위한 기능과 이상이나 고장 시를 위한 보호 기능 등이 구비되어 있다.

(1) 자동운전 정지기능

일사강도가 증대하여 출력을 얻을 수 있는 조건이 되면 자동적으로 운전 시작하고 운전이 시작되면 태양전지의 출력을 스스로 감지하고 자동적으로 운전하여 해가 질 때는 출력으로 얻을 수 있는 한 운전을 계속 진행, 일몰 시 해가 완전히 없어지면 정지하게 된다. 흐린 날이나 비오는 날에도 운전을 계속할 수 있으나, 태양전지 출력이 적어 출력이 거의 '0'이 되면 내기 상태가 된다.

(2) 최대 전력추정제어 기능

태양전지 출력은 일사강도와 태양전지 표면온도에 따라 변동하며, 이런 변동에 대하여 태양전지의 동작점이 항상 최대출력점을 추종하도록 변화시켜 태양전지에서 최대출력을 얻을수 있는 제어를 최대전력추종(MPPT : Maximum Power Point Tracking)제어라고 한다. MPPT제어는 인버터의 직류동작전압을 일정시간 간격으로 변동시켜 그 때의 태양전지 출력 전력을 계측하여 이전에 발생한 부분과 비교하고 항상 전력이 크게 되는 방향으로 인버터의 직류 전압을 변화시킨다. 태양광 발전 시스템을 효율적으로 운용하기 위하여 태양전지 어레이의 최대전력점을 추종하기 위한 제어 알고리즘이 많이 제안되었으나,

Perturbation and Observation(P&O)방법과 Incremental Conduc tance(IncCond) 방법이 가장 많이 사용되고 있다.

① P&O 법 :   P&O 방법은 그림과 같이 태양전지 어레이의 동작전압을 조금씩 증가시켜 가면서 전력 변화분 △P를 측정하여 전력 증가 방향으로 동작점을 계속 재수정함으로써 MPP에 도달하는 방법이다. 간단하고 구현이 용이하기 때문에 가장 널리 사용되고 있다. 연구결과에 의하면 P&O 방법은 Incremental Conductance 방법보다 MPPT 효율이 약간 낮고, 일사량이 적어 P-V 커브가 평탄할 때에는 MPP의 위치를 식별하는데 어려움이 있으며, 전압의 동요 때문에 MPP 부근에서 진동(Oscillation)이 발생한다는 단점도 있는 것으로 알려져 있다.

장점 : 실행 간편, 제어간단, 보편적인 MPPT 방식
단점 : 최대 출력점 근처에서 진동(Oscillation) 발생하여 손실 발생

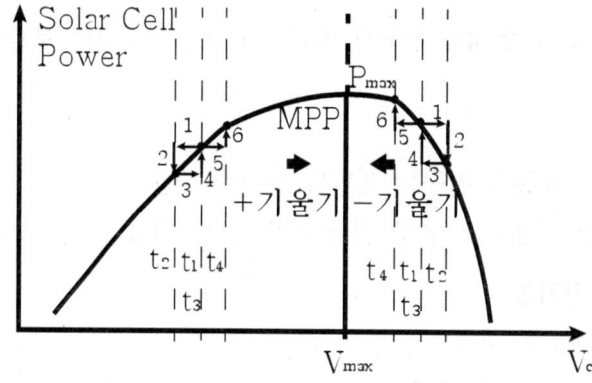

② Inc cnd법 :

　　IncCond 방법 : (그림과 같이) Incremental Conductance 방법은 PV 어레이의 Incremental Conductance와 Instantaneous Conductance 를 비교함으로써 MPP를 추적하는 방법으로서, 전압과 전류의 변화를 샘플링하여 전압의 증감에 따라 P-V 커브의 기울기를 변화시켜 기울기가 0이 되는 점을 추적한다.

- 장점 : 일사량 급변시 대응성 양호하며, 최대 출력점에서 안정적이다.
- 단점 : 계산량이 많아서 빠른 연산이 요구된다.

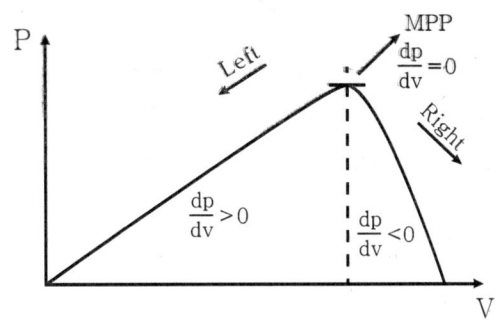

dP/dV=d(I*V)dV=V*(dI/dV)+I=0

∴ dI/dV+I/V=0이 되는 점이 최대전력점이다.

따라서 위 그림처럼 dI/dV+I/V〉0이면 전압을 증가시키고, dI/dV+I/V〈0이면 전압을 감소시켜 dI/dV+I/V=0, 즉 dP/dV=0이 되도록 제어한다.

(3) 단독운전 방지기능

태양광 발전 시스템이 계통과 연계되어 있는 상태에서 계통 측에 정전이 발생한 경우 부하전력이 인버터의 출력전력과 동일하게 되는 경우에는 인버터의 출력전압 주파수는 변하지 않고 전압·주파수 계전기에서 정전을 검출할 수 없어 단독운전이 발생하게 되면 전력회사의 배전망에서 전기적으로 끊어져 있는 배전선으로 태양광 발전 시스템에서 전력이 공급되어, 보수 점검자에게 위해를 끼칠 위험이 있으므로 태양광 발전 시스템의 운전을 정지시킬 필요가 있지만, 단독운전 상태에서는 전압계전기, 주파수계전기에서는 보호할 수 없다. 그 대책으로 단독운전 방지기능이 설치되어 안전하게 정지할 수 있도록 하고 있다.

① 수동적 방법(Passive Method) :
- 전력계통상의 파라미터값 이용해 판난하는 방법 구현
- 설치비 저렴
- 불검출 영역(NDZ : Non-Detection Zone) 존재
- Power가 Mismatch되면 전압과 주파수의 변동 야기 발생
- 전압과 주파수가 일정영역 (Window) 밖으로 벗어나면 Islanding 발생으로 검출
- Power Mismatch가 작아 Window영역 안에 전압과 주파수가 존재하면 검출이 불가능

② 능동적 방법(Active Method) :
- 수동적 검출방법의 단점을 보완하기 위하여 개발된 검출방법으로서 전력계통에 임의의 변동을 가하고 그 응답 특성으로 판단하는 방법이다.
- 구체적인 방법으로서는 PCS 출력전압 변동방식, 주파수 이동방식, 무효전력 주입방식 등이 있다.
- 검출 성능은 우수하나 구현이 어렵다는 것이 단점이다.
- 이 방식에서는 계통에 임의의 변동을 가하는 것이므로 품질 등의 문제가 발생할 가능성이 있다.

(4) 자동전압 조정기능

태양광 발전 시스템을 계통에 접속하여 역전송 운전을 하는 경우 전력 전송을 위한 수전점의 전압이 상승하여 전력회사의 운용범위를 넘을 가능성이 있으므로 이를 방지하기 위하여 자동전압 조정기능을 통하여 전압의 상승을 방지하고 있다. 또한 가정용으로 사용하는 3[kW] 미만의 것은 기능이 없는 것도 있다.

1) 진상무효전력제어
- 연계점의 전압이 상승하여 진상무효전력제어의 설정 이상이 되면 역률 1의 제어를 해소하여 인버터의 전류 위상이 계통전압보다 앞서간다.
- 계통 측에서 유입하는 전류가 늦어지는 전류가 되어 연계 점의 전압을 떨어뜨리는 방향으로 적용한다. 앞선 전류의 제어는 역률 0.8까지 실행되고 이에 따른 전압 상승의 억제효과는 최대 2~3[%] 정도가 된다.

2) 출력제어
- 진상무효전력제어에 따른 전압 억제가 한계에 달하고 그럼에도 불구하고 계통전압이 상승하는 경우에는 태양광 발전 시스템의 출력을 제한하여 연계 점의 전압 상승을 방지하기 위해서 동작한다.

(5) 직류 검출기능
- 인버터는 반도체 스위치를 고주파로 스위칭 제어하고 있기 때문에 소자의 불규칙 분포 등에 의해 그 출력에는 적지만 직류분이 중첩한다.
- 상용주파 절연변압기를 내장하고 있는 인버터에서는 직류성분이 절연변압기에 의해 어느 정도 줄어들 수 있기 때문에 계통 측으로 유출하지 않는다.
- 무변압기방식에서는 인버터와 교류출력이 전기적으로 완전히 분리되지 않기 때문에 교류출력에 직류분이 포함되어 한전계통 운영에 문제를 야기 시킬 수 있다.
- 무변압기 방식에서는 교류출력의 직류성분이 0.5[%]를 초과하지 않도록 유지할 것을 규정하고 있다.

(6) 직류 지락 검출기능

트랜스리스 방식의 인버터에서는 태양전지와 계통측이 절연되어 있지 않으므로 태양전지의 지락에 대한 안전대책이 필요하다. 태양전지에서 지락이 발생하면 지락전류에 직류 성분이 중첩되어 보통의 차단기에서는 보호할 수 없는 경우가 있다. 따라서 인버터의 내부에 직류 지락검출기를 설치하여 이를 검출하고 보호하는 것이 필요하다.

(7) 계통연계 보호계전기

한전계통과 분산형전원이 운전하고 있을 때 태양광 발전 시스템이 고장 발생시 자동적으로 계통과의 연계를 분리할 수 있도록 다음의 보호계전기 또는 동등 이상의 기능 및 성능을 가진 보호장치를 설치하여야 한다.

① 계통 또는 분산형전원 측의 단락·지락고장시 보호를 위한 보호장치를 설치한다.

② 적정한 전압과 주파수를 벗어난 운전을 방지하기 위하여 전압 계전기(OVR), 저전압 계전기(UVR), 고주파수 계전기(OFR), 저주파수 계전기(UFR), 를 설치하고 특고압 연계에서는 지락 과전류 계전기(OCGR)이 추가 설치가 필요하다.

③ 단순병렬 분산형전원의 경우에는 역전력 계전기를 설치한다. 단, 신에너지 및 재생에너지 개발·이용·보급 촉진법 제2조 제1호의 규정에 의한 신·재생에너지를 이용하여 전기를 생산하는 용량 50kW 이하의 소규모 분산형전원(단, 해당 구내계통 내의 전기사용 부하의 수전 계약전력이 분산형전원 용량을 초과하는 경우에 한한다)으로서 단독운전 방지기능을 가진 것을 단순병렬로 연계하는 경우에는 역전력계전기 설치를 생략할 수 있다.

④ 역송병렬 분산형전원의 경우에는 단독운전 방지기능에 의해 자동적으로 연계를 차단하는 장치를 설치하여야 한다.

⑤ 인버터를 사용하는 저압계통 연계 분산형전원의 경우 그 인버터를 포함한 연계 시스템에 보호기능이 내장되어 있을 때에는 별도의 보호 장치 설치를 생략할 수 있다. 다만, 개별 인버터의 용량과 총 연계용량이 상이하여 단위 분산형전원에 2대 이상의 인버터를 사용하는 경우 또는 100kW 이상 저압계통 연계 분산형전원은 각각의 연계 시스템에 보호기능이 내장되어 있는 경우라 하더라도 해당 분산형전원의 연계 시스템 전체에 대한 보호기능을 수행할 수 있는 별도의 보호 장치를 설치하여야 한다.

⑥ 분산형전원의 특고압 연계 또는 전용변압기를 통한 저압 연계의 경우, 보호 장치 설치에 관한 세부사항은 한전이 계통에 적용하고 있는 "계통 보호업무처리지침" 또는 "계통 보호업무편람"의 발전기 병렬운전 연계선로 보호업무 기준 등에 따른다.

⑦ 제1항 내지 제4항에 의한 보호 장치는 접속점에서 전기적으로 가장 가까운 구내계통 내의 차단장치 설치점(보호배전반)에 설치함을 원칙으로 하되, 해당 지점에서 고장검출이 기술적으로 불가한 경우에 한하여 고장검출이 가능한 다른 지점에 설치할 수 있다.

⑧ Hybrid 분산 형 전원 설치자는 ESS 및 분산형전원에 제1항 내지 제2항에 준하는 보호기능이 각각 내장되어 있더라도 해당 Hybrid 분산형 전원의 연계 시스템 전체에 대한 보호기능을 수행할 수 있는 별도의 보호 장치를 설치하여야 한다.

(9) 인버터 선정의 체크 포인트
1) 종합적인 체크
① 연계하는 계통 측(전원 측)과 전압 및 전기방식이 일치하고 있는가?
② 국내·외 인증된 제품인가?
③ 설치는 용이한가?
④ 비상재해 시에 자립운전이 가능한가?
⑤ 축전지 부착 운전은 가능한 가?(정전 시에도 사용하고자 할 경우)
⑥ 수명이 길고 신뢰성이 높은 기기인가?
⑦ 보호 장치의 설정이나 시험은 간단한가?
⑧ 발전량을 간단하게 알 수 있는가?
⑨ 서비스 네트워크는 완전한가?

2) 태양광의 유효 이용에 관하여
① 전력변환효율이 높을 것
② 최대전력 추종제어(MPPT)에 의한 최대전력의 추출이 가능할 것
③ 야간 등의 대기 손실이 적을 것
④ 저 부하 시의 손실이 적을 것

3) 전력품질 · 공급 안전성

① 잡음 발생이 적을 것

② 고조파의 발생이 적을 것

③ 직류분이 적을 것

④ 기동 · 정지가 안정적일 것

⑤ 단위 부품별로 교체가 용이할 것

5. 계통연계형 인버터의 특성

(1) 변환효율(η_{con})

- DC입력전력을 AC출력전력으로 변환하는 인버터의 효율
- 부하 70%에서 최고의 변환효율
- 입력전압(전력)에 변화

$$\eta_{CON} = \frac{P_{AC}}{P_{DC}} \times 100[\%]$$

(2) 추적효율(η_{TR})

태양광 모듈의 출력이 최대가 되는 최대 전력점(MPP: Maximum Power Point)을 찾는 기술에 대한 성능 지표이다.

$$\eta_{TR} = \frac{P_{DC}(\text{순간입력 전력})}{P_{PV}(\text{최대순간}PV\text{어레이 전력})}$$

(3) 정격효율(η_{INV})

변환 효율과 추적효율의 곱으로 나타낸다.

$$\eta_{INV} = \eta_{CON} \times \eta_{TR}$$

(4) 유로효율 (η_{Euro})

- 유럽의 기후에 대해 가중된 동적효율
- 인버터의 고효율 성능척도
- 효율로서 출력에 따른 변환 효율
- 비중을 두어 성능을 비교 기능
- 평균동작 효율에서 평가하는 성능지표

$$\eta_{Euro} = 0.03 \times P_{5\%} + 0.06 \times P_{10\%} + 0.13 \times P_{20\%} + 0.1 \times P_{30\%} + 0.48 \times P_{50\%} + 0.2 \times P_{100\%}$$

- 각 출력 5% / 10% / 20% / 30% / 50% / 100%에서 효율을 측정
- 가중치를 부여
- 곱한 값을 합산한 계산
- 효율

예제 유로효율 (η_{Euro})

정격전력[%]	전력변환 효율[%]
5	76
10	79
20	83
30	87
50	93
100	95

총 유로효율은 출력 전력별 유로효율의 합은
$\eta_{Euro} = 0.03 \times 76 + 0.06 \times 79 + 0.13 \times 83 + 0.1 \times 87 + 0.48 \times 93 + 0.2 \times 95 = 90.15\%$
총 유로효율은 90.15[%] 이다.

6. 태양광 발전 시스템 개요

(1) 태양광 발전 시스템 정의

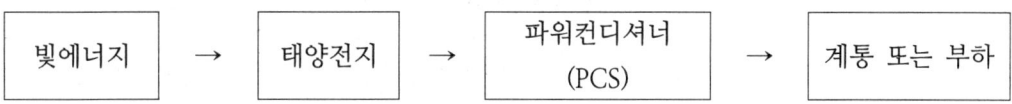

태양광발전 시스템은 빛에너지를 이용하는 태양전지를 사용하여 태양에너지를 전기에너지로 변환하고 부하에 적합한 전력을 공급하기 위하여 구성된 장치들의 총체를 말한다. 태양광 발전 시스템은 태양전지로 구성된 모듈과 축전지 및 전력변환장치 등으로 구성된다.

(2) 태양광 발전 시스템의 구성

① 태양광 모듈 하나로는 전압이 낮아 여러장을 직렬및 병렬로 연결하여 전력을 발생시키는 어레이(Array)

② 일반부하를 사용할 수 있도록 태양전지의 직류출력을 사용전압과 주파수의 교류로 바꾸어주는 인버터

③ 태양광시스템이 안정적으로 운전할 수 있도록 전기적인 감시와 보호하는 기능을 갖는 PCS기능

④ 발전된 전기를 저장하는 전력저장장치 기능

⑤ 전력계통이나 다른 전원에 의한 백업기능

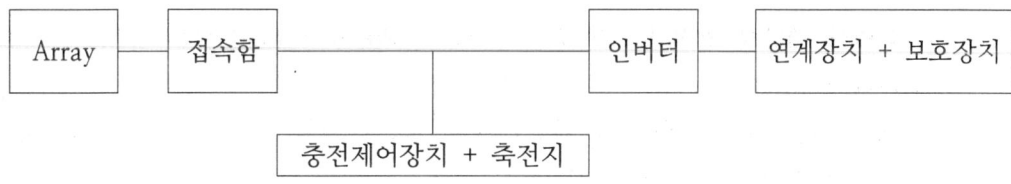

(3) 태양광 발전 시스템의 장단점

장 점	단 점
에너지원이 청정하고 무한 에너지	전력 생산이 지역별 일사량에 의존한다.
필요한 장소에서 필요한 양만 발전 가능	에너지 밀도가 낮아 큰 설치면적이 필요하다.
유지보수가 용이하고 무인화가 가능	설치 장소가 한정적이고 시스템 비용이 고가이다.
20년 이상의 수명	초기 투자비와 발전 단가가 높다.
	일사량 변동에 따른 출력이 불안정하다.

(4) 태양광 발전 시스템의 종류

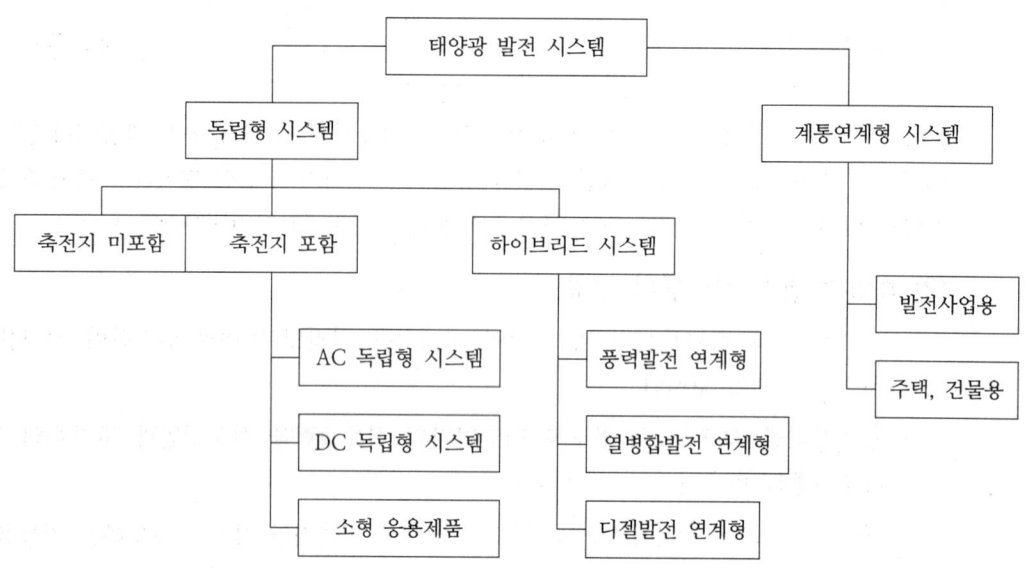

태양광발전 시스템의 종류

(5) 태양광 발전 시스템 분류

1) 사용목적에 따라

① 독립형 시스템 :

독립형 태양광 발전시스템(Off-grid Solar Power System 또는 Stand Alone Solar Power System)

㉠ 태양광으로 발생되는 전력의 생산과 공급을 전력망에 의존하지 않고 자체적으로 해결할 수 있는 발전시스템이다.

㉡ 구성요소
- 태양전지 패널, 배터리(battery)
- 충전제어장치(charge controller)
- 인버터

ⓐ 배터리 : 태양전지 패널에서 생산된 전력을 저장 기능

ⓑ 충방전 제어장치(charge controller) :
- 태양전지 판과 배터리 사이에 위치
- 배터리의 충전상태를 모니터링

- 충전이 완료되었을 때 태양전지 패널에서 배터리로 전력이 흐르는 것을 방지
- 배터리의 손상 방지
- 배터리 → 태양전지 패널로 전력이 역류 방지

■ 독립형 태양광 발전시스템 특징

- 설치지역에 제한을 받지 않는다.
- 전력망 보급이 어려운 산간이나 섬 등의 오지에 전력을 공급한다.
- 적용 대상 : 전력망이 제대로 갖춰지지 않은 지역 태양광 가로등, 무선기지국, 캠핑카, 이동용 화장실 등

② 계통 연계형 시스템 태양광 발전시스템(on-grid solar power system 또는 grid-tied solar power system)
 - 가장 널리 쓰이고 있는 발전시스템

∴ 구성요소
 ㉠ 태양전지 패널(photovoltaic panels)
 ㉡ 인버터

∴ 특징
 - 전력망과 연결됨
 - 가정에서 쓰고 남는 전기는 한국 전력에 보내어져 판매
 - 태양전지 패널에서는 태양에너지를 이용하여 전력을 생산
 - 직류 형태 → 교류 : 인버터의 기능
 - 수 kW에서 수 GW까지 설치용량이 다양
 - 적용 대상 : 대형 발전소, 상업용, 가정용 발전시스템 등

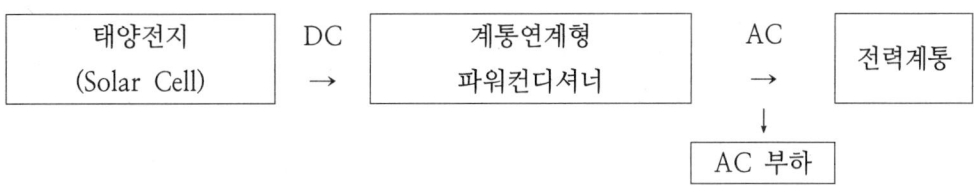

- 계통 연계형의 구분 : 단순병렬, 역송 병렬

　ⓐ 단순병렬 계통 연계형 :

- 부하 설비용량이 발전량보다 많을 경우에 해당되며 잉여전력의 판매가 불가한 시스템

　ⓑ 역송 병렬 계통 연계형 :

- 태양광으로 생산한 전력을 한전 또는 전력거래소에 판매를 주목적으로 시공하는 태양광 발전시스템

③ 독립형 태양광 발전시스템과 계통연계형 태양광 발전시스템의 비교

	독립형 태양광 발전 시스템 (off-grid solar system)	계통 연계형 태양광 발전 시스템 (On - grid solar system)
구성요소	태양전지 패널, 인버터, 충전 제어장치, 배터리	태양전지 패널, 인버터
장점	- 시스템 설치에 공간적인 제약을 받지 않기 때문에 적용 분야가 다양하다. - 태양광 모듈에서 생산된 전력을 배터리에 저장했다가 사용하기 때문에 전력 품질아 좋다. - 안정성이 뛰어나다. - 낮에 생산된 전력을 저장했다가 밤에 사용할 수 있다. - 전력 운용의 효율성을 높일 수 있다.	배터리가 포함되지 않는다. 시스템 설치 비용이 저렴 설치 용량에 제한이 없음 수 KW급의 가정용부터 수 GW급 대형 발전소까지 적용이 가능하다
단점	- 배터리와 충전 조절기가 추가로 설치되어 한다. - 발전단가가 계통 연계형 대비 높다 - 배터리 수명으로 인해 배터리 교체 비용 추가 발생(교체비용이 추가로 발생한다.)	발전량이 일정하지 않다. 공급되는 전력의 품질이 낮다. 안정성이 낮다. 공간적인 제약이 있다.
적용	- 오지, 가정 혹은 마을 전원 공급용, 무선 기지국 - 전원 공급용, 가로 등 전원 공급용, 캠핑 카 전원 공급 용, 이동용 화장실 전원 공급용	MW급 대형 발전소, 공장 및 가정용 보조 발전 장치

④ 하이브리드(hybrid) 시스템 :
- 신재생에너지를 포함한 둘 이상의 에너지생산 시스템과 에너지저장 시스템을 결합해 전력, 열, 가스를 공급·관리하는 시스템이다.
- 2개 이상의 신재생에너지를 조합한다.
- 지역적 특성에 맞춰 친환경적 에너지를 공급하는 융복합 에너지 공급 시스템이다.
- 태양전지나 풍력 발전기, 수력 발전기 등의 다른 종류의 발전기를 결합한 발전시스템이다.
- 풍력 발전과 태양전지의 결합이 가장 많다.
- 실용 목적의 소규모인 발전 시스템에서는, 풍력 발전기 단독으로 사용되는 것은 드물다.
- 태양전지와 편성한 hybrid 발전 시스템이 채용되는 경우가 많다.

7. 관련기기 및 부품

(1) 부분 음영 발생에 의한 영향

1) 일부 태양전지 셀이 나뭇잎 등에 의해 그늘이 발생 → 셀은 발전되지 않음 → 저항 증가 → 셀과 직렬로 접속된 회로(스트링)의 모든 전압이 인가 → 고저항의 셀에 전류가 흘러서 발열 발생 → 셀이 고온 발생 → 셀 및 그 주변의 EVA 필름이 변색 → 뒷면 커버의 부풀림 등 발생 → 셀 및 태양전지 모듈 파손

4 바이패스

① 부분 음영의 영향을 방지하기 위해 사용

② 일부에 그늘이 발생 → 고저항이 된 태양전지로 → 우회하여 전류가 흐르도록 유도 → 바이패스 소자

③ 모듈에 삽입하는 소자

   ㉠ 태양전지 모듈 이면의 단자함 출력단자의 정,부극 간에 설치한다.
   ㉡ 바이패스 소자 선정 : 스트링의 공칭 최대출력 동작전압의 1.5배 이상의 역내압
   ㉢ 스트링의 단락전류를 충분히 바이패스 할 수 있는 정격전류를 가진 다이오드를 사용

(2) 바이패스 소자 구성

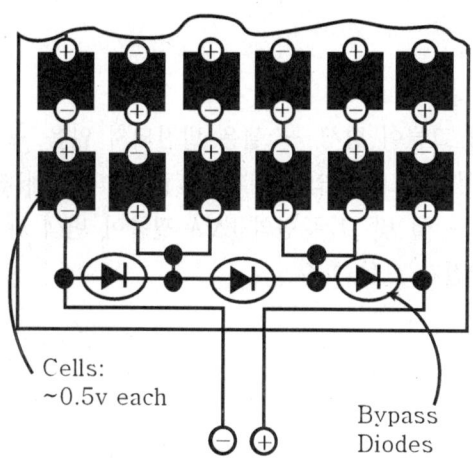
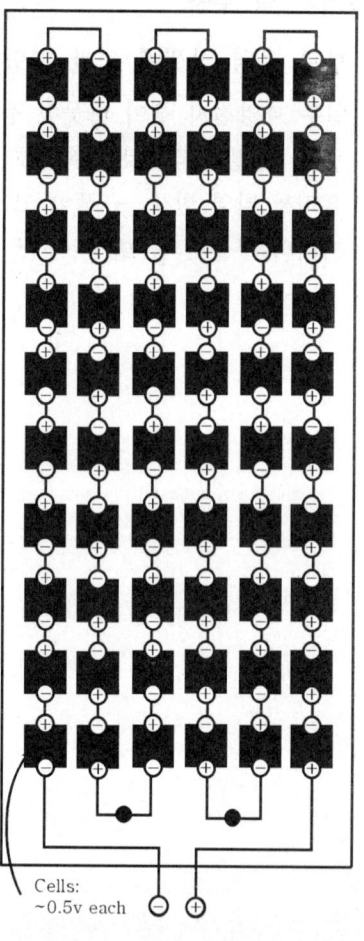

5 역류방지소자

(1) 역류방지소자의 개요

① 태양전지 모듈에 다른 태양전지 회로나 축전지의 전류가 유입되는 것을 방지한다.
② 보통 접속함 내에 설치하지만 모듈의 단자함 내부에 설치한다.
③ 부분 음영에 대한 대책
④ Hot SPOT에 대한 대책
  - 태양전지 어레이의 스트링의 병렬회로
  - 출력전압의 불균형의 발생
  - 출력전류의 분담의 변화
⑤ 불균형이 일정값 이상이 되면 다른 스트링에서 전류의 공급을 받아 인버터 방향이 아닌 모듈 방향으로 전류가 흐른다.
⑥ 각 스트링 마다 역류방지 소자를 설치한다.
⑦ 축전지의 경우 야간 등 태양전지가 발전하지 않는 시간대에는 태양전지가 부하로 동작하여 축전지의 전류가 점차 소비되는 것을 방지한다.
⑧ 역류방지 소자를 선택할 때에는 설치할 회로의 최대 전류를 흘릴 수 있음 과 동시에 사용회로의 최대 역전압에 충분히 견뎌야 된다.

(2) 역류방지소자의 특징

① 대형 태양광 시스템
  ㉠ 다수의 string 중 어느 한 개의 string에서 사고 발생시 → 건전 string으로 단락전류의 몇 배의 큰 전류 → 케이블 등에 전류 → 위험 발생 → 역류방지소자 → 설비 보호 가능
  ㉡ Blockng diode
    ⓐ string이 2개 이상일 경우 역류 방지소자를 접속함에 설치하도록 규정
    ⓑ 다이오드의 양단의 전압강하로 전력손실의 원인
    ⓒ 쇼트키 다이오드
      - 전력손실을 줄 일 수 있음
      - 발열 문제로 발생
      - IEC에서는 설치하지 않도록 하거나 필요한 경우에만 설치 권장

ⓒ 개별 모듈 스트링회로의 양극 또는 음극에 설치
  ⓐ 역전류방지다이오드 용량 :
    - 모듈 단락전류(Isc)의 1.4배 이상
    - 개방전압(Voc)의 1.2배 이상
    - 현장에서 확인 가능함

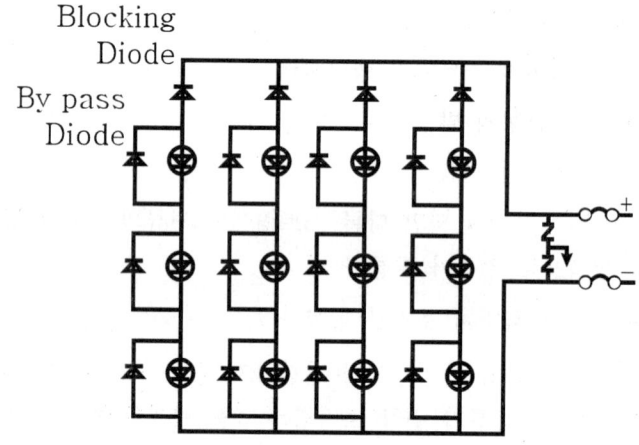

6 접속함

(1) 접속함의 역할

① 복수의 태양전지 모듈의 스트링을 하나의 접속점에 모으는 역할과 인버터까지 연결해주는 기능
② 여러 개의 태양전지 모듈의 접속을 알기 쉽게 정리
③ 보수,점검 시에 회로를 분리하거나 점검 작업 용이
④ 태양전지 어레이에 고장이 발생하여도 정지범위를 축소시켜 관리 가능
⑤ 고장점 쉽게 발견 가능한 큰 장점 존재

(2) 접속함의 구성

① 직류출력 개폐기   ② 피뢰소자(SPD)
③ 역류방지소자   ④ 단자대 감시용 DCCT, T/D(Transducer)
⑤ 직류퓨즈   ⑥ 개폐기
⑦ 절연저항측정   ⑧ 출력단락용 개폐기

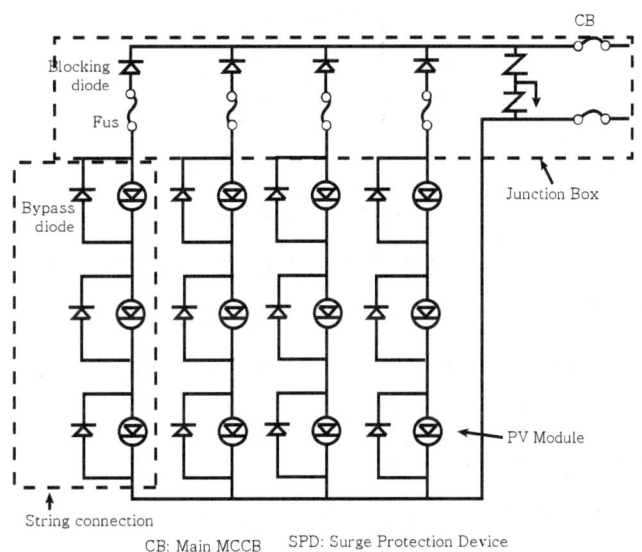

〈접속함 내부도〉

(3) 접속함의 보호등급

병렬 스트링 수에 의한 분류	설치 장소에 의한 분류
소형(3회로 이하)	IP54이상
중대형(4회로 이상)	실내 형 : IP20이상
	실외 형 : IP54이상

① 태양전지 어레이측 개폐기

　㉠ 태양전지 어레이 점검·보수시 사용

　㉡ 태양전지모듈에 사고가 발생 할 때 회로에서 태양전지모듈을 차단하기 위해 설치.

　㉢ 개폐기

　　ⓐ 태양전지에서 얻는 최대직류전류(표준태양전지의 단락전류)를 차단하는 능력이 있을 것

　　ⓑ MCCB를 사용

　　　- MCCB : 교류회로에 사용 되는 것

　　　- 직류 전류 적용의 적합성여부와 정격 확인

　　　- 교류 : 전류 0점이 발생

　　　- 직류 : 전류 0점이 없어 교류에서처럼 전류를 차단하기가 용이하지 않음

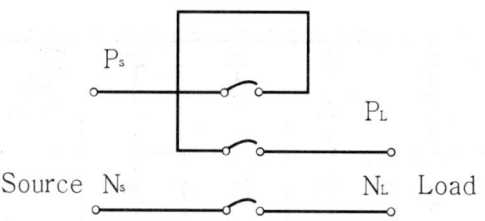

〈3상 MCCB를 이용한 직류개폐기 3점 단락 접속 회로도〉
- 3상 MCCB를 이용한 직류개폐기 3점 단락 접속 회로도
- 차단기 한 극의 1차측에 모듈의 +입력전원 접속
- 2차측에서 다른 한 극의 1차측에 직렬 연결
- MCCB 2극을 직렬 연결
- MCCB 내부에 있는 소호장치를 직렬연결
- 전압을 상승시키는 효과

② 주 개폐기
  ㉠ 태양전지 어레이의 출력을 접속함 내부의 1개소에 통합한 후 PCS와의 회로 중간에 설치
  ㉡ 태양전지 어레이측 개폐기와 목적 동일
  ㉢ 태양전지 어레이측 개폐기의 종류와 기능에 따라 생략 가능
  ㉣ 태양전지 어레이측 개폐기로 단로기나 Fuse를 사용
    ⓐ 반드시 주 개폐기로 MCCB를 설치

    ⓑ 주개폐기의 선정 :
      - 태양전지 어레이의 최대사용전압 만족해야 함
      - 통과전류를 만족해야 함
      - 최대통과전류를 개폐 가능 한 것
      - 보수와 관리가 용이한 MCCB를 사용
      - 직류 차단 특성 적합성
      - 어레이측 개폐기와 같이 결선
    ⓒ 태양전지 어레이의 단락전류 : 자동차단 되지 않는 정격의 것이 좋음

7 피뢰소자(서지 보호 장치)

㉠ 서지 보호 장치(Surge Protection Device)
- 뇌 서지가 태양전지 어레이 혹은 인버터에 침입한 경우 기기마다 장치를 보호하기 위해 설치
- 접속함에는 태양전지 어레이 보호를 위하여 스트링마다 서지 보호 장치를 설치
- 태양전지 전체의 출력 단에 설치하는 경우도 있다.

㉡ 서지보호 장치의 접지 측 배선
- 짧게 설치
- 일괄해서 접속 상자의 주 접지단자에 접속
- 태양전지 어레이 회로의 절연저항측정을 위해 접지
- 뇌 서지가 침입하는 장소에는 대지와 선간에 서지 보호 장치를 설치 필요

㉢ 태양광 발전시스템에 사용되는 서지보호기는 갭형과 반도체식이 있다.

- 갭형 서지보호기 : 반도체식에 비해 높은 서지 전류내량을 갖고 누설전류가 없다. 파손되어도 단락할 가능성이 적어 안전성이 높다.
- 반도체식 서지보호기 : 배리스터방식(산화아연소자)과 실리콘 Surge Absorber 배리스터 전압보다 높은 전압이다.

ⓐ 인가되면 저항이 급격히 저하해서 뇌 서지 전류를 방전
ⓑ 큰 방전에너지 처리 : 곤란
ⓒ 고속 동작 가능
ⓓ 과전압 저감 효과 탁월
ⓔ 뇌서지 값 :
- 파손되어 단락상태로 되는 가능성 증대
- 파손된 배리스터식 SPD를 격리할 회로 구성 필요
- 동일회로에 배선길이가 긴 경우나 배선에 근접
- 낙뢰 또는 유도뢰 : 배선의 양단에 설치 필요

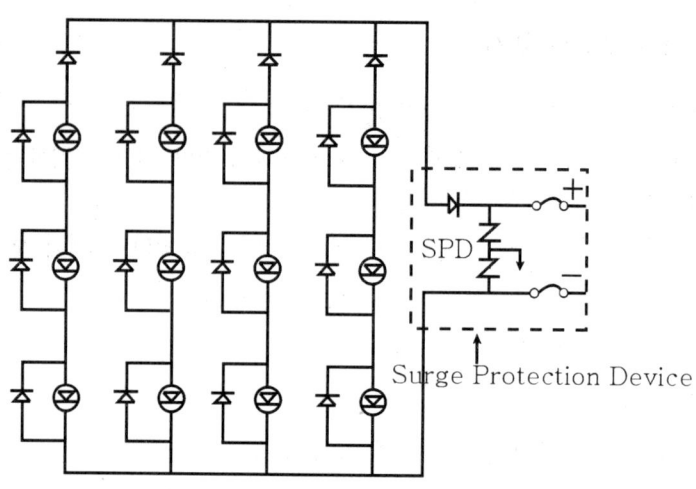

〈서지보호장치의 회로도〉

④ 단자대

㉠ 태양전지 어레이의 스트링마다 배선을 배선함까지 가지고 가서 접속함 내의 단자대에 접속한다.

㉡ 단자대는 해당되는 전압과 전류용량을 견딜 수 있는 규격으로 하여야 한다.

㉢ 접속단자는 전류 도전특성과 내식성이 우수한 무산소동 단자를 사용하는 것이 바람직하다.

㉣ 전기용품안전관리법에 의한 안전인증 규격과 IEC60947-2 규격에서는 차단기 각 부의 온도상승한계가 규정되어 있다.

〈차단기 각 부의 온도상승한계〉

부품명		온도 상승 한계
외부 연결 단자		80℃
수동 동작 방법	금속	25℃
	비금속	35℃
접촉은 가능하나 손에 접촉이 안되는 부품	금속	40℃
	비금속	50℃
정상 동작시 접촉이 필요 없는 부품	금속	50℃
	비금속	60℃

⑤ 직류(DC)용 퓨즈

모듈 및 어레이의 과전류 보호를 위해 접속함의 개별 스트링 회로의 양극 및 음극에 각각 직류(DC)용 퓨즈를 설치하여야 한다. 사용되는 퓨즈는 다음의 요건을 준수하여야 한다.

a) 퓨즈는 IEC 60269-6("gPV"형)의 규격품을 사용하여야 한다.

b) 퓨즈는 회로 정격 전류에 대하여 135 %의 과부하 내량을 가져야 한다.

c) 퓨즈의 과전류 보호 정격은 회로 정격 전류의 1.5배 이상 2.4배 이하이어야 한다.

d) 퓨즈가 소손되는 경우 경고음 또는 램프 등을 통해 확인할 수 있어야 한다.

⑦ DC 개폐기(또는 차단기)

㉠ 접속함의 출력 회로에 DC용 개폐기가 설치되어야 한다.

㉡ KS C IEC 62548의 6.3.6.3에 따라 다음의 요건을 준수하여야 한다.

ⓐ 개폐기(또는 스위치)는 IEC 60947-3의 규격품, 차단기는 KS C IEC 60947-2의 규격품 사용

ⓑ 접속함 출력 회로의 정격 전압보다 1.2배 이상의 전압 정격을 갖는다.

ⓒ 차단기의 정격 전류 : 접속함 출력 회로의 정격 전류보다 1.25배 초과, 2.4배 이하의 전류 정격

ⓓ 개폐기의 정격 전류는 접속함 출력 회로의 정격 전류보다 1.25배 초과의 전류 정격

⑧ SPD(Surge Protect Device): 서지 보호 장치

㉠ 중대형 접속함(스트링 4회로 이상)의 경우 출력 회로에 근접하여 SPD 장치를 설치

㉡ SPD 최대 연속 운전 전압은 600 VDC, 1 500 VDC, 공칭 방전 전류(8/20)는 10 kA 이상

태양광 발전 기획

제 4 장 태양광 발전 사업 환경분석

2. 태양광발전 사업 환경분석	1. 주변 기상·환경 검토	1. 일조시간, 일조량 2. 위도, 경도, 방위, 고도각 3. 설치 가능여부 조사 4. 주변 환경조건 및 기후자료 분석 등

1 일조시간 & 일조량

1. 일사량과 일조량

(1) 일사량

일사량은 태양에서 오는 빛의 에너지가 대기 중의 어느 한 점 또는 지표면의 어느 한 점에서 받는 태양 복사를 말하고, 이는 태양광선에 직각으로 놓은 1㎡의 넓이에 1분 동안의 복사량으로 측정한다. 하루 중의 일사량은 태양 고도가 가장 높을 때인 남중시에 최대가 되고, 1년 중에는 하지경이 최대가 된다. 즉 태양의 고도가 높을 수 록 일사량 또한 증가하며 태양이 천장에 위치할 때 일사량은 최대가 된다. 일사량의 차이는 국내에서 태양광 발전소 등을 건립하기 위한 부지 선정에 중요한 고려대상이 되고, 우리나라 평균 일사량은 유럽보다 약 1.4배 이상 높으며 비교적 고르게 분포되어 있다. 목포, 진주 지역의 일사량이 높고, 서산과 영주가 높다.

(2) 일조량

일조량은 태양의 직사광선이 구름, 안개, 먼지 등에 차단되지 않고 지표면에 비치는 햇빛의 양을 말하고, 이는 하루 동안 혹은 정해진 시간 동안 빛이 얼마나 지상에 비춰졌는가를 통해 측정하기 때문에 단위는 주로 시간이 된다. 태양의 중심이 동쪽의 지평선 위로 나타나서 서쪽의 지평선으로 질 때까지의 시간을 가조 시간이라 하며 실제로 지표면에 태양이 비쳐진 시간을 일조 시간이라 한다. 구름이 없고 맑은 날씨일 경우에는 가조 시간과 일조 시간이 일치하지만, 구름이 많아지면 그만큼 일조 시간이 짧아진다. 하루 중의 일조 시간을 비교하면 여름은 길고 겨울은 짧다. 가조 시간과 일조 시간의 비를 일조율이라 하며, 이는 %로 나타낸다.

일조시간 :

① 태양광선이 비춘 시간

② 보통 1일이나 한달 동안 비춘 시간을 수로 나타낸다.

③ 일조시간으로 일사량도 추정할 수 있다.

④ 낮 동안에 구름이 어느 정도 끼었는지 나타낼 수 있다.

⑤ 어떤 지점에 있어서 맑은 날의 일조시수는 그 지점의 위도에 따라 정해진다.

1. 일사량

일사량(日射量)은 태양으로부터 오는 태양 복사 에너지가 지표에 닿는 양을 말한다. 일사량은 태양광선에 직각으로 놓인 1제곱센티미터(cm^2) 넓이에 1분 동안 복사되는 에너지의 양(輻射量)을 측정함으로써 알 수 있다. 태양복사에너지의 밀도 또는 강도는 단위시간당, 단위면적에서 복사하는 에너지로 정의하며 다음과 같은 단위를 사용한다.

태양복사에너지의 단위 : kcal/m^2·hr, W/㎡, J/m^2·sec, ly/min

단위 상호간의 관계 : 1 W/m^2 = 1 J/m^2·sec = 1.43×10^{-3} ly/min = 0.8624 kcal/m^2·hr

기상 관측에서 일사량은 다음과 같이 분류 된다.

2. 전천 일사량 :

① 수평면일사의 관측은 수평하게 놓인 수광면(受光面)이 받는 태양광선과 전체 하늘의 산란광을 관측하는 것

② 가장 많이 이용되는 일사량

③ 전천일사량=직달일사량× cos 천정각(90°-태양고도)+산란일사량 이다.

3. 직달일사량

① 날씨에 따라 강도가 다르다.

② 맑은 날에는 보통 직달일사량이 전천일사량보다 크다.

③ 흐린 날에는 직달일사량은 매우 낮다.

④ 흐린 날에는 전천일사량이 훨씬 크다.

⑤ 대기의 상태를 예측할 수 있다.

4. **산란 일사량** : 태양의 광구 부분 이외의 천공광으로 대기 분자나 미립자에서 산란된 빛을 측정한 것이며 태양의 직사광을 차단하면서 수평면에서 측정한다.

5. **직달 일사량** : 태양의 광구 부분에서 방사되는 직사광을 측정한 일사량이 직달 일사량이다.

6. **태양광 스펙트럼의 영역**

   (1) **태양광 스펙트럼 파장대별 영역**

   ① 380nm에서 780nm대역까지가 육안으로 보이는 가시광선 대역

   ② 붉은색보다 긴 파장 대역은 적색 외측 부분

   ③ 적외선(780nm이상) 이라고 부른다.

   ④ 자외선(10~380nm)은 보라색 바깥쪽(紫外)에 위치하는 짧은 파장 대역의 빛을 의미한다.

7. **지표면에 도달하는 태양광**

   - 적외선 : 55%   - 가시광선 : 40%   - 자외선 : 5%
   - 자외선이 지표면에 도달하는 비율이 다른 광원에 비해 떨어지는 이유
   : 파장이 짧으면 에너지가 높은 대신 투과율의 감소.
   : 파장이 가장 긴 적외선은 대기권을 가장 많이 통과
   : 가시광선이며, 파장이 가장 짧은 자외선은 상대적으로 가장 투과율이 떨어져 거의 대부분이 대기권에서 흡수된다.

2 태양의 고도와 방위각

(1) **태양의 고도**

지평선에서 천체까지 잰 수직각(높이)를 말하고, 태양의 고도는 지평선을 기준으로 하여 태양의 높이를 각도로 나타낸 것을 말한다.

(2) **태양의 남중고도**

하지 때 태양의 남중고도는 북반구에서 최대가 되며, 남반구에서는 최소가 된다. 동지 때는 태양의 남중고도는 북반구에는 최소가 되고, 남반구에서는 최대가 되며, 춘분과 추분일때는 적도에서 최대가 된다.

$$태양의 남중고도 = 90° - \phi \pm 23.5 \text{ 이다.}$$

(3) 태양의 고도각

- 북반구의 경우 하루 중 태양 고도가 가장 높은 방향은 정남이다.
- 남반구의 경우 하루 중 태양 고도가 가장 높은 방향은 정북이다.
- 태양 남중 고도가 가장 높을 때(하지) : $90° - \phi + 23.5°$
- 태양 남중 고도가 가장 낮을 때(동지) : $90° - \phi - 23.5°$

춘, 추분 시 남중 고도 : $90° - \phi 90$

1) 경사각(앙각)

경사각이란 설치된 PV 모듈과 수평선이 이루는 각도를 말한다. 즉 이는 태양을 수직으로 바라보기 위하여 PV 모듈을 일으켜 세우는 각도이다. 위도가 34°인 지역에서 경사각은 태양이 하늘의 정중앙보다 34°만큼 남쪽으로 기울어져 있기 때문에 PV 모듈 뒷면을 34°만큼 일으켜 세워야만 태양빛을 수직으로 받아들일 수 있고, 적도 부근에서는 모듈을 지표면과 평평하게 되도록 하면 효율적으로 태양광을 받을 수 있다. 즉 최적의 앙각은 PV 모듈을 설치하려는 지역의 위도와 같은 값으로 정하면 된다.

2) 방위각

방위각은 방위를 나타내는 각도로 관측점으로부터 정남을 향하는 직선과 주어진 사이의 각으로 나타낸다. 정남에서 서쪽으로 돌면서 측정하는 경우 +, 동쪽으로 돌면서 측정하는 경우를 -로 한다. 이처럼 나침반이 지시하는 자북선과 정오(12:00)에 태양광선이 이루는 각도를 방위각이라 한다. 그런데 우리나라의 표준시는 동경 135°를 기준으로 하기 때문에 서울(동경 127°)에서는 12시32분에 해가 정남방 하늘에 위치하고 있다. 그러므로 최대 효율을 얻기 위하여 PV 어레이의 설치 방향은 태양의 남중 시간에 태양의 방향을 보고 설치하여야 한다.

〈경도와 남중 시간과의 관계〉

남중시간	12:40	12:36	12:32	12:28	12:24	12:16	12:08	12:00	11:52	11:36
경도	E125	E126	E127	E128	E129	E131	E133	E135	E137	E141
지역명	흑산도	목표	서울	원주	부산	울릉도		표준시 경도	나고야	요코하마
		평양	광주	진주	강릉					

▨▨▨ 수광 효율 간이 계산 모듈

어레이 설치 방향과 경사각에 따라 태양전지 수광효율이 달라지는데 설치 조건 방위각과 경사각을 임의로 선정하였을 때 대략적인 평균 효율은 "수광효율 간이 계산 모듈"을 보고 빠르게 계산 할 수 있다. 위의 그림은 위도 30~40도 사이 지역에 적합하게 만들어져 있고 오차는 최대 2.5%까지이다.

3 설치 가능여부

1. 현황 분석

(1) 일조권 분석

① 기후조건
- 일사량 변동
- 온도 변화에 민감
- 적운, 적설
- 입지는 동서 분산 형이 최적입지

② 공해
- 오염, 노화, 분광
- 도로 주변
- 산업도시, 수도권 및 분산, 대전 등

③ 위치 방향성
- 그늘 발생
- 계통 연계고려
- 온도 차이로 모듈 수명에 결정적 영향

(2) 전력 여건

계통 연계 연계점 및 단상 3상 여부에 대한 사전 검토가 필요하다. 계통 연계 지점에 관한 사항들은 한국전력공사 지역 지점에 방문하여 협의한다.

(3) 주변여건

- 차량통행이 많지 않은 곳(먼지로 인한 문제)
- 태양전지로 대부분 실리콘계로 파손되기 쉬우므로 사람의 통행이 많지 않은 곳을 선정
- 해당 관청의 협조적 인가(인허가의 문제)
- 개발행위허가, 발전사업허가, 도시계획시설 결정
- 지역주민의 민원 발생
- 사업부지, 지형, 지물과 방향에 대한 태양광 사업 타당성을 조사할 수 있다.

2. 사업 부지 및 주변 환경 조사

(1) 태양광 부지 환경 요소 검토 사항
1) 지반 및 지질 검토
2) 생태 자연도 및 녹지 자연도
3) 주변 토지의 이용 현황
4) 경사도
5) 주변 환경과의 조화

(2) 부지 지반 조사
1) 구조물에 적합한 기초의 형식과 심도 결정
2) 기초의 지지력 평가
3) 구조물의 예상 침하량 평가
4) 지반 특성과 관련된 기초의 잠재적인 문제점 파악
5) 기초 지반의 변화에 따른 시공 방법 결정

  ① 연약 지반의 문제점
  ㉠ 주변 지반의 변형   ㉡ 측방 유동 및 액상화
  ㉢ 성토 및 굴착 사면 파괴   ㉣ 지반의 장기 침하
  ㉤ 구조물의 부등 침하   ㉥ 지하 매설관 손상
  ㉦ 사면 활동

3. 부지 측량 목적

(1) 부지의 고저차 파악

(2) 설치 가능한 태양 전지 모듈의 수량 결정

(3) 최소한의 토목 공사를 위한 기공 기면의 결정

(4) 실제 부지와 지적도상의 오차 파악

4. 진입로 검토

(1) 인접 도로와의 연계성

(2) 사도 개설을 위한 허가 조건 검토

(3) 진입로 루트 및 규모 검토

태양광 발전시스템의 기획 및 설계 진행전, 설치장소에 대한 환경조건의 주요 검토사항

- 집중호우 및 홍수피해 가능성 여부
- 자연재해 (태풍 등 기상재해 발생여부)
- 수목에 의한 음영의 발생가능성 여부
- 공해, 염해, 빛, 오염의 유무(영향)
- 인축의 접근
- 수광 장애의 유무
- 새 등의 분비물 피해 유무
- 결울철 적설, 결빙, 뇌해 상태

제 5 장 태양광 발전부지 조사

1 태양광 발전 부지 타당성 조사

(1) 부지 선정 및 사업성 타당성 검토(태양광 발전 사업 추진 절차 안내)
- 발전 사업 가능지역(개발 제한 구역 등)
- 지자체 개발행위 조례, 지침, 규정 확인
- 후보지 인근 주민 성향, 도로 인접 여부 확인
- 음영 분석, 경사도 25도 이상일 경우 배제
- 한전 3상 전주 위치 등
- 지자체 개발 행위 허가 지침
- 옥상에 설치하는 태양광 발전 설비의 설치 기준

■ 사업부지 선정

태양광 발전 시스템을 구축하기 위해서는 부지 선정 절차가 필요하며, 이 단계에서 부지의 여건이 정확히 파악되지 않을 경우 시스템을 통해 얻고자 하는 결과를 제대로 도출하지 못한다. 부지의 선정 절차 및 부지 선정 시 고려사항은 아래와 같다.

■ 부지 정 시 일반적 고려사항

(1) 지리적인 조건 : 토지의 방향, 경사도, 토지의 지질 등 -토지 대장, 지적 공부, 지형도
(2) 지정학적인 조건 : 연평균 일사량 및 일조 시간 등 -기상청 자료 근거
(3) 건설 조건상 조건 : 부지의 접근성 및 주변 환경 -지적도 참고 및 민원 발생 가능 여부
(4) 행정상의 조건 : 인허가 관련 규제 -해당 지자체 관련 부서 확인
(5) 전력 계통관의 연계 조건 : 전력 계통 인입선 위치와 계통 병입 가능한 용량 -지역 한국 전력 지사
(6) 경제성 : 부지 매입비 및 공사비 등 연계하여 평가

(2) 발전 사업 허가
- 3000[kw]이하 지자체(시, 도지사)
- 3000[kw]이상 산자부, 전기 위원회
- 전기 사업법 제 7조

(3) 개발 행위 허가
- 산지 전용(농지 전용), 환경 영향 평가, 재해 영향 평가 등
- 해당 지자체 (시, 군청)
- 국토의 개발 및 이용에 관한 법률 및 시행 규칙, 개발 행위 운영 지침

(4) 사업자 등록
- 사업자 등록 후 각종 면허세 납부
- 관할 세무서에 신청

(5) 발전 회사 등록
- 전력 거래소 시장 운영팀

태양광 발전 기획

제 6 장 국토 이용에 관한 법령 검토

1 전기사업법령

목적 : 이 법은 전기 사업에 관한 기본 제도를 확립하고 전기 사업의 경쟁을 촉진함으로서 전기사업의 건전한 발전을 도모하고 전기 사용자의 이익을 보호하여 국민 경제의 발전에 이바지함을 목적으로 한다.

- 전기사업 : 발전사업, 송전 사업, 배전 사업, 전기 판매사업 및 구역 전기사업
- 전기사업자 : 발전사업자, 송전 사업자, 배전 사업자, 전기 판매사업자 및 구역 전기사업자
- 발전 사업 : 전기를 생산하여 이를 전력 시장을 통하여 전기 판매사업자에게 공급하는 것을 주된 목적으로 하는 사업
- 발전 사업자 : 제 7조 제 1항에 따라 발전 사업의 허가를 받은 자를 말한다.
- 송전 사업자 : 제 7조 제 1항에 따라 송전 사업의 허가를 받은 자를 말한다.
- 송전 사업 : 발전소에서 생산된 전기를 배전 사업자에게 송전하는데 필요한 전기 설비를 설치, 관리하는 것을 주된 목적으로 하는 사업을 말한다.
- 배전사업 : 발전소로부터 송전된 전기를 전기 사용자에게 배전하는 데 필요한 전기설비를 설치, 운용하는 것을 주된 목적으로 하는 사업
- 배전 사업자 : 제 7조 제 1항에 따라 배전 사업의 허가를 받은 자를 말한다.
- 전기 판매 사업 : 전기 사용자에게 전기를 공급하는 것을 주된 목적으로 하는 사업을 말한다.
- 전기 판매 사업자 : 제 7조 제 1항에 따라 전기 판매 사업의 허가를 받은 자를 말한다.
- 구역 전기 사업 : 대통령령으로 정하는 규모 이하의 발전 설비를 갖추고 특정한 공급 구역의 수요에 맞추어 전기를 생산하여 전력 시장을 통하지 아니하고 그 공급 구역의 전기 사용자에게 공급하는 것을 주된 목적으로 하는 사업을 말한다.
- 구역 전기사업자 : 제 7조 제 1항에 따라 구역 전기 사업의 허가를 받은 자를 말한다.
- 전력 시장 : 전력 거래를 위하여 제 35조에 따라 설립된 한국 전력 거래소가 개설하는 시장을 말한다.
- 전력계통 : 전기의 원활한 흐름과 품질을 유지하기 위하여 전기의 흐름을 통제, 관리하는 체제를 말한다.) 까지 강의에 빠져있습니다.

2 전기 공사업법령

전기사업 : 발전, 송전, 배전, 전기 판매, 구역 전기)

전기 공사업의 목적

- 전기 공사업과 전기공사의 시공, 기술 관리 및 도급에 관한 기본적인 사항을 정한다.
- 전기 공사업을 발전시키는데 목적을 둔다.

① 전기공사의 정의 : 설비 등을 설치, 유지, 보수하는 공사 → 부대 공사 : 대통령령으로 정한다.
② 공사업 : 도급이나 그 밖에 어떠한 명칭이든 상관없이 전기 공사를 업으로 한다.
③ 공사업자 : 공사업을 등록 한 자.
④ 발주자 : 전기 공사를 공사업자에게 도급을 주는 자
⑤ 하도급 : 도급 받은 전기 공사의 전부 또는 일부를 수급인이 다른 공사업자와 체결하는 계약
⑥ 도급 : 원 도급, 하도급, 위탁 전기 공사를 완성 약속 → 대가
⑦ 전기사업(발전, 송전, 배전, 전기판매, 구역전기)
⑧ 목표 : 신에너지 및 재생에너지 이용,보급 촉진법

3 전기(발전)사업 허가 기준

1. 전기(발전) 사업 허가

전기(발전) 사업을 허가제로 한 것은 전기 사업이 국민 생활과 산업 활동에 필수 불가결한 공공재이고 막대한 투자와 상당한 건설 기간이 필요하므로, 전기 사용자의 이익 보호와 건전한 전기 사업 육성을 위해 적정한 자격과 능력이 있는 자만이 전기 사업에 참여할 수 있도록 하기 위함이다.

(1) 허가권자
1) 3,000kW 초과 설비 : 산업통상자원부(전기 위원회의 심의)
2) 3,000kW 이하 설비 : 시·도지사
3) 100kW 미만 설비 : 시·군

단, 제주특별자치도는 제주특별자치도 설치 및 국제자유도시 조성을 위한 특별법에 따라 3,000kW 이상의 발전 설비 역시 제주특별자치도지사의 허가 사항임.

(2) 발전 설비 용량이 200kW 이하인 발전 사업은 제외
(3) 전기(발전)사업 허가절차

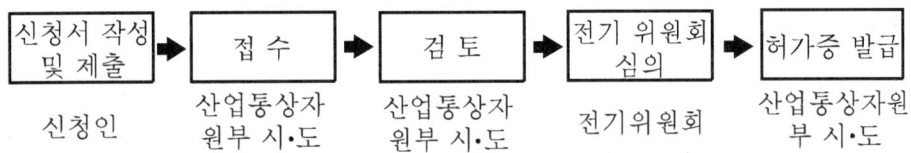

제 7 장 신재생 에너지 관련 법령 검토

재생 에너지 : 햇빛, 물, 지열, 강수, 생물 유기체 등을 포함하는 재생 가능한
         에너지를 변환시켜 이용하는 에너지재생 에너지의 종류

- 태양 에너지 : 태양열, 태양광
- 풍력 에너지
- 수력 에너지: 석유,석탄,원자력,천연가스 등을 사용하지 않는 에너지
- 기존 발전방식 : 수력발전(친환경,관광목적), 화력발전, 원자력발전(공통점: 연료사용)
- 해양 에너지
- 지열 에너지
- 바이오 에너지 : 대통령령으로 정한다.
- 폐기물 에너지 : 대통령령으로 정한다.
- 그 밖에 석유, 석탄, 원자력, 천연가스를 제외

(1) 태양열의 원리

- 우리가 이용할 수 있는 지표면에 도달되는 태양에너지는 저밀도의 에너지(최대 $1,100[W/m^2]$ 이하)이다.
- 시간에 따라 변화가 크다.
- 지표면에 도달되는 태양 복사에너지 중 열에너지로 이용하는 파장대는 가시광선 대역이다.
- 작달일사 : 태양으로부터 구름이나 먼지 등에 산란되지 않고 지표면에 직접 도달되는 복사광선으로 임의의 면에 도달되는 이들 광선의 입사각도는 동일하다.
- 산란일사 : 태양으로부터 지구로 오는 도중에 구름이나 먼지 등에 산란되어 지표면에 도달되는 복사광선으로 임의의 면에 도달되는 이들 광선의 입사각도는 산란 정도에 따라 제각각 다르다.

(2) 태양열의 특징

신에너지 및 재생에너지 개발,이용,보급의 궁극적인 목적

- 친환경적
- 온실 가스 (CO_2) 배출 감소 목적, 공공 복리 증진

① 신에너지의 종류(범위)

정의 : 기존의 화석연료를 변환시켜 이용하거나 수소, 산소 등의 화학 반응을 통하여 전기 또는 열을 이용하는 에너지

종류 : 수소에너지, 연료전지

석탄을 액화, 가스화한 에너지 및 종질잔사유를 가스화한 에너지 -> 대통령령 기준 및 범위 그 밖에 석유, 석탄, 원자력 또는 천연가스가 아닌 에너지로서 대통령령으로 정하는 에너지

장 점	단 점
무공해, 무한량, 무가격의 청정에너지원 기존의 화석 에너지에 비해 지역적 편중이 적은 분산형 에너지원 지구온난화 대책으로 탄산가스 배출을 저감 할 수 있는 재생 에너지원	· 고급 에너지이나 에너지 밀도가 낮음 · 에너지 생산이 간헐적임 · 계속적인 수요에 안정적 공급이 어려움

차 시 명	차시목표	주요 훈련내용
신에너지 및 재생 에너지 설비의 지원 등에 관한 규정 및 지침	1. 신, 재생 에너지 설비의 설치 계획서 2. 신, 재생 에너지 공급 의무화 3. 신, 재생 에너지 공급 의무자	1. 연도별 의무 공급 비율의 정의 2. 연도별 의무 공급 비율의 값 3. 연도별 의무 공급 비율의 기능

신재생 에너지 설비의 설치 계획서 : 건축 허가를 신청하기 전 산자부 장관에게 제출 (30일 이내)

신재생 에너지 설비 설치 의무 기관(산업통상자원부)

1) 대통령령으로 정하는 금액 이상 → 연간 50억원 이상
2) 대통령령으로 정하는 비율 또는 금액 이상을 출자한 법인
   - 납입 자본금의 100의 50 이상을 출자한 법인
   - 납입 자본금으로 50억 이상을 출자한 법인

신재생 에너지 공급 의무화

1) 전기 사업법 제 2조에 따른 발전 사업자
2) 집단 에너지 사업법, 전기 사업법, 발전 사업의 허가를 받은 자

공급 의무량 : 총 생산 전력량의 10%이내 : 연도별 목표

〈2015년 3월 30일〉 의무 공급량 비율

2012년 - 2%	2013년 - 2.5%	2014년 - 3%
2015년 - 3%	2016년 - 3.5%	2017년 - 4%
2018년 - 4.5%	2019년 - 5%	2020년 - 6%
2021년 - 7%	2022년 - 8%	2023년 - 9%
2024년 - 10%		

제 8 장 태양광 발전 사업 계획서 작성

태양광 발전 사업 계획서	1. 발전 사업의 정의 2. 발전 사업의 허가 3. 사업허가 신청서	1. 사업허가 신청서 제출 및 협의 2. 송전 관계 일람도 3. 발전 사업 허가 처리 절차

1) 발전 사업 : 전기를 생산하여 이를 전력 시장을 통하여 전기 판매 사업자에게 공급함을 주된 목적으로 하는 사업

2) 발전 사업의 허가(변경 허가) : 발전 사업을 하고자 하는 자는 산업 자원부 장관의 허가를 받아야 하며, 허가 받은 사항 중 사업 구역, 공급 전압, 원동력의 종류 및 설비 용량을 변경하고자 하는 경우에는 변경허가를 받아야 한다.

3) 사업 허가 신청서 제출 및 협의 : 발전 사업을 하고자 하는 자는 산업 자원부 장관의 허가를 받아야 하며, 산업자원부장관은 발전 사업을 허가 또는 변경 허가를 하고자 경우에는 전기 위원회의 심의를 받아야 한다. 발전 설비 용량이 3000[kw]이하인 발전 사업의 허가를 받고자 하는 자는 신청서를 지방 자치 단체장에게 제출하여야 한다.

```
발전 사업 허가 처리 절차 발전사업자(사업 신청) → 접수 :
정부(산자부, 시도 지사) → 검토(의뢰) → 전력거래소, 한국 전력공사(기술성 검토,
송배전 계통 연계 검토) 검토 <----------↓
                    ↓
                전기 위원회 심의
                    ↓
                허가(변경 허가)
                    ↓
                허가서 교부
```

1. 지적도를 통해 지역 지구를 확인하여 해당 지역이 태양광 발전 사업 인허가가 가능한 지역인지 사전 체크한다.

   ∴ 생산 관리 지역
   - 국토의 계획 및 이용에 관한 법률 시행령 〈별표 19〉 생산 관리 지역 안에서 건축할수 있는 건축물 : 아. 건축법 시행령 별표 1 제 25호의 발전 시설

- 인허가 가능 여부를 위하여 관련 법규를 검토해야 한다.

  : 국토의 계획 및 이용에 관한 법률

  : 해당 도시 자치 법규(도시 계획 조례)

2. 인허가 가능 여부를 지방 자치 단체에 직접 확인한다.

각 대지마다 지역 지구가 다르므로 지적도를 통하여 지역 지구를 반드시 확인한 후 해당 지역이 발전 사업 인허가 가능한 지역인지 관련 법규를 검토한다. 각 지방 자치 단체별 자치 법규를 검토하여 인허가 가능 여부를 확인한다. 태양광 발전 사업 인허가 항목에 준하여 인허가 항목을 검토한다.

(1) 전기(발전) 사업 허가

전기(발전) 사업을 허가제로 한 것은 전기 사업이 국민 생활과 산업 활동에 필수 불가결한 공공재이고 막대한 투자와 상당한 건설 기간이 필요하므로, 전기 사용자의 이익 보호와 건전한 전기 사업 육성을 위해 적정한 자격과 능력이 있는 자만이 전기 사업에 참여할 수 있도록 하기 위함이다.

1) 허가권자

① 3,000kW 초과 설비 : 산업통상자원부(전기 위원회의 심의)

② 3,000kW 이하 설비 : 시·도지사

③ 100kW 미만 설비 : 시·군

단, 제주특별자치도는 제주특별자치도 설치 및 국제자유도시 조성을 위한 특별법에 따라 3,000kW 이상의 발전 설비 역시 제주특별자치도지사의 허가 사항이다.

2) 발전 설비 용량이 200kW 이하인 발전 사업은 제외

3) 전기(발전)사업 허가절차

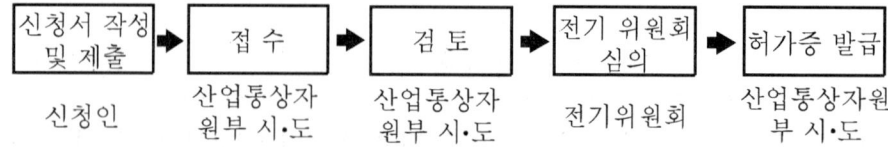

제 9 장 태양광 발전 인허가 검토

1 인허가 법령 검토

1. 지적도를 통해 지역 지구를 확인하여 해당 지역이 태양광 발전 사업 인허가가 가능한 지역인지 사전 체크한다.

   ▶ **생산 관리 지역**
   - 국토의 계획 및 이용에 관한 법률 시행령 〈별표 19〉 생산 관리 지역 안에서 건축할 수 있는 건축물 : 아. 건축법 시행령 별표 1 제 25호의 발전 시설

   - 인허가 가능 여부를 위하여 관련 법규를 검토해야 한다.

     : 국토의 계획 및 이용에 관한 법률

     : 해당 도시 자치 법규(도시 계획 조례)

2. 인허가 가능 여부를 지방 자치 단체에 직접 확인한다. 각 대지마다 지역 지구가 다르므로 지적도를 통하여 지역 지구를 반드시 확인한 후 해당 지역이 발전 사업 인허가 가능한 지역인지 관련 법규를 검토한다. 각 지방 자치 단체별 자치 법규를 검토하여 인허가 가능 여부를 확인한다. 태양광 발전 사업 인허가 항목에 준하여 인허가 항목을 검토한다.

   (1) 전기(발전) 사업 허가

   　전기(발전) 사업을 허가제로 한 것은 전기 사업이 국민 생활과 산업 활동에 필수 불가결한 공공재이고 막대한 투자와 상당한 건설 기간이 필요하므로, 전기 사용자의 이익 보호와 건전한 전기 사업 육성을 위해 적정한 자격과 능력이 있는 자만이 전기 사업에 참여할 수 있도록 하기 위함이다.

   1) 허가권자

   ① 3,000kW 초과 설비 : 산업통상자원부(전기 위원회의 심의)

   ② 3,000kW 이하 설비 : 시·도지사

   ③ 100kW 미만 설비 : 시·군

   　단, 제주특별자치도는 제주특별자치도 설치 및 국제자유도시 조성을 위한 특별법에 따라 3,000kW 이상의 발전 설비 역시 제주특별자치도지사의 허가 사항임.

   2) 발전 설비 용량이 200kW 이하인 발전 사업은 제외

3) 전기(발전)사업 허가절차

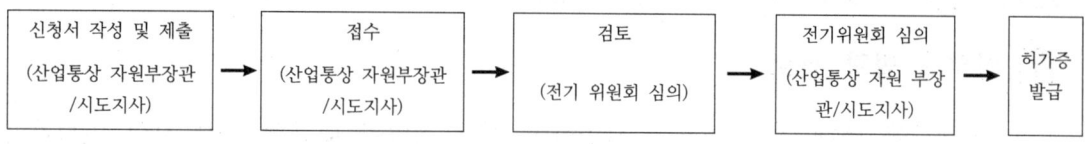

2 개발 행위 인허가 검토

(1) 개발 행위 허가

개발 행위 허가는 국토의 이용 계획 및 이용에 관한 법률에 따라 개발 계획의 적정성, 기반 시설의 확보 여부, 주변 환경과의 조화 등을 고려하여 개발 행위에 대한 허가 여부를 결정함으로서 난개발을 방지함을 목적으로 한다.

1) 발전 용량 200kW 이하의 태양광 설비는 도시 계획 시설의 결정 없이도 설치 가능
2) 개발 행위 허가 규모(규모 이상 초과 시 도시 계획 사업)

용도지역	세분	규모	용도지역	규모	비고
도시지역	주거, 상업, 자연 녹지, 생산 녹지 지역	1만 m^2	관리지역	3만 m^2 미만	
	보전 녹지 지역	5천 m^2 미만	농림 지역	3만 m^2 미만	조례에서 별도 규정 가능
	공업지역	3만 m^2 미만	자연 환경 보전지역	5천 m^2 미만	조례에서 별도 규정 가능

(2) 개발 행위 허가의 대상

1) 건축물의 건축
2) 공작물의 설치
3) 토지의 형질 변경(경작을 위한 경우로서 대통령령으로 정하는토지의 형질 변경은 제외한다)
4) 토석 채취
5) 토지 분할(건축물이 있는 대지의 분할은 제외한다)

(3) 개발행위 허가절차

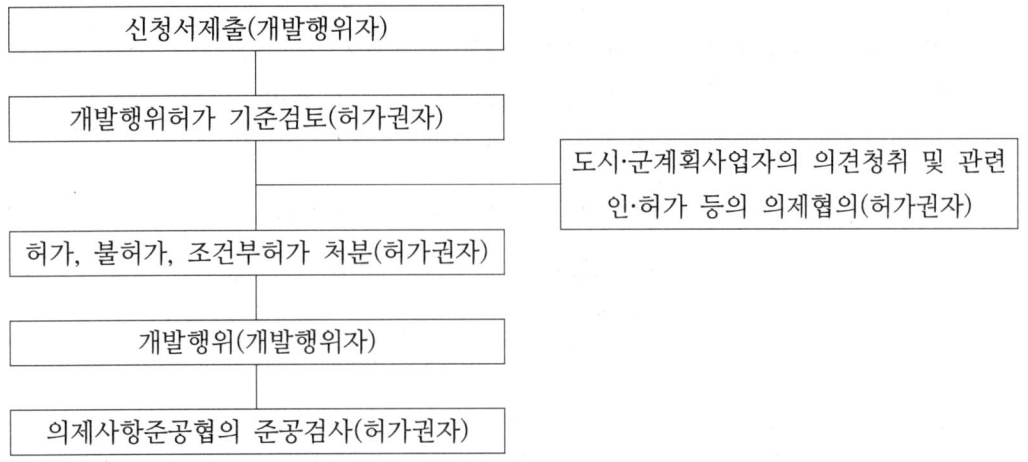

(4) 개발 행위 용어설명

① 일상 개발행위: 특별한 규제없이 일상생활 영외가 가능한 것

② 개발행위 신고: 지방자치단체/관할 관공서에 신고

③ 개발행위 허가: 기방자치단체/관할 관공서에서 내부협의 절차를 거쳐 허가

1) 도시/군관리계획(지구단위계획 또는 도시계획시설계획)

관할 행정관서에서 내부/외부 협의 및 위원회 심의 절차를 거친 후 개발행위 허가

상위 계획 변경: 각 부처별 전국, 권역계획 변경 후, 도시관리 계획 변경 및 개발행위허가

국가 계획 변경: 전국 권역대상 국가계획 변경 후, 상위 계획 변경+도시 관리 계획+개발행위 허가

(5) 개발행위절차도

일상 개발행위→신고행위→허가행위→도시/군관리계획 변경 필요행위→상위 행정계획 변경 필요 행위→국무회의 심의 필요행위

3 제반 서류 및 첨부 서류 준비

발전 사업 허가 신청 : 도청 접수 후 60일 소요
　　　　　　　　　　실시 설계 실시, 공사 자재 준비
　　　　　　　　　　약 2개월 이내

발전소 시공 및 건설 : 공사 계획 신고 : 도청 공공기관
　　　　　　　　　　　배전 설비 이용 신청 : 한전
　　　　　　　　　　　착공계 제출
　　　　　　　　　　　총 공사 기간 : 약 1~ 2개월 소요

사용 전 검사 및 준공 : 정밀 안전 진단 : 전기 안전공사
　　　　　　　　　　　사용 전 검사 : 전기 안전공사
　　　　　　　　　　　공사 보완 및 준 공계 제출
　　　　　　　　　　　약 10일 이내

순 공사 기간 : 약 2개월
　　　　　　　공사 시행 전 건물주와 공사 관련 사전 협의 진행
　　　　　　　건물 손상 발생 시 최우선 복구 시행
　　　　　　　준공 전 건물에 대한 누수, 파손 등 검사 실시

사용 전 검사 신청 구비 서류 : 사용 전 검사 신청서(별첨 양식)
　　　　　　　　　　　　　　　공사 계획 신고필증
　　　　　　　　　　　　　　　발전 사업 허가증
　　　　　　　　　　　　　　　전기 감리 날인 도면
　　　　　　　　　　　　　　　감리 배치 확인서
　　　　　　　　　　　　　　　전기 안전 관리자 선임 필증(전기 대행 업체에서 수령)

사용 전 검사 : 보통 1~2인이 참관하여 모듈과 인버터 확인, 접지 확인, SPD 설치 확인, 송전용 계량기 확인 등 확인 작업과 인버터 등을 검사한 후 보완 사항이 있을 경우 보완 후 사용 전 검사 확인서를 발급해 준다.

태양광 발전소 사업 개시 신고: 태양광 발전 사업 사용 전 검사가 완료되면 준공 처리 이후 전기 사업법에 의거하여 사업 개시 신고를 해야 한다. 개발 준공을 처리해야 개시 신고가 가능하며 신고 기관은 발전 사업 허가 기관과 동일하다.

- 사업 개시 신고 서류
- 설치 현장 사진
- PPA(전력 수급 계약서) 사본(인감도장 날인)
- 사업 개시 신고서
- 사용 전 검사 필증 사본
- 사업자 등록 증 사본

태양광 발전 사업 개시 신고가 완료되면 개시 신고 수리 필증을 허가 담당자에게 받으면 태양광 발전 사업자로서 모든 인허가 절차가 완료된다.

제 10 장 태양광 발전 경제성 분석

1 경제성 분석

(1) 순현가(net present value, NPV)

- 투자 안으로부터 기대되는 미래 현금흐름 유입액을 위험을 고려한 할인율(자본비용)로 할인한 현재가치에서 현금유출의 현재가치를 차감한 값을 고려하여 (+)값이면 타당성이 있는 사업으로 판단한다.
- 순현가 분석은 사업의 경제성을 분석하는 기법 중 하나로 일반적으로 순현가가 "0"보다 작으면 사업안을 기각하고 "0"보다 크면 타당성이 있는 사업으로 판단한다.
- 순 편익 방법의 가장 중요한 사항은 할인율을 결정하는 것으로 금회 검토 시 2.0[%], 4.0[%], 6.0[%], 8.0[%],의 할인율에 대하여 비교 검토한다.

$$NPV = \frac{B_1 - C_1}{(1+r)^1} + \frac{B_2 - C_2}{(1+r)^2} + \cdots\cdots + \frac{B_n - C_n}{(1+r)^n} = \sum_{t=1}^{n} \frac{NB_t}{(1+r)^t}$$

B_t : t 차년도 발생하는 편익 C_t : t 차년도 발생하는 비용
n : t 차년도 발생하는 순편익 또는 순현가 r : 할인율

(2) 비용, 편익비(Benefit-Cost Ratio, B/C)

- 연차별 총비용 대비 연차별 총편익의 비를 토대로 사업의 타당성을 판단하는 경제성 분석 모형이다.
- 비용 편익비는 가장 통상적인 평가방법으로 어느 시점으로 할인된 편익과 비용의 비율로서 NPV와 같이 산출
- 일반적으로 B/C는 1.0보다 크면 경제성 측면에서 사업성이 높은 것으로 평가된다.

$$\frac{\sum_{t=1}^{n} \dfrac{B_t}{(1+r)^t}}{\sum_{t=1}^{n} \dfrac{C_t}{(1+r)^t}}$$

(3) 내부 수익률(IRR)

- 어떤 투자로부터 기대되는 현금유입의 현재가치와 현금유출의 현재가치의 합을 0 으로 만들어 주는 할인율이다. 즉, NPV를 0으로 만드는 할인율이다.
- 내부 수익률은 편익과 비용의 현재 가치를 동일하게 할 경우의 비용에 대한 이자율을 산정하는 기법을 말한다.
- NPV와 IRR은 서로 다른 경제성의 결론에 도달한다.

$$\frac{B_1 - C_1}{(1+r)^1} + \frac{B_2 - C_2}{(1+r)^2} + \cdots\cdots \frac{B_n - C_n}{(1+r)^n} = 0$$

$$= \sum_{t=1}^{n} \frac{NB_t}{(1+r)^t} = 0 \text{이 되는 이자율}$$

비용 편익 분석	순현재 가치법	내부 수익률법	경제성 판단
B/C 비 > 1	NPV > 0	IRR > r	경제성 있음
B/C 비 < 1	NPV < 0	IRR < r	경제성 없음
B/C 비 = 0	NPV = 0	IRR = r	-

〈경제성 평가 기준〉

비용 편익 분석(B/C)	순 현재 가치법(NPV)	내부 수익률(IRR)
1. 평가 대상 기간 동안에 발생하는 총 편익을 총 비용으로 나눈 비율이 가장 큰 대안을 최적으로 선택하는 방법	1. 평가 대상 기간의 모든 비용과 편익을 현재 가치로 환산하여 총 편익에서 총 비용을 뺄값을 바탕으로 하여 평가	1. 적정 할인율을 적용하기 어려운 경우에 유용
2. 편익과 비용의 비율에 관심을 두는 지표	2. 대상 사업이 정해진 기간 내에 가져다 주는 편익과 비용의 차이에 관심을 누는 지표	
3. 여러 사업을 객관적 입장에서 비교 가능	3. 상대적인 기준이 아님	2. 사업 규모에 대한 정보가 반영되지 못하기 때문에 IRR만으로 우선 순위 결정은 곤란
4. 사업에 투자한 자본의 규모를 고려한 상태에서 편익 크기 확인 가능	4. 경합되는 사업의 우선 순위 결정시 혼란	
5. 규모가 큰 사업이 불리함	5. 투자 규모 큰 사업에 유리	3. 시장 이자율이 불분명한 경우에 결과를 확신할 수 없는 경우에 적용
6. 투자의 우선 순위 결정 시 유리	6. 규모가 비슷한 시설을 비교시 편리	

차시명	차시목표	주요 훈련내용
부하 설비 용량	1. 부하의 정의 2. 부하의 기능 3. 부하의 종류	1. 설비의 정의 2. 설비의 기능 3. 설비 용량

계량기 = 전력량계 : 계= 측정한다.

전력량 = 전력 × 시간 = 전기요금 = 전기에너지

V : 전압 = 전기적인 위치 에너지
I : 전류 = 전자의 이동현상
R : 전기저항 = 전류의 흐름을 방해하는 성질
전력 : 전기에너지를 사람이 원하는 형태의 에너지로 변환할 수 있는 힘
$P > 0$: 전력의 소비 : 사람이 원하는 에너지의 형태로 전기 에너지가 소비된다.
$P < 0$: 전력의 발생

1) **소비전력** = I^2R = (전류)^2 × 부하저항 [W]

2) **부하전력** = $\dfrac{V^2}{R}$ = $\dfrac{(전압)^2}{부하저항}$ [W]

3) **피상 전력** = **겉보기 전력** = VI = 피상전압 × 피상전류 [VA]

4) **유효전력** = $VI\cos\theta$ [W] = 피상전압 × 피상전류 × 역률 [W]

5) **무효전력** = $VI\sin\theta$ [Var] = 피상전압 × 피상전류 × 무효율 [Var]

기출 및 출제 예상문제

01 다음 중 신에너지에 해당하지 않는 것은 무엇인가?
① 중질 유잔사유 가스화한 에너지　　② 연료전지
③ 수소에너지　　④ 태양에너지

답 ④

 에너지 : 연료전지, 석탄액화가스화 및 중질유잔사유 가스화, 수소에너지

02 재생에너지에 대한 설명으로 틀린 것은?
① 생물자원을 변환시켜 이용하는 바이오에너지
② 기존 화석연료를 변환 이용한 에너지
③ 대통령령이 정하는 기준 및 범위에 해당하는 폐기물 에너지
④ 석유, 석탄, 원자력 또는 천연가스가 아닌 에너지로서 대통령령으로 정한 에너지

답 ②

 재생에너지 : 태양광, 태양열, 바이오, 풍력, 수력, 해양, 폐기물, 지열에너지

03 신재생에너지 용어에 대한 설명이 잘못된 것은 무엇인가?
① 폐기물에너지는 각종 산업장 및 생활시설의 폐기물을 변환시켜 얻어지는 기체, 액채 또는 고체의 연료이다.
② 바이오에너지는 생물유기체를 변환시켜 기체, 액체, 고체의 연료로 규정한다.
③ 석유, 석탄, 원자력 또는 천연가스 등의 에너지로서 대통령령으로 정한 에너지는 재생에너지이다.
④ 석탄을 액화, 가스화한 에너지, 중질잔사유를 가스화한 에너지는 신에너지 범주에 속한다.

답 ③

 석유, 석탄, 원자력 또는 천연가스가 아닌 에너지로서 대통령이 정한 에너지는 재생에너지이다.

04 신재생에너지 설명 중 올바른 것은 무엇인가?
① 파력발전은 밀물과 썰물로 발생하는 조류를 이용한 것이다.
② 조력발전은 표층과 심풍의 해수온도차를 이용한 것이다.
③ 폐기물 에너지는 가연성 폐기물에서 발생되는 발열량을 이용한 것이다.
④ 해양 에너지는 수력, 조력, 해양온도차발전 등이 있다.

답 ③

파력발전 : 파랑의 운동 및 위치에너지를 이용
조력발전 : 해면의 상하운동에 따른 위치에너지를 이용
해양 에너지는 파력발전, 조력발전, 조류발전, 해수온도차발전 등이 있다.

05 태양열 에너지 발전의 장점이 아닌 것은?
① 무공해, 무한량, 무가격의 청전에너지원
② 기존의 화석에너지에 비해 지역적 편중이 적은 분산형 에너지원
③ 지구온난화 대책으로 탄산가스 배출을 저감할 수 있는 재생 가능 에너지원
④ 고급 에너지이며 에너지 밀도가 높음

답 ④

태양광 에너지 단점
▶ 고급 에너지이나 에너지 밀도가 낮음
▶ 에너지 생산이 간헐적임
▶ 수요에 안정적 공급 어려움

06 풍력발전에 대한 장단점 설명 중 잘못된 것은 무엇인가?
① 대형 풍력발전기일수록 소음 문제가 심각
② 완전자동운전으로 관리비와 인건비의 절감
③ 수려한 미관으로 관광산업으로 개발 가능
④ 초기 투자비용이 아주 큼

답 ①

풍력발전의 특징
▶ 소형 풍력발전기일수록 소음 문제가 심각
▶ 대형 풍력발전기는 소음 문제가 적음

07 다음 중 기어리스(Gearless)형 풍력발전기의 장점을 잘못 설명한 것은 무엇인가?
① 증속 기어장치 등 많은 기계부품을 제거할 수 있음
② 저렴한 제작비용으로 고신뢰도의 동력전달계 구성 가능함
③ 증속 기어의 제거로 기계적 소음 저감
④ 역률 제어가 가능하여 출력에 무관하게 고역률 실현 가능함

답 ②

저렴한 제작비용으로 고신뢰도의 동력전달계 구성 가능함 - 기어형 장점

08 태양열 에너지 발전에 이용되는 태양복사에너지의 파장대역은?
① 자외선　　　　　　　　　　② 가시광선
③ 적외선　　　　　　　　　　④ X선

답 ②

전자파 중에서 사람의 눈에 보이는 범위의 파장(波長)을 말하며, 파장범위는 대체로 380~780[mm]로 대단히 좁은 범위에 속한다.

09 다음 중 기어(Gear)형 풍력발전기에 대한 설명이 잘못된 것은 무엇인가?
① 회전자의 회전속도를 증속하는 기어장치가 장착됨
② 역률 개선을 위한 전력 콘덴서가 필요함
③ 전력계통과 연계할 때 돌입전류를 줄이기 위하여 소프트스타터를 필요로 함
④ 회전자를 정속으로 운전하므로 공력 성능 향상이 쉽고 동력전달체계에 무리를 안 줌

답 ④

 회전자를 정속으로 운전해야 하므로 공력 성능 향상에 한계가 있고 동력전달체계가 무리를 줄 수 있음

10 연료전지 발전시스템 중 천연가스, 메탄올, 석탄, 석유 등을 수소가 많은 연료로 변환시키는 장치는?
① 개질기
② 단위전지
③ 스택
④ 전력변환기

답 ①

 연료전진 발점시스템 요소
▶ 개질기(Reformer) - 연료인 천연가스, 메탄올, 석탄, 석유 등 수소가 많은 연료 변환
▶ 스택 - 원하는 전기출력을 얻기 위해 단위전지를 수십 장, 수백 장 직렬로 쌓아 올린 본체
▶ 전력변환기 - 연료전지에서 나오는 직류(DC)를 교류(AC)로 변환시키는 장치

11 바이오 에너지 중 액상연료로 변환되어 사용되지 않는 것은 무엇인가?
① 바이오 디젤
② 바이오 에탄올
③ ETBE
④ 바이오 수소

답 ④

 바이오 수소는 가스화로 사용된다.

12 입사하는 파랑에너지를 이용하여 원동기의 구동력을 변환하는 해양발전 방식은 무엇인가?
① 조력발전　　　　　　　　　　② 해수온도차발전
③ 소수력발전　　　　　　　　　　④ 파력발전

답 ④

 파력발전 : 파랑의 운동 및 위치에너지를 이용

13 폐기물의 대체에너지의 종류가 아닌 것은?
① 폐기물 고형원료(RDF)　　　　② 폐유재생연료유
③ 고분자폐기물 열분해 연료유　　④ 바이오매스

답 ④

 바이오에너지 : 바이오매스

14 해수의 상하운동에 따른 위치에너지를 이용하여 수차의 운동에너지를 전기에너지로 변환하는 해양발전은 무엇인가?
① 파력발전　　　　　　　　　　② 조류발전
③ 조력발전　　　　　　　　　　④ 해수온도차발전

답 ③

 조력발전 : 조석을 동력원으로 해수면의 상승하강현상을 이용하는 전기 생산방식

15 소수력발전 시스템에 있어 가장 중요한 설비는?
① 수차　　　　　　　　　　② 변속기
③ 발전기　　　　　　　　　　④ 흡출관

답 ①

 수차(水車)는 물의 위치에너지를 회전 운동의 에너지로 변환시키는 기계(원동기)이다.

16 조류발전에 대한 설명으로 잘못된 것은 무엇인가?
① 조류발전은 조류의 흐름이 빠른 곳을 선정하여 그 지점에 수차 발전기를 설치하여 발전한다.
② 조류발전은 대규모 댐을 건설할 필요 없이 발전에 필요한 수차와 발전장치를 설치하기 때문에 비용이 적게 든다.
③ 날씨 변동에 따라 발전량이 변한다.
④ 경제성 있는 발전을 위해서는 최소한 2[m/s] 이상인 곳을 선정한다.

답 ③

 조류발전의 가장 큰 장점은 날씨 변화나 계절에 관계없이 발전량이 예측가능하며 신뢰성 있는 에너지원으로 적용이 가능하다.

17 다음 중 풍력발전의 특징으로 가장 거리가 먼 것은?
① 화석연료를 대신하여 자원 고갈에 대비할 수 있다.
② 소요 면적이 크지만, 농사·목축 등 토지 이용의 효율성을 높인다.
③ 무한정, 무공해, 무가격의 청정에너지원을 이용한다.
④ 대부분 무인 원격 운전되므로 유지·보수비용이 적게 든다.

답 ②

 소요 면적이 작으며, 농사·목축 등 토지 이용의 효율성을 높인다.

18 소수력발전의 특징으로 옳지 않는 것은?
① 운영비가 저렴하다.
② 국내 보존자원의 활용이 가능하다.
③ 첨두부하에 대한 기여도가 크다.
④ 초기 건설비 소요가 크다.

답 ③

 대수력이나 양수발전과 같이 첨두부하에 대한 기여도가 적다.

19 소수력발전 시스템에 있어 물에 완전히 잠기는 수차의 종류는?
① 펠톤(Palton) 수차   ② 튜고(Turgo) 수차
③ 프란시스(Francis) 수차   ④ 오스버그(Ossberger) 수차

답 ③

 프란시스(Francis) 수차는 반동수차의 한 종류로서 수차가 물에 완전히 잠긴다.

20 다음은 전해질 종류에 따른 연료전지의 구분에 관한 기술이다. 연결이 틀린 것은?
① 인산형 - 알카리   ② 고체산화물형 - 세라믹
③ 고분자전해질형 - 이온교환막   ④ 직접 메탄올 - 이온교환막

답 ①

 인산형 - 인산염

21 다음 중 연료전지의 특징으로 가장 먼 것은?
① 천연가스, 메탄올, 석탄가스 등 다양한 연료사용이 가능하다.
② 발전효율이 40~60[%]이며, 열병합발전 시 80[%] 이상 가능하다.
③ 도심 부근에 설치가 가능하여 송배전 시의 설비 및 전력 손실이 적다.
④ 저렴한 재료 사용으로 경제성 및 효율성이 뛰어나다.

답 ④

 고도의 기술과 고가의 재료 사용으로 인해 경제성이 떨어진다.

22 연료전지 중 용융탄산염형의 특징으로 틀린 것은?
① 복합발전 가능 ② 내부개질 가능
③ 열병합 대응 가능 ④ 발전효율 높음

답 ①

 ①은 고체산화물형의 특징이다.

23 연료전지 발전 시스템에 있어 화석연료로부터 수소를 발생시키는 장치는?
① 스택 ② 개질기
③ 인버터 ④ BOP

답 ②

▶ 스택 : 원하는 전기출력을 얻기 위해 단위전지를 수십 장, 수백 장 직렬로 쌓아 올린 본체이다.
▶ 인버터 : 연료전지에서 나오는 직류전지(DC)를 교류(AC)로 변환시키는 장치이다.
▶ BOP : 주변보조기기로서 연료·공기·열회수 등을 위한 펌프류, Blower, 센서 등을 말한다.

24 다음 중 태양열발전의 특징으로 가장 틀린 것은?
① 유지보수비가 적다.
② 밀도가 낮고, 간혈적이다.
③ 유가의 변동에 따른 영향이 적다.
④ 기존의 화석 에너지에 비해 지역적 편중이 적다.

답 ③

 유가의 변동에 따른 영향이 크다.

25 다음 중 지열발전의 특징으로 틀린 것은?
① 가동률이 높다.
② 운전 기술이 비교적 간단하다.
③ 보충이 쉬운 재생 가능한 에너지이다.
④ 발전 가능한 지역이 한정되어 있다.

답 ③

 지열발전은 다시 보충할 수 없어 재생 불가능한 에너지이다.

26 다음 중 폐기물발전의 특징으로 틀린 것은?
① 발전 시설을 환수하는 기간이 줄어든다.
② 연료 수급상의 문제점이 발생할 수 있다.
③ 초기투자비용 대비 이익률이 높다.
④ 비교적 단기간 내에 상용화가 가능하다.

답 ①

 폐기물발전은 시설단가가 높은 관계로 발전시설비를 환수하는 기간이 늘어난다.

27 다음 중 파력발전의 특징으로 옳은 것은?
① 에너지 밀도가 작다.
② 대용량의 발전이 가능하다.
③ 발전량에 비해 시설비가 저렴하다.
④ 출력의 조절이 가능하다.

답 ①

 파력발전의 단점
▶ 발전량에 비해 시설비가 비싸다.
▶ 대용량의 발전이 불가능하다.
▶ 에너지 밀도가 작다.
▶ 입지조건이 까다롭다.
▶ 출력의 진폭이 크므로 출력의 조절이 불가능하다.

28 다음 중 누설저항 (병렬저항)과 관계 없는 것은?
① PN접합면의 재결합 전류
② 전극 자체의 고유저항
③ 태양전지의 가장자리를 통한 누설전류
④ 태양전지 표면에 손상이 있어서 전극을 부착시킬 때 금속이 접합에 침투하여 접합을 분로시키는 경우

답 ②

 전극 자체의 고유저항(Metal Resistance)은 직렬저항

29 우주에서의 대기 질량(AM)은 무엇인가?
① AM0
② AM1
③ AM1.5
④ AM2

답 ①

▶ 우주는 지구 대기의 영향을 받지 않으므로 AM0이 된다.
▶ AM1 : 바다표면에 태양빛이 수직으로 비추는 상태
▶ AM1.5 : 일반적으로 지구상에 비추는 스펙트럼

30 태양 복사에 대한 설명으로 잘못된 것은 무엇인가?
① 대기 중의 분자들에 의한 흡수로 태양 복사가 감소한다.
② 대기 중의 오염물질에 의산 산란은 위치에 따라 심하게 변한다.
③ 흡수와 레일리 산란은 태양고도가 높을수록 증가한다.
④ 태양고도가 수직일 때(γ_s=90°) AM=1이다.

답 ③

 흡수와 레일리 산란은 태양고도가 낮을수록 증가한다.

31 결정질 태양전지의 에너지 손실 중 직렬저항에 의한 손실은 몇[%]인가?
① 0[%]
② 0.5[%]
③ 1[%]
④ 5[%]

답 ②

 직렬 저항에 의한 손실은 0.5[%]이다.

32 다음 중 Czochralski 공정을 사용한 단결정 실리콘 전지의 효율은 무엇인가?
① 10~11[%]   ② 12~13[%]
③ 13~16[%]   ④ 15~18[%]

답 ④

 Czohralski 공정을 사용한 단결정 실리콘 전지의 효율은 15~18[%]이다.

33 효율이 가장 낮은 태양전지는 무엇인가?
① 다결정 실리콘 태양전지
② 다결정 EFC 실리콘 태양전지
③ 다결정 스트링 리본 실리콘 태양전지
④ 다결정 APEX 태양전지

답 ④

 다결정 태양전지 효율
▶ 다결정 실리콘 태양전지 13~16[%]
▶ 다결정 EFC 실리콘 태양전지 14[%]
▶ 다결정 스트링 리본 실리콘 태양전지 12~13[%]
▶ 다결정 APEX 태양전지 9.5[%]

34 태양전지는 어떤 효과를 이용하여 태양에너지에서 직접 전기에너지로 변환하는 반도체 조사인가?
① 광기전력   ② 태양복사
③ 고유전도   ④ 도핑원자

답 ①

 광기전력 : 반도체 - 용액 계면에 빛이 조사되었을 때에 발생하는 기전력

35 각 태양 전지 별 설명이 틀린 것은 무엇인가?
① 결정질 태양전지는 자외선 파장 태양 복사에 민감하게 작용한다.
② 박막전지는 가시광선을 더 잘 이용한다.
③ 비정질 실리콘 전지는 단파장 빛을 최적으로 흡수한다.
④ CdTe와 CIS전지는 중간파장의 빛을 잘 흡수한다.

답 ①

 결정질 태양전지는 적외선 파장 태양 복사에 민감하다.

36 다음 중 태양광 발전의 특징에 관한 설명이다. 틀린 것은?
① 필요한 장소에서 필요한 발전이 가능하다.
② 설비의 보수가 간단하고 고장이 적다.
③ 운전 및 유지 관리에 따른 비용을 최소화할 수 있다.
④ 에너지 밀도가 크므로 작은 설치면적이 필요하다.

답 ④

 태양광 발전은 에너지 밀도가 낮아 큰 설치면적이 필요하다.

37 다음은 태양광발전 시스템의 구성에 관한 것이다. 틀린 것은?
① 태양전지는 광전효과를 통해 빛 에너지를 전지 에너지로 변환시킨다.
② 축전지는 야간 및 악 천후를 대비하여 전력을 저장한다.
③ 충전 조절기는 태양 전지판에서 발생 된 전력을 충전기에 충전시키거나 인버터에 공급한다.
④ 인버터는 태양 전지판에서 발생 된 교류 전력을 직류 전력으로 변환시킨다.

답 ④

 인버터는 태양 전지판에서 발생 된 직류 전력을 교류 전력으로 변환시킨다.

38 계통 인계형 태양광 발전 시스템의 특징으로 틀린 것은?
① 태양광 발전 시스템에서 생산된 지역 전력망에 공급할 수 있도록 구성한다.
② 주택용이나 상업용 태양광 발전의 가장 일반적인 형태이다.
③ 전력 저장장치가 별도로 필요하므로 시스템 가격이 상대적으로 높다.
④ 초과 생산된 전력을 계통에 보내거나 전력 생산이 불충분할 경우 계통으로부터 전력을 받을 수 있다.

답 ③

 계통 연계형 태양광발전 시스템은 생산된 전력을 지역 전력망에 공급할 수 있도록 구성되며, 주택용이나 상업용 태양광 발전의 가장 일반적인 형태이다. 초과 생산된 전력을 계통에 보내거나 전력 생산에 불충분할 경우 계통으로부터 전력을 받을 수 있으므로 전력 저장장치가 필요하지 않아 시스템 가격이 상대적으로 낮다.

39 다결정질 실리콘 태양전지의 특징으로 볼 수 없는 것은?
① 공정이 간단하다.   ② 가격이 저렴하다.
③ 변환효율이 높다.   ④ 대량생산이 가능하다.

답 ③

 다결정 실리콘 태양전지는 다 결정질에 비해 공정이 간단하고 가격도 저렴해서 널리 사용하고 있는데, 변환효율이 단 결정질보다 낮은 것이 단점이다.

40 다음 중 전지 유형별 분류가 아닌 것은 무엇인가?
① 필름 모듈   ② 단결정 모듈
③ 다결정 모듈   ④ 박막 모듈

답 ①

 필름 모듈 : 기판에 따른 분류

41 태양광 발전에 영향을 주는 소자끼리 바르게 묶인 것은 무엇인가?
① 전압 - 태양 복사, 전류 - 온도
② 전압 - 온도, 전류 - 풍량
③ 전압 - 풍량, 전류 - 태양 복사
④ 전압 - 온도, 전류 - 태양 복사

답 ④

 태양전지 모듈의 출력전압은 온도에 영향, 전류는 태양복사(일사량)에 영향을 받음

42 일사량에 대한 설명이 틀린 것은 무엇인가?
① 경사면 일사량은 어레이 경사각을 결정한다.
② 지표면 확산 일사는 태양으로부터 산란, 반사 후 지상에 도달하는 일사
③ 지표면 직달 일사는 태양으로부터 지상의 관측지점으로 직접 도달하는 일사
④ 태양전지는 많은 일사량을 받도록 지면과 수평면에 설치한다.

답 ④

 태양전지는 많은 일사량을 받도록 위도에 따라 수평면과 경사지게 설치한다.

43 태양전지 구분 중 틀린 것은 무엇인가?
① 잉곳/웨이퍼　　　　　　　② 유기물
③ 염료 감응형　　　　　　　④ 화합물

답 ①

▶ 잉곳 : 태양전지 셀 제작단계에서 만들어진 실리콘 뭉치
▶ 웨이퍼 : 잉곳을 얇게 썰어 놓은 것

44 태양광발전의 장점이 아닌 것은 무엇인가?
① 다양한 규모로 발전 가능
② 전기소비장소에서 발전 가능
③ 작은 에너지 밀도
④ 청정에너지

답 ③

 작은 에너지 밀도는 태양광 발전의 단점이다.

45 5태양전지에 열점이 발생할 수 있는 가장 큰 경우는 무엇인가?
① 태양복사 감소
② 온도 상승
③ 풍속, 풍량 증가
④ 태양전지 차광

답 ④

 태양전지에 열점이 발생할 수 있는 가장 큰 경우는 태양전지 차광이다.

46 태양광 모듈 접속함에 내장되어 차광에 의한 역바이어스 전압에 대하여 제한 작용을 하는 소자는 무엇인가?
① 역저지 다이오드
② 바이패스 다이오드
③ 개폐기
④ 스트링 퓨즈

답 ②

 태양광 모듈의 차광에 의한 역 바이어스 전압 제한을 위하여 바이 패스 다이오드 사용

47 결정질 태양전지의 충진율(Fill Factor)은 무엇인가?
① 0.3~0.5
② 0.5~0.7
③ 0.65~0.75
④ 0.75~0.85

답 ④

▶ 결정질 충진율 : 0.75~0.85
▶ 비정질 충진율 : 0.5~0.7

48 PV어레이 접속함에 포함되지 않는 것은 무엇인가?
① 스트링 퓨즈
② 절연점
③ 공급단자
④ 바이패스 다이오드

답 ④

 바이패스 다이오드(PV어레이 분전함은 스트링 다이오드, 스트링 퓨즈, 절연점, 공급단자로 구성한다.)

49 계통연계형 태양광발전 시스템에서 필요하지 않은 요소는 무엇인가?
① 인버터
② 축전설비
③ PV 모듈
④ 역저지 다이오드

답 ②

 축전설비는 독립형에서만 사용

50 중앙 집중형 인버터 방식에서 저전압 방식과 고전압 방식을 나누는 기준 전압은 몇 볼트[V]인가?
① 80[V]
② 100[V]
③ 120[V]
④ 140[V]

답 ③

 120[V] 보호 등급 III은 AC 50[V], DC 120[V]

51 다음 중 계통 보호를 위한 인버터의 기능으로만 묶인 것은 무엇인가?
① 최대전력 추종제어 기능, 자동운전 정지기능
② 단독운전 방지기능, 최대전력 추종제어기능
③ 자동 전압 조정기능, 단독운전 방지기능
④ 자동운전 정지기능, 자동 전압 조정기

답 ③

태양전지 출력을 가능한 유효하게 끌어내기 위한 기능 : 자동운전 정지기능, 최대전력 추종제어기능
계통보호를 위한 기능 : 단독운전 방지기능, 자동 전압조정기능

52 단독운전 방지기능 중 능동형 방식이 아닌 것은 무엇인가?
① 주파수 변화율 검출방식　　　　　② 유효전력 변동방식
③ 무효전력 변동방식　　　　　　　④ 부하변동방식

답 ①

해설
▶ 수동적 방식 : 전압 위상 도약검출방식, 제3차 고조파 전압 급감 검출방식, 주파수 변화율 검출방식
▶ 능동적 방식 : 주파수 시프트 방식, 유효전력 변동방식, 무효전력 변동방식, 부하변동방식

53 태양전지 모듈의 열 발생 원인과 무관한 것은 무엇인가?
① 정적 하중　　　　　　　　　　　② 셀에서 적외선 흡수
③ 모듈의 전기적 동작　　　　　　　④ 모듈 상부 표면으로부터 반사

답 ①

 적정 하중은 태양전지 모듈의 열 발생 원인과 무관하다.

54 태양전지 열 손실 요소가 아닌 것은 무엇인가?
① 전도   ② 대류
③ 복사   ④ 풍속

답 ④

▶ 태양전지 열손실 요인 : 전도, 대류, 복사
▶ 풍속이 높으면 태양전지의 온도를 낮추어 발전량을 높인다.

55 NOCT의 영향 요소가 아닌 것은 무엇인가?
① 전지표면의 방사 조도   ② 공기 온도
③ 풍속   ④ 개방전압

답 ④

 NOCT조건 : 공기온도, 풍속, 전지표면의 방사조도

56 다음 중 DC 결합 시스템의 단점이 아닌 것은 무엇인가?
① 확장하기 어렵다.
② DC 전압 수준이 표준화되지 않는다.
③ 아주 작은 시스템에는 시스템 비용이 더 높다.
④ DC 배선은 어렵다.

답 ③

 아주 작은 시스템에는 시스템 비용이 더 높다: AC 결합의 단점

57 다음 연계형 PV 시스템의 점검목록 중 6개월 단위로 점검을 필요로 하는 사항이 아닌 것은 무엇인가?
① PV접속함 ② 서지보호기
③ AC 보호 장치 ④ 케이블

답 ③

 AC 보호 장치 : 수시로 점검

58 일사량이 낮을 때, PV 전압은 매우 낮아지고 그 결과 어레이를 통한 방전이 일어나는데 이를 예방하기 위해 사용되는 소자는 무엇인가?
① 바이오패스 다이오드 ② 퓨즈
③ DC-DC 컨버터 ④ 역전류방지 다이오드

답 ④

 태양광 모듈의 역 전류 방지용 다이오드는 가능하면 순방향 전압 강하 분이 작은 쇼트키 다이오드를 사용하는 것이 좋다.

59 다음 중 충전 차단 전압에 도달했을 때 계속적으로 모듈 전압을 감소시키는 충·방전 제어기는 무엇인가?
① 분로 제어기 ② 방전 제어기
③ 직렬 제어기 ④ MPP 충반전 제어기

답 ①

 충전 차단 전압에 도달했을 때 계속적으로 모듈 전압을 감소시키는 충·방전 제어기를 분로 제어기라 한다.

60 정현파 인버터를 선택하여야 하는 경우로 틀린 것은?
① 전열기구
② 컴퓨터
③ 의료기기
④ 통신기기

답 ①

 독립형 태양광발전 시스템이나 측정기기, 의료기기, 통신기기, 음향기기, 형광등, 컴퓨터 등 고가 정밀기기의 사용에는 정현파 인버터를 선택하여야 한다.

61 다음은 인버터의 회로 방식 중 고주파 변압기 절연 방식에 관한 기술이다. 틀린 것은?
① 소형·경량이다.
② 회로가 복잡하다.
③ 직류출력을 교류출력으로 변환한 후 소형의 고주파 변압기로 절연한다.
④ 내뢰성과 노이즈 컷이 뛰어나다.

답 ④

 내뢰성과 노이즈 컷이 뛰어난 것은 상용주파 변압기 절연방식이다.

62 다음은 인버터의 자동운전 정지 기능에 관한 기술이다. 틀린 것은?
① 태양전지의 출력을 얻을 수 있는 조건이 되면 자동적으로 운전을 시작한다.
② 태양전지의 출력을 스스로 감시하여 자동적으로 운전한다.
③ 해가 완전히 없어지면 운전을 정지한다.
④ 흐린 날이나 비오는 날에는 운전을 정지한다.

답 ④

 흐린 날이나 비 오는 날에는 운전을 계속할 수 있지만 태양 전지의 출력이 적어져 인버터의 출력이 거의 0으로 되면 대기 상태가 된다.

63 태양광 인버터 선정 시 유효 이용에 관한 내용이 잘못된 것은 무엇인가?
① 전압 변환 효율이 높을 것
② 최대 전력 추종제어(MPPT)에 의한 최대전력의 추출이 가능할 것
③ 야간 등의 대기 손실이 적을 것
④ 저부하 시의 손실이 적을 것

답 ①

 인버터의 요구 조건 : 전력 변환 효율이 높을 것

64 다음 중 마스터-슬레이브 인버터의 설명으로 바르지 않는 것은 무엇인가?
① 낮은 복사량에서 마스터 인버터만 가동하고, 복사량이 증가할수록 가동 인버터를 늘려 간다.
② 마스터와 슬레이브 방식은 구동 안정성을 위하여 교번운전을 하지 않는다.
③ 중앙 집중형 인버터에 비해 투자비용이 크다.
④ 인버터 간 균등 운전을 수행한다.

답 ②

 인버터 균등 운전을 위하여 마스터와 슬레이브를 특정 주기로 교번운전 한다.

65 인버터 운전효율은 증가시키지만 입력 측 차단기 및 보호 회로 방식이 복잡해지는 인버터 운전방식은 무엇인가?
① 중앙 집중형 인버터 방식
② 서브 어레이 인버터 방식
③ 스트링 인버터 방식
④ 병렬 운전 인버터 방식

답 ④

 병렬 운전 인버터 방식은 인버터의 운전효율 증가와 수명을 연장 할 수 있으며, 중앙 집중형 인버터에 비해 현저한 출력증가를 가져올 수 있으나 입출력 차단기 및 보호방식이 복잡하다.

66 인버터의 회로 방식 중 트랜스리스 방식의 특징으로 볼 수 없는 것은?
① 소형·경량이다.　　　　　　　　② 비용이 저렴하다.
③ 신뢰성이 높다.　　　　　　　　④ 상용 전원과 절연한다.

답 ④

 현재 주류를 이루고 있는 트랜스리스 방식은 소형·경량이며 비용도 저렴하고 신뢰성이 높지만, 상용 전원과의 사이는 비 절연이다.

67 인버터에 관한 다음 설명 중 틀린 것은?
① 인버터란 태양전지에서 얻어지는 직류 전력을 교류 전력으로 변환시켜주는 장치이다.
② 인버터를 사용하면 일반 가정용 전기기기를 그대로 사용할 수 있다.
③ 인버터는 태양전지의 발전 전력을 최대로 이끌어내며 동시에 일반 배전계통과 연계 운전을 한다.
④ 인버터는 순 변환 회로이다.

답 ④

 직류 전력을 교류전력으로 변환시키는 것을 역변환이라 하며, 이와 같은 역변환 회로를 인버터(Inverter)라고 한다.

68 태양전지 어레이를 구성하는 태양광 모듈에 사용되는 가장 일반적인 바이패스 소자는 무엇인가?
① 저항　　　　　　　　　　　　　② 코일
③ 트랜지스터　　　　　　　　　　④ 다이오드

답 ④

 태양전지 모듈에서 그 일부의 태양전지 셀이 나뭇잎 등으로 그늘이 발생하면 그 부분은 발전되지 않고 저항이 커진다. 이 셀에 직렬로 접속된 회로(스트링)의 모든 전압이 인가되어 고저항의 셀에 전류가 흘러 발열하게 된다. 셀의 온도가 더 높아지면 그 셀과 태양전지 모듈이 파손에 이르기도 한다. 이를 방지하기 위해서 고 저항이 된 태양전지 셀 또는 모듈에 흐르는 전류를 바이패스 하는 것이 바이패스 다이오드이다.

69 바이패스 다이오드는 스트링의 단락 전류를 충분히 바이패스 할 수 있는 정격전류를 가진 소자로 스트링의 공칭 최대출력 동작전압의 몇 배 이상인 역내압을 가지고 있어야 하는가?
① 1배　　　　　　　　　　　　② 1.25배
③ 1.5배　　　　　　　　　　　 ④ 2배

답 ③

 바이패스 다이오드는 공칭최대 출력의 동작전압의 1.5배 이상의 역내압을 가지고 있음

70 태양전지 어레이나 스트링의 병렬연결에서 발생할 수 있는 역전류를 저지하기 위해 각 스트링마다 설치하는 것은 무엇인가?
① 바이패스 다이오드　　　　　② 역전류방지 다이오드
③ 개폐기　　　　　　　　　　 ④ 피뢰기

답 ②

 태양전지 어레이나 스트링 사이에서 전압차가 발생하면 역전류가 발생하여 태양광모듈에 손상을 줄 수 있다. 이를 방지하기 위해 역전류방지 다이오드를 사용한다.

71 역 전류 방지 다이오드는 태양전지 모듈 단락 전류의 몇 배 이상의 용량을 가져야 하는가?
① 1.5배　　　　　　　　　　　 ② 2배
③ 2.5배　　　　　　　　　　　 ④ 3배

답 ②

 원별 시공 기준에 의하면 역 전류방지 다이오드의 용량은 모듈 단락 전류의 2배 이상이여야 한다.

72 다수의 태양광 모듈을 접속하게 하여 보수, 점검이 용이하도록 한 것은 무엇인가?
① 접속함　　　　　　　　　　　　② 분전반
③ 개폐기　　　　　　　　　　　　④ SPD(서지보호장치)

답 ①

 접속함은 여러 개의 태양전지 모듈의 스트링을 하나의 접속점에 모아 보수·점검 시 회로를 분리하거나 점검 작업을 용이하게 하며, 태양전지 어레이에 고장이 발생해도 정지범위를 최대한 적게 하는 등의 목적으로 보수·점검이 용이한 장소에 설치한다.

73 다음 중 접속함에 설치되지 않는 것은 무엇인가?
① 피뢰소자　　　　　　　　　　　② 역전류방지 다이오드
③ 주개폐기　　　　　　　　　　　④ 분전반

답 ④

  직류출력 개폐로, 피뢰소자, 역전류방지 소자, 단자대 등을 설치한다. 절연 저항 측정 및 정기적인 단락전류 확인을 위해 출력단락용 개폐기를 설치할 경우가 있다.

74 접속 반의 경보장치가 동작하는 경우는 언제인가?
① 낮은 입력 전압 발생
② 전압의 변동성이 커질 때
③ 퓨즈가 단락되어 전류차가 발생할 때
④ 태양광 스트링에 최대 공칭 전압이 발생했을 때

답 ③

 접속반의 각 회로에서 퓨즈가 단락되어 전류차가 발생할 경우 LED조명등 표시(육안확인 가능) 등의 경보장치를 설치하여야 한다. 단 주택지원사업의 태양광 주택의 경우, 외부에서 확인 가능한 조명등 또는 경보장치를 설치하여야 한다. 실내에서 확인 가능한 경우에는 예외로 한다.

75 다음 중 개폐기에 대한 설명으로 잘못된 것은 무엇인가?
① 태양전지 어레이의 단락 전류에서 쉽게 자동 차단하지 않는 정격품을 사용해야 한다.
② 항상 접속함 내부에 함께 설치되어야 한다.
③ 태양전지 어레이 최대 통과 전류를 개폐할 수 있는 것을 사용한다.
④ 주 개폐기는 태양전지 어레이의 출력을 한군데로 모은 후, 파워컨디셔너와의 중간에 삽입한다.

답 ②

 접속반이 쉽게 접근할 수 없는 장소에 있을 경우에는 별도로 설치할 것을 권장한다.

76 계통연계시스템에서 역조류한 전력량을 계측하여 전력회사에 판매할 때 전력요금 산출하는 기기는 무엇인가?
① 파워컨디셔너 시스템   ② 축전지
③ 분전반   ④ 적산 전력량계

답 ④

 적산 전력량계는 생산된 전력량을 계측하여 전력요금을 산출한다.

77 다음 중 납축전지에 대한 최대 전압의 한계치는 각 전지당 몇 볼트[V]인가?
① 1.2[V]   ② 2.4[V]
③ 3.6[V]   ④ 4.8[V]

답 ②

 납축전지의 각 전지당 최대 전압은 2.4[V] 이다.

78 다음 중 격자판 납축전지의 노화 효과 중 기능회복이 가능한 것은 무엇인가?
① 산 성층 ② 설페이션
③ 부식 ④ 슬러지

답 ①

 산성층 : 산을 혼합하면 충전에 도움이 된다.

79 다음 중 공급된 충전에 대해 방전할 수 있는 충전의 비율은 무엇인가?
① 충전상태 ② 충전효율
③ 충전계수 ④ 에너지효율

답 ③

 이상적인 충전계수는 1이며, 방전심도와 축전지에 따라 1.02에서 1.2 사이이다.

80 격자판 납축전지에서 격자 저항을 증가시키고 전지 전압을 2.4[V] 이상 혹은 2[V] 이하로 변화시키는 노화 효과는 무엇인가?
① 산 성층 ② 부식
③ 슬러지 ④ 건조

답 ②

 양극의 납격자상의 부식은 양전하가 높기 때문에 발생한다.

81 전력 계통 인입선 위치와 계통 병입 가능한 용량은 어디에서 확인 가능한가 ?
① 지역 한국 전력공사
② 지방 자치 단체
③ 전기 안전공사
④ 에너지 관리공단

답 ①

 전력 계통 인입선 위치와 계통 병입 가능한 용량은 지역 한국 전력 지사에서 확인할 수 있다.

제 2 과목　태양광 발전 설계

태양광 발전 기획

제 1 장　태양광발전 토목설계

1. 토목설계도서

　(1) 토목도면의 순서
　　1) 표지　　　　　　　　2) 시행결의서
　　3) 공사개요서　　　　　4) 공사시방서
　　5) 내역서　　　　　　　6) 수량산출서
　　7) 구조계산서　　　　　8) 도면

　(2) 도면의 순서
　　1) 지형실측도
　　2) 공사평면도
　　3) 우수평면도(종단도 포함)
　　4) 오수평면도(종단도 포함)
　　5) 상수평면도(종단도 포함)
　　6) 포장평면도
　　7) 공동평면도(종단도 포함)
　　8) 측점위치도
　　9) 토공횡단도(도로 종,횡단도)
　　10) 옹벽 전개도
　　11) 표준도

종류		내용	도서작성 구분
일반사항	개략 시방서	토목 일반시방 및 특기시방서(초안) 작성	
	개략 공사비 계산서	기본설계도서에 따라 개략공사비 산정	
	설계설명서		
도면	도면 목록표		
	각종 평면도		
	대지 종·횡 단면도	주요시설물 계획	○
	토공사 계획도		
	포장계획 평·단 면도		
	보도블럭 평면도		
	담장계획도		
	우·오수배수처리 평·종단면도		○
	상하수 계통도	우·오수배수처리 구조물 위치 및 상세도 공공하수도와의 연결방법, 상수도 인입계획, 정화조의 위치	

2. 토목측량 및 지반조사도서

(1) 토목측량

- 부지의 고저차 파악
- 설치 가능한 태양광 모듈 수량 결정
- 최소한의 토목공사를 위한 시공기면의 결정
- 실제 부지와 지적도상의 오차 파악

1) 거리측량 : 거리측량은 2점간의 거리를 직접 또는 간접으로 측량하는 것을 말한다. 측량에서 필요한 거리는 일반적으로 기준면(평균해수면)에 투영한 수평거리를 사용한다.

- 측량방법 :

① 직접 거리측량 : 자, 줄자 등을 이용하여 거리를 측정

- 줄자(Tape), 측쇄(Chain), 보측(By Pacing), 측간(Measuring Rope), 윤정계(Odometer)

② 간접 거리측량 : 각, 거리 등을 이용하여 기하학적 관계로 미지 거리 산출

- 평판 알리다드, 수평표척(Substance Bar), 음축, 시거측량, 전자파 거리측량(EDM), 사진측량, GPS

2) 고저(수준) 측량 : 높이의 정보를 구하는 측량으로서 우리의 일상생활에 필요한 상.하수도를 비롯하여 물의 관리와 지구온난화에 따른 해면의 상승으로 인한 해안도시의 수해흔적조사와 각종 건설·재난방재 공사의 핵심기초자료 등 국토높이를 결정하는 필수측량이다.

- 수준측량의 분류

① 직접수준측량 (Direct Leveling)

㉠ 레벨에 의하여 직접 높이차를 관측하는 것을 말하며, 높이차를 구하고자 하는 두 점에 표척을 세우고, 레벨의 시준선이 형성한 지평면에 해당하는 표척의 눈금을 읽어서, 그 눈금 값의 차이로 두 점간의 높이차를 구함

② 간접수준측량(Indirect Leveling)

㉡ 레벨 이외의 기구로 고 저차 결정 (간편하고 신속하게 표고를 구하려는 경우, 산악지형이나 시설물의높이 등 직접 수준 측량이 불가능할 경우)

3) **각도 측량**

두 방향 선이 이루는 각을 구하는 측량법으로 일반적으로 트랜싯 등의 측 각의를 사용하여 측각한다. 거리측량, 수준측량 등과 함께 기본적인 측량의 하나이다.

4) 평판 측량 : 평판을 삼각대 위에 올려 놓고 야외에서 간단한 방법으로 거리와 고도 또는 각도를 측정하여, 현지의 지형을 간략하게 제도하기 위한 측량을 말하며, 평판측량에 사용되는 측량방법에는 교차법, 도선법, 사출 법(방향과 거리를 측정하여 어느 점의 위치를 구하는) 등이 있다. 일반적으로 이상 3가지 가운데 어느 한 가지만을 사용하지만 여러 가지 방법을 혼용하기도 한다.

(2) 지반조사

필요성	- 토질의 공학적 특성 파악 - 토층의 구조, 연속성 두께, 주상도의 파악 - 대표적인 시료의 채취 - 지하수 및 피압수 여부 파악
순서	사전조사 - 예비조사 - 본조사 - 추가조사

(3) 지반조사의 종류와 방법

지하 탐사법	· 터파보기 · 짚어보기 · 물리적 탐사법
Sounding	· 표준관입시험 · Cone 관입시험 · Vane Test · 스웨덴식 Sounding
Boring	· 오거보링 · 수세식 보링 · 회전식 보링 · 충격식 보링
Sampling	· 교란시료(Disturbed Sampling) · 불교란시료(Thin wall, Composite, Dension, Foil Sampling)
토질시험	· 역학적 시험(전단 및 압축시험) · 물리적 시험(입도, 소성한계, 액성한계, 함수량, 토립자, 비중)
지내력 시험	· 평판재하 시험 · 말뚝박기 시험 · 말뚝재하 시험

1) 지반의 종류

▷ 암석층

▷ 흙

▷ 돌분 : 입도 2.0mm이상

▷ 모래분 : 입도 2.0 - 0.05mm

▷ 실트(silt) : 입도 0.05 - 0.005mm(모래보다 작고, 육안으로 헤아릴 수 없으나 모래와 대체로 같고, 알은 구형에 가깝다. 끈기가 없음)

▷ 진흙(clay) : 입도 0.005mm이하(실트보다 작은 알로서 현미경으로 분별하기 어려울 정도의 교질성이 있고, 물이 투과되지 않는다)

▷ Loam(개흙),부식토(hums)

2) 지반의 성질

지반의 지지력 또는 토압을 문제로 할 때에는 지반의 종류에 따라 점착력과 마찰각이 흙의 역학적 성질을 지배한다.

① 모래질 지반 : 모래분이 많고 내부마찰각이 크고 점착력이 비교적 작음

② 점토질 지반 : 진흙분이 많고 점착력이 크며 내부마찰각이 작음

출제기준 : 토목 설계도면

■ 지형현황 측면도면

명 칭	기 호	비 고
삼각점	△	3.0×3.0mm
삼각보점	⬯	2.0×3.0mm
체신주	⬯T	2.0mm
체신맨홀	⬯	2.0mm
한전맨홀	⬯⚡	2.5mm
하수맨홀	⬯下	2.5mm
상수맨홀	⬯上	2.5mm
묘지	⌒	
고층건물	C F	실폭
슬래브집	S	〃
기와집	ㄱ	〃
스레트집	人	〃
루핑	ㄹ	〃
비닐하우스	ㅂ	〃
성벽	⊓⊔	
유수방향	o→	
계곡선	――――	0.25
주곡선	――――	0.1
간곡선	――――	0.1
수준점	▭·	3×3
시계	―◇―	
군, 구계	― ― ― ―	
읍면동계	― ― ―	

■ 공사평면도

명 칭	기 호	비 고
리계		
벼랑바위		
해안바위		
논		2.5×1.5×2.5mm
밭		2.5×1.5
초지		2.5×1.5
과수원		φ1.5
산림		2.5×1.5
뽕밭		
습지		
우물		2.5×2.5
신호등		
벽돌담		
나무울타리		
노출암		
보도블록		
흄관		
교량		
돌망태		
암거		

명 칭	기 호	비 고
블록담장		0.4×5.0
철조망		
비탈면		
방음벽		
난간(연속기초)		
난간(독립기초)		
난간(옹벽위)		
보도CON'C포장		
보도경계 블록		
철책담장(연속기초)		
철책담장(독립기초)		
철책담장(옹벽위)		
생울타리 담장		
POST		
문주		
계단		
보도포장(인터로킹 블록)		
보도포장(자기질타일)		

옹벽		옹벽(중력식)	$\dfrac{\text{중력식 } H = 3.0m}{L \ = 30m}$
		옹벽(반중력식)	$\dfrac{\text{반중력식 } H = 3.5m}{L \ = 45m}$
		옹벽(역T형)	$\dfrac{\text{역} T \text{형 } H = 5.0m}{L \ = 60m}$
		옹벽(L형)	$\dfrac{L \text{형} \ = 5.5m}{L \ = 65m}$
서축		석축(찰쌓기)	-찰-
		석축(메쌓기)	-메-

■ 우수평면도

명 칭	기 호	비 고
우수관	→	
연결관	---->	
지붕우수 연결관	·····>	
L형 측구	═══	
원형맨홀슬래브식 D 900	⬡	우수, 오수 공용
원형맨홀슬래브식 D 1200	⬡	〃
원형맨홀슬래브식 D 1500	⬡	〃
원형맨홀슬래브식 D 1800	⊗	〃
원형맨홀 조절형 D 900	⬡	〃
원형맨홀 조절형 D 1200	⬡	〃
원형맨홀 조절형 D 1500	●	〃
각형맨홀	□	
집수정	▫	
배수박스	1.0×1.5×2	
빗물받이 1호	▬	
빗물받이 2호	▬	
빗물받이 3호	◯	
P.E 반원형측구	—PU—	
U형 측구(콘크리트)	—CU—	
외곽수유입구	⏢	

지하맹암거	------	
공동구	═══	1.6×1.8m
공동구	═══	1.8×1.8m
공동구	▨▨▨	2.0×1.8m
공동구	▧▧▧	2.2×1.8m

명 칭	기 호	비 고
공동구		2.4×1.8m
공동구, 교차구		
공동구, 중간기계실		

※ **표기요령**

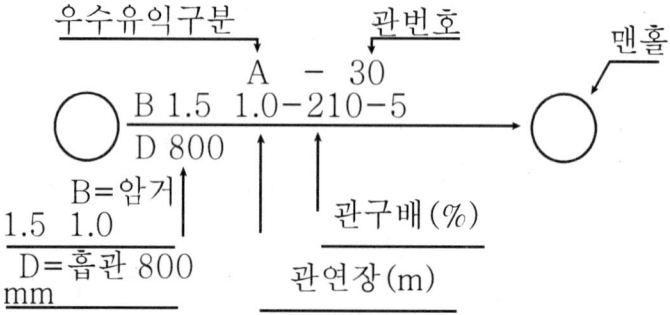

■ **오수평면도**

명 칭	기 호	비 고
오수관	── ─→	
부관맨홀		
오수받이	●	
오수맨홀		우수와 통일
오수관 보호콘크리트		

※ 표기요령

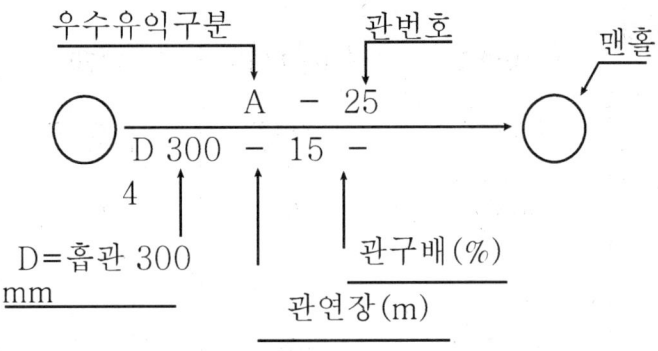

■ 포장단면도

명 칭	기 호	비 고
포장 (아스팔트 콘크리트)	Ⓐ	
포장 (시멘트 콘크리트)	ConC'	
과속방지턱		
차량감속보도 (아스팔트 콘크리트)		
차량감속보도 (인터로킹블록)		
도로반사경 (1면경)		
도로반사경 (2면경)		

■ 재료별 단면표시

축척 재료명	1/10이상	1/20~1/40	1/50	1/100
지반	7[▨	5[▨	4[▨	3[▨
잡석	지정두께	좌동	좌동	60도 정도 Free Hand로 표시함 바탕선만 표시
모래 시멘트 모르타르 회반죽	· · · ·	좌동	┌마감선 └바탕선	
자갈	(돌 그림)	좌동	┌부분적 표시	┌마감선 └바탕선
철근 콘크리트		좌동		

주) 1/100 도면에서 마감의 총두계가 40mm 이상인 경우에는 단선으로 마감선을 표시하며, 40mm 미만인 경우에는 바탕선만 표시하고 마감선 표시는 생략하며 필요시 바탕선에 재료명을 기입한다. (1/50 축척도면에서는 마감두께가 적은 경우에 적용함)

축척 재료명	1/10이상	1/20~1/40	1/50	1/100
석면슬레이트 (전판)		좌동		좌동
석면슬레이트 (후판)		좌동		좌동
블록				
벽돌				
석재(후)		좌동	좌동	(평년) (난년)
석재(전판)	바탕모르타르			바탕선만 표시

▶ 차시번호 :

차 시 명	차시목표	주요 훈련내용
3. 건축도면 관련기호		

■ 단면, 평면기호

단면 표시기호				
표시 사항 구분		원칙으로 사용한다	준용한다	비고
지반				
잡석다짐				
자갈, 모래				타재와 혼동될 우려가 있을 때는 반드시 재료명을 기입한다
석재				
인조석				
콘크리트		a b c		a는 강자갈, b는 깬자갈, c는 철근 배근일 때
벽돌				
블록				
목재	치장재		길이 방향 단변 단변	
	구조재	보조 구조재	합판	유심재, 거심재를 구별할 때 유심재 거심재

철재	⌐ ⌐⌐	⊥ I	
차단재 (보온, 흡음, 방수, 기타)	∧∧∧∧∧∧ ✕✕✕✕✕✕ 재료형 기입		
얇은재(유리)	—— a ≡≡≡	▭	a는 원칙에 가까울 때 사용한다
망(사)	- - - - ～ a		b는 원칙에 가까울 때 사용한다

■ 철골공사

축척 정도별 구분 표시 사항		평면 표시기호	
		축적 1/100 또는 1/200일 때	축적 1/20 또는 1/50일 때
벽일반			
철골 철근, 콘크리트 기둥 및 철근 콘크리트 벽			
철근 콘크리트 기둥 및 장막벽			
철골 기둥 및 장막벽			
블록벽			
벽돌벽			
목조벽	양쪽심벽		
	안심벽, 밖평벽		
	안팎평벽		

AS: 건축분야(A)+철골공사(S)

번호	공통분류	심벌코드	입력레이어	유형	심벌형상	내용	NGIS	비고
1	열간압연형강	ASRXXXX	-	MMUNT		열간압연형강		
2		ASRK011	A□-□□ □□ -STEL	MMUNT		등변ㄱ형강		
3		ASRK012	A□-□□ □□ -STEL	MMUNT		부등변ㄱ형강		
4		ASRK013	A□-□□ □□ -STEL	MMUNT		부등변 부등 두께ㄱ형강		
5		ASRK021	A□-□□ □□ -STEL	MMUNT		I형강		
6		ASRK031	A□-□□ □□ -STEL	MMUNT		ㄷ형강		
7		ASRK041	A□-□□ □□ -STEL	MMUNT		구평형강		
8		ASRK051	A□-□□ □□ -STEL	MMUNT		T형강		
9		ASRK061	A□-□□ □□ -STEL	MMUNT		H형강		
10	일반구조형강	ASLXXXX	-	MMUNT		일반구조형강		
11		ASLK001	A□-□□ □□ -STEL	MMUNT		경ㄷ형강		
12	일반구조형강	ASLK002	A□-□□ □□	MMUNT		경Z형강		

			-STEL					
13		ASLK003	A□-□□ □□ -STEL	MMUNT		경ㄱ형강		
14		ASLK004	A□-□□ □□ -STEL	MMUNT		리프ㄷ형강		
15		ASLK005	A□-□□ □□ -STEL	MMUNT		리프Z형강		
16		ASLK006	A□-□□ □□ -STEL	MMUNT		모자형강		
17	일반구조용 용접경량H형강	ASWXXXX	-	MMUNT		일반구조용용접 경량H형강		
18		ASWK001	A□-□□ □□ -STEL	MMUNT		경량H형강		
19		ASWK002	A□-□□ □□ -STEL	MMUNT		경량□립H형강		
20	강관말뚝	ASPXXXX	-	MMUNT		강관말뚝		
21		ASPT001	A□-□□ □□ -STEL	MMUNT		일반강관말뚝		
22	H형강말뚝	ASHXXXX	-	MMUNT		H형강말뚝		
23		ASHT001	A□-□□ □□ -STEL	MMUNT		일반H형강말뚝		

비교사항	사질	점토질
함수율 변화에 따른 지내력	작다	크다
압밀 침하의 계속시간	작다	크다
압밀 침하량	작다	크다
투수력	크다	작다
토점자간의 점착력	작다	크다
토점자간의 내부 마찰력	크다	작다

〈모래질 및 점토질 지반의 비교〉

2. 태양광발전 구조물 설계	1. 태양광발전 구조물 설계	1. 구조물 기초 2. 구조 설계도서 3. 구조계산서 4. 구조물 형식

1. 구조물 기초

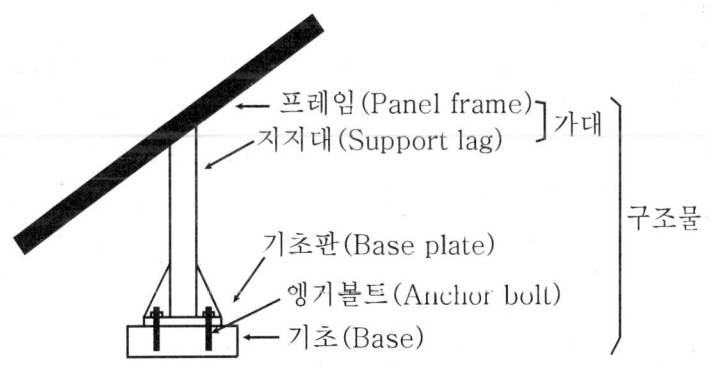

구조물 : 프레임, 지지대, 기초판, 앵커볼트, 기초로 구성된다.

2. 기초의 종류

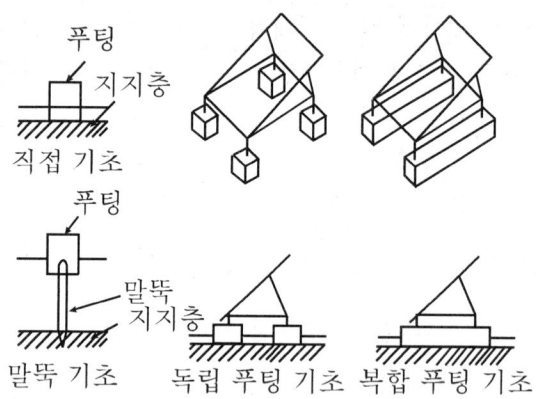

〈 지상 설치의 기초 형식〉

3. 어레이용 기초부 설계

태양광 어레이에 사용되는 기초는 어느 정도의 중량과 강풍에 견딜 수 있는지를 염두에두고 설치하여야 한다. 기초의 종류에는 독립 기초, 연속 기초(줄 기초), 댓돌 기초 등 크게 3종류로 분류한다.

(1) 지상 설치의 경우

가대 고정용 기초를 지상에 설치할 때 하중을 받치는 지반의 능력과 지반이 지지할수 있는 최대한의 하중인 지내력을 조사해 지진에도 견딜 수 있도록 기초의 확대 부분인 푸팅을 독립 푸팅 기초 혹인 복합 푸팅으로 기초를 해 충분한 강도를 확보해야한다. 독립 푸딩 기초는 도로 표식 등의 기초에 자주 쓰이는 기초로 2개 이상의 기둥으로부터의 응력을 단일 기초로 지지한 것이다.

① 기초 : 지정의 윗부분을 말한다.
② 푸팅(footing) : 기둥 또는 벽의 힘을 지중에 전달하기 위하여 기초가 펼쳐진 부분
③ 피어(pier) : 상부의 하중을 지중에 전달하기 위하여 푸팅, 기둥 등의 밑에 설치한 독립 원통기둥 모양의 구조체

1) 지정형식상분류
직접기초 : 기초판이 직접 지반에 전달하는 형식의 기초(얕은기초, 온통기초)
말뚝기초 : 기초판에 말뚝을 박은 기초(지지말뚝, 마찰말뚝)
피어기초 : 피어(pier)로써 지지되는 기초

잠함기초 : 피어기초의 일종(케이슨공법)

2) 기초판의 형식에 따른 분류

독립기초 : 단일 기둥을 받치는 기초
복합기초 : 2개이상의 기둥을 한 개의 기초판으로 받치는 기초
연속기초 : (=줄기초) 벽 또는 1열기둥을 받치는 기초
온통기초 : 건물하부전체를 받치는 기초

3) 허용지내력과 기초의 크기

- 지내력에 대한 영향 요인
    기초의 형태와 깊이, 상부하중의 크기, 지하수의 위치, 토질의 종류
- 허용지내력 = $\dfrac{극한지내력(q_u)}{안전율}$

    (F,S : Factor of safety)

    F.S = 2.5 ~ 3.0 : 침하를 허용한계 이내로 유지하기 위한 계수
- 극한 지내력 : 기초의 지압파괴시의 토압

지반		허용응력도[kN/m^2]
경암반	화강암, 석록암, 편마암, 안산암 등의 화성암 및 굳은 역암 등의 암반	4,000
연암반	판암, 편암 등의 수성암의 암반	2,000
	혈암, 토단반 등의 암반	1,000
자갈		300
자갈과 모래의 혼합물		200
모래섞인 점토 또는 롬토		150
모래섞인 점토		100

3. 기초의 크기

원칙 : 하중의 면적당 크기 〈 허용지내력 (단 하중 : 하중계수는 적용하지 않는 실제 하중)

기초가 지지하는 하중

고정하중(D) , 적재하중(L), 풍하중W (또는 지진하중 E)

기초의 자중 D_b, 기초위에 채워지는 흙 및 흙 위의 상재하중 D_s

     - 기초의 크기 : ①과 ② 중 큰 값을 적용

   ① $A > \dfrac{(D+D_b+D_s)+L}{q_a}$

   ② $A > \dfrac{0.75(D+D_b+D_s)+L+W(or.E)}{q_a}$

또는 기둥 또는 벽체로부터 전달되는 상부하중에 의한 지내력을 유효허용지내력 q_e로 표시하면

$q_e = q_a - \dfrac{(D_b+D_s)}{A}$ 이므로

$A > \dfrac{0.75[D+L+W(E)]}{q_e}$ 또는 $A > \dfrac{(D+L)}{q_e}$ 중 큰 값을 적용

단일 기둥을 지지하는 기초로서 보통 정사각형으로 설계되지만, 기둥 단면이 직사각형일 때는 직사각형으로 가능, 휨모멘트, 전단, 철근의 정착, 기둥과 닿은 면에서의 지압등이 검토되어야 한다.

(1) 구조 설계도서

태양광 구조물의 설계 시 반영해야 할 사항은 아래와 같으며 다음 사항을 설계에 반영하는데 중점을 둔다.

1) 지지대 접속부

태양광모듈과 지지대 프레임과의 접속부분은 산화방지용 가스켓을 적용하여 부식을 방지 할 것

2) 태양광 어레이

운전유지보수의 편의성을 고려하여 인버터와 최적설계가 되도록 어레이군을 구성하며 태양광어레이는 연중 일조량이 많이 받을 수 있도록 설치각도를 선정하고 지면에서 높이는 약 2m 이상 되도록 하여야 하며 통풍에 대한설계를 적용하여 주변온도가 상승되지 않도록 한다.

3) 방위각, 경사각의 설정

태양에너지를 효율적으로 활용하기 위해서 태양광 어레이의 방위각 및 경사각이 중요하므로 방위각은 일반적으로 태양광어레이의 발전량이 최대가 되는 남향으로 하였으며 경사각은 태양광어레이의 발전량이 최대가 되는 연간최적경사각으로 한다.

(2) 모듈 설치 가대 설계

1) 기본 구조의 검토 : 모듈의 외형 치수와 층수 및 모듈의 직,병렬수, 설치가능 범위, 설치장소의 형상 및 구조, 작업성등을 고려하여 가대의 기본구조와 높이를 검토하여 설계한다.
2) 하중의 계산 : 태양전지 모듈 및 가대에 가해지는 하중을 설치 장소의 기상조건이나 배치 방식등에 의해 계산된다.

   ■ 풍압하중

   (가) 풍압하중 : 풍압계수 × 설계용속도압(N/m^2) × 수직풍 면적(m^2)

   (나) 설계용 속도압 = 기준속도압(N/m^2) × 높이보정계수 × 용도계수 × 환경계수

   (다) 기준 속도압 = $\frac{1}{2}$ × 공기밀도($N \cdot S^2/m^4$) × [설계용기준풍속(m/s)]^2

   (라) 높이 보정계수 = (어레이의 지상높이 / 기준 지상높이) × $\frac{1}{8}$

(3) 부재 선정과 기초설계 : 기초를 필요로 하는 어레이의 경우는 설치면에 가해지는 가대의 하중을 계산, 기초를 설계하고 시방을 명확히 한다. 그리고 기초를 포함한 하중이 건물 강도를 상회하지 않다는 것을 확인 하여야 한다.

(4) 구조적 설계 포인트

가대의 기본 구조는 가대의 조립, 모듈의 가대에의 설치 및 모듈 간 배선 등 각 작업이 용이하게 할 수 있는 구조로 하여야 한다.

4. 구조물 설계 시 설계 하중

태양광 어레이용 가대 구조물을 설계하기 위하여 상정되는 하중에는 하중의 방향에 따라 수직 하중, 수평 하중으로 구분한다. 그리고 하중의 원인에 따라 설계 시 영구적으로 적용되는 고정 하중, 활 하중과 자연의 외력인 풍 하중, 적설 하중, 지진 하중 등이 있다.

구분		내용
수직하중	고정하중	어레이+프레임+서포트 하중
	적설하중	경사계수 및 눈의 단위 질량 고려
	활하중	건축물 및 공작물을 점유시 발생 하중
수평하중	풍하중	어레이에 가한 풍압과 지지물에 가한 풍압 하중 풍력계수, 환경계수, 용도계수, 가스트계수 고려
	지진하중	지지층의 전단력 계수 고려

설계하중 검토 예		
	구분	검토의견
수직하중	고정하중	· 태양광모듈의 하중은 최대 0.15kN/m² 임 · 지붕 마감재는 시공되지 않았으나 태양광모듈 설치용 잡철물 및 기타 추가 하중물을 고려하여 주 구조대 자중을 포함한 총 고정하중은 0.45kN/m² 임
	활하중	· 등분포 활하중은 적용하지 않음 · 보부재 중간에는 고정하중 외에 추가로 5kN/m²의 집중하중을 고려함
	적설하중	최소 지상 적설하중 0.5kN/m²을 적용하고 태양광 모듈 경사면 눈의 미끄러짐에 의한 저감은 안전측 설계를 위하여 반영하지 않음
수평하중	풍하중	· 기본풍속(Vo): 30m/sec(대구) · 중요도 계수(IW): 1.1(중요도 특) · 노풍도: B · 가스트 영향계수: 2.2
	지진하중	· 지역계수(A): 0.11(지진구역 1) · 내진등급: 특 · 중요도 계수(IE): 1.50 · 지반분류: SD · 반응 수정 계수: 6.0(철골모멘트 계수)
	적설하중	최소 지상 적설하중 0.5kN/m²을 적용하고 태양광 모듈 경사면 눈의 미끄러짐에 의한 저감은 안전측 설계를 위하여 반영하지 않음

여러 하중 중에 평지붕의 적설 하중은 다음 식에 의해 산정된다.

$$S_f = C_b \times C_e \times C_t \times I_s \times S_g$$

C_b: 기본 지붕 적설 하중 계수 C_e: 노출 계수
C_t: 온도 계수 I_s: 중요도 계수
S_g: 지상 적설 하중 기본값

경사지붕 적설하중(S_s)은 평지붕 적설 하중에 지붕의 경사도계수를 곱한 것으로 다음과 같다.

$$S_s = S_f \times C_s \quad C_s: 지붕경사도 계수$$

5. 구조계산서

(1) 구조물 구조계산

1) 힘과 부재 응력

힘의 종류

- 인장력, 압축력, 전단력
- 단위 : kg, N

2) 인장력(tension)

- 부재를 길이방향으로 늘어나게 하려는 힘
    - 재료의 분자가 서로 당겨서 분리되려는 상태로 작용하는힘
    - 부재가 인장력을 견디지 못하면 파괴됨
    - 예) 철근
- 푸아송비 : 길이방향의 변형에 대한 세로방향의 변형의 비
    - 부재가 인장력을 받으면 단순히 길이 방향으로만 늘어나는 것이 아니라 세로방향 (부재의 직경)이 줄어드는 것

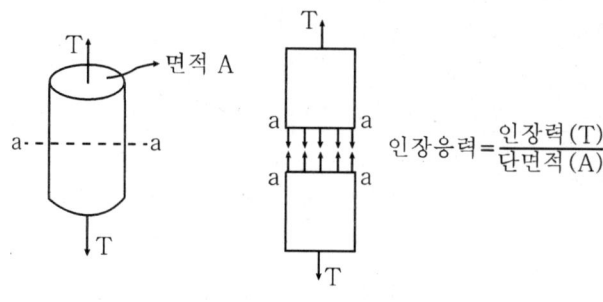

〈인장력의 적용〉

(2) 압축력(compression)

- 부재를 길이방향으로 누르는 힘 (≠ 인장력)
    - 부재의 길이가 짧아진다.
    - 예) 돌, 벽돌 등
    - 구조부재 중에 기둥과 벽체에 주로 압축력이 발생
- 좌굴(buckling) 하중 : 기둥이 하중(압축력)을 부담할수 없는 단계에 도달하면 기둥이 휘어 지는데 이 때의 하중을 말함.
    - 작용하는 하중의 중심과 부재의 중심에 차이가 날 때 더 쉽게 일어남

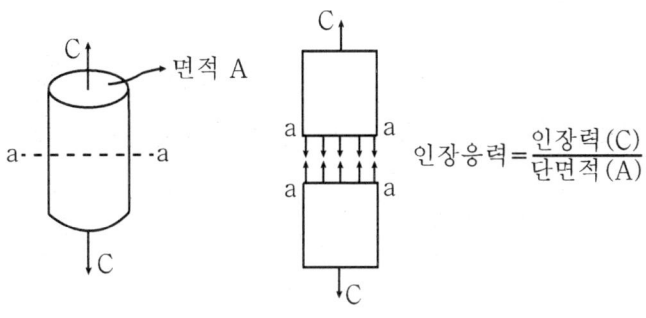

〈압축응력〉

(3) 전단력(shear)

- 어떤 부재를 절단하려는 힘
- 구조부재 중에 보에 수직하중이 작용하면 전단력이 발생
- 전단은 항상 서로 직각이 되는 두 개의 면에서 미끄럼이 발생
- 사각형 부재를 대각선 방향의 두 모서리를 잡고 늘어나게 하면 반대 대각선 방향으로는 압축력 이 발생하고 이 때 부재에 전단력이 발생
- 전단력은 압축력과 인장력의 조합으로 발생

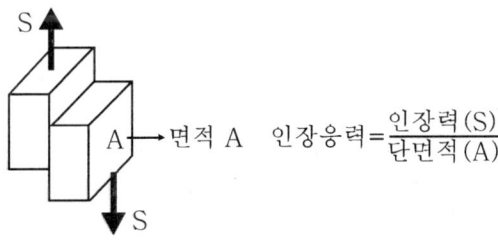

〈전단응력〉

1) 하중의 조합

각 개별하중 조건과 이들의 조합중 가장 불리한 조건에 대해 안전 하도록 설계

$D+LR$(또는 S): 적설하중 포함시 단기하중

$D+W$(또는 S): 단기하중

$D+LR$(또는 S)+W(또는 E): 단기하중

(단, D: 고정하중, LR: 지붕층 활하중, W: 풍하중, E: 지진하중, S: 적설하중)

수직하중: 고정하중, 활하중, 지붕층활하중, 적설하중
수평하중: 풍하중, 지진하중

구조물의 안정성을 위해 내진, 내풍설계를 수행하여 천재지변에 안전하도록 설계하여야 한다. 또한 사용중 유지, 보수 및 기타 발생 가능한 추가 하중을 반영하고 하부의 기존 구조물이 있을 경우 기존 구조물의 안전성에 대한 검토가 이루어져야 하며, 경우에 따라서 구조 기술사의 확인필이 필요한 경우도 있다.

6. 구조물 형식

(1) 개요

강판 및 각종 형강을 리벳, 볼트, 용접 등의 접합방식으로 조립한 구조 또는 건축물을 철골구조 또는 강구조라고 한다.

1) 재료상 분류
   ① 보통 형강구조, ② H형강구조, ③ 경량 철골구조, ④ 강관구조, ⑤ 케이블구조

2) 구조형식상 분류
   ① 라멘구조, ② 트러스구조, ③ 아치구조, ④ 돔구조, ⑤ 현수구조, ⑥ 스페이스프레임 구조

(2) 철골구조의 장단점

장 점	단 점
· 구조체의 자중이 내력에 비해 작다 · 공장 가공이 많으므로 정밀도가 높은 건물시공가능 · 현장시공의 공사기간을 단축할 수 있다. · 기둥의 단면적이 줄어서 유효공간을 크게 할 수 있다.	· 열에 약하고 고온에서 강도저하되므로 내화, 내구성주의 · 조립구조이므로 접합에 유의하여야 한다. · 부재가 길기때문에 변형이나 좌굴이 생기기 쉽다. · 가격이 비싸며 녹슬기 쉬우므로 녹막이 처리가 필요하다.

(3) 강재가 갖추어야 할 조건

KS D 3503일반 구조용 압연 강재의 규격에 합격한 것이어야 하며, 들뜬 녹, 뒤틀림, 휨, 갈라짐, 기타 유해한 홈이 없는 것이어야 한다.

(4) 강재의 종류

① 강판 : 롤러압연강판으로 두께 3mm이상은 후판, 3mm이하는 박판

② 봉강 : 원형강이 많이 쓰임 - 4각, 6각, 8각 등

③ 형강 : 형강은 단면의 형태에 따라 구분 - ㄱ형강, ㄷ형강, H형강, I형강, Z형강, T형강 등

④ 강관 : 원형의 속이 빈 강관을 말함, 각형 강관 - 사각형

⑤ 경량형강 : 단면의 성능을 좋게 하기 위하여 단면의 크기에 비하여 판의 두께를 얇게 한 것으로 하중이 적은 구조물에 사용됨. 경량형강의 형태는 일반형 강재와 같으나 좌굴 성능을 크게 한 립 스틸과 철판의 단면에 리브를 내어 바닥, 벽 등의 구조용으로 사용함.

⑥ 평강 : 절단한 나비가 좁은 강판

7. 고장력 볼트 (파워볼트시스템)

고장력볼트(파워볼트시스템)	철골구조
- 구조의 안전도 용이 - 돔, 정방향 구조에 유리 - 필요한 응력에 의한 자재 사용으로 경제적으로 설계 - 조립 및 해체가 간단하여 구조용 강관 사용으로 물량 경감 - 구조물 디자인 측면 쉬움	- 장스팬 구조물에 불합리 - 부재의 생산치수로 인하여 구조물 높이와 거리에 제한적 - 소형어레이 구성 시 경제적 - 경량 구조

| | 2. 태양광발전 구조물 설계 검토 | 1. 안전성, 시공성, 내구성을 고려한 도서 검토 |

1 구조 설계 시 기본 방향

1. 안정성

(1) 사용 중 돌발 상황, 유지보수 및 기타 발생 가능한 추가 하중을 고려하여야 한다.

(2) 하부의 기존 구조물의 안정성을 고려하여야 한다.

(3) 내진, 내풍 설계를 수행하여 천재지변에 안전하도록 설계하여야 한다.

2. 경제성

(1) 공사비의 절감할 수 있는 공법을 적용하여 설계하여야 한다.

(2) 과다한 응력에 따른 구조물량 증가요인 배제 및 현장 여건을 고려하여야 한다.

3. 시공성

(1) 부재 단면과 재질, 접합 방법등을 통일화하여 시공성을 향상시킨다.

(2) 통일성, 일관성, 규격화된 시공방법을 선택하여야 한다.

4. 사용성 및 내구성

(1) 경년변화에 따른 구조물의 변형, 지반의 상태등을 고려하여 설계하여야 한다.

2 구조물형태와 구조물 하중에 따른 토목 기초 설계

1. 모듈 설치 가대 설계

(1) 기본 구조의 검토 : 모듈의 외형 치수와 층수 및 모듈의 직,병렬수, 설치가능 범위, 설치장소의 형상 및 구조, 작업성등을 고려하여 가대의 기본구조와 높이를 검토하여 설계한다.

(2) 하중의 계산 : 태양전지 모듈 및 가대에 가해지는 하중을 설치 장소의 기상조건이나 배치 방식등에 의해 계산된다.

1) 풍압하중

① 풍압하중 : 풍압계수 × 설계 용속도압(N/m^2) × 수직풍 면적(m^2)

② 설계용 속도압 = 기준속도압(N/m^2) × 높이보정계수 × 용도계수 × 환경계수

③ 기준 속도압 = $\frac{1}{2}$ × 공기밀도$(N \cdot S^2/m^4)$ × [설계용 기준풍속(m/s)]^2

④ 높이 보정계수 = (어레이의 지상높이 / 기준 지상높이) × $\frac{1}{8}$

(3) 부재 선정과 기초설계 : 어레이의 경우 설치면에 가해지는 가대의 하중을 계산한다.

■■■ 태양광 발전시스템 설계 시 고려사항

공 종 별	고려사항	
토 목 설 계	· 설치 면적 확정 · 우수 개거	· 지적 및 현황 · 종/횡단면도
구 조 설 계	· 어레이 구조물 · 고정하중 적설하중 등	· 풍합하중
전 기 설 계	· 직,병렬 계산 · 인버터 선정	· 접속함 결정 · 전력간선 작성
건 축 설 계	· 전기실 신축 · 변압기 취부	· 인버터 취부 · 관리실 운영

※ 우수개거 : 위가 뚫려있는 우수가 흐르는 수로를 뜻합니다.

3 토목 설계도서 작성시 고려사항

1. 부지선정 시 일반적 고려사항

(1) 지리적인 조건

    토지의 방향, 경사도, 토지의 지질,   - 토지대장, 지적공부, 지형도,

(2) 지정학적인 조건

    연평균 일사량 및 일조시간 등   - 기상청 자료 근거

(3) 건설 조건상 조건

    부지의 접근성 및 주변 환경   -지적도 참고 및 민원발생가능 여부

(4) 행정상의 조건

    인허가 관련 규제   - 해당 지자체 관련부서 확인

(5) 전력계통관의 연계조건

    전력계통 인입선 위치와 계통 병입 가능한 용량   -지역 한국전력 지사

(6) 경제성

    부지매입비 및 공사비 등 연계하여 평가

4 부지선정 절차

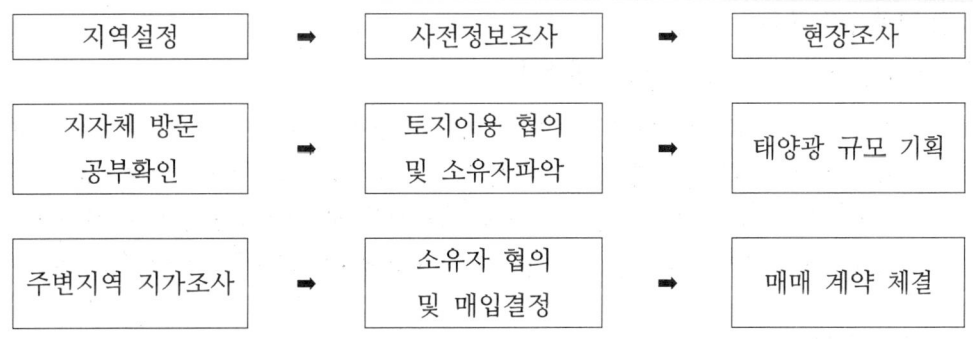

1. 현장조사

사업용 태양광 발전시스템은 설계에 앞서 우선 현장조사가 이루어져야 한다. 현장조사에서는 토지 상태, 지리적 여건, 전력 여건, 유지 관리 등을 조사한다.

(1) 토지 상태

부지 선정에 앞서서 반드시 1차적으로 법률적인 부분을 검토해야 한다. 우선 토지 상태는 그 토지가 어느 지역에 관리 하는가를 조사하고 또 이에 따라 태양광 발전시스템 설치시 사용 인·허가에 문제가 없는지 검토가 필요하다. 검토 후 인·허가상 또는 토지계약 등의 문제가 발생 할 수 있을 경우 다른 적절한 토지를 검토하여야 한다. 또한 부지의 부동산 가격과 부지의 상태를 파악하여 부지의 상태를 발전시스템이 설치 가능한 형태로 정리 할 필요가 있는지, 만약 정리를 해야 한다면 그 부대비용이 얼마나 소요 되는지 또한 검토되어야 한다.

(2) 지리적 여건

1) 현장 1차 조사
① 대상토지 선정 : 태양광 발전소 건설 예상 부지 선정
② 주변 상황 조사 : 일사량, 토지의 이용상태 및 주변토지 이용상태 조사

(3) 지리적 여건

1) 현장 1차 조사
① 대상토지 선정 : 태양광 발전소 건설 예상 부지 선정
② 주변 상황 조사 : 일사량, 토지의 이용상태 및 주변토지 이용상태 조사

2) 현장 2차 조사
① 1차 조사 반복 조사(1인 동반조사)
② 현장조사는 입지선정을 위한 조사단계에서 행했던 전반적인 지역조사와는 달리 매입대상 부동산에 대한 집중적인 조사가 이루어져야 한다. 관련 공부를 통해 파악했던 부동산의 권리 외에 현장실사를 통해 검증해야 할 사항으로는 여러 가지가 있으나 지적도와 실제부지 형상을 비교함으로써 점유상태의 확인도 이루어져야 함

3) 지자체방문
① 공부확인 : 토지이용계획 확인원, 토지대장, 지적도(임야도)등

4) 소유자 파악
① 토지면적 및 소유자 파악 및 토지이용 협의(지자체관계자)

지리적 여건은 그 지형은 경사나 지질적인 환경이 설비 설치에 있어 어려움은 없는지 또는 주위의 산이나 건물 등의 장애물에 의한 음영 발생 우려가 없는지를 조사한다. 또한 사업용은 발전량이 곧 사업자의 이윤과 직결되므로 최대한 최대 일사량이 가능한 향으로 설치가 가능한지 여부를 검토해야 한다. 이때 음영이나 발전량 등의 최적 조건 예측은 앞서 설명했던 시뮬레이션 프로그램들을 이용하여 용이하게 수행 할 수 있다. 또한 발전설비 용량이 100,000kW 미만이며 형질 및 사업계획면적에 따라 사전환경성 검토 및 협의 대상이 될 수 있으며 주요 대상은 다음과 같다.(환경정책기본법 시행령)

㉠ 보전관리지역 : 사업계획 면적이 5,000제곱미터 이상
㉡ 생산관리지역 : 사업계획 면적이 7,500제곱미터 이상
㉢ 농림지역 : 사업계획 면적이 7,500제곱미터 이상
㉣ 자연환경보전지역 : 사업계획 면적이 5,000제곱미터 이상
㉤ 개발제한구역 : 사업계획 면적이 5,000제곱미터 이상

발전설비 용량이 100,000kW 이상일 경우에는 반드시 사전환경성 검토 및 평가를 거쳐야 한다.

(4) 전력 여건

계통연계 연계점 및 단상 3상 여부에 대한 사전 검토가 필요하다. 이러한 사항들은 한국전력공사 지역지점에 방문하여 계통연계지점에 관한 협의를 한다. 이때 계통도를 함께 받아서 다음과 같이 송전 관계일람도 작성시 활용한다.

3. 태양광발전 어레이 설계	1. 태양광발전 전기배선 설계	1. 태양광발전 모듈 배선 2. 전기설비기술기준 3. 전기설비기술기준의 판단기준 4. 내선규정 등
	2. 태양광발전 모듈배치 설계	1. 태양광발전 모듈의 직병렬 계산 2. 태양광발전 모듈 배치 등
	3. 태양광발전 어레이 전압강하 계산	1. 전압강하 및 전선 선정 2. 어레이 출력전압 특성 등 3. 직류측 구성기기 선정

다수의 태양광 모듈들의 집합체인 태양 전지 어레이는 거치대를 설치하여 조립한 장치로 지지물, 모듈 결선회로, 결선 단자가 이에 포함된다. 태양광 모듈 하나로만 전압도 낮고 전력도 충분하지 않아서 이를 수십개 연결해야만 교류로 변환해서 사용할 수 있기 때문에 태양광 발전소를 건설하기 위해서는 태양광 모듈을 어레이 형태로 조립하여야 한다.

1. 어레이 설치 방식에 따른 분류

태양광 어레이는 설치 대상 및 용도에 따라서 태양광 어레이 설치 방식을 선정하여야한다. 어레이를 설치하는 방식은 고정식, 가변식(반 고정식), 추적식으로 크게 구분된다.

(1) 고정식 어레이 시스템

고정식 어레이 시스템은 어레이 형태의 가장 일반적인 방식으로 추적식이나 반고정형에 비하여 설치 단가는 비교적 저렴하다. 태양 전지 어레이는 한 번 설치하면 경사각 및 방위각 수정이 불가능하기 때문에 대부분의 어레이는 정남향 방향에 위치하고, 그 지역의 위도에 맞추어 경사면을 두어서 설치하는 것이 좋다. 한편, 지붕에 설치하는 경우에는 건물의 위치나 지붕의 형상에 의존할 수밖에 없다. 경사각을 대략 20~30° 내에서 설치하고 태양광 모듈의 구조물은 대부분 정남향 방향으로 고정시켜 설치하는 방식이다. 또한, 이는 한 번 설치하면 기술이나 인력이 거의 필요가 없어서 유지 비용이 저렴한 것이 장점이나,

우리나라 특성상 위도와 경도에 맞게 사계절 태양의 경사 각도를 일치시킬 수 없어서 발전 효율이 떨어지는 것이 단점이다. 설치 면적의 제한이 없는 비교적 원격지에 많이 이용되고 있다.

(2) 가변식 어레이 시스템

경사각을 계절 또는 월별에 따라 상하로 위치를 변화 시킬수 있는 태양광구조물로 수동 경사가변형과 자동 경사가변형이 있다. 건축물지붕에 설치할 수 없으며, 토지위의 태양광 발전에 많이 사용된다. 태양광의 경사각을 0 ~ 60°정도의 각도가 조정이 가능하며 발전 효율이 고정식 대비 10 ~ 15%정도 발전량이 많아진다. 고정식보다는 설치비용이 약간 높고 추적식보다는 저렴하며, 강풍시 경사각을 수평에 가깝게 조절하여 태풍피해를 예방할수 있다. 고정식에 비해 경사각 조절시 음영을 고려해야 하기 때문에 kW당 더 많은 면적이 필요한 단점이 있다.

(3) 추적식 어레이

추적식 어레이는 태양광 발전 시스템의 효율을 극대화하기 위한 방식으로 태양광의 직사광선이 항상 태양 전지판의 전면에 수직으로 입사할 수 있도록 태양의 위치를 추적하는 방식을 말하고 이는 단방향 추적식과 양방향 추적식으로 나눌 수 있다.

1) 단방향(1축) 추적식

어레이가 상하 또는 좌우 중에서 하나만 변화가 가능한 추적 방식이다. 고정형에비해 10% ~ 15% 정도 발전 효율이 높으나 양방향 추적식보다는 발전 효율이 떨어진다. 상하추적식과 좌우추적식으로 나뉘어져 동서방향으로 30 ~ 150° 회전이 가능하며, 추적 장치를 병렬제어를 통해 운전효율이 향상된다. 고정형에 비해 구동 장치 설치비가 더 들고 운영 및 유지 보수 비용이 더 드는 단점이 있다.

2) 양방향(2축) 추적식

태양광방위각 60 ~ 210° 와 경사각 0 ~ 80°을 따라 추적하는 방식으로 광센서를 사용하여 최대 일사량을 추적하여 어레이의 방향을 항상 태양을 향하도록 추적하는 프로그램 제어 방식이다. 태양의 궤적을 따라 추적하기 때문에 고정형에 비하여 최대 20 ~ 30% 정도 전력량이 증대되며, 경사지 및 설치조건이 불리한 곳에 설치 가능하다. 단점으로는 고정식에 비해 많은 설치 면적이 필요하며 강풍에 의한 파손이 발생할수 있으며 설치교육이나 운영교육이 필요하다.

(4) 추적방식에 따른 분류

1) 감지식 추적법(Sensor Tracking) : 센서를 이용하여 최대 입사량을 추적해 가는 방식으로 감지부의 종류와 형태에 따라 오차가 발생할수 있다. 특히 태양이 구름에 가리거나 부분음영이 발생하는 경우, 감지부의 정확한 태양궤도 추적은 기대할 수 없게 된다.

2) 프로그램 추적법(program Tracking) : 태양의 연중 이동 궤도를 추적하는 프로그램을 내장한 컴퓨터 또는 마이크로 프로세서를 이용하여 프로그램에 년, 월, 일에 따라 최적의 태양 위치를 저장하여 추적하는 방식이며, 비교적 안정되게 태양위치를 추적할수 있으나, 설치지역 위치에 따라서 약간의 프로그램 수정이 필요하다.

3) 혼합식 추적법(Mixed Tracking) : 프로그램 추적방식과 감지식 추적방식을 동시에 만족할 수 있도록 보완된 방식으로 주로 프로그램 추적법을 중심으로 운영하며, 설치위치에 따라 발생하는 편차를 감지부를 이용하여 주기적으로 보정 수정해 주는 방식으로, 추적방식중 일반적으로 많이 사용하는 방식이다.

(5) 태양광 어레이 설계

어레이를 구성하는 방식은 인버터의 성능에 따라 각기 다른 방식으로 연결하여야 한다. 중앙집중식 인버터방식과 음영에 대한 영향을 최소화하기 위한 방식으로 효율이나 A/S발생등 으로 인한 피해를 최소화 할수 있는 방식으로 서브어레이방식이나 스트링 방식, AC모듈 인버터 방식이 있다.

1) 어레이와 인버터 접속 방식

① 중앙집중식 인버터 방식

중앙 집중식 인버터에는 고전압방식과 저전압방식, 마스터 슬레이브방식으로 분류된다.

㉠ 고전압 방식 스트링에 한 개의 인버터를 설치하는 방식으로 하나의 인버터가 처리할 수 있는 전압만큼 모듈을 직렬로 연결하고, 인버터가 처리할 수 있는 전류만큼 다수의 스트링을 병렬로 접속해 나가는 방식이다. 중앙 집중 회로 구성의 장점은 설치 면적을 최소화 할 수 있고 유지 관리가 간편하다. 또한 전압이 높은 대신 전류가 작기 때문에 전선의 굵기를 최소화할 수 있다. 그러나 긴 직렬 구간 어딘가에 그림자가 지거나 이물질이 있으면 발전 손실이 커진다. 그러므로 그림자가 질 염려가 없는 지역에 구성하면 된다.

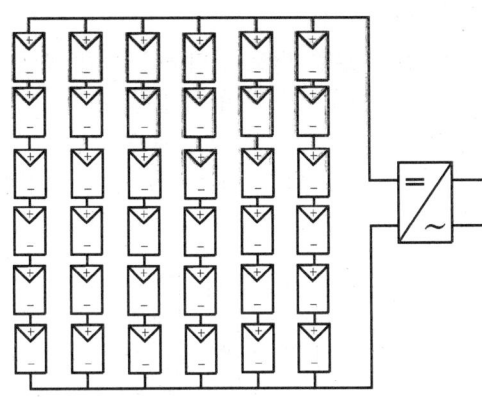

ⓒ 저전압방식

　전압이 낮은 경우 사용하고 몇 개의 모듈만이(3 ~ 5개의 표준 모듈) 직렬로 연결하여 스트링을 이루어 졌으며, 낮은 전압에 비해 높은 전류가 발생가 발생하여 굵은 케이블 간선 사용이 사용되며 120[V] 이하의 전압에서는 보호등급 Ⅲ에 따라 설계되고 음영의 영향이 적으며, 고장시 해당 스트링만 교체가능하며, 다수의 인버터 필요하고 많은 공사기간이 소요된다.

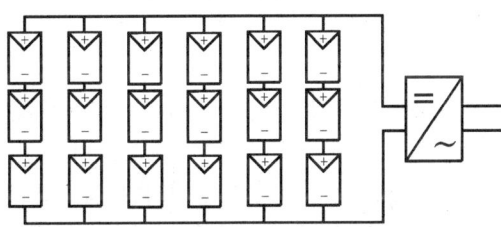

ⓒ 마스터 슬레이브 방식

　하나의 마스터에 2 ~3 개의 슬레이브 인버터로 구성되며, 낮은 일사량에서는 마스터 인버터만 운전, 일사량이 많아지면 슬레이브 인버터 운전, 마스터와 슬레이브는 특정 주기로 교번 운전 중앙집중식보다 효율이 높음 / 시설투자비가 증가 / 복사량 변동이 심한 지역에 적합

② 스트링 (String) 인버터 방식

스트링인버터 방식은 스트링 별로 인버터를 설치하는 방식으로 부분적으로 생기는 그늘에 대해 최적의 운전이 가능하며 동일한 규격의 스트링과 인버터를 사용하기 때문에 분전함이 없어도 되며, 상호 연결에 필요한 모듈케이블링의 감소/ DC전원 케이블의 생략이 가능하며, 발전 시스템을 쉽게 증설할 수 있고, 각각의 스트링마다 독립적으로 동작하기 때문에 각각의 스트링에서 최적의 운전을 할 수 있다.

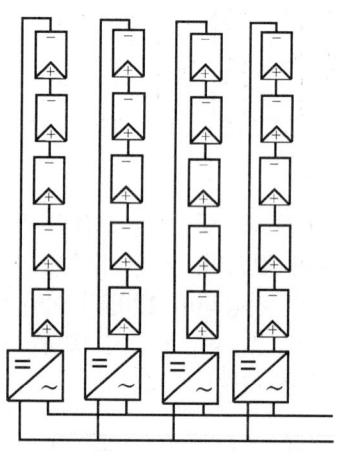

◎ 서브어레이 인버터 방식

서브어레이의 방향과 음영이 다양하여, 하부 어레이와 스트링 인버터 방식은 복사량 조건에 따라 전력을 조절할 수 있다. 스트링 인버터는 설치가 간편하고, 설치비를 감소시킬 수 있다. 인버터가 태양전지 모듈 스트링에 직접연결 태양광 발전시스템 분전반 불필요 상호연결로 소모되는 모듈 케이블링의 감소와 DC전원 케이블의 생략 스트링길이가 길어질 경우 음영에 따른 전력손실이 커진다.

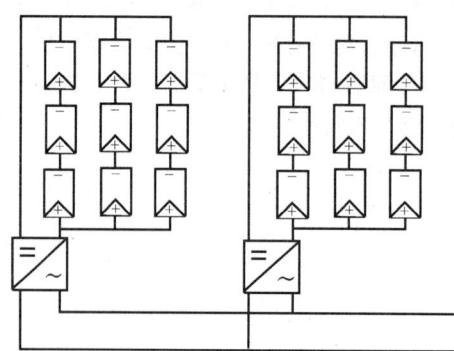

ⓑ AC 모듈 인버터 방식

각 모듈별 인버터를 부착하는 방식으로 별도의 배선이 필요없으며, 대용량으로 사용하기에 비용이 부담되며, 효율이 다소 낮은 편이다.

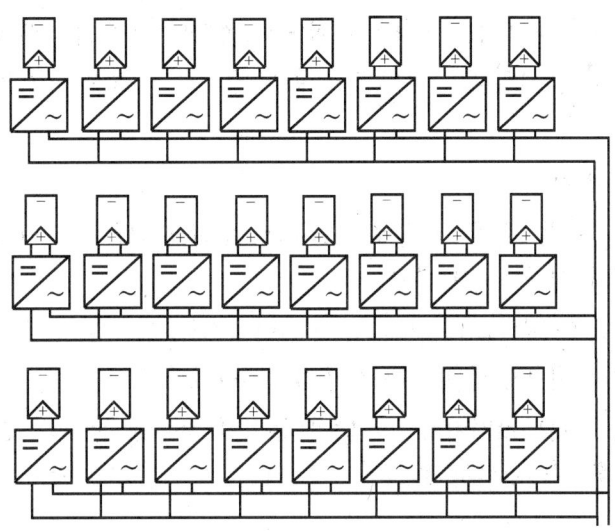

태양전지 모듈 간의 배선(스트링 케이블) : 모듈스트링 접속시 세심한 주의를 기울여야 한다. 불량한 접속은 아크를 발생시킬 수 있어 화재의 위험이 따른다. 모듈간의 배선 방법은 4가지가 있다.

- 나사 단자 : 나사단자의 연결에는 유연한 연선 단부에 금속단 슬리브가 사용된다.
- 포스트 단자 : 포스트 단자는 너트와 볼트사이에 쬠쇠로 조여진 케이블 플러그로 연결된다.
- 스프링 클램프 단자 : 스프링 클램프 단자를 사용하는 접속함의 경우, 케이블은 금속단 슬리브 없이 단단하게 부착된다.
- 플러그 커넥터 : 설치를 간화하기 위하여 모듈 연결 리드와 접촉방지 플러그 커넥터가 있는 방식을 사용한다.

모듈과 모듈을 연결하는 방법으로 여러 접속방법이 있지만 감전의 위험성이 적고 설치가 간단한 방수형 플러그 커넥터가 주로 사용된다. 방수용 플러그 커넥터는 충전부에 접촉하기 어려운 구조이고, 당김에 대해서 기계적 강도가 좋다.

2. 전기설비 기술기준

제 1 장 총칙

제1조 (목적 등) 이 고시는 「전기사업법」 제67조 및 같은 법 시행령 제43조에 따라 발전·송전·변전·배전 또는 전기사용을 위하여 시설하는 기계·기구·댐·수로·저수지·전선로·보안통신선로 그 밖의 시설물의 안전에 필요한 성능과 기술적 요건을 규정함을 목적으로 한다.

제 2 조 (안전 원칙)
① 전기설비는 감전, 화재 그 밖에 사람에게 위해(危害)를 주거나 물건에 손상을 줄 우려가 없도록 시설하여야 한다.
② 전기설비는 사용목적에 적절하고 안전하게 작동하여야 하며, 그 손상으로 인하여 전기 공급에 지장을 주지 않도록 시설하여야 한다.
③ 전기설비는 다른 전기설비, 그 밖의 물건의 기능에 전기적 또는 자기적인 장해를 주지 않도록 시설하여야 한다.

제 3 조 (정의)
(1) 이 고시에서 사용하는 용어의 정의는 다음 각 호와 같다.
① "발전소"란 발전기·원동기·연료전지·태양전지·해양에너지발전설비·전기저장장치 그 밖의 기계기구[비상용 예비전원을 얻을 목적으로 시설하는 것 및 휴대용 발전기를 제외한다]를 시설하여 전기를 생산[원자력, 화력, 신재생에너지 등을 이용하여 전기를 발생시키는 것과 양수발전, 전기저장장치와 같이 전기를 다른 에너지로 변환하여 저장 후 전기를 공급하는 것]하는 곳을 말한다.
② "변전소"란 변전소의 밖으로부터 전송받은 전기를 변전소 안에 시설한 변압기·전동발전기·회전변류기·정류기 그 밖의 기계기구에 의하여 변성하는 곳으로서 변성한 전기를 다시 변전소 밖으로 전송하는 곳을 말한다.
③ "개폐소"란 개폐소 안에 시설한 개폐기 및 기타 장치에 의하여 전로를 개폐하는 곳으로서 발전소·변전소 및 수용장소 이외의 곳을 말한다.
④ "급전소"란 전력계통의 운용에 관한 지시 및 급전조작을 하는 곳을 말한다.
⑤ "전선"이란 강전류 전기의 전송에 사용하는 전기 도체, 절연물로 피복한 전기 도체 또는 절연물로 피복한 전기 도체를 다시 보호 피복한 전기 도체를 말한다.
⑥ "전로"란 통상의 사용 상태에서 전기가 통하고 있는 곳을 말한다.
⑦ "전선로"란 발전소·변전소·개폐소, 이에 준하는 곳, 전기사용장소 상호간의 전선(전차

선을 제외한다) 및 이를 지지하거나 수용하는 시설물을 말한다.

⑧ "전기기계기구"란 전로를 구성하는 기계기구를 말한다.

⑨ "연접 인입선"이란 한 수용장소의 인입선에서 분기하여 지지물을 거치지 아니하고 다른 수용 장소의 인입구에 이르는 부분의 전선을 말한다. 여기에서 "인입선"이란 가공인입선[가공전선로의 지지물로부터 다른 지지물을 거치지 아니하고 수용장소의 붙임점에 이르는 가공전선(가공전선로의 전선을 말한다. 이하 같다)을 말한다] 및 수용장소의 조영물(토지에 정착한 시설물 중 지붕 및 기둥 또는 벽이 있는 시설물을 말한다. 이하 같다)의 옆면 등에 시설하는 전선으로서 그 수용장소의 인입구에 이르는 부분의 전선을 말한다.

⑩ "전차선"이란 전차의 집전장치와 접촉하여 동력을 공급하기 위한 전선을 말한다.

⑪ "전차선로"란 전차선 및 이를 지지하는 시설물을 말한다.

⑫ "배선"이란 전기사용 장소에 시설하는 전선(전기기계기구 내의 전선 및 전선로의 전선을 제외한다)을 말한다.

⑬ "약전류전선"이란 약전류 전기의 전송에 사용하는 전기 도체, 절연물로 피복한 전기 도체 또는 절연물로 피복한 전기 도체를 다시 보호 피복한 전기 도체를 말한다.

⑭ "약전류전선로"란 약전류전선 및 이를 지지하거나 수용하는 시설물(조영물의 옥내 또는 옥측에 시설하는 것을 제외한다)을 말한다.

⑮ "광섬유케이블"이란 광신호의 전송에 사용하는 보호 피복으로 보호한 전송매체를 말한다.

⑯ "광섬유케이블선로"란 광섬유케이블 및 이를 지지하거나 수용하는 시설물(조영물의 옥내 또는 옥측에 시설하는 것을 제외한다)을 말한다.

⑰ "지지물"이란 목주·철주·철근 콘크리트주 및 철탑과 이와 유사한 시설물로서 전선·약전류전선 또는 광섬유케이블을 지지하는 것을 주된 목적으로 하는 것을 말한다.

⑱ "조상설비"란 무효전력을 조정하는 전기기계기구를 말한다.

⑲ "전력보안 통신설비"란 전력의 수급에 필요한 급전·운전·보수 등의 업무에 사용되는 전화 및 원격지에 있는 설비의 감시·제어·계측·계통보호를 위해 전기적·광학적으로 신호를 송·수신하는 제 장치·전송로 설비 및 전원 설비 등을 말한다.

⑳ "전기철도"란 전기를 공급받아 열차를 운행하여 여객이나 화물을 운송하는 철도를 말한다.

㉑ 극저주파 전자계(Extremely Low Frequency Electric and Magnetic Fields : ELF EMF)라 함은 0Hz를 제외한 300Hz 이하의 전계와 자계를 말한다.

㉒ "수로"란 취수설비, 침사지, 도수로, 헤드탱크, 서지탱크, 수압관로 및 방수로를 말한다.

㉓ "설계홍수위(flood water level : FWL)"란 설계홍수량이 저수지로 유입될 경우에 여수로 방류량과 저수지내의 저류효과를 고려하여 상승할 수 있는 가장 높은 수위를 말한다. 일반적으로 설계홍수량은 빈도별 홍수유량을 기준으로 산정한다.

㉔ "최고수위(maximum water level : MWL)"란 가능최대홍수량이 저수지로 유입될 경우에 여수로 방류량과 저수지내의 저류효과를 고려하여 상승할 수 있는 가장 높은 수위를 말한다. 최고수위는 설계홍수위와 같거나, 빈도홍수를 설계홍수량으로 채택한 댐의 경우는 설계홍수위보다 높다.

㉕ "가능최대홍수량(probable maximum flood : PMF)"이란 가능최대강수량(probable maximum precipitation : PMP)으로 인한 홍수량을 말하며, 유역에서의 가능최대강수량이란 주어진 지속시간 동안 어느 특정 위치에 주어진 유역면적에 대하여 연중 어느 지정된 기간에 물리적으로 발생할 수 있는 이론적 최대 강수량을 말한다.

㉖ "탈황, 탈질설비"란 연소시 발생하는 배연가스 중 황화합물과 질소화합물의 농도를 저감하는 설비로서 보일러, 압력용기 및 배관의 부속설비에 포함한다.

㉗ "해양에너지발전설비"란 조력, 조류, 파력 등으로 해수를 이용해 전력을 생산하는 설비를 말한다.

㉘ "전기저장장치"란 전기를 저장하고 공급하는 시스템을 말한다.

㉙ "스털링엔진"이란 실린더 내부의 밀봉된 작동유체의 가열·냉각 등의 온도변화에 따른 체적변화에 의한 운동에너지를 이용하는 외연기관을 말한다.

(2) 전압을 구분하는 저압, 고압 및 특고압은 다음 각 호의 것을 말한다.

(가) 저압 : 직류는 750V 이하, 교류는 600V 이하인 것.

(나) 고압 : 직류는 750V를, 교류는 600V를 초과하고, 7kV 이하인 것.

(다) 특고압 : 7kV를 초과하는 것.

(3) 특고압의 다선식 전로(중성선을 가지는 것에 한한다)의 중성선과 다른 1선을 전기적으로 접속하여 시설하는 전기설비의 사용전압 또는 최대 사용전압은 그 다선식 전로의 사용전압 또는 최대 사용전압을 말한다.

제 4 조 (적합성 판단)

이 고시에서 규정하는 안전에 필요한 성능과 기술적 요건은 다음 각 호의 기준을 충족할 경우 이 고시에 적합한 것으로 판단한다.

1. 대한전기협회에 설치된 한국전기기술기준위원회(이하 이조에서 "기준위원회"라 한다)에서 채택하여 산업통상자원부장관의 승인을 받은 "전기설비기술기준의 판단기준", "한국전기설비규정"
2. 기준위원회에서 이 고시의 제정 취지로 보아 안전 확보에 필요한 충분한 기술적 근거가 있다고 인정되어 산업통상자원부장관의 승인을 받은 경우

제 2 장 전기공급설비 및 전기사용설비
제 1 절 일반 사항
제 5 조 (전로의 절연)

① 전로는 다음 각 호의 경우 이외에는 대지로부터 절연시켜야 하며, 그 절연성능은 제 27 조 제 3 항 및 제 52 조에 따른 절연저항 외에도 사고 시에 예상되는 이상전압을 고려하여 절연파괴에 의한 위험의 우려가 없는 것이어야 한다.

(가) 구조상 부득이한 경우로서 통상 예견되는 사용형태로 보아 위험이 없는 경우

(나) 혼촉에 의한 고전압의 침입 등의 이상이 발생하였을 때 위험을 방지하기 위한 접지 접속점 그 밖의 안전에 필요한 조치를 하는 경우

A. 변성기 안의 권선과 그 변성기 안의 다른 권선 사이의 절연성능은 사고 시에 예상되는 이상전압을 고려하여 절연파괴에 의한 위험의 우려가 없는 것이어야 한다.

제 6 조 (전기설비의 접지)

① 전기설비(제3장 발전용 화력설비, 제4장 발전용 수력설비 및 제6장 발전용 풍력설비에 의한 전기설비를 제외한다. 이하 이장에서 같다)의 필요한 곳에는 이상 시 전위상승, 고전압의 침입 등에 의한 감전, 화재 그 밖에 사람에 위해를 주거나 물건에 손상을 줄 우려가 없도록 접지를 하고 그 밖에 적절한 조치를 하여야 한다. 다만, 전로에 관계되는 부분에 대해서는 제5조제1항의 규정에서 정하는 바에 따라 이를 시행하여야한다.

② 전기설비를 접지하는 경우에는 전류가 안전하고 확실하게 대지로 흐를 수 있도록 하여야한다.

제 6 조의 2 (전기설비의 피뢰)

뇌방전으로 인한 과전압으로부터 전기설비의 손상, 감전 또는 화재의 우려가 없도록 피뢰설비를 시설하고 그 밖에 적절한 조치를 하여야 한다.

제 7 조 (전선 등의 단선 방지)

전선, 지선(支線), 가공지선(架空地線), 약전류전선 등(약전류전선 및 광섬유 케이블을 말한다. 이하 같다) 그 밖에 전기설비의 안전을 위하여 시설하는 선은 통상 사용상태에서 단선의 우려가 없도록 시설하여야 한다.

제 8 조 (전선의 접속)

전선은 접속부분에서 전기저항이 증가되지 않도록 접속하고 절연성능의 저하(나전선을 제외한다) 및 통상 사용상태에서 단선의 우려가 없도록 하여야 한다.

제 9 조 (전기기계기구의 열적강도)

전로에 시설하는 전기기계기구는 통상 사용상태에서 그 전기기계기구에 발생하는 열에 견디는 것이어야 한다.

제 10 조 (고압 또는 특고압 전기기계기구의 시설)

① 고압 또는 특고압의 전기기계기구는 취급자 이외의 사람이 쉽게 접촉할 우려가 없도록 시설하여야 한다. 다만, 접촉에 의한 위험의 우려가 없는 경우에는 그러하지 아니하다.

② 고압 또는 특고압의 개폐기·차단기·피뢰기 그 밖에 이와 유사한 기구로서 동작할 때에 아크가 생기는 것은 화재의 우려가 없도록 목제(木製)의 벽 또는 천정 기타 가연성 구조물 등으로부터 이격하여 시설하여야 한다. 다만, 내화성 재료 등으로 양자 사이를 격리한 경우에는 그러하지 아니하다.

제 11 조 (특고압을 직접 저압으로 변성하는 변압기의 시설)

특고압을 직접 저압으로 변성하는 변압기는 다음 각 호 어느 하나에 해당하는 경우에 시설할 수 있다.

① 발전소 등 공중(公衆)이 출입하지 않는 장소에 시설하는 경우

② 혼촉 방지 조치가 되어 있는 등 위험의 우려가 없는 경우

③ 특고압측의 권선과 저압측의 권선이 혼촉하였을 경우 자동적으로 전로가 차단되는 장치의 시설 그 밖의 적절한 안전조치가 되어 있는 경우

제 12 조 (특고압전로 등과 결합하는 변압기 등의 시설)

① 고압 또는 특고압을 저압으로 변성하는 변압기의 저압측 전로에는 고압 또는 특고압의 침입에 의한 저압측 전기설비의 손상, 감전 또는 화재의 우려가 없도록 그 변압기의 적절한 곳에 접지를 시설하여야 한다. 다만, 시설방법 또는 구조상 부득이한 경우로서 변압기에서 떨어진 곳에 접지를 시설하고 그 밖에 적절한 조치를 취함으로써 저압측 전기설비의 손상, 감전 또는 화재의 우려가 없는 경우에는 그러하지 아니하다.

② 특고압을 고압으로 변성하는 변압기의 고압측 전로에는 특고압의 침입에 의한 고압측 전기설비의 손상, 감전 또는 화재의 우려가 없도록 접지를 시설한 방전장치를 시설하고 그 밖에 적절한 조치를 하여야 한다.

제 13 조 (과전류에 대한 보호)

전로의 필요한 곳에는 과전류에 의한 과열손상으로부터 전선 및 전기기계기구를 보호하고 화재의 발생을 방지할 수 있도록 과전류로부터 보호하는 차단 장치를 시설하여야 한다.

제 14 조 (지락에 대한 보호)

전로에는 지락이 생겼을 경우 전선 또는 전기기계기구의 손상, 감전 또는 화재의 우려가 없도록 지락으로부터 보호하는 차단기를 시설하고 그 밖에 적절한 조치를 하여야 한다. 다만, 전기기계기구를 건조한 장소에 시설하는 등 지락에 의한 위험의 우려가 없는 경우에는 그러하지 아니하다.

제 15 조 (공급지장의 방지)

① 고압 또는 특고압의 전기설비는 그 손상으로 인하여 전기사업자의 원활한 전기공급에 지장을 주지 아니하도록 시설하여야 한다.

② 전기사용자에게 전기를 공급하는 사업용의 고압 또는 특고압의 전기설비는 그 전기설비의 손상으로 전기의 원활한 공급에 지장이 생기지 않도록 시설하여야 한다.

제 16 조 (고주파 이용설비에 대한 장해 방지)

고주파 이용설비(전로를 고주파전류의 전송로로서 이용하는 것만 해당한다. 이하 이 조에서 같다)는 다른 고주파 이용설비의 기능에 계속적이고 중대한 장해를 줄 우려가 없도록 시설하여야 한다.

제 17 조 (유도장해 방지)

① 특고압 가공전선로에서 발생하는 극저주파 전자계는 지표상 1m에서 전계가 3.5kV/m 이하, 자계가 83.3 μT 이하가 되도록 시설하는 등 상시 정전유도(靜電誘導)

및 전자유도(電磁誘導) 작용에 의하여 사람에게 위험을 줄 우려가 없도록 시설하여야 한다. 다만, 논밭, 산림 그 밖에 사람의 왕래가 적은 곳에서 사람에 위험을 줄 우려가 없도록 시설하는 경우에는 그러하지 아니하다.

② 특고압의 가공전선로는 전자유도작용이 약전류전선로(전력보안 통신설비는 제외한다)를 통하여 사람에 위험을 줄 우려가 없도록 시설하여야 한다.

③ 전력보안 통신설비는 가공전선로로부터의 정전유도작용 또는 전자유도작용에 의하여 사람에 위험을 줄 우려가 없도록 시설하여야 한다.

제 18 조 (통신장해 방지)

① 전선로 또는 전차선로는 무선설비의 기능에 계속적이고 중대한 장해를 주는 전파를 발생할 우려가 없도록 시설하여야 한다.

② 전선로 또는 전차선로는 약전류전선로에 유도작용으로 인하여 통신상의 장해를 주지 않도록 시설하여야 한다. 다만, 약전류전선로 관리자의 승낙을 받은 경우에는 그러하지 아니하다.

(2) 제 1 항의 발전소 이외의 발전소 또는 변전소(이에 준하는 장소로서 50kV를 초과하는 특고압의 전기를 변성하기 위한 것을 포함한다. 이하 이 조에서 같다)로서 발전소 또는 변전소의 운전에 필요한 지식 및 기능을 가진 사람이 그 구내에서 상시감시하지 않는 발전소 또는 변전소(비상용 예비전원은 제외한다)는 이상이 생겼을 경우에 안전하고 또한 확실하게 정지할 수 있는 조치를 하여야 한다.

제 32 조 (특고압 가공전선과 동일 지지물에 시설하는 가공전선 등의 시설)

① 특고압 가공전선과 저압 가공전선, 고압 가공전선 또는 전차선을 동일 지지물에 시설하는 경우에는 이상 시 고전압의 침입에 의해 저압측 또는 고압측의 전기설비에 장해를 주지 않도록 접지를 하고 그 밖에 적절한 조치를 하여야 한다.

제 36 조 (특고압 가공전선과 건조물 등의 접근 또는 교차)

① 사용전압이 400kV 이상의 특고압 가공전선과 건조물 사이의 수평거리는 그 건조물의 화재로 인한 그 전선의 손상 등에 의하여 전기사업에 관련된 전기의 원활한 공급에 지장을 줄 우려가 없도록 3m 이상 이격하여야 한다. 다만, 다음 각 호의 조건을 모두 충족하는 경우에는 예외로 한다.

㉠ 가공전선과 건조물 상부와의 수직거리가 28m 이상일 것.

㉡ 사람이 거주하는 주택 및 다중 이용 시설이 아닌 건조물로서 내화구조일 것.

㉢ 폭연성 분진, 가연성 가스, 인화성물질, 석유류, 화약류 등 위험물질을 다루는 건조물이 아닐 것.

    ⓔ 건조물 상부 기준으로 제17조제1항의 규정에 따른 전계 및 자계 허용기준 이하일 것.

    ⓕ 특고압 가공전선은 제7조 및 제33조의 규정에 따라 전선의 단선 및 지지물 도괴의 우려가 없도록 시설할 것.

제 3 절 전기사용설비의 시설

제 50 조 (배선의 시설)

① 배선은 시설장소의 환경 및 전압에 따라 감전 또는 화재의 우려가 없도록 시설하여야 한다.

제 51 조 (배선의 사용전선)

① 배선에 사용하는 전선(나전선 및 특고압에 사용하는 접촉전선을 제외한다)은 감전 또는 화재의 우려가 없도록 시설장소의 환경 및 전압에 따라 사용상 충분한 강도 및 절연 성능을 갖는 것이어야 한다.

② 배선에는 나전선을 사용하여서는 아니 된다. 다만, 시설장소의 환경 및 전압에 따라 사용상 충분한 강도를 갖고 있고 또한 절연성이 없음을 고려하여 감전 또는 화재의 우려가 없도록 시설하는 경우에는 그러하지 아니하다.

③ 특고압 배선에는 접촉전선을 사용하여서는 아니 된다.

제 52 조 (저압전로의 절연성능)

전기사용 장소의 사용전압이 저압인 전로의 전선 상호간 및 전로와 대지 사이의 절연저항은 개폐기 또는 과전류차단기로 구분할 수 있는 전로마다 다음 표에서 정한 값 이상이어야 한다. 다만, 전선 상호간의 절연저항은 기계기구를 쉽게 분리가 곤란한 분기회로의 경우 기기 접속 전에 측정할 수 있다. 또한, 측정 시 영향을 주거나 손상을 받을 수 있는 SPD 또는 기타 기기 등은 측정 전에 분리시켜야 하고, 부득이하게 분리가 어려운 경우에는 시험전압을 250V DC로 낮추어 측정할 수 있지만 절연저항 값은 1MΩ 이상이어야 한다.

전로의 사용전압 V	DC시험전압 V	절연저항 MΩ
SELV 및 PELV	250	0.5
FELV, 500V 이하	500	1.0
500V 초과	1,000	1.0

[주] 특별저압(extra low voltage): 2차 전압이 AC 50V, DC 120V 이하)으로 SELV(비접지회로 구성) 및 PELV(접지회로 구성)은 1차와 2차가 전기적으로 절연된 회로, FELV는 1차와 2차가 전기적으로 절연되지 않은 회로

3. 전기설비기술기준의 판단기준

제 1 조(목적)

이 판단기준은 전기설비기술기준(이하 "기술기준"이라 한다) 제1장 및 제2장에서 정하는 전기공급설비 및 전기사용설비의 안전성능에 대한 구체적인 기술적 사항을 정하는 것을 목적으로 한다.

제 2 조(정의)

① 옥내배선이란 옥내의 전기사용장소에 고정시켜 시설하는 전선
② "옥측배선"이란 옥외의 전기사용장소에서 그 전기사용장소에서의 전기사용을 목적으로 조영물에 고정시켜 시설하는 전선
③ "옥외배선"이란 옥외의 전기사용장소에서 그 전기사용장소에서의 전기사용을 목적으로 고정시켜 시설하는 전선
④ "지중 관로"란 지중 전선로·지중 약전류 전선로·지중 광섬유 케이블 선로·지중에 시설하는 수관 및 가스관과 이와 유사한 것 및 이들에 부속하는 지중함 등을 말한다.
⑤ "제1차 접근 상태"란 가공 전선이 다른 시설물과 접근(병행하는 경우를 포함하며 교차하는 경우 및 동일 지지물에 시설하는 경우를 제외한다. 이하 같다)하는 경우에 가공 전선이 다른 시설물의 위쪽 또는 옆쪽에서 수평거리로 가공 전선로의 지지물의 지표상의 높이에 상당하는 거리 안에 시설(수평 거리로 3 m 미만인 곳에 시설되는 것을 제외한다)됨으로써 가공 전선로의 전선의 절단, 지지물의 도괴 등의 경우에 그 전선이 다른 시설물에 접촉할 우려가 있는 상태를 말한다.
⑥ "제2차 접근상태"란 가공 전선이 다른 시설물과 접근하는 경우에 그 가공 전선이 다른 시설물의 위쪽 또는 옆쪽에서 수평 거리로 3 m 미만인 곳에 시설되는 상태를 말한다
⑦ "접근상태"란 제1차 접근상태 및 제2차 접근상태를 말한다
⑧ "이격거리"란 떨어져야할 물체의 표면간의 최단거리를 말한다
⑨ 가섭선(架涉線)이란 지지물에 가설되는 모든 선류를 말한다.
⑩ "분산형전원"이란 중앙급전 전원과 구분되는 것으로서 전력소비지역 부근에 분산하여 배치 가능한 전원(상용전원의 정전시에만 사용하는 비상용 예비전원을 제외한다)을 말하며, 신·재생에너지 발전설비, 전기저장장치 등을 포함한다.
⑪ "계통연계"란 분산형전원을 송전사업자나 배전사업자의 전력계통에 접속하는 것을 말한다.
⑫ "단독운전"이란 전력계통의 일부가 전력계통의 전원과 전기적으로 분리된 상태에서 분산형전원에 의해서만 가압되는 상태를 말한다.

⑬ "인버터"란 전력용 반도체소자의 스위칭 작용을 이용하여 직류전력을 교류전력으로 변환하는 장치를 말한다.

⑭ "접속설비"란 공용 전력계통으로부터 특정 분산형전원 설치자의 전기설비에 이르기까지의 전선로와 이에 부속하는 개폐장치, 모선 및 기타 관련 설비를 말한다.

⑮ "리플프리직류"는 교류를 직류로 변환할 때 리플성분이 10 %(실효값) 이하 포함한 직류를 말한다.

⑯ "단순 병렬운전"이란 자가용 발전설비를 배전계통에 연계하여 운전하되, 생산한 전력의 전부를 자체적으로 소비하기 위한 것으로서 생산한 전력이 연계계통으로 유입되지 않는 병렬 형태를 말한다.

제 2 절 전선

제 3 조(전선 일반 요건)

① 전선은 다음 각 호의 어느 하나에 적합한 것을 사용하여야 한다.

(가) 「전기용품 및 생활용품 안전관리법」의 적용을 받는 것 이외에는 한국산업표준(이하 "KS"라 한다)에 적합한 것.

(나) 한국전기기술기준위원회 표준에 적합한 것.

② 제1항에 의한 전선은 통상 사용상태에서의 온도에 견디는 것이어야 한다.

③ 전선은 설치장소의 환경조건에 적절하고 발생 할 수 있는 전기·기계적 응력에 견디는 능력이 있는 것을 선정하여야 한다.

제 4 조(절연전선)

① 절연전선은 「전기용품 및 생활용품 안전관리법」의 적용을 받는 것 이외에는 다음의 각 호에 적합한 것을 사용하여야 한다.

(가) KS에 적합한 것으로서 450/750 V 비닐 절연전선· 450/750 V 저독성 난연 폴리올레핀 절연전선·450/750 V 저독성 난연 가교폴리올레핀 절연전선· 450/750 V 고무절연전선

(나) 제1호 이외의 것은 한국전기기술기준위원회 표준 KECS 1501-2009의 501.02에 적합한 특고압 절연전선·고압 절연전선·600 V급 저압 절연전선 또는 옥외용 비닐 절연전선

제 8 조(저압 케이블)

① 사용전압이 저압인 전로(전기기계기구 안의 전로를 제외한다)의 전선으로 사용하는 케이블은 「전기용품 및 생활용품 안전관리법」의 적용을 받는 것 이외에는 KS에 적합한 것으로 0.6/1 kV 연피(鉛皮)케이블·알루미늄 피케이블· 클로로프렌외장(外裝) 케이블· 비닐외장케이블·폴리에틸렌외장케이블· 저독성 난연 폴리올레핀외장케이블, 300/500 V 연질 비닐 시스 케이블을 사용하여야 한다. 다만, 다음 각 호의 케이블을 사용하는 경우에는 적용하지 않는다.

(가) 제146조제2항에 따른 물밑케이블

(나) 제204조에 따른 선박용 케이블

(다) 제207조에 따른 엘리베이터용 케이블

(라) 제235조제1항제3호에 따른 발열선 접속용 케이블

(마) 제244조 또는 제245조에 따른 통신용 케이블

(바) 제247조제4호에 따른 용접용 케이블

② 특고압 전로에 사용하는 수밀형케이블은 다음 각 호에 적합한 것을 사용하여야 한다.

(가) 사용전압은 25 kV 이하일 것.

(나) 도체는 경알루미늄선을 소선으로 구성한 원형압축 연선으로 할 것. 또한, 연선 작업 전의 경알루미늄선의 기계적, 전기적 특성은 KS C 3111(전기용 경알루미늄선)에 적합하여야 하며, 도체 내부의 홈에 물이 쉽게 침입하지 않도록 수밀성 컴파운드 또는 이와 동등이상의 컴파운드를 충진할 것.

(다) 내부 반도전층은 절연층과 완전 밀착되는 압출 반도전층으로 두께의 최솟값은 0.5 mm 이상일 것.

(라) 절연층은 가교폴리에틸렌을 동심원상으로 피복하며, 절연층 두께의 최솟값은 표 9-1의 90 % 이상일 것.

(마) 외부 반도전층은 절연층과 밀착되어야 하고, 또한 절연층과 쉽게 분리되어야 하며, 두께의 최솟값은 0.5 mm 이상일 것.

(바) 시스는 절연층 위에 흑색 반도전성 고밀도폴리에틸렌을 동심 원상으로 압출 피복하여야 하며, 시스 두께의 최솟값은 표 9-1의 90 % 이상일 것.

[표 9-1]

구 분	전 선			
	50 mm^2	95 mm^2	150 mm^2	240 mm^2
도체 외경(mm)	8.2	11.8	14.7	18.3
절연층 두께(mm)	6.6	6.6	6.6	6.6
시스 두께(mm)	1.6	1.6	1.6	1.6

(사) 조가선(중성선과 겸용)의 구조는 KS D 3559(경강선재) 또는 동등 이상의 강선을 중심으로 그 위에 KS D 2315(전기용 알루미늄)에 적합한 알루미늄을 균일하게 밀착 피복한 알루미늄피복강선을 동심원으로 연합한 것으로 피치는 외경의 16배 이하로 하고 꼰 것.

제 11 조(전선의 접속법)

전선을 접속하는 경우에는 제244조 또는 제245조의 규정에 의하여 시설하는 경우 이외에는 전선의 전기저항을 증가시키지 아니하도록 접속하여야 하며 또한 다음 각 호에 따라야 한다.

① 나전선(다심형 전선의 절연물로 피복되어 있지 아니한 도체를 포함한다) 상호 또는 나전선과 절연전선(다심형 전선의 절연물로 피복한 도체를 포함한다) 캡타이어케이블 또는 케이블과 접속하는 경우에는 다음에 의할 것.

(가) 전선의 세기[인장하중(引張荷重)으로 표시한다]를 20 % 이상 감소시키지 아니할 것.

(나) 접속부분은 접속관 기타의 기구를 사용 할 것.

② 절연전선 상호·절연전선과 코드, 캡타이어케이블 또는 케이블과를 접속하는 경우에는 접속부분의 절연전선에 절연물과 동등 이상의 절연효력이 있는 접속기를 사용하는 경우 이외에는 접속부분을 그 부분의 절연전선의 절연물과 동등 이상의 절연효력이 있는 것으로 충분히 피복할 것.

③ 코드 상호, 캡타이어케이블 상호, 케이블 상호 또는 이들 상호를 접속하는 경우에는 코드 접속기·접속함 기타의 기구를 사용할 것.

④ 도체에 알루미늄(알루미늄 합금을 포함한다)을 사용하는 전선과 동(동합금을 포함한다)을 사용하는 전선을 접속하는 등 전기 화학적 성질이 다른 도체를 접속하는 경우에는 접속부분에 전기적 부식이 생기지 아니하도록 할 것.

⑤ 도체에 알루미늄을 사용하는 절연전선 또는 케이블을 옥내배선·옥측배선 또는 옥외배선에 사용하는 경우에 그 전선을 접속할 때에는 KS C IEC 60998-1(가정용 및 이와 유사한 용도의 저전압용 접속기구)의 "11 구조", "13 절연저항 및 내전압", "14 기계적 강도", "15 온도 상승", "16 내열성"에 적합한 기구를 사용할 것.

⑥ 두개 이상의 전선을 병렬로 사용하는 경우에는 다음 각 목에 의하여 시설할 것.
 (가) 병렬로 사용하는 각 전선의 굵기는 동선 50㎟이상 또는 알루미늄 70㎟ 이상으로 하고, 전선은 같은 도체, 같은 재료, 같은 길이 및 같은 굵기의 것을 사용할 것.
 (나) 같은 극의 각 전선은 동일한 터미널러그에 완전히 접속할 것.
 (다) 같은 극인 각 전선의 터미널러그는 동일한 도체에 2개 이상의 리벳 또는 2개 이상의 나사로 접속할 것.
 (라) 병렬로 사용하는 전선에는 각각에 퓨즈를 설치하지 말 것.
 (마) 교류회로에서 병렬로 사용하는 전선은 금속관 안에 전자적 불평형이 생기지 않도록 시설할 것.

⑦ 밀폐된 공간에서 전선의 접속부에 사용하는 테이프 및 튜브 등 도체의 절연에 사용되는 절연 피복은 KS C IEC 60454에 적합한 것을 사용할 것.

제 12 조(전로의 절연)

전로는 다음 각 호의 부분 이외에는 대지로부터 절연하여야 한다.
① 저압전로에 접지공사를 하는 경우의 접지점
② 전로의 중성점에 접지공사를 하는 경우의 접지점
③ 계기용변성기의 2차측 전로에 접지공사를 하는 경우의 접지점
④ 저압 가공 전선의 특고압 가공전선과 동일 지지물에 시설되는 부분에 접지공사를 하는 경우의 접지점
⑤ 중성점이 접지된 특고압 가공선로의 중성선에 다중 접지를 하는 경우의 접지점
⑥ 소구경관(박스를 포함한다)에 접지공사를 하는 경우의 접지점
⑦ 저압전로와 사용전압이 300 V 이하의 저압전로[자동제어회로·원방조작회로·원방감시장치의 신호회로 기타 이와 유사한 전기회로(이하 "제어회로 등"이라 한다)에 전기를 공급하는 전로에 한한다]를 결합하는 변압기의 2차측 전로에 접지공사를 하는 경우의 접지점
⑧ 직류계통에 접지공사를 하는 경우의 접지점
 * 소구경관

제 13 조 (전로의 절연저항 및 절연내력)

① 사용전압이 저압인 전로의 절연성능은 기술기준 제52조를 충족하여야 한다. 다만, 저압 전로에서 정전이 어려운 경우 등 절연저항 측정이 곤란한 경우 저항성분의 누설전류가 1mA 이하이면 그 전로의 절연성능은 적합한 것으로 본다.

② 고압 및 특고압의 전로는 표 13-1에서 정한 시험전압을 전로와 대지 사이(다심케이블은 심선 상호 간 및 심선과 대지 사이)에 연속하여 10분간 가하여 절연내력을 시험하였을 때에 이에 견디어야 한다. 다만, 전선에 케이블을 사용하는 교류 전로로서 표 13-1에서 정한 시험전압의 2배의 직류전압을 전로와 대지 사이(다심케이블은 심선 상호 간 및 심선과 대지 사이)에 연속하여 10분간 가하여 절연내력을 시험하였을 때에 이에 견디는 것에 대하여는 그러하지 아니하다.

[표 13-1]

전 로 의 종 류	시 험 전 압
1. 최대사용전압 7 kV 이하인 전로	최대사용전압의 1.5배의 전압
2. 최대사용전압 7 kV 초과 25 kV 이하인 중성점 접지식 전로(중성선을 가지는 것으로서 그 중성선을 다중접지 하는 것에 한한다)	최대사용전압의 0.92배의 전압
3. 최대사용전압 7 kV 초과 60 kV 이하인 전로(2란의 것을 제외한다)	최대사용전압의 1.25배의 전압(10,500 V 미만으로 되는 경우는 10,500 V)
4. 최대사용전압 60 kV 초과 중성점 비접지식전로(전위 변성기를 사용하여 접지하는 것을 포함한다)	최대사용전압의 1.25배의 전압
5. 최대사용전압 60 kV 초과 중성점 접지식 전로(전위 변성기를 사용하여 접지하는 것 및 6란과 7란의 것을 제외한다)	최대사용전압의 1.1배의 전압 (75 kV 미만으로 되는 경우에는 75 kV)
6. 최대사용전압이 60 kV 초과 중성점 직접접지식 전로(7란의 것을 제외한다)	최대사용전압의 0.72배의 전압
7. 최대사용전압이 170 kV 초과 중성점 직접 접지식 전로로서 그 중성점이 직접 접지되어 있는 발전소 또는 변전소 혹은 이에 준하는 장소에 시설하는 것.	최대사용전압의 0.64배의 전압
8. 최대사용전압이 60 kV를 초과하는 정류기에 접속되고 있는 전로	교류측 및 직류 고전압측에 접속되고 있는 전로는 교류측의 최대사용전압의 1.1배의 직류전압 직류측 중성선 또는 귀선이 되는 전로(이하 이장에서 "직류 저압측 전로"라 한다)는 아래에 규정하는 계산식에 의하여 구한 값

제 15 조(연료전지 및 태양전지 모듈의 절연내력)

연료전지 및 태양전지 모듈은 최대사용전압의 1.5배의 직류전압 또는 1배의 교류전압 (500 V미만으로 되는 경우에는 500 V)을 충전부분과 대지사이에 연속하여 10분간 가하여 절연내력을 시험하였을 때에 이에 견디는 것이어야 한다.

② 저압전로에서 그 전로에 지락이 생겼을 경우에 0.5초 이내에 자동적으로 전로를 차단하는 장치를 시설하는 경우에는 제3종 접지공사와 특별 제3종 접지공사의 접지저항 값은 자동 차단기의 정격감도전류에 따라 표 18-2에서 정한 값 이하로 하여야 한다.

[표 18-2]

정격감도전류(mA)	접지저항 값 (Ω)	
	물기 있는 장소, 전기적 위험도가 높은 장소	그외 다른 장소
30 이하	500	500
50	300	500
100	150	500
200	75	250
300	50	166
500	30	100

③ 제1종 접지공사 또는 제2종 접지공사에 사용하는 접지선을 사람이 접촉할 우려가 있는 곳에 시설하는 경우에는 제2항의 경우 이외에는 다음 각 호에 따라야 한다.

(가) 접지극은 지하 75 cm 이상으로 하되 동결 깊이를 감안하여 매설할 것

(나) 접지선을 철주 기타의 금속체를 따라서 시설하는 경우에는 접지극을 철주의 밑면(底面)으로부터 30 cm 이상의 깊이에 매설하는 경우 이외에는 접지극을 지중에서 그 금속체로부터 1 m 이상 떼어 매설할 것

(다) 접지선에는 절연전선(옥외용 비닐절연전선을 제외한다), 캡타이어케이블 또는 케이블(통신용 케이블을 제외한다)을 사용할 것. 다만, 접지선을 철주 기타의 금속체를 따라서 시설하는 경우 이외의 경우에는 접지선의 지표상 60 cm를 초과하는 부분에 대하여는 그러하지 아니하다.

(라) 접지선의 지하 75 cm로부터 지표상 2 m까지의 부분은 「전기용품 및 생활용품 안전관리법」의 적용을 받는 합성수지관(두께 2 mm 미만의 합성수지제 전선관 및 난연성이 없는 콤바인덕트관을 제외한다) 또는 이와 동등 이상의 절연효력 및 강도를 가지는 몰드로 덮을 것.

④ 제1종 접지공사 또는 제2종 접지공사에 사용하는 접지선을 시설한 지지물에는 피뢰침용 지선을 시설하여서는 아니 된다.

⑤ 접지공사를 하는 경우의 보호도체(PE) 단면적은 다음 각 호에 따라 결정한 것으로서 고장시에 흐르는 전류가 안전하게 통과할 수 있는 것을 사용하여야 한다. 다만 불평형 부하, 고조파전류 등을 고려하는 경우는 상도체와 같게 하고, 이때 전압강하에 의한 단면적 증가는 고려하지 않는다.

제 21 조(수도관 등의 접지극)

① 지중에 매설되어 있고 대지와의 전기저항 값이 3Ω 이하의 값을 유지하고 있는 금속제 수도관로는 이를 제1종 접지공사·제2종 접지공사·제3종 접지공사·특별 제3종 접지공사 기타의 접지공사의 접지극으로 사용할 수 있다.

② 제1항의 규정에 의하여 금속제 수도관로를 접지공사의 접지극으로 사용하는 경우에는 다음 각 호에 따라야 한다.

　(가) 접지선과 금속제 수도관로의 접속은 안지름 75 mm 이상인 금속제 수도관의 부분 또는 이로부터 분기한 안지름 75 mm 미만인 금속제 수도관의 분기점으로부터 5 m 이내의 부분에서 할 것. 다만, 금속제 수도관로와 대지 사이의 전기저항 값이 2 Ω 이하인 경우에는 분기점으로부터의 거리는 5 m을 넘을 수 있다.

　(나) 접지선과 금속제 수도관로의 접속부를 수도계량기로부터 수도 수용가측에 설치하는 경우에는 수도계량기를 사이에 두고 양측 수도관로를 전기적으로 확실하게 연결할 것.

　(다) 접지선과 금속제 수도관로의 접속부를 사람이 접촉할 우려가 있는 곳에 설치하는 경우에는 손상을 방지하도록 방호장치를 설치할 것.

　(라) 접지선과 금속제 수도관로의 접속에 사용하는 금속제는 접속부에 전기적 부식이 생기지 아니하는 것일 것.

③ 대지와의 사이에 전기저항 값이 2 Ω 이하인 값을 유지하는 건물의 철골 기타의 금속제는 이를 비접지식 고압전로에 시설하는 기계기구의 철대(鐵臺) 또는 금속제 외함에 실시하는 제1종 접지공사나 비접지식 고압전로와 저압전로를 결합하는 변압기의 저압전로에 시설하는 제2종 접지공사의 접지극으로 사용할 수 있다.

제 31 조(특고압용 기계기구의 시설)

① 특고압용 기계기구(이에 부속하는 특고압의 전기로 충전하는 전선으로서 케이블 이외의 것을 포함한다)는 다음 각 호의 어느 하나에 해당하는 경우, 발전소·변전소·개폐소 또는 이에 준하는 곳에 시설하는 경우, 이외에는 시설하여서는 아니 된다.

　(가) 기계기구의 주위에 제44조제1항, 제2항 및 제4항의 규정에 준하여 울타리·담 등을 시설하는 경우

　(나) 기계기구를 지표상 5 m 이상의 높이에 시설하고 충전부분의 지표상의 높이를 표 31-1에서 정한 값 이상으로 하고 또한 사람이 접촉할 우려가 없도록 시설하는 경우

[표 31-1]

사용전압의 구분	울타리의 높이와 울타리로부터 충전부분까지의 거리의 합계 또는 지표상의 높이
35 kV 이하	5 m
35 kV 초과 160 kV 이하	6 m
160 kV 초과	6 m에 160 kV를 초과하는 10 kV 또는 그 단수마다 12 cm를 더한 값

(다) 공장 등의 구내에서 기계기구를 콘크리트제의 함 또는 제1종 접지공사를 한 금속제의 함에 넣고 또한 충전부분이 노출하지 아니하도록 시설하는 경우

(라) 옥내에 설치한 기계기구를 취급자 이외의 사람이 출입할 수 없도록 설치한 곳에 시설하는 경우

(마) 충전부분이 노출하지 아니하는 기계기구를 사람이 쉽게 접촉할 우려가 없도록 시설하는 경우

(바) 특고압 가공전선로에 접속하는 기계기구를 제36조(제1항제2호의 "고압 인하용 절연전선"은 "특고압 인하용 절연전선"으로 제1항제5호의 "제3종 접지공사"는 "제1종 접지공사"로 한다)의 규정에 준하여 시설하는 경우

② 특고압용 기계기구는 노출된 충전부분에 취급자가 쉽게 접촉할 우려가 없도록 시설하여야 한다.

제 33 조(기계기구의 철대 및 외함의 접지)

① 전로에 시설하는 기계기구의 철대 및 금속제 외함(외함이 없는 변압기 또는 계기용 변성기는 철심)에는 다음 각 호의 어느 하나에 따라 접지공사를 하여야 한다.

② 다음 각 호의 어느 하나에 해당하는 경우에는 제1항제1호의 규정에 따르지 않을 수 있다.

　(가) 사용전압이 직류 300 V 또는 교류 대지전압이 150 V 이하인 기계기구를 건조한 곳에 시설하는 경우

　(나) 저압용의 기계기구를 건조한 목재의 마루 기타 이와 유사한 절연성 물건 위에서 취급하도록 시설하는 경우

　(다) 저압용이나 고압용의 기계기구, 제29조에 규정하는 특고압 전선로에 접속하는 배전용 변압기나 이에 접속하는 전선에 시설하는 기계기구 또는 제135조제1항 및 제4항에 규정하는 특고압 가공전선로의 전로에 시설하는 기계기구를 사람이 쉽게 접촉할 우려가 없도록 목주 기타 이와 유사한 것의 위에 시설하는 경우

　(라) 철대 또는 외함의 주위에 적당한 절연대를 설치하는 경우

　(마) 외함이 없는 계기용변성기가 고무·합성수지 기타의 절연물로 피복한 것일 경우

　(바) 「전기용품 및 생활용품 안전관리법」의 적용을 받는 2중 절연구조로 되어 있는 기계기구를 시설하는 경우

　(사) 저압용 기계기구에 전기를 공급하는 전로의 전원측에 절연변압기(2차 전압이 300 V 이하이며, 정격용량이 3 kVA 이하인 것에 한한다)를 시설하고 또한 그 절연변압기의 부하측 전로를 접지하지 않은 경우

　(아) 물기 있는 장소 이외의 장소에 시설하는 저압용의 개별 기계기구에 전기를 공급하는 전로에 「전기용품 및 생활용품 안전관리법」의 적용을 받는 인체감전보호용 누전차단기(정격감도전류가 30 mA 이하, 동작시간이 0.03초 이하의 전류동작형에 한한다)를 시설하는 경우

　(자) 외함을 충전하여 사용하는 기계기구에 사람이 접촉할 우려가 없도록 시설하거나 절연대를 시설하는 경우

제 35 조(아크를 발생하는 기구의 시설)

고압용 또는 특고압용의 개폐기·차단기·피뢰기 기타 이와 유사한 기구(이하 이 조에서 "기구 등"이라 한다)로서 동작시에 아크가 생기는 것은 목재의 벽 또는 천장 기타의 가연성 물체로부터 표 35-1에서 정한 값 이상 이격하여 시설하여야 한다.

[표 35-1]

기구 등의 구분	이격거리
고압용의 것	1 m 이상
특고압용의 것	2 m 이상(사용전압이 35 kV 이하의 특고압용의 기구 등으로서 동작할 때에 생기는 아크의 방향과 길이를 화재가 발생할 우려가 없도록 제한하는 경우에는 1 m 이상)

제 37 조(개폐기의 시설)

① 전로 중에 개폐기를 시설하는 경우(이 기준에서 개폐기를 시설하도록 정하는 경우에 한한다)에는 그곳의 각 극에 설치하여야 한다.

제 38 조(저압전로 중의 과전류차단기의 시설)

① 과전류차단기로 저압전로에 사용하는 퓨즈는 수평으로 붙인 경우(판상 퓨즈는 판면을 수평으로 붙인 경우)에 다음 각 호에 적합한 것이어야 한다.

(가) 정격전류의 1.1배의 전류에 견딜 것.

(나) 정격전류의 1.6배 및 2배의 전류를 통한 경우에 표 38-1에서 정한 시간 내에 용단될 것.

[표 38-1]

정격전류의 구분	시 간	
	정격전류의 1.6배의 전류를 통한 경우	정격전류의 2배의 전류를 통한 경우
30 A 이하	60분	2분
30 A 초과 60 A 이하	60분	4분
60 A 초과 100 A 이하	120분	6분
100 A 초과 200 A 이하	120분	8분
200 A 초과 400 A 이하	180분	10분
400 A 초과 600 A 이하	240분	12분
600 A 초과	240분	20분

② 제1항 이외의 IEC 표준을 도입한 과전류차단기로 저압전로에 사용하는 퓨즈는 표 38-2에 적합한 것이어야 한다.

[표 38-2]

정격전류의 구분	시 간	정격전류의 배수	
		불용단전류	용단전류
4 A 이하	60분	1.5배	2.1배
4 A 초과 16 A 미만	60분	1.5배	1.9배
16 A 이상 63 A 이하	60분	1.25배	1.6배
63 A 초과 160 A 이하	120분	1.25배	1.6배
160 A 초과 400 A 이하	180분	1.25배	1.6배
400 A 초과	240분	1.25배	1.6배

③ 과전류차단기로 저압전로에 사용하는 배선용차단기는 다음 각 호에 적합한 것이어야 한다.

  (가) 정격전류에 1배의 전류로 자동적으로 동작하지 아니할 것.
  (나) 정격전류의 1.25배 및 2배의 전류를 통한 경우에 표 38-3에서 정한 시간 내에 자동적으로 동작할 것.

[표 38-6]

정격전류의 구분	시 간	정격전류의 배수(모든 극에 통전)	
		부동작 전류	동작 전류
63 A 이하	60분	1.13배	1.45배
63 A 초과	120분	1.13배	1.45배

⑤ 과전류차단기로 저압전로에 시설하는 과부하 보호장치(전동기가 손상될 우려가 있는 과전류가 생겼을 경우에 자동적으로 이것을 차단하는 것에 한한다)와 단락보호 전용 차단기 또는 과부하 보호장치와 단락보호 전용 퓨즈를 조합한 장치는 전동기 만에 이르는 저압전로에 사용하고 또한 다음 각 호에 적합한 것이어야 한다.

(가) 과부하 보호장치(「전기용품 및 생활용품 안전관리법」의 적용을 받는 전자개폐기를 제외한다.)는 다음에 적합한 것일 것.

 A. 구조는 KS C 4504(2007) "교류전자개폐기" "부속서 단락 보호전용 차단기와 조합하여 사용하는 교류전자개폐기"의 "6. 구조"에 적합한 것일 것.

 B. 완성품은 KS C 4504(2007) "교류전자개폐기" "부속서 단락 보호전용 차단기와 조합하여 사용하는 교류전자개폐기"의 "7. 시험방법"에 의해 시험하였을 때에 "5. 성능"에 적합한 것일 것.

(나) 단락보호전용 차단기는 다음 표준에 적합한 것일 것.

 A. 정격전류의 1배의 전류에서 자동적으로 작동하지 아니할 것.

 B. 정정전류 값은 정격전류의 13배 이하일 것.

 C. 정정전류 값의 1.2배의 전류를 통하였을 경우에 0.2초 이내에 자동적으로 작동할 것.

(다) 단락보호전용 퓨즈는 다음에 적합한 것일 것.

 A. 정격전류의 1.3배의 전류에 견딜 것.

 B. 정정전류의 10배의 전류를 통하였을 경우에 20초 이내에 용단될 것.

(라) 제3호 이외에 IEC 표준을 도입한 산업용 단락보호전용 퓨즈는 표 38-7의 용단 특성에 적합한 것일 것.

[표 38-7]

정격전류의 배수	불용단시간	용단시간
4배	60초 이내	-
6.3배	-	60초 이내
8배	0.5초 이내	-
10배	0.2초 이내	-
12.5배	-	0.5초 이내
19배	-	0.1초 이내

(마) 과부하 보호장치와 단락보호 전용 차단기 또는 단락보호 전용 퓨즈를 하나의 전용함 속에 넣어 시설한 것일 것.

(바) 과부하 보호장치가 단락전류에 의하여 손상되기 전에 그 단락전류를 차단하는 능력을 가진 단락보호 전용 차단기 또는 단락보호 전용 퓨즈를 시설한 것일 것.

(사) 과부하 보호장치와 단락보호 전용 퓨즈를 조합한 장치는 단락보호 전용 퓨즈의 정격전류가 과부하 보호장치의 정정전류(整定電流)의 값 이하가 되도록 시설한 것(그 값이 단락보호 전용 퓨즈의 표준 정격에 해당하지 아니하는 경우는 단락보호 전용 퓨즈의 정격전류가 그 값의 바로 상위의 정격이 되도록 시설한 것을 포함한다)일 것.

⑥ 저압전로에 시설하는 과전류차단기는 이를 시설하는 곳을 통과하는 단락전류를 차단하는 능력을 가지는 것이어야 한다. 다만, 그 곳을 통과하는 최대단락전류가 10 kA를 초과하는 경우에 과전류차단기로서 10 kA 이상의 단락전류를 차단하는 능력을 가지는 배선용차단기를 시설하고 그 곳으로부터 전원측의 전로에 그 배선용차단기의 단락전류를 차단하는 능력을 초과하고 그 최대단락전류 이하의 단락전류를 그 배선용차단기보다 빨리 또는 동시에 차단하는 능력을 가지는 과전류차단기를 시설하는 때에는 그러하지 아니하다.

⑦ 비포장 퓨즈는 고리퓨즈가 아니면 사용하여서는 아니 된다. 다만, 다음 각 호의 것을 사용하는 경우에는 그러하지 아니하다.

(가) 로우젯 또는 이와 유사한 것에 넣는 정격전류가 5 A 이하인 것.

(나) 경(硬)금속제로서 단자 사이의 간격은 그 정격전류에 따라 다음 각 목의 값 이상인 것.

A. 정격전류 10 A 미만 10 cm

B. 정격전류 20 A 미만 12 cm

C. 정격전류 30 A 미만 15 cm

제 39 조(고압 및 특고압 전로 중의 과전류차단기의 시설)

① 과전류차단기로 시설하는 퓨즈 중 고압전로에 사용하는 포장 퓨즈(퓨즈 이외의 과전류차단기와 조합하여 하나의 과전류 차단기로 사용하는 것을 제외한다)는 정격전류의 1.3배의 전류에 견디고 또한 2배의 전류로 120분 안에 용단되는 것 또는 다음에 적합한 고압전류제한퓨즈이어야 한다.

   (가) 구조는 KS C 4612(2006) "고압전류제한퓨즈"의 "7. 구조"에 적합한 것일 것.

   (나) 완성품은 KS C 4612(2006) "고압전류제한퓨즈"의 "8. 시험방법"에 의해서 시험하였을 때 "6. 성능"에 적합한 것일 것.

② 과전류차단기로 시설하는 퓨즈 중 고압전로에 사용하는 비포장 퓨즈는 정격전류의 1.25배의 전류에 견디고 또한 2배의 전류로 2분 안에 용단되는 것이어야 한다.

③ 고압 또는 특고압의 전로에 단락이 생긴 경우에 동작하는 과전류차단기는 이것을 시설하는 곳을 통과하는 단락전류를 차단하는 능력을 가지는 것이어야 한다.

④ 고압 또는 특고압의 과전류차단기는 그 동작에 따라 그 개폐상태를 표시하는 장치가 되어있는 것이어야 한다. 다만, 그 개폐상태가 쉽게 확인될 수 있는 것은 적용하지 않는다.

제 40 조(과전류차단기의 시설 제한)

접지공사의 접지선, 다선식 전로의 중성선 및 제23조제1항부터 제3항까지의 규정에 의하여 전로의 일부에 접지공사를 한 저압 가공전선로의 접지측 전선에는 과전류차단기를 시설하여서는 안 된다. 다만, 다선식 전로의 중성선에 시설한 과전류차단기가 동작한 경우에 각 극이 동시에 차단될 때 또는 저항기·리액터 등을 사용하여 접지공사를 한 때에 과전류차단기의 동작에 의하여 그 접지선이 비접지 상태로 되지 아니할 때는 적용하지 않는다.

제 41 조(지락차단장치 등의 시설)

① 금속제 외함을 가지는 사용전압이 50 V를 초과하는 저압의 기계 기구로서 사람이 쉽게 접촉할 우려가 있는 곳에 시설하는 것에 전기를 공급하는 전로에는 전로에 지락이 생겼을 때에 자동적으로 전로를 차단하는 장치를 하여야 한다.

② 특고압전로, 고압전로 또는 저압전로에 변압기에 의하여 결합되는 사용전압 400 V 이상의 저압전로 또는 발전기에서 공급하는 사용전압 400 V 이상의 저압전로(발전소 및 변전소와 이에 준하는 곳에 있는 부분의 전로를 제외한다)에는 전로에 지락이 생겼을 때에 자동적으로 전로를 차단하는 장치를 시설하여야 한다.

⑤ 다음 각 호의 전로에는 전기용품안전기준 "KC60947-2의 부속서 P"의 적용을 받는 자동복구 기능을 갖는 누전차단기를 시설할 수 있다.

(가) 독립된 무인 통신중계소·기지국

(나) 관련법령에 의해 일반인의 출입을 금지 또는 제한하는 곳

(다) 옥외의 장소에 무인으로 운전하는 통신중계기 또는 단위기기 전용회로. 단, 일반인이 특정한 목적을 위해 지체하는(머물러 있는) 장소로서 버스정류장, 횡단보도 등에는 시설할 수 없다.

⑥ IEC 표준을 도입한 누전차단기로 저압전로에 사용하는 경우 일반인이 접촉할 우려가 있는 장소(세대내 분전반 및 이와 유사한 장소)에는 주택용 누전차단기를 시설하여야 한다.

제 42 조(피뢰기의 시설)

① 고압 및 특고압의 전로 중 다음 각 호에 열거하는 곳 또는 이에 근접한 곳에는 피뢰기를 시설하여야 한다.

(가) 발전소·변전소 또는 이에 준하는 장소의 가공전선 인입구 및 인출구

(나) 가공전선로에 접속하는 배전용 변압기의 고압측 및 특고압측

(다) 고압 및 특고압 가공전선로로부터 공급을 받는 수용장소의 인입구

(라) 가공전선로와 지중전선로가 접속되는 곳

제43조(피뢰기의 접지)

고압 및 특고압의 전로에 시설하는 피뢰기에는 제1종 접지공사를 하여야 한다.

제 38 조(저압전로 중의 과전류차단기의 시설)

① 과전류차단기로 저압전로에 사용하는 퓨즈는 수평으로 붙인 경우(판상 퓨즈는 판면을 수평으로 붙인 경우)에 다음 각 호에 적합한 것이어야 한다.

(가) 정격전류의 1.1배의 전류에 견딜 것.

(나) 정격전류의 1.6배 및 2배의 전류를 통한 경우에 표 38-1에서 정한 시간 내에 용단될 것.

제 48 조(특고압용 변압기의 보호장치)

특고압용의 변압기에는 그 내부에 고장이 생겼을 경우에 보호하는 장치를 표 48-1과 같이 시설하여야 한다. 다만, 변압기의 내부에 고장이 생겼을 경우에 그 변압기의 전원인 발전기를 자동적으로 정지하도록 시설한 경우에는 그 발전기의 전로로부터 차단하는 장치를 하지 아니하여도 된다.

[표 48-1]

뱅크용량의 구분	동작조건	장치의 종류
5,000 kVA 이상 10,000 kVA 미만	변압기내부고장	자동차단장치 또는 경보장치
10,000 kVA 이상	변압기내부고장	자동차단장치
타냉식변압기(변압기의 권선 및 철심을 직접 냉각시키기 위하여 봉입한 냉매를 강제 순환시키는 냉각 방식을 말한다)	냉각장치에 고장이 생긴 경우 또는 변압기의 온도가 현저히 상승한 경우	경보장치

제 50 조(계측장치)

① 발전소에는 다음 각 호의 사항을 계측하는 장치를 시설하여야 한다.

(가) 발전기·연료전지 또는 태양전지 모듈(복수의 태양전지 모듈을 설치하는 경우에는 그 집합체)의 전압 및 전류 또는 전력

(나) 발전기의 베어링(수중 메탈을 제외한다) 및 고정자(固定子)의 온도

(다) 정격출력이 10,000 kW를 초과하는 증기터빈에 접속하는 발전기의 진동의 진폭(정격출력이 400,000 kW 이상의 증기터빈에 접속하는 발전기는 이를 자동적으로 기록하는 것에 한한다)

(라) 주요 변압기의 전압 및 전류 또는 전력

(1) 특고압용 변압기의 온도

제 54 조(태양전지 모듈 등의 시설)

① 태양전지 발전소에 시설하는 태양전지 모듈, 전선 및 개폐기 기타 기구는 다음의 각 호에 따라 시설하여야 한다.

(가) 충전부분은 노출되지 아니하도록 시설할 것.

(나) 태양전지 모듈에 접속하는 부하측의 전로(복수의 태양전지 모듈을 시설한 경우에는 그 집합체에 접속하는 부하측의 전로)에는 그 접속점에 근접하여 개폐기 기타 이와 유사한 기구(부하전류를 개폐할 수 있는 것에 한한다)를 시설할 것.

(다) 태양전지 모듈을 병렬로 접속하는 전로에는 그 전로에 단락이 생긴 경우에 전로를 보호하는 과전류차단기 기타의 기구를 시설할 것. 다만, 그 전로가 단락전류에 견딜 수 있는 경우에는 그러하지 아니하다.

(라) 전선은 다음에 의하여 시설할 것. 다만, 기계기구의 구조상 그 내부에 안전하게

시설할 수 있을 경우에는 그러하지 아니하다.

  A. 전선은 공칭단면적 2.5 mm² 이상의 연동선 또는 이와 동등 이상의 세기 및 굵기의 것일 것.
  B. 옥내에 시설할 경우에는 합성수지관공사, 금속관공사, 가요전선관공사 또는 케이블공사로 제183조, 제184조, 제186조 또는 제193조, 제195조제2항 및 제196조제2항, 제3항의 규정에 준하여 시설할 것.
  다. 옥측 또는 옥외에 시설할 경우에는 합성수지관공사, 금속관공사, 가요전선관공사 또는 케이블공사로 제183조, 제184조, 제186조 또는 제218조제1항제7호 및 제195조제2항, 제196조제2항 및 제3항의 규정에 준하여 시설할 것.

- (마) 태양전지 모듈 및 개폐기 그 밖의 기구에 전선을 접속하는 경우에는 나사 조임 그 밖에 이와 동등 이상의 효력이 있는 방법에 의하여 견고하고 또한 전기적으로 완전하게 접속함과 동시에 접속점에 장력이 가해지지 않도록 시설하며 출력배선은 극성별로 확인 가능토록 표시할 것.
- (바) 태양전지 모듈의 프레임은 지지물과 전기적으로 완전하게 접속하여야 한다.
- (사) 태양전지 발전설비의 직류 전로에 지락이 발생했을 때 자동적으로 전로를 차단하는 장치를 시설해야 한다.

② 태양전지 모듈의 지지물은 자중, 적재하중, 적설 또는 풍압 및 지진 기타의 진동과 충격에 대하여 안전한 구조의 것이어야 한다.

제 55 조(상주 감시를 하지 아니하는 발전소의 시설)

① 발전소의 운전에 필요한 지식 및 기능을 가진 자(이하 이 조에서 "기술원"이라 한다)가 그 발전소에서 상주 감시를 하지 아니하는 발전소는 다음 각 호의 어느 하나에 의하여 시설하여야 한다.

- (가) 원동기 및 발전기 또는 연료전지에 자동부하조정장치 또는 부하제한장치를 시설하는 수력발전소, 풍력발전소, 내연력발전소, 연료전지발전소(출력 500 kW 미만으로서 연료개질계통설비의 압력이 100 kPa 미만의 인산형의 것에 한 한다) 및 태양전지발전소로서 전기공급에 지장을 주지 아니하고 또한 기술원이 그 발전소를 수시 순회하는 경우
- (나) 수력발전소, 풍력발전소, 내연력발전소, 연료전지발전소 및 태양전지발전소로서 그 발전소를 원격감시 제어하는 제어소(이하 이 조 및 제153조에서 "발전제어소"라 한다)에 기술원이 상주하여 감시하는 경우
- (다) 제 1 항 제2호 발전소에 대하여는 발전 제어소에 다음의 장치를 시설할 것. 다만, "라"의 차단기중 자동재폐로 장치를 한 고압 또는 25 kV 이하인 특고압의 배전 선로용의 것은 이를 조작하는 장치의 시설을 하지 아니하여도 된다.

A. 원동기 및 발전기, 연료전지 또는 태양전지 모듈(복수의 태양전지 모듈을 시설하는 경우에는 그 집합체)의 부하를 조정하는 장치

B. 운전 및 정지를 조작하는 장치 및 감시하는 장치

C. 운전 조작에 상시 필요한 차단기를 조작하는 장치 및 개폐상태를 감시하는 장치

D. 고압 또는 특고압의 배전선로용 차단기를 조작하는 장치 및 개폐를 감시하는 장치

제 60 조(가공전선로 지지물의 승탑 및 승주방지)

가공전선로의 지지물에 취급자가 오르고 내리는데 사용하는 발판 볼트 등을 지표상 1.8 m 미만에 시설하여서는 아니 된다. 다만, 다음 각 호의 어느 하나에 해당되는 경우에는 그러하지 아니하다.

(가) 발판 볼트 등을 내부에 넣을 수 있는 구조로 되어 있는 지지물에 시설하는 경우

(나) 지지물에 승탑 및 승주 방지장치를 시설하는 경우

(다) 지지물 주위에 취급자이외의 자가 출입할 수 없도록 울타리·담 등의 시설을 하는 경우

(라) 지지물이 산간(山間) 등에 있으며 사람이 쉽게 접근할 우려가 없는 곳에 시설하는 경우

제 62 조(풍압하중의 종별과 적용)

① 가공 전선로에 사용하는 지지물의 강도 계산에 적용하는 풍압하중은 다음의 3종으로 한다.

(가) 갑종 풍압하중

표 62-1에서 정한 구성재의 수직 투영면적 $1m^2$에 대한 풍압을 기초로 하여 계산한 것.

[표 62-1]

풍압을 받는 구분				구성재의 수직 투영면적 $1\ m^2$에 대한 풍압
목 주				588 Pa
지지물	철 주	원형의 것		588 Pa
		삼각형 또는 마름모형의 것		1,412 Pa
		강관에 의하여 구성되는 4각형의 것		1,117 Pa
		기타의 것		복재(腹材)가 전·후면에 겹치는 경우에는 1,627 Pa, 기타의 경우에는 1,784 Pa
	철근콘크리트주	원형의 것		588 Pa
		기타의 것		882 Pa
	철 탑	단주(완철류는 제외함)	원형의 것	588 Pa
			기타의 것	1,117 Pa
		강관으로 구성되는 것(단주는 제외함)		1,255 Pa
		기타의 것		2,157 Pa
전선 기타 가섭선	다도체(구성하는 전선이 2가닥마다 수평으로 배열되고 또한 그 전선 상호 간의 거리가 전선의 바깥지름의 20배 이하인 것에 한한다. 이하 같다)를 구성하는 전선			666 Pa
	기타의 것			745 Pa
애자장치(특고압 전선용의 것에 한한다)				1,039 Pa
목주·철주(원형의 것에 한한다) 및 철근 콘크리트주의 완금류(특고압 전선로용의 것에 한한다)				단일재로서 사용하는 경우에는 1,196 Pa, 기타의 경우에는 1,627 Pa

(나) 을종 풍압하중

전선 기타의 가섭선(架涉線) 주위에 두께 6 mm, 비중 0.9의 빙설이 부착된 상태에서 수직 투영면적 372 Pa(다도체를 구성하는 전선은 333 Pa), 그 이외의 것은 제1호 풍압의 2분의 1을 기초로 하여 계산한 것.

(다) 병종 풍압하중

제1호의 풍압의 2분의 1을 기초로 하여 계산한 것.

② 제1항의 각 호의 풍압은 가공전선로의 지지물의 형상에 따라 다음과 같이 가하여지는 것으로 한다.

(가) 단주형상의 것.

  A. 전선로와 직각의 방향에서는 지지물·가섭선 및 애자장치에 제1항의 풍압의 1배

  B. 전선로의 방향에서는 지지물·애자장치 및 완금류에 제1항의 풍압에 1배

(나) 기타 형상의 것.

  A. 전선로와 직각의 방향에서는 그 방향에서의 전면 결구(結構)·가섭선 및 애자장치에 제1항의 풍압의 1배

  B. 전선로의 방향에서는 그 방향에서의 전면 결구 및 애자장치에 제1항의 풍압의 1배

③ 제1항 풍압하중의 적용은 다음 각 호에 따른다.

(가) 빙설이 많은 지방이외의 지방에서는 고온계절에는 갑종 풍압하중, 저온계절에는 병종 풍압하중

(나) 빙설이 많은 지방(제3호의 지방은 제외한다)에서는 고온계절에는 갑종 풍압하중, 저온계절에는 을종 풍압하중

(다) 빙설이 많은 지방 중 해안지방 기타 저온계절에 최대풍압이 생기는 지방에서는 고온계절에는 갑종 풍압하중, 저온계절에는 갑종 풍압하중과 을종 풍압하중 중 큰 것.

④ 인가가 많이 연접되어 있는 장소에 시설하는 가공전선로의 구성재 중 다음 각 호의 풍압하중에 대하여는 제3항의 규정에 불구하고 갑종 풍압하중 또는 을종 풍압하중 대신에 병종 풍압하중을 적용할 수 있다.

(가) 저압 또는 고압 가공전선로의 지지물 또는 가섭선

(나) 사용전압이 35 kV 이하의 전선에 특고압 절연전선 또는 케이블을 사용하는 특고압 가공전선로의 지지물, 가섭선 및 특고압 가공전선을 지지하는 애자장치 및 완금류

제 63 조(가공전선로 지지물의 기초의 안전율)

가공전선로의 지지물에 하중이 가하여지는 경우에 그 하중을 받는 지지물의 기초의 안전율은 2 이상이어야 한다. 다만, 다음 각 호에 따라 시설하는 경우에는 그러하지 아니하다.

(가) 강관을 주체로 하는 철주(이하 "강관주"라 한다.) 또는 철근 콘크리트주로서 그 전체길이가 16 m 이하, 설계하중이 6.8 kN 이하인 것 또는 목주를 다음에 의하여 시설하는 경우

 A. 전체의 길이가 15 m 이하인 경우는 땅에 묻히는 깊이를 전체길이의 6분의 1이상으로 할 것.

 B. 전체의 길이가 15 m를 초과하는 경우는 땅에 묻히는 깊이를 2.5 m 이상으로 할 것.

 C. 논이나 그 밖의 지반이 연약한 곳에서는 견고한 근가(根架)를 시설할 것.

(나) 철근 콘크리트주로서 그 전체의 길이가 16 m 초과 20 m 이하이고, 설계하중이 6.8 kN 이하의 것을 논이나 그 밖의 지반이 연약한 곳 이외에 그 묻히는 깊이를 2.8 m 이상으로 시설하는 경우

(다) 철근 콘크리트주로서 전체의 길이가 14 m 이상 20 m 이하이고, 설계하중이 6.8 kN 초과 9.8 kN 이하의 것을 논이나 그 밖의 지반이 연약한 곳. 이외에 시설하는 경우 그 묻히는 깊이는 제1호 "가" 및 "나"에 의한 기준보다 30 cm를 가산하여 시설하는 경우

(라) 철근 콘크리트주로서 그 전체의 길이가 14 m 이상 20 m 이하이고, 설계하중이 9.81 kN 초과 14.72 kN 이하의 것을 논이나 그 밖의 지반이 연약한 곳 이외에 다음과 같이 시설하는 경우

 A. 전체의 길이가 15 m 이하인 경우에는 그 묻는 깊이를 제1호 "가"에 규정한 기준보다 50 cm를 더한 값 이상으로 할 것.

 B. 전체의 길이가 15 m 초과 18 m 이하인 경우에는 그 묻히는 깊이를 3 m 이상으로 할 것.

 C. 전체의 길이가 18 m을 초과하는 경우에는 그 묻히는 깊이를 3.2 m 이상으로 할 것.

제 79 조(저고압 가공 전선과 건조물의 접근)

① 저압 가공전선 또는 고압 가공전선이 건조물(사람이 거주 또는 근무하거나 빈번히 출입하거나 모이는 조영물을 말한다. 이하 같다)과 접근 상태로 시설되는 경우에는 다음 각 호에 따라야 한다.

(가) 고압 가공전선로(고압 옥측 전선로 또는 제151조제2항의 규정에 의하여 시설하는 고압 전선로에 인접하는 1경간의 전선 및 가공 인입선을 제외한다. 이하 이 절에서 같다)는 고압 보안공사에 의할 것.

(나) 저압 가공전선과 건조물의 조영재 사이의 이격거리는 표 79-1에서 정한 값 이상일 것.

[표 79-1]

건조물 조영재의 구분	접근형태	이 격 거 리
상부 조영재[지붕·챙(차양 : 遮陽)·옷말리는 곳 기타 사람이 올라갈 우려가 있는 조영재를 말한다. 이하 같다]	위쪽	2 m (전선이 고압 절연전선, 특고압 절연전선 또는 케이블인 경우는 1 m)
	옆쪽 또는 아래쪽	1.2 m (전선에 사람이 쉽게 접촉할 우려가 없도록 시설한 경우에는 80 cm, 고압절연전선, 특고압 절연전선 또는 케이블인 경우에는 40 cm)
기타의 조영재		1.2 m (전선에 사람이 쉽게 접촉할 우려가 없도록 시설한 경우에는 80 cm, 고압 절연전선, 특고압 절연전선 또는 케이블인 경우에는 40 cm)

(나) 고압 가공전선과 건조물의 조영재 사이의 이격거리는 표 79-2에서 정한 값 이상일 것.

[표 79-2]

건조물 조영재의구분	접근형태	이 격 거 리
상부 조영재	위쪽	2 m (전선이 케이블인 경우에는 1 m)
	옆쪽 또는 아래쪽	1.2 m (전선에 사람이 쉽게 접촉할 우려가 없도록 시설한 경우에는 80 cm, 케이블인 경우에는 40 cm)
기타의 조영재		1.2 m (전선에 사람이 쉽게 접촉할 우려가 없도록 시설한 경우에는 80 cm, 케이블인 경우에는 40 cm)

② 저압 가공전선 또는 고압 가공전선이 건조물과 접근하는 경우에 저압 가공 전선 또는 고압가공 전선이 건조물의 아래쪽에 시설될 때에는 저압 가공 전선 또는 고압 가공전선과 건조물 사이의 이격거리는 표 79-3에서 정한 값 이상으로 하고 또한 위험의 우려가 없도록 시설하여야 한다.

[표 79-3]

가공 전선의 종류	이 격 거 리
저압 가공 전선	60 cm (전선이 고압 절연전선, 특고압 절연전선 또는 케이블인 경우에는 30 cm)
고압 가공 전선	80 cm (전선이 케이블인 경우에는 40 cm)

제 95 조(고압 옥측전선로의 시설)

① 고압 옥측전선로는 다음 각 호의 어느 하나에 해당하는 경우에 한하여 시설할 수 있다.

(가) 1구내 또는 동일 기초 구조물 및 여기에 구축된 복수의 건물과 구조적으로 일체화된 하나의 건물(이하 이 조문에서 "1구내 등"이라 한다)에 시설하는 전선로의 전부 또는 일부로 시설하는 경우

(나) 1구내 등 전용의 전선로 중 그 구내에 시설하는 부분의 전부 또는 일부로 시설하는 경우

(다) 옥외에 시설한 복수의 전선로에서 수전하도록 시설하는 경우

② 고압 옥측전선로는 전개된 장소에 규정에 준하여 시설하고 또한 다음 각 호에 따라 시설하여야 한다.

(가) 전선은 케이블일 것.

(나) 케이블은 견고한 관 또는 트라프에 넣거나 사람이 접촉할 우려가 없도록 시설할 것.

(다) 케이블을 조영재의 옆면 또는 아랫면에 따라 붙일 경우에는 케이블의 지지점 간의 거리를 2 m (수직으로 붙일 경우에는 6 m)이하로 하고 또한 피복을 손상하지 아니하도록 붙일 것.

(라) 케이블을 조가용선에 조가하여 시설하는 경우에 전선이 고압 옥측 전선로를 시설하는 조영재에 접촉하지 아니하도록 시설할 것.

(마) 관 기타의 케이블을 넣는 방호장치의 금속제 부분·금속제의 전선 접속함 및 케이블의 피복에 사용하는 금속제에는 이들의 방식조치를 한 부분 및 대지와의 사이의 전기저항 값이 10 Ω 이하인 부분을 제외하고 제1종 접지공사(사람이 접촉할 우려가 없도록 시설할 경우에는 제3종 접지공사)를 할 것.

③ 고압 옥측전선로의 전선이 그 고압 옥측전선로를 시설하는 조영물에 시설하는 특고압 옥측전선·저압 옥측전선·관등회로의 배선·약전류 전선 등이나 수관·가스관 또는 이와 유사한 것과 접근하거나 교차하는 경우에는 고압 옥측전선로의 전선과 이들 사이의 이격거리는 15 cm 이상이어야 한다. 고압 옥측전선로의 전선이 다른 시설물(그 고압 옥측전선로를 시설하는 조영물에 시설하는 다른 고압 옥측전선, 가공전선 및 옥상 전선을 제외한다. 이하 이 조에서 같다)과 접근하는 경우에는 고압 옥측전선로의 전선과 이들 사이의 이격거리는 30 cm 이상이어야 한다.

제 97 조(저압 옥상전선로의 시설)

① 저압 옥상 전선로(저압의 인입선 및 연접인입선의 옥상부분을 제외한다)는 다음 각 호의 어느 하나에 해당하는 경우에 한하여 시설할 수 있다.

(가) 1구내 또는 동일 기초 구조물 및 여기에 구축된 복수의 건물과 구조적으로 일체화된 하나의 건물(이하 이 조문에서 "1구내 등"이라 한다)에 시설하는 전선로의 전부 또는 일부로 시설하는 경우

(나) 1구내 등 전용의 전선로 중 그 구내에 시설하는 부분의 전부 또는 일부로 시설하는 경우

② 저압 옥상전선로는 전개된 장소에 다음 각 호에 따르고 또한 위험의 우려가 없도록 시설하여야 한다.

(가) 전선은 인장강도 2.30 kN 이상의 것 또는 지름 2.6 mm 이상의 경동선의 것.

(나) 전선은 절연전선일 것.

(다) 전선은 조영재에 견고하게 붙인 지지주 또는 지지대에 절연성·난연성 및 내수성이 있는 애자를 사용하여 지지하고 또한 그 지지점 간의 거리는 15 m 이하일 것.

(라) 전선과 그 저압 옥상 전선로를 시설하는 조영재와의 이격거리는 2 m (전선이 고압 절연전선, 특고압 절연전선 또는 케이블인 경우에는 1 m)이상일 것.

③ 전선이 케이블인 저압 옥상 전선로는 다음 각 호의 어느 하나에 해당할 경우에 한하여 시설할 수 있다.

(가) 전선을 전개된 장소에 제69조(제1항제4호는 제외한다)의 규정에 준하여 시설하는 외에 조영재에 견고하게 붙인 지지주 또는 지지대에 의하여 지지하고 또한 조영재 사이의 이격거리를 1 m 이상으로 하여 시설하는 경우

(나) 전선을 조영재에 견고하게 붙인 견고한 관 또는 트라프에 넣고 또한 트라프에는 취급자 이외의 자가 쉽게 열 수 없는 구조의 철제 또는 철근 콘크리트제 기타 견고한 뚜껑을 시설하는 경우임

④ 저압 옥상전선로의 전선이 저압 옥측전선·고압 옥측전선·특고압 옥측전선·다른 저압 옥상전선로의 전선·약전류 전선 등·안테나·수관·가스관 또는 이들과 유사한 것과

접근하거나 교차하는 경우에는 저압 옥상전선로의 전선과 이들 사이의 이격거리는 1 m (저압 옥상전선로의 전선 또는 저압 옥측전선이나 다른 저압 옥상전선로의 전선이 저압 방호구에 넣은 절연전선 등·고압 절연전선·특고압 절연전선 또는 케이블인 경우에는 30 cm)이상이어야 한다.

⑤ 저압 옥상전선로의 전선이 다른 시설물(그 저압 옥상전선로를 시설하는 조영재·가공전선 및 고압의 옥상 전선로의 전선을 제외한다)과 접근하거나 교차하는 경우에는 그 저압 옥상 전선로의 전선과 이들 사이의 이격거리는 60 cm (전선이 고압 절연전선, 특고압 절연전선 또는 케이블인 경우에는 30 cm) 이상이어야 한다.

⑥ 저압 옥상전선로의 전선은 상시 부는 바람 등에 의하여 식물에 접촉하지 아니하도록 시설하여야 한다.

제 100 조(저압 인입선의 시설)

① 저압 가공인입선은 다음 각 호에 따라 시설하여야 한다.

(가) 전선이 케이블인 경우 이외에는 인장강도 2.30 kN 이상의 것 또는 지름 2.6 mm 이상의 인입용 비닐절연전선일 것. 다만, 경간이 15 m 이하인 경우는 인장강도 1.25 kN 이상의 것 또는 지름 2 mm 이상의 인입용 비닐절연전선일 것.

(나) 전선은 절연전선, 다심형 전선 또는 케이블일 것.

(다) 전선이 옥외용 비닐절연전선인 경우에는 사람이 접촉할 우려가 없도록 시설하고, 옥외용 비닐절연전선이외의 절연전선인 경우에는 사람이 쉽게 접촉할 우려가 없도록 시설할 것.

(라) 전선이 케이블인 경우에는 제69조(제1항제4호는 제외한다)의 규정에 준하여 시설할 것. 다만, 케이블의 길이가 1 m 이하인 경우에는 조가하지 아니하여도 된다.

(마) 전선의 높이는 다음에 의할 것.

　A. 도로(차도와 보도의 구별이 있는 도로인 경우에는 차도)를 횡단하는 경우에는 노면상 5 m (기술상 부득이한 경우에 교통에 지장이 없을 때에는 3 m)이상

　B. 철도 또는 궤도를 횡단하는 경우에는 레일면상 6.5 m 이상

　C. 횡단보도교의 위에 시설하는 경우에는 노면상 3 m 이상

　D. "가", "나" 및 "다" 이외의 경우에는 지표상 4 m (기술상 부득이한 경우에 교통에 지장이 없을 때에는 2.5 m)이상

제 101 조(저압 연접 인입선의 시설)

저압 연접 인입선은 다음 각 호에 따라 시설하여야 한다.

(가) 인입선에서 분기하는 점으로부터 100 m 을 초과하는 지역에 미치지 아니할 것.

(나) 폭 5 m을 초과하는 도로를 횡단하지 아니할 것.

(다) 옥내를 통과하지 아니할 것.

제 106 조(특고압 가공케이블의 시설)

특고압 가공전선로는 그 전선에 케이블을 사용하는 경우에는 다음 각 호에 따라 시설하여야 한다.

(가) 케이블은 다음 각 목의 어느 하나에 의하여 시설할 것.

　A. 조가용선에 행거에 의하여 시설할 것. 이 경우에 행거의 간격은 50 cm 이하로 하여 시설하여야 한다.

　B. 조가용선에 접촉시키고 그 위에 쉽게 부식되지 아니하는 금속 테이프 등을 20 cm 이하의 간격을 유지시켜 나선형으로 감아 붙일 것.

　C. 조가용선은 인장강도 13.93 kN 이상의 연선 또는 단면적 22 mm^2 이상의 아연도강연선일 것.

　D. 조가용선 및 케이블의 피복에 사용하는 금속체에는 제3종 접지공사를 할 것.

제 107 조(특고압 가공전선의 굵기 및 종류)

특고압 가공전선은 케이블인 경우 이외에는 인장강도 8.71 kN 이상의 연선 또는 단면적이 22 mm^2 이상의 경동연선이어야 한다.

제 108 조(특고압 가공전선과 지지물 등의 이격거리)

특고압 가공전선과 그 지지물·완금류·지주 또는 지선 사이의 이격거리는 표 108-1에서 정한 값 이상이어야 한다. 다만, 기술상 부득이한 경우에 위험의 우려가 없도록 시설한 때에는 표 108-1에서 정한 값의 0.8배까지 감할 수 있다.

[표 108-1]

사 용 전 압	이격거리(cm)
15 kV 미만	15
15 kV 이상 25 kV 미만	20
25 kV 이상 35 kV 미만	25
35 kV 이상 50 kV 미만	30
50 kV 이상 60 kV 미만	35
60 kV 이상 70 kV 미만	40
70 kV 이상 80 kV 미만	45
80 kV 이상 130 kV 미만	65
130 kV 이상 160 kV 미만	90
160 kV 이상 200 kV 미만	110
200 kV 이상 230 kV 미만	130
230 kV 이상	160

제 110 조(특고압 가공전선의 높이)

① 특고압 가공전선의 지표상(철도 또는 궤도를 횡단하는 경우에는 레일면상, 횡단보도교를 횡단하는 경우에는 그 노면상)의 높이는 표 110-1에서 정한 값 이상이어야 한다.

[표 110-1]

사용전압의 구분	지표상의 높이
35 kV 이하	5 m (철도 또는 궤도를 횡단하는 경우에는 6.5 m, 도로를 횡단하는 경우에는 6 m, 횡단보도교의 위에 시설하는 경우로서 전선이 특고압절연전선 또는 케이블인 경우에는 4 m)
35 kV 초과 160 kV 이하	6 m (철도 또는 궤도를 횡단하는 경우에는 6.5 m, 산지(山地) 등에서 사람이 쉽게 들어갈 수 없는 장소에 시설하는 경우에는 5 m, 횡단보도교의 위에 시설하는 경우 전선이 케이블인 때는 5 m)
160 kV 초과	6 m (철도 또는 궤도를 횡단하는 경우에는 6.5 m, 산지 등에서 사람이 쉽게 들어갈 수 없는 장소를 시설하는 경우에는 5 m)에 160 kV를 초과하는 10 kV 또는 그 단수마다 12 cm를 더한 값

제 136 조(지중 전선로의 시설)

① 지중 전선로는 전선에 케이블을 사용하고 또한 관로식·암거식(暗渠式) 또는 직접 매설식에 의하여 시설하여야 한다.

② 지중 전선로를 관로식 또는 암거식에 의하여 시설하는 경우에는 다음 각 호에 따라야 한다.

  (가) 관로식에 의하여 시설하는 경우에는 매설 깊이를 1.0 m이상으로 하되, 매설 깊이가 충분하지 못한 장소에는 견고하고 차량 기타 중량물의 압력에 견디는 것을 사용할 것. 다만 중량물의 압력을 받을 우려가 없는 곳은 60 cm 이상으로 한다.

  (나) 암거식에 의하여 시설하는 경우에는 견고하고 차량 기타 중량물의 압력에 견디는 것을 사용할 것.

③ 지중 전선을 냉각하기 위하여 케이블을 넣은 관내에 물을 순환시키는 경우에는 지중 전선로는 순환수 압력에 견디고 또한 물이 새지 아니하도록 시설하여야 한다.

④ 지중 전선로를 직접 매설식에 의하여 시설하는 경우에는 매설 깊이를 차량 기타 중

량물의 압력을 받을 우려가 있는 장소에는 1.2 m 이상, 기타 장소에는 60 cm 이상으로 하고 또한 지중 전선을 견고한 트라프 기타 방호물에 넣어 시설하여야 한다. 다만, 다음 각 호의 어느 하나에 해당하는 경우에는 지중전선을 견고한 트라프 기타 방호물에 넣지 아니하여도 된다.

(가) 저압 또는 고압의 지중전선을 차량 기타 중량물의 압력을 받을 우려가 없는 경우에 그 위를 견고한 판 또는 몰드로 덮어 시설하는 경우.

(나) 저압 또는 고압의 지중전선에 콤바인덕트 케이블 또는 제5호부터 제7호까지에서 정하는 구조로 개장(鎧裝)한 케이블을 사용하여 시설하는 경우.

(다) 특고압 지중전선은 개장한 케이블을 사용하고 또한 견고한 판 또는 몰드로 지중 전선의 위와 옆을 덮어 시설하는 경우.

(라) 지중 전선에 파이프형 압력케이블을 사용하거나 최대사용전압이 60 kV를 초과하는 연피케이블, 알루미늄피케이블 그 밖의 금속피복을 한 특고압 케이블을 사용하고 또한 지중 전선의 위를 견고한 판 또는 몰드 등으로 덮어 시설하는 경우.

제 137 조(지중함의 시설)

지중전선로에 사용하는 지중함은 다음 각 호에 따라 시설하여야 한다.

(가) 지중함은 견고하고 차량 기타 중량물의 압력에 견디는 구조일 것.

(나) 지중함은 그 안의 고인 물을 제거할 수 있는 구조로 되어 있을 것.

(다) 폭발성 또는 연소성의 가스가 침입할 우려가 있는 것에 시설하는 지중함으로서 그 크기가 $1 m^3$ 이상인 것에는 통풍장치 기타 가스를 방산시키기 위한 적당한 장치를 시설할 것.

(라) 지중함의 뚜껑은 시설자 이외의 자가 쉽게 열 수 없도록 시설할 것.

(마) 지중함의 뚜껑은 KS D 4040에 적합하여야 하며, 저압지중함의 경우에는 절연성능이 있는 고무판을 주철(강)재의 뚜껑 아래에 설치할 것.

(바) 차도 이외의 장소에 설치하는 저압 지중함은 절연성능이 있는 재질의 뚜껑을 사용할 수 있다.

제 139 조(지중전선의 피복금속체 접지)

관·암거·기타 지중전선을 넣은 방호장치의 금속제부분(케이블을 지지하는 금구류는 제외한다)·금속제의 전선 접속함 및 지중전선의 피복으로 사용하는 금속체에는 제3종 접지공사를 하여야 한다. 다만, 이에 방식조치(防蝕措置)를 한 부분에 대하여는 그러하지 아니하다.

1 내선규정

(1) 용어

1. 간선(幹線)이란 인입구에서 분기과전류차단기에 이르는 배선으로서 분기회로의 분기점에서 전원측의 부분을 말한다.

   【주】 고압수전의 경우는 저압의 주 배전반(수전실 등에 시설되고 공급변압기에서 볼 때 최초의 배전반)부터 말한다.

2. 계통외 도전성부분이란 전기설비의 일부는 아니지만 지면에 전위 등을 전해줄 위험이 있는 도전성 부분을 말한다.

3. 고압 또는 특고압 수전설비란 고압 또는 특고압배전반・변압기・안전개폐장치・계측장치등의 고압 또는 특 고압 수전장치 및 이들을 넣은 수전실 또는 큐비클(Cubide) 등을 말한다.

4. 과부하전류 : 기기에 대하여는 그 정격전류, 전선에 대하여는 그 허용전류를 어느 정도 초과하여 그 계속되 되는 시간을 합하여 생각하였을 때, 기기 또는 전선의 손상 방지 상 자동차단을 필요로 하는 전류를 말한다. 【주】 기통전류는 포함하지 않는다.

5. 과전류 : 과부하 전류 및 단락전류를 말한다.

6. 과전류차단기 : 배선용차단기, 퓨즈, 기중차단기(A.C.B)와 같이 과부하 전류 및 단락전류를 자동차단하는 기능을 가지는 기구를 말한다.

   【주】 배선용차단기 및 퓨즈는 일반적으로 단락전류 및 과부하전류에 대하여 보호기능을 갖는다. 단락 전류전용의 것도 있으나 이것은 과전류차단기로는 인정하지 않는다, 또 열동 계전기가 붙은 전자개폐기는 일반적으로 과부하전류 보호전용으로서 단락전류에 대한 차단능력은 없다.

7. 관로 : 맨홀・핸드 홀 등 전선인 상호간에 지중전선을 넣기 위하여 가스관, 흡관, 도관, 합성수지관 등의 관을 지중에 시설한 것을 말한다.

8. 관로식 : 차량 기타의 중량물의 압력에 견디는 관을 사용하여 여기에 케이블을 넣는 방식필요에 따라 관로의 도중이나 말단에 지중함 등을 설치 하는 것을 말한다.

9. 금속관(金屬管)이란 전기용품안전관리법의 적용을 받는 금속제의 것(금속제가요전선관(可曉電線管)은 제외한다) 및 황동 혹은 동으로 견고하게 제조된 파이프를 말한다.

   【주】 금속관에 대하여는 2225-4(금속관 및 부속품의 선정)를 참조할 것.

10. 금속 덕트 : 절연전선 케이블 등을 넣는 폭 5cm를 초과하는 금속제 홈통으로서 주로 다수의 배선을 넣는 것을 말한다.

11. 금속몰드 : 전기용품안전관리법의 적용을 받는 금속제의 것(폭이 4cm 미만의 것을 1종 금속제몰드, 4cm 이상 5cm 이하의 것을 2종 금속제몰드라 함) 또는 황동 혹은 동으로 견고하게 제작한 폭 5cm 이하의 것을 말한다.

12. 난연성 : 불꽃, 아크 또는 고열에 의하여 착화하지 않거나 또는 착화하여도 잘 연소하지 않는 성질

13. 노출도전성부분 : 충전부는 아니지만 고장 시에 충전될 위험이 있고 사람이 쉽게 접촉할 수 있는 전기기계기구의 도전성부분

14. 노출장소 : 옥내의 천장 아랫면 또는 벽면 기타 옥측과 같은 은폐되지 않은 장소
    【주】 "판단기준"에서 노출장소를 "전개된 장소"라 표현

15. 누설전류 : 전로 이외를 흐르는 전류로 전로의 절연체 전선의 피복 절연체 애자, 부싱 스페이서 및 기타 기기의 부분으로 사용하는 절연체 등의 내부 및 표면과 공간을 통하여 선간 또는 대지 사이를 흐르는 전류를 말한다.
    【주】 누설 전류가 생기는 것은 절연체의 절연저항이 무한대가 아니며 전로 각부 상호간 또는 전로와 대지 간에 정전 용량이 존재하기 때문이다.

16. 누전경보기 : 누전 경보장치를 하나로 (직접 경보를 내는 부분을 제외한 것도 포함한다)하여 용기 안에 넣은 것을 말한다.
    【주1】 이 규정의 각조 문중 특별히 명기하지 않는 한 "누전경보기"라 쓴 경우는 "누전경보장치"를 포함
    【주2】 소방관계 법의 누전 화재경보기는 이 규정의 각 조문에서 누전 정보기로 취급한다.

17. 누전경보장치 : 전로에 지락이 생겼을 경우에 부하 기기, 금속 제외함 등에 발생하는 고장 전압 또는 지락전류를 검출하는 부분과 경보를 내는 부분을 조합하여 자동적으로 소리, 빛 및 기타의 방법으로 경보를 내는 장치

18. 누전차단기 : 누전차단장치를 하나로 하여 용기 속에 넣어서 제작한 것으로서 용기 밖에서 수동으로 전로의 개폐 및 자동 차단 후에 복귀가 가능한 것
    【주】 이 규정의 각 조문은 특별히 명기하지 않는 한 "누전차단기"라고 기술한 경우는 "누전 차단장치"를 포함

19. 누전차단장치 : 전로에 지락이 생겼을 경우에 부하기기 금속 제외함 등에 발생하는 고장 전압 또는 지락전류를 검출하는 부분과 차단기 부분을 조합하여 자동적으로 전로를 차단하는 장치

20. 단락전류 : 전로의 선간이 임피던스가 적은 상태로 접촉되었을 경우에 그 부분을 통하여 흐르는 큰 전류

21. 대지전압 : 접지식 전로에서 전선과 대지사이의 전압을 말하고 또 비접지식 전로에서 전선과 그 전로중의 임의의 다른 전선 사이의 전압

22. 등 전위 본딩 : 등전위성을 얻기 위해 전선 간을 전기적으로 접속 하는 조치

23. 단순병렬 : 자가용 발전 설비를 배전 계통에 연계하여 운전하되 생산한 전력의 전부를 자체적으로 소비하기 위한 것으로서 생산한 전력이 연계 계통으로 유입되지 않는 병렬 형태

24. 배선 : 전기 사용 장소에 고정하여 시설하는 전선을 말하고 (기계기구 내배·분전반을 포함한다)에 그 일부분으로 시설된 전선 소 세력 회로의 전선 등은 포함하지 않는다.

25. 배선기구 : 개폐기 과전류차단기 접속기 기타 이와 유사한 기구

26. 배선용 차단기 : 전자 작용 또는 바이메탈의 작용에 의하여 과전류를 검출하고 자동으로 차단하는 과전류차단기로 그 최소 동작 전류 동작하고 안하는 한 계 전류가 정격 전류의 100%와 125% 사이에 있고 또 외부에서수통 전자적 또는 전동적으로 조작 할 수 있는 것

27. 배전반 : 대리석판 강판 목판 등에 개폐기, 과전류차단기, 계기전류계 전압계 전력계 전력량계 등을 장비한 집합체
    【주】 수전용 천동기의 제어용을 목적으로 하는 것은 포함되나 분전반은 포함되지 않는다.

28. 분기개폐기 : 간선과 분기회로의 분기점에서 부하 측으로 설치하는 개폐기 중 전원 측에 가장 가깝게 설치한 개폐기(개폐기를 겸하는 배선용 차단기를 포함한다)
    【주 1】 분기개폐기는 분기과전류차단기와 조합하여 사용하는 것이 보통이다.
    【주 2】 분기개폐기는 분기회로의 절연 저항측정 등의 경우에 해당 회로를 개로하기 위하여 시설되고 또 전등회로에서는 분기회로 전체를 개폐하는데 이용되는 수도 있다. 또 전동기회로에서는 조작개폐기를 겸할 경우도 있다.

29. 분기과전류차단기 : 분기회로마다 시설하는 것으로 그 분기회로의 배선을 보호하는 과전류차단기

    【주 1】 분기과전류차단기로는 일반적으로 배선용차단기 또는 퓨즈가 사용된다.
    【주 2】 열동 계전기가 붙은 전자개폐기 또는 전동 개폐용의 개폐기 내부에 시설하는 퓨즈는 분기 과전류차단기라 하지 않는다.

30. 분전반 : 분기과전류차단기 및 분기개폐기 를 집합하여 설치한 것 (주개폐기나 인입구장치를 설치하는 경우도 포함한다)

31. B종 퓨즈 : 저압 배선용의 고리퓨즈 또는 플러그 퓨즈로서 최소 용단 전류가 정격전류의 130%와 160% 사이에 있는 것

32. 비포장퓨즈 : 포장퓨즈 이외의 퓨즈를 말하고 방출형 퓨즈를 포함한다.

33. 소 세력 회로 : 원격제어, 신호 등의 회로로서 최대사용전압이 60v 이하의 것(최대사용전류가 최대사용전압 15v 이하의 것은 5A 이하, 최대사용전압이 15v 초과 30v 이하의 것은 3A 이하, 최대 사용 전압이 30V를 초과하는 것은 1.5A 이하의 것에 한한다) 이며, 또한 최대사용전압이 60V를 초과하고 대지전압이 300v 이하의 강전류 전송에 사용하는 회로와 변압기로 결합된 회로를 말한다.

    【주】 전신・전화용 회로・화재 경보경비의 회로・라디오・텔레비전 통의 시청회로는 소 세력 회로가 아니다.

34. 수용장소 : 전기 사용 장소를 포함하여 전기를 사용하는 구내 전체

35. 수전 반 : 특 고압 또는 고압 수용가의 수전용 배전반

36. 수전 실 : 옥내에 있어서 고압 또는 특 고압 수전 장치를 시설하는 장소를 말한다. 또한 기타의 고압 또는 특 고압 배전 설비를 시설하는 장소와 고압 또는 특 고압 수전장치를 시설하는 장소가 인접하고 또한 이들 장소 상호 간에 격리하는 조영재가 없는 경우는 이들의 장소 전체를 말한다.

37. 암거식 : 차량 기타의 중량물의 압력으로부터 받는 하중에 견디고 또한 케이블을 포설 할 수 있는 공간을 갖는 구조물에 케이블을 넣는 방식을 말하며 전력구나 공동구에 시설하는 지중 선로는 암거식에 포함한다.

    【주】 암거 중 암거 내에 사람이 들어가 작업을 할 수 있는 크기를 가진 것을 전력구라 말하며 전력케이블 전화선, 가스관 상하수도 등을 공동으로 포설하는 것을 공동구라 한다.

38. A종 퓨즈 : 저압 배선용의 고리퓨즈 또는 플러그 퓨즈로서 그 특성이 배선용 차단기에 가깝고 그 최소용단 전류 끊어지고 안 끊어지는 한계 전류가 정격 전류의 110%와 135% 사이에 있는 것

39. 옥내 전선로 : 옥내에서 분기하는 일이 없이 관통하여 다른 전기사용 장소에 이르는 전선로의 옥내에 시설하는 부분

40. 전로 : 보통의 사용 상태에서 전기를 통하는 회로의 전부 또는 일부

41. 절연전선 : 45 또는 50V 이하 염화비닐절연전선 45 또는 50V 이하 고무 절연전선, 고압 절연 전선 및 특 고압 절연 전선
    【주】 옥외용 비닐 절연 전선(OW전선) 및 인입용 비닐 절연 전선(DV)은 "판단기준"에서 절연전선에 포함하고 있으나 이 규정에서 저압 옥내 배선용 절연전선으로 표현한 경우는 포함하고 있지 않다.

42. 접지선 : 다음의 것을 접지 극에 접속 하는 금속선을 말한다.
    가 전기기기의 금속제 프레임 또는 외함
    나 금속제의전선관, 덕트 등
    다 케이블의 금속 피복
    라 전로의 중성점 또는 1단자
    마. 피뢰기의 접지 단자
    바 변성기의 2차 측 접지 단자
    사 기타 접지의 목적물

43. 접지 측 전선 : 저압 전로에서 기술상의 필요에 따라 접지한 중성선 또는 접지된 전선

44. 접촉전압 : 지락이 발생된 전기 기계 기구의 금속제 외함 등에 사람이나 가축이 닿을 때 생체에 가하여지는 전압

45. 정격전압 : 전기 사용 기계 기구·배선 기구 등에서 사용상 기준이 되는 전압을 말한다. 보통 명판에 기재되며 점멸기 소켓 고리 퓨즈 등 명판이 없는 것은 각인, 형출 문자 등으로 표시

46. 정격차단용량 : 과전류 차단기가 어떤 정해진 조건에서 차단 할 수 있는 차단 용량의 한계

47. 제어반 : 전동기, 가열장치 조명 등의 제어를 목적으로 개폐기 과전류차단기 전자개폐기 제어용 기구 등을 집합하여 설치한 것

48. 주 개폐기 : 간선에 설치하는 개폐기(개폐기를 겸하는 배선용차단기를 포함한다)중에서 인입구장치 이외의 것

    【주】 주 개폐기는 인입구장치 이외의 것을 말하지만 시설 장소에 따라서는 인입구장치를 겸하는 것도 있다.

49. 중성선 : 다 선식 전로에서 전원의 중성 극에 접속된 전선

50. 지락전류 : 지락에 의하여 전로의 외부로 유출되어 화재, 사람이나 동물의 감전 또는 전로나 기기의 손상 등 사고를 일으킬 우려가 있는 전류

51. 지락차단장치 : 전로에 지락이 생겼을 경우에 이를 검출하여 신속하게 차단하기 위한 장치

52. 지중 인입 선 : 지중전선로에 접속된 개폐기, 변압기, 배전함 또는 가공 전선로의 지지물 등으로부터 직접 이들에 근접한 전기사용 장소의 인입 점에 이르는 지중전선(지상의 인상, 인하부분을 포함한다)

53. 지중함 : 케이블의 교체와 케이블 접속을 위하여 관로의 도중에 설치한 일종의 지하실을 말하며 보통 맨홀 · 핸드 홀 등을 말한다.

54. 직접 매설 식 : 트러프 등의 케이블 방호 물에 케이블을 넣거나 판 등으로 케이블의 상부를 방호하여 지중에 매설하는 방식을 말한다. 또한 앞에 기술한 내용과 같은 케이블 방호는 하지 않으나 CD케이블 등을 사용하여 포설한 경우도 이 방식에 포함한다.

55. 최대사용전압 : 보통의 사용 상태에서 그 회로에 가하여지는 선간전압의 최대 값

56. 케이블 : 통신용 케이블 이외의 케이블 및 캡타이어케이블

57. 케이블트레이 : 케이블을 지지하기 위하여 사용하는 금속제 또는 불연성 재료로 제작된 유니트 또는 유니트의 집합체 및 그에 부속하는 부속재 등으로 구성된 견고한 구조물

58. 큐비클 : 배전반 - 보안개폐장치 등을 집합체로 조합하여 금속제의 함 내에 넣은 단위 폐쇄형의 수전장치

59. 포장퓨즈 : 가용체를 절연물 또는 금속으로 충분히 포장한 구조의 플러그 퓨즈로서 정격차단용량 이내의 전류를 용융금속 또는 아크를 방출하지 않고 안전하게 차단할 수 있는 것

60. 플로어(Floor)덕트 : 마루 밑에 매입하는 배선용의 홈통으로 마루위로의 전선인출을 목적으로 하는 것

61. 풀 박스 : 전선의 통과를 쉽게 하기 위하여 배관의 도중에 설치하는 박스를 말하며, 대형인 것은 특별히 제작되나 소형인 것은 보통의 아웃렛박스를 대용하기도 한다.

【주】 전선의 통과를 쉽게 하기 위하여 박스 내에서 분기하거나 접속하는 경우도 있다.

62. 한류퓨즈 : 단락전류를 신속히 차단하며 또한 흐르는 단락전류의 값을 제한하는 성질을 가지는 퓨즈로서 이 성질에 관하여 일정한 규격에 적합한 것

【주】 한류퓨즈는 상기한 성질이 있기 때문에 이것으로 보호하는 전기기기 및 전선에 단락전류에 의한 전자력을 경감하며 또 줄(Joule) 열에 의한 발열을 억제하는 작용이 있다.

63. 합성수지관 : 전기용품 안전 관리법 또는 한국표준화법의 적용을 받는 합성수지제전선관 및 합성수지제가요전선관 [PF(Plastic Flexible)관 및 CD(Combine Duct)관]

2 1400-1 전압의종별

전압은 다음 각 호에 의하여 저압 고압 및 특 고압의 3종으로 구분한다.

- 저압 직류 : 750 v 이하
  저압 교류 : 600 v 이하
- 고압 직류 : 750 v 초과 7,000 v 이하
  고압 교류 : 600 v 초과, 7,000 v 이하
- 특 고압 : 7,000 v 초과

3 설비 부하 평형의 시설

(1) 저압 수전의 단상 3선식에서 중성선과 각 전압 측 전선 간의 부하는 평형이 되게 하는 것을 원칙으로 한다.

【주1】 부득이한 경우는 설비 불평형률 40 % 까지로 할 수 있다. 이 경우 설비 불평형률이란 중성선과 각전압 측 전선 간에 접속되는 부하 설비 용량[VA] 차와 총 부하 설비 용량[VA]의 평균값의 비(%)를 말한다.

$$설비 불평형률 = \frac{(중성선과\ 각\ 전압측\ 선간에\ 접속되는\ 부하설비용량의\ 차)}{총\ 부하설비\ 용량의\ 1/2} \times 100$$

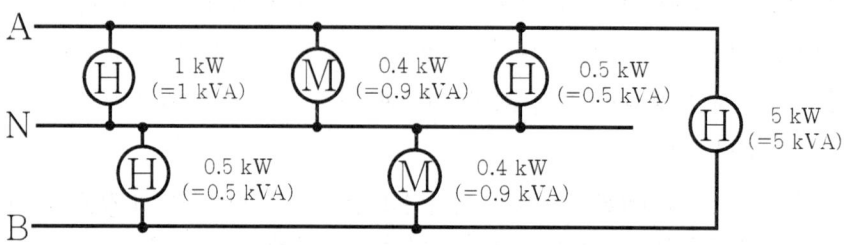

[단상 3선식 220/440 V 수전인 경우(예)]

【비고】 전동기의 값이 다른 것이 출력 kW를 입력 kVA로 환산하였기 때문이다.

$$설비\ 불평형률 = \frac{2.4 - 1.4}{8.8 \times 1/2} \times 100 = 23\%$$

이경우는 40%의 한도를 초과하지 않는다.

(2) 저압, 고압 및 특고압수전의 3상 3선식 또는 3상 4선식에서 불평형부하의 한도는 단상 접속부하로 계산하여 설비 불평형률을 30% 이하로 하는 것을 원칙으로 한다. 다만, 다음 각 호의 경우는 이 제한에 따르지 않을 수 있다.

- 저압수전에서 전용변압기 등으로 수전하는 경우
- 고압 및 특 고압 수전에서 100 [kVA] 이하의 단상부하인 경우
- 고압 및 특 고압 수전에서 단상 부하량의 최대와 최소의 차가 100 [kVA](배) 이하인 경우
- 특 고압 수전에서 100 kVA(kW) 이하의 단상변압기 2대로 역 V결선하는 경우

【주】 이 경우의 설비 불평형률이란 각 선간에 접속되는 단상부하 총 설비용량(VA) 의 최대와 최소의 차와 총 부하2설비용량(VA) 평균값의 비(%)를 말한다.

$$설비\ 불평형률 = \frac{(각\ 간선에\ 접속되는\ 단상부하\ 총\ 설비용량의\ 최대와\ 최소의\ 차)}{총\ 부하설비\ 용량의\ 1/3} \times 100$$

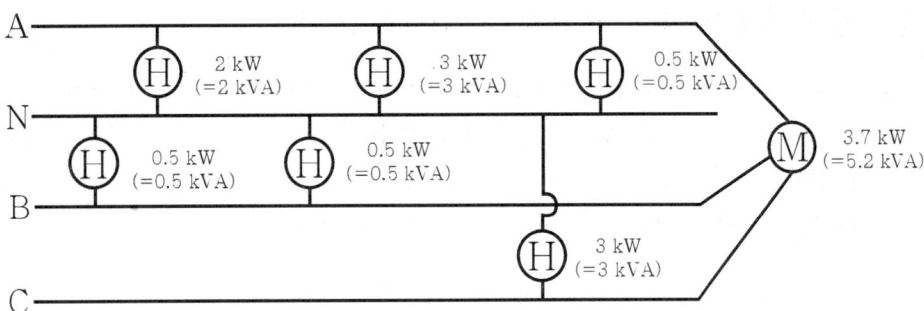

[3상 4선식 380 V 수전인 경우(예)]

【비고】 전동기의 값이 다른 것은 출력 kW를 입력 kVA로 환산하였기 때문이다.

$$설비\ 불평형률 = \frac{5.5-1}{14.7 \times 1/3} \times 100 = 92\%$$

이 경우는 30%의 한도를 초과한다.

4 전압강하

(1) 저압 배선 중의 전압 강하는 간선 및 분기회로에서 각각 표준전압의 2% 이하로 하는 것을 원칙으로 한다. 다만 전기 사용 장소 안에 시설한 변압기에 의하여 공급되는 경우에 간선의 전압 강하는 3% 이하로 할 수 있다.

(2) 공급 변압기의 2차측 단자 (전기사업자로부터 전기의 공급을 받고 있는 경우는 인입선 접속점에서 최원단의 부하에 이르는 전선의 길이가 60m을 초과하는 경우의 전압강하는 제1항에 관계없이 부하전류로 계산하며 표1415-1에 따를 수 있다

[표 전설길이 60m를 초과하는 경우의 전압강하]

공급변압기의 2차측 단자 또는 인입선 접속점에서 최원단의 부하에 이르는 사이의 전선길이(m)	전압강하(%)	
	사용장소 안에 시설한 전용 변압기에서 공급하는 경우	전기사업자로부터 저압으로 전기를 공급받는 경우
120 이하	5 이하	4 이하
200 이하	6 이하	5 이하
200 초과	7 이하	6 이하

5 3상 4선식 접속의 경우에 전압 측 전선의 표시

(1) 3상 3선식 △접속 또는 V접속의 2차 측에서 전등 또는 이와 유사한 부하에 공급하는 1상의 중성점을 접지한 경우의 중성선과 전압 측 전선에 부하를 접속하는 개소는 그 상의 전압 측 전선을 다른 전압 측 전선과 구별 할 수 있도록 색별 배선을 하거나 색 테이프를 감는 등의 방법으로 표시를 하여야 한다.

【주】 그림 1420-1과 같은 경우 BN간의 전압이 150 V를 초과하기 때문에 오 접속하는 일이 없도록 식별을 하여야 하는 것에 관한 규정임

(2) 3상 4선식 Y 접속 시 전등과 동력을 공급하는 옥내 배선의 경우는 상별 부하 전류가 평형으로 유지 되도록 상 별로 결선하기 위하여 전압 측 전선에 색별 배선을 하거나 색 테이프를 감는 등의 방법으로 표시를 하여야한다.

(3) 제1항 및 제2항의 경우에 전압 측 전선의 색 별 표시는 다음과 같이 한다.

A상: 흑색   C상: 청색
B상: 적색   N상: 백색 또는 회색

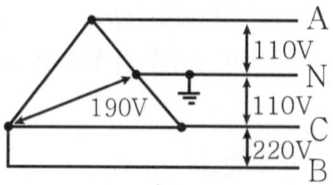

[3상 3선식 △접속 또는 V접속]

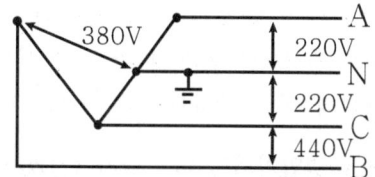

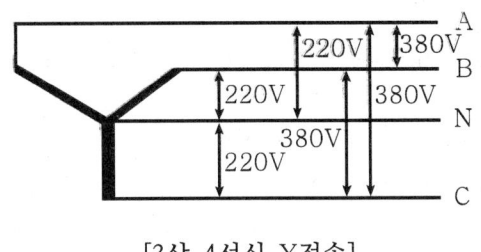

[3상 4선식 Y접속]

6 절연전선(코드)

절연전선(코드)은 다음의 것을 사용하여야 한다.(판단기준 4)

- 옥외용 비닐 절연전선(이하 "OW전선"이라 한다)
- 인입용 비닐 절연전선(이하 "DV전선"이라 한다)
- 45이상 750V이하 염화 비닐절연전선

【주】 전선종류는 부록 100-1 의 1을 참조할 것.

- 45이상 750V이하 고무절연전선

【주】 전선종류는 부록 100 1의 2를 참조할 것.

① 1,000 v 형광 방전등용 전선
  - 네온관용전선
  - 6110 kV 고압인하용 가교 폴리에틸렌절연전선
② 6/10 kV 고압인하용 가교 EP 고무절연전선
  - 고압 절연전선
  - 특고압 절연전선(공칭전압이 22,900V 이하)

7 저압케이블

저압 케이블은 다음의 것을 사용하여야 한다.(판단기준 8)

- 알루미늄피 케이블
- 가교 폴리에틸렌 절연 비닐시스케이블
- EP 고무 절연 클로로프렌시스케이블
- 수저 케이블
- 리프트 케이블
- 비닐절연 비닐시스케이블
- EP 고무 절연 비닐시스케이블
- 미네랄 인슈레이션(MI)케이블
- 선박용 케이블
- 통신용 케이블

- 아크 용접용 케이블   - 내 마모성 케이블

【주】 케이블 규격 및 구조는 부록100-1 의 7올 참조할 것.

- 상기한 케이블에 보호 피복을 실시한 것.

【주】 보호 피복을 한 것 중에서 2중으로 감은 강대 혹은 황동대를 사용한 것 또는 파상형으로 성형한 강관율 사용한 한 것을 특히 "개장 케이블"이라 한다.

8 고압 및 특 고압 케이블

고압 및 특 고압 케이블은 다음의 것올 사용하여야 한다.(판단기준 9)

- 알루미늄피케이블
- 가교 폴리에틸렌 절연 비닐시스케이블
- 가교 폴리에틸렌 절연 폴리 에 틸렌 시스케이블
- 콤바인덕트(CD) 케이블
- 비행장 전등용 고압 케이블
- 수밀 형 케이블

【주】 케이블 규격 및 구조는 부록 100-1 의 8용 참조할 것.

- 수저케이블
- 상기의 케이블에 보호피복을 한 것.

9 전선의 접속

- 전선을 접속하는 경우는 전선의 허용전류에 의하여 접속부분의 온도상승 값이 접속부 이외의 온도상승 값을 넘지 않도록 하고, 전선의 종별에 따라서 다음 각호에 의하여야 한다. 다만, 제4180절(소 세력 회로) 또는 제3360절 (출퇴 표시 등)의 규정에 따라 시설하는 경우는 이에 의하지 않을 수 있다.(판단기준 11)
- 나전선 상호 또는 나전선과 절연전선, 캡타이어케이블 또는 케이블과 접속하는 경우는 다음에 의하여야 한다,

(가) 전선의 강도(인장하중으로 나타낸다. 이하 같다)를 20 % 이상 감소시키지 않을 것. 다만, 점퍼선을 접속하는 경우와 같이 전선에 가해지는 장력이 전선의 강도에비하여 현저하게 적은 경우는 적용하지 않는다.

(나) 접속 슬리브 (스프리트 슬리브는 제외한대, 전선접속기를 사용하여 접속할 것. 다만, 가공 전선 상호를 접속하는 경우 또는 광산의 갱도 내에서 접속부분에 슬

리브(스프리트슬리브는 제외한다), 전선접속기류를 사용하는 것이 기술상 곤란할 때는 적용하지 않는다.

■ 2016 내선규정

제 1 부 총 칙

- 절연전선 상호 또는 절연전선과 코드, 캡타이어케이블 또는 케이블을 접속하는 경우는 제 1항에 따르고(접속부분의 절연전선의 절연물과 동등 이상의 절연효력 이 있는 접속기를 사용하는 경우는 제외한다) 접속부분을 절연전선의 절연물과 동등 이상의 절연효력이 있는 것으로 충분히 피복하여야 한다. ψ 코드 상호, 캡타이어케이블 상호, 케이블상호 또는 이들 서로를 접속하는 경우는 다음에 의하여야 한다.

(가) 코드 상호, 캡타이어케이블 상호 또는 이 들과 옥내배선과의 접속은 3310-6(코드 또는 캡타이어케이블과 옥내배선과의 접속), 3310-7(코드 상호 또는 캡타이어케이블 상호의 접속)에 의할 것.

(나) 고무 또는 비닐로 절연한 케이블 상호에 대하여는 2275-4(케이블의 접속)에 의할 것.

(다) 알루미늄 피 케이블 상호에 대하여는 2295-4(케이블의 접 속)에 의할 것.

- 도체에 알루미늄(알루미늄의 합금을 포함한다)을 사용하는 전선과 동(동의 합금을 포함한다)을 사용하는 전선을 접속하는 등 전기화학적 성질이 다른 도체를 접속하는 경우는 접속부분에 전기적 부식이 생기지 않도록 하여야 한다.

- 도체에 알루미늄을 사용하는 절연전선 또는 케이블을 옥내배선, 옥측 배선 또는 옥외배선에 사용하는 경우로 해당 전선을 접속할 때는 전선접속기를 사용하여야 한다.

【주】 전선접속기구는 KS C 2810-2004(옥내배선용 전선접속구의 통칙)에 적합할 것.

10 전선의 접속방법

1. 동전선의 접속

(1) 직선접속

1) 가는단선(단면적 $6mm^2$ 이하)의 직선접속(트위스트조인트)

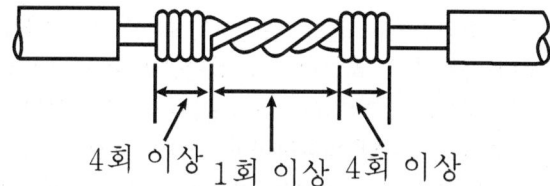

[전선접속도]

2) 직선맞대기용슬리브(B형)에 의한 압착접속(KS C 2621

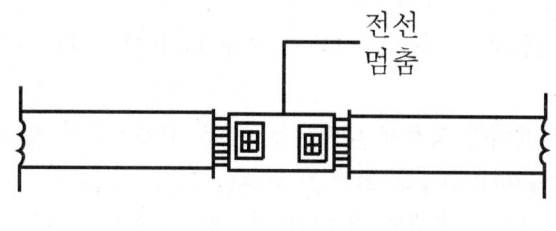

[전선접속도]

(2) 분기접속

1) 가는단선(단면적 $6mm^2$ 이하)의 분기접속

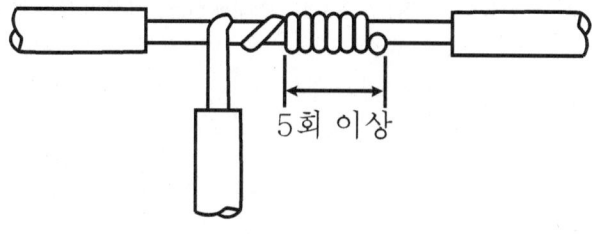

[전선접속도]

2) T형 커넥터에 의한 분기접속

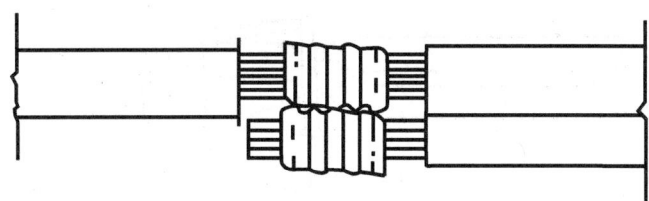

【비고】 이 접속방법은 단선 및 연선에 적용한다.

[전선접속도4]

(3) 종단접속(終端接續)

1) 가는단선(단면적 $4mm^2$ 이하)의 종단접속

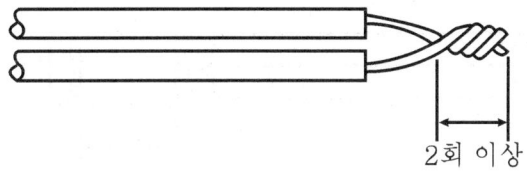

2회 이상

【비고】 이 접속은 단면적 $4mm^2$ 이하에 적합하다. 주로 금속관배선 등의 박스 안에서 한다.

[전선접속도]

2) 가는단선(단면적 $4mm^2$ 이하)의 종단접속(지름이 다른 경우)

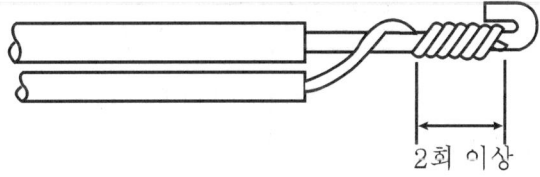

2회 이상

【비고】 주로 배선과 전등기구용 심선과의 접속인 경우에 이용한다.

[전선접속도]

3) 동선압착단자에 의한 접속(KS C 2620)

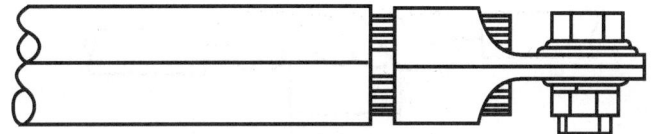

【비고】 압착단자 및 동관단자에 대하여도 같이 적용한다.

[전선접속도]

4) 비틀어 꽂는 형의 전선접속기에 의한 접속

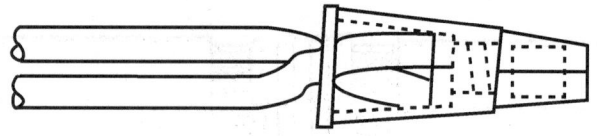

[전선접속도]

5) 종단겹침용 슬리브(E형)에 의한 접속(KS C 2621)

6) 직선겹침용 슬리브(P형)에 의한 접속

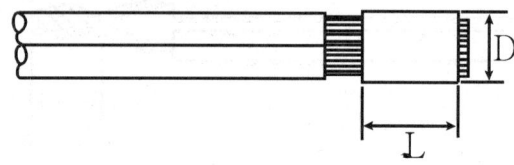

[전선접속도]

7) 꽂음형 커넥터에 의한 접속

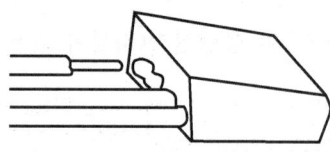

【비고 1】꽂음형 커넥터는 전기용품안전관리법의 적용을 받는 것을 사용한다.
【비고 2】이 접속방법은 주로 가는 전선을 박스 내 등의 접속에 사용한다.

[전섭접속도]

(4) 슬리브에 의한 접속

1) S형 슬리브에 의한 직선접속

[전선접속도]

2) S형 슬르브에 의한 분기(分岐)접속

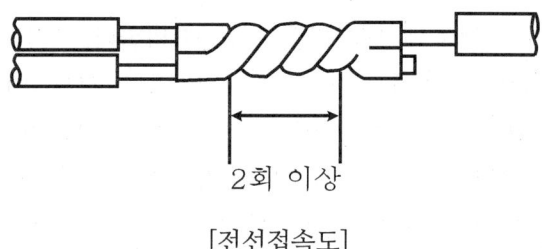

[전선접속도]

3) 매킹타이어 슬리브에 의한 직선접속

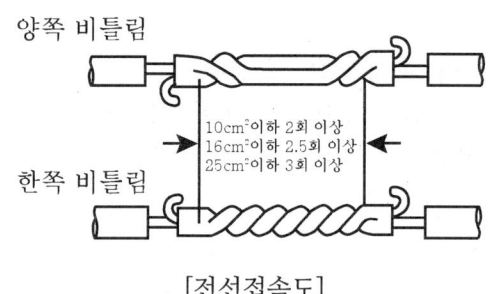

[전선접속도]

[절연물의 종류에 대한 허용온도]

절연물의 종류	허용온도[a,d] (℃)
-염화비닐(PVC)	70(전선)
-가교폴리에틸렌(XLPE)과 에틸렌프로필렌고무혼합물(EPR)	90(전선)[b]
-무기물(PVC 피복 또는 나 전선으로 사람이 접촉할 우려가 있는 것)	70(시스)
-무기물(접촉에 노출되지 않고 가연성 물질과 접촉할 우려가 없는 나전선)	105(시스)[b,c]

a. 부록 500-2의 최대허용전선온도는 부속서 A에 제시된 허용전류 값을 기초로 하였으며, IEC 60502와 IEC 60702에서 발췌한 것이다.
b. 전선이 70℃ 이상의 온도에서 사용될 경우는 이 전선에 접속된 기기가 접속부에서 이러한 온도에 적합한지 확인해야 한다.
c. 무기절연 케이블은 케이블의 정격온도, 종단 접속부, 환경조건 및 기타 외부 영향에 따라 더 높은 운전 온도가 허용될 수도 있다.
d. 공인 인증을 받았을 경우에 전선 또는 케이블은 제조사 규격에 따른 허용온도 범위에 있어야 한다.

11 저압 전로의 절연저항

1. 저압 전로 중 다음 각호에 해당하는 것은 제외한다. 전선 상호 간 및 전로와 대지사이의 절연저항{DV전선은 심선 상호간 및 심선과 대지 사이의 절연저항은 인입구 장치 간선용 또는 분기용에 시설된 개폐기 또는 과전류 차단기로 구분할 수 있는 전로마다 표1440-1의 값 이상이어야 한다(전기기준52) 다만, 정전이 어려운 경우 절연 저항 측정이 곤란한 경우는 누설전류를 1mA 이하로 유지하여야한다.

[저압전로의 절연저항 값]

전로의 사용전압 구분		절연저항 값
400V 미만	대지전압(접지식 전로는 전선과 대지 간의 전압, 비접지식 전로는 전선간의 전압을 말한다)이 150V 이하인 경우	0.1 $M\Omega$
	대디전압 150V 초과 300V 이하인 경우	0.2 $M\Omega$
	사용전압이 300V 초과 400V 미만인 경우	0.3 $M\Omega$
400V 이상	-	0.4 $M\Omega$

12 고압 및 특 고압의 회전기 정류기의 절연내력

(1) 발전기, 전동기, 조상기 기타의 회전기(회전변류기는 제외한다)는 고압에서는 그 최대사용전압의 1.5배, 특 고압에서는 그 최대사용전압의 1.25배의 시험전압으로 그 권선과 대지사이의 절연내력을 시험하였을 때 연속하여 10분간 이에 견디는 것이어야 한다. (판단기준 14)

(2) 회전변류기는 그 직류 측의 최대사용전압의 1배인 교류시험전압으로 그 권선과 대지 사이의 절연내력을 시험하였을 때 연속하여 10분간 이에 견디는 것이어야 한다. (판단기준 14)

(3) 정류기는 최대사용 전압이 60,000 v 이하인 경우 그 직류 측의 최대사용전압의 1배인 교류 시험 전압으로 그 충전부분과 외함 사이의 절연내력 을 시험하였을 때 연속하여 10분간 이에 견디는 것이 어 야 한다.(판단기준 14)

(4) 옥외배선에서 절연부분의 전선과 대지 간 및 전선의 심선 상호간의 절연저항은 사용전압에 대한 누설전류가 최대공급전류의 1/2,000(1조당)을 초과하지 않도록 유지하여야 한다.

TN과 TT, IT 인데 이 문자들의 의미는 아래와 같다.

첫 번째 문자 : 전력계통의 중성점(또는 한 상)과 대지의 관계입니다.

T : 대지와 직접 연결 (라틴어 Terra)

I : 대지와 연결하지 않거나 고 저항을 통해서 접지(Isolate)

두 번째 문자 : 설비에 노출된 도전성 부분과 대지의 관계입니다.

T : 노출된 도전성 부분을 직접 대지와 연결(Terra)

N : 노출된 도전성 부분을 중성점에 연결(Neutral)

1. TN 계통

- 발전기 혹은 변압기의 중성점(N)을 접지하고 기기의 보호접지(Protective Earth)를 이 중성점과 같이 연결하는 방식.
- TN 계통은 중성점(N)과 보호접지(PE)가 연결된 지점에 따라서 3가지로 나뉜다.
  1) **TN-S : 보호접지(PE)와 중성점(N)은 변압기나 발전기 근처에서만 서로 연결되어 있고 전 구간에서 분리 되어있는 방식(separate)**
  2) **TN-C : 보호접지(PE)와 중성점(N)은 전 구간에서 공통으로 사용됨. 거의 사용되지 않는 방식 (combined)**
  3) **TN-C-S : 보호접지(PE)와 중성점(N)은 어느 구간까지는 같이 연결되어 있다가 특정구간(건물의 인입점 등)부터 분리된 방식. 중성선 다중접지 방식영국에서는 PME(protective multiple earthing), 호주에서는 MEN(multiple earthed neutral)이라고도 한다.**

① TN-S 시스템

그림과 같이 전원부는 접지되어 있고 간선의 중성선(N)과 보호도체(PE)를 분리해서 사용하는 것을 말합니다. 이 경우 보호도체를 접지도체로 사용한다.

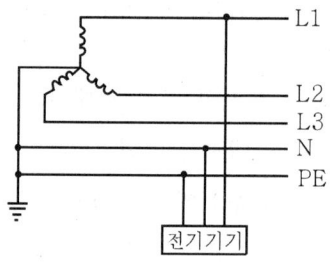

② TN-C 시스템

아래 그림과 같이 간선의 중성선과 보호도체를 겸용하는 PEN도체를 사용하는 방식으로 기기의 노출 도전부분의 접지는 보호도체를 경유하여 전원부의 접지점에 접속합니다.

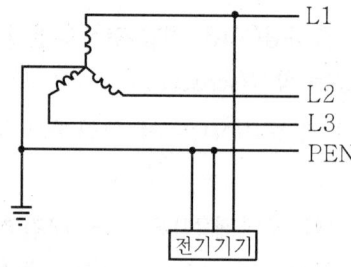

③ TN-C-S 시스템

아래 그림과 같이 전원부는 TN-C로 되어있고 간선계통의 일부에서 중성선과 보호도체를 분리하여 TN-S계통으로 하는 방법을 말한다.

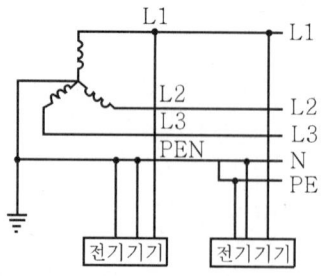

우리나라의 경우 TT 방식을 사용하고 있지만, 아파트와 같은 수전설비를 가지고 있는 곳에서는 TN-S 형식을 사용한다.

2. TT 계통

TT 계통은 발전기나 변압기의 접지극과는 별도로 각 수용가에서 접지 극을 설치하여 접지하는 방식

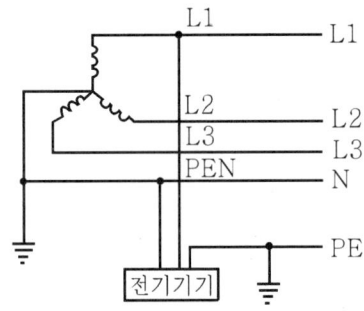

TT계통의 큰 장점
- TN 계통과 달리 노이즈 신호등의 유입을 차단할 수 있다
- TN 계통은 여러 전자기기들이 접지 극을 공유하므로 접지 극으로 유입된 노이즈 신호등이 다른 전자기기에 영향을 끼칠 수 있다.
- TT 계통은 접지 극을 따로 설치하므로 이러한 노이즈의 유입을 차단할 수 있다.
- TT 계통은 전원 측에서 각 3상 부하의 불 평형이나 중성선의 단선 등으로 인한 중성점의 전위 상승이 있을 수 있다.
- 전기기구의 함체와 대지 간 등 전위를 유지할 수 있다.
- 우리나라는 TT 계통을 적용한다.

3. IT 계통

- IT 계통은 전원이 접지되어 있지 않거나 높은 임피던스로 접지되며, 수용가에서는 별도의 접지극을 설치하는 방식.

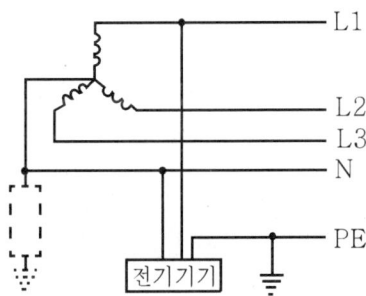

- IEC60364는 일반용 전기설비 및 자가용 전기설비에 적용되며 공칭전압이 교류 1000V 이하(한국에서는 교류 600V 이하) 또는 직류 1500V 이하에 적용

3. 태양광 발전 모듈배치 설계	1. 태양광발전 전기배선 설계 2. 태양광발전 모듈배치 설계 3. 태양광발전 어레이 전압강하 계산	1. 태양광 발전 모듈 배선 2. 전기설비기술기준 3. 전기설비기술기준의 판단기준 4. 내선규정 등 1. 태양광발전 모듈의 직병렬 계산 2. 태양광발전 모듈 배치 등 1. 전압강하 및 전선 선정 2. 어레이 출력전압 특성 등 3. 직류측 구성기기 선정

■ 설치가능한 태양전지 모듈 수 산출

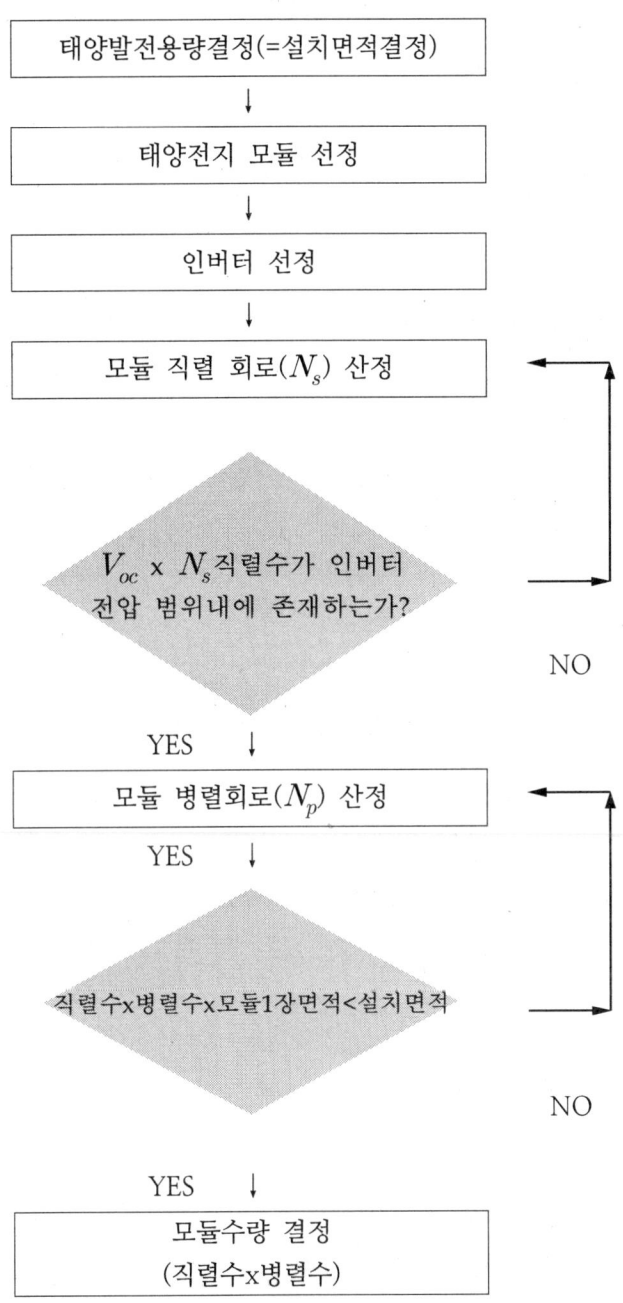

■ 모듈 사양

모듈사양	
P_{max}(최대전력)[W]	250[W]
V_{oc} (개방전압)[V]	37.5[V]
I_{sc} (단락전류)[A]	8.7[A]
V_{mpp}(최대전압)[V]	30.5[V]
I_{mpp} (최대전류)[A]	8.2[A]
온도변화율(%/℃)	-0.33
모듈치수	1800(L)* 950(W) * 35mm(D)
NOCT	46[℃]

■ 공칭 태양광발전 셀 작동온도(T_{cell})

주위온도 변화에 따른 동작온도가 변하는 모듈에 적용한다.

$$T_c = T_a + \frac{NOCT - 20}{0.8} \times q$$

T_c : 외기온도(T_a)하에서 PV Cell 온도[℃] T_a : 외기 온도
NOCT : 공칭운전 셀온도[℃]   q : 표면 일사량 [kW/㎡]
20 : 표준운영조건 주위온도 20[℃]   0.8 : 표준운영조건 일사량 0.8[kW/㎡]
※ 표준일사량(q)은 대부분 1[kW/㎡] 이다.

■ 모듈 온도변화에 의한 출력 특성

약 1℃ 상승시

- 단락전류 (Isc) : 0.05[%/℃]정도 상승
- 개방전압(Voc) : 0.4[%/℃]정도 감소
- 최대출력(Pm) : 0.5 [%/℃]정도 감소

태양전지모듈의 출력은 일사강도에 비례하여 증가하고 태양전지온도 상승시 출력은 감소하는 특징이 있다.

■ 모듈의 최저온도와 최고온도

모듈의 최저온도와 최고온도에서 V_{oc} 와 V_{mpp}가 변동되어 모듈의 최대직렬수와 최소직렬수를 선정하는데 필요하다.

$$V_{oc} = V_{oc}^1 \times \left[1 + (\frac{온도변화율[\%/°C]}{100}) \times (T_c - 25)\right][V]$$

$$V_{mpp} = V_{mpp}^1 \times \left[1 + (\frac{온도변화율[\%/°C]}{100}) \times (T_c - 25)\right][V]$$

* 전압강하율이 주어진다면 V_{oc} 와 V_{mpp}값에 강하율을 곱하면 된다. 예를들면 태양광 발전 시스템의 설치장소의 최저온도가 −10[℃]이고, 최고온도가 40[℃]인 경우 V_{oc} 와 V_{mpp}가 변동 되므로 직렬수를 선정할 때 고려하여야 한다.

예제 모듈표면의 최저온도 -10[℃] 와 최고온도 40[℃]인 경우 V_{oc}, V_{mpp} 를 구하시오.

- 최저온도가 -10[℃]에서 V_{oc}, V_{mpp}

$$V_{oc}(-10℃) = V_{oc}(25℃) \times \left[1 + (\frac{온도변화율[\%/°C]}{100}) \times (T_c - 25)\right] [V]$$

→ $V_{oc}(-10℃) = 37.5 \times \left[1 + (\frac{-0.33}{100}) \times (-10 - 25)\right] = 41.83[V]$

$$V_{mpp}(-10℃) = V_{mpp}(25℃) \times \left[1 + (\frac{온도변화율[\%/°C]}{100}) \times (T_c - 25)\right] [V]$$

→ $V_{mpp}(-10℃) = 30.5 \times \left[1 + (\frac{-0.33}{100}) \times (-10 - 25)\right] = 34.02[V]$

- 최고온도가 40[℃]인 경우

주위온도 변화에 따른 동작온도가 변하는 모듈에 공칭 태양광발전 셀 작동온도 (T_{cell})를 적용한다.

$$T_c(셀온도) = T_a(외기온도) + \frac{NOCT - 20℃}{0.8} \times q$$

→ $T_c(셀온도) = 40 + \frac{46 - 20}{0.8} \times 1 = 72.5℃$

$$V_{oc}(72.5℃) = V_{oc}(25℃) \times \left[1 + (\frac{온도변화율[\%/°C]}{100}) \times (T_c - 25)\right] [V]$$

→ $V_{oc}(72.5℃) = 37.5 \times \left[1 + (\frac{-0.33}{100}) \times (72.5 - 25)\right] = 31.62[V]$

$$V_{mpp}(72.5℃) = V_{mpp}(25℃) \times \left[1 + (\frac{온도변화율[\%/°C]}{100}) \times (T_c - 25)\right] [V]$$

→ $V_{mpp}(72.5℃) = 30.5 \times \left[1 + (\frac{-0.33}{100}) \times (72.5 - 25)\right] = 25.71[V]$

■ 최대직렬 모듈 수 산출

① $N_{\max} = \dfrac{V_{\max(INV 동작전압의 최고치)}}{V_{oc(module의 최저온도)}}$ [V_{oc}에서 최대 직렬 수량 선정방법]

② $N_{\max} = \dfrac{V_{mpp(INV)}}{V_{mpp(module의 최저온도)}}$ [V_{mpp}에서 최대 직렬 수량 선정방법]

위 두 개의 출력값 중 낮은 값을 최대 직렬수로 한다.

* 소수점 이하는 절사한다.

■ 최소직렬 모듈 수 산출

① $N_{\min} = \dfrac{V_{MPP(INV-\min)}}{V_{MPP(module의 최고온도)}}$ [V_{mpp}에서 최소 직렬 수량 선정방법]

* 소수점 이하는 절상한다.

■ 최대 가능한 병렬수

① 병렬수 = $\dfrac{인버터 최대전력}{모듈의 직렬수 \times 모듈 1매 최대전력}$

■ 모듈의 설치용량

① 태양광발전 시스템 전력 = 직렬수 × 병렬수 × 모듈1매 최대전력

② 모듈의 설치용량은 인버터의 105% 이내에서 결정되므로 모듈전체의 설치용량은 인버터의 제어범위 안에 충족되어야 한다.

모듈전체용량 ≤ (인버터정격용량 × 1.05)

■ 태양광 발전 모듈배치

1. 음영에 따른 원인과 대책

① 음영의 발생원인

ⓐ 구름의 이동, 주변의 건축물이나 나무의 낙엽등

ⓑ PV 어레이의 전면과 후방부분의 간격의 불충분

ⓒ 모래먼지나 황사에 의한 퇴적물

※ 피뢰침, 전기줄, 안테나 등은 음영으로 고려하지 않는다.

② 음영의 영향 : 모듈의 hot spot이 발생하여 발전 전력량을 감소시킨다.

③ 음영의 대책

ⓐ 일사조건이 좋은 시간대에서 PV 어레이의 설치장소 주변에 있는 나무나 건물 또는 PV 어레이 자체에 의해 어레이 표면에는 음영이 생기지 않도록 고려하여야 한다.

ⓑ 음영을 피할 수가 없다면 모듈의 배치 방법과 스트링의 구성을 신중하게 고려하여야 한다.

ⓒ 태양광이 낮은날 동지 때에 10시에서 15시 사이를 기준으로 하여 어레이의 이격거리를 고려하여야 한다.

ⓓ 인버터(pcs)의 MPP 추종제어 기능으로 출력손실을 최소화 한다.

ⓔ 부분 음영이 발생될 것을 대비하여 일정한 셀수 마다 바이패스 소자를 설치한다.

2. 모듈의 배치방법

ⓐ 모듈깔기(배치) : 모듈의 배치방식은 일반적으로 수직으로 배열하는 방식[가로깔기] 보다 수평으로 배열[세로깔기]하는 것이 좋다. 수직으로 배치하게 되면 음영이 발생시 모듈1장에서 4개의 스트링 전체가 음영손실이 되어 100%의 출력 감소가 발생한다. 수평으로 배치하게 되면 음영의 손실이 약 1/2정도로 출력의 감소가 발생한다.

- 가로깔기 : 모듈의 긴쪽이 상하가 되도록 설치하는 방식이다.
- 세로깔기 : 모듈의 긴쪽이 좌우가 되도록 설치하는 방식이다.

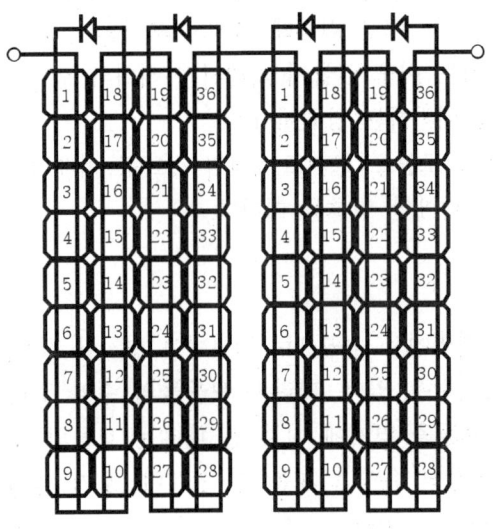

(a) 100% 출력감소

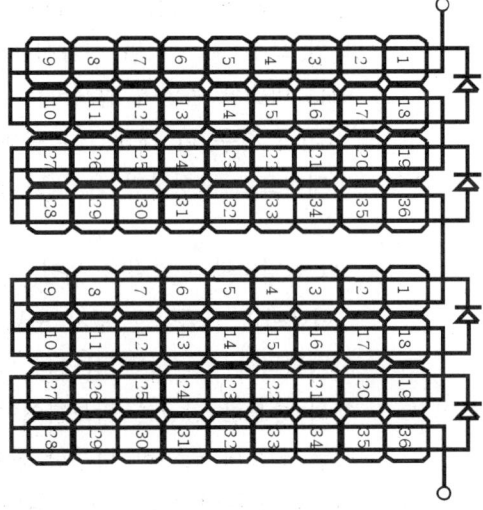

(b) 25% 출력감소

음영의 영향을 피할 수 없는 곳은 적절한 어레이 스트링 구성과 여러개의 스트링 인버터를 사용한다.

ⓑ 수직방향 음영과 좌우측면의 음영인 경우 모듈의 최적배치

S1	S1	S2	S2	S3	S3	S4	S4	S5	S5	S6	S6
S1	S1	S2	S2	S3	S3	S4	S4	S5	S5	S6	S6
S1	S1	S2	S2	S3	S3	S4	S4	S5	S5	S6	S6
S1	S1	S2	S2	S3	S3	S4	S4	S5	S5	S6	S6

(a)

S1	S2	S3	S3	S4	S4	S5	S5	S6	S6	S7	S7
S1	S2	S2	S3	S4	S4	S5	S5	S6	S7	S7	S8
S1	S1	S2	S3	S3	S4	S5	S6	S6	S7	S8	S8
S1	S1	S2	S2	S3	S4	S5	S6	S7	S8	S8	S8

(b)

(a)와 같은 지붕을 가로지르는 수직그림자는 어레이의 남쪽에 위치한 인공구조물 같은 것으로서 낮에는 왼쪽에서 오른쪽으로 옴직이는 수직음영을 발생시킨다. 따라서 모듈의 배치는 한 개의 스트링에 각각 8개의 모듈로 그리고 6개의 스트링 어레이로

구성하면 음영은 각각 한 개의 스트링에만 영향을 미친다.

(b)와 같은 경우에는 아침과 오후 늦게 측면에 발생하는 음영으로서, 아침의 삼각형 모양의 음영은 어레이의 남쪽과 왼쪽 끝에있는 이웃 건물에 의해서 생기는 것이다. 또한 오후 늦은 저녁 시작시간에 동쪽에 있는 이웃 건물에 의해서 어레이의 오른쪽에는 비슷한 음영이 발생하는 경우 모듈을 배치하는 방식이다.

(b)의 경우 한 개의 스트링에 각각 6개의 모듈로 그리고 8개의 스트링 어레이를 비대칭으로 구성하면 음영은 적은수의 스트링에만 영향을 미친다.

ⓒ 음영영향의 경감을 위한 모듈의 설치

어레이의 모듈들은 평지 또는 건물 지붕평면에서 수평으로 정렬하여 설치할 경우, 이격거리를 고려하면 음영의 영향을 경감시킬수 있다. 따라서 모듈들의 수평 정렬에서 충분한 공간을 확보하여야 하며, 모듈들을 평지에 설치 할 때에는 모듈의 높이를 충분히 높이면 나무나 풀의 성장으로부터 음영을 피할 수 있으며, 우기 때에 모듈의 바닥이 진흙으로 오염되는 것을 피할 수 있다.

㉠ 경사각에 따른 이격거리 계산

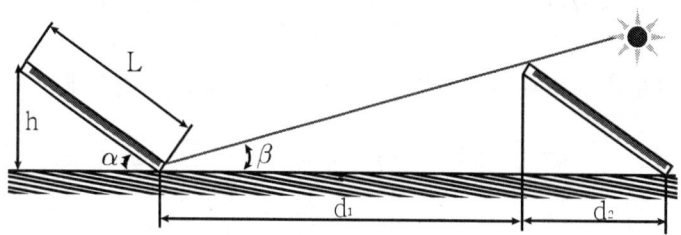

L: 모듈의 길이 d_2=설치 길이 d_1=열 사이 거리
α=태양 전지 모듈의 경사각 β=태양 고도각

■ $D = \dfrac{\sin(180-\alpha-\beta)}{\sin\beta} \times L = \dfrac{\sin(\alpha+\beta)}{\sin\beta} \times L\,[m]$
　$= L[\cos\alpha + \sin\alpha \times \tan(90-\beta)]\,[m]$

D : 어레이 최소 이격거리　　L : 어레이 길이
α : 어레이 경사각　　　　　β : 태양고도각
d_1 : 열 간격　　　　　　　　d_2 : 어레이 설치길이

태양의 고도각 : 태양의 고도는 하지일 때 가장 높고 동지일 때 가장 낮다. 이는 지구의 회전축이 23.5° 기울어져 있기 때문이다. 동지일 때 고도각은 고도각 = 위도 − 23.5°을 이용하여 구할수 있다.

■ 태양전지 열사이의 거리 공식

$D = d_1 + d_2$
$d_2 = L \times \cos(\alpha)$
$d_1 = L \times \dfrac{\sin\alpha}{\tan\beta}$
$d_1 = D - L \times \cos(\alpha) \, [m]$

■ 대지 이용률(f)

$$대지이용률(f) = \dfrac{모듈의 길이(L)}{어레이 이격거리(D)}$$

■ 최대발전 가능 전력량

태양광 설치 부지가 가로 70m × 세로 150m 경계선으로부터 상하좌우 3m 빈공간을 두고 세로깔기하는 경우 모듈간 이격거리와 발전예정지에 최대발전가능 전력량을 구하시오.

[모듈의 치수 : 1900(L) × 950(W) × 35.5(D) / 모듈1매의 최대전력 : 250[W]]

[인버터 최대전력 200kW, MPP범위 : 450 ~ 820[V]

α : 모듈의 경사각 = 33°, β : 고도각 = 21° 인 경우

　　모듈간 이격거리

$$D = \dfrac{\sin(180 - \alpha - \beta)}{\sin\beta} \times L = \dfrac{\sin(180 - 33 - 21)}{\sin 21} \times 1.9 = 4.28m$$

- 최대발전 가능 전력량

㉠ 가로장수 구하기

가로길이 = 좌측(빈공간) + 우측(빈공간) + (모듈의폭 · X)

X : 가로모듈의 장수

$$X = \frac{가로길이 - [좌측(빈공간) + 우측(빈공간)]}{모듈의 폭}$$

→ $70 = 3m + 3m + (0.95 \cdot X)$

X : 가로모듈의 장수

$$X = \frac{70 - [3+3]}{0.95} = 67.36장 이므로 67장이 된다.$$

㉡ 세로장수 구하기

세로길이 = 상(빈공간) + 하(빈공간) + (모듈간 이격거리 · X)

X : 세로모듈의 장수

$$X = \frac{세로길이 - [상(빈공간) + 하(빈공간)]}{모듈간 이격거리}$$

→ $150 = 3m + 3m + (4.28 \cdot X)$

X : 가로모듈의 장수

$$X = \frac{150 - [3+3]}{4.28} = 33.64장 이 된다.$$

모듈의 장수를 33장으로 할 경우 세로의 길이가 33장×4.28m=141.24m이고, 경계성의 3m 빈공간을 포함하면 141.24+3=147.24m가 된다. 세로의 길이가 150m이므로 150m에서 147.24m를 빼면 2.76m의 부지의 여유가 발생한다. 이때 모듈 한 장의 수평면 입사거리는 cos33°이므로 어레이 설치 길이를 구할 수 있다.

$$d_2 = L \times \cos(\alpha) \rightarrow d_2 = 1.9 \times \cos 33 = 1.59m$$

부지의 여유분 2.76m에서 어레이설치 길이인 1.59m를 빼면 1.17m의 여유가 발생하므로 세로장수는 34장이 된다. 그러므로 총 모듈수는 가로장수×세로장수=67장×34장=2278장이 되며 총 발전 가능량=총 모듈수×모듈 1매의 최대전력=2278×250[W]=569.5kW

■ 인버터 설치대수

$$인버터\ 대수 = \frac{총발전가능량}{인버터용량}$$

총발전가능량 = 총모듈수 × 모듈1매의 최대전력 = 2278 × 250[W] = 569.5kW

$$인버터\ 대수 = \frac{총발전가능량}{인버터용량} = \frac{569.5kW}{200kW} = 2.84 \text{이므로 3대의 인버터가 필요하다.}$$

3. 태양광발전 어레이 전압강하 계산	1. 전압강하 및 전선 선정 2. 어레이 출력전압 특성 등 3. 직류측 구성기기 선정

■ 전압강하

태양광발전설비의 직류(DC)부와 교류(AC)부의 전선사이에서 일어나는 전압강하를 말한다. 태양전지모듈에서 인버터 입력단간 및 인버터 출력단과 계통 연계점 간의 전압강하는 각 3%를 초과하여서는 아니 된다. 단 전선의 길이가 60m를 초과할 경우에는 표와 같이 적용하도록 규정되어 있다.

전선 길이	전압강하
120m 이하	5%
200m 이하	6%
200m 초과	7%

■ 직류(DC)측 전압강하

태양광 발전 시스템의 DC측는 어레이, 접속반, 인버터 입력단 부분이며, DC측에서 발생하는 전압강하는 어레이로부터 접속함까지의 스트링별 전압에 대한 전압강하이며 또 하나는 접속함에서 인버터 입력단까지 접속함 출력전압에 대한 전압강하이다.

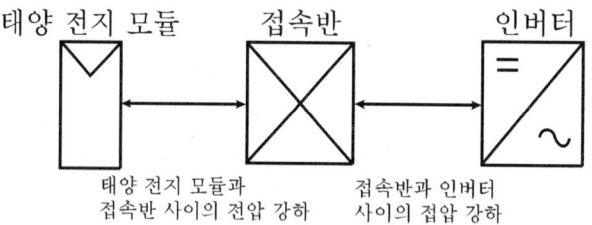

태양 전지 모듈과 접속반 사이의 전압 강하   접속반과 인버터 사이의 접압 강하

전압강하의 크기는 접속된 부하의 크기에 따라 변동되며 이 전압 강하의 수전단전압에 대한 백분율[%]로 표시한 것이 전압 강하율이다.

$$전압강하율[\%] = \frac{전압강하}{스트링 정격전압} \times 100[\%]$$

■ 교류(AC)측 전압강하

저압 배선 중의 전압강하는 간선 및 분기회로에서 가가 표준전압의 2%이하로 하는 것을 원칙으로 합니다. 단, 전기사용장소 안에 시설한 변압기에 의하여 공급되는 경우 간선의 전압강하는 3% 이하로 할 수 있다. 공급변압기의 2차측 단자에서 최원단의 부하에 이르는 전선의 길이가 60m를 초과하는 경우의 전압강하는 아래의 표에 따릅니다.

공급변압기 2차측 단자 또는 인입선 접속점에서 최원단의 부하에 이르는 사이의 전선의 길이[m]	전압강하[%]	
	사용장소안에 시설한 전용 변압기에서 공급하는 경우	전기사업자로부터 저압으로 전기를 공급받는 경우 [저압 수전]
120이하	5이하	4이하
200이하	6이하	5이하
200초과	7이하	6이하

■ 전압의 유지기준

표준전압	유지하여야 하는 전압[V]
110V	110[V]±6[V]이내 (5.5%)
220V	220[V]±13[V]이내 (5.9%)
380V	380[V]±38[V]이내 (10%)

■ 전압강하 및 전선 단면적 계산식

회로의 전기방식	전압강하	전선의 단면적	
직류 2선식 교류 2선식	$e = \dfrac{35.6 \times L \times I}{1,000 \times A}$	$A = \dfrac{35.6 \times L \times I}{1,000 \times e}$	e : 각 선간의 전압강하(V)
3상 3선식	$e = \dfrac{30.8 \times L \times I}{1,000 \times A}$	$A = \dfrac{30.8 \times L \times I}{1,000 \times e}$	A : 전선의 단면적(mm^2) L : 도체의 1본의 길이(m)
단상 3선식 3상 4선식	$e = \dfrac{17.8 \times L \times I}{1,000 \times A}$	$A = \dfrac{17.8 \times L \times I}{1,000 \times e}$	I : 전류(A)

■ 전압강하 계산식

전압강하식은 전압강하(e) = 송전단전압(V_s) − 수전단전압(V_R)이며

$$전압강하율(\epsilon)[\%] = \frac{송전단전압(V_s) - 수전단전압(V_R)}{수전단전압(V_R)} \times 100[\%]$$

$$= \frac{전압강하(e)}{수전단전압(V_R)} \times 100[\%]$$

■ 전선의 선정 : 각부분의 전압, 전류, 환경을 고려하여 설비기준에 맞게 계산하여 결정한다. 태양전지에서 옥내에 이르는 배선에 사용되는 전선은 모듈전용선, 구입이 쉽고 작업성이 간편하며 장시간 사용해도 문제가 없는 폴리에틸렌(XLPE)케이블이나 이와 동등 이상의 제품 또는 직류용 전선을 사용하고, 옥외에는 UV케이블을 사용한다. 병렬회로 접속 시 회로의 단락전류에 견딜 수 있는 굵기의 케이블을 선정하고 전선이 지면에 접촉되어 배선되는 경우에는 피복이 손상되지 않도록 별도의 조치를 취해야 한다.

■ 전선의 굵기 선정시 고려사항

   ⓐ 허용전류   ⓑ 전압강하   ⓒ 기계적 강도

■ 태양광 발전 시스템의 케이블 선택과 굵기선정시 고려사항

   ⓐ 허용전류   ⓑ 전압강하   ⓒ 기계적 강도

   ⓓ 케이블의 손실 및 전압강하   ⓔ 고조파   ⓕ 전압규격

■ 전선 재료의 구비조건

① 도전율이 클 것
② 비중(밀도)이 적을 것 (중량이 가벼울 것)
③ 기계적 강도가 클 것
④ 부식성이 적을 것
⑤ 내구성이 있을 것
⑥ 가선공사가 용이 할 것
⑦ 값이 저렴할 것
⑧ 가공이 쉬울 것

1) 케이블 전압 규격

태양광 발전 시스템은 일반적으로 사용되는 표준 케이블(공칭전압 450~1000V)의 전압등급을 넘지 않아야 한다. 태양광 발전 시스템이 대형이고 모듈 스트링이 긴 경우, PV 스트링 또는 스트링이 연결될 어레이의 최대 개방전압(-10℃에서)을 고려해서 케이블의 공칭전압등급을 확인해야 한다.

연계구분	적용설비	연계설비용량		전기방식	역조류
저압 배전선	- 태양광발전 - 연료전지발전 - 풍력발전	원칙적으로 100kW미만		단상 2선 220V 3상 4선 380V	유·무
특고압 배전선		일반배전선	원칙적으로 3,000kW 미만	3상 4선 22.9kV	유·무
		전용배전선	원칙적으로 20,000kW 미만		
특고압 송전선		송전선	원칙적으로 20,000kW 이상	3상 4선 154kV	유·무

2) DC측 케이블 허용전류

최대전류에 따라 케이블 단면적의 굵기를 산정한다. 이 때, KSC IEC 60512 Part3에 열거된 케이블의 허용전류 값이 유지되어야 한다, 모듈 또는 스트링 케이블을 통해 흐를 수 있는 최대전류는 발전기 단락전류에서 스트링 1개의 단락전류를 뺀 값이며, KSC IEC 60364-7-12 에 열거된 케이블의 허용전류는 STC(표준 시험조건)에서 태양광 어레이 단락전류의 1.25배 이상이 되도록 설계되어야 한다.

3) 케이블 손실/전압 강하 최소화

케이블 단면적의 굵기선정은 케이블 손실/전압 강하가 최소가 되도록 고려할 필요가 있다. 직접 전압회로에서의 전압강하는 표준시험조건(STC)에서 태양광 발전 시스템의 공칭전압의 1%를 넘어서는 안 된다. 모든 DC 케이블을 통한 손실 전력을 STC에서 1%로 제한한다.

4) 고조파

신재생에너지전원에 의해 계통으로 투입되는 고조파전류는 공통접속점에서 측정한 값이 표1에 제시된 한계치를 초과하지 않아야 한다. 투입되는 고조파 전류에서 계통 자체에 존재하는 전압 고조파 왜형으로 인한 고조파 전류 성분은 제외되어야 한다.

고조파 차수	<11	11≤h<17	17≤h<23	23≤h<35	11≤h<17	TDD
비율(%)	4.0	2.0	1.5	0.6	0.3	5.0

[전류(I)에 대한 백분율로 나타낸 최대 고조파전류 왜형]

① 신재생에너지전원이 없을 때의 해당 수용가 계통의 15분 최대 부하전류 또는(신재생에너지전원과 공통접속점 사이에 변압기가 있을 경우 공통접속점 측) 신재생에너지전원의 정격 전류 중 큰 값에 대한 고조파 전류의 비율을 말한다.
② 짝수 고조파는 위의 홀수 고조파의 25% 이하로 한다.
③ 측정값은 10분 평균값을 취한다.

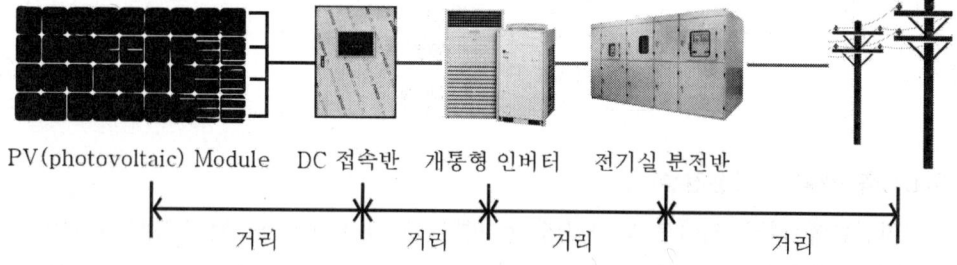

✔ 신재생에너지센터 태양광설비 시공기준

✔ 모듈·인버터, 인버터-계통연계점 간 전압강하는 각 3%를 초과하면 안됨.
(단, 전선길이가 60m를 초과하는 경우, 120m이하 5% 200m 이하 6%, 200m 초과 7%
↓
전압강하 DC 2%, AC 1%, 전체 3% 이내 권장
접속반(인버터, 전기실) 위치 및 용량(수량)
↓

✔ 각 설비별 위치에 따라 전압강하율이 달라지며, 이는 곧 발전량의 손실을 결정하게 됨
따라서, 최적을 수익을 창출하기 위한 적절한 위치선정이 필요함

■ 배전용케이블과 태양광 DC 케이블 비교

케이블특성	배전용케이블(TFR-CV)	태양광 DC케이블
사용전압	0.6/1[kV]	1500[V]
사용전류	교류(AC)	직류(DC)
도체	일반도체(연동선)	부식방지도체(주석도금선)
내열성	90℃	120℃
내한성	약 -15℃	약 -40℃
내오존성	열화됨	좋음

태양광 발전 시스템은 태양광 모듈, 접속반, 전력변환장치(이하 PCS라고 한다), 배전용 케이블 등으로 구성된다. 태양광 발전은 광전자효과(태양광 모듈이 빛을 흡수하면 표면에 전자가 생겨 전기가 발생)에 의해 생성된 직류(DC) 전기에너지를 집전하여 접속반을 통해 PCS로 전달된다. PCS에서는 DC 전원이 교류(AC) 전원으로 변환되며, 이는 변압기를 거쳐 송전계통으로 전달된다. 이러한 전력 전송은 모두 배전용 케이블을 통해 이루어지며, 현재 국내에서는 KS IEC 60502-1 규격 기준의 AC 0.6/1kV급의 TFR-CV 케이블이 사용되고 있다.

태양광 발전 시스템의 수명은 통상적으로 25~30년으로 되어 있다. 즉, 태양광 발전을 통한 원활한 전력 전송을 위해서는 케이블의 수명 또한 최소 25년이 보증되어야 한다는 뜻이다. 태양광용 케이블의 수명을 좌우하는 것은 전류, 전압에 의한 전기적 부하와, 노출된 외부 환경에 따른 환경적 부하가 있다.

국내는 전기사업법 시행규칙의 DC 저압 기준이 현행 750V 이하에서 2021년 1500V 이하로 확대 시행 예정이고, 태양광 시스템을 구성하는 모든 설비가 높은 효율의 DC 1500V급으로 전면 대체될 것이다. 따라서 전기적 부하에 취약한 0.6/1kV급 TFR-CV 케이블의 적용은 당연히 어려워질 것으로 생각된다.KS IEC 60502-1을 따른 일반 배전용 케이블은 이러한 부하에 대한 검증 항목 자체가 없거나, 국외의 태양광 케이블 규격 대비 상당히 미흡하다. 이를 태양광 발전에 적용했다고 가정 시, 내용년수는 최대 20년에 불과한 수준이다.

재생에너지 선진국인 독일에서는 12년 전인 2007년부터 태양광용 DC 1500V 전용 케이블 시험 규격(TÜV 2 Pfg 1169/08.2007)을 제정, 시험 항목에 부합된 제품만을 사용토록 하였다. EU도 2014년 DC 1500V 태양광 케이블 규격인 EN 50618을 신규 제정하였으며, 해당 규격 제품을 개발한 글로벌 케이블 업체가 전세계 태양광 케이블 시장을 장악하고 있다. 일본도 재생에너지 발전 활성화를 위해 2012년 6월 전기사업법 시행규칙을 개정하여 DC 저압 기준을 1500V 이하로 변경하였고, 이에 부합하는 태양광 케이블 규격인 JCS 4517을 제정하여 적용 중에 있다.

이러한 세계적인 동향에 부합하기 위하여 IEC에서는 DC 1500V 태양광 케이블 규격을 통합한 IEC 62930 규격을 2017년 신규 제정했다. 상기 규격 제품의 공통적인 특징은 내열, 내자외선, 차수, 내산/내알칼리, 저온 기계적 특성을 향상시킨 것 외에도 할로겐 원소가 포함되지 않은 친환경 케이블이라는 것이다. 즉, 기존 TFR-CV 제품에서는 취약한 환경 부하 특성을 대폭 강화한 제품 및 재료 규격을 명시하고 있다.

이러한 상황에서 향후 국내 태양광 발전 시스템용 케이블은 어떤 제품을 도입해야 할지는 자명하다. 단지 국내 규격이 없다고 하여 시스템에 적합하지 않은 일반 배전용 TFR-CV 제품을 계속 적용할 것이 아니라 DC 1500V 전용 제품의 도입을 시급히 검토해야 한다. 또한 국제 DC 1500V의 태양광 케이블 규격을 기반으로 한 KS 규격 제정도 서둘러야 할 것이다.

2. 어레이 출력전압 특성

(1) 어레이의 출력전압

태양전지 어레이의 회로를 개방상태로 하면 태양전지 어레이 최대출력전압의 1.3배의 전압(개방전압)이 발생한다. 커넥터와 단자대, 개폐기 등에도 이 전압이 가해지므로 이들 기기를 선택할 때에는 기기의 정격전압이 개방전압 이상인 것을 사용한다.

3. 태양전지 모듈(직·병렬) 구성

(1) 태양전지 모듈 직렬 구성

태양전지 모듈을 직렬로 구성하면 모듈출력 전압이 증가한다. 직렬의 태양전지판은 일반적으로 24V 이상을 필요로 하는 그리드 연결 인버터 또는 충전 컨트롤러가 있는 경우에 사용된다. 모듈을 직렬로 연결하려면 한 개의 양극(+) 및 음극(-) 연결이 될 때까지 양극 단자를 각 모듈의 음극 단자에 연결한다. 일련의 모듈은 각 개별 모듈에 의해 생성된 전압을 합산하거나 합계하여 어레이의 총 출력 전압을 그림과 같이 표시한다.

① 동일한 태양전지 모듈 직렬 연결

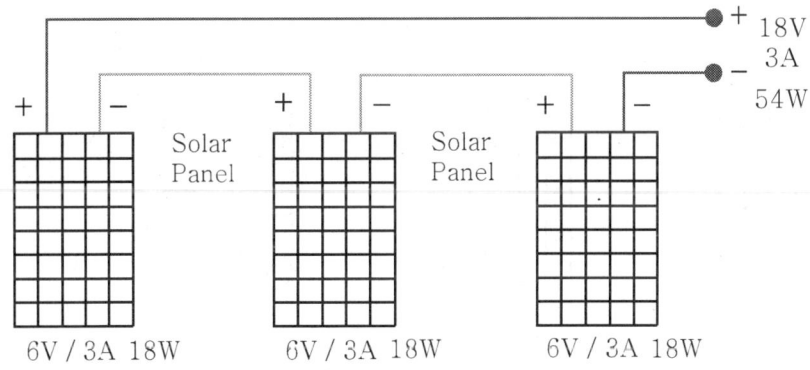

이 방법은 모든 태양전지판이 동일한 유형 및 전력 등급을 갖는다. 전체 출력전압은 태양전지의 출력전압의 합이 되며, 태양전지 전류값이 3[A]로 일정하므로 모듈을 직렬 연결하면, 전압 출력은 18[V]로 증가하며, 전류값은 3[A]로 일정하게 유지되지므로 어레이 출력전력이 54W가 된다.

② 전류는 동일, 전압은 불일치 시 태양전지 모듈 직렬 연결

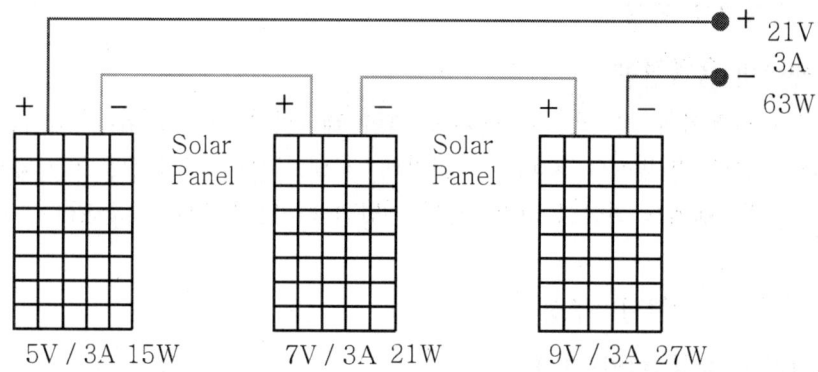

전류는 동일, 전압이 불일치하는 경우 서로 다른 유형 및 전력등급을 나타낸다. 위 그림에서 전류는 동일하므로 전류는 3[A]로 동일하지만, 전압은 각각 다르므로 모듈의 전압을 합하여 총 출력전압은 21[V]가 되며, 태양전지 모듈 직렬 연결 출력전력은 63[W]가 된다.

③ 전압 및 전류가 각각 불일치 태양전지 모듈 직렬 연결

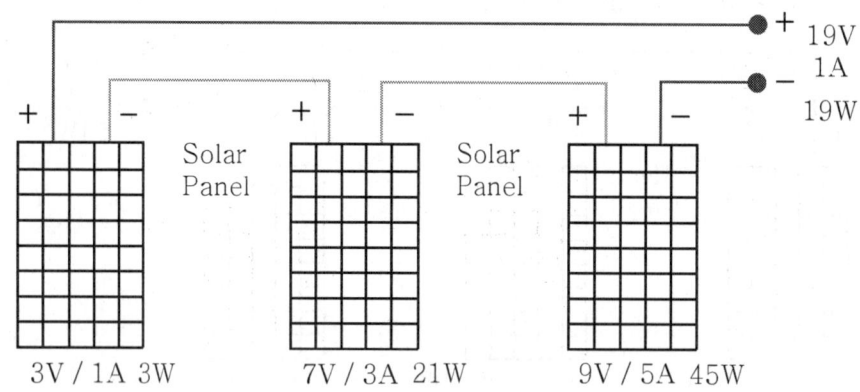

전류와 전압이 불일치하는 경우 완전 다른 유형 및 전력등급을 나타낸다. 위 그림에서 전류가 각각 다르므로 출력 전류값은 직렬스트링의 모듈 중에서 가장 낮은 전류 값으로 일정하게 되어 전류값은 1[A]로 나타난다. 전압도 각각 다르므로 각 모듈의 전압을 합하여 총 출력전압은 19[V]가 되며, 태양전지 모듈 직렬 연결 출력전력은 19[W]가 되므로 어레이 출력이 감소하므로 어레이출력의 효율성을 감소시킨다.

(2) 태양전지 모듈 병렬 구성

태양전지를 병렬 연결하면 출력 전압에는 변화가 없으며, 대신 출력전류가 태양전지의 개수에 비례하여 오래 사용할 수 있는 장점이 있다.

① 동일한 태양전지 모듈 병렬 연결

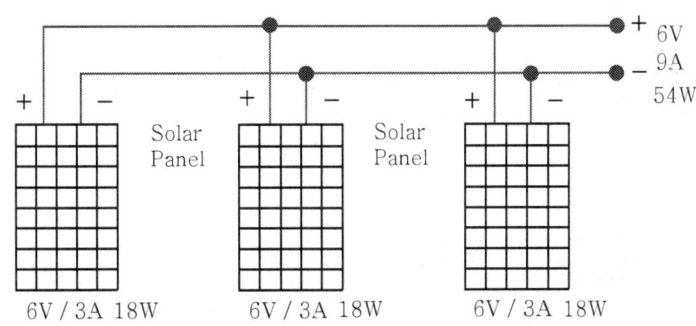

태양전지가 동일한 유형 및 전력 등급을 갖는다. 태양전지의 총 출력을 병렬로 연결하면, 출력전압은 6[V]로 동일하게 유지되며, 출력전류값은 태양전지의 합으로 9[A]로 증가하여 태양전지의 출력 전력값은 54[W]가 된다.

② 전압은 동일, 전류는 불일치 시 태양전지 모듈 병렬 연결

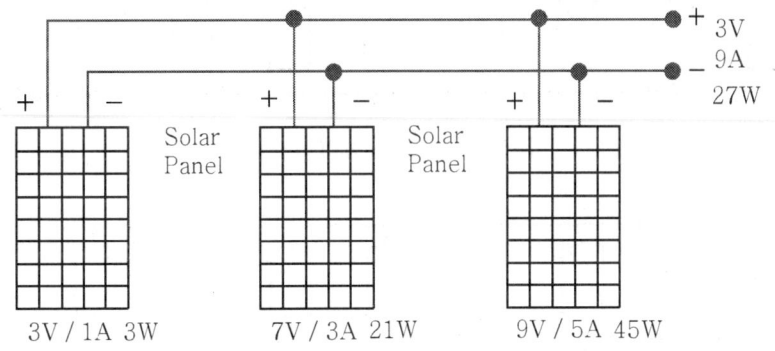

병렬 전류는 합쳐지지만 전압은 가장 낮은 값, 이 경우에는 3[V]로 조정된다. 태양전지 모듈은 병렬로 유용할 수 있도록 동일한 출력전압을 가져야 한다. 한 패널의 전압이 높으면 출력 전압이 저전압 패널의 전압 수준으로 떨어지도록 부하 전류를 공급한다. 9V, 5A로 평가된 태양전지 모듈이 작전 패널의 영향을 받아 작동 효율이 떨어지고, 이 고출력 태양전지 모듈이 최대 3볼트의 전압에서만 작동한다는 것을 알 수 있다. 정격 전압이 가장 낮은 태양전지판이 전체 어레이의 전압 출력을 결정하므로, 다른(다양한) 전압 등급을 가진 태양전지판을 병렬로 연결하는 것을 권장하지 않는다. 따라서 병렬로

태양전지판을 연결할 때 모든 전지판이 동일한 공칭 전압값을 갖는 것이 중요하지만, 동일한 전류 값을 가질 필요는 없다.

(3) 태양전지의 직·병렬 구성과 전력의 관계

① 직렬연결시 모듈 출력전력

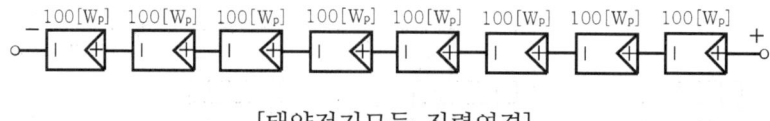

[태양전지모듈 직렬연결]

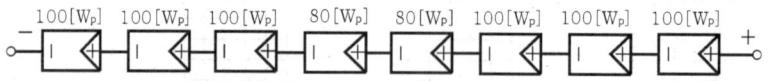

[태양전지모듈 직렬연결 시 음영 발생]

(가) 음영발생시

직렬연결 출력전력[W]=모듈의 최소전력×직렬 수=80[W]×8=640[W]

② 병렬연결시 모듈 출력전력

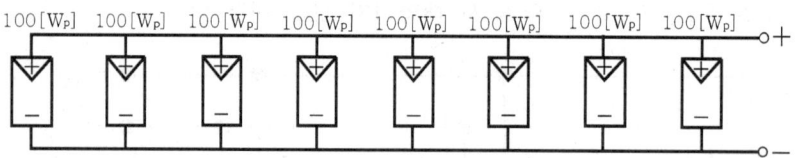

[태양전지모듈 병렬연결]

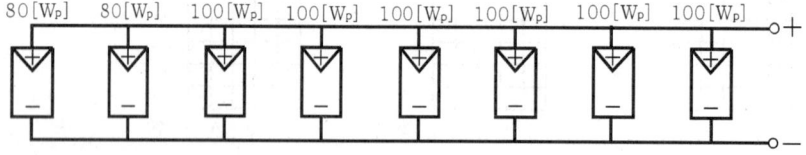

[태양전지모듈 병렬연결 시 음영 발생]

(가) 음영발생시

병렬연결 출력전력[W]=모듈 각각의 전력×직렬 수
$= (80[W] \times 2) + (100[W] \times 6) = 760[W]$

(4) Power Tolerance

1) 이론상의 출력과 차이가 발생하게 된다. 이 차이를 Power Tolerance라고 하는데 각 업체별로 ±5%, ±3%, + 3 − 0%, ± 25W 등으로 표시하고 있있다. 이 허용오차가 큰 경우 모듈전체의 출력이 떨어질 수 있기 때문에 중요하게 검토되어야 할 항목이다.
(국제규격은 ± 3% 이지만, 국내의 경우 +만 인정하고 −부분은 인정하지 않고 있음.)

■ 직류측 구성기기 선정

(1) 구성 및 선정 절차

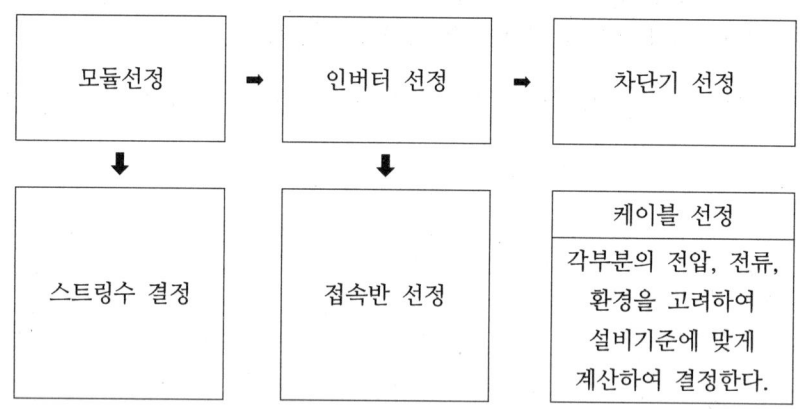

[구성 및 성 절차]

1. 태양광 모듈 선정

태양광 모듈은 일정 시간이 흐를수록 발전 효율이 떨어질 수 밖에 없으므로, 대부분의 제조사에서는 일정기간 효율을 보증해 준다. LS산전의 경우 모듈의 보증기간은 제품보증 5년(PID모듈) 출력보증 10년 91.5%, 25년 83% (일반모듈) 출력보증 10년 90%, 25년 80% 정도 효율을 보증을 하고 있다. 모듈을 선정시 가능한 보증기간이 길다.

■ 태양 전지 모듈을 선정할 때의 기본적인 기준은 다음과 같다.

1. 효율

보편적으로 효율이 높으면 단위면적당 출력도 당연히 높은 것은 사실이나 장기적으로 볼 때 출력의 안정성을 유지하는 것이 중요하다. 따라서 모듈을 제작할 때 셀을 어떻게 배치하느냐에 대한 문제이기 때문에 효율에는 큰 차이가 없다. 모듈을 제작시 다층구조의 셀을 사용하여 효율을 높게 하거나 신뢰성을 높이는 등 다양한 제조기술이 있기 때문에 제조회사별로 면밀히 검토할 필요가 있다.

2. 허용오차

다수의 셀을 직렬이나 병렬로 연결하여 모듈을 만들 경우 모듈의 최대출력이 전압, 전류의 특성 차이 등으로 인하여 이론적인 출력과 실제출력에 차이가 발생하게 된다. 이 차이를 Power Tolerance (전력허용오차)라고 하며 업체별로 다르다 허용오차가 크게 되면 모듈전체 출력에 영향을 끼치므로 신중한 검토가 필요하다. 만약 모듈 다수를 직렬로 연결한 스트링이 복수개가 있는 경우 이중 하나의 스트링에서 전압이 다른 스트링 보다 낮게 발생하게 되면 건전한 다른 스트링에 영향을 주어 전체적으로 발전전압이 낮아지게 된다.

3. 신뢰성

태양전지 모듈은 20년 이상 사용해야 하므로 전기적, 물리적, 환경적으로 높은 신뢰성을 가지고 있어야 한다. 따라서 품질보증 기간이나 장기적인 효율저하 및 After Service 등을 면밀히 검토하여 모듈을 선정하여야 한다.

4. 모듈의 용량

태양전지모듈의 단위용량은 가능한 작은 것보다 큰 용량을 선정하는 것이 여러 가지 조건에서 유리하다. 왜냐하면 모듈의 단위용량이 작은 것을 사용할 경우 모듈의 수량이 많아지게 된다. 모듈의 수량이 많아지게 되면 모듈의 직,병렬 수량이 많아져서 회로가 복잡하게 되고 접속저항이 증가하게 되어 손실이 많아지며 설치비용도 증가하고 설치후 관리 포인트가 많아져 관리 및 유지보수에도 불리하게 된다.

5. 공인기관 인증제품 사용

태양광발전설비에서 전기를 생산하는 핵심부분이 태양전지이므로 안정적인 전력 생산을 위해서는 국내외의 공인기관에서 인증을 받은 모듈을 사용하는것이 바람직 하다.기능이 오랜기간 유지될 수 있는 제품을 선정하는 것이 유리하다.

■ 모듈선정시 고려사항

1. 모듈 변환효율

변환효율은 단위면적당 들어오는 태양광에너지가 전기에너지로 변환되는 효율을 말한다.

$$\eta(변환효율) = \frac{P_{\max}}{A_t \times G} \times 100 = \frac{P_{\max}}{A_t \times 1,000[W/m^2]} \times 100(\%)$$

A_t : 모듈면적(m^2), G : 방사속도(W/m^2), $P_{\max}$: 최대출력(W)

2. 어레이 변환효율

$$\eta(변환효율) = \frac{P_{AS}}{A \times G_s} \times 100(\%)$$

A : 어레이 면적(m^2), G_H : 수평면 일사량(kW/m^2),
G_s : 경사면 일사량(W/m^2), P_{AS} : 어레이 출력전력(kW)

3. 표준상태에서의 태양광 어레이 출력

$$P_{AS} = \frac{E_L \times D \times R}{(\frac{H_A}{G_s}) \times K} \times 100(\%)[kW]$$

A : 어레이 면적(m^2), G_H : 수평면 일사량(W/m^2), G_s : 경사면 일사량(W/m^2),

P_{AS} : 어레이 출력전력(W), H_A : 어레이면 일사량$[kWh/m^2 \cdot 기간]$,

E_L : 부하소비전력량$[kWh/기간]$, D : 부하의 태양광발전시스템 의존도,

R : 설계여유계수, K : 종합설계지수

4. 태양광 발전 시스템의 연간 예상발전량

연간 예상발전량$[kW]$
= 표준상태에서의 태양전지 설치용량$[kWh/년]$ × 설치장소의 연간일사량 × 시스템성능계수

※ 태양전지의 효율

η_{cell} : 셀의 변환효율, $\eta_{모듈}$: 모듈의 변환효율, $\eta_{어레이}$: 어레이 변환효율

$$\eta_{cell} > \eta_{모듈} > \eta_{어레이}$$

셀이나 모듈의 수량이 많아지게 되면 셀이나 모듈의 직, 병렬 수량이 많아져서 회로가 복잡하게 되고 접속저항이 증가하게 되어 손실이 많아지므로 효율이 감소하게 된다.

5. 인버터 선정방법

(1) 인버터의 규격서는 용량산정과 설치에 중요한 정보를 제공한다. 인버터의 크기를 산정할 때에는 이 명세서를 준수하는 것이 필수적이다. 시스템과 연결 방식은 인버터의 수, 정격전압 그리고 전력등급을 결정한다.

① 인버터의 규격서 ② 승인된 프로젝트 설치용량
③ 사업주의 의견 참조 ④ 사업지의 현장 상황
⑤ 사업지의 모듈 배치 계획도 반영

이와 같은 내용을 참고하여 인버터의 용량과 수량을 결정한다.

(2) 인버터수와 전력용량 선택

인버터 선택에 있어서 인버터 제조사에서 제공한 규격을 보고 다음과 같은 내용을 평가하여 결정한다. 인버터의 공칭전력은 인버터와 모듈기술, 지역 일사량 같은 지역조건 그리고 모듈의 방향에 따라 PV어레이 출력(STC 조건하에)의 ±20%가 될 수 있다.

① 일반적으로 태양광 어레이 전력과 인버터 전력의 비가 1:1이 사용.
② 인버터가 특정 전력수준에서 사용 가능하고, 모듈의 수, 따라서 태양광 어레이의 전력이 설치 가능 면적에 의해 결정되므로, 1:1 크기 산정에서 편차는 일반적이다.
③ 인버터 제조업체들이 기술한 최대 연결 가능 태양광발전 전력을 꼭 신뢰할 필요는 없다. 어떤 경우에는 매우 높은 값이 나타나고 그 결과 인버터가 가끔은 과부하 범위에서 작동한다.
④ 지붕 밑이나 옥외에 설치될 경우 인버터는 높은 주변온도에서 작동할 수 있으므로 용량을 축소하여 산정할 필요가 있을 수 있다.

(3) 인버터 선정기준

인버터는 전압 범위, 최대 전압, 최대 효율, 보증 기간 등을 종합적으로 판단하여 최대 효율이 우수한 인버터를 선정여야 한다.

1) 제품

신재생 에너지 센터에서 인증한 인증 제품을 설치하여야 하며 해당 용량이 없을 경우에는 KOLAS 또는 KAS 시험 기관의 시험 항목에 합격한 제품을 설치하여야 한다.

2) 설치 상태

옥내·옥외용을 구분하여 설치하여야 한다. 단, 옥내용을 옥외에 설치하는 경우는 5kW 이상 용량일 경우에만 가능하며, 이 경우 빗물 침투를 방지할 수 있도록 옥내에 준하는 수준(외함 등)으로 설치하여야 한다.

3) 설치 용량

정격 용량은 인버터에 연결된 모듈 정격 용량 이상이어야 하며 인버터에 연결된 모듈의 설치 용량은 105% 이내이어야 한다. 모듈 출력 전압, 전류, 주파수, 누적발전량, 최대 출력량이 표시되어야 한다.

■ 모듈 및 인버터 선정시 고려사항

① 태양광 모듈 제품의 효율보증기간

제조사마다 효율 및 성능 보증기간은 제각기 다르지만 보통 10년에 90% 정도의 효율을 보증을 하고 있다. 모듈을 선정시 가능한 보증기간이 길고, 성능이 오랜기간 유지될 수 있는 제품을 선정하는 것이 유리하다.

② 태양광 인버터 AS 보증기간

태양광 인버터의 수명은 평균 10년정도이며, 전자기기처럼 유지관리를 어떻게 하는가에 따라 수명이 달라진다. 따라서 인버너는 장기적인 관점에서 효율과 안정성, AS시스템 등을 확인하여 다소 비싸더라도 우수한 제품을 선정하는 것이 중요하다. 인버터회사는 일반적으로 5년간 무상 AS기간을 제공하지만 AS기간이 끝난 이후에는 제조사 별도 유상서비스로 제공하는 경우, 보험등을 가입하여 AS 보증기간 서비스 연장등 여러 가지 형태로 AS를 제공하고 있다. 따라서 인버터를 선정할 때 기본AS기간 및 AS 무상보증기간이 끝난후의 서비스 연장 등을 검토하여 제품을 선정하는 것이 유리하다.

③ 태양광모듈·인버터 AS 네트워크

태양광모듈과 인버터에 문제가 발생할 경우 태양광발전이 중단되어 발전전력량에 영향을 미치게되며, 소득으로 직결되기 때문에 문제 발생시 신속히 대처가 필요하게 된다. 그러므로 문제발생율이 높은 인버터의 경우 제조사의 AS센터의 신속한 처리가 가능한지가 리스크 관리에 중요한 요소이다. (AS 대처방식(인버터교체또는 부품교체)과 소요시간등을 확인하는 것이 필수이다.)

④ 효율비교는 유료 효율기준으로 평가

모듈과 인버터의 효율은 최고 효율과 유료효율을 제공하고 있으며, 효율을 비교시에는 실제 운용시 부분부하에서 발전되므로 최고 효율을 적용하는 것이 아니라 유료효율(부분효율)을 비교하는 것이 바람직하다.

⑤ 상황에 맞는 제품으로 검토

염전, 바닷가, 사막, 수상 태양광등 특수환경에 태양광 발전사업을 하는 경우 해당 설치환경등에 테스트를 통과한 제품을 선정하는 것이 바람직하며, 또한 인버터, 접속함등의 외함 소재와 방수기능까지 검토하여 선정하는 것이 좋으며 제품에 영향을 미칠수 있는 환경일 경우 이에 맞는 제품을 사용하는 것이 태양광발전소의 수명을 지속적으로 유지할 수 있는 방법이다.

■ 접속함(반) 선정

1. 개요

여러 개의 태양전지 모듈이 연결된 스트링을 하나로 접속점에 모아 보수/점검 시에 회로를 분리하거나 점검하는 작업을 용이하게 하는 역할로 태양전지모듈과 인버터 사이에 사용되어 모듈에서 발생되는 직류전력을 직/병렬 연결하여 시스템에서 필요로 하는 전력으로 집합시키는 장치로 인버터를 보호하고 모듈간의 충돌 방지 및 보호 기능을 한다.

2. 접속함의 구분

병렬 스트링 수에 의한 분류	설치장소에 의한 분류
소형(3회로 이하)	IP54 이상
중대형(4회로 이상)	실내형: IP20 이상
	실외형: IP54 이상

3. 접속함 구성품

ⓐ 역류 방지 다이오드

태양광발전 어레이 구역 내 역전류를 방지하기 위해 필요한 경우 역류 방지 다이오드를 선택적으로 사용할 수 있다. 접속함 내에 역류 방지 다이오드가 설치되는 경우 KS C IEC 62548의 7.3.12에 따라 다음의 요건을 준수하여야 한다.

a) 개별 모듈 스트링 회로의 양극 또는 음극에 설치되어야 한다.
b) 접속함 회로의 정격 전압보다 1.2배 이상의 전압 정격을 갖는다.
c) 접속함 회로의 정격 전류보다 1.4배 이상의 전류 정격을 갖는다.

ⓑ 직류(DC)용 퓨즈

모듈 및 어레이의 과전류 보호를 위해 접속함의 개별 스트링 회로의 양극 및 음극에 각각 직류(DC)용 퓨즈를 설치하여야 하며, 사용되는 퓨즈는 다음의 요건을 준수하여야 한다.

a) 퓨즈는 IEC 60269-6("gPV"형)의 규격품을 사용하여야 한다.
b) 퓨즈는 회로 정격 전류에 대하여 135 %의 과부하 내량을 가져야 한다.
c) 퓨즈의 과전류 보호 정격은 회로 정격 전류의 1.5배 이상 2.4배 이하이어야 한다.
d) 퓨즈가 소손되는 경우 경고음 또는 램프 등을 통해 확인할 수 있어야 한다.

ⓒ DC 개폐기(또는 차단기)

접속함의 출력 회로에 DC용 개폐기가 설치되어야 하며 KS C IEC 62548의 6.3.6.3에 따라 다음의 요건을 준수하여야 한다.

a) 개폐기(또는 스위치)는 IEC 60947-3의 규격품, 차단기는 KS C IEC 60947-2의 규격품을 사용하여야 한다.
b) 접속함 출력 회로의 정격 전압보다 1.2배 이상의 전압 정격을 갖는다.
c) 차단기의 정격 전류는 접속함 출력 회로의 정격 전류보다 1.25배 초과, 2.4배 이하의 전류 정격을 갖는다.
d) 개폐기의 정격 전류는 접속함 출력 회로의 정격 전류보다 1.25배 초과의 전류 정격을 갖는다.

ⓓ SPD(Surge Protect Device) : 서지 보호 장치

중대형 접속함(스트링 4회로 이상)의 경우 출력 회로에 근접하여 SPD 장치를 설치하여야 한다. SPD 최대 연속 운전 전압은 600 VDC, 1 500 VDC, 공칭 방전 전류(8/20)는 10 kA 이상이어야 한다.

4. 태양광발전 계통연계장치 설계	1. 태양광발전 수배전반 설계	1. 수배전반 설계도서 작성 2. 분산형전원 계통연계 기술기준 등 3. 교류측 구성기기 선정 4. 전기실 연적 산정
	2. 태양광발전 관제시스템 설계	1. 방법시스템 2. 방재시스템 3. 모니터링 시스템 등

■ 수배전반 설계도서 작성

태양광 인버터에서 교류로 변환된 전력은 저압연계에서는 분전반, 저압반을 통과해 한전 계통으로 연결되고, 고압연계는 수배전반을 통해 계통으로 연결된다. 수배전반은 태양광 발전소 소내전원을 전력회사로부터 공급받고, 또 발전소로부터 얻은 전력을 전력망에 공급해 수요처에 도달하는 역할을 한다. 전력 계통의 감시와 제어 또 보호 등 전력의 수급에 필요한 장치로 구성되어 있어, 신뢰성과 안정성이 보장되어야 한다. 또한 수배전반은 내부의 온도와 습도를 효과적으로 관리해야하고, 이런 최적의 환경을 구성해 수명과 성능을 유지할 수 있다. 때문에 수배전반은 내진, 방진, 온도상승과 결로방지 등 다양한 기능이 요구되고 제도적으로도 이런 기능들이 강화되고 있다.

1. 설계도서 작성요령

(1) 기본설계

1) 정의

기본설계란 예비타당성조사, 기본계획 및 타당성조사를 감안하여 시설물의 규모, 배치, 형태, 개략공사방법 및 기간, 개략 공사비 등에 관한 조사, 분석, 비교·검토를 거쳐 최적안을 선정하고 이를 설계도서로 표현하여 제시하는 설계업무로서 각종사업의 인·허가를 위한 설계를 포함하며, 설계기준 및 조건 등 실시설계용역에 필요한 기술자료를 작성하는 것을 말한다

(2) 일반사항

1) 계획 설계를 기초로 하여 작성하되 설계지침서 및 수정·보완 지시서에 따라 작성한다.
2) 실시설계의 기본적인 기준을 제시할 수 있도록 공사별로 작성되어야 한다.
3) 주요기능의 특성, 성능, 재질, 형태 등을 기술하여 실시설계에 필요한 설계기준을 제시하여야 한다.
4) 전기설비 주요장비의 용량산출과 설계기준, 참고자료, 참고도면을 첨부한다.
5) Utility(기계실, 전기실, 등)시설은 장비 Lay-Out을 작성하여 발주자의 승인을 받는다.

(3) 설계서 구성

1) 설계 설명서
- 전기설비개요 : 각 설비(전력, 전기소방)에 대한 설명
- 수배전 설비도와 결선도 등에 대한 채택 설명 : 인입, 수배전실의 배치, 결선도 등에 대한 경제성 및 안전성에 대한 검토사항을 포함한다.
- 본 설계에 적용된 특수한 공법, 기준 시설물 등에 대한 설명
- 에너지절감 및 유지관리에 관한 고려사항
- 인입방식 및 인입지점에 대한 설명

2) 계산서
- 부하계산서(설계 시 산출근거 제출)

3) 시방서
- 자재시방서 : 각종 기자재의 특성, 정격사용방법, 제작기준 등에 대해 설명한다. 단, KS 등 제 규격에 맞는 제품은 해당규격의 번호 등으로 표시할 수 있다.

4) 도면종류
- 현장 안내도
- 범례 : 사용될 기호
- 배치도 : 각 건축물 및 시설물의 배치 및 위치 평면도
- 옥외간선도 : 전력, 통신설비, 방재설비 및 필요설비의 옥외 간선평면도, 전력의 수전지점, 수전경로, 통신설비의 연결지점 및 단자 또는 구내설비와의 연결방법 표시
- 수변전설비도 : 각종 기기의 배치계획도
- 각종 설비의 계통도 : 전력, 방재, 기타설비의 계통도
- 각종 설비의 배치도 : 전등, 전열, 동력, 방재설비, 기타 필요설비의 배치도
- 기타 실시설계의 기준이 되는 도면

2. 실시설계

(1) 정의

"실시설계"라 함은 중간설계를 바탕으로 하여, 입찰, 계약 및 공사에 필요한 설계도서를 작성하는 단계로서 공사의 범위, 양, 질, 치수, 위치, 재질, 질감, 색상 등을 결정하여 설계도서를 작성하며 시공 중 조정에 대해서는 사후설계 관리업무 단계에서 수행방법 등을 명시하며 발주자의 요구조건 반영여부를 확인하고 최종 설계도서를 납품하는 설계의 최종단계를 말한다.

(2) 일반사항

1) 기본설계를 기초로 하여 작성하되 설계지침서 및 수정·보완 지시서에 따라 작성한다.
2) 축척에 의거 정확히 도시하고 규격, 용량 등을 모두 기록한다.
3) 설계도서 작성기준에 맞게 작성하며 분야별로 수량 및 공사비를 세밀하게 산정하여야 한다.
4) 전기설비 및 주요장비의 용량산출 등 계산서를 작성하고 설계기준 등을 첨부한다.
5) 납품 전에 발주자가 검토용 설계도서 제출요구 시 이에 응하여야 한다.
 (검토용 도서 제출일자 발주자와 협의)

(3) 설계서 구성

1) 설계설명서

- 전기설비개요 : 각 설비(전력, 전기소방, 통신 설비등)에 대한 설명
- 수배전 설비도와 결선도 등에 대한 채택 설명 : 인입, 수배전실의 배치, 결선도 등에 대한 경제성 및 안전성에 대한 검토사항을 포함한다.
- 본 설계에 적용된 특수한 공법, 기준, 시설물 등에 대한 설명
- 에너지절감 및 유지관리에 관한 고려사항, 인입방식 및 인입지점에 대한 설명

2) 계산서

- 각종 계산에 적용한 기준 공식, 적용한 상수 등에 대한 채택 근거서
- 조도계산서, 수배전 설비용량 계산서
- 전력간선계산서(전압강하 계산서 포함),
- 수변전 장비에 따른 변압기 용량계산서, 차단기 용량계산서, 케이블 트레이 및 덕트 규격 계산서, 접지저항계산서 등

3) 공사시방서(시방서 구성은 자재시방과 특기시방으로 한권으로 구성)
    - 자재시방 : 각종 기자재의 특성, 정격사용방법, 제작기준 등에 대해 설명한다. 단, K.S. 등은 해당규격의 번호로 표시가능
    - 특기시방 : 도면에 표시하기 힘든 내용의 각종기기의 설치기준, 설치방법, 주의사항 등을 명기한다. 단, 필요할 때에는 일반적인 내용과 특별한 내용을 분리하여 작성할 수 있다.

4) 도면종류
    - 도면 목록표, 현장 안내도
    - 범례 특기사항 : 사용될 기호 및 시공 상 유의할 특기사항
    - 옥외에 설치되는 시설물의 위치평면도 및 전기기기 정격상세도 등
    - 옥외간선도 : 전력설비, 방재설비 및 필요설비의 옥외간선 평면도, 제반간선의 정격 설치방법, 설치상세도 등
    - 수배전설비도 : 수배전설비의 평면도(결선 포함), 단면도, 구조물도, 입면도 및 기타 상세도
    - 각종 설비의 계통도 : 시공에 필요한 사항 일체
    - 각종 설비의 배치도 : 시공에 필요한 사항 일체
    - 각종 설비의 결선도 : 시공에 필요한 사항 일체
    - 평면도 및 단면도 : 시공에 필요한 사항 일체
    - 기타 필요한 도면

5) **공사비산출서 : 수량 및 공량 산출근거(각 회로별로 작성), 내역서, 일위대가표(분전반 포함), 가격조사자료 등**

태양광발전용 배전반의 종류

항목	수배전반	분전반(ACB)	저압분전반 (LV)	접속반
시설용량	500kW 이상	150KW~500kW 미만	150kW 미만	DC공통
연계기준	고압연계(22,900V)	저압연계(380V)	저압연계(380V)	-
주요부품	- 변압기(KP일렉) - 차단기: 비츠로테크, LS산전 - 계기류: 경보, 비츠로테크 - 계량기: 남전사, LS산전	- 차단기: 비츠로테크, LS산전 - 계기류: 경보, 비츠로테크 - 계량기: 남전사, LS사전	- 차단기: LS산전 - 계기류: 경보, 비츠로테크 - 계량기: 남전사, LS산전	- 차단기: LS산전
공급가격 변압기 3권선 배전반 일체형	- 1MW 미만: 약 75백만원 - 1MW~1.5MW: 약 110백만원 - 1.5MW~2MW: 약 115백만원 - 2MW~3MW: 약 150백만원	- 150kW~300kW: 약 11백만원 - 300kW~500kW: 약 12백만원	- 150kW 미만(계전기 O): 약 3백만원 - 150kW 미만(계전기 X): 약 1백만원	-6CH: 약 1.2백만원 -12CH: 약 1.5백만원 -1.8CH: 약 1.7백만원 -24CH: 약 1.9백만원
사양	- SHV-1(옥외) (W1.6×H2.7×D3.2) - SHV-2 (W2.0×VH2.7V×D3.2) - SHV-2 (W2.4×H2.7×D3.2)	- PANEL(옥외) (W0.8×H2.5×D1.6)	- 인버터 병렬 구성시 계전기 포함(별도의 보호장치)	-무통신용 (W1.2×H0.7×D0.25)
비고	- 옥외용(IP44) - 무통신(통신가능)	- 옥외용(IP44) - 무통신(통신가능)	- 옥외용(IP44) - 무통신(통신가능)	- 옥외용(IP44) - 무통신(통신가능)

■ 분산형전원 배전계통 연계기술기준

제 1 장 총칙

제1조 [목적]

이 기준은 분산형전원을 한전계통에 연계하기 위한 표준적인 기술요건을 정하는 것을 목적으로 한다.

제2조 [적용범위]

이 기준은 분산형전원을 설치한 자(이하 "분산형전원 설치자"라 한다)가 해당 분산형전원을 한국전력공사(이하 "한전"이라 한다)의 배전계통(이하 "계통"이라 한다)에 연계하고자 하는 경우에 적용한다.

제3조 [용어정의]

이 기준에서 사용하는 용어는 다음 각 호와 같이 정의한다.

1. 분산형전원(DER, Distributed Energy Resources)

대규모 집중형 전원과는 달리 소규모로 전력소비지역 부근에 분산하여 배치가 가능한 전원으로서, 다음 각 목의 하나에 해당하는 발전설비를 말한다.

가. 전기사업법 제2조 제4호의 규정에 의한 발전사업자(신에너지 및 재생에너지 개발·이용·보급 촉진법 제2조 제1,2호의 규정에 의한 신·재생에너지를 이용하여 전기를 생산하는 발전사업자와 집단에너지사업법 제48조의 규정에 의한 발전사업의 허가를 받은 집단에너지사업자를 포함한다) 또는 전기사업법 제2조 제12호의 규정에 의한 구역전기사업자의 발전설비로서 전기사업법 제43조의 규정에 의한 전력시장운영규칙 제1.1.2조 제1호에서 정한 중앙급전발전기가 아닌 발전설비 또는 전력시장운영규칙을 적용받지 않는 발전설비

나. 전기사업법 제2조 제19호의 규정에 의한 자가용전기설비에 해당하는 발전설비(이하 "자가용 발전설비"라 한다) 또는 전기사업법 시행규칙 제3조 제1항 제2호의 규정에 의해 일반용전기설비에 해당하는 저압 10kW 이하 발전기(이하 "저압 소용량 일반용 발전설비"라 한다)

다. 양방향 분산형전원은 아래와 같이 전기를 저장하거나 공급할 수 있는 시스템을 말한다.

① 전기저장장치(ESS : Energy Storage System)

전기설비기술기준 제3조 제1항 제28호의 규정에 의한 전기를 저장하거나 공급할 수 있는 시스템을 말한다.

② 전기자동차 충·방전시스템(V2G : Vehicle to Grid)

전기설비기술기준 제53조의 2에 따른 전기자동차와 고정식 충·방전설비를 갖추어, 전기자동차에 전기를 저장하거나 공급할 수 있는 시스템을 말한다.

2. Hybrid 분산형전원

Hybrid 분산형전원은 태양광, 풍력발전 등의 분산형전원에 ESS설비(배터리, PCS 등 포함)를 혼합하여 발전하는 유형을 말한다.

3. 한전계통(Area EPS, Electric Power System)

구내계통에 전기를 공급하거나 그로부터 전기를 공급받는 한전의 계통을 말하는 것으로 접속설비를 포함한다.(그림 1 참조)

4. 구내계통(Local EPS, Electric Power System)

분산형전원 설치자 또는 전기사용자의 단일 구내(담, 울타리, 도로 등으로 구분되고, 그 내부의 토지 또는 건물들의 소유자나 사용자가 동일한 구역을 말한다. 이하 같다) 또는 제4조 제2항 제4호 단서에 규정된 경우와 같이 여러 구내의 집합 내에 완전히 포함되는 계통을 말한다.(그림 1 참조)

5. 연계(interconnection)

분산형전원을 한전계통과 병렬운전하기 위하여 계통에 전기적으로 연결하는 것을 말한다.

6. 연계 시스템(interconnection system)

분산형전원을 한전계통에 연계하기 위해 사용되는 모든 연계 설비 및 기능들의 집합체를 말한다.(그림 2 참조)

[그림 1] 연계 관련 용어 간의 관계

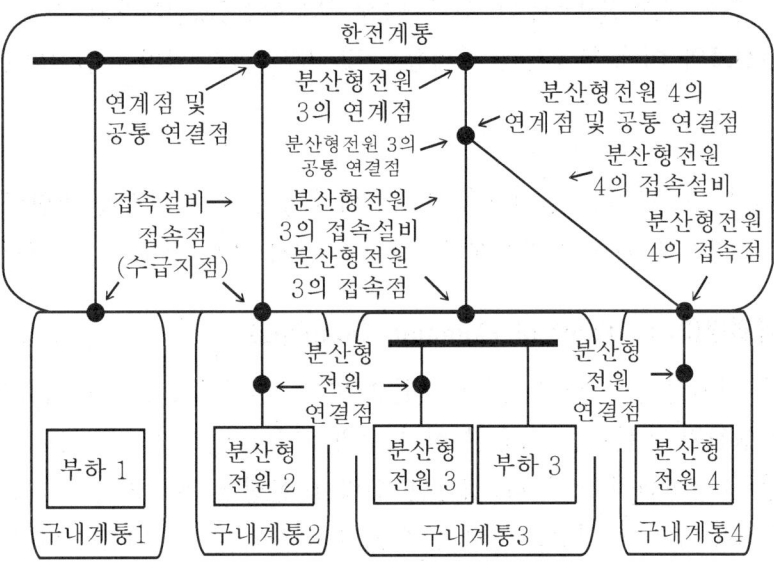

비고 1. 점선은 계통의 경계를 나타냄(다수의 구내계통 존재 가능)
2. 연계시점: 분산형전원3→분산형전원4

[그림 2] 연계 개략도

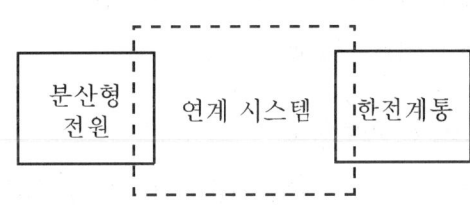

7. 연계점

제4조에 따라 접속설비를 일반선로로 할 때에는 접속설비가 검토 대상 분산형전원 연계 시점의 공용 한전계통(다른 분산형전원 설치자 또는 전기사용자와 공용하는 한전계통의 부분을 말한다. 이하 같다)에 연결되는 지점을 말하며, 접속설비를 전용 선로로 할 때에는 특고압의 경우 접속설비가 한전의 변전소 내 분산형전원 설치자 측 인출 개폐장치(CB, Circuit Breaker)의 분산형전원 설치자측 단자에 연결되는 지점, 저압의 경우 접속설비가 가공배전용 변압기(P.Tr)의 2차 인하선 또는 지중배전용 변압기의 2차측 단자에 연결되는 지점을 말한다.(그림 1 참조)

8. 접속설비

제6호에 의한 연계점으로부터 검토 대상 분산형전원 설치자의 전기설비에 이르기까지의 전선로와 이에 부속하는 개폐장치 및 기타 관련 설비를 말한다.(그림 1 참조)

9. 접속점

접속설비와 분산형전원 설치자측 전기설비가 연결되는 지점을 말한다. 한전계통과 구내계통의 경계가 되는 책임한계점으로서 수급지점이라고도 한다.(그림 1 참조)

10. 공통 연결점(PCC, Point of Common Coupling)

한전계통 상에서 검토 대상 분산형전원으로부터 전기적으로 가장 가까운 지점으로서 다른 분산형전원 또는 전기사용 부하가 존재하거나 연결될 수 있는 지점을 말한다. 검토 대상 분산형전원으로부터 생산된 전력이 한전계통에 연결된 다른 분산형전원 또는 전기사용 부하에 영향을 미치는 위치로도 정의할 수 있다.(그림 1 참조)

11. 분산형전원 연결점(Point of DR Connection)

구내계통 내에서 검토 대상 분산형전원이 존재하거나 연결될 수 있는 지점을 말한다. 분산형전원이 해당 구내계통에 전기적으로 연결되는 분전반 등을 분산형전원 연결점으로 볼 수 있다.(그림 1 참조)

12. 검토점(POE, Point of Evaluation)

분산형전원 연계시 이 기준에서 정한 기술요건들이 충족되는지를 검토하는 데 있어 기준이 되는 지점을 말한다.

13. 단순병렬

제1호 나목에 의한 자가용 발전설비 또는 저압 소용량 일반용 발전설비를 한전계통에 연계하여 운전하되, 생산한 전력의 전부를 구내계통 내에서 자체적으로 소비하기 위한 것으로서 생산한 전력이 한전계통으로 송전되지 않는 병렬 형태를 말한다.

14. 역송병렬

분산형전원을 한전계통에 연계하여 운전하되 생산한 전력의 전부 또는 일부가 한전계통으로 송전되는 병렬 형태를 말한다.

15. 단독운전(Islanding)

한전계통의 일부가 한전계통의 전원과 전기적으로 분리된 상태에서 분산형전원에 의해서만 가압되는 상태를 말한다.

16. 연계용량

계통에 연계하고자 하는 단위 분산형전원에 속한 발전설비 정격출력(교류 발전설비의 경우에는 발전기의 정격출력, 직류 발전설비의 경우에는 사업허가 설비용량을 말한다. 이하 같다)의 합계와 발전용 변압기 설비 용량의 합계 중에서 작은 것을 말한다. 단, Hybrid 분산형전원의 경우 최대출력 가능용량을 연계용량으로 한다. (Hybrid 풍력은 풍력발전 설비용량에 PCS 정격용량을 더한값과 발전용 변압기 총용량 중 작은 것을, Hybrid 태양광은 태양광발전 설비용량과 발전용 변압기 총용량 중 작은 것)

17. ESS 설비용량

ESS 설비용량은 ESS의 직류전력을 교류전력으로 변환하는 장치(PCS)의 정격출력을 말한다.

18. 주변압기 누적연계용량

해당 주변압기에서 공급되는 특고압 일반선로 및 전용선로에 역송병렬 형태로 연계된 모든 분산형전원(기존 연계된 분산형전원과 신규로 연계 예정인 분산형전원 포함)과 전용변압기(상계거래용 변압기 포함)를 통해 저압계통에 연계된 모든 분산형전원 연계용량의 누적 합을 말한다.

19. 특고압 일반선로 누적연계용량

해당 특고압 일반선로에 역송병렬 형태로 연계된 모든 분산형전원(기존 연계된 분산형전원과 신규로 연계 예정인 분산형전원 포함) 과 해당 특고압 일반선로에서 공급되는 전용변압기(상계거래용 변압기 포함)를 통해 저압계통에 연계된 모든 분산형전원 연계용량의 누적 합을 말한다.

20. 배전용변압기 누적연계용량

해당 배전용변압기(주상변압기 및 지상변압기)에서 공급되는 저압 일반선로 및 전용선로에 역송병렬 형태로 연계된 모든 분산형전원(기존 연계된 분산형전원과 신규로 연계 예정인 분산형전원 포함) 연계용량의 누적 합을 말한다.

21. 저압 일반선로 누적연계용량

해당 저압 일반선로에 역송병렬 형태로 연계된 모든 분산형전원(기존 연계된 분산형전원과 신규로 연계 예정인 분산형전원 포함) 연계용량의 누적 합을 말한다.

22. 간소검토 용량

상세한 기술평가 없이 제2장 제2절의 기술요건을 만족하는 것으로 간주할 수 있는 분산형전원의 연계가능 최소용량으로 제2장 제1절의 기술요건만을 만족하는 경우 연계가 가능한 용량기준을 의미하며, 분산형전원이 연계되는 대상 계통의 설비용량(주변압기 및 배전용변압기 용량, 선로운전용량 등)에 대한 분산형전원의 누적연계용량의 비율로 정의한다.

23. 상시운전용량

22,900V 일반 배전선로(전선 ACSR-OC 160mm^2 및 CNCV 325mm^2, 3분할 3연계 적용)의 상시운전용량은 10,000kVA, 22,900V 특수 배전선로 (ACSR-OC 240mm^2 및 CNCV 325mm^2「전력구 구간」, CNCV 600mm^2「관로 구간」, 3분할 3연계 적용)의 상시운전용량은 15,000kVA로 평상시의 운전 최대용량을 의미하며, 변전소 주변압기의 용량, 전선의 열적허용전류, 선로 전압강하, 비상시 부하전환능력, 선로의 분할 및 연계 등 해당 배전계통 운전여건에 따라 하향 조정될 수 있다.

24. 일반선로

일반 다수의 전기사용자에게 전기를 공급하기 위하여 설치한 배전선로를 말한다.

25. 전용선로

특정 분산형전원 설치자가 전용(專用)하기 위한 배전선로로서 한전이 소유하는 선로를 말한다.

26. 전압요동(電壓搖動, voltage fluctuation)

연속적이거나 주기적인 전압변동(voltage change, 어느 일정한 지속시간(duration) 동안 유지되는 연속적인 두 레벨 사이의 전압 실효값 또는 최댓값의 변화를 말한다. 이하 같다)을 말한다.

27. 플리커(flicker)

입력 전압의 요동(fluctuation)에 기인한 전등 조명 강도의 인지 가능한 변화를 말한다.

28. 상시 전압변동률

분산형전원 연계 전 계통의 안정상태 전압 실효값과 연계 후 분산형전원 정격출력을 기준으로 한 계통의 안정상태 전압 실효값 간의 차이(steady- state voltage change)를 계통의 공칭전압에 대한 백분율로 나타낸 것을 말한다.

29. 순시 전압변동률

분산형전원의 기동, 탈락 혹은 빈번한 출력변동 등으로 인해 과도상태가 지속되는 동안 발생하는 기본파 계통전압 실효값의 급격한 변동(rapid voltage change, 예를 들어 실효값의 최댓값과 최솟값의 차이 등을 말한다)을 계통의 공칭전압에 대한 백분율로 나타낸 것을 말한다.

30. 전압 상한여유도

배전선로의 최소부하 조건에서 산정한 특고압 계통의 임의의 지점의 전압과 전기사업법 제18조 및 동법 시행규칙 제18조에서 정한 표준전압 및 허용오차의 상한치(220V+13V)를 특고압으로 환산한 전압의 차이를 공칭전압에 대한 백분율로 표시한 값을 말한다. 즉, 특고압 계통의 임의의 지점에서 산출한 전압 상한여유도는 해당 배전선로에서 분산형전원에 의한 전압변동(전압상승)을 허용할 수 있는 여유를 의미한다.

31. 전압 하한여유도

배전선로의 최대부하 조건에서 산정한 특고압 계통의 임의의 지점의 전압과 전기사업법 제18조 및 동법 시행규칙 제18조에서 정한 표준전압 및 허용오차의 하한치(220V-13V)를 특고압으로 환산한 전압의 차이를 공칭전압에 대한백분율로 표시한 값을 말한다. 즉, 특고압 계통의 임의의 지점에서 산출한 전압 하한여유도는 해당 배전선로에서 분산형전원에 의한 전압변동(전압강하)을 허용할 수 있는 여유를 의미한다.

32. 전자기 장해(EMI, ElectroMagnetic Interference)

전자기기의 동작을 방해, 중지 또는 약화시키는 외란을 말한다.

33. 서지(surge)

전기기기나 계통 운영 중에 발생하는 과도 전압 또는 전류로서, 일반적으로 최댓값까지 급격히 상승하고 하강시에는 상승시보다 서서히 떨어지는 수 ms 이내의 지속시간을 갖는 파형의 것을 말한다.

34. OLTC

On Load Tap Changer의 머리글자로, 부하공급 상태에서 TAP 위치를 변화시켜 전압조정이 가능한 장치를 말한다.

35. 자동전압조정장치

주변압기 OLTC에 부가된 부속장치로서 부하의 크기에 따라 적정한 전압을 자동으로 조정할 수 있도록 신호를 공급하는 장치를 말한다.

36. 전용변압기

저압 분산형전원의 배전계통 연계를 위해 일반 전기사용자가 연결되지 않은 발전전용 배전용변압기를 말하며 한전이 소유한다.

37. 상계거래용 변압기

상계거래 연계용량이 배전용 변압기 용량의 50%를 초과하는 경우로 상계거래를 신청하는 고객이 전기공급과 발전을 동시에 하기 위해 설치하는 전용배전용 변압기를 말하며, 한전이 소유한다. 단, 상계거래용 변압기의 경우 다른 고객의 전기공급에는 활용 가능하나, 추가 발전설비 연계는 불가하다.

38. 발전구역

분산형전원 연계의 기준이 되는 구역으로 전기공급약관 제18조에 규정한 전기사용장소와 동일한 장소를 의미한다.

제4조 [연계 요건 및 연계의 구분]

① 분산형전원을 계통에 연계하고자 할 경우, 공공 인축과 설비의 안전, 전력공급 신뢰도 및 전기품질을 확보하기 위한 기술적인 제반 요건이 충족되어야 한다.

② 제2장 제1절의 기술요건을 만족하고 한전계통 저압 배전용변압기의 분산형전원 연계가능 용량에 여유가 있을 경우, 저압 한전계통에 연계할 수 있는 분산형전원은 다음과 같다.

1. 분산형전원의 연계용량이 500kW 미만이고 배전용변압기 누적연계용량이 해당 배전용변압기 용량의 50% 이하인 경우 다음 각 목에 따라 해당 저압계통에 연계할 수 있다. 다만, 분산형전원의 출력전류의 합은 해당 저압 전선의 허용전류를 초과할 수 없다.

   가. 분산형전원의 연계용량이 연계하고자 하는 해당 배전용변압기(지상 또는 주상) 용량의 25% 이하인 경우 다음 각 목에 따라 간소검토 또는 연계용량 평가를 통해 저압 일반선로로 연계할 수 있다.

   1) 간소검토 : 저압 일반선로 누적연계용량이 해당 변압기 용량의 25% 이하인 경우
   2) 연계용량 평가 : 저압 일반선로 누적연계용량이 해당 변압기 용량의 25% 초과시, 제2장 제2절에서 정한 기술요건을 만족하는 경우

   나. 분산형전원의 연계용량이 연계하고자 하는 해당 배전용변압기(주상 또는 지상)용량의 25%를 초과하거나, 제2장 제2절에서 정한 기술요건에 적합하지 않은 경우 접속설비를 저압 전용선로로 할 수 있다.

2. 배전용변압기 누적연계용량이 해당 변압기 용량의 50%를 초과하는 경우 전용변압기 (상계거래용 변압기 포함)를 설치하여 연계할 수 있다. 단 아래의 조건에서는 예외로 한다.

   가. 4kW이하 상계거래의 경우는 배전용변압기 누적연계용량이 해당 배전용변압기 용량의 50% 초과 시 배전용변압기의 직전 1년간 평균 상시이용률 이내에서 해당 배전용변압기를 통해 저압에 연계할 수 있다. 단, 평균 상시이용률이 50%이상인 경우만 적용 가능하며, 배전용변압기 누적연계용량이 상시이용률을 초과하는 경우에는 상계거래용 변압기를 설치하여 연계한다.

   나. 4kW이하 단상 상계거래에 한해 현재 연계 예정인 배전용변압기가 3상이고 해당 배전용변압기의 누적연계용량이 변압기 용량 50%를 초과하는 경우 다른 상 배전용변압기 누적연계용량이 변압기 용량의 50% 이내에서 상분리를 통해 연계할 수 있다.

3. 분산형전원의 연계용량이 500kW 미만인 경우라도 분산형전원 설치자가 희망하고 한전이 이를 타당하다고 인정하는 경우에는 특고압 한전계통에 연계할 수 있다.

4. 동일한 발전구역 내에서 개별 분산형전원의 연계용량은 500kW 미만이나 그 연계용량의 총합은 500kW 이상이고, 그 명의나 회계주체(법인)가 각기 다른 복수의 단위 분산형전원이 존재할 경우에는 제2항 제1호, 제2호에 따라 각각의 단위 분산형전원을 저압 한전계통에 연계할 수 있다. 다만, 각 분산형전원 설치자가 희망하고, 계통의 효율적 이용, 유지보수 편의성 등 경제적, 기술적으로 타당한 경우에는 대표 분산형전원 설치자의 발전용 변압기 설비를 공용하여 제3항에 따라 특고압 한전계통에 연계할 수 있다.

5. 저압 한전계통에 연계하는 분산형전원의 연계용량이 150kW 이상 500kW 미만인 경우 분산형전원 설치자가 해당 배전용 지상변압기의 설치공간을 무상으로 제공하며 전용으로 사용함을 원칙으로 한다. 다만, 가공공급지역에 한해 하나의 공통연결점에서 단위 또는 합산 분산형전원 연계용량이 300kW 미만인 경우 발전구역 밖 주상변압기에서 연계가 가능하다.

6. 전기방식이 교류 단상 220V인 분산형전원을 저압 한전계통에 연계할 수 있는 용량은 100kW미만으로 한다.

7. 회전형 분산형전원을 저압 한전계통에 연계할 경우 단순병렬 또는 전용변압기를 통하여 연계할 수 있다.

8. 저압 분산형전원 연계용 전용변압기는 무부하 손실이 적은 신품변압기로 주상은 아몰퍼스 변압기, 지상은 Compact형 변압기를 신설함을 원칙으로 한다. 단, 상계거래용

변압기는 주상의 경우 고효율변압기를 신설한다.

③ 제2장 제1절의 기술요건을 만족하고 한전계통 변전소 주변압기의 분산형전원 연계 가능 용량에 여유가 있을 경우, 특고압 한전계통 또는 전용변압기(상계거래용 변압기 포함)를 통해 저압 한전계통에 연계할 수 있는 분산형전원은 다음과 같다.

1. 분산형전원의 연계용량이 10,000kW 이하로 특고압 한전계통에 연계되거나 500kW 미만으로 전용변압기(상계거래용 변압기 포함)를 통해 저압 한전계통에 연계되고 해당 특고압 일반선로 누적연계용량이 상시운전용량 이하인 경우 다음 각 목에 따라 해당 한전 계통에 연계할 수 있다. 다만, 분산형전원의 출력전류의 합은 해당 특고압 전선의 허용전류를 초과할 수 없다.

   가. 간소검토 : 주변압기 누적연계용량이 해당 주변압기 용량의 15% 이하이고, 특고압 일반선로 누적연계용량이 해당 특고압 일반선로 상시운전용량의 15% 이하인 경우 간소검토 용량으로 하여 특고압 일반선로에 연계할 수 있다.

   나. 연계용량 평가 : 주변압기 누적연계용량이 해당 주변압기 용량의 15%를 초과하거나, 특고압 일반선로 누적연계용량이 해당 특고압 일반선로 상시운전용량의 15%를 초과하는 경우에 대해서는 제2장 제2절에서 정한 기술요건을 만족하는 경우에 한하여 해당 특고압 일반선로에 연계할 수 있다.

   다. 분산형전원의 연계로 인해 제2장 제1절 및 제2절에서 정한 기술요건을 만족하지 못하는 경우 원칙적으로 전용선로로 연계하여야 한다. 단, 기술적 문제를 해결할 수 있는 보완 대책이 있고 설비보강 등의 합의가 있는 경우에 한하여 특고압 일반선로에 연계할 수 있다.

2. 분산형전원의 연계용량이 10,000kW를 초과하거나 특고압 일반선로 누적연계용량이 해당 선로의 상시운전용량을 초과하는 경우 다음 각 목에 따른다.

   가. 개별 분산형전원의 연계용량이 10,000kW 이하라도 특고압 일반선로 누적연계용량이 해당 특고압 일반선로 상시운전용량을 초과하는 경우에는 접속설비를 특고압 전용선로로 함을 원칙으로 한다.

   나. 개별 분산형전원의 연계용량이 10,000kW 초과 20,000kW 미만인 경우에는 접속설비를 대용량 배전방식에 의해 연계함을 원칙으로 한다.

   다. 접속설비를 전용선로로 하는 경우, 향후 불특정 다수의 다른 일반 전기사용자에게 전기를 공급하기 위한 선로경과지 확보에 현저한 지장이 발생하거나 발생할 우려가 있다고 한전이 인정하는 경우에는 접속설비를 지중 배전선로로 구성함을 원칙으로 한다.

라. 접속설비를 전용선로로 연계하는 분산형전원은 제2장 제2절 제23조에서 정한 단락용량 기술요건을 만족해야 한다.

④ 단순병렬로 연계되는 분산형전원의 경우 제2장 제1절의 기술요건을 만족하는 경우 배전용변압기 및 저압 일반선로 누적연계용량과 주변압기 및 특고압 일반선로 누적연계용량 합산대상에서 제외할 수 있다.

⑤ 기술기준 제2장 제1절의 기술요건 만족여부를 검토할 때, 분산형전원 용량은 해당 단위 분산형전원에 속한 발전설비 정격 출력의 합계(Hybrid 분산형전원의 경우 최대출력을 기준으로 산정한 연계용량)를 기준으로 하며, 검토점은 특별히 달리 규정된 내용이 없는 한 제3조 제9호에 의한 공통 연결점으로 함을 원칙으로 하나, 측정이나 시험 수행시 편의상 제3조 제8호에 의한 접속점 또는 제10호에 의한 분산형전원 연결점 등을 검토점으로 할 수 있다.

⑥ 기술기준 제2장 제2절의 기술요건 만족여부를 검토할 때, 분산형전원 용량은 저압연계의 경우 해당 배전용변압기 및 저압 일반선로 누적연계용량을 기준으로 하며, 특고압 연계의 경우 해당 주변압기 및 특고압 일반선로 누적연계용량을 기준으로 한다. 다만, 전용변압기(상계거래용 변압기 포함)를 통해 연계하는 분산형전원의 경우 특고압 연계에 준하여 검토한다.

⑦ Hybrid 분산형전원의 ESS 충전은 분산형전원의 발전전력에 의해서만 이루어져야 하며, 소내 부하공급용 전력에 의한 충전은 허용되지 않는다. 이때 ESS 정격용량은 풍력·태양광발전의 설비용량을 초과할 수 없다. ESS 방전은 풍력·태양광 등 분산형전원의 발전과 동시 또는 각각 가능하다. 단 아래 조건하에서 ESS의 PCS용량이 설비용량을 초과 할 수 있다.

1. PCS의 정격용량이 발전설비 용량의 110% 이하 이고, PCS 입출력을 발전설비 용량 이하로 운전하도록 설정 할 경우
2. PCS 연계변압기의 정격용량이 발전설비 용량 이하로 설치하고, PCS 입출력을 발전설비 용량 이하로 운전하도록 설정 할 경우
 ※ 위 기준 1호 및 2호에 해당하는 사업자는 PCS 운전 확약서 제출

제5조 [협의 등]

① 이 기준에 명시되지 않은 사항은 관련 법령, 규정 등에서 정하는 바에 따라 분산형 전원 설치자와 한전이 협의하여 결정한다.

② 한전은 이 기준에서 정한 기술요건의 만족여부 검토·확인, 연계계통의 운영 등을 위하여 필요할 때에는 이 기준의 취지에 따라 세부 시행 지침, 절차 등을 정하여 운영할 수 있다.

③ 분산형전원 사업자의 합의가 있는 경우, 분산형전원에 대한 운전역률, 유효전력 및 무효전력 제어 등에 관한 기술적 내용을 한전과 분산형전원 사업자간 상호 협의하여 체결할 수 있다.

④ 분산형전원의 연계가 배전계통 운영 및 전기사용자의 전력품질에 영향을 미친다고 판단되는 경우, 분산형전원에 대한 한전의 원격제어 및 탈락 기능에 대한 기술적 협의를 거쳐 계통연계를 검토 할 수 있다.

제 2 장 연계 기술기준

제 1 절 기본사항

제6조 [전기방식]

① 분산형전원의 전기방식은 연계하고자 하는 계통의 전기방식과 동일하게 함을 원칙으로 한다. 단, 3상 수전고객이 단상인버터를 설치하여 분산형전원을 계통에 연계하는 경우는 다음〈표 2.1〉에 의한다.

[3상 수전 단상 인버터 설치기준]

구분	인버터 용량
상 또는 2상 실치 시	각 상에 4kW이하로 설치
3상 설치 시	상별 동일 용량 설치

[연계구분에 따른 계통의 전기방식]

구분	연계계통의 전기방식
저압 한전계통 연계	교류 단상 220V 또는 교류 삼상 380V 중 기술적으로 타당하다고 한전이 정한 한가지 전기방식
특고압 한전계통 연계	교류 삼상 22,900V

제7조 [한전계통 접지와의 협조]

역송병렬 형태의 분산형전원 연계시 그 접지방식은 해당 한전계통에 연결되어 있는 타 설비의 정격을 초과하는 과전압을 유발하거나 한전계통의 지락고장 보호협조를 방해해서는 안 된다. 단, 분산형전원 설치자가 비접지방식을 사용하여 연계하고자 하는 경우 한전계통 접지와의 협조를 만족할 수 있는 별도의 대책을 수립하여야 한다.

제8조 [동기화]

분산형전원의 계통 연계 또는 가압된 구내계통의 가압된 한전계통에 대한 연계에 대하여 병렬연계 장치의 투입 순간에 〈표 2.3〉의 모든 동기화 변수들이 제시된 제한범위 이내에 있어야 하며, 만일 어느 하나의 변수라도 제시된 범위를 벗어날 경우에는 병렬연계 장치가 투입되지 않아야 한다.

[계통 연계를 위한 동기화 변수 제한범위]

분산형전원 정격용량 합계(kW)	주파수 차 (Δf, Hz)	전압 차 (ΔV, %)	위상각 차 ($\Delta \phi$, °)
0~500	0.3	10	20
500초과~1,500	0.2	5	15
1,500초과~20,000미만	0.1	3	10

제9조 [비의도적인 한전계통 가압]

분산형전원은 한전계통이 가압되어 있지 않을 때 한전계통을 가압해서는 안 된다.

제10조 [감시설비]

① 특고압 또는 전용변압기를 통해 저압 한전계통에 연계하는 분산형전원이 하나의 공통 연결점에서 단위 분산형전원의 용량 또는 분산형전원 용량의 총합이 250kW 이상일 경우 분산형전원 설치자는 분산형전원 연결점에 연계상태, 유·무효전력 출력, 운전

역률 및 전압 등의 전력품질을 감시하기 위한 설비를 갖추어야 한다.
② 한전계통 운영상 필요할 경우 한전은 분산형전원 설치자에게 제1항에 의한 감시설비와 한전계통 운영시스템의 실시간 연계를 요구하거나 실시간 연계가 기술적으로 불가할 경우 감시기록 제출을 요구할 수 있으며, 분산형전원 설치자는 이에 응하여야 한다.

제11조 [분리장치]
① 접속점에는 접근이 용이하고 잠금이 가능하며 개방상태를 육안으로 확인할 수 있는 분리장치를 설치하여야 한다. (단, 단순병렬 분산형전원은 ①항의 조건을 만족하는 경우 책임분계점 개폐기로 대체 가능하다.)
② 제4조 제3항에 따라 역송병렬 형태의 분산형전원이 특고압 한전계통에 연계되는 경우 제1항에 의한 분리장치는 연계용량에 관계없이 전압·전류 감시 기능, 고장표시(FI, Fault Indication) 기능 등을 구비한 자동개폐기를 설치하여야 한다. 다만, 전용변압기를 통해 한전계통에 연계하는 단독 또는 합산용량 100kW 이상 저압 분산형전원의 경우 변압기 1차측에 전압·전류 감시 기능, 고장표시(FI, Fault Indication) 기능, 고장전류 감지 및 자동차단 기능 등을 구비한 자동차단기를 설치하여야 한다. (단, 1,000kW 이상 단순병렬의 경우 감시설비 미설치 시 지능화 개폐기 및 다기능(통합형)단말장치를 설치함)

제12조 [연계 시스템의 건전성]
① 전자기 장해로부터의 보호

연계 시스템은 전자기 장해 환경에 견딜 수 있어야 하며, 전자기 장해의 영향으로 인하여 연계 시스템이 오동작하거나 그 상태가 변화되어서는 안 된다.

② 내서지 성능

연계 시스템은 서지를 견딜 수 있는 능력을 갖추어야 한다.

제13조 [한전계통 이상시 분산형전원 분리 및 재병입]
① 한전계통의 고장

분산형전원은 연계된 한전계통 선로의 고장시 해당 한전계통에 대한 가압을 즉시 중지하여야 한다.

② 한전계통 재폐로와의 협조

제1항에 의한 분산형전원 분리시점은 해당 한전계통의 재폐로 시점 이전이어야 한다.

③ 전압

　㉠ 연계 시스템의 보호장치는 각 선간전압의 실효값 또는 기본파 값을 감지해야 한다. 단, 구내계통을 한전계통에 연결하는 변압기가 Y-Y 결선 접지방식의 것 또는 단상 변압기일 경우에는 각 상전압을 감지해야 한다.

　㉡ 제1호의 전압 중 어느 값이나 〈표 2.4〉과 같은 비정상 범위 내에 있을 경우 분산형전원은 해당 분리시간(clearing time) 내에 한전계통에 대한 가압을 중지하여야 한다.

　㉢ 다음 각 목의 하나에 해당하는 경우에는 분산형전원 연결점에서 제1호에 의한 전압을 검출할 수 있다.

　　가. 하나의 구내계통에서 분산형전원 용량의 총합이 30kW 이하인 경우

　　나. 연계 시스템 설비가 단독운전 방지시험을 통과한 것으로 확인될 경우

분산형전원 용량의 총합이 구내계통의 15분간 최대수요전력 연간 최솟값의 50% 미만이고, 한전계통으로의 유·무효전력 역송이 허용되지 않는 경우

[비정상 전압에 대한 분산형전원 분리시간]

전압 범위 (기준전압주1에 대한 백분율[%])	분리시간[초]
V < 50	0.16
50 ≤ V < 88	2.00
110 < V < 120	1.00
V ≥ 120	0.16

1) 기준전압은 계통의 공칭전압을 말한다.
2) 분리시간이란 비정상 상태의 시작부터 분산형전원의 계통가압 중지까지의 시간을 말한다. 최대용량 30kW 이하의 분산형전원에 대해서는 전압 범위 및 분리시간 정정치가 고정되어 있어도 무방하나, 30kW를 초과하는 분산형전원에 대해서는 전압 범위 정정치를 현장에서 조정할 수 있어야 한다. 상기 표의 분리시간은 분산형전원 용량이 30kW 이하일 경우에는 분리시간 정정치의 최댓값을, 30kW를 초과할 경우에는 분리시간 정정치의 초기값(default)을 나타낸다.

④ 주파수

　계통 주파수가 〈표 2.5〉와 같은 비정상 범위 내에 있을 경우 분산형전원은 해당 분리시간 내에 한전계통에 대한 가압을 중지하여야 한다.

[비정상 주파수에 대한 분산형전원 분리시간]

분산형전원 용량	주파수 범위[Hz]	분리시간[초]
30kW 이하	> 60.5	0.16
	< 59.3	0.16
30kW 초과	> 60.5	0.16
	< {57.0~59.8}(조정 가능)	{0.16~300}(조정가능)
	< 57.0	0.16

분리시간이란 비정상 상태의 시작부터 분산형전원의 계통가압 중지까지의 시간을 말한다. 최대용량 30kW 이하의 분산형전원에 대해서는 주파수 범위 및 분리시간 정정치가 고정되어 있어도 무방하나, 30kW를 초과하는 분산형전원에 대해서는 주파수 범위 정정치를 현장에서 조정할 수 있어야 한다. 상기 표의 분리시간은 분산형전원 용량이 30kW 이하일 경우에는 분리시간 정정치의 최댓값을, 30kW를 초과할 경우에는 분리시간 정정치의 초기값(default)을 나타낸다. 저주파수 계전기 정정치 조정시에는 한전계통 운영과의 협조를 고려하여야 한다.

⑤ 한전계통에의 재병입(再竝入, reconnection)

   ㉠ 한전계통에서 이상 발생 후 해당 한전계통의 전압 및 주파수가 정상 범위 내에 들어올 때까지 분산형전원의 재병입이 발생해서는 안 된다.

   ㉡ 분산형전원 연계 시스템은 안정상태의 한전계통 전압 및 주파수가 정상 범위로 복원된 후 그 범위 내에서 5분간 유지되지 않는 한 분산형전원의 재병입이 발생하지 않도록 하는 지연기능을 갖추어야 한다.

제14조 [분산형전원 이상시 보호협조]

① 분산형전원의 이상 또는 고장시 이로 인한 영향이 연계된 한전계통으로 파급되지 않도록 분산형전원을 해당 계통과 신속히 분리하기 위한 보호협조를 실시하여야 한다.

② 분산형전원 연계 시스템의 보호도면과 제어도면은 사전에 반드시 한전과 협의하여야 한다.

제15조 [전기품질]

① 직류 유입 제한

　분산형전원 및 그 연계 시스템은 분산형전원 연결점에서 최대 정격 출력전류의 0.5%를 초과하는 직류 전류를 계통으로 유입시켜서는 안 된다.

② 역률

　㉠ 분산형전원의 역률은 90% 이상으로 유지함을 원칙으로 한다. 다만, 역송병렬로 연계하는 경우로서 연계계통의 전압상승 및 강하를 방지하기 위하여 기술적으로 필요하다고 평가되는 경우에는 연계계통의 전압을 적절하게 유지할 수 있도록 분산형전원 역률의 하한값과 상한값을 고객과 한전이 협의하여야 정할 수 있다.

　㉡ 분산형전원의 역률은 계통 측에서 볼 때 진상역률(분산형전원 측에서 볼 때 지상역률)이 되지 않도록 함을 원칙으로 한다.

③ 플리커(flicker)

　분산형전원은 빈번한 기동·탈락 또는 출력변동 등에 의하여 한전계통에 연결된 다른 전기사용자에게 시각적인 자극을 줄만한 플리커나 설비의 오동작을 초래하는 전압요동을 발생시켜서는 안 된다.

④ 고조파

　특고압 한전계통에 연계되는 분산형전원은 연계용량에 관계없이 한전이 계통에 적용하고 있는 「배전계통 고조파 관리기준」에 준하는 허용기준을 초과하는 고조파 전류를 발생시켜서는 안 된다.

제16조 [순시전압변동]

① 특고압 계통의 경우, 분산형전원의 연계로 인한 순시전압변동률은 발전원의 계통 투입·탈락 및 출력 변동 빈도에 따라 다음 〈표2.6〉에서 정하는 허용 기준을 초과하지 않아야 한다. 단, 해당 분산형전원의 변동 빈도를 정의하기 어렵다고 판단되는 경우에는 순시전압변동률 3%를 적용한다. 또한 해당 분산형전원에 대한 변동 빈도 적용에 대해 설치자의 이의가 제기되는 경우, 설치자가 이에 대한 논리적 근거 및 실험적 근거를 제시하여야 하고 이를 근거로 변동 빈도를 정할 수 있으며 제 10조에 의한 감시설비를 설치하고 이를 확인하여야 한다. Hybrid 분산형전원의 순시전압변동률은 ESS의 계통 병입·탈락빈도와 분산형전원의 계통 병입·탈락빈도를 합산한 값에 대하여 아래의 표에서 정하는 허용기준을 초과하지 않아야 한다. 단, 해당 Hybrid 분산형

전원의 변동 빈도를 정의하기 어렵다고 판단되는 경우에는 순시전압변동률 3%를 적용한다.

[순시전압변동률 허용기준]

변동빈도	순시전압변동률
1시간에 2회 초과 10회 이하	3%
1일 4회 초과 1시간에 2회 이하	4%
1일에 4회 이하	5%

② 저압계통의 경우, 계통 병입시 돌입전류를 필요로 하는 발전원에 대해서 계통 병입에 의한 순시전압변동률이 6%를 초과하지 않아야 한다.
③ 분산형전원의 연계로 인한 계통의 순시전압변동이 제1항 및 제2항에서 정한 범위를 벗어날 경우에는 해당 분산형전원 설치자가 출력변동 억제, 기동·탈락 빈도 저감, 돌입전류 억제 등 순시전압변동을 저감하기 위한 대책을 실시한다.
④ 제3항에 의한 대책으로도 제1항 및 제2항의 순시전압변동 범위 유지가 불가할 경우에는 다음 각 호의 하나에 따른다.
  ㉠ 계통용량 증설 또는 전용선로로 연계
  ㉡ 상위전압의 계통에 연계

제17조 [단독운전]

연계된 계통의 고장이나 작업 등으로 인해 분산형전원이 공통 연결점을 통해 한전계통의 일부를 가압하는 단독운전 상태가 발생할 경우 해당 분산형전원 연계 시스템은 이를 감지하여 단독운전 발생 후 최대 0.5초 이내에 한전계통에 대한 가압을 중지해야 한다.

제18조 [보호장치 설치]

① 분산형전원 설치자는 고장 발생시 자동적으로 계통과의 연계를 분리할 수 있도록 다음의 보호계전기 또는 동등 이상의 기능 및 성능을 가진 보호장치를 설치하여야 한다.
  ㉠ 계통 또는 분산형전원 측의 단락·지락고장시 보호를 위한 보호장치를 설치한다.
  ㉡ 적정한 전압과 주파수를 벗어난 운전을 방지하기 위하여 과·저전압 계전기, 과·저주파수 계전기를 설치한다.
  ㉢ 단순병렬 분산형전원의 경우에는 역전력 계전기를 설치한다. 단, 신에너지 및 재

생에너지 개발·이용·보급 촉진법 제2조 제1호의 규정에 의한 신·재생에너지를 이용하여 전기를 생산하는 용량 50kW 이하의 소규모 분산형전원(단, 해당 구내계통 내의 전기사용 부하의 수전 계약전력이 분산형전원 용량을 초과하는 경우에 한한다)으로서 제17조에 의한 단독운전 방지기능을 가진 것을 단순병렬로 연계하는 경우에는 역전력계전기 설치를 생략할 수 있다.

② 역송병렬 분산형전원의 경우에는 제17조에 따른 단독운전 방지기능에 의해 자동적으로 연계를 차단하는 장치를 설치하여야 한다. 또한 단순병렬 분산형전원의 경우 발전설비에 단독운전 방지기능이 있거나 제18조 ①항 1,2목의 보호장치를 설치하는 경우 제17조의 단독운전 방지기능을 가진 것으로 볼 수 있다.

③ 인버터를 사용하는 저압계통 연계 분산형전원의 경우 그 인버터를 포함한 연계 시스템에 제1항 내지 제2항에 준하는 보호기능이 내장되어 있을 때에는 별도의 보호장치 설치를 생략할 수 있다. 다만, 개별 인버터의 용량과 총 연계용량이 상이하여 단위 분산형전원에 2대 이상의 인버터를 사용하는 경우 또는 100kW 이상 저압계통 연계 분산형전원은 각각의 연계 시스템에 보호기능이 내장되어 있는 경우라 하더라도 해당 분산형전원의 연계 시스템 전체에 대한 보호기능을 수행할 수 있는 별도의 보호장치를 설치하여야 한다.

④ 분산형전원의 특고압 연계 또는 전용변압기(상계거래용 변압기 포함)를 통한 저압 연계의 경우, 보호장치 설치에 관한 세부사항은 한전이 계통에 적용하고 있는 "계통보호업무처리지침" 또는 "계통보호업무편람"의 발전기 병렬운전 연계선로 보호업무 기준 등에 따른다.

⑤ 제1항 내지 제4항에 의한 보호장치는 접속점에서 전기적으로 가장 가까운 구내계통 내의 차단장치 설치점(보호배전반)에 설치함을 원칙으로 하되, 해당 지점에서 고장검출이 기술적으로 불가한 경우에 한하여 고장검출이 가능한 다른 지점에 설치할 수 있다.

⑥ Hybrid 분산형전원 설치자는 ESS 설비 및 분산형전원에 제1항 내지 제2항에 준하는 보호기능이 각각 내장되어 있더라도 해당 Hybrid 분산형전원의 연계 시스템 전체에 대한 보호기능을 수행할 수 있는 별도의 보호장치를 설치하여야 한다.

제19조 [변압기]

직류발전원을 이용한 분산형전원 설치자는 인버터로부터 직류가 계통으로 유입되는 것을 방지하기 위하여 연계 시스템에 상용주파 변압기를 설치하여야 한다. 단, 다음 조건을 모두 만족시키는 경우에는 상용주파 변압기의 설치를 생략할 수 있다.

　㉠ 직류회로가 비접지인 경우 또는 고주파 변압기를 사용하는 경우
　㉡ 교류출력 측에 직류 검출기를 구비하고 직류 검출시에 교류출력을 정지하는 기능을 갖춘 경우

제 2 절 평가사항

제20조 [한전계통 전압의 조정]

① 분산형전원이 계통에 영향을 미쳐 다른 구내계통에 대한 한전계통의 공급전압이 전기사업법 제18조 및 동법 시행규칙 제18조에서 정한 표준전압 및 허용오차의 범위를 벗어나게 하여서는 안 된다.

② 분산형전원으로 인하여 제1항의 기술요건을 만족하지 못하는 경우 연계용량이 제한될 수 있다.

③ 한전은 제1항의 기술요건을 만족시키기 위해 분산형전원 사업자와의 협의를 통해 분산형전원의 운전역률 혹은 유효전력, 무효전력 등을 제어할 수 있고, 적정 전압 유지범위를 이탈할 경우 분산형전원을 계통에서 분리시킬 수 있다.

④ 원칙적으로 분산형전원은 계통의 전압을 능동적으로 조정하여서는 안 된다. 단, 분산형전원의 연계로 인하여 적정 전압 유지범위를 이탈할 우려가 있거나 한전이 필요하다고 인정하는 경우 계통의 전압을 적정 전압 유지범위 이내로 조정하기 위한 분산형전원의 능동적 전압조정은 제한된 범위내에서 허용할 수 있다.

제21조 [저압계통 상시전압변동]

① 저압 일반선로에서 분산형전원의 상시 전압변동률은 3%를 초과하지 않아야 한다. 다만, 전용변압기를 통해 저압 한전계통에 연계되는 분산형전원의 경우 제22조에서 정한 기술요건으로 검토한다.

② 분산형전원의 연계로 인한 계통의 전압변동이 제1항에서 정한 범위를 벗어날 우려가 있는 경우에는 해당 분산형전원 설치자가 한전과 협의하여 전압변동을 저감하기 위한 대책을 실시한다.

③ 2항에 의한 대책으로도 제1항의 전압변동 범위 유지가 불가할 경우에는 다음 각 호의 하나에 따른다.
  ㉠ 계통용량 증설 또는 전용선로로 연계
  ㉡ 상위전압의 계통에 연계
④ 역송병렬 분산형전원 연계시 저압 계통의 상시전압이 전기사업법 제18조 및 동법 시행규칙 제18조에서 정한 허용범위를 벗어날 우려가 있을 경우에는 전용변압기를 통하여 계통에 연계하며, 이 때 역송전력을 발생시키는 분산형전원의 최대용량은 변압기 용량을 초과하지 않도록 한다.

제22조 [특고압계통 상시전압변동]
① 특고압 일반선로에서 분산형전원의 연계로 인한 상시전압변동률은 각 분산형전원 연계점에서의 전압 상한여유도 및 하한 여유도를 각각 초과하지 않아야 한다.
② 분산형전원의 연계로 인한 계통의 전압변동이 제1항에서 정한 범위를 벗어날 우려가 있는 경우에는 해당 분산형전원 설치자가 한전과 협의하여 전압변동을 저감하기 위한 대책을 실시한다.
③ 제2항에 의한 대책으로도 제1항의 전압변동 범위 유지가 불가할 경우에는 다음 각 호의 하나에 따른다.
  ㉠ 계통용량 증설 또는 전용선로로 연계
  ㉡ 상위전압의 계통에 연계
④ 특고압 계통에 연계된 분산형전원의 출력변동으로 인하여 주변압기 송출전압을 조정하는 자동전압조정장치의 운전을 방해하여 주변압기 OLTC의 불필요한 동작 및 빈번한 동작을 야기해서는 안된다.

제23조 [단락용량]
① 분산형전원 연계에 의해 계통의 단락용량이 다른 분산형전원 설치자 또는 전기사용자의 차단기 차단용량 등을 상회할 우려가 있을 때에는 해당 분산형전원 설치자가 한류리액터 등 단락전류를 제한하는 설비를 설치한다.
② 제1항에 의한 대책으로도 대응할 수 없는 경우에는 다음 각 호의 하나에 따른다.
  ㉠ 특고압 연계의 경우, 다른 배전용 변전소 뱅크의 계통에 연계
  ㉡ 저압 연계의 경우, 전용변압기를 통하여 연계
  ㉢ 상위전압의 계통에 연계
  ㉣ 기타 단락용량 대책 강구

■ 교류측 구성기기등

교류측 기기는 사용전압에 따라 2가지의 경우로 나누어 생각할 수 있다.

- 첫번째의 경우는 주택, 사무용 건물, 관공서 등을 포함한 건축물에 적용하는 것으로서 자체 시설물에서 전력을 생산 전력사용량을 저감하여 에너지를 절약하는 것을 주 목적으로 적용되는 경우이다.
    - 이 경우 인버터로부터 사용전압인 교류 220/380 V를 직접 인출하여 저압용 배전반이나 분전반에 접속하므로 비교적 간단하게 전용 분전반(또는 전용 차단기)의 적용으로 시스템이 구성될 수 있다.
- 두 번째의 경우는 대용량의 태양광 발전소에서 전력을 생산하여 상업용 전원의 송전, 배전계통으로 송전해야 하므로 발전소 내부 시스템에서 상업용 송전전원의 전압인 특별고압으로 승압하여야 한다.
    - 따라서 승압을 위한 변전설비, 전력 거래를 위한 적산 전력계 등 시스템이 복잡해지게 된다.
    - 대용량 태양광 발전소에서 전기실에는 인버터, 변압기, 배전반 등을 수용하게 된다.

1. 변압기

일반적으로 변압기는 높은 배전계통의 전압을 사용전압인 저압으로 낮추기 위한 목적으로 사용되고 있다. 배전계통의 전원을 변압기를 사용하여 사용전압으로 강압하여 부하계통에 전력을 공급한다. 이와는 달리 태양광 발전 시스템에서의 변압기는 전압을 높이기 위해 사용한다.

- 인버터의 출력전압을 배전이나 송전계통의 전압으로 승압하는 용도로 변압기 사용

(1) 변압기의 종류

변압기를 절연방식, 사용소재 등에 따라 유입변압기, 건식변압기, 몰드변압기, 가스절연변압기, 아몰퍼스변압기 등으로 분류할 수 있다.

① 유입변압기
- 절연과 냉각을 위하여 절연유를 사용한다.
- 냉각을 위한 별도장치가 없이 온도차에 의한 대류에 의존하는 유입자냉식, 변압기의 냉각에 물을 활용하는 유입수냉식, 공기를 강제로 불어넣는 유입풍냉식 등이 있다.
- 별도 장치를 사용하여 냉각성능을 좋게 하면 변압기의 용량을 증가시키는 효과를

기대할 수 있다.
- 유입변압기는 옥내용, 옥외용 등 모든 용도의 변압기로서 사용실적이 많으며 비교적 가격이 저렴하여 널리 사용되고 있다.

② 건식변압기
- 유입변압기에 사용하는 절연유는 화재에 취약하다.
- 반면에 건식변압기는 불연성으로 건축물내의 큐비클에 수납하여 사용하는데 적합하다.
- 건식변압기는 주로 H종 절연이 사용되며 유입변압기에 비하여 절연강도가 낮고 옥외용으로 사용하기에는 구조상 불합리하다.

③ 몰드변압기
- 에폭시 수지로 몰딩한 건식변압기의 일종이다.
- 난연성, 자기소화성, 절연 성능이 우수하고 절연의 경년변화가 적다.
- 최근 건축물 내의 변전설비에 많이 가장 사용되고 있다.
- 유입변압기에 비하여 서지에 약하기 때문에 몰드변압기 설치 시에는 서지 흡수기(S.A. SurgeAbsorber)로 보완할 필요가 있다.

④ 가스절연 변압기
- SF6 가스를 봉입하여 절연하는 변압기이다.
- SF6 가스의 우수한 절연성능으로 유지보수는 가스의 보충정도로 충분하다.
- SF6 가스가 지구온난화를 야기시키는 유해가스로 대체가스를 개발하기 위한 연구가 활발하게 진행되고 있다.

⑤ 아몰퍼스 변압기
- 기존의 변압기는 철심소재로 규소강판을 사용한다.
- 아몰퍼스 변압기는 Fe. Si. B 등을 혼합하여 용융한 후 급속 냉각시킨 비정질 금속(Amorphous Metal)을 철심 소재로 사용하는 변압기이다.
- 무부하손실이 기존의 규소강판을 사용하는 변압기의 20% 정도로 효율면에서 우수하여 최근에 사용량이 증가하고 있다.

(2) 변압기의 결선방식

태양광발전 시스템에서의 변압기의 결선은 주로 3상4선식이 사용된다. 일반적으로 사용되는 변압기의 결선방식은 다음 4종류가 있으며 이외에 3권선 변압기, 지그재그 결선 변압기 등을 특수하게 결선된 변압기도 있다.

① 단상2선식

단상2선식 결선 변압기의 출력전압은 110V, 220V 또는 기타전압의 단일전압으로 소규모의 전원이 필요한 경우에 사용된다.

② 단상3선식

$1\phi 3W$식은 과거에 출력전압으로 110V와 220V을 사용할 때 많이 사용하던 결선방식이다. 최근에 신설되는 시설에는 사용의 예가 거의 없는 방식이다.

③ $3\phi 3W$식

$3\phi 3W$식은 1차측과 2차측을 결선하고 출력전압은 단일전압이다. 최근에는 일반적인 경우 많이 사용되지 않고 특정 부하에 시설물의 주계통전압과 다른 전압을 공급할 필요가 있는 경우에 사용되고 있다. 예컨대 주계통전압이 22.9KV와 220/380V인 경우 대용량 냉동기의 전원으로 $3\phi 3300V$가 필요한 경우 냉동기 전원 전용으로 $3\phi 3W$식 결선변압기를 사용한다.

④ $3\phi 4W$식

$3\phi 4W$식은 1차측은 Δ 2차측은 Y결선하고 출력전압은 상전압과 상전압의 $\sqrt{3}$ 배인 선간전압, 2종의 전압을 인출할 수 있다. 최근에 적용되는 변압기의 결선은 특별한 경우를 제외하고는 거의 이 방식의 결선을 사용하고 있다.

2. 배전반

(1) 배전반의 형태

변압기 외에 전력계통과 각종 기기의 상태를 조작하고 감시하기 위한 장치들을 안전한 철제 함속에 수납한 것을 배전반이라 한다. 배전반은 회로의 전압에 따라 특별고압반, 고압반, 저압반 등으로 구분하여 설치한다.

(2) 배전반의 구성

배전반에는 차단기, 개폐기, 단로기 등 회로를 개폐할 수 있는 기기와 전압계, 전류계, 역률계 등 계통의 상태를 감시할 수 있는 기기, 계전기(Relay), 변류기(CT), 계기용 변압기(PT) 등의 보호기기 등으로 구성된다.

1) 개폐기

차단기의 용도는 고장전류를 차단하는데 있지만 개폐기는 부하전류를 개폐할 수 있도록 설계되어있다. 따라서 운전중인 선로를 필요에 따라 개폐할 수 있다. 개폐기의 종류로는 컷아웃 스위치(COS, Cutout Switch), 자동고장구분 개폐기(ASS, Automatic Section Switch), 기중 부하개폐기(IS, Interrupter Switch)등이 있다. DS(Disconnect Switch)라고 하는 단로기는 고장전류나 부하전류를 차단할 수 없고 단순히 전류가 흐르지 않는 상태에서 차단기나 개폐기로 이미 차단한 선로를 더욱 안전을 기하기 위해 단로하거나 회로를 변경하고자 할 때 사용된다. 따라서 전원을 차단할 경우 차단기와 개폐기로 선로를 차단, 전류가 흐르지 않은(부하가 걸리지 않은) 상태에서 조작 하여야 한다.

2) 계전기

계전기는 회로의 상태를 감시하는 변성기, 변류기의 설정된 출력값에 따라 차단기를 동작시키는 기기이다. 계전기의 종류로는 회로의 단락과 과부하에 의해 흐를 수 있는 과전류로부터 보호하는 과전류 계전기(OCR, Over Current Relay), 전압이 과하거나 부족할 경우 보호하는 과전압 계전기(OVR, Over VoltageRelay) 와 부족전압 계전기(UVR, Under Voltage Relay) 그리고 회로의 지락사고로 부터 보호하는 지락계전기(GR, Ground Relay)가 있다.

3) 기타 기기

차단기, 개폐기, 단로기, 계전기 외에 배전반에 수납되는 기기는 각종 계기, 변류기, 계기용 변압기, 피뢰기, 전력용 퓨즈, 전력용 콘덴서. 서어지 방지기(SPD, Surge Protective Device) 등이 있다

3. 차단기

차단기는 정상운전 상태에서 선로를 개폐할 수 있지만 설치의 주목적은 변류기, 계기용변압기와 함께 계전기와 조합하여 사고발생시 선로를 신속하게 차단하여 사고 부분을 계통에서 분리시켜 사고의 파급을 방지하는데 있다.

(1) 차단기의 종류

투입과 차단 시에 발생하는 아크를 절연유에 의해 소호하는 유입차단기(OCB, Oil Circuit Breaker), 자연공기 내에서 자연적으로 소호하는 기중차단기(ACB. Air Circuit Breaker), 압축공기를 아크에 불어 차단하는 공기차단기(ABCB, Air Blast Circuit Breaker), 아크와 직각으로 자계를 주어 소호하는 자기차단기(MCB. Magnetic Circuit Breaker), 절연내력 과 소호능력이 뛰어난 가스를 이용하여 소호하는 가스차단기(GCB, Gas Circuit Breaker). 진공을 이용하여 소호하는 진공차단기(VCB, Vacuum Circuit Breaker)등이 있으나 최근에는 소형 경량으로 차단성능이 우수한 진공차단기가 주로 사용되고 있다.

4. 분전반

(1) 배전반의 형태

- 분전반은 일반적으로 전력간선의 일부 설비로 내부에 과전류를 차단하기 위한 배선용 차단기(MCCB. Molded Circuit Breaker)가 수납되며 용도에 따라서는 전류계, 전압계 등 계기류가 설치되기도 한다.
- 계통연계형의 경우 파워콘디셔너(PCS)의 교류 출력을 기존 계통에 접속하는데 이 경우 분전반 내에 전용차단기를 지정하여 접속한다.
- 분전반 내의 전용 차단기를 통하여 역송전하게 되는데 파워콘디셔너의 후단에 별도의 전용 차단기를 두는 것이 유지보수에 유리하다.
- 변전설비가 있는 시설의 경우 전기실 내의 저압배전반 내의 차단기 중 전용차단기로 지정하여 접속한다.
- 계통연계형을 건축물에 시설하여 저압전기를 사용하는 경우 기존 분전반이나 배전반에 용량이 맞는 예비차단기가 있는 경우 이를 전용차단기로 활용할 수 있으나 여의치 않은 경우 전용 분전반을 신설하는 것이 필요하게 된다.

5. 축전지

(1) 독립형 시스템

태양광 발전시스템은 햇빛을 쪼이는 낮시간대에도 일사량에 따라 발전량이 각각 다르고 흐리거나 눈, 비가 오거나 특히 야간에 발전량이 부하의 소요 전력량에 비해 부족하거나 발전이 전혀 되지 않을 수 있다. 태양광 발전시스템이 작동하여 전력을 생산하는 시간대와 전력을 소비하는 시간대가 일치하지 않는 경우 시스템 내에 생산한 전력을 저장하고 필요한 시간에 사용할 수 있는 기능이 필요하다. 이러한 기능을 담당하는 것이 축전지이다. 독립형 시스템에 사용되는 축전지의 사용상의 특징을 보면 일반 건축물에서 사용되는 축전지와 비교하여 충방전 빈도가 높고 설치장소 역시 축전지의 기능 발휘에 적합하지 않은 경우가 많아 열악한 상태로 작동하고 있다고 할 수 있다.

(2) 계통연계형 시스템

축전지는 주로 독립형 시스템에서 일사량이 양호한 낮시간대에 발전한 전력을 야간이나 일사량이 불량한 시간대에 사용하기 위해 전기를 저장하는 용도로 적용하고 있다. 그러나 실시간대로 상업용 전력계통에 연계하는 계통연계 시스템에서의 축전지의 활용은 독립 형 시스템에서 같이 그 역할은 크지 않지만 시스템의 기능향상에 크게 기여할 수 있다. 시스템의 발전량이 단시간 급감하거나 부하의 전력사용량이 일시적으로 급증하는 경우 계획보다 많은 전력을 계통의 전력으로 대체사용하게 되게 된다. 이런 경우를 대비하여 축전지를 적용하면 적은 용량의 축전지 적용으로 큰 효과를 얻을 수 있다.

(3) 축전지의 설계

축전지의 용량은 방전전류와 방전시간의 곱으로 표현된다.

$$C = I_D \times t_D$$

C : 축전지 용량 (Ah) ID : 방전전류 (A) TD : 방전시간(h)

시스템에 필요한 축전지의 용량계산은 다음과 같이 한다.

$$C = \frac{E_\ell(1+N_D)}{L \times B_D \times V_B}(Ah)$$

Bl : 부하설비의 1일 적산전력량(Wh)   ND : 부조일수
L : 보수율(일반적으로 0.8 적용)   BD : 방전심도(일반적으로 0.5-0.75 적용)
VD : 축전지 방전전압(V) 공칭 전압 (V/Cell) x 직렬로 연결된 전지의 수 (Cell) 축전지 선정시 고려사항

(4) 축전지의 자기방전

축전지는 인위적인 방전을 통하여 전류를 방출하지 않아도 전극에서의 화학작용으로 인하여 비록 적은 양이지만 방전을 계속한다. 이러한 방전을 자기방전이라 하는데 자기방전량이 크거나 시간이 길어지면 필요시 전력량이 부족하게 된다. 이를 보완하기 위하여 보다 큰 용량의 축전지를 적용하는 것 보다 자기방전량이 적은 축전지를 선정하는 것이 필요하다. 독립형 태양광 발전시스템에서는 장마철과 같은 시기에는 수일간 축전지의 전원을 사용하기 때문에 가급적 자기방전량이 적은 축전지를 선정하여야 한다.

(5) 충전전류

축전지의 특성 중 일정 전류값 이하에서는 충전되지 않는 부분이 존재한다. 태양광 발전 시스템의 특성상 흐린날 일사량이 다소 부족한 상태에서도 축전지가 충전될 수 있어야 시스템을 유용하게 운전할 수 있다. 따라서 태양광 발전 시스템에 적용하는 축전지는 가급적 작은 전류에서도 충전이 될 필요성이 있으며 축전지 선정 시 이러한 점을 고려하여야 한다.

(6) 축전지 출력특성의 온도의존성

축전지의 주변온도가 낮게 되면 축전지의 출력이 저하된다. 동절기 혹한기가 되면 축전지의 출력은 부하에 전원공급하기에 부족할 정도로 심하게 저하되는데 이에 대비하여 온도저하에 따른 출력저하가 적은 축전지를 선별하여 선정할 필요가 있다.

(7) 높은 충방전 빈도에 따른 수명단축

독립형 시스템에서의 축전지는 매일 충전과 방전을 반복한다. 또한 충전하는 양도 일사량에 따라 매시간 다르므로 과충전과 부족충전을 반복한다. 따라서 일반적으로 사용하는 축전지에 비하여 훨씬 가혹한 조건에서 운전되고 있는 것 이다. 충방전 빈도가 높아지면 충방전 심도에도 나쁜 영향을 주게 된다. 일반적으로 축전지의 전극은 과충전의 경우 (+)전극이, 부족충전의 경우 (-)전극이 열화한다. 설계시에 축전지 용량의 선정이 제대로 되었다면 태양광 발전시스템에서는 과충전의 경우보다 부족충전의 경우가 많은데 이로 인한 (-)전극의 열화가 축전지 수명 단축의 주요원인으로 된다. 따라서 독립형 시스템에 적용하는 축전지는 (-)전극의 열화를 보완할 수 있는 수단을 강구해야 한다. (-)전극 주변을 카본으로 둘러싸거나 축전지 내부를 실리콘으로 충진하는 방법 등이 시도되고 있다.

(8) 뇌서지대책

피뢰설비의 목적은 낙뢰의 방전 통로를 제어하여 인명 피해나 재산상의 손실을 최소화하는데 있다.

1) 피뢰설비설계시고려사항
- 인명피해 발생 가능성
- 장비또는 구조물에 대한 피해발생가능성
- 장비의중요도및 공공성
- 건축물의 경우 역사적인 중요성
- 부적절한 설비에 대한 법률적인 제재

- 낙뢰에 의해 폭발성 물질에 의한 2차적인 피해 가능성

위의 고려사항 이외에도 피 보호 구조물의 위치에 따른 평가도 고려되어야 한다. 실제 낙뢰가 떨어진 횟수와일치되는 것은 아니나 통상 기상 자료로 얻을 수 있는 뇌전일수도 필히 고려하여야 한다.

(9) 피뢰설비의 구성

피뢰설비라 함은 낙뢰로 인하여 발생할 수 있는 화재,파손 또는 인축의 상해 등을 방지할 목적으로 피보호 대상물에 설치하는 돌침(突針), 피뢰도선 및 접지전극 등으로 구성된 설비를 총칭한다. 일반적으로 피뢰설비는 낙뢰에 의한 전격(電擊)을 받아들이기 위한 수전부, 뇌전류(雷電流)를 수전부에서 대지로 흘려주기 위한 피뢰도선(避雷導線, "인하도선"이라고도 한다)과 피뢰도선과 대지를 전기적으로 접속하기 위해 지중에 매설하는 접지극이 있다. 수전부는 돌침(突針), 수평도체, 케이지(cage) 그물형 도체 등이 있으며, 직접전격을 받기위해 이용하는 펜스, 배수관 등 건축물에 부속된 금속체도 포함된다. 수전부상단에서 그 상단을 통하여 연직선에 대한 보호범위로 보는각도를 보호각도라고 칭하는데 일반적으로 60°이하이고, 가연성 가스등 위험물이 피보호물일 경우에는 45°이하로한다. 피뢰도선은 낙뢰전류의 통로가 되기 때문에 전류용량, 기계적강도, 내구성등을 고려하여 충분히 신뢰성 있는 재료를 사용하여야 한다. 또한 피뢰도선 근처에금속체가 존재하는 경우 피뢰도선의 뇌격전류가 통과하는때에 금속체와 전위차가 생기기 때문에 간접섬광이 발생할 위험성이 있어 가연물질이 있는 경우 화재의 원인이 되기도 한다. 따라서, 피뢰도선과 금속체와는 충분히 이격하여야한다. 접지는 피보호물체와 접지전위를 같게하여 접지 전위차이를 최소화하여 접지저항을 아주 낮게하여야 한다. 전기설비기준에는 피뢰설비의 접지저항을 10Ω 이하로 하도록 규정하고 있다.

(10) 피뢰방식의 종류

낙뢰의 위험으로부터 시설물을 보호하기 위한 피뢰방식에는 돌침방식, 수평도체방식, 케이지방식 등이 있으며 피보호물의 형태, 조건에 따라 선정하거나 2가지 이상의 방식을 조합하여 적용한다.

(11) 돌침방식

뇌격은 선단이 뾰족한 부분으로 잘 방전하므로 시설물의 상단에 뾰족한 형태의 피뢰침을 설치하고 근방에 접근한 뇌격을 흡인하여 도체와 접지전극을 통하여 대지로 안전하게 방류하는 방식이다. 이 방식은 건축물과 같이 면적이 크지 않은 시설의 보호를 위해 많이 사용

되어 왔으며 태양광 발전 시스템을 건물 옥상에 시설하는 경우 적용이 용이한 방식이다. 대규모 태양광 발전소와 같이 넓은 면적의 시설물을 보호하기 위해서는 단독으로 전체의 시설을 보호하기에는 한계가 따르는 방식이다 또한 일반 돌침피뢰방식에 의한 피뢰설계를 회전구체법(Rolling Sphere Method)을 적용하여 분석해 보면 아래 그림과 같은 보호각으로는 보호되지 않는 부분이 나타난다. 따라서 이를 보완하기 위해 건물측면에 가공지선을 통상적으로 추가로 설치해야한다.

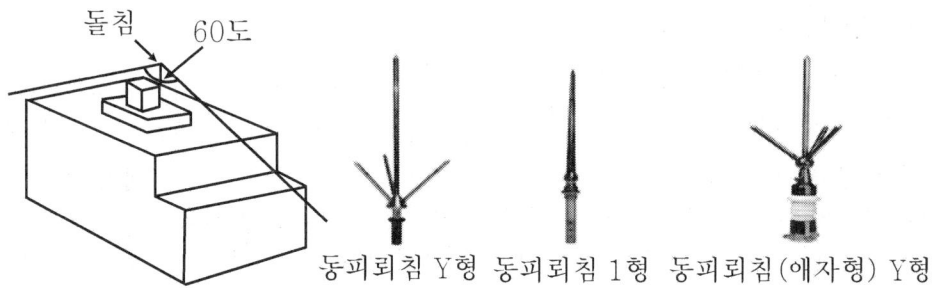

[돌침방식의 피뢰설비]

(12) 수평도체방식

수평도체(水平導體)방식이 방식은 태양광 발전시스템 구종물의 상부에 수평도체를 가설하고 이것이 뇌격을 흡인하여 인하도선과 접지극을 통하여 뇌격전류를 안전하게 대지로 방류하는 것이다. 수평 도체 보호각은 돌침보호각과 같다. 돌침방식에 비하여 공사비는 많이 들지만 태양광 발전 시스템에 적용하기에 가장 좋은 방식이다

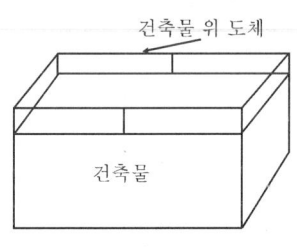

[수평도체방식]

(13) 케이지방식

케이지(Cage) 방식 태양광 발전 시스템 주위를 적당한 간격의 망상도체로 감싸는 완전한 피뢰방식이다. 이방식에는 뇌격전류 파두가 급준하지 않으면 케이지(cage) 전체가 항상 등전위로 되고 내부 전계는 영(零)이 되므로 내부의 사람과 물건에는 뇌격전류가 흐르는 일이 없어 뇌격으로부터 보호된다.

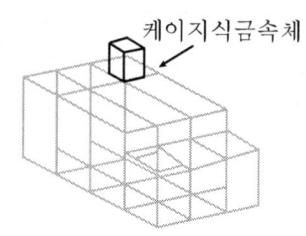

[케이지식피뢰설비]

(14) 보호범위

 피뢰침과 수평도체의 보호범위는 높이가 높을수록 뇌격거리를 고려해야 하므로 일률적인 보호각 설정으로 나타내기에는 불합리한 면이 있다. 뇌격거리는 뇌전류가 클수록 길어진다 따라서 설치조건이 같은 피뢰침이라도 뇌전류가 커지면 보호범위가 넓어져야한다. 회전구체법은 뇌격거리를 고려해서 보호범위를 설정하는 방식이다. 보호범위를 단순하게 보호각으로 설정해도 실용상 문제가 되지 않는 경우는 피뢰침의 설치높이가 뇌격거리의 약 1/2 이하인 경우이며 피뢰침의 설치높이가 낮을수록 보호각을 넓게 설정할 수 있다. 따라서 1~2개의 피뢰침을 높게 설치하는 것보다 여러개의 피뢰침이나 수평도체를 보다 낮은위치에 분산하여 설치하는 것이 보호효과 면에서 우수하다고 할 수 있다. 보호범위를 설정하는 방법으로는 보호각도법, 회전구체법 그리고 메쉬법이 있다.

(15) 보호 각도법

 피뢰침의 높이에 따라 보호각을 다르게 적용하여야 한다. 보호각은 피뢰침과 건물 끝과의 각도를 말하는 것으로서 보호각은 작을수록 좋다.

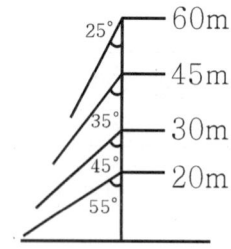

[피뢰침의 높이에 따른 보호각]

(16) 회전구체법

- 뇌격거리 R을 반지름으로 하는 구체를 이용해 보호범위를 적용한다.
- 2개 이상의 수뢰부에 동시에 접하게 하든가 수뢰부 1개 이상과 대지에 동시에

접할 수 있도록 하여 구체를 회전시킬 때 구체표면의 물선으로부터 보호범위를 정하는 방법이다.
- 구체의 반경은 표에서의 R에 의한다.

(17) 메쉬법

피보호물을 메쉬(Mech)형태의 도체 내부에 두어 낙뢰로부터 보호하는 방식이다. 고층 건물의 남측 외벽면에 건축물 외피 일체형 태양광발전 시스템(BIPV. Building Integrated Photovoltaic System)을 시설할 경우 적용을 고려할 필요가 있다. 건물 외벽면의 외피재료가 도전성인 경우 이를 수뢰부의 일부로 이용할 수 있다. 메쉬법의 원리적인 측면에 대하여 고려하면 시설물의 형태, 조건 등을 이용하여 적용하기 좋은 방식으로 피보호물을 보호할 수 있다.

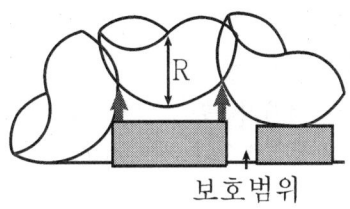

보호범위

(18) 회전구체법

보호레벨	회전구체법 R	보호각법 h(m)					메쉬법 폭(m)
		20	30	45	60	60초과	
I	20	25	*	*	*	*	5
II	30	35	25	*	*	*	10
III	45	45	35	25	*	*	15
IV	60	55	45	35	25	*	20

[보호레벨에 따른 수뢰부의 배치]

(19) 피뢰소자 선정

태양광발전 시스템을 구성하는 장비나 기기들을 외부로부터 침입하는 낙뢰, 시스템 내부에서 발생할수 있는 개폐 서지(Switching Surge) 등 순간 과전압(Surge)로부터 보호하기 위하여 서지보호기(SPD)와 같은 피뢰소자를 용도에 따라 필요개소에 설치해야 한다.

- 시스템에 서지가 침입할때 구성기기가 파손되는 것은 선간(차동모드)이나 선과 대지간(공통모드)에 절연내력을 상회하는 전압이 인가되어 절연이 파괴되기 때문이다.
- 서지의 침입을 저지하거나 제한하여 선로와 기기를 보호하는 장치를 서지보호기(SPD)라고 하는데 보호대상에 따라 전원용, 통신용, 신호용 등으로 구분할 수 있다.
- 또한 기능에 따라 절연변압기, 광결합기와 같은 절연형, 가스방전관, 사태 다이오드, 바리스터 등과 같은 반도체 소자인 방류형, 퓨즈나 차단기와 같은 개방형으로 분류할 수 있다.
- 가스방전관이 동작하기 위해서는 동작을 위한 충분한 전압과 시간이 필요하다.
- 방전개시전압에 비하여 전자장비나 반도체가 서지전압에 민감할 경우 손상의 우려가 크다.
- 반면에 사태다이오드나 제너다이오드는 응답속도가 빠르고 제한전압이 낮아서 효과적으로 보호할 수 있으나 서지에 대한 내량이 작아서 파손될 수 있다.
- 이 때문에 예상되는 서지가 크고 낮은 제한전압이 요구되는 경우에 가스방전관과 반도체형 소자를 복합적으로 사용하는 혼합형 서지 보호회로가 개발되어 적용되고 있다.

(20) 통신, 신호용 SPD

- 전압제한 소자와 전류제한 소자로 구성된 서지보호기의 2종류가 기본형이다.
- 다단자형 서지보호기는 보호대상의 다양한 요구사항을 충족시키기 위하여 여러 종류의 서지보호 소자를 각각 소자의 장점을 발휘할 수 있도록 조합하여 제작한 것을 말한다.
- 혼합형 서지보호기는 가스방전관과 바리스터를 조합하는 경우와 가스방전관과 다이오드를 조합하는 경우의 두가지가 일반적으로 적용되고 있다.
- 가스방전관과 바리스터를 조합하는 경우는 전원용 서지보호기와 유사하다.
- 서지가 침입하면 먼저 전압제한형 다이오드가 동작하여 회로를 보호하고 다음에 가스방전관이 동작하여 다이오드를 보호한다. 이때 대부분의 서지전류는 가스방전관을 통하여 방출된다. 그러나 가스방전관이 방전이 개시될 수 있는 어느정도의 전압과 시간이 필요하며 이로 인하여 회로나 기기가 서지에 민감할 경우 손상될 우려가 있다.
- 제너다이오드는 가스방전관의 방전개시전압이 민감한 회로나 기기에 영향을 주지 않도록 안전한 제한전압 이하로 제한시킬 수 있다.
- 제너다이오드를 사용하고 제너다이오드와 가스방전관 사이에 직렬로 임피던스를

접속하면 제너다이오드에는 적절한 전류만 흐르게 되고 대부분의 서지전류는 가스 방전관을 통해서 흐르게 한다.

■ 전기실면적산정

1. 전기실의 위치선정

변전설비, 적산전력계, 인버터, 배전반 등 장비들을 수납하고 원활한 유지보수를 위해 부지 내에 전기실을 두게 되는데 전기실의 위치를 선정하는 경우 다음의 사항을 고려해야 한다.

- 어레이구성의 중심에 가깝고 배전에 편리한 장소
- 전력회사로부터의 전원인출과 구내배전선의 인입이 편리한 장소
- 기기의 반출입에 지장이 없는 곳
- 장치증설이나 확장의 여유가 있을 것
- 고온다습한 곳은 피할 것
- 부식성가스, 먼지가 많은 곳은 피할 것
- 침수 기타 재해의 우려가 없을 것
- 냉방 및 환기시설을 할 것
- 쥐 등 설치류 등의 침입이 불가능한 장소

2. 변전설비 설계시 기본설계에서 고려한 사항 중 변전실의 면적과 위치 선정

(1) 변전설비 설계시 기본 계획시 고려사항

① 부하설비 용량의 추정, 수전 용량의 추정, 계약 전력의 추정
② 수전전압과 수전 방식
③ 주회로의 결선방식(모선방식, 변압기 뱅크 수, 저압 분기 회로수)
④ 변전실의 형식(옥내, 옥외, 개방식, 큐비클식)
⑤ 변전실의 위치와 면적, 기기 배치
⑥ 예비전원 설비

(2) 변전실의 위치 선정 방법

1) 건축적 고려사항 - 반출, 반입 / 넓이, 높이 / 타실과 근접 /

① 장비 반입 및 반출통로 확보 / 드라이어 설치

② 장비 배치 및 장비에 대한 충분한 높이 및 유지보수 넓이 확보

③ 발전기실, 축전지실, 무정전 전원장치실과 근접

④ 수 변전실은 불연재료로 구획되고 출입구는 방화문 설치 / 방화대책

2) 환경적 고려사항

① 환기가 잘 되어야 하고 고온 다습한 장소는 피한다. → 환기, 제습, 냉방장치 시설

② 화재 폭발 우려가 있는 위험물 제조소나 저장장소는 피한다.

③ 염해, 부식성, 유독성 가스의 체류 위험이 있는 장소는 피한다.

④ 홍수, 물배관사고, 누수로 인한 사고가 없게 한다.

⑤ 가연성 가스, 물, 연료 등의 배관이 시설되지 않게 한다.

⑥ 내부 소음이 외부로 전달되지 않게 한다. / 환기대책을 세운다.

3) 전기적 고려사항

① 수전 전원의 인입이 편리한 장소 / 입체적 배열

② 사용부하의 중심에 가깝고 간선의 배선이 용이한 곳

③ 용량의 증설에 대비한 면적 확보

④ 수전 및 배전이 경제적으로 가능한 장소

⑤ 조명설비

3. 변전실의 면적 산출

1) 변전실의 면적을 동일용량이라도 변전실의 형식 및 기기 시방에 따라 큰 차이

2) 면적 산정에 영향을 주는 요인

① 수전전압, 수전방식

② 변압방식, TR용량, 수량, 형식

③ 설치기기와 큐비클

④ 기기 배치 방법, 유지보수 면적

⑤ 건축물의 구조적 여건

4. 전기실의 넓이의 일반적인 계산식은 전기실면적[m²] = $k(\text{변압기용량}[kVa])^{0.7}$

k : 일반적으로 특고압에서 고압으로 변성하는 경우 : 1.7

특고압에서 저압으로 변성하는 경우 : 1.4

고압에서 저압으로 변성하는 경우 : 0.98

1) 기기 배치 시 최소 이격거리
- 변압기, 배전반 등 설치 시 최소 이격거리는 표 참조
- 유지보수 및 교체 시를 고려해 충분한 면적 확보

	앞면	뒷면	열상호간	기타
특별고압반	1700	800	1400	
고, 저압반	1500	600	1200	
변압기	1500	600	1200	300

① 뒷면은 사람 통행 고려시 0.9m 이상

② 열상호간은 내장기기 최대폭에 안전거리 0.3m 가산

③ 기타면은 변갑기등을 벽등에 연하여 설치하는 경우 최소 이격거리로 사람 통행이 필요한 경우 0.6m 이상

④ 옆면과 벽면은 최소 0.6m 이상, 통행 고려시 0.8m 이상

2) 변전실의 높이
- 변전실의 높이는 실내에 설치되는 기기의 최고 높이, 비닥트렌치 및 무근 콘크리트 설치 여부, 천장 배선 방법 및 여유율을 고려한 유효높이가 되어야 함
- 메탈클래드식 수변전설비가 설치된 변전실인 경우로서 특별고압수전 또는 변전기기가 설치되는 경우 4,500(mm)이상, 고압의 경우 3,000(mm) 이상의 유효높이를 확보
- 높이를 불필요하게 높게 하지 않도록 해야 함.

	2. 태양광발전 관제시스템 설계	1. 방범시스템 2. 방재시스템 3. 모니터링 시스템 등

1. 방범시스템

태양광발전설비는 인적이 드문 산간지방이나 넓은 평야에 설치되는 경우가 많으며, 무인발전소가 대부분인 경우 많으므로 외부인의 침입과 화재가 발생할 수 있다. 따라서 감시카메라등을 설치하여 24시간 감시활동을 수행함으로써 태양광 발전시스템의 안전을 확보하도록 하며. 무인경비 시스템을 도입하는 것도 하나의 방법이다. 최근에는 대규모 발전용량의 태양광 발전소는 전력을 생산하는 태양광 모듈로부터 모듈 접속반, 인버터, 변압기 등의 감시용 카메라를 다수의 감시·제어 포인트들에 넓은 면적에 배치되어 구성되고 있으며, 태양광 발전소 원격 감시·제어 시스템은 이러한 광역적인 환경에 최신IT 기술을 응용하여 안정적인 태양광 발전소 운영에 필요한 감시·제어시스템을 구축하고 있다.

- 태양광 발전소 보안카메라 설치로 수시 상황 체크
- 출입문 및 전기실 감지
- 현장점검 기능
- 원격카메라 가동

DVR 시스템을 설치 할 경우 사각지대가 없도록 설치하되, 반드시 1대는 전기실 내부를 감시할 수 있도록 한다.

2. 방재시스템

태양광 발전 시스템에서 방재설비는 그 주목적이 발전소와 관련된 설비 및 건축물 등에서 발생될 수 있는 모든 재난을 방지하는 설비를 의미하며, 건축물에 뇌서지로부터 보호하는 피뢰설비와 고층건물에 설치하는 태양광설비의 경우 항공장애등으로 안전비행을 위한 표시설비와 태양광설비의 화재 등이 있다. 그중 최근 태양광발전 설비에서 화재가 발생해 막대한 피해를 입는 사례가 빈번하여, 경제적 손실은 물론 2차 사고로 이어질 우려가 있기 때문에 태양광발전 사업자들은 화재 발생에 대해 매우 민감하다. 때문에 태양광발전 시스템에서 화재 예방 및 화재 감지, 화재 진압 기능에 대한 수요가 증가하고 있다.

(1) 화재

무인가동 설비인 태양광발전 설비는 주로 단락, 접촉불량, 트래킹, 과부하, 누전, 제품불량 등의 원인으로 화재가 발생하기도 하지만 관리자의 유지관리 소홀로 인한 화재도 많이 발생한다. 그러므로 태양광발전 설비에 대한 정기적인 유지관리를 통해 화재징후를 사전에 점검하고 부품을 교체하여 예방할 수 있으며, 태양광발전 시설의 발화 가능성을 완전히 배제할 수 없기에 화재의 조기발견과 자동통보설비인 화재자동통보설비를 설치하여 혹시나 화재가 발생할 경우 피해가 최소화 되도록 자가 화재진압 기능을 활용해 위험요소를 제거할 필요가 있다.

(2) 뇌뢰와 전기설비

1) 서지의 발생원인

㉠ 자연현상에 의한 Surge

(가) 직격뢰 (Direct Strike)

낙뢰가 구조물, 장비, 전력선 등에 직접 뇌격하는 것으로 약 20kV 이상의 전압과 수 kA ~ 300kA 이상의 과전류가 발생한다. 낙뢰가 지상의 구조물, 전자장비의 안테나, 가스관 또는 급수관 등에 직접 떨어지는 현상으로서 뇌방전 에너지 전체가 유입됨으로써 극심한 파괴력을 동반하며, 일반적으로 뇌격전류의 진행회로 주변의 전기 기기나 전자장비 등은 손상을 입게 되며, 화재발생의 위험성도 높다.

(나) 간접뢰 (Indirect Lightning)

송전, 통신선로에 뇌격하여 선로를 통하여 Surge가 전도되는 것으로 발생빈도가 가장 많으며, 6,000V 이상의 매우 큰 에너지를 갖고 있어 이에 의한 피해가 가장 많고 크다. 낙뢰가 장비를 포함하고 있는 건축물로 인입되는 전력선 또는 신호 / 통신회로에 건축물로부터 어느 정도 떨어진 거리에 유입되는 경우로서 뇌방전 에너지가 외부 인입선을 따라 장비로 유입되며, 많은 경우의 뇌서지가 이러한 경로로 유입된다.

(다) 유도뢰 (Inducement Lightning)

낙뢰지점 인근대지에 매설된 전원선, 통신선, 금속파이프 등 도체를 통하여 유도되는 고전압 고전류의 유입으로 인하여 접지전위의 급상승으로 Surge가 발생한다. 낙뢰가 건물의 피뢰침에 낙뢰시 또는 지상건축물 주변의 나무나 지표에 떨어지거나 근거리에서 뇌운간의 방전시 나타나는 현상으로서 건물 내로 인입되는 전력선 또는 통신 / 신호선로에 뇌방전 에너지가 유도되어 장비로 유입된다.

(라) 방전 (Bound Change)

지상과 구름, 구름 내, 구름과 구름 사이의 방전으로 유도된 전하가 전력선, 금속체 또는 지표로 흘러 장비를 손상시킨다.

(마) 여름뢰와 겨울뢰

여름철 낙뢰의 경우 전류 값 10~30kA, 계속 시간 수~수백 μs인 것이 많다. 겨울철 낙뢰는 여름철 낙뢰에 비해 뇌 전류의 계속 시간이 길고, 이 때문에 여름철 낙뢰에 비해 수십 배에서 수백 배에 이르는 낙뢰 에너지가 돼 막대한 피해를 입힌다.

ⓒ 개폐 및 기동에 의한 Surge

변전소에서 고압전력 공급선을 스위칭할 때 최고 6,000V, 분전함 주 전원 스위치를 작동할 때는 최고 3,000V의 개폐 서지가 유입될 수 있으며, 중장비 시동 때도 최고 3,000V의 전압 임펄스가 발생된다. 이 외에 주위에서 아크용접기, 컴프레서, 진공청소기, 사무기기 등을 사용할 때도 400 ~ 1,000V의 임펄스와 노이즈가 발생한다.

ⓒ 서저전류의 파형

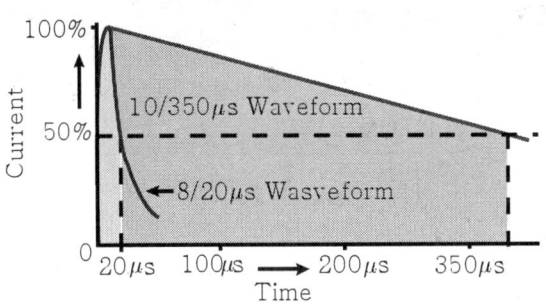

직격뢰 파형 10/350µs 전류파형 (1등급 SPD)

유도뢰 파형 8/20µs 전류파형 (2등급 SPD)

직격뢰와 유도뢰의 전류 최댓값이 동일한 경우 직격뢰의 에너지량은 유도뢰의 약 16~20배이다.

LPZ1 - Class Ⅰ (Type 1) 10/350µs파형 기준의 임펄스 전류 limp 12.5 KA 이상 (10/350µs)

LPZ2 - Class Ⅱ (Type 2) 8/20µs파형 기준의 최대방전전류 lmax 5 KA 이상 (8/20µs)

LPZ3 - Class Ⅲ (Type 3) 1.2/50µs, 8/20µs조합파

(가) 피뢰침 설치 시(Lightning Protection Rod)

　　Class Ⅰ (Type 1) SPD, 12.5 KA 이상, 10/ 350µs, : 설비 인입구 및 배전반에 설치권장

(나) 전원 인입이 가공 선로이고, 뇌우일수

　　(IKL) 25 이상(뇌격 빈도 Ng≥2.5시) : 5 KA 이상, 8/20µs : 접속반 및 어레이 측 설치 권장

(다) 전원 인입이 가공 선로이고, 뇌우일수

　　(IKL) 25 이하 (뇌격 빈도 Ng≤2.5시) : SPD 설치 불필요

사용용도	시험 명칭	시험 파형	방전 내량 성능	설치 장소 및 역할
전원용	클래스 Ⅰ 시험	전류파형 10/350μs	임펄스 전류 imp	전력 인입구 등에 설치, 건물 외로 유출하는 직격 뇌전류에 대응
	클래스 Ⅱ 시험	전류 파형 8/20μs	최대 방전전류 imax	건물 내부의 분전반 등에 설치, 건물 내부에 발생하는 유도뢰 전류에 대응
신호용	카테고리 D1 시험	전류 파형 10/350μs	임펄스 내구성	신호선의 인입구 등에 설치, 건물 외에 유출하는 직격 뇌전류에 대응
	카테고리 C2 시험	전압 파형 12/50μs 전류 파형 8/20μs	임펄스 내구성	건물 내부의 기기 근방에 설치, 건물 내부에 발생하는 유도뢰 전류에 대응

ⓔ 서지보호장치(SPD)의 선정방법

뇌서지 등에 의한 피해로부터 태양광 발전 시스템을 보호하기 위한 대책으로는 다음과 같은 기술적 사항이 있다.

(가) SPD(Surge Protective Device: 서지보호장치)를 어레이 주회로 내에 분산시켜 설치하고 접속함에도 동시에 설치한다.

(나) 저압배선과 접지선 등을 통해 침입하는 뇌서지에 대해서는 각 분전반과 접속함 등에 SPD를 설치한다.

(다) 뇌의 다발지역에서는 교류전원측에 내뢰 트랜스를 설치하여 보다 완전한 대책을 세운다.

접속함 내부 및 분전반 내부에 설치되는 피뢰소자에는 서지보호장치(SPD) 및 어레스터(방전내량이 큰 것)를 선정하고, 어레이 주회로 내에는 서지업서버(SA)나 방전내량이 적은 SPD를 선정한다. 태양광 발전 시스템에 사용되는 SPD에는 직격뢰용 SPD를 사용하는 데 갭식과 바리스터식이 있다. 대부분 사용되는 SPD는 바리스터식을 많이 사용한다. 바리스터식 SPD는 산화아연형의 바리스터의 정전압특성을 이용한 것으로 갭식에 비해 동일한 방전전류내량을 얻기 위해서는 제품이 대형화 되지만 동작시 속류가 발생되지 않는 장점이 있다.

① 어레스터(Arrester) : 뇌에 의한 충격성 과전압에 대해서 전기설비의 단자전압을 규정치 이내로 저감하여 정전을 일으키지 않고 원상으로 복귀하는 장치.

② 서지업서버(Surge Absorber) : 전선로에서 침입하는 이상전압의 크기를 완화시켜 각 파고치를 저하시키도록 하는 장치

③ 내뢰 트랜스 : 실드부착 절연트랜스를 주체로 이것에 어레스터 및 콘덴서를 복합적으로 조합한 것. 뇌서지가 침입한 경우 내부에 시설된 어레스터에서의 제어 및 1차측과 2차측간의 고절연화, 실드에 따라 뇌서지의 흐름이 완전하게 차단될 수 있도록 하는 장치

㉺ 뇌해대책

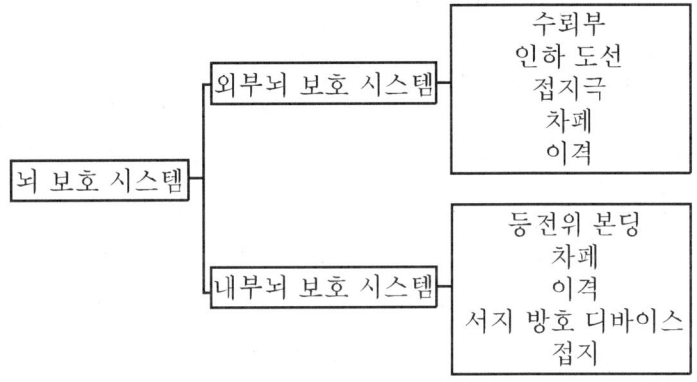

㉻ 직격뢰 대책

건물에 낙뢰하면 접지 저항에 의해 접지 전위가 상승한다. 이때 건물 안으로 이어진 전선은 무한 원거리의 영전위로 연결돼 있어 큰 전위차가 발생하면 절연 파괴를 일으키고 전원선·통신선·수도관 등을 통해 원거리로 흘려보내 피해를 발생시킨다. 따라서 전원선과 통신선은 서지 방호 디바이스를 사이에 두고, 수도관 등은 위험한 불꽃 방전을 방지하기 위해 확실하게 본딩해 이상 전압을 발생시키지 않는 대책이 필요하다.

㉼ 유도뢰 대책

유도뢰 대책으로 서지 침입 경로에 서지 방호 디바이스를 설치하고, 기기의 접지 단자와 연접해 기기의 내전압 이하로 제한한다. 이를 서지 방호 디바이스(SPD, 내뢰 트랜스 등)에 의한 등전위화라고 한다. 각 제조사에서 기능별로 SPD를 제조·판매한다. 기본적인 SPD 선정 방법은, 저압 전로(IEC 규격AC 1500V 이하)에 사용하는 SPD의 경우 카테고리 Ⅰ~Ⅳ에 대응하는 동시에 SPD 사양은 저압 전로에 대해 규정된 등급 Ⅰ~Ⅲ, 통신 회로에 대해 규격에 규정된 카테고리 D1, C2에 적합한 것이어야 한다.

저압 전로에 사용하는 SPD를 선정할 때 다음 네가지 사항에 유의한다.

① 처리할 수 있는 에너지가 클 것. 등급 Ⅰ SPD는 임펄스 전류 Iimp, 등급 Ⅱ SPD는 최대 방전 전류 Imax의 수치가 클 것.

② 뇌 서지를 바이패스했을 때 SPD의 전압 방호 레벨이 피보호 기기의 절연 내력 이하로 제어할 수 있는 것.

③ 뇌 서지 침입으로 피보호 기기가 절연 파괴되기 이전에 SPD가 동작해 뇌 서지 만을 신속히 바이패스 할 것.

④ 바이패스 후에는 즉시 속류를 차단하는 기능이 있는 것.

◎ SPD 설치장소와 설치방법

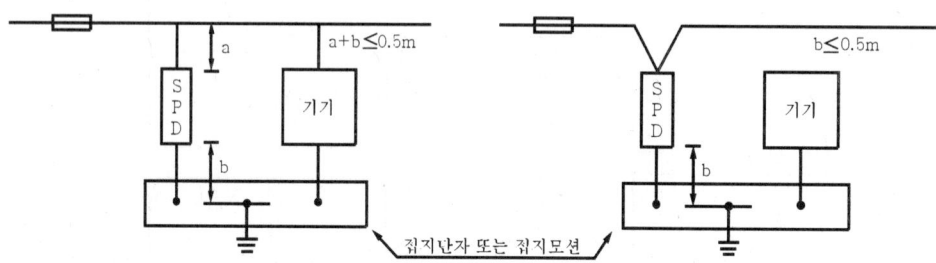

SPD 설치장소와 설치방법

건축물 내에 SPD를 설치하는 경우에는 다음과 같이 접속한다(주 1).

1) 설비의 인입구 또는 그 부근에서 중성선이 보호도체(PE)에 연결되어 있거나 중성선이 없는 경우에는 상도체와 주접지단자 사이 또는 상도체와 보호도체 사이

2) 설비의 인입구 또는 그 부근에서 중성선과 보호도체가 직접 연결되어 있지 않으면 다음 중 하나를 선택한다.

　(가) 상도체와 주접지단자 또는 보호도체 사이 및 중성선과 주접지단자 사이 또는 보호도체 사이

　(나) SPD를 누전차단기 전원측에 설치하는 경우, SPD를 상도체와 중성선 사이 및 중성선과 주접지단자 또는 보호도체 사이

3) SPD의 연결도체 길이가 길어지면 뇌서지 회로의 임피던스가 증가하여 과전압 보호의 효율성이 떨어지므로 가급적이면 짧게 한다. SPD 연결도체의 길이는 0.5ㄹm를 초과하지 않게 한다.

4) SPD 연결도체는 단면적 $10mm^2$ 이상의 동선과 이와 동등 이상이어야 한다. 단, 건축물에 피뢰설비가 없는 경우는 단면적 $4mm^2$ 이상도 가능하다.

(3) 내진대책

태양광 발전시스템은 건물의 옥상이나 평지 또는 산지등에 설치하는 경우가 대부분이고, 태양광발전사업의 경우 전기실이 포함되어 지진발생시 큰 피해가 발생되므로 내진대책도 중요한 요소 중 하나이다. 특히, 지진발생 시 태양광발전 시스템의 기능유지에 지장을 주지 않도록 시설하는 것이 중요하다. 지진에 대한 대책에는 내진설계와 면진설계가 있다. 내진구조란 건축물 내부에 철근 콘크리트의 내진벽과 같은 부재를 설치하여 강한 흔들림에도 붕괴되지 않게 하는 것이며, 면진 구조는 지반과 건물을 분리해 지진력의 전달을 감소하는 방법이다. 태양광 발전 시스템 설비에서는 구조물 프레임 구조계산에 반영하여 설계하고 있다.

(4) 항공장애등설비

태양광발전설비 피뢰설비를 항공기에 장애가 발생할 수 있는 높이 또는 지역에 설치할 경우 항공기 장애등설비는 국토교통부령이 정하는 바에 따라 표시등과 표지를 설치해야 하므로 사전에 그 지역의 조건을 충분히 검토하여 반영하도록 한다.

1) 항공장애등설비 설치

① 높이가 지표 또는 수면으로부터 150m 이상인 물체나 구조물에는 표시등과 표지를 설치하여야 한다.

② 높이가 지표 또는 수면으로부터 60m 이상인 다음 각 호의 물체나 구조물에는 표시등과 표지를 설치하여야 한다.

(가) 굴뚝, 철탑, 기둥, 그 밖에 높이에 비하여 그 폭이 좁은 물체 및 이들에 부착된 지선(支線)

(나) 철탑, 건설크레인 등 뼈대로 이루어진 구조물

(다) 건축물이나 구조물 위에 추가로 설치한 철탑, 송전탑 또는 공중선 등

(라) 가공선이나 케이블·현수선 및 이들을 지지하는 탑

(마) 계류기구와 계류용 선(주간에 시정이 5,000m 미만인 경우와 야간에 계류하는 것에 한한다)

(바) 풍력터빈

③ 그 밖의 물체들(수로나 고속도로와 같은 시계비행로에 인접한 물체를 포함한다) 중에서 지방항공청장의 항공학적 검토결과 항공기에 대한 위험요소라고 판단되는 물체에는 표시등이나 표지 중 적어도 하나를 설치하여야 한다.

3. 모니터링 시스템 등

(1) 모니터링 시스템 설계

태양광 발전 설비의 효율적인 운영을 위하여 발전 설비 전반에 대하여 원격 감시 및 측정 시스템을 도입하여, 시스템의 운영 및 감시, 관리를 할 수 있도록 하여야 하는데 이를 「태양광 발전 모니터링 시스템」이라 한다. 태양광 발전 시스템에서 모듈 및 다수의 모듈이 스트링을 구성할 경우의 각각의 입력전압, 입력 전류, 모듈 온도, 출력 전압, 출력 전류의 등의 정보를 수집할 수 있다. 인버터에서는 입력 전압/전류/전력 3상 출력의전압/전류/전력, 역율, 주파수, 누적 발전량 등의 정보를 모니터링 시스템에 전달한다. 모니터링 시스템은 환경 수집 장치(일기 측정 장치)가 수집하는 수평/수직 일사량, 풍속, 풍향, 대기 온도, 대기 습도 등의 정보를 수집한다.

(2) 모니터링 시스템의 개요

태양광 발전 시설의 효율적인 운영 지원 및 태양광 발전 시스템의 성능 향상을 위해서는 태양광 발전 시스템의 상태 모니터링이 필요하며 다음과 같은 기본 기능을 갖추어야 한다.

1) 적극적인 감시 통제 : 즉각 지원 조치 시스템
2) 실시간 감시 통제 : 발전 효율 극대화
3) 기상 상태에 따른 분석 : 발전량 및 발전 시스템 효율
4) 발전 시스템 이력 관리 : 유지 보수 및 운영 관리

모니터링 시스템은 태양광 발전 상태를 실시간 감시, 일별, 월별, 연간 데이터를 기록 및 이상 발생 시 원인 분석 등을 할 수 있는 다양한 정보를 통일된 형식으로 전달하여야 하고 이때 수집 정보 간의 호환성이 필수적이다. 또한 내부 방사 조도, 어레이 출력, 저장 입력 및 출력, 전력 조절기 입력 및 출력과 같은 에너지 관련 PV 시스템 특성을 모니터링 하기 위한 절차와 모니터한 데이터의 교환 및 분석을 위한 절차를 포함하여야 한다.

(3) 모니터링 프로그램의 주요 기능

1) 데이터 수집 기능

개별발전소별 전용의 데이터처리장치에서 인버터나 기상센서로부터 데이터를 최대 5초 이하 간격으로 수집하여, 정확한 분석을 위해 수집된 데이터들 최대 15분 이하의 간격으로 평균이나 최댓값을 계산하여 통합서버로 전송한다. 통합서버에서는 개별 발전설비의 전용 데이터처리장치에서 전송된 실시간데이터와 분석용 데이터를 구분하여 저장함. 프로그램은 일정 간격으로 전송받은 데이터를 태양전지 출력 전압, 출력 전류, 인버터 A, B, C 상 각상 전류, 각상 전압, 출력 전력, 주파수, 역률, 주적 전력량, 외기 온도, 모듈 표면 온도, 수평면 일사량, 경사면 일사량 등 각각의 데이터로 분리하고 데이터 베이스의 실시간 테이블 형식에 맞도록 데이터를 수집하고, 네트워크나 통합서버 장애로 인하여 분석용의 유실을 줄이기 위해 개별 발전설비의 데이터 처리장치에서는 분석용 데이터를 최소 7일 이상 저장하고 있어야 하며, 네트워크나 서버의 장애로 전송하지 못한 경우 장애가 복구된 후 자동으로 재전송함으로써 데이터의 유실을 최소화해야 함.

2) 데이터 저장 기능

데이터 베이스의 실시간 테이블 형식에 맞도록 수집된 데이터는 데이터 처리장치에서 전송된 실시간데이터와 매 10분마다 60개의 저장된 데이터를 읽어 산술 평균값을 구한 뒤 10분 평균값으로 10분 평균 데이터를 저장하는 테이블에 저장한다.

3) 데이터 분석 기능

데이터베이스에 저장된 데이터를 토대로 계측 값의 시간별 일별 계측값의 변화 트렌드를 테이블 또는 그래픽으로 표현하여야 하며, 태양광의 경우 일사량 및 온도에 따른 기준 발전량을 예측하고 실제발전량과 비교 분석할 수 있는 기능을 포함.

4) 데이터 통계 기능

데이터 베이스에 저장된 데이터를 일간과 월간의 통계 기능으로 구현하여 엑셀에서 지정 날짜 또는 월의 통계 데이터를 출력할 수 있도록 구성한다.

5) 운영 현황판 데이터 전송 기능

각각의 인버터에서 서버로 전송되는 데이터는 데이터 수집 프로그램에 의하여 인버터로부터 전송받아 데이터를 통합 및 가공하여 태양광 발전 시설 운영 현황판으로 통합 데이터를 전송한다.

6) 실시간 모니터링 기능

　실시간 발전상황 및 현황을 조감도 상에 표시하고 시스템의 일일발전전력, 일사량과 외부 온도, 총 설치 용량과 현재 발전량, 누적 발전량, 기상청 또는 기상센서정보, CO_2 절감량 등을 표출하며 표시한다.

7) 웹모니터링 기능
　　- 웹브라우저를 이용하여 모니터링 함.
　　- 관리자가 접속가능 계정을 추가 또는 삭제할 수 있도록 함.
　　- 설비관제 권한을 부여하여 관리할 수 있도록 함.

8) 경보 발생 기능
　　- 시스템 이상 시 경보 발생
　　- 경보이력 조회

9) 보고서 및 출력기능
　　시간대별, 일별, 월별 운전 보고서 보기 및 엑셀 출력

모니터링 설비 설치기준(제7조제1항 관련)

요구사항	제7조에 따라 의무적으로 설치해야 하는 모니터링 설비는 다음의 사항에 따라 설치하여야 한다.
설비요건	모니터링 설비의 계측설비는 [표 1]을 만족하도록 설치하여야 한다.

계측설비	요구사항	확인방법
인버터	CT 정확도 3% 이내	· 관련 내용이 명시된 설비 스펙 제시 · 인증 인버터는 면제
온도센터	정확도 ±0.3℃ (-20~100℃) 미만	· 관련 내용이 명시된 설비 스펙 제시
	정확도 ±1℃ (100~1,000℃) 이내	
전력량계	정확도 1% 이내	

측정 및 모니터링 항목	[표 2]의 요건을 만족하여 측정된 에너지 생산량 및 생산시간을 누적으로 모니터링 하여야 한다.

[표 2] 측정 및 모니터링 항목

구분	모니터링 항목	데이터(누계치)	측정 항목
태양광	일일발전량(kWh)	24개(시간당)	인버터 출력
	생산시간(분)	1개(1일)	

5. 태양광 발전 시스템 감리	1. 태양광발전 설계 감리	1. 설계도서 검토 2. 전력기술 관리법 3. 설계 감리 업무 수행 지침 등
	2. 태양광발전 착공 감리	1. 착공서류 등 검토 2. 착공감리
	3. 태양광발전 시공 감리	1. 공사 시방서 등 2. 시공감리 및 설계감리

1. 태양광 설계 감리

설계감리란 전력시설물의 설치·보수 공사(이하 "전력시설물공사"라 한다)의 계획·조사 및 설계가 「전력기술관리법」(이하 "법"이라 한다) 제9조에 따른 전력기술기준과 관계 법령에 따라 적정하게 시행되도록 관리하는 것을 말한다.

(1) 설계도서의 검토

태양광발전공사 설계도서의 검토, 확인업무는 가장 중요한 업무로 태양광발전공사의 품질확보에 결정적으로 영향력을 행사하는 핵심적인 사항이다. 아울러, 시공과정에서 기술적인 견해차이로 불필요한 마찰 및 설계도서의 부실(누락, 불일치, 오류, 시공성 결여등) 문제로 인하여 공정, 품질, 원가관리에 영향을 미치는 결과를 초래함을 인지하여야 한다. 설계도서의 이해 및 검토는 전문지식과 집중력을 요구하기 때문에 사업주체의 설계지침과 설계기준, 각종 설계조건에 대한 충분한 사전지식을 보유하고 설계도서의 모든 내용을 빠짐없이 검토하고 확인하여야 한다.

1) 감리자(담당감리원)의 설계도서 검토는 사업주체와 감리용역계약 체결 후 설계도서를 수령하면 즉시 검토에 착수한다.
2) 감리자(담당감리원)는 설계도서와 관련하여 검토해야 하는 관련도서의 목록은 다음과 같다.

   (가) 설계도면 및 시방서
   (나) 구조계산서 및 각종계산서
   (다) 계약내역서 및 산출근거(사업주체와 시공자가 다를 경우)

(라) 공사계약서(사업주체와 시공자가 다를 경우)
(마) 사업계획승인조건 등

3) 감리자(담당감리원)는 구조도서(구조계산서, 구조도면 등)의 검토를 다음과 같이 실시한다.
    (가) 구조계산서, 구조도면의 정정표기, 작성일자, 책임구조기술자 서명 여부
    (나) 구조계산서와 구조도면이 해독 가능한지 여부
    (다) 구조계산서와 구조도면의 일치성 여부
    (라) 사용된 정보가 정확하고 일관성이 있는지 여부
    (마) 각 분야(건축, 토목, 기계설비, 전기, 소방, 통신 등)에서 설계 변경된 내용이 구조기술자에게 모두 통보가 되고 반영이 되었는지 여부
    (바) 구조상세도면은 누락 없이 작성되었는지 여부
        ⓐ 힘의 원활한 전달과 분배
        ⓑ 과도한 응력 집중의 방지
        ⓒ 내구성 확보
        ⓓ 균열제어 방안
    (사) 구조도면과 건축·기계설비·소방·전기도면과 대조하여 상이한 사항이 있는지 여부

4) 감리자(담당감리원)는 설계도면의 검토를 다음과 같이 실시한다.
    (가) 도면 작성의 날짜, 공사명, 계약번호, 도면번호 및 도면제목, 책임기술자의 서명, 정정표기 등의 적정성 여부
    (나) 도면의 정확성, 용도 적합성, 시공성, 안정성, 운영효율성, 유지관리 용이성 등
    (다) 시방서와 기타 도서에서의 요구사항 및 관련 기관의 설계심의 등의 조건 등이 적절하게 반영되었는지 여부
    (라) 사업주체의 요구사항이 모두 반영되었는지 여부
    (마) 도면과 각종 문서간의 간섭사항(Interface)이 모두 정확하게 정의되었는지 여부
    (바) 법규 및 각종 기준 등에 일치하는지 여부
    (사) 기본설계와 실시설계 비교
    (아) 도면상의 치수, 메모(note), 축척표기, 북향표기, 약호 및 기호에 대한 정확성, 일관성 및 적절성 등
    (자) 평면도, 입면도, 단면도, 상세도 등의 일치성, 표기의 적합성 등

(차) 건축도면, 구조도면, 기계설비, 전기 및 통신도면, 공사비내역서, 계산서 등의 일치성 및 간섭사항(Interface)
(카) 필요한 상세 도면의 누락여부
(타) 오탈자 여부, 요약의 정확성, 각종 표기사항의 명확성
(파) 도면크기, 타이틀 블록의 형태가 규정된 조건과 일치하는지 여부

5) 감리자(담당 감리원)는 시방서의 검토를 다음과 같이 실시한다.
  (가) 시방서가 사업주체의 지침(Concept) 및 요구사항, 설계기준 등과 일치하고 있는지 여부
  (나) 모든 정보 및 자료의 정확성, 완성도 및 일관성 여부
  (다) 관계법령 및 규정, 기준 등이 적절하게 언급되었는지 여부
  (라) 시방서 내용이 제반 법규 및 규정과 기준 등에 적합하게 적용되었는지 여부
  (마) 관련된 다른 시방서 내용과 일관성 및 일치성 여부
  (바) 시방서 내용 상호 조항간에 일관성 및 일치성 적합 여부
  (사) 시방서 내용이 시공성, 운전성, 유지관리 편의성, 설치의 완성도 등
  (아) 설계도면, 계산서, 공사내역서 등과 일치성 여부
  (자) 주요자재 및 특수한 장비와 제작품 등의 경우 제작업체의 도면, 제품사양 및 견본품과의 일치여부
  (차) 시방서 작성의 상세 정도와 누락 또는 작성이 미흡한 부분이 있는지 여부
  (카) 일반시방서, 기술시방서, 특기시방서 등으로 구분하여 명확하게 작성되었는지 여부
  (타) 철자, 오탈자, 문법 등

6) 감리자(담당 감리원)가 설계도서 검토 및 적용시 유의사항은 다음과 같다.
  (가) 설계도서 해석의 우선 순위
    관계법령 및 계약서에 명시된 순서가 우선되어야 하나 특별한 명시가 없는 경우에는 아래의 순서에 의하여 우선 순위가 일반적으로 적용되고 있다.
    ⓐ 계약서
    ⓑ 계약일반조건 및 특수조건
    ⓒ 특별시방서
    ⓓ 설계도
    ⓔ 일반시방서 또는 표준시방서
    ⓕ 산출내역서
    ⓖ 승인된 시공도면
    ⓗ 관계법령의 유권해석
    ⓘ 사업주체 및 감리자의 지시사항

(나) 설계도서 검토 및 적용시 고려사항

    ⓐ 설계도면 및 시방서의 어느 한쪽에 기재되어 있는 것은 그 양쪽에 기재되어 있는 사항과 완전히 동일하게 다룬다.

    ⓑ 숫자로 나타낸 치수는 도면상 축척으로 잰 치수보다 우선한다.

    ⓒ 특별시방서는 당해 공사에 한하여 일반시방서에 우선하여 적용한다.

    ⓓ 특별시방서 및 도면에 기재되지 않은 사항은 일반시방서에 의한다.

    ⓔ 상기 이외의 사항에 대해 공사계약문서 상호간에 차이와 문제가 있을 때는 감리원의 의견을 참조하여 사업주체가 최종적으로 결정한다.

7) 감리자는 감리용역 착수초기에 설계도서의 검토가 1차적으로 완료되면 검토의견서를 작성하여 사업주체에게 제출해야하며 공사진행 중에도 감리업무 착수초기에 미쳐 검토되지 못한 부분이 발견될 경우는 2차, 3차로 검토 의견서를 작성하여 사업주체에게 제출하여야 한다. 감리자의 설계도서 검토의견서는 사업주체나 시공자의 설계변경(경미한 설계변경 포함)의 기술적 판단자료(근거)가 된다.

■ 전기설비 설계감리

1. 전력시설물의 설계감리(전력기술관리법 제11조, 시행령 제18조) 대상

(1) 용량 80만 킬로와트 이상의 발전설비

(2) 전압 30만 볼트 이상의 송전·변전설비

(3) 전압 10만 볼트 이상의 수전설비·구내배전설비·전력사용설비

(4) 전기철도의 수전설비·철도신호설비·구내배전설비·전차선설비·전력사용설비

(5) 국제공항의 수전설비·구내배전설비·전력사용설비

(6) 21층 이상이거나 연면적 5만제곱미터 이상인 건축물의 전력시설물. 다만, 「주택법」 제2조 제2호에 따른 공동주택의 전력시설물은 제외한다.

(7) 그 밖에 산업통상자원부령으로 정하는 전력시설물내용

2. 용어정의

(1) 설계감리자
종합설계업 등록을 한 자 또는 설계감리자로서 확인을 받은 자가 수행한다. 설계감리 업무에 참여할 수 있는 사람은 전기분야 기술사, 고급기술자 또는 고급감리원 이상인 사람으로 한다.

(2) 기술용역(설계) 계약문서
계약서, 현장설명서 및 과업지시서, 기술용역(설계) 계약일반조건, 설계자가 제출하여 발주자의 승인을 받은 용역 공정예정표, 기타 발주자와 설계자가 별도 합의하여 정하는 문서

(3) 설계감리용역 계약문서
계약서, 설계감리용역 입찰유의서, 설계감리용역계약 일반조건, 설계감리용역계약 특수조건, 과업내용서 및 설계감리비 산출내역서로 구성되며 상호보완의 효력을 가진다.

(4) 검토
설계자의 설계용역에 포함되어 있는 중요사항과 해당 설계용역과 관련한 발주자의 요구사항에 대하여 설계자 제출서류, 현장 실정 등 그 내용을 설계감리원이 숙지하고, 설계감리원의 경험과 기술을 바탕으로 하여 적합성 여부를 파악하는 것을 말하며, 사안에 따라 검토의견을 발주자에 보고 또는 설계자에게 제출하여야 한다.

(5) 확인
발주자 또는 설계감리원이 설계자가 설계용역을 계약문서 대로 실시하고 있는지 및 지시·조정·승인 사항에 대한 이행 여부를 문서 등으로 확인하는 것을 말한다.

3. 설계감리의 업무 범위

(1) 전력시설물공사의 관련 법령, 기술기준, 설계기준 및 시공기준에의 적합성 검토

(2) 사용자재의 적정성 검토

(3) 설계내용의 시공 가능성에 대한 사전 검토

(4) 설계공정의 관리에 관한 검토

(5) 공사기간 및 공사비의 적정성 검토

(6) 설계의 경제성 검토

(7) 설계도면 및 설계설명서 작성의 적정성 검토

4. 설계감리원의 문서비치목록

   (1) 근무상황부

   (2) 설계감리일지

   (3) 설계감리지시부

   (4) 설계감리기록부

   (5) 설계자와 협의사항 기록부

   (6) 설계감리 추진현황

   (7) 설계감리 검토의견 및 조치 결과서

   (8) 설계감리 주요검토결과

   (9) 설계도서 검토의견서

   (10) 설계도서(내역서, 수량산출 및 도면 등)를 검토한 근거서류

   (11) 해당 용역관련 수·발신 공문서 및 서류

   (12) 그 밖에 발주자가 요구하는 서류

5. 설계업무수행계획서의 작성

설계감리 과업내용서를 바탕으로 대상물의 특징과 고려사항을 감안하여 설계감리 수행계획서를 작성한다.

   (1) 설계감리대상 : 용역명, 설계감리규모, 설계감리기간 등

   (2) 설계감리 조직구성 : 조직 및 분야별 담당업무 등

   (3) 세부시행계획 : 분야별 세부공정계획 및 업무흐름도 등

   (4) 보안 대책 및 보안각서

   (5) 기타 발주청이 정한 사항에 관련된 서류

6. 태양광 발전시스템 설계감리 업무수행 지침

   (1) 설계감리원이 수행해야할 업무 범위

   (2) 설계감리원의 기본 임무

(3) 설계용역의 관리

(4) 설계감리원의 지원업무

(5) 설계감리 절차별 제출서류

(6) 설계감리 완료 시 설계감리 용역 성과물 제출

(7) 설계감리의 기성 및 준공 처리 시 제출 서류

(8) 설계도서 검토 항목

1) 설계감리원이 수행해야할 업무 범위
① 주요 설계용역 업무에 대한 기술자문
② 사업기획 및 타당성 조사 등 전 단계 용역 수행 내용의 검토
③ 시공성 및 유지관리의 용이성 검토
④ 설계도서의 누락, 오류, 불명확한 부분에 대한 추가, 정정 지시, 확인
⑤ 설계업무의 공정 및 기성관리의 검토 및 확인
⑥ 설계감리 결과보고서의 작성
⑦ 그 밖에 계약문서에 명시된 사항

2) 설계감리원의 기본 임무
① 설계용역 계약 및 설계감리용역 계약 내용이 충실히 이행될 수 있도록 하여야 한다.
② 해당 설계용역이 관련 법령 및 전기설비기술기준 등에 적합한 내용 대로 설계되는지의 여부를 확인 및 설계의 경제성 검토를 실사하고 기술지도 등을 하여야 한다.
③ 설계공정의 진척에 따라 설계자로부터 필요한 자료 등을 제출받아 설계용역이 원활히 추진될 수 있도록 설계감리 업무를 수행하여야 한다.
④ 과업지서서에 따라 업무를 성실히 수행하고 설계의 품질향상에 노력하여야 한다.

3) 설계용역의 관리
① 설계감리원은 설계업자로부터 착수신고서를 제출받아 적정성 여부를 검토하여 보고하여야 한다.
② 설계감리원은 필요한 경우 다음 문서를 비치하고, 그 세부양식은 발주자의 승인을 받아 설계감리과정을 기록하여야 한다.
  - 근무상황부, 설계감리일지, 설계감리지시부, 설계감리기록부

- 설계자와 협의사항 기록부, 설계감리 추진현황
- 설계감리 검토의견 및 조치 결과서, 설계감리 주요검토결과
- 설계도서 검토의견서, 설계도서를 검토한 근거서류
- 해당 용역 관련 수·발신 공문서 및 서류
- 그 밖에 발주자가 요구하는 서류

③ 설계감리원은 발주된 설계용역의 특성에 맞게 지침에 따른 설계감리원 세부 업무내용을 정하고 설계감리업무 수행 계획서를 작성하여 발주자에게 제출하여야 한다.
④ 설계감리원은 설계용역의 계획 및 예정공정표에 따라 설계업무의 진행상황 및 기성 등을 검토 및 확인하여야 하며 이를 정기적으로 발주자에게 보고하여야 한다.
⑤ 설계감리원은 설계의 해당 공정마다 설계공정별 관리를 수행하여야 한다.
⑥ 설계감리원은 설계용역의 수행에 있어 지연된 공정의 만회대책을 설계자와 협의하여 수립하여야 하며 이에 대한 조치 등을 수행하여 발주자에게 보고하여야 한다.
⑦ 설계감리원은 설계용역의 공정관리에 있어 문제점이 있는 경우 이를 해결하기 위해 공정회의를 개최 할 수 있다.
⑧ 설계감리원은 발주자의 요구 및 지시사항에 따라 변경사항이 발생할 경우 이에 대해 설계자가 원활히 대처할 수 있도록 지시 및 감독을 하여야 하며 설계자의 요구에 의해 변경사항이 발생할 때에는 기술적인 적합성을 검토 및 확인하여 발주자에게 보고하여 승인을 받아야 한다.

4) 설계감리원의 지원업무
① 설계상 기술적인 애로사항의 해결을 위해 직접 자문가의 역할을 수행하거나 외부 전문가의 활용을 통한 설계품질 향상 도모
② 설계자의 조치계획에 대한 적정성 검토
③ 그 밖에 발주자 및 설계자가 설계수행을 위하여 요청하는 사항

5) 설계감리 절차별 제출서류
① 설계 감리원은 설계자가 작성한 전력시설물공사의 설계 설명서에 다음 내용이 적정하게 반영되어 작성되었는지의 여부를 검토하여야 한다.
- 공사의 특수성, 지역여건 및 공사방법 등을 고려하여 설계도면에 구체적으로 표시할 수 없는 내용
- 자재의 성능, 규격 및 공법, 품질시험 및 검사 등 품질관리, 안전관리 및 환경관리

등에 관한 사항
- 그 밖에 공사의 안전성 및 원활한 수행을 위하여 필요하다고 인정되는 사항

② 설계 감리원은 설계도면의 적정성을 검토한다.
- 도면작성이 의도하는 대로 경제성, 정확성 및 적정성 등을 가졌는지 여부
- 설계 입력 자료가 도면에 맞게 표시되었는지 여부
- 설계결과물이 입력 자료와 비교해서 합리적으로 되었는지 여부
- 관련 도면들과 다른 관련 문서들의 관계가 명확하게 표시되었는지 여부
- 도면이 적정하게, 해석 가능하게, 실시 가능하며 지속성 있게 표현되었는지의 여부
- 도면상에 사업명을 부여 했는지의 여부

③ 설계감리원은 설계용역 성과검토를 통한 검토업무를 수행하기 위해 세부검토사항 및 근거를 포함한 설계감리 검토 목록을 작성하여 관리하여야 한다.

④ 설계감리원은 위의 검토 결과 설계도서의 누락, 오류, 부적정한 부분에 대하여 설계자와 설계감리원 간에 이견이 발생하였을 경우에는 발주자에게 보고하여 승인을 받은 후 설계자에게 수정, 보완되도록 지시하고 그 이행여부를 확인하여야 한다.

6) 설계감리 완료 시 설계감리 용역 성과물 제출 설계감리원은 설계감리 결과보고서, 그 밖에 설계감리수행 관련 서류를 발주자에게 제출한다.

7) 설계감리의 기성 및 준공 처리 시 제출 서류 : 책임 설계감리원은 아래와 같은 서류를 발주자에게 제출한다.
① 설계용역 기성부분 검사원 또는 설계용역 준공검사원
② 설계용역 기성부분 내역서
③ 설계감리 결과 보고서
④ 감리기록서류
- 설계 감리 일지, 설계 감리 지시부, 설계 감리 기록부
- 설계감리요청서, 설계자와 협의사항 기록부
⑤ 그 밖에 발주자가 과업지시서상에서 요구한 사항

8) 설계도서 검토 항목
- 착수신고서, 근무 상황부, 설계 감리 일지, 지원업무수행 기록부
- 설계 감리 지시부, 설계 감리 기록부, 설계 감리 요청서
- 설계자와 협의사항 기록부, 설계 감리 추진현황, 설계도서 검토의견서
- 설계 감리 검토의견 및 조치결과서, 설계감리 주요검토결과
- 설계용역 기성부분 검사원 및 내역서, 설계용역 준공검사원

7. 태양광발전 착공 감리

(1) 태양광 발전시스템 착공감리 업무수행 지침
1) 설계도서 검토
2) 설계도서의 관리
3) 착공신고서 검토 및 보고
4) 사업 인허가

(2) 태양광 발전 시스템 감리

1) 착공감리

가) 설계도서 검토

① 감리원은 설계도면, 설계설명서, 공사비 산출내역서, 기술계산서, 공사계약서의 계약 내용과 해당 공사의 조사 설계 보고서 등의 내용을 완전히 숙지하여 새로운 방향의 공법개선 및 예산절감을 도모하도록 노력하여야 한다.

② 감리원은 설계도서 등에 대하여 공사계약문서 상호 간의 모순되는 사항, 현장 실정과의 부합 여부 등 현장 시공을 주안으로 하여 해당 공사 시작 전에 검토하여야 한다.

③ 감리원은 시공의 실제 가능 여부의 검토 결과 불합리한 부분, 착오, 불명확하거나 의문사항이 있을 때에는 그 내용과 의견을 발주자에게 보고하여야 한다. 또한, 공사업자에게도 설계도서 및 산출내역서 등을 검토하도록 하여 검토결과를 보고받아야 한다.

나) 설계도서의 관리

① 감리원은 감리업무 착수와 동시에 공사에 관한 설계도서 및 자료, 공사계약문서 등을 발주자로부터 인수하여 관리 번호를 부여하고, 관리대장을 작성하여 공사관계자 이 외의 자에게 유출을 방지하는 등 관리를 철저히 하여야 하며 외부에 유출하고자 하는 때에는 발주자 또는 지원업무담당자의 승인을 받아야 한다.

② 감리원은 설계도면 등 중요한 자료는 반드시 잠금장치로 된 서류함에 보관하여야 하며 캐비넷 등에 보관된 설계도서 및 관리 서류의 명세서를 기록하여 내측에 부착하여 관리하여야 한다.

③ 공사업자가 차용하여 간 설계도서 등 중요자료를 반드시 잠금장치로된 서류함에 보관하여 분실 또는 유실되지 않도록 지도 및 감독하여야 한다.

④ 감리원은 공사완료 후 공사 시작 전에 인수하여 보관하고 있는 설계도서 등을 발주자에게 반납하거나 지시에 따라 폐기 처분한다.

⑤ 감리원은 공사의 여건을 감안하여 각종 법령, 표준 설계명세서 및 필요한 기술서적 등을 비치하여야 한다.

다) 착공신고서 검토 및 보고

① 감리원은 공사가 시작된 경우에는 공사업자로부터 다음 각 호의 서류가 포함된 착공 신고서를 제출받아 적정성 여부를 검토하여 7일 이내에 발주자에게 보고하여야 한다.

- 시공관리 책임자 지정통지서(현정관리조직, 안전관리자)
- 공사 예정공정표, 품질관리계획서, 공사 시작 전 사진
- 공사도급 계약서 사본 및 산출내역서, 안전관리계획서
- 현장기술자 경력사항 및 확인서 및 자격증 사본
- 작업인원 및 장비투입계획서, 그 밖에 발주자가 지정한 사항

② 감리원은 다음 각 호를 참고하여 착공신고서의 적정 여부를 검토하여야 한다.
㉠ 계약 내용의 확인
- 공사기간(착공~준공)
- 공사비 지급조건 및 방법(선급금, 기성부분 지급, 준공금 등)
- 그 밖에 공사계약문서에 정한 사항

㉯ 현장기술자의 적격 여부
- 시공관리책임자 : 전기공사업법 제17조
- 안전관리자 : 산업안전보건법 제15조

㉰
- 공사예정공정표 : 작업 간 성행, 동시 및 완료 등 공사 전·후 간의 연관성이 명시되어 작성되고, 예정 공정률이 적정하게 작성되었는지 확인
- 품질관리계획 : 공사 예정공정표에 따라 공사용 자재의 투입시기와 시험방법, 빈도 등이 적정하게 반영되었는지 확인
- 공사 시작 전 사진 : 전경이 잘 나타나도록 촬영되었는지 확인
- 안전관리계획 : 산업안전보건법령에 따른 해당 규정 반영 여부
- 작업인원 및 장비투입 계획 : 공사의 규모 및 성격, 특성에 맞는 장비형식이나 수량의 적정 여부 등

라) 사업 인허가

전기사업은 국민 생활과 산업 활동에 필수 불가결한 공공재이고 막대한 투자와 상당 기간의 건설기간이 필요하므로 전기사용자의 이익 보호와 건전한 전기사업 육성을 위해 적정한 자격과 능력이 있는 자만이 전기사업에 참여할 수 있도록 하기 위함이다.

① 허가권자
- 3,000kW 초과 설비 : 산업통상자원부 장관
- 3,000kW 이하 설비 : 시·도지사
  (단, 제주도특별자치도는 제주국제자유도특별법에 따라 3,000kW 이상의 발전설비도 제주특별자치도지사의 허가사항임)

② 허가기준
- 전기사업 수행에 필요한 재무능력 및 기술능력이 있을 것
- 전기사업이 계획대로 수행될 것
- 발전소가 특정지역에 편중되어 전력계통의 운영에 지장을 초래하여서는 아니될 것
- 발전연료가 어느 하나에 편중되어 전력수급에 지장을 초래하여서는 아니될 것

③ 허가의 변경

발전사업 허가를 받았으나, 다음과 같이 변경되는 경우는 산업통상자원부 장관

또는 시·도지사의 변경허가를 받아야 한다.
- 사업구역 또는 특정한 공급구역이 변경되는 경우
- 공급전압이 변경되는 경우
- 설비용량이 변경되는 경우(허가 또는 변경 허가를 받은 설비용량의 10% 미만인 경우는 제외)

④ 허가의 취소

전기사업자가 사업 준비가간(발전사업 허가를 득한 후부터 사업개시 신고 전까지) 내에 전기설비의 설치 및 사업의 개시를 하지 아니한 경우, 전기위원회의 심의를 거쳐 허가를 취소한다. 신·재생에너지 발전사업 준비기간은 상한은 10년이며 발전사업 허가시 사업준비기간을 지정한다.

⑤ 허가절차

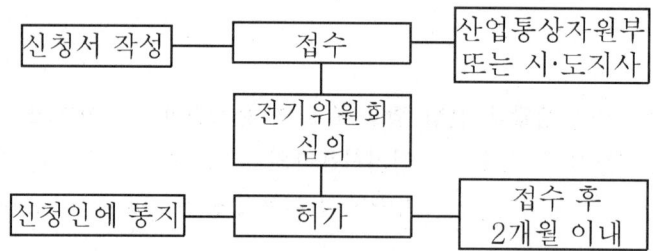

※ **필요서류 목록**

□ **3,000kW 이하**
- 전기사업허가신청서(전기사업법 시행규칙 별지 제1호 서식) 1부
- 전기사업법 시행규칙 별표1의 요령에 의한 사업계획서 1부
- 송전관계 일람도 1부
- 발전원가 명세서(200kW 이하는 생략) 1부
- 발전설비의 운영을 위한 기술인력의 확보계획을 기재한 서류 1부(200kW 이하는 생략)

□ **3,000kW 초과**
- 전기사업허가신청서(전기사업법 시행규칙 별지 제1호 서식) 1부
- 전기사업법 시행규칙 별표1의 요령에 의한 사업계획서 1부
- 사업 개시 후 5년간에 대한 연도별 예상사업 손익산출서 1부

- 발전설비의 개요서 1부
- 송전관계 일람도 및 발전원가명세서 1부
- 신용평가 의견서 및 소요재원 조달계획서 1부
- 발전설비의 운영을 위한 기술인력의 확보계획을 기재한 서류 1부
- 신청인이 법인인 경우에는 그 정관 등 재무현황 관련 자료 1부
- 신청인이 설립중인 법인인 경우에는 그 정관 1부

□ **태양광 발전시스템 시공감리 업무수행 지침**
- 감리원의 근무수칙
- 상주감리원이 현장에서 근무해야하는 상황
- 비상주감리원이 수행하여야 할 업무
- 행정업무
- 공사표지판 등의 설치
- 감리보고
- 현장 정기교육
- 감리원의 의견제시
- 시공관리책임자 등의 교체
- 제3자 손해방지
- 수명사항의 처리
- 사진촬영 및 보관
- 시공계획서 검토, 확인
- 일일 작업실적 및 계획서의 검토, 확인
- 감리원의 공사중지 명령
- 공정관리
- 안전관리
- 품질관리
- 물가변동으로 인한 계약금액의 조정

2) 시공감리

※ 기본 임무
- 감리업무를 성실히 수행
- 발주자와 감리업자 간에 체결된 감리용역 계약 내용에 따라 공사가 설계도서 및 그 밖에 관계 서류의 내용대로 시공되는지의 여부 확인

가) 감리원의 근무수칙

① 감리원은 감리업무를 수행함에 있어 발주자와의 계약에 따라 발주자의 권한을 대행한다.

② 발주자와 감리업자 간에 체결된 감리용역 계약의 내용에 따라 감리원은 해당 공사가 설계도서 및 그 밖에 관계 서류의 내용대로 시공되는지의 여부를 확인하고 품질관리, 공사관리 및 안전관리 등에 대한 기술지도를 하며 전력 기술 관리 법령에 따라 감리업자를 대표하고 발주자의 감독 권한을 대행한다.

③ 감리업무를 수행하는 감리원은 그 업무를 성실히 수행하고 공사의 품질 확보와 향상에 노력한다.

나) 상주감리원이 현장에서 근무해야하는 상황

① 상주감리원은 공사현장에서 운영요령에 따라 배치된 일수를 상주하여야 하며 다른 업무 또는 부득이한 사유로 1일 이상 현장을 이탈하는 경우에는 반드시 감리업무일지에 기록하고 발주자의 승인을 받아야 한다.

② 상주감리원은 감리사무실 출입구 부근에 부착한 근무상황판에 현장 근무위치 및 업무내용 등을 기록하여야 한다.

③ 감리업자는 감리원이 감리업무 수행기간 중 법에 따른 교육훈련이나 민방위기본법 또는 향토예비군설치법 등에 따른 유급 휴가로 현장을 이탈하게 되는 경우에는 감리업무에 지장이 없도록 직무대행자를 지정하여 업무 인계·인수 등의 필요한 조치를 하여야 한다.

④ 상주감리원이 발주자의 요청이 있는 경우에는 초과근무를 하여야 하며 공사업자의 요청이 있을 경우에는 발주자의 승인을 받아 초과근무를 해야 한다. 이 경우 대가 지급은 운영유령 또는 국가를 당사자로 하는 계약에 관한 법률에 따른 회계예규에서 정하는 바에 따른다.

⑤ 감리업자는 감리현장이 원활하게 운영될 수 있도록 감리용역비 중 직접경비를 감리대가 기준에 따라 적정하게 사용하여야 하며 발주자가 요구할 경우 직접경비의 사용에 대한 증빙을 제출하여야 한다.

다) 비상주감리원이 수행하여야 할 업무

① 설계도서의 검토

② 상주감리원이 수행하지 못하는 현장 조사분석 및 시공상의 문제점에대한 기술 검토와 민원사항에 대한 현지조사 및 해결방안 검토

③ 중요한 설계변경에 대한 기술 검토

④ 설계변경 및 계약금액 조정의 심사

⑤ 기성 및 준공검사

⑥ 정기적으로 현장 시공상태를 종합적으로 점검, 확인, 평가하고 기술지도

⑦ 공사와 관련하여 발주자가 요구한 기술적 사항 등에 대한 검토

⑧ 그 밖에 감리 업무 추진에 필요한 기술지원 업무

라) 행정업무

① 감리업자는 감리용역계약 즉시 상주 및 비상주감리원의 투입 등 감리업무 수행준비에 대하여 발주자와 협의하여야 하며 계약서상 착수일에 감리용역을 착수하여야 한다. 다만, 감리대상 공사의 전부 또는 일부가 발주자의 사정 등으로 계약서상 착수일에 감리용역을 착수할 수 없는 경우에는 발주자의 실 착수 시점 및 상주 감리원 투입 시기 등을 조정하여 감리업자에게 통보하여야 한다.

② 감리전문회사는 감리용역 착수시 다음 각호의 서류를 첨부한 착수신고서를 제출하여 발주기관의 승인을 받아야 한다.

- 감리업무수행계획서
- 감리비 산출내역서
- 상주, 비상주 감리원 배치계획서와 감리원 경력확인서
- 감리원 조직 구성내용과 감리원별 투입기간 및 담당업무

③ 감리원은 공사 시공과 관련된 각종 인허가 사항을 포함한 제반법규 등을 공사업자로 하여금 준수토록 지도, 감독하여야 하며, 발주기관이 득하여야 하는 인허가 사항은 발주기관에 협조, 요청하여야 한다.

④ 승인된 감리원은 업무의 연속성, 효율성 등을 고려하여 특별한 사유가 없는 한 감리용역 완료시까지 근무토록 하여야 하며 교체가 필요한 경우에는 제반 법규에 따라 교체인정 사유를 명시하여 발주기관의 사전승인을 받아야 한다

⑤ 감리원의 구성은 계약문서에 기술된 과업내용에 의거 관련분야 기술자격또는 학력, 경력을 갖춘 자로 구성되어야 한다.

⑥ 책임감리원은 보조감리원의 개인별 업무를 분담하고 그 분담 내용에 따라 업무수

행계획을 수립하여 과업을 수행토록 하여야 한다.

⑦ 감리원은 현장에 부임하는 즉시 사무소, 숙소 또는 비상연락처의 전화번호 및 FAX, 우편 연락처 등을 발주청에 보고하여 업무연락에 차질이 없도록 하여야 하며 변경되었을 경우에도 보고하여야 한다.

마) 공사표지판 등의 설치

감리원은 공사업자가 공사안내 표지판을 설치하는 경우 공사업자로부터 표지판의 제작방법, 크기, 설치장소 등이 포함한 표지판 제작설치 계획서를 받아 검토한 후 설치하도록 하여야 한다.

바) 감리보고

① 책임 감리원은 감리업무 수행 중 긴급하게 발생되는 사항 또는 불특정하게 발생하는 중요사항에 대하여 발주자에게 수시로 보고하여야 하며, 보고서 작성에 대한 서식은 특별히 정해진 것이 없으므로 보고사안에 따라 보고하여야 한다.

② 책임감리원은 다음 각 호의 사항이 포함된 분기보고서를 작성하여 발주자에게 제출하여야 한다. 보고서는 매 분기말 다음 달 5일 이내로 제출한다.

- 공사추진 현황(공사계획의 개요와 공사추진계획 및 실적, 공정현황, 감리용역현황, 감리조직, 감리원 조치내역 등)
- 감리원 업무일지
- 품질검사 및 관리현황
- 검사요청 및 결과통보내용
- 주요기자재 검사 및 수불내용(주요기자재 검사 및 입·출고가 명시된 수불현황)
- 설계변경 현황
- 그 밖에 책임감리원이 감리에 관하여 중요하다고 인정하는 사항

③ 책임감리원은 최종감리보고서를 감리기간 종료 후 14일 이내에 발주자에게 제출하여야 한다.

사) 현장 정기교육

감리원은 공사업자로 하여금 현장에 종사하는 시공기술자의 양질 시공의식 고취를 위한 현장의 특성에 적합하게 실시하도록 하고, 그 내용을 교육실적 기록부에 기록·비치하여야 한다.

① 관련 법령·전기설비기준, 지침 등의 내용과 공사현황 숙지에 관한 사항
② 감리원과 현장에 종사하는 기술자들의 화합과 협조 및 양질시공을 위한 의식교육
③ 시공결과·분석 및 평가

④ 작업시 유의사항 등

아) 감리원의 의견제시

① 감리원은 해당 공사와 관련하여 공사업자의 공법 변경요구 등 중요한 기술적인 사항에 대하여 요구한 날부터 7일 이내에 이를 검토하고 의견서를 첨부하여 발주자에게 보고하여야 하며, 전문성이 요구되는 경우에는 요구가 있는 날부터 14일 이내에 비상주감리의 검토의견서를 첨부하여 발주자에 보고하여야 한다. 이 경우 발주자는 그가 필요하다고 인정하는 때에는 제3자에게 자문을 의뢰할 수 있다.

② 감리원은 시공과 관련하여 검토한 내용에 대하여 스스로 필요하다고 판단될 경우에는 발주자 또는 공사업자에게 그 검토의견을 서면으로 제시할 수 있다.

③ 감리원은 시공 중 예산이 변경되거나 계획이 변경되는 중요한 민원이 발생된 때에는 발주자가 민원처리를 할 수 있도록 검토의견서를 첨부하여 발주자에게 보고하여야 한다.

④ 감리원은 공사와 직접 관련된 경미한 민원처리는 직접 처리하여야 하고, 전화 또는 방문민원을 처리함에 있어 민원인과의 대화는 원만하고 성실하게 하여야 하며 공사업자와 협조하여 적극적으로 해결방안을 강구·시행하고 그 내용은 민원처리부에 기록 비치하여야 한다. 다만, 경미한 민원처리 사항 중 중요하다고 판단되는 경우에는 검토의견서를 첨부하여 발주자에게 보고하여야 한다.

⑤ 감리원은 발주자(지원업무수행자)가 민원사항 처리를 위하여 조사와 서류작성의 요구가 있을 때에는 적극 협조하여야 한다.

자) 시공관리책임자 등의 교체

① 감리원은 시공관리책임자 또는 시공회사 기술자 등이 해당 공사현장에 적합하지 않다고 인정되는 경우에는 공사업자 및 시공기술자에게 문서로 시정을 요구하고, 이에 불응하는 때에는 발주자에게 그 실정을 보고하여야 한다.

② 시공관리책임자, 시공회사 기술자 및 하도급자의 교체 긴의를 받은 발주기관은 지원업무수행자로 하여금 교체 사유 등을 조사, 검토하게 하여 다음 각호와 같은 교체사유가 인정될 경우에는 공사업자에게 교체토록 요구하여야 한다.

- 시공관리책임자, 안전관리자 등이 관계 법령 규정에 의한 법정 교육훈련 미이수 등의 법규를 위반하였을 때
- 시공관리책임자가 감리원 및 발주기관의 사전 승낙을 얻지 않고 정당한 사유없이 당해 건설공사의 현장을 이탈한 때
- 시공관리책임자의 고의 또는 과실로 인하여 건설공사를 조잡하게 시공하거나 부실시공을 하여 공중에 위해를 끼친 때
- 시공관리책임자가 계약에 따른 시공능력 및 기술이 부족하다고 인정되거나 정당

한 사유없이 기성공장이 예정공정에 현격히 미달할 때
- 시공관리책임자가 불법 하도급하거나 이를 방치하였을 때
- 시공회사의 기술자 등이 기술능력 부족으로 공사 시행에 차질을 초래하거나 감리원의 정당한 지시에 응하지 않을 때
- 시공관리책임자가 감리원의 검측, 승인을 받지 않고 후속 공정을 진행하거나 정단한 사유없이 공사를 중단한 때

차) 제3자 손해방지

① 감리원은 다음 각호의 공사현장 인근 상황을 공사업자에게 충분히 조사토록 하여 공사 시공과 관련하여 제3자에게 손해를 주지 않도록 공사업자에게 대책을 강구하게 하여야 한다.
- 지하매설물
- 인근의 도로
- 교통 시설물
- 건조물 또는 축사 등

② 감리원은 당해 공사 시행으로 인하여 지상시설물 및 지하매설물(가스관, 전선관, 통신케이블 등)에 손해를 끼쳐 제3자에게 손해를 준 경우에는 공사업자 부담으로 즉시 원상복구 하여 민원 및 관원이 발생되지 않도록 하여야 한다. 또한 제3자에게 피해보상 문제가 제기되었을 경우 감리원은 객관적이고 공정한 판단에 근거한 의견을 제시 할 수 있다.

카) 수명사항의 처리

① 감리원은 공사업자에게 공사와 관련하여 지시하는 경우에는 다음 각호와 같이 처리하여야 한다.
- 감리원이 공사와 관련하여 공사업자에게 지시할 때에는 서면으로 함을 원칙으로 하며, 현장 여건에 따라 시급한 경우 또는 경미한 사항에 대하여는 우선 구두 지시로 시행토록 조치하고 추후에 이를 서면으로 확인
- 감리원의 지시 내용은 당해 공사 설계도면 및 시방서 등 관계규정에 근거, 구체적으로 기술하여 공사업자가 명확히 이해 할 수 있도록 지시
- 지시사항에 대하여는 그 이행 상태를 수시점검하고 공사업자로부터 이행 결과를 보고 받아 기록, 관리

② 감리원은 발주기관으로부터 지시를 받았을 때에는 다음 각호와 같이 처리하여야 한다.
- 발주기관으로부터 지시를 받은 내용을 기록하고 신속하게 이행되도록 조치하여야 하며, 그 이행 결과를 점검, 확인하여 발주기관에 서면으로 조치결과를 보고
- 당해 지시에 대한 이행에 문제가 있을 경우에는 의견을 제시
- 감리원은 각종 지시, 통보사항 등을 감리원 전원이 숙지하고 이행에 철저를 기하기 위하여 교육 또는 공람

타) 사진촬영 및 보관

감리원은 공사업자로 하여금 촬영일자가 나오는 공사 사진을 공종별로 착공 전부터 준공 때까지의 공사과정, 공법, 특기사항을 촬영하고 공사내용(시공일자, 위치, 공종, 작업내용 등) 설명서를 기재, 제출토록 하여 후일 참고자료로 활용토록 한다. 공사기록 사진은 공종별, 공사추진단계에 따라 다음 각호의 사항을 촬영, 정리토록 하여야 한다.
- 주요한 공사 현황은 착공전, 시공중, 준공 등 시공 과정을 알 수 있도록 가급적 동일 장소에서 촬영
- 시공후의 검사가 불가능하거나 곤란한 부분
- 감리원이 특히 중요하다고 판단되는 시설물에 대하여는 공사 과정을 비디오테이프 등으로 촬영토록 하여야 한다.
- 감리원은 사진촬영한 필름 또는 사진첩을 제출받아 수시 검토, 확인 할 수 있도록 보관하고 준공시 발주기관에 제출하여야 한다.

파) 시공계획서 검토, 확인

① 감리원은 공사업자로부터 시공계획서를 공사 착공일로부터 30일 안에 제출받아 이를 검토, 확인하여 7일 안에 승인을 한 후 시공토록 하여야 한다.
② 시공계획서 내용은 다음 각호의 내용이 포함되어야 한다.
- 현장조직표, 공사 세부공정표, 주요공정의 시공절차 및 방법
- 시공 일정, 주요장비 동원 계획, 주요자재 및 인력투입계획
- 주요설비, 중점 품질관리 대상 및 대책, 안전관리 대책 등
③ 감리원은 시공계획서를 공사 착공계와 별도로 실제 공사 착수전에 제출 받아야 하며, 공사중 시공계획서에 중요한 내용 변경이 발생할 경우에는 그때마다 변경 시공계획서를 제출 받아 검토, 확인하여 승인한 후 시공토록 하여야 한다.
④ 감리원은 공사업자로부터 각종 구조물 시공상세도를 사전에 제출 받아 제반사항을 고려하여 검토, 확인하고 승인한 후 시공토록 하여야 한다.

하) 일일 작업실적 및 계획서의 검토, 확인
① 감리원은 공사업자로부터 명일 작업계획서를 제출받아 공사업자와 시행상의 가능성 및 각자가 수행하여야 할 사항을 협의하여야 하고 명일작업계획 공정에 따라 일일 감리업무수행을 계획하고 이를 감리일지에 기록하여야 한다.
② 감리원은 공사업자로부터 금일 작업실적이 포함된 공사업자의 공사일지 또는 작업일지 사본을 제출 받아 보관하고 계획대로 작업이 추진되었는지 여부를 확인하여야 하며, 금일 작업실적과 사용자재량 및 성과 등이 서로 일치하는지 여부를 검토, 확인후 감리일지에 기록하여야 한다.

거) 감리원의 공사중지 명령
① 감리원은 공사업자가 건설공사의 설계도서, 시방서, 기타 관계서류의 내용과 적합하지 않게 당해 건설공사를 시공하는 경우에는 재시공 또는 공사중지 명령 등 필요한 조치를 할 수 있다.
② 감리원으로부터 재시공 또는 공사중지 명령 등의 지시를 받은 공사업자는 특별한 사유가 없는 한 이에 응하여야 한다.
③ 감리원이 공사업자에게 재시공 또는 공사중지 명령 등 필요한 조치를 취한 때에는 이를 발주부서에 보고하여야 하며, 발주부서는 감리원의 재시공 또는 공사중지 명령 등 필요한 조치에 관하여 이를 검토한 후 시정 여부의 확인, 공사 재개 지시 등 필요한 조치를 취하여야 한다.
④ 감리원의 재시공 및 공사중지 지시 등의 적용 한계는 다음과 같다.
㉮ 재시공
시공된 공사가 품질 확보상 미흡 또는 위해를 발생시킬 수 있다고 판단되거나 감리원의 검측, 승인을 받지 않고 후속공정을 진행한 경우와 관계규정에 재시공을 하도록 규정된 경우
㉯ 공사중지
시공된 공사가 품질 확보상 미흡 또는 중대한 위해를 발생시킬 수 있다고 판단되거나, 안전상 중대한 위험이 발견될 때에는 공사 중지를 지시 할 수 있다.
㉰ 부분중지
- 재시공 지시가 이행되지 않는 상태에서는 다음 단계의 공정이 진행됨으로서 하자 발생이 될 수 있다고 판단될 때
- 시공 상 중대한 위험이 예상되어 물적, 인적 중대한 피해가 예견될 때
- 동일 공정에 있어 3회 이상 시정지시가 이행되지 않을 때
- 동일 공정에 있어 2회 이상 경고가 있었음에도 이행되지 않을 때

㉨ 전면중지
- 공사업자가 고의로 건설공사의 추진을 심히 지연시키거나, 건설공사의 부실발생 우려가 농후한 상황에서 적절한 조치를 취하지 않고 공사를 계속 진행하는 경우
- 부분중지가 이행되지 않음으로서 전체 공정에 영향을 끼칠 것으로 판단될 때
- 지진, 해일, 폭풍 등 천재지변으로 공사를 계속할 때, 공사 전체에 대한 중대한 피해가 예상될 때
- 전쟁, 폭풍, 내란, 혁명상태 등으로 공사를 계속할 수 없다고 판단되어 발주기관 으로부터 지시가 있을 때

㉫ 감리원은 공사업자가 재시공 또는 공사중지 명령 등에 대한 필요한 조치를 이행하지 않을 때에는 관계법령에 의거 공사업자에 대한 제재조치를 취하도록 발주부서에 요구하여야 한다.

나) 공정관리

① 감리원은 당해 공사가 정해진 공기내에 시방서, 도면 등에 의거하여 소요의 품질을 갖추어 완성될 수 있도록 공정관리의 계획수립, 운영, 평가에 있어서 공정 진척도 관리와 기성관리가 동일한 기준으로 이루어질 수 있도록 감리하여야 한다.

② 감리원은 공사 시작일로부터 30일 안에 공사업자로부터 공정관리계획서를 제출받아 제출받은 날부터 14일 이내에 검토하여 승인하고 이를 발주청에 제출하여야 한다.

③ 감리원은 일정관리와 원가관리, 진도관리가 병행될 수 있는 종합관리 형태의 공정 관리가 되도록 조치하여야 한다.

④ 감리원은 공사 진도율이 계획공정 대비 월간 공정실적이 10% 이상 지연되거나, 누계공정 실적이 5% 이상 지연될 때에는 공사업자에게 부진사유 분석, 만회대책 및 만회공정표를 수립하여 제출하도록 지시하여야 한다.

⑤ 감리원은 공사업자가 제출한 부진공정 만회대책을 검토·확인하고, 그 이행 상태를 주간단위로 점검·평가하여야 하며, 공사추진회의 등을 통하여 미 조치 내용에 대한 필요대책 등을 수립하여 정상 공정으로 회복할 수 있도록 조치하여야 한다.

⑥ 감리원은 공사업자가 준공기한 연기를 제출할 경우 이의 타당성을 검토, 확인하고 검토의견서를 첨부하여 발주청에 보고하여야 한다.

더) 안전관리

① 감리원은 공사업자가 제반규정에 의하여 작성한 건설공사 안전관리계획서를 공사 착공전에 제출 받아 적정성을 확인하여야 하며, 보완하여야 할 사항이 있는 경우에는 공사업자로 하여금 이를 보완하도록 하여야 한다.

② 책임 감리원은 소속감리원 중 안전관리담당자를 지정하여 공사업자의안전 관리자를 지도, 감독하도록 하여야 하며, 공사 전반에 대한 안전관리 계획의 사전검토, 실시 확인 및 평가, 자료의 기록유지 등 사고예방을 위한 제반 안전 관리 업무에 대하여 확인을 하도록 하여야 한다.

③ 감리원은 시공회사의 안전관리책임자와 안전관리자 등에게 교육을 시키고 이들로 하여금 현장근무자에게 안전 교육을 실시토록 지도, 감독하여야 한다.

④ 감리원은 매 분기별 공사업자로부터 안전관리 결과보고서를 제출받아 이를 검토하고 미비한 사항이 있을 시는 시정조치를 하여야 한다.

러) 품질관리

① 감리원은 당행 건설공사의 설계도서, 시방서, 공정계획 등을 검토하여 품질관리가 소홀해지기 쉽거나 하자발생 빈도가 높으며 시공후 시정이 어렵고 많은 노력과 경비가 소요되는 공종 또는 부위를 중점 품질관리 대상으로 선정하여 타 공종에 비하여 우선적으로 품질관리 상태를 입회, 확인하여야 한다.

② 감리원은 공종별 중점 품질관리 방안을 수립하여 공사업자로 하여금 이를 실행토록 지시하고 실행 결과를 수시로 확인하여야 한다.

③ 감리원은 당해 공사에 사용될 재료가 규격 및 품질기준에 적합한 재료가 선정되고 시공시 품질관리가 효과적으로 수행되어 하자 발생을 사전에 예방할 수 있도록 지도하여야 한다.

머) 물가변동으로 인한 계약금액의 조정

감리원은 공사업자로부터 물가변동에 따른 계약금액 조정, 요청을 받을 경우 다음 각 호의 서류를 작성, 제출토록 하여야 하고 공사업자는 이에 응하여야 한다.

- 물가변동 조정요청서, 계약금액 조정요청서
- 품목조정율 또는 지수조정율 산출근거, 계약금액 조정 산출근거
- 기타 설계변경에 필요한 서류

□ **태양광 발전시스템 준공검사순서**

가) 기성 및 준공검사자 임명 나) 기성 및 준공검사
다) 불합격 공사에 대한 재시공 명령 라) 준공검사 등의 절차
마) 예비준공검사 바) 준공도면 등의 검토, 확인
사) 시설물 인계, 인수 아) 현장문서 인계, 인수
자) 유지관리 및 하자보수

3) 준공검사

가) 기성 및 준공 검사자 임명

① 감리원은 공사업자로부터 기성부분검사원 또는 준공검사원을 접수하였을 때는 이를 신속히 검토, 확인하여 관련서류를 첨부 감리전문회사 대표자에게 제출하여야 한다.

② 감리전문회사 대표자는 기성부분검사원 또는 준공검사원이 접수하였을때는 소속 비상주감리원을 검사자로 임명하고 그 사실을 즉시 비상주감리원과 발주기관에 보고하여야 한다.

③ 감리전문회사 대표자는 부득이한 사유로 소속 직원이 검사를 할 수 없다고 인정할 때에는 발주청과 협의하여 소속 직원 이외의 자 또는 전문검사기관으로 하여금 그 검사를 하게 할 수 있다. 이 경우 검사결과는 서면으로 작성하여야 한다.

나) 기성 및 준공검사

① 검사자는 당해 공사의 현장에 상주감리원 및 공사업자 또는 그 대리인등을 입회케 하여 계약서, 시방서, 설계서, 기타 관계서류에 따라 검사를 진행 하여야 한다.

② 검사자는 시공된 부분이 수중, 지하구조물의 내부 또는 저부 등 시공후 매몰되어 사후검사가 곤란한 부분과 주요 구조물에 중대한 피해를 주거나 대량의 파손 및 재시공 행위를 요하는 검사는 감리조서와 사전검사 등을 근거로 하여 검사를 행할 수 있다.

다) 불합격 공사에 대한 재시공 명령

검사자는 검사에 합격되지 않는 부분이 있을 때에는 감리전문회사 대표자에게 지체 없이 그 내용을 보고하고 감리전문회사 대표자의 지시에 따라 즉시 공사업자로 하여금 보완시공 또는 재시공케 하여야 하며, 감리전문회사 대표자는 당해 공사의 검사자로 재검사를 하게 하여야 한다.

라) 준공검사 등의 절차

① 감리원은 당해 공사 완료 후 준공검사 전 사전 시운전 등이 필요한 부분에 대하여는 공사업자로 하여금 다음 각 호의 사항이 포함된 시운전을 위한 계획을 수립하여 제출토록 하고 이를 검토하여 발주기관에 제출하여야 한다.

- 시운전 일정, 시운전 항목 및 종류
- 시운전 절차, 설비기구 사용계획 등

② 감리원은 공사업자로 하여금 다음 각호와 같이 시운전절차를 준비하도록 하여야 하며 시운전에 입회하여야 한다.
- 기기점검, 예비운전, 시운전
- 성능보장운전, 검수, 운전인도

③ 감리원은 시운전 완료 후에 다음 각호의 성과품을 공사업자로부터 제출받아 검토 후 발주기관에 인계하여야 한다.
- 운전개시, 가동절차 및 방법, 점검항목 점검표, 운전지침
- 기기류 단독 시운전 방법 검토 및 계획서, 실가동 Diagram
- 시험 구분, 방법, 사용 매체 검토 및 계획서, 성능 시험성적서 등하여야 한다.

마) 예비준공검사
① 공사현장에 주요공사가 완료되고 현장이 정리단계에 있을 때에는 준공기한내 준공 가능여부 및 미진사항의 사전보완을 위해 예비 준공검사를 실시하여야 한다. 다만, 단수 소규모공사일 경우에는 발주부서와 협의한 후 생략 할 수 있다.
② 예비준공검사는 비 상주 감리원을 검사자로 지정하여야 하며, 책임감리원이 확인 한 정산 설계도서 등에 의거 검사하고 그 검사 내용은 준공검사에 준하여 철저히 시행하여야 한다.
③ 비상주감리원은 예비 준공검사를 행한 후 보완사항에 대하여 공사업자에게 보완 지시하고 준공검사자가 검사 시에 이를 확인 할 수 있도록 감리전문회사 대표자 및 발주기관에 검사 결과를 제출하여야 한다. 공사업자는 예비 준공 검사의 지적 사항 등을 완전히 보완한 후 책임감리원의 확인을 받은후 준공검사원을 제출하여야 한다.

바) 준공도면 등의 검토, 확인
① 감리원은 정산 설계도서 등을 검토, 확인하고 시설 목적물이 발주기관에 차질없이 인계될 수 있도록 지도, 감독하여야 한다.
② 감리원은 공사업자가 작성 제출한 준공도면이 실제 시공된 대로 작성되었는지의 여부를 검토, 확인하여 발주기관에 제출하여야 하며 모든 준공도면에는 감리원의 확인, 서명이 있어야 한다.

사) 시설물 인계, 인수
① 감리원은 공사업자로 하여금 당해공사의 예비준공검사 완료 후 다음각호의 사항이 포함된 시설물 인계, 인수를 위한 계획을 수립토록하고 이를 검토하여 시설물이 적기에 발주기관에 인수, 인계될 수 있도록 하여야 한다.

- 일반사항(공사개요 등)
- 운영지침서(필요한 경우)
· 시설물의 규격 및 기능점검 항목, 기능점검 절차
· 기자재 운전지침서, 제작도면 등 관련서류

- 시운전 결과보고서
- 예비준공검사 결과
- 기타 특기사항 등

② 감리원은 시설물 인계, 인수에 대한 발주기관 등의 이견이 있는 경우, 이에 대한 현황파악 및 필요대책 등의 의견을 제시하여 공사업자가 이를 수행토록 조치하여야 한다.

아) 현장문서 인계, 인수
① 감리원은 당해 공사와 관련한 감리 기록서류 중 다음 각호의 서류를 포함하여 발주기관에 인계할 문서의 목록을 발주기관과 협의, 작성하여야 한다.
- 준공 사진첩
- 준공 도면
- 품질시험, 검사성과물
- 기타 발주기관이 필요하다고 인정하는 서류 등

② 책임감리업무를 수행한 감리원은 감리보고서를 작성하여 발주기관에 인계, 인수하며 감리전문회사도 이를 보관하여야 한다.

자) 유지관리 및 하자보수
① 감리원은 공사업자 등이 제출한 시설물의 유지관리지침 자료를 검토하여 다음 각호의 내용이 포함된 유지관리지침서를 작성하여 발주기관에 제출하여야 한다.
- 시설물의 규격 및 기능 설명서
- 시설물의 유지관리 기구에 대한 의견서
- 시설물 유지관리지침
- 기타 특기사항 등

② 당해 감리전문회사 대표자는 발주청이 유지관리상 필요하다고 인정하여 기술자문 요청 등이 있을 경우에는 이에 협조하여야 한다.

③ 감리전문회사 대표자 및 감리원은 공사 준공 후 발주기관과 공사업자간의 시설물의 하자보수 처리에 대한 분쟁 또는 이견이 있는 경우 검토의견을 제시하여야 한다.

④ 감리전문회사 대표자 및 감리원은 공사 준공 후 발주기관이 필요하다고 인정하여 하자보수 대책수립을 요청할 경우 이에 협조하여야 한다.

6. 도면작성	1. 도면기호	1. 전기도면 관련 기호
		2. 토목도면 관련 기호
		3. 건축도면 관련 기호

[일반전기 도면 기호]

레이어	내용	도면기호	비고
기능에 따라 변경	천장 은폐 배선	————	(1) 천장 은폐배선 중 천장 속의 배선을 구별하는 경우는 천장속의 배선에 ———— 을 사용하여도 좋다.
기능에 따라 변경	바닥 은폐 배선	— — —	(2) 노출배선 중 바닥면 노출배선을 구별하는 경우는 바닥면 노출 배선에 ———— 을 사용하여도 좋다.
기능에 따라 변경	노출 배선	- - - - - -	(3) 전선의 종류를 표시할 필요가 있는 경우는 기호를 기입한다. 보기 : 600V 비닐 절연전선 IV 600V 2종 비닐 절연전선 HIV 가교 폴리에틸렌 절연 비닐 시스 케이블 CV 600V 비닐 절연 비닐 시스 케이블(평형) VVF 내화 케이블 FP 내열전선 HP 통신용 PVC 옥내선 TIV (4) 절연전선의 굵기 및 전선수는 다음과 같이 기입한다. 단위가 명백한 경우는 단위를 생략하여도 좋다. 보기 : 1.6 2 2mm² 8 숫자 방기의 보기 : $\frac{1.6 \times 5}{5.5 \times 1}$ 다만, 시방서 등에 전선의 굵기 및 전선수가 명백한 경우는 기입하지 않아도 좋다. (5) 케이블의 굵기 및 선심수(또는 쌍수)는 다음과 같이 기입하고 필요에 따라 전압을 기입한다. 보기 : 1.6mm 3심인 경우 $\overline{1.6-3C}$ 0.5mm 100쌍인 경우 $\overline{0.5-100P}$ 다만, 시방서 등에 케이블의 굵기 및 선심수가 명백한 경우는 기입하지 않아도 좋다. (6) 전선의 접속점은 다음에 따른다.

기출 및 출제 예상문제

01 태양광선이 구름이나 안개로 가려지지 않고 지상을 비추는 것은 무엇인가?
　① 일사량　　　　　　　　　　　　　　② 일조
　③ 가조시간　　　　　　　　　　　　　④ 일조율

답 ②

 일조 : 태양광선이 구름에 가려지지 않고 지상을 비추는 것

02 우리나라의 일사조건이 가장 좋은 계절로만 묶인 것은 무엇인가?
　① 봄, 가을　　　　　　　　　　　　　② 가을, 겨울
　③ 여름, 가을　　　　　　　　　　　　④ 봄, 여름

답 ④

 일사량 : 봄 > 여름 > 가을 > 겨울

03 태양광발전이 유리한 부지조건에 대한 설명으로 잘못된 것은?
　① 일사량이 좋은 지역의 남향
　② 같은 지역이라도 저지대 위치해 일사량이 좋은 장소
　③ 바람이 잘 들 수 있는 부지
　④ 안개가 자주 발생하지 않는 지역

답 ②

 태양광발전에 유리한 부지선정 조건
　　▶ 일사량이 좋은 지역이고 남향
　　▶ 같은 지역이라도 고지대에 위치에 일사량이 좋은 장소
　　▶ 바람이 잘 들 수 있는 부지
　　▶ 안개는 일사량의 저하 발생
　　▶ 발전용량에 맞는 부지를 선정
　　▶ 부지의 가격은 저렴
　　▶ 토목공사비가 적게 드는 곳

04 태양에서 지구로 도달하는 태양광선이 대기나 지표면에 의해서 반사되는 비율을 무엇이라 하는가?
  ① 산란 일조량
  ② 알베도(ALBEDO)
  ③ 에어매스(AIR MASS)
  ④ 핫스팟(Hot spot)

답 ②

 알베도(ALBEDO) : 태양광선이 대기나 지표면에 반사되는 비율

05 지구의 알베도(ALBEDO) 수치는?
  ① 10[%]
  ② 30[%]
  ③ 50[%]
  ④ 70[%]

답 ②

 대기를 포함한 지구의 발베도는 평균 30[%]

06 다음 중 음영해결 방안에 관한 방법이 아닌 것은 무엇인가?
  ① 바이패스 다이오드에 의한 음영손실 제거 방법
  ② 최적 MPPT점을 이용한 인버터 구동 방법
  ③ 추적식 태양광 모듈을 이용하는 방법
  ④ 태양전지 모듈을 수직으로 배치하는 방법

답 ③

 추적식 태양광 모듈을 이용하는 방법은 발전시간과 발전량을 늘리기 위해서 사용된다.

07 다음 중 태양전지 모듈의 연결 방식에 대한 설명으로 잘못된 것은 무엇인가?
① 인버터의 입력전압 범위에 따라 PV 연결 방법이 결정된다.
② 입력 전압이 높은 인버터에 태양전지 모듈을 직렬연결로 한다.
③ 병렬연결은 높은 전류가 발생하여 설치비를 증가시킨다.
④ 파사드(facade)에서 직렬연결이 병렬연결보다 최고 30[%] 높은 발전 효율을 가진다.

답 ④

 파사드(facade)에서 병렬연결이 직렬연결보다 최고 30[%] 높은 발전 효율을 가진다.

08 PV 시스템에 미치는 음영 영향 인자가 아닌 것은 무엇인가?
① 음영 모듈의 수   ② 모듈의 특성
③ 인버터 설계   ④ 모듈의 상호 연결

답 ③

 PV 시스템의 음영요인은 음영 모듈 수, 모듈의 특성, 모듈 상호 연결 등이다.

09 다음 중 태양의 남중고도에 대한 설명으로 올바른 것은 무엇인가?
① 하지 때 그림자의 길이가 가장 길다.
② 남중고도란 하루 중 태양의 고조다 가장 높을 때의 고도각이다.
③ 남중고도의 높이는 동작 > 춘분, 추분 > 하지 순으로 낮아진다.
④ 태양의 남중고도는 위도와 관계가 없다.

답 ②

남중고도는 하루 중 태양의 고도가 가장 높을 때의 고도각이며, 위도와 계절에 따라 높이의 차이가 발생한다. 하지의 경우 남중고도각이 가장 높고, 그림자가 가장 짧고, 동지에 남중고도각이 가장 낮으며, 그림자의 길이가 가장 길다.

10 일사량에 대한 설명으로 올바르지 못한 것은 무엇인가?
① 직달 일사는 태양으로부터 지상의 관측지점으로 직접 도달하는 일사
② 확산 일사는 대기 중의 먼지 및 구름에서 산란 및 반사과정을 거친 후 도달하는 일사
③ 각 지역별 위도 차이에 의한 일사량만 고려하여 어레이 경사각을 결정한다.
④ 일사량의 단위는 'kWh/m² · 기간'이다.

답 ③

해설 태양광 어레이의 경사각에 따라 월별 일사량이 변화하기 때문에 최적 어레이 경사각을 결정하기 위해 서는 경사각에 따른 일사량을 평가하여 일사량이 가장 적은 달을 기준으로 어레이 경사각을 결정하게 된다.

11 태양복사에 대한 설명으로 틀린 것은 무엇인가?
① 직달복사와 산란복사의 비율은 구름과 태양고도에 관계없이 일정하게 유지된다.
② 지표면에 도달하는 복사는 직달복사와 산란복사로 구성된다.
③ 직달복사는 태양방향에서 온다.
④ 산란복사는 하늘의 천장에서 산란된다.

답 ①

해설 구름 상태와 일조시간(태양 고도)에 따라, 직달복사와 산란복사의 세기와 비율은 크게 달라진다.

12 유럽과 우리나라에서 사용하는 연평균 AM(Air Mass) 값은 무엇인가?
① AM 1.15   ② AM 1.5
③ AM 1.2   ④ AM 4

답 ②

해설 우리나라와 유럽의 경우 AM 1.5가 연평균값으로 사용된다.

13 경제성 분석기법 중 내부수익률의 특징이 아닌 것은 무엇인가?
① 짧은 사업의 수익성이 과장되기 쉽다.
② 투자 사업의 예상 수익률을 판단할 수 있다.
③ 자본투자의 효율성이 드러나지 않는다.
④ NPV나 B/C 적용 시 할인율이 불분명할 경우 이용된다.

답 ③

 자본추자의 효율성이 드러나지 않는다. – 순현가

14 경제성 분석기법 중 순현재가치의 장점이 아닌 것은 무엇인가?
① 적용이 쉽다.
② 결과나 규모가 유사한 대안을 평가할 때 이용된다.
③ 투자사업의 예상수익률을 판단할 수 있다.
④ 각 방법의 경제성 분석결과가 다를 경우 이 분석 결과를 우선으로 한다.

답 ③

 투자사업의 예상수익률을 판단할 수 있다. – 내부수익률 장점

15 태양광 발전의 경제성 평가 중 분석기준에 해당하지 않는 것은?
① 발전설비 공사비   ② 할인율
③ 연간발전소 운영비   ④ 발전수익

답 ②

 할인율 : 미래가치를 현재가치로 바꿔 주는 것

16 국내 유지보수비 적용 기준은 몇 [%]인가?
① 0.3[%]　　　　　　　　② 1.0[%]
③ 2.5[%]　　　　　　　　④ 3[%]

답 ②

 국내 유지보수비는 1.0[%] 이하로 적용하고 있다.

17 다음 중 미래의 가치를 현재의 가치로 바꾸어 주는 것을 무엇이라 하는가?
① 할인율　　　　　　　　② 감가상각
③ 투자율　　　　　　　　④ 순편익

답 ①

 할인율 : 시간에 따라 변하는 돈의 가치에 대한 정의로 미래의 가치로 현재의 가치를 같게 하는 비율

18 태양광 모듈에 음영이 발생하여 셀에 영향을 주는 것을 방지하는 소자는 무엇인가?
① 역전류 방지 다이오드　　　　② 개폐기
③ 바이패스 다이오드　　　　　　④ SPD

답 ③

 바이패스 다이오드 : 고저항이 된 태양전지 셀 또는 모듈에 흐르는 전류를 바이패스 시킨다.

19 개발행위 허가제에서 허가여부를 결정하는 요소가 아닌 것은 무엇인가?
① 발전소의 발전량　　　　　　　　② 개발계획의 적절성
③ 기반시설의 확보 여부　　　　　　④ 주변 환경과의 조화

답 ①

 개발행위 허가제는 국토의 이용계획 및 이용에 관한 법률에 따라 개발계획의 적절성, 기반시설의 확보여부, 주변환경과의 조화 등을 고려하여 개발행위 허가

20 개발행위허가제의 허가권자와 관련 없는 것은 무엇인가?
① 산업통상자원부 장관　　　　　　② 시장
③ 군수　　　　　　　　　　　　　　④ 구청장

답 ①

 산업통상자원부 장관
▶ 개발행위허가제 허가권자 - 시장, 군수, 구청장

21 개발행위허가제의 도시지역 허가기준이 틀린 것은 무엇인가?
① 주거지역 : 1만[m^2] 미만　　　　② 공업지역 : 2만[m^2] 미만
③ 보전녹지지역 : 5천[m^2] 미만　　④ 농림지역 : 3만[m^2] 미만

답 ②

 공업지역 : 3만[m^2] 미만

22 환경영향성 검토의 대상이 되는 최소 발전용량은?
① 100,000[kW] ② 150,000[kW]
③ 200,000[kW] ④ 300,000[kW]

답 ①

▶ 100,000[kW] 미만 : 사전 환경성 검토
▶ 100,000[kW] 이상 : 환경영향성 평가

23 전기발전사업 허가가 취소되는 경우는 무엇인가?
① 사업구역 또는 특정한 공급구역이 변경되는 경우
② 사업 준비기간 내에 전기설비의 설치 및 사업 개시를 하지 아니한 경우
③ 공급전압이 변경되는 경우
④ 설비용량이 변경되는 경우

답 ②

 사업 준비기간 내에 전기설비의 설치 및 사업 개시를 하지 아니한 경우 - 허가취소

24 송전용 전기설비 이용 가능 여부를 검토하는 관리기관은?
① 한국전력공사 ② 한국전력거래소
③ 한국전기안전공사 ④ 에너지관리공단

답 ①

 한국전력공사 전력관리처

25 전기설비의 설치 또는 변경 공사 시 전기설비의 설치상태가 기술기준에 적합한지의 여부를 검사하는 기관은?
① 한국전력공사 ② 한국전력거래소
③ 한국전기안전공사 ④ 에너지관리공단

답 ③

 한국전기안전공사 법정 검사팀

26 대기 중의 어느 한 점 또는 지표의 어느 한 점에서 받는 태양복사를 의미하는 말은?
① 산란 ② 일사
③ 태양상수 ④ 남중고도

답 ②

 태양복사는 대기를 통과하는 동안에 공기분자·먼지·수증기 등에 의하여 감쇠되는데, 일사란 대기 중의 어느 한 점 또는 지표의 어느 한 점에서 받는 태양복사를 의미한다.

27 일사에 관한 다음 설명 중 옳지 않은 것은?
① 지구 표면의 수평면이 직접 태양으로부터 받는 것을 직달일사라 한다.
② 천공의 각 부분으로부터 지표의 수평면에 도달하는 산란광의 합계를 전천일사라 한다.
③ 일사량은 태양광으로부터 받는 산란광과 천공으로부터 오는 직달광의 합을 의미한다.
④ 산란광의 크기는 직달광의 몇 분의 1에 불과하다.

답 ③

 일반적으로 일사량이라고 하면 수평면에 받는 에너지로서 태양으로부터 받는 직달광과 천공으로부터 오는 산란광의 합을 의미한다.

28 태양의 직사광선이 구름이나 안개 등에 차단되지 않고 지표면을 비추는 것을 의미하는 용어는?
① 일조
② 일사
③ 태양상수
④ 남중고도

답 ①

 일조란 태양의 직사광선이 구름이나 안개 등에 차단되지 않고 지표면을 비추는 것을 의미하는 용어로, 일사와 같은 뜻으로 쓰이기도 하지만 일사보다는 시간적 개념이 많이 포함된 말이다.

29 일조에 관한 다음 설명 중 옳지 않은 것은?
① 가조시간이란 한 지방의 해돋는 시간부터 해지는 시간까지의 시간을 말한다.
② 일조시간은 실제로 지표면에 태양이 비춘 시간이다.
③ 구름이 많은 날씨일 경우 가조시간과 일조시간이 일치한다.
④ 가조시간과 일조시간의 비를 일조율이라고 하며, 백분율[%]로 나타낸다.

답 ③

 구름이 없는 맑은 날씨일 경우에는 가조시간과 일조시간이 일치하지만, 구름이 많아지면 그만큼 일조시간은 짧아진다.

30 발전사업을 허가제로 한 이유로 타당하지 않은 것은?
① 공공재
② 막대한 투자 비용
③ 상당한 건설기간 소요
④ 발전사업자의 이익 보호

답 ④

 발전 사업을 허가제로 한 이유는 발전 사업이 국민생활과 산업 활동에 필수 불가결한 공공재이고 막대한 투자와 상당기간의 건설기간이 필요하므로 전기사용자의 이익 보호와 건전한 전기산업 육성을 위해 자격과 능력이 있는 자만이 발전 사업에 참여할 수 있도록 하기 위함이다.

31 산업통상자원부장관의 발전사업 허가 시 심의를 거쳐야 하는 기관은?
① 전기위원회
② 전력기술인협회
③ 한국전력거래소
④ 한국전기안전공사

답 ①

 산업통상자원부장관이 발전사업을 허가하거나 그 허가를 취소하는 경우 전기위원회의 심의를 거쳐야 한다.

32 신·재생에너지 발전사업 준비기간의 상한은 몇 년인가?
① 10년
② 15년
③ 20년
④ 25년

답 ①

 신·재생에너지 발전사업 준비기간의 상한은 10년이며, 발전사업 허가 시 사업 준비기간을 지정한다.

33 발전설비용량이 3,000[kW] 이하(발전설비용량이 200[kW] 이하인 발전사업은 제외)의 발전사업 허가신청 시 제출서류로 틀린 것은?
① 사업계획서
② 송전관계 일람도
③ 발전원가명세서
④ 재원 조달계획서

답 ④

 재원 조달계획서는 발전설비용량이 3,000[kW] 초과의 발전사업 허가신청 시 제출서류이다.

34 자연공원의 점·사용 허가권자로 옳은 것은?
① 공원관리청
② 시장·군수·구청장
③ 시·도지사
④ 국토교통부장관

답 ①

 공원구역에서 공원사업 외의 일정한 행위를 하려는 자는 공원관리청의 허가를 받아야 한다.

35 다음 중 방위각에 대한 설명이 아닌 것은 무엇인가?
① 태양광 어레이가 정남향과 이루는 각
② 적설을 고려하여 결정
③ 발전시간 내 음영이 생기지 않도록 어레이 배치
④ 하루 중의 최대 부하 시로 선정

답 ②

 적설을 고려하여 결정 - 경사각과 관련 있음

36 인버터에 연결된 설치용량은 설계용량 이상이어야 하고, 인버터에 연결된 모듈의 설치용량은 인버터 설치 용량의 몇[%] 이내여야 하는가?
① 100[%]
② 105[%]
③ 107[%]
④ 110[%]

답 ②

 인버터에 연결된 사용량은 인버터 설치용량의 105[%] 이내이어야 한다.

37 건축허가 신청 시 주요 검토사항과 거리가 먼 것은?
① 건축물의 소유자 및 용도
② 건축물의 구조 및 재료의 적정성
③ 건축물의 관한 입지 및 규모
④ 건출물의 대지 및 도로와의 관계

답 ①

 건축허가 검토사항 : 구조 및 재료의 적정성, 입지 및 규모, 대지 및 도로와의 관계

38 다음 중 도시관리계획으로 결정하지 않아도 설치할 수 있는 태양광설비는?
① 발전용량이 200[kW] 이하인 태양광설비
② 발전용량이 500[kW] 이하인 태양광설비
③ 발전용량이 1,000[kW] 이하인 태양광설비
④ 발전용량이 1,500[kW] 이하인 태양광설비

답 ①

 신·재생에너지설비로서 발전용량이 200[kW] 이하인 태양광설비는 도시관리계획으로 결정하지 않아도 설치할 수 있는 시설이다.

39 다음 중 환경영향평가를 실시해야 하는 자는?
① 대상사업자　　　　　　　　　　② 시장·군수·구청장
③ 시·도지사　　　　　　　　　　 ④ 국토교통부장관

답 ①

 환경영향평가 대상사업을 하려는 사업자는 환경영향평가를 실시하여야 한다.

40 환경영향평가 대상 태양광 발전소는?
① 발전시설용량이 3천[kW] 이상인 것
② 발전시설용량이 1만[kW] 이상인 것
③ 발전시설용량이 3만[kW] 이상인 것
④ 발전시설용량이 10만[kW] 이상인 것

답 ④

 태양광발전소의 경우 발전시설용량이 10만[kW] 이상인 것이 환경영향평가 대상이 된다.

41 환경영향평가 평가준비서에 포함되어야 하는 사항이 아닌 것은?
① 토지이용계획안　　　　　　　② 대상지역의 설정
③ 사업의 타당성　　　　　　　　④ 대상사업의 목적 및 개요

답 ③

 환경영향평가 평가준비서의 내용
▶ 환경영향평가 대상의 목적 및 개요
▶ 환경영향평가 대상지역의 설정
▶ 토지이용계획안 : 지역 개황(대상사업이 실시되는 지역 및 그 주변지역에 대한 환경현황을 포함)

42 II등급 시험의 전류파형은 어떻게 되는가?
① (1.2/50[μs])　　　　　　　② (8/20[μs])
③ (10/50[μs])　　　　　　　④ (10/350[μs])

답 ②

 II등급 시험 : (8/20[μs])의 전류파형으로 시험되고 유도뢰를 가정

43 깊은 기초에 해당하지 않는 것은 무엇인가?
① 직접 기초　　　　　　　　② 케이슨 기초
③ 말뚝 기초　　　　　　　　④ 피어(Pier) 기초

답 ①

 ▶ 얕은 기초 : 직접 기초
▶ 깊은 기초 : 케이슨 기초, 말뚝 기초, Pier 기초

44 5[m] 정도 이상의 깊이에 존재할 경우 또는 직접기초에 대해서 지반이 연약하고 지지할 수 없을 때 사용되는 공법은 무엇인가?
① 케이슨 기초　　　　　　　② 말뚝 기초
③ 지중연속벽 기초　　　　　④ 복합 기초

답 ②

▶ 말뚝 기초 : 지지층이 깊을 경우 쓰인다.
▶ 케이슨 기초 : 하천 내의 교량에 자주 쓰다.
▶ 직접 기초 : 지지층이 얕을 경우 쓰인다.

45 자립운전이 가능한 제어방식형 인버터는 무엇인가?
① 자기 전류 방식　　　　　　② 강제 전류 방식
③ 전압 제어형　　　　　　　④ 전류 제어형

답 ③

전압 제어형 : 출력전압의 크기 및 위상제어, 과전류, 고장전류 억제에 불리, 자립운전(UPS기능) 가능

46 다음 중 인버터의 주요 기능이 아닌 것은?
① 최대전력 추종 기능
② 자동 전압 조정 기능
③ 단독운전 검출 기능
④ 주파수 변환 기능

답 ④

 전압·전류제어 기능, 최대전력 추종 기능, 계통연계 보호 기능, 단독운전 검출 기능, 자동전압 조정 기능, 직류 검출, 직류 지락 검출 기능

47 태양광발전설비에 사용될 전선의 굵기 선정 시 고려사항이 아닌 것은 무엇인가?
① 기계적 강도
② 허용전류
③ 내화재성
④ 전압강하

답 ③

 전선의 굵기 선정 시 고려사항 : 기계적 강도, 허용전류, 전압강하

48 다음 중 인버터의 분류 방식이 다른 것은 무엇인가?
① 사용주파 절연방식
② 자기 전류 방식
③ 고주파 절연방식
④ 무변압기 방식

답 ②

 ▶ 절연방식에 의한 분류 : 사용주파 절연방식, 고주파 절연방식, 무변압기 방식
▶ 제어방식에 의한 분류 : 전압 제어형, 전류 제어형
▶ 전류(Commutation)에 의한 분류 : 자기 전류 방식, 강제 전류 방식

49 태양전지 설치에 사용되는 가대의 종류 중 가장 경제성이 우수한 재질은 무엇인가?
① 강제 +도장
② 강제 +용융아연도금
③ 스테인리스
④ 알루미늄 합금재

답 ①

 ▶ 강제 +도장 : 저가　　　　▶ 강제 +용융아연도금 : 중가
▶ 스테인리스 : 고가　　　　▶ 알루미늄 합금재 : 중가

50 태양전지 설치에 사용되는 가대의 종류 중 가장 시공성이 우수한 재질은 무엇인가?
① 강제 +도장　　　　　　　② 강제 +용융아연도금
③ 스테인리스　　　　　　　④ 알루미늄 합금재

답 ④

 ▶ 강제 +도장 : 경제성
▶ 강제 +용융아연도금 : 비교적 저렴, 장시간 사용
▶ 스테인리스 : 경량, 내식성 우수
▶ 알루미늄 합금제 : 시공성 우수

51 다음 중 태양광발전설비 분류방식이 다른 하나는 무엇인가?
① 고정식　　　　　　　　　② 경사가변형
③ 건물외벽　　　　　　　　④ 추적식

답 ③

 ▶ 어레이 설치 방식에 따른 분류 : 고정식, 경사가변형, 추적식
▶ 설치장소에 따른 분류 : 평지, 경사지 평지붕, 경사지붕, 건물외벽 등

52 다음 중 태양광 어레이를 설치하는데 사용되는 가대에서 고려할 상정하중 중 수직하중이 아닌 것은 무엇인가?
① 풍하중　　　　　　　　　② 고정하중
③ 적설하중　　　　　　　　④ 활하중

답 ①

 ▶ 수직하중 : 고정하중, 적설하중, 활하중
▶ 수평하중 : 풍하중, 지진하중

53 일반 철골구조에 대한 설명이 아닌 것은 무엇인가?

① 500~600[℃] 이상에서 강도가 저하되고 인장강도, 항복강도는 상온대비 50[%] 수준으로 감소
② 철골구조의 최대 단점은 공기와 산소접촉으로 인한 부식이다.
③ 공장, 창고, 체육관, 레저시설, 전시장 등 구조적으로 넓은 공간이 필요한 곳에서 유리하다.
④ 철골부재의 공장 사전제작으로 건축현장에서 조립만 하면 되기 때문에 공기가 빠르다.

답 ③

 공장, 창고, 체육관, 레저시설, 전시장 등 구조적으로 넓은 공간이 필요한 곳에서 유리하다. (Power Bolt 시스템)

54 고정식 어레이는 추적식 어레이와 비교하여 [kW]당 점유 면적이 최대 몇 [%]까지 감소하는가?

① 50[%]   ② 60[%]
③ 70[%]   ④ 80[%]

답 ④

 [kW]당 점유 면적이 추적식 대비 80[%]까지 감소

55 고정형 어레이의 특징이 아닌 것은 무엇인가?

① 태양전지의 방위각(정남향) 및 경사각을 고정하여 설치
② 구조물의 구동이 없어 하단부 공간 활용이 가능
③ 구조가 상대적으로 안전하여 전복이나 오작동에 의한 사고 가능성이 낮음
④ 발전효율이 상대적으로 높음

답 ④

 경사각 변형과 추적식에 비교하여 발전효율이 상대적으로 낮음

56 다음 태양전지 설치 방법 중 발전효율이 가장 낮은 발전방식은 무엇인가?
① 고정형 어레이   ② 경사가변형 어레이
③ 추적식 어레이   ④ 건물 통합형(BIPV)

답 ④

해설 건물 통합형(BIPV)

57 태양전지판 설치용량은 사업계획서상에 제시된 설계용량 이상이어야 하며, 설계용량은 몇[%]를 초과하면 안 되는가?
① 100[%]   ② 103[%]
③ 105[%]   ④ 110[%]

답 ④

해설 원별시공 기준 태양광 분야에 따라 설계용량의 110[%]를 초과하지 않아야 한다.

58 태양전지를 설치할 때 고려 사항이 아닌 것은 무엇인가?
① 주변온도   ② 설치용량
③ 경사각   ④ 일사시간

답 ①

해설 태양전지 설치 시 고려사항(설치용량, 경사각, 일사시간)

59 태양전지 내부에 부분적인 그림자로 인한 발전량 저하를 보완하기 위해 사용되는 것은 무엇인가?
① 고효율 태양전지 셀   ② 특수 제작된 저철분 유리
③ 내구성 강한 프레임   ④ 바이패스 다이오드

답 ④

해설 고 저항이 된 태양전지 셀 또는 모듈에 흐르는 전류를 바이패스 하도록 한다.

60 태양전지 철골 구조물에 사용되는 방수방지 방법 중 철 표면이 손상을 입은 경우 파손된 철 소지를 보호하여 부식의 진행을 억제하는 방법은 무엇인가?
① 용융아연도금
② 전기아연도금
③ 페인트 도장
④ 방청유 도포

답 ①

 용융아연도금 : 철 표면이 손상을 입은 경우 파손된 철 소지를 보호하여 부식의 진행을 억제하는 방법

61 중방식 도료의 특징이 아닌 것은 무엇인가?
① 두꺼운 도막이 가능함
② 환경적으로나 경제적으로 어려운 구조물에 사용 불가
③ 내수성, 내염수성, 내산성, 내알칼리성 등이 우수함
④ 자원절약의 가능성을 가짐

답 ②

 환경적으로나 경제적으로 보수 도장이 어려운 구조물에 대해 5년 이상 혹은 10년 이상 견딜 수 있는 방식으로 사용

62 다음 중 태양광 발전시스템 기자재 설계요구사항에 대한 설명으로 잘못된 것은 무엇인가?
① 태양전지 모듈이 국제인증제품이면 국내인증기관의 인증을 대체할 수 있다.
② 태양전지 내부에 보상용 바이패스 다이오드가 필히 부착되어야 한다.
③ 인버터는 국제 인증기관 인증 제품이어야 한다.
④ 인버터는 과열검출 및 정지 기능을 가지고 있어야 한다.

답 ①

 국제 인증 제품일지라도 국내 인증기관의 인증을 받은 제품이어야 한다.

63 다음 중 인버터가 갖추어야 할 기능이 아닌 것은 무엇인가?
① 최대 출력점 추적 제어
② Trip 후 자동종료
③ 기동정지
④ 단독운전 방지

답 ②

 Trip 후 재가동
인버터 내부의 차단기에 트립 후 재가동된다.

64 다음 중 공정계획에서 공정별, 단위업무를 세부적으로 구분하여 작성하는 공정표는 무엇인가?
① 기자재 제조 공정표
② 납품 예정 공정표
③ 시공 예정 공정표
④ 종합 예정 공정표

답 ③

 공종별, 단위업무를 세부적으로 구분하는 것은 시공 예정 공정표이며, 단위업무의 가중치를 감안하여 작성하는 것은 종합 예정 공정표이다.

65 공통 등전위 접지에 사용되는 접지 자재는 무엇인가?
① 탄소 저저항 모듈
② 서지 프로텍터
③ 낙뢰예경보기
④ 발열용접

답 ①

 탄소 저저항 모듈 : 공통 등전위 접지, 서지·노이즈 원인제거

66 다음 중 태양전지 모듈을 설치하는데 면적을 가장 적게 차지하는 전지 재료는 무엇인가?
① 단결정　　　　　　　　　　　② 고효율 전지
③ 다결정　　　　　　　　　　　④ 비정질 실리콘

답 ②

 모듈을 설치하는데 면적을 가장 적게 차지하는 전지는 고효율 전지로서 6~7[m^2]이다.

67 다음 중 태양전지 모듈을 설치하는데 면적을 가장 넓게 차지하는 전지 재료는 무엇인가?
① 다결정　　　　　　　　　　　② CIS
③ CdTe　　　　　　　　　　　④ 비정질 실리콘

답 ④

 모듈을 설치하는데 면적을 가장 넓게 차지하는 전지재료는 비정질 실리콘이며 14~20[m^2]이다.

68 다음 중 가장 보편적으로 활용되고 있으며 가장 견고한 방식인 태양광발전 구조물은?
① 경사고정형　　　　　　　　　② 경사가변형
③ 단축추적형　　　　　　　　　④ 양축추적형

답 ①

해설　경사고정형
▶ 가장 보편적으로 활용되고 있으며 가장 견고한 방식이다.
▶ 태양전지모듈을 연중 평균적으로 가장 잘 채광할 수 있도록 방위각과 양각을 산정한 후 전체 어레이를 고정한다.
▶ 방위각은 설치장소의 위도와 같은 각도를 유지하도록 설정하는 것이 보통이며, 국내의 경우 춘분과 추분에 전력발생이 최대가 된다.
▶ 낮은 설치투자비, 단순조립에 의한 손쉬운 시공, 좁은 설치면적과 적은 유지비용이 장점인 반면, 발전효율이 가장 낮다.

69 태양광발전 구조물 중 경사변형기의 특징으로 옳지 못한 것은?
① 토지 이용률이 높다.
② 고장의 염려가 적다.
③ 설치단가 대비 발전효율이 높다.
④ 설치면적이 경사고정형에 4배 정도 소요된다.

답 ④

 설치면적이 경사 고정형에 4배 정도 소요되는 것은 양축 추적형에 대한 내용이다.

70 다음은 태양광발전 구조물 중 양축추적형의 특징에 대한 설명이다. 틀린 것은?
① 경사 고정형에 비해 25~35[%]까지 발전량이 증대한다.
② 설치단가가 높다.
③ 제품에 따라 내구성 및 효율차가 적다.
④ 설치면적이 경사고정형에 비해 4배 정도 소요된다.

답 ③

 제품에 따라 내구성 및 효율차가 크다.

71 다음 중 태양광 모듈 지지대 및 접속반 외함에 대한 접지 공사는 무엇인가?
① 제1종 접지공사   ② 제2종 접지공사
③ 제3종 접지공사   ④ 특별 제3종 접지공사

답 ④

 태양광 모듈 지지대 및 접속반 외함에는 특별 제3종 접지공사로서 400[V] 이상의 저압용을 사용한다.

72 다음 중 직류 접속반에 사용되는 역저지 다이오드는 모듈단락전류의 몇 배 이상을 견디어야 하는가?
① 2배 ② 2.5배
③ 3배 ④ 4배

답 ①

 역저지 다이오드의 용량은 모듈 단락전류의 2배 이상이어야 한다.

73 다음 중 직류 접속반에 사용되는 구성요소가 아닌 것은 무엇인가?
① 직류 출력 개폐로 ② 피뢰소자
③ 단자대 ④ 고압차단기

답 ④

 내장구성 요소는 역저지 방지용 다이오드, 직류출력 개폐로, 피뢰소자, 단자대가 있다.

74 다음 중 태양광 발전설비에 사용되는 케이블이 잘못된 것은 무엇인가?
① 22.9[kV] 전력용 케이블(CN/CV-W)
② 600[V] 전력용 케이블(FR-CV)
③ 내화 케이블(FR-CPEVS-B 0.65[mm])
④ 아날로그 계측제어 신호용 케이블(FR-CVV)

답 ③

 인터폰용 케이블(FR-CPEVS-B 0.65[mm])

75 다음 중 태양광전지 모듈 간 배선에 사용할 전선의 사이즈는 무엇인가?
① 2[mm²]　　　　　　　　　　② 2.5[mm²]
③ 4[mm²]　　　　　　　　　　④ 5[mm²]

답 ②

 모듈 간 배선에 사용되는 전선 사이즈는 2.5[mm²]의 전선을 사용한다.

76 다음 중 지중배선 또는 지중배관을 할 경우 얼마의 깊이로 매설이 되어야 하는가?
① 0.5[m]　　　　　　　　　　② 1.2[m]
③ 1.5[m]　　　　　　　　　　④ 2[m]

답 ②

 지중배선 또는 지중배관을 할 경우에는 1.2[m] 깊이 이어야 한다.

77 태양전지 어레이의 방위각과 경사각에 관한 다음 설명 중 틀린 것은?
① 태양복사의 최대 획득량은 방위각 및 경사각에 의해 결정된다.
② 태양복사의 최대 획득량을 위한 가장 바람직한 방위는 정남향이다.
③ 수평면으로부터의 경사각은 그 지역의 위도에 의해 결정된다.
④ 여름철의 경우 수평면보다는 수직 파사드에 설치된 시스템에서 더 많은 획득량을 기대할 수 있다.

답 ④

 태양고도가 낮은 겨울철의 경우 수평면보다는 수직 파사드에 설치된 시스템에서 더 많은 획득량을 기대 할 수 있다.

78 다음은 태양전지 어레이의 방위각에 관한 기술이다. 거리가 먼 것은?
① 태양전지 어레이의 방위각은 90°로 한다.
② 지붕을 이용하여 설치하는 경우 방위각에 맞춘다.
③ 지상에 설치하는 경우 토지의 방위각으로 선택한다.
④ 산이나 건물의 그림자가 있으면 그림자를 피할 수 있는 각도로 선정한다.

답 ①

 태양전지 어레이의 방위각은 일반적으로 태양전지의 단위용량당 발전전력량이 최대인 정남쪽, 즉 0°로 한다.

79 태양전지 어레이의 경사각에 대한 설명 중 틀린 것은?
① 우리나라에서 태양전지 어레이의 경사각은 20°~ 50°전후(보통 30°)로 설계하는 경우가 대부분이다.
② 태양전지 어레이의 경사각을 10° 이하로 시설할 경우 강우에 의한 어레이의 자정효과가 뛰어나다.
③ 적설량이 많은 지역에서는 45°이상의 각도로 하는 설계를 할 필요가 있다.
④ 다설 지역에서 설치하는 경우에는 그 계절에만 60°~90°로 경사각을 변경할 필요가 있다.

답 ②

 태양전지 어레이의 경사각을 10°이하로 시설할 경우 강우에 의한 어레이의 자정효과가 충분하지 못하고, 태양전지 모듈의 유리면적의 하부나 알루미늄테 주변에 오물이 남아 있을 수 있어 청소를 별도로 하는 경우가 많아진다.

80 태양전지 어레이용 가대에 관한 다음 설명 중 옳지 못한 것은?
① 가대의 재질은 환경조건이나 설계 내용연수에 따라 선택, 결정한다.
② 적정한 재질은 내용 연수 등을 고려하여 SS400의 강재용융아연도금 마무리 제품이 유용하다.
③ SUS304는 염해 등에 대해 최고로 내성이 높지만 구입하기가 어렵고 고가이다.
④ 가대의 강도는 최소한 자중에 풍압력을 가한 하중에 견디는 것이어야 한다.

답 ③

 스테인리스강 SUS316은 염해 등에 대해 최고로 내성이 높지만 구입하기가 어렵고 고가이므로 해상 설치의 경우 SUS304가 많이 사용되고 있다.

81 스테인리스 가대의 내용연수로 옳은 것은?
① 5~10년
② 10~20년
③ 20~30년
④ 30년 이상

답 ④

 가대의 내용연수
▶ 강재 +용융아연도금 : 20~30년
▶ 스테인리스 : 30년 이상

82 다음은 태양광발전 구조물 중 지붕건재형에 관한 설명이다. 틀린 것은?
① 지붕건재형은 방화·방수 성능을 가진 지붕표면에 지지기구로 태양전지 모듈을 설치하는 것을 말한다.
② 지붕건재형은 크게 지붕재 일체형과 지붕재형으로 나눌 수 있다.
③ 지붕재 일체형은 일반 지붕재(금속판 등)에 태양전지 모듈을 넣은 지붕재를 말한다.
④ 지붕재형 태양전지 모듈은 태양전지 모듈 자체가 지붕의 기능을 하는 지붕재를 말한다.

답 ①

 지붕 설치형이란 방화·방수 성능을 가진 지붕표면에 지지기구(지지금구 및 가대)로 태양전지 모듈을 설치하는 것을 말한다.

83 현재 실용화되어 있는 인버터의 직류입력전압은?
① 280[V] ② 380[V]
③ 480[V] ④ 580[V]

답 ②

 현재 실용화되어 있는 인버터는 직류입력전압이 380[V]가 많기 때문에 태양전지 모듈의 전력전압이 약 380[V]로 되도록 1스트링의 직렬매수를 선정한다.

84 태양전지 모듈과 인버터 간의 배선에 관한 다음 기술 중 틀린 것은?
① 태양전지 모듈 간의 배선에 사용되는 전선은 굵기가 2.5[mm^2]인 것을 사용하라면 단락전류에 충분히 견딘다.
② 태양전지 모듈의 이면에서 접속용 케이블이 2본씩 나오기 때문에 반드시 극성표시를 확인한 후 결선한다.
③ 접속함에서 인버터까지의 배선을 전압강하율을 1~2[%]로 하는 것이 바람직하다.
④ 태양전지 어레이를 지상에 설치하는 경우에는 지상배선으로 하는 것이 바람직하다.

답 ④

 태양전지 어레이를 지상에 설치하는 경우에는 지중배선으로 하는 것이 바람직하다.

85 태양광발전 시스템의 내진대책에 관한 다음 설명 중 틀린 것은?
① 내진대책으로는 내진설계와 면진설계가 있다.
② 내진설계는 설비 자체를 지진에 견딜 수 있도록 설계하는 것을 말한다.
③ 면진설계는 지진파와 건축물 등의 진동이 공진점에 도달하지 않고 피할 수 있도록 설계하는 방법을 말한다.
④ 우리나라는 내진설계나 면진설계에 대한 정확한 기술적 한계와 규정을 두고 있다.

답 ④

 우리나라의 경우 아직 내진설계나 면진설계에 대한 정확한 기술적 한계나 규정이 없어 적용상 곤란한 점들이 있다

86 다음 중 독립형 전원시스템용 축전지 설치기준을 올바르게 나타낸 것은 무엇인가?

① 4,800[Ah] 셀을 넘는 경우는 안전기준에 의하여 소방서에 신고할 필요가 있다.
② 방재 대응형에는 재해로 인한 정전 시에 태양전지에서 충전을 하기 때문에 축전 전력과 축전지 용량을 매칭할 필요가 있다.
③ 상시 유지충전방법을 충분히 검토하고, 항상 축전지를 양호한 상태로 유지한다.
④ 중량물이므로 설치장소는 하중에 견딜 수 있는 장소로 선정한다.

답 ①

 4,800[Ah]셀을 넘는 경우는 안전기준에 의하여 소방서에 신고할 필요가 있다.

87 다음 중 축전지 설비의 설치기준 이격거리가 올바른 것은 무엇인가?

① 큐비클 이외의 발전설비와의 사이 0.5[m]
② 큐비클 이외의 별전설비와의 사이 1.0[m]
③ 옥외에 설치할 경우 건물과의 사이 1.5[m]
④ 앞면 또는 조작면 0.8[m]

답 ②

 축전지 설비의 설치기준 이격거리는 큐비클 이외의 변절설비와의 거리가 1.0[m]이다.

88 다음 중 태양광 모듈 표준시험조건(STC)이 아닌 것은 무엇인가?

① 일사강도 100[W/m²]
② 풍속 1[m/s]
③ 분광분포 AM 1.5
④ 모듈표면온도 25[℃]

답 ②

 태양광 모듈 표준시험 조건(STC)
▶ 모듈표면온도 : 25[℃]
▶ 분광분포 AM : 1.5
▶ 일사강도 : 1000[W/m²]

89 다음 중 일반적으로 태양전지 용량과 부하소비전력량의 관계없는 것은 무엇인가?
① 어떤 기간에 얻을 수 있는 어레이면 일사량   ② 특정 상태에서의 일사강도
③ 어느 기간에서의 부하소비전력량   ④ 설계여유계수

답 ②

$$P_{AS} = \frac{E_L \times D \times R}{(H_A/C_S) \times K}$$

▶ P_{AS} : 표준상태에서의 태양광출력어레이[kW], H_A : 일정기간 얻을 수 있는 일사량
▶ G_S : 표준상태에서의 일사강도, E_L : 어느 기간에서의 부하소비전력량
▶ R : 설계여유계수, K : 종합설계지수, D : 부하의 태양광 발전 시스템에 대한 의존율

90 다음 중 태양광발전 시스템의 계획 절차로 옳은 것은?
① 용도·부하의 산정 → 시스템 형식의 선정 → 설치·주변장치의 선정 → 설치비용의 계산
② 용도·부하의 산정 → 설치·주변장치의 선정 → 시스템 형식의 선정 → 설치비용의 계산
③ 시스템 형식의 선정 → 용도·부하의 산정 → 설치·주변장치의 선정 → 설치비용의 계산
④ 시스템 형식의 선정 → 설치·주변장치의 선정 → 용도·부하의 산정 → 설치비용의 계산

답 ①

태양광발전 시스템의 계획 절차
▶ 용도·부하의 산정 → 시스템 형식의 선정 → 설치·주변장치의 선정 → 설치비용의 계산

91 다음 중 계통연계형 PV 시스템에서 발전손실이 2[%]인 것은 무엇인가?
① 음영[그림자] ② AC손실, 계량기
③ 인버터 손실 ④ 모듈의 온도

답 ①

▶ 음영[그림자] : 2[%]
▶ AC손실, 계량기 : 3.0[%]
▶ 인버터 손실 : 7.5[%]
▶ 모듈의 온도 : 3.5[%]

92 국내 태양광발전 설비의 고정식 최적 경사각에 대한 설명으로 올바른 것은?
① 서울의 최적 경사각은 35°이다.
② 전남지역의 최적 경사각은 30°이다.
③ 강릉의 최적 경사각은 39°이다.
④ 제주의 최적 경사각은 28°이다.

답 ②

 제주도를 제외한 지역의 평균 경사각은 30~36°이고, 제주도는 24°이다.

93 인버터의 공칭전력은 인버터와 모듈기술, 지역 일사량 같은 지역조건 그리고 모듈의 방향에 따라 PV 어레이 출력(STC이하에서)의 몇[%]까지 될 수 있는가?
① ±5[%] ② ±10[%]
③ ±15[%] ④ ±20[%]

답 ④

 인버터의 공칭전력은 PV 어레이 출력의 ±20[%]가 될 수 있다.

94 다음 중 인버터의 용량산정계수 (C_{INV})의 범위를 올바르게 표시한 것은 무엇인가?
① $0.8 < C_{INV} < 1.2$
② $0.83 < C_{INV} < 1.25$
③ $0.85 < C_{INV} < 1.15$
④ $0.9 < C_{INV} < 1.1$

답 ②

 인버터의 최대출력을 나타내는 용량산정계수는 $0.83 < C_{INV} < 1.25$이다.

95 태양광발전에서 사용하는 결선방식은 무엇인가?
① △-△ 결선방식
② Y-Y 결선방식
③ △-Y 결선방식
④ Y-△ 결선방식

답 ③

 태양광발전 및 분산형 전원시스템에서는 △-Y 결선방식을 사용한다.

96 계통에 연계되는 수용가의 태양광발전 전원의 상시 주파수 범위는 다음 중 무엇인가?
① 59.9[Hz] ~ 60.1[Hz]
② 59.8[Hz] ~ 60.2[Hz]
③ 59.7[Hz] ~ 60.3[Hz]
④ 59.5[Hz] ~ 60.5[Hz]

답 ②

 태양광발전 전원의 상시 주파수 범위는 59.8[Hz] ~ 60.2[Hz]이다.

97 어레이 내의 지락 또는 단락사고를 검출하고, 경보 또는 사고부분을 분리, 차단하기 위한 장치는 무엇인가?
① 출력 개폐기 ② 보호회로
③ 접지회로 ④ 역저지 다이오드

답 ②

 보호회로 : 어레이의 내의 지락 또는 단락사고를 검출하고, 경보 또는 사고부분을 분리, 차단하기 위한 회뢰이다. 발전시설비로서 운전유지, 화재 등 2차 재해방지 등의 목적으로 설치한다.

98 다음 중 방전수명이 가장 낮은 축전지는 무엇인가?
① 연축전지 ② 니켈카드뮴
③ 니켈수소 ④ 리튬이온

답 ①

 축전지별 방전수명

▶ 연축전지 : 200~300회   ▶ 니켈카드뮴 : 1000~1500회
▶ 니켈수소: 300~500회   ▶ 리튬이온: 1000회 이상, 500회

99 축전지의 잔존용량을 표시한 것은 무엇인가?
① 방전시간 ② 용량환산시간
③ 방전심도 ④ 보수율

답 ③

 축전지 용어정리

방전시간 : 예측되는 최장백업시간
용량환산시간 : 방전시간, 축전지의 최저온도 및 허용할 수 있는 최저전압에 의해서 정해지는 시간
방전심도 : 축전지의 잔존용량
보수율 : 축전지의 수명

100 일정한 기간 동안 사용한 경비를 총괄적을 합산하기 위해 작성하는 문서는?
① 상세도 ② 시방서
③ 간트 도표 ④ 내역서

답 ④

 상세도 : 시설설계도면을 기준으로 각 공종별, 형식별 세부사항들이 표현되도록 현장여건을 반영하는 것
시방서 : 공사수행에 관련된 제반규정 및 요구사항을 총칭
간트 도표 : 프로젝트 일정관리에 사용
내역서 : 일정한 기간 동안 사용한 경비를 총괄적으로 합산하기 위해 작성하는 문서

제 3 과목 태양광 발전 시공

태양광 발전 기획

제 1 장 태양광발전 공사

| 1. 태양광발전 토목공사 수행 | | |

1 설계도면의 해석

태양광 발전 시스템을 위한 기본 계획 흐름도

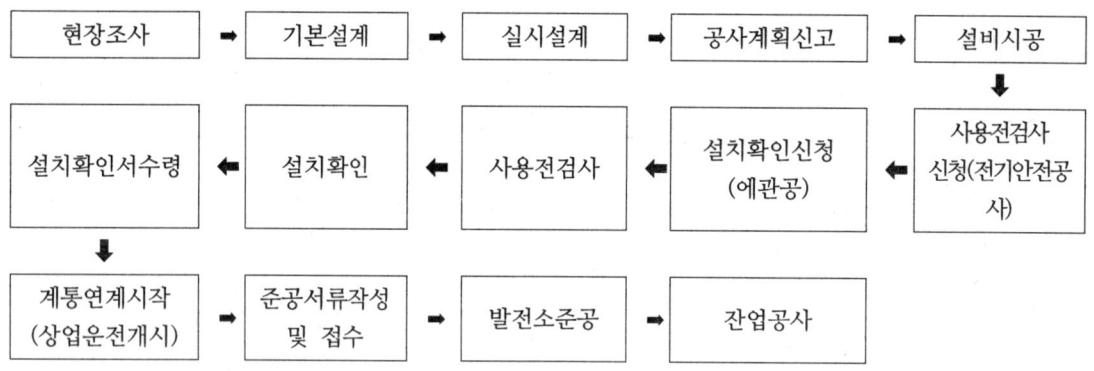

2 설계 도면 개요

1. 개요

 공사 기술자 및 감리원은 설계 계획서, 설계 도면, 시방서, 공사비 내역서, 기술 계산서, 공사 계약서의 계약 내용과 당해 공사의 조사 설계 보고서 등의 내용을 숙지함은 물론 설계 도서 등에 대하여 시공의 실제 가능여부, 설계 도서의 누락 오류 등 불명확 부분의 존재여부, 타 공정과의 상호부합 여부 등을 주안으로 하여 당해 공사 시행 전에 검토하여야 한다. 또한 공사 기술자 및 감리원은 창의력을 발휘하여 새로운 방향의 공법 개선 및 공사비 절감을 기하도록 노력하여야 한다.

2. 설계 도서 검토 목적

설계 도서의 검토는 전기 설비 설치의 적정을 기하여 공공의 안전을 확보하고 국민 경제의 발전에 기여하기 위하여 공사 기술자 및 감리원의 전력 기술 수준을 향상시키고 공종별 설계도서 검토 기본 항목을 표준화하여 설계 도서 사전 검토를 수행함으로써 공사 중에 예상되는 제반 문제점 및 불합리한 사항을 사전에 파악하여 그 대책을 수립하여 조치함으로써 보다 완벽한 시공 및 감리 업무를 수행하는 데 있다.

3. 설계 도서 검토 내용

(1) 건설 관련 법령, 설계기준 및 시공 기준에의 적합성 검토

(2) 구조물의 설치 형태 및 건설 공법 선정의 적정성 검토

(3) 사용 재료 선정의 적정성 검토

(4) 설계 내용의 시공 가능성에 대한 사전 검토

(5) 구조 계산의 적정성 검토

(6) 측량 및 지반조사의 적정성 검토

(7) 설계 공정의 관리

(8) 공사 기간 및 공사비의 적정성

(9) 설계의 경제성

(10) 설계의 적정성

(11) 설계 도면 및 공사 시방서 작성의 적정성

(12) 설계 검토에 대한 결과 보고서 작성의 적정성 검토 등

4. 설계 도서 검토

(1) 관련 도서의 목록

1) 설계 도면 및 시방서
2) 구조 계산서 및 각종 계산서
3) 계약 내역서 및 산출 근거(사업주체와 시공자가 다를 경우)
4) 공사 계약서(사업주체와 시공자가 다를 경우)

5) 사업 계획 승인 조건 등이 있음

(2) 구조 검토서의 검토 실시
1) 구조 계산서, 구조 도면의 Revision 표기, 작성 일자, 책임 구조 기술자 서명
2) 구조 계산서와 구조 도면이 해독 가능한지 고려

5. 설계 도서의 해석 우선 순위

설계 도면과 공사 시방서가 상이한 경우로서 물량 내역서가 설계 도면과 상이하거나 공사 시방서와 상이한 경우에는 설계 도면과 공사 시방서 중 최선의 공사 시공을 위하여 우선되어야 할 내용으로 설계 도면 또는 공사 시방서를 확정한 후 그 확정된 내용에 따라 물량 내역서를 일치시킨다. 해석 우선 순위는 다음과 같다.

(1) 특기 시방서 → 설계 도면 → 일반 시방서, 표준 시방서 → 산출 내역서 → 승인된 시공 도면 → 관계 법령의 유권 해석 → 감리자의 지시 사항 순을 원칙으로 한다. 공공 건축물의 설계 도서 작성 기준에는 공사 시방서 → 설계 도면 → 표준 시방서 → 산출 내역서 → 승인된 시공 도면 → 관계 법령의 유권 해석 → 감리자의 지시 사항 순으로 되어있다.

(2) 설계 도서의 내용이 일치하지 아니한 경우에는 관계 법령의 규정에 적합한 범위에 대해서 감리자의 지시에 따라야 하며, 그 내용이 설계상 주요한 사항인 경우에는 설계자와 협의하여 지시 내용을 결정해야 한다.

토목공사	구조물 설치	전기공사	건축공사
↓	↓	↓	↓
-지적 및 현황측량 -토목설계 -부지정리 -부지형태에 따른 공사 -터파기 및 다지기 작업 -옹벽 및 법면공사 -외곽 휀스 공사	-구조물 형식 결정 -구조설계 -구조 검토(풍압, 고정, 적설하중검토) -구조물 기초 공사 -앙카 시공작업 -베이스 플레이트 시공 -구조물 설치작업 -모듈설치 작업 -케이블 연결 -기상관측반 설치	-설치용량결정 -실시설계진행 -전선로이용신청 -공사계획신공 -보호계전기 적정치 계산 및 병렬 운전 조작합의 -부지내 접지선 시공 -지선 및 간선시공 -접속반 설치 -피뢰설비 시공 -인버터 및 수배전반 설치 -계통연계 인입 라인 시공 -정밀안전진단 -사용전검사 -CCTV 및 가로등 설치 -모니터링 시스템 설치	-전기실 면적 결정 -건축설계 -터파기공사 -기초 패드공사 -각 위치별 관로 포설 -건축물 기둥설치 -건축물 지붕 및 벽체 설치 -환기 시설 공사 -실내 전원설비 공사

3 토목시공 시준

1. 태양광발전소 부지조성

임야에 태양광발전소를 건설하는 경우 임야 상태의 부지를 발전소 단지로 건설하기 위하여 벌목작업을 진행하며, 벌목작업은 파쇄기를 통하여 처리하며, 벌목작업이 진행된 다음에는 부지를 조성하는 단계로 이어진다. 부지조성단계에는 기초토공사, 배수로 공사, 보강토 공사, 옹벽 공사가 진행된다.

ⓐ 기초토공사 : 구조물을 시공함에 있어 연약지반을 다지고 평탄하게 하는 작업

ⓑ 배수로 공사 : 비가 많이 오는 경우를 대비하여 설치하는 수로 작업

ⓒ 보강토 공사 : 사면이나 지반등 성토의 구축에 맞추어 보강재를 배치하는 작업

ⓓ 옹벽공사 : 연약지반의 토사가 무너지지 않도록 가장자리에 옹벽을 구축하는 작업

태양광발전소를 건설하기 위해서 기초 토목공사인 토지정리 및 토지 평탄화 작업, 기초터파기, 콘크리트 타설 작업이 진행된다. 기초 토목공사인 터파기를 하고나서 거푸집을 설치한다. 거푸집을 완성하면 거푸집 고정 틀 보강 작업을 하고 거푸집설치와 보강작업이 끝나면 콘크리트를 거푸집에 부으면 콘크리트가 밖으로 나오지 않게 비닐을 깔아주고 와이어 메쉬를 거푸집에 설치하여 콘크리트 타설 작업이 이루어질 수 있도록 한다.

(1) 지반공사

기초의 종류에는 크게 독립기초, 연속기초(줄기초), 온통기초(매트기초), 파일기초 등으로 나누어진다.

■ **독립기초**

개개의 기둥을 독립적으로 지지하는 형식으로 기초판과 기둥으로 형성되어 있으며, 기둥과 보로 구성되어 있는 건축물에 적용되는 기초이다.

■ **연속기초(줄기초)**

내력벽 또는 조적벽을 지지로 하는 기초로 벽체 양 옆에 캔틸레버 작용으로 하중을 분산시킨다.

■ **온통기초(매트기초)**

지층에 설치되는 모든 구조를 지지하는 두꺼운 슬래브 구조로 지반에 지내력이 약해 독립기초나 말뚝 기초로 적당하지 않을 때 사용된다.

■ **파일기초**

지반의 지내력으로 기초 설치가 어려울 경우에는 파일을 지반의 암반층까지 내려 지지하는 공법을 말한다.

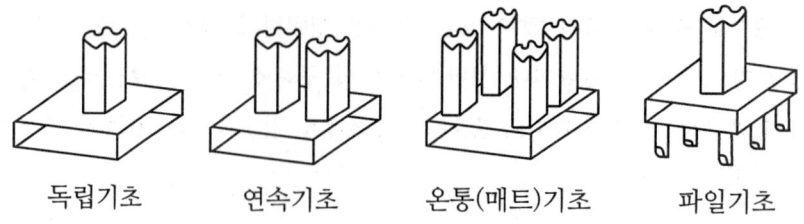

[기초의 종류]

지내력이 좋은 경우에는 독립기초로 설계가 가능하나, 지내력이 좋지 못한 경우에는 연속기초(줄기초)를 사용하고, 그보다 지내력이 더 좋지 못한 경우에는 온통기초(매트기초), 파일기초를 설치해야 한다.

    ⓐ 지내력의 여유가 있는데도 온통기초로 설계하는 것은 비경제적이며, 지내력이 부족한데도 독립기초로 설계하는 것은 바람직하지 못하다.

    ⓑ 기초 공사는 되메우기로 인하여 태양광발전소 준공 후에 부실여부의 확인이 어려울 뿐만 아니라 부실시공 시 건축물의 침하, 균열, 붕괴 등의 중대한 결과와 이에 따른 보강 및 복구가 어렵고 막대한 예산이 소요되므로 철저한 시공이 요망된다.

    ⓒ 근래에는 친환경적이며 공사비를 줄이고 공사기간을 단축할 수 있는 볼링공법이나 스크류 앵커방식이 사용되고 있다.

[콘크리트 기초공법]

구분	장점	단점
독립기초	기성품으로 시공이 간편하고 공사기간이 짧다	· 토목작업시 다짐을 잘못하면 부동침하가 일어날 수 있음 · 태양광구조물틀어질 가능성 있음 · 고정가변형으로 구조 시공시 각도조절이 불가능 할 수 있음
줄기초	둘 이상의 기둥을 하나의 기초로 연결 독립기초보다 안전하고 튼튼함	· 많은 양의 콘크리트 소모로 시공단가가 올라감 · 숙련공이 하지않으면 레벨값이 맞지않아 구조물 시공 후 미관이 안좋음

4 구조물의 기초 터파기

(1) 땅파기 공사로 손상될 수 있는 인접구조물은 변위가 발생하시 않도록 밑받치기 시보(언더피닝) 등의 정정공법으로 보강하여야 한다.

(2) 본바닥은 구조물 기초와 시공작업에 맞추어 땅파기 하여야 한다.

(3) 말뚝박기 공사에는 시공기면까지 파내어야 한다.

(4) 기초를 지지하는 본바닥이 흐트러진 경우는 당초의 지내력까지 뒤채우기의 요건에 따라 다져야 한다.

(5) 기계로 땅파기한 벽면의 비탈은 지보공을 설치할 때까지는 흙의 안식각 이하가 되게 하여야 한다.

(6) 구조물 기초의 가장자리에서 45° 지지각을 침범해서 땅파기를 해서는 안 된다.

(7) 지표수가 파낸 구덩이로 유입하지 않도록 땅파기 둘레의 지면은 역경사지게 하여야 한다.

(8) 땅파기한 벽면과 바닥면은 인력으로 다듬고, 마르거나 우수에 침식되지 않도록 보호하며 이완된 재료는 제거하여야 한다.

(9) 덩어리진 흙, 역석, 부피가 0.25m인 바위 등은 제거하고, 이보다 큰 바위는 현장준비공의 해당요건에 따라 제거하여야 한다.

(10) 예상하지 못한 지중조건이 발견되면 감리자에게 통지하고, 작업재개 지시가 있을 때까지는 해당 구역의 작업을 중지하여야 한다.

(11) 과도하게 파낸 구역은 02224 뒤채우기의 요건에 따라 시정하여야 한다.

(12) 파낸 재료는 02210 흙재료의 요건에 따라 현장에서 지정된 장소에 임시 쌓기 해두고, 부적합하거나 남는 흙은 현장에서 반출하여 제거하여야 한다.

1. 되메우기

1) 제자리에서 취한 재료가 명시된 요건을 만족하면 그 재료를 되메우기에 사용할 수 있다.

2) 되메우기는 모든 지중구조물의 주위에 요구되며 쓰지 않는 공동, 수직갱구, 통기공, 수평갱구, 구멍 및 기타 빈공간은 모두 메워야 한다.

3) 느슨한 재료는 200mm를 넘지 않는 층으로 되메우기하여야 하며, 각 층은 다음 층을 치기 전에 명시된 밀도로 다져야 한다.

4) 되메우기를 할 때는 수평하중이 새로 설치한 구조물이나 구조물, 설비 또는 관로의 일부에 작용하지 않게 하여야 한다. 콘크리트 구조물의 일면 또는 모든 측면이 아닌 일부분의 주위에 요구되는 되메우기는 콘크리트 강도가 토압에 견딜 수 있다고 명시된 값 이상 또는 콘크리트의 설계기준강도에 도달하여야 할 수 있다.

5) 방수처리가 된 구조물 주위에 되메우기할 때는 변위나 되메우기 재료에 섞인 돌이나 다른 단단한 물건에 의한 손상 등을 방지하기 위해서, 필요하면 보호덮개를 해서 구조물이나 방수공을 보호하여야 한다.

6) 되메우기는 콘크리트 강도가 토압에 견딜 수 있다고 명시된 값 이상 또는 콘크리트의 설계기준강도에 도달하여야 구조용 콘크리트의 위나 주위에 되메우기 할 수 있다.

7) 교대, 날개벽 뒷면의 되메우기는 명시된 시한에 따라야 한다. 달리 명시된 경우가 아니면, 교대뒷면에 계단이 있는 비탈을 두어서 교대뒷면에 되메우기가 쐐기로 작용하는 것을 방지하여야 한다.

8) 과도한 수평 또는 수직토압을 줄 수 있는 다짐장비나 공법을 사용해서는 안된다. 과도한 수평토압은 정지토압을 초과하는 경우이고, 과도한 수직토압은 과재하중과 허용과 재압력을 초과하는 경우를 말한다.

2. 다지기

(1) 다지기는 둑쌓기, 메우기 및 되메우기 재료의 층마다 하고, 명시된 다짐도를 미달하면 안 된다. 요구된 다짐도는 아래의 1급 또는 2급으로 구분하여야 한다.

1) 1급 다지기 : KS F 2311에 의한 90% 다짐도
2) 2급 다지기 : KS F 2311에 의한 95% 다짐도

재료가 점성질이거나 골재이면 75% 다짐도이어야 한다.

(2) 다지기 요건

1) 표면이 기초지반인 쌓기 또는 메우기 : 전깊이에 2급 다지기
2) 구조물 주위의 되메우기 : 상부 300mm는 2급, 상부아래 200mm는 1급 다지기
3) 땅파기 후 덮는 되메우기 : 구조물 또는 설비 위로 1.0m까지 1급, 나머지는 2급 다지기
4) 본바닥면 또는 깎기한 노상 : 3.8 및 3.9항에 명시된 경우 외로 본바닥면이나 깎기한 노상 또는 두께가 300mm 미만인 메우기가 노상이거나 기초지반인 경우에는 표면을 긁고 최소 200mm 깊이에 2급 다지기를 하여야 하며, 다음의 추가요건이 포함된다.
   가. 철도노반의 상부 3.0m와 마감된 도로노상기면의 1.0m 이내, 노반 및 포장의 전폭과 양측 1.0m의 본바닥면에 2급 다지기
   나. 둑쌓기할 흐트러지지 않은 본바닥면의 상부 150mm 깊이에 2급 다지기

3. 지중배수관 설치

1) 지중배수관의 도랑은 도면에 명시된 대로 파내어야 하며 명시된 것이 없을 때는 도랑은 관의 바깥지름에 300mm를 더한 폭으로 하고, 관의 안바닥면 아래로 50mm 이상 깊이로 파내어야 한다.

2) 불투수성 막재시트는 다져진 바닥면 위에 깔고, 겹대기는 폭 100mm 이상, 길이 150mm 이상으로 하며, 모든 겹대기에는 접착재와 테이프로 연속해서 밀봉하여야 한다. 잇는 작업중 일어난 파단과 파열은 보수하여야 한다.

3) 관은 명시된 측선과 기면에 맞추어 부설하고, 관이 벨과 스피고트형이면 벨부분을 도랑에 패인 고랑에 맞추고, 흐름의 상류측에 두어야 한다.

4) 관의 바닥면 아래에 있는 공간은 도면에 명시된 대로 배수용 골재를 한층으로 깔아서 채워야 한다. 유공관은 구멍이 아래로 향하게 하여 배수골재 위에 부설하여야 한다. 이음부에는 관제작자가 공급한 슬리브 커플링을 설치하거나 감리자가 승인하는 다른 방법으로 할 수 있다. 관맞추기에는 적합한 장비를 사용하여야 한다.

5) 돌조각, 벽돌 깨진 콘크리트나 아스팔트를 관의 중간을 고이는데 사용해서는 안되며, 관에 접촉하고 있는 큰 돌이나 크고 단단한 물건은 제거하여야 한다.

6) 지하배수관을 위해 파낸 도랑은 명시된 대로 배수 또는 필터골재로 채우고 다져서 간극을 메우고, 침하를 방지하여야 하며 배수관이 손상되지 않도록 다져야 한다.

4. 혼성배수관 설치

1) 혼성배수관은 도면에 명시된 대로 시공하여야 하며, 유공관은 필터골재로 감싸고, 혼성배수관은 명시된 대로 필터부직포에 씌워야 한다. PVC관에는 명시된 설치용 부대품을 포함해서 수직관과 배사변을 두어야 한다.

5 사용자재의 규격

1. 바닥돋기 및 되메우기 재료

(1) 바닥돋기

1) 모래 : 파낸 도랑에 설치되는 설비배관의 바닥돋기에 사용되는 모래는 깨끗하고 입도가 고른 세척한 모래라야 하며, 5mm보다 가늘어야 한다. 더 가는 모래라도 깨끗하고 해로운 성분이 없다면, 감리자의 승인을 받아 사용할 수 있다. 단 콘크리트관, 토관 및 주철관의 바닥돋기에는 모래만을 사용하여야 한다.

2) 자갈 : 바닥돋기에 사용되는 자갈은 깨끗하고, 입도가 고르고, 물로 씻은 것이라야 하며, 추가로 배수가 필요한 도랑에 사용하거나 관의 상반부(관의 중심선 위) 위의 되메우기에 사용할 수 있다.

(2) 되메우기 재료 : 구조물과 포장층 아래의 파낸 구덩이와 도랑에 대한 되메우기는 명시된 구조물 쌓기로 하여야 하고, 보통쌓기는 넓은 구역과 조경구역의 땅파기와 도랑의 되

메우기에만 허용된다.

(3) 시멘트 슬러리 되메우기 : 포틀랜드 시멘트, 깨끗하고 입도가 고른 골재 및 물을 혼합한 액상 혼합물

2. 시공

(1) 측점 말뚝 및 기면 : 일반토공의 해당요건 참조
(2) 기존설비시설 : 일반토공의 해당요건 참조
(3) 터파기 및 도랑파기

1) 터파기는 계약 도면에 명시되고, 지중 구조물이나 설비시설에 요구되는 대로 실시하며, 동바리, 버팀대, 물푸기, 흙막이 등은 필요하면 터파기 지보공에 명시된 요건을 따라 설치하여야 한다.

2) 터파기는 계약도면에 명시된 경계선과 기면에 맞추어 실시하여야 한다.

3) 관과 암거에 대한 도랑은 개착공법으로 파기를 하여야 하고, 터널과 추진은 도면에 명시되었거나 감리자의 승인을 받는 대로 하여야 한다. 교차하는 배관에서는 인력으로 파야한다.

4) 포장된 구역에서는 포장을 도면에 명시된 폭으로 반듯한 선에 따라 톱으로 절단하여야 한다. 되메우기를 다진 후에 포장은 공사착수시에 있었던 조건과 같게 복구하여야 한다. 포장하부의 도랑파기에 대한 되메우기는 도면에 명시되었거나 포장도로의 터파기 및 되메우기를 할 경우, 관계기관 또는 감독자가 승인하면 시멘트 슬러리, 유동화 처리토, 소일시멘트 등의 유동성 채움재를 사용할 수 있다.

5) 도랑파기는 관의 상단 위 600mm 평면 아래의 모든 측점에서 명시된 폭으로 하여야 하며, 이 평면 위의 파기는 감리자가 승인하면 명시된 폭을 초과할 수 있다. 폭이 명시되지 않은 경우는 폭은 관의 외측면에서 150~450mm 범위로 하여야 한다. 파기가 허용된 치수를 초과하면 감리자의 승인을 받아 더 높은 강도의 관을 설치하거나 관을 콘크리트로 감싸야 한다.

6) 파낸 바닥면은 단단하고 흐트러지지 않은 흙이거나 본바닥이라야 하며, 깨끗하고, 이완된 재료, 부스러기 및 이물이 없어야 한다. 터파기나 도랑파기의 바닥면이 연질이거나 불안정한 경우에는 충분한 깊이까지 이러한 재료를 제거한 후 모래나 자갈로 대체하고, 사용 재료에 대한 최대건조밀도의 90% 이상의 다짐도로 다져야 한다.

7) 도랑에 물이 있을 때는 물푸기 및 가배수에 명시된 대로 물푸기를 하고, 물이 배수되는 대로 모래나 자갈을 채워서 바닥을 안정시켜야 한다.

8) 관의 턱이 박힐 구멍은 정확한 위치에 이음부를 묻는데 필요한 크기로 파야 한다.
9) 구조물의 터파기는 일반토공의 해당 요건에 따라야 한다.

(4) 바닥돋기 및 되메우기

1) 관 아래의 바닥돋기에는 모래를 메우고 콘크리트관, 토관 및 주철관 아래의 모래돋기는 두께가 50mm 이상이라야 한다. 관은 명시된 표고와 경사로 견고하고 균일하게 지지될 수 있도록 돋기재료를 다져서 설치하여야 한다.
2) 관 중심선 아래의 되메우기는 모래를 메우고, 중심선 위에서 관정부위 300mm까지는 되메우기 재료로 메워야 한다.
3) 되메우기는 150mm 두께의 층으로 고르고, 제자리에서 매질과 다지기를 하여야 하며, 각 층은 적합한 다지기장비로 90% 이상의 다짐도가 되게 다져야 한다. 구조물 하부에서 상부의 최소 300mm 두께는 95% 이상의 다짐도가 되게 다져야 한다.
4) 콘크리트 구조물, 덕트 뱅크 및 유사한 설비시설 주위의 되메우기는 일반토공 해당 요건에 따라야 한다.

6 되메우기 및 다지기

1. 일반 되메우기용 재료

(1) 되메우기

되메우기용 재료는 흙깎기 또는 터파기한 흙 중에서 양질의 토사를 선별하여 사용하되, 사용 전에 감독자의 승인을 받아야 한다.

(2) 시초 되메우기용 재료

구조물의 시초 되메우기용 재료는 최대치수를 25mm 이하로 한다. 또한 시초 되메우기용 재료는 관이나 피복재, 방수층을 손상시킬 수 있는 날카로운 모서리를 갖지 않아야 한다.

(3) 되메우기

1) 되메우기는 불순물, 유기물이 함유되지 않은 양질의 토사를 최적함수비에 가까운 함수비로 다짐완료 후의 두께가 20cm 이내가 되도록 펴서, 다짐장비 등으로 충분히 다져야 한다.
2) 되메우기의 다짐도는 시험실 최대건조밀도에 대한 현장 다짐밀도가 다음 기준 이상이어야 한다.

구 분	다 짐 도 (%)	
	점성토	비점성토
포장하부	90	95
보도 및 기타 지역	85	90

3) 되메우기는 지하구조물의 방수층 또는 관로에 손상을 주지 않도록 주의해서 시공해야하며, 외부방수 처리된 구조물의 경우에는 구조물의 상부 슬래브나 외벽으로부터 1m까지, 관로의 경우에는 관 상단에서 30㎝까지 시초 되메우기용 재료를 사용하여 조심스럽게 되메우기 하여야 한다.

4) 되메우기는 강도 발휘시간이나 모르타르의 경화시간을 고려하여 콘크리트 및 방수공사 시공후, 적어도 7일 이상 경과 후에 시행하되, 모든 검사시험이 끝나고 감독자의 승인이 날 때까지 되메우기를 시행하여서는 아니된다.

5) 되메울 부분에 물이 고여 있을 경우에는 되메우기 전에 완전히 제거하고, 건축물에서 바깥쪽으로 2% 정도 구배를 두어 건물핏트 내로 우수가 침입하지 못하도록 하여야 한다.

6) 되메우기는 젖은 지반이나 스폰지지반, 동결지반에 시공해서는 안되며, 젖거나 덩어리 지거나 동결된 재료를 되메우기 재료로 사용해서도 안된다.

7) 되메우기 장소는 작업을 시작하기 전에 거푸집, 가설물 등의 잔여재를 깨끗이 제거한 다음 시공하여야 한다.

(4) 현장품질관리

1) 되메우기의 각 층은 다짐이 끝나면 반드시 감독자의 검사를 받은 후 다음 층을 포설해야 하며, 감독자의 승인 없이 시공된 부분은 수급인 부담으로 재시공해야 한다.

2) 현장밀도 시험결과, 적정한 밀도를 얻지 못한 경우에는 그 층을 다시 다지거나 가래질을 한 다음 다시 다지고, 필요하면 살수하고 재시험하여 소요 밀도를 얻을 때까지 전과정을 반복하여야 한다. 이때 재시공 및 재시험에 따른 비용은 수급인의 부담으로 한다.

3) 되메우기의 품질시험 종목 및 빈도는 다음과 같다.

시험종목	시험방법	시험빈도 (측정빈도)	비 고
다 짐	KS F 2312	재질 변화시 마다	(현장시험)
입 도	KS F 2302	토질변화시 마다	(현장시험)

7 배수관 자재

1. 관재료

(1) PVC 관 : KS M 3410의 요건에 합치하는 것

(2) 도관 : KS L 3208의 요건에 합치하는 것

(3) 콘크리트 관 : KS F 4409의 요건에 합치하는 유공 철근콘크리트 관

2. 골재 및 바닥돋기

(1) 여과골재재료 : 흙재료에 명시된 것

(2) 불투수성 쌓기재료 : 흙재료에 명시된 것

3. 부대품

(1) 관접착제 : KS M 3409에 맞는 경질염화비닐관용 접착제

(2) 이음덮개 : KS F 4902의 요건에 합치하는 아스팔트 지붕펠트 또는 0.25mm 두께의 폴리에틸렌

(3) 여과섬유 : 투수성의 배수용 부직포

(4) 슬리브 : 기초벽에 적합한 경질 PVC관

4. 시공

(1) 시공조건 확인

1) 도랑파기가 완료되고 땅파기 치수 및 표고가 시공 상세 도면에 명시된 대로 인지 확인하여야 한다.

(2) 준비

1) 땅파기가 완료되면 명시된 표고에 맞추어 인력으로 다듬어야 한다. 과도하게 파진부분에는 골재를 채우고 다져서 교정하여야 한다.

2) 배수관을 손상시키거나 되메우기와 다짐에 지장을 줄 수 있는 큰 돌이나 단단한 물건은 제거하여야 한다.

(3) 배수관 설치

1) 관과 부품은 관 제작자의 지침서에 따라 설치해서 연결하여야 한다.
2) 배수관은 반듯하게 깎아낸 본바닥면에 설치하여야 한다.
3) 관은 시공상세도면에 명시된 경사에 맞추어 배관하여야 하며, 변동은 3m 연장에 3mm 이내라야 한다.
4) 관은 느슨하게 끝을 맞대고 이음에 중심을 두고, 관둘레에 300mm 너비로 이음덮개를 대어야 한다.
5) 관은 배수공이 아래로 향하도록 설치하고, 관끝은 접속재를 써서 연결하여야 한다.
6) 여과골재는 관의 양측면, 이음 위 및 관 위로 300mm의 다져진 깊이로 채우고 다져야 한다.
7) 여과섬유는 이은 되메우기 작업 전에 수평하게 고른 여과골재 위에 덮어야 한다.
8) 골재는 100mm 두께의 층으로 채우면서 다져야 한다.
9) 다짐은 02223의 터파기 및 되메우기의 다짐요건에 따라야 하며, 다질 때 관에 변위가 있거나 손상되게 해서는 안 된다.
10) 유공관 끝에는 무공관을 연결해서 배출구에 접속하여야 한다.

(4) 현장품질관리

1) 현장검사 및 시험 : 01330 품질관리의 해당요건 참조
2) 관 위로 골재를 채우기 바로 전에 감리자의 검사를 요청하여야 한다.

(5) 배수관 보호

1) 01410 임시시설물 및 임시관제의 해당요건에 따라 마무리된 공사를 보호하여야 한다.
2) 되메우기가 시작될 때까지 관과 골재덮개에 변위나 손상이 없도록 보호하여야 한다.

8 옹벽쌓기 자재

(1) 재료

1) 콘크리트 재료는 일반콘크리트공의 해당요건에 따라야 한다.
2) 철근은 철근공의 해당요건에 따라야 한다.
3) 물빼기 파이프는 KS M 3401 또는 KS M 3404의 해당요건을 만족시켜야 한다.
4) 신축이음 채움재 및 씰링재(sealing)는 04310 콘크리트 이음공의 해당요건에 따라야 한다.

(2) 시공

1) 시공조건 확인
2) 시공자는 구조물 설치 작업을 하기 전에 바닥면의 상태, 배면 흙의 제 성질, 용수 및 지표수의 상황 등을 조사하여야 한다.
3) 콘크리트 치기 작업을 시작하기 전에 먼저 작업한 면을 점검하여 손상된 부분이 있으면 이를 보수하고, 표면상의 먼지 및 기타 불순물은 완전히 제거하여야 한다.
4) 공사에 중대한 영향을 미치는 콘크리트 운반 및 치기장비 등을 미리 점검하여 양호한 상태로 정비해 두어야 한다.

(3) 작업준비

1) 부지시설공사

구조물 작업을 시행하기 전에 작업 참여자가 완전히 시공상세도면을 이해할 수 있도록 교육을 시켜야 한다.

(4) 옹벽 설치

1) 이 시방절에 언급하지 않은 사항은 일반콘크리트공의 해당요건에 따른다.
2) 굳은 콘크리트에 새로 콘크리트를 쳐서 이어 나가는 경우에는 구 콘크리트 표면의 레이탄스, 품질이 나쁜 콘크리트, 잘 붙지 않은 골재알 등은 완전히 제거하고 충분히 흡수시켜야 한다.
3) 활동(Sliding)에 대한 효과적인 저항을 위하여 저판의 하면에 활동방지벽(shearkey)을 설치하는 경우에는 활동방지벽과 저판을 일체로 쳐야 한다.
4) 신축이음
   ① 신축이음은 명시된 도면에 따라 줄눈을 설치하며, 줄눈 설치는 04310 콘크리트이음공에 따라야 한다.
   ② 신축이음은 지반이 변화하는 장소, 옹벽고가 현저히 다른 장소 또는 옹벽의 구조공법을 다르게 하는 장소에는 유효하게 신축이음을 설치하고 기초부까지 절단하여야 한다.
   ③ 굴곡부는 우각부로부터 옹벽의 높이 구분만큼 피하여야 한다.
   ④ 명시되지 않았더라도 신축이음이 있는 부위의 난간은 그 위치에 난간의 신축이음을 주어야 한다.

(5) 시공이음

1) 시공이음은 시공상세도에 표시한 위치에 설치하여야 하며, 가능한 전단력이 적은 위치에 설치하며, 이음면은 부재의 압축력을 받는 방향과 직각으로 설치하는 것을 원칙으로 하여야 한다.
2) 전단력이 큰 위치에 시공이음을 설치할 경우는 시공이음에 홈을 만들던가 적절한 강재를 배치하여 보강하여야 한다.
3) 벽체에는 명시된 도면에 따라 표면에 수축이음을 두어야 한다.
4) 옹벽에는 명시된 도면에 따라 배수구멍을 만들어야 하며, 배수시 구멍이 막히지 않도록 조치하여야 한다.
5) 되메우기 작업은 구조물에 유해한 진동, 충격 등의 악영향이 미치지 않게 수행하여야 한다.

(6) 현장 품질관리

1) 공사종료 후 감리자가 요청할 때는 콘크리트의 비파괴시험 및 구조물에서 절취한 공시체에 대한 시험을 실시하여야 한다.
2) 시험결과는 즉시 감리자에게 보고하여야 한다.

9 시방서 검토

1. 설계 검토와 도면 검토

설계와 설계 도면의 검토는 서로 같은 뜻으로 사용되고 있으나 다른 의미를 지니고 있다.

(1) 설계 검토

설계 과정마다 주로 계획적인 사항을 검토한다.

(가) 법적 규정의 검토
(나) 규모, 미관, 내구성, 경제성 검토
(다) 필요 면적 조정, 기능, 동선 등 구조 형식, 건축 설비의 SYSTEM 사용에 적합한 시설 등의 적합성 검토
(라) 사용 자재의 검토
(마) 환경 조건의 검토

(2) 설계 도면의 검토
계획적인 사항을 실제로 시공을 하기 위하여 구체적으로 작성된 도면을 검토한다.

- (가) 시공성 여부 검토
- (나) 사용되는 자재의 적합성
- (다) 공종별 종합적인 유기 관계
- (라) 실제적인 주어진 조건과 설계 내용의 시공성
- (마) 설계 내용의 누락 오류 등 검토

(3) 설계 도서의 검토
공사에 관련된 설계 도서(설계 도면, 구조 설계서 등 관계 서류)를 종합적으로 검토하는 것을 말하며 공사비 등 시공 요소를 검토 시공자 감독원이 주로 종합적으로 관리 검토

(4) 설계 검토의 시행과 검토자
- (가) 계획 단계부터 기본 설계, 실시 설계 등 단계마다 심의 검토
- (나) 최종적으로는 설계 내용을 충실히 하고 고품질의 구조물을 완성하는 단계인 시공 단계에서 시공자와 감독자가 최종 검토하는 중요한 최종 검토

2. 설계 검토 요령

(1) 설계 검토의 주요 착안점
건축, 건축 부대 토목, 건축 기계 설비, 건축 전기 설비, 조경 등 관련 종목별로는 심의, 설계 과정에서 내용 검토가 이루어져 누락, 오류 등 개선점이 별로 없으나 종합적으로 검토 시는 상호 간의 조건이 상이하므로 요소의 조화 과정에서의 상호 간의 간섭 사항이 많이 발생한다. 검토 시 이를 확인하여 중점적으로 검토를 해야 한다.

(2) 설계 검토의 순서
사업 계획에서부터 설계 단계별로 검토하여 개선하고 최선의 안을 확정하여 시공 단계에서 확인 정도로 종결하는 것이 바람직하다. 그러나 현실적으로 실시 설계 도면 완성 후 결과를 최종적으로 검토하여 소기의 목적을 완성하는 경우가 일반적이다.

- (가) 설계 도서의 검토
- (나) CHECK POINT: 시공에 필요한 설계 도면을 비롯한 관계 서류, 자료 등이 구비되었는가를 검토한다.

(다) 필요한 관계 도서

3. 항목별 검토내용

(1) 배치도

(가) 공사범위 구분이 명확한지 확인(기존 공사와 신규 공사 구분)

(나) 축척과 방위가 맞게 표시되었는지 확인

(다) 대지 경계선, 기준점의 높이(LEVEL), 위치(좌표)가 명확하게 표시되어 있는지 확인

(라) 도로의 위치 및 폭이 정확히 표시되었는지 확인

(마) 대지의 단면과 배치도의 내용이 일치하는지 확인(대지의 고·저차 표현)

(바) 대지 경계선과 기준점에서 건물의 배치를 알 수 있도록 표시되었는지 확인

(사) 건물이 건축선 및 기타 법령에 따르는 후퇴선(Set Back Lines) 안에 배치되어 있는 지 확인

(아) 배치도에 표시되어야 할 사항이 누락되어 있는지 확인. 특히 토목 도면이 없는 경우 구지반 및 마감 지반의 표시, 맨홀, 도로, 전기 및 설비 시설물들이 표시되어 있는지 확인

(자) 조경 범위, 작업 한계, 포장 및 수목의 표시가 되어있는지 확인

(차) 증축인 경우 기존 건물과 신축 건물의 관계가 명확한지 확인

(카) 부대 시설, 공작물의 위치 및 규격이 명확한지 확인 (옹벽, 배수 및 오수 정화 시설, 담장, 국기 게양대, 예술 장식품 등)

(타) 지하층 및 지상층 외곽선 표시

(2) 평면도

(가) 평면도의 축척, 기준선, 열 번호, 치수가 적절한지 확인

(나) 각종 단면 및 입면 표시가 구분되고, 축척에 맞게 표시되어 있는가 확인

(다) 구조와 관련 기둥, 옹벽 등의 위치가 일치하는지 확인

(라) 구조도에 표기되는 구조 관련 치수를 반복하지 말 것

(마) 각종 벽체의 표시 방법이 적절한지 확인(WALL TYPE 기호 명기), 벽체 종류가 완전하게 표시되어 명확하게 구분할 수 있는지 확인

(바) 실명, 실 번호의 표기 여부 확인, 주단면 지시선의 주단면, 평면도가 일치여부 확인

(사) 입면도와 평면도가 일치하는지 확인
(아) 상세하게 표현되어야 할 부분에(부위 상세가 필요한 부분) 적절하게 참조 표기 되어있는지 확인
(자) 참조 표시된 부위와 관련 상세가 부합되는지 확인
(차) 각종 Opening의 위치 및 크기가 적절한지 확인
(카) 각층 Level 표기, 슬래브 단차(Depression)가 적절한지 확인
(타) 공사 범위 구분이 명확하게 표시되어 있는지 확인
(파) 바닥이나 벽의 재료의 분리 표기 여부 및 관련 상세로 참조 표기가 되어 있는지 확인
(하) 지붕 평면도
① 축척, 기준선, 열 번호, 치수가 적절한지 확인
② 지붕 물매 표시와 상당 기준점이 표시되어 있는지 확인
③ 지붕에 돌출되는 구조물의 표기가 표시되어 있는지 확인(특히 방수 관련 중요함)
④ 드레인의 위치 및 개소가 적합한지 확인

(3) 입면도
(가) 건물 전체의 높이, 각층의 높이가 적합한지 확인
(나) 건축 평면도와 서로 부합되는지 확인
(다) 건축 평면도의 축척과 동일한지 확인
(라) 주단면도 및 입면도의 적절한 곳에 부위 상세 참조 표기가 되어 있는지, 관련 상세와 부합하는지 확인
(마) 불필요한 선, 치수 및 용어 등이 표시되어 있는지 확인
(바) 외벽의 마감 재료가 맞게 표기되어 있는지 확인
(사) 바닥 마감선과 지반고의 표기 확인
(아) EXPANSION JOINT 확인

(4) 부분 상세도
(가) 부분 상세도와 관련된 평면도, 단면도, 입면도가 서로 부합 되는지 확인
(나) 상세도에 표현된 내용으로 실제 적용 가능한지 확인
(다) 부분 상세도의 축척이 상세를 표현하기에 적당한지 확인
(상세도의 축척은 시공하는데 의문사항이 없도록 충분한 크기로 작성. 보통 1/5이상)

(라) 필요한 부분의 상세가 누락되었는지 확인(평면도 및 단면도와 검도)

(5) 주심도
(가) 건축 도면과 기준선, 열 번호, 치수가 일치하는지 확인
(나) 구조물 평면 및 부호가 정확히 표기되었는지 확인(기초, PILE, 지중보, SLAB, 옹벽)
(다) 모든 기둥의 위치 및 크기가 건축 도면, 구조 계산서와 일치 하는지 확인
(라) 기초 LEVEL 확인
(마) PILE의 개수 및 위치 확인
(바) 기타 구조물 위치 및 치수 확인(저수조 기초, 정화조, ELEV.PIT)
(사) 기준축 열에서의 각 기둥의 편심이 정확히 표현되었는지 확인

(6) 구조 평면도
(가) 축척, 기준선, 열 번호, 치수가 건축 도면과 일치하는지 확인
(나) 구조물 평면 및 부호가 바른지 확인(기둥, 보, SLAB, 벽, 계단)
(다) 바닥 SLAB LEVEL이 건축 도면과 검토하여 일치하는지 확인
(라) SLAB 단차 표기가 정확히 되어있는지 확인
(마) SLAB OPEN이 건축 도면 및 구조 계산서와 일치하는지 확인

(7) 토목 도면
(가) 배치도에 표기되어 있는 새로운 지하 매설물(POWER, 전화, 급수, 배수, FUELLINE,GREASE-TRAP, FUEL-TANK, 우수관)에 방해 요인이 있는지를 확인
(나) 기존의 전신주 및 지지선, 가로 표지판, VALVE-BOX, 배수로, 맨홀 등이 신설 차도 및 보행자 도로와 배치도 상의 대지 개선 부분에 저촉되지 않는지 확인
(다) 존치물의 제거 한계, G.L.정리, 화단 및 수목 식재 부위의 정리 한계 등이 표현되어 있으며 이들이 건축 도면 및 조경 도면과 일치하는지를 확인
(라) 소화전과 가로등 위치가 전기 도면 및 건축 도면과 일치하는지 확인
(마) 서류에 다른 지하 매설물이 있는지를 확인하고, 있는 경우 충돌을 피하기
(바) 배수 구조물과 맨홀 사이의 수평 거리가 도면과 서류 상에서 서로 부합되는 치수로 되어있는지를 확인
(사) 조절 VALVE-BOX와 맨홀 구조물(급배수, POWER, 전화 등)을 마감, 도로 포

　　　　장선 등에 맞추어야 하는 규정이 있는지 확인
　　(아) 기존 G.L.과 신규 G.L. 모두가 표기되어있는지 확인

(8) 전기 도면
　　(가) 모든 전기 도면들이 건축 도면과 일치하는지 확인
　　(나) 모든 조명 설비가 건축 천정 평면도에 반영되어 있는가를 확인
　　(다) 모든 장비에 전기 배선이 되어 있는지를 확인
　　(라) 모든 PANEL BOARD의 위치를 확인하고 PANEL BOARD 계기판의 눈금 표시가 되어있는지를 확인
　　(마) 모든 NOTE들을 확인
　　(바) 모든 전기 PANEL을 설치하기에 충분한 공간이 있는지 확인
　　(사) 전기 PANEL이 방화벽에 매입되어있지 않은지 확인
　　(아) 전기 장비의 위치가 대지의 포장과 레벨에 따라 고려되어 있는지 확인

(9) 기계
　　(가) 신설 가스, 급수, 배수관이 기존 LEVEL에 연결되는지 확인
　　(나) 모든 배관 설비 위치가 건축 도면과 일치하는지를 확인
　　(다) 모든 배관 설비가 장비 일람표 및 시방서와 일치하는지를 확인
　　(라) HAVC 도면(공조 흐름도)이 건축 도면과 일치하는지를 확인
　　(마) 모든 실에 있는 스프링클러를 확인
　　(바) 모든 단면이 건축 및 구조 도면과 일치하는지를 확인
　　(사) 가장 큰 DUCT 연결 부위에서도 충분한 천장고가 확보되는지를 확인
　　(아) 설비에서 요구한 구조물들이 구조 도면에 표시되어 있는가를 확인
　　(자) DAMPER가 방화벽에 표시되어 있는지를 확인
　　(차) DIFFUSER가 건축 천정 평면도에 반영되어 있는가를 확인
　　(카) 모든 지붕 삽입물(DUCT, FAN 등)들이 지붕층 평면도에 반영되어 있는가를 확인
　　(타) 모든 DUCT가 규격에 맞는 것으로 되어 있는지를 확인
　　(파) 모든 NOTE들을 확인
　　(하) 모든 공기 조화 설비들이 건축 지붕층 평면도와 설비 장비 일람표와 일치하는지를 확인하고, 모든 설비 장비들이 적절한 공간에 배치되어 있는지를 확인

제 2 장 태양광발전 구조물 시공

| 1. 태양광발전 구조물 시공 | | |

1. 태양광 발전용 구조물 설치

■ 태양광 발전용 구조물 설치

(1) 구조물설치

1) 태양광발전설비의 구조물의 설치공사 순서

어레이 기초공사 → 어레이 가대(지지대) 공사 → 어레이 설치공사 → 배선공사 → 검사

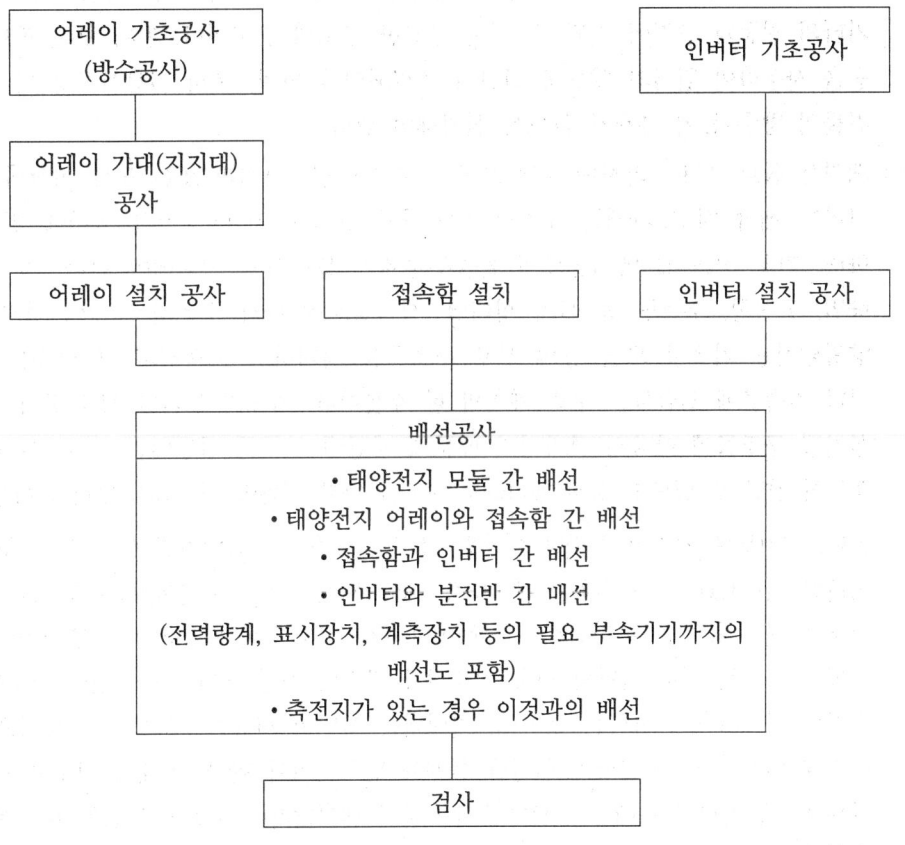

■ 태양광발전설비의 어레이용 기초 및 지지대 설치 고려사항

(1) 어레이용 기초

가대의 고정기초에서 지상 설치의 경우 지내력을 조사하여 지진에 견딜 수 있도록 튼튼한 기초로 하며 다음사항을 고려하여 설치한다.

1) 태양광 어레이용 지지대 및 가대의 설치순서, 양중방법 등의 설치계획을 결정한다.
2) 태양광 어레이용 가대(세로대, 가로대), 모듈 고정용 가대 및 케이블 트레이용 판넬 순으로 조립한다.
3) 구조물의 자재는 H, ㄷ형강 및 Al Bar 등으로 구성되어 있으며, 형강류는 공장에서 용융아연도금을 한 후 현장에서 조립을 원칙으로 한다.
4) 태양전지 모듈의 지지물은 자중, 적재하중 및 구조하중은 물론 풍압, 적설 및 지진 기타의 진동과 충격에 견딜 수 있는 안전한 구조의 것이어야 한다. 모든 볼트는 와셔 등을 사용하여 헐겁지 않도록 단단히 조립되어야 하며, 특히 지붕설치형 의 경우에는 건물의 방수 등에 문제가 없도록 설치해야 한다.
5) 체결용 볼트, 너트, 와셔(볼트캡 포함)는 용융아연도금처리 또는 동등 이상의 녹 방지처리를 해야 하고 자재는 부식을 방지하기 위하여 지표면 이상 높이에 위치하여야 하며, 기초 콘크리트앵커볼트의 돌출부분에는 볼트캡을 체결해야 한다. 지지대는 용량별, 고정형, 추적형 등 설치 형태별, 설치장소에 따라 구조와 재질이 결정된다. 태양광발전용 기초란 모듈 등의 상부 구조물을 지지하고 고정시켜 그 하중을 직접 땅이나 건축물에 전달하는 구조 체계의 한 부분이다. 기초의 크기나 형태 등에 대해서는 설치될 구조물에 따라서 달라지기 때문에 지상에 설치할 경우에는 콘크리트 구조물을 충분히 견딜 수 있도록 설계 했더라도 구조물 하부 지반이 견고하지 않다면 아무 소용이 없다. 그러므로 지반이 풍화암 이라면 약 40 ton/㎡, 연암이라면 60~80 ton/㎡, 경암이라면 80~100 ton/㎡정도 견디도록 해야 한다. 지상 고정형인 경우에는 지지대의 기초는 콘크리트 등의 기초로 시공하여야 한다. 기초 설계시 기초의 면적을 결정하는 것에 있어서는 기초 지반의 허용 지내력과 관련이 가장 크다. 땅이 연약 할수록 더 큰 면적의 기초가 필요하다는 것인데, 지내력은 지반이 하중을 지지 하는 능력으로 상부 하중에 대한 땅의 지지력과 침하를 동시에 만족시켜야 한다. 지내력 확보가 안 된다면 상부하중을 견디지 못해 태양광발전 구조물이 내려앉거나 구조물이 뒤틀리는 현상이 발생한다. 지내력이 좋은 경우에는 독립기초로 설계가 가능하나, 지내력이 좋지 못한 경우에는 연속기초(줄기초)를 사용하고, 그보다 지내력이 더 좋지 못한 경우에는 온통기초(매트기초), 파일 기초를 설치해야 한다. 최근에는 친환경적이며 공사비를 줄이고 공사기간을 단축할 수 있는 프리 보링공법 이나 스크류 앵커방식이 사용되고 있다.

■ 어레이 설치 준비 및 주위사항은 다음과 같다.

(1) 태양광 어레이 기초면 확인용 수평기, 수평줄, 수직추를 확보한다.

(2) 지지대 및 가대(철골) 운반용, 크레인 및 유자격 크레인공을 확인한다.

(3) 태양광 어레이 지지대, 고정용 앵커볼트, 설계도 등을 준비한다.

(4) 가대 및 지지대는 현장 용접을 피한다. 불가피한 경우 방청도장 후 은분 도포한다.

(5) 지지대 기초 앵커볼트의 유지 및 매립은 강제프레임 등에 의하여 고정하는 방식으로 하고 콘크리트 타설시 이동, 변형이 발생하지 않도록 한다.

(6) 지지대 기초앵커볼트의 조임은 바로 세우기 완료 후, 앵커 볼트의 장력이 균일하게 되도록 한다. 너트의 풀림방지는 이중너트를 사용하고 스프링 와셔를 체결한다

■ 앵커의 종류

① 선 설치앵커 (Cast-in-place anchor)
 - 헤드볼트, 헤드스터드, 갈고리볼트
 - 나사형 강봉 : 강판을 콘크리트 면과 일치되도록 설치하기 위함(볼트단부 너트 형태)

② 후 설치앵커(Post-installed anchor)
 - 기계적 앵커 : 확장앵커, 언더컷앵커
 - 부착식 후설치 앵커 : 부착식 캡슐형 앵커 (접착제 및 볼트 사용)
 - 부착식 주입형 앵커 (케미컬 및 철근 사용)

종류		내용
헤드볼트		다수의 철근이 배근되어 후 설치가 용이하지 않은 부재에 주로 사용된다.
헤드스터드		강판을 콘크리트 면과 일치되도록 설치하기 위함이며 볼트 단부가 원판형태이다.
갈고리볼트(L형)		볼트의 단부에 90° 기계적인 맞물림 효과에 의해 성능 발휘
갈고리볼트(J형)		볼트의 단부에 180° 기계적인 맞물림 효과에 의해 성능 발휘

앵커의 종류

(2) 어레이용 지지대(가대)

태양전지 어레이용 지지대 조건은 풍압, 적설 하중 및 기초하중에 견디어야 하고 건축물의 방수에 문제가 없어야 하며 볼트는 단단히 조여야 하며, 모듈 지지대의 고정 볼트에는 스프링 와셔를 이용하여 체결한다.

1) 지지대

태양전지 어레이 지지대는 형강류(각형, C형강, ㄷ형강) 및 기초지지대에 포함된 철판 부위는 용융아연도금 처리 또한 동등이상의 녹방지 처리를 하며 절단가공 및 용접 부위는 반드시 방식처리를 하여야 한다.

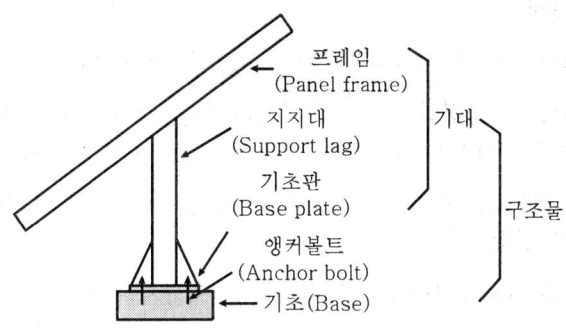

[태양광 기초 및 지지대]

2) 체결

용융아연도금처리 또는 동등이상의 녹방지 처리를 하여야 하며 기초 콘크리트 앵커볼트부분은 볼트캡을 착용하여야 한다. 체결부위는 볼트규격에 맞는 너트 및 스프링 와셔를 삽입, 체결하여야 한다.

3) 가대 고정기초

- 지상설치의 경우 기초는 지내력을 조사하며, 지진에도 견딜 수 있도록 콘크리트 푸팅 또는 튼튼한 기초로하고, 충분한 철근을 사용하며 강도를 갖도록 한다.
- 옥상 설치의 경우에는 방수의 상황에 따르나, 가능하면 콘크리트 매입 L형 앵커 볼트 또는 케미컬 앵커로 가대를 고정하는 것이 바람직하다.

2. 구조물 형태와 시공 공법 등

■ 구조물 형태와 시공 공법

(1) 지상설치형

지상설치형은 소규모인 가정용에서 대규모인 발전사업자용까지 다양한 형태로 시설되고 있으며 지상에 태양광 발전 시스템을 설치하는 경우 가장 비중이 있게 고려되는 것이 풍하중이다.

- 강풍의 발생을 대비하여 태양전지 어레이 기초의 안전을 검토해야 한다.
- 직접 기초는 독립 푸팅기초와 복합 푸팅기초가 있으며 독립 푸팅기초는 도로 표지 등의 기초에 사용하는 것으로 지지층이 얕은 경우에 주로 사용한다.
- 복합 푸팅기초는 2본 혹은 그 이상의 기둥에서 응력을 단일 기초로 지지하는 것으로 지지층이 깊은 경우에 주로 사용한다.

1) 설치 시 고려사항

- 지상 고정형인 경우 지지대 기초는 콘크리트등의 기초로 시공하여야 한다.
- 지지대 제작 시 형강류 및 기초 지지대 등은 용융아연 도금처리 또는 동등 이상의 녹방지 처리를 하여야 하며, 용접부위는 반드시 방식처리를 한다.
- 베이스판, 볼트류, 볼트캡 등 자재는 부식을 방지하기 위하여 지표면 이상 높이에 위치하여야 한다.
- 체결용 볼트, 너트, 와셔 등도 용융아연 도금처리 또는 동등이상의 녹방지 처리를 한다.
- 구조물은 풍하중, 적설하중 및 구조하중에 충분히 견딜 수 있도록 설치하여야 한다.
- 볼트의 조립은 구조물 볼트 크기에 따른 힘 적용[표1]을 가지고 조립하여야 한다.
- 풍하중의 경우 지역과 위치 등에 따라 달라 이를 고려하여야 하며, 국내의 경우 30~40m/s의 기준 풍속 이상으로 설계하는 것이 일반적이다.
- 지상(대지) 설치의 경우에는 진흙이나 모래의 튀어 오름, 작은 동물에 의한 피해를 방지하는 목적으로 지상 0.6m 정도 공간을 두는 것이 바람직하다.

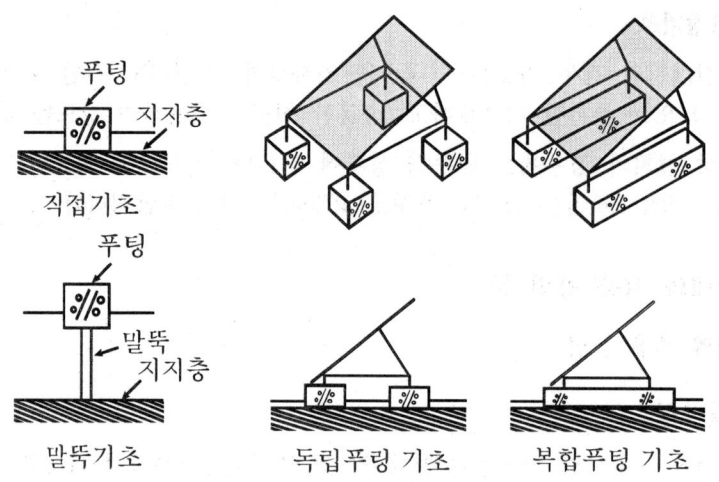

[그림1] 지상설치형 기초형식

볼트의 크기	M3	M4	M5	M6	M8	M10	M12	M16
힘 (kg/cm^2)	7	18	35	58	135	270	480	1,180

[표1] 구조물 볼트의 크기에 따른 힘 적용

2) 옥상 설치형

건축물의 안전 및 주변 경관과의 조화를 감안하여 태양광발전 시설의 최대높이를 건축물 옥상바닥(평지붕) 또는 지붕바닥(경사지붕)으로부터 5m로 제한하였다. 특히 기존 건축물에 태양광 발전설비를 설치하는 경우에는 태양광발전설비 설치로 인하여 증가하는 수직하중, 적설하중, 풍하중등 구조 및 안전에 대한 적정성 여부를 구조기술사등 전문가가 검토하도록 하였으며, <u>건축물 높이에 태양광 발전설비의 높이를 합쳐서 20m 이상인 경우에는 피뢰침 시설을 설치하도록 하였으며</u>, 태양광발전설비의 탈락 및 유지관리를 감안하여 건축물 옥상 난간(벽) 내측에서 50cm 이내는 설치하지 못하도록 하였다.

3) 평지붕형

옥상 설치형인 평지붕인 경우 기초 패드와 기초 앵커를 설치하고 기초 패드의 양생후 구조물 공사를 시작한다. 콘크리트 기초를 옥상 슬래브에서 일체적으로 세우고 사전에 박아둔 앵커볼트에 가대 철골을 설치할 수 있다. 이 경우에는 고정도 견고하며, 방수층이 기초와 상관이 없기 때문에 기초 및 가대 등의 하중이 방수층에 걸리지 않고 새로 공사하는 것도 비교적 용이하다. 특히 대형 가대, 키가 큰 가대 등에 바람직하다. 특별한 경우를 제외하고(예를 들어 방수층의 개수) 방수층을 파손해 옥상 슬래브에서 기초를 세우는 일은 어렵기 때문에, 방수 보호 콘크리트 위에 콘크리트 기초를 설치하고 콘크리트 블록 등을 고정해 기초로 하는 방법이 행해지고 있다. 기초 고정 방법은 신축과 같이 일체적인 시공이 불가능하기 때문에 케미컬앵커나 콘크리트의 부착력을 이용해 필요에 따라서 주위 벽이나 고정 가능한 장소에 설치보강을 한다.

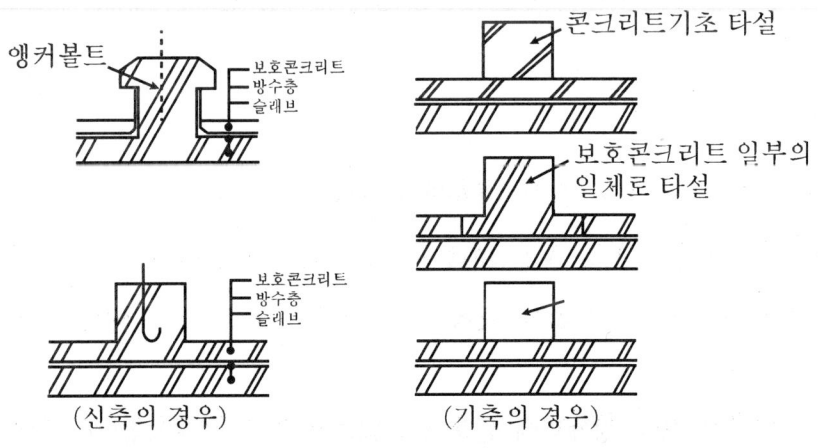

[그림1] 옥상 설치형 기초의 예

지지철물의 재료는 장시간 옥외사용에 견디는 재료를 사용할 필요가 있으며, 용융아연 도금 강재, 스테인리스재 등을 사용하는 것이 바람직하며 설치할 때 충격이나 하중에 의해 지붕이 파손되지 않도록 사용하는 등의 주의가 필요하다.

■ 설치장소

태양광모듈은 지붕위에 설치하며, 다음 조건을 충족시켜야 한다.

1) 태양광모듈을 설치하기 전에 시스템의 하중을 견딜 수 있는지 반드시 점검해야 한다.
2) 태양광모듈을 처마 끝이나 용마루에 설치할 경우는 풍압력을 고려해야 한다. 지붕중앙부가 처마 끝과 용마루의 풍력계수보다 낮으므로 태양광모듈은 중앙부에 설치하는 것이 바람직하다.

■ 하중

건축물 시행령 규정에 기초하여 지붕으로부터의 하중과 건축물로의 하중을 계산해야 한다. 또한, 다음에 기술한 건축법과 건축물의 구조기준 등에 관한 규칙을 참조하도록 한다.

1) 건축물은 고정하중, 적재하중, 적설하중, 풍압, 지진 그 밖의 진동 및 충격 등에 대하여 안전한 구조를 가져야 한다.
2) 건축물을 건축하거나 대수선하는 경우에는 대통령령으로 정하는 바에 따라 구조의 안전을 확인하여야 한다.
3) 구조내력의 기준과 구조 계산의 방법 등에 관하여 필요한 사항은 국토교통부령으로 정한다.

■ 설치기준

옥상 평지붕면 태양광모듈 설치는 다음과 같이 정한다.

1. 태양광모듈 최대 높이는 옥상 바닥면으로 부터 5미터 이내로 한다.
2. 바닥면은 적설 및 강우량을 고려하여 바닥으로부터 최소 30센티미터 이상으로 한다.
3. 모듈 경사각은 옥상 경계면에 돌출되지 않도록 적정 경사각을 유지하며, 유지관리 및 안전성을 고려하여 옥상 난간(벽) 내측에서 50센티미터 이상 후퇴하여 설치하여야 한다.

4. 설치면적은 수평투영면적 기준으로 옥상 바닥 면적의 70퍼센트 이내로 설치한다.
5. 발전설비 설치 시 인근 주위 공동주택 및 건물 등으로 태양광 반사 등으로 인해 주거 및 업무 환경에 현저히 악영향 등을 미칠 시 시민피해 방지를 위한 설치 반사각도 및 시설 등에 대한 재설계 및 조정, 시설개선 대책을 요구할 수 있다. (필요시 전문기관 자문 의뢰 등)
6. 태양광 발전시설 용량 3킬로와트를 초과하는 기존 건축물은 태양광 구조물에 대한 구조전문가의 구조안전 확인서를 받아야 한다.

(2) 경사지붕형

최적의 경사각을 지닌 남향의 경사지붕은 태양광모듈을 설치하기 적합하며 경사 지붕형의 경우 방화, 방수가 가능한 지붕표면에 가대를 이용하여 설치하는 것으로 형상에는 [그림2]과 모듈의 최대출력을 가져올 수 있는 지붕경사각은 대체로 20~40°로 한다. 경사지붕형의 장점은 표준모듈의 사용이 가능하여 가격이 저렴하고 후면 통풍이 가능하여 전기 생산이 효율적이다.

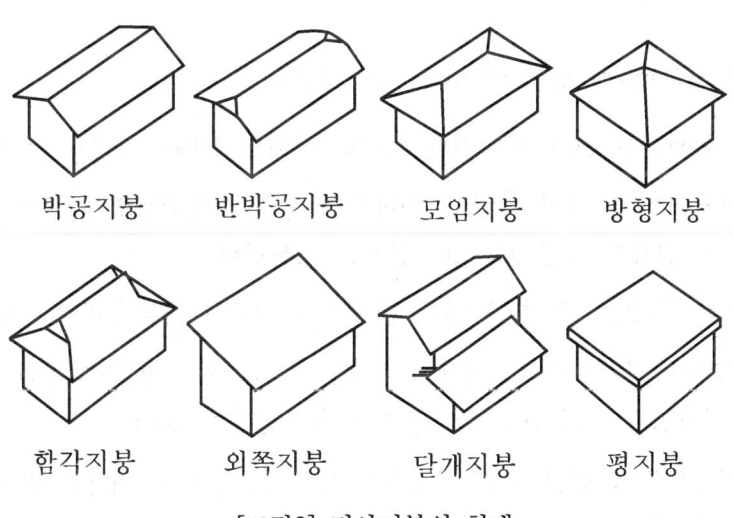

박공지붕 　 반박공지붕 　 모임지붕 　 방형지붕

함각지붕 　 외쪽지붕 　 달개지붕 　 평지붕

[그림2] 경사지붕의 형태

[그림3] 경사지붕형 조립방법

작업의 용이성을 위해 윗면에서 모듈을 고정하는 방법을 권장하며 모듈의 공정방법은 윗면, 옆면, 뒷면의 세 가지 방향에서 고정하는 방법으로 분류될 수 있다. 경사지붕의 경우 모듈 뒷면에 공구를 넣어 볼트를 죄는 것 같은 작업 공간의 확보가 어렵다.

■ 설치기준

경사지붕면 태양광모듈 설치는 다음과 같이 정한다.

1. 태양광모듈의 최하단과 지붕면의 최상단 사이는 1미터 이하로 한다.
2. 태양광모듈은 주위 경관 등을 고려하여 가능한 경사지붕면에 평행이 되도록 설치해야 하나, 필요시 다단형식으로 설치를 허용한다.
3. 하중, 풍압, 적설, 강우 등에 따른 안전을 고려하여 지붕경계면 이내로 설치한다.
4. 지붕경계면을 제외하고 100퍼센트 이내로 설치하되, 태양광모듈이 설치되지 않는 부분은 디자인을 고려하여 이질감이 생기지 않도록 한다.
5. 발전설비 설치 시 인근 주위 공동주택 및 건물 등으로 태양광 반사 등으로 인해 주거 및 업무 환경에 현저히 악영향 등을 미칠 시 시민피해 방지를 위한 설치 반사각도 및 시설 등에 대한 재설계 및 조정, 시설개선 대책을 요구할 수 있다. (필요시 전문기관 자문 의뢰 등)
6. 태양광 발전시설 용량 3킬로와트를 초과하는 기존건축물은 태양광 구조물에 대한 구조전문가의 구조안전 확인서를 받아야 한다.

(3) 지붕건재형

지붕 건재형은 일반 지붕재에 태양광 모듈을 부착하여 일체화 된 것이고 지붕재일체형 태양광 모듈은 일반지붕재에 태양전지 모듈을 넣은 지붕재 방식이다.

■ 설치 장소 선정 시 고려사항

- 지붕의 중앙부가 처마 끝과 용마루의 풍력계수 보다 작아 지붕 중앙부에 설치한다.
- 태양광모듈을 처마 끝과 용마루 부분에 설치할 경우에는 그 부분의 설치강도를 정해진 풍력계수를 고려하여 설치한다.
- 적설량이 많은 지역은 지붕에 쌓인 눈의 하중도 고려해야 한다. 쌓인 눈의 제거 여부를 상황에 따라 판단하며, 필요에 따라 눈을 녹이거나 적설방지 대책을 강구한다.

(4) 설치방법

1) 태양광모듈은 다음 조건에 맞추어 지붕하부재 및 지붕구조 부재에 설치되는 것으로 한다. 태양광모듈을 지붕하부 및 지붕구조 부재에 결합하는 고정금구는 옥외에서의 장기간 사용되므로 내구성이 강한 재료를 사용하여 구성한다.
2) 태양광모듈과 고정금구의 결합부, 고정금구와 지붕하부 및 지붕구조 부재와의 결합부분 및 고정 금구간의 결합부분은 건축법에 규정한 고정하중, 풍압, 적설, 지진에 의한 외부에서 발생할 수 있는 돌발적인 외력에 대하여 안전성을 확보할 수 있는 강도를 가질 것.
3) 지붕표면에서 태양광모듈의 이음매 등을 통해 태양광모듈 뒷면으로 흐르는 빗물에 대해서는 완벽한 방수대책을 실시할 것.
4) 태양광모듈과 모듈을 이격시키는 거리는 주택에서 이용되는 기복적인 단위를 사용한다.
5) 태양광모듈의 연결은 전선 또는 연결 커넥터를 가지고 있는 전선 등으로 작업 할 것.

제 3 장 태양광발전 토목공사 관리

1. 공정관리
   (1) 태양광 공정계획
       자재구매 → 기자재 제작 및 공장검사 → 반입 및 기자재 설치 → 시운전 → 교육훈련
   (2) 토목설계 내역 검토
   (3) 시공계획서 검토
   (4) 시공 상태 적합성
   (5) 공사현장 환경관리 등

제 4 장 태양광발전 전기시설 공사

| 1. 태양광발전 어레이 시공 | | |

1. 어레이 시공

(1) 어레이 시공

1) 태양광발전 모듈

　가) 제품

　　태양광발전 모듈(이하 모듈)은 인증 받은 제품을 설치하여야 한다. 다만, BIPV형 모듈은 신재생에너지센터장(이하 "센터장"이라함)이 별도로 정하는 품질기준(KS C 8561 또는 8562 일부준용)에 따라 '발전성능'및'내구성'등을 만족하는 시험결과가 포함된 시험성적서를 센터로 제출할 경우, 인증받은 설비와 유사한 형태(모듈의 종류 및 구조가 동일한 형태)의 모듈을 사용할 수 있다.

　나) 모듈 설치용량

　　모듈의 설치용량은 사업계획서 상의 모듈 설계용량과 동일하여야 한다. 다만, 단위 모듈당 용량에 따라 설계용량과 동일하게 설치할 수 없을 경우에 한하여 설계용량의 110% 이내까지 가능하다.

　다) 설치상태

　① 모듈의 일조면은 정남향 방향으로 설치되어야 한다. 정남향으로 설치가 불가능할 경우에 한하여 정남향을 기준으로 동쪽 또는 서쪽 방향으로 45도 이내에 설치하여야 한다.

　② 모듈의 일조시간은 장애물로 인한 음영에도 불구하고 1일 5시간[춘계(3~5월)·추계(9~11월)기준] 이상이어야 한다. 전선, 피뢰침, 안테나 등 경미한 음영은 장애물로 보지 않는다.

　③ 모듈 설치 열이 2열 이상일 경우 앞 열은 뒷 열에 음영이 지지 않도록 설치하여야 한다.

(2) 태양광설비 시공

1) 공통사항

가) 태양광설비를 일반 부지에 설치 시에는 배수가 용이하고 태양광설비의 구조물과 기초의 안전성을 확보해야 하며, 건축물 또는 구조물 등에 설치 시에는 방수 등에 문제가 없도록 설치하여야 한다.

나) 태양광설비를 주택 지붕, 조립식패널, 목조 구조물, 지상에 고정된 컨테이너 등에 설치하고자 할 경우에는 지붕 또는 구조물 하부의 콘크리트 또는 철제 구조물에 직접 고정하여야 한다. 다만, 지붕이나 구조물 하부의 콘크리트 또는 철제 구조물에 직접 고정이 불가능한 경우에 한하여 해당 태양광발전 설비(지지대, 지지대가 건축물 등에 고정되는 부분 등을 포함한 전체 설비)가 현행 건축구조기준(국토교통부고시)에 따라 안전성 및 적정성을 확보하였음을 건축구조기술사 또는 토목구조기술사로부터 확인을 받아 설치할 수 있다.

다) 태양광설비를 건물(주택 포함) 상부에 설치할 경우 태양광설비의 눈·얼음이 보행자에게 낙하하는 것을 방지하기 위하여 모든 모듈 끝선이 건물의 외벽 마감선을 벗어나지 않도록 설치하여야 한다.

라) 모듈을 지붕에 직접 설치하는 경우 배면환기를 위하여 모듈의 프레임 밑면부터 가장 가까운 지붕면의 이격거리는 10cm 이상이어야 하며, 배선처리는 바닥에 닿지 않도록 단단하게 고정해야 한다.

마) 지상 고정형인 경우 지지대 기초는 콘크리트 기초로 시공하여야 한다. 베이스판, 볼트류, 볼트캡 등 자재는 부식을 방지하기 위하여 지표면 이상 높이에 위치하여야 한다.

사) 강우 시 모듈 표면으로 흙탕물이 튀는 것을 방지하기 위해 지면으로부터 0.6m 이상으로 하며 눈이 많이 오는 산간지역의 경우 2.0m 이상의 높이에 설치한다.

(3) 태양광모듈 설치 방법

1) 태양 전지 모듈의 직렬 매수는 직류 사용 전압 또는 파워컨디셔너의 입력 전압 범위에서 선정한다.
2) 태양 전지 모듈의 설치는 가대의 하단에서 상단으로 순차적으로 조립한다.
3) 태양 전지 모듈과 가대의 접합 시 전식 방지를 위해 가스켓을 사용하여 조립한다.
4) 태양 전지 모듈 제조사에서 제공하는 조립 금속을 사용하여 모듈 설치 매뉴얼이 요구하는 힘을 가하여 고정하여야 한다.
5) 태양 전지 모듈의 접지는 1개 모듈을 해체 하더라도 전기적 연속성이 유지되도록 각 모듈에서 접지 단자까지 접지선을 각각 설치한다.

(4) 태양 전지 어레이 결선

1) 어레이 결선 전 검토 사항
① 설계 도면 및 특기 시방서의 직렬수 및 병렬수를 확인한다.
② 태양광 발전 시스템의 모듈 용량 계산서의 직렬수와 병렬수를 확인한다.
③ 모듈 제조사에서 제공하는 결선 방법을 검토한다.

2) 태양 전지 어레이 직병렬 연결 시 고려 사항
① 태양전지 셀의 각 직렬군은 동일한 단락 전류를 가진 모듈로 구성해야 한다.
② 파워컨디셔너에 연결된 태양 전지 셀 직렬군이 2병렬 이상일 경우에는 각 직렬군의 출력 전압이 동일하게 형성되도록 배열해야 한다.
③ 태양 전지 모듈 간의 배선은 단락 전류에 충분히 견딜 수 있도록 2.5[mm^2] 이상의 케이블을 사용해야 한다.
④ 케이블이나 전선은 모듈 이면에 설치된 전선관에 설치되거나 가지런히 배열 및 고정되어야 하며, 이들의 최소 굴곡반경은 각 지름의 6배 이상이 되도록 한다.
⑤ 전력 오차(5% 이상)가 큰 모듈은 MPP 전류가 비슷한 모듈이 같은 스트링에 연결되도록 확인하여 설치 전에 모듈 가각에 대하여 공장 출하 시 시험 성적서를 참고하거나 측정할 것을 권장한다.
⑥ 모듈을 서로 연결할 때는 케이블 극성에 주의하고 PV 배열 접속함도 마찬가지이다. 극성이 바뀌면 바이패스 다이오드나 파워컨디셔너의 입력부가 손상된다.
⑦ 서로 연결하기 전에 스트링마다 개방 전압을 측정한다.
⑧ 단락 전류 측정 및 스트링마다의 절연 저항의 측정은 정확한 설치를 위하여 필요하다.
⑨ 우선 조립된 모듈 연결 케이블이 없는 모듈의 주의 사항
  ㉠ 연결 부위의 약 16[mm]를 절연한다.
  ㉡ 메탈 슬리브가 없는 스프링 클램프 단자를 견고하게 연결한다.
  ㉢ 너무 팽팽하지 않게 정확하게 방수 케이블을 끼워야 한다.
  ㉣ 모듈 접속함에 케이블을 넣기 전에 여유를 둔다.

(5) 지지대 및 부속자재

1) 설치상태

① 태양광설비 지지대(이하 지지대)는 자중, 적재하중, 적설하중, 풍압하중 등을 포함한 구조하중 및 기타의 진동과 충격에 대하여 안전한 구조이어야 한다.

② 볼트조립은 헐거움이 없이 단단히 조립하여야 한다. 다만 모듈과 지지대의 고정 볼트에는 스프링 와셔 또는 풀림방지너트 등으로 체결해야 한다.

2) 지지대, 연결부, 기초(용접부위 포함)

① 지지대는 다음 각 호의 재질로 제작하여야 한다. 지지대간 연결 및 모듈-지지대 연결은 가능한 볼트로 체결하되, 절단가공 및 용접부위(도금처리제품 한정)는 용융아연도금 처리를 하거나 에폭시-아연페인트를 2회이상 도포하여야 한다.

    ㉠ 용융아연 또는 용융아연-알루미늄-마그네슘합금 도금된 형강

    ㉡ 스테인리스 스틸(STS)

    ㉢ 알루미늄합금

    ㉣ ①호부터 ③호까지 동등이상 성능(인장강도, 항복강도, 압축강도, 내구성 등)을 가지는 재질로서 KS인증 대상제품인 경우, KS인증서 및 시험성적서, KS인증 대상제품이 아닌 경우에는 동성능 이상임을 명시한 국가 공인시험기관의 시험성적서(KOLAS 인정마크 표시)를 센터로 제출·담당자 확인을 거친 것. 단, 해당재질로 모듈 지지대를 설치하는 경우, 건축 또는 토목 구조기술사로부터 연결부위를 포함하여 풍하중, 적설하중 등 구조하중에 견딜 수 있는 구조임을 확인받아 설치확인 신청시 센터에 제출하여야 한다.

② 지지대는 '다'항 및 '라. 1)'항에 따라 건축물 또는 구조물에 고정하며, 앵커볼트 또는 케미컬 앵커볼트로 고정될 경우에는 볼트캡을 부착하여야 한다.

3) 체결용 볼트, 너트, 와셔(볼트캡 포함) 용융아연도금, STS, 알루미늄합금 재질로 하고, 볼트규격에 맞는 스프링와셔 또는 풀림방지너트로 체결하여야 한다.

(6) 기타 특기사항

1) 건물 설치형

① 평지붕에 지지대를 설치하기 위하여 앵커를 타공 할 경우에는 옥상 방수층이 깨지지 않도록 해야 한다.

② 건물 옥상 난간대 등으로 인하여 모듈에 음영이 지지 않도록 태양광발전 설비의 높이를 높이거나 충분한 거리를 두고 설치하여야 한다.

2) 지붕형 설치
  ① 모듈 배면의 배선이 배수 또는 이물질에 노출될 수 있으므로 경사지붕 표면에 전선이 닿지 않도록 견고하게 고정해야 한다.

3) BIPV형 설치
  ① 신청자(소유자, 발주처 등을 포함), 설계자 및 시공자는 다음의 사항을 준수하여 설계·시공하고 감리원은 확인하여야 한다.
    ㉠ 모듈 온도 상승에 따른 건축물 부자재 파괴방지 및 발전량 저감 최소화 방안을 수립하여야 한다.

2. 전기배선 및 접속반 설치 기준

(1) 전기배선 및 접속함

1) 전기배선
  ① 모듈에서 인버터에 이르는 배선에 사용되는 케이블은 모듈 전용선 또는 단심(1C) 난연성 케이블(TFR-CV, F-CV, FR-CV 등)을 사용하여야 하며, 케이블이 지면 위에 설치되거나 포설되는 경우에는 피복에 손상이 발생되지 않게 가요전선관, 금속 덕트 또는 몰드 등을 시설 하여야 한다.
  ② 모듈 간 배선은 바람에 흔들림이 없도록 코팅된 와이어 또는 동등이상(내구성) 재질의 타이(Tie)로 단단히 고정하여야 하며, 가공 전선로를 시설하는 경우에는 목주, 철주, 콘크리트주 등 지지물을 설치하여 케이블의 장력 등을 분산시켜야 한다. 모듈의 출력배선은 군별 및 극성별로 확인할 수 있도록 표시하여야 한다.
  ③ 모듈 직, 병렬상태는 모듈 간 직렬군은 동일한 단락전류를 가진 모듈로 구성하여야 하며 1대의 인버터(멀티스트링의 경우 1대의 최대 출력점 추종제어기(MPPT))에 연결된 태양광모듈 직렬군이 2개 병렬 이상일 경우에는 각 직렬군의 출력전압 및 출력전류가 동일하게 형성되도록 배열하여야 한다.

2) 접속함
  ① 접속함 및 접속함 기능을 포함한 인버터는 인증(KS C 8567) 받은 설비를 설치하여야 한다.
  ② 접속함은 지락, 낙뢰, 단락 등으로 인해 태양광설비가 이상(異常)현상이 발생한 경우 경보등이 켜지거나 경보장치가 작동하여 즉시 외부에서 육안확인이 가능하여야 한다. 실내에서 확인 가능한 경우에는 예외로 한다.
  ③ 직사광선 노출이 적고, 소유자의 접근 및 육안확인이 용이한 장소에 설치하여야 한다.

④ 접속함 설치

　㉠ 접속함 설치위치는 어레이 근처가 적합하다.

　㉡ 접속함은 풍압 및 설계하중에 견디고 방수, 방부형으로 제작되어야 한다.

　㉢ 태양전지판 결선 시에 접속 배선함 구멍에 맞추어 압착단자를 사용하여 견고하게 전선을 연결해야 하며, 접속 배선함 연결부위는 방수용 커넥터를 사용한다.

　㉣ 접속함 내부에는 직류출력 개폐기, 피뢰소자, 역류방지소자, 단자대가 설치되므로 구조, 미관 및추후 점검 또는 부품 교환 등을 고려하여 설치한다.

　㉤ 접속함은 내부과열을 피할 수 있게 제작하여야 하고, 역류방지소자(다이오드)용 방열판은 다이오드에서 발생된 열이 접속부분으로 전달되지 않도록 충분한 크기로 하거나, 별도의 분전반을 설치하여야 한다.

　㉥ 역전류방지다이오드

　　ⓐ 모듈 보호를 위해 독립형 태양광설비 또는 2차 전지와 연결되는 태양광설비는 역전류방지다이오드가 시설된 접속함을 사용하여야 한다.

　　ⓑ 역전류방지다이오드 용량은 모듈 단락전류(I_{sc})의 1.4배 이상, 개방전압(V_{oc})의 1.2배 이상이어야 하며, 현장에서 확인할 수 있도록 표시하여야 한다.

　㉦ 접속함 입력부는 견고하게 고정을 하여 외부 충격에 전선이 움직이지 않도록 한다.

　㉧ 접속함은 보호등급 II 로 실행되어야 하고 옥외에 설치되는 경우 최소한 IP 54에 의해 보호되어야 하며 스트링 퓨즈는 단락으로부터 전선을 보호한다. 이 퓨즈는 DC 에 동작을 하도록 설계되어야 한다.

　㉨ PV 접속함과 인버터 사이의 거리가 멀면 추가적인 DC 주 차단기 및 분리스위치를 인버터 앞에 설치하여야 한다. 이는 주 케이블을 발전 상태에서도 인버터로부터 안전하게 분리할 수 있게 한다.

　㉩ 접속함은 이상전압으로부터 시스템을 보호하기 위해 피뢰소자인 SPD를 내부에 설치된다.

　㉪ 접속함은 발생하는 열을 외부에 방출할 수 있도록 환기구 및 방열판을 갖추어야 한다.

3) 전압강하

① 모듈에서 인버터 입력단 간 및 인버터 출력단과 계통연계점 간의 전압강하는 「내선규정」(대한전기협회)에 따라 각 3%를 초과하여서는 아니된다. 다만, 전선길이가 60m를 초과할 경우에는 아래 표에 따라 시공할 수 있다. 전압강하 계산서(또는 측정치)를 설치확인 신청시에 제출하여야 한다.

전선길이	120m 이하	200m 이하	200m 초과
전압강하	5%	6%	7%

4) 케이블

① 케이블은 가능한 음영지역에 설치하고, 빗물이 고이지 않도록 설치한다.

② 케이블은 가능한 피뢰 도체와 떨어진 상태로 포설하며 피뢰 도체와 교차시공하지 않도록 한다.

③ 케이블이 바닥에 노출되는 경우에는 사람이 밟고 지나다니거나 날카로운 모서리에 직접 닿지 않도록 몰딩 하여야 한다.

3. 기 타

(1) 용어 정의

1) 지상 고정형 : 지표면에 태양광설비를 고정하는 형태

2) 건물 설치형 : 평슬라브 등 건축물 옥상 또는 건축물 지붕에 태양광설비를 고정하는 형태

① 지붕 부착형 : 건축물 경사 지붕에 밀착하여 태양광설비를 고정하는 형태

3) 건물 일체형(이하 BIPV형 ; Building Integrated PhotoVoltaic) : 태양광모듈을 건축물에 설치하여 건축 부자재의 역할 및 기능과 전력생산을 동시에 할 수 있는 태양광설비로 창호, 스팬드럴, 커튼월, 이중파사드, 외벽, 지붕재 등 건축물을 완전히 둘러싸는 벽, 창, 지붕 형태

(2) 명판

1) 모든 기기는 원제조사 및 원제조국, 제조일자, 모델명, 일련번호, 제품사양 등 주요사항 및 그 외 기기별로 나타내어야 할 사항이 명시된 명판(KS인증 명판 등)을 부착하여야 한다.

2) [별표 5] 『신·재생에너지 설비 명판 설치기준』의 명판을 제작하여 인버터는 전면에 부착하여야 한다.

(3) 가동상태

인버터, 전력량계, 모니터링 설비가 정상작동을 하여야 한다.

1) 모니터링 설비

[별표 2] 『모니터링시스템 설치기준』에 적합하게 설치하여야 한다.

2) 운전교육

전문기업은 설비 소유자에게 소비자 주의사항 및 운전매뉴얼을 제공하여야 하며, 운전교육을 실시하여야 한다.

5) 안전사고 방지시설

설비시공 및 설치확인, 유지보수시 안전사고 예방을 위한 작업공간(발판, 안전난간 등의 포함) 및 접근장치(계단, 사다리, 사다리차 등)를 확보하여야 한다.

4. 사용자재 규격 및 적합성 등

(1) 자재

1) 일반사항

① 일반적으로 전기기자재는 충격에 약하고 그 동작이 예민하므로 운반 및 시공에 주의하여야 한다.

② 기기의 설치는 유능한 기능공에 의하여 설치하고 담당 감독원과 긴밀히 협조하여야 한다.

③ 기기는 설치하기 전에 보관이나 운반중의 먼지, 이물 등을 깨끗이 청소하여야 하며 또 기기의 외관을 점검하여 파손 등 기타 이상 유무를 확인하여야 한다.

④ 다음 각호의 1에 적합한 자재(이하 이 시방서에서 "한국산업규격에 적합한 제품등"이라한다)를 우선사용한다.

ⓐ 신에너지 및 재생 에너지 개발, 이용, 보급 촉진법, 신재생 에너지에 관한 산자부 고시 및 기타 신재생 에너지 관련 법규

ⓑ "산업표준화법"에 의한 한국산업규격 표시품(이하 "KS 표시품"이라 한다)

ⓒ "건설기술관리법 제25조"에 의한 공인시험기관(전기설비, 통신설비의 경우)에서 동등 이상의 성능이 있다고 확인한 것, 산업표준화법에 의한 한국산업 규격표시품(KS표시품) 또는 품질검사전문기관이나 공인시험기관에서 한국산업규격에 따라 품질시험을 실시하여 KS표시품과 동등 이상의 성능이 있다고 확인한 것을 우선 사용한다.

⑤ 위 "라"에 적합한 자재가 없는 경우에는 전기용품안전관리법에 의한 전기용품안전인증 제품을 사용한다.

⑥ 위 "라" 및 "마"에 적합한 자재가 없는 경우에는 다른 것과 균형이 유지되는 것으로써 품질 및 성능이 우수한 시중제품으로 감독의 확인을 받은 후에 사용하여야 한다.

2) 태양전지모듈(Module)

① 태양전지 단위모듈의 규격과 사양은 설계도면에 따른다.

② 태양전지 단위모듈 효율은 설계조건에서 요구하는 104% 이상으로 공인기관에서 발전성능 인증을 받아야 한다.

③ 태양광발전 모듈(이하 모듈)은 인증 받은 제품을 설치하여야 한다. 다만, BIPV형 모듈은 신재생에너지 센터장(이하 "센터장"이라함)이 별도로 정하는 품질기준(KS C 8561 또는 8562 일부준용)에 따라 '발전성능' 및 '내구성' 등을 만족하는 시험결과가 포함된 시험성적서를 센터로 제출할 경우, 인증받은 설비와 유사한 형태(모듈의 종류 및 구조가 동일한 형태)의 모듈을 사용할 수 있다. 단, 수입제품의 경우에는 국제전기기기인증제도(IECEE) 인증체계에 따라 국가인증기관에서 인증한 제품을 사용하여야 하며, 인증서에 시험성적결과가 포함되어야한다.

④ 시험 및 검사방법

   ⓐ 국가공인기관의 인증이 없는 제품을 사용할 경우 자체시험을 실시하고 반입되는 물량전체를 제조 일련번호별 전기적 특성 시험 성적서를 Sheet로 작성하여 감독관에게 제출하여야 하며,

   ⓑ 자체 시험에 합격한 제품 중에서 임의로 10모듈씩 2그룹을 채취하여 공인시험기관 시험을 실시하여 합격한 제품을 반입하여야 하며, 시험 성적서에는 소요지구 및 제조 일련번호가 명기되어야 한다.

   ⓒ 국가공인 인증기관 시험성적서 결과 기준 규격 이상이어야 하고, 기준 규격 미달 시 불합격 처리하며 반입된 전체 물량을 자체 시험한 후에 선별하여 상기 (1)항, (2)항의 절차에 따라 재차 시험 의뢰하여야 한다.

⑤ 어떠한 경우라도 제시된 디자인의 형태를 유지하여야 한다.

⑥ 모듈의 프레임은 견고한 재질을 사용하고 밀봉 처리하여 습기 침투를 방지한다.

⑦ 모듈에 사용하는 유리는 저반사, 저철분 강화유리를 사용하여 충격에 강하고 빛 투과성이 우수하여야 하며 염분, 먼지 등이 표면에 부착 되지 않는 기능을 갖추어야 한다. 또한 효율을 증대시키기 위해 모듈 빛 반사를 저감시키기 위한 코팅을 하여야 한다.

⑧ 모듈 내부에는 By-Pass 다이오드를 부착한다.

⑨ 모듈 외곽은 전기적으로 절연되고 인체에 대하여 안전하여야 한다.

3) 접속반

① 접속반 크기, 두께 및 형상은 설계도면(제작사양)에 따른다.
② 태양전지 직렬 어레이 군별로 휴즈 브레이크를 분리설치 한다.
③ 입력부의 전원을 차단할 수 있는 차단기를 설치한다.
④ 태양전지 각 어레이군의 전압과 전류를 선택 표시 할 수 있어야 한다.
⑤ 접속반은 내부과열방지를 위하여 충분한 크기의 통풍용 환기구를 설치하여야 하며 다이오드용 방열판은 다이오드에서 발생된 열이 접속부분으로 전달되지 않도록 충분한 크기를 유지하여야 한다.
⑥ 단자대는 케이블 터미널 접속이 용이하도록 충분한 공간을 확보하여야 하며 접속되는 수의 10%이상 예비를 확보하여야 한다. 또한 케이블 접속이 견고하고, 발열에 견딜 수 있도록 기계적, 열적으로 내구성을 가져야 하며, 접속부위는 전기저항이 최소가 되도록 구성되어야 한다.
⑦ 전류가 역으로 유입되는 것을 저지하기 위해 역전류 방지 다이오드를 설치하여야 하며 용량은 전류방지다이오드 용량은 모듈 단락전류(I_{sc})의 1.4배 이상, 개방전압(V_{oc})의 1.2배 이상이어야 하며, 현장에서 확인할 수 있도록 표시하여야 한다. 현장에서 확인할 수 있도록 표시하여야 한다.
⑧ 접속함에 사용되는 단자대는 전류 도전 특성과 내식성이 우수한 무산소 동단자를 사용하여야 한다.
⑨ 내부배선은 케이블 타이 및 트렁크 등으로 견고하게 정리정돈 되어야 한다.
⑩ 접속반 내부에는 전류, 전압을 측정하기 위한 T/D가 있어야 한다.
⑪ 접속반이 옥외에 설치될 경우 외함은 스테인레스 스틸(SUS 304이상)로 녹이 슬지 않아야 하며 방수형으로 제작하여야 한다.

5. 접속함 인증기준

(1) 태양광발전용 접속함 KS 규정(KS C 8567)

1) 접속함이 제공하는 보호 등급(IP)

충전부와의 접촉, 고체 이물질과 액체의 침입에 대비하여 접속함이 제공하는 보호등급은 KS C IEC 60529에 따르는 IP 코드로 나타내야 하며, 8.6에 따라 검증하여야 한다. (8.6.2 품질기준 : 보호 등급은 소형 접속함의 경우는 IP 54 이상, 중·대형 접속함의경우는 실내형 IP 20 이상, 실외형 IP 54 이상이어야 한다.)

2) 직류(DC)용 퓨즈

태양광발전 모듈 스트링이 접속된 개별 회로에는 음극과 양극 각각에 과전류를 보호하는 직류(DC)용 퓨즈를 시설하여야 한다.

① 직류(DC)용 퓨즈는 IEC 60269-6의 관련 요구사항을 만족하는 gPV 타입을 사용하여야 한다.
② 퓨즈는 회로 정격 전류에 대하여 135%의 과부하 내량을 가져야 한다.
③ 퓨즈의 과전류 보호 정격은 회로 정격전류의 1.5배 이상 2.4배 이하여야 한다.
④ 퓨즈가 소손되는 경우 경고음 또는 램프 등을 통해 확인 할 수 있어야 한다.

3) 개폐기

유지 보수 시의 안전성을 위하여 접속함의 출력 모선 회로에 근접하여 개폐기 또는 차단기를 시설하여야 한다.

① 개폐기는 IEC 60947-3의 관련 요구사항을 충족하는 DC용 개폐기를 사용하여야 하며, 차단기는 KS C IEC 60947-2의 관련 요구사항을 만족하는 DC용 차단기를 사용하여야 한다.
② 접속함 출력회로의 정격 전압보다 1.2배 이상의 전압 정격을 갖는다.
③ 차단기의 정격전류는 접속함 출력회로의 정격전류보다 1.25배 초과 2.4배 이하의 정격전류를 갖는다.
④ 개폐기의 정격전류는 접속함 출력회로의 정격전류보다 1.25배 초과의 전류 정격을 갖는다.

4) 역류 방지다이오드

그림자 영향 등의 원인으로 태양광발전 어레이의 출력 불균형(mismatching)이 심각하게 발생할 우려가 있는 경우 또는 2차전지를 사용하는 독립형 시스템의 경우, 모듈의 보호를 위해 개별 스트링 회로의 음극 또는 양극에 역류 방지용 다이오드를 선택적으로 시설할 수 있다. (태양광발전 어레이 구역 내 역전류를 방지하기 위해 필요한 경우 역류 방지다이오드를 '선택적'으로 사용할 수 있다. 즉 발열이 많이 발생하고 손실이 있는 다이오드는 사용을 권장하지 않는다고 볼 수 있다.)

5) SPD의 설치 : SPD의 경우 Class2에 적용한다.

　중대형 접속함(스트링이 4회로 이상)의 경우 출력회로에 근접하여 SPD장치를 설치하여야 한다. SPD 최대 연속 운전 전압은 600VDC, 1500VDC 공칭방전전류(8/20)는 10kA이상이어야 한다.

6. 인증의 구분

(1) 용량별
1) 소　형 : 병렬 스트링 3회로 이하
2) 중대형 : 병렬 스트링 4회로 이상

(2) 설치장소별
1) 실내형(IP20 이상)
2) 실외형(IP54 이상)

(3) 모니터링 기능별
1) 모니터링 장치 미부착형
2) 모니터링 장치 부착형

(4) 제조방식별
1) 접속함 단독 제품
　① 기본모델 : 인증 신청자(또는 인증 받은 자)가 최초 인증을 신청한 제품, 또는 기존에 인증을 받았으나 외함, 메인 PCB, 절연거리 등 주요설계가 변경(제조사, 회로 등 일체의 변경)된 제품 (전 항목 제품시험 실시)
　② 유사모델 : 전항목 제품시험이 필요한 항목 이외 주요부품이 변경(제조사 등 일체의 변경)된 제품(부속서에 규정된 항목에 대해서만 시험 실시)
　③ 시리즈모델 : 기본모델과 모든 하드웨어 및 부품이 동일하나, 입력사양(스트링 회로 수의 감소에 한함) 변경에 따라 출력 용량도 변경된 제품(부속서에 규정된 항목에 대해서만 시험 실시)
　④ 시리즈 모델의 용량은 기본모델의 용량을 초과할 수 없음

2) 접속함 일체형 인버터 (접속함의 부품 일체가 인버터 외함에 내장되는 형태로 인버터와 결합한 일체형 제품)

① 접속함 일체형 인버터는 접속함 관련 표준(KS C 8567) 및 인버터 관련 표준(KS C 8564 또는 8565)을 각각 만족해야 함. IP 등급시험, 온습도 사이클시험 등 동일 또는 유사한 시험항목은 그 품질기준이 보다 엄격한 조건의 표준을 만족해야 함
② 접속함 일체형 인버터의 기본, 유사, 시리즈 모델은 관련 개별 표준 KS 인증심사 기준에 따름
③ 시리즈 모델의 용량은 기본모델의 용량을 초과할 수 없음
④ 시판품 조사시 시료채취는 인증받은 제품중 1개 모델을 무작위로 채취하며, 시료의 크기는 n=1로 한다.

| 2. 태양광발전 계통연계장치 시공 | | |

1. 발전량 및 입출력 상태 확인
(1) 발전량 및 입출력 상태 확인

2. 인버터와 제어장치 설치
(1) 인버터 설치

1) 제품
태양광 발전용 인버터(이하 인버터)의 용량이 250kW 이하인 경우는 인증 받은 제품을 설치하여야 한다. 인버터의 용량이 250kW를 초과하는 경우는 품질기준(KS C 8565)에 따라 「절연성능」, 「보호기능」, 「정상특성」 등을 만족하는 시험결과가 포함된 시험성적서를 센터로 제출할 경우 사용할 수 있다.

2) 설치상태
인버터는 실내 및 실외용을 구분하여 설치하여야 한다. 다만 실외용은 실내에 설치할 수 있다.

3) 인버터 설치용량
인버터의 설치용량은 사업계획서 상의 인버터 설계용량 이상이어야 하고, 인버터에 연결된 모듈의 설치용량은 인버터 설치용량의 105% 이내이어야 한다. 다만, 각 직렬군의 태양전지 개방전압은 인버터 입력전압 범위 안에 있어야 한다.

4) 표시사항
입력단(모듈출력)의 전압, 전류, 전력과 출력단(인버터출력)의 전압, 전류, 전력, 주파수, 누적발전량, 최대출력량(peak)이 표시되어야 한다.

5) 신·재생에너지 센터에서 인증한 제품을 설치해야 하며 해당용량이 없는 경우에는 국제공인시험 기관 (KOLAS), 제품인증기관(KAS) 또는 시험기관 등의 시험성적서를 받은 제품을 설치해야 한다.

6) 인버터는 옥내·옥외용을 구분하여 설치하며 옥내용을 옥외에 설치 하는 경우 5 kW 이상일 경우에만 가능하며 빗물 침투를 방지 할 수 있도록 외함은 옥내에 준하는 수준으로 설치해야 한다.

(2) 제어장치

태양광 발전 시스템을 구성하는 구성요소중에서 성능을 크게 좌우하는 것은 태양전지 모듈과 인버터를 포함한 전력변환 및 제어장치이다.

1) 최대전력점추종(MPPT : Maximum PowerPoint Tracking) 제어기능

태양전지는 일사량 및 온도에 의해출력특성이 변화하여 최대전력을 얻을 수 있는 최대전력점도 시시각각으로 변화하게 된다. 최대전력점에서 인버터가 운전되고, 최대전력점을 항상 감시하여 추종하도록 최대 전력점추종 제어기능이 요구된다. 태양광 발전 시스템을 효율적으로 운용하기 위하여 태양전지 어레이의 최대전력점을 추종하기 위한 제어알고리즘이 많이 제안되었으나, Perturbation andObservation(P&O)방법과 Incremental Conductance(IncCond) 방법이 가장 많이 사용되고 있다.

① P&O 방법 : P&O 방법은 그림과 같이 태양전지 어레이의 동작전압을 조금씩 증가시켜 가면서 전력변화분 △P를 측정하여 전력 증가 방향으로 동작점을 계속 재수정 함으로써 MPP에 도달하는 방법이다. 간단하고 구현이 용이하기 때문에 가장 널리 사용되고 있다.

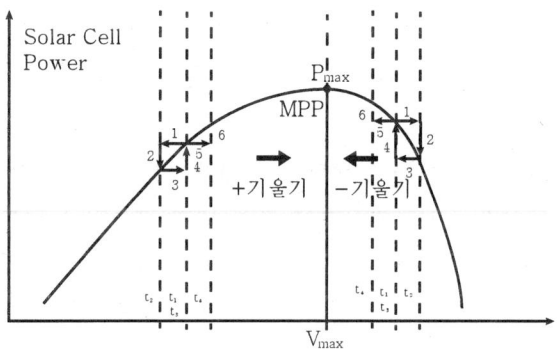

연구결과에 의하면 P&O 방법은 Incremental Conductance 방법보다 MPPT 효율이 약간 낮고, 일사량이 적어 P-V 커브가 평탄할 때에는MPP의 위치를 식별하는데 어려움이 있으며, 전압의 Perturbation 때문에 MPP 부근에서 진동 (Oscillation)이 발생한다는 단점도 있는 것으로 알려져 있다.

② IncCond 방법 : Incremental Conductance 방법은 PV 어레이의 Incremental Conductance와 Instantaneous Conductance를 비교함으로써 MPP를 추적하는 방법으로서, 전압과 전류의 변화를 샘플링하여 전압의 증감에따라 P-V 커브의 기울기를 변화시켜 기울기가 0이 되는 점을 추적한다.

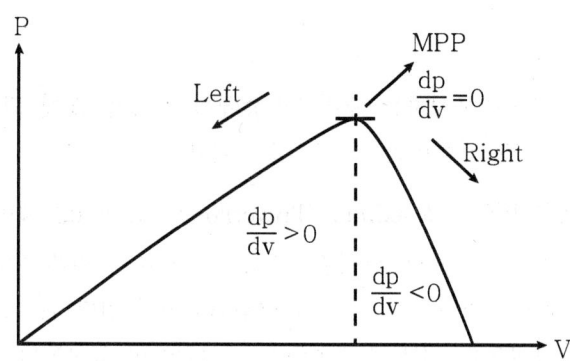

dP/dV = d(I∗V)/dV = V∗(dI/dV)+I = 0 ∴ dI/dV+I/V = 0이 되는 점이 최대전력점이다. 따라서 그림 8에서처럼 dI/dV+I/V∧0이면 전압을증가시키고, dI/dV+I/V∨0이면 전압을 감소시켜dI/dV+I/V = 0, 즉 dP/dV = 0이 되도록 제어한다.

2) 고효율제어

IGBT는 스위칭 동작 주파수를 고주파 스위칭을 하게 되면 스위칭손실이 증가한다. 스위칭 손실을 최대한 억제하기 위한 회로방식 및 제어가 필요하며 제어회로 등의 고정손실도 최대한 억제시킬 필요가 있다. 또한 야간 등과 같이 발전시스템이 발전할 수 없을 경우, 자체적으로 소비하는 손실도 중요한 고려사항이다. 즉 무부하상태의 손실을 최소화하는 것도 총 발전량을 최대화하기 위하여 반드시 필요하다.

3) 직류분 제어기능

트랜스레스방식 인버터에서는 인버터의 이상에 의해 교류출력에 직류성분이 혼입하여 계통에 유입하면 주상변압기의 편자현상 등에 의해 계통이나 다른 수용가 설비에 고장을 유발할 수 있는 영향을 미칠 염려가 있다. 따라서 교류 출력에 직류성분이 혼입되어 계통에 유입되면 주상 변압기의 편자현상 등에 의해 계통이나 다른 수용가 설비에 고장을 유발할 수 있으므로 직류분 유입 억제 기능이 필요하다. 유입량은 정격전류의 1% 이내, 검출시간은 0.5초 이내가 일반적인 규제 값이며, 계통연계형의 인버터는 상기의 규제기준 이하로 직류성분의 유출을 억제할 수 있는 제어기능이 요구되고 있다.

4) 단독운전방지(Anti-Islanding) 기능

상용전원 정전과 같은 계통 사고 시에 PCS가 부하용량과 평형을 유지하여 이상 현상을 검출하지 못하고 운전을 계속하는 상태를 단독운전이라고 한다. 단독운전이 발생하면 계통이 상위에서 차단되어 있어도 저압측으로부터 전압이 유기되기 때문에 안전면에서 문제가 발생한다. 단독운전 시간이 길어지면 PCS의 출력이 불안정하게 되고, 이때 복전이 되어 전원이 투입되면 계통과 PCS의 출력이 동기가 되어있지 않을 경우 사고를 유발시킬 수 있다. 따라서 상용전원이 정전이 되면 신속히 이를 검출하여 PCS를 정지시켜야 한다. 이를 단독운전 방지 기능이라 한다. 단독운전방지 기능은 태양광 발전 시스템에서 뿐만 아니라 풍력발전, 연료전지, 마이크로터빈 발전 등 분산발전에서는 반드시 필요한 기능이다. 단독운전 검출을 위한 여러 가지 알고리즘이 제안되었지만, 이 알고리즘들은 수동적 방법과 능동적 방법 두 가지로 대별될 수 있다.

(3) 수동적 방법(Passive Method)

전력계통상의 파라미터 값을 이용하여 판단하는 방법으로 구현이 쉽고 설치비가 저렴하나, 불검출 영역(NDZ : Non-Detection Zone)이 존재하는 단점이 있다. Power가 Mismatch되면 전압과 주파수의 변동을 야기시키고, 전압과 주파수가 일정영역(Window) 밖으로 벗어나면 Islanding 발생으로 검출한다. 그러나 Power Mismatch가 작아 Window 영역 안에 전압과 주파수가 존재하면 검출이 불가능하다. 또한 수동적 방식은 단독운전시의 전압이상 및 주파수 등의 급변을 검출하는 방식이다. 일반적으로 신속성은 우수하지만 불감대 영역이 있는 점과 급격한 부하변동 등에 의하여 오동작을 일으킬 수 있는 단점에 유의할 필요가 있다.

① 전압위상 급변 검출방식

본 검출방식은 단독운전 이행 시에 발전 출력과 부하의 불평형에 의한 전압위상의 급변을 검출하는 방식이며, 단독운전 억제를 위한 계전기(UVR: 27, UFR : 81U, OVR : 59, OFR : 81O)보다 검출감도를 높일 수 있다. 그러나 발전출력과 부하의 유효전력과 무효전력이 완전하게 평형되어 있으면 단독운전을 검출할 수 없는 단점이 있다.

② 3차 고조파 전압 급증검출 방식

본 검출방식은 역변환장치에 전류제어형을 이용하는 경우 단독운전 이행 시에 변압기에 의하여 발생되는 3차 고조파전압의 급증을 검출하는 방식이다. 본 방식은 발전출력과 부하의 평형도에 좌우되지 않지만 불평형이 없는 3상회로와 전압제어형 역변환 장치에서는 적용할 수 없다.

③ 주파수 변화율 검출방식

본 검출방식은 단독운전 이행 시에 발전 출력과 부하의 불평형에 의한 주파수의 급변을 검출하는 방식이며, 단독운전 억제를 위한 계전기(UVR : 27, UFR : 81U, OVR : 59, OFR : 81O)보다 검출 감도를 높일 수 있다. 그러나 대용량의 회전기를 이용한 발전 등의 안정한 전원이 연계되어 있으면 단독운전현상을 검출할 수 없는 염려가 있다.

(4) 능동적 방법(Active Method)

능동적 방식은 역변환장치의 제어계 또는 외부회로에 부가한 저항 등에 의해, 평상시의 전압과 주파수에 변동을 주고, 단독운전 이행 시에 두드러지게 나타나는 이들의 변동을 검출하는 방식이다. 이 방식은 원리적으로는 불감대 영역이 없는 점에서 우수하지만, 일반적으로 검출에 시간이 소요되며, 능동적 방식을 채용하는 타 소규모발전설비가 동일계통에 다수 연계되어 있으면 유효하게 동작하지 않을 염려가 있다.

① 주파수 Shift 방식 : 역변환 장치의 내부 발신기 등에 주파수 바이어스(Bias)를 주어 단독운전 이행 시에 나타나는 주파수 변화를 검출하는 방식이다. 동일방식을 채용하는 다수의 소규모발전설비가 동일계통에 연계된 경우에는 단독운전시의 각 발전기의 주파수 Shift 방향을 일치시키는 것이 필요하다. 그리고 주파수 바이어스가 너무 크면 동기가 불완전함과 동시에 평상시의 운전 역률을 악화시킬 염려가 있으므로, 평상시는 미소한 주파수 변동을 주고 변동분을 정귀환에 의해 주파수 Shift를 증대하는 방법이 효과적이다.

② 유효전력 변동방식 : 발전출력에 주기적인 유효전력변동을 주어 단독운전 이행 시에 나타나는 주기적인 전압, 전류변동 또는 주파수 변동을 검출하는 방식이다. 동일방식을 채용하는 소규모 발전설비가 동일 계통에 연계된 경우에는 단독 운전 시에 각 발전기의 유효전력 변동주기 및 위상을 일치시키는 것이 필요하다. 그리고 평상시의 유효전력변동을 가능한 한 작게 하여 변동분을 정귀환에 의해 증대시키는 동시에 변동위상을 일치시키는 방법이 효과적이다.

③ 무효전력 변동방식 : 발전출력에 주기적인 무효전력변동을 주어 단독운전 이행 시에 나타나는 주기적인 주파수 또는 전류변동을 검출하는 방식이다. 또한 동일방식을 채용하는 소규모 발전설비가 동일 계통에 연계된 경우에는 단독 운전 시에 각 발전기의 무효전력 변동주기, 위상을 일치시키는 것이 필요하다. 그리고 평상시의 무효전력변동을 가능한 한 작게 하여 변동분을 정귀환에 의해 증대시키는 동시에 변동위상을 일치시키는 방법이 효과적이다.

④ 부하 변동 방식 : 소규모 발전설비에 병렬임피던스를 순간적 또는 주기적으로 투입하여, 전압 또는 전류의 급변동을 검출하는 방식이다. 본 방식은 역변환장치의 제어기능에 의존하지 않기 때문에 외부에 독립하여 설치할 수 있다. 또한 투입 임피던스는 가능한 한 용량을 작게 하고, 투입시간도 짧게 하는 것이 바람직하며, 동일 방

식을 채용하는 소규모발전설비에 대해서는 동기를 취해 임피던스를 투입하는 것이 바람직하다.

(5) 직류지락검출기능

트랜스레스방식의 인버터에서는 직류·교류간이 절연되어 있지 않기 때문에 직류회로에 지락이 발생하면 계통측에서 인버터를 통하여 지락전류가 흐르게 된다. 지락전류 검출에는 ZCT(영상변류기)를 사용하고 있기 때문에 직류지락전류가 흐르게 되면 ZCT의 자기포화를 일으켜 지락검출불능 상태가 될 가능성이 있다. 누전차단기에서의 검출불능의 가능성을 고려하여 인버터내부에 직류지락검출회로를 추가하여 검출한 경우는 인버터를 정지함과 동시에 계통으로부터 분리되도록 시퀀서를 설계 설치할 필요가 있다.

(6) 고조파 억제

인버터로부터 역조류된 전류에 포함된 왜율이 크면 계통 및 부하설비에 손실증대와 기기 손상 등의 영향을 줄 우려가 있기 때문에 일반적으로 아래의 기준치를 적용하여 개발하는 것이 요구되고 있다.

종합전류왜율 5% 이하
각차전류왜율 3% 이하

고조파를 억제하기 위하여 인버터는 일반적으로 전류파형을 양질의 정현파로 만들기 위한 제어를 하게 되며, 부가적으로 필터를 설치하게 된다.

(7) 계통연계 보호기능

인버터의 고상 또는 계통사고시에 사고의 세거, 사고범위의 극소화를 위하여 인버터를 정지하고 계통과 분리할 필요가 있다. 일반적으로 아래의 4가지 요소를 검출하여야 한다. 다음의 보호 계전기 또는 이와 동등 이상의 기능을 갖는 장치에 의하여, 원칙적으로 수전점에서 자동적으로 연계를 차단하는 장치를 설치하여야 한다.

1) 과전압계전기(OVR : 59)
2) 저전압계전기(UVR : 27)
3) 주파수상승계전기 (OFR : 81O) (역조류를 허용하는 경우에 한함)
4) 주파수저하계전기 (UFR : 81U)
5) 역전력계전기 (RPR : 32P) (역조류를 허용하지 않는 경우에 한함)

② ①의 차단장치는 계통이 정지 중에는 투입할 수 없도록 시설하여야 한다. 또 복구 후에도 일정시간은 투입할 수 없도록 시설하여야 한다.

③ 역조류를 허용하는 경우에는 단독운전 검출기능에 의해 자동적으로 연계를 차단하는 장치를 설치하여야 하며, 동시에 옥외에서 조작 가능한 안전개폐기를 거래용 계량기의 소규모 발전설비 측에 설치하여야 한다.

④ 역조류를 허용하지 않는 경우에는 역충전 검출기능에 의해 자동적으로 연계를 차단하는 장치를 설치하여야 한다.

3. 계통연계형 인버터(Inverter)

(1) 제작 일반 사항

1) 본 설비의 외부 치수 및 외형은 별첨 도면에 따른다.
2) 국가공인기관에서 인증한 인증제품을 설치하여야 하며 해당용량이 없을 경우에는 국가공인기관에서 지정한 공인시험기관의 시험항목에 합격한 제품을 설치하여야 한다.
3) 정격용량은 인버터에 연결된 모듈 정격용량 이상이어야 하며 각 직렬군의 태양전지 출력전압은 인버터 입력전압 범위 안에 있어야 한다.
4) 기기원격감시를 위한 통신 Port를 내장한다.
5) 기기 내부에는 냉각용 환풍기가 부착되어 있어야 한다.
6) 도장은 녹, 기름, 먼지 등을 완전히 제거한 후 내·외면을 2회 이상 방청처리하고, 분체 정전 도장을 하여야 하며, 색상은 감독관(감리원)과 협의하여 결정하여야 한다.
7) 외함 전면에는 Mimic board가 부착되어야 하며 이때 Door는 투명한 플라스틱 제품을 사용하여 외부에서 동작상태를 용이하게 관찰할 수 있어야 한다.
8) 외함의 환기구멍은 곤충이나 작은 동물의 침입이 되지 않도록 제작하여야 한다.
9) 신·재생에너지설비 명판 설치기준의 명판을 제작하여 인버터 전면에 부착하여야 한다.

(2) 기능

태양전지 모듈 군으로부터 발전된 직류전원을 공급 받아 교류전력으로 바꾸고 계통과 연계가 가능하며 항상 안정된 전력을 공급하여야 하며 태양전지의 직류전압(출력전압)에 따라 자동 기동 및 정지시스템을 갖추어야 한다.

1) 인버터 효율은 태양광 일사량 정상운전범위 (정격부하의 50~70%)에서 90%이상으로 설계 되어야 한다.

2) 인버터 정격용량은 각동 옥상에 설치되는 태양광 어레이의 총합출력에 따라 적합한 것을 설치하여야 하며 태양전지판(모듈)의 출력전압과 인버터 입력전압이 상호 연계되어 태양의 일출부터 일몰시까지 연속적이고 안정적으로 운전되어야 한다.

3) 태양전지의 출력특성은 일사량, 온도, 습도 등에 따라 변동하므로 태양 전지로부터 외부 변화요인에 따라 최대출력을 낼 수 있도록 최대 출력점 추종제어를 하도록 한다.

4) 인버터의 입력전압 범위를 넓게 하여 정상운전 중 구름 및 기타 장애물에 의해 순간적인 그늘이 발생시에도 Shutdown 되지 않도록 하여야 한다.

5) 표시장치

본 표시장치는 판넬 전면에 LCD를 부착하여 입력 전압, 전류, 출력 전압, 전류 등을 표시 해주고 동작 및 에러 표시 등을 해 주어야 하며 기능에는 아래와 같은 기능이 내장 되어야 하며 에러 발생시 경보음 및 에러 발생 위치를 표시해 주어야 한다.

① 운전/정지 : 사용자에 의해 수동으로 운전/정지를 선택하여 운전할 수 있다.

② 시스템 계측 : 외부 LCD창에 계통 입출력상태 및 이상 상태를 표시한다.

③ 시스템 설정 : 전압, 주파수 등의 운전범위를 설정한다.

(4) 동작기능

(5) 인버터 선정기준

1) 종합적인 체크

- 연계하는 계통측(전원측)관 전압 및 전기방식이 일치하고 있는가
- 인증 등록제품 인가 (10 kW 이하인 경우에는 등록품인 경우가 사전협의가 간단)
- 설치가 용이한가
- 비상 재해시에 자립운전이 가능한가
- 죽전지 부작 운전은 가능한 가성선시에도 사용하사할 경우)
- 수명이 길고 신뢰성이 높은 기기인가
- 보호장치의 설정 및 시험은 간단한가
- 발전량을 쉽게 알 수 있는가
- 서비스 네트워크는 완전한가

2) 태양광의 유효 이용에 관하여

- 전력변환효율이 높을 것
- 최대전력 추종점(MPPT)제어에 의한 최대 전력의 추출이 가능할 것

- 야간 등의 대기 손실이 적을 것
- 저부하시의 손실이 적을 것

3) 전력 품질, 공급안정성
- 잡음 발생이 적을 것
- 고조파의 발생이 적을 것
- 기동·정지가 안정적일 것

4) 인버터 선정시 고려사항
- 인버터 제어방식 : 전압형 전류 제어방식
- 출력 기본파 역율 : 95% 이상
- 전류 변형율 : 종합 5%이하, 각 차수마다 3% 이하
- 평균효율(유로 효율)이 높을 것

(6) 수배전반 설치
1) 배전반 및 기기 설치
① 배전반 및 기기 설치시 고려 사항

ⓐ 전기 기기가 옥외에 설치될 경우에는 침수에 주의하여야 한다.

ⓑ 기기의 조작, 취급에 주의할 사항이 있는 경우에는 잘 보이는 위치에 취급 또는 조작주의 명판을 설치해야 한다.

ⓒ 고압 기기 및 전선은 사람이 쉽게 접촉할 염려가 없도록 시설하여야 한다.

ⓓ 전기 기기로부터 발열 등으로 실온이 상승될 염려가 있는 경우에는 환기 구멍 또는 환기 장치를 설치하여야 한다.

ⓔ 기기 및 기초의 계산 하중을 구하여 부등 침하가 일어나지 않도록 바닥 강도를 확인하여야 한다.

ⓕ 수배전반 등 각종 폐쇄 배전반은 견고하게 설치하고, 수직 수평이 되도록 하여야 하며, 제작하기 전에 장비의 진입 경로와 진입로 상의 개구부의 크기, 높이 및 계단 여부 등을 확인하여 자재 반입이 가능토록 하여야 한다. 또한 설치 후 임시전원을 이용하여 기기의 투입 및 차단 시험을 하여 이상 유무를 확인하여야 한다.

ⓖ 습기 또는 결로 등에 의한 절연 저하의 염려가 있는 경우에는 Space Heater를 설치하여야 하며, Space Heater는 습도 감지기에 의하여 동작되어야 한다.

ⓗ 대지 전압이 150[V]를 넘는 회로에 콘센트를 설치하는 경우에는 접지극이 있는 것을 사용하여야 한다.

(7) 변압기 설치

1) 일반 사항

① 변압기의 진동 방지를 위하여 방진 고무(두께12[mm] 이상)를 설치하여야 한다.

② 변압기와 동대의 접속은 가요 도체를 사용하여 변압기의 진동이 모선에 전달되지 아니하도록 하여야 한다.

③ 예비용 변압기는 먼지 또는 습기로 인한 손상이 없도록 보호 시설을 하여야 한다.

2) 기초 공사

기기의 기초는 시공 도면대로 설치되었는지를 확인하고 콘크리트 바닥면의 수평도를 조사하여 수평이 되도록 하고 돌기면이 없도록 하여야 한다.

① 기초의 제작

설치용 기초는 판넬 또는 앵글로 제작하고 기초 콘크리트에 매입되는 것은 녹막이 도장을 하지 않아야 한다.

② 설치용 기초의 마감

기초 설정 후의 마감은 배전반의 밑 부분과 바닥면이 완전 밀착될 수 있도록 해서 배전반 구조에 악영향을 주지 않도록 해야 한다.

③ 설치

기기의 설치는 앙카 볼트 설치 등으로 바닥과 고정이 되도록 하여 내진에 대비하여야 한다. 기기의 반입은 작업 능률을 높이기 위하여 시공 도면을 검토하여 반입구측에서 먼 쪽의 기기부터 반입 설치를 하고, 기기는 운반 중에 손상을 막기 위해 포장상태로 반입해서 실내에서 해체하여야 한다. 실지 순서는 변압기 후 변압기반 외함이 설치되어야 한다.

(8) 계통연계 시공

1) 분산형 전원 설비

분산형 전원 설비는 태양광발전, 풍력발전, 연료전지발전 등으로 생산된 전력을 배전 계통에 연계하는 설비를 말하며, 이에 해당되는 분산형 전원 설비를 전기 사업용 공칭 전압 25KV 이하 배전 선로에 연계하여 시설하는 경우에 적용한다.

2) 분산형 전원의 전기 공급 방식 시설

분산형 전원의 전기 공급 방식, 접지 및 측정 장치는 다음과 같이 시설하여야 한다.

① 분산형 전원의 전기 공급 방식은 배전 계통과 연계되는 전기 공급 방식과 동일하여야 하며, 접지는 배전 계통과 연계되는 설비의 정격 전압을 초과하는 과전압이 발생하거나, 배전 계통의 지락 고장 보호 협조를 방해하지 않도록 시설하여야 한다.

② 분산형 전원 사업자의 하나의 사업장 설비 용량 합계가 250[KVA] 이상일 경우에는 배전계통과 연계 지점의 연결 상태를 감시할 수 있거나, 유효 전력, 무효 전력, 전압을 측정할 수 있는 장치를 시설하여야 한다.

③ 분산형 전원과 연계하는 배전 계통의 동기화 조건은 다음 표의 값 이하이어야 한다.

발전 용량 합계(KVA)	주파수 차(Hz)	전압 차(%)	위상각 차(°)
0~500	0.3	10	20
500~1,500	0.2	5	15
1,500~20,000	0.1	3	10

(9) 저압 계통 연계 시의 변압기 시설

역변환 장치는 DC를 AC로 변환하는 장치를 말하며, 역변환 장치를 이용하여 배전 계통의 저압 간선로에 분산형 전원을 연계하는 경우에는 역변환 장치로부터 직류가 배전 계통으로 유입되는 것을 방지하기 위하여 분산형 전원에 변압기를 시설하여야 한다. 다만 다음에 해당하는 경우는 적용하지 않는다.

1) 역변환 장치의 직류 측 회로가 비접지 경우 또는 고주파 변압기를 사용하는 경우
2) 역변환 장치의 교류 출력 측에 직류 검출기를 시설하고, 직류 검출 시에 교류 출력을 정지시키는 기능을 갖춘 경우

(10) 단락 전류 제한 장치의 시설

분산형 전원을 연계하는 경우 배전 계통의 단락 용량이 다른 분산형 전원의 차단기 차단 용량 또는 전선의 순시 허용 전류 등을 초과하지 않도록 분산형 전원은 단락 전류를 제한하는 한류리액터 등의 장치를 시설하여야 한다. 이러한 단락 전류 제한장치로 대응할 수 없는 경우에는 다른 변전소의 배전 계통에 연계하거나 상위 전압의 송전 계통에 연계, 혹은 그 밖의 단락 전류를 제한하는 조치를 하여야 한다.

(11) 계통 연계용 보호 장치의 시설

1) 분산형 전원을 설치하는 경우 다음 사항 중 하나에 해당하는 이상 또는 고장 발생 시에 자동적으로 분산형 전원을 배전 계통으로부터 분리하기 위한 차단 장치를 시설한다.

① 분산형 전원의 이상 또는 고장

② 연계한 배전 계통의 이상 또는 고장

③ 단독 운전 상태

　단독 운전이란 분산형 전원이 연계되어 있는 배전 계통이나 그 상위 계통에서 고장이 발생하여 전력 계통 차단기가 개방되거나 작업, 화재 등의 발생으로 선로에 설치된 차단기를 개방한 경우에, 해당 분산형 전원이 전력 계통으로부터 분리된 배전 계통 부하의 분산형 전원에서 단독으로 전력을 공급하는 상태를 말한다.

④ 연계한 배전 계통의 이상, 고장 발생 시에 분산형 전원의 분리 시점은 해당 배전 계통의 재폐로 시점 이전이어야 한다. 이상 발생 후 해당 배전 계통의 전압, 주파수, 위상각 차는 동기화 조건 범위 내에 들어올 때까지 배전 계통과 분리 상태를 유지하는 등 연계한 배전 계통이 재폐로 방식과 보호 협조되어야 한다.

⑤ 분리 차단 장치는 잠금 장치가 있는 것으로 분산형 전원과 배전 계통 연계 지점 사이에 시설하여야 한다.

(12) 계통 연계의 안정성 및 전력 품질

1) 태양광 발전 시스템이 계통 전원과 공통 접속점에서의 전압을 능동적으로 조절하지 않도록 하며, 해당 수용가의 전압과 해당 발전 설비로 인해 기타 수용가의 표본 측정 지점에서의 전압이 표준 전압에 대한 전압 유지 범위를 벗어나지 않도록 한다.

2) 이 범위를 유지하지 못하는 경우, 전력 회사와 협의해 수용가의 자동 전압 조정 장치, 전용 변압기 또는 전용 선로 등의 적절한 조치를 취해야 한다.

3) 저압 연계의 경우, 수용가에서 역조류가 발생했을 때 저압 배전선 각부의 전압이 상승해 적정치를 이탈할 우려가 있으므로 해당 수용가는 다른 수용가의 전압이 표준 전압이 유지하도록 하기 위한 대책을 실시한다.

4) 전압 상승 대책은 연계점마다 계통측 조건과 발전 설비 측 조건을 고려해 전력 회사와 협의하는 것이 기본이나, 개발 협의 기간 단축과 비용 절감 측면에서 표준화 하는 것이 바람직하다.

5) 특고압 연계 시에는 중부하 시 태양광 발전원을 분리시킴으로써 기타 수용가의 전압이 저하될 수 있으며, 역 조류에 의해 계통 전압이 상승할 수 있다.

6) 전압 변동의 정도는 부하의 상황, 계통 구성, 계통 운용, 설치점, 자가용 발전 설비의 출력 등에 의해 다르므로, 개별적인 검토가 필요하다.
7) 전압 변동 대책이 필요한 경우 수용가는 자동 전압 조정 장치를 설치할 필요가 있으며, 대책이 불가능할 경우에는 배전선을 증강하거나 또는 전용선으로 연계하도록 한다.
8) 태양광 발전원 및 연계점에서의 고조파 방출 값은 한전 '배전 계통 고조파 관리 기준'의 고조파 검토 방법에 의한 제한 값 이하이어야 한다.
9) 한전의 배전 계통 관리기준 전압 고조파 왜형률 : 5[%] 이하(이 기준의 의미는 한전에서 전 배전 계통의 고조파 관리 목표를 전압 고조파 왜형률을 기준으로 5[%] 이하로 유지한다는 것이지 분산형 전원의 THD가 5[%] 이하가 되어야 한다는 의미는 아니다).
10) 고조파 관리 시 전압 왜형률은 전력 회사에서 계통 운용에 필요한 관리 목표치이며, 전류 왜형률은 각 전기 설비로부터 전력 계통에 유출되는 고조파 전류를 억제하기 위해 관리하는 값이므로 신·재생에너지 전원에 의한 고조파 영향을 제한하기 위해서는 연계 계통으로 유출되는 고조파 전류에 대한 제한치를 두어 관리하는 것이 타당하다.
11) 전 고조파 왜형률(THD)

① 전압 고조파 왜형률(V_{THD})

$$V_{THD} = \sqrt{V_2^2 + V_3^2 + \cdots V_n^2} \times \frac{100}{V_1} [\%]$$

② 전류 고조파 왜형률(I_{THD})

$$I_{THD} = \sqrt{I_2^2 + I_3^2 + \cdots I_n^2} \times \frac{100}{I_1} [\%]$$

〈전류에 대한 최대 고조파 전류 왜형률〉

고조파 치수	<11	11≤h≤17	17≤h≤23	23≤h≤35	35≤h	TDD
비율(%)	4.0	2.0	1.5	0.6	0.3	5.0

13) 태양광 발전원을 설치하는 수용가의 공통 접속점에서의 역률은 원칙적으로 지상역률 90[%] 이상으로 하며, 진상 역률이 되지 않도록 한다.
14) 역조류가 없는 경우, 발전 장치 내의 파워컨디셔너는 역률 100[%] 운전은 원칙으로 하며, 발전 설비의 종합 역률은 지상 역률 95[%] 이상이 되도록 한다. 전압 변동

기술 요건을 유지하기 힘든 경우에는 전력 회사와 개별적으로 협의한다.

15) 태양광 발전원과의 연계 계통에서 발생하는 플리커는 순시 전압 강하에 대한 대책으로 국내 분산형 전원 계통 연계 기준에서는 별도의 기준을 두지 않는다.

16) 계통 주파수가 비정상 범위 내에 있을 경우 30[kW] 이하의 수용가는 계통 주파수가 60.5[Hz]보다 크거나 59.3[Hz]보다 작을 경우 0.16초 이내에 한전 계통에 대한 가압을 중지하여야 한다. 30[kW] 초과의 수용가의 경우 계통 주파수가 60.5[Hz]보다 크거나, 57[Hz]보다 작을 경우 0.16초 이내에 분리해야 하며, 57.0~59.0일 경우 주파수 범위 정정치를 현장에서 조정할 수 있어야 하며 분리시간도 0.16~300초로 현장에서 조정할 수 있어야 한다.

(13) 분산형 전원의 계통 연계 시 기술적 고려 사항

1) 공급 신뢰도 및 안전 확보에 관한 사항
① 보호 계전 방식 및 보호 협조 확보
② 단락 용량 증가에 대한 고려
③ 단독 운전으로 인한 안전 문제
④ 긴급 시 연락 및 복구 체계

2) 전력 품질 확보에 관한 사항
① 전압 변동
② 역률 저하
③ 고조파 발생으로 인한 장해

4. 전기실 건축물 시공

(1) 전기실 일반조건

1) 건조한 장소를 선정하고, 물이 침입하거나 침투할 우려가 없도록 조치를 강구하여야 한다.
2) 고온 다습한 장소에 시설하는 경우에는 환기설비 및 냉방장치 설치를 검토하여야 한다.

(2) 전기실 특별조건

1) 기초는 기기의 설치에 충분한 강도를 가져야 한다.
2) 전기실은 불연 재료로 만들어진 벽·기둥·바닥 및 천장으로 구획하고, 창문 및 출입구는

방화문으로 설치하여야 한다.
3) 환기가 가능한 구조로 하고, 소동물이 침입할 수 없도록 시공하여야 한다.
4) 전기실은 침수 방지 구조로 하고, 바닥면이 예상 침수높이 이상이 되도록 설치하여야 한다.
5) 기기 등의 보수, 점검 및 교체 등에 지장이 없도록 시공하여야 한다.
6) 전기실은 비상조명설비를 시설하여야 한다.
7) 전기실에는 위험표시를 하고 일반 사람이 쉽게 접근할 수 없도록 하여야 한다.
8) 전기실 시공에 대한 상세사항은 공사시방서에 따른다.

(3) 전기실의 건축적인 고려사항

- 실내 높이
- 변전기기 설치, 운영, 보수를 위한 충분한 높이를 확보해야 한다.
- 1차측 전원의 전압이 20kV급의 경우 전기실의 보 아래에서 바닥면까지 4.5m 이상 확보하여야 한다.
- 바닥면의 하중은 변압기와 같은 중량물에 견디는 구조로 해야 한다
- 넓이는 기기등의 보수, 점검 및 교체에 지장이 없는 구조일 것
- 운전 조작, 감시제어에 지장이 없도록 배전반, 장비 등을 배치한다.
- 전기실 내부의 마감에는 먼지가 발생되지 않는 재료를 사용한다.

(단위: m)

위치별 기기별	앞면 또는 조작·계측면	뒷면 또는 점검면	열상호간 (점검하는 명) 【주】	기타의 면
특고압 배전반	1.7	0.8	1.4	-
고압 배전반	1.5	0.6	1.2	-
저압 배전반	1.5	0.6	1.2	-
변압기 등	0.6	0.6	1.2	0.3

[수전설비의 배전반등의 최소유지거리]

수전전압	전력수전 용량	확보면적
특고압 또는 고압	100킬로와트 이상	가로 2.8미터, 세로 2.8미터
저압	75킬로와트 이상 150킬로와트 미만	가로 2.5미터, 세로 2.8미터
저압	150킬로와트 이상 200킬로와트 미만	가로 2.8미터, 세로 2.8미터
저압	200킬로와트 이상 300킬로와트 미만	가로 2.8미터, 세로 4.6미터
저압	300킬로와트 이상	가로 2.8미터 이상, 세로 4.6미터 이상

[전기설비 설치공간 확보기준]

1) 전기설비 설치공간은 배관, 맨홀 등을 땅속에 설치하는데 지장이 없고 전기사업자의 전기설비설치, 보수, 점검 및 조작등 유지관리가 용이한 장소이어야 한다.
2) 전기설비 설치공간은 해당 건축물 외부의 대지상에 확보하여야 한다. 다만 외부 지상공간이 좁아서 그 공간확보가 불가능한 경우에는 침수우려가 없고 습기가 차지 아니하는 건축물의 내부에 공간을 확보할 수 있다.
3) 수전전압이 저압이고 전력수전 용량이 150kW 미만인 경우로서 공중으로 전력을 공급받는 경우에는 전기설비 설치공간을 확보하지 않을 수 있다.

(4) 배전반의 시공

1) 베이스용 형강은 윗면이 수평이 되도록 조정하고, 기초볼트로 바닥면에 고정시켜야 한다.
2) 배전반은 베이스 위에 설치하고, 볼트로 고정하여야 한다.
3) 옥외형 배전반은 침수가 되지 않도록 하고, 배전반의 중량을 안전하게 지지할 수 있는 기초 위에 설치하여야 한다.
4) 배전반의 설치는 작업공간을 확보하기 위하여 반입구보다 먼 쪽부터 설치한다. 다만, 수량이 많은 경우 오차를 줄이기 위하여 중앙 부분부터 설치할 수 있다.
5) 배치를 완료한 후 배전반과 베이스 사이 및 배전반과 배전반 사이에 레벨을 조정하고, 오차는 공사시방서에 따른다.
6) 배전반 시공의 상세 사항은 공사시방서에 따른다.

(5) 변압기의 시공

1) 변압기는 견고하게 설치하고, 바닥에 수평이 되도록 고정하여야 한다.
2) 변압기와 버스 바의 접속은 변압기의 진동이 버스 바에 전달되지 않도록 가요도체를 사용하여야 한다.
3) 콘크리트 기초 작업이 끝나고 변압기 기초 대를 설치할 때는 출력단자(중앙부 단자)를 기준으로 중심을 잡은 다음 설치하여야 한다.

(6) 배선 시공

1) 케이블을 케이블트레이 및 트렌치에 배선할 때에는 계통별로 위에서 아래로 정연하게 하여야 한다. 다만, 식별이 어려운 장소에는 표찰을 부착하거나 표기하여야 한다.
2) 케이블은 사용 전압(고압·특고압·저압 등) 별로 이격하여 배선하여야 한다.
3) 기기단자·단자대 또는 단자함에서의 접속하는 케이블은 단자에 장력이 걸리지 않도록 시공하여야 한다.
4) 전선 및 케이블의 양단 끝에는 기기명칭 등을 기입한 표지(mark band)를 부착하여야 한다.
5) 건축물·구조물의 관통 시 및 배선방법은 습기·먼지 등이 침입하지 않는 공법으로 하여야 한다.
6) 인입배관 및 접지시험 단자함의 누수방지를 위하여 현장요건에 따라 감리자의 승인을 받아 보완공사를 하여야 한다.
7) 변압기와 동대와의 접촉에는 가요도체를 사용하거나 가요성능을 갖는 전선으로 접속하여야 한다.
8) 배선 시공의 상세 사항은 공사시방서에 따른다.

(7) 내진 시공

1) 건축물에 시설하는 수변전실의 전기설비는 지진으로부터 재해를 입지 않도록 하여야 한다.
2) 전기설비가 지진으로 인하여 이동·전도(넘어짐)·낙하하는 경우 수배전반 내부의 구성품이 유동되므로 이로 인한 정전 및 화재 등 피해를 입지 않도록 하여야 한다.
3) 내진시공에 대한 상세사항은 공사시방서에 따른다.

(8) 전기 및 위험물 관련 법규 등

| 3. 전기, 전자 기초 | | |

1. 송전설비 기초 이론

(1) 정의

발전 설비에서 생산된 전력을 직접 소비하는 수용가까지 유통 배분하는 설비로 송전선, 배전선, 변전소 및 이들과 밀접한 관계를 갖는 각종 보호 장치, 제어 장치, 조정 장치(차단기, 피뢰기, 보호 계전 시스템, 전압 조정용 콘덴서)

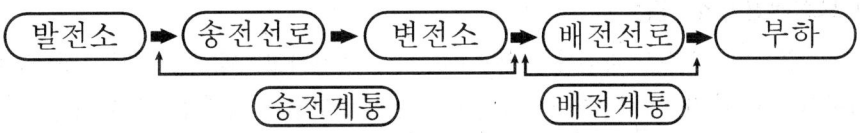

제 5 장 태양광발전장치 준공검사

| 1. 태양광발전 사용전 검사 | | |

1 보호계전기 특성 및 동작시험

1. 보호계전기 특성 및 동작시험

(1) 보호계전기의 특성

1) 보호계전기의 역할

보호계전기의 역할은 과전류, 지락사고전류, 정전사고, 과전압등으로 파급되는 사고를 인식하여 계전기가 동작하여 VCB 내부의 트립코일에 전압을 인가하여 여자가 되면 VCB가 연동하여 전원을 차단하는 역할을 한다.

① 방향성 지락계전기 (67N) : DGR (Directinoal Ground Relay) : 이계전기는 지락보호를 목적으로 영상전압, 영상전류의 벡터량 관계위치에서 동작하며, 영상전류가 어느 방향으로 흐르고 있는가를 판정하는 것인데, 주로 특고압 송전원(비접지계통, 고저항 접지계통, 직접 접지계통)이나 배전선(비접지계통)의 지락보호, 혹은 후비보호에 사용되고 있으며, 고장점까지의 거리측정을 필요로 하지 않는 곳에 사용된다.

② 역전력 계전기(RPR : Reverse Power Relay) (32P , 32Q) :병렬 운전하는 발전기의 경우 다른 발전기 쪽으로 역전력이 흘러들어가는 것을 방지하며, 발전기가 모터가 되어 전력을 소비할 때나 수전만을 약속한 수용가에 전력이 계통으로 송전될 때 동작하는 계전기입니다. 또 일반 수용가는 전력회사에서 일방적으로 전력을 구매하여 전기를 사용하므로 전력 조류가 전력회사에서 수용가쪽으로 한 방향으로만 흐르게 된다. 그러나 수용가 측에서 예를 들어 열병합발전설비와 같은 분산전원을 설치하여 전력계통과 병렬운전하게 될 경우 전력회사측에서 병렬운전만 허용하고 수용가측 잉여전력을 구매하지 않는 조건이라면 수용가는 발전한 잉여 유효전력이 전력회사측으로 흘러나가지 않도록 할 의무가 있다. 이와 같이 전력회사로부터 일방적으로 전력을 수전만 할 때 사용하는 계전기가 유효역전력 계전기이다.

ⓐ 역방향 유효전력(32P) 보호계전기

유효전력의 크기와 방향을 동작하는 계전기로 정상상태에서 한전측에서 발전된 저력이 분산전원측으로 유입되는 것을 방지하며 한전측의 선로공사 등으로 한전 개폐기를 개로시 선로 정비기술자의 안전사고를 방지하는 보호계전기이다.

ⓑ 역방향 무효전력(32Q) 보호계전기

　　계통의 1선지락 고장시 고장 무효전력을 검출하여 동작하고, 발전소 내부의 1선지락 및 단락보호용으로 사용된다.

③ 주파수계전기(81O, 81U) : 교류의 주파수에 따라 동작하는 계전기이며 주파수가 일정치 보다 높을 경우 동작하는 것을 과주파수계전기 (81O : Over Freguency Relay)라 하며 낮을 때 동작하는 것을 저주파수계전기(81U ; under Frequency Relay)라고 하고 전력계통 보호용으로는 저주파수계전기가 많이 사용되고 과주파수계전기는 주로 회전기기의 과속도 운전에 대한 보호용으로 사용된다.

④ 과전류계전기(51) : (OCR ; Over Current Relay)

　과전류계전기는 변류기(CT)의 2차측에 접속되어 전류가 계전기의 정정전류치를 초과할 때 동작하는 계전기이다. 이 계전기는 보호방식이 간단하고 단락 및 과부하 보호용으로 많이 사용하고 있는데 트립회로가 어떻게 구성되느냐에 따라 상시개로형과 상시폐로형으로 나누어진다. 즉, 계전기의 주 코일회로와 트립회로가 전기적으로 분리되어 있는것을 상시개로형이라 하고 접점에 의해서 주 코일과 트립회로가 전기적으로 접촉되는 것을 상시폐로형이라 하며 대부분 고압에서는 상시개로형을 사용한다.

⑤ 지락과전류계전기(51G) (OCGR : Over Current Ground Relay) : 계전기는 과전류계전기보다 동작전류가 작고, 배전선이나 기기의 지락보호에 사용된다.

⑥ 과전압계전기(59) : (OVR, Over Voltage Relay) : 구조는 모두 유도형이며 계전기의 전압 코일에 계기용 변압기 2차 전압을 걸어 주고 전압이 이상 상승하거나 저하했을 때 설정값에 따라 접점이 개로하므로 차단기를 동작하게 하거나 또는 경보를 해주는 것이나. 주로 전력회로의 과진압 및 부족진압 보호에 사용된다. 괴전압 계전기는 PT 전압의 130[%]에서 정정한다.

⑦ 부족전압계전기(27)(UVR ; Under Voltage Relay) : 부족전압계전기는 전압이 선택값 이하가 되면 동작하게 되는 단일요소 계전기이며, 계통의 단락사고 및 지락사고 시의 전압저하, 재폐로 투입시의 무전압 확인용 등에 사용되고 있다. 부족전압계전기의 정격전압은 PT 2차 전압의 80[%]에서 정정한다.

⑧ 지락과전압 계전기(64) (OCGR : Over Current Ground Relay) : 계전기는 과전류계전기보다 동작전류가 작고, 배전선이나 기기의 지락보호에 사용된다.

⑨ 결상계전기 (P.O.R : Phase Open Relay) 3상선로에서 1상 또는 2상이 단선이 되거나 정정치(또는 고정치) 이하의 전압 또는 역상이 유입되면 접점이 폐로(Close) 또는 개로(Open) 되어 동작신호를 출력하는 계전기이다.

(2) 보호계전기의 동작시험

1) 보호계전기 및 차단기의 동작시험 목적
① 과부하, 단락사고에 의한 파급 사고 예방역할 확인
② 지락사고에 의한 파급사고 예방
③ 외부 정전사고에 의한 내부기기 보호역할 확인
④ 과전압에 따른 내부 기기 보호 역할
⑤ 보호계전기와 차단기의 연동시험
⑥ 기타 수전설비의 보호 목적

2) 보호계전기의 시험종류(디지털보호계전기 규정)
① 최소동작전류시험 : 각 계전기에 전류, 전압을 가하여 최소상태에서 계전기가 동작하는 지점확인
② 시한특성시험 : 각 계전기의 시험과정에서 얻은 시험전류, 전압값으로 차단기 연동 시험의 기준값
③ 차단기 연동 시험 : 시험전류, 전압을 공급하여 차단기가 동작하는 지점의 동작시간

2. 과전류계전기(OCR) : 기기 또는 선로의 과부하, 단락 고장전류를 검출하여 회로를 차단함으로써 해당기기 및 선로를 보호하는데 사용되는 과전류 계전요소에 대하여 적용한다. 계전기는 단락 고장 시 검출 가능한 순시 및 한시 동작 기능을 가져야 하며 쉽게 변경 조작이 가능한 구조이어야 한다. 한시 동작은 전류-시간 특성 특성으로 동작해야 하고 조정범위 내에서 10단계 이상 조정 가능하여야 하며, 반한시, 강반한시 및 초반한시 중 1개 이상의 특성을 내장(입력)하고 선택하여 사용할 수 있어야 한다.

(1) 동작값 시험
제조사는 시험 전 계전기 동작 정정값의 범위를 명확하게 제시해야 한다. 표의 순시 및 한시 동작 정정범위를 가져야 하며 쉽게 변경 조작이 가능한 구조이어야 한다.

[단락 과전류 요소의 동작특성 및 조정범위]

동작구분	동작전류 정정	동작시간 특성		비 고
		조정범위	특 성	
순시요소	정격전류의 (200 ~ 1600) % (10단계 이상 조정 가능)	50 ms 이하	순시	
한시요소	정격전류의 (40 ~ 240) %, (2 ~ 12) A 또는 (40 ~ 320) %, (2 ~ 16) A (10단계 이상 조정 가능)	10단계 이상 조정가능	반한시 및 강반한시 초반한시	1개 이상의 특성을 내장 선택 사용

제조사가 제시한 정정값 범위 내에서 계전기의 순시요소는 한시요소 동작시간 정정값을 최댓값에 정정하고, 동작전류 정정값을 최소, 중간, 최댓값에서 시험했을 때 정정값의 ±5 % 범위에서 동작해야 한다. 계전기의 한시요소는 동작시간 정정값을 최솟값에 정정하고, 동작전류 정정값은 최소, 중간, 최댓값에서 시험했을 때 정정값의 ±5 % 범위에서 동작해야 한다.

(2) 동작시간 시험

순시요소 시험은 동작전류 정정값을 최솟값으로 정정한 상태에서 정정값의 200 % 전류를 인가하였을 때 동작시간은 50ms 이하이어야 한다. 한시요소 시험은 계전기의 동작전류를 최솟값에 정정하고, 동작시간 정정값은 최소, 최댓값으로 정정한 상태에서 동작전류 정정값(최솟값)의 200%, 700%, 2000%를 인가했을 때 각각 공칭동작시간의 ±5% 또는 ±35ms 중 큰 값에서 동작해야 한다.

(3) 복귀값 시험

계전기의 순시 및 한시요소 복귀값 특성은 동작시간 정정값을 최댓값으로 정정하고, 동작전류 정정값을 최솟값으로 정정한 후 시험했을 때 동작전류 정정값의 95% 이상에서 복귀해야 한다.

(4) 복귀시간 시험

계전기의 순시요소 복귀시간 특성은 한시요소 동작시간 정정값을 최댓값으로 정정하고, 동작전류 정정값을 최솟값으로 정정한 후 동작상태에서 인가전류를 0%로 급변 시 50ms 이하이어야 한다. 계전기의 한시요소 복귀시간 특성은 동작전류 정정값의 700 %의 전류를 인가한 상태에서 0%로 급변하였을 때 0.1s 이하이어야 한다.

3. 지락과전류계전기(OCGR) : 1상 및 2상 또는 3상 지락고장전류를 검출하여 회로의 지락고장으로부터 그 해당기기 및 선로를 보호하는데 사용되는 지락과전류계전요소에 대하여 적용한다. 계전기는 지락 고장 시 검출 가능한 순시 및 한시 동작 기능을 가져야 하며 쉽게 변경 조작이 가능한 구조이어야 한다. 한시 동작은 전류-시간 특성으로 동작해야 하고 조정범위 내에서 5단계 이상 조정 가능하여야 하며, 반한시, 강반한시 및 초반한시 중 1개 이상의 특성을 내장(입력)하고 선택 사용할 수 있어야 한다.

(1) 동작값 시험

제조자는 시험 전 계전기 동작 정정값의 범위를 명확하게 제시해야 한다. 표의 순시 및 한시 동작 정정범위를 가져야 하며 쉽게 변경 조작이 가능한 구조이어야 한다.

[지락과 전류 요소의 동작특성 및 조정범위]

동작구분	동작값 정정	동작시간 특성		비 고
		조정범위	특 성	
순시요소	정격전류의 (200 ~ 400) % (5단계 이상 조정 가능)	50 ms 이하	순시	
한시요소	정격전류의 (10 ~ 40) % (5단계 이상 조정 가능)	~ 10.0) s (5단계 이상 조정가능)	정한시	
		5단계 이상 조정가능	반한시 및 강반한시 초반한시	1개 이상의 특성을 내장 선택 사용

제조자가 제시한 정정값 범위 내에서 계전기의 순시요소는 한시요소 동작시간 정정값을 최댓값에 정정하고, 동작전류 정정값을 최소, 중간, 최댓값에서 시험하였을 때 정정값의 ±5% 범위에서 동작해야 한다. 계전기의 한시요소는 동작시간 정정값을 최솟값에 정정하고, 동작전류 정정값은 최소, 중간, 최댓값에서 시험하였을 때 정정값의 ±5% 범위에서 동작해야 한다.

(2) 동작시간 시험

순시요소 시험은 동작전류 정정값을 최솟값으로 정정한 상태에서 정정값의 200 % 전류를 인가하였을 때 동작시간은 50ms 이하이어야 한다. 한시요소 시험은 계전기의 동작전류를 최솟값에 정정하고, 동작시간 정정값은 최소, 최댓값으로 정정한 상태에서 동작전류 정정값(최솟값)의 200%, 700%, 2000%를 인가하였을 때 각각 공칭동작시간의 ±5% 또는 ±35ms 중 큰 값에서 동작해야 한다.

(3) 복귀값 시험

계전기의 순시 및 한시요소 복귀값 특성은 동작시간 정정값을 최댓값으로 정정하고, 동작전류 정정값을 최솟값으로 정정한 후 시험하였을 때 동작전류 정정값의 95 % 이상에서 복귀해야 한다.

(4) 복귀시간 시험

계전기의 순시요소 복귀시간 특성은 한시요소 동작시간 정정값을 최댓값으로 정정하고, 동작전류 정정값을 최솟값으로 정정한 후 동작상태에서 동작값의 0% 로 급변 시 50ms 이하이어야 한다. 계전기의 한시요소 복귀시간 특성은 동작전류 정정값의 700%의 전류를 인가한 상태에서 0으로 급변하였을 때 0.1s 이하이어야 한다.

4. **과전압계전기(OVR)** : 기기나 선로에 계통의 이상상태로 과전압이 발생할 때 이를 검출하여 회로를 차단하거나 경보신호를 발생시켜 과전압 상태의 기기나 선로를 보호하는데 사용되는 과전압 계전요소에 대하여 적용한다. 계전기는 고장 시 검출 가능한 한시 동작 기능을 가져야 하며 쉽게 변경 조작이 가능한 구조이어야 한다. 한시 동작은 전압-시간 특성으로 동작해야 하고 조정범위 내에서 5단계 이상 조정 가능하여야 하며, 반한시 및 정한시 중 1개 이상의 특성을 내장(입력)하고 선택 사용할 수 있어야 한다.

(1) 동작값 시험

제조자는 시험 전 계전기 동작 정정값의 범위를 명확하게 제시해야 한다. 표의 한시 동작 정정범위를 가져야 하며 쉽게 변경 조작이 가능한 구조이어야 한다.

[과전압 요소의 동작특성 및 조정범위]

동작구분	동작값 정정	동작시간 특성		비고
		조정범위	특성	
한시요소	정격전압의 (110 ~ 140) % (5단계 이상 조정 가능)	~10.0) s (5단계 이상 조정가능)	정한시	
		5단계 이상 조정가능	반한시	

계전기의 한시요소는 동작시간 정정값을 최솟값에 정정하고, 동작전압 정정값은 최소, 중간, 최댓값에서 시험하였을 때 정정값의 ±5% 범위에서 동작해야 한다.

(2) 동작시간 시험

한시요소 시험은 계전기의 동작전압을 최솟값에 정정하고, 동작시간 정정값은 최소, 최댓값으로 정정한 상태에서 동작전압 정정값(최솟값)의 1.3배, 1.5배, 2.0배의 전압을 인가하였을 때 각각 공칭동작시간의 ±5 % 또는 ±35ms 중 큰 값에서 동작해야 한다.

(3) 복귀값 시험

계전기의 한시요소 복귀값 특성은 동작시간 정정값을 최댓값으로 정정하고, 동작전압 정정값을 최솟값으로 정정한 후 시험하였을 때 동작전압의 95 % 이상에서 복귀해야 한다.

(4) 복귀시간 시험

계전기의 한시요소 복귀시간 특성은 한시요소 동작시간 정정값을 최댓값으로 정정하고, 동작전압 정정값을 최솟값으로 정정한 후 동작 상태에서 입력 전압을 0으로 급변하였을 때 0.1s 이하이어야 한다.

5. 지락과전압계전기(OVGR) : 배전선로의 지락사고 시 접지 변압기 3차측에 정정값 이상의 전압이 발생하면 일정시간 후 개폐기를 동작시키는 지락과전압 계전 요소에 대하여 적용한다. 계전기는 고장 시 검출 가능한 순시 및 한시 동작 기능을 가져야 하며 쉽게 변경 조작이 가능한 구조이어야 한다. 한시 동작은 전압-시간 특성으로 동작해야 하고 조정범위 내에서 5단계 이상 조정 가능하여야 하며, 반한시 및 정한시 중 1개 이상의 특성을 내장(입력)하고 선택 사용할 수 있어야 한다.

(1) 동작값 시험

제조자는 시험 전 계전기 동작 정정값의 범위를 명확하게 제시해야 한다. 표의 순시 및 한시 동작 정정범위를 가져야 하며 쉽게 변경 조작이 가능한 구조이어야 한다.

[지락과전압 요소의 동작특성 및 조정범위]

동작구분	동작값 정정	동작시간 특성		비고
		조정범위	특성	
순시요소	정격전압의 (20 ~ 35) % (5단계 이상 조정 가능)	50 ms 이하	순시	
한시요소	정격전압의 (20 ~ 35) % (5단계 이상 조정 가능)	(0.1 ~ 10.0) s (5단계 이상 조정가능)	정한시	
		5단계 이상 조정가능	반한시	

제조사가 제시한 정정값 범위 내에서 계전기의 순시요소는 한시요소 동작시간 정정값을 최댓값에 정정하고, 동작전류 정정값을 최소, 중간, 최댓값에서 시험하였을 때 정정값의 ±5 % 범위에서 동작해야 한다. 계전기의 한시요소는 동작시간 정정값을 최솟값에 정정하고, 동작전압 정정값은 최소, 중간, 최댓값에서 시험하였을 때 정정값의 ±5 % 범위에서 동작해야 한다.

(2) 복귀값 시험

계전기의 한시요소 복귀값 특성은 동작시간 정정값을 최댓값으로 정정하고, 동작전압 정정값을 최솟값으로 정정한 후 시험하였을 때 동작전압의 95 % 이상에서 복귀해야 한다.

(3) 복귀시간 시험

계전기의 한시요소 복귀시간 특성은 한시요소 동작시간 정정값을 최댓값으로 정정하고, 동작전압 정정값을 최솟값으로 정정한 후 동작 상태에서 입력 전압을 0으로 급변하였을 때 0.1s 이하이어야 한다.

6. 지락과전압계전기(OVGR) : 배전선로의 지락사고 시 접지 변압기 3차측에 정정값 이상의 전압이 발생하면 일정시간 후 개폐기를 동작시키는 지락과전압 계전요소에 대하여 적용한다. 계전기는 고장 시 검출 가능한 순시 및 한시 동작 기능을 가져야 하며 쉽게 변경 조작이 가능한 구조이어야 한다. 한시 동작은 전압-시간 특성으로 동작해야 하고 조정범위 내에서 5단계 이상 조정 가능하여야 하며, 반한시 및 정한시 중 1개 이상의 특성을 내장(입력)하고 선택 사용할 수 있어야 한다.

(1) 동작값 시험

제조자는 시험 전 계전기 동작 정정값의 범위를 명확하게 제시해야 한다. 표의 순시 및 한시 동작 정정범위를 가져야 하며 쉽게 변경 조작이 가능한 구조이어야 한다.

[지락과전압 요소의 동작특성 및 조정범위]

동작구분	동작값 정정	동작시간 특성		비고
		조정범위	특성	
순시요소	정격전압의 (20 ~ 35) % (5단계 이상 조정 가능)	50 ms 이하	순시	
한시요소	정격전압의 (20 ~ 35) % (5단계 이상 조정 가능)	(0.1~ 10.0) s (5단계 이상 조정가능)	정한시	
		5단계 이상 조정가능	반한시	

제조사가 제시한 정정값 범위 내에서 계전기의 순시요소는 한시요소 동작시간 정정값을 최댓값에 정정하고, 동작전류 정정값을 최소, 중간, 최댓값에서 시험하였을 때 정정값의 ±5 % 범위에서 동작해야 한다. 계전기의 한시요소는 동작시간 정정값을 최솟값에 정정하고, 동작전압 정정값은 최소, 중간, 최댓값에서 시험하였을 때 정정값의 ±5% 범위에서 동작해야 한다.

1) 동작시간 시험

한시요소 시험은 계전기의 동작전압을 최솟값에 정정하고, 동작시간 정정값은 최소, 최댓값으로 정정한 상태에서 동작전압 정정값(최솟값)의 0.7배, 0.5배, 0배를 인가하였을 때 각각 공칭동작시간의 ±5% 또는 ±35ms 중 큰 값에서 동작해야 한다.

(2) 복귀값 시험

계전기의 한시요소 복귀값 특성은 동작시간 정정값을 최댓값으로 정정하고, 동작전압 정정값을 최솟값으로 정정한 후 전압을 인가하였을 때 동작전압 정정값의 105 % 이상에서 복귀해야 한다.

(3) 복귀시간 시험

계전기의 한시요소 복귀시간 특성은 한시요소 동작시간 정정값을 최댓값으로 정정하고, 동작전압 정정값을 최솟값으로 정정한 후 동작 상태에서 입력 전압을 105 %로 급변하였을 때 0.1 s 이하이어야 한다.

2 접지 및 절연저항

1. 접지공사

(1) 접지공사를 실시하는 목적

1) 기기 절연물이 열화 또는 손상되었을 때 흐르는 누설전류로 인한 감전 방지용
2) 고저압 혼촉사고가 발생하였을 때 인축에 위험을 주는 고압 전류를 대지로 흘리어 감전을 방지하는 작용
3) 뇌해 방지용
4) 송전선, 배전선, 고저압 모선 등에서 지락사고가 발생하였을 때 계전기를 신속하고 확실하게 동작하도록 하는 작용
5) 기기 및 배전선에서 이상전압이 발생하였을 때 대지 전위를 억제하고 절연강도를 경감시키는 작용

2. 접지 및 접지시스템

접지의 종류(기능)

구분	목적
전기설비의 보안용 접지	전기설비에 있어서 전로나 비충전금속부분을 접지하는 것에 의해 감전이나 화재를 방지한다.
뇌해방지용 접지	피뢰침이나 피뢰기의 접지로 뇌방전전류를 안전하게 대지로 흘려보내는 것을 목적으로 한다.
정전기장해방지용 접지	정전기를 안전하게 대지로 방류하기 위한 접지
잡음방지용 접지	통신설비 등에 있어서 잡음에너지를 대지에 방류하기 위한 접지
기능용 접지	전자계산기 등에 있어서 전위의 안정된 기준을 얻기 위한 접지
회로용 접지	전기방식에서 대지를 회로의 일부로서 이용하기 위한 접지

(2) 중성점 비접지식 고압전로 (제2호에 규정하는 것을 제외한다)

1) 전선에 케이블 이외의 것을 사용하는 전로

$$I_1 = 1 + \frac{\frac{V}{3} \times L - 100}{150}$$

우변의 제2항의 값은 소수점 이하는 절상한다. I1이 2미만으로 되는 경우에는 2로 한다.

2) 전선에 케이블을 사용하는 전로

$$I_1 = 1 + \frac{\frac{V}{3} \times L' - 1}{2}$$

우변의 제2항의 값은 소수점 이하는 절상한다. I1이 2미만으로 되는 경우에는 2로 한다.

3) 전선에 케이블 이외의 것을 사용하는 전로와 전선에 케이블을 사용하는 전로로 되어 있는 전로

$$I_1 = 1 + \frac{\frac{V}{3} \times L - 100}{150} + \frac{\frac{V}{3} \times L' - 1}{2}$$

우변의 제2항 및 제3항의 값은 각각의 값이 마이너스로 되는 경우에는 영으로 한다.

- I_1의 값은 소수점 이하는 절상한다. I1이 2미만으로 되는 경우에는 2로 한다.
- I_1은 일선지락 전류(A를 단위로 한다)
- V는 전로의 공칭전압을 1.1로 나눈 전압(kV를 단위로 한다)
- L은 동일모선에 접속되는 고압전로(전선에 케이블을 사용하는 것에 한한다)의 선로연장(km를 단위로 한다)
- L'는 동일모선에 접속되는 고압전로(전선에 케이블을 사용하는 것을 제외한다)의 전선연장(km를 단위로 한다)

4) 중성점 접지식 고압전로(다중접지선 중성선을 가지는 것은 제외한다) 및 대지로부터 절연하지 아니하고 사용하는 전기보일러·전기로 등을 직접 접속하는 중성점 비접지식 고압전로

$$I_2 = \sqrt{I_1^2 + \frac{V^2}{3R^2} \times 10^6}$$ (소수점 이하는 절상한다)

- I_2는 일선지락 전류(A를 단위로 한다)
- I_1은 제1호에 의하여 계산한 일선지락 전류
- V는 전로의 공칭전압(kV를 단위로 한다)
- R는 중성점에 사용하는 저항기의 전기저항치(중성점의 접지공사의 접지저항치를 포함하는 것으로 하며 Ω을 단위로 한다)

5) 중성점 리액터 접지식 고압전

$$I_3 = \sqrt{\left[\frac{\frac{V}{\sqrt{3}} \times R}{R^2 + X^2} \times 10^3\right]^2 + \left[I_1 - \frac{\frac{V}{\sqrt{3}} \times R}{R^2 + X^2} \times 10^3\right]^2}$$

- 소수점 이하는 절상한다. I_3이 2미만으로 되는 경우에는 2로 한다.
- I_3은 일선지락 전류(A를 단위로 한다)
- I_1은 제1호에 의하여 계산한 전류치
- V는 전로의 공칭전압(kV를 단위로 한다.)
- R는 중성점에 사용하는 리액터의 전기저항치(중성점의 접지공사의 접지저항치를 포함하는 것으로 하며 Ω을 단위로 한다)

6) 저압전로에서 그 전로에 지기가 생겼을 경우에 0.5초이내에 자동적으로 전로를 차단하는 장치를 시설하는 경우에는 이 표의 규정에도 불구하고 제3종 및 특별3종접지공사의 접지 저항치는 자동차단기의 정격감도전류에 따라 다음표에서 정한 값 이하로 하여야 한다.

정격감도전류	접 지 저 항 치
30 mA	500 Ω
50 mA	300 Ω
100 mA	150 Ω
200 mA	75 Ω
300 mA	50 Ω
500 mA	30 Ω

3 접지선

(1) 접지선은 KSC IEC 0804(접지선 및 접지측 전선등의 색별통칙)에 적합한 제품을 사용하며, 접지선은 수전실, 전기실에 시설한 것을 제외하고 IV전선 또는 이와 동등이상의 절연효력이 있는 전선을 사용하는 것을 원칙으로 한다.

(2) 접지공사의 접지선의 굵기 선정 및 시설방법은 내선규정 140-5(제 2 종 접지공사의 시설방법)의 규정에 따라야 하며, 다음의 각호에 적합하게 시설하여야 한다.

ⓐ 접지선이 외상을 받을 우려가 있는 경우에는 금속관(가스철관등을 포함한다),합성수지관등에 넣는다. 다만, 피뢰침, 피뢰기등의 접지선은 강제금속관에 넣지 않는다.

ⓑ 접지선은 피접지기계기구에서 60㎝ 이내의 부분과 지중부분을 제외하고는 금속관, 합성수지관등에 넣어 외상을 방지한다.

ⓒ 접지하는 전기기계기구의 금속제외함, 배관등과 접지선과의 접속은 전기적으로나 기계적으로 확실하게 하여야 한다.

① 특별고압전로 또는 고압전로와 저압전로를 결합하는 변압기의 저합측 중성점에는 제2종 접지공사를 시행한다. 다만, 저압전로의 사용 전압이 300V 이하의 경우에 있어서 당해 접지공사를 중성점에 시설하기 어려울 경우는 저압측의 임의의 한 단자에 시설할 수 있다.

② 수전실, 전기실등 이외에 접지선을 전주, 옥측(屋側) 기타 사람이 접촉될 우려가 있는 장소에 시설하는 제 1종 및 제 2종 접지공사의 접지선은 다음 각 호에 의한다.

ⓐ 접지극은 지하 75㎝ 이상의 깊이로 매설한다.

ⓑ 접지선은 접지극에서 지표상 60㎝ 까지의 부분에는 절연전선, 캡타이어 케이블(3종 캡타이어케이블, 3종 클로로프렌 캡타이어케이블, 4종 캡타이어케이블, 4종 클로로프렌캡타이케이블) 또는 케이블(클로로프렌외장케이블 및 비닐외장케이블에 한한다)을 사용한다.

ⓒ 접지선의 지표면하 75mm 에서 지표상 2m 까지의 부분에는 합성수지관(두께 2㎜ 미만의 합성수지제전선관 및 콤바인덕트관을 제외한다) 또는 이와 동등 이상의 절연효력 및 강도가 있는 것으로 덮는다.

ⓓ 접지선을 시설한 지지물에는 피뢰침용 접지선을 시설하여서는 아니된다.

④ 전등,전력용, 소세력회로용 및 출퇴근표시등회로용의 접지극 또는 접지선은 피뢰침용의 접지극 및 접지선에서 2m 이상 격리하여 시설한다. 다만, 건축물의 철골 등을 각각의 접지극 및 접지선에 사용하는 경우는 그러하지 아니한다.

(3) 접지공사의 접지선에는 다음 각호의 경우를 제외하고는 녹색표식을 한다.

① 접지선이 단독으로 배선되어 있어 접지선을 한눈에 쉽게 식별할 수 있을 경우

② 다심케이블, 다심캡타이어케이블 또는 다심코드의 1심선을 접지선으로 사용하는 경우로서 그 심선이 나전선 또는 황록색의 얼룩무늬 모양으로 되어 있는 경우

③ 부득이 녹색 또는 황록색 얼룩무늬모양인 것 이외의 절연전으로 접지선임을 표시한다.

4 접지극

1. 접지극은 내선규정 140-7(접지극)의 규정에 따라 시설한다.

2. 매설 또는 타입식(打入式)접지극으로는 동판, 동봉, 철관, 철봉, 동복강판(銅覆鋼板), 탄소피복 강봉 등을 사용하고, 접지극은 다음 각호의 것을 원칙으로 하며, 이와 동등 이상의 접지 성능이 있는 것으로 한다.

① 동판을 사용하는 경우에는 두께 0.7㎜ 이상, 면적 900㎠(편면 :片面) 이상의 것

② 동봉, 동피복강봉을 사용하는 경우에는 지름 8㎜ 이상, 길이 0.9m 이상의 것

③ 철관을 사용하는 경우는 외경 25㎜ 이상, 길이 0.9m 이상의 아연도금가스 철관 또는 후강전선관일 것.

④ 철봉을 사용하는 경우에는 지름 12㎜ 이상, 길이 0.9m 이상의 아연도금한 것.

⑤ 동복강판을 사용하는 경우에는 두께1.6㎜ 이상, 길이 0.9m 이상, 면적 250㎠(편면) 이상의 것

⑥ 탄소피복강봉을 사용하는 경우에는 지름 8㎜ 이상의 강심이고, 길이 0.9m 이상의것

3. 지중에 매설되어 있는 수도관이 있으며, 대지간의 전기저항치가 3Ω 이하를 유지하는 금속제 수도관로는 수도관로 관리자의 승락을 얻어서 이것을 제 1종 접지공사, 제 2종 접지공사, 제 3종 접지공사, 특별 제 3종접지공사 기타의 접지극으로 사용할 수 있다.

4. 접지단자는 KSC IEC 0804에 적합한 구조의 것을 사용한다.

5. 접지극은 가급적 물기가 있는 장소로서 가스, 산(酸)등으로 인하여 부식될 우려가 없는 장소를 선정하여 지중에 매설하거나 타입(打入)하여야 하다.

6. 접지선과 접지극은 납땜 기타 확실한 방법에 의 하여 접속한다.

7. 금속제 수도관로를 접지극으로 사용하는 경우의 공사방법은 다음의 각호에 적합하게 시설한다.

   ① 접지선과 금속제 수도관로와의 접속은 안지름 75㎜ 이상의 금속제 수도관로의 부분에 또는 여기에서 분기된 안지름 75㎜ 미만인 금속제 수도관로의 분기점에서 5m 이내의 부분에서 한다. 다만, 금속제 수도관로와 대지간의 전기저항치가 2Ω 이하일 경우에는 분기점에서의 거리는 5m 초과할 수 있다.
   ② 접지선과 금속제 수도관로와의 접속개소를 수도계량기에서 수도수용가측에 설치할 경우에는 수도계량기를 사이에 두고 견고한 본드선을 부착한다.
   ③ 접지선과 금속제 수도관로와의 접속개소를 사람이 접촉될 우려가 있는 곳에 설치 할 경우는 손상을 방지하기 위하여 방호장치를 시설한다.
   ④ 접지선과 금속제 수도관로의 접속에 사용하는 접지금구는 접속부에 전기적 부식이 발생되지 아니하는 것을 사용한다.

8. 메쉬접지극 시설
(1) 건물하부에 접지도체인 나연동선 100㎟ 이상을 건물하부에 0.1(m) 깊이에 일정간격으로 매설한다.
 1) 접지극의 간격은 방재실 및 통신실, 약전실 공용접지일때는 기본면적 16x8m 간격 4m로 한다.
 2) 공동주택, 근린생활시설, 지하주차장, 업무용시설, 펌프실 등 부대시설의 전기 보호용 접지 일때는 기본면적 6x6m 이하로 한다.
 3) 접지극을 설치하고 나연동선위에 엠어스를 폭 30cm 두께 2.5cm로 도포한다.
 4) 공통접지 이용시 요구접지저항은 2(Ω) 이하로 시공한다.

9. 접지의 분류
(1) 계통접지와 기기접지

전선로에 시설하는 접지에는 계통접지와 기기접지의 두 가지가 있다. 계통접지는 전원측 전로 자체에 시설하는 접지를 말하고 기기접지는 전동기, 세탁기 등의 전기사용 기계기구의 비충전 금속부분을 접지하는 것을 말한다. 계통접지는 접지계통과 비접지계통으로 구분되고, 접지계통에는 직접접지식, 저항접지식, 소호리액터 접지식이 있다.

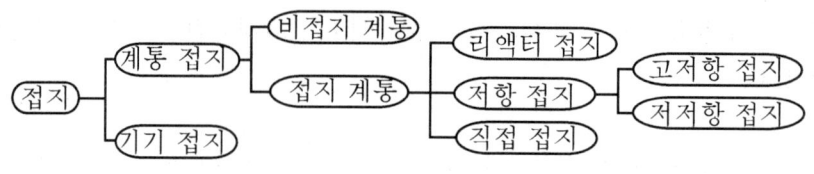

[계통접지]

저압계통에서의 접지는 직접 접지방식과 비접지 방식의 두 가지만 사용된다. 직접접지 방식은 그림과 같이 변압기 2차 저압측의 중성점 또는 상선(相線) 중의 하나를 대지에 직접 접지하는 것이다.

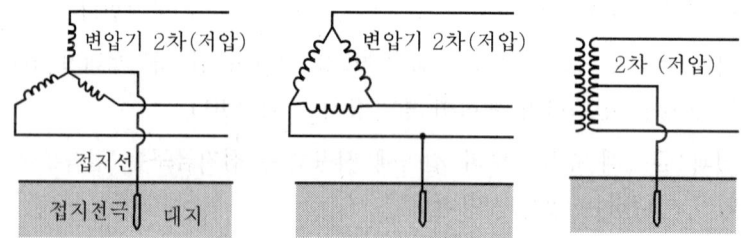

저압측의 상선 1단자를 접지하는 것은 사용전압이 300V 이하인 경우에 한하고 이를 넘는 경우에는 중성점에 접지해야 한다. 변압기 2차측을 접지하는 것은 고저압 혼촉시에 저압측에 고압이 유입되는 위험을 방지하기 위한 것으로 제2종 접지라고 한다.

1) 접지계통

접지를 하면 전로의 대지전위가 상승하는 것을 방지할 수 있다는 것이 가장 큰 장점이다. 다수의 접지계통이 있는 경우 각각 독립적으로 접지공사를 해도 대지를 공유하고 있기 때문에 서로 간섭을 일으킬 우려가 있다. 예를 들어 두 접지계통의 접지 전극이 근접해서 설치되어 있으면 한쪽 계통의 접지전류에 의해서 다른 쪽 계통의 중성점 전위가 동반 상승하게 된다. 구조상으로 대지와 절연할 수 없는 부하를 사용하면 부하전류의 일부가 항상 대지를 통해 흐를 가능성이 있다.

2) 비접지계통

비접지 계통은 저압측에 접지를 하지 않는 방식이다. 2차측이 접지가 없으므로 사람이 대지에 서서 한 선을 접촉해도 인체를 통해서 큰 전류가 흐르지는 않으나 전선로의 분포 정전용량을 통해서 약간의 전류는 흐르나, 전선로가 짧은 경우에는 분포 정전용량을 통해 흐르는 전류는 매우 작으므로 접지계통보다 안전하다고 할 수 있다. 따라서 전기설비 기술기준에 풀용 수중 조명등에 전기를 공급하는 전로에는 반드시 절연 변압기를 사용하고 2차측 전로는 접지하지 않도록 하고 있다.

3) 접지계통과 비접지 계통의 장단점 비교

① 접지계통

    ⓐ 전로의 이상전위 상승을 억제할 수 있다.

    ⓑ 전로에 접촉하면 큰 전류가 인체를 통해 흐를 위험이 있다.

    ⓒ 대지를 통해 다른 계통과 상호 간섭할 가능성이 있다.

    ⓓ 일반적으로 대규모 계통에 적용된다.

    ⓔ 지락시 지락전류가 커서 지락 검출과 차단이 용이하다.

② 비접지계통

    ⓐ 저압에서는 전로에 접촉해도 인체를 통해서 큰 전류가 흐르지 않는다.

    ⓑ 전로의 이상전위 상승을 억제할 수 없다.

    ⓒ 다른 계통과 완전히 분리할 수 있다.

    ⓓ 절연유지가 곤란하여 소규모 계통에만 사용된다.

    ⓔ 지락 검출이 곤란하다.

5 기기접지의 접지방식

1. TN시스템

시스템 내의 한 지점을 직접 접지시키고 노출도전부의 접지는 보호도체 등을 이용하여 시스템접지 또는 중성선에 연결하는 시스템으로, 중성선과 보호도체의 배열방법에 따라 다음과 같이 세 종류로 분류한다.

(1) TN-S는 시스템의 모든 부분에서 중성선과 보호도체 기능이 분리되어 운전되는 시스템

(2) TN-C는 시스템의 모든 부분에서 중성선과 보호도체 기능이 하나의 전선에 의해 통합 운전되는 시스템

(3) TN-C-S 시스템은 시스템의 일부에서 중성선과 보호도체의 기능이 하나의 도체에 의하여 이용되고, 나머지 부분에서는 분리 이용되는 시스템을 말한다. 일반적으로 간선 부분은 통합, 지선 부분은 분리·운전된다

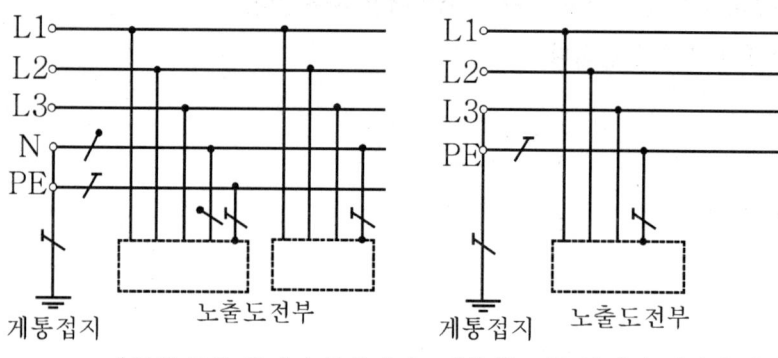

〈TN-S 시스템〉

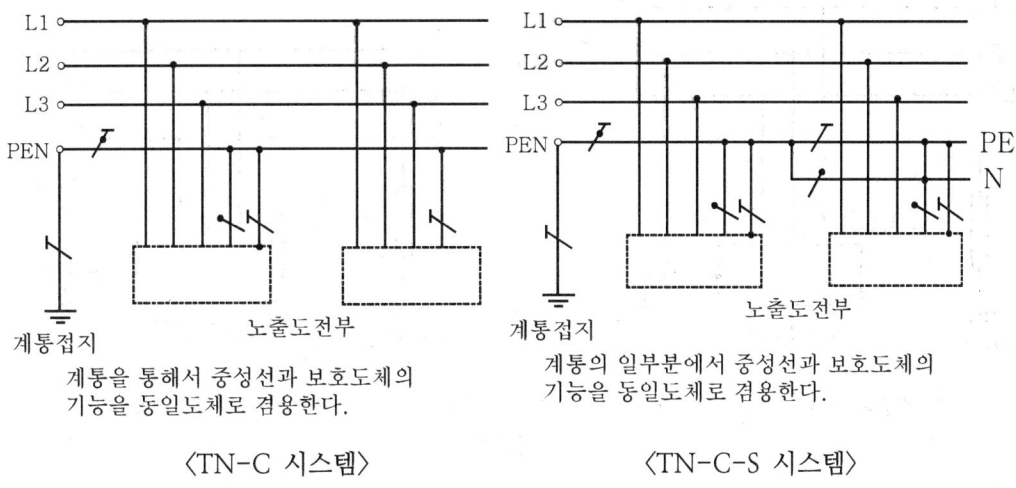

⟨TN-C 시스템⟩   ⟨TN-C-S 시스템⟩

2. TT 시스템

시스템 내의 한 지점을 직접 접지시키고 설비의 노출도전부는 시스템접지와는 전기적으로 독립된 별도의 접지극에 접속하는 시스템을 말한다.

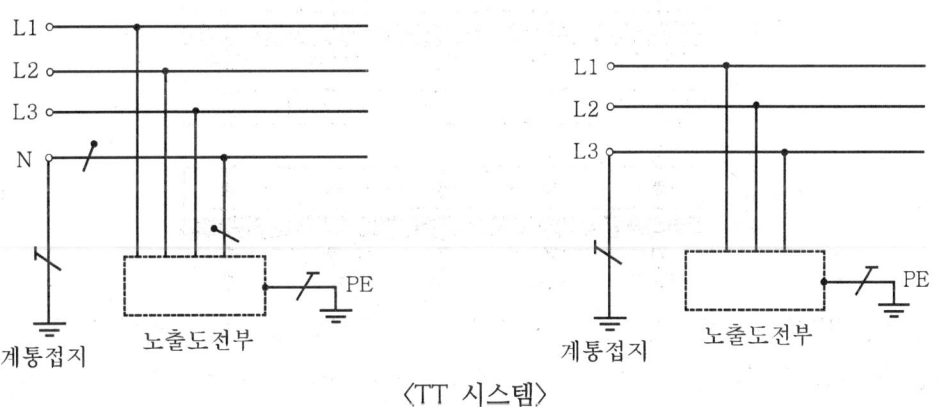

⟨TT 시스템⟩

3. IT 시스템

전력시스템 전체를 대지로부터 절연시키거나 임피던스를 통하여 1점을 접지시키고, 설비의 노출도전부는 단독 또는 일괄하여 접지하거나 시스템 접지에 접속한 것을 말한다.

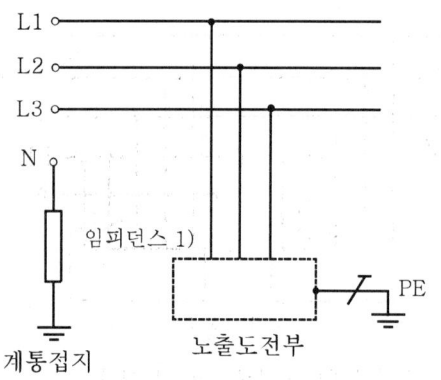 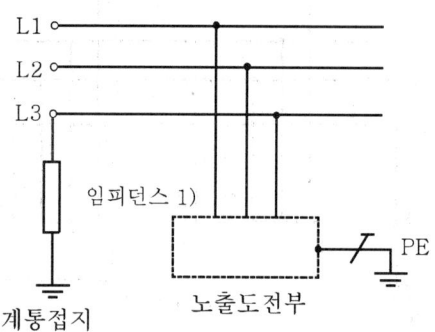

1) 계통은 대지와 절연한 경우가 있다. 중성선을 설치한 경우와 설치하지 않은 경우가 있다.

〈IT 시스템〉

4. 통합접지

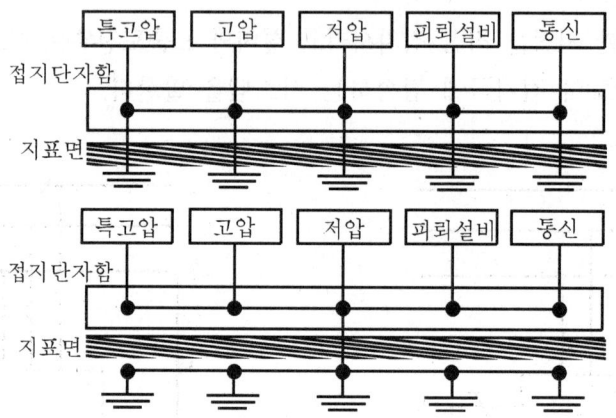

통합접지방식은 전력계통, 통신, 피뢰를 모두 등전위하여 묶어 하나의 접지로 사용하는 방식을 말한다. 특징으로는 필수적인 SPD설치와 등전위, 뇌전류로 인한 장비 간의 전위차 발생 방지 및 하나의 접지이기 때문에 문제가 생기면 연결된 모든 시스템이 손상을 일으킬수도 있다. 전기설비기술기준의 제 18조 7항에 의하여 전기설비의 접지계통과 건축물의 피뢰설비 및 통신설비 등의 접지극을 공용하는 통합접지공사를 할 수 있다. 이 경우 낙뢰 등에 의한 과전압으로부터 전기설비등을 보호하기 위하여 서지보호장치(SPD)를 설치하여야 한다.

5. 공통접지

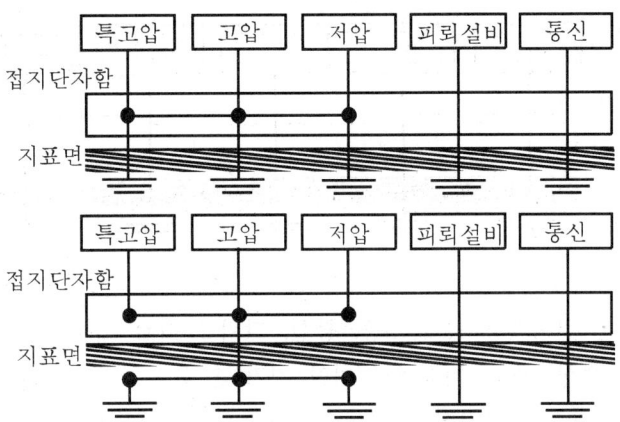

공통접지방식은 전력계통을 하나로 묶고 통신, 피뢰를 따로 접지하여 세 개의 접지로 된 방식을 말한다. 특징으로는 접지선이 짧아져 접지배선, 구조가 단순해 보수점검의 편리성이 있으며, 여러 접지 전극의 연결로 서지나 노이즈 전류 방전에 좋다. 전기설비기술기준의 제 18조 6항에 의거하여 고압 및 특고압과 저압 전기설비의 접지극이 서로 근접하여 시설되어 있는 변전소 또는 이와 유사한 곳에서는 다음 각 호에 적합하게 공통접지공사를 할 수 있다.

(1) 저압 접지극이 고압 및 특고압 접지극의 접지저항 형성영역에 완전히 포함되어 있다면 위험전압이 발생하지 않도록 이를 접지극을 상호 접속하여야 한다.

(2) 제1호에 따라 접지공사를 하는 경우 고압 및 특고압계통의 지락사고로 인해 저압계통에 가해지는 상용주파 과전압은 표에서 정한 값을 초과해서는 안 된다.

고압계통에서 지락고장시간(초)	저압설비의 허용 상용주파 과전압(V)
> 5	$v_o + 250$
≤ 5	$v_o + 1,200$
중성도체가 없는 계통에서 v_o 는 선간전압을 말한다.	

[고압 및 특고압계통 지락사고 시 저압계통 상용주파 과전압]

7. 개별접지

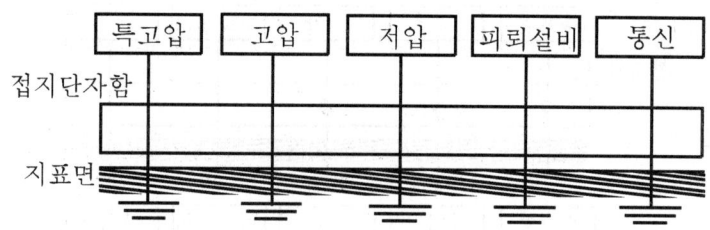

개별접지방식은 전력계통 1, 2, 3종, 통신, 피뢰를 따로 접지하여 다섯 개의 접지로 된 방식을 말한다. 특징으로는 뇌전류로 인한 기기 손상시 따로 접지하여 다른 시스템을 보호할 수 있으며, 완전한 전기적 절연이 필수적으로 요구된다.

8. 등전위본딩

(1) 등전위 본딩의 정의

1) 등전위를 이루기 위하여 도전성 부분을 전기적으로 연결하는 것
2) 전로를 형성시키기 위하여 금속부분을 연결하는 것

① 저압전선로설비에 있어서 등전위 본딩

보호용 등전위 본딩은 감전방지를 위해 접촉전압 저감 그리고 루프 임피던스를 저감하기 위하여 실시한다.

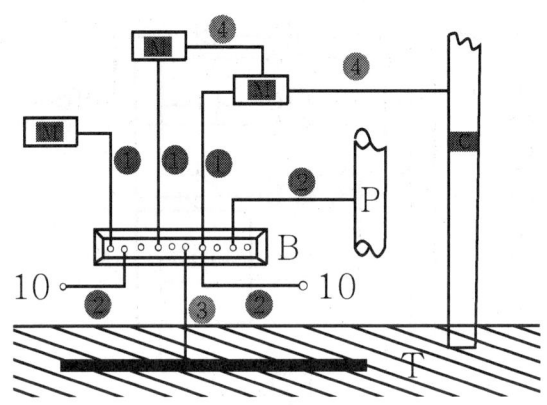

- ● : 보호도체(PE)
- ❷ : 보호 등전위 본딩용 전선
- ❸ : 접지선
- ❹ : 보조 보호등전위 본딩용 전선
- ■ : 전기 기기의 노출 도전성 부분
- ■ : 철골, 금속덕트 등의 계통외 도전성 부분
- B : 주 접지 단자
- P : 수도관, 가스관 등 금속배관
- T : 접지극
- 10 : 기타 기기 (예: 정보통신시스템, 뇌보호시스템)

ⓐ 주 등전위 본딩

부하기기의 노출도전성부분을 보호도체(PE)로 접속하고 주접지단자(또는 모선)에 집중시키며 그때 건축물내에 존재하는 설비, 배관 등과 같은 금속제 부분도 접속하여 본딩한다. 이와 같이 주접지단자를 주체로 하는 본딩을 주 등전위 본딩이라고 한다.

ⓑ 보조 등전위 본딩

노출도전성부분에 대한 접근가능한 건축물의 구성부재의 계통의 도전성부분을 접속하여 본딩을 한다. 이와 같이 부하기기를 주체로 한 본딩을 보조 등전위 본딩이라고 한다.

6 절연저항

1. **절연시험** : 태양전지모듈에서 전류가 흐르는 부품과 모듈 테두리나 외부사이에 충분한 절연이 되어 있는지 확인하기 위하여 실시하는 시험

2. 절연저항은 태양전지와 대지간의 $0.2M\Omega$ 이상, 단자함내 전선과 대지간의 절연저항은 $1M\Omega$ 이상 이어야 한다. 절연저항측정기는 고전압을 인가할 경우 태양전지가 소손될 염려가 있기 때문에 DC 500[V]용을 사용하여야 한다.

3. 절연측정회로

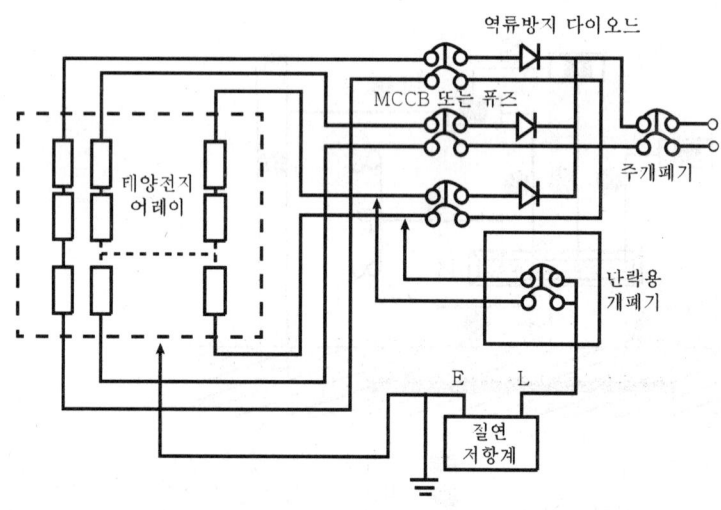

(1) 측정 순서

1) 출력개폐기를 개방한다. 출력 개폐기의 입력부에 서지 보호기를 설치한 경우는 접지측 단자를 분리시킨다.

2) 단락용 개폐기(태양 전지의 개방 전압에서 차단 전압이 높고 출력 개폐기와 동등 이상의 전류 차단 능력을 가진 전류 개폐기의 2차측을 단락하여 1차측에 각각 클립을 취부한 것)를 개방(Off)한다.

3) 전체 스트링의 MCCB 또는 퓨즈를 개방한다.

4) 단락용 개폐기의 1차측의 (+) 및 (-)의 클립을, 역류 방지 다이오드에서도 태양전지측과 MCCB 또는 퓨즈의 사이에 각각 접속한다. 접속 후 대상으로 하는 스트링의 MCCB 또는 퓨즈를 투입한다. 마지막으로 단락용 개폐기를 투입한다.

5) 절연 저항계의 E측을 접지 단자에, L측을 단락용 개폐기의 2차측에 접속하고 절연 저항계를 투입하여 저항값을 측정한다.

6) 측정 종료 후에 반드시 단락용 개폐기를 개방하고, 어레이측 단로기(MCCB 또는 퓨즈)를 개방한 후 마지막에 스트링의 클립을 제거한다. 이 순서를 반드시 지켜야 한다. 특히 단로기는 단락 전류를 차단하는 기능이 없으며 또한 단락 상태에서 클립을 제거하면 아크 방전이 발생하여 측정자가 화상을 입을 가능성이 있다.

7) 서지 보호기의 접지측 단자를 복원하여 대지 전압을 측정해서 잔류 전하의 방전 상태를 확인한다.

8) 측정 결과의 판정 기준은 전기 설비 기술 기준에 따라 표시한다.

4. 측정 시 유의사항

(1) 태양광이 있을 때 측정하는 것은 큰 단락 전류가 흘러 매우 위험하므로 단락용 개폐기를 이용할 수 없는 경우에는 절대 측정하면 안 된다.

(2) 태양 전지의 직렬 매수가 많아 전압이 높을 경우에는 예측할 수 없는 위험이 발생할 수 있으므로 절대 측정하면 안 된다.

(3) 측정 시에는 태양 전지 모듈의 일부에 커버를 씌워 태양 전지 셀의 출력을 저하시키면 조금은 안전하게 측정할 수 있다.

(4) 단락용 개폐기 및 전선은 고무 절연판 등으로 대지 절연을 유지함으로 보다 정확한 측정값을 얻을 수 있다. 측정자의 안전을 확보하기 위해 고무 장갑이나 절연 장갑을 착용할 것을 권한다.

5. 인버터 회로(절연 변압기 부착)

(1) 시험 기자재

1) 인버터 정격 전압 300[V] 이하 : 500[V] 절연 저항계
2) 인버터 정격 전압 300[V] 초과 600[V] 이하 : 1,000[V] 절연 저항계

(2) 회로도 : 인버터의 절연 저항 측정 회로

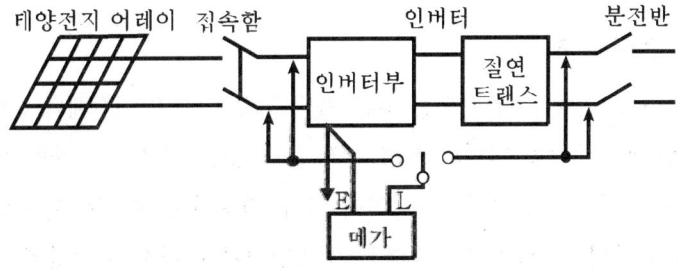

(3) 측정 방법 및 측정 순서
1) 입력 회로 측정 방법
① 태양 전지 회로를 접속함에서 분리하여 인버터의 입·출력 단자를 각각 단락하면서 입력 단자와 대지 간의 절연 저항을 측정한다.
② 접속함까지의 전로를 포함하여 절연 저항을 측정하는 것으로 한다.

2) 입력 회로 측정 순서
① 태양 전지 회로를 접속함에서 분리한다.
② 분전반 내의 분기 차단기를 개방한다.
③ 직류측의 모든 입력 단자 및 교류측의 전체 출력 단자를 각각 단락한다.
④ 직류 단자와 대지 간의 절연 저항을 측정한다.
⑤ 측정 결과의 판정 기준은 전기 설비 기술 기준의 판단 기준에 따른다.

3) 출력 회로 측정 방법
① 인버터의 입·출력 단자를 단락하여 출력 단자와 대지 간의 절연 저항을 측정한다.
② 교류측 회로를 분전반 위치에서 분리하여 측정하기 위해 분전반까지의 전로를 포함하여 절연 저항을 측정하게 된다.
③ 절연 변압기가 별도로 설치된 경우에는 이를 포함하여 측정한다.

4) 출력 회로 측정 순서
① 태양 전지 회로를 접속함에서 분리한다.
② 분전반 내의 분기 차단기를 개방한다.
③ 직류측의 모든 입력 단자 및 교류측의 전체 출력 단자를 각각 단락한다.
④ 교류 단자와 대지 간의 절연 저항을 측정한다.
⑤ 측정 결과의 판정기 준은 전기 설비 기술 기준의 판단 기준에 따른다.

(4) 측정 시 유의 사항
1) 정격 전압이 입·출력과 다를 때는 높은 측의 전압을 절연 저항계의 선택 기준으로 한다.
2) 입·출력 단자에 주회로 이외의 제어 단자 등이 있는 경우는 이것을 포함해서 측정한다.
3) 측정할 때는 서지 보호기 등의 정격에 약한 회로에 관해서는 회로에서 분리시킨다.
4) 트랜스리스 파워컨디셔너의 경우에는 제조업자가 추천하는 방법에 따라 측정한다.

7 보호장치 종류 및 시설조건

1. 보호장치 종류 및 시설조건

태양광 발전 장치의 고장 또는 전력 계통 사고 시에 사고의 제거, 사고 범위의 최소화를 위하여 연계 보호 장치를 설치한다. 상위 계통 사고가 발생하여 계통의 인출구 차단기가 개방된 경우, 작업 시 또는 화재 등의 긴급 시에 선로 도중에 설치된 개폐 장치 등을 개방한 경우 등에 자가용 발전 설비가 계통으로부터 분리되지 않고 적용 전원으로부터 분리된 부분 계통 내에서 단독운전을 계속하게 되면 본래 무전압이어야 하는 범위가 충전된다. 이 때 인체 및 설비의 안전 확보에 커다란 문제가 발생할 우려가 있음과 동시에 사고 지점의 피해 확대와 복구 지연 등으로 인하여 공급 신뢰도의 저하를 초래할 가능성이 있으므로 계통 사고와 작업 시의 단독운전을 방지하기 위한 장치를 설치한다.

항목	사고 현상	보호 장치	
		역조류 있음	역조류 없음
고압 배전선과의 연계	발전 설비의 고장	① 과전압 보호 계전기(OVR) ② 부족 전압 계전기(UVR) - 발전 설비 자체의 보호 장치를 이용하여 검출 및 보호 가능한 경우에는 생략 가능	
	계통의 단락 사고	③ 단락 방향 계전기(DSR) [동기 발전기 사용 시] ④ 부족 전압 계전기(UVR) [유도 발전기 또는 역변환 장치 사용 시]	
	계통의 지락 사고	⑤ 지락 과전압 계전기(OVGR) ▶ 다음 중 하나를 만족하는 경우에는 생략 가능 - 발전기 인출구에 있는 지락 과전압 계전기를 통해 연계된 계통의 지락 사고가 인지 가능한 경우 - 구내 전압선에 연계된 역변환 장치를 이용한 발전 설비의 출력 용량이 수전 전력의 용량과 비교하여 매우 작고 단독 운전 검출 기능을 가진 장치 등을 통해 단독 운전을 고속으로 검출하고 발전 설비가 정지 또는 분리되는 경우	
	단독운전 상태	⑥ 주파수 상승 계전기(OFR) - 전용선과 연계한 경우에는 생략 가능 ⑦ 부족 주파수 계전기(UFR) ⑧ 전송 차단 장치 또는 단독 운전 검출 기능(능동적 방식 각각 하나 이상의 방식을 포함) [단독 운전 검출 기능의 조건] - 계통의 임피던스와 부하 상태 등을 고려하여 필요한 시간 내에 확실하게 검출할 수 있을 것 - 불필요한 분리를 빈번하게 발생시키지 않는 검출 감도일 것 - 능동 신호는 계통에의 영향이 사실 상 문제가 되지 않는 것일 것 [유도 발전기를 이용한 풍력 발전 설비의 경우] ⑥, ⑦을 통해 단독 운전을 고속으로 확실하게 검출 및 보호할 수 있는 경우에는 ⑧을 생략 가능	⑨ 역전력 계전기(RPR) ⑩ 부족 주파수 계전기(UFR) - 전용선과 연계하는 경우 ⑨를 통해 고속으로 검출 및 보호할 수 있는 경우에는 생략 가능 [구내 저압선에 연계하여 역변환 장치를 이용한 발전 설비의 경우] - 출력 용량이 수전 전력의 용량과 비교하여 매우 작고 단독 운전 검출 기능(수동적 장치 및 능동적 방식 각각 하나 이상의 방식을 포함)을 가진 장치를 통해 단독 운전을 고속으로 검출하고 발전 설비가 정지 또는 분리되는 경우에는 ⑨를 생략 가능

〈고압 배전선과의 계통연계 시 필요한 보호장치〉

항목	사고 현상	보호 장치	
		역조류 있음	역조류 없음
고압 배전선과의 연계	발전 설비의 고장	① 과전압 보호 계전기(OVR) ② 부족 전압 계전기(UVR) - 발전 설비 자체의 보호 장치를 이용하여 검출 및 보호 가능한 경우에는 생략 가능	
	계통의 단락 사고	③ 단락 방향 계전기(DSR) [동기 발전기 사용 시] - 해당 계전기가 효과적으로 기능하지 않을 경우에는 단락 방향 거리 계전 장치 또는 전류 차동 계전 장치를 이용함 ④ 부족 전압 계전기(UVR) [유도 발전기 또는 역변환 장치 사용 시]	
	계통의 지락 사고	⑤ 전류 차동 계전장치(DFR) [중성점 직접 접지 방식] ⑥ 지락 과전압 계전기(OVGR) [중성점 직접 접지 이외의 방식] ⑥ 이 효과적으로 기능하지 않을 경우에는 단락 방향 거리 계전 장치 또는 전류 차동 계전 장치를 이용함 ▶ 다음 중 하나를 만족하는 경우 ⑥은 생략 가능 - 발전기 인출구에 있는 지락 과전압 계전기를 통해 연계된 계통의 지락 사고가 인지 가능한 경우 - 발전 설비의 출력이 구내 부하보다 작고 부족 주파수 계전기를 통해 단독 운전을 고속으로 검출하고 분리할 수 있는 경우 - 역전력 계전기, 부족 전력 계전기나 단독 운전 방지 기능(수동적 방식 한방식 이상을 포함)을 가진 장치를 통해 단독 운전을 고속으로 검출하고 분리할 수 있는 경우	
	단독운전 상태	⑦ 과주파수 계전기(OFR) ⑧ 부족 주파수 계전기(UFR) - ⑦, ⑧의 특성은 전압 변화에 영향을 받지 않도록 한다. ⑨ 전송 차단 장치	⑩ 과주파수 계전기(OFR) ⑪ 부족 주파수 계전기(UFR) - 발전 설비의 출력 용량이 계통의 부하와 균형 잡혀 있을 경우 ⑩ 또는 ⑪을 통해 검출 및 보호가 불가능해질 우려가 있을 때에는 역전력 계전기를 설치

[특별 고압 배전선과의 계통 연계 시 필요한 보호 장치]

8 안전진단 절차 및 설비

1. 발전설비 계통분석

작업전 수행	작업시 수행
1. 송전설비의 계통파악 2. 주요도면 및 설비파악 3. 발전용량확인 4. 인버터, 접속반 확인 5. 접지설비 확인	1. 전력기기의 상태, 규격 도면과 일치 여부확인 2. 발전설비 설치상태확인 3. 역송방지 및 단락접지확인 4. 태양전지 모듈용량의 건전성 5. 접지설비 및 측정

2. 인버터 진단

외관점검	특성상태시험
1. 인버터 상태표시 2. 정격용량 및 입,출력전압 3. 인증여부 등	1. 인버터 병렬운전 시험 2. 단독운전 방지시험 3. 계통연계 운전시험 4. 전선,접지설비측정

3. 보호계전기 시험

외관점검	특성상태시험
1. 접속상태 여부 2. 각 접점 및 표시기 동작여부	1. 최소 동작시험 2. 시한 특성시험 3. 위상 특성시험 4. 연동시험

4. 변압기 진단

외관점검	특성상태시험
1. 모선연결부, 단자조임 상태여부 2. 전선 발열상태여부 3. 온도계, 유면계,호흡기, 방압변 상태여부 4. 절연보강	1. 10,00V 및 5,000V급 절연 저항측정 시험 2. 접지저항 측정

5. 송, 전, 수배전 설비 진단

외관점검	특성상태시험
1. 모선, 단자부 연결부 상태 여부 2. 전선 발열상태여부 3. 지지애자 균열, 파손상태 여부 4. 조작배선 정리상태 여부 5. 기기 외함 접지선 접속상태 여부 6. 절연보강	1. 10,00V 및 5,000V급 절연 저항측정 시험 2. 500V 저압간선 절연저항 측정 3. 절연내력 측정 4. 접지저항 측정 5. 절연보강 작업

6. 발전설비

발전설비의 Overhaul(보수정비)시 보호계전기를 비롯한 관련 보호설비에 대한 시험을 통하여 부적합 부문의 개선대책 제시 및 효율적인 발전설비의 운용과 보호설비의 신뢰성을 향상시키기 위한 진단

※ 진단 항목

- 보호계전기 시험
- 전력설비 연동시험 : 검출&제어설비에 대한 연동시험
- 발전설비계통 점검
- 정밀전력분석
- 열화상 진단
- 전력설비, 접지설비 진단

7. 정밀전력분석

활선상태에서 특고압반 CT 2차측(저압은 직접)에서 측정하여 계통의 전력, 고조파, 전압순간변동, 과도돌입전류 등 진단

※ 진단항목

- 전압·전류 순시값, 평균값, 최대·최솟값 및 발생시간
- 불평형률, 파고률 및 파형률.벡터 다이어그램
- 전력(유효, 무효, 피상) 최대·최솟값 및 발생시간, 각 상별 소모전력

- 역률, 주파수, 순시역률 최대·최솟값 및 발생시간
- 고조파 전압, 전류에 함유된 고조파의 총합왜형률(THD, THF).
- 제50차 고조파까지 각 고조파의 크기, 위상, 소비전력
- 기타 이벤트(과도전압, 돌입전류, 플리커, 전압강하, 상승, 정지 등)

8. 적외선열화상 진단

수전반, 배·분전반, 모선 접속점, 케이블, 태양광모듈 이상 발열 현상 등을 적외선 카메라를 이용하여 비접촉식으로 측정

판별, 측정결과는 실화상, 열화상 으로 나타남

9 단락전류 및 지략전류

1. 직류에서의 단락전류와 지락전류

(1) 태양광발전설비의 직류 단락사고

태양광 발전 시스템에서는 단락전류는 정격전류의 최대 110% 정도이다. 기존의 교류계통이나 직류계통은 단락사고가 발생하면 큰 고장전류가 흘러 계통에 영향을 미치지만 태양광 설비에서는 단락사고가 발생을 해도 최대전류의 110% 정도의 전류만 흐르기 때문에 실제 계통에는 영향이 작다. 그러나 단락사고가 지속되면 모듈, 케이블 등 계통에 영향을 주게 되며, 단락사고가 발생시 태양전지는 발전을 하지 못하므로 전력손실로 나타나므로 단락 사고를 빨리 제거할 필요가 있다. 대형태양광설비의 경우 스트링 중 한 개의 스트링에서 사고가 발생하면 스트링의 전압이 다르게 되어 건전스트링에서 고장 스트링으로 전류가 흐르게 되어 케이블등이 과전류의 위험에 이르게 된다. 이 전류는 단락전류의 몇 배에 이르는 큰 전류가 흐르게 되어 위험이 따른다. 또한 모듈에 눈, 낙엽 등으로 덮이거나 장시간 그림자에 의하여 스트링이 불평형이 되는 경우에도 과전류의 문제가 발생한다. 따라서 역전류방지 다이오드를 설치하여 스트링 사고가 발생시 건전 스트링에서 고장스트링으로 전류가 흘러 들어오는 것을 방지한다. 태양광 발전 시스템에서의 과전류 보호장치는 3개 이상의 스트링으로 구성되는 태양광설비에 과전류 보호장치를 정,부극성 양쪽에 설치한다. 과전류보호장치의 정격은 스트링의 최대 단락전류이상이고 역전류 이하이어야 한다. 태양광 발전 설비의 차단기의 선정은 직류전로에 과전류 차단기를 설치하는 경우 직류 단락전류를 차단하는 능력을 가진 것이어야 하고 '직류용' 표시를 하여야 한다. 또한 다중 전원전로의 과전류차단기는 모든 전원을 차단할 수 있도록 시설하여야 한다.

(2) 태양광발전설비의 직류 지락사고

「전기설비기술기준의 판단기준」 제54조 제1항 제7호의 "태양전지 발전설비의 직류 전로에 지락이 발생했을 때 자동적으로 전로를 차단하는 장치를 시설해야 한다."는 내용은 직류회로의 지락보호에 대한 필요성이 요구되어 적정 보호조치를 위해 산업통상자원부 공고 제2019-195호(2019.03.25)로 신설된 조항으로서 인버터 이하의 전체 직류 전로의 지락 검출 및 차단, 보수 등의 적정 조치가 주목적이다. 접속반이나 인버터 등에 지락 검출 및 자동 차단기능이 내장되어 있으며, 해당 기능의 적정직류회로의 지락 검출은 모듈~접속반~인버터 등과 같은 태양광 발전소 전체 직류회로의 구간에서 지락 검출이 가능해야 한다.

1) 지락직류검출기능

트랜스리스 방식의 인버터에서는 태양전지와 계통측이 절연되어있지 않기 때문에 태양전지의 지락에 대한 안전대책이 필요하다. 통상 수전점(분전반)에는 누전 차단기가 설치되어 옥내 배선이나 부하기기의 지락을 감시하고 있으나, 태양전지에서는 지락이 발생하면, 지락전류에 직류성분이 중첩되고, 통상의 누전차단기에서는 보호되지 않는 경우가 있다. 따라서 인버터 내부에 직류의 지락검출기를 설치하고, 이것을 검출, 보호할 필요가 있다. PV 스트링 케이블, PV 어레이 케이블과 PV 직류 주 케이블은 지락 및 단락 위험이 최소화되도록 선정 및 설치하여야 한다.

【주】 이 내용은 단심 피복 케이블의 사용을 통해 외부 영향에 대한 배선의 보호를 강화함으로써 충족할 수 있다.

2) 교류에서 단락전류 및 지락전류

① 전력계통 고장의 종류

전력계통은 대부분 교류 3상 회로로 구성되며 여기서 발생할 수 있는 대표적인 고장의 종류는 가공선에서의 단선사고 및 가공선로와 지중Cable 선로의 지락사고, 단락사고이다.

ⓐ 선 지락 고장 (Single Line-to-Ground Short Circuit)

3 상중 1 상이 접지된 고장으로서 전력계통의 고장 중 80% 이상을 차지하는 가장 빈번히 발생되는 고장이며 지락이 포함되지 않은 단락고장은 없다고 할 정도이며 즉시 제거되지 않으면 더 큰 단락고장으로 발전하게 된다. 지락고장 발생 시 지락전류가 대지를 통해 전원으로 귀환하므로 전류로서 지락고장을 검출하기 위해서는 전원의 중성점을 접지하는 것이 매우 중요하며 중성점의 접지가 현실적으로 어려운 경우 중성점의 전위변동으로 지락고장 유무를 검출하는 전압검출방식을 사용하기도 한다.

ⓑ 2선 지락 고장 (Double Line-to-Ground Short Circuit)

　　3 상중 2 상이 동시에 지락되는 고장으로서 비접지 계통 및 고 저항접지 계통에서 1 상이 지락 되어 있는 상태에서 또다른 1 상이 접지되는 경우에 해당하며 확률적으로는 매우 낮다고 한다. 하지만 2 접지고장은 전력계통의 고장 중 가혹한 고장중의 하나이다.

ⓒ 선간 단락고장 (Line-to-Line Short Circuit)

　　3 상중 2 상이 서로 단락되는 고장으로서 작업실수 및 가공선의 1 상이 단선되면서 다른 상에 접촉되는 경우 등 특별한 경우가 아니면 잘 발생하지 않는 고장이라 한다. 또한 고장전류의 계산 및 예측도 간단하게 되는 경우가 대부분이다.

ⓓ 3상 단락고장 (Three-Phase short Circuit)

　　3상이 전부 단락되는 고장으로서 주로 1 선 지락고장에 의한 Flashover 로 주변의 절연이 파괴되면서 확대 파급되는 2차 고장이라고 볼 수 있다. 이 3상 단락고장은 전력계통의 고장 중 계통에 주는 충격이 가장 큰 가장 가혹한 고장이다.

ⓔ 단락전류 계산방법

(가) 단락전류 계산식

ACB, MCCB, FUSE를 선정하기 위해서는 대칭단락전류 실효치를 계산한다.

$$Is = \frac{100 \times I_a}{\%Z}[A]$$

(나) 1,000kVA기준 환산값

기준전압 V_n	기준전류 In	기준 %임피던스(1Ω당 %Z)
0.38[V]	$\dfrac{P_a[kVA]}{\sqrt{3} \times V_a[kV]} = \dfrac{10^3}{\sqrt{3} \times 0.38} = 1.519[A]$	$\dfrac{P_a[kVA] \times Z[\Omega]}{10 \times V_a^2[kV]} = \dfrac{10^3 \times 1}{10 \times 0.38^2} = 692.5[\%]$

가) %임피던스의 정의

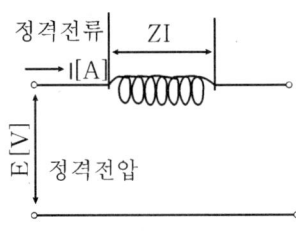

그림1 %임피던스의 개념

그림1 과 같이 임피던스 Z[Ω]이 접속되고 E[V]의 정격 전압이 인가되어 있는 회로에 정격전류 I[A]가 흐르면 ZI[V]의 전압강하가 생기게 된다. 이 전압 강하분 ZI[V]가 회로의 정격전압 E[V]에 대해서 몇 [%]에 해당되는가 하는 관점에서 E[V]에 대한 ZI[V]의 비율 %로 나타낸 것이 %임피던스인 것이다.

즉, $\%Z = \dfrac{Z[\Omega] \cdot I[A]}{E[V]} \times 100[\%]$

나) %임피던스 계산방법
- Z[Ω] 표시

$$\%Z = \dfrac{Z[\Omega] \times [kVA]}{10 \times [kV]^2} \cdots\cdots (1)$$

(풀이)

$$\%Z = \dfrac{ZI}{E} \times 100 = \dfrac{Z \cdot EI}{E^2} \times 100$$

$$= \dfrac{Z[\Omega] \times [kVA] \times 10^3}{[kV]^2 \times 10^6} \times 100$$

$$= \dfrac{Z[\Omega] \times [kVA]}{10 \times [kV]^2}$$

- %Z 에서 ( )MVA 기준

$$\%Z_2 = \%Z_1 \times \dfrac{[kVA]_2}{[kVA]_1} \cdots\cdots (2)$$

(풀이)

$$\%Z_1 = \frac{Z[\Omega] \times kVA_1}{10 \times [kV]^2}$$

$$\%Z_2 = \frac{Z[\Omega] \times kVA_2}{10 \times [kV]^2}$$

$$\frac{\%Z_2}{\%Z_1} = \frac{kVA_2}{kVA_1}$$

$$\therefore \%Z_2 = \%Z_1 \times \frac{[kVA]_2}{[kVA]_1}$$

- 단락용량 (　) MVA로 표시

$$\%Z = \frac{기준용량}{단락용량} \times 100 = \frac{Pn}{Ps} \times 100 \quad \cdots\cdots (3)$$

(풀이)

Pn (기준용량) $= \sqrt{3} \, VI_n$

Ps (단락용량) $= \sqrt{3} \, V_s$

$$\frac{Pn}{Ps} = \frac{\%Z}{100}$$

$$\therefore \%Z = \frac{Pn}{Ps} \times 100$$

3. 계산 예시

1) 계통 구성도

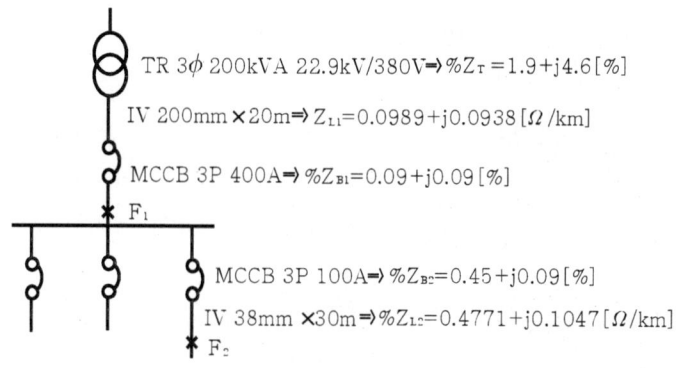

2) 기준치 결정

$$P_n = 1,000 [kVA] \qquad V_n = 0.38 [kV]$$

$$In = 1,519 [A] \qquad 5Z = 692.5 [\%/\Omega]$$

3) 각 %임피던스를 기준 BASE로 환산

① 변압기 %임피던스를 환산하면

$$\%Z_T = \frac{1000}{200} \times (1.9 + j4.6) = 9.5 + j23 [\%]$$

② 케이블 %임피던스를 환산하면

$$\%Z_{L1} = \frac{P_n[kVA] \times Z[\Omega]}{10 \times V_n^2[kV]} = \frac{10^3 \times (0.0989 + j0.0938) \times 0.02}{10 \times 0.38^2} = 1.37 + j1.3 [\%]$$

$$\%Z_{L2} = \frac{P_n[kVA] \times Z[\Omega]}{10 \times V_n^2[kV]} = \frac{10^3 \times (0.4771 + j0.1047) \times 0.03}{10 \times 0.38^2} = 9.9 + j2.18 [\%]$$

③ MCCB %임피던스

$$\%Z_{B1} = 0.09 + j0.09 [\%]$$

$$\%Z_{B2} = 0.45 + j0.09 [\%]$$

4) %임피던스 합성

① F_1점의 종합 임피던스

$$\%Z_{F1} = \%Z_T + \%Z_{L1} + \%Z_{B1}$$

$$= (9.5 + j23) + (1.37 + j1.3) + (0.09 + j0.09)$$

$$= 10.96 + j24.39$$

$$= 26.74 [\%]$$

② F_2점의 종합 임피던스

$$\%Z_{F2} = \%Z_T + \%Z_{L1} + \%Z_{L2} + \%Z_{B1} + \%Z_{B2}$$

$$= (9.5 + j23) + (1.37 + j1.3) + (9.9 + j2.18) + (0.09 + j0.09) + (0.45 + j0.09)$$

$$= 21.31 + j26.66 = 34.13 [\%]$$

5) 단락전류 계산 및 차단기용량 결정

① F_1점의 단락전류

$$I_{S1} = \frac{100 \times I_n}{\%Z_{F1}}[A] = \frac{100 \times 1,519}{26.74} = 5,680[A]$$

전동기로부터 단락전류 유입량을 변압기 2차 정격전류의 4배로 계산하면

$$I_M = \frac{200}{\sqrt{3} \times 0.38} \times 4 = 1,216[A]$$

따라서 주차단기의 차단용량은

$$I_{SM1} = 5,680 + 1,216 = 6,896[A]$$

로서 MCCB 380V급 6.9[kA] 이상의 것을 선정하면 된다.

② F_2점의 단락전류

$$I_{S2} = \frac{100 \times I_n}{\%Z_{F2}}[A] = \frac{100 \times 1,519}{34.13} = 4,450[A]$$

전동기로부터 단락전류 유입량 1,216[A]을 고려하면 간선용차단기의 차단용량은

$$I_{SM2} = 4,450 + 1,216 = 5,666[A]$$

로서 MCCB 380V급 5.7[kA] 이상의 것을 선정하면 된다.

(가) 저압선로의 지락전류 검출방식

가) 저압선로의 지락전류 검출방식에 대하여

지락전류 검출방식은 선로의 접지방식에 따라 다르며, 대체로 아래와 같이 분류할 수 있음.

나) 잔류회로 이용 검출방식 : 중성점 직접 접지방식, 저저항 접지방식

다) 중성선 CT이용 지락전류 검출방식 : 중성점 직접접지방식, 저저항 접지방식, 고저항 접지방식

라) 영상변류기 이용 검출방식 : 고저항 접지방식, 비접지방식

마) 3권선 CT이용 검출방식 : 저저항 접지방식, 저압계통의 중성점 직접접지방식

(나) 검출방식별 특징

가) 잔류회로 이용 검출방식

잔류회로를 이용하여 지락전류를 검출하는 방식은 일반적으로 정격전류가 400A이하인 경우에 채용되는 방식이지만, 중성점 직접접지방식의 저압선의 접촉저항 등에 따라 지락전류의 크기가 결정되므로 지락전류가 차단기로에서는 지락 발생시의 대지전압과 중성점 접지저항의 크기 및 지락지점을 동작시킬 수 있는 큰 전류를 얻기가 어렵다.

나) 중성점 접지선 CT이용 지락전류 검출방식

이 방식은 3Φ4W식에서 중성점을 접지하고 그 접지선에 CT를 설치하여 지락 전류를 검출하는 방식으로 부하 불평형 전류에 의한 오동작을 방지할 수 있으며, 예상되는 지락전류의 크기에 따라 CT를 선정할 수 있으므로 저압전로의 지락전류 검출방식으로 가장 합리적인 방식임.

다) 영상변류기 이용 지락검출 방식

이 방식은 고저항 접지식이나 비접지 방식에 사용하는 검출방식으로 선로의 지락전류는 수백mA 정도임.

라) 3권선 CT 이용 검출방식

전류를 변류하기 위하여 일반적으로 사용하는 2권선 CT 대신 지락전류를 검출할 수 있는 권선이 따로 제작된 CT를 이용하는 것으로 일반적으로 정격전류가 300A가 넘는 저저항 접지식 계통에 주로 사용하며, 3차권선의 변류비는 항상 100/5A로 되어 있음

마) 전기설비기술기준 제 45조 ②항

특별고압 또는 고압전로에 변압기에 의하여 결합되는 사용전압 400V 이상의 저압회로에는 지기가 생겼을 때에 자동적으로 전로를 차단하는 장치를 시설하여야 한다.

4. 직접 접지식 지락차단장치 시설방법

(1) ELB에 의한 지락차단 방법

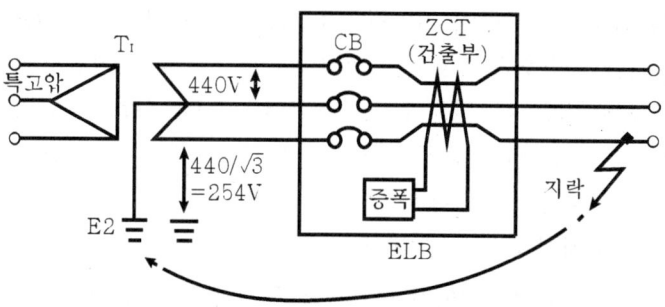

그림 1. ELB에 의한 지락차단 회로

ELB의 감도전류에 따라 지락차단전류가 정하여진다. ELB의 정격지락감도전류는 제조사마다 약간의 차이는 있지만 ○○제조사의 정격감도전류(mA)는 30, 100, 200, 500의 4가지 종류가 제조되고 있다.

(2) CT Y결선 잔류회로에 의한 지락차단 방법

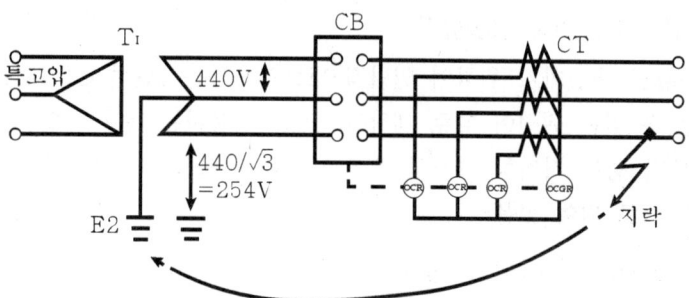

그림2. CT Y결선 잔류회로에 의한 지락차단 회로

1) 검출방식

CT Y결선의 잔류회로를 이용 지락전류를 검출하는 방식으로 가장 흔하게 쓰이며 지락전류의 계산은 제2종 접지선을 이용하는 방식과 동일하다.

2) 적용설비

CT Ratio가 400/5이하인 비교적 시설용량이 작은 설비이다.

3) 특기사항

CT 오결선시는 지락과전류계전기가 오동작 하게된다.

(3) 3권선 영상분로회로에 의한 지락차단 방법

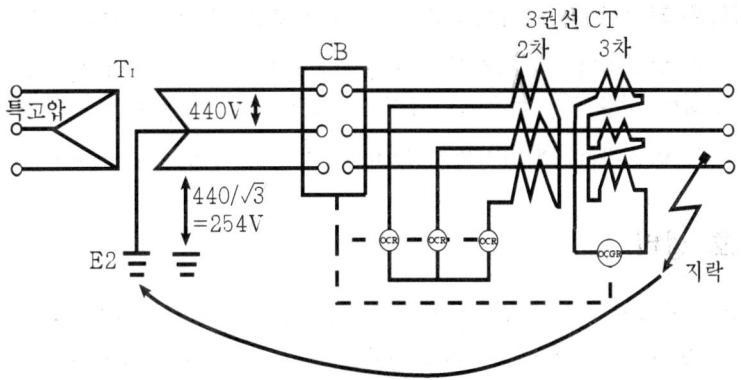

그림3. 3권선 영상분로회로에 의한 지락차단 회로

1) 검출방식

3권선 CT를 이용하는 방식으로 2차권선은 Y결선하여 OCR을 접속하고 3차권선은 영상분로 접속하여 지락전류를 검출 차단하는 방식임

2) 적용설비

제2종 접지선 이용방식과 같이 CT Ratio 가 400/5를 넘는 비교적 시설용량이 큰 곳

3) 특기사항

- 2차 결선은 Y(잔류회로 없음) 결선을 사용한다.
- CT 오결선시는 지락과전류계전기의 오동작 우려가 있다.
- 3차 권선 1차와의 CT비율은 100/5를 사용한다.

(4) 저압측 2종접지선의 CT에 의한 지락차단 방법

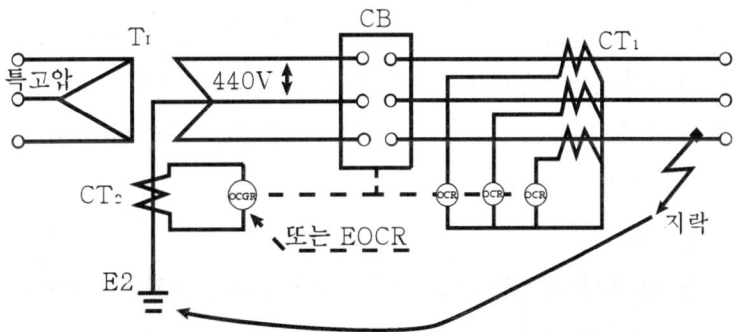

그림4. 저압측 2종접지선의 CT에 의한 지락차단 회로

※ 특이사항
- CT_1은 과부하 및 단락보호용, CT_2는 지락보호용으로 한다.
- 타 군 변압기와 2종접지선을 공용사용 하거나 수전설비 일부접지선을 공통으로 결선하여 사용하는 경우 타 접지선전류에 의해 영향을 받을 수가 있다.
- CT_2의 변류비는 OCGR(또는 EOCR)의 Tap 범위를 고려하여 100/5를 사용한다.

10 낙뢰 보호 설비 등

피뢰 설비는 보호하고자 하는 건축물에 접근하는 낙뢰를 막고 낙뢰전류를 방류 하는 동시에 낙뢰로 인하여 생기는 건축물 등의 화재, 파손, 및 인명 피해를 방지 하는 것이다. 즉, 낙뢰 자체에 의한 직접적인 재해 뿐 만이 아니라 이것에 따르는 2차적인 재해도 방지할 필요가 있다.

- 보호 대상물에 접근하는 낙뢰를 피뢰설비로 막을 것
- 피뢰설비에 낙뢰전류가 흘렀을 때 신속하게 대지로 방류 할 것
- 피뢰설비로의 낙뢰시 보호대상물에 불꽃 Flashover 가 발생 되지 않을 것
- 피뢰설비로의 낙뢰시 인축에 대한 2차작 장애가 발생되지 않을 것
- 피뢰설비로의 낙뢰시 전력용, 전기·전자 기기를 2차 재해로부터 보호할 것
- 낙뢰시 건축물 안으로의 인입 설비를 보호할 것
- 낙뢰시 건축물 내부의 전위를 균등화 할 것(등전위화)

1. 피뢰설비의 구성

일반적으로 피뢰설비는 낙뢰에 의한 전격(電擊)을 받아들이기위한 수뢰부, 뇌전류(雷電流)를 수전부에서 대지로 흘려주기 위한 피뢰도선(避雷導線, "인하도선"이라고도 한다)과 피뢰도선과 대지를 전기적으로 접속하기 위해 지중에 매설하는 접지극이 있다. 접지는 피보호물체와 접지전위를 같게 하여 접지 전위 차이를 최소화하여 접지저항을 아주 낮게 하여야 한다. 전기설비기준에는 피뢰설비의 접지저항을 10Ω 이하로 하도록 규정하고 있다.

1) 피뢰방식의 종류

낙뢰의 위험으로부터 시설물을 보호하기 위한 피뢰방식에는 돌침방식, 수평도체방식, 케이지방식 등이 있으며 피보호물의 형태, 조건에 따라 선정하거나 2가지 이상의 방식을 조합하여 적용한다.

2. 돌침 방식

- 이 방식은 일반 건축물에 가장 많이 적용하며 금속체를 피 보호물에서 돌출시켜 수뢰부로 하는 것으로 투영 면적이 비교적 적은 건축물이나 공작물에 적합하다.
- 보호각을 고려하여 남쪽에 높게 설치하는 경우 그림자가 태양광 발전 모듈에 직접 영향을 주기 때문에 전체 어레이 뒤쪽에 설치하는 경우 보호 범위를 확보하지 못하는 경우가 있으므로 설계시 검토가 필요하다.
- 신축 건축물에 시설하는 소형 태양광 발전 설비에 적합하다.

1) 수평도체방식

이 방식은 낙뢰의 발생이 많은 지역으로 보호 면적이 큰 건축물이나 넓은 부지에 설치하는 태양광 발전시스템에 적합하며 보호 하고자 하는 태양광 발전 시스템의 상부에 수평도체를 가설 하고 낙뢰를 흡인 한 후 피뢰 도선을 통해 뇌 전류를 대지로 방류하는 것으로 모듈에 그림자도 발생하지 않고 어레이 설치 각도가 30도 정도로 가정 하더라도 모듈의 설치 높이 부분이 0.2 m 이내의 경우 보호각 55도 범위 내에 들어가며, 수평도체의 크기는 BC 16 mm^2 이상으로 한다.

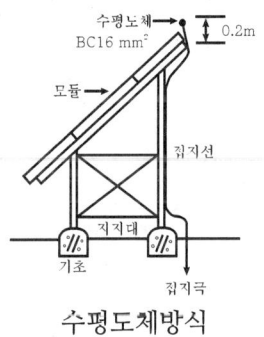

수평도체방식

2) 케이지방식(Mesh 방식)

이 방식은 피 보호물이나 건축물 측면 즉 태양전지 모듈(BIPV)에 연속된 망상도체로 싸는 방법으로 건축물 측면이 Curtain Wall인 경우 이것이 전부 전기적으로 접속되고, 또한 건축물의 철근 혹은 철골과 전기적으로 접속된 상태이면 이것을 수뢰부로 사용할 수 있으며 금속제 창틀 등도 같은 방식으로서 철골 혹은 철근을 전기적으로 접속(Bonding)하면 Mesh로서 수뢰효과는 동등하다.

재료	수뢰부 mm^2	인하도선 mm^2	접지극 mm^2
동	35	16	50
알루미늄	70	25	-
철	50	50	80

3) 회전구체법

- 뇌격거리 R을 반지름으로 하는 구체를 이용해 보호범위를 적용한다.
- 2개 이상의 수뢰부에 동시에 접하게 하든가 수뢰부 1개 이상과 대지에 동시에 접할 수 있도록 하여 구체를 회전시킬 때 구체표면의 물선으로부터 보호범위를 정하는 방법이다.
- 구체의 반경은 표에서의 R에 의한다.

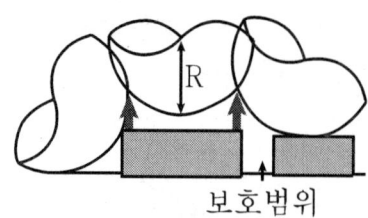

보호레벨	회전구체법 R	보호각법 h[m]					메쉬법 폭[m]
		20	30	45	60	60초과	
I	20	25	*	*	*	*	5
II	30	35	25	*	*	*	10
III	45	45	35	25	*	*	15
IV	60	55	45	35	25	*	20

〈보호레벨에 따른 수뢰부의 배치〉

4) 피뢰도선

피뢰설비에 낙뢰가 유입되면 피뢰도선을 통해 대지로 보내는데 이때 불꽃방전이 발생할 가능성이 있으므로 이를 저감하기 위해 피뢰도선을 다음과 같이 시설하여야 한다.

- 여러 개의 병렬 전류 경로를 형성한다.
- 피뢰도선의 길이를 최소로 한다.
- 전등, 전화선과는 안전 이격거리 이상으로 띄운다.
- 구조체 철근 등과 접촉하고 있다고 생각하는 전선관, 우수관, 철관, 철제사다리 태양광발전 가대 등의 금속체는 Bonding을 한다,
- 피뢰 도선과 돌침과의 접속은 나사 고정과 납땜을 병용한다. 피뢰도선의 접속점은 가능하면 적은 것이 바람직하며 전기적으로 완전히 접속 하여야한다.
- 피뢰 도선과 철근, 철골 등과의 접속은 도선 접속기를 사용하거나 테르밋 용접에 의해 접속한다.

5) 테르밋 용접법 (Thermit welding)

용접 열원을 외부로부터 가하는 것이 아니라, 테르밋 반응에 의해 생성되는 화학반응 열을 이용하여 금속을 용접하는 방법

11 사용 전 검사 준비

(1) 사용전 검사 일반

자가용 전기설비의 설치 또는 변경공사로서 산업통상자원부령이 정하는 공사를 하고자 하는 자는 공사개시 전에 그 공사계획을 시·도지사에게 신고 하여야 하며, 공사계획 신고 수리 권한은 한국전기안전공사에서 위탁받아 수행하는 업무입니다. 다만, 저압에 해당하는 자가용 전기실비의 실지 또는 변경 공사의 경우에는 사용전검사 신청으로 공사계획신고를 갈음 할 수 있습니다.

- 법적근거 : 전기사업법 제62조, 제98조②항, 동법 시행령 제62조 제③항, 동법 시행규칙 별표 7

발전설비 사용전검사는 발전설비의 종류 및 용량 등에 따라 전력설비검사처 또는 사업소에서 실시한다.

전력설비검사처	사업소
※ 상용 발전설비 　- 내연력 발전설비 : 500kW 초과 　- 풍력, 연료전지 발전설비 : 100kW 초과 　　(단위호기 용량 100kW 초과) 　- 전기저장장치(사업소 검사대상 제외) 　- 화력, 복합화력, 수력 발전설비 　- 자가용 수용설비와 병렬운전용 포함	※ 상용 발전설비 　- 내연력 발전설비 : 500kW 이하 　- 풍력, 연료전지 발전설비 : 100kW 이하 　　(단위호기 용량 100kW 이하) 　- 전지저장장치(사업소 검사대상 전기 설비에 　　설치 되는 것에 한함) 　- 태양광 발전설비
※ 비상용 발전설비 　- 자가용 발전설비 : 1만kW 이상 　- 자가용 가스터빈 : 2,500kW 이상 　- 사업용 발전설비	※ 비상용 발전설비 　- 자가용 발전설비 : 1만kW 미만 　- 자가용 가스터빈 : 2,500kW 미만
※ 전기수용설비 　- 지중전선로 토목공사 : 5만V 이상	※ 자가용 전기수용설비 : 75kW 이상 ※ 비상용 예비발전기 : 75kW 이상

〈사용전 검사 및 검사대상〉

1) 송·변·배전설비 사용전검사

송·변·배전설비는 전력설비검사처 송배전검사부에서 실시한다.

설비	검사대상
송전선로	- 20만V 이상의 가공 및 지중선 설치공사와 선로길이 5km 이상의 변경공사 - 20만V 미만의 가공선 10km 이상 및 지중선로 1km 이상의 설치 및 변경공사
변전소 및 개폐소	- 5만V 이상의 변전소 및 개폐소 설치 또는 변경공사 - 20만V 이상의 차단기의 설치 또는 대체공사 - 전기저장장치(이차전지, 전력변환장치) 설치 또는 대체공사
배전선로	- 1만V 이상으로서 전력구·공동구 내 선로길이 0.5km 이상의 배전선로 설치 또는 변경공사

3) 사용전검사 업무흐름도

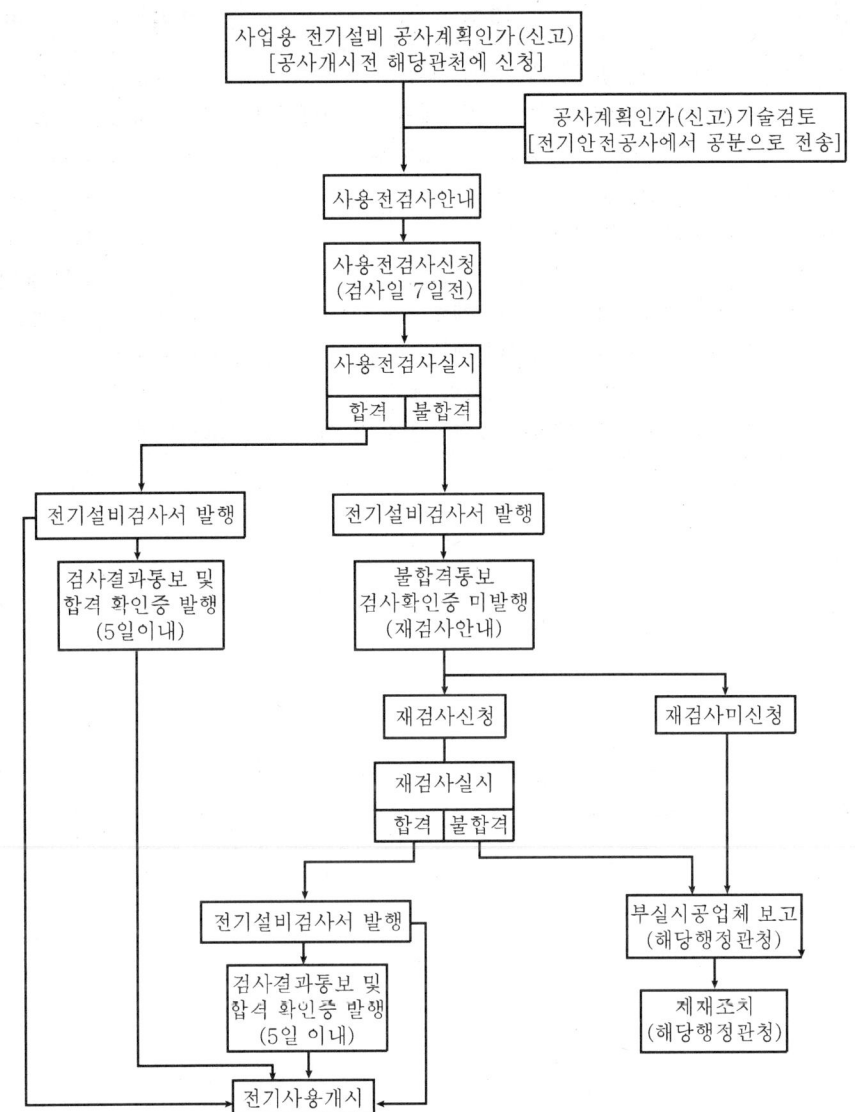

4) 사업용전기설비 및 검사시기[별표 10]

구분	대상	시기	비고
□ 기력, 내연력, 가스터빈, 복합화력, 수력(양수), 풍력, 태양광 및 연료전지발전소 전기저장장치발전소(구역전기사업자의 송전·변전 및 배전설비를 포함한다)	(1) 증기터빈 및 내연기관 계통 (2) 가스터빈·보일러·열교환기(「집단에너지사업법」을 적용받는 보일러 및 압력용기는 제외) 및 발전기 계통 (3) 수차·발전기 계통 (4) 풍차·발전기 계통 (5) 태양전지·전기설비 계통 (6) 연료전지·전기설비 계통 (7) 전기저장장치·전기설비 계통 (8) 구역전기사업자의 송전·변전 및 배전설비	4년 이내 2년 이내 4년 이내 4년 이내 4년 이내 4년 이내 4년 이내 2년 이내	(1)부터 (4)까지의 설비에 부속되는 전기설비로서 사용압력이 제곱센티미터당 0킬로그램 이상의 내압부분이 있는 것을 포함한다.

5) 자가용전기설비 및 검사시기[별표 10]

구분	대상	시기	비고
☐ 발전설비기력, 내연력, 가스터빈, 복합화력 및 수력, 태양광 및 연료전지 발전소(비상예비발전설비는 제외한다)	(1) 증기터빈 및 내연기관 계통(발전기계통을 포함한다) (2) 가스터빈(발전기 계통 포함), 보일러, 열교환기(보일러 및 열교환기 중 「에너지이용 합리화법」 제58조에 따라 검사를 받는 것은 제외한다) (3) 수차·발전기 계통 (4) 풍차·발전기 계통 (5) 태양전지·전기설비 계통 (6) 연료전지·전기설비 계통 (7) 전기저장장치·전기설비 계통	4년 이내 2년 이내 4년 이내 4년 이내 4년 이내 4년 이내 4년 이내	(1)과 (2)에 부속되는 전기설비로서 사용압력이 제곱센티미터당 0킬로그램 이상의 내압부분이 있는 것을 포함한다.
☐ 비상용 예비 발전설비	(1) 의료기관, 공연장, 호텔, 대규모 점포, 예식장, 지정 문화재, 단란주점, 유흥주점, 목욕장, 노래연습장에 설치한 75킬로와트 이상의 비상용 예비발전설비 (2) (1) 및 (2)의 설비 외의 수용가에 설치한 75킬로와트 이상의 비상용 예비발전설비 (3) (2)의 규정에도 불구하고 「산업안전보건법」 제49조의2에 따른 공정안전보고서 또는 「고압가스 안전관리법」 제13조의2에 따른 안전성향상계획서를 제출하거나 갖춰 둔 자의 용량 75킬로와트 이상의 비상용 발전설비	2년마다 2월전후 3년마다 2월전후 4년 이내	(1)부터 (3)까지의 전기설비로서 구내발전설비로부터 전기를 공급받는 수전설비는 해당 발전기 계통과 같은 시기에 검사한다.

비 고 : 발전설비의 검사는 발전설비의 가동정지기간 중에 하며, 설비 고장 등 검사시기 조정 사유 발생 시 검사기관과 협의하여 2개월 이내의 범위에서 검사시기를 조정할 수 있다.

(2) 사용전 검사에 필요한 서류

① 사용전 검사(점검) 신청서
② 태양광 발전설비 개요
③ 공사계획인가(신고)서
④ 태양광전지 규격서

⑤ 단선결선도, 시퀀스 도면, 태양전지 트립인터록 도면, 종합 인터록도면 – 설계 면허 (직인 필요 없음)
⑥ 절연저항시험 성적서, 절연내력시험 성적서, 경보회로시험 성적서, 부대설비시험 성적서, 보호장치 및 계전기시험 성적서
⑦ 출력 기록지
⑧ 전기안전관리자 선임 필증 사본(사용전 점검 제외)
⑨ 감리원 배치확인서(사용전 점검 제외)

(3) 사용전 검사를 받는 시기
1) 전기수용설비
① 전압 5만볼트 이상의 지중전선로 중 토목공사가 완성된 때
② 전기수용설비 중 공사계획에 따른 공사의 일부가 완성되어 그 완성된 설비만을 사용하려고 할 때
③ 전체 공사가 완료된 때

2) 내연력발전소, 태양광발전소, 연료전지발전소 : 전체공사가 완료된 때

(4) 검사신청
신청인은 별지제28호서식의 사용전검사 신청서에 다음 각목의 서류를 첨부하여 검사를 받고자 하는 날의 7일전 까지 법 제74조의 규정에 의한 한국전기안전공사(이하 "안전공사"라 한다.)에 제출하여야 한다.

1) 공사계획인가서 또는 신고수리서 사본
2) 전기안전관리자 선임신고필증 사본
3) 설비별 일반규격서 등

(5) 태양광 사용전검사 준비
검사자는 신청인에게 다음 각항의 사항을 확인하여 검사가 원활히 실시될 수 있도록 하여야 한다.

1) 신청인은 준비 자료로서 공사계획인가 또는 신고서, 설비규격서, 현장 및 공장시험성적서, 설비 매뉴얼, 설계 및 시공도면, 검사관련 기술자료 등을 검사 전에 준비하도록 한다.
2) 검사신청부서 이외의 시험성적서 또는 전문기관의 시험이 필요한 경우에는 검사 전까지 모든 시험을 완료하고 그 성적서 또는 시험결과서 사본을 준비하도록 한다.

(6) 태양광 사용전검사 전 회의

1) 검사자는 자신을 포함한 인명과 시설물의 안전을 확보하기 위하여 안전작업수칙을 준수하며, 신청인에게 필요한 안전관리 사항을 확인하고 안전교육을 실시한다.
2) 검사자는 검사항목별로 세부검사일정 및 검사방법 등을 신청인과 협의하여 검사가 지연되지 않도록 한다.
3) 검사자는 신청인이 준비한 시험성적서 등 검사관련 기술자료를 검토하여 확인한다.

(7) 검사실시

1) 검사자는 공사계획인가 또는 신고된 도면을 기준으로 검사범위를 확인하고 검사항목 및 검사기준에 따라 검사를 실시한다. 단, 외국으로 부터 도입된 기자재, 설비 등 현장시험이 불가능한 경우에는 자체시험성적서로 대체할 수 있다.
2) 검사실시결과에 대하여 다음 각항의 검사기준에 따라 판정한다.
   ① 전기설비의 설치 또는 변경공사를 하기 위하여 인가 또는 신고를 한 공사계획에 적합할 것
   ② 법 제67조에 따른 기술기준에 적합할 것. 다만, 기술기준에서 정하고 있지 않지만 안전하게 사용하기 위하여 필요한 경우에는 동등 이상의 국제기준 또는 국가표준이 있는 경우 이를 인정한다.
   ③ 그 밖에 산업통상자원부장관이 정하는 검사절차 또는 전기설비 검사항목 등의 기준에 적합할 것.

(8) 태양광 사용전검사후 회의

검사자는 신청인에게 검사결과를 설명하고 검사 시 도출된 문제점에 대해서 다음 각항의 조치를 취한다.

① 불합격사항 발생시는 "전기설비시정요구서"(지침 별지 제3호 서식)를 발행하여 시정조치후 재검사를 받도록 법적근거 및 내용 등을 상세히 설명한다.
② 안전과 품질에 영향을 줄 수 있는 사항을 위반 또는 미달될 경우에는 전기설비 검사결과지적서를 발행하고, 시정조치결과는 서면 또는 현장 입회하여 확인한다.
③ 현장에서 즉시 시정조치한 경미한 사항은 회의록에 기재한다.
④ 준공검사완료시 신청인에게 준공표시판 설치의무를 설명한다.
⑤ 불합격 시정기간 : 사용전검사 15일, 정기검사 3개월

(9) 검사결과의 처리

1) 검사결과는 합격, 부분합격, 임시사용 및 불합격으로 판정하고, 현장에서 전기설비검사서를 교부한다.
2) 전기설비의 검사결과가 검사기준에 부적합할 경우 "불합격"으로 판정하고, 전기설비 시정요구서를 발행하며, 지적내용 보완조치 후 재검사를 신청하도록 안내한다.

(10) 검사결과의 통지

검사자는 검사 완료일로부터 5일 이내(공휴일 제외)에 검사확인증을 신청인에게 교부하여야 하며, 검사결과 불합격인 경우에는 그 내용을 통지하고 재검사를 신청하도록 안내한다.

12 항목별 세부검사 및 동작시험 등

1. 태양광발전설비 검사

(1) 자가용 태양광 발전설비 사용전 검사 항목 및 세부검사 내용

태양광 발전설비를 구성하는 각 기기는 설치 완료 시 아래와 같은 사용전 검사 항목에 따라 세부검사가 진행되어야 한다.

■ 전체의 공사가 완료된 때

검사항목	세부검사내용	수검자 준비자료
1. 태양광발전 설비표	◉ 태양광발전 설비표	◉ 공사계획 인가(신고)서 ◉ 태양광 발전설비 개요

2. 태양광전지검사
    태양광 전지 일반 규격
◉ 태양광전지 검사
	◉ 규격확인
	◉ 외관 검사
	◉ 전지 전기적 특성 시험
	  - 최대출력/개방전압/단락전류
	  - 최대출력전압 및 전류
	  - 충진율/ 전력변환효율
	◉ 어레이
	  - 절연저항
	  - 접지저항
		◉ 공사계획 인가(신고)서
		◉ 태양광전지 규격서
		◉ 단선결선도
		◉ 태양전지 트립 인터록 도면
		◉ 시퀀스 도면
		◉ 보호장치 및 계전기시험 성적서
		◉ 절연저항시험 성적서

3. 전력변환장치 ◉ 전력변환장치 일반규격 ◉ 전력변환장치 검사	◉ 규격 확인 ◉ 외관검사 ◉ 절연저항 ◉ 절연내력 ◉ 제어회로 및 경보장치 ◉ 전력조절부/static 스위치 - 자동·수동 절체시험 ◉ 역방향운전 제어시험 ◉ 단독운전 방지 시험 ◉ 인버터 자동·수동 절체시험	◉ 공사계획 인가(신고)서 ◉ 단선 결선도 ◉ 시퀀스 도면 ◉ 보호장치 및 계전기시험 성적서 ◉ 절연저항시험 성적서 ◉ 절연내력시험 성적서 ◉ 경보회로시험 성적서 ◉ 부대시설시험 성적서

◙ 보호장치 검사 ◙ 축전지	◙ 외관검사 ◙ 절연저항 ◙ 보호장치 시험 ◙ 시설상태 확인 ◙ 전해액 확인 ◙ 환기시설 상태	
4. 종합연동시험 감사		◙ 종합 인터록 도면
5. 부하운전시험 검사	◙ 검사시 일사량을 기준으로 가능출력 확인하고 발전량 이상유무 확인(30분)	◙ 출력 기록지
6. 기타 부속 설비	전기수용설비 항목을 준용	

■ 전기저장장치 : 전체의 공사가 완료된 때

검사항목	세부검사내용	수검자 준비자료
1. 전기저장장치 일반규격검사	◉ 인가(신고)서류 및 규격확인	◉ 공사계획인가(신고)서

2. 배터리 검사
◉ 배터리 일반규격
◉ 배터리 검사
	◉ 규격확인
	◉ 외관검사
	  - 충전 및 방전 접압
	  - 충전 및 방전 전류
	  - 주파수변동시험
	  - 과충전시험
	  - 과방전시험
	  - 온도특성시험
	◉ BMS 기능확인
		◉ 배터리 규격서
		◉ 단선결선도
		◉ 제품시험성적서

3. 전력조절장치 검사
◉ 전력조절장치 일반규격
◉ 전력조절장치 검사
	◉ 규격확인
	◉ 외관검사
	◉ 보호장치검사
	  - 충전 및 방전 전압
	  - 충전 및 방전 전류
	  - 주파수변동시험
	◉ 조작용 전원 및 회로검사
	◉ Loop 시험
	◉ 단독운전 방지시험
	◉ 과도응답 특성시험
	◉ 전압 및 주파수 추종시험
	◉ 경보장치 시험
		◉ 제작사 매뉴얼
		◉ Sequence 도면
		◉ 현장시험 성적서
		◉ 제품시험 성적서

4. 변압기 검사 ◉ 변압기 일반규격 ◉ 변압기 본체 검사 ◉ 보호장치 검사	◉ 기력발전소 변압기 검사 항목에 준함	◉ 기력발전소 변압기 검사 준비자료에 준함

◻ 제어 및 경보장치 검사 ◻ 부대설비 검사		

5. 차단기 검사
◻ 차단기 일반규격
◻ 차단기 본체 검사
◻ 보호장치 검사
◻ 제어 및 경보장치 검사
◻ 부대설비 검사
	◻ 기력발전소 차단기 검사
	  항목에 준함
		◻ 기력발전소 차단기 검사
		  준비자료에 준함

6. 전선로(모선) 검사
◻ 전선로 일반규격
◻ 전선로 검사
  (가공, 지중, GIB, 기타)
◻ 부대설비 검사
	◻ 기력발전소 전선로(모선)
	  검사항목에 준함
		◻ 기력발전소 전선로(모선)
		  검사준비자료에 준함

7. 접지설비 검사
◻ 접지 일반규격
◻ 접지망(Mesh)
	◻ 기력발전소 접지설비 검사
	  항목에 준함
		◻ 기력발전소 접지설비 검사
		  준비자료에 준함

8. 부하운전시험	◻ 충전 및 방전시험	◻ 출력기록지

1) 태양광 발전설비표 : 자가용 태양광 발전설비에 대해 사용 전 검사를 실시하는 검사자는 수검자로부터 다음의 자료를 제출받아 태양광 발전설비표를 작성해야 한다.
① 공사계획인가(신고)서 : 공사계획인가(신고)서는 전기설비의 설치 및 변경공사 내용이 전기사업법 제61조 또는 법 제62조의 규정에 의하여 인가 또는 신고를 한 공사계획에 적합해야 한다.
② 시험성적서의 제출·확인

확인대상품목	(1) 변압기　(2) 차단기　(3) 보호계전기류 (4) 보호설비류　(5) 피뢰기류　(6) 변성기류 (7) 개폐기류　(8) 콘덴서, 모터, 기동기, 케이블 및 케이블 접속재 (9) 발전설비　(10) 상기 이외의 전기기계기구와 보호 장치
확인방법	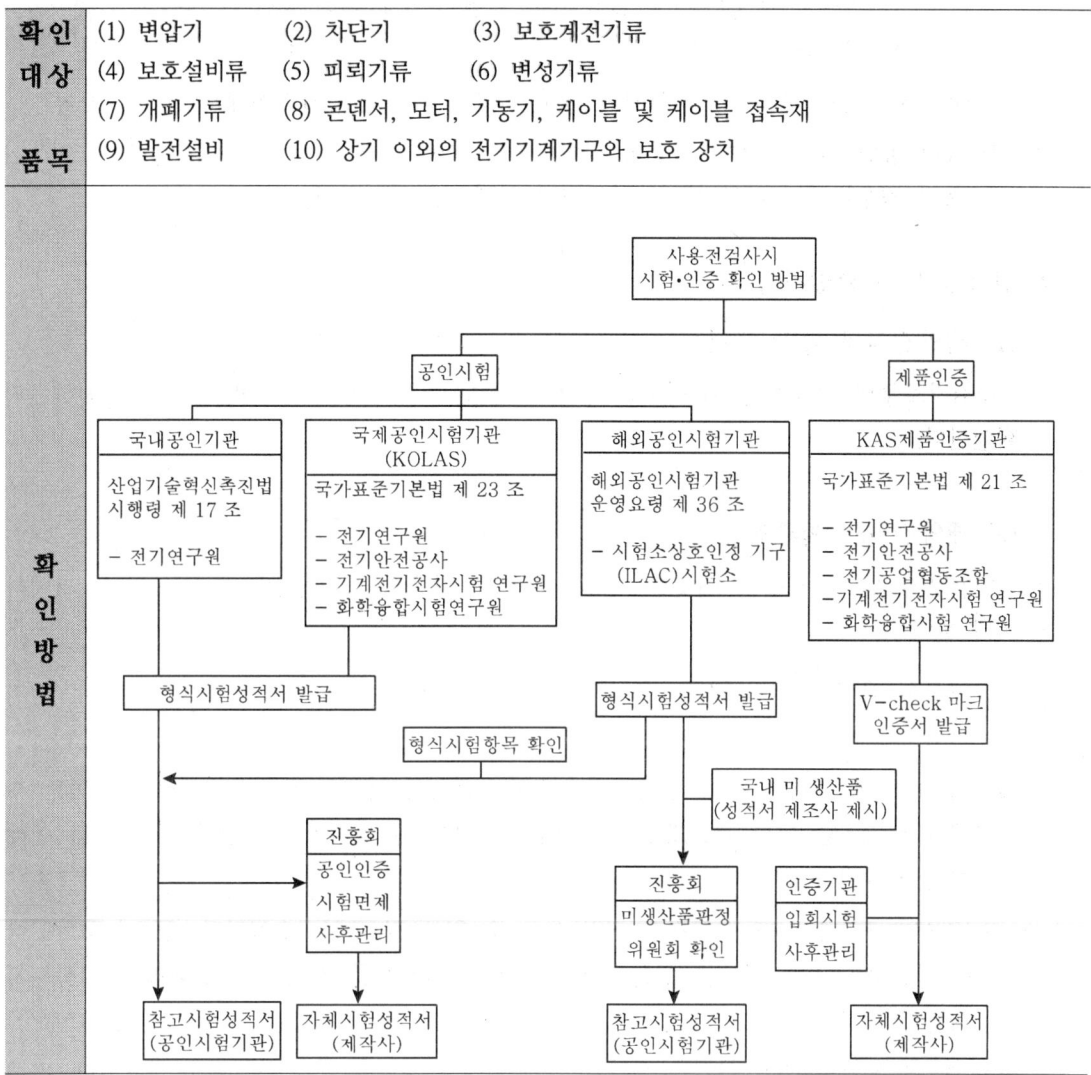

ⓐ 검사자는 수검자로부터 다음 설비에 대한 시험성적서를 제출받아 확인한다.

ⓑ 확인방법 상세내용 :

　　고압이상 전기기계기구의 시험성적서는 국내생산품과 수입품 모두 동일하게 국내 공인시험기관의 시험성적서를 확인함을 원칙으로 한다. 다만, 다음 각호의 경우에는 제작회사 자체 시험성적서를 확인한다.

(가) 산업표준화법에 의한 KS표시품, 케이블, 콘덴서, 전동기, 기동기, 20kV급 케이블 종단접속재 이외의 케이블 접속재

(나) 국가표준기본법에 의한 공인제품 인증기관의 안전인증 표시품

(다) 전기기기 시험기준 및 방법에 관한 요령 고시에 의한 공인시험기관의 인증시험이 면제된 제품

(라) 국내 공인시험기관에서 시험이 불가능한 품목 및 검사기관에서 인정한 품목

2) 국내 공인시험기관의 시험설비 미비, 관련규격이 없는 경우, 수리품 및 국내 미생산품인 경우는 공인시험기관의 참고시험 성적서를 확인한다.

2. 검사업무 시 확인사항

(1) 태양전지의 일반 규격

수검자로부터 제출받은 태양전지 규격서 상의 규격이 설치된 태양전지와 일치하는지 확인한다.

(2) 태양전지의 외관점검

태양전지 셀 및 모듈을 비롯한 시스템에 대해 다음의 사항을 중심으로 외관을 확인하여야 한다.

1) 모듈의 유형과 설치개수 등을 1,000 lux 이상의 밝은 조명 아래에서 육안으로 점검한다.
2) 지상설치형 어레이의 경우에는 지상에서 육안으로 점검하며 지붕설치형 어레이는 수검자가 제공한 낙상 보호조치를 확인한 후 점검 및 검사자가 직접 지붕에 올라 어레이를 검사한다.
3) 지붕의 경사가 심해 검사자가 직접 오를 수 없는 경우에는 수검자가 제공한 사다리나 승강장치에 올라 정확한 모듈과 어레이의 설치개수를 세어 설계도면과 일치하는지 확인한다.
4) 정확한 모듈 개수의 확인은 전압과 전류 출력에 영향을 미치므로 매우 중요하다. 간혹 현장의 모듈이 인가서 상의 모듈 모델번호와 다른 경우가 있으므로 각 모듈의 모델번호 역시 설계도면과 일치하는지 확인한다.
5) 지붕에 설치된 모듈은 모델번호를 확인하기 곤란한 경우가 많으므로 수검자가 카메라로 찍은 사진을 근거로 확인한다.
6) 사용전검사 시 공사계획인가(신고)서의 내용과 일치하는지 태양전지 모듈의 정격용량을 확인하여 이를 사용전검사필증에 표시하고, 다음 사항을 확인한다.

① 셀 용량

태양전지 셀 제작사가 설계 설명서에 제시한 용량을 기록한다.

② 셀 온도

태양전지 셀 제작사가 설계 설명서에 제시한 셀의 발전 시 온도를 기록한다.

③ 셀 크기

제작자의 설계서 상 셀의 크기를 기록한다.

④ 셀 수량

공사계획서 상 출력을 발생할 수 있도록 설치된 셀의 전체 수량을 기록한다.

3. 태양전지 셀, 모듈, 패널, 어레이에 대한 외관검사

1) 공사계획인가(신고)서 내용과 일치하는지 확인하고 태양전지 셀의 제작번호를 확인한다.
2) 태양전지 셀의 제작, 운송 및 설치과정에서의 변색, 파손, 오염 등의 결함 여부를 1,000 lux 이상의 조도에서 아래 사항을 중심으로 육안 점검하고 단자대의 누수, 부식 및 절연재의 이상을 확인한다.

① 모듈 표면의 금, 휨, 찢김이나 모듈 배열의 흐트러짐.

② 태양전지 모듈의 깨짐.

③ 오결선.

④ 태양전지 셀 간 접촉 또는 태양전지 셀의 모듈 테두리 접촉.

⑤ 태양전지 셀과 모듈 테두리 사이에 기포나 박리현상에 의한 연속된 통로 형성 여부.

⑥ 합성수지재 표면처리 결함으로 인한 끈적거림.

⑦ 단말처리 불량 및 전기적 충전부의 노출.

⑧ 기타 모듈의 성능에 영향을 끼칠 수 있는 요인.

3) 모듈의 개수와 모델번호를 확인하고 나면 마지막으로 각 모듈과 어레이의 배치가 설계도면과 일치하는지 확인한다.
4) 배선 점검
5) 접속단자의 조임 상태 확인

4. 태양전지의 전기적 특성 확인

수검자로부터 제출받은 태양전지 규격서 상의 규격으로부터 다음의 사항을 확인한다.

1) 최대출력

태양광 발전소에 설치된 태양전지 셀의 셀당 최대출력을 기록한다.

2) 개방전압 및 단락전류

모듈 간이 제대로 접속되었는지 확인하기 위해 개방전압이나 단락전류 등을 확인한다.

3) 최대출력 전압 및 전류

태양광 발전소 검사 시 모니터링 감시장치 등을 통해 하루 중 순간 최대출력이 발생할 때의 인버터의 교류전압 및 전류를 기록한다.

4) 충전율

개방전압과 단락전류와의 곱에 대한 최대출력의 비(충전율)를 태양전지 규격서로부터 확인하여 기록한다.

5) 전력변환 효율

기기의 효율을 제작사의 시험성적서 등을 확인하여 기록한다. 이 밖에도 수검자로부터 제출받은 태양광 발전시스템의 단선결선도, 태양전지 트립인터록 도면, 시퀀스 도면, 보호장치 및 계전기 시험성적서가 태양광 발전설비의 시공 또는 동작상태와 일치하는지 확인 한다.

① 태양전지 어레이 : 검사자는 수검자로부터 제출받은 절연저항시험 성적서에 기재된 값으로부터 현장에서 실측한 값과 일치하는지 확인한다.

　ⓐ 절연저항 : 검사자는 운전 개시 전에 태양광 회로의 절연상태를 확인하고 통전 여부를 판단하기 위해 절연저항을 측정한다. 이 측정값은 운전개시 후의 절연상태의 기준이 된다.

　ⓑ 접지저항 : 검사자는 접지선의 탈락, 부식 여부를 확인하고 접지저항값이 전기설비기술기준이나 제작사 적용 코드에 정해진 접지저항이 확보 되어 있는지를 접지저항 측정기로 확인한다.

(3) 전력변환장치 검사 : 검사자는 수검자로부터 제출받은 자료로부터 다음의 사항을 검사해야 한다.

① 전력변환장치의 일반 규격 : 검사자는 수검자로부터 제출받은 공사계획인가 (신고)서상의 전력변환장치 규격이 시험성적서 및 이 현장에 시공된 장치의 규격과 일치하는지 확인한다.

　㉮ 형식 : 인버터 모델 형식을 기록한다.

　㉯ 용량 : 인버터의 용량이 공사계획인가(신고) 내용과 일치하는지를 확인해야 하며, 다만, 인버터의 여유율을 감안하여 인버터에 접속된 모듈의 정격용량은 인버터 용량의 105% 이내로 할 수 있다.

㉰ 정격 입·출력 전압 : 인버터의 입·출력 전압을 확인한다.
㉱ 제작사 및 제작번호 : 제작사 및 기기 일련번호를 기록한다.

② 전력변환장치 검사 : 검사자는 전력변환장치에 대해 다음의 사항을 검사해야 한다.
  ㉮ 외관검사
    ㉠ 검사자는 전력변환장치의 파손이나 변형 등의 유무를 확인한다.
    ㉡ 배전반(보호 및 제어)의 계기, 경보장치 등의 이상 유무를 확인한다.
    ㉢ 배전반의 절연간격 및 배선의 결선상태를 확인한다.
    ㉣ 필요한 개소에 소정의 접지가 되어 있는지 확인하고, 접지선의 접속 상태가 양호한지 확인한다,

  ㉯ 절연저항: 검사자는 운전개시 전에 공장 및 현장에서 측정한 절연저항 측 정성적서를 검토하거나 실제 측정함으로써 전력변환장치 직류회로 및 교류 회로의 절연상태가 기술기준이나 제작사 적용코드에서 규정한 기준값 내에 드는지 확인한다. 이 측정값은 운전 개시 후의 절연상태의 기준이 된다.

  ㉰ 절연내력 : 절연내력 시험은 검사자 입회하에 실제 시용전압을 가압하여 이상 유무를 확인하는 것이 원칙이지만 시험성적서로 갈음할 수 있으며, 절연내력시험이 곤란할 경우에는 절연저항(500V 절연저항계) 측정으로 갈음할 수 있다.

  ㉱ 제어회로 및 경보장치 : 전력변환장치의 각종 제어회로 및 보호기능 등을 동작시켜 경보상태를 확인한다.

  ㉲ 전력조절부/static 스위치 자동·수동절체시험 : 전력조절부의 시스템 상태에 따른 static 스위치의 절체시간을 확인한다.

  ㉳ 역방향운전 제어시험 : 태양광 발전부에서 발전하지 못하거나 발전한 전력이 부하공급에 부족할 경우, 계통으로부터 부족한 전력공급 유무를 확인한다.

  ㉴ 단독운전 방지시험 : 계통측 정전 시 태양광 발전설비에서 생산된 전력이 배전선로로 역송되지 않도록 태양광 발전설비 단독운전 기능의 정상동작 유무(0.5초 내 정지, 5분 이후 재투입)를 확인한다.

  ㉵ 인버터 자동·수동 절체시험 : 인버터 자동·수동 절체시험을 실시하여 운전 중인 인버터의 이상 여부를 확인한다.

  ㉶ 충전기능시험
    ㉠ 공장에서 실시한 용량검사 내용을 확인한다.
    ㉡ 초충전, 부동충전, 균등충전 시험성적서를 확인한다.
    ㉢ 임의로 충전모드를 선택, 충전모드별 출력전압 및 전류 등은 운전값의 가변이

가능한지를 확인한다.

③ 보호장치 검사: 검사자는 보호장치에 대해 다음의 사항을 확인 또는 검사해야 한다.
㉮ 외관검사
㉯ 절연저항
㉰ 보호장치 시험 : 검사자는 전력회사와의 협의를 통해 정해진 보호협조에 맞는 설정이 되어 있는지를 확인한다.
　㉠ 전력변환장치의 보호계전기 정정값 및 시험성적서를 대조한 후 보호 장치와 관련 기기의 연동 상태를 점검함으로써 보호계전기의 동작특성을 확인한다.
　㉡ 보호장치가 인터록 도면대로 동작하는지와 단독운전 방지시스템의 기능을 확인한다.

④ 축전지 검사 : 검사자는 축전지 및 기타 주변장치에 대해 다음의 사항을 확인해야 한다.
㉮ 시설상태 확인
㉯ 전해액 확인
㉰ 환기시설 확인 : 환기팬의 설치 및 배기상태를 확인한다.

(4) 종합연동시험 검사 : 검사자는 수검자로부터 제출받은 종합인터록도면을 참고하여 보호계전기의 종합연동 상태가 정상적인지 검사해야 한다.

(5) 부하운전시험 검사 : 검사자는 수검자로부터 제출받은 출력 기록지를 참고하여 부하운전 상태를 검사해야 한다.
① 부하운전시험 검사 : 검사 시 일사량을 기준으로 30분간의 가능출력을 확인하고 일사량 특성곡선과 발전량의 이상 유무를 확인한다.
② 부하운전시험 의견 : 기력발전소에 대한 사용전 검사 부하운전시험 의견서 작성방법에 따른다.

(6) 기타 부속설비 : 검사자는 수검자로부터 제출받은 자료를 참고로 전기 수용설비 항목을 준용하여 기타 부속설비를 검사해야 한다.

5. 점검 및 검사자의 최종확인사항

1) 태양광전지 시설상태 : 태양광전지의 제작·운송 및 설치과정에서의 변색, 파손, 오염여부를 점검하고, 단자대의 누수·부식 및 절연재의 손상여부 확인
2) 시스템 기동 및 정지시험 : 전력변환장치를 기동·정지시켜 순차적으로 제어가 가능한지 여부 확인
3) 인버터 병렬운전시험 : 2대 이상의 인버터를 설치한 경우 병렬운전시험을 실시하여 부하별로 인버터 입·출력이 안정적으로 운전되고 제어되는지를 확인
4) 제어회로 및 경보장치 검사 : 전력변환장치의 각종 보호 및 제어기능 등을 모의 동작시켜 경보상태를 확인
5) 계통연계 운전시험 : 한전 계통에 연계시켜 안정적으로 연속운전이 가능한지 여부를 확인
6) 보호장치 설치 및 동작상태 : 한전 계통 정전시 역송전방지를 위한 발전설비의 정지 또는 전원차단 유무 및 태양광전지 발전설비의 과전압, 과전류 등 각종 이상상태 발생시 전기설비를 보호할 수 있는 보호장치 및 동작상태 확인
7) 배·분전반 및 보호시설의 설치상태 확인
8) 절연저항 : 운전 개시 전에 태양광 회로의 절연상태를 확인하고 통전여부를 판단하기 위해 절연저항을 측정한다.
9) 접지선 설치상태 및 탈락여부 확인 : 접지선의 탈락, 부식 여부를 확인하고 접지저항 값이 전기설비 기술기준이나 제작사 적용 코드에 정해진 접지저항이 확보되어 있는지를 접지저항 측정기로 확인.
10) 축전지 및 충전장치 시설상태 : 각 축전지의 연결상태, 누액여부, 전해액 면의 저하여부, 단자접속상태, 충전전압, 환기시설상태 등 확인
11) 계측장치 설치상태 : 전압계, 전류계, 전력량계 등 각종 계측장치의 설치상태를 확인
12) 인버터용량 확인 : 설계용량 이상이어야 함. 다만 인버터에 연결된 모듈의 설치용량은 인버터용량 105[%] 이내로 할 수 있다.
    - 비고 태양광발전설비 변압기 및 차단기 변경공사 시 사용전검사 유무
    - 변압기는 100,000 V 이상, 차단기는 200,000 V 이상만 해당.

6. 저압전로의 절연성능

1) 전기사용 장소의 사용전압이 저압인 전로의 전선 상호간 및 전로와 대지 사이의 절연저항은 개폐기 또는 과전류차단기로 구분할 수 있는 전로마다 다음 표에서 정한 값 이상이어야 한다. 다만, 전동기 등 기계기구를 쉽게 분리하기 곤란한 분기회로의 경우 전로의 전선 상호 간의 절연저항에 대해서는 기기 접속 전에 측정한다.

| 4. 배관·배선 공사 | | |

1 배선 시공

1. 배선 시공

- 태양광 발전설비의 배선공사는 직류 배선공사와 직·병렬로 결선하는 경우가 많으므로 극성에 특별히 주의해야 한다.
- 시공 시 전기설비기술기준, 전기설비기술기준의 판단기준, 내선규정 및 신재생에너지 설비의 지원 등에 관한 기준 등을 비롯한 관계 법령에 따라 시공해야 한다.

(1) 케이블 선정 및 접속

① 교류 사용되고 있는 CV 전선은 UV 저항이 약하고 기후변화에 취약해 장기간 외부 노출시 피복경화, 갈라짐, 도체부식 등으로 인하여 사고가 발생할 수 있기 때문에 태양광모듈에서 옥내에 이르는 배선에 쓰이는 전선은 모듈 전용선, 구입이 쉽고 작업성이 편리하며 장기간 사용해도 문제가 없는 XLPE(가교폴리에틸렌 절연 비닐시스케이블) 케이블이나 이와 동등 이상의 제품 또는 직류용 전선을 사용하고 옥외에는 UV 케이블을 사용한다. 병렬 접속 시에는 회로의 단락 전류에 견딜 수 있는 굵기의 케이블을 선정하고 전선이 지면에 접촉되어 배선되는 경우에는 피복이 손상되지 않도록 별도의 조치를 취해야 한다.

② 기계기구의 구조상 그 내부에 안전하게 시설할 수 있을 경우를 제외하면 모든 전선은 다음과 같이 시설해야 한다.

 (가) 공칭 단면적 $2.5mm^2$ 이상의 연동선 또는 이와 동등 이상의 세기 및 굵기의 것이어야 한다.
 (나) 옥내에 시설할 경우에는 합성수지관공사, 금속관공사, 가요전선관공사 또는 케이블공사로 전기설비기술기준의 규정에 따라 시설해야 한다.
 (다) 옥내측 또는 옥외에 시설할 경우에는 합성수지관공사, 금속관공사, 가요 전선관공사 또는 케이블공사로 전기설비기술기준의 규정에 따라 시설해야 한다.
 (라) 전선의 색상 구별은 다음과 같이 하여 부하 평형을 점검할 수 있도록 하여야 하며, 색 테이프로 구별하여야 한다.

구 분		배선 방식 전압 측	중성선측 전선
저	압	단상 2선식 적색 또는 흑색	백색 또는 회색
		3상 3선식 흑색, 적색, 청색	
		3상 4선식 흑색, 적색, 청색	백색 또는 회색
고	압	3상 3선식 흑색, 적색, 청색	
직	류	- 극 : 청색, + 극 : 적색	

③ 태양 전지 모듈 및 개폐기 그 밖의 기구에 전선을 접속하는 경우에는 나사 조임 그 밖에 이와 동등 이상의 효력이 있는 방법에 의하여 견고하고 또한 전기적으로 완전하게 접속함과 동시에 접속점에 장력이 가해지지 않도록 해야 한다. 또한, 모선의 접속 부분은 조임의 경우 지정된 재료, 부품을 정확히 사용하고 다음에 유의하여 접속한다.

(가) 볼트의 크기에 맞는 토크렌치를 사용하여 규정된 힘으로 조여 준다.
(나) 조임은 너트를 돌려서 조여 준다.
(다) 2개 이상의 볼트를 사용하는 경우 한쪽만 심하게 조이지 않도록 주의한다.
(라) 토크렌치의 힘이 부족할 경우 또는 조임 작업을 하지 않은 경우에는 사고가 일어날 위험이 있으므로, 토크렌치에 의해 규정된 힘이 가해졌는지 확인할 필요가 있다.

볼트의 크기	M6	M8	M10	M12	M16
힘 (kg/cm^2)	50	120	240	400	850

④ 케이블의 단말 처리

전선의 피복을 벗겨내어 전선을 상호 접속하는 경우 접속부의 절연물과 동등 이상의 절연 효과가 있는 재료로 접속해야 한다. XLPE 케이블의 XLPE 절연체는 내후성이 약하므로, 비닐시스가 벗겨져 절연체가 노출된 채로 장기간 사용하면 절연체에 균열이 생겨 절연 불량을 야기하는 원인이 된다. 이것을 방지하기 위해 자기융착 테이프 및 보호 테이프를 절연체에 감아 내후성을 향상시켜야 한다.

2) 자기 융착 절연테이프

자기 융착 절연테이프는 시공 시 테이프 폭이 3/4으로부터 2/3 정도로 중첩해 감아놓으면 시간이 지남에 따라 융착하여 일체화된다. 자기 융착 테이프에는 부틸 고무제와 폴리에틸렌 + 부틸 고무가 합성된 제품이 있지만 저압의 경우 부틸 고무제는 일반적으로 사용하지 않는다.

3) 보호 테이프

자기융착 테이프의 열화를 방지하기 위해 자기융착 테이프 위에 다시 한 번 감아 주는 보호 테이프가 있다.

4) 비닐 절연 테이프

비닐 절연 테이프는 장기간 사용하면 점착력이 떨어질 가능성이 있기 때문에 태양광 발전 설비처럼 장기간 사용하는 설비에는 적합하지 않다.

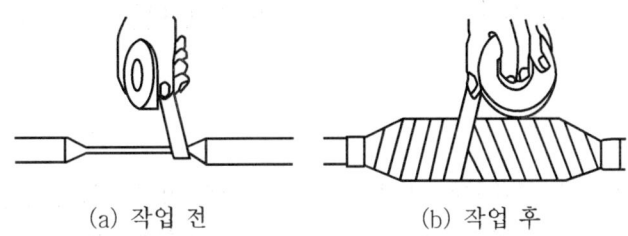

(a) 작업 전   (b) 작업 후

케이블종류	허용온도최고[℃]	내연성	열 변형성	내후성
CV	90	○	○	○
VV	60	○	·	○
PNTC	80	◎	·	

가교 폴리에틸렌 절연비닐 시스케이블[CV]

비닐 절연비닐 시스케이블[VV]

에틸렌 프로필렌고무 설연 클로로프렌 시스 캡 타이어 케이블[PNTC]

⑤ 절연테이프의 단말처리방법
- 케이블의 피복을 벗겨 낸 다음에 점착성 절연테이프의 반 이상이 겹치도록 하여 1회 이상 감고, 그 위에 보호테이프를 반 폭 이상 겹치게 1회 이상 감는다.
- 케이블의 피복을 벗겨 내고 쌍관을 케이블에 입힌 후, 점착성 절연 테이프를 감고 그 위에 보호테이프를 반폭 이상 겹치도록 하여 1회 이상 감는다.
- 케이블의 종단에는 반드시 극성표시를 한다.

⑥ 방화구획 관통부의 처리
- 방화구획 관통부의 처리를 하는 것은 화재 발생 시의 방화 대책물인 벽, 바닥, 기둥 등을 통과하는 전선배관의 관통 부분에서 다른 설비로 불길이 번지거나 확대하는 것을 방지하기 위해서이다.
- 배선을 옥외에서 옥내로 끌어들인 관통 부분의 처리방법으로는 다음과 같다.

ⓐ 난연성

관통 부분의 충전재, 케이블, 배관재의 변형, 파손, 탈락, 소실로 인해 뒷면에 화염, 연기가 나지 않을 것.

ⓑ 내열성

관통 부분의 충전재, 내열씰재의 전열에 의해 뒷면이 연소할 위험이 있는 온도가 되지 않을 것.

(2) 커넥터

1) 태양 전지 모듈의 프레임은 냉간 압연 강판 또는 알루미늄 재질을 사용하여 밀봉 처리되어 빗물 침입을 방지하는 구조이어야 하며 부착할 경우에는 흔들림이 없도록 견고하게 고정되어야 한다.
2) 태양전지 모듈 결선 시에 접속 배선함 구멍에 맞추어 압착 단자를 사용하여 견고하게 전선을 연결해야 하며 접속 배선함 연결 부위는 방수용 커넥터를 사용한다.

(3) 태양 전지 모듈 간 직병렬 배선

1) 태양 전지 셀의 각 직렬군은 동일한 단락 전류를 가진 모듈로 구성해야 하며 1대의 인버터에 연결된 태양 전지 셀 직렬군이 1병렬 이상일 경우에는 각 직렬군의 출력 전압이 동일하게 형성되도록 배열해야 한다.
2) 태양 전지 모듈 간의 배선은 단락 전류에 충분히 견딜 수 있도록 $2.5mm^2$ 이상의 전선을 사용해야 한다.
3) 케이블이나 전선은 모듈 이면에 설치된 전선관에 설치되거나 가지런히 배열 및 고정되어야 하며, 이들의 최소 굴곡 반경은 각 지름의 6배 이상이 되도록 한다.

(4) 태양 전지 모듈과 접속함 간 배선

1) 태양 전지 모듈의 이면으로부터 접속용 케이블이 2가닥씩 나오기 때문에 반드시 극성을 확인한 후 결선한다. 극성 표시는 단자함 내부에 표시한 것, 리드선의 케이블 커넥터에 극성을 표시한 것이 있다. 제작사에 따라 표시 방법이 다를 수 있지만 어느 것이나

양극, 음극으로 구성되어 있다.

2) 케이블은 건물 마감이나 런닝보드의 표면에 가깝게 시공해야 하며, 필요할 경우 전선관을 이용하여 물리적 손상으로부터 보호해야 한다.

3) 태양 전지 모듈은 스트링 필요 매수를 직렬로 결선하고, 어레이 지지대 위에 조립한다. 케이블을 각 스트링으로부터 접속함까지 배선하여 접속함 내에서 병렬로 결선한다. 이 경우 케이블에 스트링 번호를 기입해 두면 차후의 점검에 편리하다.

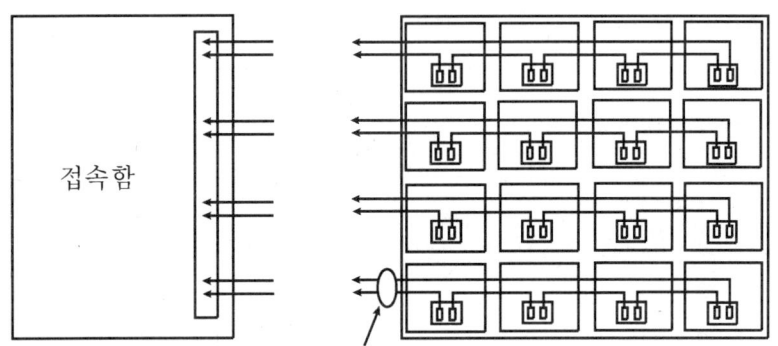

직렬로 조립하는 케이블 선단에 케이블 번호를 표시해 두면 접속함에 접속 할 때, 잘못 결선하는 오류를 막을 수 있다.

4) 옥상 또는 지붕 위에 설치한 태양 전지 어레이로부터 접속함으로 배선할 경우 처마밑 배선을 실시한다. 이 경우 물의 차를 방지하기 위한 차수 처리를 반드시 해야 한다.

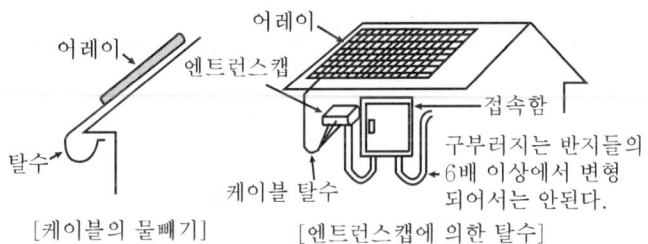

[케이블의 물빼기]   [엔트런스캡에 의한 탈수]

5) 케이블 차수시공은 원칙적으로 케이블 지름의 6배 이상인 반경으로 배선한다.
6) 엔트런스캡 (위샤캡)
   - 전선관 공사시 전선 인입시 인출구를 금속관 끝에 부착하여 사용
   - 관내에 빗물의 유입을 방지하여 준다.

(5) 접속함과 인버터 간 배선

1) 접속함으로부터 인버터까지의 배선은 전압 강하율을 2% 이하로 상정한다. 전압 강하를 1[V]라고 했을 경우 전선의 최대 길이는 〈표〉와 같다.

전류[A]	연선[mm²]									
	1.5	2.5	4	6	10	16	35	50	95	120
	전선 최대길[m]									
10	5.6	8.8	15	23	38	61	102	165	278	424
12	4.7	7.4	12	19	32	51	85	137	232	353
14	4.0	6.3	11	16	27	43	73	118	199	303
15	3.7	5.9	10	15	26	40	68	110	185	282
16	3.6	5.5	9.3	14	24	38	64	103	174	265
18	3.1	4.9	8.3	13	21	34	57	91	155	236
20	2.8	4.4	7.5	11	19	30	51	82	139	212
25	2.2	3.5	6	9	15	24	41	66	111	170
30		2.9	5	7.5	13	20	34	55	93	141
35		2.5	4.3	6.5	11	17	29	47	79	121
40			3.7	5.7	9.6	15	26	41	70	106
45			3.3	5	8.5	13	23	37	62	94
50				4.5	7.7	12	20	33	56	85
60				3.8	6.4	10	17	27	46	71
70					5.5	8.7	15	23	40	61
80					4.8	7.6	13	21	35	53
90					4.3	6.7	11	18	31	47
100						6.1	10	16	28	42

주] 상기 표는 직류 단상 2선식일 경우 여

(6) 인버터와 배전반 간 배선

인버터 출력의 전기 방식으로는 단상 2선식, 3상 3선식 등이 있고 교류측의 중성선을 구별하고 결선한다. 단상 3선식의 계통에 단상 2선식 220V를 접속하는 경우는 전기 설비 기술 기준의 판단 기준에 따른다.

1) 부하 불평형에 의해 중성선에 최대 전류가 발생할 우려가 있을 경우에는 수전점에 3극 과전류 차단 소자를 갖는 차단기를 설치한다.
2) 수전점 차단기를 개방한 경우 등, 부하 불평형으로 인한 과전압이 발생할 경우 인버터가 정지되어야 한다. 또한 누전에 의해 동작하는 누전 차단기와 낙뢰 등의 이상 전압에 의해 동작하는 서지 보호 장치(SPD) 등을 설치하는 것이 바람직하다.

회로의 전기 방식	전압 강하	전선의 단면적
직류 2선식 교류 2선식	$e = \dfrac{35.6 \times L \times I}{1,000 \times A}$	$A = \dfrac{35.6 \times L \times I}{1,000 \times e}$
3상 3선식	$e = \dfrac{30.8 \times L \times I}{1,000 \times A}$	$A = \dfrac{30.8 \times L \times I}{1,000 \times e}$

e=각 선간의 전압강하(V) A=전선의 단면적(mm^2)
L=도체 1본의 길이(m) I=전류(A)

〈전압 강하 및 전선 단면적 계산식〉

3) 전압 강하

태양 전지 모듈에서 인버터 입력 단간 및 인버터 출력단과 계통 연계 점간의 전압 강하는 각 3[%]를 초과하지 말아야 한다. 단, 전선의 길이가 60[m]를 초과하는 경우에는 〈표〉에 따라 시공할 수 있다.

전선길이	전압강하
120m 이하	5%
200m 이하	6%
200m 초과	7%

〈전선의 길이 및 전압강하〉

② 배관 시공

1. 배관 시공

1) 지중 관로란 지중 전선로·지중 약전류 전선로·지중 광섬유 케이블 선로·지중에 시설하는 수관 및 가스관과 이와 유사한 것 및 이들에 부속하는 지중함 등을 말한다.
2) 지중전선로의 시설
  ① 지중전선로는 차량, 기타 중량물에 의한 압력에 견디고 그 지중전선로의 매설표시 등으로 굴착공사로부터의 영향을 받지 않도록 시설하여야 한다.
  ② 지중전선로 중 그 내부에서 작업이 가능한 것에는 방화조치를 하여야 한다.
  ③ 지중전선로에 시설하는 지중함은 취급자 이외의 사람이 쉽게 출입할 수 없도록 시설하여야 한다.

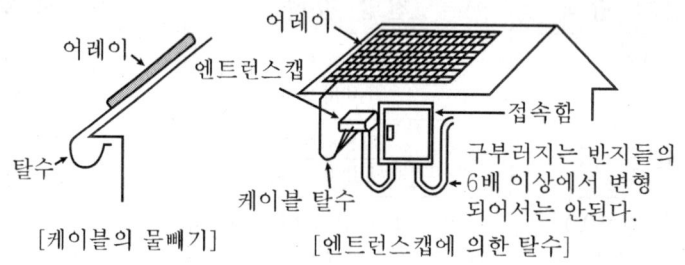

[케이블의 물빼기]   [엔트런스캡에 의한 탈수]

  ⓐ 지중 전선로는 전선에 케이블을 사용하고 또한 관로식·암거식(暗渠式) 또는 직접 매설식에 의하여 시설하여야 한다.
  ⓑ 지중 전선로를 관로식 또는 암거식에 의하여 시설하는 경우에는 다음 각 호에 따라야 한다.
3) 관로식에 의하여 시설하는 경우에는 매설 깊이를 1.0 m이상으로 하되, 매설 깊이가 충분하지 못한 장소에는 견고하고 차량 기타 중량물의 압력에 견디는 것을 사용할 것. 다만 중량물의 압력을 받을 우려가 없는 곳은 60 cm 이상으로 한다.
4) 암거식에 의하여 시설하는 경우에는 견고하고 차량 기타 중량물의 압력에 견디는 것을 사용할 것.
  ① 지중 전선을 냉각하기 위하여 케이블을 넣은 관내에 물을 순환시키는 경우에는 지중 전선로는 순환수 압력에 견디고 또한 물이 새지 아니하도록 시설하여야 한다.
  ② 지중 전선로를 직접 매설식에 의하여 시설하는 경우에는 매설 깊이를 차량 기타 중량물의 압력을 받을 우려가 있는 장소에는 1.2 m 이상, 기타 장소에는 60 cm 이상으로 하고 또한 지중 전선을 견고한 트라프 기타 방호물에 넣어 시설하여야 한다. 다만, 다음 각 호의 어느 하나에 해당하는 경우에는 지중전선을 견고한 트라프 기타

방호물에 넣지 아니하여도 된다.

5) 저압 또는 고압의 지중전선을 차량 기타 중량물의 압력을 받을 우려가 없는 경우에 그 위를 견고한 판 또는 몰드로 덮어 시설하는 경우

6) 저압 또는 고압의 지중전선에 콤바인덕트 케이블 또는 제5호부터 제7호까지에서 정하는 구조로 개장(鎧裝)한 케이블을 사용하여 시설하는 경우.

7) 특고압 지중전선은 개장한 케이블을 사용하고 또한 견고한 판 또는 몰드로 지중 전선의 위와 옆을 덮어 시설하는 경우.

8) 지중 전선에 파이프형 압력케이블을 사용하거나 최대사용전압이 60 kV를 초과하는 연피케이블, 알루미늄피케이블 그 밖의 금속피복을 한 특고압 케이블을 사용하고 또한 지중 전선의 위를 견고한 판 또는 몰드 등으로 덮어 시설하는 경우.

2. 관의 굵기 선정

(1) 굵기가 같은 전선을 관내 수납할 경우 전선 단면적 합계가 전선관 내단면적 48% 이하 기준으로 한다.

(2) 굵기가 다른 전선을 관내 수납할 경우 전선단면적 합계가 전선관 내단면적의 32% 이하가 되도록 한다.

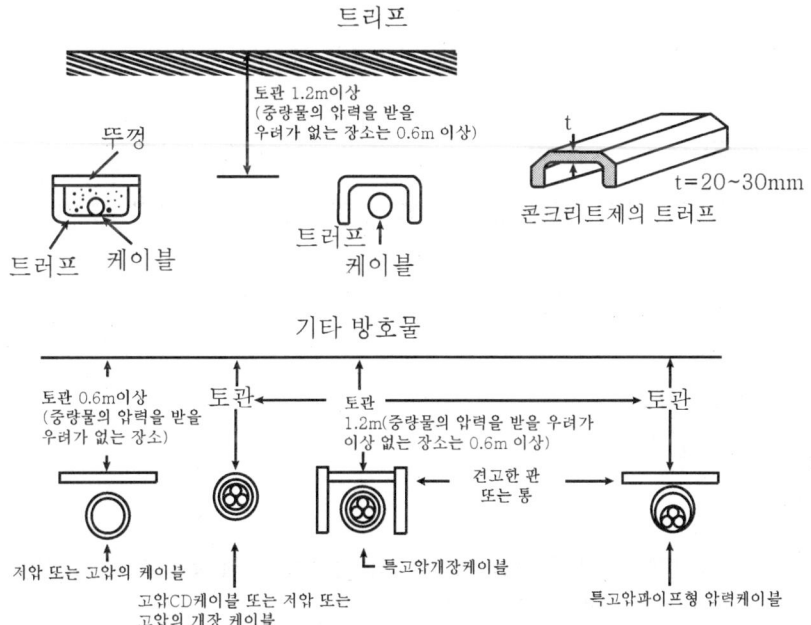

(3) 지중함의 시설

지중전선로에 사용하는 지중함은 다음 각 호에 따라 시설하여야 한다.

1) 지중함은 견고하고 차량 기타 중량물의 압력에 견디는 구조일 것.
2) 지중함은 그 안의 고인 물을 제거할 수 있는 구조로 되어 있을 것.
3) 폭발성 또는 연소성의 가스가 침입할 우려가 있는 것에 시설하는 지중함으로서 그 크기가 1m³ 이상인 것에는 통풍장치 기타 가스를 방산시키기 위한 적당한 장치를 시설할 것.
4) 지중함의 뚜껑은 시설자 이외의 자가 쉽게 열 수 없도록 시설할 것.
5) 지중함의 뚜껑은 KS D 4040에 적합하여야 하며, 저압지중함의 경우에는 절연성능이 있는 고무판을 주철(강)재의 뚜껑 아래에 설치할 것.
6) 차도 이외의 장소에 설치하는 저압 지중함은 절연성능이 있는 재질의 뚜껑을 사용할 수 있다.

139조(지중전선의 피복금속체 접지) 관·암거·기타 지중전선을 넣은 방호장치의 금속제부분, 금속제의 전선 접속함 및 지중전선의 피복으로 사용하는 금속체에는 제3종 접지공사를 하여야 한다.

(4) 지중배선 또는 지중배관인 경우, 중량물의 압력을 받을 우려가 없도록 하고 그 길이가 30m를 초과하는 경우는 중간개소에 지중함을 설치할 수 있다.

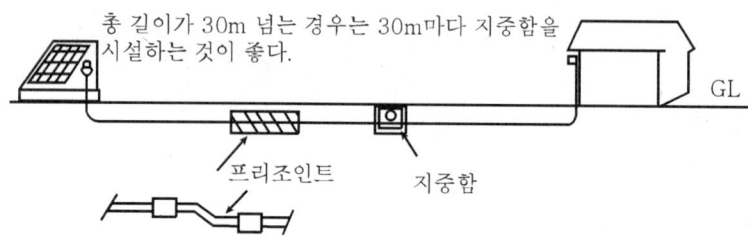

(4) 합성수지관공사

1) 합성수지관공사

① 전선

합성수지관공사에는 절연전선을 사용하고, 전선은 도체 굵기가 6mm²(알루미늄전선은 10mm²)를 초과하는 것은 연선으로 한다.

② 합성수지관 및 부속품

  ⓐ 합성수지관, 박스 및 부속품 등은 해당 규격에 적합한 것으로 한다.

  ⓑ 합성수지관, 박스 및 부속품(관 상호를 접속하는 것 및 관의 끝부분에 접속하는 것에 한하며 리듀서는 제외한다)은 대형 풀박스 및 콘크리트 내에 시설하는 박스를 제외하고는 합성수지 제품이어야 한다. 단, 방폭형의 부속품중 분진방폭형 플렉시블 피팅(flexiblefitting)은 예외로 한다.

  ⓒ 관의 굵기는 설계도면에 따른다.

2) 시공방법

① 전선

합성수지관 내에서는 전선에 접속점이 없도록 한다.

② 배관

  ⓐ 합성수지관공사는 햇빛에 노출되는 곳, 중량물의 압력 또는 현저한 기계적 충격을 받을 우려가 없도록 시설하여야 한다. 다만, 적당한 방호장치를 시설한 경우에는 예외로 한다.

  ⓑ 합성수지관의 끝부분은 매끈하게 하여 전선의 피복이 손상될 우려가 없는 것으로 한다.

  ⓒ 합성수지관공사의 배관 및 박스는 다음에 의하여 시설한다.

  가) 합성수지관을 노출로 설치하는 경우에는 주위의 온도변화에 의한 신축 재해 방지를 위하여 25~30 m 마다 신축장치를 설치한다.

  나) 콘크리트 내에 집중 배관하여 건물의 강도를 감소시키지 않도록 하고, 3개 이상의 배관이 한대 묶여서 동일방향으로 배관되는 일이 없어야 하며, 가능한 한 25mm 이상을 서로 이격하여 배관한다.

  다) 벽 내 매입박스 등은 콘크리트 타설시에 손상되지 않도록 충분한 강도가 있는 것을 사용한다.

  라) 콘크리트 내에 매설하는 배관은 가능한 철근을 따라가면서 배관하고 벽 내에서는 가능한 한 수직배관으로 하며 수평배관을 피하도록 한다.

3. 관 및 부속품의 연결과 지지

(1) 합성수지관 상호 또는 합성수지관과 기타 부속품과의 연결이나 지지는 견고하게, 그리고 건축구조물에 확실하게 지지한다.

(2) 합성수지관을 새들 등으로 지지하는 경우에는 그 지지점간의 거리를 1.5m 이하로 하고, 또한 그 지지점은 관의 끝부분, 관과 박스와의 접속점 및 관상호 접속점에서 가까운 곳에 시설한다. 가까운 곳이라 함은 0.3m 정도가 바람직하다.

(3) 합성수지관 상호 및 관과 박스와는 접속시에 삽입하는 깊이를 관 바깥지름의 1.2배 (접착제를 사용할 경우에는 0.8배)이상으로 하고, 또한 삽입접속으로 견고하게 접속한다.)

(4) 다음의 관은 직접 접속하지 않는다.

　① 합성수지제 가요전선관 상호

　② 경질비닐전선관과 합성수지제 가요전선관

(5) 합성수지제 가요전선관을 박스 또는 풀박스 안으로 인입할 경우에는 물이 박스 또는 풀박스 안으로 새어 들어가지 않도록 한다.

4. 아웃렛박스류의 설치

(1) 조명기구, 콘센트, 점멸기 등의 부착위치에는 아웃렛박스 또는 이에 해당하는 것을 사용한다.

(2) 박스는 충분한 용량을 가지는 것을 선정한다.

(3) 아웃렛박스에는 조명기구의 플랜지 등에 직접 접속되는 경우를 제외하고는 덮개를 부착한다.

1) 금속관공사

　① 전선

금속관공사에는 절연전선(옥외용비닐절연전선을 제외한다)을 사용하고, 전선은 도체 굵기가 $6mm^2$(알루미늄전선은 $10mm^2$)를 초과할 경우에는 연선으로 한다.

2) 금속관 및 부속품

　① 금속관공사에 사용하는 금속관, 박스 및 부속품은 KS 해당 표준에 적합한 것으로 한다.

　② 관의 끝부분 및 내면은 전선의 피복이 손상되지 아니하도록 매끈한 것을 사용 한다.

　③ 관의 굵기는 설계도면에 따른다.

3) 금속제 가요전선관공사

① 전선

금속제가요전선관공사에는 절연전선을 사용하고, 전선은 도체 굵기가 6mm²(알루미늄 전선은 10mm²)를 초과하는 것은 연선으로 한다.

3 금속제가요전선관 및 부속품

① 금속제가요전선관 및 부속품은 해당 규격에 적합한 것으로 한다.

② 관의 굵기는 설계도면에 따른다.

1. 시공방법

(1) 전선

금속제 가요전선관 내에서는 전선에 접속점이 없도록 한다.

(2) 배관

1) 금속제 가요전선관공사는 외상을 받을 우려가 있는 장소에 시설하지 않는다. 다만, 적당한 방호장치를 시설하는 경우에는 예외로 한다.

2) 1종 금속제 가요전선관은 노출장소 또는 점검 가능한 은폐장소로서 건조한 장소에서 사용하는 것(옥내배선의 사용전압이 400 V 이상인 경우는 단거리로 전동기에 접속하는 부분으로서 가요성을 필요로 하는 부분에 사용하는 것에 한한다)에 한하여 사용할 수 있다.

3) 금속제 가요전선관 및 그 부속품의 끝부분은 매끈하게 하여 전선의 피복이 손상될 우려가 없도록 한다.

4) 2종 금속제 가요 전선관을 구부리는 경우의 시설은 다음 각 호에 의한다.

① 노출장소 또는 점검 가능한 은폐장소에서 관을 시설하고 제거하는 것이 자유로운 경우에는 곡률반경을 2종 금속제 가요 전선관 내경의 3배 이상으로 한다.

② 노출장소 또는 점검 가능한 은폐장소에서 관을 시설하고 제거하는 것이 부자유하거나 또는 점검이 불가능할 경우에는 곡률반경을 2종 금속제가요전선 관경의 6배 이상으로 한다.

5) 1종 금속제 가요 전선관을 구부릴 경우의 곡률반경은 관 내경의 6배 이상으로 한다.

(3) 금속제 가요전선관의 설치

1) 금속제 가요전선관 및 그 부속품은 기계적, 전기적으로 완전하게 연결하고 또한 적당한 방법으로 건축구조물 등에 확실하게 지지한다.
2) 금속제 가요전선관과 박스 또는 캐비닛과의 접속은 접속기로 접속한다.
3) 금속제 가요전선관을 금속관배선, 금속몰드배선 등과 연결하는 경우에는 적당한 구조의 커플링, 접속기 등을 사용하고 양자를 기계적, 전기적으로 완전하게 접속한다.

4 케이블트레이 시공

1. 케이블트레이 시공

(1) 케이블트레이는 사다리형, 펀칭형, 통풍채널형, 바닥밀폐형을 사용하며, 케이블트레이의 형상, 크기는 전문시방서, 공사시방서 또는 설계도면에 따른다.

2. 전선

(1) 케이블트레이에는 난연성 케이블을 사용하거나 연소방지조치를 하여야 한다.
(2) 절연전선을 사용하는 경우에는 배관을 사용한다.
(3) 케이블트레이 내에서 전선을 접속하는 경우에는 전선 접속부분에 사람이 접근할 수 있고 또한 그 부분이 옆면 레일 위로 나오지 않도록 절연 처리해야 한다.

3. 케이블트레이 및 부속품

(1) 케이블트레이는 포설된 모든 전선을 지지하는 강도를 가지며 안전율은 1.5 이상으로 한다.
(2) 지지대는 케이블트레이 자체하중과 포설된 전선의 하중을 충분히 견딜 수 있는 강도를 가져야 한다.
(3) 전선의 피복 등을 손상시킬 돌기 등이 없이 매끈하여야 한다.
(4) 금속재의 것은 적절한 방식처리를 한 것이거나 내식성 재료의 것으로 한다.
(5) 배선의 방향 및 높이를 변경하는데 필요한 부속재 기타 적당한 기구를 갖춘 것으로 한다.
(6) 비금속재 케이블 트레이는 난연성 재료로 한다.

(7) 케이블트레이 및 그 부속재의 표준은 KS C 8464 또는 전력산업기술기준(KEPIC) ECD 3000을 준용할 수 있다.

4. 시설방법

1) 케이블트레이의 현장 가공시 용접 및 열가공은 되도록 피하며, 커넥터, 볼트, 너트, 크램프등을 사용하여 기계적, 전기적으로 완전하게 결합시킨다.
2) 케이블트레이 상호간의 접속은 적절한 커넥터 등을 사용하며, 벽 및 바닥을 관통하는 위치에서는 접속을 피한다.
3) 케이블트레이가 벽이나 바닥 등을 관통할 경우에는 견고하게 인입 인출하고, 전기적으로 완전하게 접지를 한다.
4) 케이블트레이의 방향 전환은 수평 및 수직엘보를 사용하고, 분기할 경우에는 티이나 크로스를 사용한다. 그리고 폭이 큰 케이블트레이와 작은 케이블트레이의 연결은 레듀샤를 사용한다.
5) 케이블트레이가 천장 또는 벽면에 설치될 경우에 그 지지는 자체 중량과 수용되는 케이블의 중량에 충분히 견디도록 행거와 벽 브래킷을 선정한다.
6) 케이블트레이는 전력용 및 제어케이블용을 함께 배선하지 못하고, 전력용 케이블트레이에는 제어용 케이블을 함께 배선하지 못하며, 케이블트레이는 상단으로부터 고압, 저압, 제어용 케이블, 통신용으로 구분하여 포설한다. 다만, 전력용 케이블과 제어용 케이블 및 통신용 케이블 상호간에 소정의 이격거리를 확보하고 분리벽 등을 설치한 경우에는 공용할 수 있다.
7) 케이블이 직접 외적응력을 받아 손상될 염려가 있는 곳에 케이블트레이를 부설할 경우에는 방호커버 설치를 고려한다.
8) 케이블트레이의 수평부설, 수직부설에 있어서 케이블트레이의 고정지지간격은 1.0 ~ 2.0m 이내로 한다.
9) 수평으로 포설하는 케이블 이외의 케이블은 케이블트레이의 가로대에 견고하게 고정시켜야 한다.
10) 저압케이블과 고압 또는 특별고압케이블은 동일 케이블트레이 내에 시설하여서는 안된다. 다만, 견고한 불연성의 격벽을 시설하는 경우 또는 금속 외장케이블인 경우에는 그러하지 아니하다.
11) 케이블이 케이블트레이 계통에서 배관이나 굴곡하여 옮겨가는 개소에는 케이블에 압력이 가하여지지 않도록 지지하여야 한다.
12) 별도로 방호를 필요로 하는 배선 부분에는 불연성의 커버 등을 사용하여야 한다.

13) 케이블트레이가 방화구획의 벽, 마루, 천장 등을 관통하는 경우에는 개구부에 연소 방지시설이나 그 외 적절한 조치를 취한다.

5. 동일 케이블트레이에 시설할 수 있는 다심 케이블의 수량

(1) 사다리형 또는 펀칭형 케이블트레이 내에 전력용 또는 전등용 다심 케이블을 함께 시설하는 경우 혹은 전력용, 전등용, 제어용, 신호용의 다심 케이블을 함께 시설하는 경우의 최대 수량은 다음에 적합하여야 한다.

① 모든 케이블이 단면적(공칭단면적을 말한다) $100mm^2$ 이상의 케이블인 경우에는 이들 케이블의 지름(케이블 완성품의 바깥지름을 말한다)의 합계는 케이블트레이의 내측 폭 이하로 하고 단층으로 시설한다.

② 모든 케이블이 단면적 $100mm^2$ 미만의 케이블인 경우에는 이들 케이블 단면적의 합계(케이블 완성품의 단면적)는 최대허용 케이블 점유면적 이하로 한다.

③ 단면적 $100mm^2$ 이상의 케이블을 단면적 $100mm^2$ 미만의 케이블과 동일 케이블 트레이 내에 시설하는 경우에는 단면적 $100mm^2$ 미만의 케이블들의 단면적의 합계는 별도 계산식에 의하여 구한 최대허용 케이블 점유면적 이하로 하여야 하며 단면적 $100mm^2$ 이상의 케이블은 단층으로 시설하고 그 위에 다른 케이블을 얹지 않는다.

(2) 내부깊이 150mm 이하의 사다리형 또는 펀칭형 케이블트레이 내에 다심제어용 케이블 또는 다심신호용 케이블만을 넣는 경우 혹은 이들 케이블을 함께 넣는 경우에는 모든 케이블의 단면적의 합계는 케이블 트레이의 내부 단면적의 50% 이하로 하여야 한다. 이 경우 내부깊이가 150mm를 넘는 케이블 트레이의 경우에는 케이블 트레이 내부 단면적의 계산에는 깊이를 150mm로 하여 계산한다.

(3) 바닥밀폐형 케이블트레이 내에 전력용 또는 전등용 다심 케이블을 시설하는 경우 또는 전력용, 전등용, 제어용 및 신호용의 다심 케이블을 함께 시설하는 경우에는 케이블의 최대 수량은 다음 중 하나에 적합하여야 한다.

① 모든 케이블이 단면적 $100mm^2$ 이상의 케이블인 경우에는 케이블의 지름의 합계는 케이블 트레이의 내측 폭의 90% 이하로 하고 케이블을 단층으로 시설한다.

② 모든 케이블의 단면적 $100mm^2$ 미만의 케이블인 경우에는 케이블의 단면적의 합계는 최대 허용 케이블 점유면적 이하로 한다.

③ 단면적 $100mm^2$ 이상의 케이블을 단면적 $100mm^2$ 미만의 케이블과 함께 동일 케이블트레이 내에 시설하는 경우에는 단면적 $100mm^2$ 미만의 케이블들의 단면적의

합계는 별도 계산식에 의하여 구한 최대 허용 점유면적 이하로 하여야 하며, 단면적 100mm² 이상의 케이블은 단층으로 시설하고 그 위에 다른 케이블을 얹지 말아야 한다.

(4) 내부깊이는 150mm 이하의 바닥밀폐형 케이블트레이에 제어용 또는 신호용 다심제어용 케이블만을 시설하는 경우 혹은 제어용 및 신호용 다심케이블을 함께 시설하는 경우에는 이들 케이블의 단면적의 합계는 그 케이블트레이의 내부 단면적의 40% 이하로 한다.

(5) 동풍채널형 케이블트레이 안에 다심케이블을 시설하는 경우에는 모든 케이블의 단면적의합계는 케이블트레이의 내측 폭이 75mm는 850mm² 이하, 100mm는 1,600mm² 이하, 150mm는 2,450 이하로 해야 한다. 다만, 다심케이블 1조만을 시설하는 경우에 케이블 트레이의 내측폭이 75mm는 1,500mm² 이하, 100mm는 2,900mm² 이하, 150mm는 4,500mm² 이하로 할 수 있다.

(6) 동일 케이블트레이 내에 시설할 수 있는 단심 케이블의 수는 다음 중 하나에 의하여야 한다. 단심 케이블 또는 단심 케이블을 조합한 것은 케이블트레이 내에 평탄하게 횡단하도록 배치한다.

 1) 사다리형 또는 펀칭형 케이블 트레이 내에 단심 케이블을 시설하는 경우에는 단심 케이블의 최대 수량은 다음 중 1에 적합하여야 한다.
  ① 모든 케이블의 단면적 500mm² 이상의 케이블인 경우에는 이들 단심 케이블의 지름의 합계는 케이블 트레이의 내측 폭 이하가 되도록 한다.
  ② 모든 케이블이 단면적 100mm² 초과 500mm² 미만의 케이블인 경우에는 단심 케이블의 단면적의 합계는 최대허용 케이블의 점유면적 이하로 한다.
  ③ 단면적 500mm² 이상의 단심케이블을 단면적 500mm² 미만의 단심 케이블과 함께 동일 케이블트레이 내에 시설하는 경우에는 단면적 500mm² 미만의 단심 케이블 등의 단면적의 합계는 별도 계산에 의하여 구한 최대허용 케이블 점유면적 이하로 한다.
  ④ 단면적이 50mm² 이상에서 100mm² 이하의 케이블이 있는 경우에는 모든 단심 케이블 지름의 합계는 케이블 트레이 내측폭 이하가 되도록 시설한다.

(7) 75mm, 100mm 또는 15mm 쪽의 통풍채널형 케이블트레이 안에 단심 케이블을 시설하는 경우에는 단심 케이블 등의 지름의 합계는 그 채널의 내측 폭 이하로 한다.

(8) 케이블트레이 안에 시설하는 케이블은 용도와 회로를 구분할 수 있는 선 명찰을 설치한다.

5 덕트 시공 등

1. 덕트 시공 등

(1) 플로어덕트공사

1) 전선

플로어덕트공사에는 절연전선을 사용하고, 전선은 도체 굵기가 6mm²(알루미늄전선은 10mm²)를 초과하는 것은 연선으로 한다.

2. 플로어덕트 및 부속품

(1) 플로어덕트, 박스 및 부속품은 다음에 적합하여야 한다.

① 금속제의 플로어덕트, 박스 및 부속품으로서 두께 2mm 이상의 강판으로 견고하게 제작되고, 이것에 아연도금 등으로 피복한 것.

② 전선을 인입 또는 교체할 때 그 피복이 손상되지 않도록 단구를 매끈하게 한다.

(2) 절연전선을 동일 플로어덕트내에 넣을 경우, 플로어덕트의 크기는 전선의 피복절연물을 포함한 단면적의 총합계가 플로어덕트내 단면적의 일정 점유율(32 %) 이하가 되도록 선정한다.

3. 셀룰러덕트공사

(1) 전선

셀룰러덕트공사에는 절연전선을 사용하고, 전선은 도체 굵기가 6mm²(알루미늄전선은 10mm²)를 초과하는 것은 연선으로 한다.

(2) 셀룰러덕트 및 부속품

1) 셀룰러덕트 및 부속품은 다음에 적합하여야 한다.

① 셀룰러덕트 및 부속품의 재료는 강판일 것.

② 셀룰러덕트의 끝부분 및 내면은 전선의 피복을 손상하지 아니하도록 매끈한 것일 것.

③ 셀룰러덕트의 내면과 외면에는 녹을 방지하기 위하여 도금 또는 도장을 한 것일 것.

④ 셀룰러덕트에 설치하는 저판부분은 다음 계산식에 의하여 산출한 값의 하중을 저판에 가하였을 때, 셀룰러덕트의 각부에 실용상 유해한 영구적인 비틀림 또는 파손되지 않는 강도를 가질 것.

$$P = 5.88D$$

여기서, P : 하중[N/m]   D : 셀룰러덕트의 단면적[cm²]이다.

2) 절연전선을 동일한 셀룰러덕트내에 넣을 경우 셀룰러덕트의 크기는 전선의 피복절연물을 포함한 단면적의 총합계가 셀룰러덕트 단면적의 20%(전광사인장치, 출퇴표시등 및 기타 이와 유사한 장치 또는 제어회로 등의 배선만을 넣는 경우에는 50%) 이하가 되도록 선정한다.

3) 금속덕트공사

① 전선

금속덕트공사에는 절연전선을 사용한다.

② 금속덕트

ⓐ 금속덕트공사에 사용하는 금속덕트는 다음에 적합하여야 한다.
  - 내면은 전선의 피복을 손상시키는 돌출물이 없어야 한다.
  - 내면 및 외면에는 산화방지를 위하여 아연도금 등으로 피복되어야 한다.

ⓑ 금속덕트에 넣는 전선의 단면적(절연피복의 단면적을 포함한다)의 합계는 덕트의 내부단면적의 20%(전광표시장치·출퇴표시등 기타 이와 유사한 장치 또는 제어회로 등의 배선만을 넣는 경우에는 50%)이하가 되도록 선정한다. 동일 덕트 내에 넣는 전선은 30가닥 이하로 한다.

4. 버스덕트공사

(1) 도체

1) 버스덕트공사에 의하여 시설하는 도체는 단면적 20mm² 이상의 띠 모양, 지름 5mm 이상의 관모양이나 둥근 막대모양의 동 또는 단면적 30 mm² 이상인 띠 모양의 알루미늄을 사용한다.
2) 도체지지물은 절연성, 난연성 및 내수성이 있는 견고한 것으로 한다.

(2) 덕트종류와 두께

1) 버스덕트의 종류는 피더, 익스팬션, 탭붙이, 트랜스포지션, 플러그인 버스덕트가 있으며, 사용장소에 따라 선정해야 한다.
2) 버스덕트는 그 최대 폭에 따라 규정의 값 이상의 두께인 철판 또는 알루미늄판으로서 견고하게 제작된 것으로 한다.

5. 라이팅덕트공사

(1) 라이팅덕트는 사용장소 및 정격전류에 따라 선정해야 한다.

(2) 라이팅덕트의 부속품은 해당 라이팅덕트에 적합한 것을 사용한다.

(3) 라이팅덕트의 사용전압은 400V 미만이어야 한다.

| 3. 전기, 전자 기초 | | |

1 전기 기초 이론

1. 전기 기초 이론

(1) 직류와 교류

- 직 류(DC) : 시간에 대해 전압, 전류의 값이 일정한 파 (대문자로 표기)
- 교 류(AC) : 시간에 대해 전압, 전류의 값이 주기적으로 변화하는 파
  (소문자로 표기(v, i, p))

⇨ 전하량(전기량 Q) : 전기적인 양의 기본적인 양, 단위 [C]

전자 1개의 전하량 : 1.602×10^{-19} [C]

(2) 전 류 (I)

임의의 도선 단면을 단위 시간동안 통과한 전기량

① 직류 : $I = \dfrac{Q}{t}$ [A], [C/sec], $Q = It$ [C = A·sec]

② 교류 : $i = \dfrac{dq}{dt}$ [A], $q = \displaystyle\int i dt$ [C]

(3) 전압의 크기 (전위 : 전기적인 위치 에너지)

- 단위 정전하가 회로의 두 점 사이를 이동시 얻거나 잃는 에너지
- 저항 양단자에서 어떤 압력에 의해 전류가 흐를 수 있게끔 하는 원동력

① 직류 : $V = \dfrac{W}{Q}$ [V = J/C] , $W = QV$ [J]

② 교류 : $V = \dfrac{dw}{dq}$ [V], $w = \displaystyle\int v dq$ [J]

(4) 저항 (부하 저항)

전류의 흐름을 방해하는 작용, 단위 [Ω]

■ 컨덕턴스: 저항의 역수 : $G = \dfrac{1}{R}[\mho]$

(5) 옴의 법칙

$$V = IR\,[\text{V}] \rightarrow V = \dfrac{I}{G}[\text{V}]$$

$$I = \dfrac{V}{R}[\text{A}] \rightarrow I = GV[\text{A}]$$

$$R = \dfrac{V}{I}[\Omega] \rightarrow G = \dfrac{I}{V}[\mho]$$

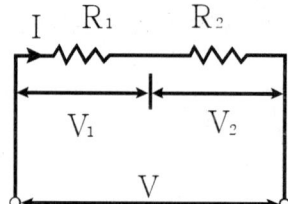

(6) 저항의 접속

① 직렬연결 : 전류가 일정하며, 전압은 저항에 비례 분배된다.

$$V = V_1 + V_2\,[\text{V}] \;\; = IR_1 + IR_2 = I(R_1 + R_2)$$

ⓐ 등가합성저항 : $R_0 = R_1 + R_2$

ⓑ 전전류 : $I = \dfrac{V}{R_0} = \dfrac{V}{R_1 + R_2}$

ⓒ 각 저항에서의 전압강하

$$V_1 = R_1 I = \dfrac{R_1}{R_1 + R_2}V = \dfrac{G_2}{G_1 + G_2}V$$

$$V_2 = R_2 I = \dfrac{R_2}{R_1 + R_2}V = \dfrac{G_1}{G_1 + G_2}V$$

ⓓ 배율기 : 전압계의 측정범위를 확대하기 위해 내부저항 $r_v[\Omega]$의 전압계에 직렬로 연결하는 큰 저항, $R_m[\Omega]$

$$R_m = (m-1)r_v[\Omega]$$

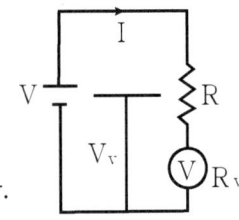

② 병렬 연결 : 전압이 일정하며, 전류는 저항에 반비례 분배된다.

$$I = I_1 + I_2 = \frac{V}{R_1} + \frac{V}{R_2} = V\left(\frac{1}{R_1} + \frac{1}{R_2}\right)$$

$$V = I \times \frac{1}{\frac{1}{R_1} + \frac{1}{R_2}} = I \times \frac{R_1 R_2}{R_1 + R_2}$$

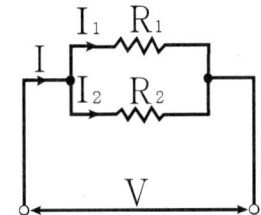

ⓐ 등가합성저항 : $R_0 = \dfrac{R_1 R_2}{R_1 + R_2}[\Omega]$

ⓑ 전전압 : $V = R_0 I = \dfrac{R_1 R_2}{R_1 + R_2} I\ [V]$

ⓒ 각 저항에서의 전류분배

$$I_1 = \frac{V}{R_1} = \frac{R_2}{R_1 + R_2} I = \frac{G_1}{G_1 + G_2} I$$

$$I_2 = \frac{V}{R_2} = \frac{R_1}{R_1 + R_2} I = \frac{G_2}{G_1 + G_2} I$$

[참고] 키르히호프의 제1법칙: 임의의 접속점에 유입하는 전류의 총합은 유출 하는 전류의 총합과 같다.
[참고] 저항 R_1, R_2, R_3, ··R_n 이 병렬로 접속된 경우의 합성 저항

$$I = \frac{V}{R_1} + \frac{V}{R_2} + \frac{V}{R_3} \cdots = V\left(\frac{1}{R_1} + \frac{1}{R_2} + \frac{1}{R_3} \cdots + \frac{1}{R_n}\right)$$

합성저항 : $R_o = \dfrac{1}{\dfrac{1}{R_1} + \dfrac{1}{R_2} + \dfrac{1}{R_3} + \cdots + \dfrac{1}{R_n}}$

$$R_o = \frac{R_1}{n}$$

ⓓ 분류기: 전류계의 측정범위를 확대하기 위해 내부저항 $r_a[\Omega]$ 전류계에 병렬로 연결하는 작은 저항, $R_s[\Omega]$

$$R_s = \frac{r_a}{n-1}[\Omega]$$

(7) 콘덕턴스의 접속(G)

저항의 역수, 전류가 흐르기 쉬운 정도를 나타내는 특성(단위[℧])

① 직렬연결 : 전류가 일정하며, 전압은 콘덕턴스에 반비례 분배된다.

$$V = V_1 + V_2 = \frac{I}{G_1} + \frac{I}{G_2} = I \times \left(\frac{1}{G_1} + \frac{1}{G_2}\right)[V]$$

$$I = \frac{V}{\frac{1}{G_1} + \frac{1}{G_2}} = \frac{G_1 G_2}{G_1 + G_2} \times V$$

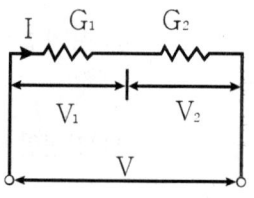

ⓐ 등가 합성콘덕턴스 : $G_0 = \dfrac{G_1 G_2}{G_1 + G_2}$

ⓑ 전전류 : $I = G_0 V = \dfrac{G_1 G_2}{G_1 + G_2} V$

ⓒ 저항에서의 전압분배(반비례 분배)

$$V_1 = \frac{I}{G_1} = \frac{G_2}{G_1 + G_2} V$$

$$V_2 = \frac{I}{G_2} = \frac{G_1}{G_1 + G_2} V$$

② 병렬연결 : 전압이 일정하며 전류는 콘덕턴스에 비례 분배된다.

$I = I_1 + I_2 = G_1 V + G_2 V = (G_1 + G_2) V \, [A]$

$V = \dfrac{I}{G_1 + G_2}$

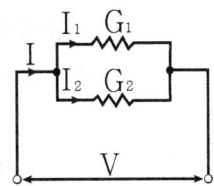

ⓐ 등가 합성콘덕턴스 : $G_0 = G_1 + G_2 \, [\mho]$

ⓑ 전전압 : $V = \dfrac{I}{G_0} = \dfrac{I}{G_1 + G_2} \, [A]$

ⓒ 각 콘덕턴스에서의 전류 분배(비례분배)

$I_1 = G_1 V = \dfrac{G_1}{G_1 + G_2} I \, [A]$

$I_2 = G_2 V = \dfrac{G_2}{G_1 + G_2} I \, [A]$

(8) 전력, 전력량, 열량

$V = IR \, [A]$

$I = \dfrac{V}{R} \, [A]$

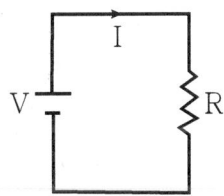

① 전력 : 전기가 단위시간 (1[sec])동안 한 일의 양 (P[W])

$P = VI = I^2 R = \dfrac{V^2}{R} = \dfrac{W}{t} [W]$

[참고] 전력은 마력 [HP] 환산이 가능 (1[HP] =746[W])하고 열량 환산은 불가능하다.

② 전력량 : 전기가 일정시간(t [sec], t [h])동안 한 일의 양 W [J]

$W = Pt = VIt = I^2 Rt = \dfrac{V^2}{R} t \, [J = W \cdot sec]$

[참고] 전력량은 마력 환산이 불가능하고 열량([cal]) 환산이 가능하다.

$1[J] = 0.2388 [cal] \fallingdotseq 0.24 [cal]$

③ 줄의 법칙

저항체에서 발생하는 열량은 전류에 제곱에 비례한다는 법칙으로서 저항체에서 발생하는 열량을 계산하는 식이다.

$$\therefore H = 0.24W = 0.24Pt = 0.24VIt = 0.24I^2Rt = 0.24\frac{V^2}{R}t \ [cal]$$

제 6 장 정현파 교류

1. 교류 발생의 원리

(1) 패러데이-렌츠 전자 유도 현상

코일에서 발생하는 기전력의 크기는 자속의 시간적인 변화(감쇄율)에 비례하고 코일에서 발생하는 기전력의 방향은 자속 ϕ의 증감을 방해하는 방향으로 발생한다.

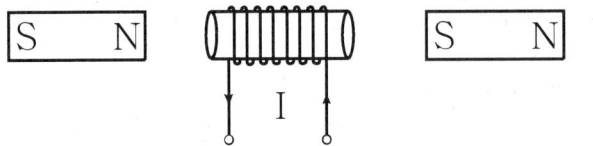

① 유도 기전력의 크기(패러데이 법칙) :

$$e = N\frac{d\phi}{dt}[V]$$

② 유도 기전력의 방향(렌츠의 법칙):

자속 ϕ의 증감을 방해하는 방향.

$e = -N\dfrac{d\phi}{dt}[V]$향으로 발생한다.

$e = -N\dfrac{d\phi}{dt}[V]$ (코일의 권수가 $N[T]$)

(2) 플레밍의 오른손 법칙

발전기에서 발생하는 기전력의 방향

엄지: 도체의 운동 방향($v[\text{m/sec}]$)

검지: 자장의 방향 $B[\text{Wb/m}^2]$

중지: 기전력의 방향($e[V]$)

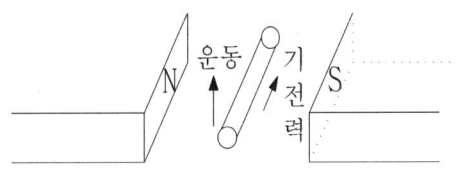

(3) 교류의 발생 원리

$v(t) = V_m \sin\omega t$ [V]

$i(t) = I_m \sin\omega t$ [A]

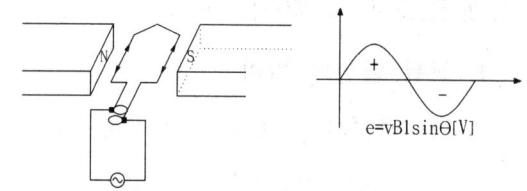

① 주기 (T) : 1 사이클 (cycle)을 이루는데 요하는 시간, 단위 [sec]
② 주파수(f) : 1[sec] 동안에 발생하는 사이클의 수, 단위 [Hz]

- 주기와 주파수의 관계: $f = \dfrac{1}{T}$[Hz] , $T = \dfrac{1}{f}$[sec]

- 상용주파수 $f = 60$[Hz]는 1초 동안 이루는 사이클의 수가 60회 이므로 주기는 $\dfrac{1}{60}$[sec]임을 알 수 있다.

③ 각 주파수 (ω) : 1초 동안의 각의 변화율

$\omega = 2\pi f = \dfrac{2\pi}{T}$[rad/sec]

④ 호도법 : 원의 반지름에 대한 호의 길이의 비율

$1[\text{rad}] = 57°.3 \;\rightarrow\; \pi[\text{rad}] = 180$

$\theta = \dfrac{\ell}{r} \;\rightarrow\; \ell = r\theta$

$v = \dfrac{\ell}{t} = \dfrac{r\theta}{t} = r \times \dfrac{\theta}{t} = r\omega$

$\omega = \dfrac{\theta}{t} = \dfrac{2\pi}{T} = 2\pi f$[rad/sec]

⑤ 위상 및 위상차

$v = V_m \sin\omega t$

$v_1 = V_m \sin(\omega t + \theta_1)$

$v_2 = V_m \sin(\omega t - \theta_2)$

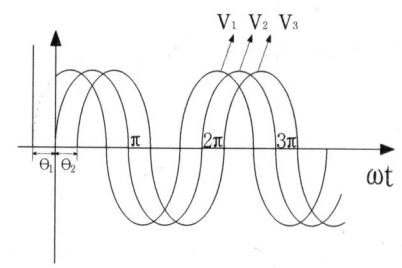

2. 정현파 교류의 표시

$$i = I_m \sin\omega t \; [A]$$

1) 순시값

전류, 전압 파형에서 어떤 임의의 순간에서의 전류, 전압의 크기

$$i(t) = I_m \sin\omega t \, [A]$$

2) 평균값

한 주기 동안의 면적을 주기로 나누어 구한 산술적인 평균값

$$I_{av} = \frac{1}{T}\int_0^T |i(t)|\,dt = \frac{1}{\frac{T}{2}}\int_0^{\frac{T}{2}} i(t)\,dt$$

$$= \frac{2}{\pi} I_m = 0.637 I_m \, [A]$$

3) 실효값

같은 저항에서 일정한 시간동안 직류와 교류를 흘렸을 때 각 저항에서 발생하는 열량이 같아지는 순간 교류를 직류로 환산한 값

$$I^2 RT = \int_0^T i^2 R\,dt \rightarrow I^2 = \frac{1}{T}\int_0^t i^2\,dt$$

$$I = \sqrt{\frac{1}{T}\int_0^T i^2\,dt} = \sqrt{1\text{주기동안의}\,i^2\text{의평균}}$$

$$= \frac{I_m}{\sqrt{2}} = 0.707 I_m \, [A]$$

3. 정현파 교류의 벡터 표시법

(1) 정지벡터법 (Phasor): 정현파 교류의 벡터표시법
① 크기 : 실효값　　　　② 방향 : 위상각

$$i_1 = \sqrt{2}\, I_1 \sin(\omega t - \theta_1)$$

$$i_2 = \sqrt{2}\, I_2 \sin(\omega t + \theta_2)$$

(2) 극형식법 : 실효값 크기와 위상각으로 표시하는 방법

$$\dot{I_1} = I_1 \angle -\theta_1$$
$$\dot{I_2} = I_2 \angle +\theta_2$$

(3) 지수함수법 : 실효값 크기와 위상각을 지수함수로 표시하는 방법

$$\dot{I_1} = I_1 e^{-j\theta_1}$$
$$\dot{I_2} = I_2 e^{+j\theta_2}$$

(4) 삼각함수법 : 실효값 크기와 위상각을 sin 함수와 cos 함수를 이용하여 표시하는 방법

$$\dot{I_1} = I_1(\cos\theta_1 - j\sin\theta_1)$$
$$\dot{I_2} = I_2(\cos\theta_2 + j\sin\theta_2)$$

(5) 복소수법 : 실효값 크기와 위상각을 복소수를 이용하여 표시하는 방법

$$\dot{I_1} = a(I_1\cos\theta_1) - jb(I_1\sin\theta_1)$$
$$\dot{I_2} = a(I_2\cos\theta_2) + jb(I_2\sin\theta_2)$$

■ 복소수 : $\dot{A} = a + jb$

$$j = \sqrt{-1},\ j^2 = -1 \qquad |A| = \sqrt{a^2 + b^2},\ \theta = \tan^{-1}\frac{b}{a}$$

$$\dot{A} = a + jb = \sqrt{a^2 + b^2} \angle \tan^{-1} \frac{b}{a}$$

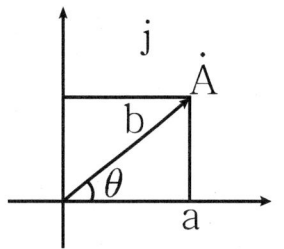

■ 오일러의 정리 : $e^{j\theta} = \cos\theta + j\sin\theta \rightarrow$ ①식

$$e^{-j\theta} = \cos\theta - j\sin\theta \rightarrow ②식$$

①+②식을 하면 $\cos\theta = \dfrac{e^{j\theta} + e^{-j\theta}}{2}$

①-②식을 하면 $\sin\theta \equiv \dfrac{e^{j\theta} - e^{-j\theta}}{2j}$

【보기】 $i = 10\sqrt{2} \sin\left(\omega t + \dfrac{\pi}{6}\right)[A]$

① 주파수 : $f = 60[\text{Hz}]$

② 최댓값 : $I_m = 10\sqrt{2}[A]$

③ 평균값 : $I_{av} = \dfrac{2}{\pi} \times 10\sqrt{2} = 22[A]$

④ 실효값 : $I = \dfrac{10\sqrt{2}}{\sqrt{2}} = 10[A]$

⑤ 벡터표시법 : $\dot{I} = 10 \angle \dfrac{\pi}{6} = 10e^{j\frac{\pi}{6}}$

$$= 10\left(\cos\dfrac{\pi}{6} + j\sin\dfrac{\pi}{6}\right) = 8.66 + j5$$

6) 정현파 교류의 벡터 계산

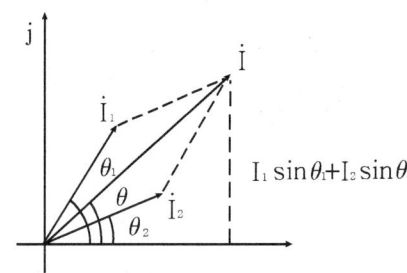

제 3 과목 태양광 발전 시공 541

$$i_1 = \sqrt{2}\,I_1\sin(\omega t + \theta_1)$$

$$i_2 = \sqrt{2}\,I_2\sin(\omega t + \theta_2)$$

$$\dot{I_1} + \dot{I_2} = (I_1\cos\theta_1 + I_2\cos\theta_2) + j(I_1\sin\theta_1 + I_2\sin\theta_2)$$

$$= \sqrt{(I_1\cos\theta_1 + I_2\cos\theta_2)^2 + (I_1\sin\theta_1 + I_2\sin\theta_2)^2}$$

$$= \sqrt{I_1^2 + I_2^2 + 2I_1 I_2\cos(\theta_1 - \theta_2)}$$

$$\dot{I_1} + \dot{I_2} = \sqrt{I_1^2 + I_2^2 + 2I_1 I_2\cos(\theta_1 - \theta_2)}$$

② 합성초기위상 : $\theta = \tan^{-1}\dfrac{I_1\sin\theta_1 + I_2\sin\theta_2}{I_1\cos\theta_1 + I_2\cos\theta_2}$

4. 각 파형들의 실효값, 평균값

(1) 기본정현파

① 실효값

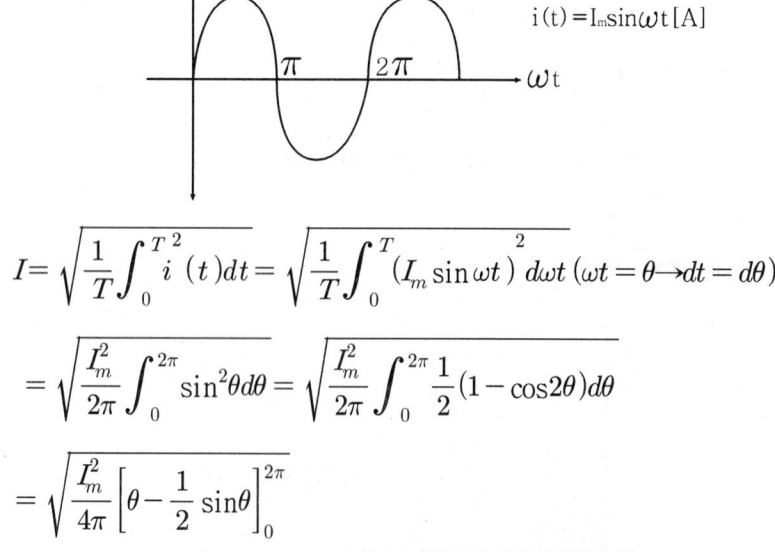

$$I = \sqrt{\frac{1}{T}\int_0^T i^2(t)\,dt} = \sqrt{\frac{1}{T}\int_0^T (I_m\sin\omega t)^2\,d\omega t}\quad(\omega t = \theta \rightarrow dt = d\theta)$$

$$= \sqrt{\frac{I_m^2}{2\pi}\int_0^{2\pi}\sin^2\theta\,d\theta} = \sqrt{\frac{I_m^2}{2\pi}\int_0^{2\pi}\frac{1}{2}(1-\cos2\theta)\,d\theta}$$

$$= \sqrt{\frac{I_m^2}{4\pi}\left[\theta - \frac{1}{2}\sin\theta\right]_0^{2\pi}}$$

$$= \frac{I_m}{\sqrt{2}} = 0.707 I_m$$

■ 삼각함수의 특성: $\sin^2\theta = \frac{1}{2}(1-\cos^2\theta)$

$$\cos^2\theta = \frac{1}{2}(1+\sin^2\theta)$$

② 평균값 : 정현파의 경우 주기까지의 면적이 0이므로 반주기 평균을 이용한다.

$$I_{av} = \frac{1}{T/2}\int_0^{T/2} i(t)dt = \frac{1}{\pi}\int_0^{\pi} I_m \sin\theta \, d\theta$$

$$= \frac{I_m}{\pi}[-\cos\theta]_0^{\pi} = \frac{I_m}{\pi}(1+1)$$

$$= \frac{2}{\pi}I_m = 0.637 I_m$$

■ 삼각함수의 적분

$$\cdot \int \sin\theta \, d\theta = -\cos\theta \qquad \cdot \int \cos\theta \, d\theta = \sin\theta$$

$$\cdot \int \sin\alpha\theta \, d\theta = -\frac{1}{\alpha}\cos\theta \cdot \int \cos\alpha\theta \, d\theta = \frac{1}{\alpha}\sin\alpha\theta$$

(2) 전파 정현파

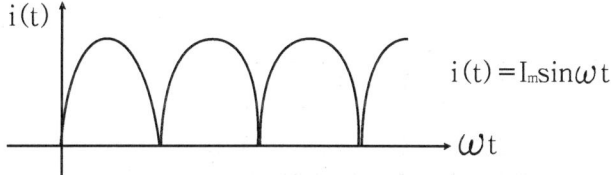

$i(t) = I_m \sin\omega t$

① 실효값 : $I = \sqrt{\frac{1}{T}\int_0^T i^2(t)dt} = \sqrt{\frac{1}{T}\int_0^{\pi}(I_m\sin\theta)^2 d\theta} = \frac{I_m}{\sqrt{2}}$

② 평균값 : $I_{av} = \frac{1}{T}\int_0^T i(t)dt = \frac{1}{\pi}\int_0^{\pi} I_m\sin\theta \, d\theta = \frac{2}{\pi}I_m$

(3) 반파 정현파

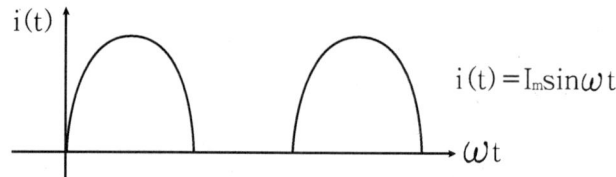

① 실효값 : $I = \sqrt{\dfrac{1}{T}\int_0^T i^2(t)dt} = \sqrt{\dfrac{1}{2\pi}\int_o^\pi (I_m\sin\theta)^2 d\theta} = \dfrac{I_m}{2}$

② 평균값 : $I_{av} = \dfrac{1}{T}\int_0^T i(t)dt = \dfrac{1}{2\pi}\int_0^\pi I_m\sin\theta\, d\theta = \dfrac{I_m}{\pi}$

(4) 구형파

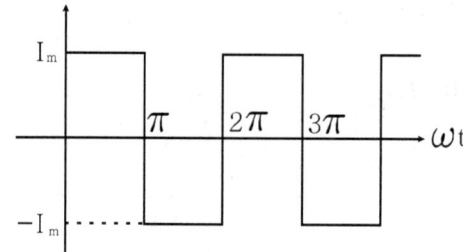

① 실효값 $I = \sqrt{\dfrac{1}{T}\int_0^T i^2(t)dt} = \sqrt{\dfrac{1}{2\pi}\int_0^{2\pi} I_m^2\, d\theta} = I_m$

② 평균값 $I_{av} = \dfrac{1}{T}\int_0^T i(t)dt = \dfrac{1}{\pi}\int_0^\pi I_m\, d\theta$

(5) 반파 구형파

① 실효값 : $I = \sqrt{\dfrac{1}{T}\int_0^T i^2(t)dt} = \sqrt{\dfrac{1}{2\pi}\int_0^\pi I_m^2\, d\theta} = \dfrac{I_m}{\sqrt{2}}$

② 평균값 : $I_{av} = \frac{1}{T}\int_0^T i(t)dt = \frac{1}{2\pi}\int_0^\pi I_m d\theta = \frac{I_m}{2}$

(6) 삼각파 → $\frac{1}{4}$ **주기만 적분한다.**

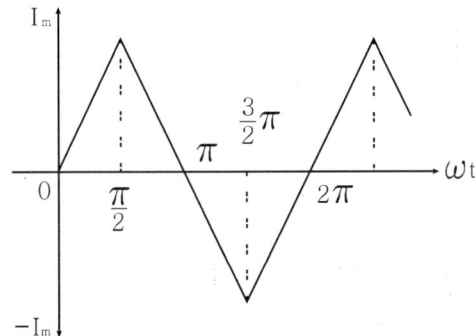

① 실효값 : $I = \sqrt{\frac{1}{T}\int_0^T i^2(t)dt} = \sqrt{\frac{1}{\pi/2}\int_0^{\frac{\pi}{2}}(\frac{I_m}{\pi/2}\theta)^2 d\theta} = \frac{I_m}{\sqrt{3}}$

② 평균값 $I_{av} = \frac{1}{T}\int_0^T i(t)dt = \frac{1}{\pi/2}\int_0^{\frac{\pi}{2}}(\frac{I_m}{\pi/2}\theta)d\theta = \frac{I_m}{2}$

(7) 톱니파 : 반주기 구간만 적분

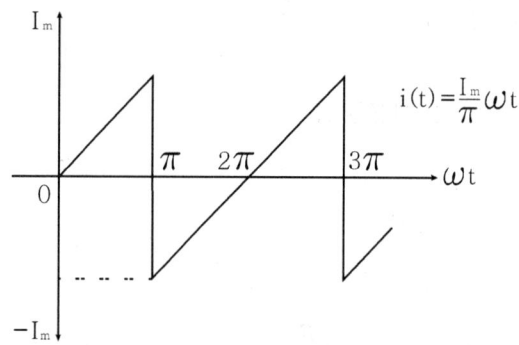

① 실효값 $I = \sqrt{\dfrac{1}{T}\int_0^T i^2(t)dt} = \sqrt{\dfrac{1}{\pi}\int_0^\pi \left(\dfrac{I_m}{\pi}\theta\right)^2 d\theta} = \dfrac{I_m}{\sqrt{3}}$

② 평균값 $I_{av} = \dfrac{1}{T}\int_0^T i(t)dt = \dfrac{1}{\pi}\int_0^\pi \left(\dfrac{I_m}{\pi}\theta\right)d\theta = \dfrac{I_m}{2}$

(8) 각종 계기들의 지시값

① 실효값 : 가동 철편형, 전류력계형, 열선형 계기

② 평균값 : 가동 코일형

(9) 파고율과 파형율

① 파고율 $= \dfrac{\text{최대값}}{\text{실효값}}$

② 파형율 $= \dfrac{\text{실효값}}{\text{평균값}}$

파고율과 파형율이 1인 것은 구형파이다.

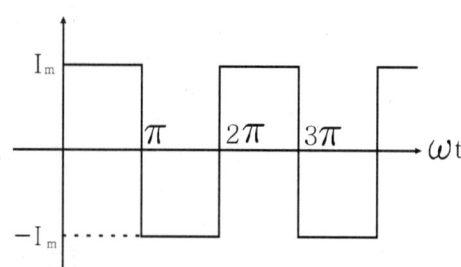

제 7 장 기본교류 회로

1. 단일 소자회로의 전압, 전류

(1) R만의 회로

$v = \sqrt{2}\,V\sin\omega t$ [V]

$i = \dfrac{\sqrt{2}\,V}{R}\sin\omega t$ [A] $= \sqrt{2}\,I\sin\omega t$

① $I = \dfrac{V}{R}$

② R만의 회로의 특성
- 전압과 전류의 위상차가 0[rad]이다.
- 임피던스의 허수부가 존재하지 않는다.

(2) L만의 회로

$v \propto \dfrac{d\phi}{dt} = \dfrac{di}{dt}$

$v_L = -N\dfrac{d\phi}{dt} = -L\dfrac{di}{dt}$ ($N\phi = LI$)

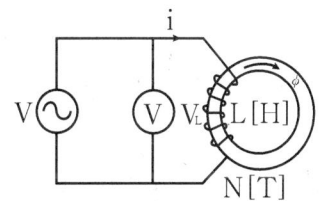

① 전압 $v = N\dfrac{d\phi}{dt} = L\dfrac{di}{dt}$ [V]

② 전류 $i = \dfrac{1}{L}\int v\,dt$ [A] (→ 전압식 $v = L\dfrac{di}{dt}$ 양변적분)

③ 에너지 : $w = \int p\,dt = \int vi\,dt = \int L\dfrac{di}{dt}i\,dt = \dfrac{1}{2}LI^2$ [J]

④ 유도성 리액턴스 (X_L) : 교류소자 인덕터에서의 임피던스

$i(t) = I_m\sin\omega t = \sqrt{2}\,I\sin\omega t$ [A]

$v_L = -L\dfrac{di}{dt} = -L\dfrac{d}{dt}(I_m\sin\omega t) = -\omega L I_m\cos\omega t$

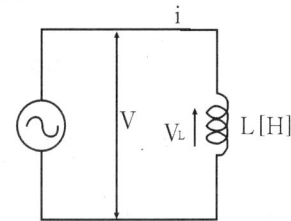

$$= -\omega L I_m \sin(\omega t - \frac{\pi}{2})$$

$$v = -v_L = \omega L I_m \sin(\omega t + \frac{\pi}{2}) = j\omega L I_m \sin\omega t = j\omega L I \sqrt{2} \sin\omega t$$

$$\dot{V} = j\omega L I [V] \rightarrow \dot{X_L} = j\omega L [\Omega]$$

$$I = \frac{\dot{V}}{j\omega L} = -j\frac{\dot{V}}{\omega L} = -j\frac{\dot{V}}{X_L}$$

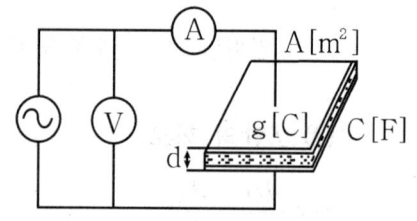

∴ 전류가 전압보다 위상이 $\frac{\pi}{2}$[rad] 만큼 뒤진다.(지상, 유도성)

(3) C만의 회로

$$q = Cv [C]$$

$$q = \int i\, dt [V]$$

$$v = \frac{q}{c} = \frac{1}{c} \int i\, dt [V]$$

① 전 압 : $v = \frac{1}{c} \int i\, dt$ [V]

② 전 류 : $i = C\frac{dv}{dt}$ [A] (전압식 $v = \frac{1}{c} \int i\, dt$ 에서양변적분)

③ 에너지 : $w = \int p\, dt = \int vi\, dt = \int v \cdot c\frac{dv}{dt} dt = \int cv\, dv$

$$= \frac{1}{2} Cv^2 = \frac{1}{2} Qv = \frac{Q^2}{2C} [J]$$

④ 용량성 리액턴스(X_C) : 교류소자 커패시턴스 (C)에서의 임피던스

$$i(t) = I_m \sin\omega t [A]$$

$$v_c = \frac{1}{C} \int i(t)\, dt = \frac{1}{C} \int (I_m \sin\omega t) dt = -\frac{1}{\omega C} I_m \sin(\omega t + \frac{\pi}{2})$$

$$=-\frac{1}{\omega C}I_m\cos\omega t = -j\frac{1}{\omega C}I_m\sin\omega t \ [V]$$

$$\dot{V}=-j\frac{1}{\omega C}\dot{I} \rightarrow X_c = \frac{1}{\omega C}[\Omega]$$

$$\dot{I}=\frac{V}{-j\frac{1}{\omega C}}=j\omega CV=j\frac{V}{Xc}[A]$$

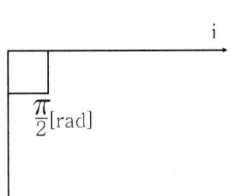

∴ 전류가 전압보다 위상이 $\frac{\pi}{2}$[rad] 앞선다.

2. R L C 직렬회로

(1) R - L 직렬회로 (전류 일정)

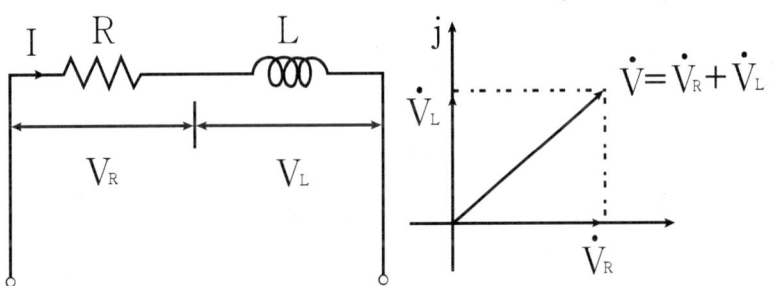

$$\dot{V} = \dot{V}_R + \dot{V}_L \rightarrow V^2 = V_R^2 + V_L^2$$

$$\dot{V}_R = RI \quad \dot{V}_L = j\omega LI$$

① 임피던스 : $\dot{Z}= R-j\frac{1}{\omega C}[\Omega]$

$$Z=\sqrt{R^2+(\omega L)^2}, \ \theta = \tan^{-1}\frac{\omega L}{R}$$

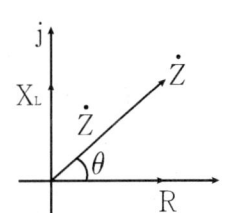

② 역률 : $\cos\theta = \frac{R}{Z} = \frac{R}{\sqrt{R^2+(\omega L)^2}}$

③ 위상 : 전류가 전압보다 θ 만큼 뒤진다. (유도성)

(2) R - C 직렬회로 (전압일정)

$$\dot{V} = \dot{V}_R + \dot{V}_C \rightarrow V^2 = V_R^2 + V_C^2$$

$$V_R = RI, \quad V_C = -j\frac{1}{\omega C}I$$

$$\dot{V} = RI - j\frac{1}{\omega C}I = \dot{I}(R - j\frac{1}{\omega C})$$

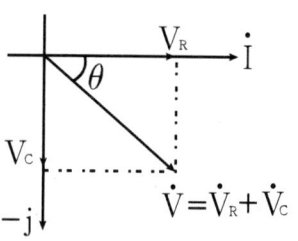

① 임피던스 : $\dot{Z} = R - j\frac{1}{\omega C}[\Omega]$

$$Z = \sqrt{R^2 + (\frac{1}{\omega C})^2}$$

$$\theta = \tan^{-1}\frac{1}{\omega CR}$$

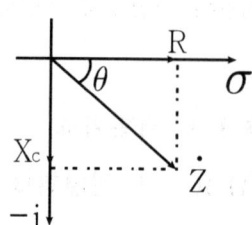

② 역률 : $\cos\theta = \frac{R}{Z} = \frac{R}{\sqrt{R^2 + (\frac{1}{\omega C})^2}}$

③ 위상 : 전류가 전압보다 위상 θ 만큼 앞선다. (용량성)

(3) R - L - C 직렬회로

$$\begin{aligned}\dot{V} &= \dot{V}_R + \dot{V}_L + \dot{V}_C \\ &= IR + j\omega I - j\frac{1}{\omega C}I \\ &= \dot{I}\{[R + j(\omega L - \frac{1}{\omega C})]\}\end{aligned}$$

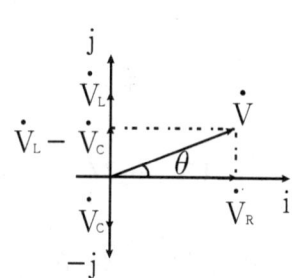

1) $X_L > X_C$ 인 경우

① 임피던스 : $\dot{Z} = R + j(\omega L - \frac{1}{\omega C})^2$

$$Z = \sqrt{R^2 + (\omega L - \frac{1}{\omega C})^2}, \quad \theta = \tan^{-1}\frac{\omega L - \frac{1}{\omega C}}{R}$$

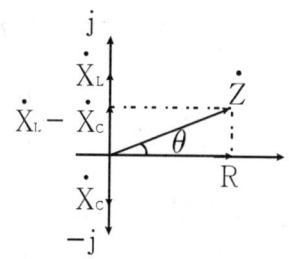

② 역률 : $\cos\theta = \dfrac{R}{Z} = \dfrac{R}{\sqrt{R^2 + (\omega L - \dfrac{1}{\omega C})^2}}$

③ 위상 : 전류가 전압보다 위상이 θ 만큼 뒤진다. (유도성)

2) $X_L < X_C$ 인 경우

① 임피던스 : $\dot{Z} = R - j(\dfrac{1}{\omega C} - \omega L)[\Omega]$

$Z = \sqrt{R^2 + (\dfrac{1}{\omega C} - \omega L)^2}$, $\theta = \tan^{-1} \dfrac{\dfrac{1}{\omega C} - \omega L}{R}$

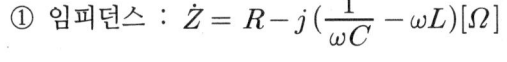

② 역률 : $\cos\theta = \dfrac{R}{Z} = \dfrac{R}{\sqrt{R^2 + (\dfrac{1}{\omega C} - \omega L)^2}}$

③ 위상 : 전류가 전압보다 위상이 θ 만큼 앞선다. (용량성)

3) $X_L = X_C$ 인 경우 : 직렬공진 (전압과 전류가 동상)

① 전압 $\dot{V} = R\dot{I}[V]$

② 임피던스 $Z = R$ (최소)

③ 전류 $\dot{I} = \dfrac{R}{Z}$ (최대)

④ 역률 $\cos\theta = 1$

⑤ 공진주파수 : $\omega L = \dfrac{1}{\omega c} \rightarrow \omega^2 = \dfrac{1}{LC} \rightarrow 2\pi f = \dfrac{1}{\sqrt{LC}}$

$\therefore f = \dfrac{1}{2\pi\sqrt{LC}}$ [Hz]

⑥ 전압확대율, 양호도 (Q) : 전원 전압 V에 대한 L 및 C 양단의 단자전압인 V_L, V_C 전압의 비율 (저항에 대한 리액턴스비)

$V_L = \omega L I \rightarrow Q_L = \dfrac{V_L}{V_R} = \dfrac{\omega L I}{RI} = \dfrac{\omega L}{R}$

$$V = \frac{1}{\omega C}I \rightarrow Q_C = \frac{V_C}{V_R} = \frac{\frac{1}{\omega C}I}{RI} = \frac{1}{\omega CR}$$

$$Q = Q_L = Q_C = \frac{\omega L}{R} = \frac{1}{\omega CR}$$

$$Q^2 = Q_L Q_c = \frac{\omega L}{R} \cdot \frac{1}{\omega CR} = \frac{L}{R^2 C}$$

$$\therefore Q = \frac{1}{R}\sqrt{\frac{L}{C}}$$

3. R.L.C 병렬회로

■ 어드미턴스 $\dot{Y}$: $\dot{Z}$ 의 역수, 단위 [℧]

$$\dot{Y} = \frac{1}{\dot{Z}} = \frac{\dot{I}}{\dot{V}} \qquad \therefore \dot{I} = \dot{Y}\dot{V}$$

$$\dot{Y} = \frac{1}{Z} = \frac{1}{(R+jX)} = \frac{R-jX}{(R+jX)(R-jX)} = \frac{R}{R^2+X^2} + j\frac{-X}{R^2+X^2}$$

$$= G + jB \quad \left(G = \frac{R}{R^2+X^2}, \ B = \frac{-X}{R^2+X^2}\right)$$

G : 컨덕턴스 $= \frac{1}{R}[℧]$, B : 서셉턴스 $= \frac{1}{X}[℧]$

① 회로에 R만이 존재하는 경우

$$\dot{Y_R} = \frac{1}{\dot{Z}} = \frac{\dot{I}}{\dot{V}}$$

② 회로에 L만이 존재하는 경우

$$\dot{Y_L} = \frac{1}{jX_L} = -j\frac{1}{X_L} = -j\frac{1}{\omega L}$$

③ 회로에 C만이 존재하는 경우

$$\dot{Y}_C = \frac{1}{-jX_c} = j\frac{1}{X_c} = j\omega C$$

1) R - L 병렬 연결 (전압 일정)

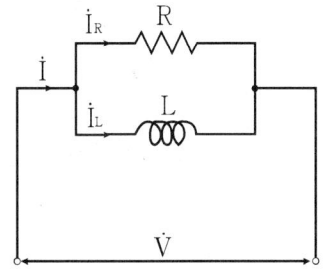

① 어드미턴스 : $\dot{Y} = \frac{1}{R} - j\frac{1}{X_L} = \frac{1}{R} - j\frac{1}{\omega L}$ [℧]

$$Y = \sqrt{\left(\frac{1}{R}\right)^2 + \left(\frac{1}{\omega L}\right)^2}$$

$$\theta = \tan^{-1}\frac{R}{\omega L}$$

② 합성 임피던스 : $Z = \frac{1}{Y} = \frac{1}{\sqrt{\left(\frac{1}{R}\right)^2 + \left(\frac{1}{\omega L}\right)^2}} = \frac{R\omega L}{\sqrt{R^2 + (\omega L)^2}}$

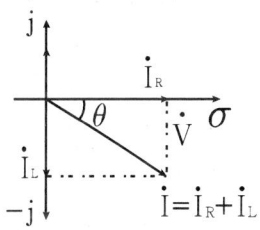

③ 역률 : $\cos\theta = \frac{\frac{1}{G}}{Y} = \frac{\omega L}{\sqrt{R^2 + (\omega L)^2}}$

④ 위상 : 전류가 전압보다 위상 θ만큼 뒤진다. (유도성)

3) R - C 병렬연결 (전압일정)

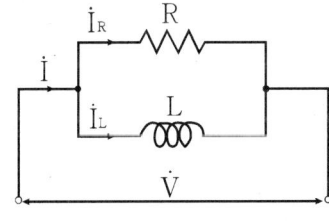

$$\dot{I} = \dot{I}_R + \dot{I}_L \rightarrow I^2 = I_R^2 + I_L^2$$

$$\dot{I}_R = \frac{\dot{V}}{R}, \quad \dot{I}_L = -j\frac{\dot{V}}{\omega L}$$

$$\dot{I} = \frac{\dot{V}}{R} - j\frac{\dot{V}}{\omega L} = \left(\frac{1}{R} - j\frac{1}{\omega L}\right)\dot{V}$$

① 어드미턴스 : $\dot{Y} = \dfrac{1}{R} + j\dfrac{1}{X_c} = \dfrac{1}{R} + j\omega C \; [\mho]$

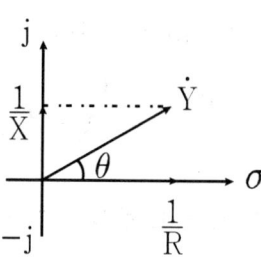

$$Y = \sqrt{\left(\dfrac{1}{R}\right)^2 + (\omega C)^2}$$

$$\theta = \tan^{-1}\omega CR$$

② 합성임피던스 : $Z = \dfrac{1}{Y} = \dfrac{1}{\sqrt{\left(\dfrac{1}{R}\right)^2 + (\omega c)^2}} = \dfrac{R}{\sqrt{1 + (\omega CR)^2}}$

③ 역률 : $\cos\theta = \dfrac{G}{Y} = \dfrac{1}{\sqrt{1 + (\omega CR)^2}}$

④ 위상 : 전류가 전압보다 위상 θ만큼 앞선다. (용량성)

4) R-L-C 병렬연결

$$\dot{I} = \dot{I}_R + \dot{I}_L + \dot{I}_C$$

$$\dot{I}_R = \dfrac{\dot{V}}{R},\; \dot{I}_L = -j\dfrac{\dot{V}}{\omega L},\; \dot{I}_C = j\omega CV$$

$$\dot{I} = V\left[\dfrac{1}{R} + j\left(\omega C - \dfrac{1}{\omega L}\right)\right]$$

(가) $X_L > X_C$인 경우 $\Rightarrow \dfrac{1}{X_L} < \dfrac{1}{X_C}$

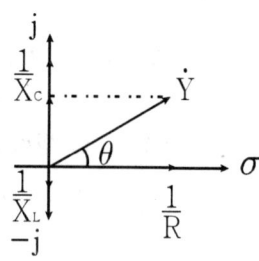

① 어드미턴스 : $\dot{Y} = \dfrac{1}{R} + j\left(\omega C - \dfrac{1}{\omega L}\right)[\mho]$

$$= \sqrt{\left(\dfrac{1}{R}\right)^2 + \left(\omega C - \dfrac{1}{\omega L}\right)^2} \angle \tan^{-1}\dfrac{\omega C - \dfrac{1}{\omega L}}{1/R}$$

② 역률 : $\cos\theta = \dfrac{G}{Y} = \dfrac{\dfrac{1}{R}}{\sqrt{\left(\dfrac{1}{R}\right)^2 + \left(\omega C - \dfrac{1}{\omega L}\right)^2}}$

③ 위상 : 전류가 전압보다 위상 θ만큼 앞선다. (용량성)

(나) $X_L < X_C$ 인 경우 ⇒ $\dfrac{1}{X_L} > \dfrac{1}{X_C}$ 인 경우

① 어드미턴스 : $\dot{Y} = \dfrac{1}{R} - j\left(\dfrac{1}{\omega L} - \omega C\right)$

$$= \sqrt{\left(\dfrac{1}{R^2}\right) + \left(\dfrac{1}{\omega L} - \omega C\right)^2} \angle \tan^{-1} \dfrac{\left(\dfrac{1}{\omega L} - \omega C\right)}{1/R}$$

② 역률 : $\cos\theta = \dfrac{G}{Y} = \dfrac{\dfrac{1}{R}}{\sqrt{\left(\dfrac{1}{R}\right)^2 + \left(\dfrac{1}{\omega L} - \omega C\right)^2}}$

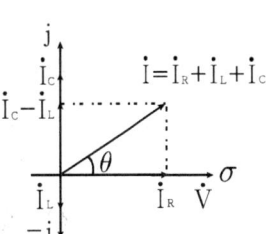

③ 위상 : 전류가 전압보다 위상 θ만큼 뒤진다. (유도성)

(다) $X_L = X_C$ 인 경우 : 병렬 공진

① 전류 : $\dot{I} = \dfrac{\dot{V}}{R}$ (최소)

② 어드미턴스 : $\dot{Y} = \dfrac{1}{R}$

③ 역률 $\cos\theta = 1$ (동상전류)

④ 공진 주파수 $f = \dfrac{1}{2\pi\sqrt{LC}}$[Hz]

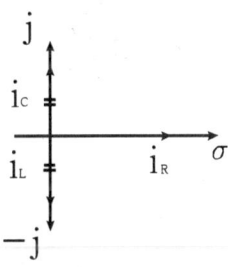

⑤ 전류 확대율, 양호도 (Q) : 전원 전류 I에 대한 L 및 C에 흐르는 전류 I_L, I_C 전류의 비율. (리액턴스에 대한 저항비)

$$I_L = \frac{V}{\omega L} \rightarrow Q = \frac{I_L}{I_R} = \frac{\frac{V}{\omega L}}{\frac{V}{R}} = \frac{R}{\omega L}$$

$$I_C = \omega CV \rightarrow Q_C = \frac{I_C}{I_R} = \frac{\omega CV}{\frac{V}{R}} = \omega CR$$

$$Q = Q_L = Q_C = \frac{R}{\omega L} = \omega CR$$

$$Q^2 = Q_L Q_C = \frac{R}{\omega L} \omega CR = \frac{CR^2}{L}$$

$$\therefore Q = R\sqrt{\frac{C}{L}}$$

제 8 장 교류전력

1. 각 회로소자에서의 교류전력

① 저항 : 유효전력, 평균전력, 소비전력(P), [W]

② 리액턴스 : 무효전력(P_r), [Var]

③ 임피던스 : 피상전력, 겉보기전력(P_a), [VA]

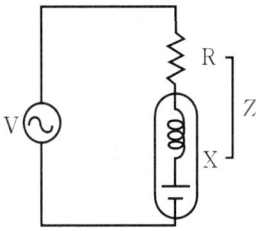

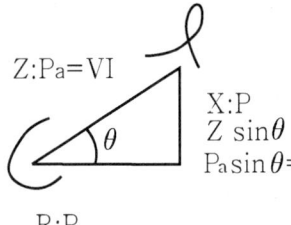

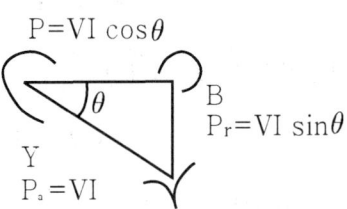

1) 피상전력 : $P_a = I^2 Z = VI = \dfrac{V^2}{Z} = YV^2 = \dfrac{P}{\cos\theta} = \dfrac{P_r}{\sin\theta}$ [VA]

2) 유효전력 : ① 직렬회로 $P = I^2 R = VI\cos\theta = P_a \cos\theta$ [W]

　　　　　　② 병렬회로 $P = I_R^2 R = \dfrac{V^2}{R} = GV^2$ [W]

3) 무효전력 : ① 직렬회로 $P_r = I^2 X = VI\sin\theta = P_a \sin\theta$ [Var]

　　　　　　② 병렬회로 $P_r = I_X^2 X = \dfrac{V^2}{X} = BV^2$ [Var]

2. 복소전력

$\dot{V} = V_e + jV_r$

　　$= V\cos\theta_1 + jV\sin\theta_1$

$\dot{I} = I_e + jI_r$

　　$= I\cos\theta_2 + jI\sin\theta_2$

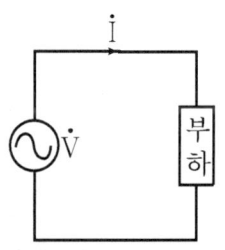

① 유효전력 : $P = VI\cos(\theta_1 - \theta_2)$

$\qquad = VI(\cos\theta_1\cos\theta_2 + \sin\theta_1\sin\theta_2)$

$\qquad = V\cos\theta_1 I\cos\theta_2 + V\sin\theta_1 I\sin\theta_2$

$\qquad = V_e I_e + V_r I_r$

② 무효전력 : $P_r = VI\sin(\theta_1 - \theta_2)$

$\qquad = VI(\sin\theta_1\cos\theta_2 - \cos\theta_1\sin\theta_2)$

$\qquad = V\sin\theta_1 I\cos\theta_2 - V\cos\theta_1 I\sin\theta_2$

$\qquad = V_r I_e - V_e I_r$

③ 피상전력 : $P_a = \overline{V}\dot{I} = (V_e - jV_r)(I_e + jI_r)$

$\qquad = (V_e I_e + V_r I_r) - j(V_r I_e - V_e I_r)$

$P_a = \overline{V}\dot{I} = P \pm jP_r [VA]$ (+j : 용량성, -j : 유도성)

3. 최대전력 전송 전력

1) 직류회로

$I = \dfrac{E}{r+R}$

$P = I^2 R = \dfrac{E^2 R}{(r+R)^2} [W]$

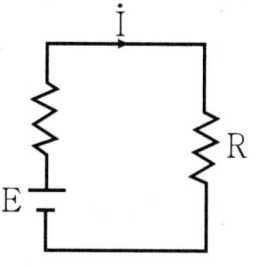

$P_{\max}$ 조건 $\dfrac{dP}{dR} = 0$

$\dfrac{dP}{dR} = \dfrac{E^2(r+R)^2 - E^2(rR)}{(r+R)^4} = 0$

$E^2[(r+R)^2 - 2R(r+R)] = 0$

$r^2 = R^2 \rightarrow r = R$

최대 전력 전달조건 : $r = R$

최대 전력 : $P_{\max} = \dfrac{E^2}{4r} = \dfrac{E^2}{4R} [W]$

2) 교류회로

$$\dot{Z}_G = r + jx \quad , \quad \dot{Z}_L = \dot{R} + jX$$

$$P = I^2 R$$

$$\dot{I} = \frac{\dot{E}}{\dot{Z}_g + \dot{Z}_L} = \frac{\dot{E}}{(r+R) + j(x+X)}$$

$$I = \frac{E}{\sqrt{(r+R)^2 + (x+X)^2}}$$

$$P = I^2 R = \frac{E^2 R}{(r+R)^2 + (x+X)^2} = \frac{E^2}{\frac{(r+R)^2}{R} + \frac{(x+X)^2}{R}} [W]$$

최대 전력전달 조건 = 분모의 최소 조건

$$x = -X, \quad \frac{d}{dR} \frac{(r+R)^2}{R} = 0 \rightarrow r = R$$

$$\therefore \text{최대전력전조건} \quad \dot{Z}_L = \overline{\dot{Z}_g} = r - jx$$

$$\text{최대전력} \quad P_{\max} = \frac{E^2}{4r} = \frac{E^2}{4R} [W]$$

4. 교류 전력 측정

1) 전압계법

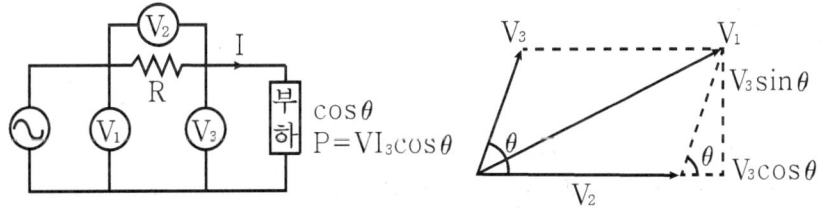

$$V_1^2 = V_2^2 + V_3^2 + 2V_2 V_3 \cos\theta$$

$$V_1^2 = V_2^2 - V_3^2 = 2V_2 V_3 \cos\theta$$

$$\therefore \cos\theta = \frac{V_1^2 - V_2^2 - V_3^2}{2V_2 V_3}$$

$$P = V_2 I_2 \cos\theta = V_3 \times \frac{V_2}{R} \times \frac{V_1^2 - V_2^2 - V_3^2}{2V_2 V_3}$$

$$\therefore P = \frac{1}{2R}(V_1^2 - V_2^2 - V_3^2)$$

2) 전류계법

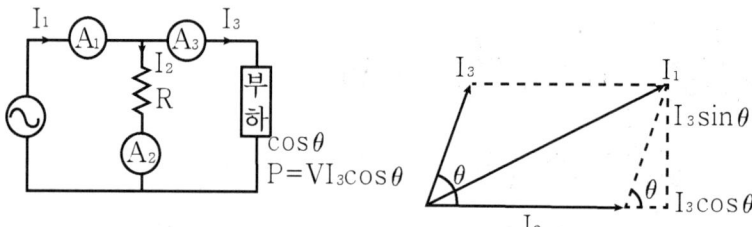

$$I_1^2 = I_2^2 + I_3^2 + 2I_2I_3\cos\theta$$

$$I_1^2 - I_2^2 - I_3^2 = 2I_2I_3\cos\theta$$

$$\therefore \cos\theta = \frac{I_1^2 - I_2^2 - I_3^3}{2I_2I_3}$$

$$P = VI_3\cos\theta = RI_2I_3\frac{I_1^2 - I_2^2 - I_3^2}{2I_2I_3}$$

$$\therefore P = \frac{R}{2}(I_1^2 - I_2^2 - I_3^2)$$

5. 전력용 콘덴서 : 역률개선용

$$P = EI\cos\theta\,[\text{W}]$$

$$Q = EI_C\,[\text{VA}]$$

$$\tan\theta_o = \frac{I\sin\theta - I_C}{I\cos\theta} = \frac{I\sin\theta}{I\cos\theta} - \frac{I_C}{I\cos\theta} \times \frac{E}{E} = \tan\theta - \frac{Q}{P}$$

∴ 역률개선용 콘덴서 용량

$$Q = P(\tan\theta - \tan\theta_o) = P\left(\frac{\sin\theta}{\cos\theta} - \frac{\sin\theta_o}{\cos\theta_o}\right)[\text{VA}]$$

제 9 장 전자기초이론

1. 원자와 전자

(1) 원자구조

1) 원자 : 양전하를 가진 원자핵과 음전하를 가진 전자로 구성.

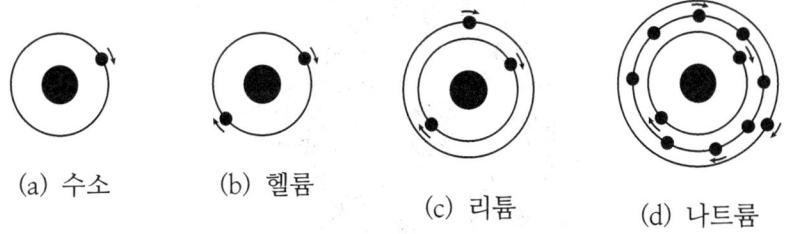

(a) 수소   (b) 헬륨   (c) 리튬   (d) 나트륨

[원자의 구조]

(2) 원자핵

① 원자핵 : 양성자와 중성자로 구성.

② 양성자와 중성자의 질량은 거의 같으며, 전자의 약 1840배인 입자.

③ 양성자와 중성자를 한데 합하여 핵자라 함.

④ 동위원소 : 같은 원소이지만 원자 1개씩 비교하면 양성자 수는 같지만, 핵자의 총 수로 나타내는 질량수가 다른 원소

(3) 자유전자

① 단결정 : 다수의 원자가 규칙적인 그물 눈금(격자)모양으로 배열된 결정.
ex) 실리콘(Si), 게르마늄(Ge)

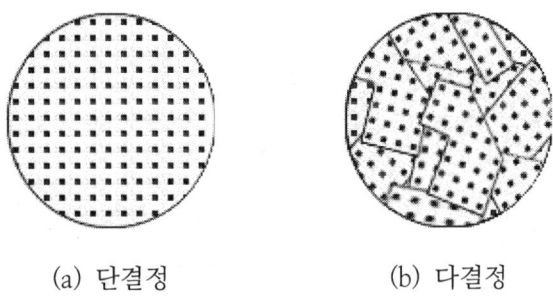

(a) 단결정   (b) 다결정

[결정 구조의 모형]

② 다결정 : 단결정의 조각들이 많이 모여있는 구조.
   ex) 구리(Cu)

③ 자유전자 : 전자 중에서 원자핵의 인력에 의한 구속을 떠나 자유롭게 이동할 수 있는 것.

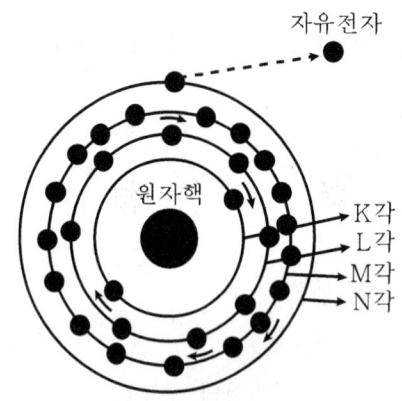

[구리의 원자 모형]

④ 전자각은 원자핵 가까이부터 순서대로 1, 2, 3, …, n번째, 이것을 K각(2개), L각(8개), M각(18개), N각(32개), …, Q각이라 한다.

⑤ 자유전자의 전하량 $e = -1.602189 \times 10^{-19}$ [C]

⑥ 자유전자의 질량 $m_0 = 9.109534 \times 10^{-31}$ [kg]

2. 원자로부터의 전자기파 방사

① 여기(excitation) : 궤도 전자가 빛이나 열을 받아 이에 따른 전자의 충돌 등으로 인해 에너지가 증가 되어 보다 높은 준위가 되는 것.

② 이온화(ionization)(전리) : 궤도 전자가 더욱 강한 에너지를 받아서 원자내의 궤도 전자가 자유 전자로 되는 것.

③ 전자기파 방사 : 여기된 궤도 전자는 불안정하므로 안정된 더 낮은 준위로 내려가려고 하며, 이 때에 남는 에너지를 빛 등의 전자기파로 공간에 방사.

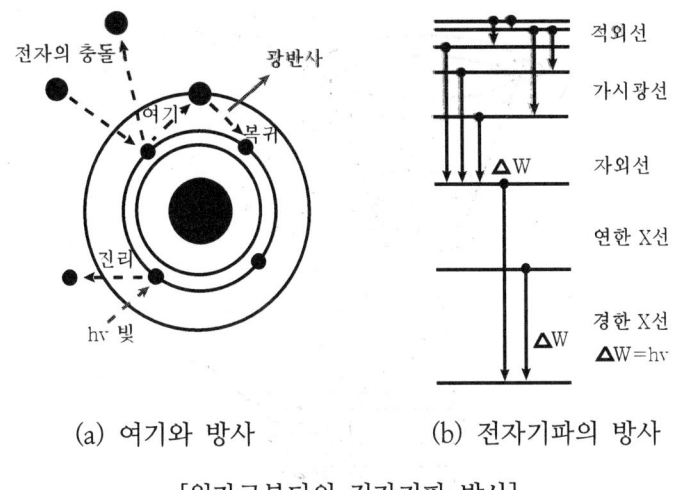

　　　　(a) 여기와 방사　　　　(b) 전자기파의 방사

[원자로부터의 전자기파 방사]

④ 광자 : 빛의 입자.

에너지 $W = h\nu$ [J], $h = 6.626176 \times 10^{-34}$ [J·s]

3. 전자의 에너지 준위

(1) 에너지 장벽

① 에너지 제1장벽 : 금속 내부에서 원자의 표면에는 전자가 원자의 구속으로부터 탈출하는데 필요한 에너지에 상당하는 장벽.

② 제2장벽 : 전도 전자가 금속 밖으로 나가려해도 금속 중에 남은 원자의 양전하 사이에 정전력이 작용하여 다시 끌여당기는 장벽.

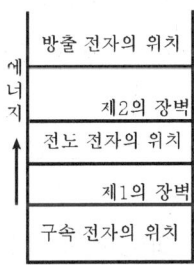

[전자방출에 필요한 에너지]

(2) 전자의 에너지 준위

① 에너지 준위 : 전자가 가지는 에너지는 원자핵으로부터 멀어지는 정도에 따라 단계적으로 커지며, 그 중간의 에너지를 가지는 전자는 존재하지 않는 에너지의 불연속의 관계

[에너지와 공의 위치]

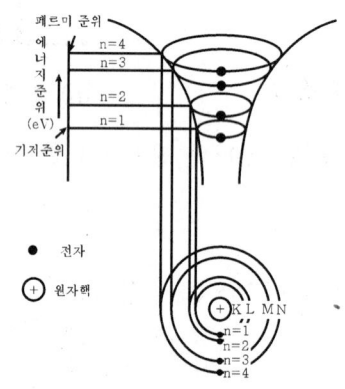

[전자의 에너지 준위]

② 전자의 에너지 $W_n = -13.58/n^2 [eV]$

(3) 일함수

① 일함수 : 전자가 금속면을 탈출하는데 필요한 에너지 준위에 상당하는 장벽의 높이
   - 탈출 준위(W_o)와 페르미 준위(W_f)와의 차($W_o - W_f$)[eV]로 표시
   - 일함수 $W = e\psi$로 나타내며, 1개의 전자를 금속체로부터 공간으로 방출하는데 필요한 일의 양으로 나타냄.

② 탈출 준위(이탈준위) : 전자가 금속면을 탈출하는데 필요한 에너지 준위에 해당하는 장벽의 윗부분의 준위

③ 페르미 준위 : 절대온도 영도(0[K])에서 가장 밖의 전자(가전자)가 가지는 에너지 높이

④ 전자볼트 : 1[V]의 전위차에서 전자에게 주어지는 위치 에너지.
   단위는 [eV]. 즉, $1[eV] = 1.6 \times 10^{-19} [J]$

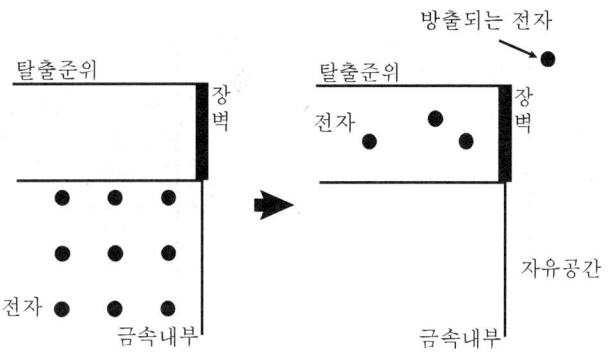

(a) 큰 에너지 준위를 얻은 전자는 장벽을 뛰어넘어 공간으로 방출됨

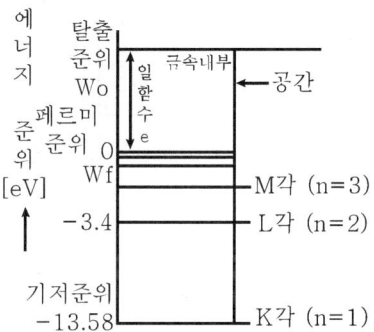

(b) 금속의 에너지 준위와 일함수

[에너지 준위와 장벽]

4. 전자의 방출

(1) 열전자 방출

① 열전자 방출 : 금속을 가열할 때 전자가 전위장벽을 넘어 공간으로 탈출하는 현상.

② 열전자 방출 에너지 : $W=kT[J]$ (단, 볼츠만의 상수 $k=1.38062 \times 10^{-23}[J/K]$, 절대온도 $T=[K]$)

③ 열전자 방출 재료 : 텅스텐

(2) 전기장 방출

① 전기장 방출 : 금속 면에 전자를 방출시키는 방향으로 $10^8[V/m]$ 정도의 아주 강한 자기장을 가하면 전자가 방출되는 현상. (냉음극 방출)

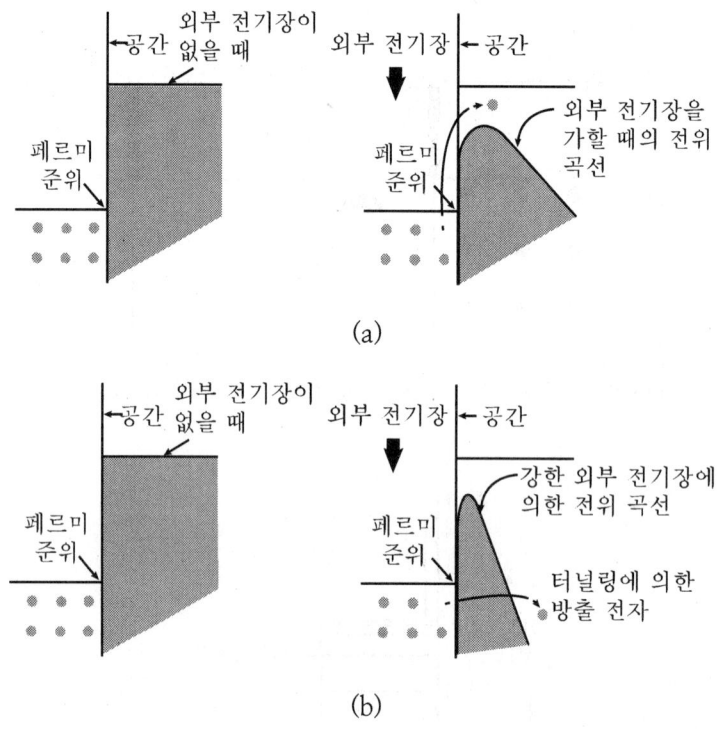

[전기장 방출과 터널링]

② 터널링 효과(tunneling effect) : 더욱 강한 전기장을 가하면 장벽의 두께가 얇아져 장벽을 뛰어 넘을 만큼의 충분한 에너지를 가지지 못한 전자라도 장벽을 뚫고 나오는 현상

③ 쇼트키 효과(Schottky effect) : 열전자를 방출하고 있는 상태의 금속에 전기장을 가하면 전자의 방출 효과가 높아지는 현상.

(3) 2차 전자 방출

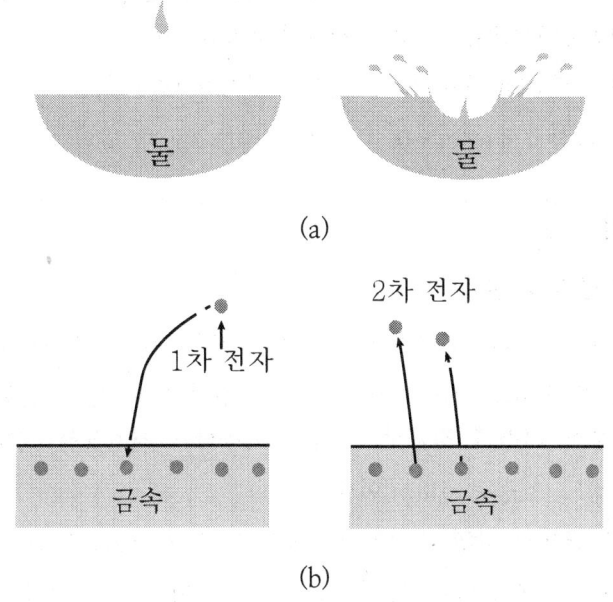

[2차 전자 방출]

① 2차 전자 방출 : 전자가 금속판 면에 부딪칠 때에 금속 표면의 전자가 튀어나오는 현상
② 충돌한 전자를 1차 전자, 충돌에 의해 방출된 전자를 2차 전자.
③ 2차 전자 방출비 : 2차 전자의 수 n_s와 1차 전자의 수 n_p의 비.(2차 전자 이득) $\delta = n_s/n_p$
④ 2차 전자 방출 재료 : 은-마그네슘(Ag-Mg)

(4) 광전자 방출

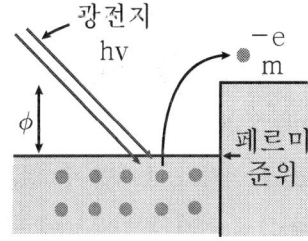

[광전자 방출]

① 광전자 방출 : 도체에 빛을 비추면 그 표면에서 전자를 방출하는 현상.(광전효과)
② 물질에서 방출되는 전자의 양은 광자의 양, 즉 빛의 세기에 비례한다.

hν-eφ=1/2mv²[J] (단, h:플랑크의 상수 6.624×10-34[Js], ν:빛의 주파수(=c/λ, c:빛의 속도 3×108[m], λ:빛의 파장), e:빛의 에너지(=hν [J]), φ:일함수, m:전자의 질량 9.1×1031[Kg], v:방출 전자의 속도[m/s])

hν-eφ>0 : 광전자 방출, hν-eφ<0 : 광전자 방출 없음

③ 광전 한계 파장 : hν-eφ=0, 즉 ν0=(eφ)/h 일 때 빛의 파장 λ0

4. 고체 내의 전자 운동

(1) 금속 내의 전자와 전류

① 전위의 기울기가 크면 전자의 속도가 빨라진다.(전류가 커진다.)

② 평균 자유 행정(mean free path) : 전도 전자가 한 번 충돌한 다음, 다시 충돌할 때까지의 운동 거리의 평균값. 전자가 이동하는 자유도를 나타내는 것.(금속 도체 -10^{-4}[m]정도, 진공관-10[m]이상)

③ 1초 동안에 도체의 단면을 통과하는 전자의 수 N=nAv개 (n : 도체 중의 전자밀도 [개/m³], A : 도체의 단면적[m²], v : 전자의 평균 이동속도[m/s])

④ 전류 I=-enAv[A] (-e: 전자의 전하[C])

⑤ 전류는 전자의 속도 v에 비례, 평균 속도 v는 전위차, 즉 전압에 비례)

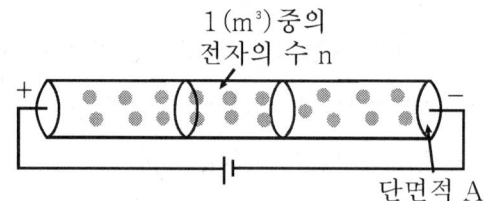

[금속 내의 전자의 이동]

(2) 에너지대 이론에서 본 도체, 반도체, 절연체

- 허용대(allowable band) : 전자가 존재할 수 있는 에너지대
- 금지대(forbidden band) : 전자가 존재할 수 없는 에너지대. 에너지 갭(energy gap)
- 전도대(conduction band) : 전자가 자유로이 이용되는 허용대.
- 충만대(filled band) : 들어갈 수 있는 전자의 수가 전부 들어가서 전자가 이동할 여지가 없는 허용대.
- 공핍대(exhaustion band, empty band) : 보통의 상태에서는 전자가 존재하지 않는 허용대.

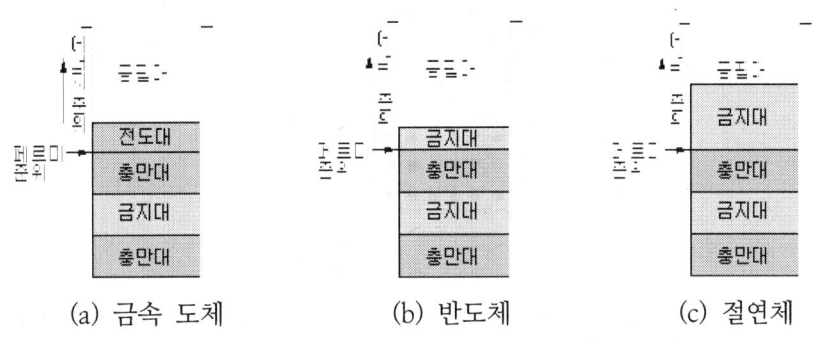

(a) 금속 도체   (b) 반도체   (c) 절연체

[충만대와 공핍대]

1) 금속 도체
충만대에 공핍대가 접해 있어 공핍대에서는 충만대로부터 전도 전자가 옮겨져서 전도대를 형성하고 있기 때문에 전기 전도가 매우 높다.

2) 반도체
보통 때에는 공핍대에는 전자가 없으며, 또 상위의 충만대와 공핍대와의 사이에 금지대의 폭이 좁다. → 충만대의 일부 전자는 적은 에너지(1[eV]정도)에서도 비교적 용이하게 금지대를 넘어서 공핍대에 올라갈 수 있다.

3) 절연체
전자의 움직임은 반도체와 같다고 보나, 충만대와 공핍대 사이의 에너지 갭이 크므로 상당히 큰 에너지(6~7[eV])를 가하지 않으면 충만대의 전자는 공핍대에 올라갈 수 없다.

(3) 반도체 내의 전자 성질

① 대표적인 반도체 : 규소(Si), 게르마늄(Ge)

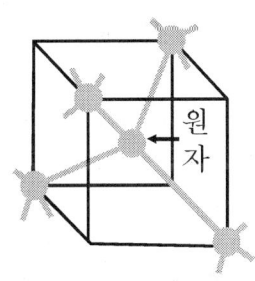

[Si의 결합 구조]

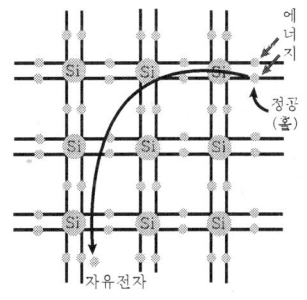

[Si의 결합 평면 구조]

② 진성 반도체(instrinsic semiconductor) : 규소 이외의 다른 물질의 혼입이 없고 안정된 상태에 있는 반도체.

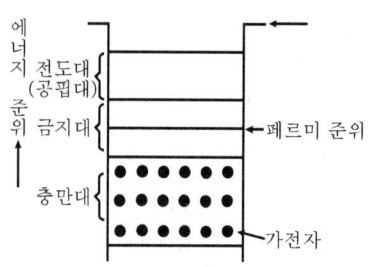

[진성반도체의 에너지대 구조]

③ 정공(positive hole) 또는 홀(hole) : 처음 중성인 상태로부터 전자를 잃어서 만들어진 구멍. 양의 전하

④ 반송자(carrier) : 전하의 운반체. 즉, 정공과 전도 전자

⑤ 전도채에 옮겨진 전자와 충만대에 있는 정공의 수가 같으므로 진성 반도체의 페르미 준위는 대략 금지대의 중앙에 위치

(4) 반도체의 종류의 성질

- 반도체 종류 : 진성 반도체, 불순물 반도체
- 불순물 반도체(extrinsic semiconductor) : 진성 반도체의 단 결정에 미량의 불순물을 혼합한 반도체. 진성 반도체 보다 도전성이 높다. (n형, p형 반도체)

1) n형 반도체

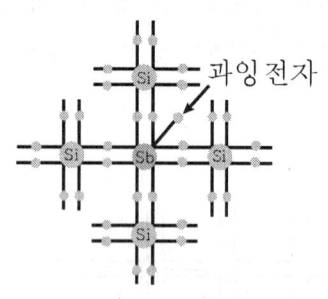
[n형 반도체의 결정 구조]

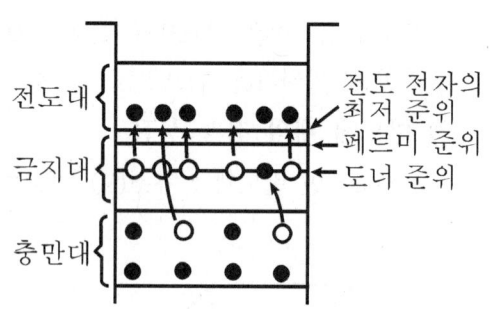
[n형 반도체의 에너지대 구조]

① 진성 반도체에 원자가(가전자)가 5가 원소인 도너 불순물을 넣은 반도체

② 도너(donor) : 과잉 전자를 만드는 불순물.

③ 도너 불순물 : N(질소), P(인), As(비소), Sb(안티몬), Bi(비스므트)등 5가 원소

④ n형 반도체의 다수 캐리어는 전자이고 소수 캐리어는 정공이다.

⑤ 도너 준위는 전도대보다 조금 낮은 곳에 위치한다.

2) p형 반도체

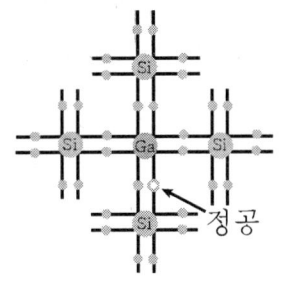
[p형 반도체의 결정 구조]

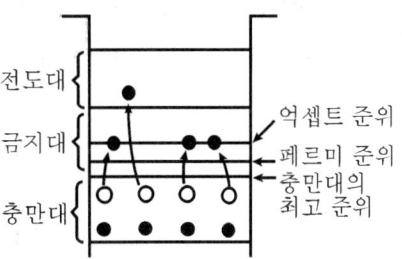
[p형 반도체의 에너지대 구종]

① 진성 반도체에 원자가(가전자)가 3가 원소인 억셉터 불순물을 넣은 반도체
② 억셉터(acceptor) : 정공을 만들기 위한 불순물
③ 억셉터 불순물 : B(붕소), Al(알루미늄), Ga(갈륨), In(인듐), Tl(탈륨)등 3가 원소
④ p형 반도체의 다수 캐리어는 정공이고, 소수캐리어는 전자이다
⑤ 억셉터 준위는 충만대보다 조금 높은 정도에 위치한다.

(5) 반도체의 전기 전도

- 드리프트 전류(drift current) : 전기장에 의한 전류
- 확산 전류(diffusion current) : 반송자의 밀도차에 따른 전류

1) 전기장에 의한 전도

진성 반도체의 양단에 직류 전압[V]를 가하면 정공은 음의 단자 쪽으로 이동, 전자는 양의 단자 쪽으로 각각 이동해 전기 전도가 이루어진다.

2) 밀도 기울기에 의한 확산

반송자의 밀도가 장소에 따라 달라질 때에는 밀도가 균일하게 되도록 반송자가 확산 이동된다.

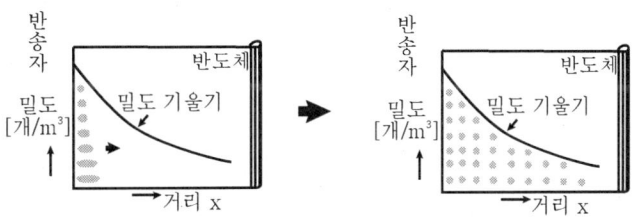
[밀도 기울기 확산]

3) 저항률의 온도 특성

① 금속은 온도가 상승함에 따라 저항 값이 증가한다.(저항의 온도 계수는 양(+)이 된다.)

② 반도체는 온도가 상승함에 따라 저항 값이 감소한다.(저항의 온도 계수는 음(-)이 된다.)

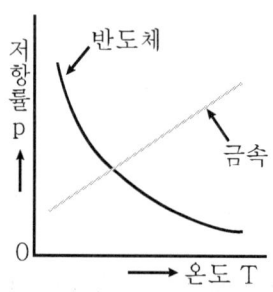

[저항률의 온도 특성]

(6) 반도체의 광전 효과

1) 광도전 효과(photoconductivity effect)

반도체 빛을 쬐면 빛 에너지를 흡수하여 반도체 내 캐리어(전자나 정공을 말함)의 수가 증가하여 도전율이 증가하는 현상. 광도전 소자 - 황화카드뮴(CdS, 입사된 빛의 양의 변화를 전류의 변화로 바꾸는 소자)

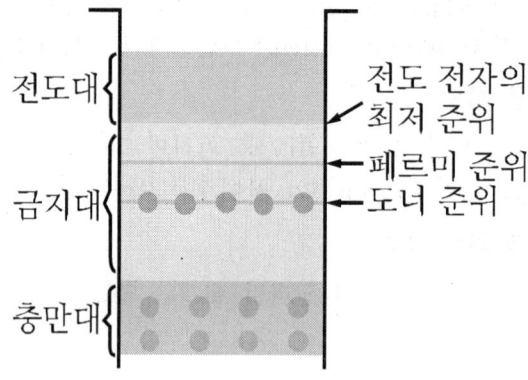

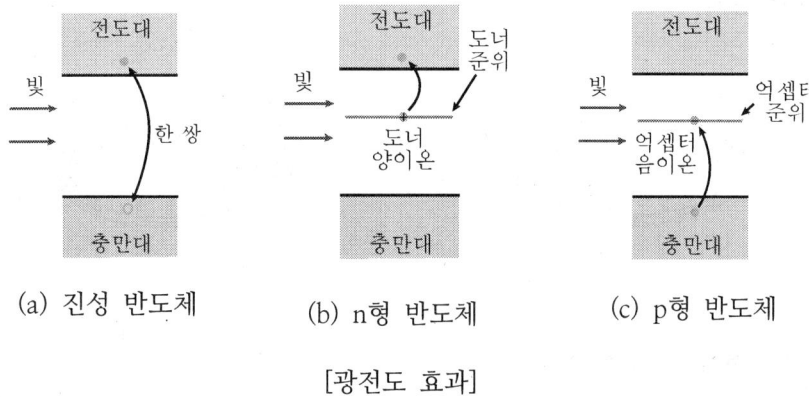

[광전도 효과]

2) 광기전 효과

빛 에너지에 의해 기전력을 발생하는 현상. 광 다이오드, 광 트랜지스터, 태양전지에 응용된다.

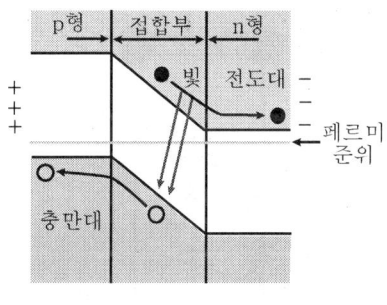

[광기전 효과]

3) 루미네선스

① 루미네선스 : 고체 내의 여기(excitation)에 의한 발광 현상과 같이, 열을 병행하지 않는 발광현상

② 전자발광(electroluminescence, EL) : 반도체 성질을 가지고 있는 물체에 전기장(전장)을 가하면 빛이 발생하는 현상. 표시기나 표지 장치 등에 응용.

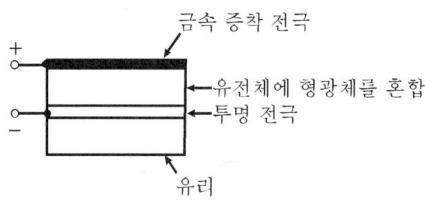

[전기장 발광의 구조]

(7) 열전 효과

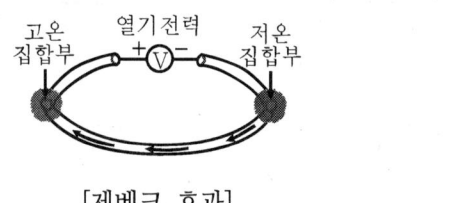

[제베크 효과]

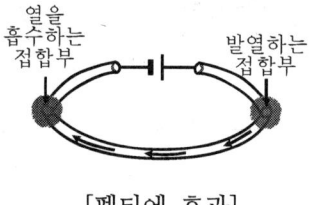

[펠티에 효과]

1) 제베크 효과(Seebeck effect)

서로 다른 두 종류의 금속을 접촉하여 두 접점의 온도를 다르게 하면 온도차에 의해서 열 기전력이 발생하고 미소한 전류가 흐르는 현상.

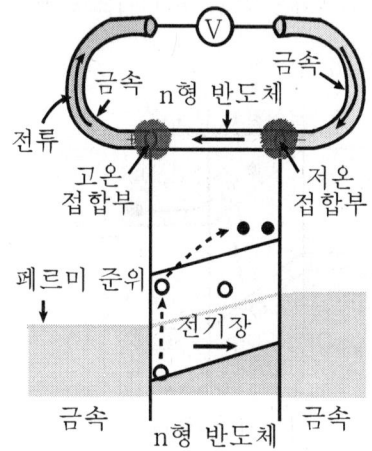

[제베크 효과 때의 에너지대]

2) 펠티에 효과(Peltier effect)

두 종류의 금속을 접촉하여 전류를 흘리면 그 접점의 접합부에서 열의 발생 및 흡수 현상이 생기는 현상. 전자 냉동기에 응용된다.

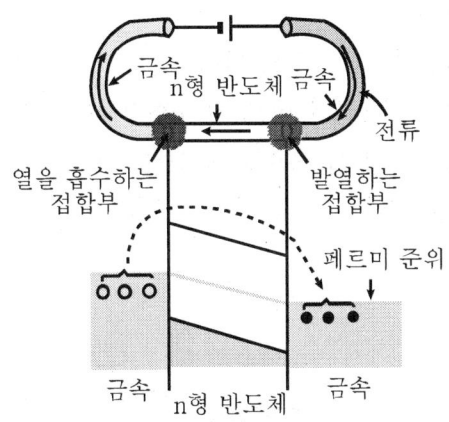

[펠티에 효과 때의 에너지대]

(8) 자기장 효과

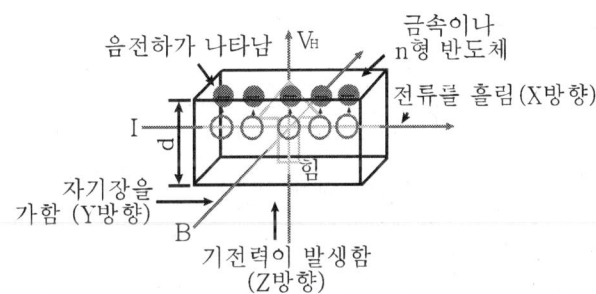

(a) 금속이나 n 형 반도체의 경우

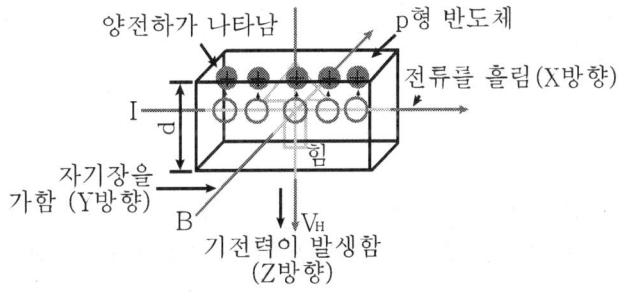

(b) p 형 반도체의 경우

[홀 효과]

① 홀 효과(Hall effect)

반도체에 전류(I)를 흘려 이것과 직각 방향으로 자속 밀도 B인 자장을 가하면 플레밍의 왼손 법칙에 의해 그 양면의 직각 방향으로 기전력이 생기는 현상.

② 홀 전압 : $V_H = RIB/d$ [V]

  (R : 홀상수[m^3/c], d : 반도체의 나비[m], B : 자속 밀도[Wb/m^2], I : 전류[A])

③ 홀 효과를 이용하면 반도체가 p형인지, n형인지를 조사할 수 있다.

④ 홀 효과는 전하의 통로가 한 쪽으로 몰리므로 자기장의 세기에 따라 전기저항도 증가한다. → 자기 저항 효과

(9) 자성체

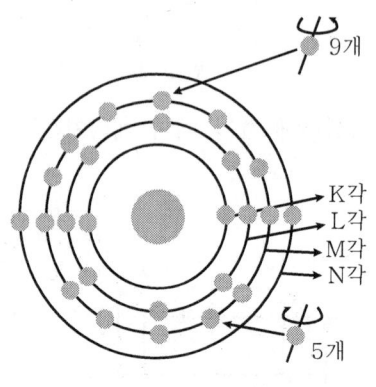

[철의 원자 구조]

① 물질이 가지는 자성은 원자 구조 중의 전자나 핵의 회전 운동이 기본임.

② 보통 물질에서는 전자의 자전의 방향의 서로 정반대의 것이 쌍으로 되어있어 자기장은 서로 상쇄되고 있어 자성을 나타내지 않음.

③ 철이나 니켈 등의 강자성체에서는 전자 배치의 조화가 이루어지지 않고 있으므로 자성을 나타냄.

1) 다이오드 이론

전기가 통하기 쉬운 정도, 즉 저항률은 물질을 구성하고 있는 원자의 최외각전자(원자핵으로부터 가장 먼 궤도에 있는 전자)와 원자핵의 결합세기로 정해진다. 자유전자가 많아 전기가 흐르기 쉬운 도체(예 : 금속류), 외각전자가 원자핵에 강하게 구속되어 전기가 통하지 않는 부도체(예 : 유리), 그리고 도체와 부도체의 중간사이로 외각전자의 이동성을 제어할 수 있는 반도체가 있다. 반도체의 대표적인 재료로는 Si(실리콘)이 있다.

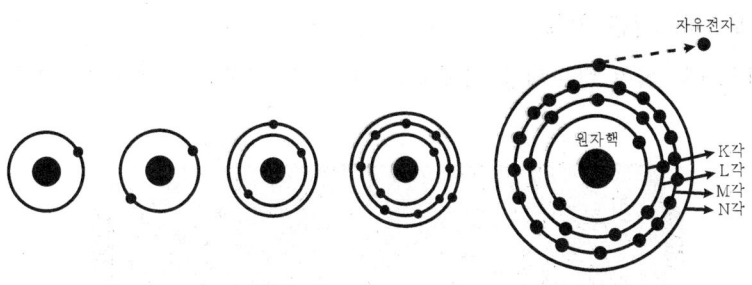

(1) P형 반도체와 N형 반도체

　순수한 반도체는 순도 99.99999999%의 Si(실리콘)이나 Ge(게르마늄)이 사용되고 있다. 실리콘은 최외각전자가 4개인 구조로 되어있다. 일반적으로 원자의 최외각전자는 8개가 되어야 안정한 상태가 될 수 있으므로 각 실리콘의 전자는 공유결합(원자의 최외각의 일부가 비어있는 경우 두 원자가 서로의 가전자를 공유함으로써 최외각을 완전히 채워서 안정을 찾으려는 결합)하여 8개의 최외각전자를 가짐으로써 안정한 상태가 된다. 이때는 자유전자가 없으므로 전기저항이 비교적 큰 상태가 된다. 여기에 여러 불순물을 섞게 되면 저항이 작아져 전기가 흐르기 쉽게 되는데, 불순물의 종류에 따라 P형과 N형으로 나뉘어 진다. 최외각전자가 5개인 비소, 인, 안티몬 등을 불순물로서 섞으면, 외각전자가 8개를 공유한 상태에서 불순물의 외곽전자 1개가 남아 이것이 자유전자(과잉전자)가 된다. 이 상태에서 전압을 가하면 도체에 전류가 흐르는 것과 똑같이 전자의 흐름에 의해 전기가 통하게 된다. 이를 N형 반도체(- 전하, 캐소드)라 한다. 최외각전자가 3개인 알루미늄, 갈륨, 붕소 등을 불순물로 섞으면, 외각전자가 8개를 공유한 상태에서 전자가 1개 부족하게 되며 정공을 만든다. 이 상태에서 전압을 가하면 정공 가까운 곳의 전자가 움직여 정공을 채우게 되어 마치 정공이 밑에서 위로 움직이는 듯한 모습이 된다. 이를 P형 반도체(+ 전하, 애노드)라 한다.

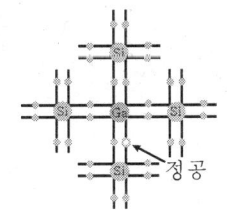 

p형 반도체의 결정 구조　　n형 반도체의 결정 구조

(2) 다이오드의 기본 구조

P형 반도체와 N형 반도체를 접해놓은 것을 다이오드(2극 소자)라 한다.

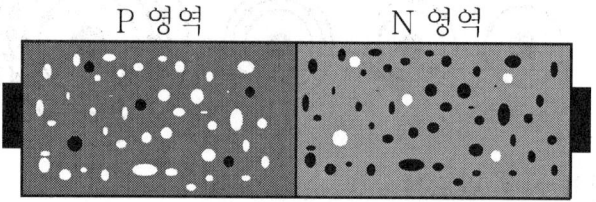

여기서 다이오드를 정의하면, 다이오드 : "+"의 전기를 많이 가지고 있는 p형 물질과 "-"의 전기를 많이 가지고 있는 n형 물질을 접합하여 만든 것으로서, 한쪽 방향으로는 쉽게 전자를 통과시키지만 다른 방향으로는 통과시키지 않는 특성을 가지고 있다.

(3) P형 반도체와 N형 반도체를 접했을시의 현상

아래의 그림에서와 같이 접합부에서는 정공(+)과 전자(-)가 서로를 끌어당기며 상대 영역으로 확산이 일어난다.

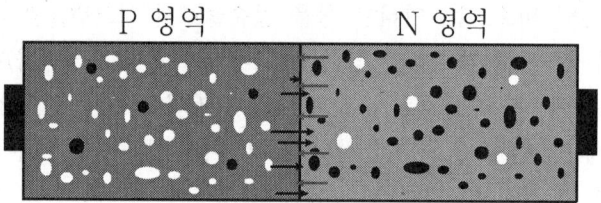

접합면 부근에는 확산과 재결합에 의해서 P형의 정공도 N형의 전자도 존재하지 않는 공간이 형성된다. 이 공간을 결핍층(공핍층)이라 한다.

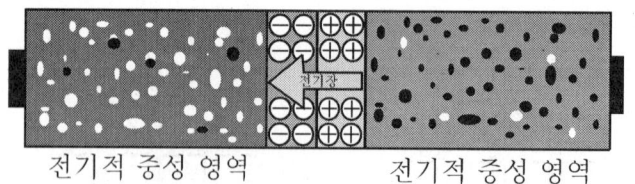

결핍층 때문에 P영역의 정공과 N영역의 전자는 상대영역으로 들어갈 수 없게 된다. 이를 전위장벽이라 하며 실리콘의 경우 0.7V, 게르마늄의 경우 0.3V이다. 하지만 외부에서 전위장벽보다 높은 전압을 인가하면 전위장벽을 허물 수 있으며 이때는 정공과 전자가 쉽게 이동 할 수 있는 도체가 된다. 정상상태의 다이오드는 전위장벽 때문에 캐리어 (전하의 운반자) 의 이동이 없어서 부도체이다. 그러나 외부에서 적절한 전압을 인가하면 전위장벽을 줄여서 도체를 만들 수 있고, 반대로 결선하여 더욱 확실한 부도체를 만들 수 있다. 이런 외부의 전압을 바이어스라고 한다.

1) 바이어스를 걸지 않았을 경우

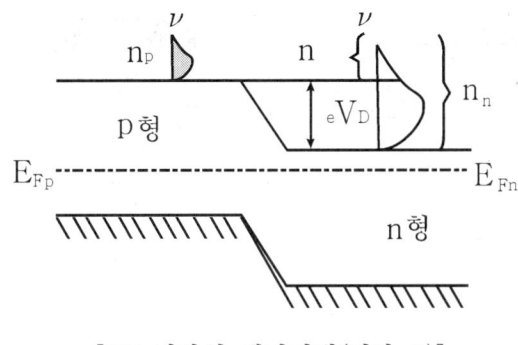

[PN 접합의 에너지대(전압=0)]

드리프트 전류와 확산전류(P형과 N형쪽으로 확산되는 정공과 전자의 이동을 확산전류라고 한다)가 상쇄되어 $P-N$접합은 평형상태가 되며, 전류가 흐르지 않게 된다.

2) 역방향 바이어스 조건 ($V<0V$)

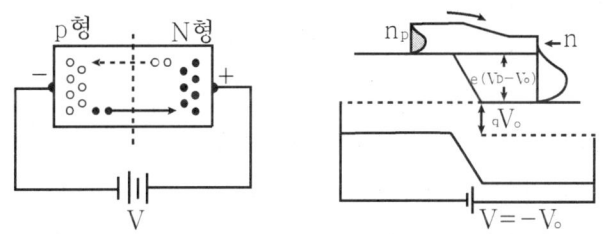

[역방향 바이어스와 에너지대]

① $P-N$접합에 역방향으로 바이어스 전압 V를 가하면 P형 쪽의 다수 반송자인 정공들은 (-)전극으로 모이게 되고, N형 쪽의 다수반송자인 전자는 (+)전극으로 모이게 되어 공핍층이 더 넓어져 전위장벽 V_p가 V_0만큼 더 높아져 ($V_p + V_0$가 되며) 다수 반송자들은 전위장벽을 넘을 수 없어서(접합면을 지나가지 못하여) 정공과 전자의 흐름이 없어지게 된다. 따라서 전류가 흐르지 않게 된다.

② P형 측의 소수 반송자인 전자는 접합면을 지나 N형 쪽으로, N형 측의 소수 반송자인 정공도 접합면을 지나 P형 쪽으로 옮겨가므로 아주 적으나마 전류가 흐르게 된다. 이와 같이 전류를 역방향 포화전류 또는 역 포화 전류(reverse bias saturation current), 차단 전류(cut off current) 또는 누설 전류(leakage current)라고 한다.

3) 순방향 바이어스 조건 ($V > 0V$)

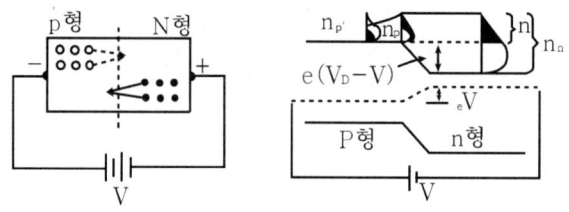

[순방향 바이어스와 에너지대]

① 그림 1-25와 같이 $P-N$접합에 순방향 바이어스 전압 V를 가하면 전위장벽 V_p가 V만큼 낮아 P형과 N형의 다수반송자가 옮겨가기 쉬워지고($V_p - V$가 되어), P형 측 전극에는 (+)전압이 가해지므로 N형 측의 다수반송자인 전자는 P형 쪽으로 가속을 받으며 옮겨간다.

② 이 때 P형 쪽의 정공이 접합면에 이르면 N형 측에서 온 전자와 만나 재결합을 하게 되어 접합면을 지나 N형 쪽으로 들어갈수록 많은 정공이 없어지고, N형 쪽의 전자도 접합면에 이르면 P형 쪽에서 온 정공과 만나 재결합을 하므로 P형 쪽으로 들어갈수록 많은 전자가 없어진다. 만약 외부에서 전자와 정공의 보충이 없으면 더 이상의 정공과 전자의 흐름이 없어 전류를 형성하지 못한다.

③ 이렇게 없어진 정공과 전자의 흐름을 계속적으로 보충하여 전류가 흐르도록 하는 전압을 순방향 바이어스 전압이라하며, 이 때 흐르는 전류를 순방향 바이어스 전류(forward biased current)라고 한다.

✔ 다이오드의 특성

순방향으로 전압을 가했을 경우, 약간의 전압에서도 순방향의 전류는 쉽게 흐른다는 것을 나타내고 있다. 순방향으로 흘릴 수 있는 전류는 다이오드에 따라 규정되어 있다. 그리고 통상적으로 사용하는 경우 다이오드 자체의 저항 성분에 의해 강하하는 전압은 0.6~1V (Vf) 정도이다 (실리콘다이오드의 경우, 대략0.06V). 여러 개의 다이오드를 직렬로 접속하여 사용하는 회로에서는 이 전압 강하도 고려할 필요가 있다. 정류용으로 사용하는 경우, 순방향의 전류 허용 값은 중요한 체크 포인트이다. 역방향으로 전압을 가했을 경우, 역방향 전류는 흐르기 어렵다는 것을 나타내고 있다. 다이오드는 정, 역방향의 특성을 이용해 정류회로의 소재로써 쓰인다. (교류 파형의 -부분을 제거한다.)

Type	Model	Characteristics
Piecewise-linear Model	⊙—┤├—⋀⋀⋀—▶⊢—⊙	그래프: O, V_r, V, r
Simplified Model	⊙—┤├—▶⊢—⊙	그래프: O, V_r, V
Ideal device	⊙—▶⊢—⊙	그래프: I, O, V

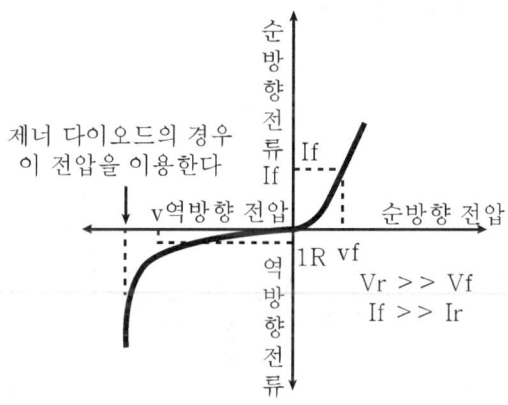

$V_r \gg V_f$
$I_f \gg I_r$

✔ 다이오드의 종류

다이오드는 반도체의 가장 기본적인 부품으로 기본 기능은 전류를 한 방향으로만 흐르게 하는 반도체 소자에 관한 것을 말하며 현재는 이의 응용 제품이 많이 나와 있다. 다이오드의 용도는 전원장치에서 교류전류를 직류전류로 바꾸는 정류기로서의 용도, 라디오의 고주파에서 꺼내는 검파용 전류의 ON/OFF를 제어하는 스위칭 용도등, 매우 광범위하게 사용되고 있다. 기호의 의미는 (애노드) (캐소드)로 애노드측에서 캐소드측으로는 전류가 흐르는 것을 나타내고 있다. 다이오드 중에는 단지 순방향으로 전류가 흐르는 성질을 이용하는 것 외에도 많은 용도에 사용된다.

다이오드 종류	주요 응용 분야	회로 심벌
정류 다이오드	교류를 직류로 변환할 때 응용	
스위칭 다이오드	고속 ON/OFF 특성을 스위칭에 응용	
정전압(제너) 다이오드	정전압 특성을 전압 안정화에 응용	
가변 용량(바렉터) 다이오드	가변 용량 특성을 F	
터널(에사키) 다이드	부성저항 특성을 마이크로파 발진에 응용	
쇼트키 다이오드	금속과 반도체의 접촉 특성을 응용	
발광(LED) 다이오드	발광 특성을 응용하여 표시용 램프로 사용	
포토 다이오드	광검출 특성을 응용하여 광 센서로 사용	

(1) 제너 다이오드 (Zener Diode)

제너 다이오드(Zener Diode)는 전압 포화 특성을 이용하여 전압을 일정하게 유지하기 위한 정전압 제어 소자로 널리 이용되고 있다.

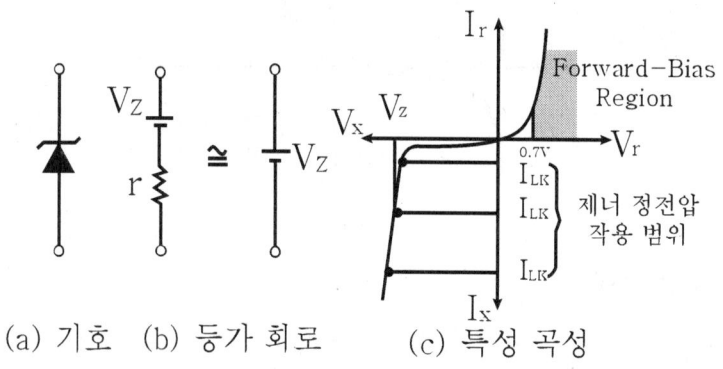

(a) 기호   (b) 등가 회로   (c) 특성 곡선

[제너 다이오드의 특성]

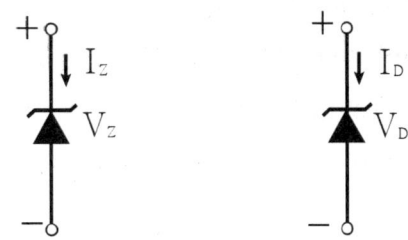

[일반 다이오드와 제어 다이오드]

(2) 가변용량 다이오드(Variable Capacitance Diode)

① 반도체 다이오드의 접합부 용량(공간전하 용량 : C)이 양단에 가한 역바이어스 전압에 의하여 변하는 것을 이용한 것으로 바랙터(Varavtor), 바래캡(Varicap), 바리오드(Variode)라고도 한다.

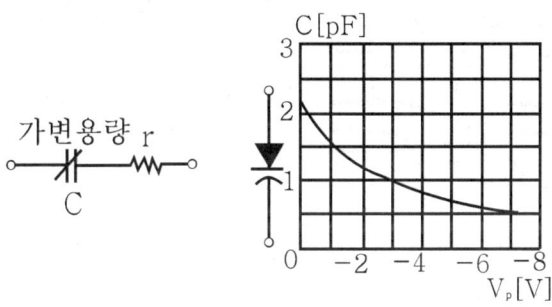

[버렉터 다이오드]

② $C = \dfrac{K}{\sqrt{V_R}}$ (V_R : 역 바이어스 전압)

③ 버랙터 다이오드는 주파수 체배기, FM이나 TV 수신기의 AFC에 이용되고 있으며, FM송신기의 변조 회로나 소인 발전기의 소인용으로도 중요하게 이용된다.

■ 특수다이오드

1) 서미스터(Themister)

① 온도에 따라 저항값이 변화하는 반도체이다.

② 코발트, 니켈, 망간, 철, 구리, 티탄 등을 구워 만든다.

③ 온도 검출이나 계측, 트랜지스터 회로의 온도 보상용 바이어스 회로에 많이 쓰인다.

2) 바리스터(Varistor : Variable Resistor)

① 가해진 전압의 크기에 따라 저항값이 변화하는 반도체 소자이다.

② 전화기, 통신기기의 불꽃 잡음에 대한 보호회로로 사용된다.

③ 바리스터에 순방향 전압 V[V]를 가하면 흐르는 전류 I는 다음과 같다.

$$I = kV^n \text{ [A]}$$

(k와 n은 상수이고, n은 2~4.5의 값을 갖는다.)

3) 전자사태 효과 (Electron Avalanche Effect)

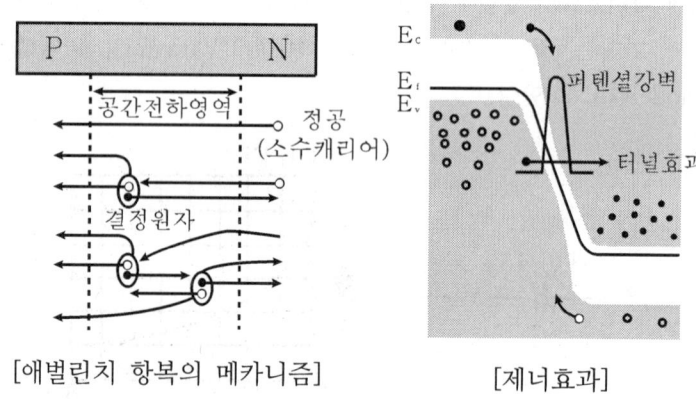

[애벌린치 항복의 메카니즘]　　　　[제너효과]

4) 애벌린치 항복(Avalanche Break - Down : 전자사태현상)

① 역 Bias 전압 증대 시 공핍층 증대 및 전장세기 증대

② 공핍층 내 생성된 소수캐리어가 이 큰 전장에 의해 가속 운동

③ 공핍층 내 결정 격자와 충돌(이온화 충돌)로 인해 다량의 캐리어쌍 생성으로 역방향 전류의 급증

④ 보통 수십 V의 역 방향 전압에서 발생 (6V 이상)

5) 제너 효과(Zener Effect)

① P형 및 N형 반도체의 불순물 농도가 높으면 공간 전하의 폭도 대단히 좁아지므로 작은 역방향 전압을 가해도 공간 전하 영역 안에서 매우 강한 전기장이 발생한다.

② 이 전기장에 의하여 공핍층 내의 결정 격자가 직접 이온화되어 새로운 전자와 정공이 생기는 현상을 제너 항복 또는 터널 효과(Tunnerl Effect)라 한다.

③ 제너 항복을 이용한 다이오드가 제너 다이오드이며, 항복 현상이 일어나도 다이오드는 파괴되지 않기 때문에 정전압 소자로서 널리 이용된다.

④ 낮은 역방향 전압에서 발생한다.

1 송전설비 기초이론

1. 송전설비 기초이론

① 송전선로 : 발전소에서 변전소, 변전소에서 변전소 상호간을 연결하기 위한 전선로

② 배전선로 : 발전소에서 수용가 또는 변전소에서 수용가 간을 연결하기 위한 전선로

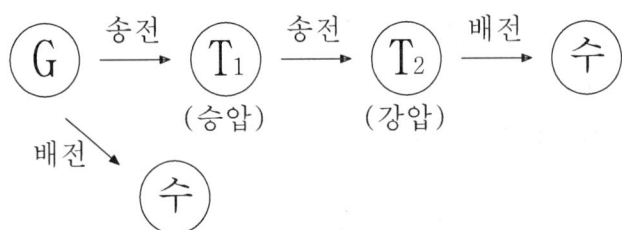

③ 전선로 : 발전소, 변전소, 개폐소, 상호간 또는 이들과 수용가간을 연결하는 전선 및 이를 지지, 보강하기 위한 설비 전체 · 가공전선로 · 지중전선로 · 옥상전선로 · 수상전선로 · 수저전선로 · 터널내전선로

④ 변전소 :

ⅰ) 구외에서 전송된 전기를 변압기, 정류기 등을 통하여 변성한 후 구외로 전송하는 곳

ⅱ) 50,000[V] 이상의 전압을 변성하는 곳

⑤ 개폐소 : :발 · 변전소 및 수용장소 이외의 곳으로 50,000[V] 이상의 선로를 개폐하는 곳

➡ 가공 전선로의 구성 : 전선, 지지물, 애자, 지선.

(1) 전 선

1) 전선의 구비조건

① 도전율이 클 것.
② 기계적 강도가 클 것.
③ 가요성이 클 것.
④ 내구성이 클 것.
⑤ 가격이 싸고 대량 생산이 가능할 것.
⑥ 신장율(팽창율)이 클 것.
⑦ 비중이 작을 것 (중량이 가벼울 것.)

2) 전선의 구조에 따른 분류

① 단선 : 전선의 크기는 직경[mm]으로 표시 : 0.1~12[mm] 42종

【참고】저압 옥내 배선용 전선의 최소 굵기 : 1.6[mm]이상

② 연선 : 전선의 크기는 공칭단면적[㎟]으로 표시. 0.9~1000[mm^2] 26종

ⅰ) 연선의 소선총수 : $N = 1 + 3n(n+1)$ [가닥]

　　ⅱ) 연선의 바깥지름 : $D = (1+2n)d$ [mm]

　　ⅲ) 연선의 공칭단면적: $S = \dfrac{\pi}{4}d^2 \times N$ [mm²]

　③ 중공연선 : 초고압 송전 계통에서의 코로나 방지 목적 사용

　　【참고】 코로나 방지 대책 : 코로나 임계 전압을 높게 하기 위하여 전선의 직경을 크게 한다. (중공연선, ACSR, 복도체 채용)

3) 전선의 구성 재료에 의한 분류

　① 동선 :

　　ⅰ) 경동선(옥외용) : 고유저항 $\rho = \dfrac{1}{55}$ [Ωmm²/m]

　　　　%도전율 96~98[%] 인장강도 35~48 [kg/mm²]

　　ⅱ) 연동선(옥내용) : 고유저항 $\rho = \dfrac{1}{58}$ [Ωmm²/m]

　　　　%도전율 98~102[%] 인장강도 20~25 [kg/mm²]

　② 경알루미늄연선 (옥내용) : 고유저항 $\rho = \dfrac{1}{35}$ [Ωmm²/m]

　　　　%도전율 61[%], 인장강도 15~20 [kg/mm²]

　③ 강심알루미늄연선(ACSR) : 장경간 송전선로, 온천지역 채용, 코로나 방지 목적.

　④ 합금선 : 규동선 (Cu +Si), 카드뮴동선(Cu+Cd), 알루미늄합금선(Al+Mg)

　⑤ 쌍금속선(동복강선) : 장경간 송전선로, 가공지선 (뇌해 방지 목적)채용

4) 전선의 굵기 선정

　① 전선의 굵기 선정시 고려사항 : 허용전류, 전압강하. 기계적 강도

　② 가장 경제적인 전선의 굵기 선정 : 캘빈의 법칙

　「전선 시설비에 대한 1년간의 이자 및 감가삼각비 = 1년간의 전력손실량에 대한 환산 전기요금」이 같을 때의 굵기

　　【참고】 송전선의 전선 굵기 결정 : 허용 전류, 전압 강하, 기계적 강도, 전력손실 (코로나손), 경제성

5) 전선의 허용전류

전선에 전류가 연속적으로 흐를 때 도체의 수명적 관점에서 실용상 안전하게 흘릴 수 있는 전류 전선의 전류에 의한 발생 열손실은 전선 주의의 발산 열량과 같다.

$$I^2 R = \pi D \ell k t \rightarrow I = \sqrt{\frac{\pi D \ell k t}{R}} \ [A]$$

- $R\ [\Omega]$: 최종온도에서의 길이 ℓ 인 전선의 저항.
- $D\ [cm]$: 전선의 지름.
- $\ell\ [cm]$: 전선의 길이.
- $k\ [W/℃cm^2]$: 열 발산계수.
- $t\ [℃]$: 전선의 온도 상승분.

(2) 지지물

1) 목주 : 말구지름 12[cm]이상 , 지름증가율 $\frac{9}{1000}$ 이상

2) 철근콘크리트주 : 말구지름 14[㎝]이상 (14, 17, 19 [cm]) 지름증가율 $\frac{1}{75}$ 이상

3) 철주
4) 철탑

【형태에 의한 분류】

① 4각 철탑 : 4면이 동일한 모양과 강도를 가진 철탑

② 방형(직사각형)철탑 : 서로 마주 보는 2면이 동일한 모양과 강도를 가진 철탑.

③ 우두형 철탑 : 철탑의 중심부를 좁게하고, 그 위부분을 넓게 한 형태의 철탑. 초고압송전선로, 산악지대에서의 1회선용 철탑

④ 문형(갠트리)철탑 : 문(門)모양을 한 형태와 철탑. 전차선로나 도로, 하천 횡단시 사용하는 철탑.

⑤ 회전형 철탑 : 철탑의 중간부 이상과 이하를 45° 회전시킨 형태의 철탑

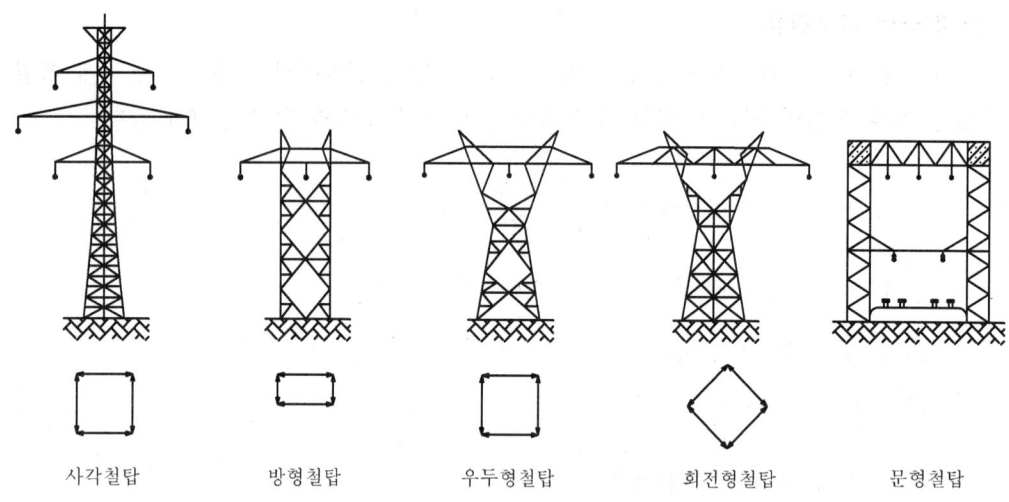

| 사각철탑 | 방형철탑 | 우두형철탑 | 회전형철탑 | 문형철탑 |

【사용장소 및 용도에 의한 분류】

① 직선형 (A형) : 수평각도 3° 이하인 직선 전선로 부분에 채용

② 각도형 : 수평각도 3°를 초과하는 부분에 채용

           경각도형 (B형) : 3°~20° 이하, 중각도형(C형) : 20° 초과

③ 인류형 (D형) : 전선로가 끝나는 부분에 채용

④ 내장형 (E형) : 전선로 양쪽의 경간차가 큰 부분에 채용

⑤ 보강형 : 전선로 직선 부분을 보강할 경우에 채용

(3) 애 자

1) 애자의 설치 목적

① 전선과 대지간 (지지물)의 절연

② 전선을 지지물에 고정

2) 애자의 구비조건

① 충분한 절연내력을 가질 것.

② 충분한 절연저항을 가질 것.

③ 충분한 기계적 강도를 가질 것.

④ 누설전류가 적을 것.

⑤ 온도변화에 잘 견디고 습기를 흡수하지 말 것.

⑥ 가격이 싸고 다루기 쉬울 것.

3) 애자의 종류

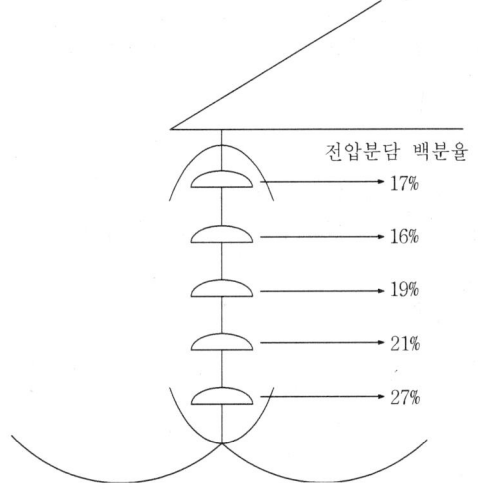

① 핀애자 : 직선 전선로를 지지하기 위한 곳에 채용

  · 사용전압 : 이론상 66[kV]이하, 실제상 30[kV]이하(∵ 철탑 사용 불가)

  · 사용전압별 애자의 색상 : 저·고압용(백색), 특별고압용(자주색)

② 현수애자 : 철탑에서 전선을 아래로 늘어뜨려 지지하기 위한 애자로 인류, 분기 장소 등에 채용

  · 현수애자의 종류 : 180[mm]애자(중성선 지지용), 250[mm]애자(전압선 지지용)

  · 전압별 애자련의 갯수 : 22[kV], 22.9[kV-Y] 2~3개 66[kV] 4~5개

    154[kV] 9~11개 345[kV] 18~23개

③ 장간 애자 : 장경간이나 해안지역에서의 염진해 대책 및 코로나 방지 목적 채용

④ 내무 애자 : 해안이나 공장 지대에서의 염분이나 먼지, 매연 대책용

⑤ 지지 애자 : 전선로에서의 점퍼선이나 발·변전소능에서의 단로기 능을 절연, 지지하기 위한 애자

⑥ 가지 애자 : 배전선로 등에서 전선로의 방향을 전환하는 곳에 채용

4) 현수애자의 시험 (250mm 애자)

① 건조 섬락 시험 : 건조한 상태에서의 절연파괴전압 80[kV]

② 주수 섬락 시험 : 젖은 상태에서의 절연파괴전압 50[kV]

③ 유중 섬락 시험 : 절연유 속에 넣은 상태에서의 절연파괴전압 140[kV]

  (①,②,③ : 상용 주파수 전압 인가)

④ 충격 섬락 시험 : 111.5×40[μs] 표준파형의 충격파 전압 (서어지)상태에서의 절연 파괴전압 125[kV]

【참고】현수애자의 표준 절연 내력 : 1200~1500[MΩ]

5) 애자련의 능률

$$\eta = \frac{애자련의섬락전압(V_n)}{애자의갯수(n) \times 애자1개의섬락전압(V_1)}$$

① 이론상 애자련의 섬락전압 : $V_n = nV_1$

② 실제상 애자련의 섬락전압 : $V_n < nV_1$ (∵ 정전용량)

6) 애자련의 전압 분담

전선과 애자, 애자와 지지물간의 정전용량은 애자의 그 위치에 따라 각각 다르게 나타나므로 각각의 전압분담도 달라지게 된다.

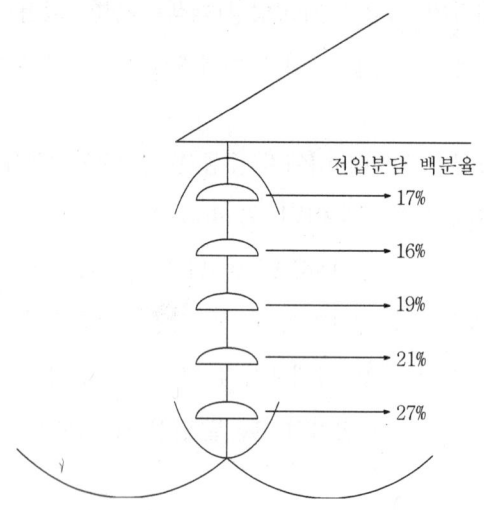

① 전압분담이 가장 큰 애자 : 전선에서 가장 가까운 애자

② 전압분담이 가장 작은 애자 : 전선에서 지지물 쪽으로 약 $\frac{3}{4}$ 이상 지점에 위치한 애자

- 5 련 애자 : 철탑에서 두 번째 애자
- 10 련 애자 : 철탑에서 세 번째 애자

【참고】정전용량

$$Q \propto V \quad Q = CV [\text{C}]$$

$$C = \epsilon \frac{A}{d} = \epsilon_o \epsilon_s \frac{A}{d} [\text{F}]$$

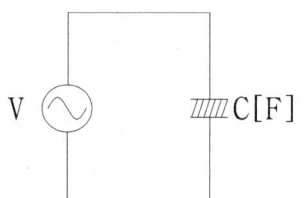

7) 애자련의 보호 : 아킹혼(링) 소호각(환)

① 애자련의 전압분담 균등화

  (∵ 아킹혼으로 인한 정전용량의 균등)

② 전선의 이상 현상으로 인한 열적 파괴방지.

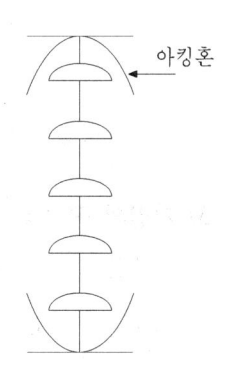

(4) 지 선

1) 지선의 설치 목적

① 지지물의 강도 보강 (철탑에서는 임시용인 경우만 시설)

② 전선로의 안정성을 증대

2) 지선의 종류

① 보통지선(인류지선) : 전선로가 끝나는 부분에 시설하는 지선

② 수평지선 : 도로나 하천 등을 횡단하는 부분에서 지선 주를 사용하여 시설하는 지선

③ 가공지선 : 직선로에서 선로방향으로 불평균 장력이 발생하는 경우 수평지선의지선주 대신 인접하는 지지물을 사용하여 시설하는 지선

④ 공동지선 : 장력이 거의 같은 인류주, 분기주 또는 곡선로주가 인접하여 있는 경우 양주간에 공동으로 수평이 되게 시설하는 지선

⑤ Y 지선 : 다수의 완금을 설치하거나 장력이 큰 경우 또는 H주등에 시설하는 지선

⑥ 궁지선 (A, R) : 주위의 건조물등으로 인하여 지선의 밑넓이를 충분히 넓게 할 수 없는 경우에 시설하는 지선

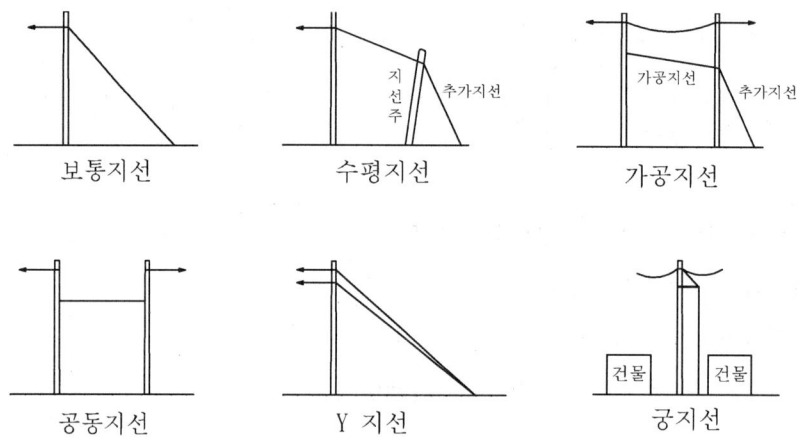

3) 지선의 구비조건

① 안전율 (여유계수)은 2.5이상일 것(단 목주나 A종은 1.5이상)
② 소선은 지름 2.6[mm]이상의 금속선을 3조이상 꼬아서 시설할 것
   (단, 인장강도 70[kg/mm^2]이상인 아연도금강연선은 2.0[mm]이상)
③ 허용 인장하중의 최저는 440[kg] 이상일 것
④ 지중의 부분 및 지표상 30[cm]까지의 부분은 아연도금한 철봉등을 사용할 것
⑤ 도로 횡단시 지선의 높이는 5[m]이상으로 할 것

4) 지선의 가닥수 결정

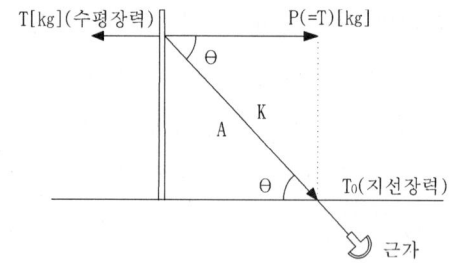

$$\cos\theta = \frac{P}{T_o} \rightarrow T_o = \frac{P}{\cos\theta}$$

지선가닥수 : $n = \frac{T_o}{A} \times K$ [가닥]

· A[kg]: 지선 1가닥의 인장하중 ·K : 안전율

【지선의 가닥수 구하는 법】

① $\cos\theta$로부터 먼저 지선장력 T_o를 구한다.

② 지선 장력 T_o를 지선 1가닥의 인장하중으로 나누고 안전율은 곱한다.

③ 계산결과 소수점 이하는 무조건 절상하여 가닥수를 선정한다.

【보기】 전선의 수평장력 T=800[kg]인 지선의 가닥수를 결정하시오
(단, 지선 1가닥의 인장하중은 440[kg]으로 하고 안전율은 2.5이다.)

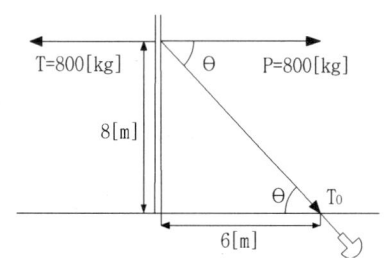

$$\cos\theta = \frac{P}{T_o} \rightarrow T_o = \frac{P}{\cos\theta} = \frac{800}{\frac{6}{10}} = \frac{8000}{6}$$

$$\therefore n = \frac{T_o}{A} \times K = \frac{\frac{8000}{6}}{440} \times 2.5 = 7.6$$

∴ 8가닥 선정

5) 전선의 이도

이도(Dip) : 전선 자체의 중량으로 인해 전선의 밑으로 쳐진 정도를 나타내는 곡선
(→ 커티니리곡선)의 수직거리

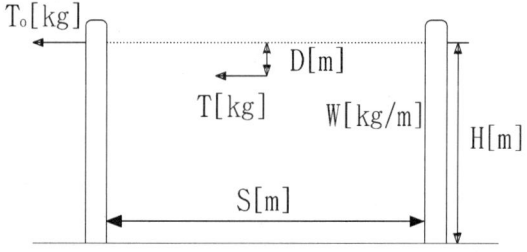

① 이도 : $D = \dfrac{WS^2}{8T}$ [m] (T : 최저점에서의 수평장력)

② 전선의 실제 길이 : $L = S + \dfrac{8D^2}{3S}$ [m] ($\dfrac{8D^2}{3S}$: S의 약 0.1[%]정도)

③ 지지점에서의 전선장력 : $T_o = T + WD$[kg] (WD : T의 약 0.1[%]정도)

④ 전선의 평균 높이 : $H_o = H - \dfrac{2}{3}D$ [m]

⑤ 높이차가 존재하는 경우의 이도 : $D_o = D(L - \dfrac{H}{4D})^2$[m]

【참고】인장하중 = 수평장력(T) × 안전율

6) 전선의 하중

① 빙설하중

전선 주위에 두께 6[mm], 비중 0.9[g/cm²]의 빙설이 균일하게 부탁된 상태에서의 하중 $W_i = 0.017(d+6)$[kg/m] (d[mm] : 전선의 바깥지름)

② 풍압하중 : 철탑설계시의 가장 큰 하중

ⓐ 고온계 (빙설이 적은 곳) : $W_o = Pkd \times 10^{-3}$ [kg/m]

ⓑ 저온계 (빙설이 많은 곳) : $W_w = Pk(d+12) \times 10^{-3}$ [kg/m]

③ 합성하중

ⓐ 고온계 ($W_i = 0$)

· 합성하중 : $W = \sqrt{W_0^2 + W_w^2}$

· 전선의 부하계수 : $= \dfrac{합성하중}{전선하중} = \dfrac{\sqrt{W_0^2 + W_w^2}}{W_0}$

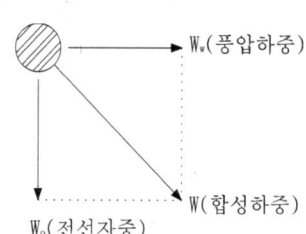

ⓑ 저온계 (W_i 고려)

· 합성하중 $W = \sqrt{(W_0 + W_i)^2 + W_w^2}$

· 전선의부하계수 : $= \dfrac{합성하중}{전선하중} = \dfrac{\sqrt{(W_0 + W_i)^2 + W_w^2}}{W_0}$

7) 전선의 보호

① 전선의 진동 방지 : 댐퍼 (damper)

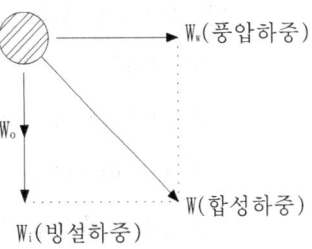

  ⓐ stock bridge damper : 전선의 좌·우 진동방지
  ⓑ torsional damper : 전선의 상·하 도약 현상방지
  ⓒ bate damper : 클램프 전후에 첨선을 감아 진동을 방지하는 것.

② 전선 지지점에서의 단선 방지 : 아머로드(armaor rod)

③ 전선의 도약

   피빙도약에 의한 상·하부 전선의 단락사고 방지 : 오프셋(off-set)

   【참고】오프셋(off-set) : 전선의 도약에 의한 단락사고를 방지하기 위하여 전선의 배열을 위, 아래 전선 간에 수평으로 간격을 두어 설치하는 것.

   【참고】클램프 : 전선 접속을 금구류

2. 송전선로

(1) 송전선로의 안정도 증진방법

1) 직렬 리액턴스를 작게 한다.
2) 전압 변동를 작게 한다.
3) 계통을 연계한다.
4) 고장전류를 줄이고 고장구간을 고속도 차단한다.
5) 중간 조상 방식을 채택한다.
6) 고장 시 발전기 입출력의 불평형을 작게 한다.

(2) 유도장해의 대책

유도장해란 1회로가 전자적으로 혹은 정전적으로 다른 회로와 결합하여 전압을 유기함으로써 장해를 일으키는 것으로 송전선이 통신선에 주는 장해 등이 그것이다.

1) 근본대책

  ① 지중 케이블화한다.
  ② 차폐선을 설치한다.
  ③ 이격거리를 크게 하고 사고값을 줄인다.

2) 전력선측 대책

① 연가를 충분히 한다.

② 고장회선을 고속도 차단한다.

③ 소호리액터를 채용한다.

④ 2회선 송전선의 경우 역상순 배열한다.

⑤ 지중 케이블화한다.

⑥ 고장전류를 줄인다.

⑦ 이격거리를 크게 한다.

3) 통신선측 대책

① 나선을 연피 케이블화한다.

② 배류코일을 사용한다.

③ 차폐선을 시설한다.

④ 피뢰기를 설치한다.

⑤ 통신선로를 수직교차한다.

⑥ 통신선 및 통신기기의 절연을 강화한다.

⑦ 통신선을 케이블화한다.

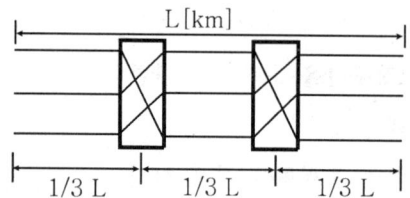

(3) 연가

3상 송전선의 전선배치는 대부분 비대칭이므로 각 전선의 선로 정수는 불평형되어 중성점의 전위가 영전위가 되지 않고 어떤 전류전압이 생긴다. 이를 방지하기 위해 전선로를 그림과 같이 연결한다.

1) 지중전선로

※ 지중전선로의 장단점

【장점】

① 도시의 미관상 좋다

② 기상조건(뇌,풍수해)에 의한 영향이 적다

③ 통신선에 대한 유도장해가 작다.

④ 전선로 통과지(경과지)의 확보가 용이하다

⑤ 감전우려가 적다

【단점】

① 공사비가 비싸다.

② 고장의 발견, 보수가 어렵다

2) 지중전선로(케이블)의 전력손실

【케이블의 구조】: CV케이블

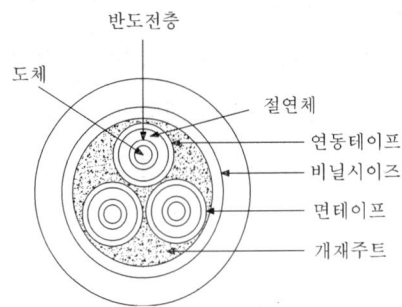

① 저항손 (도체) : $P_c = nI^2R[\text{W}/\text{km}]$

② 유전체손(절연체) : $P_d = \omega CV^2 \tan\delta \, [\text{W}/\text{km}]$

③ 연피손, 시즈손(차폐층) : 맴돌이 전류에 의해 발생

3) 지중전선로에서의 L, C

지중전선로에는 케이블을 채용하므로 가공전선로에 비해 선간거리가 작아진다.

∴ 지중전선로에서의 L, C 가공전선로에 비하여 L은 감소하고, C는 증가한다.

【참고】지중 전선로에서의 충전전류 :

$$I_C = \omega CE\ell = 2\pi f C \frac{V}{\sqrt{3}} \ell \, (C = C_s + 3C_m)[\text{A}]$$

4) 지중전선로의 부설방식

① 직접매설식 : 콘크리트 트러프 등을 이용하여 케이블을 직접 매설하는 방식

② 관로식: 철근콘크리트관 등을 부설한 후 관 상호간을 연결한 맨홀을 통하여 케이블을 인입하는 방식

③ 전력구식 (암거식) : 터널과 같은 콘크리트 구조물을 설치하여 다회선의 케이블을 수용하는 방식

5) 지중전선로의 시설원칙

① 직접매설식에서의 매설깊이
- 차량이나 기타 중량에 의한 압력을 받는 장소 : 1.2 [m]이상
- 차량이나 기타 중량에 의한 압력을 받지 않는 장소 : 0.6 [m]이상

② 관로식에서의 지중함 : 1[m²]이상의 가스발산통풍장치를 시설할 것

③ 지중선선과 가공전선의 접속시 지중전선 노출 부분의 방호범위
  : 지표상 2[m]에서 지중 20[cm]이상으로 할 것.

3. 코로나 현상

(1) 코로나 현상

초고압 송전계통에서 전선 표면의 전위경도가 높은 경우 전선의 주위의 공기 절연의 파괴되면서 발생하는 일종의 부분방전현상

① 방전현상 : ⅰ)전면 (불꽃)방전 단선

　　　　　　ⅱ)부분방전 : 연선

② 공기의 절연파괴전압 : ⅰ)D.C 30 [kV/cm]

　　　　　　　　　　　ⅱ)A.C 21 [kV/cm]

(2) 코로나 발생결과

① 코로나 손실 발생 (Peek의 식)

$$P_c = \frac{241}{\delta}(f+25)\sqrt{\frac{r}{D}}(E-E_0)^2 \times 10^{-5} [\text{kW/cm}^1 \text{선당}]$$

δ : 상대공기밀도 ($\delta \propto \frac{기압}{온도}$), E : 대지전압, E_0 : 코로나 임계전압

② 코로나 잡음 발생

③ 고조파 장해 발생 : 정현파 → 왜형파 (= 직류분 + 기본파 + 고조파)

④ 초산에 의한 전선, 바인드선의 부식 : (O_3, NO) + H_2O = NHO_3생성

⑤ 전력선 이용 반송전화 장해 발생

⑥ 소호리액터 접지방식의 장해 발생 : 절연 파괴시 C의 불균형에 의한 공진 현상의 미발생

⑦ 서어지 (이상전압)의 파고치 감소(장점)

(3) 코로나 임계전압 : 코로나가 발생하기 시작하는 최저한도전압.

$$E_o = 24.3 m_o m_1 \delta d \log_{10} \frac{D}{r} [\text{kV}]$$

m_o : 전선표면계수 (단선 1, ACSR 0.8) m_1 : 기상 (날씨)계수 : (청명 1, 비 0.8)

δ : 상대공기밀도($\delta \propto \frac{기압}{온도}$) d : 전선의 직경

(4) 코로나 방지 대책

① 코로나 임계 전압을 높게 하기 위하여 전선의 직경을 크게 한다.
(복도체, 중공연선, ACSR채용)

② 가선 금구류를 개량한다.

제 10 장 송전 특성 및 조상 설비

【송배전 선로】

선로정수 R, L, C, G의 연속적인 전기회로

① 단거리 선로(20~30[km]) : R, L 적용 → 집중 정수 회로 취급

② 중거리 선로(50[km] 내외) : R, L, C 적용 → 집중 정수 회로 취급

③ 장거리 선로(100[km] 이상) : R, L, C, G 적용 → 분포 정수 회로 취급

1. 단거리 송전 선로

(1) 전압강하(e)

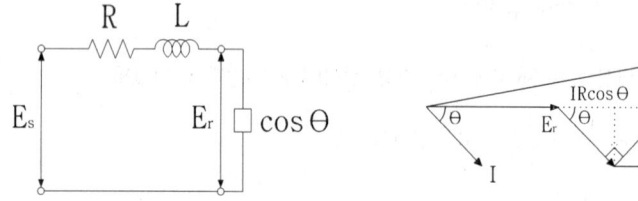

① 지상부하인 경우:

$$e = E_s - E_r$$

$$E_s = \sqrt{E_r + IR\cos\theta + IX(\sin\theta)^2 + (IX\cos\theta - IR\sin\theta)^2}$$

$$= E_r + (IR\cos\theta + IX\sin\theta)$$

$$\therefore e(단상) = E_s - E_r = (IR\cos\theta + IX\sin\theta)[V](R, X : 2선 전체분)$$

$$e(단상) = E_s - E_r = \sqrt{3}(IR\cos\theta + IX\sin\theta)[V](R, X : 1선 전체분)$$

【유효전류, 무효 전류】

$$I_e = I\cos\theta, \quad I_r = I\sin\theta$$

$$e = IR\cos\theta + IX\sin\theta$$

$$= I\cos\theta R + I\sin\theta X$$

∴ 저항에서는 전류의 유효 성분이, 리액턴스에서는 전류의 무효 성분이 전압 강하를 발생시킨다.

② 진상부하인 경우 : 페란티 현상 발생

$e = E_r + (IR\cos\theta - IX\sin\theta)$

∴ $e = E_s - E_r = (IR\cos\theta - IX\sin\theta)[V]$

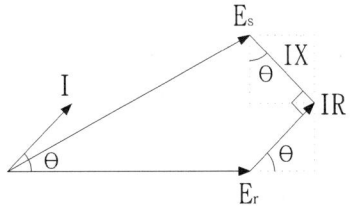

(2) 전압강하율(ε) : 수전단 전압에 대한 전압강하의 백분율비

$$\varepsilon = \frac{e}{E_r} \times 100 = \frac{E_s - E_r}{E_r} \times 100 [\%]$$

(3) 전압변동율(δ) :

전부하 수전단 전압에 대한 무부하시 수전단 전압의 백분율비

$$\delta = \frac{E_{ro} - E_{rn}}{E_{rn}} \times 100 [\%]$$

2. 중거리 송전선로

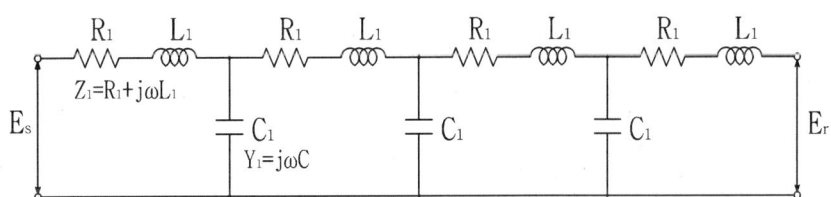

- 선로의 길이 : $\ell[km]$
- 선로의 전체임피던스 $\dot{Z} = \dot{Z}_1 \ell$
- 선로의 전체어드미턴스 $\dot{Y} = \dot{Y}_1 \ell$

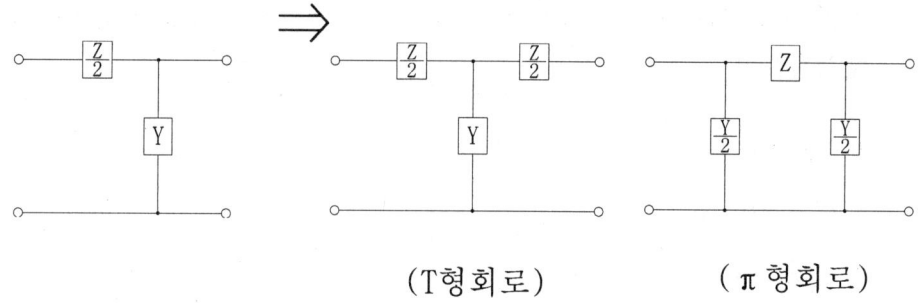

(T형회로)   (π형회로)

(1) 4단자망의 기본식

$E_c = E_r + \dfrac{Z}{2}I_r, \ I_c = YE_c$

$E_s = E_c + \dfrac{Z}{2}I_s, \ I_s = I_c + I_r$

$I_s = I_c + I_r$ 　　　　　　　$E_s = E_c + \dfrac{Z}{2}I_s$

$\quad = YE_c + I_r$ 　　　　　　$\quad = \left(E_r + \dfrac{Z}{2}I_r\right) + \dfrac{Z}{2}\left[YE_r + \left(1 + \dfrac{ZY}{2}\right)I_r\right]$

$\quad = Y\left(E_r + \dfrac{Z}{2}I_r\right) + I_r$ 　　$\quad = E_r + \dfrac{ZY}{2}E_r + \dfrac{Z}{2}I_r + \dfrac{Z}{2}I_r + \dfrac{Z^2Y}{4}I_r$

$\quad = YE_r + \left(1 + \dfrac{ZY}{2}\right)I_r$ 　　$\quad = \left(1 + \dfrac{ZY}{2}\right)E_r + Z\left(1 + \dfrac{ZY}{4}\right)I_r$

$\therefore E_s = \left(1 + \dfrac{ZY}{2}\right)E_r + Z\left(1 + \dfrac{ZY}{4}\right)I_r \quad \rightarrow \ E_s = AE_r + BI_r$

$I_s = YE_r + \left(1 + \dfrac{ZY}{2}\right)I_r \quad\quad\quad \rightarrow \ I_s = CE_r + DI_r$

$\dot{A}, \dot{B}, \dot{C}, \dot{D}$: 4단자정수

(송전단 전압과 전류를 수전단 전압과 전류로 표현하기 위한 매개 변수)

【4단자정수 구하는 방법】

$A = \dfrac{E_s}{E_r} \mid_{I_r = 0}$: 단위 차원이 없는 상수

$B = \dfrac{E_s}{I_r} \mid_{E_r = 0}$: 임피던스 차원

$C = \dfrac{I_s}{E_r} \mid_{I_r = 0}$: 어드미턴스 차원

$D = \dfrac{I_s}{I_r} \mid_{E_r = 0}$: 단위차원이 없는 상수

$AD - BC = 1$

(2) 단일 소자의 4단자 정수

① 임피던스(Z) 만의 회로

$E_s = AE_r + BI_r$

$I_S = CE_r + DI_r$

$A = \dfrac{E_s}{E_r} \mid_{I_r = 0(수전단개방)} = 1,$

$B = \dfrac{E_s}{I_r} \mid_{E_r = 0(수전단단락)} = Z$

$C = \dfrac{I_s}{E_r} \mid_{I_r = 0(수전단개방)} = 0, \quad D = \dfrac{I_s}{I_r} \mid_{E_r = 0(수전단단락)} = 1$

③ 어드미턴스(Y)만의 회로

$E_s = AE_r + BI_r$

$I_s = CE_R + DI_R$

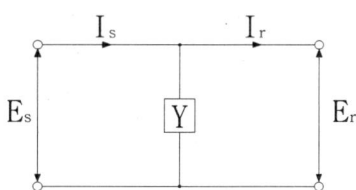

$$A = \frac{E_s}{E_r} \mid_{I_r = 0(수전단개방)} = 1, \quad B = \frac{E_s}{I_r} \mid_{E_r = 0(수전단단락)} = 0$$

$$C = \frac{I_s}{E_r} \mid_{I_r = 0(수전단개방)} = Y, \quad D = \frac{I_s}{I_r} \mid_{E_r = 0(수전단단락)} = 1$$

(3) 단일소자 4단자 정수에 의한 회로의 해석
① T형 회로

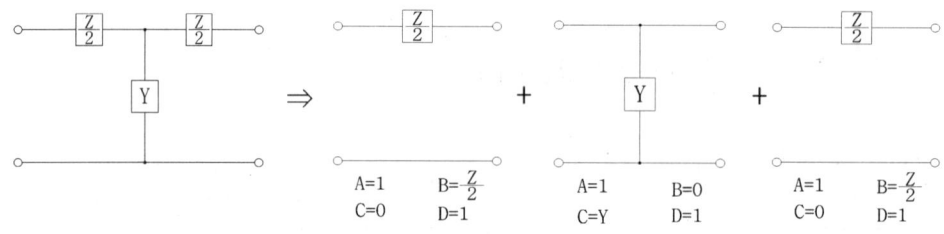

$$\begin{bmatrix} A & B \\ C & D \end{bmatrix} = \begin{bmatrix} 1 & \frac{Z}{2} \\ 0 & 1 \end{bmatrix} \begin{bmatrix} 1 & Z \\ Y & 1 \end{bmatrix} \begin{bmatrix} 1 & \frac{Z}{2} \\ 0 & 1 \end{bmatrix} = \begin{bmatrix} 1+\frac{ZY}{2} & Z\left(1+\frac{ZY}{4}\right) \\ Y & 1+\frac{ZY}{2} \end{bmatrix}$$

$$\therefore E_r = (1+\frac{ZY}{2})E_r + Z(1+\frac{ZY}{4})I_r$$

$$I_s = YE_r + (1+\frac{ZY}{2})I_r$$

② π형 회로

$$\begin{bmatrix} A & B \\ C & D \end{bmatrix} = \begin{bmatrix} 1 & 0 \\ \frac{Y}{2} & 1 \end{bmatrix} \begin{bmatrix} 1 & Z \\ 0 & 1 \end{bmatrix} \begin{bmatrix} 1 & 0 \\ \frac{Y}{2} & 1 \end{bmatrix} = \begin{bmatrix} 1+\frac{ZY}{2} & Z \\ Y\left(1+\frac{ZY}{4}\right) & 1+\frac{ZY}{2} \end{bmatrix}$$

3. 장거리 송전선로

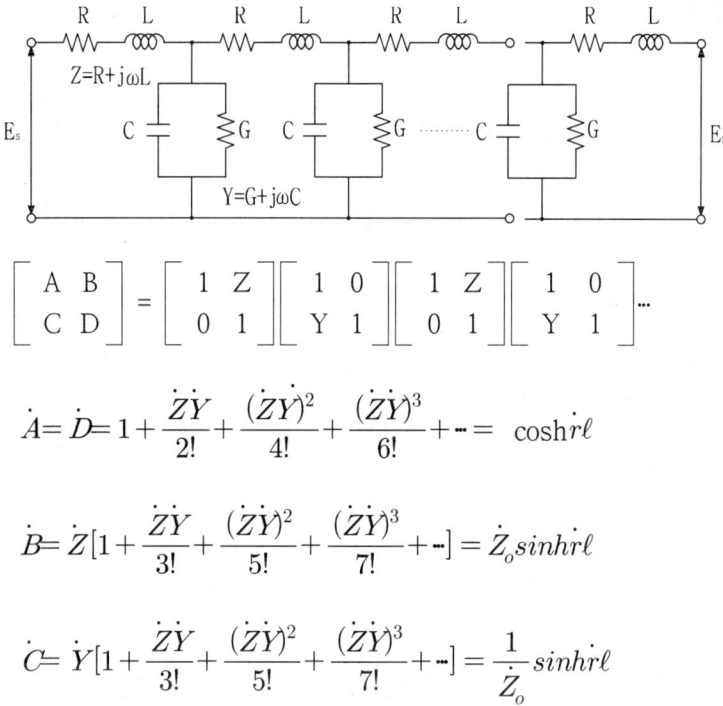

$$\begin{bmatrix} A & B \\ C & D \end{bmatrix} = \begin{bmatrix} 1 & Z \\ 0 & 1 \end{bmatrix} \begin{bmatrix} 1 & 0 \\ Y & 1 \end{bmatrix} \begin{bmatrix} 1 & Z \\ 0 & 1 \end{bmatrix} \begin{bmatrix} 1 & 0 \\ Y & 1 \end{bmatrix} \cdots$$

$$\dot{A} = \dot{D} = 1 + \frac{\dot{Z}\dot{Y}}{2!} + \frac{(\dot{Z}\dot{Y})^2}{4!} + \frac{(\dot{Z}\dot{Y})^3}{6!} + \cdots = \cosh \dot{r}\ell$$

$$\dot{B} = \dot{Z}[1 + \frac{\dot{Z}\dot{Y}}{3!} + \frac{(\dot{Z}\dot{Y})^2}{5!} + \frac{(\dot{Z}\dot{Y})^3}{7!} + \cdots] = \dot{Z_o}\sinh \dot{r}\ell$$

$$\dot{C} = \dot{Y}[1 + \frac{\dot{Z}\dot{Y}}{3!} + \frac{(\dot{Z}\dot{Y})^2}{5!} + \frac{(\dot{Z}\dot{Y})^3}{7!} + \cdots] = \frac{1}{\dot{Z_o}}\sinh \dot{r}\ell$$

전파방정식 : $\dot{E_s} = \cosh\alpha\ell\,\dot{E_r} + Z_o\sinh\alpha\ell\,\dot{I_r}$

$$\dot{I_s} = \frac{1}{Z_o}\sinh\alpha\ell\,\dot{E_r} + \cosh\alpha\ell\,\dot{I_r}$$

① 전파정수 : 전압 전류가 선로의 끝 송전단에서부터 멀어져감에 따라 그 진폭과 위상이 변해 가는 특성

$$\alpha = \sqrt{\dot{Z}\dot{Y}} = j\omega\sqrt{LC}$$

② 특성(파동)임피던스 : 송전선을 이동하는 진행파에 대한 전압과 전류의 비

300[Ω] ~ 500[Ω]

③ 전파속도 $v = \frac{1}{\sqrt{LC}} = 3 \times 10^5 [km/sec] = 3 \times 10^8 [m/s]$ →광속

4. 송전용량 및 가장 경제적인 송전전압

(1) 송전전력

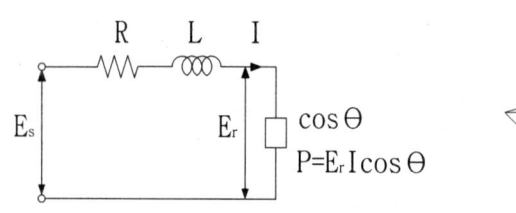 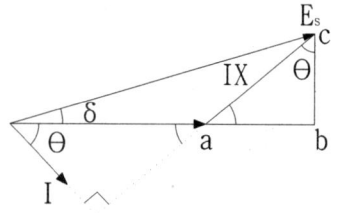

고압송전선로 : X≫R(무시)

$\overline{bc} = IX\cos\theta = E_s\sin\delta$

$I\cos\theta = \dfrac{E_s}{X}\sin\delta$

$P = E_r I\cos\theta = \dfrac{E_s E_r}{X}\sin\delta\,[\text{MW}]$

(2) 고유부하법 (수전단을 특성임피던스로 단락 한 상태에서의 수전 전력)

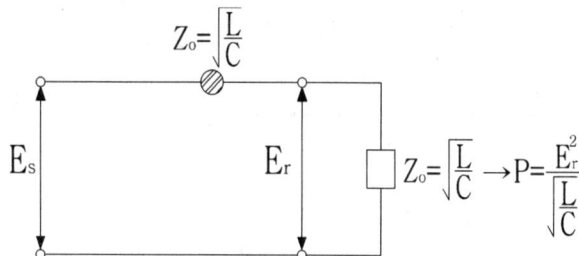

(3) 송전용량계수법 (선로의 길이를 고려한 것)

$P \propto \dfrac{E_r E_s}{X} \propto \dfrac{E_r E_s}{\ell}$ (ℓ [km] : 전송거리)

$P = K\dfrac{E_r^2}{\ell}\,[\text{kW}]$

K : 송전용량계수
$\begin{cases} 60[\text{kV}] : 600 \\ 100[\text{kV}] : 800 \\ 140[\text{kV}] : 1200 \end{cases}$

(4) 가장 경제적인 송전전압의 식 (A.Still의 식)

$[\text{kV}] = 5.5\sqrt{0.6\ell + \dfrac{P}{100}}$ (ℓ [km], P[kW])

5. 조상설비

(1) 전력용 (진상용, 병렬) 콘덴서

부하와 병렬로 접속하여 부하의 역률을 개선하기 위한 병렬콘덴서

① 역률개선의 필요성 (부하의 역률이 나쁠 경우와 문제점)

- 전력손실이 증가한다.

$P_\ell = I^2 R = \left(\dfrac{P}{E\cos\theta}\right)^2 \cdot R = \dfrac{P^2 R}{E^2 \cos^2\theta}$

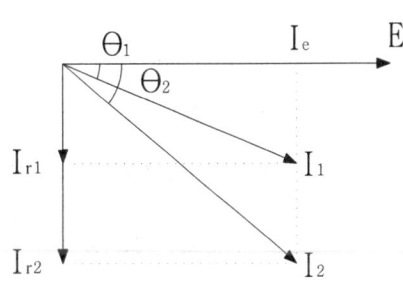

- 전압강하가 커진다.
- 수전 설비 용량이 증가한다.

변압기 용량 : $P_a = \dfrac{P}{\cos\theta}$ [KVA]

- 전기요금이 증가한다.(경제성)

$P_{a1} = EI_1[\text{VA}]$, $P_{a2} = EI_2[\text{VA}]$

$P = EI_e = EI_1\cos\theta_1 = EI_2\cos\theta_2[\text{W}]$

$P_{r1} = EI_{r1} = EI_1\sin\theta_1[\text{VAR}]$, $P_{r2} = EI_{r2} = EI_2\sin\theta_2[\text{VAR}]$

$\cos\theta = \dfrac{P}{P_a} = \dfrac{I_e}{I}$

② 역률개선의 원리 및 콘덴서 용량

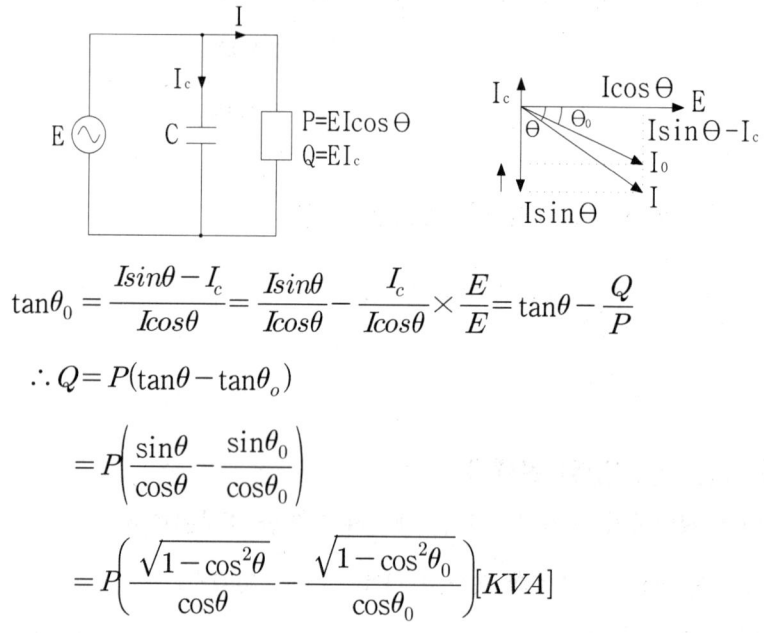

$$\tan\theta_0 = \frac{I\sin\theta - I_c}{I\cos\theta} = \frac{I\sin\theta}{I\cos\theta} - \frac{I_c}{I\cos\theta} \times \frac{E}{E} = \tan\theta - \frac{Q}{P}$$

$$\therefore Q = P(\tan\theta - \tan\theta_o)$$

$$= P\left(\frac{\sin\theta}{\cos\theta} - \frac{\sin\theta_0}{\cos\theta_0}\right)$$

$$= P\left(\frac{\sqrt{1-\cos^2\theta}}{\cos\theta} - \frac{\sqrt{1-\cos^2\theta_0}}{\cos\theta_0}\right)[KVA]$$

③ 전력용 콘덴서의 구조

　【단상】

　・직렬 리액터(SR) : 제 3고조파 제거

　　공진조건 $3\omega_o L = \dfrac{1}{3\omega_o C} \rightarrow \omega_o L = \dfrac{1}{9} \cdot \dfrac{1}{\omega_o C} = 0.11\dfrac{1}{\omega_o C}$

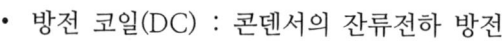

　　직렬리액터의 용량 : 콘덴서 용량의 11~13[%]연결

　・방전 코일(DC) : 콘덴서의 잔류전하 방전

　【3상】

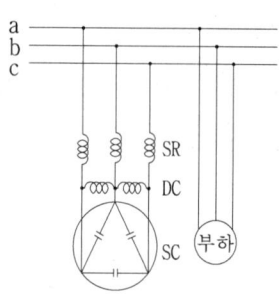

- 전력용 콘덴서의 결선 : △결선

  (제 3고조파 제거, Y 결선이 비해 3배의 충전용량)
- 직렬리액터 : 제 5고조파 제거

  공진조건 : $5\omega_o L = \dfrac{1}{5\omega_o C} \to \omega_o L = \dfrac{1}{25} \cdot \dfrac{1}{\omega_o C} = 0.04 \dfrac{1}{\omega_o C}$

  직렬리액터의 용량 : 이론상 4[%], 실제상 5~6[%]
- 방전 코일 : 잔류전하 방전.

④ 콘덴서의 충전용량

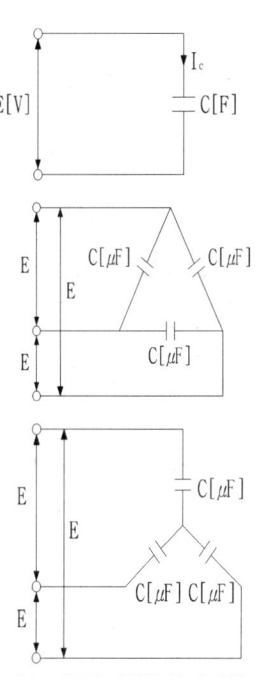

$MI_c = \omega CE [\text{A}]$

$rQ_c = EI_c = \omega CE^2 [\text{VA}] = \omega CE^2 \times 10^{-3} [\text{KVA}]$

$\quad\quad = \omega CE^2 \times 10^{-9} [\text{KVA}] (단, C[\mu F], E[kV])$

$Q_1 = \omega CE^2 \times 10^{-9} [\text{KVA}]$

$Q_\triangle = 3Q_1 = 3\omega CE^2 \times 10^{-9} [\text{KVA}]$

$Q_1 = \omega C \left(\dfrac{E}{\sqrt{3}}\right)^2 \times 10^{-9} = \dfrac{1}{3} \omega CE^2 \times 10^{-9} [\text{KVA}]$

$Q_Y = 3Q_1 = 3\omega CE^2 \times 10^{-9} [\text{KVA}]$

∴ 콘덴서를 △결선으로 하면 Y 결선 시에 비해 3배의 충전 용량을 얻을 수 있다.

(2) 동기조상기

동기 전동기의 여자전류를 변화시켜 진상 또는 지상 전류를 공급 함으로 써 부하의 역률을 개선하는 장치

① 여자 전류(I_f)증가 ─┬─ 진상전류(앞선역률)
　　　　　　　　　　　└─ 전기자 전류(I_a)증가

② 여자 전류(I_f)감소 ┌ 지상전류(뒤진역률)
　　　　　　　　　　└ 전기자 전류(I_a)증가

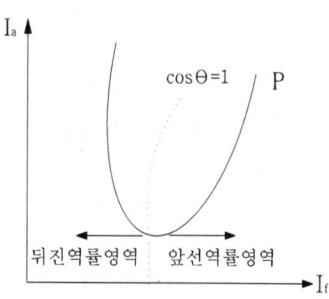

【전력용 콘덴서와 동기조상기의 비교】

전력용 콘덴서	동기조상기
① 진상전류만 공급이 가능하다	① 진상,지상전류 모두 공급이 가능하다.
② 전류의 조정이 계단적이다.	② 전류의 조정이 연속적이다.
③ 소형,경량이므로 가격이 싸고 소실이 적다.	③ 대형, 중량이므로 가격이 비싸고 손실이 크다.
④ 용량 변경이 쉽다.	④ 선로의 시충전 운전이 가능하다.

(3) 직렬콘덴서

전압강하를 보상하기 위하여 부하와 직렬로 접속하는 콘덴서 (안정도 증대)

$$e = E_s - E_r = I(R\cos\theta + X\sin\theta)$$

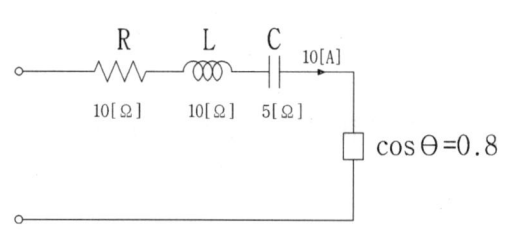

① 콘덴서 설치 전 전압강하

$$e = I(R\cos\theta + X\sin\theta)$$
$$= 10(10 \times 0.8 + 10 \times 0.6)$$
$$= 140[V]$$

① 콘덴서 설치 전 전압강하

$$e = I(R\cos\theta + X\sin\theta)$$
$$= 10(10 \times 0.6 + 10 \times 0.8)$$
$$= 140[V]$$

② 콘덴서 설치 후 전압 강하
$e = I(R\cos\theta + X_o \sin\theta)$
$= 10(10 \times 0.8 + 5 \times 0.6)$
$= 110[V] \rightarrow 30[V]$ 보상

② 콘덴서 설치 후 전압강하
$e = I(R\cos\theta + X_o \sin\theta)$
$= 10(10 \times 0.6 + 5 \times 0.8)$
$= 100[V] \rightarrow 40[V]$ 보상

∴ 직렬 콘덴서는 부하역률이 나쁠수록 그 설치 효과가 크다.

제 11 장 배전설비 기초이론

1. 배전선로의 배전방식

【배전선로의 구성】

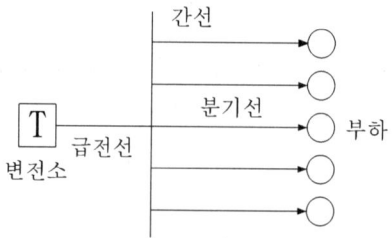

① 급전선(feeder) : 변전소 또는 발전소에서 수용가에 이르는 배전선로 중 분기선 및 배전용 변압기가 없는 부분
② 간선 : 수용지점에서 부하분포에 따라 급전선에 접속하여 각 수용가에 공급하는 주요 배전선
③ 분기선 : 간선과 부하사이의 선로

(1) 가지식, 수지식 (tree system)

나뭇가지 모양처럼 한 쪽 방향으로만 전력을 공급하는 방식

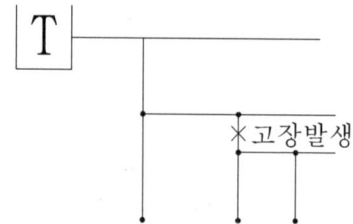

① 시설이 간단하다.
② 전압강하가 크고 정전 범위가 넓다. (공급신뢰도가 낮다.)
③ 농어촌 지역에 적합하다.

(2) 환상식(loop system)

간선을 환상으로 구성하여 양방향에서 전력을 공급하는 방식

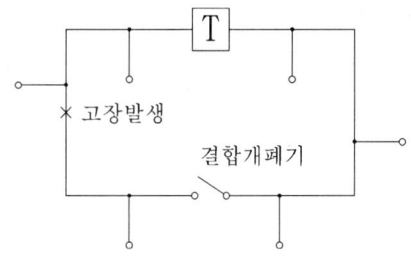

① 전류통로에 대한 융통성이 있다.

② 전압강하(변동) 및 전력손실이 경감된다.

③ 공급신뢰도가 향상된다.

④ 설비의 복잡화에 따른 부하증설이 어렵다.

⑤ 부하밀집지역에 적합하다.

(3) 뱅킹 방식(banking system)

같은 간선에 접속된 2대 이상의 변압기의 저압측 간선을 상호 병렬접속하여 부하의 융통성을 도모한 배전방식.

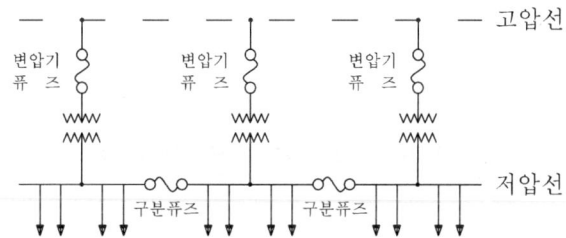

① 전압강하(변동) 및 전력 손실이 경감된다.

② 플리커 현상이 감소한다.

③ 공급신뢰도가 향상된다.

④ 캐스케이딩 현상에 의한 정전범위가 넓어진다.

⇒ 케스케이딩 현상 : 변압기 2차측 저압선 일부의 고장으로 인하여 건전한 변압기의 일부 또는 전부가 변압기 1차측 보호장치에 의하여 차단되는 현상

⑤ 부하밀집지역에 적합하다.

(4) 망상식(network system)

같은 변전소의 같은 변압기에서 나온 2회선이상의 고압배전선에 접속된 변압기의 2차측을 같은 저압선에 연결하여 부하에 전력을 공급하는 방식.

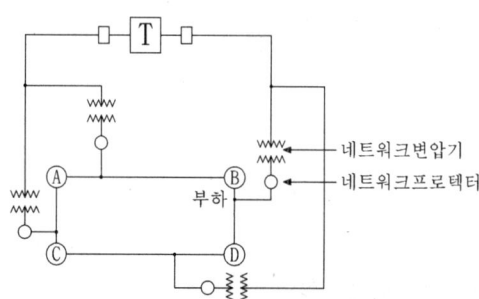

네트워크 프로텍터 : 변전소의 차단기 동작시 네트워크에서 전류가 변압기쪽으로 흘러 1차측으로 역가압되는 현상을 방지.

① 전압 강하(변동) 및 전력손실이 경감된다.
② 무정전 전력공급이 가능하다.
③ 공급신뢰도가 가장 좋다.
④ 부하증설이 용이하다.
⑤ 네트워크변압기나 네트워크프로텍터 설치에 따른 설비비가 비싸다.
⑥ 대형 빌딩가와 같은 고밀도 부하밀집지역에 적합하다.

2. 배전 선로의 전기공급 방식

(1) 전압 및 전류가 일정할 경우의 1선당 전력공급비

결선방식	공급전력	1선당 공급전력	단상 2선식을 기준으로 한 1선당 공급전력비[%]
	$P_1 = VI$	$\dfrac{1}{2}VI$	기준 (100 [%])
	$P_2 = 2VI$	$\dfrac{2}{3}VI = 0.67VI$	$\dfrac{\dfrac{2}{3}VI}{\dfrac{1}{2}VI} = \dfrac{4}{3} = 1.33$배 $(133[\%])$
	$P_3 = \sqrt{3}\,VI$	$\dfrac{\sqrt{3}}{3}VI = 0.57VI$	$\dfrac{\dfrac{\sqrt{3}}{3}VI}{\dfrac{1}{2}VI} = \dfrac{2\sqrt{3}}{3} = 1.15$배 $(115[\%])$
	$P_4 = \sqrt{3}\,VI$	$\dfrac{\sqrt{3}}{4}VI = 0.43VI$	$\dfrac{\dfrac{\sqrt{3}}{4}VI}{\dfrac{1}{2}VI} = \dfrac{2\sqrt{3}}{4} = 0.866$배 $(86.6[\%])$

3상 4선식에서 상전압이 V인 경우의 1선당 공급전력비

공급전력 $P_4' = 3VI$ → 1선당 공급전력 : $\dfrac{3}{4}VI$

$\therefore$ 단상 2선식 기준 1선당 공급전력비 $= \dfrac{\dfrac{3}{4}VI}{\dfrac{1}{2}VI} = \dfrac{6}{4} = 1.5$배$(150[\%])$

(2) 사용전압 및 전력, 손실이 일정한 경우 전체 전선 중량비

ω_1 : 1선당 중량 → 2선 전체 중량 : $W_1 = 2\omega_1$

$P_1 = VI_1$, 2선 전체 손실 : $P_{21} = 2I_1^2 R_1$

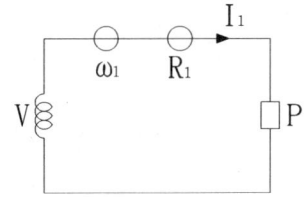

【전선의 중량과 저항과의 관계】

전선의 중량 : $\omega = \sigma \times A\ell \; (\sigma : 비중(밀도))$

전선의 저항 : $R = \rho \dfrac{\ell}{A}$

∴ 전선의 중량 : $\omega \propto \dfrac{1}{R}$

① 단상 3선식

$W_2 = 3\omega_2$

$P_2 = 2VI_2$

$P_{\ell 2} = 2I_2^2 R_2$

$VI_1 = 2VI_2 \rightarrow I_1 = 2I_2$

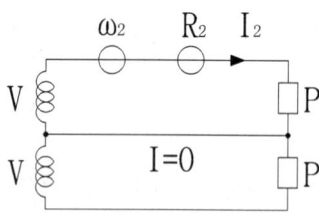

$2I_1^2 R_1 = 2I_2^2 R_2 \;\rightarrow\; \dfrac{R_1}{R_2} = \dfrac{I_2^2}{I_1^2}\bigg|_{I_1 = 2I_2} = \dfrac{I_2^2}{(2I_2)^2} = \dfrac{1}{4}$

∴ $\dfrac{W_2}{W_1} = \dfrac{3\omega_2}{2\omega_1} = \dfrac{3}{2} \times \dfrac{R_1}{R_2} = \dfrac{3}{2} \times \dfrac{1}{4} = \dfrac{3}{8}$ 배 (37.5[%])

② 3상 3선식

$W_3 = 3\omega_3$

$P_3 = \sqrt{3}\,VI_3$

$P_{\ell 3} = 3I_3^2 R_3$

$VI_1 = \sqrt{3}\,VI_3 \rightarrow I_1 = \sqrt{3}\,I_3$

$2I_1^2 R_1 = 3I_3^2 R_3 \;\rightarrow\; \dfrac{R_1}{R_3} = \dfrac{3I_3^2}{2I_1^2}\bigg|_{I_1 = \sqrt{3}\,I_3} = \dfrac{3}{2}\dfrac{I_3^2}{(\sqrt{3}\,I_3)^2} = \dfrac{1}{2}$

∴ $\dfrac{W_3}{W_1} = \dfrac{3\omega_3}{2\omega_1} = \dfrac{3}{2} \times \dfrac{R_1}{R_3} = \dfrac{3}{2} \times \dfrac{1}{2} = \dfrac{3}{4}$ 배 (75[%])

③ 3상 4선식

$W_4 = 4\omega_4$

$P_4 = 3VI_4$

$P_{\ell 4} = 3I_4^2 R_4$

$VI_1 = 3VI_4 \rightarrow I_1 = 3I_4$

$2I_1^2 R_1 = 3I_4^2 R_4 \rightarrow \dfrac{R_1}{R_4} = \dfrac{3I_4^2}{2I_1^2} \bigg|_{I_1=3I_4} = \dfrac{3}{2} \times \dfrac{I_4^2}{(3I_4)^2} = \dfrac{1}{6}$

$\therefore \dfrac{W_4}{W_1} = \dfrac{4\omega_4}{2\omega_1} = \dfrac{4}{2} \times \dfrac{R_1}{R_4} = 2 \times \dfrac{1}{6} = \dfrac{1}{3}$ 배 (33.3 [%])

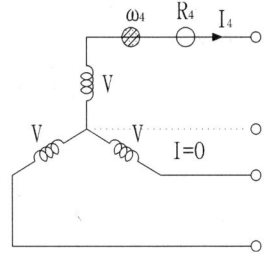

(3) 단상 3선식의 장단점(단상 2선식 기준)

【장점】

① 전압 및 전류가 일정한 경우 1선당 공급전력이 1.33배만큼 증가한다.

② 전압, 전력 손실이 일정할 경우 전선 전체 소요량이 $\dfrac{3}{8}$ 배만큼 감소한다.

③ 2종류의 전압을 얻을 수 있다.

④ 전압강하 및 전력손실이 감소한다.(효율이 높다.)

【단점】

① 부하 불평형시 전압 불평형이 발생한다.

$V_a = 100 - (1 \times 8 + 1 \times 6) = 86 [\text{V}]$

$V_b = 100 - (1 \times (-6) + 1 \times 2) = 104 [\text{V}]$

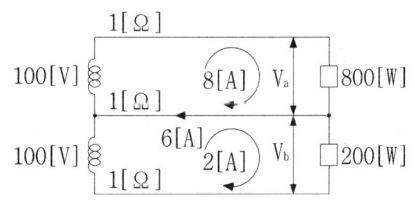

② 부하 불평형시 중성선의 단선에 의한 전압불평형의 발생으로 부하가 소손될 우려가 있다.

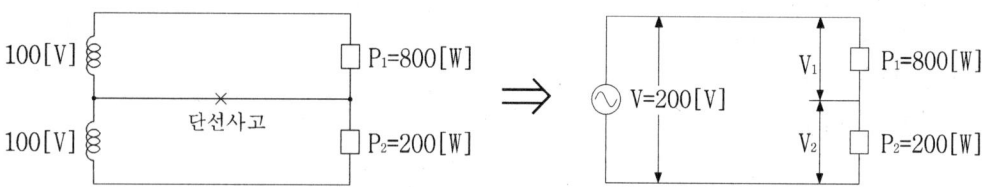

$$V_1 = \frac{P_1}{P_1+P_2}V = \frac{800}{800+200}\times 200 = 160[V]$$

$$V_2 = \frac{P_2}{P_1+P_2}V = \frac{200}{800+200}\times 200 = 40[V]$$

⇒ 방지대책 : 저압 밸런서를 설치한다.

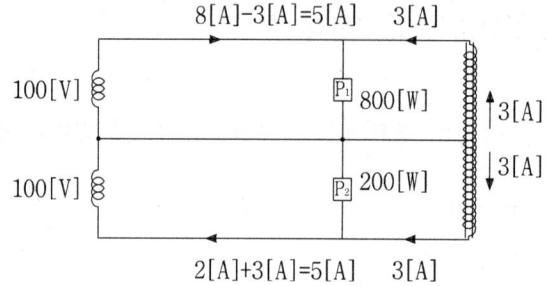

저압밸런서 : 누설임피던스를 적고 여자임피던스는 큰 권수비 1:1의 단권변압기

3. 전압의 n배 승압

$$P = VI\cos\theta[W] \quad \rightarrow \quad I = \frac{P}{V\cos\theta}[A]$$

$$P_\ell = I^2R \ [W]$$

$$e = IR[V]$$

(1) 전력손실, 전력손실율

$$P_\ell = I^2R = \left(\frac{P}{V\cos\theta}\right)^2 \times R = \frac{P^2R}{V^2\cos^2\theta} \quad \rightarrow \quad P_\ell \propto \frac{1}{V^2} \ , \ P_\ell = \frac{1}{\cos^2\theta}$$

$$K = \frac{P_\ell}{P} = \frac{\frac{P^2 R}{V^2 \cos^2 \theta}}{P} = \frac{PR}{V^2 \cos^2 \theta} \quad R = \rho \frac{\ell}{A} = \frac{P\rho\ell}{V^2 \cos^2 \theta A} \quad \to \quad K \propto \frac{1}{V^2}$$

(2) 공급전력

$$P = \frac{KV^2 \cos^2 \theta}{R} \quad \to \quad P \propto V^2$$

(3) 전선의 단면적

$$\frac{P\rho\ell}{KV^2 \cos^2 \theta} \quad \to \quad A \propto \frac{1}{V^2}$$

(4) 공급거리

$$\ell = \frac{KV^2 \cos^2 \theta A}{P\rho} \quad \to \quad \ell \propto V^2$$

(5) 전압강하, 전압 강하율(P일정)

P가 일정한 경우 전압 V를 n배 승압하면 전류 I는 $\frac{1}{n}$배로 감소한다.

$$e = IR \quad \to \quad e_0 = \frac{1}{n} IR = \frac{1}{n} e$$

$$\varepsilon = \frac{e}{V} \quad \to \quad \varepsilon_0 = \frac{\frac{1}{n}e}{nV} = \frac{1}{n^2} \times \frac{c}{V} = \frac{1}{n^2} \varepsilon$$

【정리】 전압의 n배 승압

① 전력 손실(율) : $\frac{1}{n^2}$배로 감소 $\to P_\ell \propto \frac{1}{\cos^2 \theta}$

② 공급전력 : n^2배로 증가

③ 전선의 단면적 : $\frac{1}{n^2}$배로 감소

④ 공급거리 : n^2배로 증가

⑤ 전압강하 : $\frac{1}{n^2}$배로 감소

⑥ 전압강하율 : $\frac{1}{n^2}$배로 감소

4. 전원 종류별 송·배전방식의 특성

(1) 교류송전방식
① 변압기를 이용한 전압의 변환이 용이하다.
② 직류방식에 비하여 전류의 차단이 비교적 용이하다.
③ 3상 교류방식에서 회전 자계를 쉽게 얻을 수 있다.

(2) 직류송전방식
① 역률이 항상 1이므로 무효전력의 발생이 없다.
  (송전용량증대, 전력손실 및 전압변동 감소)
② 표피효과가 없으므로 도체의 이용율이 높다.
③ 교류방식에 비하여 선로의 절연이 용이하다.
④ 리액턴스에 의한 위상각을 고려할 필요가 없으므로 안정도가 좋다.
⑤ 변환, 역변환 장치가 필요하므로 설비가 복잡해진다.
⑥ 고전압 대전류의 경우 회로 차단이 어렵다.

제 12 장 배전선로의 전기적 특성 및 부하특성

1 선로정수

배전선로에서는 선로의 길이가 짧기 때문에 전항과 인덕턴스만을 고려하고 정전용량과 누설 콘덕턴스는 무시한다.

(1) 저항

$$R = \rho \frac{\ell}{A} = \frac{\ell}{\sigma A}$$

(2) 인덕턴스

$$L = 0.05 + 0.4605 \log_{10} \frac{D}{R} [\text{mH/Km}]$$

2 전압강하

(1) 집중부하

① 단상 2선식 : $e = E_s - E_r = I(R\cos\theta + \sin\theta)[V]$ (R, X : 2선전체분)

② 3상 3선식 : $e = E_s - E_r = \sqrt{3} I(R\cos\theta + \sin\theta)[V]$ (R, X : 1선전체분)

(2) 분산부하

배전선로의 부하 및 선로임피던스가 각각의 지점에서 다르게 분포되어 있는 경우.

【보기1】 110 [V] 단상 2선식 선로

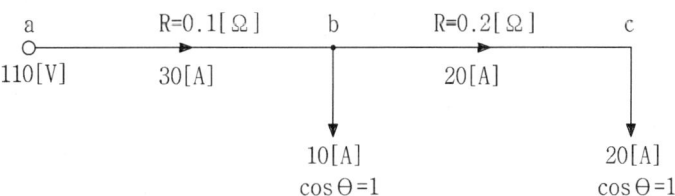

$V_b = 110 - 30 \times 0.1 = 107[V]$

$V_c = 107 - 20 \times 0.2 = 103[V]$

【보기2】 3300[V] 3상 3선식 선로

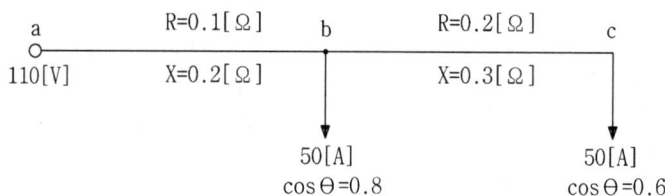

$$e = \sqrt{3}\,I(R\cos\theta + X\sin\theta)$$
$$= \sqrt{3}\,(I\cos\theta\,R + I\sin\theta\,X)$$

	$\cos\theta = 0.8$	$\cos\theta = 0.6$	I_{ab}	I_{bc}
$I\cos\theta$	40	30	70	30
$I\sin\theta$	30	40	70	40

$$V_b = 3300 - \sqrt{3}\,(70 \times 0.1 + 70 \times 0.2) = 3264[\text{V}]$$
$$V_c = 3264 - \sqrt{3}\,(30 \times 0.2 + 40 \times 0.3) = 3233[\text{V}]$$

(3) 균등하게 분산시킨 분포부하의 전압강하 및 전력손실

전압강하 $e = IR$

전력손실 $P_\ell = I^2 R$

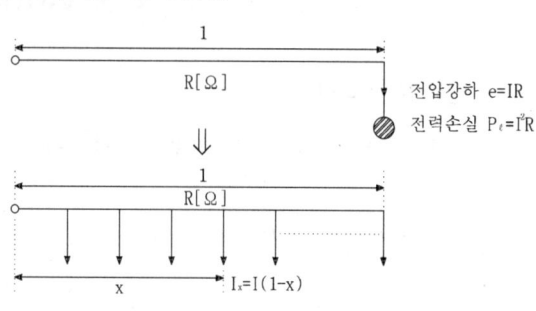

① 전압강하 :
$$e = \int_1^0 I_X R\, dx$$
$$= R\int_1^0 I(1-x)\, dx$$
$$= RI\int_1^0 (1-x)\, dx$$
$$= RI[x - \frac{1}{2}x^2]_0^1$$
$$= \frac{1}{2}IR$$

② 전력손실 :
$$e = \int_1^0 I_X^2 R\, dx$$
$$= R\int_1^0 I^2(1-x)^2\, dx$$
$$= RI^2 \int_1^0 (1-2x+x^2)\, dx$$
$$= RI^2[x - x^2 + \frac{1}{3}x^3]_0^1$$
$$= \frac{1}{3}I^2 R$$

∴ 부하를 균등하게 분산시킨 분포부하의 경우 전압강하 및 전력손실은 부하를 말단에 집중시킨 집중부하에 비하여 각각 $\frac{1}{2}$, $\frac{1}{3}$배로 감소한다.

【보기】 20개의 가로등이 500[m] 거리에 균등하게 배치되어 있다. 한등의 소요전류 4[A], 전선의 단면적 38[㎟] 도전율 56[℧]라면 한쪽 끝에서 110[V]로 급전할 때 최종 전등에 가해지는 전압은?

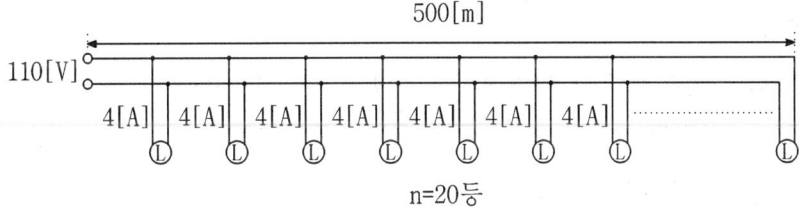

집중부하시 전압강하 :

$$e = IR = nI_1 \times \rho \frac{2\ell}{A} = (4 \times 20) \times \left(\frac{1}{56} \times \frac{2 \times 500}{38}\right) = 38[V]$$

분산부하시 전압강하 : $e_0 = \frac{1}{2}IR = \frac{1}{2} \times 38 = 19[V]$

∴ 최종전등전압 $V = 110 - 19 = 91[V]$

(4) 변전소 및 변압기의 부하중심점

① 분산부하

$$x = \frac{I_1 x_1 + I_2 x_2 + I_3 x_3 + I_4 x_4}{I_1 + I_2 + I_3 + I_4} = \frac{\sum Ix}{\sum I}$$

$$y = \frac{I_1 y_1 + I_2 y_2 + I_3 y_3 + I_4 y_4}{I_1 + I_2 + I_3 + I_4} = \frac{\sum Iy}{\sum I}$$

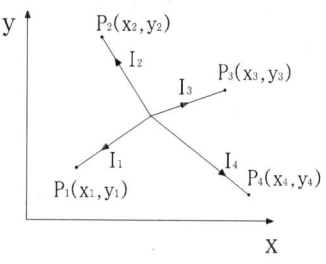

② 직선상 부하

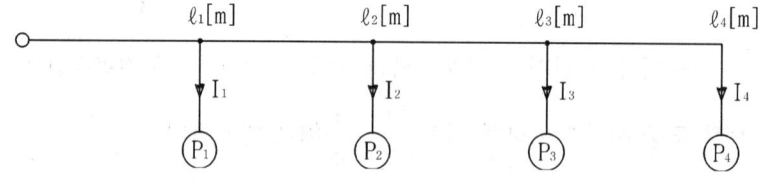

$$부하중심점 = \frac{I_1 \ell_1 + I_2 \ell_2 + I_3 \ell_3 + I_4 \ell_4}{I_1 + I_2 + I_3 + I_4} = \frac{\sum I\ell}{\sum I}$$

3 부하특성

(1) 수용율

수용장소에 설비된 모든 부하설비용량의 합에 대한 실제 사용되고 있는 최대 수용 전력과의 비 ⇒ 단독 수용가의 변압기 용량(최대 수용 전력) 결정

① 수용율 $= \dfrac{최대수용전력}{수용설비용량} \times 100[\%]$

② 변압기 용량 $[KVA] = \dfrac{수용설비용량 \times 수용율}{역률 \times 효율}$

(2) 부등율

다수의 수용가에서 어떤 임의의 시점에서 동시에 사용되고 있는 합성 최대 수용 전력 에 대한 각 수용가에서의 최대 수용 전력과의 비

⇒ 다수의 수용가에서의 변압기 용량 (합성최대 수용전력) 결정

① 부등율 = $\dfrac{각수용가의최대수용전력의합}{합성최대수용전력}$ = 1

② 변압기용량 [KVA] = $\dfrac{각수용가의최대수용전력의합}{부등율 \times 역률 \times 효율}$

③ 부등율이 높다 : 변압기 용량의 감소 효과는 있지만 설비 계통의 이용률은 낮다

【보기】 변압기 용량의 결정

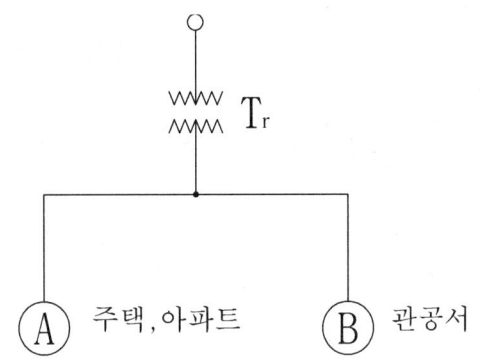

설비용량 100[kW] 설비용량 200[kW]
수용율 80[%]   수용율 60[%]
$\cos\theta$ = 0.9 $\cos\theta$ = 0.9
최대수용 전력   최대수용 전력
100×0.8=80[kW]   200×0.6=120[kW]

	부하 A [kW]	부하 B [kW]
00 : 00 ~ 08 : 00	40	30
08 : 00 ~ 18 : 00	60	100
18 : 00 ~ 24 : 00	80	60

합성최대수용전력 = 60 + 100 = 160 [KW]

① 부등율 $= \dfrac{80+120}{160} = 1.25$ (단위가없다.)

② 변압기 용량 [KVA] = $= \dfrac{80+120}{1.25 \times 0.9} = 177.78 [KVA]$

【보기2】 각 수용가의 수용설비 용량의 합이 각각 16[KW], 8[KW], 10[KW] 수용율이 각각 50[%], 75[%], 60[%]이고 각 수용가 사이의 부등율이 1.3인 경우 공급 설비 용량 [kVA]은? (단, 평균 부하 역률은 80[%]이다.)

변압기 용량[KVA] $= \dfrac{8+6+6}{1.3 \times 0.8} = 19.23 [KVA]$

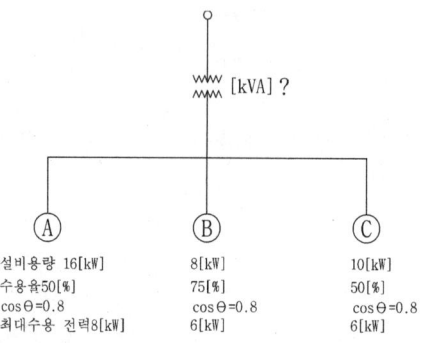

(3) 부하율(F)

임의의 수용가에서 공급 설비 용량이 어느 정도 유효하게 사용되고 있는가를 나타내는 것으로 어떤 임의의 기간 중의 최대수용전력에 대한 평균 수용 전력의 비이다.

① 부하율 $= \dfrac{평균수용전력}{최대수용전력} \times 100 [\%]$

② 평균수용전력 $= \dfrac{전력량[kWh]}{기준시간[h]}$

③ 부하율이 크다 : 공급설비에 대한 설비이용율은 크고, 전력변동은 작다.

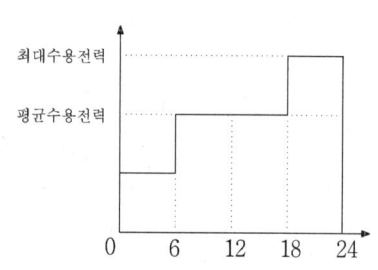

제 13 장 변전설비 기초이론

변전설비란 변압기에서 전력부하설비의 배전반 까지를 변전설비라고 한다.

(1) 변압기의 의의

일반적으로 변압기는 높은 배전계통의 전압을 사용전압인 저압으로 낮추기 위한 목적으로 사용되고 있으며, 배전계통의 전원을 변압기를 사용하여 사용전압으로 강압하여 부하계통에 전력을 공급한다. 이와는 달리 태양광 발전 시스템에서의 변압기는 전압을 높이기 위해 사용한다. 인버터의 출력전압을 배전이나 송전계통의 전압으로 승압하는 용도로 변압기를 사용한다.

(2) 변압기의 종류

1) 변압기를 절연방식, 사용소재 등에 따라 유입변압기, 건식변압기, 몰드변압기, 가스절연변압기, 아몰퍼스변압기 등으로 분류할 수 있다.

① 유입변압기
- 절연과 냉각을 위하여 절연유를 사용한다.
- 냉각을 위한 별도장치가 없이 온도차에 의한 대류에 의존하는 유입자냉식, 변압기의 냉각에 물을 활용하는 유입수냉식, 공기를 강제로 불어넣는 유입풍냉식 등이 있다.
- 별도 장치를 사용하여 냉각성능을 좋게 하면 변압기의 용량을 증가시키는 효과를 기대할 수 있다.
- 유입변압기는 옥내용, 옥외용 등 모든 용도의 변압기로서 사용실적이 많으며 비교적 가격이 저렴하여 널리 사용되고 있다.

② 건식변압기
- 유입변압기에 사용하는 절연유는 화재에 취약하다.
- 반면에 건식변압기는 불연성으로 건축물내의 큐비클에 수납하여 사용하는데 적합하다.
- 건식변압기는 주로 H 종 절연이 사용되며 유입변압기에 비하여 절연강도가 낮고 옥외용으로 사용하기에는 구조상 불합리하다.

③ 몰드변압기
- 에폭시 수지로 몰딩한 건식변압기의 일종이다.
- 난연성, 자기소화성, 절연 성능이 우수하고 절연의 경년변화가 적다.

- 최근 건축물 내의 변전설비에 많이 가장 사용되고 있다.
- 유입변압기에 비하여 서지에 약하기 때문에 몰드변압기 설치 시에는 서지 흡수기 (S.A. Surge Absorber)로 보완할 필요가 있다.

④ 가스절연 변압기
- SF6 가스를 봉입하여 절연하는 변압기이다.
- SF6 가스의 우수한 절연성능으로 유지보수는 가스의 보충정도로 충분하다.
- SF6 가스가 지구온난화를 야기하는 유해가스로 대체가스를 개발하기 위한 연구가 활발하게 진행되고 있다.

⑤ 아몰퍼스 변압기
- 기존의 변압기는 철심소재로 규소강판을 사용한다.
- 아몰퍼스 변압기는 Fe. Si. B 등을 혼합하여 용융한 후 급속냉각시킨 비정질 금속 (Amorphous Metal)을 철심 소재로 사용하는 변압기이다.
- 무부하손실이 기존의 규소강판을 사용하는 변압기의 20% 정도로 효율면에서 우수하여 최근에 사용량이 증가하고 있다.

(3) 변압기의 구조
변압기의 주요 구성부는 철심, 권선, 외함, 붓싱 및 콘서베이터 등이다.

(4) 변압기 효율과 부하율의 관계
변압기 효율은 전압변동률과 함께 변압기의 특성을 나타내는 중요한 요소이다. 전동기와 같은 회전기에는 변압기의 여러 손실들 외에 회전마찰손실 등의 기계손이 있는 반면 정지기인 변압기에는 기계손이 없기 때문에 같은 유도기인 유도 전동기보다 효율이 훨씬 높아서 전력용 변압기의 경우 적어도 97(%) 이상이 된다.

1) 규약 효율
① 기기에서 효율이란 입력과 출력의 비로써 측정하여 나타내는 것이 보통인데 이를 실측효율이 라 한다.

$$실측효율 = \frac{출력}{입력} \times 100(\%)$$

② 한편 직접 측정이 곤란한 경우에는 입력을 출력과 손실의 합으로 나타내는 방법을 채택하는데 이를 규약효율이라 한다.

$$규약효율 = \frac{출력}{입력} \times 100 = \frac{출력}{출력 + 손실} \times 100 (\%)$$

$$\eta = \frac{P_0}{P_0 + P_1} \times 100 = \frac{P_0}{P_0 + P_i + P_e} \times 100 (\%)$$

여기서 부하전류 I_2일 때

출력 $P_0(단상) = V_2 I_2 \cos\theta [W]$, $P_0(3상) = \sqrt{3}\, V_2 I_2 \cos\theta [W]$

손실 $P_l = P_i + P_c [W]$

철손 $P_i [W][PJW]$ 〈단상 혹은 3상〉

동손 $P_c(단상) = RI_2^2 [W]$, $P_c(3상) = 3RI_2^2 [W]$

2) 최대 효율 조건

① 일반적으로 변압기는 전부하로 운전하는 경우보다는 그보다 낮은 부하율에서 운전 되는 것이 보통이다. 따라서 해당 변압기의 평균적 부하율에서 효율이 최대가 되도록 하는 것이 변압기 운전에서는 중요한 요소가 된다.

② 정격전류를 I_η 현재 부하전류를 I라 하면 부하율은 $m = \frac{I}{I_\eta} \times 100 (\%)$ 이다.

③ 철손은 부하율에 관계없이 항상 일정하고 동손은 부하율의 제곱에 비례한다.

$$P_i = 일정$$
$$P_m = RI_{2n}^2$$
$$P_c = RI_{2n}^2 = RI_{2n}^2 \times 100 \sqrt{\frac{P_c}{P_{cn}}} \times 100 (\%)$$

즉, 부하율은 $m = \frac{I_2}{I_{2\eta}} \times 100 = \frac{P_c}{P_m} \times 100 (\%)$

④ 부하율 m일 때의 효율은 다음처럼 표현된다.

$$\eta = \frac{mP_{0n}}{mP_{0n} + P_i + m^2 P_{on}} \times 100 = \frac{V_2 I_2 \cos\theta}{V_2 I_2 \cos\theta + P_i + RI_2^2} \times 100 (\%)$$

단, $P_{on} = V_2 I_{2n} \cos\theta$ 는 정격출력

⑤ 부하율을 변수로 할 때 효율이 최대가 되는 부하율을 구하면 다음과 같다.

$$\frac{d\eta}{dI_2} = \frac{d}{dI_2} \frac{V_2 I_2 \cos\theta}{V_2 I_2 \cos\theta + P_i + RI_2^2} \times 100$$

$$= \frac{V_2 \cos\theta \times [V_2 I_2 \cos\theta + P_i + RI_2^2] - V_2 I_2 \cos\theta - [V_2 \cos\theta + 2RI_2]}{[V_2 I_2 \cos\theta + P_i + RI_2^2]^2} \times 100 = c$$

여기서 분자를 0으로 두면

$$[V_2 I_2 \cos\theta + P_i + RI_2^2] - I_2 \times [V_2 I_2 \cos\theta + 2RI_2] = 0$$
$$P_i - RI_2^2 = 0$$

즉, $P_i = RI_2^2 = P_c$로서 철손과 동손이 같아질 때에 효율이 최대가 됨을 알 수 있다.

⑥ 한편 최대효율시 Pc ⇌ Pi이므로 이때의 부하율은

$$m = \frac{I_2}{I_{2n}} \times 100 = \sqrt{\frac{P_c}{P_{cn}}} \times 100 = \sqrt{\frac{P_i}{P_{cn}}} \times 100 = \sqrt{\frac{철손}{정격부하시의 동손}} \times 100$$

⑦ 정격부하시의 동손과 철손과의 비를 손실비라 하는데 대략 다음과 같다.

$$손실비(Loss\ Ratio)\ LR = \frac{P_m}{P_{cn}} = \frac{1}{m^2} = 1.6 \sim 6$$

따라서 손실비에 의하면 최대효율이 되는 부하율은 대략 아래와 같이 된다.

$$m = \sqrt{\frac{P_i}{P_m}} = \sqrt{\frac{1}{LR}} = \sqrt{\frac{1}{1.6 \sim 6}} = 40 \sim 80\%$$

(5) 변압기 뱅크 방식의 선정

1) 1대의 변압기에 의한 송전방식
- 변압기 1대에 의해 공급하는 방법이 가장 많이 채용되고 있다.
- 이 방식은 가장 경제적이지만 변압기의 고장이 생겼을 때 송전의 정전시간이 길어지는 단점이 있다.
- 발전용량 1,000kVA 이하 일 때 많이 사용되고 있다.

2) 2대의 변압기에 의한 송전방법
- 2대의 변압기를 사용하여 송전의 신뢰도를 향상 시키는 방법이다.
- 이 방식에서는 각 변압기의 단독 운전과 병렬운전의 두 가지 운전 방식이 채택되고 있고 병렬운전 경우의 단락전류는 단독운전 경우의 2배가 된다.
- 발전용량 1,000kVA 이상인 경우

3) 중성점 접지의 목적
① 이상 전압의 경감 및 발생 방지
② 전선로 및 기기의 절연레벨 경감
③ 보호계전기의 신속 확실한 동작
④ 소호리액터 접지 계통에서 1선 지락시 아크 소멸

4) 비접지 방식 (△결선)

저전압 (3.3 6.6 22[kV]), 단거리 선로에서 적용

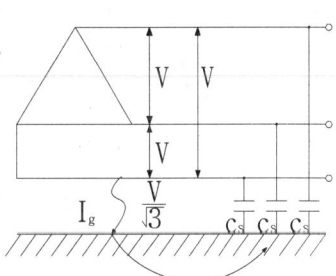

$$I_g = j\omega \times 3C_s \times \frac{V}{\sqrt{3}} \times \ell \times 10^{-6}$$

$$= j\sqrt{3}\,\omega C_s V\ell \times 10^{-6}[A]$$

$$= \sqrt{3} \times 2\pi \times 60 \times 0.005 \times 6600 \times 10 \times 10^{-6}$$

$$= 0.215[A]$$

【장점】

① 변압기 1대 고장시에도 V 결선에 의한 계속적인 3상 전력 공급이 가능하다.

→ 출력비 : $\dfrac{\sqrt{3}\,VI}{3\,VI} = 57.7[\%]$, 이용률 : $\dfrac{\sqrt{3}\,VI}{2\,VI} = 86.6[\%]$

② 선로에 제 3고조파 (동상전류가)가 발생하지 않는다.

【단점】

① 1선지락 사고시 건전상 전압 상승($\sqrt{3}$배)이 크다 (최대 6배)

② 건전상 전압 상승에 의한 2중 고장 발생 확률이 높다.

③ 기기의 절연수준을 높여야 한다.

1 직접 접지 방식

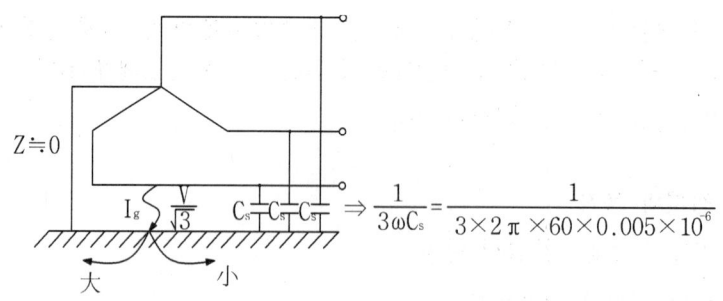

(1) 장점

① 1선지락 고장시 건전상 전압상승이 작다. (상전압의 약 1.2~1.4배 정도)

② 계통에 대한 절연 레벨을 낮출 수 있다.

③ 변압기의 중성점이 0전위 부근에 유지되므로 단절연 변압기의 사용이 가능하다.

④ 고장 전류가 크므로 보호계전기의 동작이 확실하다.

(2) 단점 (원인 : 대단히 큰 고장전류)

① 1선 지락 고장시 인접 통신선에 대한 유도 장해가 크다.

② 계통의 기계적 강도를 크게 하여야 한다.

③ 큰 전류를 차단하므로 차단기 등의 수명이 짧다.

④ 과도 안정도 (고장발생시 전력 공급의 한도)가 나쁘다.

2 저항 접지 방식

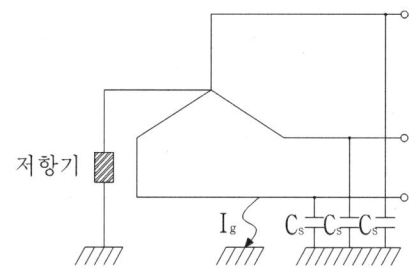

저항기 : 고장전류의 크기를 100[A]~300[A] 제한

① 고저항 접지 방식 : 비접지와 유사.

② 저저항 접지 방식 : 직접접지 방식과 유사.

3 소호리액터 접지 방식 (PC 접지 방식)

66[kV] 선로에서 적용

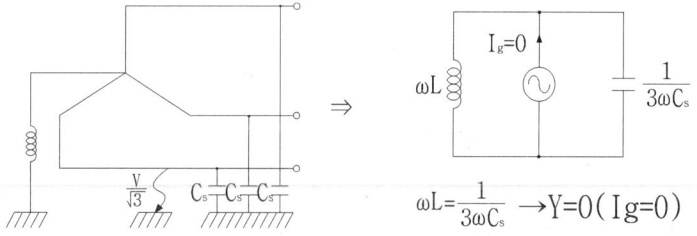

(1) 장점

① 고장 발생 중에도 전력 공급이 가능하다. (과도 안정도가 좋다.)

② 고장 발생이 스스로 복귀되는 경우도 있다.

③ 고장검출이 어려우므로(I_g ≒ 0) 유도장해가 작다.

(2) 단점

① 접지 장치의 가격이 비싸다.

② 고장검출이 어려우므로(I_g ≒ 0) 보호 장치의 동작이 불확실하다.

③ 단선 사고시 직렬공진 (최대 전류)에 의한 이상전압이 최대로 발생한다.

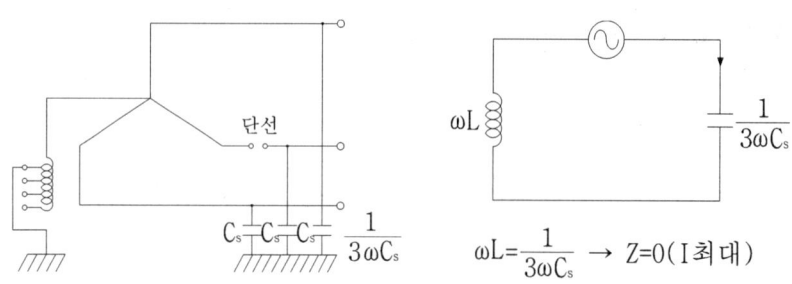

→ 합조도 : 소호리액터의 탭이 공진 점을 벗어나 있는 정도

$$P = \frac{I_L - I_c}{I_c} \times 100[\%] \quad (I_L : 탭전류, \quad I_c : 전대지충전전류)$$

$\omega L < \dfrac{1}{3\omega C_s}$: P(+) → 과보상 (실제 운전)

$\omega L = \dfrac{1}{3\omega C_s}$: P(0) → 공진

$\omega L > \dfrac{1}{3\omega C_s}$: P(-) → 부족보상

【정리】중성점 접지 방식별 비교특성

	1선지락사고시 전압상승	1선 지락사고시 고장전류의 크기	유도장해	계통의 절연	과도 안정도
비접지 방식	최 대	-	-	최 고	-
직접접지 방식	최 소	최 대	최 대	최 저	가장 나쁘다
소호리액터 접지 방식	-	최 소	최 소	-	가장 좋다

(6) 결선방식

1) △-△ 결선방식

- 장점
    - 제3고조파 전류가 △ 결선 내를 순환하므로 정현파 교류전압을 유기하여 기전력이 왜곡을 일으키지 않는다(유도장해 없음).
    - 1상분이 고장나면 나머지 2대로 V 결선 할 수 있다(부하를 $\frac{1}{\sqrt{2}}$로 줄여서 공급 가능).
    - 각 변압기의 상전류가 선전류의 $\frac{1}{\sqrt{3}}$이 되어 대전류에 적당하다.

- 단점
    - 중성점을 접지할 수 없으므로 지락사고의 검출이 곤란하다(비접지방식이므로 고장 전류 적음).
    - 변압비가 다른 것을 결선하면 순환전류가 흐른다.
    - 각 상의 권선 임피던스가 다르면 3상 부하가 평창되었어도 변압기의 부하전류는 불 평형이 된다.

2) Y-Y 결선방식

- 장점
    - 중성점을 접지할 수 있으므로 단절연방식을 채택할 수 있다.
    - 상전압 선간전압의 $\frac{1}{\sqrt{3}}$이 되어 고전압의 결선에 적합하다.
    - 변압비, 임피던스가 서로 틀려도 순환전류가 흐르지 않는다.
    - 제3조파 여자전류의 통로가 없음으로 유도기전력이 제3조파를 함유하여 중성점을 접지하면 통신선에 유도장해를 준다.
    - 기전력 파형은 제3조파를 포함한 왜형파가 된다.

3) △-Y 결선방식

- 제2차 권선의 전압이 선간전압의 $\frac{1}{\sqrt{3}}$이고 승압용에 적당하다.
- △-△ 결선과 Y-Y 결선의 장점을 갖고 있음.
- 30° 의 위상변위가 있어서 1대가 고장나면 전원 공급 불가능

4) Y-△ 결선방식

- 강압변압기에 적당하고 1차 권선의 전압은 선간전압의 $\frac{1}{\sqrt{3}}$이다.
- 높은 전압을 Y결선으로 하므로 절연이 유리하다.
- △-△ 결선과 Y-Y 결선의 장점이 있음
- Y(1차측 한전) - △(2차측 태양광설비) 이므로 태양광발전설비 및 분산형 전원 시스템에서는 이 방식을 사용한다.

(7) 변압기 병렬운전

1) 병렬 운전 조건

① 권수비가 같을 것
② 극성이 일치할 것
③ %임피던스 강하가 같을 것
④ 내부저항과 누설리액턴스비가 같을 것
⑤ 상회전 방향이 같을 것(3상)
⑥ 위상변위(위상각)가 일치되어야 함(3상)

2) 병렬 운전 조합

병렬운전이 가능한 조합		병렬운전이 불가능한 조합	
A 변압기	B 변압기	A 변압기	B 변압기
△ - △	△ - △	△ - △	△ - Y
Y - Y	Y - Y	Y - Y	Y - △
△ - △	Y - Y	-	-
△ - Y	△ - Y	-	-

3) 3권선 변압기 ($Y-Y-△$)를 사용하는 이유는 3고조파를 △권선내에서 순환시켜 제거하기 위함이다.

제 7 장 이상전압 및 개폐기

1. 이상전압

(1) 이상전압의 발생원인
① 내부적인 요인 : 계통의 고장발생, 선로의 개폐, 변압기의 3상비동기투입, 발전기의 자기여자현상
② 외부적인 요인 : 직격뢰, 유도뢰, 유도현상

(2) 직격뢰의 파형
충격파(서지) : 극히 짧은 시간에 파고값에 도달했다가 소멸해버리는 파형.

OA : 파두
AB : 파미
T_f : 파두장
T_t : 파미장

① 파두장은 짧고, 파미장은 길다.
② 국제 표준 충격파 : $1 \times 40 [\mu ses]$, $1.2 \times 50 [\mu ses]$

(3) 이상전압의 진행파

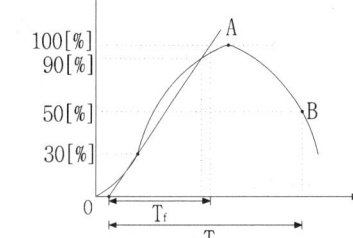

$$i_1 = \frac{e_1}{Z_1} \quad i_2 = \frac{e_2}{Z_2} \quad i_3 = \frac{e_3}{Z_3}$$

$$e_1 = Z_1 i_1 \quad e_2 = Z_2 i_2 \quad e_3 = Z_3 i_3$$

$$i_1 - i_2 = i_3 \ \rightarrow \ i_2 = i_1 - i_3$$

$$e_1 + e_2 = e_3 \ \rightarrow \ e_3 = e_1 + e_2 = e_1 + Z_1(i_1 - i_3)$$

$$= e_1 + Z_1 \left(\frac{e_1}{Z_1} - \frac{e_3}{Z_2} \right)$$

$$= e_1 + e_1 - \frac{Z_1}{Z_2} e_3 \qquad \therefore e_3 \left(1 + \frac{Z_1}{Z_2} \right) = 2e_1$$

① 투과파 : $e_3 = \dfrac{2Z_2}{Z_1+Z_2}e_1$ 투과계수 : $\dfrac{2Z_2}{Z_1+Z_2}$

② 반사파 : $e_3 = \dfrac{Z_2-Z_1}{Z_1+Z_2}e_1$ 반사계수 : $\dfrac{Z_2-Z_1}{Z_1+Z_2}$

③ $Z_1 = Z_2$: 진행파는 모두 투과되므로, 무반사가 된다.

【선로 개폐시의 이상전압】

$$e_3 = \dfrac{2Z_2}{Z_1+Z_2}e_1 = \dfrac{2}{\dfrac{Z_1}{Z_2}+1}e_1 = 2e_1$$

2. 피뢰기

(1) 피뢰기의 구조 및 제한 전압

$i_1 = \dfrac{e_1}{Z_1}$ $i_2 = \dfrac{e_2}{Z_1}$ $i_3 = \dfrac{e_3}{Z_2}$

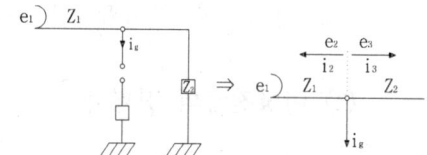

① 직렬갭 : 이상 전압 내습시 이상 전압의 대지로의 방전

② 특성요소 : 방전 종류 후 속류 (→방전 종료 후 전원으로부터 공급되는 상용주파수의 전류) 차단

③ 실드링 : 대지정전용량의 불균형 완화 및 피뢰기 방전개시시간의 저하방지

④ 피뢰기의 제한전압 :

$i_1 - i_2 = i_3 + i_g \;\rightarrow\; i_2 = i_1 - i_3 - i_g$

$e_1 + e_2 = e_3 \;\rightarrow\; e_3 = e_1 + e_2 = e_1 + Z_1 i_2$
$\qquad\qquad\qquad\qquad = e_1 + Z_1(i_1 - i_3 - i_g)$

$$e_3 = e_1 + Z_1\left(\frac{e_1}{Z_1} - \frac{e_3}{Z_2}\right) - Z_1 i_g$$

$$= e_1 + e_1 - \frac{Z_1}{Z_2}e_3 - Z_1 i_g$$

$$e_3\left(1 + \frac{Z_1}{Z_2}\right) = 2e_1 - Z_1 i_g$$

∴ 피뢰기의 제한전압 : $e_3 = \dfrac{2Z_2}{Z_1+Z_2}e_1 - \dfrac{Z_1 Z_2}{Z_1+Z_2}i_g$

(2) 기준 충격 절연 강도 (BIL, Basie Impluse imsulation Level)

송전계통에 시설하는 선로애자, 개폐기, 지지애자, 변압기 등에 대한 최소 절연 기준값으로 피뢰기의 제한 전압을 기본으로 하므로 피뢰기의 제한 전압은 다른 기기류의 기준 충격 절연강도보다 낮아야 한다.

① 기준충격 절연강도 : (선로의 공칭전압 × 5) ± 50 → 저감절연 (직접 접지 계통)

② 기기의 여유도 = $\dfrac{\text{기기류의기준충격절연강도} - \text{피뢰기의제한전압}}{\text{피뢰기의제한전압}}$

(3) 피뢰기의 정격전압

속류를 차단할 수 있는 최고허용교류전압

공 칭 전 압 [kV]	피뢰기의 정격전압 [kV]
3.3 6.6	7.5
11.4	12(변전소), 9(선로)
22.9	21(변전소), 18 (선로)
22	24
66	75
154	138
345	288

(4) 피뢰기의 구비조건
① 속류차단능력이 있을 것
② 제한 전압이 낮을 것
③ 충격방전 개시전압은 낮을 것
④ 상용주파 방전 개시전압은 높을 것
⑤ 방전 내량이 클 것
⑥ 내구성 및 경제성이 있을 것

(5) 피뢰기의 설치 장소
① 발·변전소 또는 이에 준하는 장소의 가공지선 인입구 및 인, 출구
② 고압 및 특별 고압 가공전선로로부터 공급을 받는 수용장소의 인입구
③ 가공전선로와 지중 전선로가 접속되는 곳

3. 서지흡수기

직격뢰 등으로부터 발전기를 보호하기 위하여 발전기 단자부근에 설치하는 전압 분배용 콘덴서

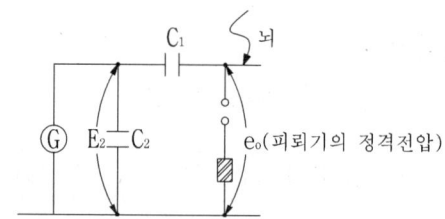

$$C_1 = 1[F], \quad C_2 = 4[F], \quad e_0 = 100[kV]$$

$$E_2 = \frac{C_1}{C_1 + C_2} \times e_0 = \frac{1}{1+4} \times 100 = 20[kV]$$

4. 단로기(DS : Disconnecting Switch)

무부하 상태에서 전로를 개폐하거나, 차단기, 변압기, 피뢰기 등과 같은 고전압 기기류의 1차측에 부착하여 기기류의 점검,보수 시 회로를 분리 하는 데 사용하는 것으로 부하 전류의 개폐능력은 없지만 극히 미약한 선로의 충전전류나 변압기의 여자 전류는 개폐 할 수 있다.

5. 차단기 (CB : Circuit Breaker)

전로에 전류가 흐르고 있는 상태에서 회로를 개폐하거나 차단기 부하 측에서 단락 사고 및 지락 사고가 발생했을 때 신속하게 회로를 차단할 수 있는 능력을 가진 개폐기

(1) 차단기의 소호매질에 의한 분류

① 유입차단기(OCB) : 절연유 이용, 300[kV]급

　　　　　　　　　콘덴서 전류에 대한 재 점호가 거의 없다.

② 공기차단기 (ABB) : 10기압이상의 압축공기이용, 750[kV]급

　　　　　　　　　전류절단현상 발생, 콘덴서 전류에 대한 재점호가 거의 없다.

③ 진공차단기 (VCB) : 진공상태이용, 154[kV]급,

　　　　　　　　　콘덴서 전류에 대한 재점호가 없다.

④ 가스차단기 (GCB) : SF_6, 500[kV]급,

　　　　　　　　　콘덴서 전류에 대한 재점호가 없다.

⇒　SF_6가스의 특징 : 불활성, 무색, 무취, 무독성이다.

　　　　　　　　　열전도성이 뛰어나다. (공기의 약 1.6배)

　　　　　　　　　절연내력이 뛰어나다. (공기의 약 3배 : 106 [kV/cm])

　　　　　　　　　소호능력이 뛰어나다. (공기의 약 100배)

⑤ 자기차단기(MBB) 전자력 이용, 20[kV]급

⑥ 기중차단기(ACB) : 대기이용, 3.3[kV]급 이하

(2) 차단기의 표준동작 책무의 의한 분류

① 일반형 ┌ A형 : O → 1분 → C,O → 3분 → C,O
         └ B형 : O → 15초 → C,O

② 고속형(자동재폐로 방식 채용) : O → θ → C,O → 1분 → C,O

(3) 차단기의 정격전압, 정격전류, 정격차단전류

① 정격전압 : 규정된 조건에 따라 차단기에 부과될 수 있는 사용 회로 전압의 상한값 (계통 최고 선간전압)

공칭전압[kV]	정격전압[kV]
3.3	3.6
6.6	7.2
22,22.9	25.8
66	72.5
154	170
345	362

② 정격전류 [A] : 정격 전압 및 정격 주파수하에서 일정한 온도 상승 한도를 넘지 않는 상태에서 그 차단기에 연속적으로 흘릴 수 있는 전류

③ 정격차단전류[KA] : 정격전압 하에서 규정된 표준 동작책무 및 동작 상태에 따라 차단할 수 있는 차단 전류의 한도(실효값)

(4) 차단기의 정격차단 용량

$P_s = \sqrt{3} \times$ 정격전압 $\times$ 정격차단전류 $[MVA]$

(5) 차단기의 정격차단시간

정격전압 하에서 규정된 표준 동작책무 및 동작상태에 따라 차단할 때의 차단시간 한도로서 트립코일 여자로부터 아크의 소호까지의 시간(개극시간 + 아크시간)

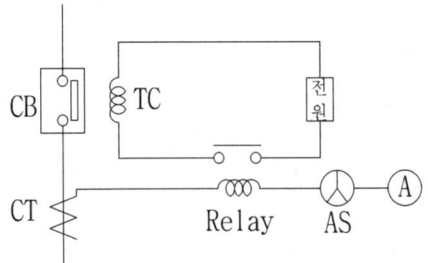

(6) 단로기, 선로개폐기, 차단기에 의한 전원의 투입 및 차단.

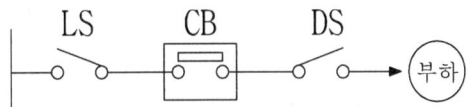

① 전원투입(급전) : DS on → LS on → CB off
② 전원차단(정전) : CB off → LS off → CB off

6. 계전기

(1) 보호계전기의 구비조건
① 고장의 정도 및 위치를 정확히 파악할 것
② 동작이 예민하고 오동작이 없을 것
③ 소비전력이 적고 경제적일 것
④ 적당한 후비 보호 능력이 있을 것

(2) 동작원리에 의한 보호계전기의 분류
① 가동코일형(직류형)
② 가동철편형
③ 유도형
④ 전류력계형
⑤ 전자형(트랜지스터 계전기)
   장점 : 무접점, 고속동작, 소비전력이 작다
   단점 : 온도 민감. 서지에 약하다
⑥ 디지털 계전기(마이컴 이용) : 입력된 기준량과 실제 운전량을 비교하여 고장을 검출하는 방식 표준화가능(→ 자동화 시스템 채용), 성능의 변화가 없다.

(3) 동작시한에 의한 분류
① 순한시 계전기 (고속도 계전기) : 고장 검출 즉시 동작하는 계전기
② 정한시 계전기 : 고장검출 일정 시간 후에 동작하는 계전기
③ 반한시 계전기 : 고장전류가 크면 동작시합이 짧고, 고장전류가 작으면 동작시한이 길어져 동작하는 계전기.
④ 반한시 정한시성 계전기 : 고장전류가 적은 동안에는 고장 전류가 클수록 동작시한이 짧게 되지만 고장전류가 일정 값 이상 되면 정한시 특성을 갖는 계전기.

(4) 용도 및 사용목적에 따른 계전기의 분류

① 과전류 계전기 (OCR) : 전류가 일정값이상으로 흐를 때 동작하는 계전기.

② 과전압 계전기 (OVR) : 전압이 일정값이상이 되었을 때 동작하는 계전기.

③ 부족전압 계전기 (UVR) : 전압이 일정값 이하로 되었을 때 동작하는 계전기.

④ 지락 계전기 (GR) : 지락사고시 발생하는 지락 전류에 의하여 동작하는 계전기.
   ⇒ 선택지락 계전기 (SGR), 지락방향 계전기(DGR)

⑤ 임피던스 (거리)계전기(ZR) : 전압 및 전류를 입력량으로 하여 전압과 전류의 비의 함수가 예정값 이하로 되었을 때 동작하는 계전기.

⑥ mho 계전기 : 방향특성을 갖는 거리 계전기.

(5) 기기(발전기, 변압기)의 내부 고장 검출 계전기

① 차동계전기 : 내부 고장 발생시 고저압측에 설치한 CT 2차 전류의 차에 의하여 계전기를 동작시키는 방식

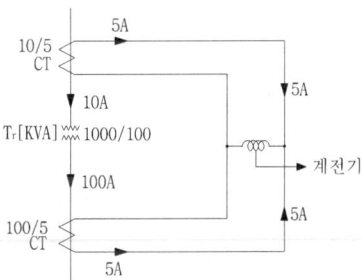

② 비율차동계전기 : 내부 고장 발생시 고,저압측에 설치한 CT 2차측의 억제 코일에 흐르는 전류차가 일정비율 이상이 되었을 때 계전기가 동작하는 방식

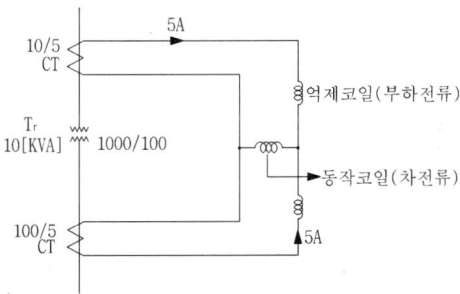

③ 부흐홀쯔 계전기 : 변압기 내부 고장으로 인한 절연유의 온도 상승시 발생하는 유증기를 검출하여 경보 및 차단을 하기 위한 계전기.

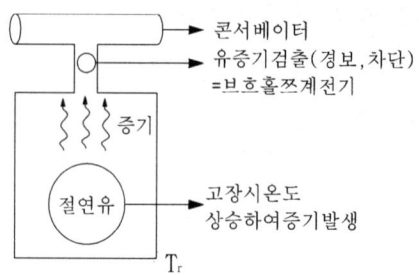

7. 계기용변성기

(1) 계기용 변압기(PT)

고전압을 저전압으로 변성하여 배전반의 측정계기나 보호계전기의 전원공급을 하기 위한 변성기

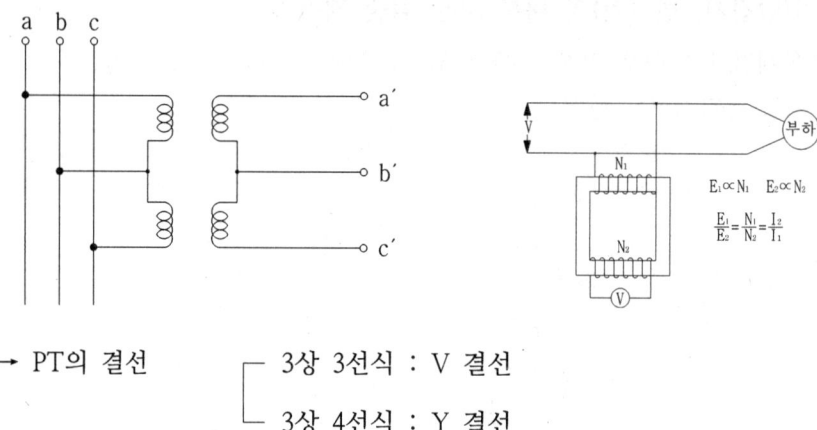

→ PT의 결선 ┌ 3상 3선식 : V 결선
　　　　　　└ 3상 4선식 : Y 결선

(2) 계기용 변류기 (CT)

고압회로에 흐르는 대전류를 소전류로 변성하여 배전반의 측정계기나 보호계전기의 전원 공급을 위한 변성기

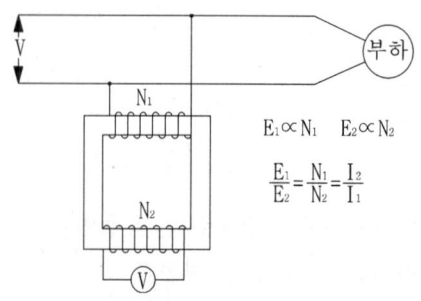

⇒ CT의 결선 : 3상 3선식 : V 결선

3상 4선식 : Y 결선

(3) 계기용 변압 변류기(PCT) : 적산 전력계계에 대한 전력 공급원

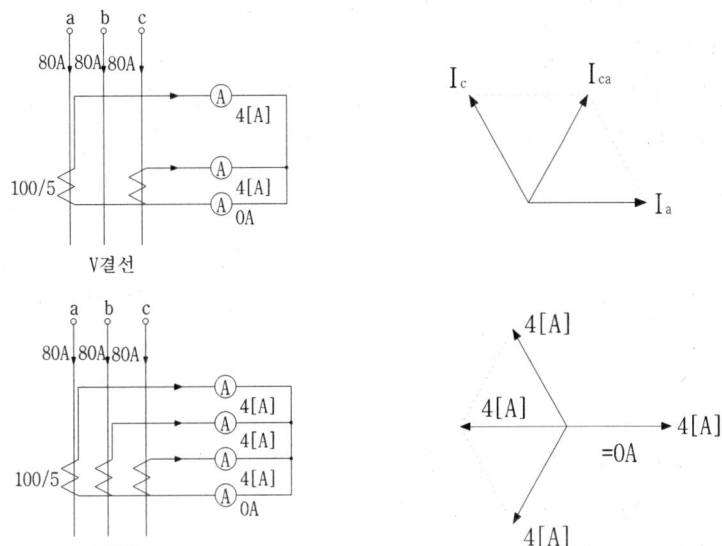

기출 및 출제 예상문제

01 다음은 감리사무실의 설치에 관한 기술이다 틀린 것은?
① 감리사무실은 발주자 또는 공사업자가 제공한다.
② 공사규모 및 현장실정에 부합되도록 발주자와 협의하여 감리업무에 지장이 없는 범위 내에서 설치한다.
③ 감리원의 업무용 사무실 내에 업무담당자의 자리를 배치한다.
④ 실험실은 가급적 감리원 사무실과 떨어진 조용한 곳에 설치하여 업무의 효율을 돕는다.

답 ④

 실험실은 가급적 감리원 사무실 옆에 배치토록 하여 효율적인 업무 추진이 이루어질 수 있도록 하여야 한다.

02 다음 중 설계도서 적용 시 고려사항으로 볼 수 없는 것은?
① 도면상 축척으로 잰 치수가 숫자로 나타낸 수치보다 우선한다.
② 특별시방서는 당해 공사에 한하여 일반시방서에 우선하여 적용한다.
③ 특별시방서 및 도면에 기재되지 않은 사항은 일방시방서에 의한다.
④ 설계도면 및 시방서의 어느 한쪽에 기재되어 있는 것은 그 양쪽에 기재되어 있는 사항과 완전히 동일하게 다룬다.

답 ①

 숫자로 나타낸 치수는 도면상 축적으로 잰 치수보다 우선한다.

03 다음 중 ( ) 안에 알맞은 내용은?

> 감리원은 공사가 시작된 경우 공사업자로부터 착공신고서를 제출받아 적정성 여부를 검토하여 ( ) 이내에 발주자에게 보고하여야 한다.

① 7일　　　　　　　　　　　　② 14일
③ 21일　　　　　　　　　　　 ④ 30일

답 ①

감리원은 공사가 시작된 경우에는 공사업자로부터 서류가 포함된 착공신고서를 제출받아 적정성 여부를 검토하여 7일 이내에 발주자에게 보고하여야 한다.

04 다음 중 (   ) 안에 알맞은 내용으로 옳게 짝지어진 것은?

(㉠)은(는) 공사 시작과 동시에 (㉡)에게 가설시설물의 면적, 위치 등을 표시한 가설시설물 설치계획표를 작성하여 제출하도록 하여야 한다.

① ㉠ 발주자 ㉡ 공사업자
② ㉠ 발주자 ㉡ 감리원
③ ㉠ 감리원 ㉡ 공사업자
④ ㉠ 감리업자 ㉡ 공사업자

답 ③

 감리원은 공사 시작과 동시에 공사업자에게 다음에 따른 가설시설물의 면적, 위치 등을 표시한 가설시 설물 설치계획표를 작성하여 제출하도록 하여야 한다.
1) 공사용도로(발·변전설비, 송·배전설비에 해당)
2) 가설사무소, 작업장, 창고, 숙소, 식당 및 그 밖의 부대설비
3) 자재 야적장
4) 공사용 임시전력

05 다음 중 공사업자가 해당 공사현장에서 비치하고 기록·보관하여야 하는 서류가 아닌 것은?
① 작업계획서
② 착수 신고서
③ 주간공정계획 및 실적고고서
④ 기자재 공급원 승인현황

답 ②

 공사업자의 비치·기록·보관 서류
1) 하도급 현황
2) 주요인력 및 장비투입 현황
3) 작업계획서
4) 기자재 공급원 승인현황
5) 주간공정계획 및 실적보고서
6) 안전관리비 사용실적 현황
7) 각종 측정 기록표

06 분기보고서는 다음 중 누가 작성하여 누구에게 제출하여야 하는가?
① 책임감리원이 작성하여 발주자에게 제출
② 책임감리원이 작성하여 감리업자에게 제출
③ 공사업자가 작성하여 발주자에게 제출
④ 공사업자가 작성하여 감리업자에게 제출

답 ①

 책임감리원은 다음의 사항이 포함된 분기보고서를 작성하여 발주자에게 제출하여야 한다.
1) 공사추진 현황(공사계획의 개요와 공사추진계획 및 실적, 공정현황, 감리용역현황, 감리조직, 감리원 조치내역 등)
2) 감리원 업무일지
3) 품질검사 및 관리현황
4) 검사요청 및 결과통보내용
5) 주요기자재 검사 및 수불내용(주요기자재 검사 및 입·출고가 명시된 수불현황)
6) 설계변경 현황
7) 그 밖에 책임감리원이 감리에 관하여 중요하다고 인정하는 사항

07 재시공이 지시되는 경우가 아닌 것은?
① 시공된 공사가 품질확보 미흡 또는 위해를 발생시키는 경우
② 천재지변 등으로 발주자의 지시가 있을 때
③ 감리원의 확인·검사에 대한 승인을 받지 아니하고 후속 공정을 진행하는 경우
④ 관계 규정에 맞지 아니하게 시공한 경우

답 ②

 재시공 : 시공된 공사가 품질확보 미흡 또는 위해를 발생시킬 우려가 있다고 판단되거나, 감리원의 확인·검사에 대한 승인을 받지 아니하고 후속공정을 진행한 경우와 관계 규정에 맞지 아니하게 시공한 경우

08 공사 중지사항에 해당하지 않는 것은?
① 재시공 지시가 이행되지 않는 상태에서 다음 단계의 공정이 진행됨으로써 하자 발생이 될 수 있다고 판단될 때
② 안전 시공상 중대한 위험이 예상되어 물적, 인적 중대한 피해가 예견될 때
③ 동일 공정에 있어 3회 이상 시정 지시가 이행되지 않을 때
④ 동일 공정에 있어 5회 이상 경고가 있음에도 이행되지 않을 때

답 ④

 동일 공정에 있어 2회 이상 경고가 있음에도 이행되지 않을 때

09 책임감리원이 발주자에게 제출하는 최종보고서 중 품질관리 실적에 해당하는 사항이 아닌 것은?
① 검사요청 및 결과 통보 현황
② 각종 측정기록 및 조사표
③ 기성 및 준공검사 현황
④ 시험장비 사용 현황

답 ③

 최종보고서 내용
1) 공사 및 감리용역 개요 등(사업목적, 공사개요, 감리용역 개요, 설계용역 개요)
2) 공사추진 실적 현황(기성 및 준공검사 현황, 공종별 추진실적, 설계변경현황, 공사현장 실정보고 및 처리현황, 지시사항 처리, 주요인력 및 장비투입 현황, 하도급 현황, 감리원 투입 현황)
3) 품질관리 실적(검사요청 및 결과 통보 현황, 각종측정기록 및 조사표, 시험장비 사용 현황, 품질관리 및 측정자 현황, 기술검토실적 현황 등)
4) 주요기자재 사용실적(기자재 공급원 승인 현황, 주요기자재 투입 현황, 사용자재 투입 현황)
5) 안전관리 실적(안전관리조직, 교육실적, 안전점검 실적, 안전관리비 사용실적)
6) 환경관리 실적(폐기물발생 및 처리실적)
7) 종합분석

10 감리원의 업무 중 설계 변경 및 계약금액의 업무흐름에서 계약금액조정 업무에 관계없는 것은?

① 수량조사 및 산출조서 ② 설계변경
③ 물공량정산 ④ 물가변동

답 ①

 설계변경 및 계약금액 조정 업무흐름도

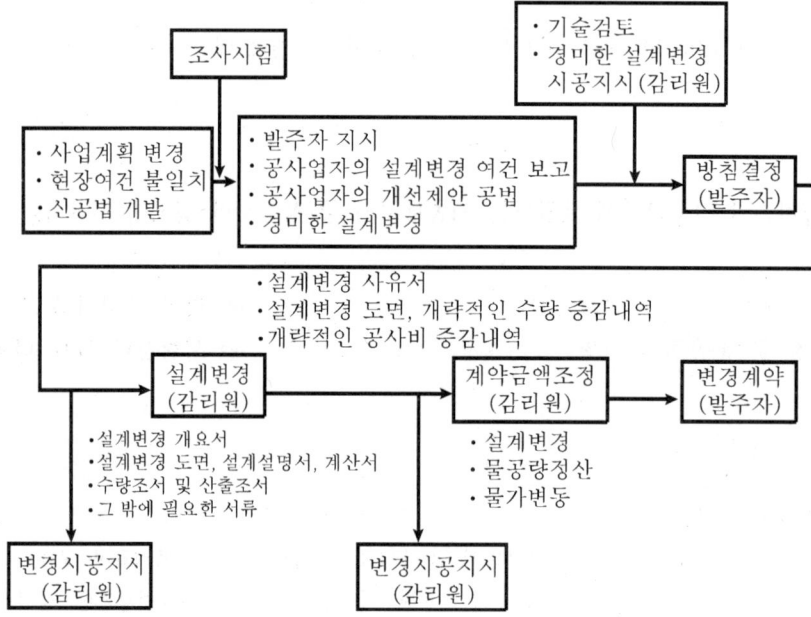

11 다음 괄호 안에 들어갈 내용은?

> 감리원이 공사 시작일부터 30일 이내에 공사업자로부터 ( )을(를) 제출받아 제출받는 날로부터 14일 이내에 검토하여 승인하고 발주자에게 제출하여야 한다.

① 시공계획서 ② 공정관리계획서
③ 검사요청서 ④ 설계변경 현황

답 ②

감리원이 공사 시작일로부터 30일 이내에 공사업자로부터 공정관리계획서를 제출받아 제출받은 날로부터 14일 이내에 검토하여 승인하고 발주자에게 제출하여야 한다.

12 다음 중 (　)안에 알맞은 내용으로 짝지어진 것은?

> 감리원은 공사업자가 작성·제출한 시공계획서를 공사 시작일로부터 (㉠) 이내에 제출받아 이를 검토·확인하여 (㉡) 이내에 승인하여 시공하도록 하여야 하고, 시공계획서의 보완이 필요한 경우에는 그 내용과 사유를 문서로서 공사업자에게 통보하여야 한다.

① ㉠ 14일 ㉡ 7일　　　　　　② ㉠ 14일 ㉡ 14일
③ ㉠ 30일 ㉡ 7일　　　　　　④ ㉠ 30일 ㉡ 14일

답 ③

 감가상각 0일 이내 제출받아 이를 검토·확인하여 7일 이내에 승인 시공한다.

13 시공계획서에 포함되어야 할 내용으로 잘못된 것은?
① 현장 조직표　　　　　　　② 주요 장비 동원계획
③ 보안 대책 및 보안각서　　　④ 품질·안전·환경관리 대책 등

답 ③

 시공계획서에 포함되어야 할 사항
1) 현장 조직표　　　　　　2) 공사 세부공정표
3) 주요공정의 시공 절차 및 방법　4) 시공일정
5) 주요장비 동원계획　　　　6) 주요기자재 및 인력 투입 계획
7) 주요설비　　　　　　　　8) 품질·안전·환경관리 대책 등

14 공사업자로부터 감리원이 제출받은 주간, 월간 상세공정표 제출기간이 올바른 것은?
① 월간 상세공정표 : 7일 전 제출, 주간 상세공정표 : 4일 전 제출
② 월간 상세공정표 : 14일 전 제출, 주간 상세공정표 : 7일 전 제출
③ 월간 상세공정표 : 21일 전 제출, 주간 상세공정표 : 10일 전 제출
④ 월간 상세공정표 : 30일 전 제출, 주간 상세공정표 : 15일 전 제출

답 ①

 감리원은 공사업자로부터 전체 실시공정표에 따른 월간 상세공정표를 7일 전에 제출하고, 주간 상세공정표는 4일 전에 제출한다.

15 감리원이 매 분기마다 공사업자로부터 안전관리 결과보고서를 제출받아 이를 검토하고 미비한 사항이 있을 때에는 시정하도록 조치하는 안전관리결과보고서에 포함되지 않는 서류는??
① 재해발생 현황
② 산재요양신청서
③ 직원 건강기록부
③ 안전교육 실적표

답 ③

 안전관리결과보고서에 포함되는 서류
1) 안전관리 조직표 2) 안전보건 관리체제
3) 재해발생 현황 4) 산재요양신청서 사본
5) 안전교육 실적표 6) 그 밖에 필요한 서류

16 다음 중 ( ) 안에 알맞은 내용으로 짝지어진 것은?

> 감리원은 공사업자로부터 전체 실시공정표에 다른 월간 상세공정표를 작업 착수 (㉠)에 주간 상세공정표를 작업 착수 (㉡)에 제출받아 검토·확인하여야 한다.

① ㉠ 7일전 ㉡ 4일전
② ㉠ 14일전 ㉡ 7일전
③ ㉠ 4일전 ㉡ 7일전
④ ㉠ 7일전 ㉡ 14일전

답 ①

 월간 상세공정표 : 작업 착수 7일 전에 제출
주간 상세공정표 : 작업 착수 4일 전에 제출

17 감리원이 공사업자에게 만회공정표를 수립하여 제출하도록 지시하여야 하는 경우는?
① 공사 진도율이 계획공정 대비 월관 공정실적이 10[%] 이상 지연되거나, 누계 공정 실적이 5[%] 이상 지연될 때
② 공사 진도율이 계획공정 대비 월관 공정실적이 15[%] 이상 지연되거나, 누계 공정 실적이 7[%] 이상 지연될 때
③ 공사 진도율이 계획공정 대비 월관 공정실적이 20[%] 이상 지연되거나, 누계 공정 실적이 10[%] 이상 지연될 때
④ 공사 진도율이 계획공정 대비 월관 공정실적이 25[%] 이상 지연되거나, 누계 공정 실적이 15[%] 이상 지연될 때

답 ①

 감리원은 공사 진도율이 계획공장 대비 월간 공정실적이 10[%] 이상 지연되거나, 누계공정 실적이 5[%] 이상 지연될 때에는 공사업자에게 부진사유 분석, 만회대책 및 만회공정표를 수립하여 지시하여야 한다.

18 감리원은 환경영향평가법에 따른 환경영향 조사결과를 조사기간이 만료된 날부터 며칠 이내에 지방환경청장 및 승인기관의 장에게 통보할 수 있도록 하여야 하는가?
① 7일 ② 14일 ③ 30일 ④ 60일

답 ③

 감리원은 환경영향평가법에 따른 환경영향 조사결과를 조사기간이 만료된 날부터 30일 이내에 지방환경청장 및 승인기관의 장에게 통보할 수 있도록 하여야 한다.

19 다음의 경우에는 제작회사의 자체 시험성적을 확인한다. 틀린 것은?
① 고압 이상 전기계기구의 시험성적서
② 국가표준기본법에 의한 공인제품 인증기관의 안전인증 표시품
③ 국내 공인시험기관에서 시험이 불가능한 품목 및 검사기관에서 인정한 품목
④ 중전기기 시험기준 및 방법에 관한 요령 고시에 의한 공인시험기관의 인증시험이 면제된 제품

답 ①

 고압 이상 전기계기구의 시험성적서는 국내생산품과 수입품 모두 동일하게 국내 공인시험 기관의 시험 성적서를 확인함을 원칙으로 한다. 다만, 다음의 경우에는 제작회사의 자체 시험성적을 확인한다.
1) 산업표준화법에 의한 KS 표시품, 콘덴서, 전동기, 기동기, 20[kV]급 케이블 종단접속재이외의 케이블 접속재
2) 국가표준기법에 의한 공인제품 인증기관의 안전인증 표시품
3) 중전기기 시험기준 및 방법에 관한 요령 고시에 의한 공인시험기관의 인증시험이 면제된 제품
4) 국내공인시험기관에서 시험이 불가능한 품목 및 검사기관에서 인정한 품목

20 태양광 발전소에 관한 공사의 경우 사용 전 검사를 받는 시기는?
① 준공검사를 한 때　　　　　　　　② 기초공사가 완료된 때
③ 토목공사가 완성된 때　　　　　　④ 전체 공사가 완료된 때

답 ④

해설 태양광발전소에 관한 공사의 경우 전체 공사가 완료된 때 사용 전 검사를 받는다.

21 "전기사업용 전기설비 및 일반전기설비 외의 전기설비를 말한다."로 정의된 용어는?
① 자가용 전기설비　　　　　　　　② 상용 발전설비
③ 전기수용설비　　　　　　　　　　④ 수전설비

답 ①

해설 용어정리
1) 상용발전설비 : 자가용 전기설비에 설치하여 전력계통에 연계 운전하거나 자체적으로 사용하는 자가용 발전설비로서 비사용 예비발전설비를 제외한 발전설비를 말한다.
2) 자가용 발전설비 : 전기사업용 전기설비 및 일반전기설비 외의 전기설비를 말한다.
3) 전기수용설비 : 수전설비와 구내배전설비를 말한다.
4) 수전설비 : 타인의 전기설비 또는 구내발전설비로부터 전기를 공급받아 구내 발전설비로 전기를 공급하기 위한 전기설비로써 수전 지점을 배전반(구내배전 설비로 전기를 배전하는 전기설비를 말한다.)까지의 설비를 말한다.
5) 구내배전설비 : 수전설비의 배전반에서부터 전기시용기기에 이르는 견선로 · 개폐기 · 치단기 · 분전함 · 콘센트 · 제어반 · 스위치, 그 밖의 부족설비를 말한다.

22 자가용 전기설비 검사를 받으려는 신청인은 어디에 검사희망일 7일 전까지 사용 전 검사 또는 정기검사를 신청해야 하는가?
① 한국전력거래소　　　　　　　　② 한국전력
③ 한국전기안전공단　　　　　　　④ 에너지관리공단

답 ③

 자가용 전기설비 검사를 받으려는 신청인은 전기안전공사에 검사 희망일 7일 전까지 사용 전 검사 또는 정기검사를 신청하여야 한다. 다만, 다음 사용 전 검사는 전기안전공사와 협의 시, 신청 후 7일 이내에도 검사를 받을 수 있다.

23 다음 기술 중 틀린 것은?
① 비상발전기는 태양광 발전설비 계통과 연계하여야 한다.
② 계통 연계되는 전기실까지 케이블 트레이 평면도를 붙여야 한다.
③ 피뢰침 보호각이 표시되어 있는 전기 간선 계통도 붙여야 한다.
④ 케이블 트레이 상용케이블과 태양광 발전설비 케이블의 사이에는 이격거리를 두고 배선 꼬리표를 달아야 한다.

답 ①

 비상발전기는 태양광 발전설비 계통과 연계하지 말아야 한다.

24 자가용 전기설비 사용 전 검사 전·후 신청인 및 전기안전관리자 등 검사 입회자에게 회의를 통해 설명하고 확인시켜야 할 사항이 아닌 것은?
① 검사의 목적과 내용
② 검사의 절차 및 방법
③ 준공표지판 설치
④ 검사에 필요한 안전자료 검토 및 확인

답 ④

 검사 전·후 회의에서 신청인 및 전기안전관리자에게 설명할 사항은
1) 검사의 목적과 내용
2) 안전작업 수칙
3) 검사의 절차 및 방법
4) 검사에 필요한 기술자료 검토 및 확인
5) 검사결과 부적합 사항의 조치내용 및 개수방법·기술적인 조언 및 권고
6) 준공표지판 설치

25 안전공사는 사용 전 검사완료일로부터 며칠 이내에 검사확인증을 신청인에게 통지해야 하는가?

① 3일 ② 5일
③ 7일 ④ 10일

답 ②

 안전공사는 검사완료일로부터 5일 이내에 검사확인증을 신청인에게 통지하여야 하며 무정 전 검사 결과 합격(요주의)의 경우에는 그 내용 및 조치사항을 함께 통지한다.

26 다음은 감리업자가 기성부분검사 및 준공검사 전에 전문기술자 참여, 필수적인 점사공종 검사를 위한 시험장비 등 체계적으로 검사 계획서를 발주자에게 제출 승인을 받고, 승인을 받은 계획서는 다음과 같은 검사절차에 따라 검사를 실시한다. A, B, C에 들어갈 일 수는?

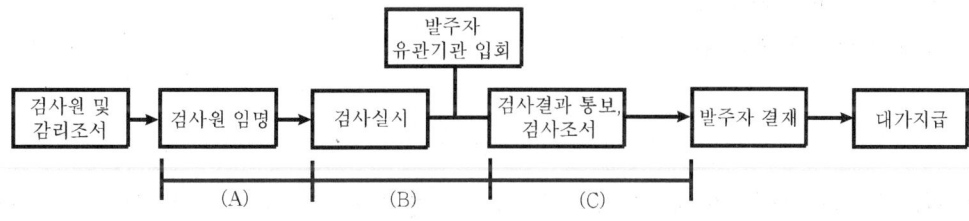

① A : 3, B : 8, C : 3 ② A : 5, B : 7, C : 5
③ A : 3, B : 7, C : 5 ④ A : 5, B : 8, C : 3

답 ①

 안전

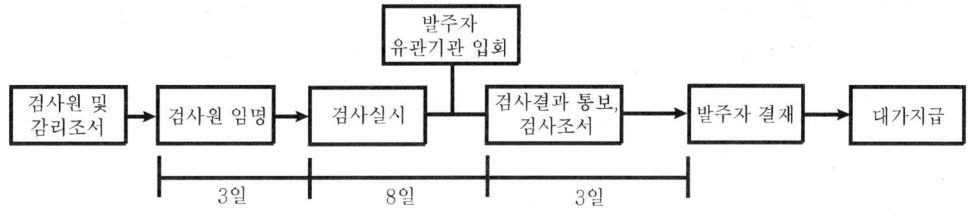

27 감리원은 해당 공사 완료 후 준공검사 전에 사전 시운전 등이 필요한 부분에 대해서 공사업자에게 시운전을 위한 계획을 수립하여 30일 이내에 제출하도록 한다. 다음 중 시운전을 위한 계획에 포함되지 않는 사항은?
① 시운전 일정 ② 시운전 항목 및 종류
③ 시운전 방법 ④ 시험장비 확보 및 보정

답 ③

 감리원은 해당 공사 완료 후 준공검사 전에 사전시운전 등이 필요한 부분에 대하여는 공사업자에게 다음 각 호의 사항이 포함된 시운전을 위한 계획을 수립하여 시운전 30일 이내에 제출하도록 하고, 이를 검토하여 발주자에게 제출하여야 한다.
1) 시운전 일정
2) 시운전 항목 및 종류
3) 시운전 절차
4) 시험장비 확보 및 보정
5) 기계·기구 사용계획
6) 운전요원 및 검사요원 선임계획

28 다음 중 전기 사용자에게 전기를 공급하는 것을 주된 목적으로 하는 사업을 무엇이라 하는가?
① 송전사업 ② 발전사업
③ 구역전기사업 ④ 전기판매사업

답 ④

 송전사업 : 발전소에서 생산된 전기를 배전사업자에게 송전하는데 필요한 전기설비 관리
배전사업 : 발전소에서 송전된 전기를 전기사용자에게 배전하는데 필요한 전기설비 관리

29 다음 중 ( ) 안에 들어갈 말이 올바른 것은?

> 구역전기사업은 ( )으로 정하는 규모 이하의 발전설비를 갖추고 특정한 공급구역의 수요에 맞추어 전기를 생산하여 전력시장을 통하지 아니하고 그 공급구역의 전기사용자에게 공급하는 것을 주된 목적으로 하는 사업이다.

① 대통령령 ② 국무총리령
③ 산업통상자원부장관령 ④ 자치단체장령

답 ①

 대통령령으로 정하는 규모 이하의 발전설비를 갖추고 특정한 공급구역의 수요에 맞추어 전기를 생산

30 다음 중 구내배전설비에 해당하지 않는 것은 무엇인가?
① 개폐소 ② 전선로
③ 차단기 ④ 분전함

답 ①

 구내배전설비는 수전설비의 배전반에서부터 전기사용기기에 이르는 전선로, 개폐기, 차단기, 분전함, 콘센트, 제어반 스위치 및 그 밖의 부속설비이다.

31 다음 중 송전선로에 대한 설명으로 올바르지 않은 것은 무엇인가?
① 송전설비는 발전소 상호 간, 변전소 상호 간, 발전소와 변전소 간을 연결하는 전선로와 전기설비를 말한다.
② 송전선로는 발전소, 1차 변전소, 배전용 변전소로 구성된다.
③ 송전 방식은 교류 송전방식만이 사용된다.
④ 송전 계통의 개요는 송전선로, 급전설비, 운영설비이다.

답 ③

 송전 방식은 교류 송전방식과 직류 송전방식이 사용된다.

32 다음 중 발전소와 전기수용설비, 변전소와 전기수요설비 등에 연결하는 전선로와 전기설비가 해당하는 것은 무엇인가?
① 발전설비　　　　　　　　　　② 송전설비
③ 배전설비　　　　　　　　　　④ 변전설비

답 ③

 배전설비 : 발전소와 전기수용설비, 변전소와 전기수용설비, 송전선로와 전기수용설비, 전기수용설비 상호 간을 연결하는 전선로와 이에 속하는 전기설비

33 다음 중 가공 송전선로의 구성에 대한 설명을 잘못된 것은 무엇인가?
① 철탑, 철주, 철근 콘크리트 전주 등이 지지물로 사용된다.
② OF 케이블, EV케이블, CV케이블 등이 사용된다.
③ 단도체 및 복도체 방식이 있다.
④ 경제성, 허용전류, 전압강하, 기계적 강도, 코로나 방전 시 전압 등을 고려하여 전선 굵기를 산정한다.

답 ②

 OF 케이블, EV 케이블, CV케이블 등이 사용된다 - 지중선로
강심 알루미늄 연선, 경동선, 단선, 연선 - 가공 송전선로 전선

34 다음 중 송전설비와 관계있는 것은 무엇인가?
① 페란티 현상　　　　　　　　　② 활선 공법
③ 조상설비　　　　　　　　　　　④ OLTC

답 ①

 페란티 현상 : 수전단 전압이 송전단 전압보다 높아지는 현상

35 다음 중 배전설비의 설명 중 무정전 공법의 종류가 아닌 것은 무엇인가?
① 공사용 개폐기　　　　　　　　② 바이패스 케이블 공법
③ 간접 활성 공법　　　　　　　　④ 이동용 변압기차 공법

답 ③

 활선공법 : 간접 활선 공법, 직접 활선 공법
　　　무정전 공법 : 공사용 개폐기 공법, 바이패스 케이블 공법, 이동용 변압기차 공법

36 다음 중 변전설비에서 개폐장치의 역할이 아닌 것은 무엇인가?
① 전로의 구성　　　　　　　　　② 전로의 합성
③ 진로의 구분　　　　　　　　　④ 전로의 분리

답 ②

 개폐장치의 역할 : 전로의 구성, 분리, 변경, 구분

37 다음 중 개폐장치의 종류가 아닌 것은 무엇인가?
① 전류계전기 ② 단로기
③ 폐쇄형 금속배전반 ④ 진공차단기

답 ①

 개폐장치의 종류 : 차단기, 단로기, 가스절연개폐장치, 폐쇄형 금속배전반, 진동차단기

38 다음 중 변압기 최대 효율 조건에 해당하지 않는 것은 무엇인가?

① 정격전류 I_η, 현재 부하전류 I라 하면 부하율은 $m = \dfrac{I}{I_\eta} \times 100[\%]$이다.

② 철손은 부하율에 관계없이 항상 일정하고(P_i = 일정) 동손은 부하율에 비례 ($P_m = P_{2n}$)한다.

③ 정격부하 시의 동손과 철손의 손실비는 1.16~6이다.

④ 철손과 동손이 같아질 때에 효율이 최대가 된다.

답 ②

 철손은 부하율에 관계없이 항상 일정하고(P_i=일정)

동손은 부하율의 제곱에 비례($P_m = P_{2n}^2$)한다.

39 다음 중 건설비 절감과 경제성을 고려한 일반적인 부하율(m) 계수는 무엇인가?

① 0.8~0.84[%]　　　　　　　　　　② 0.85~0.88[%]
③ 0.85~0.9[%]　　　　　　　　　　④ 0.9~0.95[%]

답 ②

 건설비 절감과 경제성을 고려하여 일반적으로 m 계수를 0.8~0.85[%] 적당

$$m(부하율) = \sqrt{\frac{P_i}{P_m}}$$

40 다음 중 △-△ 결선방식의 장점이 아닌 것은?

① 제3고조파 전류가 △ 결선 내에서 순환하므로 정현파 고류전압을 유기하여 기전력이 왜곡을 일으키지 않는다.
② 변압기에 다른 것을 결선하면 순환전류가 흐른다.
③ 1상분이 고장나면 나머지 2대로 V결선할 수 있다.
④ 각 변압기의 상전류가 선전류 $\frac{1}{\sqrt{3}}$이 되어 대전류에 적당하다.

답 ②

 변압기에 다른 것을 견결하면 순환전류가 흐른다.(△-△ 결산방식의 단점)

41 △-Y 결선방식의 특징이 잘못된 것은 무엇인가?

① 제2차 권선의 전압이 선간전압의 $\frac{1}{\sqrt{3}}$이고 승압용에 적당하다.
② △-△ 결선과 Y-Y결선의 장점을 갖고 있다.
③ 60°의 위상변위가 있어서 1대가 고장이 발생하면 전원 공급 불가능
④ 태양광발전 및 분산현 전원 시스템에서는 이 방식을 사용한다.

답 ③

30°의 위상변위가 있어서 1대가 고장이 발생하면 전원 공급 불가능

42 다음 중 Y-Y 결선방식의 장점이 아닌 것은?
① 중성점을 접지할 수 있으므로 단절연결방식을 채택할 수 없다.
② 상전압이 선간전압의 $\dfrac{1}{\sqrt{3}}$이 되어 고전압의 결선에 적합하다.
③ 변압비, 임피던스가 서로 틀려도 순환전류가 흐르지 않는다.
④ 기전력 파형은 제3조파를 포함한 왜형파가 된다.

답 ①

 중성점을 접지할 수 있으므로 단절연방식을 채택할 수 있다.

43 다음 설명에 맞는 결선방식은 무엇인가?

> 강압변압기에 적당하다.
> 1차 권선의 전압은 선전간의 $\dfrac{1}{\sqrt{3}}$이다.

① △-△ 절연방식   ② Y-Y 절연방식
③ △-Y 절연방식   ④ Y-△ 절연방식

답 ④

 Y-△ 절연방식 : 높은 전압을 Y결전으로 하는 절연이 유리한다.

44 송전에 관한 다음 설명 중 틀린 것은?
① 송전이란 좁게는 발전소에서 직접 연결된 배전용 발전소까지의 전력수송을 말하고, 넓게는 발전소에서 일반 가정까지 전력수송을 말한다.
② 가공송전은 설치가 비교적 간단하여 지중송전에 비해 경제적이므로 대부분의 도시에서 많이 설치한다.
③ 고전압으로 송전하면 송전 효율이 높다.
④ 송전 시 전력의 일부가 손실되는데, 이때 전력손실은 송전전압의 제곱에 반비례한다.

답 ②

 가공송전이란 전선이 공중에 떠 있는 형태로 송전탑, 전봇대 등을 이용하여 송전하는 방식인데, 가공송전은 설치가 비교적 간단하여 지중송전에 비해 경제적이다. 그러나 도시에서는 높은 건물 등이 많아 설치가 어렵다.

45 배전에 관한 다음 설명 중 옳지 못한 것은?
① 배전이란 전력을 수송가에 공급하는 일을 말한다.
② 배전을 위해 전선·개폐기·보안장치 등을 설치할 때 사용되는 기구를 배선기구라 한다.
③ 배전선은 소형 전동기 등에 공급되는 동력선과 일반적인 전동기에 공급되는 전동선으로 구분된다.
④ 정량공급은 적산전력계로 계량된 사용전력량과 최대 사용전력에 따라서 요금을 결정하는 방법이다.

답 ③

 배전선을 부하에 따라서 구분하면, 전등 및 이와 같은 회로에 연결된 소형 전동기(냉장고·세탁기 등 포함) 등에 공급되는 전등선과 일반적인 전동기에 공급되는 동력선으로 구분된다.

46 송·배전 지지물의 최소 길이는?
① 저압의 경우 5[m]이고, 고압의 경우 8[m]이다.
② 저압의 경우 5[m]이고, 고압의 경우 10[m]이다.
③ 저압의 경우 8[m]이고, 고압의 경우 10[m]이다.
④ 저압의 경우 8[m]이고, 고압의 경우 15[m]이다.

답 ③

 송·배전선 지지물의 최소 길이는 저압의 경우 8[m]이고, 고압의 경우 10[m]이다.

47 송·배전 지지물의 종류로 틀린 것은?
① 목주   ② CP주   ③ 철주   ④ 동주

답 ④

 송·배전선 지지물의 종류로는 목주, CP주, 철주, 철탑 등이 있다.

48 전주 근가의 규격에 관한 다음 기술 중 틀린 것은?
① 전주길이가 8[m]인 경우 근가 길이는 0.8[m]
② 전주길이가 10[m]인 경우 근가 길이는 1.2[m]
③ 전주길이가 12[m]인 경우 근가 길이는 1.5[m]
④ 전주길이가 14[m]인 경우 근가 길이는 1.8[m]

답 ①

 근가의 규격

전주 길이[m]	8	10	12	14	16
근가 길이[m]	1.0	1.2	1.5	1.8	1.8이상

49 교통에 지장을 주거나 건축물의 출입구 등에 시설할 때 사용하는 지선은?

① Y지선　　② 수평지선　　③ 궁지선　　④ 공동지선

답 ②

  지선의 종류
1) 보통지선 : 불평형 장력이 크지 않은 일반적인 장소에 시설한다.
2) 수평지선 : 교통에 지장을 주거나 건축물의 출입구 등에 시설할 때
3) 공동지선 : 직선로에서 선로 방향으로 불균형 장력이 생길 때
4) Y 지선 : 다단의 완철이 설치되고 장력이 클 때 또는 H주일 때 보통지선을 2단으로 부설하는 것
5) 궁지선 : 비교적 장력이 적고 다른 종류의 지선을 시설할 수 없는 경우(R형)

50 전선 접속에 관한 다음 설명 중 틀린 것은?

① 접속부분은 동일전선 저항보다 증가하지 않아야 한다.
② 횡단하는 장소에 접속개소를 중복하여 만든다.
③ 절연은 다른 부분의 절연물과 동등 이상의 효력을 가진다.
④ 접속부분의 기계적 강도는 접속하지 않은 부분의 80[%]를 유지한다.

답 ②

  횡단하는 장소에서는 접속개소를 만들어서는 안 된다.

51 지선 시설 시 가장 경제적인 각도는?

① 21.5°　　② 23.5°　　③ 26.5°　　④ 29.5°

답 ③

지선 시설 시 가장 경제적인 각도는 26.5°이다.

52 다음 중 이도를 크게 할 경우 장점으로 거리가 먼 것은?
① 안정도가 증가한다.
② 지지물이 낮아진다.
③ 진동을 방지한다.
④ 지지물에 가해지는 장력이 감소한다.

답 ②

 이도를 크게 할 경우의 장·단점
1) 장점
　㉮ 안정도가 증가한다.
　㉯ 진동을 방지한다.
　㉰ 지지물에 가해지는 장력이 감소한다.
2) 단점
　㉮ 지지물이 높아진다.
　㉯ 전선접촉사고가 많아진다.

53 가공전선로에 사용하는 지지물이 강도 계산에 적용하는 풍압하중의 종별에 관한 다음 설명 중 틀린 것은?
① 가공 전선로에 사용하는 지지물의 강도 계산에 적용하는 풍압하중은 갑종, 을종, 병종으로 한다.
② 갑종 풍압하중은 각 구정재의 수직 투영면적[m²]에 대한 풍압을 기초로 하여 계산한 것이다.
③ 을종 풍압하중은 전선 기타의 가섭선 주위에 두께 6[mm], 비중 0.9의 빙설이 부착된 상태에서 수직 투영면적 372[Pa], 그 외의 것은 갑종 풍압하중의 1/2을 기초로 하여 계산한 것이다.
④ 병종 풍압하중은 을종 풍압하중의 1/2을 기초로 하여 계산한 것이다.

답 ④

 병종 풍압하중은 갑종 풍압하중의 1/2을 기초로 하여 계산한 것

54 가공전선로의 지지물의 현상에 따라 가해지는 풍압의 현상에 관한 다음 설명 중 옳은 것은?
① 전선로와 직각의 방향에서는 지지물 · 가섭선 및 애자장치에 풍압의 1배
② 전선로의 방향에서는 지지물 · 애자장치 및 완금류에 풍압의 2배
③ 전선로와 직각의 방향에서는 그 방향에서의 전면 결구 및 애자장치에 풍압의 2배
④ 전선로와 직각의 방향에서는 그 방향에서의 전멸 결구 · 가섭선 및 애자장치에 풍압의 3배

답 ①

  풍압은 가공전선로의 지지물의 형상에 따라 다음과 같이 가해지는 것으로 한다.
  1) 단주현상의 것
    ㉮ 전선로와 직각의 방향에서는 지지물 · 가섭선 및 애자장치에 풍압의 1배
    ㉯ 전선로의 방향에서는 : 지지물 · 애자장치 및 완금류에 풍압의 1배
  2) 기타 현상의 것
    ㉮ 전선로와 직각의 방향에서는 그 방향에서의 전면 결구 · 가섭선 및 애자장치에 풍압의 1배
    ㉯ 전선로의 방향에서는 그 방향에서의 전멸 기구 및 애자장치에 풍압의 1배

55 가공 전선로의 사용하는 지지물의 강도 계산에 적용하는 풍압하중의 적용원칙에 관한 다음 설명 중 틀린 것은?
① 빙설이 많은 지방 이외의 지방에서는 고온계절에는 갑종 풍압하중, 저온계절에는 을종 풍압하중
② 빙설이 많은 지방에서는 고온계절에는 갑종 풍압하중, 지온계쩔에는 올종 풍압히중
③ 빙설이 많은 지방 중 해안지방 기타 저온계절에 최대 풍압이 생기는 지방에서는 고온계절에는 갑종 풍압하중, 저온계절에는 갑종 풍압하중과 을종 풍압하중 중 큰 것
④ 인가가 많이 연접되어 있는 장소에 시설하는 가종전선로의 구성재 중 저압 또는 고압 가종전선로의 지지물 또는 가섭선 풍압하중에 대하여는 병종 풍압 하중

답 ①

  병설이 많은 지방 이외의 지방에는 고온계절에는 갑종 풍압하중
  병설이 많은 지방 이외의 지방에는 저온계절에는 병종 풍압하중

56 전선로의 지지물 양쪽의 경간의 차가 큰 곳에 사용하는 철탑은?
① 직선형　　　② 각도형　　　③ 내장형　　　④ 보강형

답 ③

1) 직선형 : 전선로의 직선부분(3° 이하인 수평각도를 이루는 곳을 포함)에 사용하는 것 다만, 내장형 및 보강형에 속하는 것을 제외한다.
2) 각도형 : 전선로 중 3°를 초과하는 수평각도를 이루는 곳에 사용하는 것
3) 인류형 : 접가섭선을 인류하는 곳에 사용하는 것
4) 내장형 : 전선로의 지지물 양쪽의 경간의 차가 큰 곳에 사용하는 것
5) 보강형 : 전선로의 직선부분에 그 보강을 위하여 사용하는 것

57 등간격으로 주름을 잡는 1개의 충실한 자기 막대의 양단에 아래로 달린 애자용 캡으로 덮어 씌운 애자는?
① 핀애자　　　② 현수애자　　　③ 장간애자　　　④ 내무애자

답 ③

 송·배전선로에서 쓰이는 애자의 종류
1) 핀애자 : 철강재 핀이 달린 애자로 과거 주택에서 주로 옥외용으로 쓰였다
2) 현수애자 : 적당한 개수를 직렬로 접속하여 지지물에서 현수시켜 사용하는 형태의 애자로 클레비스형, 볼 소켓형, 퓨렛형 등이 있다.
3) 장간애자 : 등간격으로 주름을 잡는 1개의 충실한 자기 막대의 양단에 아래로 달린 애자용 캡을 덮어씌운 것이다.
4) 내무애자 : 송배전 선로의 애자는 염분 또는 먼지등이 부착하기 쉽고, 그렇게 되면 안개 등으로 습기를 머금어 절연이 열화되기 때문에 이것을 방지하기 위하여 특별히 설계된 애자를 말한다.

58 특고압 핀애자의 색깔은?
① 백색   ② 적색   ③ 청색   ④ 흑색

답 ②

해설 사용전압에 따른 애자의 색
1) 특고압 핀애자 : 적색
2) 저압용 애자(접지측 제외) : 백색
3) 접지측 애자 : 청색

59 송전로의 안정도 증진방법으로 틀린 것은?
① 계통을 연계한다.
② 전압 변동을 적게 한다.
③ 직렬 리액턴스를 크게 한다.
④ 중간 조상 방식을 채택한다.

답 ③

해설 송전로의 안정도 증진방법
1) 직렬 리액턴스를 적게 한다.
2) 전압 변동을 적게 한다.
3) 계통을 연계한다.
4) 고장전류를 줄이고 고장구간을 고속으로 차단한다.
5) 중간 조상 방식을 채택한다.
6) 고장 시 발전기 입출력의 불평형을 적게 한다.

60 유도장해에 대한 대책으로 틀린 것은?
① 지중 케이블화 한다.
② 연가를 충분히 한다.
③ 소호리액터를 채용한다.
④ 이격거리를 작게 하고 사고값을 줄인다.

답 ④

 이격거리를 크게 하고 사고값을 줄인다.

61 지중전선로의 장점으로 틀린 것은?
① 고장이 적다.
② 보안상의 위험이 적다.
③ 공사 및 보수가 용이하다.
④ 설비의 안정성에 있어 유리하다.

답 ③

 지중전선로의 장·단점
1) 장점
㉮ 도시의 미관에 좋다.
㉯ 고장이 적다.
㉰ 보안상의 위험이 적다.
㉱ 재해 등에 따른 높은 신뢰도의 요구에 부흥한다.
㉲ 설비의 안정성에 있어 유리하다.
㉳ 수용밀도가 높은 지역에의 공급방식이다.
2) 단점
㉮ 건설비가 비싸다
㉯ 공사 및 보수가 곤란하다.

62 특고압 지중전선로의 가스관과의 최소 이격거리는?
① 30[cm] ② 40[cm] ③ 50[cm] ④ 60[cm]

답 ④

 가스관과의 이격거리 저압 10[cm], 고압 15[cm], 특고압 60[cm]

63 무효전력을 조정하여 전압조정 및 전력손실의 경감을 도모하기 위한 변전설비는?
① 조상설비 ② 보호계전장치
③ 부하시 Tap 절환장치 ④ 계기용 변성기

답 ①

② 보호계전장치는 계기용 변성기에서 입력을 받아 정상인가 고장상태인가를 판정, 고장부분 검출을 행하여 차단기에 개폐지령을 주는 장치이다.
③ 부하 시 Tap 절환장치는 송전을 멈추는 일 없이 계통의 전압을 조정하는 설비로 변압기와 일체가 된 부하시 Tap 절환변압기로 사용된다.
④ 계기용 변성기는 고전압, 대전류의 전기를 측정 또는 보호할 수 없기 때문에 이것을 적당한 전압, 전류로 변성하기 위한 것이다.

제 4 과목 태양광 발전 운영

태양광 발전 운영

Part 01 태양광발전 시스템 운영

제 1 장 태양광발전 사업개시 신고

1 사업개시 신고 등

1. 사업개시신고

- ◆ 발전사업 사용 전 검사가 완료되면 준공 이후 전기사업법에 의거하여 사업개시 신고를 하여야 합니다.
- ◆ 신고기관은 발전사업허가 기관과 동일합니다.
- ◆ 사업자는 사업개시신고를 하기 위해 사업개시를 증명할 수 있는 서류에 대한 준비가 필요합니다.
- ◆ 사업개시신고가 완료되면 전기사업법상 발전사업을 위해 필요한 일련의 인허가 절차가 완료됩니다.

2. 처리절차

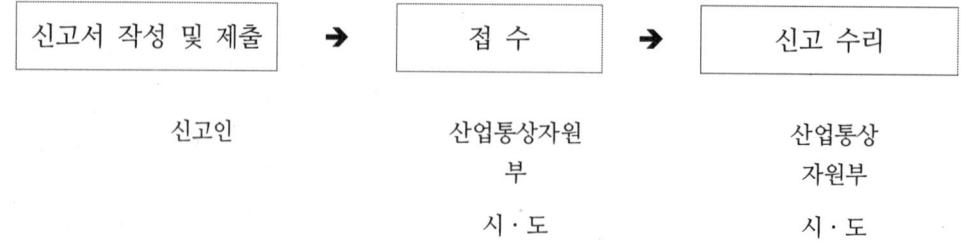

(1) 사업개시일 기준
■ 전력수급계약(PPA) 체결일 또는 사용전 검사일
   - 개시일 이후 즉시 7일 이내 (전기사업법 제9조제4항)
■ 사업개시 신고 지연에 따른 과태료 부과 기준
   - 과태료 80만원 부과 (전기사업법 제108조제2항1호 및 시행령 제63조)

(2) 신고 기관 : 산업통상자원부장관 또는 시·도지사(발전시설용량이 3천킬로와트 이하인 경우)에게 제출
전기사업법[제9조], 시행규칙[제8조]

(3) 사업개시 신고 신청 구비 서류
① 사업개시 신고서 -- 전기사업법 시행규칙 [별지 제6호서식]
② 발전사업허가증 사본 1부
③ 사업자등록증 사본 1부
④ 개발행위 준공필증 사본 1부
⑤ 사용전 검사 필증 사본 1부
⑥ 전기안전관리자 선임신고 필증 사본 1부
⑦ 준공사진 (건설 전, 건설 중, 준공 후)
⑧ 전력수급계약서 또는 전력량계 설치 봉인 관계서류 사본 1부

2 SMP 및 REC 정산관리 등

■ 계통한계가격(System Marginal price) : SMP

한전이 민간발전사업자에게 지급하는 구매 단가로 전력시장에서 전기를 판매하는 전력의 도매가격이다.

공급입찰에 참여한 발전기의 비용 최소화 원칙에 따라 발전기 가동여부와 발전출력을 결정하게 되는데, 이 중 가장 높은 발전비용의 발전기를 한계가격결정 발전기 (MARGINAL PLANT)로 처리하고 이 한계가격(SMP : SYSTEM MARGINAL PRICE)을 그 시간대의 시장가격으로 결정 함

■ 신재생에너지 공급인증서

REC(Renewable Energy Certificate)란 공급인증서의 발급 및 거래단위로서 공급인증서 발급대상 설비에서 공급된 MWh기준의 신·재생에너지 전력량에 대해 가중치를 곱하여 부여하는 단위를 말한다. 단, 의무공급량 이행실적 확인시에는 1REC를 1MWh로 본다. (REC 인증서의 유효기간은 3년으로 유효기간 내에만 거래를 진행하면 된다.)

■ FIT(Feed in Tariff)

신재생에너지 투자경제성 확보를 위해 신재생에너지 발전에 의하여 공급한 전기의 전력거래가격이 산업통상자원부 장관이 고시한 기준가격보다 낮은 경우, 기준가격과 전력거래가격과의 차액(발전차액)을 지원해주는 제도이다.

■ 발전전력의 거래

- 1000kW이하 : 전기판매사업자(한국전력공사), 전력시장(한국전력거래소)
- 1000kW초과 : 전력시장(한국전력거래소)

■ 공급인증서 발급 및 거래

- 발급 : 신재생에너지 센터
- 거래 : 전력거래소

■ 공급인증서 발급

발급기한 : 발급신청일로부터 30일 이내

발급방법 : 전력거래량에 가중치를 곱한 값을 1000kWh로 나누어 REC로 발급함

소수점 이하 값은 이월하여 합산 처리

■ 전력거래소

전력시장 운영규칙에 따라 입찰, 정산, 계량, 시장감시, 정보공개, 분쟁조정 등 공정하고 투명한 시장 운영업무를 맡고 있으며, 전력시장을 통해 전력을 판매하는 발전회사와 전력을 구매하는 판매회사, 구역전기사업자, 또는 대규모 소비자(직접구매자)가 참여하여 전력의 거래가격과 거래량을 결정하고 있습니다.

■ 계약방식 및 정산관리

① 현물시장

② 고정가격계약 경쟁입찰(SMP + 1REC방식)

③ 고정가격계약 경쟁입찰(SMP + 1REC가격*가중치 방식)

④ 소형태양광 고정가격계약 매입 (한국형 FIT)

■ REC 거래

발전설비용량 1,000kW 이하는 전력시장을 통하지 않고 전기판매업자(한전)와 전력거래를 하거나 전력거래소의 회원으로 가입하여 전력시장에서 전력거래를 할 수 있음.

전력시장에서 전력거래를 하고자 할 경우 거래개시 6개월 전까지 전력거래소회원가입 신청을 해야 함.

■ 회원가입 시 제출서류

- 회원가입신청서, 사업자등록증 사본, 서약서, 전력거래기초자료, 전기사업허가증 사본
- 전력시장에서 전력거래를 하고자 하는 경우 준비사항
- 계량설비 설치, 전력거래용 정보공개 인증서 발급 신청 협의

■ REC 발급

태양광 발전소가 전력을 생산하면 RPS(신재생에너지 공급의무화) 제도에 의해 한국에너지공단으로부터 매월 REC를 발급받을 수 있습니다. 한국에너지공단의 설비확인을 마친 태양광 발전소는 가중치를 적용한 발전량의 1MWh 마다 1REC가 발급된다.

■ REC 발급량 : REC 가중치 X 이번달 전력생산량 (소수점 이하는 다음달로 이월)
  - 이번 달 전력생산량 : 11.5MWh
  - REC 가중치 : 1.2
  - REC 발급량 : 11.5 X 1.2 = 13REC (0.8REC 다음달로 이월)

■ REC 발급수수료 : 1REC 당 50원 (100kW 이상의 설비만 대상, 미만인 경우 면제)
  - 13REC X 50원 = 650원
  - 실제 수수료 : 650 + 65(부가세 10%) = 715원

■ 발급 시스템 : RPS 종합지원시스템
  - 발전량을 확인 후 REC 발급, 발급수수료 납부 등 수행
  - 발전량 확인 : 전력판매 계약 상대방, 즉 한국전력 또는 전력거래소로부터 해당 월의 실제 발전량(전력거래량) 확인
  - 주의사항 : 속한 달의 말일부터 90일 이내로 미신청 시, REC 발급 불가

■ 현물시장 거래 : 전력거래소 거래시스템 사용

매주 화, 목 10~16시 REC 현물거래 시장이 열립니다. 계약시장에 참여하지 않은 모든 발전사업자는 원하는 수량과 가격을 정하여 매도 주문을 넣게 된다. 주식시장과 유사하게 상하한가는 직전 종가의 30%이며, 주문은 1REC, 100원 단위로 주문을 넣을 수 있다. 매수자와 거래가 체결되면 역발행된 세금계산서를 승인하여 정산을 한다.

■ REC 매출 : REC 체결수량 X 체결가격
  - 13REC를 70,000원에 거래체결 시, 13 X 70,000 = 910,000원

■ REC 거래수수료 : 1REC 당 50원(100kW 미만 면제)
  - 13 X 50 = 650원

■ 실제 정산 금액 : REC 매출 − REC 거래수수료 + 부가가치세 10%
- REC 매출 : 910,000원
- REC 거래수수료 : 650원
- 부가가치세 : (910,000−650) X 0.1 = 90,935원
- 실제 정산 금액 : 910,000−650 + 90,935 = 1,000,285원

■ 실제 수익 : REC 현물거래 정산 금액 − REC 발급수수료
- 1,000,285원 − 715원 = 999,570원

■ REC 계약시장 신고 및 거래절차

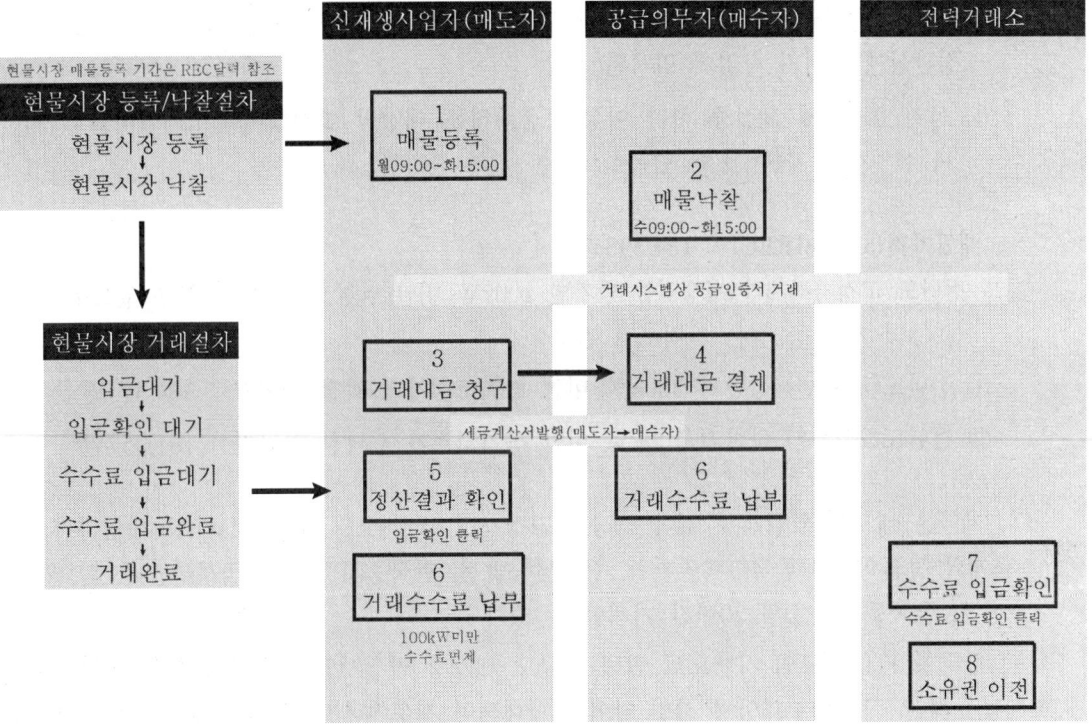

■ 소형태양광 고정가격계약 매입 (한국형 FIT) : 고정계약 단가는 전년도 고정가격계약 경쟁입찰 반기별 100kW 미만 낙찰 평균가 중 높은값으로 계약하게 된다.
　- 다음 각 호의 하나에 해당되는 경우에 한함
　　① 설비용량 30kW 미만의 태양광 발전사업자
　　② 설비용량 100kW 미만의 태양광발전사업자로 '농업·농촌 및 식품산업기본법'에 따른 농업인, '수산업, 어촌 발전 기본법'에 따른 어업인, '축산법'에 따른 축산업 허가를 받은 자 또는 가축사육업을 등록한 자
　　③ 상기②의 구성원을 조합으로 하여 설비용량 100kW 미만의 태양광발전사업을 추진하는 영농조합 등
　　④ '협동조합기본법'에 따른 조합 중 설비용량 100kW 미만의 태양광발전사업을 추진하는 조합으로서 다음에 해당하는 자
　　- 정관상에 에너지 사업이 명시된 조합
　　⑤ 상기 ①~④의 요건중 하나 이상을 충족하는 태양광 발전설비에 ESS설비를 연계하여 설치하는 자(단, ESS 단독설비로는 신청 불가함)

　- **매입가격(SMP+1REC) : 184,393원**
　　※ 전년도 고정가격계약 경쟁입찰 반기별 100kW 미만 낙찰 평균가 중 높은 값으로 산정, ①,②의 가격 중 높은 가격으로 결정
　　① 전년도(2018년) 상반기 100kW 미만 장기고정가격 낙찰 평균가 : 184,393원
　　② 전년도(2018년) 하반기 100kW 미만 장기고정가격 낙찰 평균가 : 181,057원

　계약은 별도의 입찰경쟁 없이 산정된 고정가격(SMP+REC) 즉, MWh당 매입가격으로 6개의 공급의무자(한국수력원자력, 한국남동발전, 한국중부발전, 한국서부발전, 한국남부발전, 한국동서발전)와 20년간 거래할 수 있다.
　한국형 FIT 제도의 시행으로 인해 소규모 태양광 발전사업자의 안정적인 수익은 물론 농·축산·어민의 태양광 사업 참여가 확대되어 재생에너지 3020 이행 가속화가 될 것으로 기대된다.

3020 이행계획 개요

- (비전) 삶의 질을 높이는 참여형 에너지체제로 전환
  - 모두가 참여하고 누리는 에너지 전환 'RE3020'
- (보급목표) '30년 재생에너지 발전량 비중 20%* 달성을 위해 '18~'30년간 48.7GW의 신규 재생에너지 발전설비 보급(누적 63.8GW)
  * 재생에너지 발전비중: 7.0%('16) → 10.5%('22) → 20%('30)
    - 신규 재생에너지 발전설비의 95% 이상을 태양광(63%), 풍력(34%) 중심의 청정에너지로 보급
- (비전) 삶의 질을 높이는 참여형 에너지체제로 전환
  - 모두가 참여하고 누리는 에너지 전환 'RE3020'
- (보급목표) '30년 재생에너지 발전량 비중 20%* 달성을 위해 '18~'30년간 48.7GW의 신규 재생에너지 발전설비 보급(누적 63.8GW)
  * 재생에너지 발전비중: 7.0%('16) → 10.5%('22) → 20%('30)
    - 신규 재생에너지 발전설비의 95% 이상을 태양광(63%), 풍력(34%) 중심의 청정에너지로 보급

■ 고정가격계약

매해 상/하반기 SMP+REC 고정가격계약 경쟁입찰이 열린다(한국에너지공단공지사항). 입찰가격과 사업내역서 평가로 입찰에 선정된 발전사업주는 고정가격계약을 맺은 공급의 무자에게 매월 REC 정산을 하게 됩니다. 이 때 여러 가지 조건에 따라서 REC 정산 금액이 차이나게 된다. 첫째로, SMP+REC 계약방식에 따라서 차이가 발생한다. 둘째, 전력 판매 계약 상대방에 따라서 REC 가격의 차이가 발생하게 된다. 한국전력과 PPA 계약을 체결했으면 육지/제주 통합 월가중평균 SMP를 적용하고, 전력거래소와 계약을 체결했으면 육지, 제주 구분하여 월가중평균 SMP를 적용한다.

- 고정가격계약시장이란 : 한국에너지공단에서 연 2회 추진하는 판매사업자선정제도로, SMP와 REC이 통합입찰 형태이다. 고정가격계약시장은 현물시장, 계약시장과 더불어 REC 거래시장을 구성하고 있으며, 20년 장기계약으로 안정적인 수익확보가 가능하여 가장 선호도가 높은 시장이다.

■ 고정가격계약 경쟁입찰(SMP + 1REC방식)

SMP가 변화함으로 인하여 동일한 발전량 대비 최종 정산액이 변동된다.

■ 발전사업
- REC 가중치 : 1.2
- 이번달 발전량 : 11MWh
- REC 발급량 : 1.2 × 11 = 13REC (0.2REC 다음달로 이월)
- 고정가격체결 금액 : 170,000원/MWh

■ SMP
- (한국전력 계약) 통합 월가중평균 : 111,000원
- (전력거래소 계약) 육지 월가중평균 : 110,000원

1) SMP + 1REC 고정
■ 1REC 당 단가 : [고정가격 - SMP 기준 가격]
- 한국전력 계약 : 170,000원 - 111,000원 = 59,000원/1REC
- 전력거래소 계약 : 170,000원 - 110,000원 = 60,000원/1REC

■ REC 매출
- 한국전력 계약 : 13REC × 59,000원/1REC = 767,000원
- 전력거래소 계약 : 13REC × 60,000원/1REC = 780,000원

■ 실제 정산 금액 : REC 매출 + 부가가치세 10% (편의상 한국전력 계약으로 예를 든다.)
- REC 매출 : 767,000원
- 부가가치세 : 767,000원 × 0.1 = 76,700원
- 실제 정산 금액 : 767,000 + 76,700 = 843,700원
- SMP 매출 별도 계산 필요

※ 한국전력 계약시, SMP 매출은 11MWh × 111,000원/MWh = 1,221,000원, 부가세 포함 총 매출은

약 (767,000 + 1,221,000) × 1.1 = 2,186,800 원입니다.

※ 간편하게 수익을 파악하기 위한 발전량 기준 정산단가, 예상 정산 금액(편의상 통합 월가중평균 SMP 적용)

- 발전량 기준 정산단가 : SMP 기준 가격 + (고정계약가격 − SMP 기준 가격) × 가중치 = 111,000 + (170,000 − 111,000) × 1.2 = 181,800원/MWh
- 예상 정산 금액 : 11MWh × 181,800원/MWh = 1,999,800원

■ 고정가격계약 경쟁입찰(SMP + 1REC가격*가중치 방식)

SMP변화와는 관계없이 동일한 발전량 대비 최종 정산액이 같다.

■ 발전사업
- REC 가중치 : 1.2
- 이번 달 발전량 : 11MWh
- REC 발급량 : 1.2 × 11 = 13REC (0.2REC 다음달로 이월)
- 고정가격체결 금액 : 170,000원/MWh

■ SMP
- (한국전력 계약) 통합 월가중평균 : 111,000원
- (전력거래소 계약) 육지 월가중평균 : 110,000원

■ 1REC 당 단가 : (고정가격 − SMP) / 가중치
- 한국전력 계약 : (170,000 − 111,000) / 1.2 = 49,166원(소숫점 이하 버림)
- 전력거래소 계약 : (170,000 − 110,000) / 1.2 = 50,000원(소숫점 이하 버림)

■ REC 매출
- 한국전력 계약 : 13REC × 49,166원 = 639,158원
- 전력거래소 계약 : 13REC × 50,000원 = 650,000원

■ 실제 정산 금액 : REC 매출 + 부가가치세 10% (편의상 한국전력 계약으로 예를 든다.)
- REC 매출 : 639,158원
- 부가가치세 : 639,158원 × 0.1 = 63,915원(원 미만 절사)
- 실제 정산 금액 : 639,158 + 63,915 = 703,073원
- SMP 매출 별도 계산 필요

※ 한국전력 계약시, SMP 매출은 11MWh × 111,000원/MWh = 1,221,000원, 총 매출은 1,860,158원, 부가세포함 시, 약 (639,158 + 1,221,000) × 1.1 = 2,046,173 원입니다.

※ 간편하게 수익을 파악하기 위한 발전량 기준 정산단가, 예상 정산 금액(편의상 통합 월가중평균 SMP 적용)
- 정산단가 : 170,000원/MWh (계약 가격과 동일)
- 예상 정산 금액 : 11MWh × 170,000원/MWh = 1,870,000원(부가세 별도)

■ 공급의무자 직접계약
공급의무자와 계약한 REC 매매 가격에 따라서 판매 금액을 구할 수 있다.

■ REC 매출 : REC 판매량 × 계약 가격(원/REC)
- 13REC × 60,000원 = 780,000원
- SMP 매출 별도 계산 필요

■ 신재생에너지 공급인증서 가중치 부여
- 설비확인 신청후 처리기한 : 설비확인 신청서 접수일 이후 1개월 이내

신재생에너지 공급인증서 가중치

구분	공급인증서 가중치	대상에너지 및 기준	
		설치유형	세부기준
태양광 에너지	1.2	일반부지에 설치하는 경우	100kW 미만
	1.0		100kwW부터
	0.7		3,000kW초과부터
	0.7	임야에 설치하는 경우	-
	1.5	건축물 등 기존 시설물을 이용하는 경우	3,000kW이하
	1.0		3,000kW초과부터
	1.5	유지 등의 수면에 부유하여 설치하는 경우	-
	1.0	자가용 발전설비를 통해 전력을 거래하는 경우	-
	5.0	ESS설비(태양광설비 연계)	18년부터 20년 6월 30일까지
	4.0		20년 7월 1일부터 12월 31일까지

3 전기 안전 관리자 선임 등

■ 전기안전관리자 선임

선임목적 : 전기설비의 공사·유지 및 운용에 관한 안전을 확보하기 위하여 전기사업자나 자가용전기설비의 소유자 또는 점유자에게 일정한 자격을 가진 자를 전기안전관리자로 선임하도록 의무를 부과하고, 전기안전 관리자로 하여금 전기설비에 대한 안전관리업무를 수행하게 하기 위함이다. (법적근거 : 전기사업법 제73조 (전기안전관리자의 선임 등))

■ 선임신고시기, 기한, 기관

구분	내용	법적근거
신고시기	전기설비의 사용전검사 신청전 또는 사업개시전	전기사업법 시행규칙 제40조제2항
신고기한	전기안전관리자 선임 또는 해임일로부터 30일이내	전기사업법 제73조의2 및 시행규칙 제45조
신고기관	한국전기기술인협회 (해당 시·도회)	

■ 전기안전관리자 선임기준

1	태양광 설비 20kW 이하	선임제외 (소유주 자체관리 가능)
2	태양광설비 20kW 초과 ~ 1,000kW 미만	안전관리 대행업체 선임 가능
3	태양광 설비 1,000kW이상	안전관리자 상주
	250kW 미만은 개인 대행자가능 : 소유자, 직원, 상주선임, 관리대행업체	

전기안전관리자 선임 자격기준 완화: 법 제 73 조 제 4 항 및 시행규칙 제 42 조

지역 또는 전기설비	자격기준
● 통행 또는 사용의 제한을 받는 군사시설 보호 구역에 설치된 설비 용량 500kW이하 전기설비 ● 섬 또는 외딴곳에 설치된 용량 1,000kW이하의 전기 설비 및 발전설비 ● 「신에너지 및 재생에너지 개발 및 이용·보급 촉진법」 제 2 조 제 1 호의 규정에 따른 신에너지 및 재생에너지 1,000kW이하 발전설비	● 국가기술자격법에 의한 전기·토목·기계분야 기능사이상 자격소지자 ● 초·중등교육법에 따른 고등학교의 전기·토목·기계관련학과 졸업이상의 학력 소지자로서 해당분야에서 3년이상의 실무경력자
● 군사용시설에 속하는 전기설비	● 전기분야 기능사 이상 자격소지자 ● 군 교육기관 소정교육 이수자

※ 상기 "섬, 외딴곳"이라 함은 "보건복지부 고시 제2008-24호"에서 규정한 도서, 벽지를 준용하며, 협회홈페이지/전기정보/유권해석자료에서 동 고시를 볼 수 있습니다.

■ 사용전 점검 및 사용전 검사 대상

1) 사용전 검검 대상 : 10kW 이하
2) 사용전 검사 대상 : 10kW 초과

전기설비 용량별 월 점검 횟수 (법적근거: 전기사업법 시행규칙 별표13)

저압(600V이하)		고압(7000V이하) 및 특고압(7000V초과)					
300kW 이하	300kW 초과	300kW 이하	500kW 이하	700kW 이하	1,500kW 이하	2,000kW 이하	2,500kW 미만
월 1회 이상	월 2회 이상	월 1회 이상	월 2회 이상	월 3회 이상	월 4회 이상	월 5회 이상	월 6회 이상

전기안전관리자의 직무범위(법적근거: 전기사업법 시행규칙 제 44 조)

● 전기설비의 공사·유지 및 운용에 관한 업무 및 종사자에 대한 안전교육
● 전기설비의 안전관리를 위한 확인·점검 및 이에 대한 업무의 감독
● 전기설비의 운전·조작 또는 이에 대한 업무의 감독
● 전기설비의 안전관리에 관한 기록 및 그 기록의 보존
● 공사계획의 인가신청 또는 신고에 필요한 서류의 검토

- 비상용 예비발전설비의 설치 또는 신곤에 필요한 서류의 검토
- 비상용 예비발전설비의 설치 또는 변경고사(공사비 1억원미만)
- 수용설비의 증설 또는 변경고사(공사비 5천만원 미만)
- 전기재해 발생 예방, 재해발생시 피해 확산 방지를 위한 응급조치

■ 전기안전관리자대행사업자의 요건

(1) 공용장비 : 다음 각 목의 장비를 모두 갖출 것
 1) 절연저항 측정기(1,000V, 2000MΩ)
 2) 계전기 시험기
 3) 절연유 내압 시험기
 4) 절연유 산가 측정기
 5) 특고압 COS 조작봉
 6) 적외선 열화상 카메라(적외선 실화상 기능을 갖추고 측정온도 250℃ 이상, 해상도 1만 픽셀 이상일 것)
 7) 전기품질분석기(전압, 전류, 전력, 역률, 고조파의 측정 및 저장이 가능할 것)

(2) 개인장비 : 다음 각 목의 장비를 모두 갖출 것
 1) 절연저항 측정기(500V, 100MΩ)
 2) 접지저항 측정기
 3) 클램프미터
 4) 저압검전기
 5) 고압·특고압 검전기

4 태양광발전설비 설치 확인

(1) 설비점검 체크리스트

NO	항목		점검위치	점검방법	판정기준	판전
1	태양전자판	모듈	● 모듈 후면 또는 측면	● 명판의 모델, 용량 확인	● 인증제품 또는 시험 성적서 (※ BIPV의 경우, 서류로 확인 가능)	☐ 적합 ☐ 부적합 ☐ 제외
		설치용량	● 모듈 전면	● 모듈매수확인	● 설계용량 통일여부 부득이한 경우 110%이내	☐ 적합 ☐ 부적합 ☐ 제외
		음영발생	● 모듈 전면	● 육안 확인	● 음영 발생 여부	☐ 적합 ☐ 부적합 ☐ 제외
		설치	● 건물 상부	● 육안 확인	● 건물 외벽마감선 안에 설치 또는 빗물받이 설치	☐ 적합 ☐ 부적합 ☐ 제외
2	지지대 (※BIPV의 경우, 서류확인 가능) BIPV	설치상태	● 지지대 후면	● 육안 확인	● 바람, 적설 및 하중에 견고한 구조로 설치 ● 고정볼트에 스프링워셔 또는 풀림방지너트 등으로 체결	☐ 적합 ☐ 부적합 ☐ 제외
		지지대, 연결부, 기초 (용접부위 포함)	● 지지대 후면	● 육안 확인	● 용융아연도금 또는 동등 이상(방식능력) 녹방지 처리 ● 기초부분의 앵커 볼트, 너트는 볼트캡 착용 ● 절단, 용접부위 방식	☐ 적합 ☐ 부적합 ☐ 제외
		체결용 볼트, 너트	● 지지대 후면	● 육안 확인	● 용융아연도금 또는 동등 이상(방식능력) 재질 사용 ● 제규격의 볼트, 너트 워셔 삽입	☐ 적합 ☐ 부적합 ☐ 제외
		단열 (건축관계법에 의해 단열해야 하는 부위)	● BIPV 설치 건축 부위	● 육안 및 서류 확인	● 건축물의 설비 기준 등에 관한 규칙 및 건축물에 너지절약설계기준의 단열 기준 준수	☐ 적합 ☐ 부적합 ☐ 제외
		모듈온도	● BIPV설치 부위	● 육안 및 서류	● 태양일사 유입 최소화 또는	☐ 적합

		상승 방지 조치		확인	모듈 배면에 통풍이 가능한 구조 ● 태양일사 유입 최소화 조치 - 백시트 방식 또는 - GTOG 방식 - 모듈의 설대비 유리면적 비율 축소 - 일시획특계수가 낮은 BIPV 창호 적용	☐ 부적합 ☐ 제외
		방수	● BIPV설치 부위	● 육안 및 서류 확인	● 건축외피·모듈 접합 부위 ● 모듈·모듈 접합 부위	☐ 적합 ☐ 부적합 ☐ 제외
3	전기 배선	모듈 배선	● 모듈 후면	● 육안 확인	● 바람에 흔들림이 없게 단단히 고정(코팅된 와이어 또는 동등이상(내구성) 재직의 타이) ● 군별, 극성별로 별도 표시	☐ 적합 ☐ 부적합 ☐ 제외
		접속함	● 접속반 및 접속함	● 육안 확인	● 접속함에 환기구 및 방열판 설치 ● 휴즈단락시 조명등 또는 경보 장치 설치(실내·외부에서 확인 가능)	☐ 적합 ☐ 부적합 ☐ 제외
4	인버터	사양	● 인버터 전면 또는 측면	● 명판의 모델, 정격 용량	● 인증제품(없을 경우 시험 성적서와 일치)	☐ 적합 ☐ 부적합 ☐ 제외
					● 사업계획서의 인버터 설계 용량 이상	☐ 적합 ☐ 부적합 ☐ 제외
		설치상태	● 설치 장소	● 옥내옥외용 확인	● 옥내용을 옥외에 설치 시 옥내에 준하는 수준(외함 등)으로 설치	☐ 적합 ☐ 부적합 ☐ 제외
		인버터 설치용량 및 입력전압	● 인버터 및 모듈	● 인버터 압력 및 모듈출력 확인	● 모듈 설치용량이 인버터 설치용량의 105%이내 ● 모듈 개방 전압(후면명판)은 이버터 입력전압(인증서, 시험 성적서)의 범위 이내	☐ 적합 ☐ 부적합 ☐ 제외
		표시사항	● 인버터 또는 별도 표시창	● 육안 확인	● 모듈 및 인버터의 출력 전압, 전류, 전력, 역율, 주파수, Peak, 누적발전량	☐ 적합 ☐ 부적합 ☐ 제외

5	통합 명판	표시항목	● 인버터 전면에 부착	● 육안 확인	● [별표 5]신재생에너지 설비 명판 설치기준에 적합하게 부착되어 있는지 여부	☐ 적합 ☐ 부적합 ☐ 제외
6	모니터링 대상설비 (50kW 이상)	정상작동	● 인버터	● 육안 확인	● 일일발전량, 생산시간	☐ 적합 ☐ 부적합 ☐ 제외
7	가동상태	정상조건 시에	● 인버터, 전력량계 등	● 육안 확인	● 정상작동	☐ 적합 ☐ 부적합 ☐ 제외
8	운전교육	운전매뉴얼	● 점검현장	● 신청자와의 면담	● 소비자 주의 사항 및 운전 매뉴얼 제공, 교육 실시 여부	☐ 적합 ☐ 부적합 ☐ 제외
9	설치확인		● 점검현장	● 육안 확인	● 안전사고 방지위한 작업 공간 및 접근장치 확보	☐ 적합 ☐ 부적합 ☐ 제외

5 설치된 발전설비 부품의 성능검사 등

태양광발전 시스템 설치 시 시공법, 설치장소, 설치형태의 확대와 동시에 설치코스트 저감, 신뢰성 확보를 통하여 일반인에게 태양광발전 시스템의 유효성을 인식시켜 보다 적극적인 태양광발전 시스템의 도입 확대를 위한 성능평가분석이 요구되고 있다. 성능평가 분석은 태양광발전 시스템 전반적인 측면의 사이트 개요, 설치 코스트, 발전성능, 신뢰성 등으로 크게 분류하여 평가 분석할 필요가 있으며, 발전성능은 시스템의 전체적 성능과 구성요소의 성능으로 분류하여 평가분석이 필요하다.

■ 성능평가를 위한 측정요소
(1) 일반적인 성능평가의 분류
1) 시스템 성능평가의 분류
① 구성요인의 성능·신뢰성　② 사이트
③ 신뢰성　④ 발전성능
⑤ 설치코스트(경제성)

2) 사이트 평가방법
① 설치대상기관　② 설치시설의 분류
③ 설치시설의 지역　④ 설치형태
⑤ 설치용량　⑥ 설치각도와 방위
⑦ 시공업자　⑧ 기기 제조사

3) 설치코스트 평가방법
① 시스템 설치 단가　② 태양전지 설치 단가
③ 인버터 설치 단가　④ 어레이 가대 설치 단가
⑤ 계측표시장치 단가　⑥ 기초공사 단가
⑦ 부착공사 단가

4) 신뢰성 평가·분석 항목

① 트러블
  ㉠ 시스템 트러블 : 인버터 정지, 직류지락, ELB트립, 계통지락, 원인불명 등에 의한 시스템 운전정지 등
  ㉡ 계측 트러블 : 컴퓨터 전원의 차단, 프리즈, 컴퓨터의 조작오류, 기타 원인 불명
② 운전 데이터의 결측 상황
③ 계획정지 : 정전 등 (정기점검·개수정전, 계통정전)

■ 태양광발전 시스템 성능분석 용어 및 산출방법

1) 태양광 어레이 변환효율 (PV Array conversion efficiency)

$$\frac{태양전지 어레이 출력전력(kW)}{경사면일사량(kWh/m^2) \times 태양전지 어레이 면적(m^2)}$$

2) 시스템 발전 전력량(Wh)

$$\frac{시스템 발전전력력(kWh)}{경사면일사량(kWh/m^2) \times 태양전지 어레이 면적(m^2)}$$

3) 태양에너지 의존율 (Dependency on Solar Energy)

$$\frac{시스템 평균 발전전력 혹은 전력량(kWh)}{부하소비전력(kW) \times 전력량(kWh)}$$

4) 시스템 이용률 (Capacity Factor)

$$\frac{시스템 발전 전력량(kWh)}{24(h) \times 운전일수 \times 태양전지 어레이 설계용량(표준상태)전력량(kWh)}$$

5) 시스템 성능(출력)계수 (Performance Ratio)

$$\frac{시스템 발전전력량(kWh) \times 표준일사량(1kW/m^2)}{태양전지 어레이 설계용량(표준상태)(kW) \times 경사면 일사량(1kW/m^2)}$$

$$= \frac{시스템 발전전력량(kWh)}{경사면 일사량(1kW/m^2) \times 태양전지 어레이 면적(m^2) \times 태양전지 어레이 변환효율(표준상태)}$$

6) 시스템 가동률 (System Availability)

$$\frac{\text{시스템동작시간}(h)}{24(h) \times \text{운전일수}}$$

7) 시스템, 일조가동률 (System Availability per Sunshine Hour)

$$\frac{\text{시스템동작시간}(h)}{\text{가조시간}}$$

※ 가조시간(possible duration of sunshine) : 태양에서 오는 직사광선, 즉 일조를 기대할 수 있는 시간

■ 요소별 성능평가 측정
(1) 결정질 태양광모듈(성능)

이 기준은 신에너지, 재생에너지 개발이용보급 촉진법 시행규칙의 설비인증심사기준으로 KS C IEC 61215(결정계 실리콘 지상용 태양광모듈_설계인증 및 형식승인)을 기반으로 작성하였으며, 이 기준에서 명시되지 않은 세부사항은 인용기준을 참조해야 한다.

1) 적용 범위

이 기준은 결정질 태양광모듈의 시험방법 및 평가기준에 대해 규정한다.

2) 정의

본 기준에서 사용하는 주된 용어의 정의는 KS-C-IEC-61215, KS-C-IEC-61701 이외에 다음과 같다.

① 실규모 모듈 : 실제 설치하기 위한 상용 태양광모듈로 시험에 사용하는 시험품
② 항온항습장치 : 태양광모듈의 외부환경적응 시험을 위하여 실규모 시험품의 온도 사이클 시험, 습도-동결시험, 고온고습시험을 병행하여 시험할 수 있는 대형 시험장치
③ 정격 출력 : 지정된 조건에서 제조업체가 보장하는 출력
④ 유사 모델 : 인증받은 모델과 태양전지, 모듈 규격 및 구조, 사용재료 등 일부만 다르고 대동소이한 모델로서 상세 분류체계는 부속서에 따름
⑤ 시리즈 모델 : 일정 정격출력범위 내의 대표모델(시리즈 기본모델)에 대한 인증으로 해당 정격출력범위 내의 모델을 인증을 받은 모델들의 집합

⑥ 시리즈 기본모델 : 시리즈모델에 대한 인증을 받기 위하여 전 항목시험을 받는 모델

3) 시험조건

　시험조건은 특히 지정이 없는 한 KS C IEC 61215, KS C IEG 61701에 규정된 표준조건의 범위로 시험한다.

4) 시험장치

① 솔라 시뮬레이터 : 솔라 시뮬레이터는 태양광모듈의 발전성능을 옥내에서 시험하기 위한 인공광원이며, KS C IEC 60904-9에서 규정하는 방사조도 ±2% 이내, 광원 균일도 ±2% 이내의 A 등급 이상으로 한다.

② 항온항습 장치 : 태양광모듈의 온도사이클시험, 습도-동결시험, 고온고습시험을 하기 위한 환경 챔버이며, KS C IEC 61215에서 규정하는 온도 ±2도 이내, 습도 ±5% 이내 이어야 한다.

③ 염수분무 장치 : 태양광모듈의 구성재료 및 패키지의 염분에 대한 내구성을 시험하기 위한 환경 챔버이며, KS C IEC 617이의 규정에 따른다.

④ UV 시험 장치 : 태양광모듈이 태양광에 노출되는 경우에 따라서 유기되는 열화정도를 시험하기 위한 장치로써, KS C IEC 61215의 규정에 따른다.

⑤ 기계적 하중 시험 장치 : 태양광모듈에 대하여 바람, 눈 및 얼음에 의한 하중에 대한 기계적 내구성을 조사하기 위한 장치로써 KS C IEC 61215 규정에 따른다.

⑥ 우박 시험 장치 : 우박의 충격에 대한 태양광모듈의 기계적 강도를 조사하기 위한 시험장치로써 KS C IEC 61215의 규정에 따른다.

⑦ 단자강도 시험 장치 : 태양광모듈의 단자부분이 모듈의 부착, 배선 또는 사용 중에 가해지는 외력에 대하여 충분한 강도가 있는지를 조사하기 위한 장치로써 KS C IEC 61215의 규정에 따른다.

5) 시험 방법 및 판정 기준

시험 방법 및 판정 기준은 KS C IEC 61215에서 규정하는 기준을 따른다. 이 이외의 방법을 실시하는 경우에는 거래 당사자 간의 협의를 따른다.

[태양광모듈의 인증 시험항목]

	시 험 항 목	
1	외관검사	셀, 글라스(Glass), 정션 박스, 프레임, 접지단자, 출력단자 등 평가 (인용규격: KS C IEC 6125, 10.1 항)
2	최대출력 결정	개방전압(V°c), 단락전류(Isc), 최대전압(Vmpp), 최대전류 (Impp), 최대출력(Pmax), 곡선율(FF), 효율(Eff) 등의 발전성능을 시험 (인용규격 : KS C IEC 61215, 10.2항)
3	절연 시험	출력단자와 패널 또는 접지단자 사이의 절연시험 (인용규격 : KS C IEC 61215, 10.3항)
4	온도계수의 측정	모듈의 온도계수 측정(KS C IEC 60904-10 세부사항 참 조) (인용규격 : KS C IEC 61215, 10.4항)
5	공칭 태양전지 동작 온도(NOCT)에서의 측정	총방사조도 800W/m2, 주위온도 25°C, 풍속 1m/s에서의 동작 특성 시험(인용규격 : KS C IEC 61215, 10.5항)
6	STC 및 NOCT에서의 성능	셀 온도 25°C, NOCT KS C IEC60904-3의 기준 태양광 분광방사조도 1,000라 800W/m2에서의 성능 (인용규격 : KS C IEC 61215, 10.6항)
7	낮은 조사강도에서의 특성	셀 온도 250C, NOCT KS C IEC60904-3의 기준 태양광 분광방사조도 200W/m² 에서의 성능(인용규격 : KS C IEC 61215, 10.7항)
8	옥외 노출 시험	총 방사조도 60kWh/m²에서의 성능 (인용규격 : KS C IEC 61215, 10.8항)
9	열점 내구성 시험	태양전지 셀의 성능 불균형, 크랙 또는 국부적인 그림자 영향에 의해 발생되는 열점 내구성 시험 (인용규격 : KS C IEC 61215, 10.9항)

10	UV 전처리 시험	자외선 노출에서 태양광모듈 재료의 열화정도 시험 자외선조사 (인용규격 : KS C IEC 61215, 10.10항)
11	온도사이클 시험	환경온도의 불규칙한 반복에서 구조나 재료간의 열전도나 열팽창률에 의한 스트레스의 내구성 시험 (인용규격 : KS C IEC 61215, 10.11 항)
12	습도-동결 시험	고온, 고습, 영하의 저온에서 열 팽창률의 차이나 수분의 침입, 확산, 호흡작용 등의 구조나 재료의 영향을 시험 (인용규격 : KS C IEC 61215, 10.12항)
13	고온고습 시험	고온, 고습 상태의 열적 스트레스와 접합재료의 밀착력 등 의 적성 시험 (인용규격 : KS C IEC 61215, 10.13항)
14	단자강도 시험	단자부분이 부착, 배선 또는 사용중에 가해지는 외력에 대 한 강도 시험 (인용규격 : KS C IEC 61215, 10.14항)
15	습윤누설전류 시험	강우에 노출되는 경우의 적성시험 (인용규격 : KS C IEC 61215, 10.15항)
16	기계적 하중 시험	바람 및 눈 얼음에 의한 하중에 대한 기계적 내구성 시험 (인용규격 : KS C IEC 61215, 10.16항)
17	우박시험	우박의 충격에 대한 태양광 모듈의 기계적 강도 시험 (인용규격 : KS C IEC 61215, 10.17항)
18	바이패스 다이오드 열 시험	모듈의 열점현상 등으로 발생되는 바이패스 다이오드의 장기내구성을 위한 적정온도 설계 시험 (인용규격 : KS C IEC 61215, 10.18항)
19	염수분무 시험	모듈의 구성재료 및 패키지의 염분에 대한 내구성 시험 (인용규격 : KS C IEC 61701)

※비고 : 인증품목에 대한 유사모델은 부속서에 따라 시험한다.

■ 외관검사

1,000Lux 이상의 광 조사상태에서 KS C IEC 61215, 10.항 의 시험방법에 따라 시험한다. 셀(Cell), 글라스(Glass), 정션박스(Junction Box), 프레임 (Frame) 기타 사항(접지단자, 출력단자) 등의 이상이 없을 것

① 모듈 외관 : 크랙, 구부러짐, 갈라짐 등이 없는 것

② 셀 : 깨짐, 크랙이 없는 것

③ 셀 간 접속 및 다른 접속 부분에 결함이 없는 것

④ 셀과 셀, 셀과 프레임의 터치가 없는 것

⑤ 접착에 결함이 없는 것

⑥ 셀과 모듈 끝 부분을 연결하는 기포 또는 박리가 없는 것 등

■ 최대출력 결정

이 시험은 환경시험 전후에 모듈의 최대출력을 결정하는 시험으로 인공광원법에 의해 태양광모듈의 I-V 특성시험을 수행하며, AM 1.5, 방사조도 $1kW/m^2$, 온도 25℃ 조건에서 기준 셀을 이용하여 시험을 실시하며, KS C IEC 61215에서 정하는 KS C IEC 60906-9의 솔라 시뮬레이터를 사용하여 KS C IEC 60904-1 시험방법에 따라 시험한다. 단, 시험시료는 9매를 기준으로 한다.

① 최대출력 : 시험 전 값의 95%이상일 것

② 내환경 시험 전 ⓐ 각 모듈의 출력균일도는 평균출력의 ±3% 이내일 것

　　　　　　　　　ⓑ 각 모듈의 초기값 평균출력은 정격출력 이상일 것.

③ 내환경시험 후 : 최종 환경시험 후 최대출력의 열화는 최초 최대출력을 -8%를 초과하지 않을 것 (각 모듈의 최대출력은 초기값의 92% 이상일 것)

■ 절연 시험

① 절연내력시험은 최대 시스템 전압의 두 배에 1000V를 더한 것 같은 전압을 최대 500V/S 이하의 상승률로 태양광모듈의 출력단자와 패널 또는 접지단자(프레임)에 1분간 유지한다. 다만 최대 시스템 전압이 50V 이하일 때는 인가전압은 500V로 한다.

② 절연저항 시험은 시험기 전압을 500V/s를 초과하지 않는 상승률로 500V 또는 모듈시스템의 최대전압이 500V 보다 큰 경우 모듈의 최대시스템전압까지 올린 후 이 수준에서 2분간 유지한다. KS C IEC 61215의 시험방법에 따라 시험한다.

① 항의 시험동안 절연파괴 또는 균열이 없어야 한다.

② 항은 모듈의 측정 면적에 따라 $0.1m^2$ 미만에서는 400MΩ 이상일 것

③ 항은 모듈의 시험 면적에 따라 $0.1m^2$ 이상에서는 측정값과 면적의 곱이 40MΩ·m^2 이상일 것

■ 온도계수의 측정

모듈 측정을 통해 전류의 온도계수(a), 전압의 온도계수ⓑ 및 피크전력(S)을 조사하는 것 목적으로 한다. 이렇게 결정된 계수는 측정한 방사조도에서 유효하다. 다른 방사조도

수준에서의 모듈의 온도계수 계산은 KS C IEC 60904-10을 참조하며, KS C IEC 61215의 시험방법에 따라 시험한다.

① 별도의 판정기준을 갖지 않으며, 해당 태양광모듈의 온도계수를 측정한다.

■ 공칭 태양전지 동작온도(NOCT)의 측정 (Nominal Operating Cell Temperate)

이 측정은 모듈의 공칭 태양전지 동작온도(NOCT)를 결정하는 것 목적으로 하며, KS C IEC 61215의 시험방법에 따라 시험한다.

① 별도의 판정기준을 갖지 않으며, 해당 태양광모듈의 NOCT를 측정한다.
② 총방사조도 800 W/m², 주위온도 20 ℃, 풍속 1 m/s 에서의 동작 특성 시험 (인용규격: KS C IEC 61215, 10.5항)

■ STC 및 NOCT에서의 성능

모듈의 전기특성 이 STC(KS C IEC 60904-3의 기준 분광방사조도를 가진 25°C에서 1000W/m²의 방사조도) 조건하에서와 NOCT(KS C IEC 609。4-3의 기준 분광방사조도를 가진 800W/m²의 방사조도) 조건하에서, 부하와 함께 어떻게 변화하는지 결정하는 것을 목적으로 하며, 시험방법은 KS C IEC 61215의 시험방법에 따라 시험한다.

① 별도의 판정기준을 갖지 않으며, 해당 태양광모듈의 STC, NOCT 조건하에서 부하에 따른 성능특성을 측정한다.

■ 낮은 조사강도에서의 특성

이 시험은 모듈의 전기적 특성이 25 ℃ 및 200W/m² (적절한기준기기로 측정)의 방사조도에서, 부하와 함께 어떻게 변화하는지를 자연광 또는 KS C IEC 60904-9의 요구에 직합한 B등급 이상의 시뮬레이터를 사용하여 KS C IEC 609041의해 전기적 특성을 결정하는 것 목적으로 하며, KS C IEC 61215의 시험방법에 따라 시험한다.

① 별도의 판정기준을 갖지 않으며, 해당 태양광모듈의 낮은 조사강도에서의 성능특성을 측정한다.

■ 옥외노출 시험

이 시험은 모듈의 옥외 조건에서의 내구성을 일차적으로 평가하고 또 시험소의 시험에서는 검출될 수 없는 복합적 열화의 영향을 파악하는 것이 목적이고, 태양광모듈을 적산 일사량계로 측정한 적산 일사량이 60kWh/m^2에 도달할 때까지 시험하며, KS C IEC 61215의 시험방법에 따라 시험한다.

① 최대출력 : 시험 전 값의 95% 이상일 것

② 절연저항 : 절연시험의 시험조건 및 기준에 만족할 것

③ 외관 : 두드러진 이상이 없고, 표시는 판독할 수 있으며 외관검사 기준에 만족할 것

■ 열점내구성 시험

태양광모듈이 과열점 가열의 영향에 대한 내구성을 결정하는 것 목적으로 한다. 이 결 함은 셀의 부정합, 균열, 내부접속 불량, 부분적인 그늘 또는 오손에 의해 유발될 수 있다. 시험은 KS C IEC 61215의 시험방법에 따라 시험한다.

① 최대출력 : 시험 전 값의 95% 이상일 것

② 절연저항 : 절연시험의 시험조건 및 기준에 만족할 것

③ 외관 : 두드러진 이상이 없고, 표시는 판독할 수 있으며 외관검사 기준에 만족할 것

■ UV 전처리 시험 (UV Preconditioning Test)

태양광모듈의 태양광에 노출되는 경우에 따라서 유기되는 열화정도를 시험한다. 제논 아크(Xenon Arc) 등을 사용하여 모듈온도 60℃ ±5℃ 의 건조한 조건을 유지하고 파장 범위 280~320mm에서 방사조도 5kWh/m^2또는 파장범위 280~385mm에서 방사조도 15kWh/m^2에서 시험하며, KS C ICE 61215의 시험방법에 따라 시험한다.

① 최대출력 : 시험 전 값의 95% 이상일 것

② 절연저항 :절연시험의 시험조건 및 기준에 만족할 것

③ 외관 : 두드러진 이상이 없고, 표시는 판독할 수 있으며 6.1 항 기준에 만족할 것

■ 온도 사이클 시험

환경온도의 불규칙한 반복에서, 구조나 재료 간의 열전도나 열팽창률의 차이에 의한 스트레스의 내구성을 시험한다. 고온측 850℃±20℃및 저온측 -40℃±2℃로 10분 이상 유지하고 고온에서 저온으로 또는 저온에서 고온으로 최대 100도/h 의 비율로 온도를 변화시킨다. 이것 1사이클로 하고 6시간 이내에 하고 특별히 규정이 없는 한 UV 전처리시험 후 온도사이클 시험 b 50회, 습윤 누설전류시험 후 온도사이클 시험 a 200회를 실시한다. 최소 1시간의 회복 시간 후, KS C IEC 61215의 시험방법에 따라 시험한다.

① 최대출력 : 시험 전 값의 95% 이상일 것

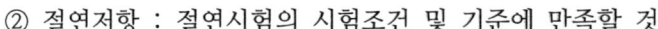

② 절연저항 : 절연시험의 시험조건 및 기준에 만족할 것
③ 외관 : 두드러진 이상이 없고, 표시는 판독할 수 있으며 외관검사 기준에 만족할 것
④ 시험 도중에 회로가 손상(Open Circuit)되지 않을 것

■ 습도-동결 시험

고온·고습, 영하의 저온 등의 가혹한 자연환경에 반복 장시간 놓았을 때, 열팽창률의 차이나 수분의 침입·확산, 호흡작용 등에 의한 구조나 재료의 영향을 시험한다. 고온측 온도조건을 850℃±20℃, 상대습도 85%±5%에서 20시간 유지하고, 저온측 온도조건을 -40℃±2℃ 조건에서 0.5시간 유지한다.

위의 조건을 1사이클로 하여 24시간 이내에 하고 10회 실시한다. 2~4시간의 회복시간 후, KS C IEC 61215의 시험방법에 따라 시험한다.

① 최대출력 : 시험 전 값의 95% 이상일 것
② 절연저항 : 절연시험의 시험조건 및 기준에 만족할 것
③ 외관 : 두드러진 이상이 없고, 표시는 판독할 수 있으며 외관검사 기준에 만족할 것

■ 고온·고습 시험

고온·고습 상태에서의 사용 및 저장하는 경우의 태양광모듈의 열적 스트레스와 적성을 시험한다. 이때 접합 재료의 밀착력의 저하를 관찰한다.

시험조건 내의 태양광모듈의 출력단자를 개방상태로 유지하고 방수를 위하여 염화 비닐제의 절연테이프로 피복하여 온도 850C±20C, 상대습도 85%±5%로 1,000시간 시험한다. 2~4시간의 회복시간 후, KS C IEC 61215의 시험방법에 따라 시험한다.

① 최대출력 : 시험 전 값의 95% 이상일 것
② 절연저항 : 절연시험의 시험조건 및 기준에 만족할 것
③ 습윤누설전류 시험 : 습윤누설전류 시험 기준에 만족할 것
④ 외관 : 두드러진 이상이 없고, 표시는 판독할 수 있으며 외관검사기준에 만족할 것

■ 단자강도 시험

모듈의 단자부분이 모듈의 부착, 배선 또는 사용 중에 가해지는 외력에 충분한 강도가 있는지를 시험하며, KS C IEC 61215의 시험방법에 따라 시험한다.

① 최대출력 : 시험 전 값의 95% 이상일 것

② 절연저항 : 절연시험의 시험조건 및 기준에 만족할 것

③ 외관 : 두드러진 이상이 없고, 표시는 판독할 수 있으며 외관검사 기준에 만족할 것

■ 습윤누설전류 시험

모듈이 옥외에서 강우에 노출되는 경우의 적성을 시험하며, KS C IEC 61215의 시험방법에 따라 시험한다.

① 모듈의 측정 면적에 따라 $0.1m^2$ 미만에서는 절연저항 측정값이 400MΩ 이상일 것

② 모듈의 측정 면적에 따라 $0.1m^2$ 이상에서는 절연저항 측정값과 모듈 면적의 곱이 40MΩ·m^2 이상일 것

■ 기계적 하중 시험

태양광모듈에 대하여 바람, 눈 및 얼음에 의한 하중에 대한 기계적 내구성을 시험하며, KS C IEC 61215의 시험방법에 따라 시험한다.

① 최대출력 : 시험 전 값의 95% 이상일 것

② 절연저항 : 절연시험의 시험조건 및 기준에 만족할 것

③ 외관 : 두드러진 이상이 없고, 표시는 판독할 수 있으며 외관검사기준에 만족할 것

④ 시험동안 회로 단선(open circuit)이 없어야 한다.

■ 우박 시험

우박의 충격에 대한 모듈의 기계적 강도를 시험하며 KS C IEC 61215의 시험방법에 따라 시험한다.

① 최대출력 : 시험 전 값의 95% 이상일 것

② 절연저항 : 절연시험의 시험조건 및 기준에 기준에 만족할 것

③ 외관 : 두드러진 이상이 없고, 표시는 판독할 수 있으며 외관검사 기준에 만족할 것

■ 바이패스 다이오드 열시험 (Bypass Diode Thermal Test)

태양광모듈의 핫 스폿 현상에 대한 유해한 결과를 제한하기 위해 사용된 바이패스 다이오드가 열에 대한 내성설계가 얼마나 잘되어있는지 그리고 유사한 환경에서 장시간 사용할 겨우 신뢰성이 확보되었는지를 평가하는 것 목적으로 하며, STC조건에서 단락전류의 1.25배와 같은 전류를 적용한다. 시험은 KS C IEC 61215의 시험방법에 따라 시험한다.

① 최대출력 : 시험 전 값의 95% 이상일 것
② 절연저항 : 절연시험의 시험조건 및 기준에 만족할 것
③ 외관 : 두드러진 이상이 없고, 표시는 판독할 수 있으며 외관검사 기준에 만족할 것
④ 시험이 끝난 후에도 다이오드의 기능을 유지하여야 한다.
⑤ 다이오드 접합 온도는 다이오드 제조자가 제시한 정격 최대 정션 온도를 초과하지 않아야 한다.

■ 염수분무 시험

염해를 받을 우려가 있는 지역에서 사용되는 모듈의 구성 재료 및 패키지의 염분에 대한 내구성을 시험한다. 시험품은 이상 부식을 방지하기 위하여 미리 연선의 단자부 봉지 등 실사용 조건과 같은 단자처리 또는 보호하여 둔다.

소정의 염수분무실에서 150℃에서 350℃사이의 온도에서 염수농도 5%±1%의 무게비로 하여 2시간 염수분무 후 온도 40℃±20℃, 상대습도 93%±5%의 조건에서 7일간 시험하고, 위 시험은 4회 반복한다. 소금 부착물을 상온의 흐르는 물로 5분간 세척한 후 증류수 또는 탈이온수로 씻고 부드러운 솔을 사용하여 물방울을 제거하고 550℃±20℃의 조건에서 1시간 건조시킨 후 표준상태에서 1~2시간 이내로 방치하고 냉각한다. KS C IEC 61215의 시험 방법에 따라 시험한다.

① 최대출력 : 시험 전 값의 95% 이상일 것
② 절연저항 : 절연시험의 시험조건 및 기준에 만족할 것
③ 외관 : 두드러진 이상이 없고, 표시는 판독할 수 있으며 외관검사 기준에 만족할 것

6) 시리즈 인증

시리즈 인증은 기본모델(시리즈 기본모델)의 정격출력 ±10% 범위 내의 모델에 대하여 적용한다.

① 기본모델에 대하여 전 항목을 시험한다. 단, 시리즈 모델에 대한 유사모델 시험은 부속서에 따라 시리즈 기본모델에 적용한다.
② 시리즈 모델 중 정격출력 모델에 대하여 6.1(외관검사), 6.2(발전성능시험), 6.3(절연저항시험)을 실시한다.

7) 표시사항

A. 일반사항

내구성이 있어야 하며 소비자가 명확히 인식할 수 있도록 표시하여야 한다.

B. 제조 및 사용 표시

인증설비에 대한 표시는 최소한 다음 사항을 포함하여야 한다.

① 업체명 및 업체주소   ② 제품명 및 모델명
③ 정격 및 적용조건(최대시스템 전압포함)   ④ 제조연월일
⑤ 인증 부여번호   ⑥ 신재생에너지 설비인증표지
⑦ 기타사항

6 태양광 발전 시스템 설비 설치의 품질 관리 기준

태양광 발전 시스템 설비 설치에 따른 태양 전지 모듈의 품질 관리 기준인 KS 및 IEC 규격에 대한 주요 내용을 제시하면 다음과 같다.

1. KS 품질 관리 기준

(1) 결정계 태양 전지 셀 분광 감도 특성 측정 방법(KS C 8525)

적용 범위 : 평면 또는 비집광형의 태양광 전력 발전을 목적으로 지상용 결정계 태양전지 셀의 상대 분광 감도 특성을 측정하는 방법에 대하여 규정하고 있다.

(2) 결정계 태양 전지 모듈 출력 측정 방법(KS C 8526)

적용 범위 : 태양 전지 셀을 이용하여 평면, 비집광형의 태양광 전력 발생을 목적으로 태양 전지 모듈의 출력 특성을 측정하는 방법에 대하여 규정하고 있다.

(3) 결정계 태양 전지 셀·모듈 측정용 솔라 시뮬레이터(KS C 8527)

적용 범위 : 태양 전지 모듈의 옥내 측정에 사용하는 결정계 태양전지 셀과 모듈 측정용 태양광 시뮬레이터에 대하여 규정하고 있다.

(4) 태양광 발전용 납축전지의 잔존 용량 측정 방법(KS C 8532)

태양광 발전 시스템의 전기 저장용으로 설치되는 고정 납축전지의 시스템 운용 상태에서의 잔존 용량 측정 방법에 대하여 규정하고 있다.

(5) 태양광 발전용 파워컨디셔너 효율 측정 방법(KS C 8533)

적용 범위 : 교류 출력 전압, 일정 출력 주파수의 태양광 발전용 파워컨디셔너의 효율 측정 방법에 대해 규정하고 있다.

(6) 태양 전지 어레이 출력의 온사이트 측정 방법(KS C 8534)

태양 전지 어레이의 온사이트에서 I-V특성 측정 방법에 대하여 규정하고 있다.

(7) 태양광 발전 시스템 운전 특성의 측정 방법(KS C 8535)

적용 범위 : 태양광 발전 시스템의 성능 표시에 사용하는 입사 태양 에너지에 대한태양 전지 어레이 출력 전력량, 파워컨디셔너 출력 전력량 등의 에너지에 대한 운전특성의 측정 방법에 대하여 규정하고 있다.

(8) 독립형 태양광 발전 시스템 통칙(KS C 8536)

적용 범위 : 독립형 태양광 발전 시스템에 대하여 상세하게 규정하고 있다.

(9) 소출력 태양광 발전용 파워 조절기 시험 방법(KS C 8540)

적용 범위 : 교류 출력 전압, 출력 주파수의 독립형 파워 조절기, 직류 정전압 출력의 파워 조절기, 계통 연계형 파워 조절기의 시험 방법에 대하여 규정하고 있다.태양광 발전 장시간율 납축전지의 시험 방법(KS C 8539), 어모포스 태양 전지 셀 출력측정 방법(KS C 8538), 2차 기준 결정계 태양 전지 셀(KS C 8537), 절연 저항계(KS C1302) 등의 시험 방법도 있다.

2. IEC 품질 관리 기준

(1) 태양 전지 전류-전압 특성 측정(KS C IEC 60904-1)

적용 범위 1 : 자연 또는 인공 태양광에서 결정계 실리콘 태양 전지 소자의 I-V 특성의 측정 절차에 대하여 구체적으로 기술하고 있으며, 단일 태양 전지 및 태양 전지의 하부 조립 부품 또는 태양 전지 모듈에 적용한다.

적용 범위 2 : 단위 접합에서 발생되는 전류의 값이 동일하다면 다중 접합 태양광발전 전지 시료에도 동일하게 적용한다.

적용 범위 3 : 예를 들어, 직달광이 조사되고 기준 직달광에 대한 스펙트럼 부정합오차의 보정이 이루어진다면 집광한 빛이 조사되도록 설계한 태양광 발전 소자에 도동일하게 적용한다.

(2) 개방 전압 방법에 의한 태양 전지 소자의 등가 전지 온도 결정 (KS C IEC 60904-5)

적용 범위 1 : 결정계 실리콘 소자에만 적용한다.

적용 범위 2 : 열특성을 비교하기 위하여 우선 태양 전지 소자를 선정하고, 다음으로동작 온도를 결정한 후, I-V 특성을 분석 및 온도 변환에 대해 결정, 적용한다.

(3) 기준 태양광 모듈의 필요 조건(KS C IEC 60904-6)

적용 범위 1 : 전기·전자 분야의 선별, 포장, 교정, 명판 표시 및 기준 태양광 모듈의 관리를 위해 규정한다.

적용 범위 2 : 본 규격은 KS C IEC 60904-2의 보충 설명하기 위한 규격이다.

(4) 솔라 시뮬레이터의 성능 요구 사항(KS C IEC 60904-9)

적용 범위 1 : 솔라 시뮬레이터는 PV 소자의 성능 측정이나 내구성 조사 등의 강도

적용 범위 2 : 본 표준은 솔라 시뮬레이터의 등급 결정 및 정의와 방안에 대해 제공해야 한다.

적용 범위 3 : 솔라 시뮬레이터를 사용한 시험 성적서에는 측정된 솔라 시뮬레이터의 등급과 해당 결과에 대한 관련 내용을 기재한다.

(5) 태양 전지 모듈의 염수 분무 시험(KS C IEC 61701)

적용 범위 1 : 태양 전지 모듈의 염수 분무로부터 부식에 대한 저항을 결정하기 위해 적용한다.

적용 범위 2 : 본 시험은 호환성과 보호 코팅의 양질과 일치성을 평가하는 데 유용하게 적용한다.

이 외에도 태양 전지 전원 시스템(KS C IEC 60364-7-712), 기준 태양 전지 소자의 요구 사항(KS C IEC 60904-2), 기준 스펙트럼 조사 강도 데이터를 이용한 지상용 태양 전지 소자의 특전 원리(KS C IEC 60904-3), 기준 태양광 소자 교정 소급성의 확립 과정 (KS C IEC 60904-4), 태양 전지 소자의 스펙트럼 응답 측정(KS C IEC 60904-8), 태양광 소자 선형성 측정 방법(KS C IEC 60904-10), 태양광 발전 시스템의 과전압 방지책 (KS C IEC 61173), 독립형 태양광 발전 시스템의 특성 변수(KS C IEC 61194), 지상용 태양광 발전 시스템 일반 사항 및 지침(KS C IEC 61277), 태양광 발전 에너지시스템에 사용하는 이차단 전지 및 전지-일반 요구 사항 및 시험 방법(KS C IEC 61427), 지상용 박막 태양광 모듈의 설계 요건과 형식 인증(KS C IEC 61646), 직결형 태양광 발전 펌핑 시스템 평가(KS C IEC 61702), 태양광 발전 시스템 교류 계통 연결 특성(KS C

IEC61727), 결정계 실리콘 태양 전지 어레이-현장에서의 I-V특성 측정(KS C IEC 61829), 태양광 발전 시스템의 주변 장치 설계 검증을 위한 일반 요건(KS C IEC 62093), 집광형 태양광 발전 모듈 및 조립품 설계 검증 및 형식 승인(KS C IEC 62108), 독립형 태양광 발전 시스템 설계 검증(KS C IEC 62124), 태양광 개별 시스템의 선택(KS C IEC62257-9-6) 등이 있다.

7 발전설비 설치 확인 등

(1) 태양광 발전 시스템 설치 확인

1) 태양광 발전 시스템의 태양광 모듈의 프레임과 지지대 사이에는 약간의 간격을 두고 설치해야 하고 모듈 냉각을 위해 간격을 밀봉하지 않도록 특별히 주의해야 한다. 전지판 뒷면의 공기 순환을 방해 또는 운영 시 이슬 맺힘이 나타날 수 있기 때문에 설비 설치 시 반드시 점검 확인한다.

2) 태양광 발전 시스템의 태양광 모듈이 최적의 조건으로 발전을 할 수 있도록 남향을 유지하도록 하고 지역별 경사각을 충분히 고려하여 설비 설치한다. 낮 시간이 가장 짧은 날을 기준으로 09시부터 15시까지 부분적인 그늘 등이 발생하지 장소를 선택하여 설비를 설치한다.

3) 태양광 발전 시스템의 태양광 모듈의 지지대는 눈, 풍압 등에 견뎌야 한다. 그리고 공기 중에 쉽게 산화되므로 부식되지 않는 재료를 선정하여 설비 설치한다.

4) 정기적으로 나사와 볼트의 체결 상태를 점검, 확인하여 안전사고에 주의한다.

8 태양광 발전 시스템 배선 확인

(1) 태양광 발전 시스템의 태양광 모듈에는 바이패스 및 역류 방지 다이오드가 내장되어 있다. 전자·전기적 극성 부품은 반드시 극성을 확인 후, 배선 연결한다.

(2) 태양광 발전 시스템의 모듈의 최대 허용 전압과 전류를 확인하고 적합한 케이블 및 압착 단자를 선정, 사용한다.

(3) 태양광 발전 시스템의 태양광 모듈을 직렬로 연결하여 사용할 경우는 동일 모델의 출력 제품을 사용한다.

(4) 태양광 발전 시스템의 태양광 모듈 배선의 피복 상태를 정기적으로 확인한다. 만약 피복이 변색, 경화, 누설 현상이 있을 경우 점검 즉시 반드시 보완 혹은 교체한다.

(5) 태양광 발전 시스템의 태양광 모듈 배선(전선 벗겨짐, 누설, 피복 균열, 변색, 테이핑 상태 등)의 상태를 정기적으로 확인하여 전기 안전사고를 미연에 예방한다.

(2) 태양광 발전 시스템 설비 설치 시, 유지 관리

1) 태양광 발전 시스템은 무인 자동 운전되는 것을 전제로 설계 및 제작되어 있으며, 태양광 발전 시스템 설비는 장기간 사용에 따른 노후화와 열화 현상, 시스템 고장 발생한다. 따라서 태양광 발전 시스템 설비의 소유주 또는 전기 안전 관리자로 선임된 담당자는 태양광 발전 시스템 설비가 장기적·안정적으로 운용될 수 있도록 전기 사업법에서 규정한 정기 검사 외, 정기적으로 안전진단을 하면서 유지, 관리해야 한다.
2) 태양광 발전 시스템이 무인 자동 운전으로 설계 및 운용되고 있으나 태양광 발전 설비의 소유자 또는 점유자의 경우 전기 설비의 공사 유지, 운용 관리에 대하여 전기 안전 관리 등의 업무를 원활하게 수행하기 위해서는 반드시 전기 사업법 제73조에서 규정하고 있는 안전 관리자를 선임한다.
3) 태양광 발전 시스템의 발전 설비 용량이 1000kW 미만의 것의 안전 관리 업무는 외부에 대행할 수 있다.
4) 태양광 발전 시스템의 정기적인 점검 주기는 설비 용량에 따라 월 1~4회 이상 실시해야 한다.

9 태양광 발전 시스템 설비 설치 유지 보수에 따른 고려 사항

(1) 설비 설치의 사용 기간

일반적으로 새로운 설비 설치보다는 오래된 설비의 고장 발생의 확률이 높기 때문에 주기적인 점검 내용을 세분화하고 점검 주기를 단축하여 수행해야 한다.

(2) 설비 설치의 중요도

1) 태양광 발전 시스템의 설비 설치 중 중요하지 않는 설비가 있다.
2) 예를 들면, 수전선 사고의 경우 전체 구간이 정전이 되지만 주요 부하용 설비 설치의 경우에는 해당 구간의 라인만 정전된다. 즉 오래 시간 정전해도 운전에 영향을 미치지 않는다.
3) 태양광 발전 시스템의 설비 설치의 경우 그 중요도에 따라 내용 및 주기를 적정하게 선택하고 실시한다.

(3) 설비 설치의 환경 조건
1) 태양광 발전 시스템 설비 설치의 장소와 환경에 따라 보수 및 점검하는 데 큰 차이가 발생한다.
2) 옥내·외, 분진의 다소, 환기의 양부, 습기의 다소, 특수 가스의 유무, 진동의 유무등에 의하여 절연물의 열화, 금속의 부식, 과열, 수명 단축 등에 지대한 영향을 미칠 수 있다. 따라서 다양한 환경 조건을 충분히 고려하여 태양광 발전 시스템을 최적의 장소에 설비 설치하는 것이 매우 중요하다.

(4) 설비 설치의 고장 점검
여러 가지 환경 조건의 이상으로 태양광 발전 시스템의 설비 설치에 따른 고장이 발생할 시에는 즉시 문제를 해결해야 한다. 따라서 문제의 재발 방지를 위해 주기적으로 점검하고 문제에 대한 적절한 조치를 취하기 위해 관련 고장 이력서를 철저하게 작성 및 관리해야 한다.

(5) 설비 설치의 부하 점검
환경 조건의 불량 또는 태양광 발전 시스템 설비 설치의 부하 증가 등으로 인한 부하 상태의 경우 부하 점검 주기를 단축해야 하고, 주기적인 점검 및 유지 관리해야 한다.

제 2 장 태양광 발전 시스템의 운영

1 발전시스템 점검 방법과 시기

검사대상 전기설비 및 검사시기[시행규칙 제32조제1항]

(1) 사업용전기설비 및 검사시기

구분	대상	시기	비고
기력, 내연력, 가스터빈, 복합화력, 수력(양수), 풍력, 태양광 및 연료전지발전소 전기저장장치발전소(구역전기사업자의 송전·변전 및 배전설비를 포함한다)	(1) 증기터빈 및 내연기관 계통 (2) 가스터빈·보일러·열교환기(「집단에너지사업법」을 적용받는 보일러 및 압력용기는 제외) 및 발전기 계통 (3) 수차·발전기 계통 (4) 풍차·발전기 계통 (5) 태양전지·전기설비 계통 (6) 연료전지·전기설비 계통 (7) 전기저장장치·전기설비 계통 (8) 구역전기사업자의 송전·변전 및 배전설비	4년 이내 2년 이내 4년 이내 4년 이내 4년 이내 4년 이내 4년 이내 2년 이내	(1)부터 (4)까지의 설비에 부속되는 전기설비로서 사용압력이 제곱센티미터당 0킬로그램 이상의 내압부분이 있는 것을 포함한다.

(2) 자가용전기설비 및 검사시기

구분	대상	시기	비고
발전설비기력, 내연력, 가스터빈, 복합화력 및 수력, 태양광 및 연료 전지발전소(비상 예비발전설비는 제외한다)	(1) 증기터빈 및 내연기관 계통(발전기 계통을 포함한다)	4년 이내	(1)과 (2)에 부속되는 전기설비로서 사용압력이 제곱센티미터당 0킬로그램 이상의 내압부분이 있는 것을 포함한다.
	(2) 가스터빈(발전기 계통 포함), 보일러, 열교환기(보일러 및 열교환기 중 「에너지이용 합리화법」 제58조에 따라 검사를 받는 것은 제외한다)	2년 이내	
	(3) 수차 · 발전기 계통	4년 이내	
	(4) 풍차 · 발전기 계통	4년 이내	
	(5) 태양전지 · 전기설비 계통	4년 이내	
	(6) 연료전지 · 전기설비 계통	4년 이내	
	(7) 전기저장장치 · 전기설비 계통	4년 이내	

비 고 : 발전설비의 검사는 발전설비의 가동정지기간 중에 하며, 설비 고장 등 검사시기 조정 사유 발생 시 검사기관과 협의하여 2개월 이내의 범위에서 검사시기를 조정 할 수 있다.

1) 사용전 검사

전기사업법 제61조의 규정에 의한 공사계획 인가 또는 신고를 필한 상용, 사업용 태양광 발전설비를 대상으로 한다. 사용 전 검사는 자가용 및 사업용 중 저압 배전계통 연계형 용량 200 kW이하를 대상으로 하며, 200 kW 초과 시 한국전기안전공사의 「검사업무처리방법」에 의해 발전설비검사 담당부서에서 수리한다. 단, 정기검사 대상에서는 제외한다.

구분	검사종류	용량	선임	감리원 배치
일반용	사용전점검	10kW 이하	미선임	필요 없음
자가용	사용전감사 (저압설비는 공사계획 미신고)	10kW 초과 (자가용 설비 내에 있는 경우 용량에 관계없이 자가용임)	대행업체 대행 가능 (1,000kW 이하)	감리원 배치확인서 (자체 감리원 불인정-상용이기 때문)
사업용	사용전검사 (사도에 공사계획 신고)	전 용량 대상	대행업체 대행 가능 (10kW 이하 미선임 가능)	감리원 배치 확인서 (자체 감리원 불인정-사용이기 때문)

사용 전 검사에 필요한 서류는 다음과 같다.

① 사용전검사(점검) 신청서
② 태양광 발전설비 개요
③ 공사계획인가(신고)서
④ 태양광전지 규격서
⑤ 단선결선도, 시퀀스 도면, 태양전지 트립인터록 도면, 종합 인터록도면 - 설계면허 (직인 필요 없음)
⑥ 절연저항시험 성적서, 절연내력시험 성적서, 경보회로시험 성적서, 부대설비시험 성적서, 보호장치 및 계전기시험 성적서
⑦ 출력 기록지
⑧ 전기안전관리자 선임필증 사본(사용전점검 제외)
⑨ 감리원 배치확인서(사용전점검 제외)

1. **공사계획 인가 또는 신고대상 설비(시행규칙 별표 5)**

   (1) 인가를 요하는 발전소

   설치공사 : 출력 1만kW 이상의 발전소의 설치

   변경공사 : 출력 1만kW 이상의 발전소의 설치

   (2) 신고를 요하는 발전소

   설치공사 : 출력 1만kW 미만의 발전소의 설치

   변경공사 : 출력 1만kW 미만의 발전소의 설치

2. **사용전검사를 받는 시기 (시행규칙 별표 9)**

   (1) 태양광 발전소는 전체 공사가 완료되면 사용전검사를 받아야 한다.

   1) 자가용 태양광 발전설비 사용전검사 항목 및 세부검사 내용

   태양광 발전설비를 구성하는 각 기기는 설치 완료 시 아래와 같은 사용전검사 항목에 따라 세부검사가 진행되어야 한다.

② 태양광 발전설비표

검사 항목	세부검사내용	수검자 준비자료
1. 태양광 발전설비표	▼ 태양광 발전설비표 작성	▼ 공사계획인가(신고)서 ▼ 태양광 발전설비 개요
2. 태양광전지 검사 ▼ 태양광전지 일반규격 ▼ 태양광전지 검사	▼ 규격확인 ▼ 외관검사 ▼ 전지 전기적 특성시험 ▼ 어레이	▼ 공사계획인가(신고)서 ▼ 태양광전지 규격서 ▼ 단선결선도 ▼ 태양전지 트립인터록 도면 ▼ 시퀀스 도면 ▼ 보호장치 및 계전기시험 성격서 ▼ 절연저항시험 성적서
3. 전력변환장치 검사 ▼ 전력변환장치 일반 규격 ▼ 전력변환장치 검사	▼ 규격 확인 ▼ 외관검사 ▼ 절연저항 ▼ 절연내력 ▼ 제어회로 및 경보장치 ▼ 전력조절부/static 스위치 자동·수동 절체시험 ▼ 역방향운전 제어시험 ▼ 단독운전 방지 시험 ▼ 인버터 자동·수동 절체시험 ▼ 충전기능시험	▼ 공사계획인가(신고)서 ▼ 단선결선도 ▼ 시퀀스 도면 ▼ 보호장치 및 계전기 시험 성적서 ▼ 절연저항시험 성적서 ▼ 절연내력시험 성적서 ▼ 경보회로시험 성적서 ▼ 부대설비시험 성적서
4. 종합연동시험 검사 5. 부하운전시험 검사	▼ 검사 시 일사량을 기준으로 가능출력 확인하고 발전량 이상 유무 확인(30분)	▼ 종합 인터록 도면 ▼ 출력 기록지
6. 기타 부속설비	▼ 전기수용설비 항목을 준용	

자가용 태양광 발전설비에 대해 사용전검사를 실시하는 검사자는 수검자로부터 다음의 자료를 제출받아 태양광 발전설비표를 작성해야 한다.

(1) 공사계획인가(신고)서

공사계획인가(신고)서는 전기설비의 설치 및 변경공사 내용이 전기사업법 제61조 또는 법 제62조의 규정에 의하여 인가 또는 신고를한 공사계획에 적합해야 한다.

(2) 태양광 발전설비 개요

이 밖에도 검사자는 수검자로부터 다음 설비에 대한 시험성적서를 제출받아 확인한다

1) 변압기
2) 차단기
3) 보호계전기류
4) 보호설비류
5) 피뢰기류
6) 변성기류
7) 개폐기류
8) 콘덴서, 모터, 기동기, 케이블 및 케이블 접속재
9) 발전설비
10) 상기 이외의 전기기계기구와 보호장치

시험성적서 확인방법은 크게 공인시험기관에 의한 시험성적서와 기관에 의한 인증서 확인이 있다.

(3) 고압 이상 전기기계기구의 시험성적서는 국내생산품과 수입품 모두동일하게 국내 공인시험기관의 시험성적서를 확인함을 원칙으로 한다. 다만, 다음의 경우에는 제작회사의 자체 시험성적서를 확인한다.

1) 산업표준화법에 의한 KS 표시품, 케이블, 콘덴서, 전동기, 기동기 20kV급 케이블 종단접속재 이외의 케이블 접속재
2) 국가표준기본법에 의한 공인제품 인증기관의 안전인증 표시품
3) 중전기기 시험기준 및 방법에 관한 요령 고시에 의한 공인시험기관의 인증시험이 면제된 제품
4) 국내 공인시험기관에서 시험이 불가능한 품목 및 검사기관에서 인정한 품목

(4) 국내 공인시험기관의 시험설비 미비, 관련규격이 없는 경우, 수리품 및 국내 미생산품인 경우는 공인시험기관의 참고시험 성적서를 확인한다.

(5) 태양전지 검사

검사자는 수검자로부터 수검에 필요한 자료를 제출받아 다음의 사항을 검사해야 한다.

1) 태양전지의 일반 규격

검사자는 수검자로부터 제출받은 태양전지 규격서 상의 규격이 설치된 태양전지와 일치하는지 확인한다.

(6) 태양전지의 외관검사

검사자는 태양전지 셀 및 모듈을 비롯한 시스템에 대해 다음의 사항을 중심으로 외관을 검사한다.

1) 태양전지 모듈 또는 패널의 점검

검사자는 모듈의 유형과 설치개수 등을 1,000 lux 이상의 밝은 조명 아래에서 육안으로 점검한다. 지상설치형 어레이의 경우에는 지상에서 육안으로 점검하며 지붕설치형 어레이는 수검자가 제공한 낙상 보호조치를 확인한 후 검사자가 직접 지붕에 올라 어레이를 검사한다. 지붕의 경사가 심해 검사자가 직접 오를 수 없는 경우에는 수검자가 제공한 사다리나 승강장치에 올라 정확한 모듈과 어레이의 설치개수를 세어 설계도면과 일치하는지 확인한다. 정확한 모듈 개수의 확인은 전압과 전류 출력에 영향을 미치므로 매우 중요하다. 간혹 현장의 모듈이 인가서 상의 모듈 모델번호와 다른 경우가 있으므로 각 모듈의 모델번호 역시 설계도면과 일치하는지 확인한다. 지붕에 설치된 모듈은 모델번호를 확인하기 곤란한 경우가 많으므로 수검자가 카메라로 찍은 사진을 근거로 확인한다. 사용전검사시 공사계획인가(신고)서의 내용과 일치하는지 태양전지 모듈의 정격용량을 확인하여 이를 사용전검사필증에 표시하고, 다음 사항을 확인한다.

① 셀 용량

태양전지 셀 제작사가 설계 설명서에 제시한 용량을 기록한다.

② 셀 온도

태양전지 셀 제작사가 설계 설명서에 제시한 셀의 발전 시온도를 기록한다.

③ 셀 크기

제작자의 설계서 상 셀의 크기를 기록한다.

④ 셀 수량

공사계획서 상 출력을 발생할 수 있도록 설치된 셀의 전체수량을 기록한다.

2) 태양전지 셀, 모듈, 패널, 어레이에 대한 외관검사

① 공사계획인가(신고)서 내용과 일치하는지 확인하고 태양전지셀의 제작번호를 확인한다.

② 태양전지 셀의 제작, 운송 및 설치과정에서의 변색, 파손, 오염 등의 결함 여부를 1,000lux 이상의 조도에서 아래 사항을 중심으로 육안 점검하고 단자대의 누수, 부식 및 절연재의 이상을 확인한다.

- 모듈 표면의 금, 휨, 찢김이나 모듈 배열의 흐트러짐
- 태양전지 모듈의 깨짐
- 오결선
- 태양전지 셀 간 접촉 또는 태양전지 셀의 모듈 테두리 접촉
- 태양전지 셀과 모듈 테두리 사이에 기포나 박리현상에 의한 연속된 통로 형성 여부
- 합성수지재 표면처리 결함으로 인한 끈적거림
- 단말처리 불량 및 전기적 충전부의 노출
- 기타 모듈의 성능에 영향을 끼칠 수 있는 요인

모듈의 개수와 모델번호를 확인하고 나면 마지막으로 각 모듈과 어레이의 배치가 설계도면과 일치하는지 확인한다.

3) 배선 점검
4) 접속단자의 조임상태 확인
(3) 태양전지의 전기적 특성 확인

검사자는 수검자로부터 제출받은 태양전지 규격서 상의 규격으로 부터 다음의 사항을 확인한다.

1) 최대출력

태양광 발전소에 설치된 태양전지 셀의 셀당 최대출력을 기록한다.

2) 개방전압 및 단락전류

검사자는 모듈 간이 제대로 접속되었는지 확인하기 위해 개방전압이나 단락전류 등을 확인한다.

3) 최대출력 전압 및 전류

태양광 발전소 검사 시 모니터링 감시장치 등을 통해 하루 중 순간 최대출력이 발생할 때의 인버터의 교류전압 및 전류를 기록한다.

4) 충진율

개방전압과 단락전류와의 곱에 대한 최대출력의 비(충진율)를 태양전지 규격서로부터 확인하여 기록한다.

5) 전력변환 효율

기기의 효율을 제작사의 시험성적서 등을 확인하여 기록한다. 이 밖에도 수검자로부터 제출받은 태양광 발전시스템의 단선결선도, 태양전지 트립인터록 도면, 시퀜스 도면, 보호장치 및 계전기 시험성적서가 태양광 발전설비의 시공 또는 동작상태와 일치하는지 확인한다.

(4) 태양전지 어레이

검사자는 수검자로부터 제출받은 절연저항시험 성적서에 기재된 값으로부터 현장에서 실측한 값과 일치하는지 확인한다.

1) 절연저항

검사자는 운전 개시 전에 태양광 회로의 절연상태를 확인하고 통전 여부를 판단하기 위해 절연저항을 측정한다. 이 측정값은 운전개시 후의 절연상태의 기준이 된다.

2) 접지저항

검사자는 접지선의 탈락, 부식 여부를 확인하고 접지저항 값이 전기설비기술기준이나 제작사 적용 코드에 정해진 접지저항이 확보되어 있는지를 접지저항 측정기로 확인한다.

3 전력변환장치 검사

검사자는 수검자로부터 제출받은 자료로부터 다음의 사항을 검사해야한다.

(1) 전력변환장치의 일반 규격

검사자는 수검자로부터 제출받은 공사계획인가(신고)서 상이 전력변환장치 규격이 시험성적서 및 이 현장에 시공된 장치의 규격과 일치하는지 확인한다.

1) 형식

인버터 모델 형식을 기록한다.

2) 용량

인버터의 용량이 공사계획인가(신고) 내용과 일치하는지를 확인해야 하며, 다만 인버터의 여유율을 감안하여 인버터에 접속된 모듈의 정격용량은 인버터 용량의 105% 이내로 할 수 있다.

3) 정격 입·출력 전압

인버터의 입·출력 전압을 확인한다.

4) 제작사 및 제작번호

제작사 및 기기 일련번호를 기록한다.

(2) 전력변환장치 검사

검사자는 전력변환장치에 대해 다음의 사항을 검사해야 한다.

1) 외관검사

① 검사자는 전력변환장치의 파손이나 변형 등의 유무를 확인한다.
② 배전반(보호 및 제어)의 계기, 경보장치 등의 이상 유무를 확인한다.
③ 배전반의 절연간격 및 배선의 결선상태를 확인한다.
④ 필요한 개소에 소정의 접지가 되어 있는지 확인하고, 접지선의 접속상태가 양호한지 확인한다.

2) 절연저항

검사자는 운전 개시 전에 공장 및 현장에서 측정한 절연저항 측 정성적서를 검토하거나 실제 측정함으로써 전력변환장치 직류회로 및 교류회로의 절연상태가 기술기준이나 제작사 적용코드에서 규정한 기준값 내에 드는지 확인한다. 이 측정값은 운전 개시 후의 절연상태의 기준이 된다.

3) 절연내력

절연내력 시험은 검사자 입회하에 실제 사용전압을 가압하여 이상 유무를 확인하는 것이 원칙이지만 시험성적서로 갈음할 수 있으며, 절연내력시험이 곤란할 경우에는 절연저항(500V 절연저항계) 측정으로 갈음할 수 있다.

4) 제어회로 및 경보장치

전력변환장치의 각종 제어회로 및 보호기능 등을 동작시켜 경보상태를 확인한다.

5) 전력조절부/static 스위치 자동·수동절체시험 전력조절부의 시스템 상태에 따른 static 스위치의 절체시간을 확인한다.

6) 역방향운전 제어시험

태양광 발전부에서 발전하지 못하거나 발전한 전력이 부하공급에 부족할 경우, 계통으로부터 부족한 전력공급 유무를 확인한다.

7) 단독운전 방지시험

계통측 정전 시 태양광 발전설비에서 생산된 전력이 배전선로로 역송되지 않도록 태양광 발전설비 단독운전 기능의 정상동작 유무(0.5초 내 정지, 5분 이후 재투입)를 확인한다.

8) 인버터 자동·수동 절체시험

인버터 자동·수동 절체시험을 실시하여 운전 중인 인버터의 이상여부를 확인한다.

9) 충전기능시험

① 공장에서 실시한 용량검사 내용을 확인한다.

② 초충전, 부동충전, 균등충전 시험성적서를 확인한다.

③ 임의로 충전모드를 선택, 충전모드별 출력전압 및 전류 등은 운전값의 가변이 가능한지를 확인한다.

(3) 보호장치 검사

검사자는 보호장치에 대해 다음의 사항을 확인 또는 검사해야 한다.

1) 외관검사
2) 절연저항
3) 보호장치 시험

검사자는 전력회사와의 협의를 통해 정해진 보호협조에 맞는 설정이 되어 있는지를 확인한다.

① 전력변환장치의 보호계전기 정정값 및 시험성적서를 대조한 후 보호장치와 관련기기의 연동 상태를 점검함으로써 보호계 전기의 동작특성을 확인한다.

② 보호장치가 인터록 도면대로 동작하는지와 단독운전 방지시스템의 기능을 확인한다.

(4) 축전지 검사

검사자는 축전지 및 기타 주변장치에 대해 다음의 사항을 확인해야 한다.

1) 시설상태 확인
2) 전해액 확인
3) 환기시설 확인

환기팬의 설치 및 배기상태를 확인한다.

4 종합연동시험 검사

검사자는 수검자로부터 제출받은 종합인터록도면을 참고하여 보호계전기의 종합연동 상태가 정상적인지 검사해야 한다.

5 부하운전시험 검사

검사자는 수검자로부터 제출받은 출력기록지를 참고하여 부하운전 상태를 검사해야 한다.

(1) 부하운전시험 검사

검사 시 일사량을 기준으로 30분간의 가능출력을 확인하고 일사량 특성곡선과 발전량의 이상 유무를 확인한다.

(2) 부하운전시험 의견

기력발전소에 대한 사용전검사 부하운전시험 의견서 작성방법에 따른다.

6 기타 부속설비

검사자는 수검자로부터 제출받은 자료를 참고로 전기수용설비 항목을 준용하여 기타 부속설비를 검사해야 한다.

(1) 자가용 태양광 발전설비 정기검사 항목 및 세부검사 내용

자가용 태양광 발전소는 경우에 따라 태양전지, 접속함, 인버터, 배전반, 변압기, 차단기 등으로 이루어져 한전계통과 연계될 수 있다. 따라서, 이상 발생 시 전력계통 전체의 사고로 파급될 수 있으므로, 태양광 발전소의 안정적인 운용을 위해 4년마다 정기적으로 검사를 해야 한다. 자가용 태양광 발전설비에 대한 정기검사 항목 및 세부검사 내용을 나타내었다.

검사 항목	세부검사내용	수검자 준비자료
1. 태양광 발전설비표 ▼ 태양광전지 일반규격 ▼ 태양광전지 검사	▼ 규격확인 ▼ 외관검사 ▼ 전지 전기적 특성시험 ▼ 어레이	▼ 전회 검사 성적서 ▼ 단선결선도 ▼ 태양전지 트립인터록 도면 ▼ 시퀸스 도면 ▼ 보호장치 및 계전기시험 성적서 ▼ 절연저항시험 성적서
2. 전력변환장치 검사		

▼ 전력변환장치 일반 규격 ▼ 전력변환장치 검사	▼ 규격 확인 ▼ 외관검사 ▼ 절연저항 ▼ 절연내력 ▼ 제어회로 및 경보장치 ▼ 단독운전 방지 시험 ▼ 인버터 운전시험	▼ 단선결선도 ▼ 시퀀스 도면 ▼ 보호장치 및 계전기 시험 성적서 ▼ 절연저항시험 성적서 ▼ 절연내력시험 성적서 ▼ 경보회로시험 성적서 ▼ 부대설비시험 성적서
▼ 보호장치 검사 ▼ 축전지	▼ 보호장치 시험 ▼ 시설상태 확인 ▼ 전해액 확인 ▼ 환기시설 상태	
3. 공합연동시험 ▼ 종합연동시험	▼ 검사 시 일사량을 기준으로 가능출력 확인하고 발전량 이상 유무 확인(30분)	
4. 부하운전시험	▼ 부하운전시험의견	▼ 출력 기록지 ▼ 전회 검사 이후 총 운전 및 기동 횟수 ▼ 전회 검사 이후 주요정비 내용

① 태양전지 검사

　태양전지에 대한 정기검사의 세부검사 절차는 자가용 태양광 발전설비 사용전검사에 준해 실시한다.

② 전력변환장치 검사

　선력변환상지에 대한 정기검사의 세부검사 절차는 자가용 태양광 발전설비 사용전검사에 준해 실시한다.

③ 종합연동시험 검사

　종합연동시험에 대한 정기검사의 세부검사 절차는 자가용 태양광 발전설비 사용전검사에 준해 실시한다.

④ 부하운전시험 검사

　부하운전시험에 대한 정기검사의 세부검사 절차는 자가용 태양광 발전설비 사용전검사에 준해 실시한다.

(2) 사업용 태양광 발전설비 사용전검사 항목 및 세부검사 내용

사업용 태양광 발전설비를 구성하는 각 기기는 설치 완료 시 아래와 같은 사용전 검사 항목에 따라 세부검사가 진행되어야 한다.

검사 항목	세부검사내용	수검자 준비자료
1. 태양광 발전설비표	▼ 태양광 발전설비표 작성	▼ 공사계획인가(신고)서 ▼ 태양광 발전설비 개요
2. 태양광전지 검사 ▼ 태양광전지 일반규격 ▼ 태양광전지 검사	▼ 규격확인 ▼ 외관검사 ▼ 전지 전기적 특성시험 ▼ 어레이	▼ 공사계획인가(신고)서 ▼ 태양광전지 규격서 ▼ 단선결선도 ▼ 태양전지 트립인터록 도면 ▼ 시퀜스 도면 ▼ 보호장치 및 계전기시험 성적서 ▼ 절연저항시험 성적서
3. 전력변환장치 검사 ▼ 전력변환장치 일반 규격 ▼ 전력변환장치 검사	▼ 규격 확인 ▼ 외관검사 ▼ 절연저항 ▼ 절연내력 ▼ 제어회로 및 경보장치 ▼ 전력조절부/static 스위치 자동·수동절체시험	▼ 단선결선도 ▼ 시퀜스 도면 ▼ 보호장치 및 계전기 시험 성적서 ▼ 절연저항시험 성적서 ▼ 절연내력시험 성적서 ▼ 경보회로시험 성적서 ▼ 부대설비시험 성적서
▼ 보호장치 검사 ▼ 축전지	▼ 역방향운전 제어시험 ▼ 단독운전 방지 시험 ▼ 인버터 자동·수동 절체시험 ▼ 충전기능 시험	
▼ 보호장치검사	▼ 외관검사 ▼ 절연저항 ▼ 보호장치 시험	
▼ 축전지	▼ 시설상태 확인 ▼ 전해액 확인	

▼ 보호장치 검사	▼ 환기시설 상태	
	▼ 외관검사	▼ 절연저항시험 성적서
	▼ 절연저항	▼ 계기교정시험 성적서
	▼ 결상보호장치	▼ 경보회로시험 성적서
		▼ 부대설비시험 성적서
		▼ 접지저항시험 성적서
▼ 제어 및 경보장치 검사	▼ 외관검사	
	▼ 절연저항	
	▼ 개폐기 인터록	
	▼ 개폐표시	
	▼ 조작용 압축장치	
	▼ 가스절연장치	
	▼ 계측장치	
▼ 부대설비 검사	▼ 외함 접지시설	
	▼ 상표시 및 위험표시	
	▼ 계기용 변성기	
	▼ 단로기 및 접지단로기	

4. 전선로(모선) 검사

▼ 전선로 일반규격	▼ 규격 확인	▼ 공사계획인가(신고)서
▼ 전선로검사	▼ 외관검사	▼ 전선로 및 부대설비 규격서
(가공, 지중, GIB, 기타)	▼ 보호장치 및 계전기 시험	▼ 단선결선도
	▼ 절연저항	▼ 시퀜스 도면
	▼ 절연내력	▼ 보호장치 및 계전기시험 성적서
	▼ 충전시험	▼ 상회전 및 loop 시험 성적서
▼ 부대설비 검사	▼ 피뢰장치	▼ 절연내력시험 성적서
	▼ 계기용 변성기	▼ 절연저항시험 성적서
	▼ 위험표시	▼ 경보회로시험 성적서
	▼ 울타리, 담 등의 시설 상태	▼ 부대설비시험 성적서
	▼ 상별 및 모으모선 표시상태	

5. 접지설비 검사

▼ 접지 일반규격	▼ 규격 확인	▼ 접지설계 내역 및 시공도면
▼ 접지망(mesh)	▼ 접지망 공사내역	▼ 접지저항 시험 성적서

	▼ 접지저항	
6. 비상발전기 검사		
▼ 발전기 일반규격	▼ 규격 확인	▼ 공사계획인가(신고)서
		▼ 발전기 및 부대설비 규격서
▼ 발전기 본체 검사	▼ 외관검사	▼ 발전기 트립인터록 도면
	▼ 접지 시공 상태	▼ 시퀀스 도면
	▼ 절연저항	▼ 보호계전기 결선도
	▼ 절연내력	▼ 특성시험 성적서
	▼ 특성시험	▼ 보호장치 및 계전기시험 성적서
▼ 보호장치 검사	▼ 외관검사	▼ 자동 전압조정기시험 성적서
	▼ 절연저항	▼ 절연내력시험 성적서
	▼ 보호장치 및 계전기 시험	▼ 계기교정시험 성적서
▼ 제어 및 경보장치 검사	▼ 상회전 및 동기 검정장치 시험	▼ 경보회로시험 성적서
▼ 부대설비 검사	▼ 전압조정기 시험	▼ 부대설비시험 성적서
		▼ 접지저항시험 성적서
7. 종합연동시험 검사	▼ 검사 시 일사량을 기준으로 가능 출력을 확인하고 발전량의 이상유무 확인(30분)	▼ 종합 인터록 도면
8. 부하운전 검사		▼ 출력 기록지

1) 태양광 발전설비표

사업용 태양광 발전설비에 대해 사용전검사를 실시하는 검사자는 수검자로부터 다음의 자료를 제출받아 태양광 발전설비표를 작성해야 한다.

2) 공사계획인가(신고)서

공사계획인가(신고)서는 전기설비의 설치 및 변경공사 내용이 전기사업법 제61조 또는 동법 제62조의 규정에 의하여 인가 또는 신고를 한 공사계획에 적합해야 한다.

3) 태양광 발전설비 개요

이밖에도 검사자는 수검자로부터 다음 설비에 대한 시험성적서를 제출받아 확인한다.

① 변압기　　　　　② 차단기
③ 보호계전기류　　④ 보호설비류
⑤ 피뢰기류　　　　⑥ 변성기류
⑦ 개폐기류　　　　⑧ 콘덴서, 모터, 기동기, 케이블 및 케이블 접속재

⑨ 발전설비　　　　⑩ 상기 이외의 전기기계기구와 보호장치

사업용 태양광 발전설비의 경우에도 시험성적서의 확인은 표준방법에 따라 실시한다.

4) 고압 이상 전기기계기구의 시험성적서는 국내생산품과 수입품 모두 동일하게 국내 공인시험기관의 시험성적서를 확인함을 원칙으로 한다. 다만, 다음의 경우에는 제작회사의 자체 시험성적서를 확인한다.
① 산업표준화법에 의한 KS 표시품, 케이블, 콘덴서, 전동기, 기동기, 20kV급 케이블 종단접속재 이외의 케이블 접속재
② 국가표준기본법에 의한 공인제품 인증기관의 안전인증 표시품
③ 중전기기 시험기준 및 방법에 관한 요령, 고시에 의한 공인시험기관의 인증시험이 면제된 제품
④ 국내 공인시험기관에서 시험이 불가능한 품목 및 검사기관에서 인정한 품목

5) 국내 공인시험기관의 시험설비 미비, 관련규격이 없는 경우, 수리품 및 국내 미생산품인 경우는 공인시험기관의 참고시험 성적서를 확인한다.
① 태양전지 검사

　태양전지에 대한 사용전검사의 세부검사 절차는 자가용 태양광 발전설비 사용전검사에 준해 실시한다.

② 전력변환장치 검사

　전력변환장치에 대한 사용전검사의 세부검사 절차는 자가용 태양광 발전설비 사용전검사에 준해 실시한다.

③ 변압기 검사
　㉠ 변압기의 일반규격
　　사용전검사 변압기 일반규격의 해당항목 작성요령에 따른다.
　㉡ 변압기의 시험검사
　　　사용전검사 변압기 시험검사의 해당항목 검사요령에 따른다. 단, 충전시험은 계통과 연계하여 변압기를 가압 (또는 역가압)시켜 이음, 온도 상승, 진동 발생 등 이상 유무를 검사한다.

④ 차단기 검사

　㉠ 차단기의 일반규격

　　사용전검사 차단기 일반규격의 해당항목 작성요령에 따른다. 직류차단기의 경우 반드시 전압을 확인하여 기록한다. 단, 시험을 인정할 수 있는 직류차단기는 현재 국내에서는 생산되고 있지 않으므로 외국 인증기관의 시험을 필한 3극 차단기로 결선한 것을 참고정격으로 인정하되 차단기의 모든 접점이 동시에 개방·투입되도록 결선해야 한다.

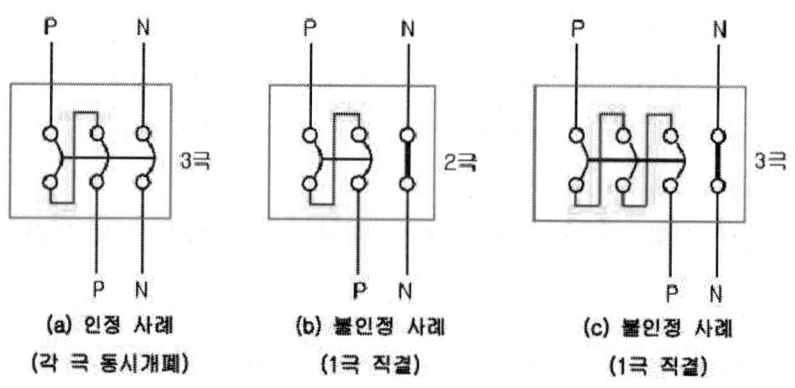

〈차단기 설치 사례〉

⑤ 차단기 시험검사

　사용전검사 차단기 시험검사의 해당항목 검사 요령에 따른다. 단, 충전시험은 계통과 연계하여 변압기를 가압 또는 역가압 시켜 이음, 온도상승, 진동발생 등 이상 유무를 검사한다.

⑥ 전선로 검사

　㉠ 전선로(모선) 일반규격

　　기력발전소에 대한 사용전검사 전선로(모선) 일반규격의 해당항목작성요령에 따른다.

　㉡ 전선로(모선) 시험검사

　　기력발전소에 대한 사용전검사 전선로(모선) 시험검사의 해당항목검사요령에 따른다. 단, 충전시험은 계통과 연계하여 변압기를 가압(또는 역가압)시켜 이음, 온도 상승, 진동 발생 등, 이상 유무를 검사한다.

⑦ 접지설비 검사

　사용전검사 접지설비 검사의 해당항목 검사요령에 따른다.

⑧ 종합연동시험 검사

종합연동시험에 대한 사용전검사의 세부검사 절차는 자가용 태양광 발전설비 사용전검사에 준해 실시한다.

⑨ 부하운전시험 검사

부하운전시험에 대한 사용전검사의 세부검사 절차는 자가용 태양광 발전설비 사용전검사에 준해 실시한다.

⑩ 기타 부속설비

기타 부속설비에 대한 사용전검사의 세부검사 절차는 자가용 태양광발전설비 사용전검사에 준해 실시한다.

(3) 사업용 태양광 발전설비 정기검사 항목 및 세부검사 내용

사업용 태양광 발전소는 고압의 경우 태양전지, 접속함, 인버터, 배전반, 변압기, 차단기 등으로 이루어져 한전계통과 연계되어 있다. 따라서, 이상발생 시 전력계통 전체의 사고로 파급될 수 있으므로, 태양광 발전소의 안정적인 운용을 위해 4년마다 정기적으로 검사를 해야 한다. 사업용 태양광 발전설비에 대한 정기검사 항목 및 세부검사 내용은 다음과 같다.

검사 항목	세부검사내용	수검자 준비자료
1. 태양광 발전설비표 ▼ 태양광전지 일반규격 ▼ 태양광전지 검사	▼ 규격확인 ▼ 외관검사 ▼ 전지 전기적 특성시험 ▼ 어레이	▼ 전희 검사 성적서 ▼ 단선결선도 ▼ 태양전지 트립인터록 도면 ▼ 시퀀스 도면 ▼ 보호장치 및 계전기시험 성격서 ▼ 절연저항시험 성적서
2. 전력변환장치 검사 ▼ 전력변환장치 일반 규격 ▼ 전력변환장치 검사	▼ 규격 확인 ▼ 외관검사 ▼ 절연저항 ▼ 절연내력 ▼ 제어회로 및 경보장치 ▼ 단독운전 방지 시험 ▼ 인버터 운전시험	▼ 단선결선도 ▼ 시퀀스 도면 ▼ 보호장치 및 계전기 시험 성적서 ▼ 절연저항시험 성적서 ▼ 절연내력시험 성적서 ▼ 경보회로시험 성적서 ▼ 부대설비시험 성적서

▼ 보호장치검사	▼ 보호장치 시험	
▼ 축전지	▼ 시설상태 확인	
	▼ 전해액 확인	
	▼ 환기시설 상태	
3. 변압기 검사		
▼ 변압기 일반규격	▼ 규격 확인	▼ 전회 검사 성적서
▼ 변압기 시험검사	▼ 외관검사	▼ 시퀜스 도면
(기동, 소내변압기 포함)	▼ 조작용 전원 및 회로점검	▼ 보호계전기시험 성적서
	▼ 보호장치 및 계전기 시험	▼ 계기교정시험 성적서
	▼ 절연저항 측정	▼ 경보회로시험 성적서
	▼ 절연유 내압시험	▼ 절연저항시험 성적서
	▼ 제어회로 및 경보장치 시험	
4. 차단기 검사	▼ 규격 확인	▼ 전회 검사 성적서
(발전기용 차단기)	▼ 외관검사	▼ 개폐기 인터록 도면
	▼ 조작용 전원 및 회로점검	▼ 계기교정시험 성적서
	▼ 절연저항 측정	▼ 경보회로시험 성적서
	▼ 개폐표시 상태확인	▼ 절연저항시험 성적서
	▼ 제어회로 및 경보장치 시험	
5. 전선로(모선) 검사		
▼ 전선로 일반규격	▼ 규격 확인	▼ 전선로 및 부대설비 규격서
▼ 전선로 검사	▼ 외관검사	▼ 단선결선도
(가공, 지중, GIB, 기타)	▼ 보호장치 및 계전기 시험	▼ 보호계전기 결선도
	▼ 절연저항	▼ 시퀜스 도면
	▼ 절연내력	▼ 보호장치 및 계전기시험 성적서
▼ 부대설비 검사	▼ 피뢰장치	▼ 상회전 및 loop 시험 성적서
	▼ 계기용 변성기	▼ 절연내력시험 성적서
	▼ 위험표시	▼ 절연저항시험 성적서
	▼ 울타리, 담 등의 시설상태	▼ 경보회로시험 성적서
	▼ 상별 및 모의모선 표시상태	
6. 접지설비 검사		
▼ 접지 일반규격	▼ 규격 확인	
	▼ 접지저항 측정	▼ 접지저항 시험 성적서

7. 종합연동시험 검사	▼ 검사 시 일사량을 기준으로 가능출력 확인하고 발전량 이상 유무 확인(30분)	
▼ 종합연동시험		
8. 부하운전시험 검사	▼ 부하운전시험의견	▼ 출력 기록지
		▼ 전회 검사 이후 총 운전 및 기동 횟수
		▼ 전회 검사 이후 주요정비 내용

① 태양전지 검사

태양전지에 대한 정기검사의 세부검사 절차는 자가용 태양광 발전설비 사용전 검사에 준해 실시한다.

② 전력변환장치 검사

전력변환장치에 대한 정기검사의 세부검사 절차는 자가용 태양광 발전 설비 사용전 검사에 준해 실시한다.

③ 변압기 검사

변압기에 대한 정기검사의 세부검사 절차는 사업용 태양광 발전설비 사용전검사에 준해 실시한다.

④ 차단기 검사

차단기에 대한 정기검사의 세부검사 절차는 사업용 태양광 발전설비 사용전 검사에 준해 실시한다.

⑤ 기타 부속설비

기타 부속설비에 대한 정기검사의 세부검사 절차는 자가용 태양광 발전설비 사용전 검사에 준해 실시한다.

㉠ 기타 검사

ⓐ 비상발전기는 태양광 발전설비 계통과 연계하지 말아야 한다.

ⓑ 소출력 태양광 발전설비의 경우 누전차단기 동작 시 발전원에 의해 지속적으로 전원이 공급되어 감전사고 발생의 우려가 있고 누전차단기 테스트 버튼 조작 등에 의한 지락발생 시 발전원에 의해 지속적으로 지락전류가 흘러 트립코일 소손의 가능성이 상존하므로 계통으로의 연계점은 누전차단기 1차측에 접속해야 하며, 연계점 전원측의 과전류 차단기(MCCB) 부설 여부를 확인해야 한다.

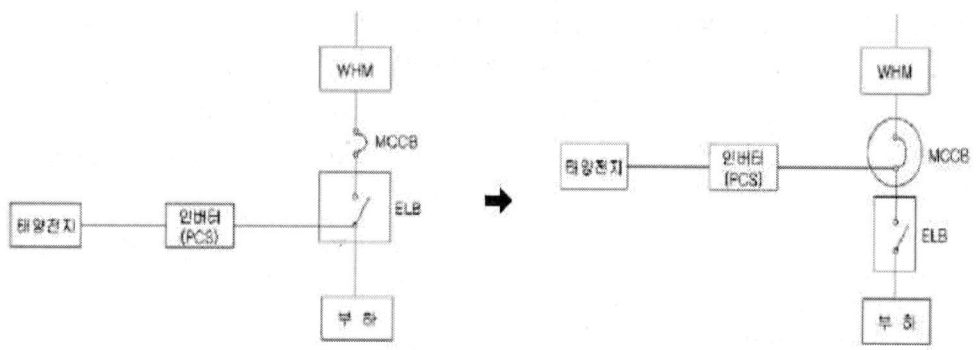

(a) 계통연계 접속의 나쁜 예   (b) 계통연계 접속의 바른 예

〈소출력 태양광 발전설비의 계통연계점 확인 사항〉

ⓒ 케이블 트레이 상용케이블과 태양광 발전설비 케이블의 사이에는 이격거리를 두고 배선 꼬리표를 달아야 한다.
ⓓ 피뢰침 보호각이 표시되어 있는 전기 간선 계통도를 붙여야 한다.
ⓔ 태양광 평면도를 참고해야 하며 건물 옥상인 경우 도면을 참고해야 한다.
ⓕ 계통 연계되는 전기실까지 케이블 트레이 평면도를 붙여야 한다.
ⓖ 모듈 접속함 내에 직류 차단기 및 직류 퓨즈 사용 여부를 확인해야 한다.
ⓗ 인버터 시험성적서 사본인 경우 원본대조필 직인이 있는지 확인해야한다.
ⓘ 태양전지 모듈의 규격리스트와 제품번호를 확인해야 한다.

(4) 전기저장장치(ESS) 정기 검사

1) 검사대상 및 시기 : 전기저장장치 및 전기설비계통 4년 이내
2) 용어의 정의
   ① 모의시험(Simulation Test) : 각종 연동시험 및 기기의 연동시험을 실제로 할 경우에 계통에 미치는 위험을 고려하여 가상조건(연동회로의 By-Pass, Pr. S.W 접점의 By-Pass 등)을 만들어 주어 시험하는 방법을 말함.
   ② 계기교정성적서 : 수검부서에서 자체시험으로 기록하여 남긴 각종 계기 및 Pr. Switch 등의 성적서로 관련부서장이 확인한 서류를 말함.

7 검사 항목 및 방법

(1) 전기저장장치 일반규격 검사

이차전지 및 전력변환장치의 종류, 용량 등이 공사계획 인가(신고)서의 내용과 동일한지 확인하고 기록한다.

(2) 이차전지 검사

1) 외관 검사

① 이차전지 규격 및 용량이 공사계획인가(신고)사항과 일치하는지 확인한다.

② 공장 및 현장 시험성적서를 확인하여, 시험값이 관련 시험기준에 적합한지 검토한다.

③ 필요한 개소에 소정의 접지가 되어 있는지 확인하고, 접지선의 접속 상태가 양호한지 확인한다.

2) 절연저항 측정

이차전지에 대한 현장에서 실시한 절연저항 측정보고서를 검토 하거나 검사 시 실측 정하여 기준값(기술기준 또는 제작사 적용 Code) 이상인가 확인한다.

3) 보호장치시험 특성시험

① 충전 및 방전시험

- 이차전지 충전 및 방전시 보호장치 동작상태 확인한다.
- 충전 및 방전시 배터리 전류 및 전압이 정상적으로 동작하는지 여부를 확인한다.

② 과충전 및 과방전 시험

배터리 과충전 및 과방전시 설계값을 확인하고 동작여부를 시험한다.

③ 온도특성시험

온도특성에 따른 정정값을 확인하고 동작여부를 시험한다.

4) BMS 기능 시험

BMS(Battery Management System) 동작상태를 확인한다.

(3) 전력변환장치 검사
1) **외관 검사**
   ① 배전반(보호 및 제어)의 각종 계기나 Recorder, Annunciator Lamp의 이상 유무, 이면배선의 정리 및 청결상태를 확인한다.
   ② 공장 및 현장 시험성적서를 확인하여, 시험값이 관련 시험기준에 적합한지 검토한다.
   ③ 필요한 개소에 소정의 접지가 되어 있는지 확인하고, 접지선의 접속 상태가 양호한지 확인한다.

2) **절연저항 측정**
   전력변환장치에 대한 현장에서 실시한 절연저항 측정보고서를 검토 하거나 검사 시 실측정하여 기준값 (기술기준 또는 제작사 적용Code)이상인가 확인한다.

3) **보호장치시험 특성시험**
   ① 충전 및 방전시험
      - 이차전지 충전 및 방전시 보호장치 동작상태 확인한다.
      - 충전 및 방전시 이차전지 전류 및 전압이 정상적으로 동작하는지 여부를 확인한다.
   ② 주파수 변동시험
      주파수 가변 시 응동특성 및 왜형률을 확인한다.
   ③ 온도특성시험
      온도특성에 따른 정정값을 확인하고 동작여부를 시험한다.
   ④ 전압 및 주파수 추종시험
      기준범위 내의 전압 및 주파수 가변 시 동작상태를 확인한다.
   ⑤ 단독운전 방지기능
      한전선로 정전시 배전선로에 역송되지 않도록 단독운전 방지기능에 의한 연계의 차단상태 확인한다.
   ⑥ 제어회로 및 경보장치시험
      각종 제어회로 및 경보장치 등을 모의 동작시켜 경보상태를 확인한다.

4) **PMS 기능 시험**
   PMS(Power Management System) 동작상태를 확인한다.
   ① 냉각시스템 동작상태
      냉각시스템 동작상태 및 주위온도를 확인한다.

② 화재방호설비 설치상태

화재발생시 이를 감지하고 소화할 수 있는 화재방호설비의 설치 상태를 확인한다.

③ 변압기 검사

변압기 검사의 해당항목 검사요령에 따른다.

④ 차단기 검사

차단기 검사의 해당항목 검사요령에 따른다.

⑤ 부하운전시험

정격 충전전력 및 정격 방전전력 시험을 단시간(각 30분) 실시한다.

⑥ 부하운전 시험의견

부하운전 시험의견의 해당항목 작성요령에 따른다.

8 태양광 모니터링 시스템

■ 모니터링 시스템 개요

태양광 발전장치의 효율적인 운영을 위하여, 발전장치 전반에 대하여 원격감시 및 측정 시스템을 도입하여 시스템의 운영 및 감시 관리를 용이하게 하는데 주목적이다.

■ 모니터링 설비 설치 기준

설비요건 : 모니터링 설비의 계측설비는 다음을 만족하도록 설치하여야한다.

[모니터링 설비의 계측설비]

계측설비	요구사항	확인방법
인버터	CT 정확도 3%이내	- 관련내용이 명시된 설비사양 제시
온도센서	정확도 ± 0.3[℃](-20~100[℃]) 미만 정확도 ± 1[℃](100~1,000[℃]) 이내	- 관련내용이 명시된 설비사양 제시
유량계, 열량계	정확도 ± 1.5[%] 이내	- 관련내용이 명시된 설비사양 제시
전력량계	정확도 ± 1.5[%] 이내	- 관련내용이 명시된 설비사양 제시

측정위치 및 모니터링 항목 : 다음의 요건을 만족하여 측정된 에너지 생산량 및 생산시간을 누적으로 모니터링 하여야 한다.

[모니터링 항목]

구분	모니터링 항목	데이터(누계치)	측정항목
태양광	일일발전량(kWh)	24개(시간당)	인버터 출력
	생산시간(분)	1개(1일)	

■ 태양광발전 감시반의 구성

태양광발전 감시반의 구성은 설치된 태양광 모듈 부위에 온도계 2개, 일사량계 2개를 연결하여 RS 485통신으로 모니터링 시스템에 기후조건에 대한 신호를 송출한다. 인버터의 통신보드 내에서는 태양광발전에 대한 발전량, 전압, 전류, 주파수 등 전기적 특성을 통신포트 RS 232/485 PORT를 통해 모니터링 시스템에 각종 자료를 보내어 감시 및 측정하도록 하고 방재접속반 내의 누설전류감지센서, 연기감지기, 각 부분 온도센서를 통한 지락 및 누설전류와 화재감시정보를 모니터링 PC에 전달되어야 한다.

외부로 인터넷 연결이 가능한 설치장소에서는 LAN 또는 모뎀을 통하여 각종 감시 및 측정을 할 수 있도록 구성하여 태양광 발전장치의 이상 유무를 원격지에서 긴급히 고장 부위를 신속히 파악하여 대처할 수 있는 시스템으로 구성할 수 있다.

■ 측정 및 경보 기능

▼ 측정 기능
- 태양광 모듈 발전량, 부하량, 일사량 및 온도
- 기타 유효전력 등 정보 측정

▼ 기록 및 통계 기능
- 시간대, 월별, 주간별, 월별 정기적 자료 기록
- 경보발생 이력에 대한 기록

▼ 경보 발생 기능
- 장치 이상 경보 기능
- 감시 요소 상태 이상 시 경보 기능

■ 감시 화면 구성

▼ 디지털 감시 화면
- 태양광 모듈의 동작상태 확인
- 인버터의 동작 상태 확인

▼ 계측 화면
- 각 감시 요소별 아날로그 값을 그래프와 디지털 값으로 분리 표시
- 주요 계측 요소
  · 태양광 모듈 출력(직류전류, 전압, 전력)
  · 인버터 출력(전압, 전류, 유효전력, 전력량, 주파수)
  · 기후 조건(외기온도, 태양광 모듈 표면 온도, 경사면 및 수평면 일사량)

▼ 경보 화면
- 차단기 및 보호 계전기의 동작 상태를 표시하고, 계측요소의 데이터 값이 설정치보다 높거나 이상이 발생 시에 경보화면에 자동으로 기록

- 누설전류, 연기 및 온도이상 상태를 표시하고 이상 발생 시 경고화면 및 경고음으로 표시

▼ 보고서 화면
- 일일 발전 현황
- 일일 시간대별 태양전지 발전 현황, 부하 현황 등을 시간대로 표시 및 평균, 최소, 최대, 누적치 표시.
- 월간 발전 현황
- 월간 일자별 태양전지 발전 전력, 부하 소비 전력 등을 표시

■ 프로그램 기능

기 능	내 용
데이터 수집기능	개별발전소별 전용의 데이터처리장치에서 인버터나 기상센서로부터 데이터를 최대 10초 이하 간격으로 수집하여, 정확한 분석을 위해 수집된 데이터들 최대 15분 이하의 간격으로 평균이나 최댓값을 계산하여 통합서버로 전송
데이터 저장기능	통합서버는 개별 발전소의 데이터처리장치에서 전송된 실시간데이터와 15분 이하 주기의 분석용 데이터를 개별 시스템별로 구분하여 저장함.
데이터 분석기능	데이터베이스에 저장된 데이터를 토대로 계측 값의 시간별 일별 계측값의 변화 트렌드를 테이블 또는 그래픽으로 표현하여야 하며, 상세 항목은 협의를 통하여 함. 태양광의 경우 일사량 및 온도에 따른 기준 발전량을 예측하고 실제발전량과 비료 분석할 수 있는 기능을 포함.
데이터 통계기능	데이터베이스에 저장된 데이터를 기간별로 분석하고, 장비별 데이터 호출을 할 수 있으며, 호출된 값은 보고서 다운로드 기능을 통하여 효율적으로 자료를 분석, 관리할 수 있다.

■ 태양광 발전 시스템 정상 운영을 위한 시스템 계측

(1) 태양광 발전 시스템의 계측 기기 설치 목적

태양광 발전 시스템의 계측 기기나 표시 장치는 시스템의 운전 상태 감시, 시스템의 발전 전력량 파악, 시스템의 성능을 평가하기 위한 테이터의 수집 및 시스템의 운영 상황을 견학자에게 보여주고 시스템의 홍보 등의 목적으로 설치한다. 실제의 계측 시스템에서는 단독으로 하는 경우와 조합하여 행하는 경우가 있다.

(2) 태양광 발전 시스템의 계측 및 표시에 필요한 계측 기기

1) 검출기
① 직류 회로의 전압은 직접 또는 분압기로 분압하여 검출하며 직류 회로의 전류는 직접 분류기를 사용하여 검출한다.

② 교류 회로의 전압, 전류 및 전력, 역률, 주파수의 계측은 직접 PT, CT를 통해 검출하고 지시 계기, 신호 변환기 등에 신호를 공급한다.

③ 일사 강도, 기온, 태양 전지 어레이의 온도, 풍향, 습도 등의 검출기를 필요에 따라 설치한다.

2) 신호 변환기
① 신호 변환기는 검출기로 검출된 데이터를 컴퓨터 및 먼 거리에 설치한 표시 장치에 전송하는 경우에 사용한다.

② 신호 변환기는 각종 검출 데이터에 적합한 것이 시판되고 있으며 그 중에서 필요한 것으로 선택하며 신호 변환기의 출력 신호도 입력 신호 0-110%에 대하여 0-5V, 1-5V, 4-20mA 등 여러 가지 것이 시판되고 있기 때문에 그 중에서 최적인것을 선택한다.

③ 신호 출력은 노이즈가 혼입되지 않도록 실드선을 사용하여 전송한다.

3) 연산 장치
① 연산 장치에는 직류 전력처럼 검출 데이터를 연산하지 않으면 안되는 것에 사용하는 것과 일시 계측 데이터를 적산하여 일정 기간마다 평균값과 적산값을 얻는것이 있다.

② 필요로 하는 데이터가 많을 경우에는 컴퓨터를 이용하여 연산하고 단독, 매우 적은 데이터를 연산할 경우에는 개별적으로 연산기를 준비하도록 한다.

4) 기억 장치
① 기억 장치는 연산 장치로서 컴퓨터를 사용하는 경우 그 메모리를 활용하여 기억하고 필요하면 데이터를 복사하여 보존하는 방법이 일반적이다.

② 최근에는 계측 장치 자체에 기억장치가 있는 것이 시판되고 있어 필요하면 메모리 카드 등에 복사하여 보관하는 방법도 있다.

(3) 주택용 시스템의 계측
1) 일반 가정 등에 주택용 시스템을 설치할 경우 운전 상황의 감시를 위한 계측 및 표시가 필요한 경우가 많다. 따라서 인버터가 운전 중인지 또는 고장인지를 램프, LED로표시하는 경우가 많다.

2) 전력 회사에서 공급받은 수요 전력량, 설계자로부터 전력 회사에 역전송한 잉여 전력량 그리고 태양광 발전 시스템의 발전 전력량을 전산 전력량계로 계측하는 경우가 많은데 주택용 태양광 발전 시스템 모니터링 사업에서는 세 가지의 전력량을 매월 계량및 기록하여 3개월마다 보고한다. 이 외에도 홍보용 표시 계측, 시스템의 운전 상태를 감시하는 계측, 발전 전력량을 계측, 시스템의 종합 평가를 위한 계측, 운전 상황을 견학 또는 홍보하기 위한 계측 등이 있다.

9 발전시스템 운영 관리 계획

1. **태양광발전 시스템을 효과적으로 운영을 위해 비치할 항목은 다음과 같다.**

   (1) 태양광 발전 시스템 운영의 비치 내용
   1) 태양광 발전 시스템의 핵심 기기 매뉴얼
   2) 태양광 발전 시스템의 건축 및 건설 설계 관련 도면
   3) 태양광 발전 시스템의 전체 운영 메뉴얼
   4) 태양광 발전 시스템의 시방서와 관련 계약서 및 증빙 자료
   5) 태양광 발전 시스템의 건축·건설 구조물의 구조 계산서
   6) 태양광 발전 시스템의 기계·전자·전기 등의 각종 부품 및 시설 장비 관련 카탈로그
   7) 태양광 발전 시스템의 한전 계통의 연계 관련 서류
   8) 전기 안전과 관련된 안전 경고 표시 명판 및 위치 도면
   9) 태양광 발전 시스템 및 전기 안전 관리자용 정기 점검표
   11) 태양광 발전 시스템의 관련 긴급 복구에 관한 안내문
   12) 태양광 발전 시스템의 관련 안전 교육 표지판

10 발전시스템 비정상 운영 시 대처 및 조치 등

태양광 발전 시스템의 작동이 되지 않을 경우에는 관련 전문가에 의해 조치 및 정상 동작 상태를 유지할 수 있도록 철저히 관리한다. 만약 위급할 상황일 경우 접속함 및 인버터의 스위치를 개방함으로써 안전사고에 대처하고 전문가에게 선조치 후보고를 반드시 한다. 뿐만 아니라 관련 전문가가 도착하기 전까지 시설 및 장비를 만지지 않도록 유의한다.

1. **태양광 발전 시스템이 정상적으로 작동하지 않을 경우는 다음과 같이 간단하게 조치할 수 있다.**

    ① 접속함의 내부 DC 차단기 개방(off)한다.
    ② AC 차단기 개방(off)한다.
    ③ 인버터 정지 후 점검 및 확인
    ④ AC 차단기 투입(ON)
    ⑤ 접속함 내부 DC 차단기 투입(ON)한다.

2. **태양광발전 시스템 운전시 조작방법**

    ① 메인 VCB반 전압확인
    ② 접속반, 인버터 DC전압 확인
    ③ DC측 차단기 ON
    ④ AC측 차단기 ON
    ⑤ 5분후 인버터의 정상동작 여부확인

3. **태양광 발전 시스템의 정전시 조작방법**

    ① 메인 VCB반 전압확인 계전기를 확인하여 정전여부를 확인한다.(버져 OFF)
    ② 인버터 상태를 확인한다.(인버터 정지)
    ③ 한전 전원의 복구 여부를 확인한다.
    ④ 인버터 DC전압 확인 후 운전시 조작방법에 의해 재기동한다.

Part 02 태양광발전 시스템 유지

1 태양광발전 준공 후 점검

1. 태양광발전 모듈·어레이 측정 및 점검

태양광 발전 시스템 공사가 완료되면 태양광 발전 시스템의 각 부위별로 정밀하게 점검 및 확인해야 한다. 태양광 발전 시스템의 각 부위별 점검 종류 및 해당 주요 내용은 다음과 같다.

(1) 태양광 발전 시스템 설비 설치의 준공 후 점검 종류 및 내용

준공 후 의 주요 점검 내용은 태양광 어레이, 중간 단자함, 인버터, 개폐기, 전력량계, 발전 전력, 접지 저항 등을 정확하게 측정, 점검해야 한다.

2. 태양광발전 모듈·어레이 측정 및 점검

설비		점검항목	점검요령
태양전지 어레이	육안 점검	모듈 표면의 오염 및 파손	오염 및 파손의 유무
		프레임 파곤 및 변형	파손 및 두드러진 변형이 없을 것
		가대의 부식 및 녹 발생	부식 및 녹이 없을 것 (녹의 진행이 없고, 도금 강판의 끝부분은 제외)
		가대의 고정	볼트 및 너트의 풀림이 없을 것
		가대접지	배선공사 및 접지접속이 확실할 것
		코킹	코킹의 망가짐 및 불량이 없을 것
		지붕재의 파손	지붕재의 파손, 어긋남, 뒤틀림, 균열이 없을 것
	측정	접지저항	접지저항 100Ω 이하 (제3종접지)

3. 태양 전지 어레이 점검 시 유의시항

① 날씨가 맑은 날 정오 전후로 한다.

② 강한 금속물 구조물로 되어 있어 충돌 시 위험 하므로 안전모, 안전 복장, 안전화를 착용한다.

③ 모듈 표면은 오염되었을 경우 청소한 후 측정 검사를 한다.

④ 모듈 표면은 특수 처리된 강화 유리로 되어 있어, 강한 충격이 있을 시 파손될 수 있다.

⑤ 배선주변에 날카로운 면이 있는 것이 닿지 않도록 한다. 배선의 표면이 긁히거나 끊어질 우려가 있다.

4. 태양 전지 어레이 점검 준비물

(1) 관련 도면

① 계통 단선도

② 구조물 도면

③ 태양 전지 어레이 배선도

④ 태양 전지 어레이 배치도

(2) 보호구 착용

(3) 계측 장비

① 접지 저항계

② 절연 저항계

5. 태양 전지 어레이 계측 점검

(1) 태양 전지 모듈 어레이 구조물의 접지 저항

① 접지 저항계를 사용하여 측정한다.

② 특별 3종 접지 값인 10Ω 이하여야 한다.

(2) 태양 전지 모듈 어레이의 접지 저항

① 태양 전지 모듈과 모듈 사이 접지 밴드의 결속 상태를 점검 확인한다.

② 태양 전지 모듈과 가대의 결속 상태를 점검 확인한다.

5. 접지저항 측정

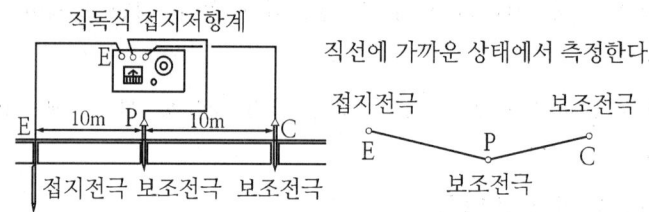

■ 측정방법

① 보조 접지봉 P 와 C를 측정 대상으로부터 직선거리 5~10m 간격으로 땅속 깊이 고정한다.
② 접지저항 측정기의 P와 C 리드선을 아래의 그림과 같이 연결한다.
③ 접지저항 측정기 E 단자의 리드선을 태양광 어레이 구조물 접지에 연결한다.
④ 측정버턴을 눌러 접지저항값을 확인한다.

종류	접지저항	적용	접지선의 굵기
제1종 접지공사	10Ω	고압 및 특고압의 전기기기의 철대 및 외함	공칭단면적 6mm² 이상
제2종 접지공사	변압기의 고압측 또는 특고압측 전로의 1선 지락전류의 암페어 수로 150을 나눈 값과 같은 Ω 이하수	고압 및 특고압전로와 저압전로를 결합하는 변압기의 중성점 또는 단자	공칭단면적 16mm² 이상
제3종 접지공사	100Ω 이하	고압계기용 변압기2차 400V미만의 저압용 기계기구의 철대 및 금속제 외함	공칭단면적 2.5mm²
특별 제3종 접지공사	10Ω 이하	400V이상의 저압용 기계기구의 철대 및 금속제 외함	공칭단면적 2.5mm² 이상

2 접속반, 인버터, 주변 기기·장치 점검

1. 접속함 점검 : 주로 육안점검 및 측정으로 이루어진다.

접속함	육안점검	외함의 부식 및 파손	부식 및 파손이 없을 것
		방수처리	전선 인입구가 실리콘 등으로 방수처리 되어 있을 것
		배선의 극성	태양전지에서 배선의 극성이 바뀌어 있지 않을 것
		단자대 나사의 풀림	확실하게 취부되고 나사의 풀림이 없을 것
	측정	절연저항 (태양전지-접지간)	DC 500[V]로 절연저항측정기로 측정시 0.2[MΩ] 이상 일것
		절연저항 (중간 단자함 출력단자-접지간)	DC 500[V] 절연저항측정기로 측정시 1[MΩ] 이상 일것
		개방전압 및 극성	규정의 전압범위이내야 하고 극성이 올바를 것 (각 회로마다 모두 측정)

(1) 접속함 주개폐기(차단기) 검사

주개폐기의 일반 규격 : 기력 발전소에 대한 사용 전 검사 차단기 일반 규격의 해당 항목작성 요령에 따른다. 직류 차단기의 경우 반드시 전압을 확인하여 기록한다. 단, 시험을 인정할 수 있는 직류 차단기는 현재 교류와 직류 겸용 제품을 사용하고 인증 기관의 시험을 필한 3극 차단기로 결선한 것을 참고 정격으로 인정하되 차단기의 모든 접점이 동시에 개방 및 투입되도록 결선해야 한다.

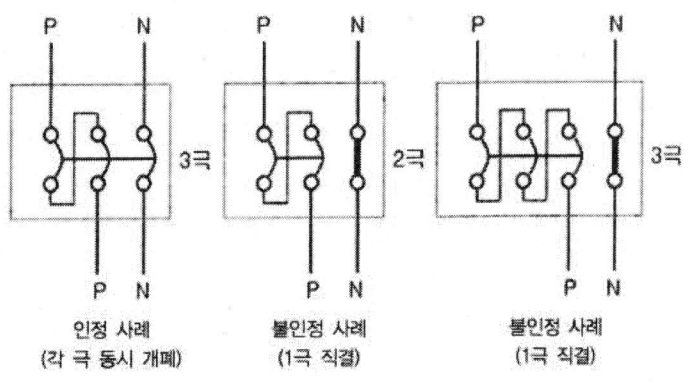

(2) 측정검사 시 환경 조건

① 맑은 날 오전 11에서 오후 2시 사이에 측정하는 것을 권장한다. 이는 최대 출력점 근처에서 측정하고자 함이다.
② 동일한 일기 조건에서 데이터를 검측되는 것을 원칙으로 한다.
③ 검측 장소의 주변이 청결해야 한다. 즉 위험 요소가 없어야 한다.
④ 땅은 습하지 않아야 한다. 혹시 비온 뒤에는 땅이 마른 뒤에 (2~3일후) 검측 할 것 사용하기 전에 반드시 지켜야 할 것이 있다.
⑤ 통전 중일 때(전기가 살아있을 때) 절연 저항을 측정해서는 안 된다.
⑥ 절연 저항 측정 시 차단기를 OFF 시켜야 하며, 전기·전자 용품의 플러그는 빼야 한다.

(3) 측정 검사 시 준비물

① 일사량계
② 온도계, 적외선 온도계
③ 안전 복장(안전복, 안전모, 안전화, 절연 장갑 등)
④ 단선 결선도
⑤ 시퀀스 도면
⑥ 측정하고자 하는 계측기
⑦ 기록지

(4) 개방 전압의 측정

태양 전지 어레이의 각 스트링의 개방 전압을 측정하여 개방 전압의 불균일에 따라 동작 불량의 스트링이나 태양 전지 모듈의 검출 및 직렬 접속선의 결선누락 사고 등을 검출하기 위해서 측정해야한다. 예를 들면 태양 전지 어레이 하나의 스트링 내에 극성을 다르게 접속한 태양 전지 모듈이 있으면 스트링 전체의 출력 전압은 올바르게 접속한 경우의 개방 전압보다 상당히 낮은 전압이 측정된다, 따라서 제대로 접속된 경우의 개방 전압을 카탈로그 혹은 사양서에서 확인해 두고 측정치와 비교하면 극성을 다르게 한 태양 전지 모듈이 있는 지를 쉽게 판단할 수 있다. 일사 조건이 좋지 않은 경우 카탈로그 등에서 계산한 개방 전압과 다소 차이가 있는 경우에도 다른 스트링의 측정 결과와 비교하면 오접속의 태양 전지 모듈의 유무를 판단할 수 있다.

1) 개방 전압을 측정할 때 유의해야 할 사항

① 태양 전지 어레이의 표면을 청소하는 것이 필요하다.
② 각 스트링의 측정은 안정된 일사강도가 얻어질 때 하도록 한다.
③ 측정 시각은 일사강도, 온도의 변동을 극히 적게 하기 위하여 맑을 때, 남쪽에 있을 때의 전후 1시간에 실시하는 것이 바람직하다.
④ 태양 전지는 비오는 날에도 미소한 전압을 발생하고 있으므로 매우 주의하여 측정해야 한다.

2) 측정 준비

① 시험 기재 : 직류 전압계 (테스터)
② 개방 전압 측정 회로 예 : 개방 전압 측정 회로 예는 그림과 같다.

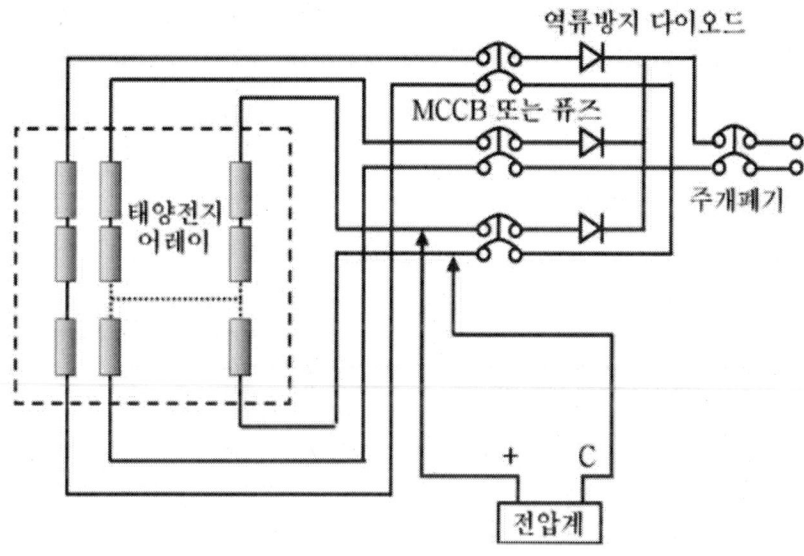

〈태양전지 어레이 개방전압 측정〉

3) 측정 순서

① 접속함의 출력 개폐기를 OFF한다.
② 접속함의 각 스트링 단로 스위치를 모두 OFF 한다(단로 스위치가 있는 경우).
③ 각 모듈이 그늘로 되어있지 않은 것을 확인한다(각 모듈의 균일한 일조 조건에 되기 쉬운 약간 흐린 날의 측정이 평가를 하기 쉽다. (단, 아침·저녁의 작은 일사 조건은 피한다).

④ 측정하는 스트링의 단로 스위치만 ON하여(단로 스위치가 있는 경우), 직류 전압계로 각 스트링의 P-N단자 간의 전압을 측정한다.

⑤ 테스터를 이용한 경우 실수하여 전류 측정 렌지로 하면 단락 전류가 흐를 위험이 있기 때문에 주의를 해야 한다. 또한 디지털 테스터를 이용하는 경우는 극성 표시 (+ , -)를 확인해야한다.

4) 평가

각 스트링의 개방 전압의 값이 측정 시의 조건 하에서 타당한 값인지 확인한다(각 스트링의 전압의 차가 모듈 1매분 개방 전압의 1/2보다 적을 것을 목표로 한다).

(5) 절연저항 측정

1) 개요

태양전지는 해가 떠 있을 때 전압을 발생하고 있으므로 사전에 주의하여 절연저항을 측정해야 한다. 절연저항 측정시 낙뢰 보호를 위해 어레스터 등의 피뢰소자가 태양전지 어레이의 출력단에 설치되어 있는 경우가 많으므로 측정시 부품소자들의 접지를 분리시 킨다.

2) 측정 준비

① 시험 기재 : 절연저항계(DC 500[V]용)

② 절연 측정 회로 예 : 절연 저항 측정 회로 예는 그림과 같다.

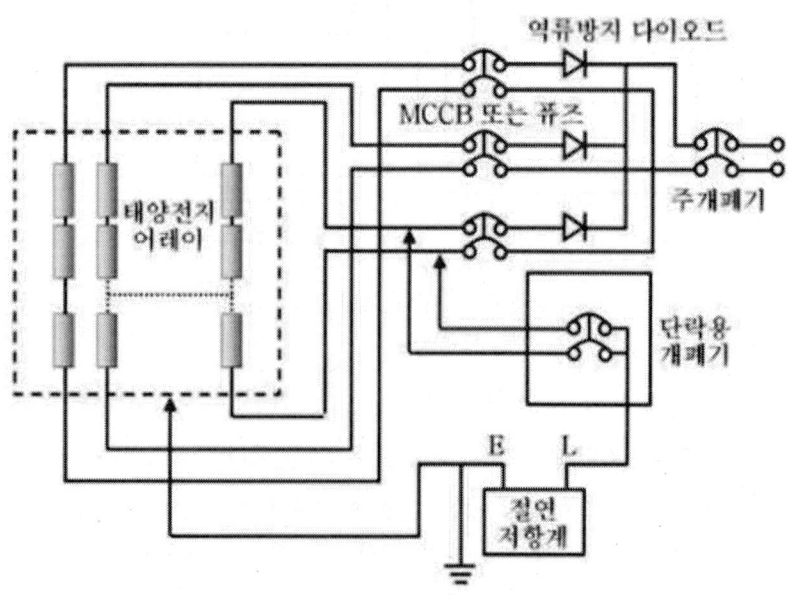

ⓐ 주개폐기 개방(OFF), 주개폐기의 입력부에 SA가 설치되는 경우 접지 단자를 분리시킨다.

ⓑ 단락용 개폐기 개방(OFF)

ⓒ 전체 스트링의 MCCB 또는 퓨즈를 개방(OFF)

ⓓ 단락용 개폐기의 1차측 (+) 및 (-)의 클립을 태양전지측 역류방지 다이오드와 MCCB 또는 퓨즈 사이에 각각 접속

ⓔ 접속 후 측정할 스트링의 MCCB 또는 퓨즈를 투입(ON)

ⓕ 단락용 개폐기 투입(ON)

ⓖ 절연저항계의 E측을 접지단자에 L측을 단락용 개폐기의 2차측에 접속하고 절연저항계를 투입하여 저항값을 측정

ⓗ 측정 종류 후 단락용 개폐기 개방(OFF)하고, MCCB 또는 퓨즈 개방(OFF)한 후, 스트링의 클립 제거 (단, 퓨즈에는 단락전류를 차단하는 기능이 없어 단락 상태에서 클립을 제거하면 아크방전이 발생하여 측정자가 화상을 입을 가능성이 있다.)

ⓘ SA의 접지측 단자를 원상복구하여 대지 전압을 측정해서 잔류전하의 방전상태를 확인한다.

전로의 사용전압 구분		절연저항
400[V] 미만	대지전압(접지식 전로는 전선과 대지 사이의 전압, 비접지식 전로는 전선 간의 전압을 말한다. 이하 같다)이 150V 이하인 경우	0.1[MΩ]
	대지전압 150V 초과 300V 이하인 경우	0.2[MΩ]
	사용전압이 300V 초과 400V 미만인 경우	0.3[MΩ]
400[V] 이상		0.4[MΩ]

2. 인버터

(1) 인버터의 측정 점검 내용

1) 발전 설비의 정지원인의 대부분이 인버터에서 발생하므로 정기적으로 정상가동 여부를 확인한다.

2) 최근 인버터들은 과거에 비해 고장이 거의 없고, 자기보호기능이 잘 되어있어 인버터 2차 측 교류 계통 신호나 발전소 내 인버터 1차 측 직류입력신호의 이상 신호, 자가

진단 프로그램에 의해 정지를 한다.
3) 측정 점검에는 절연 저항 측정과 접지 저항 항목이 있다.
4) 인버터는 정상 운전동작 여부를 확인하기 위하여 부하 보호 계전기를 차단하여 정상 운전까지 300초 또는 5분 내에 통전하는지 확인한다.
5) 인버터는 전면 판넬 표시 장치의 정상 동작 유무를 확인한다.

인버터	육안 점검	외함의 부식 및 파손	부식 및 파손이 없을 것
		취 부	견고하게 고정되어 있을 것 유지보수에 충분한 공간이 확보되어 있을 것 옥내용 : 과도한 습기, 기름 습기, 연기, 부식성 가스, 가연가스, 먼지, 염분, 화기 등이 존재하지 않는 장소일 것 옥외용 : 눈이 쌓이거나 침수의 우려가 없을 것 화기, 가연가스 및 인화물이 없을것
인버터	육안 점검	배선의 극성	P는 태양전지(+), N은 태양전지 (-) U, O, W는 계통측 배선(단상 3선식 220V)[(O는 중성선) [U-O, O-W간 220V] 자립운전의 배선은 전용 콘센트 또는 단자에 의해 전용배선으로 하고 용량은 15A 이상일것
		단자대 나사의 풀림	확실하게 취부되고 나사의 풀림이 없을 것
		접지단자와의 접속	접지와 바르게 접속되어 있을 것 (접지봉 및 인버터 '접지단자'와 접속)
	측정	절연저항 (인버터 입출력단자-접지간)	DC 500[V] 절연저항측정기로 측정시 1[MΩ] 이상 일것
		접지저항	접지저항 100Ω 이하 (제3종접지)

3. 인버터의 측정 검사 항목

(1) 절연 저항 측정

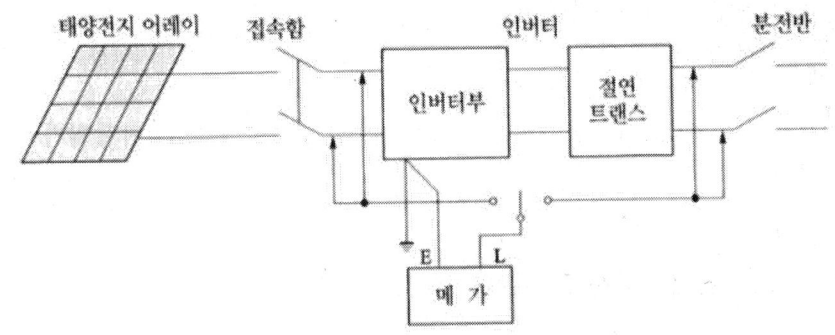

1) 측정 검사 준비

① 접속반의 주개폐기 차단(OFF)

② 인버터 후단 보호 계전기 차단(OFF)

③ 인버터 잔류 전류 방전 확인

2) 측정 검사 항목

① 1차 측 직류(DC) 입력단과 접지

② 2차 측 교류(AC) R/S/T 각상과 접지

③ 1차 측 단자와 2차 측 단자 사이

(2) 접지 저항 측정

1) 측정 검사 준비

① 접속반의 주개폐기 차단(OFF)

② 인버터 후단 보호 계전기 차단(OFF)

③ 인버터 잔류 전류 방전 확인

④ 본체 접지단과 대지 접지 분리

2) 측정 검사 항목

① 내부 접지 단자와 접지

② 외함과 접지

그 외 태양광 발전용 개폐기, 전력량계, 인입구, 개폐기 등	육안 점검	전력량계	발전사업자의 경우 전력회사에서 지급한 전력량계 사용 할 것
		주(main)간선 개폐기 (분전반내)	역접속 가능형으로서 볼트의 흔들림이 없을 것
		태양광발전용 개폐기	'태양광발전용'이라 표시되어 있을 것

3 운전, 정지, 조작, 시험준공도면 검토

1. 조작 동작 시험

발전소 운전 중에 임의의 정지, 운전 또는 복귀 동작을 확인하는 작업이다. 발전소 내의 모든 기기의 정상 동상을 확인하고 종합 인터록 도면을 보고 절차대로 운전정지 그리고 복귀 작업을 수행하여 정상 동작됨을 확인한다.

- 순차적 정지와 순차 복귀 시험
- 긴급 운전정지와 자동 복귀 시험
- 긴급 운전 정지와 수동 복귀 시험

준공 후 점검에서는 인버터의 조작에 의한 시험을 중심으로 한다. 그 이유는 계통 측의 이상 신호를 만들어 투입 시험할 수 없는 환경이기 때문이다.

- 준비물 : 단선 결선도, 기기 매뉴얼, 종합 인터록 도면, 운전 매뉴얼(시공사 제작), 기록지

(1) 운전 상황의 확인

1) 소리음, 진동, 냄새의 주의

운전 중 이상한 소리와 냄새 등을 확인하고 평상시와 다른 느낌이 들 경우에는 정밀 점검을 실시한다. 설치자가 점검할 수 없는 경우에는 기기 제작사 혹은 전문가에게의뢰하여 점검을 하는 것이 바람직하다.

2) 운전 상황의 점검

주택용 태양광 발전 시스템의 경우에는 전압계, 전류계 등의 계측 기기는 없지만, 최근에는 소형 모니터가 보급되어 발전전력, 발전전력량 등을 확인할 수 있다. 이들 데이터가 평상시와 크게 다른 값을 표시한 경우에는 기기 제작사 또는 전문가에게 의뢰하여 점검

하는 것이 바람직하다. 또한 자가용이나 발전 사업자용의 태양광 발전 시스템은 전기 안전 관리자가 정기적으로 점검을 하도록 한다. 공공산업용 태양광 발전 시스템이나 발전 사업자용 태양광 발전 시스템은 계측 장치, 표시 장치의 설치도 많기 때문에 일상의 운전 상황 확인은 여기에서 할 수 있다.

※ 시험 조작 전 운전 상황 체크 내용
① 맑은 날 정오 시간 전후 1시간
② 기기의 정상 동작 여부
③ 모듈의 오염 여부와 제거
④ 인버터 주변의 청결 상태

(2) 발전기 차단 복귀 순서

1) 차단(Turn OFF) 순서
① 접속반 스트링 휴즈(단로 차단기)
② 접속반 주개폐기(MCCB)
③ 인버터
④ 저압 차단기(ACB)
⑤ 고압 차단기(VCB)
⑥ 부하 차단기(LBS)

2) 복귀(Turn ON) 순서
차단의 역순

(3) 시험 조작 점검 내용

운전 및 정지	조작 및 육안 점검	보호 계전 기능의 설정	전력회사 정정치를 확인할 것
		운전	운전스위치 '운전'에서 운전할 것
		정지	운전스위치 '정지'에서 정지할 것
		투입저지 시한 타이머 동작 시험	인버터가 정지하여 5분 후 자동 기동할 것
		자립 운전	자립 운전에 절환할 때 자립 운전용 콘센트에서 제조업자 규정 전압이 출력될 것
		단독 운전 방지	계통 전원이 정전 시에 인버터가 정지 할 것
		표시부의 동작 확인	표시가 정상으로 표시되어 있을 것
		이상음 등	운전 중 이상음, 이상 진동, 악취 등의 발생이 없을 것
		발생 전압 (태양 전지 전압)	태양 전지의 동작 전압이 정상일 것 (동작 전압 판정 알림표에서 확인)
발전 전력	육안 점검	인버터의 출력 표시	인버터 운전 중, 전력 표시부에 사양과 같이 표시될 것 (DC입력 데이터, AC출력 데이터 확인)
		전력량계 (거래용 계량기)(송전시)	동작을 확인할 것
		전력량계(수전 시)	정지를 확인할 것(송전용) 수전용 전력량계는 동작

(4) 운전 상태에 따른 시스템의 발생 신호

정상 운전	태양 전지로부터 전력을 공급받아 인버터가 계통 전압과 동기로 운전을 하며 계통과 부하에 전력을 공급한다.
태양 전지 전압 이상 시 운전	태양 전지 전압이 저전압 또는 과전압이 되면 이상 신호(Fault)를 나타내고 인버터는 정지, MC는 OFF 상태로 된다.
인버터 이상 시 운전	인버터에 이상이 발생하면 인버터는 자동으로 정지하고 이상 신호(Fault)를 나타낸다.

4 태양광발전 점검개요

1. 태양광발전 점검개요

1) 점검의 분류

연번	종류	설비 설치 운전 상태	주요 실시 횟수
1	운전 점검	운전 중	1회/8시간
2	일상 점검	운전 중	1회/주
3	보통 정기 점검	단시간 정지	1회/6개월
4	정밀 정기 점검	장시간 정지	1회/1년
5	임시 점검	정지	이상 발생 시

2) 점검의 내용

① 운전점검 : 메타 바늘은 원활하게 움직이는가, 이상한 냄새, 이상한 소리는 없는가 등을 위주로 감각에 의한 외관 점검을 한다. 필요에 따라서는 각 부분의 청소, 램프의 전구 교체 등을 실시한다.

② 일상점검 : 메타 바늘은 원활하게 움직이는가, 이상한 냄새, 이상한 소음은 없는가 등을 위주로 감각에 의한 외관 점검을 행하여 이상이 있으면 필요한 조치를 취한다.

③ 정기점검 (보통) : 주로 정지 상태에서 행하는 점검으로 제어운전 장치의 기계 점검, 절연저항의 측정 등을 실시한다. 필요에 따라서는 배전반 종합 동작시험, 계전기의 모의동작시험을 실시할 수 있다.

④ 정기점검 (세밀) : 비교적 장시간 정지하여 잘 맞지 않는 곳의 조정, 불량품의 교체, 차단기 내주점검 등이 용이하도록 전체적으로 분해하여 각부의 세부점검을 행한다. 또한, 계전기의 특성시험, 계기의 점검시험을 실시한다.

⑤ 임시점검: 임시로 실시하는 점검으로 일상점검 등에서 이상을 발견할 경우, 큰 사고가 발생한 경우(각부가 사고로 인한 영향을 받지 않았는가, 특히 차단기가 동작한 경우는 차단기의 내부점검을 실시)에 실시한다.

5 일상점검 항목 및 점검 요령

■ 일상점검

일상점검은 주로 육안에 의해 매월 1회 정도 실시하며, 이상한 냄새, 이상한 소음은 없는가 등을 위주로 외관점검을 행하며 이상이 있는 경우 필요한 조치를 취한다. 일상점검에서 이상이 있으면 정기점검에 의하여 처리한다.

■ 일상점검 처리 방법

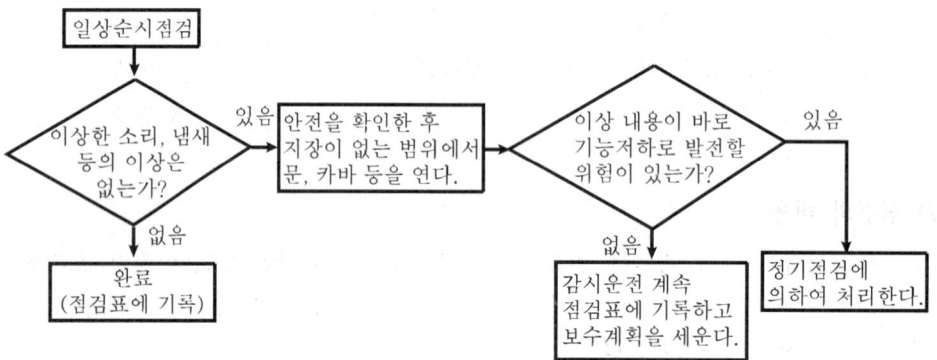

[일상순시점검에 의한 처리]

1. 태양 전지 어레이 일상 점검의 육안 점검 내용

일상 점검에서는 태양광 어레이의 외관을 육안으로 관찰한다.

(1) 태양광 모듈·태양광 어레이의 점검

1) 태양 전지 모듈의 유리 표면의 상태 - 크랙, 변색, 변형
2) 태양 전지 모듈의 변색 상태 - 백시트 변색, 변형
3) 태양 전지 모듈 표면의 오염 발생 상태 확인
4) 모듈 프레임 등의 변형이 없는 것을 확인
5) 설치 장소에 먼지가 많이 발생한다면 태양 전지 모듈의 표면에 대한 오염검사와 청소가 진행되어야 한다.

(2) 태양 전지 어레이 구조물 점검

1) 가대 등의 녹이 발생 확인
2) 모듈과 모듈사이의 간격
3) 모듈과 모듈사이의 접지 밴드 상태

4) 모듈과 가대사이의 고정상태 – 볼트 너트 풀림
5) 모듈과 가대사이의 접지 밴드 상태
6) 가대의 고정상태 – 볼트 너트 풀림
7) 가대 접지선의 손상 및 접지 단자의 풀림
8) 구조물의 변형
9) 구조물 기초의 변형 및 접지 결속 상태

(3) 태양 전지 어레이 배선 케이블 등의 점검

태양광 발전 시스템은 설치 후 변동 없이 장시간을 원상태로 사용하기 때문에 전선, 케이블 등이 시간이 지남에 따라 손상이나 비틀림 등의 원인으로 절연 저하나 절연 파괴를 발생할 수도 있다. 이와 같은 공사 완료 후 확인할 수 없는 부분에 대하여 공사 도중 외관검사를 실시하여 기록을 남겨두고 일상, 정기 점검에서 육안 점검에 의한 배선의 손상 유무를 확인한다.

1) 배선의 변색 변형
2) 배선의 늘어짐
3) 배선 타이의 상태
4) 배선의 결선 상태
5) 배선의 위험 노출

태양전지어레이	육안점검	표면의 오염 및 파손	현저한 오염 및 파손이 없을 것
		지지대의 부식 및 녹	부식 및 녹이 없을 것
		외부배선(접속케이블)의 손상	접속케이블에 손상이 없을 것

2. 접속함 일상 점검 내용 및 처리

각 장소에서 여러 가지 접속반을 사용하고 있어서 각각 고유의 특성을 고려하여 적당한 점검을 실시하여야 한다.

① 외함의 부식, 파손 및 누수 상태 확인 – 방식 및 누수와 파손부위 수리
② 접속 케이블의 손상 여부 – 손상부위교체
③ 어레이 배선 또는 케이블 칼라 튜브 및 버스바(Bus Bar) 칼라 튜브 변색 – 발열발생 원인제거 및 튜브교체
④ 버스바(Bus Bar) 단자의 풀림 – 고정볼트, 너트조임

⑤ 배선 넘버링 튜브 변색 - 발열발생 원인제거 및 튜브교체

⑥ 접지선의 손상 및 접지 단자의 풀림 - 손상부위 교체 및 조임

⑦ 휴즈 및 차단기 상태 - 불량 퓨즈 교체, 차단기 정상 유무확인

⑧ 피뢰 소자 상태 및 피뢰 소자 접지 상태 - 불량피뢰소자 교체 및 접지 고정 조임

⑨ 환기 상태 및 팬 상태 - 방충망 확인 및 불량교체

⑩ 어레이 단자대 또는 휴즈 홀더 상태(변형 유무) - 발열발생원인 제거 및 교체

접속함	육안 점검	외함이 부식 및 파손	부식 및 파손이 없을 것
		외부배선(접속케이블)의 손상	접속케이블에 손상이 없을 것

3. 인버터의 일상 점검 사항

일상 점검에서 인버터 점검은 운전 상태에서 육안 검사를 하는 것을 원칙으로 한다. 그러나 이상 신호가 발생하였을 때는 운전 정지하고 정밀 검사를 한다.

인버터	육안 점검	외함의 부식 및 파손	부식 및 녹이 없고 충전부가 노출되어 있지 않은 것
		외부배선(접속케이블)의 손상	인버터로 접속되는 케이블에 손상이 없을 것
		통풍 확인(통풍구, 환기필터 등)	통풍구가 막혀있지 않을 것
		이음, 이취, 연기 발생 및 이상 과열	운전 시 이상음, 이상 진동, 이취 및 이상 과열이 없을 것
		표시부의 이상표시	표시부에 이상코드, 이상을 나타내는 램프의 점등, 점멸 등이 없을 것
		발전상황	표시부의 발전상황에 이상이 없을 것

4. 태양전지모듈의 주변 환경 요소 점검

(1) 태양 전지 모듈의 주변 환경 점검

태양 전지는 강화유리 표면의 오염이나 그림자 영역에 있을 때는 태양 빛의 조사를 막는 요소이고 발전에 막대한 지장을 주며, 주변의 낙하물이나 돌발 충돌 물체가 들어오면, 모듈이 파손되어 일부분이 발전을 못하게 되므로 태양 전지 주변에 이러한 위험을 없애야한다.

(2) 대지 위 설치 시
1) 모듈 표면 오염 - 먼지, 새똥, 꽃가루, 타이어 분진
2) 모듈 표면 그림자 - 산 그림자, 나무그림자, 발전소 내 웃자란 잡초, 인근 구조물 그림자 등
3) 모듈 표면 파손 - 사냥 유탄, 날아온 돌부리 등등
4) 모듈이나 구조물 부식 - 인근 지역의 공장이나 축사 유해 가스

(3) 건물 위 설치
1) 모듈 표면 오염 - 먼지, 새똥, 꽃가루, 타이어 분진 등
2) 모듈 표면 그림자 - 인근 고압선 그림자, 인근 구조물 그림자 등
3) 모듈 표면 파손 - 날아온 돌부리 등
4) 모듈이나 구조물 부식 - 인근 지역의 공장이나 축사 유해 가스

(4) 태양 전지 모듈의 위험 환경
1절과 같이 위험 요소가 확인되면 청소하거나 위해 요소 피해 방안을 세워야 한다.

1) 모듈 표면 오염
① 오염된 것은 청소
② 오염의 유입 차단할 수 있는 것은 차단한다.

2) 모듈 표면 그림자
설계 시에 반영하여 원천 차단하거나 피해를 최소화하도록 배치와 어레이를 설계해야 한다.

3) 모듈 표면 파손
접근 제한 표지와 지역 관할 지자체나 지청의 협조를 구한다.

4) 모듈이나 구조물 부식
부식가스의 종류를 확인하여 그에 맞는 부식방지 도료를 추가 도포한다.

6 정기점검 항목 및 점검 요령

정기점검 및 항목 및 점검 요령

■ 정기점검
사업용전기설비나 자가용전기설비로 구분되는 태양광 발전설비의 소유자 또는 점유자는 전기설비의 공사·유지 및 운용에 관한 안전관리업무를 수행하기 위해 전기사업법 제73조

(전기안전관리자 선임)에서 규정하고 있는 안전관리자를 선임해야 하며, 태양광 발전설비로서 용량 1,000 kW 미만의 것은 안전관리업무를 외부에 대행시킬 수 있다.

1. 정기 점검(보통)

주로 운전 정지 상태에서 행하는 점검으로 제어 운전 장치의 기계 점검, 절연 저항의 측정 등이 있다. 필요에 따라서는 배전반 종합 동작 시험, 계전기의 모의 동작 시험을 실시할 수 있다.

2. 정기 점검(세밀)

비교적 장시간 정지하여 잘 맞지 않는 곳의 조정, 불량품의 교체, 차단기 내부 점검 등이용이하도록 전체적으로 분해하여 각부의 세부 점검을 행한다. 또한, 계전기의 특성 시험, 계기의 점검 시험을 실시한다. 다음 표들은 정기 점검 시 점검 내용이다.

■ 정기점검 항목 및 점검요령

(1) 태양전지 어레이

① 태양전지 모듈은 1개월에 한 번씩 외부의 변형, 결상된 부분이 있는지, 모듈의 손상에 관하여 일상점검을 실시한다.
② 가대에 관해서는 특별한 관리는 불필요하지만 녹의 발생, 손상의 유무, 심하게 조인 부분 등 에 관해서 1개월마다 일상점검을 하며, 1년 내지 수년마다 정기점검을 통하여 태양광발전설비를 전체적으로 점검을 하는 것이 좋다.
③ 출력전압 및 전류, 절연저항, 접지저항은 정기점검시 측정을 실시한다.

[태양전지 어레이의 정기점검]

기기명	점검부위	점검종류	주기	점검내용
태양전지 가대 접속함	모듈 가대 MCB 서지 업 서버	정기점검	1년 ~ 수년	외관점검 각부의 청소 볼트배선 등의 이완 절연저항 측정 태양전지 출력전압·전류측정

(2) 인버터 및 연계보호장치

인버터 및 연계보호장치는 모두 정지 기기이기 때문에 정기적으로 부품의 교체 등 복잡한 작업을 행할 필요가 없지만, 장기적으로 안전하게 사용하기 위해서는 아래와 같은 보수 점검을 행할 필요가 있다.

① 인버터의 정기점검

기기명	정검부위	점검 종류	주기	점검내용
인버터	인버터 주회로 제어보드 냉각용 팬 서지 업 서버 각종 제어용 전원 전자 접촉기 저항기 LCD 표시기	정기 점검	설치 후 1년~수년	외관점검 커넥터 접속 상태 점검 절연 저항 측정 냉각용 팬 운전 상태 점검 서지 업 서버 상태 육안 점검 제어 전원 전압 측정 전자 접촉기 육안 점검 기타 점검 청소 보호요소 동작 특성, 시한 특성 측정 인버터 전해 콘덴서 냉각용 팬 점검 인버터 본체 냉각용 팬 점검

② 연계보호장치의 일상 및 정기점검

기기명	점검부위	점검 종류	주기	점검내용
연계 보호 장치	보호 릴레이 트랜스 유저 제어 전원 보조 릴레이 냉각팬 히터	정기 점검	설치후 1년~수년	외관점검 외부 청소 볼트 배선 등 느슨함 환기공 필터 점검 절연 저항 측정 동작(시퀀스) 시험 보호릴레이 동작 특성 시험 무정전 전원 백업 시간 제어 전원 전압 확인

3. 태양광 어레이 육안 점검 내용

설비	점검 항목		점검 요령
태양 전지 어레이	육안 점검	표면의 오염 및 파손	· 오염 및 파손의 유무
		프레임 파손 및 변형	· 파손 및 두드러진 변형이 없을 것
		가대의 부식 및 녹 발생	· 부식 및 녹이 없을 것(녹의 진행이 없고, 도금 강판의 끝부분은 제외)
		가대의 고정	· 볼트 및 너트의 풀림이 없을 것
		가대접지	· 배선 공사 및 접지 접속이 확실할 것
		코킹	· 코킹의 파손 및 불량이 없을 것
		지붕채의 파손	· 지붕채의 파손, 어긋남, 뒤틀림, 균열이 없을 것
		접지선의 접속 및 접속 단자의 풀림	· 접지선에 확실하게 접속되어 있을 것 · 볼트의 풀림이 없을 것
	측정	접지 저항	· 접지 저항 100Ω 이하(제3종 접지/특3종 접지)

대상	고장	원인	처리
모듈	백화 현상	제조 공정상 불량	교환
	적화 현상	제조 공정상 불량	교환
	황색 변이	제조 공정상 불량(백시트 불량)	교환
	핫스팟	제조 공정상 불량	교환
	유리 적색 착색	지하수(철분) 사용	특수 세척
	유리 백색 착색	지하수(석회 성분) 사용	특수 세척
	오염	먼지, 황사, 타이어 분진, 송화 가루	물청소
	프레임 변경	외부 충격, 구조 불균형	교환
	백시트 에어 버블링	제조 공정상 불량(라미네이팅 과정)	교환
	단자함불량	방수불량, 전선납땜불량, 다이오드 불량	교환
구조물	녹 발생	도금불량, 시공 시 절단, 용접, 크랙	
	이상 진동음	너트 풀림, 구조 불균형, 전선 늘어짐	
	마찰음	구조물 구동부 마찰 계수 커짐	
	변형	구조 불균형, 외부충격, 기초변형	
전선	변색	불량품, 자외선 과다 노출	
	경화	불량품, 자외선 과다 노출	
	표면 크랙	시공 시 불량, 운전 중 구조물과 마찰, 충돌	
	늘어짐	전선 타이 불량	
	전선관 침수	방수 처리 불량	

〈점검시 모듈 고장 원인과 처리 방법〉

4. 접속함 육안 점검, 측정 점검 요령

(1) 접속함 점검 항목

	점검 항목	점검 요령
육안 점검	외함의 부식 및 파손	· 부식 및 손상이 없을 것
	접속 단자의 풀림	· 볼트의 풀림이 없을 것 · 단자대의 변형이 없을 것
	접지선의 손상 및 접지 단자의 풀림	· 접지선에 이상이 없을 것 　- 외함 접지 　- 내부 회로 접지 · 볼트의 풀림이 없을 것
	이상소음 및 냄새	· 환기팬의 동작 상태 · 기타 이상 소음 확인 · 이상한 냄새가 안 날것
	내부 접속 배선의 변형 변색	· 배선의 변색이 없는가? · 컬러튜브, 넘버링 튜브의 변색이 없는가?
측정 및 시험	절연 저항	· [태양 전지-접지선] 　0.2MΩ 이상 측정 전압 DC 500V(각 회로마다 전부 측정) · [출력 단자-접지 간] 　1MΩ 이상 측정 전압 DC 500V
	개방 전압	· 규정의 전압일 것 · 극성이 올바른 것(회로마다 전부 측정)
	접지 저항	· 접지 저항 100Ω 이하(제3종 접지)
	수전 전압	· 주회로 단자대 U-O, O-W 간은 AC300±13V일 것 　(수전 전압이 높으면 출력 전력 억제하기 쉽도록 유의)

(2) 접속함의 고장 내용과 처리 방법

5. 인버터의 육안 점검, 측정, 시험 점검

(1) 인버터 점검항목

고장	원인	처리
다이오드 과열	다이오드 불량, 모듈 어레이 점검 과전류 지속, 냉각 환기 불량	교환, 교체
휴즈 off	휴즈고장, 낙뢰, 과전류, 과열	교환, 교체
휴즈 홀더 변형	과전류, 과열	교환, 교체
부스바 과열	과전류, 부스바, 결합상태불량, 다이오드	교환, 교체
차단기 단락	과전류, 과전압, 저전압, 순서	교환, 교체
서지 어레스터 off	낙뢰	교환, 교체
어레이 단자 변형	과전류	교환, 교체
넘버링 튜브 변색 칼라 튜브 변색	과전류, 과열	교환, 교체
환기 팬 소음	환기팬 노화, 센서	교환, 교체

	점검 항목	점검 요령
육안 점검	· 외함의 부식 및 파손	· 부식 및 손상이 없을 것
	· 외부 배선의 손상 · 접속 단자의 풀림	· 배선에 이상이 없을 것 · 볼트의 풀림이 없을 것
	· 접지선의 손상 · 접지 단자의 풀림	· 접지선에 이상이 없을 것 · 볼트의 풀림이 없을 것
	· 환기확인 (환기구, 환기 필터 등)	· 환기구를 막고 있지 않을 것 · 환기 필터가 막혀 있지 않을 것
	· 운전 시 이상음 · 진동 및 악취의 유무	· 운전 시에 이상음, 이상 진동 및 악취가 없을 것
측정 및 시험	· 절연 저항 (인버터 입출력 단자-접지간)	· 1MΩ 이상 측정 전압 DC 500V
	· 표시부의 동작 확인 (표시부 표시, 충전 전력 등)	· 표시부의 발전 상황에 이상이 없을 것
	· 투입 저지 시한 타이머 (동작 시험)	· 인버터가 정지하여 5분 후 자동 기동할 것

(2) 인버터의 이상 신호 내용과 조치 방법

■ 태양광 발전 시스템 Trouble Shooting

- 시스템에서 발생하는 복합적인 문제들을 종합적으로 진단하여 처리하는 방법이다.

모니터링	인버터 표시	현상설명	조치사항
태양전지 과전압	Solar Cell OV fault	태양전지 전압이 규정 이상일 때 발생, H/W	태양전지 전압 점검 후 정상 시 5분후 재가동
태양전지 저전압	Solar Cell UV fault	태양전지 전압이 규정 이하일 때 발생, H/W	태양전지 전압 점검 후 정상 시 5분후 재가동
태양전지의 전압 제한초과	Solar Cell OV limit fault	태양전지 전압이 규정 이상일 때 발생, S/W	태양전지 전압 점검 후 정상 시 5분후 재가동
태양전지의 저전압 제한초과	Solar Cell UV limit fault	태양전지 전압이 규정 이하일 때 발생, S/W	태양전지 전압 점검 후 정상 시 5분후 재가동
한전계통 역상	Line phase sequence fault	계통 전압이 역상일 때 발생	상회전 확인 후 정상 시 재운전
한전계통 R상	Line R phase fault	R상 결상 시 발생	R상 확인 후 정상 시 재운전
한전계통 S상	Line S phase fault	S상 결상 시 발생	S상 확인 후 정상 시 재운전
한전계통 T상	Line T phase fault	T상 결상 시 발생	T상 확인 후 정상 시 재운전
한전계통 입력전원	Utility line fault	정전 시 발생	계통전압 확인 후 정상 시 5분 후 재가동
한전 과전압	Line over voltage fault	계통 전압이 규정치 이상 일 때 생	계통전압 확인 후 정상 시 5분 후 재기동
한전 부족전압	Line under voltage fault	계통 전압이 규정치 이하 일 때 발생	계통전압 확인 후 정상 시 5분 후 재가동
한전 저주파수	Line under frequency fault	계통 주파수가 규정치 이하일 때 발생	계통 주파수 확인 후 정상 시 5분 후 재가동
한전계통의 고주파수	Line over frequency fault	계통 주파수가 규정치 이상일 때 발생	계통 주파수 확인 후 정상 시 5분 후 재가동
인버터의 과전류	Inverter over current fault	인버터 전류가 규정치 이상으로 흐를 때 발생	시스템 정지 후 고장 부분 수리 또는 계통 점검 후 운전
인버터	Inverter over Temperature	인버터 과온 시 발생	인버터 및 팬 점검 후 운전

(3) 절연 내압의 측정

일반적으로 저압 회로의 절연은 제작 회사에서 충분한 절연 유지 후에 제작되고 있다. 또한 절연 저항의 측정을 실시하는 것으로서 확인할 수 있는 경우가 많기 때문에 설치 장소에서의 절연 내압 시험은 생략되는 것이 일반적이다. 절연 내압 시험을 실시할 필요가 있는 경우에는 다음과 같은 방법으로 실시한다.

1) 태양 전지 어레이 회로 : 앞에 기술한 절연 저항 측정과 같은 회로 조건으로서 표준 태양 전지 어레이 개방 전압을 최대 사용 전압으로 간주하여 최대 사용 전압의 1.5배의 직류 전압 혹은 1배의 교류 전압(500V 미만일 때 또는 500V)을 10분간 인가하여 절연 파괴 등의 이상이 발생하지 않는 것을 확인한다. 아울러 태양 전지 스트링의 출력 회로에 삽입되어 있는 피뢰 소자는 절연시험 회로에서 분리시키는 것이 일반적이다.

2) 인버터의 회로 : 앞에 기술한 절연 저항 측정과 같은 회로 조건으로서 또한 시험 전압은 태양 전지 어레이 회로의 절연 내압 시험의 경우와 같이 시험 전압을 10분간 인가하여 절연 파괴 등의 이상이 생기지 않는 것을 확인한다. 단, 인버터 내에는 서지 어레스터나 서지 업소버 등 접지되어 있는 부품이 있기 때문에 제조사에서 지시하는 방법으로 실시한다.

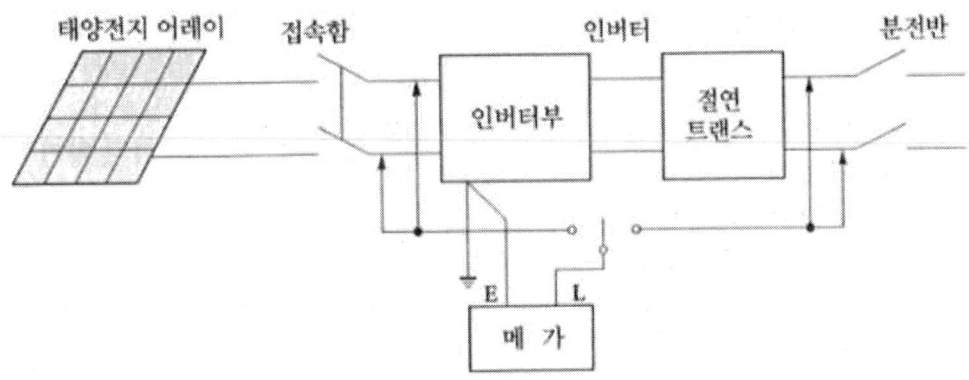

〈인버터 절연저항 측정 방법〉

(4) 절연 저항의 측정 점검

1) 태양 전지 회로의 점검

① 태양 전지는 낮에 전압을 발생하므로 절연 저항을 측정 시에는 충분히 주위 여건을 고려하여 데이터를 산출 후 분석해야 한다.

② 절연 저항 등을 측정 시에는 뇌우로부터 보호하기 위해 피뢰 소자가 태양 전지의 어레이 출력 단자에 설치되어 있는 경우가 많다. 이러한 경우 절연 저항을 측정할 시에는 반드시 소자들을 접지 측과 분리하여 측정한다.

③ 또한 절연 저항은 온도 또는 습도에 민감하게 반응하므로 절연 저항 측정 시 기온, 습도 등의 기록을 측정치의 기록과 함께 보관 관리한다.

④ 아울러 안전사고를 대비를 위해 우천 시 또는 강우가 갠 직후의 절연 저항을 측정하는 것은 가급적 피하는 것이 매우 중요하다.

2) 절연 저항의 측정 방법

① 절연 저항 측정을 위해 절연 저항계, 온도계, 습도계, 단락용 개폐기, 절연 저항 회로도 등이 반드시 필요하다.

② 측정 순서 및 내용

ⓐ 출력 개폐기를 개방한다. 출력 개폐기의 입력부에 서지 업소버를 취부하고 있는 경우 반드시 접지 단자를 분리시킨다.

ⓑ 단락용 개폐기를 개방(off) 시킨다.

ⓒ 또한 전체 스트립의 단로 스위치를 개방한다.

ⓓ 단락용 개폐기의 1차 측 P(+)/N(-) 클립을 태양 전지측과 단로 스위치 사이에 각각 접속한다.

ⓔ 접속 후, 스트링 단로 스위치를 ON으로 하고, 이어서 단로용 개폐기도 ON시킨다.

ⓕ 메가의 E측을 접지 단자에 연결하고 L측을 단락용 개폐기의 2차 측에 접속하며 이어서 메가를 ON시킨 후, 저항값을 측정한다.

ⓖ 측정 종료 후, 반드시 단락용 개폐기를 개방하고 단로 스위치를 OFF로 하며 마지막에 스트링의 클립을 제거한다(이 순서를 반드시 따라야 한다). 왜냐하면 단로 스위치에 단락 전류를 차단하는 기능이 없기 때문이다. 또한 단락 상태에서의 클립을 제거하면 아크방전이 생겨 측정자가 화상 등 안전사고에 위험이 따를 수 있기 때문이다.

ⓗ 서지 업소버의 접지측 단자를 복원 후, 대지 전압을 측정함으로써 전류 전하의 방전 상태를 점검, 확인한다.

ⓘ 측정 결과의 판정 기준은 전기 설비 기술 기준을 준용하여 표시한다.

3) 수배전반 측정 점검

태양광 발전용 개폐기, 전력량계, 분전반 내 주간선 개폐기 점검 및 측정

(5) 태양광 발전용 보호 계전기/개폐기/ 전력량계 측정 점검

1) 보호 계전기 개폐기

고압 송전의 경우와 저압 송전의 경우 계전기 및 개폐기 설치가 각각 다르다. 저압송전의 경우 저압 보호 계전기와 전력량계만 있으면 된다. 고압 송전의 경우 인버터 2차 측부터 저압 차단기-변압기-고압 차단기-전력량계-부하 차단기-계통의 순으로 연결된다. 보호 계전기는 측정 검사를 하지 않고, 시험 성적서로 대신하고, 간단히 트립 시험만 한다. 또한, 간단히 육안 검사로 대신 할 수 있다.

2) 보호 장치 검사 : 검사자는 보호 장치에 대해 다음의 사항을 확인 또는 검사해야 한다.

① 외관 검사

② 보호 장치 시험 : 검사자는 전력 회사와의 협의를 통해 정해진 보호협조에 맞는 설정이 되어 있는지를 확인한다.

   ⓐ 전력 변환 장치의 보호 계전기 정정값 및 시험 성적서를 대조한 후보호 장치와 관련기기의 연동 상태를 점검함으로써 보호 계전기의동작 특성을 확인한다.

   ⓑ 보호 장치가 인터록 도면대로 동작하는지와 단독 운전 방지 시스템의 기능을 확인한다.

점검 항목	점검요령	조치
저압 회로	① 배선의 피복 손상 ② 단자부의 단선은 없는가 ③ 단자의 볼트 조임 부분이 느슨하게 된 것은 없는가 ④ 각 개폐기, 접촉기의 접촉은 좋은가 ⑤ 절연 저항은 이상이 없는가	배선을 교체 청소 느슨하지 않게 조임 불량품 교체 원인 조사

〈저압용 보조 계전기 점검 항목〉

3) 차단기 시험 검사 : 기력 발전소에 대한 사용 전 검사 차단기 시험 검사의 해당 항목 검사 요령에 따른다. 단, 충전 시험은 계통과 연계하여 변압기를 가압 또는 역가압 시켜 이음, 온도 상승, 진동 발생 등 이상 유무를 검사한다.

대상	점검 개소	목적	점검내용
주회로용 차단기	외부일반	볼트의 조임 이완	주회로 단자부의 볼트류의 조임 이완은 없는가
		손상	절연물 등의 균열, 파손, 변형은 없는가
		변색	단자부 및 접촉부의 과열에 의한 변색은 없는가
		오손	절연애자 등에 이물질, 먼지 등이 부착되어 있지 않은가
		누출	진공도가 저하되지는 않았는가 가스압은 저하되지 않았는가
		마모	접점의 마모는 어떤가(외부에서 판정할 수 있는 부분)
	개폐 표시기 개폐 표시등	동작	정상적으로 동작하는가
	조작 장치	동작	정상적으로 동작하는가
	저압 조작회로	손상	스프링 등에 녹 발생, 파손 변형은 없는가 각 연결부, 핀의 구부러짐, 떨어짐은 없는가 코일 등의 단선은 없는가
		주유	주유상태는 충분한가
배선용 차단기	외부 일반	볼트의 조임 이완	단자부의 볼트류의 조임 이완은 없는가
		손상	절연물 등의 균열, 파손, 변형은 없는가
		변색	단자부 및 접촉부의 파열에 의한 변색은 없는가
		오손	절연물에 이물질 또는 먼지 등이 부착되어 있지 않은가
	조작 장치	동작	개폐 동작은 정상인가
		지시표시	개폐 동작은 정상인가

〈차단기 점검 항목〉

4) 전력량계(계기용 변압기, 변류기)

사업자용 전력량계는 한국 전력에서 지급하는 것을 사용한다.

대상	목적	점검내용
계기용 변압기 변류기	볼트의 조임 이완	단자부의 볼트 류의 조임 이완은 없는가
	손상	절연물 등에 균열, 파손, 손상은 없는가 철심에 녹의 발생 손상은 없는가 (외부에서 판정이 가능한 경우에만 적용)
	변색	붓싱 단자부에 변색은 없는가
	오손	붓싱 등에 이물질 및 먼지 등이 부착되어 있지 않은가

대상	점검 개소	목적	점검내용
계전기	외부일반	볼트의 조임 이완	단자부의 볼트 이완은 없는가 납땜부의 떨어짐은 없는가
		손상	패킹류의 떨어짐은 없는가 커버의 파손은 없는가
		오손	이물질, 먼지 등의 접착은 없는가
	접점부 도전부	손상	점점 표면이 거칠어지지는 않았는가 혼촉, 단선, 절연 파괴는 없는가 코일의 소손, 중간 단락, 절연 파괴는 없는가
		접촉	접점의 접촉상태는 양호한가 테스트 플러그를 빼는 경우 CT 2차회로가 개방은 되지 않는가
	기계부	동작	가동부의 회전장치, 표시기 등의 동작 복귀는 정상인가 기어의 마찰에 의한 헐거움은 없는가 회전부에 덜거덕 거림은 없는가
	정정부	볼트의 조임 이완	정전 텝은 흔들리지 않는가
		정정	정정텝, 정전 래버 등은 정확한가
조작 개폐기 절환 개폐기	외부 일반	볼트의 조임 이완	단자부의 볼트 조임 이완은 없는가
		손상	절연물 등의 균열, 파손, 변형은 없는가 스프링 등에 녹이 슬었다든가 파손, 변형은 없는가
		동작	개폐 동작은 정상인가 록크기구, 잔류 접점 기구는 정상인가
		지시 표시	손잡이 등의 표시는 정상인가
	냉각팬	손상	접점에 손상은 없는가

〈보호 계전기 점검 항목〉

7 태양광발전 유지·관리

1. 발전설비 유지관리

(1) 발전설비 유지관리

1) 유지 관리 의의

　태양광 발전 설비는 무인 자동 운전되는 것을 전제로 설계 제작되어 있으나, 태양광 발전 설비는 노후에 따른 열화 및 고장이 예상되므로 태양광 발전 설비의 소유주 또는 전기 안전관리자로 선임된 자는 태양광 발전 설비를 장기적으로 안전하게 사용하기 위해 전기사업법에서 규정된 정기 검사 수검 외에 자체적으로도 정기적인 유지 보수를 실시할 필요가 있다. 두 가지 측면에서 유지 관리를 하여야하는데 하나는 발전소 운영자 측면에서 지속적으로 정상적인 발전 상태를 유지하기 위함이고, 또 다른 하나는 발전된 전력이 부하나 또는 계통에 안정적으로 공급하기 위함이다.

2) 태양광 발전 설비 유지 관리 방안

① 태양광 발전 시스템 설비 운영 유지
　ⓐ 태양광 발전 시스템은 무인 자동 운전되는 것을 전제로 설계 및 제작되어 있다.
　ⓑ 태양광 발전 시스템 설비는 장기간 사용에 따른 노후화와 열화 현상, 시스템 고장 발생한다.
　ⓒ 태양광 발전 시스템 설비의 소유주 또는 전기 안전 관리자로 선임된 담당자는 태양광 발전 시스템 설비가 장기적·안정적으로 운용될 수 있도록 전기 사업법에서 규정한 정기 검사 수검 외, 정기적으로 유지, 관리해야 한다.
　ⓓ 태양광 발전 시스템이 무인 자동 운전으로 설계 및 운용되고 있으나 태양광 발전 설비의 소유자 또는 점유자의 경우 전기 설비의 공사 유지, 운용 관리에 대하여 전기 안전관리 등의 업무를 원활하게 수행하기 위해서는 반드시 전기 사업법 제73조에서 규정하고 있는 안전 관리자를 선임한다.
　ⓔ 태양광 발전 시스템의 발전 설비 용량이 1000kW 미만의 것의 안전 관리 업무는 외부에 대행할 수 있다.
　ⓕ 태양광 발전 시스템의 정기적인 점검 주기는 설비 용량에 따라 월 1~4회 이상 실시해야 한다.

2. 태양광 발전 시스템 설비 설치 유지 보수에 따른 고려 사항

(1) 설비 설치의 사용 기간

일반적으로 새로운 설비 설치보다는 오래된 설비의 고장 발생의 확률이 높기 때문에 주기적인 점검 내용을 세분화하고 점검 주기를 단축하여 수행해야 한다.

(2) 설비 설치의 중요도

1) 태양광 발전 시스템의 설비 설치 중 중요하지 않는 설비가 있다.
2) 예를 들면, 수전선 사고의 경우 전체 구간이 정전이 되지만 주요 부하용 설비 설치의 경우에는 해당 구간의 라인만 정전된다. 즉 오랜 시간 정전해도 운전에 영향을 미치지 않는다.
3) 태양광 발전 시스템의 설비 설치의 경우 그 중요도에 따라 내용 및 주기를 적정하게 선택하고 실시한다.

(3) 설비 설치의 환경 조건

1) 태양광 발전 시스템 설비 설치의 장소와 환경에 따라 보수 및 점검하는 데 큰 차이가 발생한다.
2) 옥내·외, 분진의 다소, 환기의 양부, 습기의 다소, 특수 가스의 유무, 진동의 유무등에 의하여 절연물의 열화, 금속의 부식, 과열, 수명 단축 등에 지대한 영향을 미칠 수 있다.
3) 따라서 다양한 환경 조건을 충분히 고려하여 태양광 발전 시스템을 최적의 장소에 설비를 설치하는 것이 매우 중요하다.

(4) 설비 설치의 고장 점검

1) 여러 가지 환경 조건의 이상으로 태양광 발전 시스템의 설비 설치에 따른 고장이 발생할 시에는 즉시 문제를 해결해야 한다.
2) 문제의 재발 방지를 위해 주기적으로 점검하고 문제에 대한 적절한 조치를 취하기 위해 관련 고장 이력서를 철저하게 작성 및 관리해야 한다.

(5) 설비 설치의 부하 점검

환경 조건의 불량 또는 태양광 발전 시스템 설비 설치의 부하 증가 등으로 인한 부하 상태의 경우 부하 점검 주기를 단축해야 하고, 주기적인 점검 및 유지 관리해야 한다.

3. 유지 관리 시 비치해야 할 자료 및 비품

(1) 비치해야 할 도서
1) 발전 시스템에 사용된 핵심 기기의 매뉴얼 - 인버터, PCS 등
2) 발전 시스템 건설 관련 도면 - 토목 도면, 기계 도면, 전기 배선도, 건축도면, 시스템 배치 도면 등
3) 발전 시스템 운영 매뉴얼
4) 발전 시스템 시방서 및 계약서 사본
5) 발전 시스템에 사용된 부품 및 기기의 카달로그
6) 발전 시스템 구조물의 구조 계산서
7) 발전 시스템의 한전 계통 연계 관련 서류
8) 전기 안전 관련 주의 명판 및 안전 경고 표시 위치도
9) 전기 안전 관리용 정기 점검표
10) 발전 시스템 일반 점검표
11) 발전 시스템 긴급 복구 안내문
12) 발전 시스템 안전 교육 표지판
13) 발전소 비상 연락망 (사업주, 발전소 기술 담당자, 시공사 담당자, 현지 관리인, 전기 안전 관리자, 지역한전담당자, 인버터(회사) 담당자, 접속반 담당자, 송배전반 담당자)

(2) 비치해야 할 물품
1) 멀티테스터
2) 전력계측기
3) 적외선 온도 측정기
4) 손전등
5) 소모성 예비 부품류(휴즈, 전구, 볼트, 너트, 오일 등)
6) 안전 용품
7) 공구류
8) 사다리
9) 기타

8 송전설비 유지관리

1. 송전설비 유지관리

(1) 송전설비 유지관리

태양광발전설비에서 고압 송전의 경우와 저압 송전의 경우 계전기 및 개폐기 설치가 각각 다르다. 저압 송전의 경우 저압 보호 계전기와 전력량계만 있으면 된다. 고압 송전의 경우 인버터 2차 측부터 저압 차단기-변압기-고압 차단기-전력량계-부하 차단기-계통의 순으로 연결된다. 따라서 수변전설비의 유지관리는 일상점검 및 정기점검으로 유지관리를 한다.

1) 점검의 분류와 점검주기

점검을 위해서는 제약조건이 필요하며 제약조건과 점검에 대한 사항은 다음과 같다.

점검의 분류 \ 제약조건	문의개폐	커버류의 분류	무정전	회로정전	모선정전	차단기 인출	점검주기
일상순시점검	-	-	O	-	-	-	매일
	O	-	O	-	-	-	1회/월
정기점검	O	O	-	O	-	O	1회/6개월
	O	O	-	O	O	O	1/회3년
일시점검	O	O	-	O	O	O	-

① 점검주기는 대상기기의 환경조건, 운전조건, 설비의 중요성, 경과연수 등에 의하여 영향을 받기 때문에 상기에 표시된 점검주기를 고려하여 선정한다.

② 무정전의 상태에서도 문을 열고 점검할 수 있으며, 1개월에 1회 정도는 문을 열고 점검하는 것이 좋다.

③ 모선 정전의 기회는 별로 없으나 심각한 사고를 방지하기 위해 3년에 1번 정도 점검하는 것이 좋다.

2) 점검작업시 주의사항

작업자의 안전을 위해 기기의 구조 및 운전에 관한 내용을 알아야하며, 안전에 대해서는 각별히 주의해야 한다. 안전작업에 대한 대표적인 사항은 다음과 같다.

① 점검전의 유의사항

　ⓐ 준비철저 : 응급처치방법 및 작업 주변의 정리, 설비 및 기계의 안전을 확인한다.

　ⓑ 회로도에 의한 검토 : 전원 계통이 역으로 돌아 나오는 경우 반내 각종 전원을 확인하고, 차단기 1차 측이 살아있는가의 유무와 접지선을 확인한다.

ⓒ 연락 : 관련 회사의 관련부서와 긴밀하고 신속, 정확하게 연락할 수 있는지 확인한다.

ⓓ 무전압 상태확인 및 안전조치

② 수변전설비를 점검시 순서

ⓐ 원격지의 무인감시 제어시스템의 경우 원격지에서 차단기가 투입되지 않도록 연동장치를 쇄정한다.

ⓑ 관련된 차단기, 단로기를 열고 주회로에 무전압이 되게 한다.

ⓒ 검전기로서 무전압 상태를 확인하고 필요개소에 접지한다.

ⓓ 차단기는 단로 상태가 되도록 인출하고 '점검중'이라는 표시판을 부착한다.

ⓔ 단로기 조작은 쇄정시킨다.(쇄정장치가 없는 경우 '점검중'이라는 표시판 부착)

ⓕ 특히 수전반 또는 모선 연락반 등과 같이 전원이 역으로 돌아 나오는 경우에는 상대단의 개폐기에 대해서도 상기 ④항의 조치를 취한다.

ⓖ 잔류전압에 대한 주의 : 콘덴서 및 케이블의 접속부를 점검할 경우에는 잔류전압을 방전시키고 접지를 행한다.

ⓗ 오조작 방지 : 전원의 쇄정 및 주의 표지를 부착한다.

ⓘ 절연용 보호기구를 준비한다.

ⓙ 쥐, 곤충류 등이 배전반에 침입할 수 없도록 대책을 세운다.

③ 점검 후의 유의사항

ⓐ 접지선의 제거 : 점검시 안전을 위하여 임시 접지한 것을 점검 후에는 반드시 제거해야 한다.

ⓑ 최종확인 : 최종작업은 다음의 사항을 확인한다.

㉠ 작업자가 반내에 들어가 있는가.

㉡ 점검을 위해 임시로 설치한 가설물 등의 철거가 지연되고 있지 않는가.

㉢ 볼트 조임작업을 완벽하게 하였는가.

㉣ 공구 등이 버려져 있지는 않는가.

㉤ 쥐, 곤충등이 침입하지는 않았는가.

㉥ 무인감시제어의 경우 출입자 감시용 CCTV 및 리미트 정상 확인 원격감시제어 연동장치 쇄정을 풀어둔다.

㉦ 점검의 기록 : 일상순시점검, 정기점검 또는 임시점검을 할 때에는 반드시 점검

및 수리한 요점, 고장의 상황, 일자 등을 기록하여 다음 점검시 참고자료로 활용하도록 한다.

3) 공통사항

① 녹이 슬거나 도장 벗겨짐

금속부분에 녹이 슬거나 도장의 벗겨진 부분 등은 보수점검 항목이며, 또한 설치장소, 환경 및 사용상태, 설치 후의 경과 년 수에 따라서 그 정도가 다르기 때문에 점검 내용은 특별히 기재할 수 없지만, 정기점검 시 다음 사항에 유의하여 점검한다.

ⓐ 금속부분에 녹이 발생한 경우 유의하여 점검할 부분
㉠ 기구부 등에 녹이 발생하여 회전이 원활하지 않다고 생각되는 개소
㉡ 녹의 발생으로 접촉저항이 변화하여 통전부에 지장이 생기는 부위
㉢ 스프링의 녹 발생, 접합 용접부위의 부식 등으로 기계적 강도가 떨어질 염려가 있는 부위
㉣ 녹이 발생하여 미관을 해치는 부위

3) 도장의 벗겨진 경우의 유의할 사항

옥외 등과 같이 주위의 환경조건이 나쁜 경우에는 도장이 벗겨진다든가 손상이 일어난 부분에 대해서는 특히 조기에 보수를 실시하고 페인트칠을 한다.

4) 기타

① 비상정지회로는 정기점검 시 동작확인을 반드시 확인한다.
② 비나 바람이 강한 날은 평상시에 일어나지 않던 형상이 일어날 수도 있으므로, 특히 이 점을 유념하여 순시를 한다.
③ 배전반 부근에서 건축공사 등을 시행하는 경우에는 먼지 또는 진동에 의한 충격으로 기기에 손상이 일어나지 않도록 주의한다.

5) 일상순시 점검사항

일상순시 점검은 다음에 제시된 요령에 의해 실시하고, 제시되는 다음 사항 중에서 절연물의 청소, 볼트 조임의 보강 등 특히 중요한 사항은 뒤에 설명한 처리 항목을 참조한다.

① 배전반

NO	대상	점검개소	목적	점검내용
1	외함	외부 일부 (문, 외함)	볼트 조임이완	뒷커버 등의 볼트의 조임이 이완되었거나 바닥에 떨어진 것은 없는가
			손상	문의 개폐상태는 이상이 없는가
				점검창 등의 패킹 등이 열화되어 손상은 없는가
			이상한 소음	볼트류 등의 조임이 이완되어 진동음은 없는가
			오손	점검창 등이 오손되어 내부가 잘 보이지 않는가
		명판	손상	조임이 이완되어 떨어진다든가 파손 및 선명하지 못한 부분은 없는가
		인출기구 조작기구	위치	인출기기의 접촉위치 및 단로 위치는 정확한가
		반출기구 (고정장치)	위치	적당한 위치에 놓여 있는가
2	모선 및 지지물	모선 전반	이상한 소음	볼트류의 조임이 이완되어 진동음은 없는가
				코로나(CORONA) 방전에 의한 이상소음은 없는가
			이상한 냄새	코로나(CORONA)방전 또는 과열에 의한 이상한 냄새는 나지 않는가
3	주회로 인입 인출부	폐쇄 모선의 접속부	이상한 소음	볼트류의 조임이 이완되어 진동음은 없는가
		붓싱(BUSHING)	손상	균열, 파손은 없는가
			이상한 소음	코로나 방전 등에 의한 진동음은 없는가
		케이블 단말부 및 접속부, 케이블 관통부	이상한 소음	볼트류의 조임이 이완되어 진동음은 없는가
			이상한 냄새	코로나 방전 또는 과열에 의한 이상한 냄새는 나지 않는가
			손상	케이블 막이판의 떨짐 또는 간격의 벌어짐은 없는가
			쥐, 곤충 등의 침입	침입의 흔적은 없는가
4	제어	배선 전반	손상	가동부 등에 연결되는 전선의 절연 피복 손상은 없는가

				전선 지지물이 떨어져 있는가
	회로의 배선		이상한 냄새	과열에 의한 이상한 냄새는 없는가
5	단자대	외부 일반	조임의 이완	조임부의 이완은 없는가
			손상	절연물 등 균열, 파손은 없는가
6	접지	접지단자 접지선	손상	접지선의 부식 또는 단선은 없는가
			표시	표시 부착물이 떨어져 있지는 않은가

② 내장기기, 부속기기

NO	대상	점검개소	목적	점검내용
1	주회로용 차단기 GCB VCB ACB	외부 일반	이상한 소음	코로나 방전 등에 의한 이상한소음은 없는가
			이상한 냄새	코로나 방전 또는 과열에 의한 이상한 냄새는 나지 않는가
			누출	CGB의 경우 카스 누출은 없는가
		개폐 표시기 개폐 표시등	지시표시	표시는 정확한가
			표시	기계적인 수명회수에 도달하여 있지는 않은가
2	배선 차단기 누전 차단기	개폐 도수계	이상한 냄새	과열에 의한 이상한 냄새는 없는가
		외부 일반	표시	동작 상태를 표시하는 부분이 잘 보이는가
		조직장치		개폐기구의 핸들과 표시등의 상태는 올바른가
3	단로기	외부 일반	이상한 소음	코로나 방전에 의한 이상한 소음은 없는가
			이상한 냄새	코로나 방전 또는 과열에 의한 이상한 냄새는 나지 않는가
			누출	절연유를 내장한 부하개폐기의 경우 기름의 누출은 없는가
		개폐 표시기 개폐 표시등	지시 표시	표시는 정확한가
4	변성기	외부 일반	이상한 소음	코로나 방전에 의한 이상한소음은 없는가
			이상한 냄새	코로나 방전에 의한 이상한 냄새는 나지 않는가
5	변압기 리엑터	외부 일반	이상한 소음	코로나 등에 의한 이상한 소음은 없는가
			이상한 냄새	코로나 방전 또는 과열에 의한 이상한 냄새는 없는가
			누출	절연유의 누출을 없는가
		온도계	지시표시	지시는 소정의 범위 내에 들어가 있는가
		유면계 가스압력계	지시표시	유면은 적당한 위치에 있는가 가스의 압력은 규정치보다 낮지 않는가 (질소봉입의 경우)
6	주회로용 퓨즈	외부 일반	손상	퓨즈 통, 애자 등의 균열, 파손 변형은 없는가
			이상한 소음	코로나 방전에 의한 이상한소음은 없는가
			이상한 냄새	코로나 방전 또는 과열에 의한 이상한 냄새는 나지 않는가

6) 정기점검사항

정기점검 뒤에는 아래와 같이 실시하고 절연물의 청소, 이완된 볼트 조임 등 중요한 보수작업에 대해서는 뒤에서 설명하는 처리항목을 참조한다.

① 배전반

NO	대상	점검개소	목적	점검내용	비고
1	외함	외부 일반 (문,외함)	볼트의 조임 이완	볼트류의 조임 이완 및 바닥에 떨어진 것은 없는가	
			손상	패킹류의 열화 손상은 없는가	
			오손	반내에 비의 침투 또는 결로가 일어난 흔적은 없는가	특히, 주회로 절연물의 상황에 주의
			환기	환기구의 필터 등이 떨어져 있지 않은가	
			설치	바닥의 이상 침하 또는 융기에 의한 경사 및 균형의 뒤틀림은 없는가	차단기와 주회로 단로부에 영향이 없는지 주의
		문	볼트의 조임 이완	경첩, 스톱퍼(Stopper)등의 볼트의 조임 이완은 없는가	
			동작	손잡이는 확실히 동작하는가 문쇄정 장치의 동작은 정확한가	
		격벽	볼트의 조임 이완	볼트류의 조임 이완 및 바닥에 떨어진 것은 없는가	
			손상	변형 또는 파손은 없는가	
		주회로 단자부 (접지접촉 단자포함)	볼트의 조임 이완	볼트류의 조임 이완 및 바닥에 떨어진 것은 없는가	상세한 것은 차단기 취급 설명 참조
			손상	부싱, 전선 등이 파손,단선 및 변형은 없는가	
			접촉	접촉 상태는 양호한가	접촉부의 접점은 구리스를 칠한다.
			변색	도체의 과열에 의한 변색은 없는가	
			오손	이물질 또는 먼지등이 부착 되지 않았나	

2	배전반	제어회로 단자부	볼트의 조임 이완	가동, 고정측의 볼트 조임의 이완은 없는가	
			손상	플러그, 전선 등의 파손, 단선 변형 등은 없는가	
			접촉	접촉 상태는 양호한가	
		셔터	손상	볼트류의 조임 이완에 의한 변형 및 바닥에 떨어져 있지는 않은가	차단기와 연동관계를 주의 할 것
			동작	동작은 확실한가	
		리미트 스위치	손상	레버 또는 본체의 파손, 변형은 없는가	
		인출기구 (차단기, 유니트 등)	볼트의 조임 이완	볼트류의 조임 이완에 의한 변형 및 탈락은 없는가 위치표시 명판의 변형, 떨어짐은 없는가	
			손상	레일 또는 스톱퍼(Stopper)의 변형은 없는가	
			동작	인출기기가 정해진 위치에 이동하는가	
		기구조작 (단로기 등)	볼트의 조임 이완	볼트류의 조임 이완에 의한 변형 및 탈락은 없는가	
			동작	동작은 확실한가	
		명판과 표시물	손상	볼트류의 조임 이완 및 파손, 바닥에 떨어져 있지는 않은가	
			오손	먼지 등의 부착 또는 오손에 의하여 잘 보이지 않는 부분은 없는가	
3	주회로 인입 인출부	모선전반	볼트의 조임 이완	볼트류의 조임 이완 및 파손, 바닥에 떨어져 있지는 않은가	
			손상	애자 등의 균열, 파손 변형은 없는가	
			변색	과열에 의한 접속부 또는 절연물의 변색은 없는가	
		애자.붓싱 절연지지물	손상	애자 등의 균열, 파손 변형은 없는가	

			변색	과열에 의한 절연물의 변색은 없는가	
			오손	이물질이나 먼지 등이 부착되어 있지 않은가	
		플렉시블 모선	손상	단선이나 꺾여져 있는 부분은 없는가	
			변색	표면에 특이할 만한 변색은 없는가	
4	주회로 인입 인출부	폐쇄모선의 접속부	볼트의 조임 이완	볼트류의 조임 이완 및 바닥에 떨어져 있지는 않은가	
			손상	옥외용 패킹류의 열화는 없는가	
			변색	과열에 의한 접속부 또는 절연물의 변색은 없는가	
		부싱	볼트의 조임 이완	볼트류의 조임 이완은 없는가	
			손상	절연물의 균열, 파손은 없는가	
			변색	과열에 의한 접속부 또는 절연물의 변색은 없는가	
			오손	이물질 또는 먼지의 부착이 많은가	
		케이블 단말부 또는 접속부	볼트의 조임 이완	볼트류의 조임 이완은 없는가	
			손상	절연테이프 등이 벗겨져 손상은 없는가	
			콤파운드의 떨어짐	콤파운드 등이 떨어져 있지는 않은가	
			오손	이물질 또는 먼지의 부착은 없는가	
5	배선	전선일반	볼트의 조임 이완	접속부 등의 볼트 조임 이완은 없는가	
			손상	가동부 등에 연결되는 전선의 절연부 손상은 없는가	
			변색	절연물의 과열에 의한 변색은 없는가	
		전선지지대	손상	배선탁드 속에선 밴드 등이 파열에 인한 손실은 없는가 전선 지지대가 떨어져 있는 것은 아닌가	

				과열 또는 경년열화 등에 의한 변형, 탈락은 없는가	
			오손	먼지 등이 부착되어 잘 보이지 않는가	
6	단자대	외부일반	볼트의 조임 이완	단자부의 볼트 조임의 이완은 없는가.	
			손상	절연물의 균열, 파손은 없는가	
			변색	과역에 의한 절연물의 변색은 없는가	
			오선	단자부에 오손 및 이물의 부착은 없는가	
7	접지	접지단자 접지선 접지모선	볼트의 조임 이완	접속부에 오선 및 볼트조임이 확실히 이완 되어져 있는가	
			오손	단자부의 오손 및 이물이 부착되어 있지 않은가	
8	장치 일반	절연저항 측정	접촉 저항치	주회로 및 제어 회로의 절연 저항은 설치 시에 측정치와 측정 조건을 기록, 정기점 검시 황복별로 기록한다. 고압: 1000V[MΩ]이상 저압회로 : 500V[MΩ]	
		절연저항 측정	절연 저항치	측정하고 절연물을 마른 수건으로 청소한다.	
		제어회로	회로의 상 동작	절연 개폐기에 의한 확인 PT, CT로부터 전압, 전류가 정상적으로 공급 되는가를 확인하는 개폐기로써 확인한다. 제어 개폐기에 의한 조작시험기기가 정상 적으로 동작에 따른 상대 표시 상태를 확인 한다. 예전기로써 동작확인 계전기 주 접점을 동작 시킴으로서 차단기가 차단되는걸 시험 하고 개폐표시 등 고장 표시기가 정상적 으로 동작하는가를 확인한다. 또한 계전기 자체의 고장표시기 및 보조 접촉기의 동 작을 확인한다.	

		전기적, 기계적	인터록 상호간을 제어회로에서 따라서 조건을 만족하는 가를 확인한다.	
	인터록	동작확인	인터록 가구에 대해서 동작을 확인한다. 리미트 스위치 등의 이상은 없는가	

② 내장기기, 부속기기

각 기기의 점검 간격 및 분해, 조정 등이 필요한 경우에는 각 기기의 취급설명서를 참조한다.

NO	대상	점검개소	목적	점검내용
1	주 회로용 차단기	외부 일반	볼트의 조임 이완	주회로 단자부의 볼트류의 조임 이완은 없는가
			손상	절연물 등의 균열, 파손, 변형은 없는가
			변색	단자부 및 접촉부의 과열에 의한 변색은 없는가
			오손	절연애자 등에 이물질, 먼지 등이 부착되어 있지 않은가
			누출	진공도가 저하되지는 않았는가 가스압은 저하되지 않았는가
			마모	접점의 마모는 어떤가(외부에서 판정할 수 있는 부분)
		개폐표시기 개폐표시등	동작	정상적으로 동작하는가
		개폐 도수계	동작	정상적으로 동작하는가
		조작장치	손상	스프링 등에 녹 발생, 파손 변형은 없는가 각 연결부, 핀의 구부러짐, 떨어짐은 없는가 코일 등의 단선은 없는가
			주유	주유상태는 충분한가
		저압 조직회로	볼트의 조임 이완	제어회로 단자부의 볼트류의 조임 이완은 없는가
			손상	제어회로의 플러그의 접촉은 양호한가
2	배선용	외부 일반	볼트의	단자부의 볼트류의 조임 이완은 없는가

3	차단기		조임 이완	
			손상	절연물 등의 균열, 파손, 변형은 없는가
			변색	단자부 및 접촉부의 파열에 의한 변색은 없는가
			오손	절연물에 이물질 또는 먼지등이 부착되어있지 않은가
		조작장치	동작	개폐동작은 정상인가
			지시표시	개폐표시는 정상인가
	단로기 교류 부하 개폐기	외부일반	볼트의 조임 이완	주회로 단자부의 볼트 조임 이완은 없는가
			손상	절연물 등의 균열, 파손 및 변형은 없는가 조작레버 등에 손상은 없는가 스프링 등에 녹 발생, 파손, 변형은 없는가
			변색	단자부의 접촉에 의한 변색은 없는가
			오손	절연애자 등에 이물질 먼지 등이 부착되어 있지는 않은가
			누출	유입개폐기의 경우 절연유의 누출은 없는가
		주접촉부	볼트의 조임 이완	자력접촉의 경우 고정접점이 저절로 열리는 경우는 없는가 타력접촉의 경우는 스프링 등에 탄력성이 있는가
			접촉	점점이 거칠어지지는 않았는가
		조작장치	손상	기중부하 개폐기의 경우 소호실에 이상은 없는가 스프링 등에 녹 발생, 파손이나 변형은 없는가 각 연결부, 핀의 구부러짐, 떨어짐은 없는가
			동작	클램프 등의 연결부는 정상인가 투임, 개폐가 원활한가
			주유	주유상태는 충분한가
			지시표시	개폐표시는 정상인가
		저압 조작회로	볼트의 조임 이완	단자부의 볼트 조임 이완은 없는가 열리는 경우는 없는가
		안전점검	동작	후크(Hook)조작의 경우 단로기의 개로상태에서 크러쉬(Crush)는 확실한가

4	변성기	외부 일반	볼트의 조임 이완	단자부의 볼트 류의 조임 이완은 없는가
			손상	절연물 등에 균열, 파손, 손상은 없는가 철심에 녹의발생 손상은 없는가 (외부에서 판정이 가능한 경우에만 적용)
			변색	붓싱 단자부에 변색은 없는가
			오손	부싱 등에 이물질 및 먼지 등이 부착되어 있지 않은가
5	변압기	외부 일반	볼트의 조임 이완	단자부의 볼트류의 조임 이완은 없는가
			손상	부싱 등의 균열, 파손, 변형은 없는가 유연계, 온도계의 파손은 없는가 건식의 경우 코일, 절연물의 손상은 없는가
			변색	건식의 경우 코일, 절연물의 과열에 의한 변색은 없는가
			누출	유입형의 경우 기름은 누출되지 않았나
			오손	부싱 등에 이물질, 먼지 등이 부착되어 있지 않은가
		유면계 가스압력계	지시표시	유면은 적절한 위치에 있는가(유입형의 경우) 질소 봉입의 경우 가스압력이 떨어지지 않았나
		온도계	지시표시	지시표시는 정상인가
			동작	경보회로는 정상인가
		냉각팬	오손	필터는 막히지 않았는가
			동작	동작은 정상인가
			주유	주유는 정상인가
			동작	자동운전의 경우는 운전상태 확인한다
6	주 회로용 퓨즈	외부일반	볼트의 조임 이완	단자부의 볼트류 및 접촉부에 조임의 이완은 없는가
			손상	퓨즈통, 애자 등에 균열 변형은 없는가
			변색	퓨즈통, 퓨즈 홀더의 단자부에 변색은 없는가
			오손	애자 등에 이물, 먼지 등이 부착되어 있지는 않은가

			동작	단로기 타입은 개폐조작에 이상은 없는가
7	피뢰기	외부일반	볼트의 조임 이완	단자부의 볼트류의 조임 이완은 없는가
			손상	애자 등의 균열, 파손, 변형은 없는가 또한 리드선 단자 등에 손상은 없는가
			오손	애자 등에 이물질, 먼지 등이 부착되지 않았는가
			방전 흔적	내부 콤파운드의 분출, 밀봉금속 뚜껑 등의 파손, 팽창, 섬락 (Flash Over)등의 흔적은 없는가
8	전력용 콘덴서	외부일반	볼트의 조임 이완	단자부의 볼트류의 조임 이완은 없는가
			손상	부싱부의 균열, 파손이나 외함의 변형은 없는가
			변색	부싱, 단자부등의 과열에 의한 변색은 없는가
			오손	부싱부의 이물질, 먼지 등의 부착은 없는가
9	지시계기	외부일반	볼트의 조임 이완	단자부의 볼트류의 조임 이완은 없는가
			손상	부싱부의 균열, 파손이나 외함의 변형은 없는가
			오손	이물질, 먼지 등의 부착은 없는가
			지시표시	영점 조정은 잘 되어 있는가
		기계부	손상	스프링유에 녹의 발생, 파손, 변형은 없는가
			동작	제동장치의 마찰에 의한 접촉은 없는가 축수의 헐거움 편심은 없는가
		부속기구	손상	분류기, 배율기, 보조CT등의 소손 단선은 없는가
		기록부	동작	팬의 구동, 기록지의 감김은 적정한가
		기록지	잔량	잉크, 기록지의 잔량은 적정한가
10	계전기	외부일반	볼트의 조임 이완	단자부의 볼트 이완은 없는가 납땜부의 떨어짐은 없는가
			손상	패킹류의 떨어짐은 없는가 커버의 파손은 없는가
			오손	이물질, 먼지 등의 접착은 없는가

		접점부 도전부	손상	접점 표면이 거칠어지지는 않았는가 혼촉, 단선, 절연파괴는 없는가 코일의 소손, 중간 단락, 절연파괴는 없는가
			접촉	접점의 접촉상태는 양호한가 테스트 플러그를 빼는 경우 CT 2차회로가 개방은 되지 않는가
		기계부	동작	가동부의 회전장치, 표시기 등의 동작 복귀는 정상인가 기어의 마찰에 의한 헐거움은 없는가 회전부에 덜거덕 거림은 없는가
		정정부	볼트의 조임 이완	정정탭은 흔들리지 않는가
			정정	정정탭, 정정래버 등은 정확한가
11	조작 개폐기 절환 개폐기	외부일반	볼트의 조임 이완	단자부의 볼트 조임 이완은 없는가
			손상	절연물 등의 균열, 파손, 변형은 없는가 스프링 등에 녹이 슬었다든가 파손, 변형은 없는가
			동작	개폐동작은 정상인가 록크기구, 잔류접점 기구는 정상인가
			지시표시	손잡이 등의 표시는 정상인가
		냉각팬	손상	접점에 손상은 없는가
12	표시등 표시기 경보기	외부일반	볼트의 조임 이완	단자부의 볼트 조임 이완은 없는가
			동작	동작, 점멸은 정상인가
		부속저항기 부속변압기	변색	단자부 등에 과열에 의한 변색은 없는가
			위치	발열부에 제어 배선이 접근하여 있지 않은가
13	시험용 단자	외부일반	헐거움	단자부에 헐거움은 없는가
			접촉	접촉상태는 양호한가
			손상	절연물 등에 균열, 파손, 변형은 없는가
14	제어 회로용 저항기	외부일반	헐거움	단자부에 헐거움은 없는가
			변색	단자부에 과열에 의한 변색은 없는가

	히터		위치	발열부에 제어 배선이 접근하여 있지 않은가
15	고압 전자 접촉기	외부일반	헐거움	주회로 단자부에 볼트류의 헐거움은 없는가
			손상	절연물 등의 균열, 파손, 변형은 없는가
			변색	단자부 및 접촉부 과열에 의한 변색은 없는가
			오손	절연애자 등에 이물질이나 먼 지등이 부착되어 있지는 않은가
			누출	진공접촉기의 경우 진공도가 떨어져 있지는 않은가
		주접촉부	손상	접점이 거칠어지지는 않았는가 소호실에 이상은 없는가(기중 접촉기의 경우)
		개폐표시기 개폐표시등	동작	정상적으로 동작하는가
		개폐도수계	동작	정상적으로 동작하는가
		조작장표	손상	스프링 등에 발청, 파손, 변형은 없는가 연결부 핀의 부러짐, 탈락은 없는가 전자석에 이상음은 없는가
			동작	보조개폐기는 정상인가
			주유	주유는 충분한가
		저압 조작회로	헐거움	제어회로 단자부에 볼트의 헐거움은 없는가
			접촉	저압 조작회로의 플러그의 접촉은 양호한가
16	저압 전자 접촉기	외부일반	헐거움	단자부의 볼트 류의 헐거움은 없는가
			손상	절연물 등의 균열, 파곤, 변형은 없는가
			변색	단자부 및 접촉부의 과열에 의한 변색은 없는가
			오손	절연물 등에 이물질이나 먼지등이 부착되어 있지는 않은가
		주접촉부	오손	① 접점이 거칠어짐은 없는가 ② 소호실에 이상은 없는가
		조작장치	동작	개폐동작은 정상인가
			지시표시	대폐표시는 정상인가

			손상	스프링의 발청, 파손, 변형은 없는가
17	제어 회로용 퓨즈	외부일반	헐거움	단자부에 헐거움은 없는가
			동작	용단되어 있지는 않은가
		명판	볼트의 조임 이완	지정된 형식, 정격의 퓨즈가 사용되고 있는가
18	부속 기기	냉각팬	오손	필터, 환기구의 오손이 있는가
19	반외 부속 기기	인출장치	동작	동작은 확실한가 와이어의 인양장치 동작은 정상인가
		후크 봉 각종 조작핸들 테스트 플러그 제어 점퍼	손상	심한 파손 변형은 없는가
20	예비품	표시등 퓨즈류	손상	파손, 면형, 단선은 없는가
			수량	소정의 수량이 있는가
		기타	품목	각각의 제품별로 매회 예비품으로 책정한 수량과 예비품표와 비교한다.

7) 처 리

① 일상 정기점검에 의한 처리

NO	처리	방법 및 유의점
1	청소	① 공기를 사용하는 경우에는 흡입 방식을 추천하며 토출방식의 경우에는 공기의 습도, 압력에 주의한다. ② 문, 커버 등을 열기 전에는 배전반 상부의 먼지나 이물질은 제거한다. ③ 절연물은 충전부 간을 가로지르는 방향으로 청소한다. ④ 청소걸레는 화학적으로 중성인 것을 사용하고 섬유 올이 풀린다든지, 습기 등에 주의한다.
2	볼트의 조임 (모선)	모선의 접속부분은 아래 방법에 따라서 시행한다. ① 조임 방법 조임의 경우에는 지정된 재료, 부품을 정확히 사용하고 다음 3가지 점에 유의

		하여 접속한다. · 볼트의 크기에 맞는 토크렌치 (Torque Wrench)를 사용하여 규정된 힘으로 조여 준다. · 조임은 너트를 돌려서 조여준다. · 2개 이상의 볼트를 사용하는 경우 한쪽만 심하게 조이지 않도록 주의한다. 	볼트의 크기	M6	M8	M10	M12	M16
---	---	---	---	---	---
힘(kg/cm^2)	50	120	240	400	850	 ② 접속방법 ③ 조임의 확인 조임 토크렌치가 부족할 경우 또는 조임 작업을 하지 않은 경우에는 사고가 일어날 위험이 있기 토크렌치에 의하여 규정된 힘이 가해졌는지를 확인할 필요가 있다
3	볼트의 조임 (구조물)	구조물을 볼트 조임을 하는 경우 아래의 토크(Torque) 값을 참조한다. | 볼트의 크기	M3	M4	M5	M6	M8	M10	M12	M16
---	---	---	---	---	---	---	---	---
힘(kg/cm^2)	7	18	35	58	135	270	480	1,180	

4	절연물의 보수
	
	절연물의 보수
		① 자기성 절연물에 오손 및 이물질이 부착된 경우에는 처리1(청소)에 의하여 청소한다.
		② 합성수지 적층판, 목재 등이 오래되어 헐거움이 발생되는 경우에는 처리5(부품교환)에 의해 부품을 교체한다.
		③ 절연물에 균열, 파손, 변형이 있는 경우에도 처리5(부품교환)에 의해 부품을 교환한다.
		④ 절연물의 절연저항이 떨어진 경우에는 종래의 데이터를 기초로 하여 계열적으로 비교 검토한다. 동시에 접속되어 있는 각 기기 등을 체크하여 원인을 규명하고 처리한다.
		⑤ 절연저항치는 온도, 습도, 및 표면의 오손상태에 따라서 크게 영향을 받기 때문에 양부의 판정은 어렵지만 아래의 값을 참조한다.
		· 배전반
		  온도 20℃, 상대습도 65%, 반5면 일괄
		  고압회로 : 5MΩ 이상 (각상일괄-대지간) 저압회로

사용전압의 구분		절연저항치
300V 이하	대지전압이 150V 이하	0.1MΩ
	그 외	0.2MΩ
300V초과, 600V이하		0.4MΩ

· 주회로 차단기, 단로기(교류부하 개폐기포함) 절연저항의 참고치는 아래와 같다.

구분	절연저항치(MΩ)	전압
주도전부	500 이상	1000V
저압 제어회로	2 이상	500V

· 변성기
절연저항의 참고치는 아래와 같다.
　-유입형의 경우

주위온도(℃)	20	30	40
1차권선과 2차권선 외함 일괄	500MΩ	250MΩ	130MΩ
2차 권선과 외함		2MΩ	

　-몰드형의 경우

주위온도(℃)	20	30	40
1차권선과 2차권선 외함 일괄	200MΩ	100MΩ	50MΩ
2차 권선과 외함		2MΩ	

· 변압기
절연저항의 참고치는 아래와 같다.
　-유입형

회로전압	측정개소	온도(℃)				
		20	30	40	50	60
22KV 이상	1차권선과 2차권선	300	150	70	40	25
22KV 미만	철심(대지)간(MΩ)	250	120	60	40	25
-	2차권선과 1차권선,철심(대지)간 (MΩ)			-		5

		-건식의 경우					
		전압(KV)	1이하	3	6	10	20
		절연저항(MΩ)	5	20	20	30	50

· 유입 리액터
  절연저항의 참고치는 아래와 같다. (유온 40℃이하)
  단자일괄과 외함간 (MΩ) : 100

5	부품 교환	① 부품 교환시는 형식 및 기능을 충분히 조사한다. ② 부품 교환시는 접속이 물리지 않도록 하며, 볼트 조임 등을 잊어버리지 않도록 주의 한다. ③ 조정 설정이 필요한 부품은 교환 후 확실히 설정한다. ④ 납땜작업 등은 숙련자에게 하도록 한다.

9 태양광 발전 시스템의 고장 원인

1. 태양광발전 시스템 고장원인

　　태양광발전설비의 주요 부품별 고장 설비는 모듈, 인버터, 접속함, 모니터링시스템 등으로 분석됐으며, 인버터의 고장비율이 타 설비에 비해 상대적으로 높은 것은 인버터 자체에서 발생한 문제도 있지만, 가장 말단에 설치된 기기로 인해 인버터 이외의 고장에 따른 문제도 일부 포함되어 있다. 주요 부품별 고장 형태는 구체적으로는 모듈의 경우 표면의 오염, 어레이 접속 케이블의 이완 및 이상전압 발생 비율이 높았으며, 낙뢰와 같은 자연재해에 따른 고장도 발생했다. 또한, 태양광 발전 시스템 부품 중 가장 고장 비율이 높은 인버터의 경우 불규칙적인 전압 등에 따른 정지, 디스플레이 오류 및 에러 메시지 등의 빈도가 가장 높았으며, 그 외 인버터 내부의 온도 상승에 따른 정지, 과전압 발생에 따른 소손 등이 확인됐다. 모니터링 시스템의 경우 정지와 같은 고장보다는 다량의 데이터가 지속적으로 관리됨에 따른 PC의 이상 현상 및 데이터의 결손 등이 고장의 원인으로 나타났다. 설치 후 2년까지는 주로 모니터링의 이상데이터 수신, 인버터 표시 오동작, 실측 전압 이상 등의 고장이 발생하는 것으로 나타났으며, 이는 시스템 설치가 완벽하게 이뤄지지 않은 초기 불량으로 예상할 수 있다. 한편, 설치 후 2년이 도래하는 시점부터 어레이 접합부의 이완, 기판의 부식 등의 비율이 급격히 증가하는 것을 알 수 있으며, 이러한 이유로 설치 후 2년이 경과되는 시점부터 시스템의 세부적인 점검이 필요할 것으로 조사됐다.

설치 후 2년 이후에는 어레이의 이상 전압, 접속케이블 단락, 외함 부식 등의 문제점이 발생하는 것을 알 수 있는데, 이는 외기에 장기간 노출된 각종 부품들의 열화에 따른 결과로 예상할 수 있다. 조사 결과, 태양광 발전 시스템의 고장 형태는 2년을 경계로 초기고장과 실제 부품의 열화 등으로 구분되는 것으로 분석됐으며, 설치 후 3년이 경과되기 전에 해당 설치 업체를 통한 전반적인 시스템의 점검은 장기적인 측면에서 시스템의 효율적 관리 및 운영에 도움이 될 것으로 본다.

10 태양광발전 시스템 문제진단

1. 태양광발전 시스템 문제진단

(1) 외관 점검

1) 태양 전지 모듈의 외관 점검

① 현장 이동 중 부주의에 의해 태양전지 모듈이 파손될 수 있기 때문에 시공 시 반드시 외관 검사를 철저하게 실시한다.

② 태양 전지 모듈을 고정형이나 추적형으로 설비 설치하면 세부 점검이 곤란하다.

③ 시공 전후의 전 과정에 대하여 태양 전지 셀의 크랙, 깨짐, 구부러짐 등의 파손 여부 또혼 변색 등이 있는지를 철저히 외관 검사를 실시한다.

④ 태양 전지 모듈 표면의 강화 유리 파손 또는 변형 여부 확인은 물론 구조물의 프레임에 대한 변형(도금 벗김, 녹슨 부위, 뒤틀림, 긁힘 등) 여부를 반드시 상세 하게 점검해야 한다.

⑤ 일상 및 정기 점검의 경우 태양전지 어레이의 외관을 정밀 관찰함으로써 모듈 표면의 오염, 손상, 변색, 크랙 등의 유무와 가대 등의 녹 발생 유무를 점검해야 한다.

⑥ 특히 먼지가 많은 설비 설치 장소에서는 태양 전지 모듈 표면의 오염 제거는 물론 반드시 깨끗하게 표면을 유지한 상태에서 설비 설치할 수 있도록 한다.

2) 배선 케이블 외관 점검

① 태양광 발전 시스템은 한번 설치하면 장기간 사용하기 때문에 전선 케이블 등을 설치시, 외부의 요인에 의한 손상이나 뒤틀림 등으로 인해 전기 절연 저항의 저하나 절연 파괴를 일으킬 수 있으므로 외관을 정밀하게 확인해야 한다.

② 공사가 완료되면 확인할 수 없는 부분이 있으므로 공사 과정에서의 외관 검사 등을 철저하게 실시한다.

③ 원인과 결과를 데이터로 반드시 기록하여 보관하고 일상 및 정기 점검의 경우 육안 점검에 의한 배선의 손상 유무를 점검한다.

3) 인버터와 접속함 외관 점검
① 인버터와 접속함 등의 전기기기 장비는 운반 도중에 진동 등과 같은 외부의 요인에 의해 접속부의 볼트와 너트가 풀림 현상이 발생할 수 있으므로 정밀 점검한다.
② 공사 현장에서 배선 접속을 원활하게 하기 위해 가접속(해제 등) 및 시험 등을 위해 일시 접속한 사례가 있을 수 있으므로 설비 설치 시에는 정확하게 상세하게 점검하여야 한다.
③ 시공 후, 태양광 발전 시스템을 운전할 경우 전기 기기 장비의 접속부와 인버터 등의 케이블 단자 접속부 체결 및 정상 상태를 반드시 점검해야 한다.
④ P/N단자와 직류 및 교류 회로의 접속 혼돈 등은 중대한 안전사고의 원인이 될 수 있으므로 설비 설치 전후 반드시 재검검해야 한다.
⑤ 일상 및 정기 점검의 경우 외관 점검에 따라 설비 설치 기기의 접속 단자의 볼트와 너트 등의 체결 상태와 손상 유무를 점검해야 한다.

2. 운전 상황 점검

(1) 소음, 진동, 냄새 등
① 운전 중 이상한 소리와 냄새 등은 철저하게 점검, 확인해야 하고 평상시와 다른 느낌일 경우 반드시 정밀 점검을 실시해야 한다.
② 설비 설치자가 점검할 수 없는 경우 시설 및 장비 기기의 제작사 또는 관련 전문가에게 의뢰하여 점검하고 이에 대한 조치를 취해야 한다.

(2) 운전 상황 시 점검
① 주택용 태양광 발전 시스템의 경우 전압계, 전류계 등의 계측기는 없지만, 최근소형 모니터가 일반적으로 보급되어 있다. 발전 전력 및 발전 전력량 등을 명확하게 표시한다.
② 운전 과정 중 표시 데이터가 평상시와는 크게 다른 값을 표시할 경우 시설 및장비 기기 제작사 또는 관련 전문가에게 의뢰하여 반드시 점검 한 후, 해당 사항을 조치해야 한다.
③ 공공 기관 및 산업용이나 발전 사업자용의 태양광 발전 시스템은 관련 전문 전기 안전 관리자로부터 정기적으로 점검 받아야 한다.
④ 공공 기관 및 산업용 태양광 발전 시스템이나 발전 사업자용 태양광 발전 시스템은 계측 기기 및 장치, 지시값 표시 장치 등의 운전 이상이 발생할 경우 반드시 전문가에게 의뢰하여 점검을 거쳐 조치하도록 한다.

3. 태양 전지 어레이의 출력 확인 점검

태양광발전설비에서는 소정의 출력을 얻기 위해서 다수의 태양전지 모듈을 직렬 및 병렬로 접속하여 태양전지 어레이를 구성한다. 따라서 설치장소에서 접속작업을 하는 개소가 있고, 이런 접속이 틀리지 않게 했는지 정확히 체크를 할 필요가 있다. 또한 정기점검의 경우에도 태양전지 어레이의 출력을 확인하여 동작불량 태양전지 모듈의 발전이나 배선 결함 등의 발견을 사전에 해야 한다.

(1) 개방전압의 측정

태양전지 어레이의 각 스트링의 개방전압을 측정하여 개방전압의 불균일에 따라 동작불량의 스트링이나 태양전지 모듈의 검출 및 직렬 접속선의 결선누락 사고 등을 검출하기 위해서 측정해야한다. 예를 들면 태양전지 어레이 하나의 스트링 내에 극성을 다르게 접속한 태양전지 모듈이 있으면 스트링 전체의 출력전압은 올바르게 접속한 경우의 개방전압보다 상당히 낮은 전압이 측정된다, 따라서 제대로 접속된 경우의 개방전압을 카탈로그 혹은 사양서에서 확인해 두고 측청치와 비교하면 극성을 다르게 한 태양전지 모듈이 있는 지를 쉽게 판단할 수 있다. 일사조건이 좋지 않은 경우 카탈로그 등에서 계산한 개방전압과 다소 차이가 있는 경우에도 다른 스트링의 측정결과와 비교하면 오접속의 태양전지 모듈의 유무를 판단할 수 있다.

(2) 단락전류의 확인

태양전지 어레이의 단락전류를 측정하는 것에 의해서 태양전지의 모듈의 이상 뮤무를 검출할 수 있다. 태양전지 모듈의 단락전류는 일사강도에 때라 변화가 크기 때문에 설치장소의 단락전류 측정값으로 판단하기는 어려우나. 동일 회전조건의 스트링이 없는 것은, 스트링의 상호의 비교에 의해서 어느 정도 판단이 가능하다. 이 경우에도 안전한 일사강도가 얻어질 때 실시하는 것이 바람직하다.

4. 절연 저항의 측정 점검

(1) 태양 전지 회로의 점검

1) 태양 전지는 낮에 전압을 발생하므로 절연 저항을 측정 시에는 충분히 주위 여건을 고려하여 데이터를 산출하고 분석한다.

2) 뇌우로부터 태양 전지의 회로를 보호하기 위해 피뢰 소자가 태양전지의 어레이출력 단자에 설치되어 있는 경우가 많다. 반드시 소자들을 접지측과 분리하여 절연 저항을 측정한다.

3) 절연 저항은 온도 또는 습도에 민감하게 반응하므로 절연 저항 측정 시 기온, 습도 등의 기록을 측정치의 기록과 함께 보관 및 관리한다.
4) 안전 사고 대비를 위해 우천 시, 강우가 갠 직후의 절연 저항을 측정하는 것은 가급적 피하는 것이 매우 좋다.

(2) 인버터 회로 점검

인버터의 정격 전압이 300V 이상 600V 이하의 경우에는 100V의 절연 저항계를 이용한다. 측정 개소는 인버터의 입력 회로와 출력 회로이다.

1) 입력 회로의 경우 태양 전지 회로를 접속함에서 분리하여 인버터의 입력 단자 및 출력 단자를 각각 단락하면서 입력 단자와 대지 간의 절연 저항을 측정한다.
2) 접속함까지의 전로를 포함하여 절연 저항을 측정한다.

(3) 기타 사항 점검

1) 정격 전압이 입·출력단에서 다를 경우 높은 측의 전압을 절연 저항계의 선택 기준으로 설정한다.
2) 입 · 출력 단자에 주회로 이외의 제어 단자 등이 있을 경우에는 이것을 포함해서 측정한다.
3) 측정 시 서지업 서버 등의 정격과 대비하여 낮은 회로는 회로에서 분리한다.
4) 트랜스리스 인버터의 경우에는 제조 업자, 전문가가 추천하는 방법에 따라 측정하여야 한다.

11 유지관리 매뉴얼

1. 유지관리 매뉴얼

(1) 태양광 발전 시스템의 공통 관리 내용
- 시설 용량 : 부하 용도 및 적정 가용량을 합산하여 월평균 사용량에 따라 결정한다.
- 발전량 : 계절에 따른 기후의 변화 및 주위의 환경적 요인에 의해 발전량을 결정한다.

(2) 태양광 발전 시스템의 모듈 관리 내용
- 태양 전지 모듈 표면은 외부의 강한 충격으로 파손될 수 있으므로 주의하여 관리한다.
- 태양 전지 모듈 표면에 먼지, 낙엽, 황사, 그늘(그림자), 기타 이물질 등은 발전량을 감소시키는 주요 요인이므로 정기적으로 관리한다.

- 태양 전지 모듈 표면에 부착된 이물질 등은 고압 분사기를 사용하여 정기적으로 제거하여 발전량을 높일 수 있도록 조치하여 관리한다.
- 태양 전지 모듈 표면의 온도가 높아지면 태양광 발전량의 효율이 급격하게 감소하므로 이럴 경우에는 모듈 표면에 물을 뿌려 온도를 낮추고 지속적인 조치 및 유지관리가 중요하다.
- 외부 환경적인 요인 등에 의해 체결한 볼트와 너트가 느슨해짐으로써 안전사고를 유발할 수 있다. 따라서 체결 상태를 정기적으로 점검하여 관리한다.

(3) 태양광 발전 시스템의 인버터 및 접속함 관리 내용
- 태양광 발전 시스템의 대부분 고장 원인은 인버터이므로 정기적으로 관련 전문가, 기타 해당 전문 관리자를 두어 점검하여 관리한다.
- 태양광 발전 시스템의 접속함 내부에 강우(비, 눈 등) 또는 곤충, 설치류 등이 접근할 수 없도록 시공 시 철저하게 설비 설치해야 한다. 습기 등으로 인해 누설전류 등 누전에 주의하고 전문 관리자를 배정하여 정기적으로 점검하여 관리한다.

(4) 태양광 발전 시스템의 구조물 및 전선 관리 내용
- 태양광 발전 시스템의 구조물의 경우 아연용융도금으로 되어 있으므로 정상적으로 녹이 발생하지 않도록 되어 있으므로 외부 충격 등에 의해 도금이 벗겨지지 않도록 철저히 유지 및 관리한다.
- 특히 용접 부분의 아연용융도금, 페인팅이 벗겨지지 않도록 정기적으로 관리해야 한다. 만약 구조물에 녹이 발생했을 경우 발견 즉시 사포 등을 이용하여 녹을 깨끗이 제거하고 적절하게 조치 및 관리한다.
- 만약 설비 설치 시, 접합 및 외부 충격 등으로 도금이 벗겨질 수 있으므로 철저한 관리와 조치가 반드시 필요하다.
- 전선의 경우 전선의 피복부의 절연 상태, 전선 연결부의 절연 테이프 상태, 배선 처리 상태 등이 정리되어 있어야 한다. 만약 이상 발견 시에는 즉시 조치하고 정기적인 점검과 관리가 필요하다.

(5) 응급조치
태양광 발전설비가 작동되지 않는 경우

① 접속함 내부 차단기 개방(off)

② 인버터 개방(off) 후 점검하며,

점검 후에는 역으로 ②, ①의 순서로 투입(on)

Part 03 태양광시스템 안전관리

1 태양광발전 시공상 안전확인

1. 시공 안전관리

(1) 시공 상 안전 관리

1) 시공 계획서상 안전 관리

실시 설계 도면과 시공 계획서, 매일 또는 주간 공정표를 보고 위험 요소를 파악하여 별도의 안전 관리 계획서를 작성하고 관리 및 시행한다. 안전 관리자는 분석된 자료를 가지고 안전 용품 점검과 안전 교육을 실시한다. 다음은 안전 관리자가 시공 계획서를 보고 분석하고 작성할 내용이다.

① 각 공정 단위 위험 요소 파악
② 각 공정 단위 안전 점검을 위한 표시(취급 주의 사항)
③ 각 공정 단위 안전 시공을 위한 지침서 작성
④ 각 공정 단위 검수 시 안전 점검을 위한 지침서 작성
⑤ 각 공정 단위 안전 점검을 위한 지침서 작성
⑥ 특수한 위험 요소는 안전 시공을 위한 지침서 작성
⑦ 차량계 건설 기계 작업 계획서 작성
⑧ 장비 안전 작업 계획서 작성
⑨ 안전 보건 교육 계획서 작성
⑩ 작업장 순회 점검 일지 작성
⑪ 안전 관리자 작업 계획서 작성
⑫ 중량물 취급 작업 계획서 작성

(2) 공정 상 안전 관리

1) 토목 공사

① 건설 안전 기준에 준하여 시공
② 장비와 사람의 작업 동선이 겹치지 않게 한다.
③ 장비의 사전 점검을 시행한다.

④ 작업자의 안전 교육을 실시하고, 건강을 체크한다.
⑤ 다른 공사나 공정의 동선과 겹치지 않게 또는 시간을 조정한다.
⑥ 위험 요소가 발견될 시 즉시 보고 후 승인 처리한다.

2) 건축물 공사
① 건축물에 태양광 발전 시설 공사/전기실 공사 등
② 건축물 PV 공사
  ㉠ 작업 반경이 협소하여 위험-안전대 필수
  ㉡ 건축물 위의 구조물에서 자재 낙하 또는 추락 사고 위험-대비책 철저

3) 전기실 공사
① 저압 공사 안전 대비
② 자재 낙하 또는 추락 사고 위험-대비책 철저

4) 위험 요소가 발견될 시 즉시 보고 -> 승인 후 조치

(3) 구조물 공사
1) 구조물은 대부분 철자재이므로 장비나 사람에 의해 운반한다.
2) 안전 복장 및 규정을 지키도록 한다.
3) 철자재의 가공면이 위험 요소이므로 이에 주의한다.
4) 철자재는 변형이나 파손되지 않도록 한다.
5) 현장에서 철자재의 임의 가공은 불허한다.
6) 위험 요소가 발견될 시 즉시 보고 -> 승인 후 조치한다.

(4) 전기 공사
전기 안전에 적합한 안전 복장(필요에 따라 접지띠나 활선 경보기 착용)

1) 저압 공사
① 모듈 배선 공사 - 모듈에서는 활선 상태임
② 접속반 공사 - 차단기/휴즈 OFF 상태로 함.
③ 인버터 공사 - 접속반 및 저압/고압 차단기 OFF 상태로 함.
            - 접지와 상동기

2) 고압 공사
① 인버터 및 저압/고압 차단기 OFF 상태로(다) 비접속 케이블 단말은 커버해 준다.
  ㉠ 케이블 접속부 및 피복 상태를 확인한다.

ⓒ 위험 표지판 및 안내문 상시 게시한다.
ⓒ 고압 주변에는 접근 제한 및 거리를 표시한다.
ⓔ 큐비클은 반드시 잠김 상태로 둔다.
ⓜ 전기 담당자만 사용하도록 제한한다.
ⓗ 감전에 주의한다.
　ⓐ 태양 전지 모듈은 햇빛을 받으면 발전
　ⓑ 태양 전지 모듈의 절연 저항 및 접지 저항 측정
　ⓒ 일몰 후에 절연 저항 측정
ⓢ 전기 공사 안전 용품
　ⓐ 안전 표지판　　　ⓑ 안내 표지판
　ⓒ 안전 차단봉　　　ⓓ 소화기
　ⓔ 손전등　　　　　ⓕ 활선 경보기
　ⓖ 접지띠　　　　　ⓗ 멀티미터
　ⓘ 적외선 온도계　　ⓙ 검전기

2 안전교육의 시행과 훈련

1. 안전 관리 계획서

(1) 목 적

안전 관리 계획서는 전기 공사 시 체계적이고 효율적인 안전 관리를 정착시키고 부실 공사를 방지하여 공사 목적물의 품질 확보가 이루어질 수 있도록 하는 데 목적이 있고, 또한 전기 공사의 사전 안전성 평가를 위한 공사 착수 전에 구체적인 안전 관리 계획을 수립하고 계획서를 작성함으로서 안전 관리 업무를 원활하게 수행도록 함을 목직으로 한다.

(2) 안전 관리 계획서의 작성

1) 안전 관리 계획서에 포함되어야 하는 항목

① 공사 개요
② 안전 관리 조직
③ 공정별 안전 점검 계획
④ 안전 교육 계획
⑤ 통행 안전시설 설치 및 교통안전 계획

⑥ 안전 관리비 사용 계획

⑦ 비상시 긴급 조치 계획

⑧ 보호구 지급 및 안전표지 설치 계획

⑨ 공사장 및 주변 안전 관리 계획

2) 세부 작성 요령

① 공사 개요

　공사 개요서(별지 서식), 공정표 작성

② 안전 관리 조직

　㉠ 안전 관계자 선임계(별지 서식)

　㉡ 안전조직도

　　안전 관계자 직무, 안전 관리 책임자(현장 대리인), 안전 관리자(자격증 소지)

③ 공정별 안전 점검 계획

　공정별 작업 전, 작업 중, 작업 후 안전 점검 계획

④ 안전 교육 계획

　㉠ 안전 교육의 종류별 내용, 대상, 실시자, 시간 등의 계획

　㉡ 신규 채용자 안전 교육 계획

　㉢ 정기 안전 교육 계획

　㉣ 일상(작업 전)안전 교육 계획

⑤ 통행 안전 시설 설치 및 교통 안전 계획

　㉠ 통행 안전 시설 설치

　㉡ 각종 표지판 및 경보 장치 등 설치 계획

　㉢ 교통 안전 계획

　㉣ 유도원, 교통 안내원 등의 배치 계획

　㉤ 공사 현장 주변의 도로 상황

⑥ 안전 관리비 사용 계획

　별지 서식 사용

⑦ 비상시 긴급 조치 계획

　㉠ 직원 비상 연락망 작성

ⓒ 대외 관계 기관 비상 연락망 작성
　　ⓒ 긴급 조치 사항
⑧ 보호 장구 지급 및 안전 표지 설치 계획
　　㉠ 작업별 보호구 지급 계획을 작성
　　ⓒ 용도에 따른 안전 표지 설치 계획
⑨ 공사장 및 주변 안전 관리를 계획
　　㉠ 공사 현장 주변의 지하 매설물 보호 조치 계획
　　ⓒ 인접 시설 보호 조치 계획
　　ⓒ 인접 주민에 대한 대책

　　안전 관리자는 작업자의 안전과 시공 공정을 원활하게 진행이 되도록 하기 위해 안전 관리 계획과 점검 그리고 작업자에게 안전 보건 교육을 실시해야 한다. 안전 관리자는 안전 관리 조직도와 비상 연락망을 작성하고 현장에 비치하며, 담당 관리자들에게 공유하도록 한다.

(3) 안전 교육 계획표

산업안전보건법 기준에 따라 안전 교육 계획을 수립하고 현장 상황에 따라 특별 교육을 실시할 수 있다.

1) 근로자 안전·보건 교육

관련근거	벌칙 사항
산업법 제31조 [안전·보건 교육] - 정기 안전 · 보건 교육 　· 근로자: 매월 2시간 이상 　· 관리 감독자:반기 8시간 이상 또는 연간 16시간 이상 - 채용시 안전 · 보건 교육: 근로자: 1시간 이상 - 작업 내용 변경시 교육: 1시간 이상 - 특별 안전 · 보건 교육: 2시간 이상	500만원 이하의 과태료

관련근거	벌칙 사항
산안법 제32조 [관리 책임자 등에 대한 교육] - 관리 책임자 　· 신규: 6시간 이상 　· 보수: 6시간 이상 - 안전 관리자 　· 신규: 34시간 이상 　· 보수: 24시간 이상 - 보건 관리자 　· 신규: 34시간 이상 　· 보수: 24시간 이상	500만원 이하의 과태료

2) 근로자 안전·보건교육 (제33조 제1항 관련)

교육과정	교육대상		교육시간
정기교육	사무직 종사 근로자		매분기 3시간 이상
	사무직 종사 근로자 외의 근로자	판매업무에 직접 종사하는 근로자	매분기 3시간 이상
		판매업무에 직접 종사하는 근로자 외의 근로자	매분기 6시간 이상
	관리감독자의 지위에 있는 사람		연간 16시간 이상
채용 시의 교육	일용근로자		1시간 이상
	일용근로자를 제외한 근로자		8시간 이상
작업내용 변경시의 교육	일용근로자		1시간 이상
	일용근로자를 제외한 근로자		2시간 이상
특별교육	별표 8의 2 제1호라목 각 호의 어느 하나에 해당하는 작업에 종사하는 일용근로자		2시간 이상
	별표 8의 2 제1호라목 각 호의 어느 하나에 해당하는 작업에 종사하는 일용근로자를 제외한 근로자		- 16시간 이상(최초 작업에 종사하기 전 4시간 이상 실시하고 12시간은 3개월 이내에서 분할하여 실시 가능) - 단기간 작업 또는 간헐적 작업인 경우에는 2시간 잇아
건설업 기초 안전·보건교육	건설 일용근로자		4시간

2. 안전교육의 종류

구분	교육기준	근거
정기 교육	**정기교육** → 관리 감독자, 근로자 ▼ 현장소속 관리 감독자 ▼ 반기 8시간이상 또는 연간 16시간이상 ▼ 현장소속 전 근로자 ▼ 매월 2시간이상	법 제31조 규칙 제33조
수시 교육	**수시교육** → 신규 채용시, 작업 내용 변경시, 특별 ▼ 신규 채용 근로자(1시간이상) ▼ 작업변경근로자(1시간이상) ▼ 유해위험작업에 종사하는 근로자(2시간이상)	법 제31조 규칙 제33조
관리 책임자 교육	**관리 책임자 교육** → 관리 책임자, 안전 관리자, 보건 관리자 ▼ 신규: 6시간 이상 ▼ 신규: 34시간 이상 ▼ 신규: 34시간 이상 ▼ 보수: 6시간 이상 ▼ 보수: 24시간 이상 ▼ 보수: 24시간 이상	법 제32조 규칙 제38조

3. 안전교육의 내용

교육 과정	교육 대상	교육 시간	교육내용
정기 교육	근로자	매월 2시간 이상	· 산업안전보건법령에 관한 사항 · 작업공정의 유해 · 위험에 관한 사항 · 표준안전 작업 방법에 관한 사항 · 보호구 및 안전 장치취급과 사용에 관한 사항 · 안전 사고사례 및 산업재해예방 대책에 관한 사항 · 근로자 건강증진 및 산업 간호에 관한 사항 · 안전 보건표지에 관한 사항 · 물질 안전 보건 자료에 관한 사항 · 기타 안전 · 보건 관리에 관한 사항
	관리 감독자	반기 8시간 이상 또는 연간 16시간 이상	· 산업안전보건법령에 관한 사항 · 작업 안전 지도요령에 관한 사항 · 기계 · 기구 또는 설비의 안전 · 보건 점검에 관한 사항 · 관리 감독자의 역할과 임무에 관한 사항 · 물질 안전 보건 자료에 관한 사항 · 기타 안보 · 보건 관리에 관한 사항
신규 채용시 교육	신규 채용 근로자	1시간 이상	· 산업안전보건법령에 관한 사항 · 당해 설비 · 기계 및 기구의 작업 안전 점검에 관한 사항 · 기계 기구의 위험성과 안전 작업 방법에 관한 사항 · 근로자 건강 증진 및 산업간호에 관한 사항 · 기타 안전 · 보건 관리에 관한 사항
작업 내용 변경시 교육	작업 내용 변경시 해당 근로자	1시간 이상	· 신규 채용시 교육 내용과 동일
특별 교육	관리 감독자 지정 작업에 종사하는 근로자	2시간 이상	· 공통 내용: 신규 채용시 교육 내용과 동일 · 개별 내용: 관리 감독자 지정 작업과 관련된 안전 보건 사항

4. 특별 교육 대상 작업

① 밀폐된 장소나 습한 장소에서 행하는 용접작업
   (ex. 공동구, BOX·탱크 내, 집수정 주위 등)
② 1톤 이상의 크레인을 사용하는 작업(고정식, 이동식)
③ 전압 75kV이상 정전 및 활선 작업
   (ex.수전 설비, 분전함, 고압선로 방호구 설치 가설 전기, 발전기 설치 등)
④ 비계의 조립, 해체 작업(ex. 각종 비계, 낙하물 방호 선반 등)
⑤ 골조, 교량 상부, 탑의 5M이상 금속 부재의 조립 해체
   (ex. 철골 건립, 타워 크레인, 송전 선로 철탑, 교회 종탑 등)
⑥ 목재 가공 기계(휴대용 제외)를 5대 이상 보유한 작업장에서 당해 기계에 의한 작업
⑦ 리프트, 곤도라를 이용하는 작업
⑧ 깊이 2M 이상의 지반굴착공사
⑨ 굴착면의 높이가 2M 이상되는 암석 굴착 작업
⑩ 산소, LPG 등을 이용한 금속의 용접, 용단, 가열 작업
⑪ 타워크레인을 설치(상승 작업 포함)·해체 작업 등

3 안전관리 조직 운영 등

1. 현장의 조건에 따라 안전 관리자는 1명 이상 근무한다. 다음 그림은 안전 관리 조직도 이다.

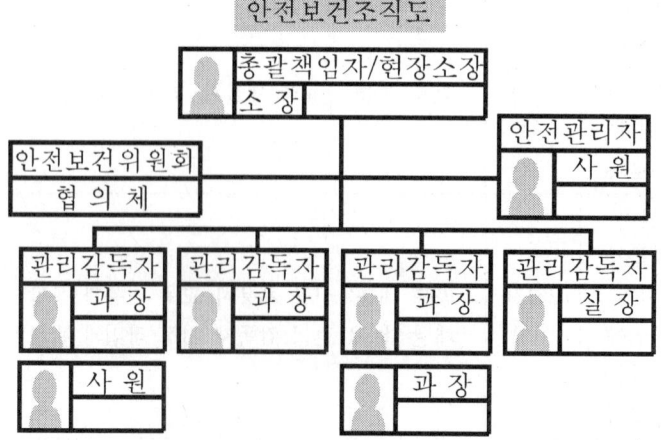

2. 안전 관리 비상 연락망

안전 관리자는 비상시 신속한 대응을 위해서 비상 연락망을 만들어 현장 사무실에 잘 보이는 곳에 비치하고 모든 관계자들에게 배포한다. 각 공정별 현장 책임자 중심으로 신속한 대응을 할 수 있도록 한다.

3. 사후 관리위한 안전 대책

(1) 시공사는 준공 후 인수인계 서류에 시설물 관리를 위한 매뉴얼을 작성하여 인계한다.

  1) 장비별 사용 매뉴얼 및 간단 조작법
  2) 소모성 부품 일부
  3) 시설 안전 및 유지 관리을 위한 지침서 등

(2) 발전소 운영 주체는 발전소의 정상운전을 위하여 시공사로부터 운전 조작 및 시설 안전관리 및 유지 보수를 위한 안내 교육을 받는다.

(3) 발전소 운영 주체는 연간 안전 관리를 위한 전기안전관리와 시설 관리를 위한 계획을 수립한다.

  1) 소형 발전소는 대부분 자비로 건설한 경우가 많으므로 계획을 수립할 수가 없으므로 별도의 교육을 받아서 수립하는 것이 좋다.
  2) 중대형 발전소는 금융 기관의 대출을 받아 건설한 경우가 많으므로 금융 기관에서 요구 서류에 포함되어 있다.

4. 사후 안전 관리 대책에는 두 가지 측면에서 수립한다.

(1) 전기 안전 관리

전기안전은 전기사업법 규정상 용량별로 안전 관리자를 선임한다.

(2) 시설 안전 관리

시설관리는 정기적인 점검 방법으로 해야 한다. 용량에 따라 다르게 계획을 세워야 하겠지만 통상 1일 또는 1주일에 한번 비오기 전후에 1회를 권장한다.

위 두가지 안전 관리는 일상 점검과 정기점검 방법에 따라 점검 계획을 세우고 점검을 한다.

4 태양광발전 설비상 안전확인

1. 설비 안전관리

(1) 설비 안전관리 및 보전계획

1) 설비 안전을 위한 자재 검수 - 일반 검사 내용

① 차량 및 건설 기계 반입- 차량 및 건설 기계 활용 계획서 확인

② 각 공정에서 사용되는 주요 자재- 품목별 반입 시기, 수량, 위험도, 관리 계획

③ 안전 용품 또는 보호구 - 절연성, 낙하 방지, 추락 방지, 위험 표지판, 위험 안내판, 차단봉 등

④ 현장에서 사용되는 위험 물질 - 인화성 물질, 오염물질, 독성 물질, 변질 가능성 물질

⑤ 소음방지, 비산 먼지 대책

⑥ 통신 장비 - 전화기, 무전기

⑦ 보건 물품 - 위생 또는 구급 약품, 간이 화장실

2. 공정별 안전 관리 내용

(1) 토목공사

1) 차량 또는 건설 기계

① 운행 경로, 작업 방법, 작업 계획서, 신호 방법 숙지 및 교육한다.

② 주요 위험 요인 - 끼임, 부딪힘, 떨어짐

③ 작업장 및 이동 경로 지반 상태를 확인한다.

④ 안전모 안전화, 안전대, 보안경을 착용한다.

⑤ 관계자 외 출입을 통제한다.

⑥ 장비 유도원(신호수) 배치 - 작업 반경 내 근로자 접근 방지 조치한다.

⑦ 건설 장비는 매일 점검 한다

⑧ 작업 후엔 주변을 청소, 정리 정돈한다.

2) 지반공사

① 토질의 형상, 지질 등의 상태에 따른 적정 굴착 경사 유지

② 토사 유출 방지

3) 비산 먼지 방지 시설 점검

4) 소음 대책 물품 점검

(2) 건축 공사
1) 차량 건설 기계
① 운행 경로, 작업 방법, 작업 계획서, 신호 방법 숙지 및 교육한다.
② 장비 유도원(신호수) 배치한다.
③ 작업 반경 내 근로자 접근 방지 조치한다.
④ 건설 장비는 매일 점검한다.
⑤ 작업 후엔 주변을 청소, 정리 정돈한다.

2) 기초 터파기 공사
① 개구부 방호 조치를 철저하게 한다.
② 콘크리트 타설시 작업자 피부에 닿지 않도록 한다.

3) 지붕 공사
① 2M 이상의 높은 곳에서 작업 시 안전한 작업 발판 설치
② 안전대 부착 설비를 설치, 근로자는 안전대를 착용하여 부착 설비에 걸고 작업 또는 이동
③ 개인 보호구 착용 철저

(3) 구조물 공사
1) 차량 건설 기계
① 운행 경로, 작업 방법, 작업 계획서, 신호 방법 숙지 및 교육
② 장비 유도원(신호수) 배치
③ 작업 반경 내 근로자 접근 방지 조치
④ 인근 구조물에 닿지 않게 안전거리 확보

2) 기초 터파기 공사
① 개구부 방호 조치 철저
② 설계 도면과 일치여부 점검

3) 모듈 설치 공사
① 작업자의 보호구 착용 점검(안전모, 안전대, 안전화, 보안경, 안전 장갑 등)
② 작업자의 복장이 안전한지 점검(짧은 상의, 반바지 착용 불가)

③ 공정 순서와 안전 수칙을 수행하는지 점검
④ 모듈 이송 시 파손 주의 - 두 사람이 마주 잡고 이동
⑤ 사다리 사용하거나 장비 이용할 때 낙하/추락 주의

4) 어레이 구조물 공사
① 작업자의 보호구 착용 점검(안전모, 안전대, 안전화, 보안경, 안전 장갑 등)
② 작업자의 복장이 안전한지 점검(짧은 상의, 반바지 착용 불가)
③ 공정 순서와 안전 수칙을 수행하는지 점검
④ 철구조물에 충돌 방지 점검 및 교육

(4) 전기 공사
1) 차량 건설 기계
① 운행 경로, 작업 방법, 작업 계획서, 신호 방법 숙지 및 교육
② 장비 유도원(신호수) 배치
③ 작업 반경 내 근로자 접근 방지 조치

2) 배선 공사
① 모듈 배선 공사
  ㉠ 모듈 배선 공사 시 모듈 출력선은 활선 상태이므로 단자 노출 혼촉 주의
  ㉡ 모듈의 배선도와 전선의 규격 확인
  ㉢ 모듈 연장 접속시 전용 커넥터 사용
  ㉣ 배선의 피복 상태
  ㉤ 노출 배선의 커버 상태(자외선 차단 커버 또는 배관 처리)
  ㉥ 모듈 배관의의 방수처리
② 접속반 접속 공사
  ㉠ 보호구 착용
  ㉡ 모듈 어레이 배선은 활선 상태이므로 감전 및 접촉 주의
  ㉢ 주개폐기와 휴즈는 OFF 상태에서 작업
③ 인버터 설치 공사
  ㉠ 보호구 착용
  ㉡ 1차측 입력 직류선 연결 시 주의

   ⓐ 검전기로 통전확인

   ⓑ 모든 접속반의 주개폐기를 차단(OFF)한 상태에서 연결 작업

  ⓒ 주 2차 측 교류 연결 작업 시 상 검출기로 R/S/T 상 구분하여 동상끼리 연결

  ⓓ 연결 작업 시 보호 계전기 차단(OFF)

3) 정전 작업 시 안전 수칙 준수 상태
① 전기 스위치에 통전 금지 표시
② 전기 작업 책임자 임명 및 표시 유무
③ 정전 작업 장소 명시
④ 개폐기에 잠금 장치 및 열쇠 보관 방법 적정 유무
⑤ 정전 작업 중임을 작업 근로자에게 통지 유무

4) 활선 근접 작업 시 안전 수칙 준수 상태
① 저압 충전 선로 근접 장소 감전 위험 여부 확인
② 절연용 보호구 착용 상태
③ 가공 전선에 접촉 또는 접근 시 안전 조치 유무 – 이동식 크레인, 항타기, 카고트럭 등
④ 작업자 주위의 충전 전로에 절연용 방호구 설치 유무
⑤ 접촉 사고 발생 위험이 있는 저압 및 고압 활선에 방호관 설치 유무
⑥ 접촉 사고 발생 위험이 있는 특별 고압 이설 유무
⑦ 활선 작업 및 활선 근접 작업 시 감시인 배치 유무

5) 이동 전선 및 가설 배전의 설치 상태
① 배선의 가공설치 등 작업장 바닥에 전선 방치 유무
② 전선의 철골, 철재에 직접 부착 유무
③ 전선이 차량 등의 중량물의 통로 상에 노출 유무
④ 전선 피복 파손 유무
⑤ 사용하지 않는 전선 방치 유무
⑥ 전선 접속 및 연결 방법 적정 유무
⑦ 습윤 장소에 적합한 전선 및 접속기의 사용 유무
⑧ 충전부 노출 유무
⑨ 전선이 고인물에 인접 또는 접촉 유무

(5) 공사장주변 안전 관리 계획
   1) 지하 매설물의 방호, 인접 시설물의 보호 등 공사장 및 공사 현장 주변의 안전 관리
   2) 화재 위험물 안전 관리

(6) 통행 안전 시설 설치 및 교통 소통 계획
   1) 공사장 주변의 교통 소통 대책, 교통 안전 시설물, 교통 사고 예방 대책 등 교통 안전 관리

5 설비 보존계획

1. 설비보존계획

(1) 설비보전이란
   ① 설비가 완전한 상태 또는 가장 좋은 상태를 유지하는 것
   ② 시스템이나 설비(장치)를 정비, 조정해놓고 그 기능을 언제라도 필요한 때에 최적상태로 발휘할 수 있도록 해 두는것.
   ③ 설비보전의 본질은 설비의 최적상태(Maintenance)의 유지 와 지속적 개선

(2) 설비보전의 필요성
   설비와 관련된 모든 문제점들의 결과는 강제열화 등을 통한 고장, 불량발생 등에 의한 보전비 손실로 나타남. 문제점의 방치나 보전활동이 임시방편이거나 소극적인 경우는 원가 상승의 직접적인 요인이므로 제거가 바람직하다.

(3) 설비보전의 효과
   ① 설비 고장에 의한 운휴손실 감소   ② 보전비 감소
   ③ 제품 불량 적어짐   ④ 수율 향상
   ⑤ 예비설비의 불필요, 투자비 적어짐   ⑥ 예비품관리가 원활, 재고금액감소
   ⑦ 작업자들에 대한 안전   ⑧ 고장으로 인한 전력손실이 적어짐

(4) 설비열화 현상과원인
   설비열화현상이란 가혹한 사용환경 등에 의해 재료의 강도나 내구성이 저하되거나 피로, 변형(Creep), 부식 및 Crack등에 의해 손상이 생기는 현상

열화의 종류	원인	열화내용	결과
사용에 의한 열화	모듈	핫스팟, 오염 (황사, 비산먼지, 대기오염물질, 조류분비물등)	태양광설비의 출력저하
	인버터	취급, 오조작, 과열	
자연열화		방치에 의한 부식, 노화, 모듈의 성능감소	
재해에 의한 열화		산사태, 폭풍, 침수, 지진, 적설	

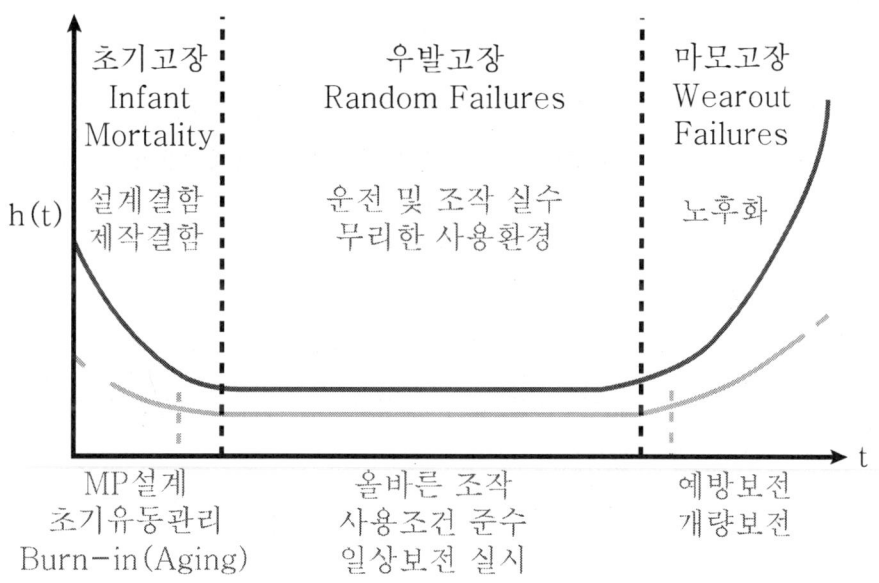

2. 설비고장 원인과 대책

구분	고장원인	대책
초기고장 (DFR)	· 설계, 제작, 수리 착오 · 사용방법 미숙	· debugging, burn-in test · 보전예방(MP) · maker의 품질보증에 의존
우발고장 (CFR)	· 설계한계 초과 · 진동 및 충격	· 설비한계의 변경 · 정상운전 실시 · 사후보전(BM)실시 · 개량보전(CM)실시
미모고장 (IFR)	· 마모, 피로열화, 절연열화 등의 특성열화	· 예방보전(PM)실시

① 열화의 방지: 일상보전(점검, 급유, 간단한 교환 및 조정, 정상운전)

② 열화의 측정: 검사(양부검사: 성능저하형, 경향검사: 돌발고장형)

③ 열화의 회복: 수리(예방수리, 사후수리)

3. 설비보전의 분류

(1) 계획보전 : 운전부문의 자주보전활동과 전문보전부분의 보전활동을 두 개의 측으로 하여 태양광발전설비의 신뢰도를 유지, 개선하기 위하여 보전활동을 계획적으로 실시하는 보전체제이다.

(2) 예방보전(PM) : 예정된 시기에 점검 및 시험, 계획적 수리 및 부품갱신 등을 하여 설비성능의 저하와 고장 및 사고를 방지함으로써 설비의 성능을 표준이상으로 유지하는 보전활동

(3) 사후보전(BM) : 태양광설비의 고장이나 결함이 발생한 후에 이를 수리 또는 보수하여 회복시키는 보전활동

(4) 개량보전(CM) : 설비가 고장 난 후에 설계변경, 부품의 개선 등으로 수명을 연장하거나 보전이 용이하도록 설비자체의 개선을 꾀하는 보전방식

(5) 보전예방(MP) : 설비계획 및 설치시부터 고장이 없는 설비, 초기수리 보전 가능한 설비를 선택하는 보전방식

4. 설비의 최적 보전계획

보전활동은 계획적으로 추진하는 것과 돌발전인 고장에 대응하는 비계획적인 것으로 구분한다.

향상대책	설비 계획 시	설비사용 중	고장이 발생했을 시
Reliability (신뢰도)	고장이 없는, 운전하기 쉬운, 열화방지가 좋은 설비의 설계·제작·구입·설치	정상운전 열화를 막는 일상보전 윤활·청소·조정·교체	고장원인 분석하여 고장의 반복을 막도록 1. 설비자체의 개선 2. 보전방법의 개선
Maintainability (보전도)	편하고, 좋고, 빠르고, 싸게 수리가 가능한 설비의 설계·제작·구입·설치	편하고, 좋고, 빠르고, 싸게 수리가 가능한 보전방법을 채용한다. 1. 예방보전 2. 수리, 보전의 작어방법, 기기·재료의 선택 3. 계획적 공사관리	편하고, 좋고, 빠르고, 싸게 수리가 가능하도록 1. 설비자체의 개선 2. 보전방법의 개선
보전방식	MP (Maintenance Prevention)	PM (Preventive Maintenance)	CM (corrective Maintenance)

6 작업 중 안전대책 등

1. 모듈 배선 공사 시 감전 대책

모든 전원 도면, 배선도 등으로 확인해야 한다.

2. 모듈은 활선 상태

① 결정질 계열 : DC 25~45V, 5 ~ 8.5A

② 박막 계열 : DC 85~110V, 0.9 ~ 1.5A

3. 작업자 보호구 착용

4. 모듈 배선 연장 연결 작업

① 전용 커넥터 사용

② 슬리브 체결법 사용

5. 어레이 배선 종단은 절연 보호 테이프 마감
   ① 접속반 연결 부위
   ② 어레이 번호 표시
   ③ 극성 표시

6. 구조물에 배선 고정타이 작업
   ① 구조물로 인하여 전선이 상하지 않게 작업
   ② 배선의 고정 타이의 강도는 늘어지지 않을 정도의 흔들림 없이 고정
   ③ 전선 보호관 사용

7. 접속반까지 배선 작업
   ① 전선 보호관 사용
   ② 전선 보호관 사용 시 방수 마감
   ③ 지중 매설관 사용 또는 지상 덕트로 보호하여 연결
   ④ 지중 선로나 덕트로 연결시 적합한 전선 보호관을 사용

8. 작업 후 주변 정리
   (1) 접속반 배선 공사
   ① 모든 전원 도면, 배선도 등으로 확인
   ② 어레이 인입선은 활선 상태
   ③ 작업자 보호구 착용
   ④ 휴즈나 주개폐기 차단(OFF) 상태에서 작업
   ⑤ 어레이 단자대 결속
      ㉠ 테스터기로 극성을 확인한다.
      ㉡ 어레이 넘버링 튜브를 삽입한다.
      ㉢ 칼라 튜브를 삽입하여 극성 구분할 수 있도록 한다.
      ㉣ 종단은 터미널 또는 러그를 끼워 압착 후 결속한다.
   ⑥ 주개폐기의 출력선 극성에 맞게 연결
   ⑦ 주개폐기의 출력선과 인버터 입력 쪽 배선에 접속반 번호 와 극성 표시
   ⑧ 어레이 결속 마감 후에도 다시 전압과 극성 확인
   ⑨ 배선 연결 후 규정 따라 절연 저항 측정

⑩ 작업 후 주변 정리와 표지판 철거

(2) 인버터 배선 공사 시 감전 대책
① 모든 전원 도면, 배선도 등으로 확인
② 작업자 보호구 착용
③ 보호 계전기(ACB, VCB) 차단(OFF) 확인
④ 접속반 주개폐기 차단(OFF) 상태 확인
⑤ 인버터 1차 입력 인입 단자대에 접속함 전선 연결
　㉠ 테스터기로 극성을 확인한다.
　㉡ 접속함 전로 번호 확인 후 단자대에 결속한다.
　㉢ 극성 구분할 수 있도록 한다.
⑥ 어레이 결속 마감 후에도 다시 전압과 극성 확인
⑦ 2차 교류 3상(R/S/T)출력선과 보호 계전기 측의 3상(R/S/T)과 상 검출기의 단자에 연결
⑧ 상검출기 단자를 눌러 매칭된 지정된 동상끼리 표시
⑨ 표시된 R/S/T 3상 선을 인버터 출력단에 결속
⑩ 배선 연결 후 규정 따라 절연 저항 측정
⑪ 작업 후 주변 정리와 표지판 철거

(3) 전기실 배선 공사 시 감전 대책
① 모든 전원 도면, 배선도 등으로 확인
② 작업자 절연 보호구(고압용) 착용
③ 활선 경보기 착용
④ 출입 통제 및 안내 표지판 설치
⑤ 부하 차단기(LBS) 보호 계전기(ACB, VCB) 차단(OFF) 확인
⑥ 인버터 차단(OFF) 상태 확인
⑦ 각 검출 테스터기를 이용하여 R/S/R 상 확인
⑧ 모든 배선 R/S/T 3상 구분할 수 있는 칼라 튜브 삽입
⑨ 내부 근접 전로는 대부분 부스(BUS)바를 사용
⑩ 배선 연결 후 규정 따라 절연 저항 측정
⑪ 작업 후 주변 정리와 표지판 철거

⑫ 전로의 절연 저항값

전로의 사용 전압 구분		절연 저항[MΩ]
400V 미만	대지 전압(접지식 전로는 전선과 대지 간의 전압, 비접지식 전로는 전선 간의 전압을 말한다. 이하 같다)의 150V 이하 경우	0.1 이상
	대지 전압이 150V초과 300V이하인 경우 (전압측 전선과 중선선 또는 대지 간의 절연 저항)	0.2 이상
	사용 전압이 300V초과 400V미만	0.3 이상
400V 이상		0.4 이상

⑬ 배전반 : 온도 20도, 상대습도 65%, 반면 일괄, 고압 회로 5Ω 이상 (각상일괄~대지간) 저압 회로

전로의 사용 전압 구분		절연 저항[MΩ]
300V 이하	대지 전압이 150 이하	0.1MΩ
	그 외	0.2MΩ
300V 초과 600V 이하		0.4MΩ

〈배전반 절연저항값〉

⑭ 주회로 차단기, 단로기(교류 부하 개폐기 포함) 절연 저항의 참고치는 다음과 같다.

구분	절연 저항(MΩ)	전압
주도전부	500 이하	1,000V
저압제어회로	2 이상	500V

⑮ 변성기 : 절연 저항의 참고치는 아래와 같다.

방식	주위 온도(℃)	20	30	40
유입식	1차권선과 2차권선 외함 일괄	500MΩ	250MΩ	130MΩ
	2차권선 외함 일괄			
몰드형	1차권선과 2차권선 외함 일괄	200MΩ	100MΩ	50MΩ
	2차권선 외함 일괄		2MΩ	

⑯ 변압기 : 절연 저항의 참고치는 다음과 같다.

회로전압	측정 개소	온도(℃)				
		20	30	40	50	60
22kV 이상	1차권선과 2차권선(MΩ)	300	150	70	40	25
22kV 미만	철심(대지)간(MΩ)	250	120	60	40	25
	2차권선과 1차권선 철심(대지)간(MΩ)	-				5

〈유입형 변압기〉

전압(kV)	1 이하	3	6	10	20
절연 저항(MΩ)	5	20	20	30	50

〈건식 변압기〉

⑰ 유입 리액터 : 절연 저항의 참고치는 다음과 같다. (유온 40℃ 이하)에서 단자 일괄과 외함 간 절연저항값은 100MΩ 정도이다.

7 태양광발전 구조상 안전 확인

1. 구조 안전관리

(1) 구조 안전관리

1) 구조물 시공시 안전관리

① 각 단위 공정별 위험요소를 파악하여 별도의 안전관리 지침을 만든다.

② 원자재 취급 시 위험 요소에 사전 안전 조치를 취한다.

③ 작업자의 작업 전 사전 안전 교육 및 보호구 착용

④ 장비의 동선에 따라 안전조치

2. 대지 위 설치 구조물 시공 시 안전 관리
   (1) 구조물
   1) 구조물 위험도 확인 및 표시
   2) 안전표지판 설치
   3) 작업자 동선에 위험물 확인 및 표시
   (2) 작업자
   1) 안전 보호구 착용
   2) 안전대 착용
   3) 안전 교육
   4) 보건 교육 및 건강 체크
   (3) 장비 및 차량
   1) 작업 동선 준수
   2) 작업 반경 내 작업자 확인
   3) 신호수 또는 유도수 확인
   4) 안전 수칙 이행
3. 건축물 위 설치 구조물 시공 시 안전 관리
   (1) 건축물 시설
   1) 안전 난간 설치
   2) 안전 워킹 레일 설치
   3) 안전망 설치
   4) 안전표지판 설치
   5) 작업자 동선에 위험물 확인 및 표시
   (2) 작업자
   1) 안전 보호구 착용
   2) 안전대 착용
   3) 안전 교육
   4) 보건 교육 및 건강 체크

(3) 장비 및 차량

1) 작업 동선 준수
2) 작업 반경 내 작업자 확인
3) 신호수 또는 유도수 확인
4) 안전 수칙 이행

8 구조물 시공 절차와 방법

1. 구조물 설계시 고려 사항

구분	검토 사항
안전성	· 내진, 내풍 설계를 수행하여 천재지변에 안전하도록 설계 · 사용 중 유지, 보수 및 기타 발생 가능한 추가하중을 반영 · 하부의 기존 구조물의 안전성 고려 · 기존 건축물의 방수 누수에 대한 고려
경제성	· 과다한 응력에 따른 구조 물량 증가 요인 배제-경량 구조 설계 · 고앗비를 절감 할 수 있는 공법 적용한 설계
시공성	· 부재 단면을 통일화하여 시공성이 향상되도록 계획 · 접합부의 시공성을 고려한 부재 배치
사용성	· 장단기 처짐 및 기타 변형 등에 대한 검토

2. 구조물 시공 절차

(1) 시공 계획서와 도면을 보고 구조물 설치 공정 계획서를 확인한다.

(2) 기초 공사-> 자재 반입-> 자재 검수-> 설치 작업의 순서로 이루어지며, 현장 여건에 따라 변경 될 수 있다. 그러나 반드시 설치 전 자재 검수가 된 것만 사용한다.

(3) 도면 해석시 반드시 장비 동선과 작업자의 동선을 파악하여 위험요소를 분석하고 안전 계획서 또는 지침서를 작성한다.

(4) 위험 요소가 있는 곳에 반드시 다음과 같은 조치를 취한다.

1) 안전 난간 설치
2) 안전 표지판 설치
3) 안전 유도원 또는 신호수 배치
4) 작업자의 보호구 검사

3. 태양광 발전 시스템용 구조물 시공 기준

(1) 에너지관리공단 원별 시공기준

1) 설치상태 : 바람, 적설, 구조하중 및 건축물 방수 등을 견딜 수 있도록 견고히 설치 (단, 모듈 지지대의 고정볼트에는 스프링 워셔 체결)
2) 지지대, 연결부, 기초(용접부 포함), 체결용 볼트, 너셔 및 와셔 (볼트캡 포함)
   ① 용융아연도금 또는 동등 이상 녹방지 처리 (절단 가공 및 용접 부위 : 방식 처리)
   ② 기초 콘크리트 앵커볼트 부분은 볼트캡 착용, 체결 부위는 규격에 맞는 부품 사용

항목	구분	내용
1. 옥상(평지붕)면 설치 높이	3층 이상 건축물	옥상 바닥면에서 높이 최대 3m 이하
	3층 미만 건축물	최대 높이는 건축물 높이 1/3 이하
	바닥면 이격거리	30cm 이상
2. 옥상(평지붕)면 높이 완화 사항	공간 활용 디자인 권장 사항	인정 시 최대 6m 허용(건물대비 1/3 이하)
	공업 및 준공업 지역	30% 완화 (최대높이 3.9m 이하)
3. 경사지붕(박공지붕) 설치 높이	방열 공간	태양광모듈 하단과 지붕면 사이 15cm 이내
4. 경사각	옥상(평지붕)형	36°이내 (건물높이 50m 이상은 45°이내 가능)
	경사 지붕형	지붕면과 평행 (5°이내 오차범위 허용)
5. 경계면 돌출	옥상(평지붕)형	돌출하지 않음
	경사 지붕형	지붕 경계면 이내로 설치
6. 안전 공간	옥상(평지붕)형	경계면 4면에서 30cm 이상 이격
7. 설치 면적	옥상(평지붕)형	옥상바닥 면적의 70% 이내
	경사 지붕형	지붕 경계면을 제외하고 100% 이내
8. 일조권 확보	옥상(평지붕)형	태양광 모듈 최대 높이의 1/3 이상 북측 경계면 내측으로 이격 (하단 일조권관련 법적기준 충족시 비적용)
	모든설치 유형	법적기준 준용 - 건축법시행령 제86조 - 건축법시행령 제119조
9. 구조물 안전성 확보	구조물 설치	3kW 초과 기존 건축물은 태양광 구조물에 대해 구조 전문가의 구조 안전 확인서

9 태양광 발전 시스템용 구조 안전 계산서 및 확인서

1. 구조 계산서

(1) 건축 구조기술사는 구조물 설계자가 설계한 도면과 표준 자재 리스트를 보고 시뮬레이션 프로그램에 입력한다.

(2) 「건축물의 구조 기준에 관한 규칙」 및 「건축 구조 설계 기준」에 따른 지역과 환경에 맞는 계수를 입력하여 구조물의 안전도 계산을 한다.

구분		검토의견
수직하중	고정 하중	어레이+프레임서포트 하중 · 태양광 모듈의 하중은 최대 $0.15kN/m^2$임 · 지붕 마감재는 시공되지 않으나 태양광 모듈 설치용 잡철물 및 기타 추가 하중을 고려하여 주 구조제 자중을 포함한 총 고정 하중은 $0.450.15kN/m^2$을 적용함
	활 하중	건축물 및 공작물을 점유 사용함으로써 발생하는 하중 · 등 분포 활 하중은 적용하지 않음 · 보 부재 중간에는 고정하중 외에 추가로 5kN의 집중 활하중을 고려함
	적설 하중	경사계수 및 눈의 단위 지량 고려 · 최소 지상 적설하중 $0.5kN/m^2$을 적용하고 태양광 모듈 경사면에서의 눈의 미끄러짐에 의한 저감은 안전측 설계를 위하여 반영하지 않음
수평하중	풍 하중	어레이면(모듈포함)에 가한 풍압과 지지물에 가한 풍압의 합 풍력 계수, 환경 계수, 용도 계수 등을 고려 · 기본풍속(VO): 30m/sec(대구) · 중요도 계수(IW): 1.1(중요도 특) · 노풍도: (B · 가스트 영향계수(G_f): 2.2
	지진 하중	지지층의 전단력 계수 고려 · 지역 계수(A): 0.11(지진 구역 1) · 내진 등급: 특 · 중요도 계수(IE): 1.50 · 지반의 분류: SD · 반응 수정 계수: 6.0(철공 모멘트 골조)
	적설 하중	경사 계수 및 눈의 단위 질량 고려 · 최소 지상 적설하중 $0.5kN/m^2$을 적용하고 태양광 모듈 경사면에서의 눈의 미끄러짐에 의한 저감은 안전측 설계를 위하여 반영하지 않음
하중의 조합		· 적설 시: 고정+적설 하중 · 폭풍 시: 고정+풍압 하중 · 지진 시: 고정+지진 하중 · 하중의 크기: 폭풍시>적설시>지진시

10 천재지변에 따른 구조상 안전계획

1. 천재지변에 따른 구조상 안전계획

천재지변에 의한 구조물 영향과 대책은 구조물은 설계자가 법규에 근거하고 구조 기술사의 검토를 거쳐 사용되는 금속 자재의 내진과 풍하중 내력을 고려하여 설계되었다. 따라서 구조 안전 확인서를 받아 확인하여야한다. 그러나 구조 설계에는 표준 권고 기준 값을 근거로 하여 설계되므로 발전소 운영시에는 안전 설계 지수를 언제든지 벗어나는 일이 발생 할 수도 있다.

(1) 지진 또는 지반침하

1) 지진

우리나라에서는 지진에 대한 안전지대라고 할 수 있다.

2) 지반 침하

연약 지반위에 설치하였거나, 성토층에 설치하였을 경우 지반 침하가 일어난다. 이에 대한 대비로 기초와 지지 기둥 플레이트 사이에 여유 공간을 두어 앙카 볼트를 체결한다.

(2) 태풍

1) 강풍 영향

구조물 설계상 지역과 환경을 고려한 건설 기준 계수를 주어 설계하였지만 태풍의 영향으로 기준 수치를 넘는 강풍의 영향을 받을 수 있다. 이는 천재지변에 해당한다. 이로 인한 영향으로는 구조물이 넘어질 수 있다.

2) 지반 침하

장마나 태풍시 동반되는 많은 비로 인하여 지반에 물이 침투되어 지반이 연약해지고 토사가 유출되어 구조물에 영향을 준다. 비오기 전·후 사전 안전 점검을 통하여 예방할 수 있다.

3) 경년 변화에 의한 구조물 영향과 대책

금속 자재는 열팽창과 수축을 반복하고 바람에 의한 진동으로 피로도가 누적되어 내구력이 저하된다. 최소의 피로도를 갖도록 유지하려면 금속 자재의 결합을 튼튼히 하여 외부의 충격을 분산시켜 특정 지점에 피로도가 누적되지 않도록 하여야 한다.

① 일교차와 계절에 의한 영향
㉠ 금속은 햇빛을 받으면 복사에너지를 잘 흡수해서 금속의 온도가 빠르게 상승한다.
㉡ 금속은 낮에 열팽창을 하고 밤이면 금속은 다시 수축하게 된다.

　　　　ⓒ 이 팽창과 수축 현상이 우리나라 기후 특성상 4계절 다른 값으로 나타나 매년 반복하게 된다.
　　　　ⓔ 금속재의 다른 팽창율을 갖는 결합/접합부의 볼트와 너트 그리고 용접 부위에 영향을 주게 된다.
　　　　ⓜ 용접 부위는 도금이 손실될 가능성이 있고, 볼트 접합부는 볼트가 풀릴 가능성이 높다.
　　　　ⓗ 운영 중에 접합부의 볼트와 너트 체결을 점검하여 조여 준다.
　　　　ⓢ 용접 부위의 도금막 손실은 아연 도포제를 이용하여 처리한다.
　　② 바람에 의한 영향
　　　　㉠ 바람에 의한 진동은 금속의 인장력을 약화시키는 특징이 있다.
　　　　㉡ 금속 접합부의 체결이 약해서 발생하고 그 지점이 가장 많은 피로도가 쌓이게 된다.
　　　　㉢ 정기적인 관리를 통하여 볼트와 너트 풀림이 있을 경우 반드시 조여 줘야 한다.
　　③ 동적(추적식) 구조물에서 영향
　　　　㉠ 태양광 발전 시스템에서 동적 구조물은 추적식 발전기이다.
　　　　㉡ 회전 제어 방식에 무관하게 추적식 발전기의 구조상 안정성이 떨어지기 때문에 자체 진동과 바람에 의한 진동이 많다..
　　　　㉢ 추적 제어 장치도 수시로 점검하여 관리하여야 한다.
　　　　㉣ 추적식 발전기 구조물은 예비 부품을 비치한다.

11 안전관련 법규 등

1. 안전 관리자 선임 및 관련 법령

　　태양광 발전 설비의 시설 및 설치 공사와 유지 보수 공사는 기본적으로 전기 공사업 등록을 필한 전문기업이 실사해야 하며, 감전, 화재 그밖에 사람에게 위해를 주거나 물건에 손상을 줄 우려가 없도록 시설되어야 한다. 또한, 태양광과 관련된 전기 설비는 사용 목적에 적절하고 안전하게 작동하고 그 손상으로 인하여 전기 공급에 지장을 주지 않아야 하며 다른 전기 설비, 그 밖의 물건의 기능에 전기적 또는 자기적인 장해를 주지 않도록 시설해야 한다.「전기 사업법」제2조 제20호에서 "안전 관리란 국민의 생명과 재산을 보호하기 위하여 이 법에서 정하는 바에 따라 전기 설비의 공사·유지 및 운용에 필요한 조치를 하는 것을 말한다."라고 규정하고 있다.

구분	검사종류	용량	안전 관리자 선임	감리원 배치
일반용	사용전 점검	20kW 이하	미선임	필요없음
자가용	사용전 검사 (저압 설비는 공사 계획 미신고)	20kW 초과 (자가용 설비 내에 있는 경우 용량에 관계없이 자가용임)	대행 업체 대행 가능 (1,000kW 이하)	감리원 배치 확인서 (자체 감리원 불인정-상용이기 때문)
사업용	사용전 검사 (시·도에 공사계획 신고)	전 용량 대상	대행 업체 대행 가능 (20kW 이하 미선임 가능)	감리원 배치

태양광 발전 설비는 안전 관리자가 선임되어야 하고, 용량 1천kW 미만인 것은 안전 관리업무를 대행하게 할 수 있으며, 그 이상의 용량의 경우 상주 안전 관리자를 선임하여야 하며, 또한 개인이 대행할 경우 250kW 미만까지만 안전 관리 업무의 대행을 할 수 있다. 대행 전기 안전 관리자의 자격은 전기 안전 관리 업무를 전문으로 하는 자로서 자본금, 보유하여야 할 기술 인력 등 대통령령이 정하는 요건을 갖춘 자 또는 시설물 관리를 전문으로 하는 자로서 제1항에 따른 분야별 기술자격을 취득한 사람을 보유하고 있는 자로 규정되어 있다(전기 사업법 제73조 제2항). 또한 완화 규정으로서 전기 안전 관리자를 선임 또는 선임 의제하는 것이 곤란하거나 적합하지 아니하다고 인정되는 지역 또는 전기 설비에 대하여는 산업통상자원부령으로 따로 정하는 바에 따라 전기 안전 관리자를 선임할 수 있는데, 그 자격 기준은「국가 기술자격법」에 따른 전기·토목. 기계 분야 기능사 이상의 자격 소지자 또는「초·중등 교육법」에 따른 고등학교의 전기·토목. 기계 관련 학과 졸업 이상의 학력 소지자로시 해당 분야에서 3년 이상의 실무 경력이 있는 사람으로, 군사용 시설에 속하는 전기 설비는「국가기술자격법」에 따른 전기 분야 기능사 이상의 자격 소지자 또는 군교육기관에서 정해진 교육을 이수한 사람으로 하고 있다(전기 사업법 제73조 제4항, 동법 시행규칙 제42조).

12 안전관리 장비

1. 안전장비 종류

(1) 안전보호구란

현장 근로자의 신체 일부 또는 전체에 작용해 외부의 유해 및 위험요인을 차단하거나 산업재해를 예방하고 피해 정도와 크기를 줄여주는 기구이며, 안전보호구는 현장 근로자 보호가 부족한 경우에 대비하여 보호구를 지급하고 의무적으로 착용하도록 하고 있다. 또한 보호구의 특성, 성능 착용법을 미리 숙지하여 사고를 예방하도록 한다.

1) 안전장비의 종류

① 안전모

태양광 발전 시스템 공사에서 모든 작업자는 금속 구조물과 전기 작업에 대한 안전을 위한 보호구를 착용해야 하며, 재해나 건강 장애를 방지하기 위한 목적으로, 작업자가 착용하여 작업을 하는 기구나 장치를 의미한다. A, AB, AE, ABE 4가지 종류가 있다.

ⓐ A종 안전모 : 떨어지거나 날아오는 물체에 맞을 위험을 방지하거나 경감한다.

ⓑ AB종 안전모 : 떨어지거나 날아오는 물체에 맞거나 높은곳에서 떨어질 위험을 방지하거나 경감한다.

ⓒ AE종 안전모 : 떨어지거나 날아오는 물체에 맞을 위험과 머리부위 감전을 방지한다.

ⓓ ABE종 안전모 : 떨어지거나 날아오는 물체에 맞거나 높은곳에서 떨어짐에 의한 위험과 머리 부위 감전을 방지한다.

② 안전화

안전화는 중량물의 떨어짐이나 끼임, 날카로운 물체에 의한 찔릴 위험과 전기 감전으로부터 발과 발등을 보호해준다. 6종류로 나누어져 있으며 등급별로 사용 장소에 따라 중작업용, 보통작업용, 경작업용으로 종류에 따라 위험보호 범위도 달라진다.

ⓐ 가죽제 안전화 : 떨어지는 물체에 맞거나 부딪히거나 날카로운 물체에 찔리지 않도록 발을 보호한다.

ⓑ 고무제 안전화 : 떨어지는 물체에 맞거나 부딪히거나 물체에 찔리지 않도록 발을 보호하고 내수성과 내화학성을 갖춘 안전화이다.

ⓒ 정전기 안전화 : 떨어지는 물체에 맞거나 부딪히거나 날카로운 물체에 찔리지 않도록 발을 보호하고 정전기를 방지한다.

ⓓ 절연화 : 떨어지는 물체에 맞거나 부딪히거나 날카로운 물체에 찔리지 않도록 발을 보호하고 저압 감전을 방지한다.

ⓔ 발등 안전화 : 떨어지는 물체에 맞거나 부딪히거나 날카로운 물체에 찔리지 않도록 발과 발등을 보호한다.

ⓕ 절연장화 : 고압 감전 방지와 방수를 도와주는 안전화이다.

③ 안전장갑

각종 화학물질로부터 손을 보호해주고 전기작업에서의 감전을 예방해 준다. 내전압용 절연장갑과 화학물질용 안전장갑으로 나뉘며 종류에 따라 보호 범위가 달라진다.

ⓐ 내전압용 절연장갑 : 고압감전장지 및 방수를 겸하는 안전장갑이다.

ⓑ 화학물질용 안전장갑 : 유기용제와 산, 알카리성 화학물질 접촉 위험에서 손을 보호하고 내수성, 내화학성을 겸하는 안전장갑이다.

[절연고무장갑 및 절연고무 장화의 종별]

종류	용 도
A종	주로 300[V]를 초과하고, 교류 600[V], 직류750[V]이하의 작업에 사용하는 것
B종	주로 교류 600[V], 직류750[V]를 초과하고 3,500[V] 이하의 작업에 사용하는 것
C종	주로 3,500[V]를 초과하고, 교류 7,000[V] 이하의 작업에 사용하는 것

④ 방진마스크

분진등의 입자상 물질을 걸러내 호흡기를 보호하며 채광, 분쇄, 광물의 재단, 조각, 연마작업, 용접작업등에 사용된다.

ⓐ 전면형 방진마스크 : 분진 등으로부터 안면부 전체를 덮을 수 있는 구조로 되어 있다.

ⓑ 반면형 방진마스크 : 분진 등으로부터 입과 코를 덮을 수 있는 구조로 되어 있다.

⑤ 안전대

높은 곳에서 작업하는 근로자의 추락을 방지하기 위한 것이나 안전대만으로는 근로자를 보호하지 못하기 때문에 현장에는 반드시 안전대 걸이를 설치하여야 한다. 안전대의 종류는 안전그네식, 벨트식이 있으며, 안전블록, 떨어짐 방지대, 충격 흡수장치가 안전대를 지지해준다.

ⓐ 안전대 사용구분
㉠ 1개 걸이용 : 작업발판이 설치되어 신체를 안전대에 의지할 필요가 없고, 불의의 사고로 떨어짐 시 신체보호 목적으로 사용된다.
㉡ U자 걸이용 : 신체를 안전대에 지지하여야 작업할 수 있는 작업시 사용된다.
㉢ 떨어짐 방지대 : 고층 사다리 또는 철골, 철탑 등의 상, 하행시 사용된다.
㉣ 안전블록 : 떨어짐을 억제할 수 있는 자동 감지자치가 갖추어져 있는 안전대 이다.

⑥ 보안경

유해광선이나 비산물, 분진 등으로부터 눈을 보호하기 위한 것으로 자외선, 적외선 및 강렬한 가시광선 등으로부터 눈을 보호하기 위한 차광보안경, 작업 중 발생되는 비산물로부터 눈을 보호하기 위한 일반 보안경으로 나누어진다.

⑦ 방음보호구

작업시 발생되는 각종 소음으로부터 청력을 보호하기 위해 사용한다.
㉠ 보호구의 구비 요건
ⓐ 착용하여 작업하기 쉬울 것
ⓑ 유해 위험물로부터 보호 성능이 충분할 것
ⓒ 사용되는 재료는 작업자에게 해로운 영향을 주지 않을 것
ⓓ 마무리가 양호할 것
ⓔ 외관이나 디자인이 양호할 것
㉡ 태양광발전설비 유지보수용 전기 안정장비
ⓐ 절연용 보호구 : 전기용 안전모, 전기용 절연고무장갑, 절연장화가 필요하다.
ⓑ 절연용 방호구 : 고무판, 절연관, 절연시트, 애자커버

13 안전장비 보관요령

안전 장비 중 검사 장비 및 효율 측정 장비 등은 전기·전자 기기로서 습기에 약하므로 습기를 피하여 건조한 곳에 보관하도록 한다. 또한 안전모와 안전 장갑, 방진 마스크 등의 개인 보호구는 언제든지 사용할 수 있는 상태로 손질하여 놓아야 한다. 이를 위해 다음과 같은 점에 주의해서 정기적으로 점검·관리· 보관한다.

① 발전소 내 비치하는 안전 관리 장비는 전기실 한쪽에 정리 정돈하여 쉽게 찾아 사용할 수 있게 한다.

② 적어도 한 달에 한번 이상 책임 있는 감독자가 점검을 해야 한다.
③ 비치된 장비 목록을 작성하여 관리해야 한다.
④ 청결하고 습기가 없는 장소에 보관해야 한다.
⑤ 세척한 후에는 완전히 건조시켜 보관해야 한다.
⑥ 사용한 장비는 정비하여 제자리에 놓는다.
⑦ 보호구 사용 후에는 손질하여 항상 깨끗이 보관해야 한다.
⑧ 사용 연수 제한과 소모성 재료들은 항상 보수(정비) 작업과 보충하여 비치한다.

1. **장비의 종류**

   (1) **도 구**
   - 렌치류(파이프 렌치, 토크렌치 – 규격대로) / • 드라이버(발전소 내 사용되는 종류별)
   - 사다리 / • 수평계 / • 각도기 / • 줄자
   - 안전모, 안전화, 안전 장갑, 안전벨트, 방진 마스크, 안전바
   - 공압 호스 / • 물호스 / • 상용 전기 연장선 / • 예초기 / • 소형 콤프레셔
   - 납땜 인두기 / • 비닐 절연 테이프 / • 자가 융착 절연 테이프
   - 주름관 / • 은분 도료(아연 도포제) / • 휴대용 손전등 / • 청소용품

   (2) **예비용 부품**
   - 예비용 모듈 / • 접속반 역전류 방지 다이오드
   - 서지 어레스터 또는 서지 업소바 / • 일사량계(경사, 수평)
   - 온도계(모듈표면, 대기) / • 추적 장치의 광센서 및 관련 부품
   - 모듈 단자용 전선 / • 모듈 바이패스 다이오드 / • 모듈 전용선용 커넥터
   - 볼트류 / • 너트류 / • 와셔류 / • 오일류

(3) 계측 및 진단장비

계측 및 진단장비	내 용
다기능 측정기	최대 1000VDC 의 절연저항측정 / 개방회로전압 및 단락전류측정 / 발전전력 분석
I-V 곡선 특성 측정기	태양광 시스템의 유지 보수 및 문제 해결을위한 IV 곡선 추적기. 하나 이상의 모듈 또는 최대 1500V / 10A 까지의 전체 스트링의 IV 곡선 측정 측정 개방 전압 및 단락 전류 VOC / 단락 전류
접지 저항계	대지전압(earth voltage) 측정 / 대지저항(earth resistance) 측정 3선식 표준 측정 / 2선식 단순 측정
절연저항계 (메거)	전원, 대지, 기기 절연저항의 측정 / 전선로 절연상태의 고장 점검 등에 사용
모듈테스터	CELL의 출력 DC 전원 / 인버터의 출력 AC 전원 / 태양 복사열 [W/m^2] CELL의 온도[°C] / 환경 온도 [°C]
내전 압측정기	대정전 용량 설비의 내전압 시험과 절연 성능 진단 시험
전력 측정장비	단상 및 3 상 pv 시스템 효율 및 전력 품질 분석을위한 다기능 장치
멀티미터	직류 및 교류 전압, 전류, 저항등 측정

(4) 전기안전 관리 장비

1) 공용 전기 안전관리 장비

① 절연저항계(1,000V용)
② 계전기 시험기
③ 절연유 내압 시험기
④ 절연유 산가 측정기
⑤ 특고압 COS조작봉
⑥ 적외선 열화상 카메라(온도측정)
⑦ 전기품질분석기(전압, 전류, 고조파, 전력, 역률)

2) 개인 전기안전 관리 장비

① 절연저항계(500V용) ② 접지저항 측정기 ③ 클램프미터 ④ 저압검전기

⑤ 고압, 특고압 검전기

2. 정전작업시 조치사항

(1) 작업전

① 전로의 개로개폐기에 시건장치 및 통전금지 표지판을 부착한다.

② 전력케이블, 전력콘덴서 등의 잔류전하를 방전시킨다.

③ 검전기로 충전여부를 확인한다.

④ 단락접지기구로 단락접지를 실시한다.

(2) 작업종료후

① 단락접지기구를 철거한다.

② 시건장치 또는 표지판을 철거한다.

③ 작업자에게 위험이 없는 것을 최종적으로 확인한다.

④ 개폐기 투입으로 송전을 재개한다.

(3) 정전절차

국제 사회 안전협회(ISSA)의 5대 안전수칙

첫째, 작업 전 전원차단

둘째, 전원투입의 방지

셋째, 작업장소의 무전압여부 확인

넷째, 단락접지

다섯째, 작업장소의 보호

3. 활선작업, 활선근접 작업시 조치사항

(1) 저압활선작업 및 활선근접작업시 안전조치

① 절연용 보호구를 착용한다.

② 근접된 충전전로에 절연용보호구를 설치한다.

③ 절연용 방호구의 설치 또는 해체시는 활선작업용 기구를 사용한다.

(2) 고압활선작업 및 활선근접작업시 안전조치
① 절연용 보호구의 착용 및 절연용 방호구를 설치한다.
② 활선작업용 기구를 사용한다.
③ 활선작업용 장치를 사용한다.
④ 충전로에서 머리위로 30cm 이상, 신체 또는 발아래로 60cm 이상 이격시킨다.

(3) 특별고압 활선작업 및 활선근접 작업시 조치사항
① 활선작업용 기구를 사용한다.
② 활선작업용 장치를 사용한다.
③ 다음 표와 같은 접근한계 거리를 유지한다.
④ 충전로에 대해서 접근한계 거리가 유지되도록 보기 쉬운 곳에 표지판을 설치하거나 감시인을 배치한다.

4. 전기작업에 사용하는 안전장구

(1) 보호용구

작업자가 작업할 때 위험으로부터 자신을 보호하기 위하여 휴대 또는 부착하여 사용하는 안전장구이며 다음과 같은 종류가 있다.

① 절연용 안전모 : 머리를 전기적, 기계적인 충격으로부터 보호하기 위해 사용한다.
② 절연용 고무장갑 : 충전부분에 손이 접촉하여 발생하는 감전을 방지하기 위해 사용한다.
③ 가죽장갑 : 절연용 고무장갑의 손상을 방지하기 위해 사용한다.
④ 고무소매 : 고압활선작업 및 활선근접작업중 팔 및 어깨의 감전을 방지하기 위해 사용한다.
⑤ 안전대 : 높은 곳에서 작업할 때 추락을 방지하기 위해 사용한다.
⑥ 절연장화

(2) 방호용구

위험설비에 설치하여 작업자 및 공중에 대한 인체의 안전을 확보하기 위한 안전장구로써 다음과 같은 종류가 있다.

① 방호관 : 고·저압전선로를 방호하여 작업자의 감전을 방지하기 위해 사용한다.
② 점퍼호스 : 고압전선로를 방호하여 작업자를 정기적으로 격리시켜 감전을 방지하기 위해 사용한다.
③ 컷아웃스위치커버 : 컷아웃스위치 덮개를 개방하였을 때
④ 고무블랭킷 : 충전중인 설비에 접근하여 작업시 오접촉 등의 위험을 방지하기 위하여 사용한다.

(3) 활선작업용 기구 및 장치

① 컷아웃스위치 조작봉 : 고압 컷아웃스위치 조작봉은 충전중인 고압 컷아웃스위치를 개폐할 때에 섬광에 의한 화상 등의 재해발생을 방지하기 위하여 사용한다.
② 디스콘스위치 조작봉 : 충전부와의 절연거리를 유지하여 감전에 의한 재해를 방지하기 위하여 사용한다.
③ 활선 시메라 : 충전중인 고·저압전선을 장선하는 작업 등에 사용한다.

기출 및 출제 예상문제

01 입찰 요구조건과 계약 조건으로 구분되어 비기술적인 일반사항을 규정하는 시방서는 무엇인가?
① 일반시방서　　　　　　　　　　② 기술 시방서
③ 표준 시방서　　　　　　　　　　④ 공사 시방서

답 ①

 일반 시방서 : 입찰 요구조건과 계약 조건으로 구분되어 비 기술적인 일반사항을 규정하는 시방서

02 사업용 발전설비에서 안전관리자를 선임하지 않아도 되는 발전용량은?
① 20[kW] 이하　　　　　　　　　② 25[kW] 이하
③ 50[kW] 이하　　　　　　　　　④ 100[kW] 이하

답 ①

 20[kW] 이하 의 발전용량은 미선임 가능

03 태양 전지에서 발생할 수 있는 이론적인 최대전류의 명칭은 무엇인가?
① 최대 부하 전류　　　　　　　　② 최대 전류
③ 단락 전류　　　　　　　　　　　④ 과전류

답 ③

 태양 전지에서 발생할 수 있는 이론적인 최대전류의 명칭은 단락 전류이다.

04 다음 중 정기점검 횟수가 잘못 연결된 것은 무엇인가?
① 300[kW] 미만 - 1회
② 500[kW] 미만 - 2회
③ 700[kW] 미만 - 3회
④ 1,000[kW] 미만 - 5회

답 ④

 1,000[kW] 미만 - 4회

05 태양광 발전 시스템에서 태양 발전 용량은 기본적으로 무엇에 의해 결정되는가?
① 일사량
② 위도
③ 경도
④ 설치면적

답 ④

 태양광 발전 시스템에서 태양 발전 용량은 기본적으로 설치면적결정에 의해서 결정된다.

06 신재생에너지 발전사업 허가절차 중 전기위원회의 심의를 받지 않는 용량은 최대 몇 [kW]인가?
① 500[kW]
② 1,000[kW]
③ 3,000[kW]
④ 5,000[kW]

답 ③

 3,000[kW] 이하일 경우 전기위원회 심의를 거치지 아니한다.

07 태양전지 모듈 선정에서 가장 기본적으로 무엇의 입력 전압의 범위 안에 들어가야 하는가?
① 인버터　　　　　　　　　　② 절연 변압기
③ 차단기　　　　　　　　　　④ 단로기

답 ①

 태양전지 모듈 선정에서 가장 기본적으로 인버터의 입력 전압의 범위 안에 속해야 한다.

08 다음 중 한국전력거래소의 회원 자격이 될 수 없는 것은 무엇인가?
① 전력시장에서 전력을 직접 구매하는 전기사용자
② 전력시장에서 전력거래를 하는 발전사업
③ 전력시장에서 전력거래를 하는 구역전기사업자
④ 발전소에서 전력을 수용가로 전송하는 설비를 설치한 자

답 ④

 회원자격
　1) 전기판매사업자
　2) 전력시장에서 전력을 직접 구매하는 전기사용자
　3) 전력시장에서 전력거래를 하는 발전사업
　4) 전력시장에서 전력거래를 하는 구역전기사업자
　5) 전력시장에서 전력거래를 하는 자가용전기설비를 설치하는 자
　6) 전력시장에서 전력거래를 하지 아니하는 자 중 한국전력거래소 정관으로 정하는 요건을 갖춘 자

09 태양광 발전 시스템에서 사용되는 모듈 온도 변화에 의한 출력 특성에 대한 관계로 옳지 못한 것은?
① 고유저항 ρ : 1[%] 정도 증가
② 단락전류 (Isc) : 0.05[%/℃]정도 상승
③ 개방전압(Voc) : 0.4[%/℃]정도 감소
④ 최대출력(Pm) : 0.5 [%/℃]정도 감소

답 ①

태양광 발전 시스템에서 사용되는 반도체는 불순물 반도체이다. 불순물 반도체는 주변 온도가 상승하면 일사량의 정도에 따르지만 항상 고유저항은 감소한다. 모듈 온도변화에 의한 출력 특성은 다음과 같다.
- 고유 저항 : 감소 약 1℃ 상승시
- 단락전류 (Isc) : 0.05[%/℃]정도 상승
- 개방전압(Voc) : 0.4[%/℃]정도 감소
- 최대출력(Pm) : 0.5 [%/℃]정도 감소

10 신재생에너지 발전사업 준비기간(발전사업 허가를 득한 후부터 사업개지 신고 전까지)은 최대 몇 년까지 가능한가?
① 3년   ② 6년
③ 8년   ④ 10년

답 ④

신재생에너지 발전사업 준비기간은 최대 10년까지 가능하고 발전사업을 허가할 때는 준비기간을 지정한다.

11 시설물의 안전 및 공사시행의 적정성과 품질확보 등을 시설별로 정한 표준적인 시공기준으로서 발주 청 또는 설계 등 업체가 공사시방서를 작성하는 경우에 활용하기 위한 시공기준을 말하는 것은 어느 것인가?

① 일반 시방서
② 기술 시방서
③ 표준 시방서
④ 공사 시방서

답 ③

 표준시방서 : 시설물의 안전 및 공사시행의 적정성과 품질확보 등을 시설별로 정한 표준적인 시공기준으로서 발주 청 또는 설계 등 업체가 공사시방서를 작성하는 경우에 활용하기 위한 시공기준을 말한다. 각 직종에 공통으로 적용되는 공사 전반에 관한 규정들

12 태양 전지의 모듈 특성에 대한 설명으로 옳지 않은 것은?

① 태양 전지모듈의 출력은 일사강도에 반비례한다.
② 태양 전지모듈의 출력은 일사강도에 비례한다.
③ 태양 전지의 온도 상승 시 출력은 감소한다.
④ 태양 전지의 온도 상승 시 전압은 감소한다.

답 ①

태양전지모듈의 출력은 일사강도에 비례하여 증가하고 태양전지온도 상승시 출력은 감소하는 특징이 있다.

13 사업용 전기설비의 사용 전 검사는 받고자 하는 날의 며칠 전까지 한국전기안전공사로 신청해야 하는가?

① 3일
② 5일
③ 7일
④ 10일

답 ③

사업용 전기설비의 사용 전 검사

검사를 받고자 하는 날의 7일 전까지 한국전기안전공사로 신청

14 발전사업자가 신재생에너지 발전설비 소규모 사업자 등으로부터 구매하는 공급인증서를 무엇이라 하는가?
① FIT
② RPS
③ REC
④ EPS

답 ③

 FIT(Feed in Tariff) - 발전 차액 지원 제도

RPS(Renewable Portfolio Standard) - 신재생에너지 공급의무화 제도

REC(Renewable Energy Certificate) - 신재생에너지 공급인증서

15 태양광 발전 시스템에서 표준 운영 조건의 일사량은 얼마로 정해져 있는가?
① 1 [kW/m²]
② 2 [kW/m²]
③ 0.8 [kW/m²]
④ 0.9 [kW/m²]

답 ③

 태양광 발전 시스템에서 표준 운영 조건의 일사량은 0.8[kW/㎡]으로 정해져 있다.

16 다음 중 접속함에 내장되어 있는 소자가 아닌 것은 무엇인가?
① SCR
② 역전류 다이오드
③ 차단기
④ PT

답 ①

접속함에는 역류방지 다이오드, 차단기, T/D, PT, CT, 단자대 등이 내장되어 있으므로 누수나 습기침투 여부에 대한 정기적 점검이 필요하다.

17 모듈의 개방전압이 37.5[V]이고 모듈의 최대전압이 30.5[V]이며 온도변화율(%/℃)이 －0.33일 때 모듈표면의 최저온도가 －10[℃]인 경우 V_{oc} 은 얼마인가?

① 40.99[V]　　　　　　　　　　② 41.83[V]
③ 39.83[V]　　　　　　　　　　④ 43.79[V]

답 ②

$$V_{oc}(-10℃) = V_{oc}(25℃) \times \left[1 + \left(\frac{온도변화율[\%/℃]}{100}\right) \times (T_c - 25)\right] [V]$$

$$\rightarrow V_{oc}(-10℃) = 37.5 \times \left[1 + \left(\frac{-0.33}{100}\right) \times (-10 - 25)\right] = 41.83[V]$$

18 모듈의 개방전압이 37.5[V]이고 모듈의 최대전압이 30.5[V]이며 온도변화율(%/℃)이 －0.33일 때 모듈표면의 최고온도가 40[℃]인 경우 V_{oc}은 얼마인가?

① 31.62[V]　　　　　　　　　　② 41.62[V]
③ 29.62[V]　　　　　　　　　　④ 21.62[V]

답 ①

최고온도가 40[℃]인 경우 주위온도 변화에 따른 동작온도가 변하는 모듈에 공칭 태양광발전 셀 작동온도(T_{cell})를 적용한다.

$$T_c(셀온도) = T_a(외기온도) + \frac{NOCT - 20℃}{0.8} \times q$$

$$\rightarrow T_c(셀온도) = 40 + \frac{46 - 20}{0.8} \times 1 = 72.5℃$$

$$V_{oc}(72.5℃) = V_{oc}(25℃) \times \left[1 + \left(\frac{온도변화율[\%/℃]}{100}\right) \times (T_c - 25)\right] [V]$$

$$\rightarrow V_{oc}(72.5℃) = 37.5 \times \left[1 + \left(\frac{-0.33}{100}\right) \times (72.5 - 25)\right] = 31.62[V]$$

19 다음 중 시스템 준공 시 태양전지 어레이의 점검항목이 아닌 것은?
① 가대접지 ② 표면의 오염 및 파손
③ 가대의 부식 및 녹 발생 ④ 단로기 설치 유무

답 ④

해설 태양전지 어레이의 점검항목
① 표면의 오염 및 파손   ⑤ 프레임의 파손 및 변형
② 가대의 부식 및 녹 발생 ⑥ 가대의 고정
③ 가대접지   ⑦ 지붕재의 파손
④ 코킹   ⑧ 접지저항

20 시방서의 사용목적상 분류에 해당하지 않는 것은?
① 표준 시방서 ② 기술 시방서
③ 전문 시방서 ④ 공사 시방서

답 ②

해설 시방서의 내용상 분류 : 일반 시방서, 기술 시방서

21 태양광 발전 시스템의 절연저항을 측정할 때 사용하는 기기로 옳지 않은 것은?
① 온도계 ② 습도계
③ 단락용 개폐기 ④ 일사량 측정기

답 ④

해설 일사량 측정기는 광량을 측정하는 장비

22 주택용 계통 연계형 태양광발전설비에서 전로 및 기기의 사용전압은 몇[V] 이하로 하는가?
① 400[V]
② 380[V]
③ 220[V]
④ 110[V]

답 ①

 주택용 계통 연계형 태양광발전설비에서 및 기기의 사용전압은 400[V] 이하이다.

23 태양광 발전 시스템의 모듈의 설치용량은 인버터의 몇 % 이내에서 결정 되는가?
① 120[%]
② 130[%]
③ 105[%]
④ 140[%]

답 ③

 모듈의 설치용량은 인버터의 105% 이내에서 결정되므로 모듈전체의 설치용량은 인버터의 제어 범위 안에 충족되어야 한다.

24 인버터 방식 및 스위칭 소자에 대한 분류 중 상이 한 것은 무엇인가?
① MOFET 스위칭 소자는 소요량 5[kW] 이하에서 주로 사용한다.
② GTO 스위칭 소자는 초대용량 1[MW] 이상에서 주로 사용한다.
③ IGBT 스위칭 소자는 중대용량 1[MW] 미만에서 주로 사용한다.
④ PAM 방식은 정류부에서 DC전압을 가변하여 콘덴서로 평활 작업을 만들어 인버터부로 주파수를 가변하는 방식이다.

답 ④

 PAM방식은 정류부에서 DC전압을 가변하여 콘덴서로 평활 작업을 만들어 인버터부로 주파수를 가변하는 방식이다.

25 태양광 발전 시스템의 구조 설계시 기본 방향에 대해 고려 사항이 아닌 것은?
① 안정성 ② 예술성
③ 경제성 ④ 시공성

답 ②

 구조 설계시 기본 방향 : 안정성, 경제성, 시공성, 사용성 및 내구성

26 비상 주 감리 원이 수행하여야 할 업무가 아닌 것은?
① 천재지변으로 인한 공사 전면 중지 의사 결정을 발주자에게 보고하지 않고 단독으로 결정할 수 있다.
② 상주감리원이 수행하지 못하는 현장 조사 분석 및 시공상의 문제점에 대한 기술 검토와 민원사항에 대한 현지조사 및 해결방안을 검토한다.
③ 중요한 설계변경에 대한 기술을 검토한다.
④ 설계변경 및 계약금액 조정을 심사한다.

답 ①

 비상 주 감리 원이 수행하여야 할 업무
① 설계도서의 검토
② 상주감리원이 수행하지 못하는 현장 조사 분석 및 시공상의 문제점에 대한 기술 검토와 민원사항에 대한 현지조사 및 해결방안 검토
③ 중요한 설계변경에 대한 기술 검토
④ 설계변경 및 계약금액 조정의 심사
※ 천재지변으로 인한 공사 전면 중지 의사 결정은 발주자가 결정 할 사항이다.

27 계통연계 보호장치 시험 중 틀린 것은 다음 중 무엇인가?
① 계전기시험기를 등을 사용하여 계전기의 동작 특성을 점검한다.
② 전력회사와 합의하여 결정한 보호협조에 맞춘 설비가 되어 있는지 확인한다.
③ 계통연계 단독운전 방지기능에 관한 시험을 할 경우는 제작사가 아닌 한전의 추천방법을 따라 시험한다.
④ 발전시스템의 한전 계통연계관련 서류를 사전 검토하여야 한다.

답 ③

 계통연계 단독운전 방지기능에 관한 시험을 할 경우는 제작사 추천방법에 따라 시험한다.

28 태양광 발전 시스템에서 태양전지 모듈 및 가대에 가해지는 하중을 설치 장소의 기상조건이나 배치 방식 등에 의해 계산되는 것을 무엇이라 하는가?
① 질량의 계산   ② 중력의 계산
③ 속도의 계산   ④ 하중의 계산

답 ④

 하중의 계산 : 태양전지 모듈 및 가대에 가해지는 하중을 설치 장소의 기상조건이나 배치 방식 등에 의해 계산된다.

29 LBS 용어 설명 중 틀린 것은 무엇인가?
① Load Breaking Switch의 약어로써 부하개폐기라고 한다.
② 변압기 등의 운전, 정지 또는 전력계통의 운전, 정지 등 부하전류가 흐르고 있는 회로의 개폐를 목적으로 사용해서 안 된다.
③ 전로의 단락상태에 있어서 이상전류를 소정의 시간 통전할 수 있는 성능을 갖는 개폐기이다.
④ 정상상태에서 소정의 전로를 개폐 및 통전할 때 사용된다.

답 ②

 변압기 등의 운전, 정지 또는 전력계통의 운전, 정지 등 부하전류가 흐르고 있는 회로의 개폐를 목적으로 사용해야 된다.

30 태양광 발전시스템 시공감리 업무수행 지침에 속하지 않는 것은?
① 천재지변으로 인한 공사 전면 중지 의사의 단독 결정이 가능
② 감리원의 근무수칙
③ 상주감리원이 현장에서 근무해야하는 상황
④ 행정업무

답 ①

 태양광 발전시스템 시공감리 업무수행 지침
  가) 감리원의 근무수칙
  나) 상주감리원이 현장에서 근무해야하는 상황
  다) 비상 주 감리 원이 수행하여야 할 업무
  라) 행정업무
  마) 공사표지판 등의 설치

31 태양광 발전 시스템 설계 중 내진, 내풍 설계를 수행하여 천재지변에 안전하도록 설계하여야 한다. 이것은 어느 항목에 대해 주안점을 두는 것인가?
① 안정성   ② 사용성 및 내구성
③ 경제성   ④ 시공성

답 ①

 안정성
  - 사용중 돌발 상황, 유지보수 및 기타 발생 가능한 추가 하중을 고려하여야 한다.
  - 하부의 기존 구조물의 안정성을 고려하여야 한다.
  - 내진, 내풍 설계를 수행하여 천재지변에 안전하도록 설계하여야 한다.

32 분산형 전원 발전설비의 저압 연계시 계통의 상시 전압변동은 3[%] 이하 순시전압변동은 몇 [%]이하로 하여야하는가?
① 4[%]　　　　　　　　　② 5[%]
③ 6[%]　　　　　　　　　④ 7[%]

답 ③

 순시전압변동률의 저압계통의 경우, 계통 병입시 돌입전류를 필요로 하는 발전원에 대해서 계통 병입에 의한 순시전압변동률이 6[%]를 초과하지 않아야 한다.

33 변류기에 대한 설명 중 틀린 것은 무엇인가?
① 변류기는 고전압을 저전압으로 변성하는 것으로 반드시 퓨즈를 부착하여야 한다.
② 변류기 2차 측에 전류가 흐르는 상태에서 2차 코일을 개방하면 2차 단자에 고압이 발생하여 감전사고의 우려가 있다.
③ 배전반의 전류계 및 트립코일의 전원으로 사용된다.
④ ZCT는 부하기기에 지락사고 시 영상전류를 검출하여 접지계전기에 의하여 차단기를 동작시키는 장치이다.

답 ①

 PT : 고전압을 저전압으로 변성하는 것으로 반드시 퓨즈를 부착하여야 한다.

34 태양광 발전 시스템 건설 시 토목 설계 도서 작성 시 고려 사항 중 지리적인 조건에 해당하지 않는 것은?
① 토지의 방향　　　　　　② 경사도
③ 토지의 지질　　　　　　④ 연평균 일사량

답 ④

 지리적인 조건 : 토지의 방향, 경사도, 토지의 지질, 토지대장, 지적공부, 지형도,

35 내장기기 및 부속기기의 점검내용 중 틀린 것은 무엇인가?
① 주회로용 차단기(GCB, VCB, ACB 등)에 코로나 방전 등 이상한 소리는 없는가 확인한다.
② 주회로용 퓨즈에 코로나 방전 또는 과열에 의한 이상한 냄새가 나지 않는가 확인한다.
③ 절연저항 측정 시 고압인 경우는 1,000[MV] 이상의 것을 사용하고, 저압인 경우는 250[MV] 이상의 것을 사용한다.
④ 단자대는 볼트의 이완, 절연물의 균열 및 파손, 절연물의 변색, 단자부의 손상 등을 확인한다.

답 ③

절연저항 측정 시 고압인 경우는 1,000[MV] 이상의 것을 사용하고, 저압인 경우는 500[MV]이상의 것을 사용한다.

36 비상 주 감리 원이 수행하여야 할 업무가 아닌 것은?
① 발전 부지와 발전량이 적당한지 여부 검사
② 정기적으로 현장 시공 상태를 종합적으로 점검, 확인, 평가하고 기술지도
③ 공사와 관련하여 발주자가 요구한 기술적 사항 등에 대한 검토
④ 그 밖에 감리 업무 추진에 필요한 기술지원 업무

답 ①

비상 주 감리 원이 수행하여야 할 업무
 - 기성 및 준공검사
 - 정기적으로 현장 시공 상태를 종합적으로 점검, 확인, 평가하고 기술지도
 - 공사와 관련하여 발주자가 요구한 기술적 사항 등에 대한 검토
 - 그 밖에 감리 업무 추진에 필요한 기술지원 업무

37 태양전지 어레이 점검항목 중 관계없는 것은 무엇인가?
① 프레임 파손 및 변형이 없는가 확인한다.
② 가대의 부식 및 녹 발생이 없는가 확인한다.
③ 어레이 표면의 오염 및 파손을 확인한다.
④ 어레이 접지저항 측정치가 10[Ω] 이하인지 확인한다.

답 ④

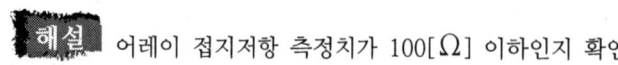 어레이 접지저항 측정치가 100[Ω] 이하인지 확인한다.

38 태양광 발전 시스템 건설 시 토목 설계 도서 작성 시 고려 사항 중 지리적인 조건을 확인 해 볼 수 있는 종류에 해당하지 않는 것은?
① 토지 대장
② 기상청 자료 근거
③ 지적 공부
④ 지형도

답 ②

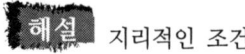 지리적인 조건
   토지의 방향, 경사도, 토지의 지질, - 토지대장, 지적공부, 지형도,

39 인버터의 이상표시신호 조치방법이 틀린 것은 무엇인가?
① Line Inverter Async Fault - 계통 주파수 점검 후 운전
② Inverter Ground Fault - 인버터 고장부분 수리 또는 접지저항 확인
③ Line Sequence Phase Fault - 상전압 확인 후 재운전
④ Line Over-Voltage Fault - 계통전압 확인 후 5분 재가동

답 ③

 Line Sequence Phase Fault - 상회전 확인 후 재운전

40 다음 중 모니터링 시스템 구성이 아닌 것은 무엇인가?
① Web Monitoring ② 운영감시장치
③ 발전현황판 ④ LBS

답 ④

 LBS : Load Breaking Switch의 약어로 부하개폐기라고 한다.

41 모니터링 설비 설치기준과 관계없는 것은 무엇인가?
① 전력량계 정확도 1[%] 이내이어야 한다.
② 온도센서 정확도 ±0.3[℃](100~120[℃]) 미만 또는 정확도 ±1[℃](100~1,000[℃]) 이내이어야 한다.
③ 모니터링 설비는 100[W] 이상이어야 한다.
④ 계측설비 인버터는 CT 정확도가 3[%] 이내이거나 인증 인버터는 면제할 수 있다.

답 ③

 모니터링 설비는 50[W]이상이어야 한다.

42 다음 아래 보기에 주어지는 문장이 전기 도면 관련된 내용이다 틀린 것은 어느 것인가?
① 동일 층의 상승, 인하는 특별히 표시하지 않는다.
② 동일 층의 상승, 인하라도 표시해야 한다.
③ 관, 선 등의 굵기를 명기한다. 다만, 명백한 경우는 기입하지 않아도 좋다.
④ 필요에 따라 공사 종별을 방기한다.

답 ②

 전기 도면 관련된 내용
- 동일 층의 상승, 인하는 특별히 표시하지 않는다.
- 관, 선 등의 굵기를 명기한다. 다만, 명백한 경우는 기입하지 않아도 좋다.
- 필요에 따라 공사 종별을 방기한다.

43 태양광 발전 시스템의 설계 중 구조 설계 시 해당하지 않는 것은?
① 토지의 지질
② 어레이 구조물
③ 풍압 하중
④ 고정 하중

답 ①

 구조 설계 시 고려 사항
- 어레이 구조물
- 풍압하중
- 고정하중
- 적설하중

44 비정상 주파수에 대한 분산형 전원 분리시간 중 맞는 것은 무엇인가?
① 분산형 전원용량이 30[kW] 이하이고, 주파수 범위는 60.5[㎐]보다 큰 경우 0.16초이다.
② 분산형 전원용량이 30[kW] 이하이고, 주파수 범위는 57.0[㎐]보다 큰 경우 0.16초이다.
③ 분산형 전원용량이 30[kW] 이하이고, 주파수 범위는 59.3[㎐]보다 큰 경우 0.15초이다.
④ 분산형 전원용량이 30[kW] 이하이고, 주파수 범위는 60.5[㎐]보다 큰 경우 0.15초이다.

답 ①

 분산형 전원용량이 30[kW] 이하이고, 주파수 범위는 60.5[㎐]보다 큰 경우 0.16초이다.

45 계통연계를 위한 동기화 변수 제한 범위 중 맞는 것은 무엇인가?
① 분산형 전원용량이 0~500[kW] 이하인 경우 전압차는 7[V]이다.
② 분산형 전원용량이 0~500[kW] 이하인 경우 전압차는 10[V]이다.
③ 분산형 전원용량이 500 초과~1,500[kW] 이하인 경우 전압차는 4[V]이다.
④ 분산형 전원용량이 1500 초과~20,000[kW] 미만인 경우 전위차는 5[V]이다.

답 ②

 계통연계를 위한 동기화 변수는 전원용량이 0~500[kW] 이하인 경우 전압차는 10[V]이다.

46 태양광 발전 시스템은 옥외에 설치되기 때문에 기온, 날씨, 변화 와 자외선 등에 직접 노출되므로 온도 변화와 자외선에 강한 저항성을 가져야 하며 오랜 시간 이상의 긴 수명을 유지해야 한다. 여기 합당하는 공칭 단면적은 얼마정도 되어야 하는가 ?
① 4.5[mm²]
② 3.5[mm²]
③ 2.5[mm²]
④ 1.5[mm²]

답 ③

 케이블 선정

태양광 발전 시스템은 옥외에 설치 도기 때문에 기온, 날씨, 변화 와 자외선 등에 직접 노출되므로 온도 변화와 자외선에 강한 저항성을 가져야 하며 오랜 시간 이상의 긴 수명을 유지해야 한다.
① 공칭 단면적 2.5[mm²]의 연동선 또는 이와 동등 이상의 세기 및 굵기의 것 이어야 한다.
② 옥내에 시설할 경우에는 합성 수지관, 금속관, 가요 전선관 또는 케이블을 이용한다.

47 기능에 따른 풀박 스 및 접속 박스에 대한 설명이 옳지 않은 것은 ?
① 재료의 종류는 표시하지 않는다.
② 치수를 표시한다.
③ 박스의 크기를 표시한다.
④ 박스의 모양에 따라 표시한다.

답 ①

 기능에 따른 풀박 스 및 접속 박스
- 재료의 종류, 치수를 표시한다.
- 박스의 대소 및 모양에 따라 표시한다.

48 분산형 전원 설치자는 고장 발생 시 자동으로 계통과 연계분리를 할 수 있도록 동등 이상의 보호장치를 설치해야 하는 것이 아닌 것은 무엇인가?
① 계통연계 또는 분산형 전원 측의 단락, 지락 고장 시 보호를 위한 보호장치를 설치한다.
② 단순병렬 분산형 전원인 경우는 역전력 계전기를 설치하지 않아도 된다.
③ 적정한 전압과 주파수를 벗어난 운전을 방지하기 위한 고·저 전압계전기, 고·저 주파 수계전기를 설치한다.
④ 역송 병렬 분산형 전원인 경우 단독운전방지 기능에 의해 자동적으로 연계를 차단하는 장치를 설치해야 한다.

답 ②

 분산형 전원 고장 발생 시 단순병렬은 역전력 계전기를 설치해야 된다.

49 사용전 검사 시 확인 절차 내용에 무관한 것은 무엇인가?
① 태양광 발전설비가 계통전원과 공통접속점에서의 전압을 능동적으로 조절할 수 있도록 해야 한다.
② 저압연계의 경우 수용가에서 역조류가 발생했을 때 저압배선 선 각 부의 전압이 상승해 적정치를 이탈할 우려가 있으므로 해당 수용가는 다른 수용가의 전압이 표준전압을 유지하도록 해야 한다.
③ 고압연계의 경우에는 부하 시 태양광발전 전원을 분리함으로써 기타 수용가의 전압이 저하 또는 역조류에 의해 계통전압이 상승할 수 있다.
④ 전원분리 시 전압변동대책으로 자동전압조정장치를 설치하거나, 배전선 증강 또는 전용선으로 연계하도록 한다.

답 ①

 태양광 발전설비가 계통전원과 공통접속점에서의 전압을 능동적으로 조정할 수 없다.

50 태양 전지에 발생하는 음영으로 일부분에만 형성되는 부분 음영의 영향에 해당하는 것은?
① 저항 감소　　　　　　　　　② 발열량 감소
③ 핫 스폿　　　　　　　　　　④ 품질 향상

답 ③

 부분 음영 영향
① 부분 음영 그 자리에는 저항 값이 증가한다.
② 무효 순환 전류가 발생한다
③ 핫 스폿 발생
④ 품질 감소

51 전선길이에 따른 전압강하율이 상이한 것은 무엇인가?
① 전선길이 120[m] 이하인 경우 전압강하는 5[%] 이내이다.
② 전선길이 200[m] 이하인 경우 전압강하는 5[%] 이내이다.
③ 전선길이 200[m] 초과인 경우 전압강하는 7[%] 이내이다.
④ 태양전지판에서 200[m] 이하인 경우 전압강하는 3[%] 이내이다.

답 ②

 전선길이 200[m] 이하인 경우 전압강하는 6[%] 이내이다.

52 인버터에 관한 설명 중 틀린 것은 무엇인가?
① 인증된 인증제품을 설치하여야 한다.
② 보호기능시험이 포함된 시험성적서를 제출하여야 한다.
③ 옥내용을 옥외에 설치하는 경우 10[kW] 이상 용량인 경우에 가능하다.
④ 인버터 용량은 설계용량 이상이어야 하고, 인버터에 연결된 태양전지 용량은 인버터 설치용량의 105[%] 이내이어야 한다.

답 ③

 옥내용을 옥외에 설치하는 경우 5[kW] 이상 용량인 경우에 가능하다.

53 태양광 발전 시스템의 구성 요소 중 어레이에 나타나는 음영은 아주 안 좋은 영향을 미치기 때문에 신중하게 태양광 발전 설비를 설치 할 장소를 고른다. 그러나 음영의 종류에 속하는 것임에도 불구하고 태양광 발전 시스템에 영향을 주지 않는 음영으로 분류되는 음영이 있다. 이에 속하지 않는 것은?
① 조류 배설물　　　　　　　　② 피뢰침
③ 전기줄　　　　　　　　　　　④ 안테나

답 ①

 피뢰침, 전기줄, 안테나 등은 음영으로 고려하지 않는다.
조류 배설물은 부분 음영에 대한 가장 중요한 원인 중의 하나이며 핫 스폿을 발생시키는 아주 중요한 원인이므로 태양 발전 시스템의 발전량에 큰 영향을 주는 음영이므로 무시할 수 없다.

54 주회로 점검 시 안정을 위한 사항이 아닌 것은 무엇인가?
① 무인감시 제어시스템의 경우 원격지에서 차단기가 투입되지 않도록 연동장치를 잠근다.
② 관련된 차단기, 단로기를 열고 주회로는 무전압이 되게 한다.
③ 검전기로 무전압 상태를 확인하고 필요개소에 접지한다.
④ 잔류전압에 대해서 방전시키지 않아도 된다.

답 ④

 잔류전압은 방전시켜야 한다.

55 모듈 운영 매뉴얼 대한 설명 중 무관한 것은 무엇인가?
① 모듈표면은 특수 처리된 강화유리로 강한 충격이 있을 시 파손될 수 있다.
② 모듈표면에 떨어진 나뭇잎 등은 발전효율 저하에 관계가 없다.
③ 공해물질은 발전량 감소의 원인 될 수 있다.
④ 모듈의 표면온도가 높을수록 발전효율이 저하되므로 정기적으로 물을 뿌려주어 온도 조절을 할 필요가 있다.

답 ②

 모듈표면에 떨어진 나뭇잎 등은 발전효율 저하에 관계가 있다.

56 어레이를 수평으로 배치하게 되면 음영의 손실이 얼만큼 발생하는가?
① $\frac{1}{5}$
② $\frac{1}{4}$
③ $\frac{1}{2}$
④ $\frac{1}{3}$

답 ③

 수평으로 배치하게 되면 음영의 손실이 약 1/2정도로 출력의 감소가 발생한다.

57 변압기의 전일 효율은 최대로 유지하기 위한 조건은 무엇인가?
① 전부하시간이 짧을수록 무부하손을 적게 한다.
② 전부하시간이 짧을수록 철손을 크게 한다.
③ 전부하시간이 길수록 철손을 적게 한다.
④ 부하시간에 관계없이 짧을수록 무부하손을 적게 한다.

답 ①

 변압기효율을 최대로 유지하기 위해서 전부하시간이 짧을수록 무부하손을 적게 한다.

58 적산전력량계에 관한 설명 중 틀린 것은 무엇인가?
① 구입전력 계량용 전기계기는 KS, 계량에 관한 법률에서 정하는 규격제품을 사용하여야 한다.
② 자가용전기발전설비를 설치한자가 생산한 전력의 연간 총 생산량의 50[%] 미만의 범위안에서 전력을 거래하는 경우에는 시간대별로 측정이 가능한 전자식계기를 부설하도록 되어있다.
③ 계기용변성기는 정밀도가 0.5 이상이어야 한다.
④ 적산전력량계의 정밀도는 1.0 이상이어야 한다.

답 ④

 적산전력량계의 정밀도는 2.0 이상이어야 한다.

59 태양광 발전 시스템의 구성 중 어레이에 음영이 발생시 모듈1장에서 4개의 스트링 전체가 음영손실이 되어 100%의 출력 감소가 발생하는 배치는 어느 것인가?
① 수직 배치   ② 수평 배치
③ 원 배치   ④ 타원 배치

답 ①

 수직 배치 : 음영이 발생시 모듈 1장에서 4개의 스트링 전체가 음영손실이 되어 100%의 출력 감소가 발생한다.

60 태양광 모니터링시스템은 태양광발전설비 용량 몇 [kW] 이상의 발전설비에 대해 의무적으로 설치하도록 규정하고 있는가?
① 5[kW]   ② 10[kW]
③ 50[kW] ④ 100[kW]

답 ③

 신생에너지설비 지원기준 및 지침 제7조에 의거 50[kW] 이상의 설비에 대해 의무적으로 설치하도록 규정하고 있다.

61 제조업인 경우 저압 몇[kW] 이상을 자가용 전기설비라 하는가?
① 100[kW] ② 200[kW]
③ 300[kW] ④ 500[kW]

답 ①

 제조업인 경우 저압 100[kW] 이상을 자가용 전기설비라 한다.

62 다음 중 월간 정기점검 내용인 것은 무엇인가?
① 태양전지모듈 표면이 파손되었는가?
② 태양전지모듈 주위에 그림사가 발생하는 물체가 있는가?
③ 태양전지모듈과 구조물 간의 이격이 발생하였는가?
④ 태양전지모듈 결선상 탈선된 부분은 없는가?

답 ④

 정기점검 내용
▼ 태양전지모듈 표면이 파손되었는가? - 주간 정기점검
▼ 태양전지모듈 주위에 그림자가 발생하는 물체가 있는가? - 일간 정기점검
▼ 태양전지모듈과 구조물 간의 이격이 발생하였는가? - 연간 정기점검

63 피할 수 없는 음영에 대한 대책으로 어레이간 이격거리를 형성하는 방법이 있다. 이격거리를 계산할 때 고려되는 사항이 아닌 것은 ?
① 어레이 경사각
② 태양의 고도 각
③ 어레이 길이
④ 일사량

답 ④

 이격거리를 계산할 때 고려되는 사항
- 어레이 경사각
- 태양의 고도각
- 어레이 길이

64 다음 중 연간 정기점검 조치사항인 것은 무엇인가?
① 조임 및 보정 모듈 교체
② 모듈 교체 및 교정
③ 제거 및 이동
④ 모듈 교체 제거 및 물청소

답 ①

 모듈 교체 및 교정 - 주간 정기점검
제거 및 이동 - 일간 정기점검
모듈 교체 제거 및 물청소 - 주간 정기점검

65 다음 설명 중 태양전지 모듈 설치에 관해 잘못된 것은 무엇인가?
① 전지판 뒤쪽을 밀봉하여 바람에 영향을 받지 않게 한다.
② 전지판이 최적의 발전을 할 수 있도록 남향을 유지한다.
③ 낮 시간이 가장 짧은 날 기준으로 오전 9시 ~ 오후 3시까지 부분적인 그림자가 지지 않는 장소를 선택한다.
④ 전지판의 지지대는 눈 또는 바람에 견딜 수 있게 한다.

답 ①

 모듈의 프레임과 지지대 사이에는 약간의 간격을 두고 설치되어야 한다. 전지판 뒤쪽의 공기순환을 방해하고 이슬 맺힘이 나타날 수 있다.

66 다음 중 전기사업 허가를 받을 때 허가권자가 산업통상자원부 장관인 경우는 발전용량이 몇[kW] 이상이어야 하는가?

① 1,000[kW] ② 2,000[kW]
③ 3,000[kW] ④ 4,000[kW]

답 ③

해설 3,000[kW]를 초과할 경우 산업통산자원부 장관이 허가권자

67 우리나라에서 태양의 고도 각이 가장 높을 때는 언제인가?

① 동지 ② 추분
③ 춘분 ④ 하지

답 ④

해설 우리나라에서 태양의 고도 각이 가장 높을 때는 하지 때이고 그림자의 길이가 가장 짧다.

68 다음 중 시스템 준공 시 태양전지 어레이 점검 사항 중 점검 사항이 아닌 것은 무엇인가?

① 프레임 파손 및 변형 ② 접지저항
③ 코팅 ④ 가대접지

답 ②

해설 접지저항 – 측정에 의한 점검 사항

69 다음 중 시스템 준공 시 중간단자함 점검에서 절연저항(중간단자함~접지간)은 몇 [MΩ] 이상이어야 하는가?
① 0.5[MΩ] ② 1.0[MΩ]
③ 1.5[MΩ] ④ 2.0[MΩ]

답 ②

 분전함에서의 절연저항은 1.0[MΩ]이어야 한다.

70 우리나라에서 태양의 고도 각이 가장 낮을 때는 언제인가?
① 동지 ② 추분
③ 춘분 ④ 하지

답 ①

 우리나라에서 태양의 고도 각이 가장 낮을 때는 동지 때이고 그림자의 길이가 가장 길다.

72 다음 중 일상점검에서 태양전지와 관련이 없는 것은 무엇인가?
① 유리 등 표면의 오염 및 파손
② 이상음, 악취, 발연 및 이상 과열
③ 가대 및 부식 및 녹
④ 외부배선(접속케이블)의 손상

답 ②

 이상음, 악취, 발연 및 이상 과열 - 인버터 점검 사항

73 다음 중 100[kW] 이상에서 1,000[kW] 미만의 경우 발전설비에 대한 정기점검 주기는 무엇인가?
① 월 1회　　　　　　　　　　② 격월 1회
③ 년 1회　　　　　　　　　　④ 년 2회

답 ②

 100[KW] 미만의 경우는 매년 2회 이상

74 다음은 정기점검 사항에 대한 설명으로 잘못된 것은 무엇인가?
① 분전함에서 태양전지와 접지선 절연저항은 1[MΩ] 이상, 측정전압은 DC500[V]이다.
② 분전함에서 출력단자와 접지간 절연저항은 1[MΩ] 이상, 측정전압은 DC500[V]이다.
③ 인버터 절연저항은 1[MΩ] 이상, 측정전압은 500[V]이다.
④ 태양전지 어레이 접지선에 확실하게 접속되어 있을 것.

답 ①

 분전함에서 태양전지와 접지선 절연저항은 0.2[MΩ] 이상, 측정전압은 DC500[V]이다.

78 우리나라는 동지일 때 태양의 고도가 가장 낮다. 동지 때의 태양의 고도 각을 구하는 공식으로 옳은 것은?
① 고도각 = 경도 − 23.5°　　　　② 고도각 = 경도 + 23.5°
③ 고도각 = 위도 − 23.5°　　　　④ 고도각 = 위도 + 23.5°

답 ③

 동지일 때 고도 각은 고도각 = 위도 − 23.5°을 이용하여 구할 수 있다.

79 다음 중 개방전압 측정에 대한 설명으로 잘못된 것은 무엇인가?
① 태양전지 어레이의 표면을 청소하는 것은 필요하다.
② 각 스트링의 측정은 안정된 일사강도가 얻어질 때 하도록 한다.
③ 측정시각은 일사강도, 온도의 변동을 극히 적게 하기 위하여 맑은 날 남쪽에 있을 때의 전후 1시간에 실시하는 것이 바람직하다.
④ 태양전지는 비오는 날 전압을 발생시키지 않으므로 측정을 하지 않는다.

답 ④

 태양전지는 비오는 날에도 미미한 전압을 발생하고 있기 때문에 충분히 주위를 측정하여야 한다.

80 다음 중 절연저항에 대한 설명으로 잘못된 것은 무엇인가?
① 절연저항을 측정할 경우 어레스터 등의 피뢰소자의 접지 측을 분리시킨다.
② 절연저항은 습도에 영향을 받고, 온도에는 영향을 받지 않으므로 습도만 측정 기록한다.
③ 우천 시나 비가 갠 직후의 절연저항의 측정은 피하는 것이 좋다.
④ 태양전지는 낮 동안 항상 전압이 발생하고 있기 때문에 사전에 주의하여 절연저항을 측정할 필요가 있다.

답 ②

 절연저항은 기온이나 습도에 영향을 받기 때문에 절연저항 측정 시 기온, 온도 등의 기록도 측정치의 기록과 동시에 기록하여 둔다.

81 태양광 발전 시스템에서 사용되는 전선의 길이가 60[m]터를 초과하고 120[m]이하인 경우는 허용 전압강하는 몇 [%]인가?
① 1[%]　　　　　　　　　　　② 2[%]
③ 4[%]　　　　　　　　　　　④ 5[%]

답 ④

 60[m]터를 초과하고 120[m]이하인 경우는 허용 전압강하는 5[%]이하이다.

82 다음 중 태양전지 어레이 회로의 전로를 사용한 전압이 300~400[V]인 경우 절연저항은 얼마인가?

① 0.1[MΩ] 이상
② 0.2[MΩ] 이상
③ 0.3[MΩ] 이상
④ 0.4[MΩ] 이상

답 ③

 사용전압이 300[V] 초과 400[V] 미만인 경우 0.3[MΩ] 이상 절연저항 사용

83 다음 중 태양전지 어레이 회로의 전로에서 대지전압(접지식 선로는 전선과 대지간의 전압, 비접지식 전로 전선 간의 전압)이 150[V] 이하의 경우 절연저항은 얼마인가?

① 0.1[MΩ] 이상
② 0.2[MΩ] 이상
③ 0.3[MΩ] 이상
④ 0.4[MΩ] 이상

답 ①

 대지 전압이 150[V] 이하인 경우 절연저항은 0.1[MΩ] 이상

84 다음 중 인버터 입력회로 절연저항을 측정하기 위한 순서에 속하지 않는 것은 무엇인가?

① 태양전지 회로를 분전함에서 분리한다.
② 분전반 내의 분기 개폐기를 개방한다.
③ 직류 측의 전체 입력단자 및 교류 측의 전체 출력단자를 각각 단락한다.
④ 교류단자와 대지 간의 절연저항을 측정한다.

답 ④

 직류단자와 대지 간의 절연저항을 측정한다.

85 태양광 발전 시스템에서 사용되는 전선의 길이가 1200[m]터를 초과하고 200[m]이하인 경우는 허용 전압강하는 몇 [%]인가 ?

① 1[%]   ② 2[%]
③ 6[%]   ④ 5[%]

답 ③

 태양광 발전 시스템에서 사용되는 전선의 길이가 1200[m]터를 초과하고 200[m]이하인 경우는 허용 전압강하는 6[%]이하이다.

86 다음 중 인버터의 절연저항 측정에 대한 설명 중 잘못된 것은 무엇인가?
① 정격전압이 입출력에서 다를 때는 낮은 측의 전압을 절연저항계의 선택기준으로 한다.
② 입출력 단자에 주회로 이외의 제어단자 등이 있는 경우는 이것을 포함해서 측정한다.
③ 측정할 때는 서지업서버 등의 정격에 약한 회로에 관해서는 회로에서 분리시킨다.
④ 트랜스리스 인버터의 제조업자의 추천하는 방법에 따라 측정한다.

답 ①

 정격전압이 입출력에서 다를 때는 높은 측의 전압을 절연저항계의 선택기준으로 한다.

87 태양광 발전 시스템에서 사용되는 전선의 길이가 200[m]터를 초과하고 경우는 허용 전압강하는 몇 [%]인가 ?

① 1[%]   ② 7[%]
③ 6[%]   ④ 5[%]

답 ②

 태양광 발전 시스템에서 사용되는 전선의 길이가 200[m]를 초과하고 경우는 허용 전압강하는 7[%]이하이다.

88 일반 가정 등에 설치되어 정기점검을 하지 않아도 되는 소출력 태양광 발전 시스템의 발전시스템 용량은 몇[kW] 미만인가?
① 3[kW]　　　　　　　　　　② 5[kW]
③ 7[kW]　　　　　　　　　　④ 10[kW]

답 ①

 일반 가정 등에 설치되는 3[kW] 미만의 소출력 태양광 발전 시스템의 경우는 일반용 전기설비로 자리매김 되어 있어서 법적으로 정기점검을 하지 않아도 된다.

89 태양전지회로의 절연저항 측정방법 중 잘못된 것은?
① 뇌보호를 위해 설치된 어레스터 등의 출력단에 설치된 소자들의 접지 측을 분리시킨다.
② 절연저항은 기온이나 습도에 영향을 받기 때문에 절연저항 측정 당시의 기온, 온도 등 도 절연저항과 함께 기록한다.
③ 비가 오는 중이거나 비가 그치고 날씨가 갠 직후의 절연저항 측정은 하지 않는다.
④ 시험기자재는 접지저항계, 온도계 습도계, 단락용 개폐기가 사용된다.

답 ④

 시험기자재는 절연저항계, 온도계 습도계, 단락용 개폐기가 사용된다.

90 태양광 발전 시스템에서 사용되는 전선의 선정시 고려되는 조건에 해당되지 않는 것은?
① 온도　　　　　　　　　　② 허용 전류
③ 전압 강하　　　　　　　　④ 기계적 강도

답 ①

 전선의 굵기 선정시 고려사항
　　ⓐ 허용전류　　ⓑ 전압강하　　ⓒ 기계적 강도

91 태양광발전 시스템의 운전 및 관리에 관한 다음 설명 중 틀린 것은?
① 모듈의 구조는 설치로 인해 접지의 연속성이 훼손되지 않은 것을 사용해야 한다.
② 태양광발전 설비가 계통전원과 공통 접속점에서의 전압을 능동적으로 조절하지 않도록 하는 것이 필요하다.
③ 분산형 전원의 전기방식은 연계하고자 하는 계통의 전기방식과 동일하게 함을 원칙으로 한다.
④ 분산형 전원 및 그 연계 시스템은 분산형 전원 연결점에서 최대 정격 출력 전류의 0.3[%]를 초과하는 직류 전류를 계통으로 유입시켜서는 안 된다.

답 ④

 분산형 전원 및 그 연계 시스템은 분산형 전원 연결시점에서 최대 정격 출력전류의 0.5[%]를 초과하는 직류전류를 계통으로 유입시켜서는 안 된다.

92 태양전지 어레이 외관의 일상점검 주기로 옳은 것은?
① 15일
② 1개월
③ 2개월
④ 3개월

답 ②

 일상점검은 주로 육안점검에 의해서 매월 1회 정도 실시하여야 한다.

93 태양광발전이란 태양전지를 이용하여 직접 전기에너지로 변환하는 발전 방식이다. 장점이 아닌 것은?
① 소음과 진동이 없다.(가동부분이 없다)
② 한번 설치해 놓으면 운전 및 유지비용이 거의 들지 않는다.
③ 효율이 낮으므로 많은 개수 태양전지를 사용해야 한다.(넓은 공간 필요)
④ 발전규모를 자유롭게 선택할 수 있다.(태양전지 설치개수에 따라 발전)

답 ③

 단점 : 효율이 낮으므로 많은 개수의 태양전지를 사용해야 한다 (넓은 공간 필요)
태양전지 가격이 비싸다 (고가의 반도체 재료인 실리콘 사용)

94 태양광 발전 시스템에서 사용되는 케이블의 선정시 고려되는 조건에 해당되지 않는 것은?
① 허용 전류　　　　　　　　　　　② 열
③ 고조파　　　　　　　　　　　　④ 전압 규격

답 ②

 태양광 발전 시스템의 케이블 선택과 굵기선정시 고려사항
　　ⓐ 허용전류　　　　ⓑ 전압강하　　　　ⓒ 기계적 강도
　　ⓓ 케이블의 손실 및 전압강하　　ⓔ 고조파　　ⓕ 전압규격

95 태양광발전 시스템의 계측·표시에 필요한 기기가 아닌 것은?
① 센서　　　　　　　　　　　　　② 트랜스듀서
③ 파워 컨디셔너　　　　　　　　　④ 연산장치

답 ③

 태양광발전 시스템의 계측·표시에 필요한 기기
　　검출기(센서), 신호변환기(트랜스듀서), 연산장치, 기억장치 등

96 계측·표시 시스템을 사용하는 장치의 단점은?
① 계측기는 미소하지만 전력을 계속 소비
② 표시오차에 따른 감시기능이 저하
③ 태양광발전설비 오동작 보고
④ 태양광발전설비에 대한 데이터량 변화에 영향을 줌

답 ①

 계측기는 미소하지만 전력을 계속 소비하게 된다. 24시간 연속해서 가동시키는 경우가 많으므로 그 소비량을 무시할 수 없다.

97 태양광 발전 시스템은 일반적으로 사용되는 표준 케이블(공칭전압)은 어느 범위에 속해야 하는가?

① 550~9000[V] ② 40~90[V]
③ 50~100[V] ④ 450~1000[V]

답 ④

 태양광 발전 시스템은 일반적으로 사용되는 표준 케이블(공칭전압 450~1000V)의 전압등급을 넘지 않아야 한다.

98 태양전지모듈과 태양전지어레이의 외관검사 방법 중 일상점검과 정기점검 시 관찰사항이 아닌 것은?

① 태양전지 모듈표면의 오염 검사
② 접지저항 검사
③ 가대의 녹 발생 유무 검사
④ 변색, 낙엽 등의 유무 검사

답 ②

 태양전지 어레이의 외관검사는 태양전지모듈 표면의 오염, 유리에 금이 가는 등의 손상, 변색, 낙엽 등의 유무 및 가대 등의 녹 발생 유무를 확인한다.

99 태양전지모듈의 시험항목 중에서 옥외 노출 시험의 총 방사조도는 몇[kWh/m²]로 하는가?
① 60[kWh/m²]
② 100[kWh/m²]
③ 160[kWh/m²]
④ 200[kWh/m²]

답 ①

 태양전지모듈이 적산 일사량계로 측정한 적산 일사량 60[kWh/m²]에 도달할 때까지 시험

100 태양전지 모듈을 직렬로 구성하면 모듈출력 전압이 증가한다. 직렬의 태양전지판은 일반적으로 몇 [V]이상을 필요로 하는가?
① 15[V]
② 34[V]
③ 20[V]
④ 24[V]

답 ④

 태양전지 모듈을 직렬로 구성하면 모듈출력 전압이 증가한다. 직렬의 태양전지판은 일반적으로 24V이상을 필요로 하는 그리드 연결 인버터 또는 충전 컨트롤러가 있는 경우에 사용된다.

101 다음 중 외관검사에서 몇[Lux] 이상의 광 조사상태에서 모듈외관, 태양전지, 셀 등의 크랙, 구부러짐, 갈라짐 등의 이상 유무를 확인하는가?
① 1,000[Lux]
② 2,000[Lux]
③ 3,000[Lux]
④ 4,000[Lux]

답 ①

 1,000[Lux] 이상의 광 조사상태에서 모듈외관, 태양전지 셀의 상태 확인

102 다음 중 태양광 모듈 성능평가에서 시험시료의 출력 균일도는 평균출력의 몇 [%]이내인가?
① ±1[%] ② ±2[%]
③ ±3[%] ④ ±5[%]

답 ③

 시험시료의 출력 균일도는 평균출력의 ±3[%] 이내일 것

103 태양 전지의 전압은 6[V], 전류는 3[A], 출력은 18[W]을 생산하는 구조이다 이것을 동일한 태양전지 모듈 직렬 연결할 때 (단, 음영이 없다고 가정한다.) 어레이 출력 전력은 얼마인가?
① 45[W] ② 34[W]
③ 54[W] ④ 44[W]

답 ③

 모든 태양 전지판이 동일한 유형 및 전력 등급을 갖는다. 전체 출력전압은 태양전지의 출력전압의 합이 되며, 태양전지 전류 값이 3[A] 로 일정하므로 모듈을 직렬 연결하면, 전압 출력은 18[V]로 증가하며, 전류 값은 3[A]로 일정하게 유지 되지므로 어레이 출력전력이 54W가 된다.

104 다음 중 태양전지의 열점이 발생할 수 있는 원인이 아닌 것은 무엇인가?
① 주변온도 ② 셀의 부정합
③ 내부접속 불량 ④ 부분적인 그늘

답 ①

 열점은 셀의 부정합, 균열, 내부접속 불량, 부분적인 그늘 또는 오손에 의해 유발될 수 있다.

105 다음 중 환경온도의 불규칙한 반복에서, 구조나 재료 간의 열전도나 열팽창률의 차이에 의한 스트레스의 내구성 시험을 무엇이라 하는가?
① 옥외노출 시험 ② 열점내구성 시험
③ 습도-동결 시험 ④ 온도사이클 시험

답 ④

 온도사이클 시험은 구조나 재료 간의 열전도나 열팽창률에 의한 스트레스의 내구성 시험을 말한다.

106 다음 중 태양전지의 한 스폿 현상에 대한 유해결과를 제한하기 위해 사용되는 소자는 무엇인가?
① MOSFET ② 역저지 다이오드
③ 바이패스 다이오드 ④ 트랜스포머

답 ③

 바이패스 다이오드는 태양전지모듈의 핫스팟 현상을 제한하기 위해 사용

107 다음 중 태양광 발전에 사용되는 인버터 중 계통연계형 인버터의 시험항목이 아닌 것은 무엇인가?
① 출력전류 직류분 검출시험 ② 최대전압 추종시험
③ 부하 불평형시험 ④ 입력전압 급변시험

답 ③

 부하 불평형시험 - 독립형 인버터 시험항목

108 태양 전지의 전압은 6[V], 전류는 3[A], 출력은 18[W]을 생산하는 구조이다 이것을 동일한 태양전지 모듈 병렬 연결할 때 (단, 음영이 없다고 가정한다.) 어레이 출력 전력은 얼마인가?
① 45[W]　　　　　　　　② 34[W]
③ 44[W]　　　　　　　　④ 54[W]

답 ④

 태양전지가 동일한 유형 및 전력 등급을 갖는다. 태양전지의 총 출력을 병렬로 연결하면, 출력 전압은 6[V]로 동일하게 유지되며, 출력 전류 값은 태양전지의 합으로 9[A]로 증가하여 태양전지의 출력 전력 값은 54[W]가 된다.

109 다음 중 인버터의 평가시험 판정기준으로 출력전류는 실제값과 오차가 몇 [%]이내의 특성을 가지고 있어야 하는가?
① 1[%]　　　　　　　　② 2[%]
③ 3[%]　　　　　　　　④ 5[%]

답 ③

 출력전류는 실제값과 오차가 3[%] 이내일 것

110 다음 중 인버터 평가시험의 판정기준으로 잘못된 것은 무엇인가?
① 절연 저항 시험 - 10[MΩ]
② 내전압 시험 - 시험 후 운전 성능상의 이상이 생기지 않을 것
③ 감전보호 시험 - 테스트 핑거 및 테스트 핀에 의한 시험에서 $25\,V_{ac}$ 또는 $60\,V_{dc}$ 이상의 충전부와 접촉되지 않아야 한다.
④ 구조시험 - 출력전류는 실제값과 오차가 3[%] 이내일 것

답 ①

 인버터 평가시험의 판정기준 중 절연 저항 시험은 1[MΩ]이다.

111 다음 중 인버터의 정상 운전 전압범위는 공칭전압의 몇 [%]인가?
① 85~115[%]   ② 88~110[%]
③ 90~110[%]   ④ 93~105[%]

답 ②

 인버터의 정상 운전 전압범위는 공칭전압의 88~110[%]이다.

112 다음 중 인버터의 주파수 상승 보호등급은 표준주파수에서 몇 [Hz] 차이로 하는가?
① +0.2[Hz]   ② +0.3[Hz]
③ +0.4[Hz]   ④ +0.5[Hz]

답 ④

 주파수 상승 보호등급은 표준주파수 +0.5[Hz]
주파수 저하 보호등급은 표준주파수 −0.7[Hz]

113 다수의 셀을 직렬이나 병렬로 연결하여 모듈을 만들 경우 모듈의 최대출력이 전압, 전류의 특성 차이 등으로 인하여 이론적인 출력과 실제출력에 차이가 발생하게 된다. 이 차이를 무엇이라 한다.
① 전압 허용 오차   ② 전류 허용 오차
③ 전력 허용 오차   ④ 온도 허용 오차

답 ③

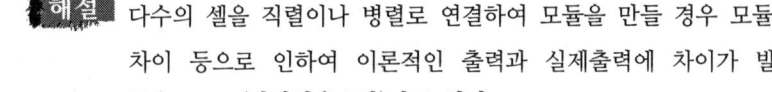 다수의 셀을 직렬이나 병렬로 연결하여 모듈을 만들 경우 모듈의 최대출력이 전압, 전류의 특성 차이 등으로 인하여 이론적인 출력과 실제출력에 차이가 발생하게 된다. 이 차이를 Power Tolerance (전력허용오차)라고 한다.

114 다음 중 인버터와 대지 사이의 누설전류를 측정하기 위해서 사용되는 접속 저항은 얼마인가?
① 0.5[kΩ] ② 1[kΩ]
③ 5[kΩ]   ④ 10[kΩ]

답 ②

 인버터 누설전류 시험

인버터의 기체와 대지와의 사이에 1[kΩ]의 저항을 접속해서 저항에 흐르는 누설전류를 측정한다.

115 다음 중 인버터의 정상 특성 시험에서 자동기동·정지 발생할 수 있는 채터링(chattering)은 몇 회 이내이어야 하는가?
① 0회 ② 1회
③ 2회 ④ 3회

답 ④

 인버터의 정상 특성 시험에서 자동기동·정지 발생할 수 있는 채터링(chattering)은 3회 이내이어야 한다.

116 다음 중 인버터의 정상 특성 시험 판정기준에 대한 설명으로 잘못된 것은 무엇인가?
① 대기 손실이 정격 출력 값의 3[%] 이하일 것
② 기동·정지 등급이 설정전압의 5[%] 이내일 것
③ 교류 출력 전류 왜형률은 5[%] 이내, 각 차수별 왜형률이 3[%]이내일 것
④ 출력 역률이 0.95 이상일 것

답 ①

 대기 손실이 정격 출력값의 2[%] 이하일 것

117 태양전지 모듈은 품질보증 기간이나 장기적인 효율저하 및 After Service 등을 면밀히 검토하여 모듈을 선정하여야 한다. 전기적, 물리적, 환경적으로 높은 신뢰성을 가지고 있어야 한다. 태양 전지 모듈은 몇 년 이상 사용해야 하는가?
① 20년 이상
② 10년 이상
③ 15년 이상
④ 30년 이상

답 ①

 태양전지 모듈은 20년 이상 사용해야 하므로 전기적, 물리적, 환경적으로 높은 신뢰성을 가지고 있어야 한다. 따라서 품질보증 기간이나 장기적인 효율저하 및 After Service 등을 면밀히 검토하여 모듈을 선정하여야 한다.

118 다음 중 인버터의 정상 특성 시험에 해당하지 않는 것은 무엇인가?
① 교류 전압, 주파수 추종 시험범위
② 입력 전력 급변 시험
③ 누설 전류시험
④ 자동 기동·정지 시험

답 ②

 입력 전력 급변 시험 - 과도 응답 특성 시험

119 다음 중 IEC규격의 배선설비 시공에서 지중매설에 대한 설명으로 잘못된 것은 무엇인가?
① 전선 및 케이블을 직접 고정하는 시설방법은 실용상 사용하지 않는다.
② 케이블 래더(ladder), 트레이 및 브래킷 시설방법은 적용할 수가 없다.
③ 케이블 트래킹, 지지용 선에 의한 시설방법은 허용하지 않는다.
④ 애자사용공사에 의한 시설방법은 허용된다.

답 ④

 지중매설에서 케이블 트래킹, 애자사용공사 및 지지용 선에 의한 시설방법은 허용되지 않는다.

120 태양광 발전 시스템은 태양 전지를 이용한다. 태양 전지의 변환 효율 중에서 단위면적당 들어오는 태양광에너지가 전기에너지로 변환되는 효율을 무엇이라 하는가?
① 인버터 변환 효율
② 모듈 변환 효율
③ 지역 변환 효율
④ 열 변환 효율

답 ②

 모듈 변환효율 : 변환효율은 단위면적당 들어오는 태양광에너지가 전기에너지로 변환되는 효율을 말한다.

121 다음 중 IEC규격의 배선설비 시공에서 기공에 대한 설명으로 잘못된 것은 무엇인가?
① 전선관에 의한 시설방법은 실용상 일반적으로 사용하지 않는다.
② 전선 및 케이블을 고정하지 않음 또는 직접고정에 의한 시설방법은 허용되지 않는다.
③ 애자사용공사에 의한 시설방법은 허용되지 않는다.
④ 가공에어 케이블 덕트에 의한 시설방법은 허용되지 않는다.

답 ③

 애자사용공사에 의한 시설방법은 허용되지 않는다. - 지중매설

122 다음 중 배선설비 외부열원에 의한 악영향을 피하기 위해서 배전설비를 보호하는 방법이 잘못된 것은 무엇인가?
① 시설한 전선 및 케이블과 외부열원 사이를 차폐한다.
② 열원으로부터 충분히 떨어진 장소에 시설한다.
③ 발생할 우려가 있는 온도상승에 관해서는 처음부터 사용하지 않는다.
④ 외부열원에서 영향을 받을 우려가 있는 구역의 절연재료를 보강하거나 교환한다.

답 ③

 발생할 우려가 있는 온도상승에 관해 배려한 방식을 선정한다.

123 다음 중 고정설비에서 중간정도 또는 높은 정도의 충격이 발생할 가능성이 있는 경우 조치방법 중 잘못된 것은 무엇인가?
① 배선방식의 기계적 특성
② 장소선정
③ 부분적 또는 전체적으로 조치하는 추가적인 기계적 보호
④ 구조물 변경

답 ④

 고정설비에서 중간정도 또는 높은 정도의 충격이 발생할 가능성이 있는 경우 조치 방법은 배선 방식의 기계적 특성, 장소선성, 부분적 또는 전체적으로 조치하는 추가적인 기계적 보호가 있다.

124 다음 중 IEC6036 규정에서 지중케이블을 산출할 때 적용하는 토양의 열저항률 기준을 무엇인가?
① 0.5[km/W] ② 1.0[km/W]
③ 2[km/W]   ④ 2.5[km/W]

답 ④

 IEC 6036 규정에서 지중케이블을 산출할 때 적용하는 토양의 열 저항률 기준은 2.5[km/W]이다.

125 전력시설물의 설치·보수 공사(이하 "전력시설물공사"라 한다)의 계획·조사 및 설계가 「전력기술관리법」 (이하 "법"이라 한다) 제9조에 따른 전력기술기준과 관계 법령에 따라 적정하게 시행되도록 관리하는 것을 무엇이라 하는가?
① 설계 감리
② 시공 감리
③ 업무 감리
④ 설계도서 감리

답 ①

 태양광 설계 감리

설계 감리란 전력시설물의 설치·보수 공사(이하 "전력시설물공사"라 한다)의 계획·조사 및 설계가 「전력기술관리법」 (이하 "법"이라 한다) 제9조에 따른 전력기술기준과 관계 법령에 따라 적정하게 시행되도록 관리하는 것

126 독립형 인버터 정상특성 시험의 유로 변환효율(ηEU)은?
① 85[%] 이상
② 90[%] 이상
③ 95[%] 이상
④ 100[%] 이상

답 ①

 인버터의 정상특성 시험의 경우 정격 출력 시 변환 효율(ηEU)은 90[%] 이상일 것, 독립형 인버터의 경우 유로 변환효율(ηEU)이 85[%] 이상이어야 한다.

127 감리자(담당감리원)는 설계도서와 관련하여 검토해야 하는 관련도서의 목록에 해당하지 않는 것은?
① 설계도면 및 시방서
② 구조계산서 및 각종계산서
③ 변경 허가 신청서 (사업주체와 시공자가 다를 경우)
④ 공사계약서(사업주체와 시공자가 다를 경우)

답 ③

 감리자(담당감리원)는 설계도서와 관련하여 검토해야 하는 관련도서의 목록은 다음과 같다.
- 설계도면 및 시방서
- 구조계산서 및 각종계산서
- 계약내역서 및 산출근거(사업주체와 시공자가 다를 경우)
- 공사계약서(사업주체와 시공자가 다를 경우)

128 인버터 정상 특성 시험 중 최대 전력 추종 시험의 효율은?
① 85[%] 이상　　　　　　　　　　② 90[%] 이상
③ 95[%] 이상　　　　　　　　　　④ 100[%]

답 ③

 최대 전력 추종 효율은 95[%] 이상일 것

129 사고가 발생할 경우의 점검을 무엇이라 하는가?
① 일상점검　　　　　　　　　　　② 정기점검
③ 임시점검　　　　　　　　　　　④ 특별점검

답 ③

 일상점검 등에서 이상을 발견한 경우 및 사고가 발생한 경우의 점검을 임시점검이라고 하며, 각 설비별로 사고의 원인 및 영향, 발전출력에 영향을 줄 수 있는 설비 등을 점검한다.

130 감리자(담당 감리원)는 구조도서의 검토를 실시해야 한다. 이때 해당되지 않는 것은?
① 구조계산서, 구조도면의 정정표기, 작성일자, 책임구조기술자 서명 여부
② 구조계산서와 구조도면이 해독 가능한지 여부
③ 구조계산서와 구조도면의 일치성 여부
④ 사용된 정보의 다양한 해석이 가능한지의 여부

답 ④

감리자(담당 감리원)는 구조도서(구조계산서, 구조도면 등)의 검토를 다음과 같이 실시한다.
 (1) 구조계산서, 구조도면의 정정표기, 작성일자, 책임구조기술자 서명 여부
 (2) 구조계산서와 구조도면이 해독 가능한지 여부
 (3) 구조계산서와 구조도면의 일치성 여부
 (4) 사용된 정보가 정확하고 일관성이 있는지 여부

131 유지보수 관점에서 나타내는 태양광 발전 시스템의 점검 분류가 아닌 것은 무엇인가?
 ① 일상점검 ② 정기점검
 ③ 임시점검 ④ 선택점검

답 ④

 유지보수 관점에서 나타내는 태양광 발전 시스템의 점검 분류에는 일상점검, 정기점검, 임시점검이 있다.

132 전력시설물의 설계 감리(전력기술관리법 제11조, 시행령 제18조) 대상에 해당하지 않는 것은?
 ① 용량 100만 킬로와트 이상의 발전설비
 ② 전압 30만 볼트 이상의 송전·변전설비
 ③ 전압 10만 볼트 이상의 수전설비·구내배전설비·전력사용설비
 ④ 전기철도의 수전설비·철도신호설비·구내배전설비·전차선설비·전력사용설비

답 ①

 전력시설물의 설계 감리(전력기술관리법 제11조, 시행령 제18조) 대상
 - 용량 80만 킬로와트 이상의 발전설비
 - 전압 30만 볼트 이상의 송전·변전설비
 - 전압 10만 볼트 이상의 수전설비·구내배전설비·전력사용설비
 - 전기철도의 수전설비·철도신호설비·구내배전설비·전차선설비·전력사용설비

133 다음 중 점검주기의 고려 대상이 아닌 것은?
① 구입조건　　　　　　　　　　　② 운전조건
③ 설비의 중요성　　　　　　　　　④ 사용 연수

답 ①

 점검주기는 대상기기의 환경조건, 운전조건, 설비의 중요성, 사용 연수 등을 고려하여 선정한다.

134 태양광발전소에 대한 하자보수 검사 시기가 올바른 것은 무엇인가?
① 년 1회 이상　　　　　　　　　　② 년 2회 이상
③ 년 3회 이상　　　　　　　　　　④ 년 4회 이상

답 ②

 태양광발전소에 대한 하자보수 검사는 년 2회 이상이어야 한다.

135 인버터의 사용전 검사 중 절연저항(인버터 입출력단자 - 접지 간)에 대한 설명으로 올바른 것은 무엇인가?
① DC 500[V] 메가로 측정 시 0.2[MΩ] 이상
② DC 500[V] 메가로 측정 시 0.5[MΩ] 이상
③ DC 500[V] 메가로 측정 시 1[MΩ] 이상
④ DC 500[V] 메가로 측정 시 10[MΩ] 이상

답 ③

 절연저항(인버터 입출력단자 - 접지 간) : DC 500[V] 메가로 측정 시 1[MΩ] 이상

136 태양광 발전 시스템의 설계 감리의 업무 범위에 속하지 않는 것은 ?
① 전력시설물공사의 관련 법령, 기술기준, 설계기준 및 시공기준에의 적합성 검토
② 사용자재의 적정성 검토
③ 설계내용의 시공 가능성에 대한 사전 검토
④ 부지 선정이 적당한지 검토

답 ④

 설계 감리의 업무 범위
- 전력시설물공사의 관련 법령, 기술기준, 설계기준 및 시공기준에의 적합성 검토
- 사용자재의 적정성 검토
- 설계내용의 시공 가능성에 대한 사전 검토
- 설계공정의 관리에 관한 검토
- 공사기간 및 공사비의 적정성 검토
- 설계의 경제성 검토
- 설계도면 및 설계설명서 작성의 적정성 검토

137 태양광 발전 시스템은 제3종 접지를 사용하는데 어레이의 접지저항은 몇[Ω] 이하가 되어야 하는가?
① 10[Ω]　　　　　　　　　　② 50[Ω]
③ 100[Ω]　　　　　　　　　 ④ 200[Ω]

답 ③

 태양광 발전 시스템은 제3종 접지를 사용하는데 어레이의 접지저항은 100[Ω] 이하

138 태양광 발전시스템의 점검 중 태양전지와 대지 간의 절연저항은 얼마 이상이어야 하는가?
① 0.2[MΩ](DC 500[V])
② 0.3[MΩ](DC 500[V])
③ 0.4[MΩ](DC 500[V])
④ 0.5[MΩ](DC 500[V])

답 ①

 접속 단자함의 접지저항은 태양전지와 대지 간은 0.2[MΩ](DC 500[V]) 이상, 단자함 내 전선과 대지 간의 절연저항은 1[MΩ](DC 500[V]) 이상이어야 한다.

139 계약서, 현장설명서 및 과업지시서, 기술용역(설계) 계약일반조건, 설계자가 제출하여 발주자의 승인을 받은 용역 공정예정표, 기타 발주자와 설계자가 별도 합의하여 정하는 문서를 무엇이라 하는가 ?
① 설계도
② 설계 감리 의뢰서
③ 기술용역(설계) 계약문서
④ 시방서

답 ③

 기술용역(설계) 계약문서
계약서, 현장설명서 및 과업지시서, 기술용역(설계) 계약일반조건, 설계자가 제출하여 발주자의 승인을 받은 용역 공정예정표, 기타 발주자와 설계자가 별도 합의하여 정하는 문서

140 태양광 발전시스템의 점검 중 인버터 입·출력단자와 대지 간의 절연저항은 얼마 이상이어야 하는가?
① 0.5[MΩ](DC 500[V])
② 1[MΩ](DC 500[V])
③ 1.5[MΩ](DC 500[V])
④ 2.0[MΩ](DC 500[V])

답 ②

 인버터 입·출력단자와 대지 간의 절연저항은 1[MΩ](DC 500[V]) 이상을 유지하고 있는지 확인하고 접지저항 측정값은 100[Ω] 이하가 되어야 한다.

141 태양광발전 시스템의 점검에서 인버터의 점검항목 중 측정에 해당하지 않는 사항은?
① 인버터(입·출력단자 - 접지 간) 절연저항 : 1[MΩ] 이상 측정전압 DC 500[V]
② 접지저항 : 100[Ω] 이하(제3종 접지)
③ 접지단자와의 접속 : 접지와 바르게 접속되어 있을 것
④ 수전전압 : 주회로 단자내 U-O, O-W 간온 AC 220±13[V]일 것

답 ③

 접지단자와 접속 : 접지와 바르게 접속되어 있을 것(인버터 육안점검 사항)

142 부품교환에 관한 다음 기술 중 틀린 것은?
① 부품 교환 시 형식 및 기능을 충분히 조사한다.
② 부품 교환 시 접속이 물리도록 한다.
③ 조정설정이 필요한 부품은 교환 후 확실히 설정한다.
④ 납땜작업 등은 숙련자에게 하도록 한다.

답 ②

 부품 교환 시 접속이 물리지 않도록 하며, 볼트 조임 등을 잊어버리지 않도록 주의한다.

143 설계 감리원은 필요한 경우 다음 문서를 비치하고, 그 세부양식은 발주자의 승인을 받아 설계 감리 과정을 기록하여야 한다. 그 종류에 해당하지 않는 것은?
① 근무 상황 부
② 설계 감리 일지
③ 설계 감리 지시 부
④ 설계자의 자격 증 사본

답 ④

설계 감리원은 필요한 경우 다음 문서를 비치하고, 그 세부양식은 발주자의 승인을 받아 설계 감리과정을 기록하여야 한다.
- 근무 상황 부, 설계 감리 일지, 설계 감리 지시 부, 설계 감리 기록부
- 설계자와 협의사항 기록부, 설계감리 추진현황
- 설계감리 검토의견 및 조치 결과서, 설계감리 주요검토결과
- 설계도서 검토의견서, 설계 도서를 검토한 근거서류

144 다음은 태양광 송변전 설비의 유지보수에 관한 설명이다. 틀린 것은?
① 사전에 면밀한 계획을 수립하여 필요한 공구, 예비품은 반드시 준비해야 한다.
② 인명의 안전, 기기의 안전에 유의하여야 한다.
③ 운전상태에서 점검할 대에는 감전 및 기기의 오동작이 발생하지 않도록 유의해야 한다.
④ 설치와 관련하여 새로운 설비가 고장 발생의 확률이 높이 때문에 점검 내용을 세분화 하고 주기를 단축해야 한다.

답 ④

일반적으로 새로운 설비보다 오래된 설비가 고장 발생의 확률이 높기 때문에 점검 내용을 세분화 하고 주기를 단축해야 한다.

145 다음 중 일상점검 사항으로 볼 수 없는 것은?
① 각 선간 전압은 정상인가
② 부하 전류는 정상인가
③ 도체가 과열되어 변색되어 있지 않은가
④ 배선의 접촉 불량인 부분은 없는가

답 ④

 "배선의 접촉 불량인 부분은 없는가"는 정기점검 사항이다.

146 설계 감리원은 필요한 경우 다음 문서를 비치하고, 그 세부양식은 발주자의 승인을 받아 설계 감리과정을 기록하여야 한다. 이 내용에 해당하지 않는 것은 어느 것인가?
① 설계 감리 검토의견
② 조치 결과서
③ 설계 감리 주요검토결과
④ 천재지변에 따른 공사 중지에 따른 의견

답 ④

 설계 감리원은 필요한 경우 다음 문서를 비치하고, 그 세부양식은 발주자의 승인을 받아 설계 감리과정을 기록하여야 한다. 이에 해당하는 내용은 다음과 같다.
 - 설계 감리 검토의견
 - 조치 결과서
 - 설계 감리 주요검토결과

147 계통연계형 태양광 발전 시스템에서 사용하지 않는 구성품은 무엇인가?(단, 비상 시 대응용이나 대량 수용가용의 경우는 제외한다.)
① 접속반　　　　　　　　　　　② 태양광 모듈
③ 인버터　　　　　　　　　　　④ 축전지

답 ④

 일반적인 계통연계형 태양광 발전 시스템의 구성
태양광어레이 → 접속반 → 인버터 → 부하 또는 전력회사

148 다음 중 태양광 모듈의 고장에 대한 대책으로 잘못된 것은 무엇인가?
① 정격전류의 1.5배 이상의 역저지 다이오드 사용
② 역극성 접속 방지 방수커넥터 사용
③ 모듈주변 환경 정리정돈
④ 분전함의 열을 충분히 방열시킴

답 ①

 정격전류의 2배 이상의 역저지 다이오드 사용

149 설계 감리원은 설계업자로부터 착수신고서를 제출받아 적정성 여부를 검토하여 보고하는 것을 무엇이라 하는가?
① 시공용역 관리　　　　　　　　② 설계용역의 관리
③ 계약 관리　　　　　　　　　　④ 하도급 관리

답 ②

 설계용역의 관리 : 설계 감리원은 설계업자로부터 착수신고서를 제출받아 적정성 여부를 검토하여 보고하여야 한다.

150 다음 중 태양광 모듈에 대한 유의사항으로 잘못된 것은 무엇인가?
① 모듈의 유리표면을 깨끗이 유지하기 위해 날카로운 수세미로 닦아준다.
② DC 케이블을 연결할 경우 극성에 유의하고 방수커넥터를 이용한다.
③ 모듈과 모듈 간격을 너무 붙여서 설치한 경우 온도 팽창에 의한 기계적 뒤틀림이 생긴다.
④ 부하 사용 시는 플러그를 빼지 않는다.

답 ①

 모듈 취급시 유의사항
모듈의 유리표면을 항상 깨끗이 유지하여야 하며 물 또는 중성세제를 이용하여 부드러운 천으로 닦아준다. 이물질을 날카로운 수세미 등으로 닦을 경우 흠집이 발생할 수 있다.

151 다음 중 분류가 다른 태양광발전 추적방식은 무엇인가?
① 감지식 추적법　　　　　　　　② 양방향 추적법
③ 프로그램 추적법　　　　　　　④ 혼합식 추적법

답 ②

 태양광발전 추적방식
추적방향에 따른 분류 : 단방향 추적, 양방향 추적
추적방식에 따른 분류 : 감지식 추적법, 프로그램식 추적법, 혼합식 추적법

152 태양광 발전시스템 착공감리 업무수행 지침에 속하지 않는 것은 어느 것인가?
① 설계도서 검토
② 설계도서의 관리
③ 사용 전 검사 신청 검토
④ 착공신고서 검토 및 보고

답 ③

 태양광 발전시스템 착공감리 업무수행 지침
   가) 설계도서 검토
   나) 설계도서의 관리
   다) 착공신고서 검토 및 보고
   라) 사업 인허가

153 다음 중 분전함의 구성품이 아닌 것은 무엇인가?
① 전압계 ② 피뢰소자
③ 개폐기 ④ 인버터

답 ④

 분전함 내부 구성품 : 개폐기, 계측기기, 피뢰소자, 전압계

154 감리원은 공사가 시작된 경우에는 공사업자로부터 다음 각 호의 서류가 포함된 착공 신고서를 제출받아 적정성 여부를 검토하여 며칠 이내에 발주자에게 보고하여야 하는가?
① 5일 이내 ② 14일 이내
③ 7일 이내 ④ 20일 이내

답 ③

 감리원은 공사가 시작된 경우에는 공사업자로부터 다음 각 호의 서류가 포함된 착공 신고서를 제출받아 적정성 여부를 검토하여 7일 이내에 발주자에게 보고하여야 한다.

155 다음 중 분전함에서 사용되는 스트링퓨즈에 대한 설명이 올바른 것은 무엇인가?
① 문제가 발생한 태양전지 어레이의 점검·보수 시 분리하기 위해 설치한다.
② 전압계, 전류계, 계량기 등 정상 동작을 확인한다.
③ 장애가 발생한 어레이로 역전압이 흐르는 것을 방지한다.
④ 볼트 조임 상태 및 과전류 소손 흔적을 점검한다.

답 ③

 장애가 발생한 어레이로 역전압이 흐르는 것을 방지한다.

155 다음 중 케이블의 유의사항에 대하여 잘못 설명한 것은 무엇인가?
① 케이블은 가능하면 양지에 포설한다.
② 가연성 및 폭발성 물질이 있는 환경을 지나지 않도록 한다.
③ 쥐나 족제비 등의 동물들이 케이블을 훼손하지 않았는지 주기적인 관찰이 필요하다.
④ 케이블 표면이 수분에 노출되지 않도록 한다.

답 ①

 케이블은 가능하면 음영지역에 포설한다.

156 감리원은 착공신고서의 적정 여부를 검토하여야 한다. 이때 계약 내용의 확인에 해당하지 않는 것은?
① 공사기간(착공~준공)
② 천재 지변에 의한 변경 공사의 범위
③ 공사비 지급조건 및 방법(선급금, 기성부분 지급, 준공금 등)
④ 그 밖에 공사계약문서에 정한 사항

답 ②

감리원은 다음 각 호를 참고하여 착공신고서의 적정 여부를 검토하여야 한다.
   1) 계약 내용의 확인
   - 공사기간(착공~준공)
   - 공사비 지급조건 및 방법(선급금, 기성부분 지급, 준공금 등)
   - 그 밖에 공사계약문서에 정한 사항

157 다음 중 가장 비용이 저렴한 축전지는 무엇인가?
① 납축전지　　　　　　　　　　② 니켈카드뮴축전지
③ 리튬이온축전지　　　　　　　④ 리튬인산철축전지

답 ①

 납축전지는 타 축전지와 비교하여 가장 많이 사용하고 가격 또한 저렴하다.

158 다음 중 안전관리자를 선임하지 않아도 되는 태양광발전 설비 용량은?
① 3[kW] 이하　　　　　　　　② 20[kW] 이하
③ 100[kW] 이하　　　　　　　④ 500[kW] 이하

답 ②

 20[kW] 초과 태양광발전설비는 안전관리자가 선임되어야 하고, 용량 1천[kW] 미만인 것은 안전관리 업무를 대행하게 할 수 있으며, 그 이상의 용량의 경우 상주 안전관리자를 선임하여야 하고 또한 개인이 대행할 경우 250[kW] 미만까지만 안전관리업무의 대행을 할 수 있다.

159 다음 중 안전관리 업무를 대행하게 할 수 있는 태양광발전 설비 용량은?
① 100[kW] 미만　　　　　　　② 50[kW] 미만
③ 1,000[kW] 미만　　　　　　④ 3,000[kW] 미만

답 ③

 태양광발전설비용량 1,000[kW] 미만의 것은 안전관리업무를 외부에 대행시킬 수 있다.

160 태양광 발전 사업 허가 기준에 속하지 않는 것은?
① 전기사업 수행에 필요한 재무능력 및 기술능력이 있을 것
② 전기 공사업이 계획대로 수행될 것
③ 발전소가 특정지역에 편중되어 전력계통의 운영에 지장을 초래하여서는 아니될 것
④ 발전연료가 어느 하나에 편중되어 전력수급에 지장을 초래하여서는 아니될 것

답 ②

 허가기준
- 전기사업 수행에 필요한 재무능력 및 기술능력이 있을 것
- 전기사업이 계획대로 수행될 것
- 발전소가 특정지역에 편중되어 전력계통의 운영에 지장을 초래하여서는 아니될 것
- 발전연료가 어느 하나에 편중되어 전력수급에 지장을 초래하여서는 아니될 것

161 도체의 저항, 두 점 사이의 전압 및 전류의 세기를 측정하는 장치는?
① 멀티미터　　　　　　　　　　② 클램프미터
③ 마이크로미터　　　　　　　　④ 오실로스코프

답 ①

 멀티미터 : 저항, 전압, 전류 측정이 가능한 다목적 계측기

162 중량물의 떨어짐이나 끼임, 날카로운 물체에 의한 찔릴 위험과 전기 감전으로부터 발과 발등을 보호해준다. 6종류로 나누어져 있으며 등급별로 사용장소에 따라 중작업용, 보통작업용, 경 작업용으로 종류에 따라 위험보호 범위도 달라지는 것은 어느 것인가?
① 안전화　　　　　　　　　　② 안전 장갑
③ 안전모　　　　　　　　　　④ 방진 마스크

답 ①

 안전화는 중량물의 떨어짐이나 끼임, 날카로운 물체에 의한 찔릴 위험과 전기 감전으로부터 발과 발등을 보호해준다. 6종류로 나누어져 있으며 등급별로 사용 장소에 따라 중작업용, 보통작업용, 경 작업용으로 종류에 따라 위험보호 범위도 달라진다.

163 태양광 발전의 규모가 3,000kW 초과 했을 때 누구에게 허가 신청을 해야 하는가?
① 대통령
② 국무총리
③ 과학기술부 장관
④ 산업 통상 자원 부 장관

답 ④

 태양광 발전 사업의 허가권자
- 3,000kW 초과 설비 : 산업 통상 자원 부 장관
- 3,000kW 이하 설비 : 시·도지사
(단, 제주도 특별 자치도는 제주국제자유도특별법에 따라 3,000kW 이상의 발전설비도 제주특별자치도지사의 허가사항임)

164 분진 등의 입자상 물질을 걸러내 호흡기를 보호하며 채광, 분쇄, 광물의 재단, 조각, 연마작업, 용접작업 등에 사용되는 것은 무엇인가?
① 안전화
② 안전 장갑
③ 안전모
④ 방진 마스크

답 ④

 방진 마스크 : 분진 등의 입자상 물질을 걸러내 호흡기를 보호하며 채광, 분쇄, 광물의 재단, 조각, 연마작업, 용접작업등에 사용된다.

165 제주도에서 3,000kW 이상의 발전설비에 대한 허가 신청을 하려면 누구에게 해야 하는가?
① 대통령 ② 국무총리
③ 제주 특별 자치 도지사 ④ 산업 통상 자원 부 장관

답 ③

 제주도 특별자치 도는 제주국제자유도특별법에 따라 3,000kW 이상의 발전설비도 제주특별자치 도지사의 허가사항임)

167 태양광 발전 시스템이 건설되는 부지의 종류에 속하지 않는 것은 어느 것인가?
① 늪지 ② 과수원
③ 밭 ④ 우물

답 ④

 우물은 부지에 속하지 않고 물을 저장하는 기능에 속한다.

168 실시설계에 해당하는 것은 어느 것인가?
① 공사비의 적산 및 유지관리
② 기본설계도서의 작성
③ 개략 공사비
④ 구조물설계, 전기설계, 토목, 건축설계 기술자료를 작성

답 ①

 실시설계
- 실시설계도서의 작성
- 공사비의 적산 및 유지관리

기본설계 :
- 기본설계도서의 작성
- 개략 공사비
- 구조물설계, 전기설계, 토목, 건축설계 기술 자료를 작성

169 기본설계에 속하지 않는 것은 어느 것인가?
① 설계조건의 설정
② 기본설계도서의 작성
③ 개략 공사비
④ 구조물설계, 전기설계, 토목, 건축설계 기술 자료를 작성

답 ①

 기본설계 :
- 기본설계도서의 작성
- 개략 공사비
- 구조물설계, 전기설계, 토목, 건축설계 기술 자료를 작성

170 태양광 발전 시스템의 유지 보수 및 운영 관리에 대한 모니터링 시스템은 어느 것인가?
① 적극적인 감시 통제
② 실시간 감시 통제
③ 기상 상태에 따른 분석
④ 발전 시스템 이력 관리

답 ④

 - 적극적인 감시 통제 : 즉각 지원 조치 시스템
- 실시간 감시 통제 : 발전 효율 극대화
- 기상 상태에 따른 분석 : 발전량 및 발전 시스템 효율
- 발전 시스템 이력 관리 : 유지 보수 및 운영 관리

171 변전설비 설계 시 기본 계획 시 고려사항에 속하지 않는 것은 어느 것인가?
  ① 부하설비 용량의 추정, 수전 용량의 추정, 계약 전력의 추정
  ② 송전전압과 수전 방식
  ③ 주회로의 결선방식(모선방식, 변압기 뱅크 수, 저압 분기 회로 수)
  ④ 변전실의 형식(옥내, 옥외, 개방식, 큐비클 식)

답 ②

 변전설비 설계 시 기본 계획 시 고려사항
  - 부하설비 용량의 추정, 수전 용량의 추정, 계약 전력의 추정
  - 수전전압과 수전 방식
  - 주회로의 결선방식(모선방식, 변압기 뱅크 수, 저압 분기 회로수)
  - 변전실의 형식(옥내, 옥외, 개방식, 큐비클식)
  - 변전실의 위치와 면적, 기기 배치
  - 예비전원 설비

172 태양전지의 출력을 받아서 교류로 변환하는 전력 변환장치는 어느 것인가?
  ① 변압기   ② 인버터
  ③ 태양전지   ④ 퓨즈

답 ②

 인버터 : 직류를 교류로 변환하는 전력 변환 장치

173 다음 보기 중 기능에 따른 분류에 속하지 않는 것은?
  ① 접지 극
  ② 접지 센터
  ③ 접지 단자
  ④ 전선의 단선

답 ④

기능에 따른 분류
- 접지 극
- 접지 단자
- 접지 센터
- 수전 점

174 태양광, 풍력발전 등의 분산형전원에 ESS설비(배터리, PCS 등 포함)를 혼합하여 발전하는 유형을 무엇이라 하는가?
① 종속 전원
② Hybrid 분산 형 전원
③ 전기자동차 충·방전시스템(V2G)
④ 에너지 저장 시스템

178 기존의 변압기는 철심소재로 규소강판을 사용하지만 Fe. Si. B 등을 혼합하여 용용한 후 급속 냉각시킨 비정질 금속(Amorphous Metal)을 철심 소재로 사용하는 변압기로 무 부하 손실이 기존의 규소강판을 사용하는 변압기의 20% 정도로 효율 면에서 우수하여 최근에 사용량이 증가하고 있는 변압기는 무엇인가?
① 유입 변압기
② 몰드 변압기
③ 가스 절연 변압기
④ 아몰퍼스 변압기

답 ④

 아몰 퍼스 변압기
- 기존의 변압기는 철심소재로 규소강판을 사용한다.
- 아몰퍼스 변압기는 Fe. Si. B 등을 혼합하여 용용한 후 급속냉각시킨 비정질 금속(Amorphous Metal)을 철심 소재로 사용하는 변압기이다.
- 무 부하 손실이 기존의 규소강판을 사용하는 변압기의 20% 정도로 효율 면에서 우수하여 최근에 사용량이 증가하고 있다.

답 ②

 Hybrid 분산 형 전원 : 태양광, 풍력발전 등의 분산형전원에 ESS설비(배터리, PCS 등 포함)를 혼합하여 발전하는 유형을 말한다.

179 분산형 전원을 한전계통에 연계하기 위한 표준적인 기술요건을 정하는 것을 목적으로 하는 규정은 어느 것인가?
① 전기사업법
② 전기 공사 업
③ 신재생 에너지 법
④ 분산형 전원 배전계통 연계기술기준

답 ④

 분산 형 전원 배전계통 연계기술기준 : 분산 형 전원을 한전계통에 연계하기 위한 표준적인 기술요건을 정하는 것을 목적으로 하는 규정

180 실의 건축적인 고려사항에 속하지 않는 것은?
① 전기 실은 건축적으로 다음의 사항을 고려하여 반영하여야 한다.
② 실내 높이
③ 변전기기 설치, 운영, 보수를 위한 충분한 높이를 확보해야 한다.
④ 1차측 전원의 전압이 40kV급의 경우 전기실의 보 아래에서 바닥면까지 6.5m 이상 확보하여야 한다.

답 ④

 전기실의 건축적인 고려사항
- 전기 실은 건축적으로 다음의 사항을 고려하여 반영하여야 한다.
- 실내 높이
- 변전기기 설치, 운영, 보수를 위한 충분한 높이를 확보해야 한다.
- 1차측 전원의 전압이 20kV급의 경우 전기실의 보 아래에서 바닥면까지 4.5m 이상 확보하여야 한다.

181 태양광 발전 모니터링 시스템의 기능 중 즉각 지원 조치 시스템의 모니터링 시스템에 속하는 것은 어느 것인가?
① 적극적인 감시 통제
② 실시간 감시 통제
③ 기상 상태에 따른 분석
④ 발전 시스템 이력 관리

답 ①

- 적극적인 감시 통제 : 즉각 지원 조치 시스템
- 실시간 감시 통제 : 발전 효율 극대화
- 기상 상태에 따른 분석 : 발전량 및 발전 시스템 효율
- 발전 시스템 이력 관리 : 유지 보수 및 운영 관리

182 사람이 주거하는 건물의 종류 중 건축 도면의 기호에 속하지 않는 것은?
① 고층 건물
② 아파트
③ 슬래브 집
④ 기와 집

답 ②

사람이 주거하는 건물의 종류 중 건축 도면 기호
- 고층 건물   - 슬래브 집
- 기와 집   - 스레트 집

182 낙뢰가 구조물, 장비, 전력선 등에 직접 뇌격하는 것으로 약 20kV 이상의 전압과 수 kA ~ 300kA 이상의 과전류가 발생한다. 낙뢰가 지상의 구조물, 전자장비의 안테나, 가스관 또는 급수관 등에 직접 떨어지는 현상으로서 뇌 방전 에너지 전체가 유입됨으로써 극심한 파괴력을 동반하며, 일반적으로 뇌격 전류의 진행회로 주변의 전기 기기나 전자장비 등은 손상을 입게 되며, 화재발생의 위험성도 높은 것은 어느 것인가?
① 직격뢰
② 유도뢰
③ 방전 (Bound Change)
④ 간접 뢰

답 ①

직격 뢰 : 낙뢰가 구조물, 장비, 전력선 등에 직접 뇌격하는 것으로 약 20kV 이상의 전압과 수 kA ~ 300kA 이상의 과전류가 발생한다. 낙뢰가 지상의 구조물, 전자장비의 안테나, 가스관 또는 급수관 등에 직접 떨어지는 현상으로서 뇌 방전 에너지 전체가 유입됨으로써 극심한 파괴력을 동반하며, 일반적으로 뇌격 전류의 진행회로 주변의 전기 기기나 전자장비 등은 손상을 입게 되며, 화재발생의 위험성도 높다.

183 대규모 집중 형 전원과는 달리 소규모로 전력소비지역 부근에 분산하여 배치가 가능한 전원으로서, 다음 각 목의 하나에 해당하는 발전설비를 무엇이라 하는가?
① 계통 형 전원
② 분산형 전원
③ 에너지 저장 장치
④ 전기자동차 충·방전시스템(V2G)

답 ②

분산 형 전원 : 대규모 집중 형 전원과는 달리 소규모로 전력소비지역 부근에 분산하여 배치가 가능한 전원

184 지상과 구름, 구름 내, 구름과 구름 사이의 방전으로 유도된 전하가 전력선, 금속체 또는 지표로 흘러 장비를 손상시키는 것은 어느 것인가?
① 직격뢰　　　　　　　　　　　　② 유도뢰
③ 방전 (Bound Change)　　　　　　④ 간접 뢰

답 ③

 방전 (Bound Change)
지상과 구름, 구름 내, 구름과 구름 사이의 방전으로 유도된 전하가 전력선, 금속체 또는 지표로 흘러 장비를 손상시킨다.

185 어레이 구성의 중심에 가깝고 배전에 편리한 장소에 대한 설명으로 틀린 것은?
① 전력회사로부터의 전원인출과 구내배전선의 인입이 편리한 장소
② 기기의 반 출입을 할 수 없어야 한다.
③ 장치증설이나 확장의 여유가 있을 것
④ 고온다습한 곳은 피할 것

답 ②

 어레이 구성의 중심에 가깝고 배전에 편리한 장소
- 전력회사로부터의 전원인출과 구내배전선의 인입이 편리한 장소
- 기기의 반출입에 지장이 없는 곳
- 장치증설이나 확장의 여유가 있을 것
- 고온다습한 곳은 피할 것
- 부식성가스, 먼지가 많은 곳은 피할 것
- 침수 기타 재해의 우려가 없을 것
- 냉방 및 환기시설을 할 것
- 쥐 등 설치류 등의 침입이 불가능한 장소

186 송전, 통신선로에 뇌격하여 선로를 통하여 Surge가 전도되는 것으로 발생빈도가 가장 많으며, 6,000V 이상의 매우 큰 에너지를 갖고 있어 이에 의한 피해가 가장 많고 크다. 낙뢰가 장비를 포함하고 있는 건축물로 인입되는 전력선 또는 신호 / 통신회로에 건축물로부터 어느 정도 떨어진 거리에 유입되는 경우로서 뇌방전 에너지가 외부 인입선을 따라 장비로 유입되며, 많은 경우의 뇌서지가 이러한 경로로 유입되는 것은 어느 것인가?
① 직격뢰
② 유도뢰
③ 방전 (Bound Change)
④ 간접 뢰

답 ④

 간접 뢰

송전, 통신선로에 뇌격하여 선로를 통하여 Surge가 전도되는 것으로 발생빈도가 가장 많으며, 6,000V 이상의 매우 큰 에너지를 갖고 있어 이에 의한 피해가 가장 많고 크다. 낙뢰가 장비를 포함하고 있는 건축물로 인입되는 전력선 또는 신호 / 통신회로에 건축물로부터 어느 정도 떨어진 거리에 유입되는 경우로서 뇌방전 에너지가 외부 인입선을 따라 장비로 유입되며, 많은 경우의 뇌서지가 이러한 경로로 유입된다.

187 태양광 발전 시스템의 발전량 및 발전 시스템 효율에 대한 모니터링을 시행하는 것은 어느 것인가?
① 적극적인 감시 통제
② 실시간 감시 통제
③ 기상 상태에 따른 분석
④ 발전 시스템 이력 관리

답 ③

 - 적극적인 감시 통제 : 즉각 지원 조치 시스템
- 실시간 감시 통제 : 발전 효율 극대화
- 기상 상태에 따른 분석 : 발전량 및 발전 시스템 효율
- 발전 시스템 이력 관리 : 유지 보수 및 운영 관리

188 예비타당성조사, 타당성조사 및 기본 계획를 감안하여 태양광 발전 시스템의 규모, 배치, 형태, 개략공사방법 및 기간, 개략 공사비 등에 관한 조사, 분석을 통하여 고객이 원하는 방향으로 합리적이고 기능적인 기본계획이 수립하도록 작성 하는 것을 무엇이라 하는가?
① 실시 설계
② 기본설계
③ 상세 설계
④ 시공 설계

답 ②

 기본 설계: 예비타당성조사, 타당성조사 및 기본 계획를 감안하여 태양광 발전 시스템의 규모, 배치, 형태, 개략공사방법 및 기간, 개략 공사비 등에 관한 조사, 분석을 통하여 고객이 원하는 방향으로 합리적이고 기능적인 기본계획이 수립하도록 작성 하는 것

189 전압의 크기를 변화시키는 것을 무엇이라 하는가?
① 변압기
② 인버터
③ 태양전지
④ 퓨즈

답 ①

 변압기 : 전압의 크기를 변화시킨다.

190 토목 도면의 기호 중 맨홀의 종류에 속하지 않는 것은?
① 체신 맨홀
② 한전 맨홀
③ 하수 맨홀
④ 방류 맨홀

답 ④

 토목 도면의 기호 중 맨홀의 종류
- 체신 맨홀
- 한전 맨홀
- 하수 맨홀
- 상수 맨홀

191 태양광 발전 시스템의 모듈 관리 내용으로 틀린 것은 어느 것인가?
① 태양 전지 모듈 표면은 온도에 의한 파손이 대부분이다.
② 모듈 표면에 먼지, 낙엽, 황사, 그늘(그림자), 기타 이물질 등은 발전량을 감소시키는 주요 요인이다.
③ 태양 전지 모듈 표면에 부착된 이물질 등은 고압 분사기를 사용하여 정기적 제거한다.
④ 부분 음영에 의한 hot sopt점을 방지하기 위한 대책은 바이패스 다이오드이다.

답 ①

 태양광 발전 시스템의 모듈 관리 내용
- 태양 전지 모듈 표면은 외부의 강한 충격으로 파손될 수 있으므로 주의하여 관리한다.
- 태양 전지 모듈 표면에 먼지, 낙엽, 황사, 그늘(그림자), 기타 이물질 등은 발전량을 감소시키는 주요 요인이므로 정기적으로 관리한다.
- 태양 전지 모듈 표면에 부착된 이물질 등은 고압 분사기를 사용하여 정기적으로 제거하여 발전량을 높일 수 있도록 조치하여 관리한다.

192 태양광 발전 시스템에서 계절에 따른 기후의 변화 및 주위 환경적인 요인에 의해 달라지는 것은 무엇인가?
① 부하용량   ② 시설용량
③ 발전용량   ④ 송전 용량

답 ③

 발전용량 : 계절에 따른 기후의 변화 및 주위의 환경적 요인에 의해 발전량을 정한다.

193 부하용도 및 적정 가 용량을 합산하여 월평균 사용량에 따라 결정하는 것을 무엇이라 하는가?
① 부하용량　　　　　　　　　② 시설용량
③ 발전용량　　　　　　　　　④ 송전 용량

답 ②

 시설 용량 : 부하용도 및 적정 가 용량을 합산하여 월평균 사용량에 따라 결정한다.

194 인버터와 접속함 외관 점검에 대한 설명으로 틀린 것은 어느 것인가?
① 접속부의 볼트와 너트가 풀림 현상이 발생할 수 있으므로 정밀 점검한다.
② 케이블 단자 접속부 체결 및 정상 상태를 반드시 점검해야 한다.
③ P/N단자와 입력 교류와 및 출력 교류 회로의 주파수의 일정함을 반드시 확인한다.
④ 이상한 소리와 냄새 등은 철저하게 점검, 확인해야 하고 평상시와 다른 느낌일 경우 반드시 정밀 점검을 실시해야 한다.

답 ③

 인버터와 접속함 외관 점검
- 인버터와 접속함 등의 전기기기 장비는 운반 도중에 진동 등과 같은 외부의 요인에 의해 접속부의 볼트와 너트가 풀림 현상이 발생할 수 있으므로 정밀 점검한다.
- 공사 현장에서 배선 접속을 원활하게하기 위해 가 접속(해제 등) 및 시험 등을 위해 일시 접속한 사례가 있을 수 있으므로 설비 설치 시에는 정확하게 상세하게 점검하여야 한다.
- 시공 후, 태양광 발전 시스템을 운전할 경우 전기 기기 장비의 접속부와 인버터 등의 케이블 단자 접속 부 체결 및 정상 상태를 반드시 점검해야 한다.
- P/N단자와 직류 및 교류 회로의 접속 혼돈 등은 중대한 안전사고의 원인이 될 수 있으므로 설비 설치 전후 반드시 재점검해야 한다.

195 실시 설계 도면과 시공 계획서, 매일 또는 주간 공정표를 보고 위험 요소를 파악하여 별도의 안전 관리 계획서를 작성하고 관리 및 시행하는 것은 무엇인가?
① 시공 계획서상 안전 관리   ② 건축물 공사 안전 관리
③ 토목공사 안전관리   ④ 전기공사 안전관리

답 ①

 시공 계획서상 안전 관리 : 실시 설계 도면과 시공 계획서, 매일 또는 주간 공정표를 보고 위험 요소를 파악하여 별도의 안전 관리 계획서를 작성하고 관리 및 시행한다. 안전 관리자는 분석된 자료를 가지고 안전 용품 점검과 안전 교육을 실시한다.

196 공정상 안전관리에 속하지 않는 것은 어느 것인가?
① 토목공사   ② 건축물 공사
③ 전기실 공사   ④ 구조물 공사

답 ③

 정상 안전관리 : 토목공사 안전관리, 건축물 공사 안전관리, 전기공사 안전관리, 구조물공사 안전관리 전기 실 공사는 건축물 공사 안전관리에 속한다.

197 건설 안전 기준에 준하여 시공에 대한 설명으로 틀린 것은 어느 것인가?
① 장비와 사람의 작업 동선이 겹쳐야 안전하다.
② 장비의 사전 점검을 시행한다.
③ 작업자의 안전 교육을 실시하고, 건강을 체크한다.
④ 다른 공사나 공정의 동선과 겹치지 않게 또는 시간을 조정한다.

답 ①

 건설 안전 기준에 준하여 시공

- 장비와 사람의 작업 동선이 겹치지 않게 한다.
- 장비의 사전 점검을 시행한다.
- 작업자의 안전 교육을 실시하고, 건강을 체크한다.
- 다른 공사나 공정의 동선과 겹치지 않게 또는 시간을 조정한다.
- 위험 요소가 발견될 시 즉시 보고 후 승인 처리한다.

198 안전 관리 계획서의 포함되지 않는 것은 어느 것인가?
① 공사 개요　　　　　　　　　　② 안전 관리 조직
③ 공정별 안전 점검 계획　　　　　④ 한전과의 연계 방식

답 ④

 안전 관리 계획서의 작성 (안전 관리 계획서에 포함되어야 하는 항목)
- 공사 개요　　　　　　　　　　- 안전 관리 조직
- 공정별 안전 점검 계획　　　　　- 안전 교육 계획
- 통행 안전시설 설치 및 교통안전 계획

199 안전조직도에 포함되지 않는 것은 어느 것인가?
① 안전 관계자 직무
② 안전 관리 책임자(현장 대리인)
③ 안전 관리자(자격증 소지)
④ 발주자의 천재지변 발생시 처리되어야 할 요구사항

답 ④

 안전조직도
안전 관계자 직무, 안전 관리 책임자(현장 대리인), 안전 관리자(자격증 소지)

200 안전 교육 계획에 대한 설명으로 틀린 것은 어느 것인가?
① 안전 교육의 종류별 내용
② 신규 채용자 안전 교육
③ 일상(작업 전) 안전 교육
④ 경제성을 높이는 방안

답 ④

해설 안전 교육 계획
- 안전 교육의 종류별 내용, 대상, 실시자, 시간 등의 계획
- 신규 채용자 안전 교육 계획
- 정기 안전 교육 계획
- 일상(작업 전)안전 교육 계획

201 시스템이나 설비(장치)를 정비, 조정해놓고 그 기능을 언제라도 필요한 때에 최적상태로 발휘할 수 있도록 해두는 것을 무엇이라 하는가?
① 설비보전
② 안전관리
③ 현장관리
④ 효율성 관리

답 ①

해설 설비보전
- 설비가 완전한 상태 또는 가장 좋은 상태를 유지 하는 것
- 시스템이나 설비(장치)를 정비, 조정해놓고 그 기능을 언제라도 필요한 때에 최적상태로 발휘할 수 있도록 해 두는 것.
- 설비보전의 본질은 설비의 최적상태(Maintenance)의 유지 와 지속적 개선

202 설비 안전을 위한 자재 검수 중 위험 물질에 해당하지 않는 것은 어느 것인가?
① 오염물질
② 독성 물질
③ 온도가 낮아질 우려가 있는 물질
④ 인화성 물질

답 ③

 현장에서 사용되는 위험 물질 - 인화성 물질, 오염물질, 독성 물질, 변질 가능성 물질

> 저자와 동의하에 생략

신재생에너지 발전설비 기사(태양광) 필기

발행일	2022년 02월 11일 초판
저자	이은영
발행처	도서출판 한필
주소	경기도 부천시 중동로 166 건영 1701-1502
Tel.	0507. 1308. 8101
Email.	hanpil7304@gmail.com
web.	www.hanpil.co.kr

· 책의 어느 부분도 저작권자나 발행인의 승인 없이 무단 복제하여 이용 할 수 없습니다.
· 본 및 낙장에 관한 문의는 출판사로 해주시기 바랍니다.

정가 : 33,000
ISBN 979-11-89374-64-8